国外名校名著

结构化学导论

Introduction to Structural Chemistry

[俄] 斯捷潘 S. 巴察诺夫 (Stepan S. Batsanov)
[俄] 安德烈 S. 巴察诺夫 (Andrei S. Batsanov) 著
朱小蕾 陆小华 邵景玲 译

化学工业出版社
·北京·

内 容 简 介

《结构化学导论》译自 Stepan S. Batsanov 教授和 Andrei S. Batsanov 博士在 2012 年所著的 *Introduction to Structural Chemistry*，全书共分 11 章。本书的主要内容包含原子的性质、分子结构和相关的实验数据、化学键概念的发展及各种键型、分子间作用力、经典和非经典晶体结构、无定形态的主要结构、纳米材料的结构和性质、自发相变的特征和相变的实时研究、光在晶体中折射的基本理论及应用折光仪和红外光谱来解释物质的结构和成键模式。

本书可作为高等学校结构化学课程的主要参考书，也可作为科技工作者从事科研工作的重要参考书。

图书在版编目（CIP）数据

结构化学导论/（俄罗斯）斯捷潘 S. 巴察诺夫，（俄罗斯）安德烈 S. 巴察诺夫著；朱小蕾，陆小华，邵景玲译. —北京：化学工业出版社，2021.5
书名原文：Introduction to Structural Chemistry
ISBN 978-7-122-38329-7

Ⅰ.①结… Ⅱ.①斯…②安…③朱…④陆…⑤邵… Ⅲ.①结构化学 Ⅳ.①O641

中国版本图书馆 CIP 数据核字（2021）第 017485 号

责任编辑：徐雅妮　任睿婷　　装帧设计：王晓宇
责任校对：边　涛

出版发行：化学工业出版社（北京市东城区青年湖南街 13 号　邮政编码 100011）
印　　装：凯德印刷（天津）有限公司
787mm×1092mm　1/16　印张 29½　字数 700 千字　　2022 年 1 月北京第 1 版第 1 次印刷

购书咨询：010-64518888　　售后服务：010-64518899
网　　址：http://www.cip.com.cn
凡购买本书，如有缺损质量问题，本社销售中心负责调换。

定　　价：199.00 元

译者前言

传统的结构化学是化学专业的一门基础理论课，它是在原子和分子水平上研究物质分子结构与组成的相互关系，阐述物质微观结构与宏观性质的相互关系的基础学科。目前国内《结构化学》专业书较多，内容较系统。然而，结构化学科学研究的飞速发展，为结构化学赋予了许多新颖而重要的内容，提供了丰富和更精确的结构测量，开拓了新的领域。为了适应结构化学学科的发展，结构化学教学内容的更新势在必行。

本书译自俄国 Stepan S. Batsanov 教授和俄国 Andrei S. Batsanov 博士在 2012 年所著的 *Introduction to Structural Chemistry*（结构化学导论）。原著 *Introduction to Structural Chemistry* 增添了近年来结构化学最新的研究领域和研究内容，如非经典的晶体、高压结晶学、相变的实时研究，具有微妙的粒子大小效应的纳米材料、富勒烯和团簇、范德华分子。

原著概念准确，描述清晰。原著作者在更全面的意义上及更广泛的物理化学背景下描述结构化学，将主要概念和模型的讨论与大量汇编的参考数据和标准定量参数的表格联系在一起，这些数据已根据最新的实验结果进行了严格的校正，并在每章末提供了大量的参考文献，这为读者从事科研工作提供了极大的便利。原著更多地描述了实验结构化学新颖的领域和快速发展的领域，如高压晶体化学和气态的范德华分子结构，这些为凝聚态物理提供了独特的信息。尤其是原著作者强调了不同类型的化合物及各种聚集态之间的几何、能量和光学性质之间的许多联系。译者认为从原著的内容和特点来看，本书适于作为高等学校结构化学课程的主要参考书，以及作为科技工作者从事科研工作的重要参考书。

本书由朱小蕾、陆小华和邵景玲翻译。王金剑、王成、董珂珂、王伟、崔文文、顾勇亮、关稳稳、王小亮、杨广丽、周洲、魏松、杨雪雨、王丽等对本书的翻译做了许多有益的工作。

由于译者水平所限，译文难免有疏漏和不当之处，恳请读者指正。

译者

2021 年 6 月

前言

结构化学通常是指分子及晶体的几何结构，即原子的特殊排列和电子结构。我们认为这个定义太狭窄。第一，没有提及或仅简单地描述液体和无定形固体的结构。第二，在讨论晶体结构的过程中，常常局限于它的理想模型，假设理想的周期性，忽略了缺陷、原子位移和振动，事实上，这些在材料科学中是非常重要的。最重要的是，我们不能孤立地考虑物质的几何结构，而要与物质的能量参数、化学反应性及各种物理性质联系在一起考虑。现有的结构化学书是基于聚集态、研究方法（X射线结晶学、电子衍射、磁共振等）和物质类型（无机物、配合物、金属有机化合物和有机物）来划分的，这掩盖了该学科各个部分的本质联系。最后，尽管现在我们拥有大量的实验结果，但在目前的许多教科书中，仍然将几十年前粗略的实验数据引用为“标准参数”（键长和原子半径）。

本书的目的是在更全面的意义上及更广泛的物理化学背景下描述结构化学。主要概念和模型的讨论与大量汇编的参考数据和标准定量参数表格联系在一起，这些数据已根据最新的实验结果进行了严格的校正。显然，如果要系统地涵盖结构化学每个领域的数据，需要数十卷书来汇编，不可能在一本书中罗列出来。因而，在许多书中已详细介绍的晶体对称性理论或简单结构类型在本书中压缩到最少。本书更多地描述实验结构化学新颖的领域和快速发展的领域，如高压晶体化学和气态的范德华分子的结构，为凝聚态物理提供了独特的信息。本书特别强调了不同类型的化合物及各种聚集态的几何、能量和光学性质之间的许多联系。这种方法本质上是实验的和半经验的。尽管近年来量子化学理论和计算技术取得了惊人的进步，但结构化学本质上仍然是实验性科学。值得注意的是，在结构化学领域最成熟的概念是由路易斯成键电子对到电负性，它起始是半经验的概念，经过相当长的时间后，才被量子力学所证实。

本书包含11章。第1章描述原子的电离势、电子亲和能和原子的有效大小（共价半径、金属半径和离子半径）与它们的电子结构及团簇（如赝原子）的性质之间的联系。第2章概述了化学键概念的发展及各种键型（共价键、离子键、金属键和范德华相互作用），罗列了大量的键能数据。固体中的成键关联到它们的电子性质（带隙）和点阵能（利用波恩-麦德隆理论）。本章引入了电负性的概念，并解释了它的各种体系和标度。第3章处理了分子结构，首先简单地概括了实验方法和数据库，然后简单地概括了无机、有机、金属有机分子、团簇和配合物的实验数据。简单解释了分子几何的价电子对互斥理论、团簇的电子数目规则和反位效应的概念。第 4 章描述了由弱的范德华力到供体-受体之间的相互作用、共价键和氢键。本章提供了晶体中范德华作用与气相范德华作用的比较。第 5 章描述了晶体结构（大部分是无机晶体），并阐述了其变化方式。第 6 章处理了实际晶体与理想晶体之间的偏差：热运动、热膨胀（包括热收缩）、缺陷、同晶型取代和固溶体的形成。结果表明，在每种情况下，晶体能吸收的应变量是非常相似的，且与 Lindemann 的熔化理论吻合较好。第 7 章描述了无定形固体、熔体、液体溶液和粉末无定形化（颗粒大小消失）的主要结构趋势。第 8 章概括了纳米粒子的结构、熔点、电离性质、介电渗透性 ε（包括巨大的介电渗透性 ε 和铁电性）。除了第 5 章和第 10 章给出的许多具体实例，第 9 章解释了相变的一般特征。第 10 章展现了极限条件下，特别是静态和动态高压下的结构化学。第 11 章解释了光在晶体中折射的基本理论及应用折射计和红外光谱来解释物质的结构和成键模式，特别是测定原子电荷和键的离子性的 Szigeti 方法。除了第 8 章和第 9 章，每章都附有辅助表格，汇编了相关的实验结果，包含作者以前未发表的实验结果。

我们非常感谢英国皇家化学学会（Royal Society of Chemistry，RSC）的 Kapitza 基金的资助，使得本书的编写得以开始。感谢英国杜伦大学的 Judith A. K. Howard 教授，本书的完稿得益于 Judith A. K. Howard 教授的帮助和鼓励。我们也感谢杜伦大学的 Kenneth Wade 教授、印第安科学文化协会的 Dipankar Datta 教授、赫尔辛基大学的 Pekka Pyykko 教授、斯图加特大学的 Laslo von Szentpaly 教授对本书的有益评论。最后同样重要地需要感谢我们的家人对本书编写所给予的持续和耐心的支持。

Stepan S. Batsanov
Andrei S. Batsanov

目录

第1章　原　子

如今，基本上每本普通化学、无机化学或物理化学的教科书，都是从描述原子和一些简单分子的电子结构开始的。因此，作者预先假定读者已熟悉这些基础知识。

1.1 电离势和电子亲和能

1.1.1　原子的电离势

将一个电子从一个孤立的原子移至无穷远处所需要的能量，称为该元素的电离势 I。失去第 n 个电子所需的能量为第 n 级电离势（I_n）。原子（或分子）与电子、离子、分子碰撞，通过强电场或电子的热发射，可以导致原子（或分子）的电离。光谱法可以确定原子或分子的第一电离势（I_1），精度可达 0.01～0.001 eV，偶尔甚至能精确到 0.0005 eV。对于这些逐级电离势，误差可增加到 0.1 eV 甚至 1 eV[1-4]。表 1.1 中列出了价层电子的 I_n 值。

元素的电离势具有周期性（图 1.1），其值在周期表中从左到右不断增大，从上到下依次减小。s、p、d 和 f 轨道填充电子的周期性模式，导致电离势的周期性。对于给定的原子，每个逐级电离势明显高于前一个（见图 1.2）。这是因为①要电离的电子需克服阳离子高净电荷的吸引力，②每个移除的电子减少了原子内电子与电子之间的排斥力，③后续的电子可能来自一个能量较低的壳层。如果电子从相同的电子亚层（s 或 p）电离，其逐级的电离势与第一电离势有下列关系

$$I_n \approx nI_1 \tag{1.1}$$

上述公式会出现一些偏差的原因是：①由单占据的 p 轨道到双占据的 p 轨道的过渡；②在 O、F 和 Ne 原子中特别高的电子密度。电子从 p 亚层跃迁到 s 亚层会引起较大的能差，例如，第 3 族元素的 I_2 近似超过了 I_1 的三倍。一般来说，d 和 f 电子不会呈现上述简单的行为。这些趋势的理论解释见文献 [5]。

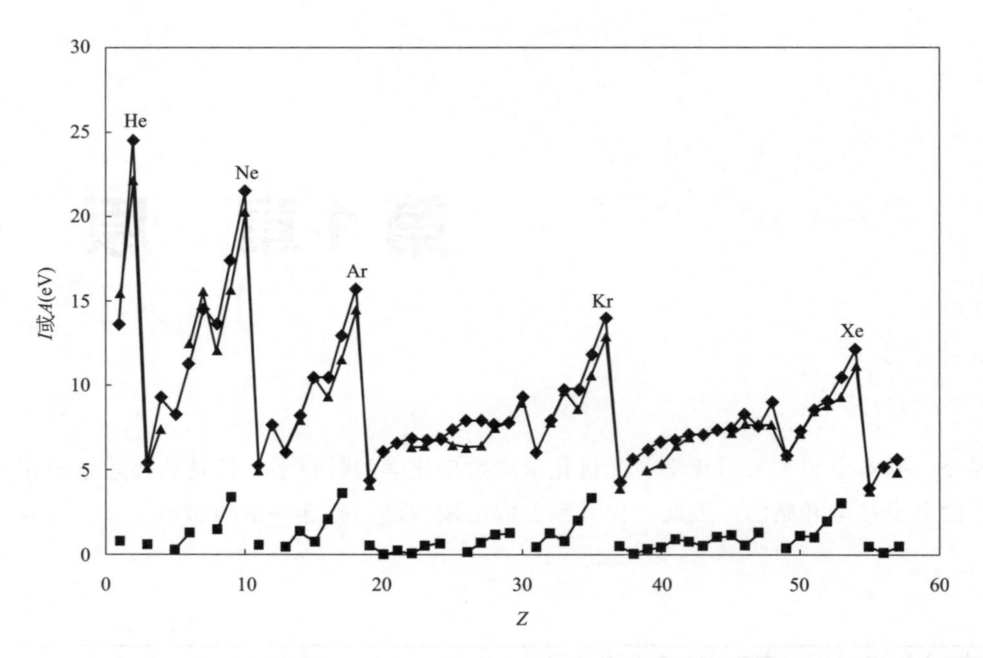

图 1.1 实验测定的原子、双原子分子的电离势 I_1 以及原子的电子亲和能 A_1

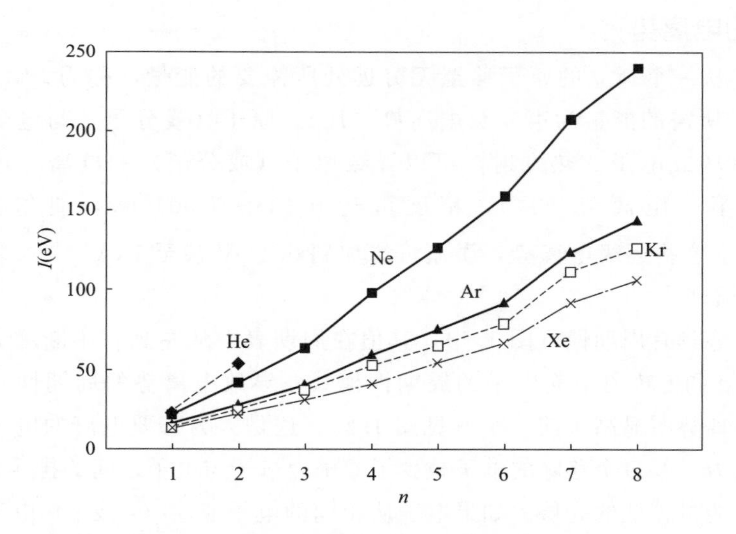

图 1.2 第 18 族❶原子的电离势 I_n

表 1.1 孤立原子的电离势 I_n（eV）（除了特别说明外，其余数据取自文献［1，2］）

原子	I_1	I_2	I_3	I_4	I_5	I_6	I_7	I_8
H	13.59							
He	24.59	54.42						
Li	5.39							

❶ 2019 年新版“元素周期表”中将惰性元素标注为“0 族”。

续表

原子	I_1	I_2	I_3	I_4	I_5	I_6	I_7	I_8
Be	9.32	18.21						
B	8.30	25.15	37.93					
C	11.26	24.38	47.89	64.49				
N	14.53	29.60	47.45	77.47	97.89			
O	13.62	35.12	54.94	77.41	113.90	138.12		
F	17.42	34.97	62.71	87.14	114.24	157.16	185.19	
Ne	21.56	40.96	63.45	97.12	126.21	157.93	207.28	239.1
Na	5.14							
Mg	7.65	15.04						
Al	5.99	18.83	28.45					
Si	8.15	16.35	33.49	45.14				
P	10.49	19.77	30.20	51.44	65.02			
S	10.36	23.34	34.79	47.22	72.59	88.05		
Cl	12.97	23.81	39.61	53.46	67.8	97.03	114.20	
Ar[a]	15.76	27.63	40.73	59.58	74.84	91.29	124.41	143.46
K	4.34							
Ca	6.11	11.87						
Sc	6.56	12.80	24.76					
Ti	6.83	13.58	27.49	43.27				
V	6.75	14.62	29.31	46.71	65.28			
Cr	6.77	16.48	30.96	49.16	69.46	90.63		
Mn	7.43	15.64	33.67	51.2	72.4	95.6	119.20	
Fe	7.90	16.19	30.65	54.8	75.0	99.1	124.98	151.06
Co	7.88	17.08	33.50	51.3	79.5	102.0	128.9	157.8
Ni	7.64	18.17	35.19	54.9	76.06	108	133	162
Cu	7.73	20.29						
Zn	9.39	17.96						
Ga	6.00	20.51	30.71					
Ge	7.90	15.93	34.22	45.71				
As	9.79	18.59	28.35	50.13	62.63			
Se	9.75	21.19	30.82	42.94	68.3	81.7		
Br	11.81	21.59	36	47.3	59.7	88.6	103.0	
Kr	14.00	24.36	36.95	52.5	64.7	78.5	111.0	125.8
Rb	4.18							
Sr	5.69	11.03						
Y	6.22	12.22	20.52					
Zr	6.63	13.1	22.99	34.34				
Nb	6.76	14.0	25.04	38.3	50.55			
Mo	7.09	16.16	27.13	46.4	54.49	68.83		
Tc	7.12[c]	15.26	29.54	46	55	80		
Ru	7.36	16.76	28.47	50	60	92		
Rh	7.46	18.08	31.06	48	65	97		
Pd	8.34	19.43	32.93	53	62	90	110	130
Ag	7.58							
Cd	8.99	16.91						
In	5.79	18.87	28.03					
Sn	7.34	14.63	30.50	40.73				
Sb	8.61	16.63	25.3	44.2	56			
Te	9.01	18.6	27.96	37.41	58.75	70.7		
I	10.45	19.13	33	42	51.5	74.4	87.6	

续表

原子	I_1	I_2	I_3	I_4	I_5	I_6	I_7	I_8
Xe	12.13	20.97	31.05	40.9	54.14	66.70	91.6	106.0
Cs	3.89							
Ba	5.21	10.0						
La	5.58	11.06	19.18					
Hf	6.82	14.9	23.3	33.33				
Ta	7.55	16.2	22	33	45			
W[b]	7.86	16.1	26.0	38.2	51.6	64.8		
Re	7.83	16.6	26	38	51	64	79	
Os	8.44	17	25	40	54	68	83	100
Ir	8.97	17.0	27	39	57	72	88	105
Pt	8.96	18.6	28	41	55	75	92	110
Au	9.22	20.5						
Hg	10.44	18.76						
Tl	6.11	20.43	29.83					
Pb	7.42	15.03	31.94	42.32				
Bi	7.28	16.70	25.56	45.3	56.0			
Po	8.41	19.4	27.3	38	61	73		
At	9.65	20.1	29.3	41	51	78	91	
Rn	10.75	21.4	29.4	44	55	67	97	110
Fr	4.07							
Ra	5.28	10.15						
Ac[d]	5.17	12.1	27.1					
Th	6.31	11.9	20.0	28.8				
Pa	5.89							
U	6.05	10.6	17.9	31.4				

注：a. 数据源自文献［3］；b. 数据源自文献［4］；c. 数据源自文献［5］；d. 对于其他锕系元素的电离势 I_1：Np 6.19、Pu 6.06、Am 5.99、Cm 6.02、Bk 6.23、Cf 6.30、Es 6.42、Fm 6.50、Md 6.58、No 6.65 eV

因此，整体上 I_n 随 n 增加而增大，并且比线性增长略快，价电子可用式 1.2 进行描述，有较好的精度（除了第 2 族）。

$$\frac{\sum_1^n I_n}{\sum_1^N I_n} = \left(\frac{n}{N}\right)^2 \tag{1.2}$$

在式 1.2 中，$i=n/N$ 代表相对电离度，等式左边项是这类电离的相对能量，两者对价层完全失去电子进行归一化。尽管一个原子的电离是不连续的过程，但这种关系（图 1.3）却是一个连续平滑的函数。尽管 N 对于孤立原子来说只是整数值，却已证实[7] 分子中原子的能量函数 E 相对 N 来说是可微分的。这种连续性对分析化学键的性质是有用的（见下文）。

对于电子数相同，Z 不同的离子，Glockler 于 1934 年提出一个经验方程，即

$$I_1 = a + bZ + cZ^2 \tag{1.3}$$

其中，对每个等电子系列，a、b 和 c 是常数[8]。事实上，式 1.3 也可以从理论上推导出来[9]，但其精度有限。

实验测定的孤立原子的电离势是指基态电离势（I_g）。价态的原子电离势（I_v）已广泛应用于量子化学中，可描述虚拟原子，即断开了一个分子中所有的化学键后获得的原子，但其电

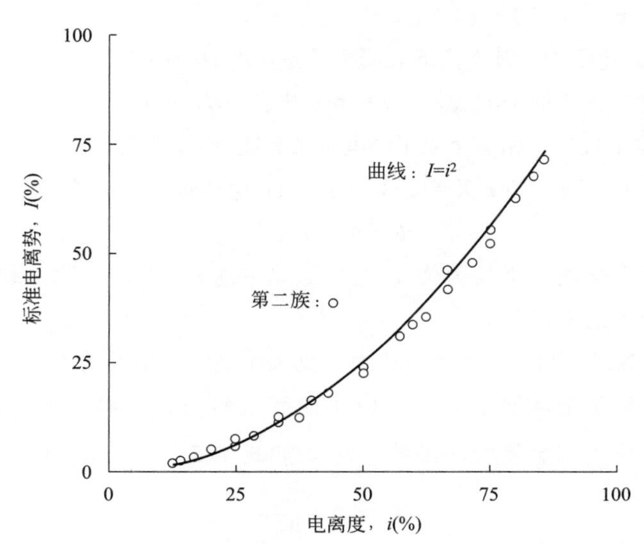

图 1.3　归一化电离势（$\sum_{1}^{n} I_n / \sum_{1}^{N} I_n$）与电离度 $i = n/N$（式 1.2）的关系

（注意第二族元素的偏离位置）

子结构保持不变。这两个电离势的差值就是一个电子从基态激发到一个给定价态的能量 E_P

$$I_v = I_g + E_P \tag{1.4}$$

I_v 的计算属于量子化学范畴，超出了本书的范围。但值得一提的是，对于相似的价态，I_v 与原子电荷的关系类似于式 1.3。

到目前为止，已经讨论了孤立原子的电离势。同核双原子分子 A_2 的电离势（见表 S1.1）类似于孤立原子（A）的电离势，且定性地呈现出相似的趋势（图 1.1）。微小的差值 $\Delta = I_g(A_2) - I_g(A)$ 与分子的电子结构有关。一般 $\Delta < 0$，因为电子离开非键轨道，其相对于孤立原子具有更高的能量，原因在于分子中的原子具有更多的外壳层电子，且电子之间的排斥力也更强。另外，H_2 分子除了成键电子对，再没有其他电子了。而 C═C（C_2）和 N≡N（N_2）分子中，最外亚层（2p）的所有电子均成键。因此，必须移走这些电子（强成键）中的一个电子，这样在三种情况下 $\Delta > 0$。两个有悖常理的事实值得注意。在第 18 族元素（稀有气体）的二聚体中[10]，原子间只是通过弱的范德华力结合在一起，它们的外层电子层是填满的，且有些微扰。所以，可以预测这些原子的行为几乎和自由态的原子相同。事实上，$|\Delta|$ 的值大于许多共价分子的。这是因为范德华二聚体的电离是一个复杂的过程，会产生键合更强的分子离子和团簇离子。因为这个原因，气体中自然存在的少量范德华二聚体会明显影响其光致电离，这也被认为是太阳系外部行星大气层形成的一个重要因素。另一个惊人的特征涉及第一族元素的分子。除了成键电子对，它们没有外层电子，所以期望 $\Delta > 0$（如在 H_2 中），这是因为两个原子核对这些电子的吸引比单个原子核的要强。事实上，这个引力被增加的电子与电子间排斥力所抵消，而且 Δ 是很小的负值。$I(A_2)$ 与 A-A 间的距离 d 成反比关系，即

$$I \approx a/d^x \tag{1.5}$$

其中参数 a 和 x 在周期表每一族内是常数，即第 1 族（Na_2 到 Cs_2），$a = 16.18$、$x = 1.05$；第 15 族（P_2 到 Bi_2），$a = 22.10$、$x = 1.13$；第 16 族（O_2 到 Te_2），$a = 13.18$、$x = 0.52$；

第 17 族（F_2 到 I_2），$a=20.53$、$x=0.81$[11]。

在氢和碱金属的卤化物中，其电离势表明电子是从卤原子中移走的，电离势的值与原子间距离有关（表 S1.2）。随着卤素原子的键长（d）和负电荷（q）增加，I(MX) 的值会减少，当 $q=-1$ 时，其电离势基本上接近于相应卤原子的电子亲和能（A，见下文）。因此，用于估算 MX 分子（M=H、Li、Na、K、Rb、Cs；X=F、Cl、Br、I）电离势的公式类似于式 1.5，即

$$I-A\approx a/d^x \tag{1.6}$$

对于以上提及的所有卤化物，平均值为 $a=11.2$、$x=0.87$[11]。因此，利用离子间的库仑相互作用，可以测定分子的电离势。

值得注意的是，NH_4 基团与碱金属基团（见表 1.2）有相近的 I_g 值（4.65 eV）[12]，所以可以看作准金属。对于金属原子的同核原子团簇（M_n），电离势（I_c）随着 n 的增大而降低，最终趋近于对应大块金属的功函数（Φ），如式 1.7[13] 所示，即

$$I_c=\Phi+\frac{3e^2}{8R_c} \tag{1.7}$$

其中 R_c 为团簇的半径。在 Jellium 理想金属模型（具有连续分布的正电荷）中，认为电子是从有效半径为 $R_c=r_a n^{1/3}$ 的金属球中逃逸出来的，这里 r_a 为原子半径。式 1.7 或它的另一个版本，即 1/2 代替 3/8（文献 [14，15] 及其参考文献），已经被证实适用于多种金属[16-26]，但它只描述了总体的趋势。真实的曲线中，有很多对应于原子密堆积方式的局部峰值（四面体→八面体→立方八面体→十二面体→二十面体），或对应于团簇中价电子的某一“幻数”的局部峰值。这不仅应用在金属上，也应用于诸如碳[27]、锗和锡[28]、硒[29-31]和砷[32] 等半金属，以及有机金属团簇[33]。I_c 向 Φ 接近的趋势，反映了大团簇内部和结晶金属在结构上有相似性。已知的一个例外是钛：不管是大到 $n=130$ 的团簇，抑或是外推到 $n=\infty$，其 I_c 值均不逼近于 Φ，这表明团簇和大块钛之间具有不可消除的结构差异[34]。

对于富勒烯分子 C_n，n 从 60 增至 106，其第一电离势从 7.57 eV 降为 6.92 eV[35]。富勒烯，特别是 $n>60$ 的富勒烯，显示了与简单带电球体相似的行为。这些富勒烯在 $n\to\infty$ 时，对 I 进行外推获得 $\Phi=5.13$ eV，即石墨单分子层（石墨烯）的功函数。这种行为在其他富勒烯类似物 $M_x(C_{60})$ 中也很明显，其中 M=Sc、Ti、V、Cr，并且 $x=1$、2、3；电离势一般低于自由富勒烯，并且 $n=1$ 到 $n=3$，其值从 6.4 eV 降为 5.7 eV。在相同金属和苯的配合物中，也能观察到相似的电离势降低的趋势，I 随着 $M_n(C_6H_6)_m$ 配合物中的 n 和 m 的增大而减小（表 1.2）[33]。

表 1.2　金属-苯的 π-配合物的电离势

M	Sc	Ti	V
$M(C_6H_6)_2$	5.05	5.68	5.75
$M_2(C_6H_6)_3$	4.30	4.53	4.70
$M_3(C_6H_6)_4$	3.83	4.26	4.14

Si_n 团簇的电离势，显示了它与 n 之间有一个相似但较弱的关系[36]。

n	1	2	3	4	5	6	7
I(eV)	8.13	7.92	8.12	8.2	7.96	7.8	7.8

1.1.2 电子亲和能

理解化学键本质的另一个很重要的原子特性为电子亲和能（A），即当一个电子加到一个中性原子上释放的能量。因此，电子亲和能 A 等于带一个负电荷的原子的电离势，或者“零电离势”。

电离势通常为正值，然而，电子亲和能可为正值，也可以为负值。当原子具有闭合的外壳层组态时（s^2 或 s^2p^6），$A<0$ 或 $A \gg 0$，如第 2、12 和 18 族，以及 Mn 和 N。对于 Mn 和 N，需要更加复杂的量子化学进行解释。对于大多数元素，$A>0$。也就是说，电中性的原子吸引一个电子，就好像这个原子带了一个净的正电荷，因为原子自身的电子并不能完全中和核电荷，致使产生一个过剩的有效核电荷[37]。与几十个 eV 的共价电子的电离势相比，这些原子的电子亲和能通常在 1 eV 的数量级。任何原子获得第二个电子后的亲和能均为负值（$A_2<0$），即任何带有多个负电荷的原子都不能作为独立的粒子存在。这里要注意的是，这是与阳离子主要的差别。阳离子只能从环境中接受电子，从而降低自身电荷。如果没有可接受的电子（在高真空中），不管其能量有多高，阳离子都可以无限期地幸存。与此相反，通过释放电子，一个不稳定的阴离子能够很容易地存在。

电子亲和能本质上比电离势更难测量。事实上，1970 年以前，所有的测量值都是间接得到的，而且也不可靠。如今，主要的实验技术为光电效应。阴离子束与光束（激光）相交，当阴离子离解并散射电子时，记录此时的频率[38]。表 1.3 列出了精确的实验值。目前，测定负的电子亲和能没有可行的方法，只能通过理论计算获得。因此，von Szentpály 提出了一个通用的方法来计算原子和分子的 A_2[39]，即

$$A_2=A_1-\frac{7}{6}\eta^0 \tag{1.8}$$

其中，η^0 表示相应中性物质的化学硬度。

$$\eta^0=\frac{1}{2}(I_1-A_1) \tag{1.9}$$

虽然对第 15 和 16 族原子有比较明显的差异，但上式可以很好地描述价态。

表 1.3 孤立原子的电子亲和能 A(eV)（参考文献［1，38］）

原子	A	原子	A	原子	A	原子	A
Ag	1.304	Cu	1.236	Na	0.548	Sb	1.047
Al	0.433	F	3.401	Nb	0.894	Sc	0.189
As	0.805[a]	Fe	0.151	Ni	1.157	Se	2.021
Au	2.309	Fr	0.46	O	1.461	Si	1.390
B	0.280	Ga	0.41	Os	1.078	Sn	1.112
Ba	0.145	Ge	1.233	P	0.746	Sr	0.052
Bi	0.942	H	0.754	Pa	0.222	Ta	0.323
Br	3.364	I	3.059	Pb	0.364	Tc	0.55
C	1.262	In	0.384[b]	Pd	0.562	Te	1.971
Ca	0.043	Ir	1.564	Pt	2.125	Ti	0.079
Ce	0.700	K	0.501	Rb	0.486	Tl	0.377
Cl	3.613	La	0.47	Re	0.15	V	0.526
Co	0.663	Li	0.618	Rh	1.143	W	0.816[c]
Cr	0.676	Mo	0.747	Ru	1.046	Y	0.307
Cs	0.472	N	−0.07(?)	S	2.077	Zr	0.427

注：a. 数据源自文献［40］；b. 数据源自文献［41］；c. 数据源自文献［42］

请注意，在电子亲和能方面，氢类似于碱金属，在电离势方面，它类似于卤素（见表1.1）。这与传统的模糊观点相一致，即 H 在周期表的位置既可放在第 1 族，也可放在第17 族。

值得注意的是，即使是最大的 A_1（Cl 的为 3.6 eV）也小于最低的 I_1（Cs 的为 3.9 eV）。因此，任何中性原子自发转变为阴-阳离子在热力学上是不利的。然而，这只适用于原子/离子相隔无限远的时候。对于相互接触的离子，特别是固体中的密堆积的离子，由库仑吸引作用获得的能量足以补偿电子转移所消耗的能量，其电荷甚至超过±1。此外，由于多原子分子或团簇与孤立原子不同，它们具有正的 A_2 值（见下文）。

式 1.2 适用于所有的电离势，包括那些带负电荷的原子，即适用于电子亲和能。由于原子上（净的）负电荷的增加会降低它的电离势，如果将前者的价电子数 N 换成价电子层上的空位（空穴）数，则 $\bar{A}=f(i)$ 曲线必定与 $\bar{I}=f(i)$ 的图像互为反对称。现在，考虑碱金属卤化物分子，这里 $N=1$，因此 i 等于电子从金属转移到卤素上的比例。在一级近似中，这种转变的热效应为

$$i^2 I=(1-i^2)A+Q \tag{1.10}$$

式中，I 为（中性）金属原子；A 为卤素；Q 为初始中性原子间的共价相互作用和其产生的阴阳离子间的库仑相互作用之间的能量平衡。$Q=D(\text{M—X})-1/2\times[D(\text{M—M})+D(\text{X—X})]$，这里 D 为标准键能。因此，平衡电离度为

$$i=\sqrt{\frac{A+Q}{A+I}} \tag{1.11}$$

前面我们已经计算了[43] 中性原子接触时的电荷转移（i），而它们之间没有形成共价键，即使用 $i^2I=(1-i^2)A$ 关系式。通过式 1.10 和式 1.11 的估算则更加精确，利用表 1.3 和表1.4 中的 I 和 A 值并且考虑成键进行估算，结果列于表 1.4 中。这些值与 LiX→CsX 和 MCl→MI 系列中的键极性的变化在定性上是一致的。

表 1.4　金属和卤素原子接触中的电荷转移 i（D，Q 和 i 的单位分别为 kJ/mol，eV，e）

M, D(M—M)	F, D(F—F)=155 D(MF), Q, i			Cl, D(Cl—Cl)=240 D(MCl), Q, i			Br, D(Br—Br)=190 D(MBr), Q, i			I, D(I—I)=149 D(MI), Q, i		
Li, 105	577	4.63	0.956	469	3.07	0.862	419	2.81	0.840	345	2.26	0.793
Na, 74.8	477	3.75	0.915	412	2.64	0.845	363	2.39	0.823	304	1.99	0.785
K, 53.2	489	3.99	0.977	433	2.97	0.910	379	2.67	0.885	322	2.10	0.835
Rb, 48.6	494	4.06	0.992	428	2.94	0.917	381	2.71	0.898	319	2.28	0.859
Cs, 43.9	517	4.33	1.029	446	3.15	0.949	389	2.82	0.923	338	2.50	0.875
Cu, 201	427	2.58	0.733	375	1.60	0.678	331	1.40	0.655	290	1.19	0.628
Ag, 163	341	1.89	0.694	311	1.14	0.651	278	1.05	0.635	250	0.95	0.616
Au, 226	325	1.39	0.616	302	0.72	0.581	286	0.81	0.575	263	0.78	0.559

氟化物情况特殊，如果确定了较重卤素的电子亲和能与原子尺寸间的相关性，并将结果外推到氟，则得到 $A=4.10$ eV，这比观测到的值要大 0.7 eV。这种差异归因于小体积内负电荷的高浓度导致的失稳效应[44-46]。从表 1.3 中可以明显看出，后 2 个周期的其他元素有相同的结果：O、N、C 和 B 的电子亲和能分别小于 S、P、Si 和 Al 的电子亲和能。而对于

Ne，测定的电离势比外推值小 1.76 eV[47]。由于氟原子与其他任何原子的结合都倾向于增大体积，因此缓解了电子-电子排斥作用，从而使得失稳力消失。因此，外推的 A 值（4.10 eV）可以更好地表征化合物中的氟原子。

对于同种元素的不同同位素，电子亲和能的差异可忽略不计。准确的测量值为：^{16}O、^{17}O 和 ^{18}O 的电子亲和能分别为 1.4611221、1.4611157 和 1.4611129 eV[48]。在化合物 XH（其中 X＝Li、O、S、Mn、Fe、Co，以及 CH_2、BH_3、SiH_3、$C{=}CH_2$、$N{=}CH_2$ 和 $C{\equiv}CH$）中，用氘取代一个 H 原子，电子亲和能变化的平均值仅为 0.006 eV[38]，与实验误差很接近。

表 S1.3 中罗列了同核双原子分子的电子亲和能。与孤立原子相似，大多数分子具有正的 A 值。H_2 和 N_2 分子表现出例外的情况，即在这两个分子上增加一个电子需要消耗能量。异核原子分子的电子亲和能可以显示负电荷（附加电子）的位置，并且有时能显示出键的极性。因此，对于 NaF、NaCl、NaBr 和 NaI，A 分别为 0.520、0.727、0.788 和 0.865 eV。对比 Na_2 和对应的 X_2 分子，A 值可以显示：在 NaX 中，电子加到钠原子上，而 A 的大小取决于极化率 α 和键距 d[49]。

$$A=1.189-\alpha/d \tag{1.12}$$

对第 2 族金属及其氢化物的电子亲和能的比较显示出外壳层稳定组态的重要性：所有金属（s^2 组态）均满足 $A\gg0$，而在 BeH、MgH、CaH 和 ZnH（它们的 s^2 对被破坏）中分别有 A＝0.70、1.05、0.93 和 0.95 eV。碳原子的电子亲和能强烈依赖于杂化类型，并依照 $sp^3<sp^2<sp$ 的顺序而增加，即 $A(CH_3)=0.08$、$A(CCH_2)=0.67$、$A(CCH)=2.97$ eV。

多价金属的卤化物和氧化物的电子亲和能（表 S1.4）是特别令人感兴趣的。这是因为它们具有氧化分子的能力，如 PtF_6 可以氧化氧和氙。在多原子分子中，由于附加的电子能在所有配体间离域，第二电子亲和能 A_2 会增加。因此，观测到的 A_2 值：MCl_6^- 为 0.46 eV，$ReCl_6^-$ 和 $OsCl_6^-$ 为 0.46 eV，$IrCl_6^-$ 为 0.82 eV，$PtCl_6^-$ 为 1.58 eV；$ReBr_6^-$ 为 0.76 eV，$IrBr_6^-$ 为 0.96 eV，$PtBr_6^-$ 为 1.52 eV[50]；ZrF_6^- 为 2.9 eV[51]，CrF_6^- 和 $MoF_6^-<0.58$ eV[52]；$Re_2Cl_8^-$ 为 1.00 eV[53]。并且，以下的二价阴离子也能稳定存在：即 MX_3^{2-}（M＝Li、Na、K，X＝F、Cl）[54,55]，PtX_4^{2-} 和 PdX_4^{2-}（X＝Cl、Br）[56,57]，BeF_4^{2-} 和 MgF_4^{2-}[58]。

已经证实了各种各样的多电荷阴离子也能够在气态时稳定存在，例如，C_n^{2-}（$7<n<29$），BeC_n^{2-}（n＝4、6、8、10），SiC_n^{2-}（n＝6、8、10），$SiOC_n^{2-}$（n＝4、6、8），OC_n^{2-}（$5<n<14$），SC_n^{2-}（$6<n<18$），$O_2C_7^{2-}$、$Cr_2O_7^{2-}$、$Mo_2O_7^{2-}$、$W_2O_7^{2-}$[59]、PO_4^{3-}、$[CuPc(SO_3)_4H]^{3-}$ 和 $[MPc(SO_3)_4]^{4-}$（M＝Ni、Cu，Pc＝酞菁染料），详见文献［60］及其中的参考文献。SO_4^{2-}（$A_2=-1.6$ eV）和 $C_2O_4^{2-}$ 作为孤立的物种，不能够稳定存在，这是由于强的分子间库仑排斥的影响，然而，如果用三个水分子进行溶剂化，则两者都能稳定存在[61,62]。对于一些富勒烯，也同样能观测到正的 A_2 值，例如（以 eV 为单位），C_{76} 为 0.325、C_{78}（C_{2v}）为 0.44、C_{78}（D_3）为 0.53、C_{84}（D_{2d}）为 0.615、C_{84}（D_2）为

0.82[63]（括号中的对称符号对应于不同的异构体）。然而，在所有这些例子中，每个原子上的负电荷远远小于一个电子的负电荷，这与 Pauling 的电中性规则相一致。

团簇 M_n 的电子亲和能（见表 S1.5）超过了孤立原子和双原子分子的电子亲和能，并随着团簇半径 R_c 的增大而增大，如以 n^{-3} 的倍数增加。在 n 相对较低时，增长幅度很大，并且经常是周期性的。随后，其变化趋势变得平缓，且 A 趋近于功函数 Φ，这意味着分子到大块金属的转变（与式 1.7 相比），即

$$A_c=\Phi-\frac{5e^2}{8R_c} \tag{1.13}$$

对于 Co_n 和 Ni_n 团簇的研究显示，随着 n 的增大，首先导致电子光谱上 s 带和 d 带的宽化，随后合并为一个宽峰。电子亲和性和磁矩随着 n 的变化在 $n=5\sim10$（对于 Ni）和 15～20（对于 Co[64,65]）附近有断裂，分别接近金属中的通常配位数 8 和 12。

富勒烯分子 C_n 为准球形空心笼，允许正电荷和负电荷几乎理想地离域。因此，I_c 和 A_c 都随 $n^{-1/2}$（正比于笼的半径 R_c）线性变化。这些关系是对称的，因此平均值为 1/2 (I_c+A_c)，这与 Mulliken 的电负性相对应（见下文）。对于所有的富勒烯，其值基本保持在 5.2（2）eV 不变（图 1.4）。当 $n\to\infty$ 时，I_c 和 A_c 都相交于这个值，该值等于大块石墨的功函数 Φ[35,66]。这些观察结果与式 1.7 和式 1.13 相一致，似乎验证了 Miedema 等人的早期观点[67]，他们曾提出将 Φ 用于固体中金属（合金）电负性的测定。

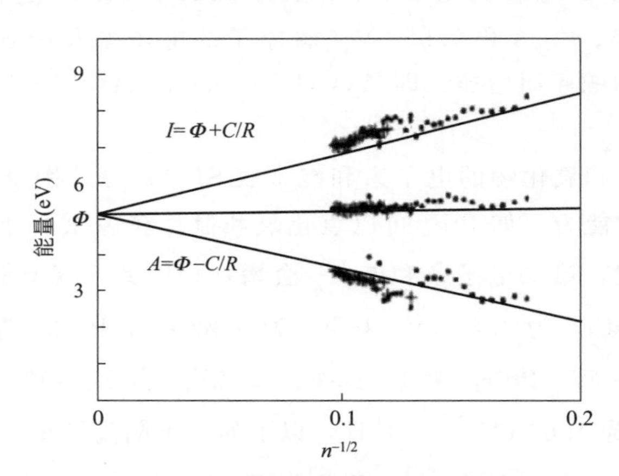

图 1.4　富勒烯的电离势和电子亲和能

（C_n 作为 n 的函数，经许可后由文献[35] 改编，2000 年后版权归美国化学学会所有）

固体的电子亲和能 A_s，定义为真空能 E_{vac} 和最小导带能量 E_c 间的差值。可以用功函数 Φ、Fermi 能级 E_F、价带上限 E_v 和带隙 E_g 来表达

$$A_s=E_{vac}-E_c=\Phi+(E_F-E_v)-E_g \tag{1.14}$$

在金属中 $E_g\approx0$，但在其他固体中，E_v 和 E_c 之间有不同的关系，所以 A_s 的值会与 Φ 不同。因此，在金刚石中，导带最小值约为 2.2 eV，对于（100）面和（111）面，电子亲和能分别约为 0.8 eV[68] 和 0.38 eV[69]，而碳的 Φ 等于 5.0 eV。人们认为固体氩 $A_s=-0.4$ eV[70]。

虽然，人们已广泛接受了 Miedema 方法，但它也有缺点。总体来说，小团簇的平均电

离势 I 和电子亲和能 A 与团簇尺寸之间的关系均是非线性的，因此，当 $n\to\infty$ 时[71]，不能通过简单外推实验值得到大块的功函数。此外，从最大团簇的性质外推得到大块固体的大块的功函数（即至少用 20 多个 n），这有多大的意义呢？最为重要的是，功函数（不管是如何确定的）是大块固体的性质，而电负性是原子的性质。因此，假设 $A_c=\Phi$ 与化学知识相违背。实际上，很多金属，如 Cu、Zn、Al、Sn、Cr、Fe 等，它们的 Φ 值高于卤族和氧族的电子亲和能。因此，应该能和饱和食盐水发生反应而释放出氯气。化学反应在原子间发生，而不是在块体之间发生。因此，应该可以区分出，这是原子的性质。因而，为了从 Φ 得到固体金属中原子的电子亲和能，有必要减去负电荷金属的原子化能，而这却是未知的。利用二次离子质谱（SIMS）技术，Wilson[72-74] 测定了几乎所有元素固态时的电子亲和能（A_s），这是通过阴离子（和阳离子以及中性粒子一起）从固体表面溅射出来，聚焦成离子束，并进行质量分析来实现的。结果显示（表 1.5），A_s 可以准确判断。例如，从同样性质完好的基质中溅射不同的元素。

表 1.5 固体元素的电子亲和能（eV）（依据 Wilson 的文献[72-74]）

Li	Be	B	C	N	O	F	Ne		
0.36	0.12	0.54	1.32	≈0	1.78	2.38	≈0		
Na	Mg	Al	Si	P	S	Cl	Ar		
0.28	≈0	0.41	1.10	1.10	2.07	2.5	≈0		
K	Ca	Sc	Ti	V	Cr	Mn	Fe	Co	Ni
0.24	0.18	0.21	0.19	0.30	0.32	≈0	0.34	0.57	0.7
Cu	Zn	Ga	Ge	As	Se	Br	Kr		
0.6	≈0	0.26	1.02	0.85	2.24	2.30	≈0		
Rb	Sr	Y	Zr	Nb	Mo	Tc	Ru	Rh	Pd
0.2	0.17	0.24	0.42	0.89	0.33		0.52	0.65	0.48
Ag	Cd	In	Sn	Sb	Te	I	Xe		
0.8	≈0	0.25	0.97	0.88	2.3	2.44	≈0		
Cs	Ba	La	Hf	Ta	W	Re	Os	Ir	Pt
	0.19	0.34	0.11	0.24	0.48	$<$0.12	0.66	1.31	1.70
Au	Hg	Tl	Pb	Bi		Th	U		
1.94	≈0	0.15	0.34	0.5		0.30	0.26		

1.1.3 有效核电荷

原子上的电子不仅被原子核吸引，同时还被其他电子所排斥，因此该电子不能完全地"感受"核引力。另一方面，一些原子具有正的电子亲和能，也就是说能够吸引一个电子，就好像它们拥有净的正电荷。因此，电子壳层不能完全地补偿核电荷 Z。所以，与之接近的电子得到有效核电荷（$Z^*>0$）的吸引。1930 年，Slater[37] 提出了这个问题的近似解。距离原子核半径 r 处的电子，被该半径所在球体的电子密度的引力所屏蔽。这不仅包括较低能级的电子，（在某种程度上）也包括与所考虑的电子处于同一能级的电子。因为每个电子轨道都有它的径向分布，并且可以穿透内部电子壳层。Slater 描述了每个电子拥有固定的屏蔽贡献（屏蔽常数），这仅取决于所考虑的电子的自身能级。本质上，电子离原子核越近，屏蔽核电荷越有效，即

$$Z^*=Z-S \tag{1.15}$$

其中，S 表示所有（相关）电子屏蔽贡献的总和。多年以来，在量子化学中，Slater 规则用来计算类氢的波函数，而在结构化学中，用来计算电负性、半径、磁化率以及其他原子性质。对于没有 d 电子的元素，这些规则最有效，但是对于过渡元素，结果相当不理想，尤其是与有效核电荷 Z^* 强烈相关的性质。

人们已做了诸多尝试，以便改善计算 Z^* 的方法，表明了这个问题对于理论化学的重要性[75-79]。人们的大多数尝试致力于得到对 d 和 f 电子更加适合的屏蔽常数，与实验数据相比，Slater 规则估计的屏蔽常数明显较大。大量工作得到的结果可总结为一个简单的规则，并列于表 1.6 中[80]。这与最近使用的最先进的量子力学计算结果吻合很好[81-85]。表 1.7 列出了基于这种方法计算得到的所有元素的基态有效核电荷。

表 1.6 计算有效核电荷的规则

电子,类型	电子屏蔽常数,σ		
	壳层	s,p	d,f
n(s,p)	$n-2$	1.00	0.95
	$n-1$	0.85[a]	0.70
	n	0.40	0.30
	$n+1$	0.10	0
n(d,f)	$n-2$	1.00	1.00
	$n-1$	0.95	0.80
	n	0.50	0.40
	$n+1$	0.20	0.10

注：a. 当同一层的 d 轨道完全或部分空缺电子；d、f 壳层全被电子占据时，$\sigma=0.95$

表 1.7 原子在基态时的有效核电荷（对于 H，$Z^*=1$）

Li 1.3	Be 1.9	B 2.5	C 3.1	N 3.7	O 4.3	F 4.9	Ne 5.5		
Na 2.2	Mg 2.8	Al 3.4	Si 4.0	P 4.6	S 5.2	Cl 5.8	Ar 6.4		
K 2.2	Ca 2.8	Sc 3.1	Ti 3.4	V 3.7	Cr 3.7	Mn 4.3	Fe 4.6	Co 4.9	Ni 5.2
Cu 4.4	Zn 5.0	Ga 5.6	Ge 6.2	As 6.8	Se 7.4	Br 8.0	Kr 8.6		
Rb 2.7	Sr 3.3	Y 3.6	Zr 3.9	Nb 3.9	Mo 4.2	Tc 4.8	Ru 4.8	Rh 5.1	Pd 4.3
Ag 4.9	Cd 5.5	In 6.1	Sn 6.7	Sb 7.3	Te 7.9	I 8.5	Xe 9.1		
Cs 2.7	Ba 3.3	La 3.6	Hf 4.6	Ta 4.9	W 5.2	Re 5.5	Os 5.8	Ir 6.1	Pt 6.1
Au 5.6	Hg 6.2	Tl 6.8	Pb 7.4	Bi 8.0	Po 8.6	At 9.2	Rn 9.8		

Waldron 等[86] 建议使用"屏蔽百分数"$(1-Z^*/Z)$ 作为核电荷分数的一个更明显的指标，它是来自于一个价电子的屏蔽。这些百分数展现出清晰的周期性趋势，以及与电离势、原子半径和电负性的相关性。

在 Bohr 理论中，电子能量（电离势）不仅取决于 Z^*，也取决于表征一个原子的电子壳层的有效主量子数 n^*，即

$$E=R(Z^*/n^*)^2 \tag{1.16}$$

其中，R 是里德堡（Rydberg）常数。按照 Slater 规则，对于 1～3 周期，n^* 与周期数 n 一致，而第 4、5 和 6 周期的值分别等于 3.7、4.0 和 4.2。因此，如果原子含有 d 电子，则 $n^*<n$。差异归因于 d 轨道的弥散（贯穿）特征。列于表 1.7 中的 Z^* 值对应于基态原子，而结构化学计算需要价态的 Z^*，并且只有对于氢原子、第 1 族金属和卤族，其基态和价态的值是完全相同的。价态的 Z^* 可以通过相同的法则来计算，但要将电子组态的变化考虑在内，比如 s^np^m 杂化，或是电子从 $(n-1)$d 到 ns 壳层的跃迁等。此外，这些 Z^* 适用于孤立原子，并且它们的值以相反的方式受化学成键的影响。一方面，价轨道的重叠提高了每个原子核周围总的电子密度，对该原子核的屏蔽更有效，从而降低了 Z^*。另一方面，两个原子的联合作用提高了重叠区域原子的 Z^*。相互抵消后，成键电子受到较高 Z^* 的影响，非键电子受到有效核电荷的影响，而有效核电的 Z^* 低于孤立原子的。显然，给定原子的有效核电荷的整数值在任何环境下保持不变。文献［87，88］报道了利用量子化学解释化学成键的原子对 Z^* 的相互影响。

电离势和电子亲和能广泛应用于结构化学中的半经验计算。然而，当处理多价元素时，通常只考虑 I_1 和 A_1，对于后者有正当的理由（如以上所解释的那些原因），而对于前者却不总是如此。通常的假定认为，基于 Glockler 方程和 I_1 计算，可以获得较高阶的电离势。不幸的是，随着元素的变化，式 1.3 的系数会有很大的差异。此外，若只使用第一电离势，不能通过调整计算来适应原子的实际价态。实际上，在 MX_n 分子中，金属的所有成键电子都是等价的。在晶体 MX 中（假定配位数≥4），两种元素的所有价电子可以包含在成键中，而且通过杂化，它们在性质上可以完全平均化。在这种情况下，所有价层电子的平均电离势 $\bar{I}$ 比 I_1 具有更多的信息[89]。下文将讨论 $\bar{I}$ 的应用。

1.2 原子的绝对大小

对于如何定义原子的大小，并没有一致的观点。作为量子化学中的研究对象，原子没有清晰的边界，没有确定的“大小”：孤立原子的电子密度只在无限远处变为零。然而，在离核几个埃米的范围内，能发现几乎所有的电子密度。所以，原子的有效大小在物理上是有意义的。此外，许多可度量的原子性质，如电离势、电子亲和能、极化率、反磁磁化率和原子电容，都与原子大小有关。因此，能从它们推导出一些有效原子大小，但对于不同的性质，原子大小是不同的，也不应该是相同的。人们已报道了基于量化计算的几种原子半径[90]，它们主要基于平均波函数而获得，而不是来自实验观测。量子力学能最精确地计算出轨道半径，即轨道电子与原子核的距离，在这个距离上，轨道电子以最大的概率❶被发现[91-99]。氢原子的轨道半径，即所谓的 Bohr 半径 $a_o=0.529177$ Å，

❶ 通常意义上的电子密度，即单位体积内的电子数，在这个区域没有最大值，它随着离原子核的距离的增加呈指数衰减。

也作为原子距离的单位（a. u.）。表 1.8 中列出了其他元素的轨道半径，这些值涉及最外占据轨道[91]。

表 1.8 原子外层（价）轨道的轨道半径（Å）

Li	Be	B	C	N	O	F			
1.586	1.040	0.776	0.620	0.521	0.450	0.396			
Na	Mg	Al	Si	P	S	Cl			
1.713	1.279	1.312	1.068	0.919	0.810	0.725			
K	Ca	Sc	Ti	V	Cr	Mn	Fe	Co	Ni
2.162	1.690	1.570	1.477	1.401	1.453	1.278	1.227	1.181	1.139
Cu	Zn	Ga	Ge	As	Se	Br			
1.191	1.065	1.254	1.090	1.001	0.918	0.851			
Rb	Sr	Y	Zr	Nb	Mo	Tc	Ru	Rh	Pd
2.287	2.836	1.693	1.593	1.589	1.520	1.391	1.410	1.364	1.318
Ag	Cd	In	Sn	Sb	Te	I			
1.286	1.184	1.382	1.240	1.193	1.111	1.044			
Cs	Ba	La	Hf	Ta	W	Re	Os	Ir	Pt
2.518	2.060	1.915	1.476	1.413	1.360	1.310	1.266	1.227	1.221
Au	Hg	Tl	Pb	Bi	Po	At			
1.187	1.126	1.319	1.215	1.295	1.212	1.146			

然而，在结构化学中，更重要的是用半径来描述原子的外边界，尽管这种描述并不全面。孤立原子的电子极化率 α 是与原子大小相关的性质（见上文）。因此，Nagle[100] 定义半径为 $r_a=\alpha^{1/3}$。Bohorquez 和 Boyd[90] 导出了原子半径 r_a 如下

$$r_a=a_0\sqrt{I_H/I} \tag{1.17}$$

式中，a_0 为 Bohr 半径；I_h 和 I 分别为氢和所考虑的元素的电离势。为了获得边界半径，这些半径可以乘上一个因子 3.024，通过自由 H 原子半径 1.60 Å（第 2 章）除以 a_0 获得。

由于孤立原子是通过化学键的解离产生的，可以利用状态方程（EOS），由解离边界[101] 处原子间距的临界值粗略地估算它们的半径[102]。

$$E(d)=E_o E^*(d^*) \tag{1.18}$$

式中，$E(d)$ 是与键长相关的键能；E_o 为平衡键能；参数 d^* 和 l（如下）为测量长度。由于 $P=-\partial E/\partial V$，能量的通用形式可表达如下

$$P=-(E_o/4\pi B_o r_{WS})E^{*\prime}d \tag{1.19}$$

式中，B_o 为大块模量；d 为原子间距离；$r_{WS}=(3V_o/4\pi)^{1/3}$ 为包含平均单位原子体积的 Wigner-Seitz 球的半径；V_o 为摩尔体积；$E^{*\prime}$为标度能量对 d^* 的导数，即标度力。式 1.18 和式 1.19 定量描述了包括所有类型的金属和共价凝聚分子的实验数据和第一性原理计算结果。这个状态方程曾用于确定负压（P_R），即需要将固体金属分散成自由原子的压力[103]。基于公式 $E=P\Delta V$，将 E 和 P 分别用原子化能 E_a 和 P_R 替换，则有下列关系

$$\Delta V_R=E_a/P_R \tag{1.20}$$

因此，若破坏化学键，需增加一个因子

$$q_R=\left(\frac{V_o+\Delta V_R}{V_o}\right)^{1/3} \tag{1.21}$$

表1.9中列出了由 E_a、B_o 和 P_R[103] 的实验值计算得到的 q_R，这里 $V_R=V_o+\Delta V_R$。

通用状态方程可用于估算沸腾温度 T_b 下金属中可能的最大原子间距，即当内聚能等于热能时，$E_{Tb}=RT_h$。基于条件 $E(d)=E_{Tb}$ 定义的 d^*，及已知的 l 和 d_o，键伸缩因子（表1.9）[101] 可以按下列公式求得

$$q_T=(d^*l+d_o)/d_o \tag{1.22}$$

表1.9 体积比（V_R/V_o）、热能（E_{Tb}，kJ/mol）以及负压（q_R）和沸腾（q_T）时的键拉伸因子

M	V_R/V_o	q_R	E_{Tb}	q_T	M	V_R/V_o	q_R	E_{Tb}	q_T
Li	5.378	1.75	13.43	1.75	Si	4.148	1.61	29.42	1.65
Na	4.329	1.63	9.61	1.64	Ge	3.975	1.58	25.82	1.62
K	4.022	1.59	8.58	1.56	Sn			23.90	1.49
Rb	3.847	1.57	7.99	1.52	Pb	2.839	1.42	16.81	1.42
Cs	3.914	1.58	7.85	1.54	V	3.601	1.53	30.60	1.53
Cu	3.389	1.50	23.57	1.46	Nb	3.511	1.52	41.71	1.54
Ag	2.968	1.44	20.25	1.40	Ta	3.458	1.51	47.65	1.52
Au	2.651	1.38	26.02	1.35	Cr	3.056	1.45	24.48	1.46
Be	4.383	1.64	22.80	1.60	Mo	3.025	1.45	40.84	1.44
Mg	3.041	1.45	11.33	1.42	W	3.147	1.46	48.46	1.46
Ca	3.756	1.55	14.61	1.50	Mn	3.110	1.46	19.40	1.41
Sr	3.564	1.53	13.76	1.48	Tc			42.82	1.42
Ba	3.872	1.57	18.04	1.50	Re	2.825	1.41	48.80	1.40
Zn	2.607	1.38	9.81	1.33	Fe	3.415	1.51	25.06	1.50
Cd	2.396	1.34	8.65	1.29	Co	3.346	1.50	26.61	1.47
Hg			5.24	1.26	Ni	3.306	1.49	26.49	1.49
Sc			25.85	1.52	Ru	2.882	1.42	36.77	1.42
Y	3.962	1.58	30.00	1.56	Rh	3.087	1.46	32.99	1.42
La			31.07	1.73	Pd	2.826	1.41	26.90	1.37
Al	3.707	1.55	23.21	1.50	Os	2.986	1.44	43.94	1.41
Ga			20.59	1.55	Ir	2.761	1.40	39.09	1.39
In	3.451	1.51	19.50	1.46	Pt	2.790	1.41	34.07	1.39
Tl	3.155	1.47	14.52	1.40	Th	4.122	1.60	42.08	1.57
Ti	3.686	1.54	29.6	1.52	U			36.62	1.50
Zr	3.974	1.58	38.93	1.55					
Hf	3.542	1.52	40.54	1.52					

平均值 $q_R=1.50$（8）和 $q_T=1.48$（9）是相等的，从而可用于定义孤立原子的半径体系，$r_M\times q$。这里，r_M 为金属中 M—M 距离的一半。表 S1.6 包含了由上述方法获得的半径，即 $r=\sqrt[3]{\alpha}$，这其中也有以下的考虑。在一级近似中，尽管实际上总是存在外壳层的互相贯穿，但是也可以估算自由原子半径（r_m）的下限，即假定最高占据轨道的延伸得没有最低未占据轨道的远。既然轨道半径取决于主原子数 n，即

$$r_o=a_o\frac{n^2}{Z^*} \tag{1.23}$$

其中，n 表示最高占据轨道。这里忽略 Z^* 小的变化，即

$$r_m=r_o\left(\frac{n+1}{n}\right)^2 \tag{1.24}$$

用共价半径取代 r_o（见 1.4.1 节），并用 $k=0.9+0.05n$[37] 乘以式 1.24 的右边部分，以便将最大电子密度处的半径 r_o 转变为最小时的半径 r_m，而 r_m 可看作原子的边界。表 S1.6 中列出了这些结果。由于计算自由原子半径的方法存在差异，目前，只能获得误差范围为 0.1 Å 的平均值（表 1.10）。

表 1.10　孤立原子的半径（Å）

Li	Be	B	C	N	O	F			
2.7	1.9	1.9	1.7	1.6	1.6	1.5			
Na	Mg	Al	Si	P	S	Cl			
2.9	2.3	2.2	1.95	1.8	1.7	1.6			
K	Ca	Sc	Ti	V	Cr	Mn	Fe	Co	Ni
3.3	2.8	2.45	2.3	2.2	2.1	2.05	2.0	1.95	1.9
Cu	Zn	Ga	Ge	As	Se	Br			
2.0	1.9	2.1	2.0	1.8	1.8	1.7			
Rb	Sr	Y	Zr	Nb	Mo	Tc	Ru	Rh	Pd
3.4	2.9	2.65	2.45	2.3	2.2	2.1	2.05	2.0	2.0
Ag	Cd	In	Sn	Sb	Te	I			
2.1	2.0	2.3	2.15	2.05	2.0	1.9			
Cs	Ba	La	Hf	Ta	W	Re	Os	Ir	Pt
3.7	3.1	2.9	2.4	2.25	2.1	2.05	2.0	1.95	1.9
Au	Hg	Tl	Pb	Bi	Th	U			
2.0	1.9	2.25	2.2	2.2	2.8	2.5			

1.3 分子和晶体中的原子半径

1.3.1 历史背景

在 1920 年，Bragg[104] 提出了原子半径的概念，他根据当时已知的少量结构估算出约 40 种原子的半径。随后，Slater[105] 使用更广泛的实验基础数据（不同化学类型的 1200 个晶体结构）编辑了 95 种元素的原子半径表。该表描述了在元素和无机化合物的连续固体中观测到的键长，其平均精度为 0.12 Å。Slater 澄清了原子半径的物理意义，并提出它与轨道半径（见表 1.8）之间的相似性（相关性），而轨道半径是原子核与成键轨道最大电子密度处之间的距离。

应该注意的是，术语“半径”意味着原子被当成硬球，当原子成键时它们相切，但不能互相贯穿或变形。这个概念显然与量子力学的概念相冲突，因为原子的电子云没有清晰的边界，必须通过相互重叠来形成化学键。然而，必须牢记的是，①阻止原子进一步靠近而排斥，主要归因于 Pauli 不相容原理，即禁止具有相同自旋的电子占据相同的空间；②原子的电子云（除了 H 和 He）包含两个不同的部分——致密的核和相当弥散的共价电子云，在两者之间电子密度存在突变（图 1.5）。由于这些原因，排斥力随着 d 的降低而迅速增加。化学键连的原子的价电子层的重叠，在电子密度不超过最大值约 10％的区域[37] 内实际上是受限制的。此外，由于内层电子不受化学键的影响，对于给定的元素，原子半径在一级近似中可考虑为一个常数，不随固体组分和结构而变化。

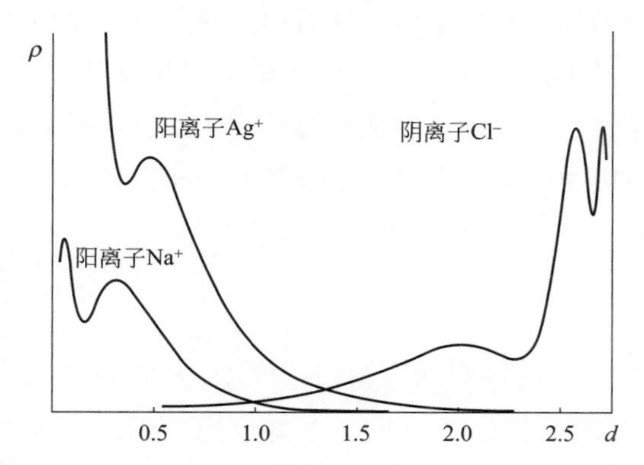

图 1.5 AgCl 和 NaCl 晶体中离子的电子密度径向分布 ρ 与原子间距离 d(Å) 的关系曲线

随着结构数据越来越丰富和准确，键距在很大程度上受到结构和键类型的影响。因此，原子半径的普遍系统被许多特定的系统所取代，每一个系统都旨在描述一个特定的化学或结构类别。如今，人们可以在文献中发现各种令人困惑的这类系统，并常常会导致数据不一致或错误的使用。实际上，这些半径有两个用途：粗略预测未知结构中的键距（例如，当从衍射数据中求解晶体结构时），或提供“理想”键的标准长度，将其与实验值进行比较，可以得到某些成键特性。对于前一个目的，一系列的半径数据足以描述一组相似结构中的距离，并有中等的精度。对于后者，不管是理论的（第一性原理）还是经验的（接近理想类型的结构），不仅需要更加精确的半径值，还需要实验的验证。键距和从恰当键距导出的半径之间的一致性很好。

首先，原子半径可分为金属半径和共价半径，与前者不同，后者适用于所有结构。这些结构在性质上有很大的差异，不同的作者获得的半径差别很大，这取决于所使用的数据库和所做的简化假设。事实上，金属键和共价键从根本上是相似的，它们都表明了共价电子的完全共享。实际上，非取向的共价键经常用于描述金属成键。正如以下将要描述的，在金属半径和共价半径的所有系统之间是基本统一的。它们之间大多数的差异都应归因于配位数（N_c）、键极性和化合价（氧化态）的差异。原子半径总是随着 N_c 增大而增大，这种增大与电离势的同时降低是相关的。

固体中 Z^* 的降低是由配位层中原子间多粒子（额外的价）的相互作用导致的，这可以用外部的屏蔽来描述[106]，即

$$\Delta Z^* = s(N_c - v)\frac{r_1}{2r_N} \tag{1.25}$$

其中，r_1 为 $N_c=1$ 时的正常半径，r 为配位层中距离最近原子的距离，而 s 为额外屏蔽常数，对于 s 电子和 p 电子等于 0.10[37]。然后，基于式 1.23，上式可改写为

$$r_N/r_1 = Z^*/(Z^* - \Delta Z^*) = 1 + c/Z^* \tag{1.26}$$

其中，$c=0.1$ ($N_c - v$) /2。式 1.26 考虑了给定原子的大小和电子结构，下文中，将用于

计算不同配位数的原子半径。

在量子化学中，可对原子半径的经验性概念进行解释。因此，从头算方法的计算已显示，原子电子密度的径向函数具有最小值，这对内（核）外（价电子）区域都给出了具有物理学意义的边界[107-112]。对于许多元素，已经计算了当化学势等于一个自由原子的静电势时的原子核间距，并已证实它与共价半径成正比[113]。Bader 建立了分子中原子（AIM）的一般理论，该理论显示了用物理上有意义的边界面对分子或固体中的原子进行划分，而不是将其看成延展到无穷远处[114-117]。

1.3.2 金属半径

金属晶体通常采取 $N_c=8$ 的体心立方结构，或 $N_c=12$ 的球密堆积的各种模块（见第 5 章）。Goldschmidt 计算了第一套金属半径，它简单地以后者中最短原子间距的一半进行计算[118]。

对于其他的 N_c 引入了相关因子，该因子来源于多晶型相变过程中实际观测到的原子间距离的差值。Slater 计算了 $N_c=12$ 时的金属半径和原子半径，表 1.11 中给出了这些完整系统的数据。

表 1.11 原子半径[105]（上一行）和金属半径[119-121]（下一行）(Å)

Li 1.45 1.55	Be 1.05 1.12	B 0.85 0.98	C 0.70	N 0.65	O 0.60	F 0.50			
Na 1.80 1.90	Mg 1.50 1.60	Al 1.25 1.43	Si 1.10 1.37	P 1.00 1.28	S 1.00 1.27	Cl 1.00 1.26			
K 2.20 2.35	Ca 1.80 1.97	Sc 1.60 1.62	Ti 1.40 1.47	V 1.35 1.34	Cr 1.40 1.28	Mn 1.40 1.27	Fe 1.40 1.26	Co 1.35 1.25	Ni 1.35 1.24
Cu 1.35 1.28	Zn 1.35 1.38	Ga 1.30 1.40	Ge 1.25 1.44	As 1.15 1.48	Se 1.15 1.40	Br 1.15 1.41			
Rb 2.35 2.48	Sr 2.00 2.15	Y 1.80 1.80	Zr 1.55 1.60	Nb 1.45 1.46	Mo 1.45 1.39	Tc 1.35 1.36	Ru 1.30 1.34	Rh 1.35 1.34	Pd 1.40 1.37
Ag 1.60 1.44	Cd 1.55 1.51	In 1.55 1.58	Sn 1.45 1.62	Sb 1.45 1.66	Te 1.40 1.60	I 1.40 1.62			
Cs 2.60 2.67	Ba 2.15 2.21	La 1.95 1.87	Hf 1.55 1.58	Ta 1.45 1.46	W 1.35 1.39	Re 1.35 1.37	Os 1.30 1.35	Ir 1.35 1.35	Pt 1.35 1.38
Au 1.35 1.44	Hg 1.50 1.51	Tl 1.90 1.60	Pb 1.80 1.70	Bi 1.60 1.78	Po 1.90				

有些金属（例如，Mn、U、Np、Pu）具有较少对称性的结构，它们的键长变化很大，

而且原子有不同的配位数。因此，Zachariasen[122] 提出，由（实验上）每个原子的晶体体积（V_a）推导出平均金属半径，即

$$r_{12}=0.5612V_a^{1/3} \tag{1.27}$$

由此，获得 d 金属以及最重要的镧系和锕系的金属半径（表 S1.6）。之后，Tromel 使用了公式 1.27[123,124]。

值得注意的是，对于大多数元素，中性原子的电子组态与原子数是一个不确定的函数关系。在锕系中，5f、6d 和 7s 能级在能量上如此接近，以至于相同元素的不同多晶型相变（其他相）会有不同的电子组态。这对半径的影响很大，因为它和总的外层非 f 电子数（N_e）相关[122]。在镧系中，Ce 有相同的情况。它在 α 相时 $N_e=4$，在 β 和 γ 相（$r=1.827$ 和 1.824 Å）时 $N_e=3$。大多数的镧系元素 $N_e=3$，半径在 1.747～1.828 Å 范围内变化。而对于 Eu，$N_e=2$、$r=2.041$ Å。

如果将金属的结构看成是刚性球体原子的排列，而该类球体彼此相切，这些球体占据晶体空间的百分比（晶体堆积系数）按下式计算，即

$$\rho=\frac{4}{3}\pi r^3/V_a \tag{1.28}$$

式中，V_a 为每个原子所占的单胞体积；ρ 为堆砌系数，随 N_c 的增加而增加，而 r 也增加。对于这个明显悖论的解释是，“对角”（第二小的）距离 l 变得相对更短了（见图 1.6）。因此，对于石墨 $l/d=2.362$，金刚石为 1.633，β-Sn（白锡）为 1.366，*bcc* 和 *fcc* 结构分别为 1.155 和 1.000[125]。具有相同 N_c 的结构，基本上会有不同的 ρ。比较白锡（$\rho=0.52$）和 α-Po（$\rho=0.56$）的结构，两者都有 $N_c=6$。相对于最密堆积时的 0.74，等价球体的随机排布具有平均值 $\rho=0.64$[126]。然而，不同半径球体能实现更加密集的堆积模式，即较小的球填充在大球的间隙中[127]。

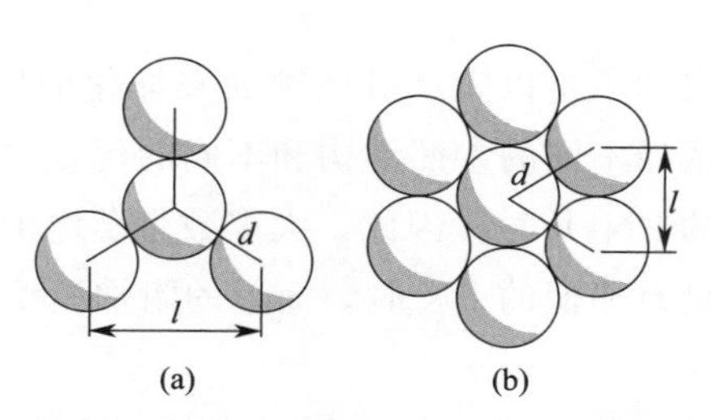

图 1.6 同核原子球堆积的结构表示：三角堆积平面图（a），$l=2.362d$，紧密堆积物质的横截面（b）（$l=d$）

堆砌系数 ρ 不应该与分子晶体中的空间填充系数 k 相混淆，它是基于原子在范德华半径范围内互相接触的假设进行计算的，其值远大于成键半径（见 4.3 节）。实际上，与单独的分子、链或层（如石墨）相比，晶体中每个原子均有两种接触方式，分别描述为金属/共价和范德华半径。在这种情况下，“半径”的概念不应该按字面上去理解。因此，P、As、Sb 和 Bi（$N_c=3$）的晶体结构具有 $\rho=0.23$，但 $k\approx0.7$。

1.3.3 共价半径

共价半径广泛使用的三种类型为标准的（r_{nor}）、四面体的（r_{te}）和八面体的（r_{oc}）。r_{nor} 定义为 $N_c=v$ 的同原子分子中单键距离的一半，r_{te} 为金刚石类结构中键长的一半，因此，对于四价元素 $r_{nor}=r_{te}$。Huggins 和 Pauling 最早提出了四面体和八面体半径体系[128-135]，他们观察到，对于非金属有 $r_{te}\leqslant r_{nor}$，而金属有 $r_{te}>r_{nor}$。这种差异可以定性的由以下事实来解释。金属的外层电子少于 4，因此 N_c 从 1 增加到 4，必然会降低每个键的电子数，而非金属拥有足够的外层电子来供给这种键。

首先，r_{te} 和 r_{oc} 只针对元素进行计算，而且它们对应的配位更典型，如对于第 11～17 族和 Be 用 r_{te}，而其他用 r_{oc}。随后，Van Vechten 和 Phillips[136] 确定了相同元素的 r_{te} 和 r_{oc}，观察到常常是 $r_{te}<r_{oc}$。并且，两个半径中的一个在以下元素系列中几乎保持不变，①Si、P、S、Cl；②Cu、Zn、Ga、Ge、As、Se、Br；③Ag、Cd、In、Sn、Te、I。可能的原因是在周期表的一个周期中，电子间排斥的增加补偿了 Z^* 的增加。值得注意的是，由 Pauling 和 Phillips 推导出的 r_{te} 系统存在很大差异，这与不同作者发表的 r_{nor} 差异很大是一样的[132,137-142]。这是因为半径的加和性只适用于共价（非极性）键，而极性键是较短的。Schomaker 和 Stevenson[133] 意识到的这种趋势，可以用以下方程来描述，即

$$d=r_A+r_B-0.09\Delta\chi \tag{1.29}$$

$$d=r_A+r_B-0.085\Delta\chi^{1.4} \tag{1.30}$$

$$d=r_A+r_B-a\Delta\chi-0.08\lg n \tag{1.31}$$

此处，d 为 A—B 键的长度，n 为键序，$\Delta\chi$ 为 A 和 B 原子间电负性（EN，Pauling 的标度）的差值，r_A 和 r_B 为这些原子的共价半径。对于不同的元素，因子 a 在 0.02～0.08 变化。

现在很清楚，共价半径之和不足以表示极性键的多样化的原因。优化半径只能“调整”体系的极性到一定范围内。选择不同的参照结构和不同的优化过程，r 值也将随之不同，尤其是包含金属原子（具有低的 ENs）时。因此，大多数带负电的原子的 Slater 原子半径都被低估了。然而，在所有原子具有相似的 EN 时，简单的附加模型能够起作用，如许多有机分子中的那样。

通过使用目前大量可用的结构数据，Batsanov[143-145] 全面地修正了共价半径系统。标准半径尽可能地直接从同原子分子、单质固体或包含同原子成分的化合物的原子间距离中推导出来。所使用的杂原子的键距，只是金属烷基和金属氢化物中 M—CH_3 和 M—H 的键距，它们具有金属-配体单键的最小极性。这些值与通过同原子键距获得的值也是非常一致的，Na 是个例外，因为它的“杂原子”的半径只比“同原子”的大 0.1 Å。这可能是由于成键电子的 sp 杂化，而且 p 电子的轨道半径比 s 的要大 0.25 Å。从 M—C 和 M—H 距离推导出的共价半径存在较小的差异，尤其是用式 1.29 对极性进行校正的情况。最近，Pyykko 和 Atsumi[146] 提出了单键（标准）共价半径的自洽体系，他们是根据 $Z=1\sim118$ 的所有元素的实验（E—E、E—H 和 E—CH_3 距离）和理论数据推导出来的。Cordero 等人[147] 根

据晶体学数据统计分析了 $Z=1\sim96$ 的元素，对于实验数据仍然缺失的一些元素（如稀有气体）的半径，由这些半径的大概周期性关系进行插值分析获得。通过考虑轨道杂化和未成对电子（表 S1.7）的影响，确定了 r_{nor} 与原子氧化态的关系，其结果[148] 与实验值是一致的。

八面体和四面体共价半径，可通过对应 N_c 结构的加和性获得，也可用 Pauling 方程[119] 的 r_{nor} 推导出来，该方程将键距转换为半径，即

$$r_1-r_n=c\ln n \tag{1.32}$$

并假设键级 n 等于对应配位数 N_c 的共价比 v（见 5.5 节）。缺点是对所有原子进行统一的校正，与它们的大小和电子结构是无关的，尽管已知 r_{te} 和 r_{oc} 与原子的电子结构相关[130]。因此，式 1.32 中的 c 因子变化很大，它取决于化合物的类型[149]。如果结构类型发生改变，原子间距的比值能给出更有信息量的结果[2]。因为这些原因，考虑当 N_c 发生变化时影响共价半径的两个因素，式 1.26 更有利于计算 r_{te} 和 r_{oc} 值。表 1.12 中列出了这些计算结果[150]。如表 1.13 所示，可通过共价半径的特殊系统来描述双键和三键的键长。

表 1.12 标准（上一行）和结晶[a]（下一行）的共价半径（Å）

Li	Be	B	C	N	O	F	H		
1.33	1.02	0.85	0.77	0.73[b]	0.72[b]	0.71[b]	0.37[b]		
1.58	1.07	0.87	0.77	0.74	0.75[c]	0.75[c]	0.46[c]		
Na	Mg	Al	Si	P	S	Cl			
1.65	1.39	1.26	1.16	1.11	1.03	0.99			
1.84	1.49	1.28	1.16	1.12	1.07[c]	1.03[c]			
K	Ca	Sc	Ti	V	Cr	Mn	Fe	Co	Ni
1.96	1.71	1.48	1.36	1.34	1.22	1.19	1.16	1.11	1.10
2.18	1.83	1.55	1.40	1.39	1.27	1.24	1.21	1.16	1.14
Cu	Zn	Ga	Ge	As	Se	Br			
1.12	1.18	1.24	1.21	1.21	1.16	1.14			
1.16	1.20	1.25	1.21	1.22	1.19[c]	1.18[c]			
Rb	Sr	Y	Zr	Nb	Mo	Tc	Ru	Rh	Pd
2.10	1.85	1.63	1.54	1.47	1.38	1.28	1.25	1.25	1.20
2.29	1.96	1.70	1.58	1.53	1.41	1.31	1.30	1.30	1.26
Ag	Cd	In	Sn	Sb	Te	I			
1.28	1.36	1.42	1.40	1.40	1.36	1.33			
1.32	1.38	1.43	1.46	1.41	1.39[c]	1.37[c]			
Cs	Ba	La	Hf	Ta	W	Re	Os	Ir	Pt
2.32	1.96	1.80	1.52	1.46	1.37	1.31	1.29	1.22	1.23
2.53	2.08	1.88	1.55	1.50	1.40	1.33	1.33	1.26	1.27
Au	Hg	Tl	Pb	Bi	Po	At	Ac	Th	U
1.24	1.33	1.44	1.44	1.51	1.45	1.47	1.86	1.75	1.70
1.27	1.35	1.45	1.44	1.52	1.48[c]	1.51[c]	1.94	1.79	1.75

注：a. r_{te} 是第 11～17 族元素及 Be 原子的半径，r_{oc} 是其他原子的半径；b. 推导为 $1/2d$(A—A)，即假设纯的共价单键；c. r_{oc}，对于这些原子 $r_{te}=r_{nor}+0.02$ Å

表 1.13 双键（上一行）和三键（下一行）的共价半径（Å）（来源于文献[2，151，152]）

Be 0.90 0.85	B 0.78 0.73	C 0.67 0.60	N 0.62 0.55	O 0.60	F 0.54			
Mg 1.32 1.27	Al 1.13 1.11	Si 1.07 1.02	P 1.02 0.94	S 0.94 0.87	Cl 0.89			
Ca 1.47 1.33	Sc 1.16	Ti 1.23 0.97	V 1.12 1.06	Cr 1.11 1.03	Mn 1.05	Fe 1.09 1.02	Co 1.03 0.96	Ni 1.01
Zn	Ga 1.17 1.03	Ge 1.13 1.06	As 1.14 1.06	Se 1.08	Br 1.04			
Sr 1.57 1.39	Y 1.30 1.24	Zr 1.27 1.21	Nb 1.25 1.16	Mo 1.21 1.13	Tc 1.20 1.10	Ru 1.14 1.30	Rh 1.10 1.30	Pd 1.17 1.12
Cd	In 1.36	Sn 1.30	Sb 1.33 1.17	Te 1.28	I 1.23			
Ba 1.61 1.49	La 1.39	Hf 1.28 1.22	Ta 1.26 1.19	W 1.20 1.15	Re 1.19 1.10	Os 1.16 1.09	Ir 1.15 1.07	Pt 1.12
Hg	Tl 1.42	Pb 1.35	Bi 1.41 1.33	Po 1.35	At 1.38	Ac 1.53 1.40	Th 1.43 1.36	U 1.34 1.18

1.4 分子和晶体中的离子半径

自 20 世纪初期 X 射线晶体学出现以来，就可得到高度极化的化合物的晶体结构，例如金属卤化物或氧化物，可方便地描述为具有闭壳层的刚性球离子的密堆积。在一级近似中，对于给定的元素和电荷，离子的半径为常数，且与环境无关。因此，键距就是元素特定的增量之和。根据经验，在 Pauling 规则（见 2.4 节）中，当两种元素的电负性差异$\geqslant 2$时，离子模型适用性较好（即键距的加和性成立）。实际上，在这些化合物中，甚至存在一部分明显的共价键。与纯粹的共价键不同的是，纯粹的离子键只是一个在等离子体中存在的理想的典型孤立离子。与极性共价模型相对应，离子模型经常应用于极性不大的化合物，键长用共价半径的和来表达，再减去极性的校正部分。

1.4.1 估算离子半径的方法

通过结构中最短同核原子之间距离的一半，可以简单地计算共价半径。因为在离子结构中，相似电荷的离子从来都不是最邻近的，所以获得离子半径是很困难的。因此，至少有一个（参考的）半径是通过其他方法获得的。如果在一系列离子型二元固体中，相同的阴离子与半径逐渐减小的阳离子结合，阴离子-阴离子距离缩小到特定的点，然后随着阳离子进一步缩小而不再变小。可以假设，从这一点上来看，结构仅仅被定义为阴离子的密堆积结构（阳离子占据间隙部分），而它们的半径可以定义为最短阴离子-阴离子距离的一半。Landé[153] 用这个假设推导出离子半径的第一个系统，包含 F^- 1.31、Cl^- 1.78、Br^- 1.96、I^- 2.13、O^{2-} 1.31、S^{2-} 1.84、Se^{2-} 1.92 和 Te^{2-} 2.26 Å。Ladd[154] 继承了 Landé 的想法，并完成了一套更广泛的离子半径系统。其缺陷是，最小的阳离子具有最高的 ENs，因此关键半径是由带有最小离子键特征的结构测定的。另一种方法，Wasastjerna[155,156] 计算了第1、2族金属阳离子的半径，按照 Klausius-Mossotti 理论，由它们的极化率推导出 O^{2-}（1.32 Å）和 F^-（1.33 Å）的半径。Kordes[157,158] 进一步发展了这种方法，他所获得的 O^{2-} 和 F^- 的半径分别为 1.35 Å 和 1.38 Å。而 Vieillard[159] 由它们的电子极化率计算了离子半径，对于 O^{2-} 为 1.49 Å。

Goldschmidt[160] 从观测到的晶体中的原子距离，建立了纯经验的离子半径系统，并使用 O^{2-} 的 Wasastjerna 半径作为参照。虽然，对它进行改善的试验从未停止过，但是很长一段时间以来，都认为这一体系是无可置疑的。因此，Zachariasen[161,162] 使用更广泛的实验数据，并以 F^-（1.33 Å）、Cl^-（1.81 Å）和 O^{2-}（1.40 Å）的半径为参照，重新计算了离子半径。针对锕系元素[163]，也提出了另一套离子半径系统。Shannon 和 Prewitt[164-168] 针对二元和三元离子化合物庞大的结构数据，使用最小二乘法优化了半径。并假设当 $N_c=6$ 时，$r(O^{2-})=1.40$ Å，$r(F^-)=1.33$ Å，使用理论估算了多电荷离子[169,170] 的半径。目前通常使用这个系统（表 S1.7）。它给出了固体中出现的不同配位数的阳离子半径。Shannon 和 Prewitt 认为，阴离子半径对 N_c 的相关性小于阳离子的，或者，当非金属的共价半径的影响小于金属的时候，根本就不是同样的方式。与相应中性原子的共价半径相比，阳离子半径（r^+）更小，而阴离子半径（r^-）更大（除了 Au^+ 和 Tl^+）。与此同时，根据 Pauling 和 Zachariasen 的离子模型，阴离子和阳离子的半径都随 N_c 的增加而增加，遵循 Born 指数的函数关系。对于 He、Li^+、H^- 等于 5，对于 Ne、Na^+、F^- 等于 7，对于 Ar、K^+、Gu^+、Cl^- 等于 9，对于 Kr、Rb^+、Ag^+、Br^- 等于 10，对于 Xe、Cs^+、Au^+ 等于 12。对于混合离子类型的晶体，使用平均的 n 值。通过对不同配位数的结构中键距的比较，揭示了随着 N_c 的增加，多晶型相变过程中原子间分离的差异性按如下顺序连续扩大：MCl→MI，MS→MTe，MP→MSb。然而，当阳离子半径仅受 N_c 的影响时，将保持不变。根据键价方程，遵循相似的结论，即

$$v_{ij}=\exp[(R_{ij}-d_{ij})/b] \tag{1.33}$$

其中，v_{ij} 为原子 i 和 j 的键价；$b=0.37$；R_{ij} 为键价参数。在上述体系[171] 中，这个参数随着 j 的变化而变化，尽管根据 Shannon 和 Prewitt 的理论没有这种关系。

Pauling[172] 根据原子半径与有效核电荷成反比的关系（与式 1.23 一致），在含有等电子离子（即 Na^+F^-、K^+Cl^-、Rb^+Br^- 和 Cs^+I^-）的碱卤化物晶体中划分了原子间距离，从而对离子半径进行了第一次理论估算，并得到下列半径：K^+ 1.33、Cl^- 1.81、Rb^+ 1.48、Br^- 1.95、Cs^+ 1.69、I^- 2.13 Å。F^-（1.36 Å）和 O^{2-}（1.40 Å）的半径由加和性推导获得。这些值和经验半径相吻合，特别与 Brown[173] 的最新系统吻合较好。Batsanov[174] 将 Pauling 的想法应用于分子和晶体岩盐 MX_n（具有等电子的 M^{n+} 和 X^- 离子）中，并计算了不同 N_c 的卤化物的半径。这种方法也同样应用于分子的和晶态的等电子氧化物和硫化物中（表 1.14）。

表 1.14　对于不同 N_c 的阴离子半径（Å）（由 Pauling 的计算方法得到）

N_c	1	2	3	4	6	8
F	1.09	1.18	1.24		1.36	1.39
Cl	1.48	1.60	1.66		1.81	1.88
Br	1.59	1.65		1.85	1.92	1.99
I	1.79		2.01	2.12	2.13	2.20
O	1.19	1.17	1.30	1.35	1.44	1.56
S	1.52		1.76		1.86	1.98
Se			1.75		1.92	2.03
Te			1.84		2.13	2.25

然而，一般考虑的是离子半径与键能的关系（图 1.7）。例如，在 KCl、$CaCl_2$ 和 $ScCl_3$ 分子中，N_c（Cl）保持为 1，但 r（Cl）变为 1.542、1.489、1.451 Å，这是由于键能（分别为 433、448 和 470 kJ/mol）的增加导致的。相似的，即使 N_c 从复合物中的 1 变为固体中的 6 和 8[174]，范德华复合物 M^+Rg 和 X^-Rg 中的离子半径大于固体中的相应半径。

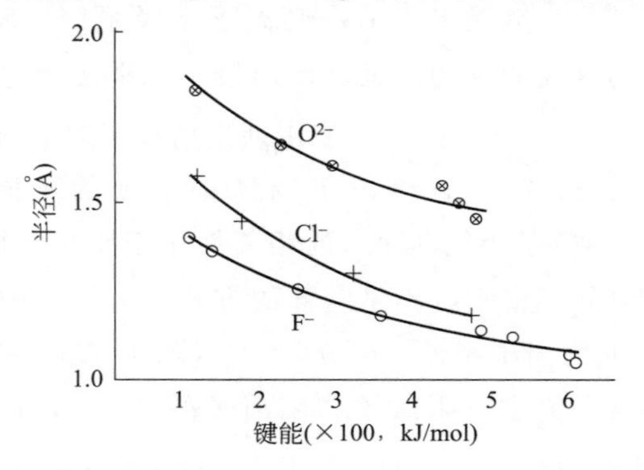

图 1.7　分子和晶体（NaF，MgF_2，AlF_3；SiF_4，KCl，$CaCl_2$，$ScCl_3$；Na_2O，MgO，Al_2O_3，SiO_2）中离子半径与键能的关系

对于分子和晶体岩盐，有相同的关系 $r(X^-)=f(E)$，在键能已知的情况下，可以确定非等电子离子的半径。表 1.15 列出了 MX 分子和晶体的离子半径。从表中可看出，阳离子和阴离子半径随 N_c 的变化遵循相似的规律。根据分子离子解离过程中 $X_2^- \rightarrow X^- + X$ 的 Morse 势能曲线（由光谱数据计算获得），并假设共价和离子半径具有加和性，计算获得了 F^-（1.21 Å）、Cl^-（1.63 Å）、Br^-（1.71 Å）和 I^-（1.90 Å）的半径[175]。这些值比 Pauling 方法计算的半径要大 0.07 Å，而 Pauling 方法是根据 NaF、KCl、RbBr 和 CsI 分子中的键长进行计算的。信息的其他来源是离子范德华配合物的结构。因此，由 Ar·AgCl 和 Ar·AgBr 中的 Ar—Ag 距离得到 $r(Ag^+)=0.65$ Å[176]。

一个计算离子半径的独立方法[177] 使用了原子电负性（见 2.4.5 节）平均化的 Sanderson 原理，结果显示，金属半径随键极性 i 的增加而迅速减小（见图 1.8），所以，即使在 $i=70\%$时，半径也接近于阳离子半径。这就解释了为什么离子半径可以正确地预测原子间的距离，即使是在键的性质远不是完全离子型的无机化合物中。从图 1.8 中可以明显地看出，键极性的增加，导致以共价为主导的（例如有机的）化合物（见式 1.26）中的键长的减小，但会引起离子型占主导的化合物中的键长的增加[178]。

表 1.15 分子和晶体中的离子半径（Å）[由 $r(X^-)=f(E)$ 得到]

类型	M	F r^+	F r^-	Cl r^+	Cl r^-	Br r^+	Br r^-	I r^+	I r^-
分子	Li	0.48	1.08	0.55	1.47	0.57	1.60	0.58	1.82
	Na	0.79	1.14	0.85	1.51	0.88	1.62	0.90	1.84
	K	1.06	1.11	1.13	1.54	1.21	1.61	1.20	1.85
	Rb	1.16	1.11	1.29	1.50	1.30	1.64	1.32	1.85
	Cs	1.24	1.10	1.42	1.49	1.45	1.61	1.48	1.84
晶体	Li	0.67	1.34	0.76	1.80	0.85	1.90	0.87	2.16
	Na	0.94	1.36	0.99	1.82	1.05	1.93	1.06	2.17
	K	1.30	1.36	1.31	1.81	1.36	1.93	1.37	2.16
	Rb	1.46	1.35	1.46	1.82	1.52	1.92	1.50	2.16
	Cs	1.64	1.37	1.62	1.85	1.68	1.93	1.71	2.13
	M	O r^{2+}	O r^{2-}	S r^{2+}	S r^{2-}	Se r^{2+}	Se r^{2-}	Te r^{2+}	Te r^{2-}
晶体	Mg	0.67	1.44	0.68	1.92	0.74	1.99	0.73	2.23
	Ca	0.96	1.44	0.98	1.86	1.04	1.92	1.01	2.17
	Sr	1.14	1.44	1.15	1.86	1.20	1.92	1.16	2.17
	Ba	1.33	1.44	1.33	1.86	1.39	1.90	1.37	2.13

所有这些方法都基于硬离子的概念。然而，在实际中必须考虑极化效应。Fajans[179-181] 建立了离子极化的理论，解释了阳离子半径的减小是怎样导致原子间距的缩短，因为有如下关系存在

$$d^k(\mathrm{M-X})<r^k(\mathrm{M})+r^k(\mathrm{X})$$

当 $k>1$ 时，可用 k 的变化描述极化效应。对于碱金属卤化物晶体，当 $k=5/3$ 时，假设离子球体发生实质性的变形（重叠），能得到与实验值最一致的结果。因此，将这种方法称为“软球半径”[182]。碱金属卤化物的分子和晶体中，人们已发现[183] 离子半径之和与实际原子间距离的差值是与解离能以及离子电荷相关的。

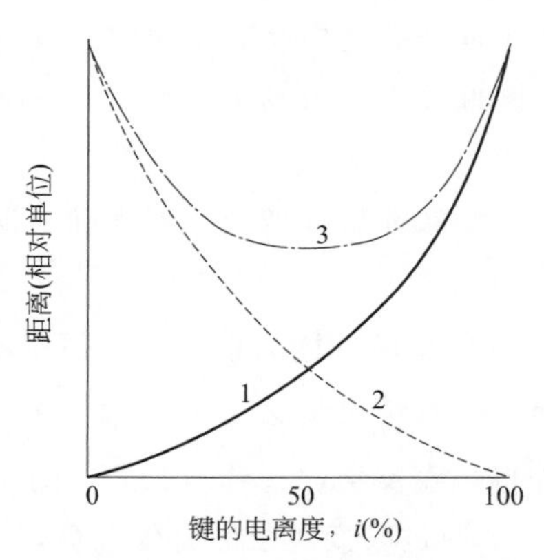

图 1.8 原子半径与键的电离度的关系曲线

1—非金属半径；2—金属半径；3—键距

1.4.2 实验（成键的）离子半径

X 射线衍射能在实验中测定晶体的电子密度分布，这就确定了离子半径（称为“有效分布半径”或“成键半径”），即相应原子核与沿着原子核间矢量方向的电子密度最小值之间的距离。因此，Witte 和 Wölfel[184] 发现，在 NaCl 晶体中，这个最小值位于距离 Na 和 Cl 原子核 1.17 Å 和 1.64 Å 的地方。对其他碱金属卤化物的研究，得到了以下值（Å）：Li^+ 0.94、Na^+ 1.17、K^+ 1.17、Rb^+ 1.63、Cs^+ 1.86、F^- 1.16、Cl^- 1.64、Br^- 1.80、I^-

2.05[185]。Maslen[186] 的研究表明，假设原子球体具有最小的重叠（获得传统的离子半径）或键轴线方向最小的电子密度（获得成键半径）时，可以估计晶体中的离子半径，并通过 Li^+、Na^+、K^+、F^-、Cl^- 和 Br^- 半径值与 Pauling 的值以及实验成键半径的比较，证实了这个结论。氧化物中阳离子的成键半径（r_b）为：Be 0.56[187]、Mg 0.92、Ca 1.27、Mn 1.15、Co 1.09、Ni 1.08、Al 0.91 Å[188]，柯石英和超石英中 Si 0.68 Å[189] 和 0.82 Å[190]、MgS 中 Mg 1.28 Å[191]、Fe_3S_4 中 Fe 1.02 Å 和 S 1.18 Å[192]。在锂和镁的氢化物中，成键半径为：Li 0.92、H 1.24 Å[193]，Mg 0.95、H 1.00 Å[194]。硅酸盐中的成键离子半径接近于氧化物[195-202] 中的相应离子半径，在表 1.16 中总结了 M_2SiO_4 的结果。阳离子的成键半径大于传统的晶体化学半径，而对于氧化物中的阴离子则恰恰相反（见表 S1.7）。这揭示了传统离子模型的局限性。

表 1.16 晶体 M_2SiO_4 中的平均半径（Å）（取自文献［203］）

M	r_b(M)	r_b(O_M)	r_b(Si)	r_b(O_{Si})
Mn	1.06	1.11	0.66	0.98
Fe	1.08	1.08	0.68	0.96
Co	1.05	1.08	0.68	0.95

实验测定原子半径的困难来源于多种因素，主要是原子热振动引起的模糊效应，以及对实验数据进行理论推断的极端复杂性[204]。Johnson[205,206] 指出，在 $d=0.64\ r_M$（这里，r_M 为金属半径）处，金属结构中原子的电子密度显示了一个最小值，获得了对应化合物结构中这个阳离子的 r_b 值。利用这种关系，Johnson 计算了不同价态时所有元素的 r_b。然而，因为不同化合物中相同金属实际具有不同的成键半径，系数 0.64 通常不可能一直不变。

除此之外，金属半径（r_M）和离子半径（r_i）呈现出如下的线性关系

$$r_M=a+br_i$$

其中，常数 a 和 b 取决于元素在周期表中所处的位置[123,124]。

当阳离子（c）和阴离子（a）接触时，外层电子在能量上将分别受核电荷 Z_c^*/r_c 和 Z_a^*/r_a 的影响。因为前一个比值（Z_c^*/r_c）总是大于后一个比值（Z_a^*/r_a），电子云将移向阳离子。其结果是 Z_c^*/r_c（由于 r_c 的增加）降低而 Z_a^*/r_a（由于 r_a 的减小）增加。这个过程将一直发生，直到两个离子的相互影响达到平衡。平衡可以从三种途径来实现[207]：

① 通过改变离子的有效电荷，直到 $Z_c^*=Z_a^*$。在恒定键长时，得到 $r_c=r_a$。即成键半径等于对应原子间距离的一半[208]；

② 通过改变键长，其变化的范围从实验值 d 到共价半径之和。这样，对于离子态和共价态，可以计算式 1.23 中的系数 $C=a_0n^2$。并且，当 $Z_c^*=Z_a^*$ 时，可用公式 $C_cr_c=C_a(d-r_c)$ 来定义成键半径；

③ 通过改变离子的相互作用能 Z^*/r，由线性插值 Z^* 和 C 以及相应的半径来计算获得，直到 $Z_c^*/r_c=Z_a^*/r_a$。

这三种方法给出了相似的结果。半径的平均值列于表 S1.8 中，并与 r_b[161,162,202,203] 的独立估算值相一致。而表 S1.9 也显示了具有不同 N_c 的卤族的 r_b。实验上卤族的成键半径取决于极性和 N_c。因此，r_b（Cl）从 KCl（$N_c=6$）中的 1.57 Å 减小到 $CaCl_2$（$N_c=3$）

中的 1.40 Å，以及 $ScCl_3$（N_c=2）中的 1.27 Å，从 CuCl(N_c=4) 中的 1.16 Å 减小到 $ZnCl_2$（N_c=2）中的 1.10 Å。

1.4.3　由能量导出的离子半径

有几种方法可以由原子和晶体的物理特性来确定离子半径。因此，通过使用实验上的原子间距离、可压缩性和极化率及晶格能的 Born 模型，Fumi 和 Tosi[209] 推导出碱金属卤化物的离子半径（与成键半径类似）。Rosseinsky[210] 由原子的电离势和电子亲和能计算了离子半径，其结果接近于 Pauling 的结果。从处于一定压力下的固体的行为，也可以得出重要的结论。将金属考虑为，一系列阳离子浸没在电子气中，在非常高的压力下，金属的可压缩性可归因于 *bcc* 或 *fcc* 晶格中阳离子-阳离子的直接接触[211]，这将得到如下半径：Li^+ 0.86 Å、Na^+ 1.18 Å、K^+ 1.55 Å、Rb^+ 1.65 Å、Cs^+ 1.74 Å、Ba^{2+} 1.37 Å（N_c=8），Cu^+ 1.00 Å、Ag^+ 1.18 Å、Au^+ 1.20 Å（N_c=12）。在极限压缩的 M_nX_m 晶体中，可以发现，可用 M 的离子半径和 X 的共价半径之和描述 M—X 距离[212]。由 M_nX_m 复合物的压缩性计算获得的平均离子半径（表 S1.10），与根据 Shannon 和 Prewitt 方法获得的阳离子的晶体化学半径是一致的。

1.4.4　极限离子半径

通过外推离子半径与离子间距的关系，Johnson[205,206] 确定了无阳离子影响的阴离子半径，即纯离子态时的半径（表 1.17）。另外，也可以从固溶体的结构中得到这些特征。例如，在 KBr-KI 固溶体中，溴原子从钾上吸引电子的能力随着碘浓度的增加而增加。因此，K—Br 键变得更加离子化，而 Br^- 半径增大。相似的，在 KBr-KCl 体系中，用 Br 取代 Cl，增加了 K—Cl 键的离子性和键长。在无限稀释的 MX-MY 固溶体中，X 和 Y 的离子半径应该是确定的。同样的推理也应适用于混合阳离子的固溶体，如 RbX-KX，其中，$r(Rb^+)$ 和 $r(K^+)$ 应该是确定的。根据 Goldschmidt[118] 所述，如果它们半径的差异 ≤15%，离子的同晶型取代可能发生。因此，阴离子的标准半径应该乘以 1.15，而阳离子应乘以 0.85，从而得到最终的离子半径[213]。后来，当发现更多的同晶型结构时，这些因子分别被调整为 1.2 和 0.8。表 1.17 中[213] 列出了最终得到的阴离子半径，以及由含最大阳离子的 RbX 和 BaX 结构中的阴离子-阴离子距计算得到的最终阴离子半径[214]。

表 1.17　阴离子的极限半径（Å）

离子	[205]	[213]	[214]	离子	[205]	[213]	[214]
F^-	1.90	1.60	1.99	O^{2-}	2.46	1.68	1.96
Cl^-	2.35	2.17	2.33	S^{2-}	2.68	2.21	2.26
Br^-	2.53	2.35	2.42	Se^{2-}	2.80	2.38	2.33
I^-	2.76	2.64	2.60	Te^{2-}	3.01	2.65	2.47

以上提及的数据能汇编成理想离子半径的一个体系（表 1.18），并可应用于解释实际晶体化合物中的键长。为了解释化学键的特征，由于 r^+ 随 N_c[94] 变化，利用 Pauling 方法对其进行校正（见表 S1.11），建立了分子的离子半径系统[179]。

表 1.18 理想离子半径（Å）（$N_c=6$）

+1	+2	+3	+4	+5	+6	+7	−1	−2
Li 0.61	Be 0.36	B 0.22	C 0.13	N 0.10	O 0.07	F 0.06	F 1.80	O 1.82
Na 0.82	Mg 0.58	Al 0.43	Si 0.32	P 0.30	S 0.23	Cl 0.22	Cl 2.25	S 2.24
K 1.10	Ca 0.88	Sc 0.59	Ti 0.48	V 0.43	Cr 0.44	Mn 0.37		
Cu 0.62	Zn 0.59	Ga 0.50	Ge 0.42	As 0.37	Se 0.34	Br 0.31	Br 2.38	Se 2.36
Rb 1.22	Sr 0.94	Y 0.72	Zr 0.58	Nb 0.51	Mo 0.40	Tc 0.45		
Ag 0.92	Cd 0.76	In 0.64	Sn 0.55	Sb 0.48	Te 0.45	I 0.42	I 2.62	Te 2.56
Cs 1.34	Ba 1.08	La 0.82	Hf 0.57	Ta 0.51	W 0.48	Re 0.42		
Au 0.88	Hg 0.82	Tl 0.70	Pb 0.62	Bi 0.61	Po 0.54	At 0.50		

1.4.5 结论

几乎在一个世纪以前，就已建立离子半径系统，用于粗略地预测晶体中的原子间距。如今已没有这种必要，因为所有的二元化合物的结构均已知，而且很容易从数据库中获得。所以，离子半径及共价半径主要作为标准参考点来解释观测到的原子间距。与此同时，对于原子间距的粗略估算，可以使用标准离子半径，并根据不同的配位数［来源于多晶型无机化合物的结构（见 5.2 节）］对键长进行修正

$N_c \to N_c'$：	1→2	1→3	1→4	1→6	1→8
$d(N_c)/d(N_c')$：	1.10	1.15	1.17	1.12	1.26

因此，出于实用目的，可以使用电荷不超过+4 的阳离子半径（列于表 S1.7、S1.12 和 S1.11），以及电荷为−1 和−2 的阴离子半径，更高电荷的离子在实际中并不存在。

附录

补充表格

表 S1.1 双原子分子（A_2）的实验电离势 I 与孤立原子值的比较（单位：eV）

A_2	$I(A_2)$	$I(A)$	Ref.	A_2	$I(A_2)$	$I(A)$	Ref.	A_2	$I(A_2)$	$I(A)$	Ref.
Li_2	5.11	5.39	1.1	Rh_2	7.1	7.46	1.12	P_2	10.53	10.49	1.1
Na_2	4.89	5.14	1.1	Pd_2	7.7	8.34	1.7	As_2	9.69	9.79	1.23
K_2	4.06	4.34	1.1	Pt_2	8.68	8.96	1.13	Sb_2	8.43	8.61	1.24
Rb_2	3.9	4.18	1.2	Cu_2	7.90	7.73	1.11	Bi_2	7.34	7.28	1.24
Cs_2	3.7	3.89	1.3	Ag_2	7.66	7.58	1.14	O_2	12.07	13.62	1.1
Be_2	7.42	9.32	1.4	Au_2	9.2	9.22	1.14	S_2	9.36	10.36	1.1
Y_2	4.96	6.22	1.5	Zn_2	9.0	9.39	1.11	Se_2	8.6	9.75	1.25
La_2	4.84	5.58	1.6	Cd_2	7.7	8.99	1.15	Te_2	8.8	9.01	1.26
Ti_2	6.3	6.83	1.7	Hg_2	9.56	10.44	1.7	H_2	15.42	13.59	1.1
Zr_2	5.35	6.63	1.8	Al_2	6.21	5.99	1.16	F_2	15.70	17.42	1.1

续表

A_2	$I(A_2)$	$I(A)$	Ref.	A_2	$I(A_2)$	$I(A)$	Ref.	A_2	$I(A_2)$	$I(A)$	Ref.
V_2	6.36	6.75	1.9	In_2	5.8	5.79	1.17	Cl_2	11.48	12.97	1.1
Nb_2	6.37	6.76	1.9	Tl_2	5.24	6.11	1.18	Br_2	10.52	11.81	1.1
Cr_2	7.00	6.77	1.10	C_2	12.4	11.26	1.19	I_2	9.31	10.45	1.1
Mo_2	6.95	7.09	1.10	Si_2	7.92	8.15	1.20	He_2	22.20	24.59	a
Mn_2	≤6.47	7.43	1.11	Ge_2	7.8	7.90	1.21	Ne_2	20.27	21.56	a
Fe_2	6.30	7.90	1.11	Sn_2	7.1	7.34	1.7	Ar_2	14.51	15.76	1.27
Co_2	≤6.42	7.88	1.11	Pb_2	6.1	7.42	1.22	Kr_2	12.87	14.00	1.27
Ni_2	7.43	7.64	1.11	N_2	15.58	14.53	1.1	Xe_2	11.13	12.13	1.27

注：a. 热力学循环中计算的数据来自表 1.1，表 S2.5 和表 S4.1

表 S1.2 电离势 I、电子亲和能 A（eV）和 MX 分子方程式 $I-A \approx a/d^x$ 中参数 a 和 x

MX	I	$I-A$	d	a / x	MX	I	$I-A$	d	a / x
HF	15.8	12.4	0.917		HBr	11.6	8.26	1.414	
LiF	10.9	7.5	1.564		LiBr	9.2	5.84	2.170	
NaF	9.5	6.1	1.926	11.3	NaBr	8.4	2.50	5.036	11.1
KF	9.1	5.7	2.171	0.90	KBr	8.0	4.64	2.825	0.84
RbF	8.9	5.5	2.269		RbBr	7.8	4.44	2.944	
CsF	8.7	5.3	2.345		CsBr	7.7	4.34	3.068	
HCl	12.74	9.13	1.275		HI	10.4	7.32	1.609	
LiCl	9.8	6.2	2.021		LiI	8.6	5.54	2.392	
NaCl	8.9	5.3	2.360	11.3	NaI	7.6	4.54	2.739	11.1
KCl	8.3	4.7	2.668	0.88	KI	7.3	4.24	3.050	0.85
RbCl	8.2	4.6	2.785		RbI	7.2	4.14	3.170	
CsCl	8.1	4.5	2.907		CsI	7.1	4.04	3.315	

表 S1.3 双原子分子的电子亲和能 A（eV）（取自文献［1.1］）

Li_2							B_2^c	C_2		O_2	F_2
0.437							>1.3	3.269		0.450	3.08
Na_2							Al_2^d	Si_2	P_2	S_2	Cl_2
0.430							1.46	2.201	0.589	1.670	2.38
K_2	Cr_2		Fe_2	Co_2	Ni_2	Cu_2		Ge_2^c	As_2^d	Se_2	Br_2
0.497	0.505		0.902	1.110	0.926	0.836		2.074	0.739	1.94	2.55
Rb_2					Pd_2	Ag_2	In_2^c	Sn_2	Sb_2	Te_2	I_2
0.498					1.685	1.023	1.27	1.962	1.282	1.92	2.524
Cs_2	W_2	Re_2			Pt_2	Au_2	Tl_2^d	Pb_2	Bi_2		
0.469	1.460[a]	1.571			1.898	1.938	0.95	1.366	1.271		

注：a. 数据源自文献［1.28］；b. 数据源自文献［1.29］；c. 数据源自文献［1.30］；d. 数据源自文献［1.31］

表 S1.4 氧化物和卤化物的电子亲和能（eV）

MF_n	A	MX_n	A	MO_n	A	MO_n	A
NaF	0.52	LiCl	0.59	NO	0.14	NO_2	2.27
SiF	0.81	NaCl	0.73	SnO	0.60	FeO_2	2.36
GeF	1.02	NaBr	0.79	PbO	0.72	TaO_2	2.40[h]
SF	2.285	NaI	0.865	TaO	1.07[h]	CrO_2	2.43[i]
ClF	2.86	KCl	0.58	PO	1.09	GeO_2	2.50
CF	3.2	KBr	0.64	SO	1.125	ReO_2	2.5
CF_2	0.18	KI	0.73	CrO	1.22[i]	PtO_2	2.68
CF_3	*ca* 2.01	RbCl	0.54	VO	1.23	NiO_2	3.04
SiF_3	2.41	CsCl	0.455	MoO	1.285	PdO_2	3.09

续表

MF_n	A	MX_n	A	MO_n	A	MO_n	A
SF_3	3.07	AgCl	1.59[c]	AsO	1.29	PO_2	3.42
SeF_4	1.7	AgBr	1.63[c]	TiO	1.30	CuO_2	3.46
MoF_4	2.3	AgI	1.60[c]	SeO	1.46	AlO_2	4.23
SF_4	2.35	$LiCl_2$	5.92[d]	NiO	1.47	BO_2	4.32
TiF_4	2.5	$LiBr_2$	5.42[d]	FeO	1.49	CO_3	2.69
VF_4	3.55	LiI_2	4.88[d]	MgO	1.63[j]	FeO_3	3.26
CrF_4	3.60	$NaCl_2$	5.86[d]	PdO	1.67[k]	WO_3	3.33
OsF_4	3.75	$NaBr_2$	5.36[d]	TeO	1.70	ReO_3	3.53[l]
IrF_4	4.63	NaI_2	4.84[d]	CsO	1.84	CrO_3	3.66[i]
RuF_4	4.75	KF_2	5.61[d]	ZnO	2.09[j]	NO_3	3.94
RhF_4	5.43	$CuCl_2$	4.35[e]	PtO	2.17[k]	TiO_3	4.20
PtF_4	5.50	$CuBr_2$	4.35[e]	FO	2.27	ClO_3	4.25
MnF_4	5.53	$AuCl_2$	4.60[f]	ClO	2.28	VO_3	4.36
CoF_4	6.38	$AuBr_2$	4.46[f]	BrO	2.35	KO_4	2.8[m]
FeF_4	6.6	AuI_2	4.18[f]	IO	2.38	CsO_4	2.5[m]
PF_5	0.75	$MnCl_3$	5.07[g]	BO	2.51	NaO_4	3.1[m]
SeF_5	5.1	$MnBr_3$	5.03[g]	AlO	2.60	LiO_4	3.3[m]
RuF_5	5.34	$FeCl_3$	4.22[g]	SO_2	1.11	FeO_4	3.30
CrF_5	6.10	$FeBr_3$	4.26[g]	TiO_2	1.59	VO_4	4.00
SF_6	1.07[a]	$CoCl_3$	4.7[g]	ZrO_2	1.64	MnO_4	4.80
SeF_6	2.9[a]	$CoBr_3$	4.6[g]	SeO_2	1.82	CrO_4	4.98[i]
WF_6	3.09[b]	$NiCl_3$	5.20[g]	VO_2	2.03	ClO_4	5.25
TeF_6	3.3[a]	$NiBr_3$	4.94[g]	SiO_2	2.1	ReO_4	5.58[l]
MoF_6	3.82	$FeCl_4$	6.00[g]	ClO_2	2.14	NaO_5	3.2
ReF_6	4.49[b]	$FeBr_4$	5.50[g]	HfO_2	2.14	CrO_5	4.4[i]
RuF_6	6.53[b]	$ScCl_4$	6.89	TeO_2	>2.2		
OsF_6	5.76[b]	$ScBr_4$	6.13				
IrF_6	5.85[b]						
PtF_6	6.95[b]						
AuF_6	8.01[b]						

注：a. 数据源自文献［1.32］；b. 数据源自文献［1.33］；c. 数据源自文献［1.34］；d. 数据源自文献［1.35］；e. 数据源自文献［1.36］；f. 数据源自文献［1.37］；g. 数据源自文献［1.38］；h. 数据源自文献［1.39］；i. 数据源自文献［1.40］；j. 数据源自文献［1.41］；k. 数据源自文献［1.42］；l. 数据源自文献［1.43］；m. 数据源自文献［1.44］；其余均来自文献［1.1，1.30］

表 S1.5　同核团簇的电子亲和能（eV）

Cu[a]		Al[b]		Ti[c]		Ti[c]		C[d]		Ni[g]	
n	A,eV	n	A,eV	n	A,eV	n	A,eV	n	A,eV	n	A,eV
3	2.40	3	1.90	3	1.13	39	2.29	3	1.95	3	1.44
4	1.40	4	2.20	4	1.18	40	2.34	4	3.70	5	1.57
5	1.92	5	2.25	5	1.15	41	2.33	5	2.80	7	1.86
6	1.95	6	2.63	6	1.28	42	2.32	6	4.10	9	1.96
7	2.15	7	2.43	7	1.11	43	2.36	7	3.10	11	2.06
8	1.59	8	2.35	8	1.47	44	2.39	8	4.42	13	2.16
9	2.40	9	2.85	9	1.56	45	2.40	9	3.70	15	2.37
10	2.05	10	2.70	10	1.70	46	2.39	11	4.00	17	2.50
11	2.43	11	2.87	11	1.72	47	2.41	∞	4.7	19	2.51
12	2.12	12	2.75	12	1.71	48	2.44	Si[e]		21	2.58
13	2.33	13	3.62	13	1.87	49	2.40	3	2.29	23	2.65

续表

Cu[a]		Al[b]		Ti[c]		Ti[e]		C[d]		Ni[g]	
n	A,eV	n	A,eV	n	A,eV	n	A,eV	n	A,eV	n	A,eV
14	2.01	14	2.60	14	1.87	50	2.38	4	2.13	25	2.71
15	2.47	15	2.90	15	2.00	51	2.41	5	2.59	27	2.75
16	2.55	16	2.87	16	1.96	52	2.41	7	1.85	29	2.84
17	2.92	17	2.90	17	2.01	53	2.41	∞	4.2	32	2.94
18	2.62	18	2.57	18	1.97	54	2.45	Ge[f]		35	3.04
19	2.60	19	3.12	19	1.93	55	2.51	3	2.33	38	3.08
20	2.00	20	2.86	20	2.06	56	2.48	4	1.94	41	3.11
21	2.30	21	3.30	21	1.98	57	2.49	5	2.51	44	3.15
22	2.25	22	3.22	22	2.04	58	2.47	6	2.06	47	3.19
23	2.58	23	3.45	23	2.08	59	2.49	7	1.80	50	3.20
24	2.43	24	2.80	24	1.97	60	2.51	8	2.41	52	3.20
25	2.78	25	3.34	25	2.07	61	2.55	9	2.86	54	3.24
26	2.43	26	2.88	26	2.10	62	2.57	10	2.5	56	3.25
27	2.53	27	3.32	27	2.14	63	2.57	11	2.5	58	3.28
28	2.50	28	2.90	28	2.14	64	2.60	12	2.4	60	3.30
29	2.76	29	3.32	29	2.12	65	2.55	∞	4.85	62	3.35
30	2.42	30	3.05	30	2.16	66	2.58	Sn[f]		65	3.36
31	2.65	31	3.22	31	2.19	70	2.55	3	2.24	68	3.35
32	2.61	32	2.96	32	2.24	75	2.63	4	2.04	71	3.38
33	2.87	33	3.40	33	2.21	80	2.68	5	2.65	74	3.42
34	2.38	34	3.12	34	2.22	90	2.66	6	2.28	77	3.44
35	2.75	35	3.37	35	2.24	100	2.73	7	1.95	80	3.36
36	2.77	36	2.58	36	2.24	110	2.75	8	2.48	82	3.42
37	3.07	37	3.45	37	2.27	120	2.75	9	2.8	85	3.45
38	2.82	38	2.95	38	2.28	130	2.83	10	3.08	90	3.45
39	3.07	39	3.40			∞	4.0[h]	11	2.82	95	3.48
40	2.46	40	3.26					12	3.3	100	3.52
∞	4.40[h]	∞	4.25[h]					∞	4.38[h]	∞	4.50[h]

注：a. 数据源自文献 [1.45]；b. 数据源自文献 [1.30]；c. 数据源自文献 [1.46]；d. 数据源自文献 [1.47]；e. 数据源自文献 [1.48]；f. 数据源自文献 [1.49]；g. 数据源自文献 [1.50]；h. 数据源自文献 [1.51]

表 S1.6 孤立原子的半径 (Å)

Li	Be	B	C	N	O	F			
2.66	1.82								
2.86	1.77								
2.54	1.94	2.05	1.76	1.55	1.60	1.41			
2.84	2.17	1.81	1.64	1.56	1.54	1.52			
Na	Mg	Al	Si	P	S	Cl			
3.03	2.29	2.18	1.91						
2.88	2.22	2.06	1.77	1.54	1.42	1.30			
2.61	2.13	2.42	2.06	1.82	1.84	1.63			
2.93	2.47	2.24	2.06	1.97	1.83	1.76			
K	Ca	Sc	Ti	V	Cr	Mn	Fe	Co	Ni
3.63	3.02	2.49	2.24	2.01	1.81	1.96	1.86	1.86	1.85
3.52	2.90	2.61	2.44	2.31	2.26	2.11	2.03	1.96	1.89
2.83	2.38	2.30	2.26	2.27	2.27	2.16	2.10	2.10	2.13
3.21	2.80	2.42	2.23	2.19	2.00	1.95	1.90	1.82	1.81
Cu	Zn	Ga	Ge	As	Se	Br			
1.89	1.88	2.09	1.96						
2.24	1.92[a]	2.01	1.80	1.63	1.56	1.45			
2.13	1.92	2.42	2.10	1.89	1.89	1.71			
1.84	1.93	2.04	1.98	1.98	1.90	1.87			

续表

Rb	Sr	Y	Zr	Nb	Mo	Tc	Ru	Rh	Pd
3.82	3.24	2.83	2.51	2.18	1.96	1.94	1.90	1.93	1.92
3.63	3.06	2.83	2.61	2.50	2.34	2.25	2.12	2.05	2.00
2.88	2.48	2.37	2.29	2.27	2.21	2.19	2.18	2.16	2.05
3.32	2.93	2.58	2.44	2.33	2.19	2.02	1.98	1.98	1.90
Ag	**Cd**	**In**	**Sn**	**Sb**	**Te**	**I**			
2.05	2.06	2.46	2.29						
2.25	1.93[a]	2.17	1.97[a]	1.87	1.77	1.70			
2.14	1.97	2.45	2.18	2.02	1.97	1.82			
2.02	2.16	2.24	2.22	2.22	2.16	2.11			
Cs	**Ba**	**La**	**Hf**	**Ta**	**W**	**Re**	**Os**	**Ir**	**Pt**
4.15	3.33	3.23	2.40	2.17	2.00	1.94	1.93	1.89	1.94
3.90	3.36	3.14	2.53	2.36	2.23	2.13	2.04	1.97	1.87
2.99	2.59	2.50	2.26	2.14	2.10	2.11	2.03	1.97	1.97
3.63	3.07	2.66	2.38	2.29	2.14	2.05	2.02	1.91	1.92
Au	**Hg**	**Tl**	**Pb**	**Bi**	**Th**	**U**			
1.97	2.04	2.46	2.48		2.85	2.37			
2.02	1.79[a]	1.91	1.89	1.95	3.18	2.73			
1.94	1.82	2.38	2.16	2.19	2.35	2.37			
1.94	2.08	2.25	2.25	2.36	2.74	2.66			

注：从上到下依次为：参考文献 [1.52]，[1.53]，[1.54]，$r_{M}q$ 来自等式 1.21，式 1.22 和表 1.9；a. 数据源自文献 [1.44]（使用 α 的理论值）

表 S1.7 $N_c=6$ 的离子半径（Å）（根据 Shannon 和 Prewitt 方法）

+1	+2	+3	+4	+5	+6	+7	−1	−2
Li 0.76	Be 0.45	B 0.27	C 0.16	N 0.13	O 0.09	F 0.08	F 1.33	O 1.40
Na 1.02	Mg 0.72	Al 0.54	Si 0.40	P 0.38	S 0.29	Cl 0.27	Cl 1.81	S 1.84
K 1.38	Ca 1.00	Sc 0.74	Ti 0.60	V 0.54	Cr 0.44	Mn 0.46		
Cu 0.77	Zn 0.74	Ga 0.62	Ge 0.53	As 0.46	Se 0.42	Br 0.39	Br 1.96	Se 1.98
Rb 1.52	Sr 1.18	Y 0.90	Zr 0.72	Nb 0.64	Mo 0.50	Tc 0.56		
Ag 1.15	Cd 0.95	In 0.80	Sn 0.69	Sb 0.60	Te 0.56	I 0.53	I 2.20	Te 2.21
Cs 1.67	Ba 1.35	La 1.03	Hf 0.71	Ta 0.64	W 0.60	Re 0.53		
Au 1.10[a]	Hg 1.02	Tl 0.88	Pb 0.78	Bi 0.76	Po 0.67	At 0.62		

注：a. 修正值

表 S1.8 二元无机化合物中成键半径（Å）

阳离子	r_b	阳离子	r_b	阳离子	r_b	阴离子	r_b	阴离子	r_b
Na^{+}	1.16	Mg^{2+}	1.05	Al^{3+}	0.98	F^{-}	1.14	O^{2-}	1.00
K^{+}	1.52	Ca^{2+}	1.33	Sc^{3+}	1.22	Cl^{-}	1.57	S^{2-}	1.40
Rb^{+}	1.66	Sr^{2+}	1.50	Si^{4+}	0.89	Br^{-}	1.73	Se^{2-}	1.58

续表

阳离子	r_b	阳离子	r_b	阳离子	r_b	阴离子	r_b	阴离子	r_b
Cs^+	1.84	Ba^{2+}	1.69	Zr^{4+}	1.24	I^-	1.94	Te^{2-}	1.80
Cu^+	1.15	Zn^{2+}	1.19	Hf^{4+}	1.22				
Ag^+	1.34	Cd^{2+}	1.29						

表 S1.9　卤化物的成键半径与配位数的关系

N_c	2	3	4	6	8	Δr_{8-2}
F^-	0.90	1.00		1.15	1.18	0.28
Cl^-	1.26	1.36		1.57	1.62	0.36
Br^-	1.32		1.58	1.72	1.78	0.46
I^-	1.42	1.68	1.83	1.92	1.98	0.56

表 S1.10　在高压下结晶学半径（r_p）和阳离子半径（r_{cc}）（Å）

阳离子	r_p	r_{cc}	阳离子	r_p	r_{cc}	阳离子	r_p	r_{cc}
Li^+	0.75	0.76	Mg^{2+}	0.70	0.72	Sc^{3+}	0.74	0.74
Na^+	0.98	1.02	Ca^{2+}	1.03	1.00	Y^{3+}	0.88	0.90
K^+	1.37	1.38	Sr^{2+}	1.15	1.18	Cr^{3+}	0.67	0.62
Rb^+	1.52	1.52	Ba^{2+}	1.38	1.35	Mn^{3+}	0.66	0.64
Cs^+	1.63	1.67	Zn^{2+}	0.76	0.74	Fe^{3+}	0.66	0.64
Cu^+	0.78	0.77	Cd^{2+}	0.95	0.95	Th^{4+}	1.07	1.05
Ag^+	1.17	1.15	Pb^{2+}	1.23	1.19	U^{4+}	0.97	1.00
Tl^+	1.44	1.50	B^{3+}	0.38	0.27	Zr^{4+}	1.06	0.84
Be^{2+}	0.47	0.45	Al^{3+}	0.63	0.54	Hf^{4+}	0.90	0.83

表 S1.11　分子的阳离子半径

A^{n+}	r,Å	A^{n+}	r,Å	A^{n+}	r,Å	A^{n+}	r,Å	A^{n+}	r,Å
Li^+	0.48	Al^{3+}	0.40	Th^{4+}	0.80	Cr^{3+}	0.49	Fe^{2+}	0.62
Na^+	0.76	Ga^{3+}	0.49	U^{3+}	0.87	Cr^{4+}	0.44	Fe^{3+}	0.51
K^+	1.10	In^{3+}	0.66	U^{4+}	0.72	Cr^{6+}	0.35	Co^{2+}	0.59
Rb^+	1.24	Tl^+	1.00[a]	N^{5+}	0.08	Mo^{4+}	0.53	Co^{3+}	0.49
Cs^+	1.42	Tl^{3+}	0.75	P^{5+}	0.28	Mo^{6+}	0.41	Ni^{2+}	0.55
Cu^+	0.61	Sc^{3+}	0.59	As^{5+}	0.37	W^{4+}	0.56	Ni^{3+}	0.48
Cu^{2+}	0.58	Y^{3+}	0.74	Sb^{5+}	0.49	W^{6+}	0.51	Ru^{2+}	0.66
Ag^+	0.94	La^{3+}	0.88	Bi^{5+}	0.65	Mn^{2+}	0.66	Ru^{4+}	0.59
Au^+	0.93	Ac^{3+}	0.98	V^{3+}	0.59	Mn^{3+}	0.51	Rh^{2+}	0.64
Au^{3+}	0.72	C^{4+}	0.10	V^{5+}	0.43	Mn^{4+}	0.42	Rh^{4+}	0.57
Be^{2+}	0.29	Si^{4+}	0.30	Nb^{3+}	0.59	Mn^{7+}	0.36	Pd^{2+}	0.70
Mg^{2+}	0.53	Ge^{4+}	0.42	Nb^{5+}	0.52	Tc^{4+}	0.52	Pd^{4+}	0.59
Ca^{2+}	0.80	Sn^{2+}	0.70	Ta^{3+}	0.61	Tc^{7+}	0.46	Os^{2+}	0.69
Sr^{2+}	0.97	Sn^{4+}	0.56	Ta^{5+}	0.54	Re^{4+}	0.54	Os^{4+}	0.61
Ba^{2+}	1.15	Pb^{2+}	1.01	O^{6+}	0.06	Re^{7+}	0.45	Ir^{2+}	0.69
Zn^{2+}	0.59	Pb^{4+}	0.66	S^{6+}	0.22	F^{7+}	0.05	Ir^{4+}	0.60
Cd^{2+}	0.78	Ti^{4+}	0.48	Se^{6+}	0.34	Cl^{7+}	0.20	Pt^{2+}	0.68
Hg^{2+}	0.87	Zr^{4+}	0.59	Te^{6+}	0.46	Br^{7+}	0.31	Pt^{4+}	0.60
B^{3+}	0.17	Hf^{4+}	0.60	Cr^{2+}	0.64	I^{7+}	0.43		

注：a. 来自于卤素分子键长的计算

表 S1.12 加到 Shannon 和 Prewitt 离子半径系统上的值（Å）（$N_c=6$）

1+/2+		2+/3+		3+		4+			
Ag^{+}	1.05	Cr^{2+}	0.77	As^{3+}	0.60	V^{4+}	0.55	Mn^{4+}	0.49
Au^{+}	1.10	Mn^{2+}	0.77	Sb^{3+}	0.80	Nb^{4+}	0.65	Re^{4+}	0.57
Tl^{+}	1.30	Fe^{2+}	0.72	Bi^{3+}	0.98	Ta^{4+}	0.66	Ru^{4+}	0.59
Cu^{2+}	0.70	Co^{2+}	0.69	Cr^{3+}	0.62	S^{4+}	0.42	Pd^{4+}	0.62
Zn^{2+}	0.69	Ni^{2+}	0.66	Mn^{3+}	0.60	Se^{4+}	0.53	Os^{4+}	0.57
Cd^{2+}	0.88	Pd^{2+}	0.80	Fe^{3+}	0.60	Te^{4+}	0.80	Ir^{4+}	0.55
Hg^{2+}	0.98	Sc^{3+}	0.70	Co^{3+}	0.59	Cr^{4+}	0.50	Pt^{4+}	0.57
Sn^{2+}	1.04	Y^{3+}	0.85	Ru^{3+}	0.60	Mo^{4+}	0.57	Th^{4+}	0.99
Pb^{2+}	1.12	V^{3+}	0.62	Rh^{3+}	0.59	W^{4+}	0.60	U^{4+}	0.91
				Ir^{3+}	0.64				

补充参考文献

[1.1] Lide DR (ed) (2007-2008) Handbook of chemistry and physics, 88th edn, CRC Press, New York
[1.2] Kappes MM, Schumacher E (1985) Surf Sci 156: 1
[1.3] Kappes MM, Radi P, Schar M, Schumacher E (1985) Chem Phys Lett 113: 243
[1.4] Antonov IO, Barker BJ, Bondybey VE, Heaven MC (2010) J Chem Phys 133: 074309
[1.5] Knickelbein MB (1995) J Chem Phys 102: 1
[1.6] LiuY, Zhang C.-H, Krasnokutski SA, Yang D-S (2011) J Chem Phys 135: 034309
[1.7] Glushko VP (ed) (1981) Thermochemical constants of substances. USSR Academy of Sciences, Moscow (in Russian)
[1.8] Doverstal M, Karlsson I, Lingren B, Sassenberg U (1998) J. Phys B31: 795
[1.9] James AM, Kowalczyk P, Larglois E et al (1994) J Chem Phys 101: 4485
[1.10] Simard B, Lebeault-Dorget M-A, Marijnissen A, Meulen JJ (1998) J Chem Phys 108: 9668
[1.11] Gutsev G, Bauschlicher ChW (2003) J Phys Chem A107: 4755
[1.12] Cocke DL, Gingerich KA (1974) J Chem Phys 60: 1958
[1.13] Taylor S, Lemire GW, Hamrick YM et al (1988) J Chem Phys 89: 5517
[1.14] Beutel V, Kramer HG, Bhale GL et al (1993) J Chem Phys 98: 2699
[1.15] Rademann K, Ruppel M, Kaiser B (1992) Ber Bunsenges Phys Chem 96: 1204
[1.16] Fu Z, Lemire GW, Hamrick YM et al (1988) J Chem Phys 88: 3524
[1.17] DeMaria G, Drowart J, Inghram MG (1959) J Chem Phys 31: 1076
[1.18] Saito Y, Yamauchi K, Mihama K, Noda T (1982) Jpn J Appl Phys 21: 396
[1.19] Naqvi A, Hamdan A (1992) Canad JAppl Spectr 37: 29
[1.20] Kostko O, Leone SR, Duncan MA, Ahmed M (2009) J Phys Chem A114: 3176
[1.21] NeckelA, Sodeck G (1972) Monats Chem 103: 367
[1.22] Saito Y, Yamauchi K, Mihama K, Noda T (1982) Jpn J Appl Phys 21: 396
[1.23] Yoo RK, Ruscic B, Berkowitz J (1992) J Chem Phys 96: 6696
[1.24] Yoo RK, Ruscic B, Berkowitz J (1993) J Chem Phys 99: 8445
[1.25] Potts AW, Novak I (1983) J Electron Spectrosc Relat Phenom 28: 267
[1.26] Saha B, Viswanathan R, Baba MS, Mathews CK (1988) High Temp High Pres 20: 47
[1.27] Kiser RW (1960) J Chem Phys 33: 1265
[1.28] Weidele H, Kreisle D, Recknagel E et al (1995) Chem Phys Lett 237: 425
[1.29] Reid CJ (1993) Int J Mass Spectrom Ion Proc 127: 147
[1.30] Rienstra-Kiracofe JC, Tschumper GS, Schaefer HF III (2002) Chem Rev 102: 231
[1.31] Gausa M, Gantefo G, Lutz HO, Meiwes-Broer K-H (1990) Int J Mass Spectrom Ion Proc 102: 227
[1.32] Kennedy RA, Mayhew CA (2001) Phys Chem Chem Phys 3: 5511

[1.33] Liu J, Sprecher D, Jungen C et al (2010) J Chem Phys 132: 154301
[1.34] Wu X, Xie H, Qint Z et al (2011) J Phys Chem A115: 6321
[1.35] Wang X-B, Ding C-F, Wang L-S (1999) J Chem Phys 110: 4763
[1.36] Wang X-B, Wang L-S, Brown R et al (2001) J Chem Phys 114: 7388
[1.37] Schroder D, Brown R, Schwerdtfeger P et al (2003) Angew Chem Int Ed 42: 311
[1.38] Yang X, Wang X-B, Wang L-S et al (2003) J Chem Phys 119: 8311
[1.39] Zheng W, Li X, Eustis S, Bowen K (2008) Chem Phys Lett 460: 68
[1.40] Gutsev GL, Jena P, Zhai H-J, Wang L-S (2001) J Chem Phys 115: 7935
[1.41] Kim JH, Li X, Wang L-S et al (2001) J Phys Chem A105: 5709
[1.42] Ramond TM, Davico GE, Hellberg F et al (2002) J Mol Spectr 216: 1
[1.43] Chen W-J, Zhai H-J, Huang X, Wang L-S (2011) Chem Phys Lett 512: 49
[1.44] Zhai H-J, Yang X, Wang X-B et al (2002) J Am Chem Soc 124: 6742
[1.45] Leopold DG, Ho J, Lineberger WC (1987) J Chem Phys 86: 1715; Pettiette CL, Yang SH, Crayscraft MJ et al (1988) J Chem Phys 88: 5377
[1.46] Liu S-R, Zhai H-J, Castro M, Wang L-S (2003) J Chem Phys 118: 2108
[1.47] Yang S, Taylor KJ, Crayscraft MJ et al (1988) Chem Phys Lett 144: 431
[1.48] Wang L-S, Cheng H-S, Fan J, Neumark DM (1998) J Chem Phys 108: 1395
[1.49] Moravec VD, Klopcic SA, Jarold CC (1999) J Chem Phys 110: 5079
[1.50] Liu S-R, Zhai H-J, Wang L-S (2002) J Chem Phys 117: 9758
[1.51] Dritz ME (2003) Properties of elements. Metals, Moscow (in Russian)
[1.52] Batsanov SS (2011) J Mol Struct 990: 63
[1.53] Nagle JK (1990) J Am Chem Soc 112: 4741
[1.54] Bohorquez HJ, Boyd RJ (2009) Chem Phys Lett 480: 127

参考文献

[1] Lide DR (ed) (2007-2008) Handbook of chemistry and physics, 88th edn. CRC Press, New York
[2] Batsanov SS (2008) Experimental foundations of structural chemistry. Moscow Univ Press, Moscow
[3] Saloman EB (2010) Energy levels and observed spectral lines of ionized argon, Ar-Ⅱ through Ar-ⅩⅧ. J Phys Chem Ref Data 39: 033101
[4] Kramida AE, Shirai T (2009) Energy levels and spectral lines of tungsten, W-Ⅲ through W-LXXIV. Atom Data Nucl Data Table 95: 305-474
[5] Pyper NC, Grant IP (1978) The relation between successive atomic ionization potentials. Proc Roy Soc London A359: 525-543
[6] Mattolat C, Gottwald T, Raeder S et al (2010) Determination of the first ionization potential of technetium. Phys Rev A81: 052-513
[7] Fuentealba P, Parr RG (1991) Higher-order derivatives in density-functional theory, especially the hardness derivative $\partial \eta / \partial N$. J Chem Phys 94: 5559-5564
[8] Glockler G (1934) Estimated electron affinities of the light elements. Phys Rev 46: 111-114
[9] Crossley RJS, Coulson CA (1963) Glockler's equation for ionization potentials and electron affinities. Proc Phys Soc 81: 211-218
[10] Smirnov BM (1992) Cluster ions and van der Waals molecules. Gordon and Breach Science Publishers, Philadelphia
[11] Batsanov SS (2007) Ionization, atomization, and bond energies as functions of distances in inorganic molecules and crystals. Russ J Inorg Chem 52: 1223-1229
[12] Signorell R, Palm H, Merkt F (1997) Structure of the ammonium radical from a rotationally resolved photoelectron spectrum. J Chem Phys 106: 6523-6533
[13] Wood DM (1981) Classical size dependence of the work function of small metallic spheres. Phys Rev Lett 46: 749
[14] Perdew JP (1988) Energetics of charged metallic particles: from atom to bulk solid. Phys Rev B37: 6175-6180
[15] Seidl M, Perdew JP, Brajczewska M, Fiolhais C (1998) Ionization energy and electron affinity of a metal cluster in the stabilized jellium model. J Chem Phys 108: 8182-8189

[16] Joyes P, Tarento RJ (1989) On the electronic structure of Hg_n and Hg_n^+ aggregates. J Physique 50: 2673-2681
[17] Yang S, Knickelbein MB (1990) Photoionization studies of transition metal clusters: ionization potentials for Fe_n and Co_n. J Chem Phys 93: 1533-1539
[18] Göhlich H, Lange T, Bergmann T et al (1991) Ionization energies of sodium clusters containing up to 22000 atoms. Chem Phys Lett 187: 67-72
[19] Pellarin M, Vialle JL, Lerme J et al (1991) Production of metal cluster beams by laser vaporization. J Physique IV 1: C7-725- C7-728
[20] Pellarin M, Baguenard B, Broyer M et al (1993) Shell structure in photoionization spectra of large aluminum clusters. J Chem Phys 98: 944-950
[21] Yamada Y, Castlemann AW (1992) The magic numbers of metal and metal alloy clusters. J Chem Phys 97: 4543-4548
[22] Kietzmann H, Morenzin J, Bechthold PS et al (1998) Photoelectron spectra of Nb_n^- clusters. J Chem Phys 109: 2275-2278
[23] Sakurai M, Watanabe K, Sumiyama K, Suzuki K (1999) Magic numbers in transition metal (Fe, Ti, Zr, Nb, and Ta) clusters. J Chem Phys 111: 235-238
[24] Wrigge G, Hoffmann MA, Haberland BI (2003) Ultraviolet photoelectron spectroscopy of Nb_4^- to Nb_{200}^-. Eur Phys J D24: 23-26
[25] Morokhov ID, Petinov VI, Trusov LI, Petrunin VF (1981) Structure and properties of fine metallic particles. Sov Phys Uspekhi 24: 295-317
[26] Pargellis AN (1990) Estimating carbon cluster binding energies from measured C_n distributions. J Chem Phys 93: 2099-2108
[27] Saunders WA (1989) Transition from metastability to stability of Ge^{2+} clusters. Phys Rev B40: 1400-1402
[28] Yoshida S, Fuke K (1999) Photoionization studies of germanium and tin clusters in the energy region of 5.0-8.8 eV. J Chem Phys 111: 3880-3890
[29] Becker J, Rademann K, Hensel F (1991) Ultraviolet photoelectron studies of the molecules Se_5, Se_6, Se_7 and Se_8 with relevance to their geometrical structure. Z Phys D19: 229-231
[30] Tribollet B, Benamar A, Rayane D, Broyer PM (1993) Experimental studies on selenium cluster structures. Z Phys D26: 352-354
[31] Brechignac C, Cahuzac PH, Kebaili N, Leygnier J (2000) Photothermodissociation of selenium clusters. J Chem Phys 112: 10197-10203
[32] Reid CJ, Ballantine J, Rews SW, Harris F et al (1995) Charge inversion of ground-state and metastable-state C_2^+ cations formed from electroionised C_2H_2 and C_2N_2, and a re-evaluation of the carbon dimer's ionisation energy. Chem Phys 190: 113-122
[33] Nakajima A, Kaya K (2000) A novel network structure of organometallic clusters in the gas phase. J Phys Chem A104: 176-191
[34] Liu S-R, Zhai H-J, Castro M, Wang L-S (2003) Photoelectron spectroscopy of Ti_n^- clusters. J Chem Phys 118: 2108-2115
[35] Boltalina OV, Ioffe IN, Sidorov LN et al (2000) Ionization energy of fullerene. J Am Chem Soc 122: 974-9749
[36] Kostko O, Leone SR, Duncan MA, Ahmed M (2010) Determination of ionization energies of small silicon clusters with vacuum ultraviolet radiation. J Phys Chem A114: 3176-3181
[37] Slater JC (1930) Atomic shielding constants. Phys Rev 36: 57-64
[38] Rienstra-Kiracofe JC, Tschumper GS, Schaefer HF et al (2002) Atomic and molecular electron affinities: photoelectron experiments and theoretical computations. Chem Rev 102: 231-282
[39] Szentpaly L von (2010) Universal method to calculate the stability, electronegativity, and hardness of dianions. J Phys Chem A114: 10891-10896
[40] Walter CW, Gibson ND, Field RL et al (2009) Electron affinity of arsenic and the fine structure of As^- measured using infrared photodetachment threshold spectroscopy. Phys Rev A80: 014- 501
[41] Walter CW, Gibson ND, Carman DJ et al (2010) Electron affinity of indium and the fine structure of

In- measured using infrared photodetachment threshold spectroscopy. Phys Rev A82：032-507
[42] Lindahl AO，Andresson P et al (2010) The electron affinity of tungsten. Eur Phys J D60：219-222
[43] Batsanov SS (2010) Simple semi-empirical method for evaluating bond polarity in molecular and crystalline halides. J Mol Struct 980：225-229
[44] Politzer P (1969) Anomalous properties of fluorine. J Am Chem Soc 91：6235-6237
[45] Politzer P (1977) Some anomalous properties of oxygen and nitrogen. Inorg Chem 16：3350-3351
[46] Politzer P，Huheey JE，Murray JS，Grodzicki M (1992) Electronegativity and the concept of charge capacity. J Mol Struct Theochem 259：99-120
[47] Balighian ED，Liebman JF (2002) How anomalous are the anomalous properties of fluorine? Ionization energy and electron affinity revisited. J Fluor Chem 116：35-39
[48] Blondel C，Delsart C，Valli C et al (2001) Electron affinities of ^{16}O，^{17}O，^{18}O，the fine structure of $^{16}O^-$，and the hyperfine structure of $^{17}O^-$. Phys Rev A64：052504
[49] Miller TA，Leopold D，Murray KK，Lineberger WC (1986) Electron affinities of the alkali halides and the structure of their negative ions. J Chem Phys 85：368-2375
[50] Wang X-B，Wang L-S (1999) Photodetachment of free hexahalogenometaliate doubly charged anions in the gas phase. J Chem Phys 111：4497-4509
[51] Wang X-B，Wang L-S (2000) Experimental observation of a very high second electron affinity for ZrF_6 from photodetachment of gaseous ZrF_6^{2-} doubly charged anions. J Phys Chem A104：44294432
[52] Miyoshi E，Sakai Y，Murakami A et al (1988) On the electron affinities of hexafluorides CrF_6，MoF_6，and WF_6. J Chem Phys 89：4193-4198
[53] Wang X-B，Wang L-S (2000) Probing the electronic structure and metal-metal bond of $Re_2Cl_8^{2-}$ in the gas phase. J Am Chem Soc 122：2096-2100
[54] Scheller MK，Cederbaum LS (1992) Existence of doubly-negative charged ions and relation to solids. J Phys B25：2257-2266
[55] Scheller MK，Compton RN，Cederbaum LS (1995) Gas-phase multiply charged anions. Science 270：1160-1166
[56] Wang X-B，Wang L-S (1999) Experimental search for the smallest stable multiply charged anions in the gas phase. Phys Rev Lett 83：3402-3405
[57] Wang X-B，Wang L-S (2000) Photodetachment of multiply charged anions：the electronic structure of gaseous square-planar transition metal complexes PtX_4^{2-}. J Am Chem Soc 122：2339-2345
[58] Middleton R，Klein J (1999) Experimental verification of the existence of the gas-phase dianions BeF_4^{2-} and MgF_4^{2-}. Phys Rev A60：3515-3521
[59] Franzreb K，Williams P (2005) Small gas-phase dianions produced by sputtering and gas flooding. J Chem Phys 123：224312
[60] Feuerbacher S，Cederbaum LS (2006) A small and stable covalently bound trianion. J Chem Phys 124：044320
[61] Wang X-B，Nicholas JB，Wang L-S (2000) Electronic instability of isolated SO_4^{2-} and its solvation stabilization. J Chem Phys 113：10837-10840
[62] Wang X-B，Yang X，Nicholas JB，Wang L-S (2003) Photodetachment of hydrated oxalate dianions in the gas phase，$C_2O_4^{2-}(H_2O)_n$. J Chem Phys 119：3631-3640
[63] Wang X-B，Woo H-K，Yang J et al (2007) Photoelectron spectroscopy of singly and doubly charged higher fullerenes at low temperatures. J Phys Chem C111：17684-17689
[64] Liu S-R，Zhai H-J，Wang L-S (2002) Evolution of the electronic properties of small Ni_n^- ($n=1-100$) clusters by photoelectron spectroscopy. J Chem Phys 117：9758-9765
[65] Liu S-R，Zhai H-J，Wang L-S (2002) s- d hybridization and evolution of the electronic and magnetic properties in small Co and Ni clusters. Phys Rev B65：113-401
[66] Boltalina OV，Dashkova EV，Sidorov LN (1996) Gibbs energies of gas-phase electron transfer reactions involving the larger fullerene anions. Chem Phys Letters 256：253-260
[67] Miedema AR，de Boer FR，de Chatel PF (1973) Empirical description of the role of electronegativity in alloy formation. J Phys F3：1558-1576
[68] Van Der Weide J，Zhang Z，Baumann PK et al (1994) Negative-electron-affinity effects on the diamond

(100) surface. Phys Rev B50：5803-5806
[69] Cui JB，Ristein J，Ley L (1998) Electron affinity of the bare and hydrogen covered single crystal diamond. Phys Rev Lett 81：429-432
[70] Savchenko EV，Grogorashchenko ON，Ogurtsov AN et al (2002) Photo- and thermally assisted emission of electrons from rare gas solids. Surf Sci 507-510：754-761
[71] Seidl M，Meiwes-Broer K-H，Brack M (1991) Finite-size effects in ionization potentials and electron affinities of metal clusters. J Chem Phys 95：1295-1303
[72] Wilson RG (1988) Secondary ion mass spectrometry sensitivity factors versus ionization potential and electron affinity for many elements in HgCdTe and CdTe using oxygen and cesium ion beams. J Appl Phys 63：5121-5124
[73] Wilson RG，Novak SW (1991) Systematics of secondary-ion-mass spectrometry relative sensitivity factors versus electron affinity and ionization potential for a variety of matrices determined from implanted standards of more than 70 elements. J Appl Phys 69：466-474
[74] Wilson RG (2004) Secondary ion mass spectrometry. Univ of Florida，Gainesville. http：//pearton. mse. ufl. edu/rgw/
[75] Clementi E，Raimondi DL (1963) Atomic screening constants from SCF functions. J Chem Phys 38：2686-2689
[76] Mullay J (1984) Atomic and group electronegativities. J Am Chem Soc 106：5842-5847
[77] Reed JL (1997) Electronegativity：chemical hardness. J Phys Chem A101：7396-7400
[78] Reed JL (2002) Electronegativity：atomic charge and core ionization energies. J Phys Chem A106：3148-3152
[79] Reed JL (1999) The genius of Slater's rules. J Chem Educat 76：802-804
[80] Batsanov SS (1964) System of geometrical electronegativities. J Struct Chem 5：263-269
[81] Koseki S，Schmidt MW，Gordon MS (1992) MCSCF/6-31G (d，p) calculations of one-electron spin-orbit coupling constants in diatomic molecules. J Phys Chem 96：10768-10772
[82] Koseki S，Gordon MS，Schmidt MW，Matsunaga N (1995) Main group effective nuclear charges for spin-orbit calculations. J Phys Chem 99：12764-12772
[83] Koga T，Kanayama K (1997) Noninteger principal quantum numbers increase the efficiency of Slater-type basis sets：singly charged cations and anions. J Phys B30：1623-1632
[84] Koga T，Kanayama K，Thakkar AJ (1997) Noninteger principal quantum numbers increase the efficiency of Slater-type basis sets. Int J Quant Chem 62：1-11
[85] Koseki S，Schmidt MW，Gordon MS (1998) Effective nuclear charges for the first- through third-row transition metal elements in spin-orbit calculations. J Phys Chem A102：10430 - 10435
[86] Waldron KA et al (2001) Screening percentages based on Slater effective nuclear charge as a versatile tool for teaching periodic trends. J Chem Educat 78：635-639
[87] Nalewajsky RF，Koninski M (1984) Atoms-in-a-molecule model of the chemical bond. J Phys Chem 88：6234-6240
[88] De Proft F，LangenackerW，Geerlings P (1995) A non-empirical electronegativity equalization scheme. Theory and applications using isolated atom properties. J Mol Struct Theochem 339：45-55
[89] Martynov AI，Batsanov SS (1980) New approach to calculating atomic electronegativities. Russ J Inorg Chem 25：1737-1740
[90] Bohorquez HJ，Boyd RJ (2009) Is the size of an atom determined by its ionization energy? Chem Phys Lett 480：127-131
[91] Waber JT，Cromer DT (1965) Orbital radii of atoms and ions. J Chem Phys 42：4116-4123
[92] Simons G，Bloch AN (1973) Pauli-force model potential for solids，Phys Rev B7：2754-2761
[93] Zhang SB，Cohen ML，Phillips JC (1987) Relativistic screened orbital radii. Phys Rev B36：5861-5867
[94] Zhang SB，Cohen ML，Phillips JC (1988) Determination of diatomic crystal bond lengths using atomic s-orbital radii. Phys Rev B38：12085-12088
[95] Zunger A，Cohen M (1979) First-principles nonlocal-pseudopotential approach in the density- functional formalism. Ⅱ. Application to electronic and structural properties of solids. Phys Rev B20：4082-4108
[96] Zhang SB，Cohen ML (1989) Determination of AB crystal structures from atomic properties. Phys Rev

B39：1077-1080

[97] (a) Ganguly P (1995) Orbital radii and environment-independent transferable atomic length scales. J Am Chem Soc 117：1777-1782；(b) Ganguly P (1995) Relation between interatomic distances in transition-metal elements, multiple bond distances, and pseudopotential orbital radii. J Am Chem Soc 117：2655-2656

[98] Chanty TK, Ghosh SK (1996) New scale of atomic orbital radii and its relationship with polar- izability, electronegativity, other atomic properties, and bond energies of diatomic molecules. J Phys Chem 100：17429-17433

[99] Ganguly P (2009) Atomic sizes from atomic interactions. J Mol Struct 930：162-166

[100] Nagle JK (1990) Atomic polarizability and electronegativity. J Am Chem Soc 112：4741-4747

[101] Batsanov SS (2011) Thermodynamic determination of van der Waals radii of metals. J Mol Struct 990：63-66

[102] Vinet P, Rose JH, Ferrante J, Smith JR (1989) Universal features of the equation of state of solids. J Phys Cond Matter 1：1941-1964

[103] Rose JH, Smith JR, Guinea F, Ferrante J (1984) Universal features of the equation of state of metals. Phys Rev B29：2963-2969

[104] Bragg WL (1920) The arrangement of atoms in crystals. Phil Mag 40：169-189

[105] Slater JC (1964) Atomic radii in crystals. J Chem Phys 41：3199-3204

[106] Batsanov SS, Zvyagina RA (1966) Overlap integrals and the problem of effective charges, vol 1. Nauka, Novosibirsk (in Russian)

[107] Politzer P, Parr RG (1976) Separation of core and valence regions in atoms. J Chem Phys 64：4634-4637

[108] Boyd RJ (1977) Electron density partitioning in atoms. J Chem Phys 66：356-358

[109] Sen KD, Politzer P (1989) Characteristic features of the electrostatic potentials of singly negative monoatomic ions. J Chem Phys 90：4370-4372

[110] Prasad M, Sen KD (1991) Upper bound to approximate ionic radii of atomic negative ions in terms of r^2. J Chem Phys 95：1421-1422

[111] Deb BM, Singh R, Sukumar N (1992) A universal density criterion for correlating the radii and other properties of atoms and ions. J Mol Struct Theochem 259：121-139

[112] Gadre SR, Sen KD (1993) Radii of monopositive atomic ion. J Chem Phys 99：3149-3150

[113] Balbas LC, Alonso JA, Vega LA (1986) Density functional theory of the chemical potential of atoms and its relation to electrostatic potentials and bonding distances. Z Phys D1：215-221

[114] Bader RFW (1990) Atoms in molecules. Oxford Sci Publ, Oxford

[115] Bader RFW (2006) An experimentalist, s reply to "What is an atom in a molecule?" J Phys ChemA110：6365-6371

[116] Bader RFW (2011) Worlds apart in chemistry: a personal tribute to J. C. Slater. J Phys Chem A115：12667-12676

[117] Bultinck P, Vanholme R, Popelier PLA et al (2004) High-speed calculation of AIM charges through the electronegativity equalization method. J Phys Chem A108：10359-10366

[118] Goldschmidt VM (1926) Geochemische verteilungsgesetze der elemente. Oslo Bd1, Oslo

[119] Pauling L (1939) The nature of the chemical bond. Cornell Univ Press, New York Ithaca

[120] Pauling L, Kamb B (1986) A revised set of values of single-bond radii derived from the observed interatomic distances in metals by correction for bond number and resonance energy. Proc Nat Acad Sci USA 83：3569-3571

[121] Batsanov SS (1994) Metallic radii of nonmetals. Russ Chem Bull 43：199-201

[122] Zachariasen WH (1973) Metallic radii and electron configurations of the 5f-6d metals. J Inorg Nucl Chem 35：3487-3497

[123] Trömel M (2000) Metallic radii, ionic radii, and valences of solid metallic elements. Z Naturforsch 55b：243-247

[124] Tromel M, Hubner S (2000) Metallradien und ionenradien. Z Kiist 215：429-432

[125] Batsanov SS (1994) Equalization of interatomic distances in polymorphous transformations under pressure. J Struct Chem 35：391-393

[126] Berryman JG (1983) Random close packing of hard spheres and disks. Phys Rev A27：1053-1061
[127] Santiso E，Muller EA (2002) Dense packing of binary and polydisperse hard spheres. Mol Phys 100：2461-2469
[128] Huggins ML (1922) Atomic radii. Phys Rev 19：346-353
[129] Huggins ML (1923) Atomic radii. Phys Rev 21：205-206
[130] Huggins ML (1926) Atomic radii. Phys Rev 28：1086-1107
[131] Pauling L，Huggins ML (1934) Covalent radii of atoms and interatomic distances in crystals. Z Krist 87：205-238
[132] Bergman D，Hinze J (1996) Electronegativity and molecular properties. Angew Chem Int Ed 35：150-163
[133] Schomaker V，Stevenson DP (1941) Some revisions of the covalent radii and the additivity rule for the lengths of partially ionic single covalent bonds. J Am Chem Soc 63：37-40
[134] Blom R，Haaland A (1985) A modification of the Schomaker-Stevenson rule for prediction of single bond distances. J Mol Struct 128：21-27
[135] Mitchell KAR (1985) Analysis of surface bond lengths reported for chemisorption on metal surfaces. Surface Sci 149：93-104
[136] Van Vechten J，Phillips JC (1970) New set of tetrahedral covalent radii. Phys Rev B2：2160- 2167
[137] Pyykkö P (2012) Refitted tetrahedral covalent radii for solids. Phys Rev B85：024115
[138] Sanderson RT (1983) Electronegativity and bond energy. J Am Chem Soc 105：2259-2561
[139] Luo Y-P，Benson S (1989) A new electronegativity scale. J Phys Chem 93：7333-7335
[140] Gillespie RJ，Hargittai I (1991) The VSERP model of molecular geometry. Allyn Bacon，Boston
[141] O'Keeffe M，Brese NE (1991) Atom sizes and bond lengths in molecules and crystals. J Am Chem Soc 113：3226-3229
[142] O'Keeffe M，Brese NE (1992) Bond-valence parameters for anion-anion bonds in solids. Acta CrystB48：152-154
[143] Batsanov SS (1991) Atomic radii of elements. Russ J Inorg Chem 36：1694-1706
[144] Batsanov SS (1995) Experimental determination of covalent radii of elements. Russ Chem Bull 44：2245-2250
[145] Batsanov SS (1998) Covalent metallic radii. Russ J Inorg Chem 43：437-439
[146] Pyykko P，Atsumi M (2009) Molecular double-bond covalent radii for elements Li-E112. Chem Eur J 15：186-197
[147] Cordero B，Gomez V，Platero-Prats AE et al (2008) Covalent radii revisited. Dalton Trans 2832-2838
[148] Batsanov SS (2002) Covalent radii of atoms as a function of their oxidation state. Russ J Inorg Chem 47：1005-1007
[149] Brown ID (2009) Recent developments in the methods and applications of the bond valence model. Chem Rev 109：6858-6919
[150] Batsanov SS (2010) Dependence of the bond length in molecules and crystals on coordination numbers of atoms. J Struct Chem 51：281-287
[151] Pyykko P，Riedel S，Patzschke M (2005) Triple-bond covalent radii. Chem Eur J 11：3511-3520
[152] Pyykko P，Atsumi M (2009) Molecular double-bond covalent radii for elements Li-E112. Chem Eur J 15：12770-12779
[153] Landé A (1920) Uder die gröβe die atome. Z Physik 1：191-197
[154] Ladd MFC (1968) The radii of spherical ions. Theor Chim Acta 12：333-336
[155] Wasastjerna JA (1923) On the radii of ions. Comm Phys-Math Soc Sci Fenn 1 (38)：1-25
[156] Kordes E (1939) A simple relationship between ion refraction，ion radius and the reference number of the elements. Z phys Chem B44：249-260
[157] Kordes E (1939) Identification of atomic distances from refraction. Z phys Chem B44：327-343
[158] Kordes E (1940) Berechnung der ionenradien mit hilfe atomphysicher groβen. Z phys Chem B48：91-107
[159] Vieillard P (1987) Une nouvelle echelle des rayons ioniques de Pauling. Acta Cryst B43：513- 517
[160] Goldschmidt VM (1929) Crystal structure and chemical constitution. Trans Faraday Soc 25：253-283
[161] Zachariasen WH (1928) Crystal radii of the heavy elements. Phys Rev 73：1104-1105

[162] Zachariasen WH (1931) A set of empirical crystal radii for ions with inert gas configuration, Z Krist 80: 137-153
[163] Zachariasen WH, Penneman RA (1980) Application of bond length-strength analysis to 5f element fluorides. J Less Common Met 69: 369-377
[164] Shannon RD, Prewitt CT (1969) Effective ionic radii in oxides and fluorides. Acta Cryst B25: 925-946
[165] Shannon RD, Prewitt CT (1970) Revised values of effective ionic radii. Acta Cryst B26: 1046 - 1048
[166] Shannon RD (1976) Revised effective ionic radii and systematic studies of interatomic distances in halides and chalcogenides. Acta Cryst A32: 751-767
[167] Shannon RD (1981) Bond distances in sulfides and a preliminary table of sulfide crystal radii. Structure and Bonding 2: 53-70
[168] Prewitt CT (1985) Crystal chemistry: past, present, and future. Am Miner 70: 443-454
[169] Ahrens LH (1952) The use of ionization potentials: ionic radii of the elements. Geochim Cosmochim Acta 2: 155-169
[170] Ahrens LH (1954) Shielding efficiency of cations. Nature 174: 644-645
[171] Brese NE, O'Keefe M (1991) Bond-valence parameters for solids. Acta Cryst B47: 192-197
[172] Pauling L (1928) The sizes of ions and their influence on the properties of salt-like compounds. Z Krist 67: 377-404
[173] Brown ID (1988) What factors determine cation coordination numbers? Acta Cryst B44: 545- 553
[174] Batsanov SS (2001) Relationship between the covalent and van der Waals radii of elements. Russ J Inorg Chem 46: 1374-1375
[175] Chen ECM, Wentworth WE (1985) Negative ion states of the halogens. J Phys Chem 89: 40994105
[176] Evans CJ, Gerry MCL (2000) The microwave spectra and structures of Ar-AgX. J Chem Phys 112: 1321-1329
[177] Batsanov SS (1956) Calculation of atomic polarizabilities in polar bonds. Zhurnal Fizicheskoi Khimii 30: 2640-2648 (in Russian)
[178] Batsanov SS (1966) Refractometry and chemical structure. Van Nostrand, Princeton
[179] Fajans K (1953) Chemical binding forces. Shell Development Co, Emeryville
[180] Fajans K (1957) Polarization. In: Clark GL (ed) Encyclopedia of chemistry. Reinhold, New York
[181] Fajans K (1959) Quantikel-theorie der chemischen Bindung. Chimia 13: 349-366
[182] Collin RJ, Smith BC (2005) Ionic radii for Group 1 halide crystals and ion-pairs. Dalton Trans 702-705
[183] Ignatiev V (2002) Relation between interatomic distances and sizes of ions in molecules and crystals. Acta Cryst B58: 770-779
[184] Witte H, Wölfel E (1955) Röntgenographische Bestimmung der Elektronenverteilung in Kristallen: die Elektronenverteilung im Steinsalz. Z phys Chem NF 3: 296-329
[185] Gourary BS, Adrian FJ (1960) Wave functions for electron-excess color centers in alkali halide crystals. Solid State Physics 10: 127-247
[186] Maslen VW (1967) Crystal ionic radii. Proc Phys Soc 91: 259-260
[187] Downs JW, Gibbs GV (1987) An exploratory examination of the electron density and electrostatic potential of phenakite. Amer Miner 72: 769-777
[188] Sasaki S, Fujino K, Takeuchi Y, Sadanaga R (1980) On the estimation of atomic charges by the X-ray method for some oxides and silicates. Acta Cryst A36: 904-915
[189] Downs JW (1995) Electron density and electrostatic potential of coesite. J Phys Chem 99: 6849-6856
[190] Kirfel A, Krane H-G, Blaha P et al (2001) Electron-density distribution in stishovite, SiO_2: a new high-energy synchrotron-radiation study. Acta Cryst A57: 663-677
[191] Takeuchi Y, Sasaki S, Bente K, Tsukimura K (1993) Electron density distribution in MgS. Acta Cryst B49: 780-781
[192] Gibbs GV, Cox DF, Rosso KM et al (2007) Theoretical electron density distributions for Fe- and Cu- sulfide earth materials. J Phys Chem B111: 1923-1931
[193] Vidal-Valat G, Vidal J-P (1992) Evidence on the breakdown of the Born-Oppenheimer approximation in the charge density of crystalline ^{7}LiH/D. Acta Cryst A48: 46-60

[194] Noritake T, Towata S, Aoki M et al (2003) Charge density measurement in MgH_2 by synchrotron X-ray diffraction. J Alloys Comp 356-357: 84-86

[195] Fujino K, Sasaki S, Takeuchi Y, Sadanaga R (1981) X-ray determination of electron distributions in forsterite, fayalite and tephroite. Acta Cryst B37: 513-518

[196] Sasaki S, Takeuchi Y, Fujino K, Akimoto S (1982) Electron-density distributions of three orthopyroxenes. Z Krist 158: 279-297

[197] Takazawa H, Ohba S, SaitoY (1988) Electron-density distribution in crystals of dipotassium tetrachloropalladate (Ⅱ) and dipotassium hexachloropalladate (Ⅳ), $K_2[PdCl_4]$ and $K_2[PdCl_6]$. Acta Cryst B44: 580-585

[198] Liao M, Schwarz W (1994) Effective radii of the monovalent coin metals. Acta Cryst B50: 9-12

[199] Gibbs GV, Tamada O, Boisen MB (1997) Atomic and ionic radii: a comparison with radii derived from electron density distributions. Phys Chem Miner 24: 432-439

[200] Sasaki S (1997) Radial distribution of electron density in magnetite, Fe_3O_4. Acta Cryst B53: 762-766

[201] Belokoneva EL (1999) Electron density and traditional structural chemistry of silicates. Russ Chem Rev 68: 299-316

[202] Kirfel A, Lippmann T, Blaha P et al (2005) Electron density distribution and bond critical point properties for forsterite, Mg_2SiO_4. Phys Chem Miner 32: 301-313

[203] Gibbs GV, Downs RT, Cox DF et al (2008) Experimental bond critical point and local energy density properties determined for Mn-O, Fe-O, and Co-O bonded interactions for tephroite, Mn_2SiO_4, fayalite, Fe_2SiO_4, and olivine, Co_2SiO_4 and selected organic metal complexes. J Phys Chem A112: 8811-8823

[204] Gibbs GV, Boisen MB Jr, Hill FC et al (1998) SiO and GeO bonded interactions as inferred from the bond critical point properties of electron density distributions. Phys Chem Miner 25: 574-584

[205] Johnson O (1973) Ionic radii for spherical potential ion. Inorg Chem 12: 780-785

[206] Johnson O (1981) Electron density and electron redistribution in alloys: electron density in elemental metals, J Phys Chem Solids 42: 65-76

[207] Batsanov SS (2003) Bond radii of atoms in ionic crystals. Russ J Inorg Chem 48: 533-536

[208] Donald KJ, Mulder WH, von Szentpály L (2004) Influence of polarization and bond-charge on spectroscopic constants of diatomic molecules. J Phys Chem A108: 595-606

[209] Fumi FG, Tosi MP (1964) Ionic sizes and born repulsive parameters in the NaCl-type alkali halides. J Phys Chem Solids 25: 31-43

[210] Rosseinsky DR (1994) An electrostatics framework relating ionization potential (and electron affinity), electronegativity, polarizability, and ionic radius in monatomic species. J Am Chem Soc 116: 1063-1066

[211] Batsanov SS (2004) Determination of ionic radii from metal compressibilities. J Struct Chem 45: 896-899

[212] Batsanov SS (2006) Mechanism of metallization of ionic crystals by pressure. Russ J Phys Chem 80: 135-138

[213] Batsanov SS (1978) About ultimate ionic radii. Doklady AN USSR 238: 95-97 (in Russian)

[214] Batsanov SS (1983) Some crystal-chemical characteristics of simple inorganic halides. Russ J Inorg Chem 28: 470-474

第2章 化学键

2.1 化学键的发展历史

化学键的概念是现代化学的核心。在19世纪期间，化学键的经典形式缓慢而艰难地发展，它把分子描述为连接原子的结合体。尽管在对基础物理一无所知的情况下，这个概念发展了很长一段时间，但人们证实了这个概念对解释、系统化和预测化学现象非常有用。直到19世纪末，这种“黑匣子”情形才开始改变。G. J. Stoney在1881年计算了基本电荷，并在1891年命名其为“电子”。1894年，W. Weber提出原子由正电荷和负电荷组成。1897年，W. Wiechert、J. J. Thomson和J. S. Townsend实验测出了电子的电荷。1902～1904年，William Thomson（Lord Kelvin）和J. J. Thomson发展为“枣糕状”原子模型，电子分布在正电荷的均匀球体上。1904年，H. Nagaoka认为正电荷位于原子的中心，电子绕其轨道运行。最终，1911年E. Rutherford用实验证实了这个行星模型。

1904年，R. Abegg认为一个原子的化合价对应于它失去或得到的电子数，总的电子数一定为8，并且最高的正化合价为元素周期表中的族数（纵列）。1908年，J. Stark假设一个原子的化学性质取决于它的外层电子（“化合价”），并且W. Ramsay在他的论文“作为元素的电子”中，已经提及原子之间成键的电子性质。1913年，N. Bohr提出了分子中大多数的电子位于原子核周围，这与孤立原子一样，并且只有外层电子绕着连接原子的轴旋转，从而形成化学键。在1916年，W. Kossel解释了离子的形成，即电子从一个原子转移到另一个原子来填满两者的最外电子层，以达到稳定的8电子组态；他也提出了一个重要的理论，即从完全极性的化合物（例如HCl）到典型的非极性化合物，有一个过渡过程（例如H_2）[1]。同年，Lewis描述了共价键的形成，是通过两个完全相同的原子共用它们的电子来获得稳定的八隅体[2]。Langmuir发展了Lewis的理论，假定原子中的电子是分层分布的，第一层填充2个电子，第二层填充8个电子，第三层填充18个电子以及第四层填充32个电子[3-5]。长久以来，八隅体规则作为化学成键的标准，若是违背了这个规律，则作为特例。然而，这些特例变得越来越多，直到对它们的解释需要引入后面讨论的新理论。由D. I. Mendeleev（1869）提出的周期性理论推动了电子理论的发展，它在Bohr-Rutherford模型、量子论以及最终的Pauli不相容原理等方面进行了物理解释，也解释了原子的电子结构和此后的 Langmuir 分层模型。这些方法的发展导致量子化学的建立。尽管后者的讨论超出了本书的范围，应该注意的是，在 E. Schrödinger（1926）的基本方程 $H\Psi=E\Psi$ 中，H 为哈密顿算符，E 为体系的总能量，波函数 Ψ（更确切地说是它的平方）定义为在一定的空间内发现一个电子的概率。由于存在测不准原理，无法精确地描述电子轨道，而只能用概率表示，因此称之为“电子云”。薛定谔方程不能精确地解答多于一个电子的任何体系，因此量子力学在化学领域的应用，本质上是寻求适当的近似。

一个波函数定义的区域称为原子轨道，它只能由三个量子数确定。主量子数 n 为电子层数，轨道量子数 l 定义为亚层，以及轨道的形状。因此，量子数 $l=0$ 的原子 s 轨道是球型对称的，而 p 轨道（$l=1$ 时）为哑铃型，其方向是沿着三个笛卡尔坐标轴（因此命名为 p_x、p_y 和 p_z），并且在这些方向上趋向于成键。一个轨道（非球型的）的方向是由磁量子数 m_l 决定的。一个 ns 与三个 np 轨道的平均化（杂化）产生了键的四面体排列（例如金刚石），s、p 和 d 电子的其他组合产生其他类型的杂化和几何构型。在 Schwartz 的论文中，讨论了轨道的计算和“实验测量”（重构）的现代状态[6]，他指出“轨道”是一个概念，可以用来近似地描述真实分子和晶体等的结构、性质和过程。相应地，尽管轨道在本质上是由分子的性质决定的，但它们基于不同目的可以用不同的方法来定义。波函数 Ψ 和相应的分子轨道 Φ 之间的关系表达如下

$$\Psi(X_1,\cdots,X_N)\approx\Phi(X_1,\cdots,X_N) \tag{2.1}$$

Φ 是否为 Ψ 满意的轨道近似取决于分子类型和电子态，也取决于问题的本质。因此，分子中是不存在轨道的，就像分子中没有唯一定义的原子电荷一样。原子电荷有多种（见下文），同样地，也有多种适合于不同物理现象的轨道。第一，通过诸多理论上明确的算符，由一个简单的轨道生成函数 Φ，获得准确的波函数 Ψ 和能量 E。第二，在各种“KS 轨道”的生成波函数的帮助下，Kohn 和 Sham（KS）的密度泛函方法才能达到对分子能量进行可靠性高的计算的目的。第三，最著名的近似能量轨道方法为第一性原理、Hartree 和 Fock 的自洽场模型。也有一些半经验方法，例如迭代扩展 Hückel、CNDO 和 AM1 等。

在化学键理论的发展过程中，做出较大贡献的是 Coulson、Hückel、Hund、Slater、Mulliken（见文献［7］），尤其是对现代结构化学的形成起主要作用的 Pauling：他提出诸如杂化、键的极性和强度、双键特征的程度、原子局部电中性原理以及有效价键等概念，换言之，他创造了实验工作者用来描述和思考的特定领域的科学语言。Pauling 发展了价键理论（VB），它主要继承了 19 世纪化学家的（隐含的）理论，即在一个分子中的原子以可识别的整体存在。之后，随着分子轨道理论的巨大成功，普遍的观点认为，在一个分子中没有原子而只有原子核和电子（轨道）。然而，值得注意的是，一个苯分子的总能量，即将其裂解成 6 个 +6 电荷的原子核、6 个质子和 42 个电子，以及无限分离的所有物质所需的能量，其总和为 607837 kJ/mol（基于 MO 计算得到的）。实验上测得苯的原子化能，即将分子裂解为 6 个碳原子和 6 个氢原子所需的能量，只有 5463(3) kJ/mol，或者比前者的 1%还少。为了便于比较，用于测定分子间内聚力的晶体苯的升华焓为 44 kJ/mol。因此，分子中的原

子不比晶体中的分子“真实”。事实上，后来 Bader[8] 和 Parr[9] 又提出了分子中原子（AIM）的概念，现在已成为现代量子力学的基础。一直以来，尽管量子化学取得了成功，但结构化学仍然是一门以实验为主导的科学。

2.2 键的类型：共价键、离子键、极性键、金属键

传统上，化学键可分为离子键、共价键、受体-供体键、金属键以及对应于极限类型的范德华键，而一个真实的键往往是几种甚至所有这些类型的组合（图 2.1）。纯共价键只存在于单质物质或对称分子的同核键中，这仅仅是已知物质中的极小部分。纯离子键是不存在的（尽管碱金属卤化物很接近），因为总会有某种程度的共价性。然而，为了理解真实的化学键，有必要从理想类型的化学键开始讨论。在本节，主要讨论不同化学键的实验特性，简要讨论原子间相互作用的理论方面。

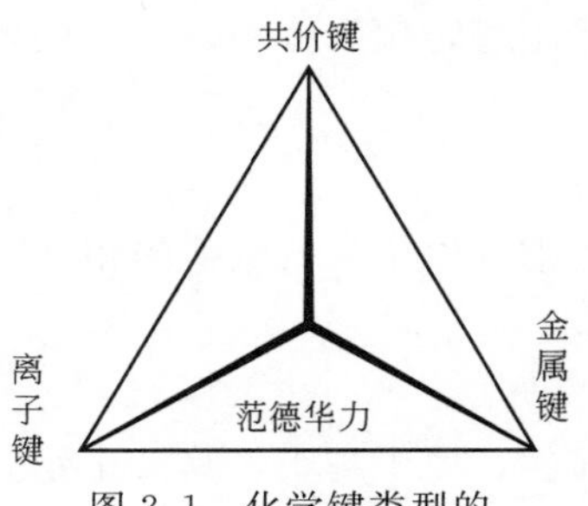

图 2.1　化学键类型的四面体示意图

注：给定化学键的性质能够用四面体中的点来描述

2.2.1　离子键

离子键是由具有相反电荷的离子之间的库仑引力所引起的。它的强度由静电能决定。在离子晶体 MX 中，晶格能 U（MX）在实验上可由 Born-Haber 循环测得，或者在理论上由离子的已知静电荷（Z，请勿与核电荷相混淆）和离子间距离（d）计算获得，即

$$U=k_{\mathrm{M}}\frac{Z^2}{d}\left(1-\frac{1}{n}\right) \tag{2.2}$$

式中，k_{M} 为 Madelung 常数；n 为 Born 排斥因子（表 2.1），这与实验值吻合较好。离子理论解释了无机结构化学中的许多事实。因此，在许多离子结构中，较大的离子（阴离子）形成一个密堆积，而较小的离子（阳离子）占据其间隙。这种结构只含四面体和八面体间隙，因而解释了为什么阳离子的配位数 N_{c} 通常为 4 或 6。库仑相互作用变强，离子晶体将具有高的熔化温度和高的原子化能，但是由于高溶剂（水合）热而溶解于极性液体（如水）中。在离子间隙中，电子的缺失将导致低折射率、高原子极化率、宽带隙和绝缘性能。

如上文所述，Kossel 提出从离子过渡到共价化合物是渐变的理论，共价性随离子相互极化影响的增大而增大。Fajans 及其合作者发展了该理论，他们定义了离子的极化率并且估算了阳离子的极化作用（Z/r^2），但最终没能获得定量的理论模型。原因是显而易见的[10]：不存在完全的离子型物质，只有或多或少接近于这种类型的中间情况。因此，在实验上理想离子的参数是无法获得的，更多的原因是，离子半径不能仅通过原子间距来确定（见第 1 章）。因此，极化率的概念只停留在定性的层面上。然而，原子极化效应对键能的贡献可以用范德华相互作用的形式来描述（见 4.4 节），其中 A…B 距离与 A…A 和 B…B 距离

的平均值的差值是原子极化率差值的函数，即

$$p_\alpha=\left(\frac{\alpha_A-\alpha_B}{\alpha_A}\right)^{2/3} \tag{2.3}$$

表 2.1 离子的硬度参数

离子的电子结构	He	Ne	Ar（和 Cu^+）	Kr（和 Ag^+）	Xe（和 Au^+）
n	5	7	9	10	12
f_n	1.250	1.167	1.125	1.111	1.091

将距离转化为体积，该函数转变为以下形式

$$p_\alpha=\left(\frac{\alpha_A-\alpha_B}{\alpha_A}\right)^{2} \tag{2.4}$$

考虑到原子有效电荷的相互影响，总的“有效”极化效应为：

$$q=p_\alpha\frac{(Zi)^2}{d} \tag{2.5}$$

显然，原子越小，其极化效应越强。如果较小的离子为阳离子（通常是这种情况），将会降低物质总的 α，若较小的离子是阴离子，则 α 将会增大。这种简单的方法能较准确地计算出无机物的极化率[11]。

离子模型广泛地用于预测晶体结构中的配位数 N_c。显而易见，r_c/r_a 的值越高，一个给定阳离子周围能容纳的阴离子越多。追溯到 19 世纪 20 年代[12]，Magnus-Goldschmidt 规则是从以下系列的简单几何因素进行预测的。对于 $r_c/r_a \leqslant 0.15$，稳定构型只能是直线型的（$N_c=2$），从 0.15 到 0.22，应该是等边三角形（$N_c=3$），从 0.22 到 0.41，为四面体（$N_c=4$），从 0.41 到 0.73，为八面体（$N_c=6$），大于 0.73 时为立方体（$N_c=8$）。然而，对于本质上为离子键的晶体而言，这些规则常常也是无效的。因此，在 $MgAl_2O_4$ 中大的 Mg^{2+} 具有 $N_c=4$，而较小的 Al^{3+} 具有 $N_c=6$，然而按上述规则应当是反过来的[13]。MX_n 的晶体结构也常常不符合这个简单的离子模型[14]。明显他，与其他更大的卤素（X=Cl，Br，I）相比，预计阳离子与较小 F^- 阴离子结合应采取更大的配位数 N_c。事实上，$N_c(MF) \leqslant N_c(MX)$ 和 $N_c(MF_2) \approx N_c(MX_2)$，而只有 $n=3$ 或 4 时 $N_c(MF_n) \geqslant N_c(MX_n)$。一个显著的例子是 CsF 和 CsI：它们的 r_c/r_a 在 1.25 和 0.76 之间，两者都预测出 $N_c=8$。这对于 CsI 是正确的，但具有更高比值的 CsF 则是 $N_c=6$ 的 NaCl 型（B1）结构。

这些失败的例子揭示了简单的离子模型是一个相当不完善的近似模型。首先，离子的电荷假定为相应元素形式上的氧化态。其次，将离子看成绝对的硬球，其空间分布只由其相对大小和最密堆积以及相反电荷的离子之间尽可能近地接触来控制。如果为离子分配更多的实际有效电荷 e^*（见表 2.2），其结果与实验结果的吻合程度将会提高。例如，对于碱金属卤化物，具有相同阳离子的不同化合物中，阴离子电荷的关系为 $(e^*_{MF}/e^*_{MCl})^2=1.245$，$(e^*_{MBr}/e^*_{MCl})^2=0.923$，$(e^*_{MI}/e^*_{MCl})^2=0.826$。

表 2.2　分子中氢原子和卤素原子的有效电荷

HF	H_2O	H_2S	NH_3	C_2H_2	C_2H_4	CH_4	CH_3I	CH_3Br	CH_3Cl	CH_3F
0.41	0.33	0.11	0.23	0.35	0.16	0.11	0.13	0.33	0.47	0.95
		CS_2	GeH_4	SiH_4	SnH_4	$GeBr_4$	HCl	$ZnBr_2$		
		0	0.09	0.10	0.12	0.17	0.20	0.25		

将表1.17中阴离子的最终半径与这些比值相乘，并假设 $e^*_{MCl}=1$，可获得有效的或“能量”离子半径 r^*（见1.6节），即 F^- 为2.30，Cl^- 为2.25，Br^- 为2.20和 I^- 为2.17 Å[11]。由此断定，CsF中阳离子与阴离子有效的而非形式上的半径比（r_c^*/r_a^*）小于CsI的。在Born-Landé理论中，通过排斥系数 n 和硬度因子 $f_n=(n-1)/n$ 进行定义（见表2.1），通过 $f_n \times r^*$ 得到具有完全相同性质的球体半径。它们的比率可表示如下

$$\bar{R}=\frac{r_+^* f_n^+}{r_-^* f_n^-} \tag{2.6}$$

其结果CsF 0.68、CsCl 0.72、CsBr 0.745、CsI 0.77可以正确地描述 N_c 的变化。通过考虑离子化合物中成键的部分共价特性，可进一步改善与实际情况的吻合度[14]。Madden和Wilson[15] 研究了离子的极化和变形对离子晶体结构的影响，他们推断具有形式电荷的离子模型比通常假设的更具适用性，但可用离子极化对共价异常的情形（层状结构、弯曲键等）进行定量的解释。

2.2.2　共价键

通常，由两个电子形成了两个原子之间的一个共价键，这些电子分别来自于每个原子。这些电子趋向于部分定域在两个原子核间的区域中。如果这些电子轨道是 Ψ_1 和 Ψ_2，连接原子（键连原子）的分子轨道必定是它们的线性组合，对称的 $\Psi_b=\Psi_1+\Psi_2$ 轨道和反对称的 $\Psi_a=\Psi_1-\Psi_2$ 轨道。如图2.2所示，前一个轨道在特定距离处有能量最小值，并且与后者相比通常具有较低的能量，因此，前者为成键轨道，而后者为反键轨道。由于占据一个轨道的电子不多于两个，这个情形实际上是Lewis模型（在1916年——量子力学开始之前的十年），将化学键看成共享电子对。Lewis也指出在稳定的分子中，每个原子的价电子层通常具有8个电子（除了具有两个电子的H），包括成键电子对和未共享的电子对，并且不考虑键的极性。长期以来，将八隅规则作为一个化学法则，显然这是源于一个电子层中仅有一个s和三个p轨道的情况，两类轨道最多填充8个电子。不符合这一规则的化合物被认定为特殊种类的化合物，即超价化合物（电子数＞8）和低价化合物（电子数＜8）。或者，通过引入d轨道杂化、键的极化和原子净电荷进行解释，并且假设八隅规则可以应用于每个原子周围的有效电子数（与Lewis的方法相反）。现在很明显，这条规则虽然在教学上很有用，但也有许多例外，没有显示出任何特殊的性质[16]。特别地，将超价化合物分子中的键与八电子化合物进行比较，发现它们的性质不存在根本性的差异。同样地，在原子上分配净电荷从而保证八隅规则，这对于分子结构和性质

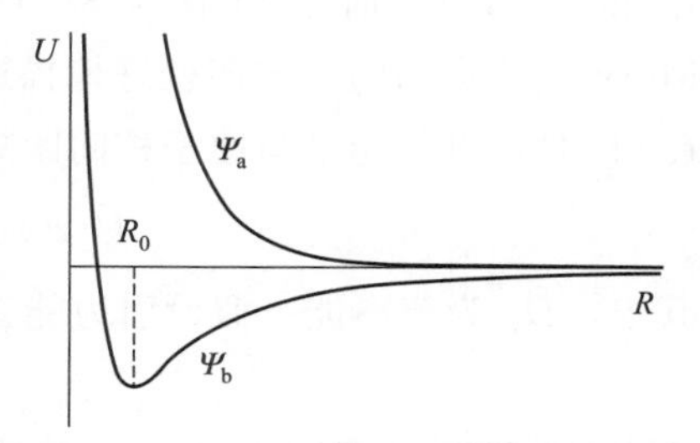

图2.2　双原子分子成键轨道和反键轨道的势能与原子内距离 R 的关系

的理解没有任何贡献。因此，一个质子化的胺或吡啶上氮原子的形式电荷为+1，但并未显示对应的键长收缩。事实上，这个原子具有一个小的负电荷！

尽管 von Antropoff[17] 和 Pauling[18] 已经预测到，高电负性的强氧化剂能在化学上唤醒人们，但长期以来对八隅规则的信任和量子力学概念的误解，阻碍了人们对“惰性”气体这类化合物的探索。在 1962 年发现氙化合物时，这一预测得到了证实[19-23]。此后，合成出超过 500 种“稀有”（原先称为“惰性”，后来称为“贵的”）气体化合物[24]，并且由 X 射线衍射对其中的许多化合物进行了表征。最后，固体氙在超高压下转化为金属状态[25,26]。

另一个必要的注意事项是，在现今的每本教科书中，共价键的解释是从 H_2 分子开始的（有时也以此结束），因为这是最简单的情况，历史上也是最早对它进行研究的。不幸的是，它并不是一个典型的例子，但学生们常常没有意识到这个事实。实际上，H_2 显示了众多独特的性质，因为它没有非键电子，因而成键电子对也影响分子间相互作用，即包括吸引作用和排斥作用。其结果是，两项工作都未做好。原子间距离、原子化能、压缩性等分子物理性质与键级一致，该键级远低于习惯上的 1[27]。因此，根据氢与不同原子之间的键距确定的氢的共价半径（这将补偿自身成键时电子密度的缺失）为 0.30 Å[28]，因而，在 H_2 分子中，实际的 H—H 键长为 0.74 Å，而对应的键级仅为 0.57（见式 2.8）。通常 A_2 分子的电离势低于孤立原子的电离势，A_2^+ 的化学键解离能高于中性分子的解离能，在这两方面，H_2 显示了相反的关系（见第 1 章）。第 15 和 16 族元素的氢化物违反了分子结构的通用 VSEPR 规则（见第 3.2.2 节）：H—A—H 键角小于 F—A—F 的，而键角通常会随着配体电负性的减小而变大，从而可以解释上述效应[29]。观测到的氢的范德华半径约比卤族半径的推断值小 0.25 Å[27]，这显示了分子间排斥力较弱。与此同时，通过 Trouton 规则对 H_2 的较大偏差可看出分子间吸引力的减弱：蒸发焓与沸点的比值为常数。对于 H_2 而言，其比值为 44.8 J/(mol · K)，而平均值为 88 J/(mol · K)。本章考虑了解离能和键长之间的关系。Morse[30] 提出的公式能较好地描述双原子分子实验测定的电子能量（E），在接近于平衡态（d_e）时，电子能量与原子核间距离的函数关系如下

$$E(d)=D_e\{1-\exp[-a(d-d_e)]^2\} \tag{2.7}$$

其中，D_e 为解离能。假设引力能正比于键级 q[31]，由式 2.7 可推导出如下的 Pauling 等式

$$d_q=d_1-b\ln q \tag{2.8}$$

式中 d_1 和 d_q 分别为一个标准单键的键长和键级为 q 的键长，其中 b 为一个常数（基本上是经验的）。Pauling 自己用的是 $6\times\lg q$ 项，如果使用自然对数，上式中 $b=0.26$。然而，键能和键级之间的比例的简化相当粗糙：在实验上，测得 C—C 和 C≡C 键的能量比值为 1∶2.2，而 N—N 和 N≡N 键的则为 1∶4.5。

对于许多双原子分子，Parr 和 Borkman[32] 证实了接近平衡距离（d）的键能可描述如下

$$E=E_o+\frac{E_1}{d}+\frac{E_2}{d^2} \tag{2.9}$$

其中第二项代表库仑相互作用，而第三项代表原子轨道的重叠。根据赝势方法，E 与 d^{-2} 成正比[33]，而在 Phillips 的理论中，E 与 $d^{-2.5}$ 成正比（见第 2.3 节）。在单键、双键、三

键以及高重键的整个区域内，典型 C—C 键的键长与该键的解离能（E）呈直线关系，E 值为 16～230 kcal/mol。其公式为

$$d=1.748-0.002371E \tag{2.10}$$

式中，d 的单位为 Å，E 的单位为 kcal/mol。已经测试了 41 个典型的 C—C 键，键长范围为 1.20～1.71 Å。由此得出碳-碳键的最大键长为 1.75 Å[34]。

到目前为止，研究最多的化学键的类型被称为“芳香性的”。1860 年由 Kekulé 和 Erlenmeyer 提出了芳香性的概念用于描述环状分子（其中苯是最基本的一个分子），经典理论认为这些分子是单键和双键交替的，但它们比这样的结构式（单键和双键交替）所隐含的要稳定得多，或者比它们的开链类似物要稳定得多。在 20 世纪，衍射方法证实了 Kekulé 的理论，他认为苯环具有六重对称性（D_{6h}），六个 C—C 键都是等价的（1.3983 Å，石墨中的 C—C 键长为 1.422 Å），且键的性质介于单键和双键之间（例如，在丁二烯中是 1.467 和 1.349 Å）[35]。在量子化学的初始阶段，Pauling[36] 引入了两个或多个价键结构共振的概念，这样的体系能量相对较低。通过苯与环己三烯（假想的）的生成热或氢化热的差值估算苯的共振能（RE），得到了基本相同的共振能（RE），约为 150 kJ/mol（小于苯的原子化能的 3%）。然而，其他的参照反应将产生不同的 RE。人们也需考虑实际或模型分子中的空间位阻（非键连原子间的排斥）能的差异，因为它们也具有相同的数量级。因此，目前估算苯的 RE 为 85～312.6 kJ/mol[35]。在分子轨道理论中，具有芳香性的分子可描述为环状的 π 电子离域。Hückel[37] 假定环状平面 π 电子体系（具有定域的单键和双键）含有（$4n+2$）个 π 电子，则体系是较稳定的（芳香性）；含有 $4n$ 个 π 电子（例如环丁二烯），体系是较不稳定的（反芳香性）。Hückel 规则证实了环丙烯基阳离子（$n=0$）、环戊二烯基阴离子和环己二烯基阳离子（$n=1$）以及各种杂环化合物的芳香性，但 Pauling 无法利用简单 VB 理论解释这些体系的反芳香性[38]，并由此产生置疑[39]。然而，很明显地，高精度版本的 VB 和 MO 方法（但不是在还未出现计算机的时代中严重简化的版本）能得到本质上相同的结果。此外，人们已经意识到，苯环的对称性来源于 σ 键的均等，剩下的 π 键会形成一个定域的凯库勒（Kekulé）结构[40]。

芳香环可提供由外磁场引起的环电流的回路，因此，芳香性分子的磁化率 χ_m 是高度各向异性的，且高于原子增量的总和 χ_a，它的这些“提高”提供了芳香性定量测定的方法[41]，

$$\Lambda=\chi_m-\sum\chi_a>0 \tag{2.11}$$

其他芳香性指标基于键长的均等化、键级或者 NMR 光谱中特有的质子转移（也是由于芳香性的诱导磁性）[42]。

芳香性可能存在于三维的以及平面体系中，例如富勒烯的准球笼[43,44] 和多面体硼烷（如 $B_{12}H_{12}^{2-}$）[44,45]，碳纳米管和一些金属团簇（如 Au_5Zn^+ 和 Au_{20}）[46]。由 Hirsch[47] 提出的 $2(n+1)^2$ 规则，已成功应用于设计各种新颖的芳香性化合物，服务于针对平面体系的 Hückel 规则的三维空间类似物。然而，对这个规律的偏离现象表明需要进一步改进理论。在 Chemical Reviews 上的两篇专题论文[48,49] 全面综述了相关的研究。

2.2.3 极性键和原子的有效电荷

专业术语“离子物质”常用于无机化学中，尽管在熔融状态的离子导体或一些固态的其

他情况中证实了离子的真实性，事实上并没有多少化合物可以看作是真正离子性的，也没有纯粹的离子成键。单原子阳离子总是小于阴离子的（除了 F^- 小于 K^+、Rb^+、Cs^+），并且趋向于极化后者，这导致了阴离子的电子密度向阳离子转移。高于非金属电子亲和能的金属电离势（见第 1 章）有相似的效应。因此，即使在离子化最高的晶体中，其电荷也一定小于氧化数。这是如何确定的呢？大量的实验和理论方法已用于原子电荷的测定[50]。对于一些 AX_n 或 AH_n 分子，键极性以及配体的有效电荷可通过 IR 或 XR 光谱获取[51-54]。正如表 2.2 所示，这些值总是小于 1。估算分子中原子电荷最常用的方法是基于偶极矩方法，这些内容将在第 11 章中进行详细的讨论（表 11.2）。

晶体中原子的有效电荷可通过 Szigeti 光谱法[55] 测定，这也在第 11 章中进行详细的描述，其公式为

$$e^* = \frac{3\nu_t}{Ze(n^2+2)}[\pi(\varepsilon - n^2)\bar{m}V]^{\frac{1}{2}} \tag{2.12}$$

式中，ν_t 为晶格的横向振动频率；n 为折射率；ε 为介电常数；V 为摩尔体积；Z 为原子的化合价；$\bar{m}$ 为一个振动原子的折算质量。结果列在表 2.3 和表 2.4 中，在传统格式 e^*/v 中，v 为原子的形式化合价（其值为相对的键离子性）。不难看出，在 MO 型氧化物中 O 的有效电荷的绝对值总是大于 1，而在分子中它们小于 1。如 1.1.2 节所讨论的，$O^- + e^- \rightarrow O^{2-}$ 的加和需要消耗能量，但在晶体中可通过 Madelung 能进行补偿，这使得较高的负电荷在热力学上成为可能。随着 N_c 由 2 变到 4，HgS 的相变使得有效电荷由 0.2 增加到 0.28；随着 $N_c = 4 \rightarrow 6$，MnS 的相变使得 e^* 由 0.35 增加到 0.44。第 11 和 12 族元素的卤化物具有较大的有效电荷。CuX 和 AgX 能带结构的研究揭示了金属的有效电荷超过 1，这是由于 d 电子的参与引起的。在一些 MX_2 型（见下文）化合物中，也发现了金属价态的类似增长。对于第 11～14 族金属元素，其有效化合价的问题将会在下文中进行讨论，这里只需要注意，在 MoS_2 和 $MoSe_2$ 中，假定对于氧族元素 $v=2$，对于金属 $v=4$。对于碱金属卤化物[56]、MF_2[57,58]、ZnS 和 GaAs[59] 的光谱研究，表明了它们的有效电荷在加热过程中会减少，这意味着键的共价性增加。

表 2.3　由 Szigeti 法得到的 MX 晶体中的有效原子电荷 (e^*/v)

M(v=1)	F	Cl	Br	I
Li	0.81	0.77	0.74	0.54
Na	0.83	0.78	0.75	0.74
K	0.92	0.81	0.77	0.75
Rb	0.97	0.84	0.80	0.77
Cs	0.96	0.85	0.82	0.78
Cu		0.98	0.96	0.91
Ag	0.89	0.71	0.67	0.61
Tl		0.88	0.84	0.83
M(v=2)	**O**	**S**	**Se**	**Te**
Cu	0.54			
Be	0.55			0.26[a]
Mg	0.59	0.49	0.39	
Ca	0.62	0.52	0.36	

续表

M(v=2)	O	S	Se	Te
Sr	0.64	0.54	0.50	
Ba	0.74	0.65	0.52	
Zn	0.60	0.44	0.40	0.39
Cd	0.59	0.45	0.42	0.38
Hg	0.57	0.28[b]	0.27	0.26
Eu	0.67	0.55	0.53	0.50
Sn		0.33	0.28[c]	0.26
Pb	0.58	0.36	0.35	0.28
Mn	0.55	0.44[d]	0.42	0.33
Fe	0.46[e]			
M(v=3)	N	P	As	Sb
B	0.38	0.25		
Al	0.41	0.26	0.21	0.16
Ga	0.41	0.19	0.17	0.13
In		0.22	0.18	0.14

注：除特别声明，其余数据均来自文献［60］。

a. 数据源自文献［61］；b. $N_c=4$，对 $N_c=2$，$e^*=0.20$；c. 数据源自文献［62］；d. $N_c=6$，对 $N_c=4$，$e^*=0.35$；e. $e^*=0.44$（CoO），$e^*=0.41$（NiO）

表 2.4 在 M_nX_m 晶体中由 Szigeti 方法得到的有效原子电荷（e^*/v）

MX_2	$e^*/2$	MX_2	$e^*/2$	MX_2	$e^*/2$	M_nX_m	e^*/v
MgF_2	0.76	$FeCl_2$	0.64	$SnSe_2$	0.25	UO_2	0.60
CaF_2	0.84	$FeBr_2$	0.58	ZrS_2	0.44	CeO_2	0.56
SrF_2	0.85	CoF_2	0.74	HfS_2	0.50	ScF_3	0.76
$SrCl_2$	0.76	$CoCl_2$	0.57	$HfSe_2$	0.45	YF_3	0.76
BaF_2	0.87	$CoBr_2$	0.52	MoS_2	0.06	LaF_3	0.74
ZnF_2	0.76	NiF_2	0.68	$MoSe_2$	0.04	AlF_3	0.60
CdF_2	0.80	$NiCl_2$	0.51	MnS_2	0.42	GaF_3	0.60
$CdCl_2$	0.74	$NiBr_2$	0.46	$MnSe_2$	0.38	InF_3	0.61
$CdBr_2$	0.69	Na_2S	0.58	$MnTe_2$	0.30	YH_3	0.50[a]
CdI_2	0.63	Cu_2O	0.29	FeS_2	0.30	Y_2O_3	0.62
HgI_2	0.38	TiO_2	0.60	RuS_2	0.36	Y_2S_3	0.40
EuF_2	0.84	TiS_2	0.39	$RuSe_2$	0.38	La_2O_3	0.62
PbF_2	0.87	$TiSe_2$	0.18	OsS_2	0.40	La_2S_3	0.40
$PbCl_2$	0.90	SiO_2	0.60	$OsSe_2$	0.38	Al_2O_3	0.59
PbI_2	0.72	GeO_2	0.54	$OsTe_2$	0.38	Cr_2O_3	0.49
MnF_2	0.81	GeS_2	0.18	PtP_2	0.28	Fe_2O_3	0.45
$MnCl_2$	0.69	$GeSe_2$	0.17	$PtAs_2$	0.24	As_2S_3	0.20
$MnBr_2$	0.66	SnO_2	0.57	$PtSb_2$	0.26	As_2Se_3	0.14
FeF_2	0.78	SnS_2	0.32	ThO_2	0.58	$RuTe_2$	0.39

注：a. 数据源自文献［63］

Phillips 和 Van Vechten（PVV）[64-67] 建立了测定固体中键极性 f_i（或离子性）的另一种光谱方法，f_i 基于下式计算，即

$$f_i=\frac{C^2}{E_g^2} \tag{2.13}$$

式中，E_g 为带隙；C 为键能的库仑成分。由于维度不同，由 PVV 公式得到的 f_i 数值和由 Szigeti 得到的电荷是不相符的，但存在如下关系

$$f_i = \frac{(e^*)^2}{n^2} \tag{2.14}$$

其中 n 为折射率。起初，PVV 理论只适用于 B1 和 B3 型结构，但随后，基于 Levin[68-70]和其他人[71-73]的工作，该理论扩展到其他的结构类型。f_i 的值只受到阴离子性质的微弱影响，但 N_c 的变化却会产生显著的影响。因此，GeO_2 类石英晶体的 $f_i = 0.51$，但其类金红石形态具有 $f_i = 0.73$。Phillips 以此作为多态的判据，以 0.785 作为 B3→B1 相变的临界值。这个方法揭示了不同热力学条件下原子电荷的演变，尤其是晶体在一定压力下 f_i 会降低（见下文）。值得提及的是，Hertz、Link 和 Bokii[74-77] 预测了 PVV，他们按下式计算了键电离度

$$i = \frac{P_a}{P_e} \tag{2.15}$$

即物质的原子极化率（P_a）和电子极化率（P_e）的比值；通过 Mossotti-Clausius 公式得到这个参数与 PVV 极性的关系。已知下式是成立的，即

$$P_o = P_M - P_e = V\left(\frac{\varepsilon - 1}{\varepsilon + 2} - \frac{n^2 - 1}{n^2 + 2}\right) \tag{2.16}$$

对于低极性的物质，其中 $\varepsilon \approx n^2$，可以得到下式

$$P_a = V\left(\frac{\varepsilon - n^2}{n^2 + 2}\right) \tag{2.17}$$

将式 2.17 与下式相组合

$$P_e = V\left(\frac{n^2 - 1}{n^2 + 2}\right) \tag{2.18}$$

可以得到

$$i \approx \frac{\varepsilon - n^2}{n^2 - 1} \tag{2.19}$$

上式相似于下式

$$i = \frac{\varepsilon - n^2}{\varepsilon - 1} \tag{2.20}$$

基于式 2.13 和介电理论的基本公式，存在

$$n^2 = 1 + \left(\frac{h\nu_p}{E_g}\right)^2 \qquad \varepsilon = 1 + \left(\frac{h\nu_p}{C}\right)^2 \tag{2.21}$$

实验显示，一个原子内部电子的成键能（E_{BIE}）取决于外部的电子环境，即原子的有效电荷：正的净电荷会增加 E_{BIE}，而负的净电荷则会减小 E_{BIE}。因此，已知不同结晶化合物的 E_{BIE} 值，可定义原子电荷的大小和符号，以及它们如何随着组成和结构的改变而变化。MX 晶体中的有效原子电荷随着 N_c 和 $\Delta\chi$[78] 的增加而增加，然而按照 MnS、MnO 和 MnF_2 顺序，X 射线吸收带中 MnK_α 的吸收限分别向高能量移动了 1、3 和 3.6 eV[79]。在一系列转变 Au_2O_3→$AuCl_3$→AuCN→Au→CsAu→M_3AuO 中，AuL_I 和 AuL_{III} 的吸收限能量持续降低，经过了纯金属对应的 $e^* = 0$，这表明在 CsAu 和 M_3AuO 中，Au 原子有负电荷，这可

通过金原子异常高的电子亲和能进行解释(2.3 eV)[80]。通过对 BaAu 的电子密度分布的研究，说明了 $Ba^{2+}\bar{e}Au^{-}$ 的电子结构。

在表 2.5 中，汇编了 XRS 测定的最可靠电荷[81-85]。当中心原子的化合价增加或配体电负性减少时，有效电荷会减少。与单质固体中的相同原子相比，有机化合物中 S、P、Si 和 Cl 原子的有效电荷是由 K_α 线的迁移量测定的[86,87]。与绝热成键能相比，这种方法的缺点是 ΔK_α 小，优点是能准确获得与电荷相关的体积，因为电子跃迁定域在原子内。由电负性计算得到有效原子电荷，再通过有效原子电荷的计算获得 ΔK_α 的值[88]。

表 2.5 通过 X 射线光谱得到的有效原子电荷

M_nX_m	$e^*(M)/v$	MX_n	$e^*(M)/v$	M_nX_m	$e^*(M)/v$
NaF	0.95	SiF_4	0.35	GeSe	0.17
NaCl	0.92	$SiCl_4$	0.25	Y_2O_3	0.54
NaBr	0.83	SiO_2	0.23	Al_2O_3	0.25
NaI	0.75	SiC	0.12	$Al(OH)_3$	0.26
Na_2O	0.90	SnF_2	0.83	AlN	0.21
CuF_2	1.0	$SnCl_2$	0.76	In_2S_3	0.24
CuO	0.51	SnI_2	0.42	In_2Se_3	0.17
Cu_2O	0.39	SnSe	0.36	As_2S_3	0.16
$CdCl_2$	0.70	$SnCl_4$	0.23	As_2Se_3	0.11
$CdBr_2$	0.60	$SnBr_4$	0.20	As_2Te_3	0.09
CdI_2	0.44	SnI_4	0.15	Sb_2S_3	0.30
CdS	0.34	SnS_2	0.33	Sb_2Se_3	0.28
CdSe	0.28	$SnSe_2$	0.24	PF_3	0.27
CdTe	0.22	GeS	0.20	PCl_3	0.14

大多数的结构方法或是“看到”原子核的位置(中子衍射，NMR 光谱)，或是“看到”原子的质心(光学或微波光谱)或与原子核相一致的静电势的最大值(电子衍射)。另外，X 射线通过电子(原子核的贡献可忽略)进行散射，基本上能反映出晶体中电子的真实分布情况。早在 1915 年，Debye 就预言了这种可能性[89]，但证明这个理论用了很长时间。已有书籍[90,91] 和综述文献[92-94] 系统地描述了这个问题目前的状况。

原则上，电子密度图可通过傅里叶级数进行计算，其振幅可以通过一个简单的方式与衍射峰的强度(“反射”)进行关联。不幸的是，这种方法需要知道衍射线的位相，而这是不可测量的，因而必须推导获得。其次，高分辨率的图需要非常广延的(理想上为无穷大)傅里叶级数，但测量的反射次数是有限的。因此，傅里叶图太过粗糙，不能从中提炼出化学上有意义的信息。为了使 X 射线晶体学提供真正有意义的信息，衍射数据被拟合进某一确认的模型中，而这基本上来源于量子力学。其中最简单的为球形原子近似。通过这种近似，晶体的 X 射线散射是球形对称的基态原子散射的总和(通常用 Hartree-Fock 方法进行计算)。这些原子的坐标和参数描述其热振动，然后用最小二乘法进行优化，直到散射强度的计算值和观测值之间的差异(“R 因子”)最小。然后，默认最终的“原子”位置为原子核的位置。在大多数情况下，后者的精确度在 0.01 Å 范围之内。具有强的非球面电子壳层的三键的 C、N 和 O 原子是例外的，尤其是 H 没有非键电子。X 射线衍射方法测定的 H 原子位置，通常向化学键连的原子迁移 0.1 Å 或更多，特别是如果后者带负电时会如此。

或许迄今为止，所有 X 射线结构测定中的 99.99%都是用这种近似来实现的。当然，实际晶体/分子中真实的电子密度分布与这一模型是不同的；在 Bader 建立的 AIM 理论框架下，能够更好地理解其拓扑结构[8]。电子密度集中于连接共价键的原子之间，并且在那些参与闭壳层相互作用（离子或范德华）的原子之间，电子密度将消减。对这个效应较好的定量测定方法是电子密度的拉普拉斯算子（$\nabla^2\rho$），它等于已知点处主曲率（二阶导数）的总和，即

$$\nabla^2\rho=\partial^2\rho/\partial x+\partial^2\rho/\partial y+\partial^2\rho/\partial z \tag{2.22}$$

根据维里定律，ρ_e 的拉普拉斯算子与电子的动能（G）和势能（V）密度有关，即

$$2G+V=\frac{h^2}{16m\pi^2}\nabla^2\rho_e \tag{2.23}$$

其中 m 为电子的质量。正的拉普拉斯算子表明 ρ_e 的局部消耗，而负的值为局部累积（这不意味着一个局部的峰!）。如果两个原子核是由一条直线连接，沿着这条线 ρ_e 将增强，这明显隐含了共价键的形成（“键轨道”简称 BP）。一维空间 ρ_e 在键临界点（BCP）的最小值表示原子之间的接触，然而在三维空间中，电子密度的原子流域被 ρ_e 的零通量表面所包围。

事实上，分子及其分子前驱体（电子密度发生形变）的 ρ_e 值之间的差异，并不像路易斯图解中的那么大，这似乎暗示：一个成键电子对定域在两个原子上，而不是两个原子之间。因此，在 H_2 分子中，精确的从头算是可行的，原子核间（与分子前驱体相比）电子密度的额外累积只有孤对电子的 16%，尽管 H—H 键是已知的最强键之一！在现代的 X 射线实验中，R-因子通常不超过几个百分点，这也是 ρ_e 形变较小的另一有力证据。与通常的原子近似法研究相比，电荷密度的研究要求更加广泛和精确的实验数据。在 1970 年，这些实验几乎是不可能的，直到 1990 年，才广泛使用平面检测器和同步加速辐射仪，但是至今都无法程序化。将化学相互作用引起的电子密度的变形，与原子热运动引起的拖尾效应区分开来是非常困难的，最有把握的解决方案是消除物理上的热运动，即通过收集液氮温度下的数据，或液氦温度下的数据。然而，在足够高的精度下，电子密度数据是可以重现的，而主要的困难已经转移到对它的解释。其结果主要取决于模型，如果模型不合适或者不明确，那么参数将会有偏差或者不确定。参数化法存在主观随意性。更糟糕的是，相同的数据常常能够与多套差异很大的变量进行同样好的拟合（从数学的角度）。通常而言，研究人员通过测试多个模型选出最具物理意义的结果。虽然拉普拉斯算符在揭示电子密度拓扑的微妙特征方面非常有效，但它同样会大大放大原始函数的噪声和偏差。部分由于这个原因，不同的拓扑分析工具常常给出相互矛盾的结果。

目前，可以 0.05 $e/\text{Å}^3$ 的精密度绘制电荷密度的图形。实验上一致地揭示了成键的和非成键（孤对）的电子对可辨别出变形密度的峰值，正如路易斯和价层电子对互斥理论所设想的。人们已经发现，在键的临界点处的电荷密度与键的强度成正比，相反地，与键长成反比。在环丙烷中，一个（键）差分密度的峰值不是位于直接的 C—C 线，而是移向外部（图 2.3）。键电子密度的椭圆率（即偏离圆柱对称性）反映了键的 π 特征。

实验上的电荷密度可作为计算不同分子性质的基础，例如在分子表面（表明了有利于亲电和亲核进攻的区域）的静电势或偶极矩。与孤立分子相比，一些极性化合物的偶极矩在晶体中得到了较大的增强（例如对于 HCN，其孤立分子和晶体中的偶极矩分别为 4.4 D 和 2.5 D）。另外，已经证实，原子电荷的估计值完全取决于模型。因此，对于 $NH_4H_2PO_4$ 具

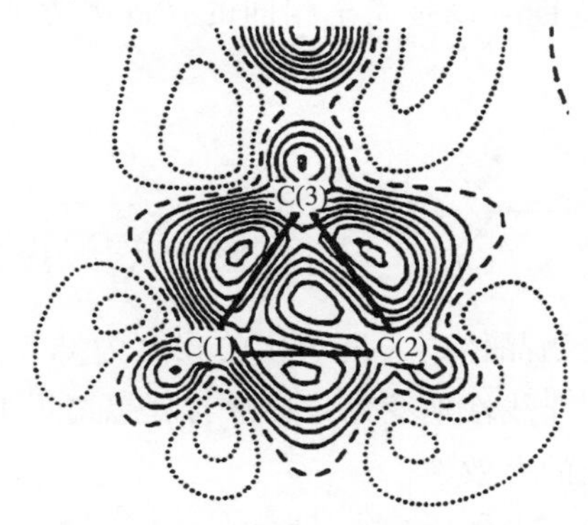

图 2.3　实验上 7-二螺环［2.0.2.1］庚烷羧酸中环丙烷的差分电荷密度图

注：该图英文版重印得到文献［95］作者的允许，版权属于（1996 年）国际晶体学协会

有多种改良方案，拟合实验数据的效果是一样好的，致使胺正离子的电荷在 0 到 +1 间变化[96]。对“键路径”、氢键，甚至较弱的分子间相互作用的观察引起了人们的关注[94]，这是因为在分子间区域的电子密度通常是低的，接近于实验误差的水平，导致拓扑分析极其不可靠。因此，电荷密度的研究证实了结构化学家长期怀疑的许多效应。然而，到目前为止，他们提供的结果相对较少，这是真正出乎意料的，如果没有这种方法，这些结果将是未知的。

许多工作致力于通过 XRD 来确定无机晶体中原子的电荷。对于二元结晶化合物，表 2.6 列出了这些研究得到的有效电荷和原子半径的最可信的结果[97-113]。配合物的相似数据见表 S2.1。值得注意的是，MgH_2 中 Mg 的电荷估算为 +1.91 e，而氢的为 −0.26 e[114]，即每个化学式失去 1.4 e 电荷。这些电荷可能离域在原子间的间隙中，但这些材料却是绝缘体，E_g = 5.6 eV[115]。

表 2.6　二元化合物中“XRD”得到的有效原子电荷

MX_n	r_M^*	e_M^*/v	MX_n	r_M^*	e_M^*/v	MX	r_M^*	e_M^*/v
LiF		0.88	CaO	1.32	1.00	AlP		0.09
LiH	0.92	0.86	BaO	1.49	1.00	AlAs		0.07
NaCl	1.17	0.88	MnO	1.15	0.62[a]	AlSb		0.05
KCl	1.45	0.97	CoO	1.09	0.74[a]	GaP		0.08
KBr	1.57	0.80	NiO	1.08	0.46	GaAs		0.05
Cu_2O		0.61	Al_2O_3	1.01	0.55	InP		0.06
MgF_2		0.95	Cr_2O_3		0.50	InAs		0.04
MgH_2	0.95	0.95	Sb_2O_3		0.38[b]	InSb		0.02
CaF_2		0.86	SiO_2		0.25[c]	YH_3		0.5
MnF_2		0.90[a]		0.72[d]	0.63[d]	$CaSO_4$		1.0[g]
CoF_2		0.86[a]	TiO_2	0.60	0.75			0.4[h]
MgO	0.93	0.68	BN	0.74	0.15	Fe_3O_4	1.19[e]	0.74[e]
MgS	1.28	0.75	AlN		0.20		1.13[f]	0.64[f]

注：a. 数据源自文献［96］；b. 数据源自文献［97］；c. 石英；d. 超石英[81]；

e. Fe^{II}；f. Fe^{III}；g. Ca；h. S

人们已经确定了有机羧酸盐 R-CO_2M（M = H、Be、B、C、N、O、Al、Si、P、Mn^{II}、Fe^{II}、Fe^{III}、Co^{II}、Ni^{II}、Cu^{II}、Zn、Gd）的键极性，通过比较晶体结构[116]中羧基上两个 C—O 键的长度，发现它们与光谱学数据以及基于 EN 的估算值相一致[116]。

在完全离子化的情况下，这些键应该是完全相同的（键级为 $n=1.5$），但在共价情况下却不同（$n=1$ 和 2）。

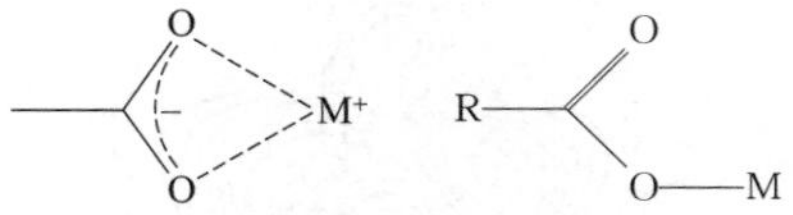

在大多数的卤化物和氧化物晶体中，离子化的程度为 0.5～1.0。原子的有效尺寸（半径）随离子化（参考 1.5 节）非线性地变化，导致与理想离子半径间≤10%的偏离，这也解释了无机晶体化学中离子半径的有效性。

2.2.4 金属键

金属电子结构的主要特征是，自由移动的电子可被所有原子所共享。Drude 首次创建了这一模型，他将气体的分子运动理论应用于金属中的“电子气体”，并假设存在的电荷载体以确定的速度在离子间运动，然后它们以气态分子那样的方式相互碰撞。金属键可以认为是无方向性的共价键。事实上，晶体化学方法揭示，共价键到金属键的过渡可与配位数的增加相关联，因此价电子变得越来越离域，并最终由价带转变为导带。为了形成金属键，原子的价电子必定会远离原子，而在晶体空间内的原子间隙中自由运动。需要的条件是 $E(\mathrm{A-A})+I(\mathrm{A})<E(\mathrm{A^+\cdots e^-})$。当 $\mathrm{A^+\cdots e^-}$ 相互作用变得比 A—A 键更加有利时，发生了绝缘体→金属的转变。

在早期的金属理论中，假定原子中的所有价电子变为自由电子，而金属的结构为阳离子点阵沉浸在“电子海洋”中。现在人们知道，只有一部分的原子外层电子是自由的，因为金属半径比阳离子的大（见第 1 章）。在金属中电子密度分布的研究中，预测了金属/原子核的半径比为 1∶0.64[117,118]。金属结构中原子核的有效半径接近于结晶化合物中相同金属的金属键半径（见第 1 章），这与带电荷不超过±1 的原子相对应。值得注意的是，大块金属的功函数总是小于相应原子的第一电离势（见 1.1.2 节），因此没有理由来假定从原子中电离出两个或多个电子。

人们研究了高压下 $\mathrm{MX^-}$ 型离子晶体中金属化的结晶化学机理[119]。假定材料受压下的金属化发生在化学键破坏之时，即压缩能等于 E（M—X），可以推断出最终受压的 MX 晶体中原子间距离等于 $\mathrm{M^+}$ 阳离子半径和 X 的正常共价半径之和。因此，二元金属化合物与纯金属的不同之处在于它们具有中性非金属原子 $\mathrm{X^o}$ 的亚晶格。由此得到，高压下的 MX 中，如果成键为共价的 $\mathrm{M^o—X^o}$，即 $I_{\mathrm{M}}<I_{\mathrm{X}}$，那么 M 原子为电子给体。如果材料为离子性的 $\mathrm{M^+X^-}$，那么 $\mathrm{X^-}$ 阴离子一定为电子给体，因为 $A_{\mathrm{X}}<I_{\mathrm{M}}$。在压力诱导的离子化之前，M—X 键的极化特征可在实验上检测出来。人们所提出的金属化机理隐含了移动的电子不仅出现于芳香性分子中，在相当大的程度上，也出现于某些被电子占据的结构间隙中。因为金属结构具有较高的 N_{c}（通常为 12），团簇需要至少 13 个金属原子以获得金属性质。汞[120,121] 和镁[122] 团簇的光电子光谱检测显示，当 Hg 原子数达到 18 时，它们的 s-p 带隙是闭合的，这说明开始显现金属的行为特征了。

人们的研究结果显示[123]，在 ZnS、NaCl、NiAs 和 CsCl 型晶体结构的金属亚晶格中，具有与纯金属结构中相同的（或相似的）金属 N_{c} 和 M—M 距离（d_{MM}）；因此，金属性成

键的程度可以定义为

$$m = c\,\frac{d_{\mathrm{MM}}^{\circ}}{d_{\mathrm{MM}}} \tag{2.24}$$

合乎逻辑的下一步是，在MX结构中，建议共价电子密度（q）根据M—M和M—X键的强度进行分配[124]，即

$$q = \frac{N_{\mathrm{MM}}E_{\mathrm{MM}}}{N_{\mathrm{MM}}E_{\mathrm{MM}} + N_{\mathrm{MX}}E_{\mathrm{MX}}} \tag{2.25}$$

$N_{\mathrm{MM,MX}}$ 和 $E_{\mathrm{MM,MX}}$ 分别为M—M和M—X键的配位数和能量。考虑到键的能量和重叠积分之间的比例，可以得到下式

$$m = uS_{\mathrm{MM}}/S_{\mathrm{MM}}^{\circ} \tag{2.26}$$

这里，u 为金属轨道的电子密度（电荷集聚数），S° 和 S 为M—M键在 d_{MM}° 和 d_{MM} 距离处的重叠积分。通过一个简单的模型，可解决M—M和M—X键间共价电子密度分配的问题[11]，即

$$q = \frac{\chi_{\mathrm{M}}}{\chi_{\mathrm{M}} + \chi_{\mathrm{X}}} \tag{2.27}$$

其中，χ_{M} 和 χ_{X} 为MX晶体中M和X原子的电负性。如果 d_{MM}° 和 d_{MM} 的值接近，化学键的金属性的程度可以用 $m = cq$ 进行估算，否则可通过实验数据来确定，即

$$m = cq\,\frac{d_{\mathrm{MM}}^{\circ}}{d_{\mathrm{MM}}} \tag{2.28}$$

在表S2.2中，金属性的大小可利用式2.25（m_1）和式2.28（m_2）进行计算。结果的较好一致性证实：对于一个近似的估算方法，无需考虑化合物和单质固体中金属键长的差异。

如上所述，化合物晶体结构中的金属亚晶格，通常与对应纯金属的结构是一样的或者是类似的。Vegas等人[125] 深入地考察了这个问题，他研究了金属、合金及其衍生物的结构起源。因此，$CrVO_4$ 结构类型的 MBO_4 复合物，具有与MB结构相类似的金属晶格。MAO_n 类型的三元氧化物及 $MLnO_3$ 存在相同的情形，这里A=S或Se，$n=3$ 或4。这意味着金属骨架是化合物结构的基础，而氧原子则简单地填充于阳离子间隙中。衍生物对母体结构的这种传承，可以通过基于金属晶格来建立新结构所需要的最小功来解释，虽然仍包含更加复杂的原因[126]。

比较固体的体积和折光度（R），是表征金属状态的另一种实验方法。由于金属的折射率非常大，Lorentz-Lorenz函数（式2.18）接近于1，并且 $R \approx V$。根据Goldhammer-Herzfeld[127,128] 准则，当绝缘体转变为金属时，会出现 $V \to R$。以下公式中的比值[129,130]，可考虑用于检测化学键的金属性，即

$$\frac{R}{V} = \frac{n^2 - 1}{n^2 + 2} \tag{2.29}$$

$V = R$ 时的压力常常当作金属化的压力。然而，高压下的同构压缩过程和相变处的折射率也会变化（见第11章）。因此，Goldhammer-Herzfeld准则并非是绝对正确的，尽管对于金属化时压力的粗略估算是有效的。文献［131，132］中使用了更为严密的方法，其中受压下 $R(CH_4)$ 和 $R(SiH_4)$ 的变化表明，R/V 比值在288和109 GPa时增加较大，表明材料中

发生了绝缘-半导体类型的相变。

还有一个问题有待解答。已知的结果是，相变焓（ΔH_{tr}）仅仅是构成原子化能（E_a）很小的一部分。因此，石墨-金刚石相变过程中，N_c 从 3 变为 4，而 $\Delta H_{tr}=2$ kJ/mol；四配位到六配位的 Sn 的相变过程中相变焓为 3 kJ/mol，六配位到八配位的 Bi 的相变过程中相变焓为 0.45 kJ/mol，八配位到十二配位的 Li 的相变过程中相变焓为 54 J/mol。在每种情况中，$\Delta H_{tr} \leqslant 0.01\ E_a$，然而在 Sn_2 分子（$N_c=1$）到 α-Sn（$N_c=4$）的相变过程中，E_a 增加了 3.2 倍。第 1 族或第 11 族金属从 $N_c=1$ 或 $N_c=8$ 或 12 的类似转变导致了原子化能（E_a）呈现 3.4 倍的增长，对于其他金属，这种变化将更大。仍需注意的是，晶体的 E_a(MX) 超过了分子的 E_a(MX) 约 4.3 倍（见 2.3 节），但是晶体的 N_c 进一步的增加所引起的差异则很小。这与 Madelung 常数所显示的较小变化是一样的，即 $N_c=6$ 时 $k_M=1.748$，而 $N_c=8$ 时 $k_M=1.764$。然而 B1→B2 相变时，原子间距离有一定的增加，以补偿 k_M 微小的增加。产生这个效应的原因在于晶体中原子的多粒子相互作用，以及阳离子与阴离子或自由电子的库仑相互作用。

长期以来，晶体化学方法对于金属键本质的描述似乎已经足够了。然而，物理学上更为普遍的方法是考虑物质的能带结构，也就是说，导带所包含的电子一定是部分填充的[133]。因此，具有满带的化合物 $K_2Pt(CN)_4$ 为绝缘体，并且沿着链方向上的 Pt—Pt 距离为 3.48 Å。然而，非化学计量化合物 $K_2Pt(CN)_4Br_{0.3} \cdot 3H_2O$ 具有金属性，由于电子已从能带顶层移出，此时发现了最大的反键相互作用，因而具有较小的 Pt—Pt 距离，即为 2.88 Å。因此，当 Pt^{IV} 的能带为部分填充时，$K_2Pt(CN)_4$ 部分氧化转变为金属。在 $La_{2-x}Sr_xCuO_4$ 中观察到相同的情形，即在 $x>0.05$ 时 $La_{2-x}Sr_xCuO_4$ 具有金属导电性。

分子物质中金属状态的形成还有另一种途径，即无需转变为较高配位数的结构。在压缩凝聚态分子 H_2、O_2、N_2 和卤素时，它们将获得金属性质（见 5.2 节和综述文献 [134]），这是由于分子间距离缩短时电子相互作用的增强而产生的。当分子相互接近时，形成了三中心的 A…A—A 轨道，或者是链状结构，此时 N_c 由 1（A_2）增加到 2(—A—)，导致价电子的线性离域。

2.2.5 原子的有效化合价

化合价（v）的概念是化学的基础之一。依照 IUPAC 化学术语汇编，化学元素的化合价定义为，一个化合物中这种元素的一个原子所能结合的或取代其他化合物的氢原子数目。然而，在固体（固态）物理学和结构化学中，这个术语通常意味着原子的成键能力，并且 v 可能具有一个非整数值（有效化合价），它是由物理性质导出的。因此，存在一个普遍的观点[28,135,136]，即第 11 族的金属（Cu、Ag 和 Au）在固态时的有效化合价 v^* 远大于 1，这解释了同周期的第 1 和 11 族金属物理性质［如熔化温度（T_m）、密度（ρ）和体积模量 B_o（表 2.7）］具有较大差异的原因。然而，第 1 和 11 族之间的不同远远超出了固态，并且显示出这些元素的气态分子在结构和性质上的差异。此外，元素在两种状态下，也观察到了性质的变化具有某些相似性。根据光谱数据[137]，分子 Cu_2、Ag_2 和 Au_2 中的成键为单键；即 $v=1$。这与 M—M 的一半距离接近于 M 的共价半径是一致的，通过 M—H 键（明确的单键）或 M—CH_3 键的长度减去氢或碳原子的共价半径[138]，可以获得 M 的共价半径。通过比较固态和气态分子的键能和键长的比值、固态金属的原子化能和分子 M_2 的离解能的比值、以及第1和11族元素的分子 M_2 和金属 M 的力常数（f）的比值，可以得出相同的结论。表2.8显示出所有元素的这些性质的平均比值（k）相似，其值分别为 1.706±2.2%、1.154±1.4%和 0.075±5.1%。因此，尽管第1和11族元素物理性质的绝对值有很大的不同，但相对变化（从固体到分子）几乎是一样的。表2.9显示了孤立原子电子能量的最简估算，它满足关系 $\varepsilon=Z^*/r_o$，其中 Z^* 为有效核电荷（来源于表1.7），r_o 为轨道半径（来源于表1.8），以及实验上三对金属的原子化能（kJ/mol）。可以看出，孤立原子的能量与固态金属中原子的能量是相关的，例如元素的键强度取决于孤立原子的性质。因此，描述 Cu、Ag 和 Au 固态时，过大的"金属"化合价并没有物理学基础。

表2.7 第1族和第11族金属固态的性质[138]

M	K	Cu	Rb	Ag	Cs	Au
T_m,℃	63.4	1085	39.3	961	28.4	1064
ρ,g/cm^3	0.86	8.93	1.53	10.5	1.90	19.3
B_o,GPa	3.0	133	2.3	101	1.8	167
v^*,Pauling	1	5.5	1	5.5	1	5.5
v^*,Brewer	1	4	1	4	1	4
v^*,Trömel	1	3	1	3	1	3

表2.8 在固态金属和分子中 M—M 键能量（kJ/mol）、距离（Å）和力常数（mdyn/Å）的比较

M	K	Cu	Rb	Ag	Cs	Au
E_a(M)	89.0	337.4	80.9	284.6	76.5	368.4
E_b(M_2)	53.2	201	48.6	163	43.9	221
k_E	1.673	1.731	1.665	1.746	1.753	1.667
d(M)	4.616	2.556	4.837	2.889	5.235	2.884
d(M_2)	3.924	2.220	4.170	2.530	4.648	2.472
k_d	1.176	1.151	1.160	1.142	1.126	1.167
f(M)	0.007	0.108	0.006	0.093	0.005	0.154
f(M_2)	0.10	1.33	0.08	1.18	0.07	2.12
k_f	0.072	0.081	0.074	0.079	0.071	0.072

表2.9 第1和11族金属单质在分子态和固态的能量比较

M	Z^*	r_o	ε	q_ε	E_a	q_E
K	2.2	2.162	1.02		89.0	
Cu	4.4	1.191	3.69	3.62	337.5	3.79
Rb	2.2	2.287	0.96		80.9	
Ag	4.9	1.286	3.81	3.97	284.6	3.52
Cs	2.7	2.518	1.07		76.6	
Au	5.6	1.187	4.72	4.41	368.4	4.81

第1和11族金属的晶态卤化物 MX 的物理性质也存在较大差异：在 MCl→MI 系列中，碱金属卤化物的熔化温度（T_m）和带隙（E_g）变小。但在 Cu、Ag 和 Tl 的卤化物的相同系列中，它们则增加或者变化很小（表 S2.2），尽管在所有情况下，从 MCl 到 MI，d(M—X) 是增加的。在实验上，碱金属卤化物的有效电荷平均值小于第11族元素的卤化物中的有效电荷平均值（表2.3），尽管对于 Cu、Ag 和 Tl，电负性的差异 $\Delta\chi=\chi(X)-\chi(M)$ 较小。通过

形成额外的 M→X 键［涉及金属的 $(n-1)$d 电子和卤素的空 nd 轨道］可以解释这一事实[139]，这将导致第 11、12 和 13 族元素的原子化合价的平均值分别升高 1.5、2.4 和 3.1。值得注意的是，Lawaetz[140] 和 Lucovsky 与 Martin[141] 的研究表明，为了使得 CuX 和 AgX 的能带结构与实验数据相一致，可以假设 v^*(Cu，Ag)=1.5。在计算 PbI_2 的能带结构时，Robertson[142-145] 得到了较好的结果，其条件为 41%的 Pb 原子的 s 轨道贡献到上述的价带 A_1^+ 上。Wakamura 和 Arai[146] 同样得到，二价 Mn、Co 和 Ni 的晶态化合物中，$v^*=2.8$、2.6 和 2.6。二价 Sn、Pb、Cr、Mn、Fe、Co、N 经晶体化学估算得到，v^* 为 2.45 ± 0.05。

Liebau 和 Wang[147,148] 已经证实：Frankland[149] 提出的经典化合价术语与固体物理学家以及晶体学家所使用的化合价术语之间存在本质上的差异，他们建议将其分别称为化学计量化合价和结构化合价。对于大多数的晶体结构，这些值之间的差异＜5%，但是对于具有孤对电子的 p 区原子，文献中已报道的差异达到 30%。

量子化学估算显示，第 11 族金属的卤化物形成附加键的能力，会随着氯到碘的变化而逐渐升高。通过对卤素的电离势和电子亲和能[139] 的比较，显示了将第二个电子加到 I^- 上所需的能量小于 Cl^- 的对应值。目前，还没有发现 X^{2-} 离子，但是如果在质谱中发现它们，可以预测 I^{2-} 的寿命将超过 F^{2-} 的寿命。

2.3 原子的化学相互作用能

2.3.1 分子和自由基的键能

在很大程度上，原子的能量特征也可以定义为：分子、多原子离子和自由基中键的强度。破坏化学键所需要做的功，例如将形成化学键的原子从平衡距离的位置移动到无限远处（处于基态）时，称为键能（E_b）。对于 A_2 和 AX 分子，E_b 等于分子的解离能（D_e），可通过热化学、量热、动力学、质谱和分子光谱等技术来测定。按照定义，D_e 表征了平衡态（包括零点能 ε）分子中的原子（图 2.4）。因为 $\varepsilon=1/2h\nu_o>0$，即使在 0 K 时，其测量值为

$$D_o=D_e-\frac{1}{2}h\nu_o \tag{2.30}$$

其中 D_e 为势阱最低处计算出的解离能。H_2 中的零点能（26 kJ/mol）最高，而含有更重原子的分子零点能则稍小，因此 D_o 和 D_e 间的差异在结构化学中可以忽略不计。

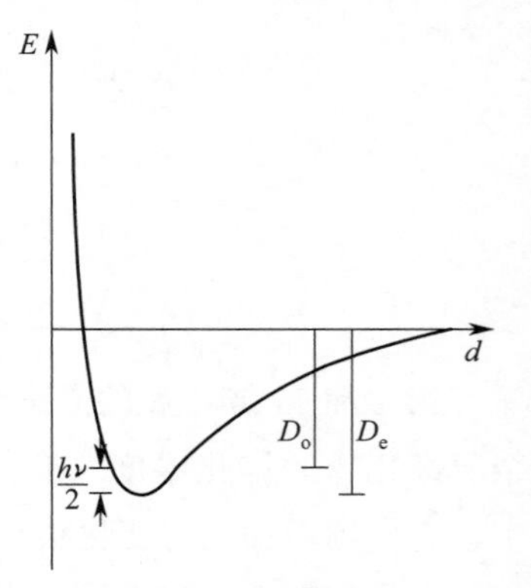

图 2.4 势能曲线特性

热化学确定键能的方法基于常压下反应热（Q）的测量，即

$$Q=(E_2+pV_2)-(E_1+pV_1) \tag{2.31}$$

其中 E_1+pV_1 和 E_2+pV_2 代表体系的最初和最终状态。焓为 $H=E+pV$，在恒压 p 下 $Q=\Delta H$。

使用光谱和质谱仪，通过量热法和动力学方法可获得反应

热。在大气压力下由反应的热效应计算出的化学键的解离焓接近于键能，因为 pV 较小，例如氢分子的 $pV \approx 2.5$ kJ/mol。最终，在温度为 0 K 和室温时解离能的差异也非常小；对于氢分子，差值为 $\Delta E \approx 1$ kJ/mol。

因此，由不同的方法测定的键能通常会偏差几 kJ/mol。由于这个原因，此处和下一节中涉及的键能的实验值将四舍五入为整数（单位为 kJ/mol）。独立的测量方法获得的数值具有更好的一致性。人们已汇编了此处展示的双分子和自由基的键能，作为如下参考书的数据基础，例如化工热力学性质的 NBS 表（1976—1984）、JANAF 热化学表（1980—1995）、纯物质的热化学数据（1995）、物理和化学手册（2007—2008）以及化合物的热力学性质（电子版，2004，出版于俄罗斯）。这些数据已利用最近的原始出版物进行严格的对比、校正和更新，并给出了参考文献。当相同的方法有多个独立的测量手段可利用时，优先考虑时间更近以及更具权威研究者的工作，对于可靠性相同的结果则进行平均化。

表 S2.3 和表 S2.4 中列出了双原子分子的解离能。显然，异核双原子分子的解离能随着键的极性的增加而增加，即相同金属的碘化物到氟化物，及碲化物到氧化物。因此，卤化物和硫化物的 D(M—X) 值总是大于加和值［D(M—M) 和 D(X—X) 之和的一半］。Pauling 首次注意到这一事实，他根据电负性用公式表示出了键能与键的极性的关系。对于多价金属的卤化物，或者其他元素，例如 H、B、C，杂原子键的解离能必定不超过加和值，因为通过键的比较，发现不仅在键极性上存在不同，在成键轨道类型和键级上也存在不同。

至关重要的是键能 E_b 与键长 d 之间的关系。这个问题有三个不同的但又最终相关的方面，即①给定的各类原子之间的给定键级的化学键的势能曲线；②给定原子对的键长/键级的关系；③不同元素之间成键的能量和键长的关系。然而，建立一个通用的相互关系 $E_b = f(d)$ 也许是不可能的，因为原子核之间、原子核-电子之间和电子之间的相互作用，都随着距离的不同而以不同的方式改变，并且结合能曲线也是非常独特的。势能（E）的最普遍的形式为 Mie 等式

$$E = -\frac{a}{d^n} + \frac{b}{d^m} \tag{2.32}$$

其中 a 和 b 为物质的常数，d 为键长，并且 $m > n$。这里第一项定义了原子的吸引力，而第二项定义了原子的排斥力。m 和 n 以及它们的乘积（$m \times n$）可以从许多物理性质中导出[150]，但是有关 m 和 n 单独的实验信息则非常有限。平衡状态下，式 2.32 可以转变为

$$E = \frac{E_e}{n-m}\left[n\left(\frac{d_e}{d}\right)^m - m\left(\frac{d_e}{d}\right)^n\right] \tag{2.33}$$

在此，假设 $m = 2n$ 并由此将 Mie 公式转化为能很好描述分子势能的 Morse 函数（见式 2.7），最终得到下式

$$n = d\sqrt{f/2E_e} \tag{2.34}$$

其中 f 为力常数。表 2.10 中列出了由分子在正常热力学条件下的实验数据[151] 计算获得的 n 值。

表 2.10 分子 MX 和 M_2 在 Mie 方程中的 n 值

M	n	M	n	M	n	M	n	M	n
Ag	3.7	Cd	4.1	In	3.8	Ni	3.1	Th	2.5
Al	3.3	Cr	4.4	K	2.9	Pb	4.7	Ti	4.2
As	3.8	Co	3.1	La	2.7	Pt	3.6	Tl	3.0
Au	4.2	Cs	3.2	Li	2.2	Rb	2.9	U	3.1
B	2.6	Cu	3.2	Mg	3.7	Sb	3.8	V	3.9
Ba	3.2	Fe	4.0	Mn	3.5	Sc	2.6	W	4.5
Be	3.2	Ga	2.5	Mo	4.1	Sn	3.8	Y	3.5
Bi	4.4	Hg	5.0	Na	2.6	Sr	3.3	Zn	3.9
Ca	3.3	Hf	3.3	Nb	3.4	Ta	3.2	Zr	3.6

如上所述，$m=2n$ 时，Mie 公式转变为 Morse 函数，它不仅能很好地描述共价键，而且能很好地描述范德华相互作用。这个函数可用于估算范德华半径[152]，并且用于对 Zn_2、Cd_2 和 Hg_2 的分子性质进行合理解释[153]。E 常常通过以下简化公式来进行估算，即忽略排斥项

$$E=\frac{a}{d^n} \tag{2.35}$$

做了这个假设，并使用过渡金属的实验数据，Wade 等人发现，对于 C—O 键 $n\approx5$，C—C 键为 3.3，M—O 键为 2.7[154-156]。人们已使用式 2.35 对许多分子和晶态化合物中的键能和键长进行了估算[157]。单价元素的分子中，由 Na_2 到 Cs_2 及 Cl_2 到 I_2，$n=1.2$ 和 1.6。然而，据 Harrison[158] 看来，共价键能取决于原子间的距离 d^{-2}。在 $P_2 \rightarrow Bi_2$ 和 $S_2 \rightarrow Te_2$ 的系列中，$n=2.6$ 和 1.8，即分别比标准因子 3 和 2 略小。在氢卤化物 HX、碱金属卤化物 CuX 和 SnX 或 PbX 中，$n=1.6$、2.1、1.9 和 2.5。有趣的是，在范德华分子 Zn_2、Cd_2 和 Hg_2 中，键能随着 $d^{-2.4}$ 而变化，尽管根据范德华作用的 London 理论，E 一定是 d^{-6} 的函数。晶态化合物中的 n 值要比相应分子中的小 15%～30%。基于上述的 n 值可以推断，在大多数分子和晶体中缺乏理想类型的化学键。固态金属中成键特征差别较大；几位研究者对这种变化的解释是，原子的有效化合价和形式化合价是不同的。

当键长变小时，化学键的强度常常随之而增大。值得注意的是，N—N、O—O 和 F—F 单键是例外，它们分别弱于较长的 P—P、S—S 和 Cl—Cl 键。用较短距离处成键和孤电子对间强的排斥力对这个效应进行解释，这也与 N、O 和 F 比 P、S 和 Cl 的电子亲和能低的现象相符（见表 1.3）。利用 D(X—X) 的曲线（对于较大原子的推导）进行外推，从而估算出 N—N、O—O 和 F—F 键的解离能，分别超过实验值 230、250 和 210 kJ/mol。在加和热化学计算时，应考虑上述影响。

在某单元素的一氟化物中可以观察到，电子-电子排斥是影响键解离能的另一个例子。因此，LiF（573 kJ/mol）和 BeF（575 kJ/mol）中 M—F 的键能几乎是相等的，虽然实质上后者具有较短的键，这是由于 Be 的非键 s 电子和 Be—F 键的电子对之间的排斥力，而这弥补了金属原子上增加的电荷。与此相反，BF 中的键能则高得多（742 kJ/mol），因为硼原子的两个非键电子形成了闭壳层 s^2 对，后者与成键电子存在弱的相互作用。在 CF 中引入

另一个孤立电子，解离能又会降为 548 kJ/mol。

M 原子的孤立电子与成键电子的相互作用，明显是随着向 X 原子的移动而减小的，也就是随着键极性的增加而降低。这解释了为何碱土金属（有未成对的 s 电子）从 M—I 到 M—F 键能的增加比碱金属（没有未成对的 s 电子）的更多，平均值分别为 285 和 185 kJ/mol。需要注意的是，同系列 MX_2 分子的键能（碱土金属没有非键的 s 电子）与碱金属卤化物对应的能量只相差约 25 kJ/mol。例外地，碱土金属 M_2 分子的解离能较低，这是由于稳定外层 s^2 电子组态的形成阻碍了共价键的形成；相互作用当然具有范德华特征，而且能量相对较小（见下文）。

将 MX 或 M_2 分子的解离能与带正电荷的 MX^+ 或 M_2^+ 自由基进行比较时，分子中原子的电子结构的特性变得尤为明显。这与 Hess 定律相符，即

$$E(\mathrm{M—M})+I(\mathrm{M})=I(\mathrm{M_2})+E(\mathrm{M—M^+}) \tag{2.36}$$

因此，差值 $I(\mathrm{M})-I(\mathrm{M_2})$ 确定了 $E(\mathrm{M_2})$ 和 $E(\mathrm{M_2^+})$ 之间的关系。教科书中通常很少有这样的例子，常常只有一个 H_2 与 H_2^+ 的对比，电离过程中，当分子中的一个电子移去时，离解能由 436 降为 256 kJ/mol。然而，这个例子是不典型的。表 S2.5 和表 S2.6 列出了所有目前已知的带正电荷的双原子自由基的解离能。对于卤素，这种情况是很容易解释的。通过富电子分子中电子-电子排斥，从不稳定的（与孤立原子相比）非键轨道中移去一个电子，因此 $I(\mathrm{A})>I(\mathrm{A_2})$。电离则减少了这种排斥力，因此 $E(\mathrm{A_2})<E(\mathrm{A_2^+})$。对于氢分子，这两个关系将会颠倒，因为它只有由两个原子核吸引的成键电子，因此比原子中的结合更强。当然，失去这些电子中的一个，将会减弱成键。

因而，人们可以预料第 1 族的金属与氢类似，因为在外壳层中不存在非键电子。闭壳层明显地位于低能量状态（第二电离势比第一电离势高出一个数量级），因此这种情况下的电离也意味着成键电子的失去。然而，对于这些金属，$I(\mathrm{A})>I(\mathrm{A_2})$ 和 $E(\mathrm{A_2})<E(\mathrm{A_2^+})$。即两个原子核对一个电子的吸引明显弱于一个原子核对一个电子的吸引，且相对于 Lewis 酸碱对，单个电子使得两个原子结合在一起的能力更强。从 Mulliken 的“神奇公式”中可以推导出貌似合理的解释（见式 2.46），尽管也有更复杂的模型[159-162]。

在修正形式中，式 2.36 可以扩展到二价阳离子，即

$$E(\mathrm{A_2})+2I(\mathrm{A})=I_1(\mathrm{A_2})+I_2(\mathrm{A_2})+E(\mathrm{A_2^{2+}}) \tag{2.37}$$

其中 I_1 和 I_2 为第一和第二电离势，或者实际上是大块固体，即

$$E_\mathrm{a}(\mathrm{A})+I(\mathrm{A})=\Phi(\mathrm{A})+E_\mathrm{a}(\mathrm{A^+}) \tag{2.38}$$

其中 $E_\mathrm{a}(\mathrm{A})$ 和 $E_\mathrm{a}(\mathrm{A^+})$ 分别为中性和带电固体的原子化能，$\Phi(\mathrm{M})$ 为功函数，它是大块固体的电离势。由于总是有 $I(\mathrm{M})>\Phi(\mathrm{M})$，因此 $E_\mathrm{a}(\mathrm{M^+})>E_\mathrm{a}(\mathrm{M})$。然而对于碱金属，$E_\mathrm{a}(\mathrm{M^+})$ 对应于假想固体的电离，这个假想固体是由没有任何价电子的金属阳离子所构成的。当然，这样的体系必定是完全未成键的。

这个矛盾的解决方法如下。（摩尔）电离势是指 1 mol 物质中每个原子（或分子）电离所需要的能量。而 Φ 为中性固体中第一个电子移去时所需要的最小能量，之后的电子移去所需要的能量将更大。为了估算这个能量，将它假设为一级近似值，即分子的 I_2/I_1 比值与具有相同价电子数的原子是一样的。鉴于最近的观察[163]，这一假设似乎是不合理

的，所有元素原子的连续电离势（至少对于外层电子壳）可以用单个简单的函数来描述。因此，第1族的双原子分子可以用第2或12族的原子作为模型。如表S2.7所示，这些原子的 I_2/I_1 比值完全为常数，平均值为1.9。对于金属，可考虑 $I(A) \approx I(A_2)$，式2.37可简化为

$$E(A_2^{2+}) \approx E(A_2) - 0.9I(A) \tag{2.39}$$

从表S2.8中的数据，显然可以看出 $E(A_2^{2+}) \ll 0$，即 A_2^{2+} 阳离子具有很强的非键作用，因为实际上可以预测到分子完全失去了价电子。这个分子也可看作大块金属失去电子气的模型（式2.38），以用于估算大块金属的电离势。如上所述，Φ 为从中性固体中夺取第一个电子所需要的能量。当固体中的每个原子被带电原子所包围时，可以发现 $E_a(M^+)$ 有类似式2.39的表达式，即

$$E_a(A^+) \approx E_a(A) - 0.9\Phi(A) \tag{2.40}$$

如表S2.8所示，$E_a(A)$ 总是小于 $0.9\Phi(A)$，也就是说结构处于非成键状态。

对比表S2.3和表S2.5可以发现，从多重键（N_2、P_2、As_2）中移去一个电子将降低解离能，而从 O_2、硫族、卤素、碱金属分子的外壳层中移去一个电子将增强成键作用，这是通过降低电子-电子间的排斥力来实现的。从具有封闭的 s^2 或 s^2p^6 外壳层的第2、12和18族元素的双原子分子中移去一个电子，范德华相互作用将变为正常的化学键，因此这些阳离子比相应中性分子的成键要强。有趣的是，从Tl（$5s^25p$ 壳层）中移去一个 np 电子，情况却相反，Tl_2 分子中正常的共价键将转变为 Tl_2^+ 阳离子中的弱键，该键与范德华相互作用类似。

一价金属卤化物以及二价金属氧化物和硫化物的电离，大大地弱化了它们的成键，因为电子从负电荷原子中移去，因此消除了能量中的库仑成分。包括多价原子和卤素（或者硫族元素）的自由基，在其电离过程中，未成对电子从带正电的原子（或者不存在未成对电子）或从带负电的原子中移去。在前一种情况中，成键能力加强，而在后一种情况中，成键能力减弱。

在最近的十年中，可以得到负离子化时 A_2 分子键能变化的信息。Sn_2^-（265 kJ/mol）和 Pb_2^-（179 kJ/mol）[164] 的解离能大于相应中性分子的解离能（分别为187和87 kJ/mol）。在过渡金属中，M＝Ni、Cu、Pt、Ag和Au的 M_2^- 阴离子的键能小于相应中性分子的键能，只有 Pd_2^- 的键能大于 Pd_2 的键能[165]。As_2^- 自由基中的键略强于 As_2 分子中的[166]。正或负离子化时键能和距离的变化信息为量子化学提供了极好的资料，仍然需要被充分利用。

对于双原子分子，键能的确定是非常清楚的：它就等于解离能。然而，对于如 MX_n 的较大分子，实验上只能给出 $X_{n-1}M—X$、$X_{n-2}M—X$ 等逐次解离的能量，直到最后一个X原子被移去。多原子分子中连续解离能的差异可能非常重要：因此 $D(CH_3—H)=439$、$D(CH_2—H)=462$、$D(CH—H)=424$ 和 $D(C—H)=338$ kJ/mol。虽然 MX_n 中的平均键能不能直接测定，但一般会在结构化学中使用。因为大多数的 MX_n 分子中，所有的M—X键都是等价的，从而应该具有相同的强度。由这些解离能的平均值可以得出平均键

能 E，即

$$E(\mathrm{M—X})=\frac{\sum D(\mathrm{M—X})}{n} \tag{2.41}$$

平均电离势的概念类似于平均解离能；这个相似性也可拓展到两个参数的一些应用中（见下文）。原则上，多原子分子的平均键能可直接确定，如果较强的能量作用使得一个分子完全解离为原子：$MX_n \rightarrow M+nX$，然而仍无相关实验的报道。连续解离能存在差异，因为每个原子被移去后，剩余碎片的电子结构将重排，而差别本身是这种重组的检测手段[167]，即

$$E_R=D-E \tag{2.42}$$

量子化学中特别重要的重组能 E_R 将不在此进行讨论。然而，多原子分子中电子重排所伴随的成键断裂的影响，在结构化学中需加以考虑，解离能实质上受分子结构和组成的影响。

然而，总的解离能总是随着键级的增加而增加，成键电子对数对能量进行归一化，其结果有时显示出相反趋势。例如，以下系列是按照减少的次序：乙烷中的 E(C—C)＞乙烯中的 $1/2E$(C═C)＞乙炔中的 $1/2E$(C≡C)（分别为 357、290、262 kJ/mol）。多重键中，这种相对减少的趋势被相邻的 σ 键的增强所抵消。从 C_2H_6、C_2H_4 或 C_2H_2 中移走第一个 H 原子分别需要 423、459 和 549 kJ/mol 的能量，而移走第二个 H 原子则分别需要 163、339、487 kJ/mol 的能量[168,169]。这种互补性的发生，是因为恒定的电子数屏蔽了给定原子的有效核电荷，而一个键上的电子积聚自然地降低了其他方向上的屏蔽。下文中，将会看到这种补偿的其他表现。

表 2.11 和表 S2.9 中列出了一些元素在实验上的平均键能。本书是在上述的热力学参考书的基础上进行汇编的，并使用新的原始出版物进行了修订（在此提供了参考文献）和更新。双原子和多原子分子中，类似的异核极性键的能量（对比表 S2.3 和表 S2.10）只存在微小差异；这个事实与离子模型相矛盾。实际上，如果 BaF_2、LaF_3 和 HfF_4 分子中的成键为纯粹的离子键，它们（库仑）的能量高于 CaF、LaF 和 HfF 自由基的能量，其高出的倍数与金属原子电荷相同，即分别为 2、3 和 4 倍。其实，单氟化物和多氟化物中的键能只相差±10%。考虑到库仑吸引必定是键能的主要贡献者，需假设，随着金属化合价（v）的升高，成键离子性应该成比例地降低为 $1/\sqrt{v}$[170]。下面将介绍这个简单的规律是如何与实验数据相吻合的。

具有不同配体的多原子分子中，相同类型的化学键具有不同的能量，这取决于分子的组成和结构。因此，表 2.9 中所列出的值仅限于已测定出的分子，并且仅暂时地适用于具有相似化学键的其他化合物。表 S2.9 表明了，给定化学键的环境是如何影响能量的。Leroy 等人[171] 也已证实，由有机化合物的生成热计算出的同原子单键的能量（C—C 357、P—P 211 和 S—S 265 kJ/mol）接近于单质物质中对应的能量（对结构中化学键的数目进行了调整），即金刚石（358 kJ/mol）、P_4（201 kJ/mol）和 S_8（264 kJ/mol）。表 2.12 中囊括了共价单键的能量，该能量是通过这种方法由单质物质的参数得到的。

表 2.11 MX_n 型分子的平均键能（kJ/mol）

M	F	Cl	Br	I
卤化物分子 MX_2				
Cu	383[a]	302	258	
Be	629[b]	463[b]	388[b]	299[b]
Mg	518[b]	391[b]	339[b]	262[b]
Ca	558[b]	448[b]	395[b]	321[b]
Sr	542[b]	438[b]	396[b]	321[b]
Ba	570[b]	460[b]	412[b]	353[b]
Zn	393	320	270	205
Cd	328	274	238	192
Hg	257	227	185	145
B	657	426	349	250
Al	563	387	321	250
Ga	431	308	258	196
In	398	279	232	174
Tl	360	253	203	146
Ti	690	456	436	344[e]
Zr	636[d]	494[d]	423[d]	340[d]
Hf	644	588	567	470
C	530	367	311	255
Si	600[e]	426[e]	365[e]	293
Ge	551[f]	392[f]	341[f]	269[f]
Sn	468	386[g]	323	254
Pb	388	304[g]	262	209
V		453[h]	445	375
N	305	223	150	85.8
P	478	308	249	181
As	431	288	235	172
Sb	392	264	213	148
Bi	358	231	180	116
Cr	507	387	340	249
Mo	492			375
W	603	464	403	335
O	192	207		
S	357[i]	271		
Se	353	256	240	
Te	377	284		
Mn	483	397[j]	342	278
Fe	463	398[j]	343	272
Co	477	382[j]	325	268
Ni	457	369[j]	316	252
Ru	433			
Pt	418			
Th	677[k]	517[k]	402[k]	
U	606[k]	460[k]	406[k]	
卤化物分子 MX_3				
B	642	442[l]	366	285
Al	588[m]	422[m]	346[m]	284[m]
Ga	475[m]	355[m]	322[m]	245[m]
In	443[m]	322[m]	285[m]	225[m]
Sc	629[n]	470[n]	382[n]	337[n]

M	F	Cl	Br	I
卤化物分子 MX_3				
Y	643[o]	490[p]	432[p]	353[p]
La	641[o]	513[p]	456[p]	378[p]
C	477	335	273	205
Si	562	374	303	227
Ge	457	351	285	215
Sn	391	293	238	170
Pb	349	258	210	142
Ti	608	445	380	311
V	555	413[h]	369	
N	280	202	179	169
P	504[i]	329	259	177
As	438[b]	307[b]	252[b]	194[b]
Sb	437[b]	313[b]	264[b]	192[b]
Bi	380[b]	279[b]	215[b]	170[b]
Cr	476	336	299	
Mo	494			
W	569	420	359	285
S	339[i]			
Mn	435	319		
Fe	462	345	292	222
Th	669[k]	514[k]	427[k]	
U	611[k]	477[k]	414[k]	
卤化物分子 MX_4				
C	487	321	258	199
Si	595[e]	399[e]	331[e]	246
Ge	471[q]	340[q]	273[q]	209[q]
Sn	409	323[h]	261	210
Pb	327	249[h]	199	164
Ti	585[r]	430[r]	360[r]	295[r]
Zr	647[d]	488[d]	423[d]	346[d]
Hf	658[d]	496	447	355[e]
V		382[h]		
Nb	574[s]	426[s]	372[s]	293[s]
Cr	448	333	269	
W	552	405	343	270
S	339[i]	204		
Th	672[k]	511[k]	448[k]	
U	609[k]	463[k]	398[k]	
卤化物分子 MX_5				
P	461[i]	260		
As	387	253		
Nb	566[s]	406[s]	344[s]	
Ta	600	430	365	258
W	530	374	322	247
S	316[i]			
U	571[k]	412[k]	351[k]	
卤化物分子 MX_6				
S	329	182	117	42
Se	322	182	128	119

续表

M	F	Cl	Br	I	M	F	Cl	Br	I
卤化物分子 MX_6					氢化物和氧化物分子				
Te	343	204	145	87	BH_3	AlH_3	GaH_3	InH_3	TlH_3
W	531	364	301	231	376	287	255	225	184
AgF_6	AuF_6	MoF_6	TcF_6		CH_3	SiH_3	GeH_3	SnH_3	PbH_3
120[v]	176[w]	447[v]	387[v]		408	301	268	235	192
ReF_6	RuF_6	RhF_6	PdF_6		CH_4	SiH_4	GeH_4	SnH_4	PbH_4
430[w]	325[v]	174[v]	118[v]		416	322	288	253	209
OsF_6	IrF_6	PtF_6	UF_6		CO_2	SO_2	SeO_2	TeO_2	CrO_2
382[w]	331[w]	259[w]	524		804	536	422	385	494
氢化物和氧化物分子					MoO_2	WO_2	SO_3	SeO_3	TeO_3
H_2O	H_2S	H_2Se	H_2Te		582	636	473	364	348
459[t]	362[t]	320[t]	266[u]		CrO_3	MoO_3	WO_3	RuO_3	OsO_4
NH_3	PH_3	AsH_3	SbH_3	BiH_3	479	584	630	492	530
391	322	297	258	215					

注：用文献［172，173］计算的以及没有参考文献给出的第13～15族元素的卤化物和氢化物的键能。

a. 数据源自文献［174］；b. 数据源自文献［175］；c. 数据源自文献［176］；d. 数据源自文献［177］；e. 数据源自文献［178，179］；f. 数据源自文献［180］；g. 数据源自文献［181］；h. 数据源自文献［182］；i. 数据源自文献［183］；j. 数据源自文献［184］；k. 数据源自文献［185］；l. 数据源自文献［186］；m. 数据源自文献［187］；n. 数据源自文献［188］；o. 数据源自文献［189］；p. 数据源自文献［190］；q. 数据源自文献［191］；r. 数据源自文献［192］；s. 数据源自文献［193］；t. 数据源自文献［194］；u. 数据源自文献［195］；v. 数据源自文献［196］；w. 数据源自文献［197］

表 2.12 同核原子共价单键 M—M 的能量（kJ/mol）

M	E	M	E	M	E	M	E	M	E^c
Li	105[a]	Zn	64[c]	Ge	187[d]	O	144[d]	Tc	263
Na	75[a]	Cd	55[c]	Sn	151[d]	S	264[d]	Re	293
K	53[a]	Hg	33[c]	Pb	73[c]	Se	216[d]	Fe	204
Rb	49[a]	B	286[b]	Ti	175[c]	Te	212[d]	Co	210
Cs	44[a]	Al	168[c]	Zr	225[c]	Cr	185[c]	Ni	210
Cu	201[a]	Ga	135[c]	Hf	232[c]	Mo	263[c]	Ru	319
Ag	163[a]	In	103[c]	N	212[b]	W	341[c]	Rh	273
Au	226[a]	Tl	64[c]	P	211[b]	H	436[a]	Pd	182
Be	119[b]	Sc	161[c]	As	176[d]	F	155[a]	Os	387
Mg	102[c]	Y	181[c]	Sb	142[d]	Cl	240[a]	Ir	326
Ca	87[c]	La	184[c]	Bi	98[d]	Br	190[a]	Pt	277
Sr	80[c]	C	358[d]	V	232[c]	I	149[a]	Th	224
Ba	94[c]	Si	225[d]	Nb	325[c]	Mn	121	U	213
				Ta	354[c]				

注：a. 见表 S2.3；b. 见表 S2.9；c. 数据源自文献［198］；d. 数据源自文献［199］

传统上，结构化学中的多重键被描述为 σ 键和 π 键的结合，证据是 C═C 键的两步电离。通常，π 键能简单地通过实验上多重键的能量减去 σ 键的能量进行计算。表 S2.11 中列出了这种方法所得到的 π 键能。可以看到，不同作者所报道的相同分子中多重键的解离能显示出的差异常常会超过实验误差一个数量级，因为不同技术（测量与计算）涉及了不同价态的解离产物。对于确定两个较大值的较小差值具有固有的困难，因此，也导致了不同作者所得的结果具有较大差异。因为 C—C σ 键（357 kJ/mol）的标准能量对应于平衡距离

1.54 Å，同时双键中的碳-碳距离只有 1.34 Å。在任一情况下，简单的加和法都是行不通的。缩减 0.2 Å 将会如何影响对 C—C 键能量的粗略估算，可通过实验上金刚石的可压缩性来获取答案。通用的状态方程为（见 10.6 节）

$$p(x)=3B_o[(1-x)/x^2]\exp[\eta(1-x)] \tag{2.43}$$

其中 p 为压强，B_o 为体积模量，$x=(V/V_o)^{1/3}$（V 和 V_o 为主体的初始体积和最终体积），$\eta=1.5(B_o'-1)$，B_o' 为 B_o 对压力的导数，它们可用于计算金刚石中的键长从 1.54 缩短为 1.34 Å 时所需的压力 p。考虑到金刚石的 $B_o=456$ GPa 和 $B_o'=3.8$，得到了 $p=405.6$ GPa。压缩功为

$$W_c \approx \frac{1}{2}p\Delta V \tag{2.44}$$

因为对于金刚石，$V_o=3.417\ \mathrm{cm^3/mol}$。当 $x=0.87$ 时，得到 $\Delta V=1.166\ \mathrm{cm^3}$、$W_c=236.6$ kJ/mol。金刚石的原子化能（717 kJ/mol）与弹性能（$B_oV_o=1558$ kJ/mol）的比值，可用于计算 W_c 的势能部分，即 $0.46\times236.6=108.8$ kJ/mol。由于金刚石结构中 $N_c=4$，并且每个 C—C 键包含两个原子，缩短一个 C—C 键将需要 54 kJ/mol。因此，σ 键的实际能量一定会从 357 降低为 303 kJ/mol，但是 π 成分则相对地从常规的 262（表 S2.11 中的平均值）增加到 316 kJ/mol。因此，乙烯中的 σ 键和 π 键实际上具有类似的能量，而不是传统上描述的 $E(\pi)\ll E(\sigma)$。因此，传统上将键能分解为 σ 成分和 π 成分基本上是形式化的。然而，这在强调相对趋势时特别有用。因此，π 键的键能显然能在 O>N>C>S>P>Si 系列中逐渐降低，对于 σ 成分的绝对值和相对值均如此，这是由于多重键中价壳层轨道的重叠减少所致。对于 O 和 N，π 键能高于 σ 键能，因为 π 键的形成减弱了 σ 键和孤电子对间的排斥，这在富电子的 O 和 N 原子中特别明显（见上文）。

键能的理论计算是量子化学的任务。到目前为止，令人满意的定量解答仅适用于较轻的元素。然而，在半个多世纪以前，Mulliken[200] 已探讨了这个问题，他归纳了分子轨道和价键方法的结果，并推导出他的“神奇公式”

$$E_b=\sum X_{ij}-\frac{1}{2}\sum Y_{kl}+\frac{1}{2}\sum K_{mn}-PE+E_i \tag{2.45}$$

式中，$\sum X_{ij}$ 为成键电子的交换作用；$\sum Y_{kl}$ 为非键电子对的排斥作用；$\sum K_{mn}$ 为孤电子对的交换作用；PE 为激发能；E_i 为离子相互作用。由于交换积分正比于波函数的乘积（重叠积分），成键电子的交换能正比于电离势，式 2.45 的第一项可以转换为

$$\sum X_{ij}=k\bar{I}_{ij}\frac{S_{ij}}{1+S_{ij}} \tag{2.46}$$

其中 k 为经验系数（通常为 1 的数量级）；$\bar{I}_{ij}$ 为原子 i 和 j 电离势的几何平均；S_{ij} 为重叠积分。考虑到重叠积分定义了同属于两个原子的外层电子云的分数，从式 2.46 得到，共价键的能量总是小于成键原子电离势的一半（因为 $S\leqslant1$）。具有单键的 A_2 分子实际的 E_b/I 比值为 0.2 ± 0.1，而 AB 分子则在 0.3～0.6 间变化，极性键显示出更高的能量。

现在，回到带正电荷的碱金属二聚体的问题上，可以利用式 2.46。实际上，M_2 分子中两电子键转变为 M_2^+ 阳离子，将让出一半的 S，但是 M^+—M 的 $\bar{I}$ 增加更多。例如，I_1(Li)$=5.39$ 但是 $\bar{I}=20.20$ eV，而 Na 的则分别为 5.14 和 15.59 eV，等等。然而对于 Cu，$I_1=7.72$ 但是 $\bar{I}=12.52$ eV。Cu_2 中的键能为 201 kJ/mol，而 Cu_2^+ 的只有 155 kJ/mol。因此，第一和第

二电离势之间的关系，将调控分子 M_2 正电荷电离时的键能变化。

Mulliken[201-205] 用含有两个参数的函数计算出重叠积分

$$p=\frac{d}{a_o}\frac{\mu_A+\mu_B}{2} \qquad t=\frac{\mu_A-\mu_B}{\mu_A+\mu_B} \tag{2.47}$$

然而，只对 n^* 和 $p\leqslant 8$ 的整数值进行了计算。后来，计算了 $n^*=3.7$ 和 4.2 一直到 $p=8$[206] 或一直到 $p=20$[207] 时的积分，这对于分子和晶体中所有的真实键长已经够用了。

除了式 2.45，人们提出了其他关于杂原子化学键能量的加和表达式。如上所述，最早的表达式为 Pauling 方程式[18]

$$E(\mathrm{M—X})=E_{\mathrm{cov}}+E_{\mathrm{ion}} \tag{2.48}$$

其中，$E_{\mathrm{cov}}=1/2[E(\mathrm{M—M})+E(\mathrm{X—X})]$，$E_{\mathrm{ion}}$ 为额外的离子能量，它等于 Q，Q 是反应 $1/2M_2+1/2X_2=MX$ 中的反应热。后来，Pauling 认为，另一种选择是用 $[E(\mathrm{M—M})\cdot E(\mathrm{X—X})]^{1/2}$ 来计算 E_{cov}。Ferreira[208] 将 M—X 键的能量描述为三部分之和，即

$$E(\mathrm{M—X})=E_{\mathrm{cov}}+E_{\mathrm{ion}}+E_{\mathrm{tr}} \tag{2.49}$$

它们分别代表共价、离子和电子转移的贡献；已在大量的工作[209-217] 中对这个公式中的各个部分进行改进。然而，对于经验估算，可以用式 2.48。

2.3.2 晶体中的键能

结晶化合物 MX_n 中的键能（E_{cr}）可通过相应分子的平均键能（E_{mol}）和升华能 ΔH_s（见表 9.4～表 9.6）来计算，即

$$E_{\mathrm{cr}}=E_{\mathrm{mol}}+\Delta H_s/n \tag{2.50}$$

其中，n 为化学式中具有较低化合价的原子数（即对于 SiO_2 或 Li_2O，$n=2$）。或者 MX_n 晶体中的成键解离能可以直接从生成热 $\Delta H_f(MX_n)$ 来计算

$$E_{\mathrm{cr}}(\mathrm{M—X})=[\Delta H_f(\mathrm{M})+n\Delta H_f(\mathrm{X})-\Delta H_f(\mathrm{MX}_n)]/n \tag{2.51}$$

结晶化合物的平均键能列在表 2.13 中。

表 2.13 在晶体化合物 M_nX_m 中的平均键能（kJ/mol）（v=M 的化合价）

（ZnSe、ZnTe、HgTe、SnSe、SnTe、FeS 和 CoS 的键能是手册和原始文献中数据的平均值）

v_M	M	X							
		F	Cl	Br	I	O	S	Se	Te
Ⅰ	Li	853	682	614	529	580	519	484	430
	Na	761	642	581	518	438	425	393	365
	K	731	656	595	527	393	418	391	365
	Rb	717	639	584	515	374	398	402	
	Cs	711	648	591	534	374	396	412	
	Cu		596	557	512	546	514	484	460
	Ag	571	545	477	455	423	438	421	408
	Au		526	494	501				
	Tl	582	508	464	425	390	364	343	322
Ⅱ	Cu	514	412	329		741	668	603	578
	Be	743	530	453	364	1172	824	725	661
	Mg	710	512	452	364	998	739	662	571
	Ca	776	604	544	460	1062	925	776	662

续表

v_M	M	X							
		F	Cl	Br	I	O	S	Se	Te
Ⅱ	Sr	764	612	554	467	1002	910	776	660
	Ba	768	639	584	514	984	918	800	707
	Zn	526	395	342	276	727	602	532[a]	456[a]
	Cd	480	372	326	264	618	538	484	402
	Hg	325	267	227	190	400	391	344	295[a]
	Ge	607			334		715[b]	642	589[c]
	Sn	552	453	392	328	833	682	619[d]	568[e]
	Pb	508	397	350	292	662	570	523[d]	465[e]
	V		576	551	492	1195			
	As					481[f]	389[f]	352[f]	312[f]
	Cr	687	518	460	384		824[g]		
	Mn	642	506	447	382	917	773	680	585
	Fe	621	502	447	358	932	792[h]	707	650
	Co	633	495	433	364	937	805[h]	721	
	Ni	616	488	429	359	915	797	728	660
	Pd	501	409	358	282	741	724		626
	Pt	550	462	429	415		921		
Ⅲ	Sc	754	573	474	415	1137	919	789	704
	Y	790	597	530	445	1167	951		
	La	788	622	556	472	1134	972	822	765
	U	766	537	500	433		918		
	B	650	455	386	306	1040	707		
	Al	688	462	380	317	1027	738	632	541
	Ga	560	382	340	276	794	631	542	489
	In	555	376	333	265	718	554	491	438
	Tl		287			501			
	Ti	690	505	439	328	1068	617		
	V	655	484	432	325	998			
	As	453	325	274	226	669	534	471[f]	425
	Sb	471	336	290	223	666	501	454	407
	Bi	447	318	252	209	580	464	422	377
	Cr	560	411	378	307	891	651	558[i]	
	W	672[j]	525[j]	465[j]	396[j]				
	Mn	530				758[k]			
	Re		469	429					
	Fe	547	392	339		810			
	Co	485	319						
	Ir		426	394					
	Pt		366	344					
Ⅳ	Ti	610	444	377	320	933	715	650	556
	Zr	706	516	452	378	1096	866	737	663[l]
	Hf	720	522	473	384	1131			
	Si	601	410	341	263	930	610	522	
	Ge	479	351	288	231	725	526[b]	454[d]	348
	Sn	445	336	275	230	689	505	438[d]	
	Pb	364	255			484			
	Th	757	573	497	423	1161[m]	890		
	U	689	516	454	369	1057[m]	808		
	V	559	392			863			

续表

v_M	M	X							
		F	Cl	Br	I	O	S	Se	Te
Ⅳ	Te		255	212		517			
	Mo	531	407	355		873	742[g]	659[g]	586[g]
	W	595[j]	454[j]	393[j]	323[j]	971	826[g]	743[n]	709
	Ru					727	705	664	
	Os					791	740	640	
	Pt		320	293	268		615		
MX	Sc	Y	La	B	Al	Ga	In	Th	U
N	1290	1197	1205	1299[o]	1113	901[p]	852[q]	1426[r]	1286[r]
P	1062[q]	1051	1050	984	827	697	630	1270[r]	1107[r]
As	945	1043	1039		745	667	606[s]		1046
Sb	774[t]	911[t]	913[t]		652[u]	587	542		930
C	1335[r]							1435[r]	1344

注：a. 数据源自文献［218-221］；b. 数据源自文献［222］；c. 数据源自文献［223］；d. 数据源自文献［224］；e. 数据源自文献［225］；f. 数据源自文献［226］；g. 数据源自文献［227］；h. 数据源自文献［228］；i. 数据源自文献［229］；j. 数据源自文献［230］；k. 数据源自文献［231］；l. 数据源自文献［232］；m. 数据源自文献［233］；n. 数据源自文献［234］；o. 数据源自文献［235］；p. 数据源自文献［236］；q. 数据源自文献［237］；r. 数据源自文献［238］；x. 数据源自文献［239］；t. 数据源自文献［240］；u. 数据源自文献［241］

2.3.3 晶格能

在2.3.1节和2.3.2节，考虑了化学键、分子和固体解离为电中性原子。或者，可以想象它们解离为带相反电荷的离子。虽然这种过程在真空中，从热力学角度来说是不太有利的(见上文)，但它可以发生在极性溶剂中。在任何情况下，对晶体的离子描述在结构化学中被证明是一个卓有成效的模型，也是历史上最早的模型。将固态离子材料转化为独立的气态离子所需的能量，称为晶格能（U），从Haber-Born热力学循环实验中测定

$$U_{298}=-\sum\Delta H_{298}(\mathrm{M})+\sum\Delta H_{298}(X)-\sum\Delta H_{298}(\mathrm{M}_n\mathrm{X}_m)+\sum I(\mathrm{M})-\sum A(\mathrm{X}) \qquad (2.52)$$

式中，$\Delta H_{298}(\mathrm{M}_n\mathrm{X}_m)$ 为标准条件下从单质形成晶态 $\mathrm{M}_n\mathrm{X}_m$ 化合物时的生成热；$\sum\Delta H_{298}(\mathrm{M})$ 和$\sum\Delta H_{298}(\mathrm{X})$ 为标准条件下从单质形成孤立的 n 个金属原子M和 m 个非金属原子X时生成热的总和；I 为电离势；A 为电子亲和能。

假设所考虑的原子可以单独粒子的状态存在，原则上可通过实验来测定式2.52中的所有参数。然而，电荷超过－1的单原子阴离子并不存在，因为 $A<0$。因此，实际上只可能实验测定金属卤化物的 U。对于多价阴离子化合物，例如氧化物、硫化物、氮化物等，只能在理论上计算 U。这个主题的历史和参考书目见综述文献［242，243］。当发现无机化合物中没有纯粹离子键时，对晶格能的概念和其值的兴趣将降低，所以，在此只简单描述这个领域。

晶格能可表达为两项的差值，即

$$U=U_{\mathrm{a}}-U_{\mathrm{r}} \qquad (2.53)$$

其中 U_{a} 代表带相反电荷的离子间的库仑吸引，U_{r} 为带相同电荷的离子间的排斥。吸引项很容易通过下式确定，即

$$U_a = K_M \frac{z^2}{d} \tag{2.54}$$

其中，K_M 为 Madelung 常数，它取决于结构类型、化合物的化学计量比以及离子的电荷。z 为离子的电荷，d 为离子间距离。将 U_r 表达为 d 的函数有多种方法，其中最好的是 Born 和 Landé[244-246] 以及 Born 和 Mayer[247] 的方法，他们分别把晶格能表达为式 2.55 和式 2.56

$$U_{BL} = -K_M \frac{z^2}{d} + \frac{c}{d^n} \tag{2.55}$$

$$U_{BM} = -K_M \frac{z^2}{d} + \frac{C}{e^{d/\rho}} \tag{2.56}$$

在平衡原子间距处，$\partial^2 U/\partial d^2 = 0$，即吸引力和排斥力相等。因而得到了众所周知的 Born-Landé 和 Born-Mayer 方程式，即

$$U_{BL} = -K_M \frac{z^2}{d_o} / \left(1 - \frac{1}{n}\right) \tag{2.57}$$

$$U_{BM} = -K_M \frac{z^2}{d_o} / \left(1 - \frac{\rho}{d_o}\right) \tag{2.58}$$

人们也提出了晶格能的许多其他表述，但没有一种比上述方法更有优势，因而一般使用上述方法。

Born 排斥系数 n 取决于电子壳层的类型（见表 2.1）。对于 MX 化合物，计算出的 n 为 $1/2[n(M^+) + n(X^-)]$。ρ 系数不太变化，平均值为 0.35(5)。由于这个原因，计算时更频繁地使用式 2.58。假设 $n=9$，原子间距离 $d=3$ Å，排斥能可估算为晶格能的 10% 左右。

添加第三项可改善式 2.48，它代表范德华力，即

$$E^W = \frac{T_{cat} + T_{an}}{(r_{cat} + r_{an})^6} \tag{2.59}$$

式中，r_{cat} 和 r_{an} 分别为阳离子和阴离子的半径，T_{cat} 和 T_{an} 分别为阳离子和阴离子的范德华吸引力[248]。为了表明这个贡献的重要性，比较了 NaCl 和 AgCl。它们具有类似的结构和键长，但是由于后者较高的极化率，其范德华能量为前者的 6 倍[249]。

Madelung 常数在许多物理化学领域中至关重要。表 2.14 中列出了最常见结构类型中的最短距离的数值[250-252]。需要注意的是，这些常数变化较大，从 1.28 到 44.3。严密的理论计算是一个艰难的任务：为了得到精确的结果，需考虑成千上万个离子的贡献[253-257]（文献 [258] 中展示了有机盐的 Madelung 常数）。这激发了人们探索更经济的计算 K_M 的方法，最成功的方法由 Kapustinskii[259,260] 提出，他将 K_M 与晶体化学式中所包含的离子数目（m）及其化合价（Z）相关联，即

$$k_M = \frac{2K_M}{m z_M z_X} \tag{2.60}$$

表 2.14 Madelung 常数 K_M

MX	K_M	MX_n	K_M	MX_n	K_M	M_nO_m	K_M
HgI	1.277	$HgCl_2$	3.958	$AuCl_3$	7.471	Cu_2O	4.442
HgBr	1.290	$BeCl_2$	4.086	$SbBr_3$	7.644	VO_2	17.57
HgCl	1.311	$PdCl_2$	4.109	BiI_3	7.669	SiO_2	
TlF	1.318	$ZnCl_2$	4.268	$MoCl_3$	7.673	β-石英	17.61
HgF	1.340	$TiCl_2$	4.347	AuF_3	7.954	α-石英	17.68
CuCl	1.638	$CdCl_2$	4.489	SbF_3	7.985	鳞石英	18.07
NaCl	1.748	$CrCl_2$	4.500	AsI_3	8.002	TiO_2	
CsCl	1.763	CrF_2	4.540	$FeCl_3$	8.299	板钛矿	18.29
AuI	1.988	CuF_2	4.560	$AlCl_3$	8.303	锐钛矿	19.20
ZnO	5.994	FeF_2	4.624	YCl_3	8.312	金红石	19.26
PbO	6.028	$SrBr_2$	4.624	VF_3	8.728	SnO_2	19.22
BeO	6.368	CdI_2	4.710	FeF_3	8.926	PbO_2	19.26
ZnS	6.552	$CaCl_2$	4.731	YF_3	9.276	ZrO_2	20.16
CuO	6.591	$PbCl_2$	4.754	LaF_3	9.335	MoO_2	18.27
MgO	6.990	NiF_2	4.756	BiF_3	9.824	Al_2O_3	25.03
		MgF_2	4.762	SnI_4	12.36	V_2O_5	44.32
		MnF_2	4.766	UCl_4	13.01		
		CoF_2	4.788	$ThBr_4$	13.03		
		α-PbF_2	4.807	$ThCl_4$	13.09		
		CaF_2	5.039	PbF_4	13.24		
		$AlBr_3$	7.196	SnF_4	13.52		
		BCl_3	7.357	SiF_4	14.32		
		BI_3	7.391	ZrF_4	14.36		

其中 k_M 为新的（约化的）Madelung 常数，其值列于表 S2.10 中。如表所示，k_M 的平均值为 1.55，而偏差只有±10%，即比 K_M 要小得多。由于晶体场的影响，k_M 偏离 1，而能量项表现为固体的升华热。因此，对于单价金属的卤化物，晶态和分子态的键能比等于 1.55。Kapustinskii 认为，对于所有结构，使用相同的 $k_M=1.745$，键距等于离子半径 r_M 和 r_X 之和（按 $N_c=6$ 计算），可以近似估算晶格能。将所有的常数因子合并为一个，得出如下表达式

$$U=256\frac{mz_Mz_X}{r_M+r_X} \tag{2.61}$$

其中 U 的单位为 kcal/mol，r 的单位为 Å[259]，后者针对化学式进行了修正[260]，并与 Born-Mayer 方程式相符，即

$$U=287\frac{mz_Mz_X}{r_M+r_X}\left(1-\frac{0.345}{r_M+r_X}\right) \tag{2.62}$$

这个方法适用于配合物以及二元化合物。通过使计算与实验间的差值最小化，可以确定出配合物离子所谓的“热化学半径”。这些半径对应于（假想的）球形离子，等能量的取代晶体结构中的真实配位离子。Yatsimirskii[261] 已对这个问题做了详细的讨论，后来 Jenkins 等人[262-265] 也研究过该问题。Kapustinskii 方程式已成功应用于单价和二价金属的卤化物以及 LnF_3-MF_2 类型[266] 的固溶体中。将 CH_3COOM（M＝碱金属）、XCH_2COOM（M＝Li、Na；X＝Cl、Br、I）和 $ClCH(CH_3)COOM$（M＝Li、Na）的实验晶格能与 Kapustinskii 方程式[267] 的计算值进行比较，发现这些化合物的晶格能相差较小，即 M—O 键定义

了这些化合物的晶格能，而所有的差异只是它们的键长。

通过对组分简单的盐的晶格能进行加和，可以计算各种矿物以及将之分类为复盐的合成配合物的晶格能[268]。通过 Born-Haber 或使用 Madelung 常数的其他热力学循环，或更近似地对 Kapustinskii 公式所得的晶格能进行比较，显示了这种近似大体上能重现这些值，误差在 1.2%以内，即使是极具共价特性的化合物也是如此。利用组分氧化物的晶格能之和，将这个方法应用于硅酸盐晶格能的计算中，结果与通过实验生成焓计算获得的晶格能的平均误差在 0.2%以内。

Glasser 和 Jenkins[269] 提出了通过数密度（或密度）预测离子和有机/共价凝聚相的热力学性质的普遍适用的（但非常简单!）的公式。他们基于体积的方法，给出了这种评估的新的热力学工具，这种方法不需要晶体结构的详细信息，并且适用于液体和无定形材料以及晶态固体。在 Glasser 和 von Szentpaly[270] 接下来的工作中，他们用电负性均衡的基本原则计算了二元 MY 晶体的晶格能，并考虑了离子键和共价键对化学键的贡献。这个方法可应用于第 1 和 11 族的单卤化物和氢化物以及碱金属。对于贵金属 Cu、Ag 和 Au，该模型有局限性，其中 d 轨道强烈地参与到金属键中，而同核分子的成键是受 s 轨道控制的。

2.3.4 固体的带隙

无机晶体的结构通常包含无限长链，通过强的离子键或共价键连接而形成的原子二维或三维网络，受晶体中所有结构单元的影响。因此，孤立原子特征的狭窄能级在晶体中由于成键而分裂成许多组分，结果是晶体中存在能量值连续的一个宽带（图 2.5）。

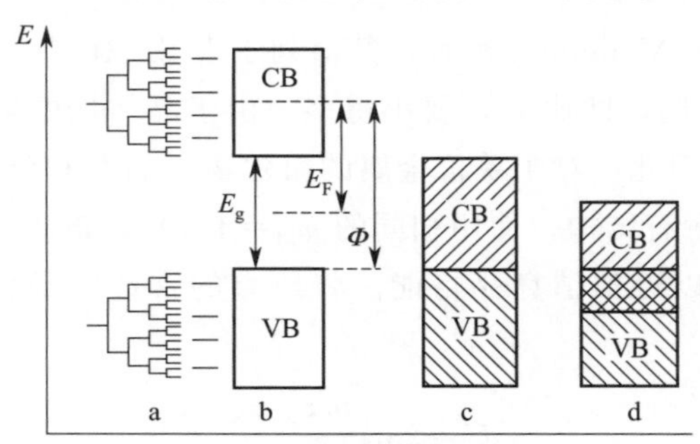

图 2.5 晶体中的能带

a—原子能级的形成；b—绝缘体；c—$E_g \geqslant 0$ 的半导体（半金属）；d—金属（$E_g \leqslant 0$）；

CB—导带；VB—价（电子）带；E_g—带隙宽度；E_F—费米能；Φ—功函数

虽然原子和晶体能谱间有这种定性差别，但仍存在一些相似性。正如一个原子具有某些允许的轨道以及禁止电子出现的区域，所以晶体也有允许的能带：价带和导带，它们被带隙（禁带）所分开，此处没有允许的能量状态。在原子中，外层电子主要负责化学键的形成，在晶体中价带具有相同的作用。原子变为离子时，一个电子从价层被移走（理想状况是到无穷远处），晶体中的等价过程是一个电子从价带转移到导带。

从传统能带理论的观点来看，金属中不存在带隙，而绝缘体具有正的带宽 E_g。当 $E_g > 4$ eV 时，后者可划分为绝缘体，而 $0 < E_g < 4$ eV 时则为半导体。由于 E_g 定义了介电状态转变为导电（金属）状态时所需的能量，这个参数广泛用于各种物理和化学用途及相关的目的。表 2.15、表 S2.12 和表 S2.13 包含了 E_g 最可靠的实验测量值。

表 2.15 在 MX 型化合物中的带隙 (eV)

M	X				M	X			
	F	Cl	Br	I		O	S	Se	Te
Li	12.5	9.4	7.9	6.1	Cu	1.95[a]			
Na	11.0	8.9	7.4	5.9	Be	10.6[b]	5.5	4.2	2.8
K	10.8	8.7	7.4	6.2	Mg	7.3[a]	6.0	5.7[c]	4.2
Rb	10.3	8.3	7.4	6.1	Ca	6.9[d]	5.3[d]	5.0[c]	4.1
Cs	9.9	8.2	7.3	6.2	Sr	5.8[d]	4.8[d]	4.7[c]	3.7
Cu		3.2	2.9	2.95	Ba	4.0[d]	3.9[d]	3.6[d]	3.4
Ag	2.8	3.6	3.05	2.8	Zn	3.4[a]	3.7[e]	2.7[e]	2.2[e]
Tl		3.4	3.0	2.8	Cd	2.3[a]	2.4[e]	1.7[e]	1.5[e]
M	X				Hg	2.8[f]	2.0[g]	0.4[h]	0.1
	N	P	As	Sb	Sn	4.2[i]	1.3[G]	0.9[j]	0.3
Sc	2.26[m]	1.1	0.7		Pb	2.8[a]	0.4[g]	0.3[k]	0.2
Y	1.5[n]	1.0[o]			Mn	3.8[a]	2.8	2.5	1.3
La		1.45[o]		0.8[n]	Fe	2.4[i]			
B	6.1[p]	2.1[q]	1.4[q]		Co	2.7[a]	0.94[s]		
Al	6.23[r]	3.63[r]	3.10[r]	2.39[r]	Ni	3.8[a]	0.5	0.3	0.2
Ga	3.51[r]	2.89[r]	1.52[r]	0.81[r]	Pd	2.4[t]			
In	1.99[r]	1.42[r]	0.42[r]	0.23[r]	Pt	1.3[i]			

注：a. 数据源自文献［271］；b. 数据源自文献［272］；c. 数据源自文献［273］；d. 数据源自文献［274］；e. 数据源自文献［275］；f. 数据源自文献［276］；g. 数据源自文献［277］；G. 数据源自文献［278］；h. 数据源自文献［279］；i. 数据源自文献［280，281］；j. 数据源自文献［282］；k. 数据源自文献［283］；l. 数据源自文献［284］；m. 数据源自文献［285］；n. 数据源自文献［286］；o. 数据源自文献［287］；p. 对于 c-BN 数据源自文献［288，289］，对于 h-BN $E_g \approx 5.5$ eV[290,291]；q. 数据源自文献［292］；r. 对于 w 相数据源自文献［293］；s. 数据源自文献［294］；t. 数据源自文献［295］

晶体能带结构的理论计算属于固态物理学，因而在此不作讨论。定量上对带隙进行从头算预测是一个非常复杂的问题。然而，利用结构化学概念对 E_g 进行经验和半经验估算，对于物理化学和材料科学的大多数目的是足够的。的确，由于化合物的价带通常包含阴离子（非金属原子）的原始轨道，而导带包含阳离子（金属原子）的原始轨道，两者间转变的能量（即 E_g）必定与一些原子性质相关。

Welker[296] 开创了结构化学方法，他发现 E_g 取决于化学键能和有效原子电荷。前一个关系可以描述为线性方程[297-300]，即

$$E_g(\mathrm{MX})=a[E(\mathrm{M—X})-b] \tag{2.63}$$

在结构相似的化合物中，E_g 随着成键原子电负性 EN（见下一部分）的差异（$\Delta\chi$）而增加，相关形式并不确定。因此，对于二元复合物，Duffy[301,302] 提出了如下的线性关系（光学 EN），即

$$E_g=a\Delta\chi \tag{2.64}$$

然而，Di Quarto 等人[280,281] 建议按下式计算带隙

$$E_g=a\Delta\chi^2+b \tag{2.65}$$

其中，对于主族（s，p）和过渡（d）元素，常数 a 和 b 是不同的。另外，因为价电子与原子核间的相互作用变弱，带隙随着组分平均主量子数 $\bar{n}$ 的增加而降低。Mooser 和 Pearson[303] 已对 E_g 与 $\Delta\chi$ 和$\bar{n}$ 的关系作图，并由 Makino[304] 表达为解析形式，即

$$E_g = a\sqrt{\frac{\Delta\chi}{\bar{n}}} - b \tag{2.66}$$

对于二元晶体化合物，计算结果与实验数据一致。最后，Villars[305,306] 提出了 E_g 的 3D 图，将 $\Delta\chi$ 和原子的电子密度作为坐标。这个方法的历史评价见文献 [112，307]。

由于影响晶体电子结构因素的多样性，对经验关联式的图形化描述十分困难。人们通过使用 E_g 的加和特征，对上述工作进行了简化，Hooge[308,309] 将二元化合物的带隙表达为原子增量之和，每个原子的增量为常数而且只取决于 EN，即

$$E_g(\mathrm{MX}) = E_g(\mathrm{M}) + E_g(\mathrm{X}) \tag{2.67}$$

这些增量只是计算参数，但也可以用组分元素的观察带隙之和来表示化合物的带隙，这里需要包含反映键的离子性和金属性的两个附加项来校正。替代的方程式为[310,311]

$$E_g(\mathrm{MX}) = E_g(\mathrm{M}) + E_g(\mathrm{X}) + a\Delta\chi_{\mathrm{MX}} - b\bar{n} \tag{2.68}$$

其中 a 和 b 为常数。单质的带隙在各种同素异形体中当然是不同的。因此在式 2.68 中，需要利用这些变体的 E_g 值，它与相关化合物在结构上非常类似，例如磷对于磷化物，金刚石对于碳化物等。加和方法的发展自然地促进了单质固体中带隙的测量，人们已完成了对于硼、碘和第 4、5 和 6 族的单质的测量。它们都满足以下公式

$$E_g = k\frac{I}{n} - c \tag{2.69}$$

式中，I 为电离势；n 为主量子数；k 和 l 为与结构相关的常数。对于金属 $k=0.8$，对于具有连续共价网络的材料 $k=1.2$，对于分子晶体 $k=1.6$，同时，在所有情况中 $c=1.7$。

很明显，所有金属具有恒定的 $E_g=0$ 的传统观念，与上述的关系以及绝缘体和半导体中 E_g 的变化不一致。基于简单的假设可以解决存在的困难，即金属所具有的带隙为可变的负的宽度，它等于价带和导带的重叠部分（图 2.5）。事实上，已经实验报道了 $\mathrm{InN}_x\mathrm{Sb}_{1-x}$[312,313] 有负的 E_g。对于金属而言，式 2.69 也得出 $E_g<0$。此外，在这种解释中，E_g 的符号与电导率的热力学是相关的，加热时，它在半导体中增加（$E_g>0$），在金属中降低（$E_g<0$）。表 S2.14 列出了目前所有可获得的实验上单质的带隙，以及根据式 2.69 的计算值。

加和方法的另一种变化中，化合物的带隙表现为共价和离子项的总和，前者通过组分元素的几何性质来确定，而后者由 $\Delta\chi$ 来确定[314]。Phillips[315] 通过量子力学推演，获得了一个类似的带隙加和表达式，即

$$E_g^2 = E_h^2 + C^2 \tag{2.70}$$

其中共价组分 E_h 取决于原子半径和 $\Delta\chi$ 中的库仑贡献 C。值得注意的是，Welkner、Duffy 的加和方法和许多其他的加和方法在本质上是相关的，因为（根据 Pauling）化学键的能量包含一个离子键和共价键的贡献，后者取决于 $\Delta\chi$。

Nethercot[316] 利用了化合物形成时从一个 M 原子到一个 X 原子的电子转移和固体中电导率的相似性，在此全新的原理上，对带隙的问题提出了挑战。因此，EN 可以是后一个过程的度量，也可以是前一个过程的度量。利用 Mulliken 的 EN 并假设化合物的 EN 为单质 EN 的几何平均（依照 Sanderson 理论，见下文），Nethercot 确定费米能为

$$E_{MX}^{F}=c(\chi_{M}\chi_{X})^{1/2} \tag{2.71}$$

然后电子功函数可以计算如下

$$\Phi=E^{F}+\frac{1}{2}E_{g} \tag{2.72}$$

式 2.72 计算出的功函数与实验结果相符，平均偏差为 3.5%。对于纯金属（$E_g=0$），式 2.71 和式 2.72 给出了线性依赖关系 $\chi=0.35\Phi$。

为了确定金属和化合物的功函数[317]，采用 Nethercot 方法进行研究。该方法基于 Sanderson 原理，并促进了其更广泛的应用。结果与实验相吻合，例如，对于 CaF_2、SrF_2 和 BaF_2，分别计算出 $\Phi=11.52$、10.95、10.48 eV，而实验值分别为 $\Phi=11.96$、10.96、10.69 eV。后来，人们利用 Mulliken 的 EN 进行计算，成功地重现了相似的顺序[318]。这个方法很有效[319]，含极性键的固体得到了好的结果，此时键的金属性可忽略。目前看来，直接关联 E_g 与 EN、原子电荷、键能、功函数等参数的一般规律并不存在。阴离子相似的变化会导致不同阳离子的带隙相反的变化。例如，AgCl 的带隙比 AgF 的带隙要宽，而锌和钙的硫化物的带隙则比相同元素的氧化物的带隙要宽（见表 2.16），尽管后一个化合物的键更强。只有在考虑键的极性和金属性，以及价电子相互作用的 d 电子共享时，才能实现与实验非常好的一致性（见上文）。

表 2.16 在大块相和纳米相中的带隙

物质	E_g,eV		D,nm	物质	E_g,eV		D,nm
	块体	纳米			块体	纳米	
石墨[a]	0	0.65	0.4	Si[h]	1.1	3.5	1.3
CdS[b]	2.5	3.85	0.7	Ga_2O_3[i]	4.9	5.9	14
CdSe[c]	1.7	2.2	7	CeO_2[I]	3.2	3.45	纳米
SnS[C]	1.0	1.8	7	ZrO_2[j]	5.2	6.1	7
SnSe[d]	1.3	1.7	19	SnO_2[k]	3.6	4.7	3
PbS[e]	0.41	1.0	4.5	WO_3[l]	2.6	3.25	9
Sb_2S_3[f]	2.2	3.8	20	HfO_2[m]	5.5	5.5	5
CdI_2[g]	3.1	3.6	<250	金刚石[n]	5.5	3.4	4.5

注：a. 数据源自文献［320］；b. 数据源自文献［321］；c. 数据源自文献［322］；C. 数据源自文献［323］；d. 数据源自文献［324］；e. 数据源自文献［325］；f. 数据源自文献［326］；g. 数据源自文献［327］；h. 数据源自文献［328］；i. 数据源自文献［329］；I. 数据源自文献［330］；j. 数据源自文献［331］；k. 数据源自文献［332］；l. 数据源自文献［333］；m. 数据源自文献［334］；n. 数据源自文献［335，336］

显然，上文所引用的带隙值对应于大块（理论上为无穷大）样品，对于微观粒子和团簇该值将会明显增加，它们含有大量的表面原子（配位数较低），起始类似于分子，具有相对更多的共价成键特性。（比较：式 2.69 中的 k 由 1.2 增加到 1.6）。对不同直径（D）团簇带隙的测量证实了这个结论。

多晶型物质在配位数上没有差异，因而具有相似的带隙。对于锐钛矿、金红石和无定形的 TiO_2，直接转变的带隙分别为 3.5、3.2 和 3.8 eV，而间接转变的带隙分别为 3.2、2.9 和 3.0 eV。ZnS、CdS 和 CdSe 的晶体由纤维锌矿相变为立方相时，带隙的变化分别为 3.9 到 3.7 eV、2.50 到 2.41 eV、1.70 到 1.74 eV。与此同时，金刚石到石墨的相变将使得 E_g 从 5.5 eV 降低为 0。

2.4 电负性的概念

原子的有效电荷仅对于少部分的极性分子和晶体是已知的，因此找到这些值与原子特性的关系显得尤其重要，这将允许先验地估算键的极性。这种特性为原子的电负性（EN），根据 Pauling 在 1932 年提出的观点，其值可用于评估分子中原子吸引电子的能力。

2.4.1 电负性的讨论

80 年来，电负性的概念已经在化学上被应用和修改。这个概念被用于解释如下化学性质：溶剂的酸度、反应机制、电子分布和键的极性等。利用 EN（$\Delta\chi$）的不同可将化合物分类为离子型化合物（$\Delta\chi>1.7$ 时），或共价化合物（$\Delta\chi<1.7$ 时）。当 $\chi\leqslant2.0$ 时含有金属元素，当 $\chi\geqslant2.0$ 时含非金属元素。在最近几十年出版的所有普通化学的教科书中，都包含这些内容[337]。因此，从一开始，EN 就成为一个争论激烈的话题，并且似乎越来越重要。因此，Fajans（文献［338］和私人交流）指出在 $HC\equiv CCl\rightarrow H_2C=CHCl\rightarrow H_3C—CH_2Cl$ 中，氯原子的电荷被标记为 $+\delta$ 到 0 到 $-\delta$，这与碳原子不变的 EN 概念相矛盾。事实上，χ（C）取决于杂化状态，sp^3 杂化为 2.5，sp^2 杂化为 2.9 和 sp 为 3.2。$\chi(Cl)=2.9$ 或 3.0，这解释了电荷的逆转。1959 年在给 Fajans 的信中，其中的一个作者（S. S. B.）被上述事实所吸引。Hückel 对能量平方根的量纲 EN 进行了标准化，因为物理上没有意义[339]，对此，我们的回答是[340] 用于计算键离子度的参数实际上是 $\Delta\chi^2$ 和能量的量纲，正如对于 ψ 函数，其模量的平方与观测值有关。早在 1962～1963 年，就有人认为，EN 的概念按常规发展不能解释新的数据[341]，它包含了实际的错误[342-345]，或者它使用了“分子中的原子”的方法，人们认为这与量子力学的哲学思想相矛盾[346]。这种批判的分析揭示了它的非理性本质，可以在文献［347，348］中找到。后来，更多的评论指向了 EN[349] 的维度问题，这些评论通常没有考虑之前的讨论。因此，下面可以总结出支持 EN[350-353] 的论点。EN 是通过观察到的不同的性质而定义的，而且具有一个非唯一的维度，因此，这个事实仅仅反映化学键具有多重的本质。事实上，这可能是一种资产而不是负债，因为 EN 可以作为连接一种物质各种物理特性的节点，因此它在化学中广泛的应用。这一概念的某种“模糊性”实际上是化学的典型概念，例如金属性的概念、酸度等等。半个世纪之后，EN 在结构化学、晶体学、分子光谱学、物理和有机化学的一些领域中是不可或缺的，人们甚至建议将 EN 用作周期表的第三个坐标[354,355]。

2.4.2 热化学电负性

Pauling 利用键能导出了 EN 的第一个定量标度，即

$$\Delta\chi_{MX}=\chi_M-\chi_X=c\,\Delta E_{MX}^{\frac{1}{2}} \tag{2.73}$$

其中

$$\Delta E_{MX}=E(M—X)-\frac{1}{2}[E(M—M)+E(X—X)] \tag{2.74}$$

其中 $c=0.102$，E 的单位为 kJ/mol。这个公式只给出了 EN 的差值，为了得到绝对值，有必要假定一个“关键”元素的 EN。为此，Pauling 选择了氢，最初将其指定为 $\chi=0$，后来将其指定为 $\chi=2.05$，以避免大多数金属出现负的 χ。

显然，式 2.73 只有当 $\Delta E_{\mathrm{MX}}>0$ 时才有意义，除少数化学键外，所有化学键都是正确的，例如碱金属氢化物具有非常弱的 M—H 键，而 H—H 是已知的最强的 σ 键。为了克服这些不一致性，Pauling 用式 2.74 中的几何平均值代替了算术平均值。由于纯粹的数学原因，$[E(\mathrm{M—M})\cdot E(\mathrm{X—X})]^{1/2}<1/2[E(\mathrm{M—M})+E(\mathrm{X—X})]$，这种变化恢复了条件 $\Delta E_{\mathrm{MX}}>0$，尽管代价是剥夺了公式的明确物理意义。如果式 2.73 中使用系数 $c=0.089$，则该方法给出的 EN 值与前一种方法给出的 EN 值几乎相同。Matca[212] 和 Reddy[215] 随后提出了依赖电负性的键能的几何平均值。

Pauling 的工作引发了大量对不同价态元素 EN 的测定，这些测定基于更广泛和更精确的实验数据集合（历史回顾见参考文献［29，355，356］）。这种“热化学”方法最重要的进展是在 Pauling[28]、Allred[357]、Reddy 等人[215]、Leroy 等人[358-362]、Ochterski 等人[363]、Murphy 等人[199]、Smith[364,365] 和 Matsunaga 等人[366] 的工作中取得的。Reddy 和 Murphy 证明了 Pauling 方程仅在 $\Delta\chi$ 很小的有限范围内有效，用几何平均代替算术平均值几乎没有改善。如果“额外离子能量”（EIE）表示为 $k\Delta\chi$ 而不是 $k\Delta\chi^2$，则发现有更好的相关性。EIE 可由基于波恩-迈耶方程的准库仑表达式表示，因此式 2.74 可以转换为

$$E_{\mathrm{AB}}=\frac{1}{2}(E_{\mathrm{AA}}+E_{\mathrm{BB}})+a\ \frac{q_{\mathrm{A}}q_{\mathrm{B}}}{d_{\mathrm{AB}}}\left(\frac{1-\rho}{d_{\mathrm{AB}}}\right) \tag{2.75}$$

式中，q 为电荷分数；d 为键长；a 和 ρ 为常数。因为根据 Bratsch[213,214]，存在下列关系

$$q=\frac{\chi_{\mathrm{A}}-\chi_{\mathrm{B}}}{\chi_{\mathrm{A}}+\chi_{\mathrm{B}}} \tag{2.76}$$

将该表达式代入式 2.75，给出了一个表达式，其中 EIE 与 $\Delta\chi^2$ 成正比。Pauling 的方法需要一个条件：即一个键的能量不仅取决于它的极性，还取决于它的长度。忽略式 2.48 中的这一点，可以通过所讨论的键的低极性来证明，即假设纯共价键和微极性键的长度相同。Allred[357] 假设式 2.73 在 $\Delta\chi\leqslant1.8$ 时有效，但该标准尚未得到充分证实，通过添加未指定极性键的能量，数据库的任何扩展都可能改变元素的绝对 EN 值及其序列顺序。Ionov 等[367] 建议，通过式 2.73 的主要变化来弥补这一缺点，以便同时利用热力学和几何数据。然而，Pauling 观点的基本正确性已被其他物理方法所证实，因此，通过在式 2.74 中添加一个修正项而不是通过改变其原理来解释几何因素更为合理。这是通过在这个方程中使用一个考虑原子的主量子数、键距和价的可变参数 c 来实现的，即 $c=f(n^*,d,v)$[368]。这种修正反映了一个事实：通过减少价轨道的重叠、增加键距增加价可以降低键的极性。然而，所有因素的贡献都比主要（键能）项小一个数量级。表 S2.15 中比较了几种热化学 EN 系统，平均结果见表 2.17。

表 2.17 分子中原子的热化学电负性；χ(H)=2.2

Li	Be	B	C	N	O	F			
1.0	1.5	2.0	2.55	2.9	3.4	3.9			
Na	Mg	Al	Si	P	S	Cl			
0.9	1.3	1.6	1.9	2.15	2.6	3.1			
K	Ca	Sc	Ti	V	Cr	Mn	Fe	Co	Ni
0.75	1.0	1.35	1.6	1.7[a]	1.7[b]	1.7[c]	1.7[d]	1.75[e]	1.8[e]
Cu	Zn	Ga	Ge	As	Se	Br			
1.7[f]	1.6	1.7	2.0	2.1	2.5	2.9			
Rb	Sr	Y	Zr	Nb	Mo	Tc	Ru	Rh	Pd
0.7	0.95	1.2	1.6[g]	1.6[a]	2.2[h]	1.9	2.2	2.2	2.2
Ag	Cd	In	Sn	Sb	Te	I			
1.8	1.7	1.7	1.9[i]	2.0	2.1	2.6			
Cs	Ba	La	Hf	Ta	W	Re	Os	Ir	Pt
0.6	0.85	1.1	1.5[j]	1.5	2.2[k]	1.9	2.2	2.2	2.2
Au	Hg	Tl	Pb	Bi	Th[k]	U[k]			
2.2	1.9	1.3[l]	2.1[m]	2.0	1.5	1.6			

注：a. $v=3$；b. $v=3$，对 $v=2$，$\chi=1.5$，对 $v=4$，$\chi=2.0$；c. $v=3$，对 $v=2$，$\chi=1.5$；d. $v=2$，对 $v=3$，$\chi=2.0$；e. $v=2$；f. $v=1$，对 $v=2$，$\chi=2.0$；g. $v=4$，对 $v=2$，$\chi=1.4$；h. $v=4$，对 $v=2$，$\chi=2.0$；i. $v=4$，对 $v=2$，$\chi=1.6$；j. $v=4$，对 $v=2$，$\chi=1.3$；k. $v=4$；l. $v=1$，对 $v=3$，$\chi=1.8$；m. $v=4$，对 $v=2$，$\chi=1.7$

热化学体系的一个显著特点是氧、氮，特别是氟的 EN 极其高，这通常很难与多原子分子和晶体中这些原子的物理和化学性质相一致。因此，氟是一个出人意料的不好的氢键接受体[369,370]。然而，由于电子不稳定，即小体积内高电子浓度的能量不利影响，F—F、O—O 和 N—N 键的表观解离能低于本征键能（见第 2.3.1 节）。在式 2.48 中，对 E(X—X) 的过低估计导致 ΔE_{MX} 和后面的 χ 的过高估计，这与 Bykov 和 Dobrotin 首次注意到氟的情况[371] 一样。随后，Batsanov[372] 计算了一些化合物的电子失稳能，并将氟、氧和氮的 EN 分别重新评估为 3.7、3.2 和 2.7（参见常规值 4.0、3.5 和 3.0）。Finemann[373] 对热化学方法进行了显著改进，将式 2.74 推广到自由基（R）上，即

$$\Delta E_{\mathrm{MR}}=E(\mathrm{M—R})-\frac{1}{2}[E(\mathrm{M—M})+E(\mathrm{R—R})] \tag{2.77}$$

之后，式 2.77 被用于计算各种成分的自由基的 EN；表 S2.16 中列出了平均值。很明显，自由基中多中心键的存在对原子的 EN 有很大的影响。式 2.77 给出了能很准确地表征普通共价键（包括高极性键）的均裂键离解焓的 EN，平均误差约为 5 kJ/mol；用这种方法计算了 250 多个键的解离焓，其中 79 个键没有实验值[374]。从 Pauling 方法的缺点可以看出，氢的电负性（在所有元素中都是唯一的）不是恒定的，而是在很大程度上取决于与其相连的原子或基团（R）[374]。因此，R=Me 时 χ(H)=1.95，Et 为 2.06，OH 为 2.16，Cl 为 2.20，F 和 Ph 为 2.26，C≡CH 为 2.50。氢的独特行为在化学中并不少见，Pauling 注意到氢的电负性的“行为失常”。根据 Pauling 的建议，使用 χ(H)=2.2 的平均值，通常给出了 D(H—A) 的正确趋势，但总体精度比所有其他键的精度低得多。因此 Datta 和 Singh 选择 χ(OH)=3.500 作为参考值[374]。他们也建议，用有机化合物中单键能量的几何平均来计算自由基的 EN。请注意，在周期表的每个副族中，单个共价键的能量（表 2.12）有规律地变

化。因此，在副族中元素的EN与相应的同核键能量的平方根成正比。因此，只要分别添加220、170和150 kJ/mol来校正F—F、O—O和N—N键能的电子失稳，就可以从每个族的第一个元素的能量和EN导出热化学EN的整个系统。通过比较σ和π键的能量发现键级是如何影响EN的。遵循式2.73和式2.74的原理，并利用式2.78，人们已通过具有多重键的碳[375] 和其他元素的物质，对上述问题进行了探索[376]。

$$(\Delta\chi)^2=\Delta E=\frac{1}{n}E(\mathrm{A\sim A})-E(\mathrm{A—A}) \tag{2.78}$$

式中，$\Delta\chi$是同一元素A在单键（A—A）和多重键（A～A）方向上显示的EN之间的差值；n是多重键的键级；E是相应的能量。基于式2.78和表S2.11的数据，可以发现，C、Si、P和S在双键中的EN要比标准值分别低0.42、0.49、0.43和0.34。C≡C的三分之一的能量（262 kJ/mol）低于一个单键的能量（357 kJ/mol），因此，“三键”的EN比单键的低0.50。对于氮气，正好是相反的：$E(\mathrm{N\equiv N})/3=315$ kJ/mol$>E(\mathrm{N—N})=212$ kJ/mol，因此形成一个三键，使氮气的EN值增加0.52。在大多数普通多重键中的元素的EN为

(C═) 2.2　(Si═) 1.4　(P═) 1.8　(S═) 2.2　(N═) 3.1　(O═) 3.6

(C≡) 2.1　(P≡) 1.7　(N≡) 3.3

在与多重键相邻的单键中，相同原子的EN以补偿的方式变化。因此，在$CH_3CH_2—CH_2—CH_3$、$CH_2═CH—CH═CH_2$和HC≡C—C≡CH中心的C—C键（单键）上，碳的EN分别为2.6、3.1和3.4。

由于键级的变化通常意味着配位数的变化，因此，从这个角度考虑，分子结构转变为固态共价键合原子的连续网络是很有用的。热力学上，气体→晶体转变过程中，结构重排的程度用升华热ΔH（见第9章）进行表征，从中自然地计算出晶体状态的ENs（χ^*）[377]，即

$$\Delta\chi^*=a\sqrt{\Delta E+\Delta H_s} \tag{2.79}$$

通常，非金属的ΔH_s（在晶体中保持分子结构）小于金属的，在金属中晶体生长预示了新化学键的形成。因此，假设增加升华热，一个化合物几乎所有的结晶热效应都是与金属组分的EN相关的。相似的结论遵循简单的结晶学的推论。当分子聚集为晶体结构时，金属和非金属原子的配位数都增加了。对于非金属来说，由式2.46可知（详情见下文），将原来的非键电子对转变成化学键，增加了平均电离势，从而增加了键能。金属的电离势没有这样的增加，因为金属在分子和固态中提供了相同数量的成键电子。对于金属和非金属，在晶体中键的共价成分（波函数的重叠）更小，在晶体中的键比在分子中更长。对于非金属，后一种效应从键能的增加中减去，而对于金属，它产生净减少。因此，晶体化合物中非金属的EN接近于分子中的EN，而金属的EN总是较低的。

通过将MX型化合物的原子化能与固体中M—M键和X—X键的能量进行比较，修正了分子和固体中键长的差异，建立了结晶态的EN体系[378,379]。人们由不同的卤化物计算了相同金属晶体的EN，其值实际上是一致的。因此，所得值是可重复的，因而可推荐用于结构化学中的一般用途。Vieillard和Tardy[380] 以及Ionov和Sevastyanov[381] 提出了针对晶体热力学或结构特征的其他EN。对于大多数元素，它们的结果接近于热力学上晶体的EN，并列在表2.18中。

表 2.18 晶体中原子的热化学电负性

Li	Be	B	C	N	O	F			
0.65	1.15	1.4	2.5	2.7	3.2	3.7			
Na	Mg	Al	Si	P	S	Cl			
0.6	1.0	1.3	1.9	2.1	2.5	3.0			
K	Ca	Sc	Ti	V	Cr	Mn	Fe	Co	Ni
0.5	0.75	1.1	1.55[c]	1.4[e]	1.25[f]	1.2[f]	1.4[f]	1.45[f]	1.5[f]
Cu	Zn	Ga	Ge	As	Se	Br			
1.15[a]	1.3	1.4	2.0	2.1	2.5	2.8			
Rb	Sr	Y	Zr	Nb	Mo	Tc	Ru	Rh	Pd
0.45	0.7	1.5	1.4	1.6	1.75				1.35[f]
Ag	Cd	In	Sn	Sb	Te	I			
1.3	1.35	1.55	1.9[d]	2.0	2.1	2.5			
Cs	Ba	La	Hf	Ta	W	Re	Os	Ir	Pt
0.4	0.65	1.0	1.4	1.5	1.75				1.7[f]
Au	Hg	Tl	Pb	Bi	Th[g]	U[g]			
1.4	1.6	1.1[b]	2.15[d]	2.0	1.4	1.3			

注：a. Cu^{II} $\chi=1.6$；b. $v=1$；c. $v=4$，$v=2$ 时，$\chi=1.1$；d. $v=4$，$v=2$ 时，$\chi=1.4$；e. $v=3$；f. $v=2$；g. $v=4$

2.4.3 电离电负性

Mulliken[382,383] 的工作是紧跟在 Pauling 开创性工作[18] 之后的，他从量子力学的角度探讨了 EN。他证明 ENs 可以通过下式进行计算，即

$$\chi=\frac{1}{2}(I_{\mathrm{v}}+A_{\mathrm{v}}) \tag{2.80}$$

式中，I_{v} 是价态电离势；A_{v} 是原子的电子亲和能。Mulliken 的 EN（χ_{M}）值近似等于 Pauling 的值（χ_{P}）乘以 3 ± 0.2 的一个因子。Mulliken 方法最显著的优点是可以计算各种价态的电子能。由于 ns 电子比 np 电子具有更高的电离势，轨道的 s 特性的增加使原子的 EN 连续增加 $sp^3<sp^2<sp$[384]，这与热化学方法的结果一致（见上文）。Pritchard 和 Skinner[385-388] 根据光谱数据计算了不同价态原子的 EN，与热化学 EN 有很好的一致性。因此，通过结合 Pauling 和 Mulliken 的方法，能够确定过渡金属化合物中键的杂化类型。Batsanov[375,389] 从电离势的实验值计算了 sp^2 和 sp 杂化碳原子的 EN。平面三角形的烯烃（sp^2 杂化）中碳原子双键的 EN 值为 2.3，单键的 EN 值为 2.6，而线型炔烃（sp）原子（—C≡）在三键中显示了 EN 为 2.0，而在单键中为 2.8，这与热化学数据一致。

Iczkowski 和 Margrave[390] 已经充分地改进了 EN 理论，他们已经展示了具有相同壳层的电离势是电荷 q 的函数（失去电子的数目），即

$$E(q)=\alpha q+\beta q^2+\gamma q^3+\cdots \tag{2.81}$$

其中 α、β 和 γ 为常数。忽略第三和更大的系列组分，对于类氢原子，得到了如下结果，即

$$(\partial E/\partial q)_{q=1}=\frac{1}{2}(I_{\mathrm{v}}+A_{\mathrm{v}}) \tag{2.82}$$

因此，假设 EN 是能量对电荷的导数，其中电荷遵循 Mulliken 公式。Hinze 和 Jaffe[391-393] 将 EN 视为原子将电子吸引到给定轨道的能力，因此，引入了术语“轨道 EN”（同时 Pritchard 和 Skinner[388] 引入了相同的术语）。计算了多个元素在单键和多重键中的轨道 EN，

得出了对于四面体C（sp^3）$\chi=2.48$，线型乙炔碳在单键中的$\chi=3.29$，在双键中$\chi=1.69$。

与Pauling方法类似，Mulliken方法过高地估计氟气、氧气和氮气的EN，并且由于相同的原因，忽略了内部原子的排斥（见下面）。人们利用电子密度泛函理论[394,395] 进一步发展了量子力学方法，按照此理论，EN为负的化学势μ，即

$$\chi=-\mu=-\left(\frac{\partial E}{\partial N}\right) \tag{2.83}$$

其中E为影响体系的给定化学势μ下的基态能量，它是电子数的函数。电子化学势趋向于平均化，这与宏观（热力学）势相同：电子从高势（μ_h）向低势（μ_l）移动，于是μ_l增加，μ_h减少，直到它们达到平衡。在DFT形式中，Mulliken方程能够从体系的能量是电子数的二次函数的假设[396,397] 中推导出来。《Structure and Bonding》[398] 一书中有这一方法的概要，这本书包括了在这个领域和Allen[399] 与Cherkasov等人的综述中主要研究者所作的贡献。理论计算的细节不在本书涉及的范围内，这里将重点放在结构化学的实验方面。读者可以查阅Bergmann和Hinze[400] 的论著，里面都是关于根据电离势对元素EN进行量子理论的计算。Sacher和Currie[401] 已提出与EN相关的纯经验公式，该公式将EN与电离势I和电子亲和能联系在一起。在文献［402］中展示了Iczkowski-Margrave模型的进一步发展。

基于式2.80及原子基态的电离势和电子亲和能（I_o和A_o），Pearson[403,404] 计算了“绝对电负性”。既然所有元素的I_o和A_o以及氧化的步骤是已知的，Pearson的方法开始流行起来，尽管它不严格符合Mulliken的原始定义。现在，Pearson的方法广泛应用在计算原子和分子的电负性中；在表S2.16中，列出了从这个体系（假定$\chi(H)=2.2$进行标准化）中选择的EN。大体上，Pearson的EN在周期表中能满足预计的变化趋势，在周期表中由左到右增加，并且在族中由上到下减少。然而，这里有一些明显不切实际的值：Cl具有比O和N更高的值，Br与O的值相等，并且具有比N更大的电负性，H的电负性与N一样，并且比C或S的电负性高。如果使用价态的电离势和电子亲和能，误差就消失。不幸的是，在说明价态时是含糊不清的，对于三配位的N原子，不得不从七个可能的价态中选择[405-407]。

一般认为，基态原子的电离势是大于其电子亲和能的，因此EN很大程度上由I_o确定。因此，基于基态下自由原子的价电子光谱（平均）电离势，Allen等人[405-407] 引入了原子的电负性标度，即

$$\chi=\frac{m\varepsilon_p+n\varepsilon_s}{m+n} \tag{2.84}$$

其中m和n分别为p和s价电子数，ε_p和ε_s分别为p和s电子的电离势，由原子光谱决定。人们可认为这些特征是“光谱电负性”(SEN)。表S2.17中列出了用$\chi(H)=2.2$归一化的SEN。SEN比Pearson的值更接近热化学EN。依照Allen的建议，SEN描述了原子吸引（或在稀有气体的情况下保持）电子的能力，它们不依赖于化合价和配位数，是元素的特殊参数，可以认为SEN是元素周期表的第三维坐标。SENs与Lewis酸度有关，定义为$S_a=v/N_c$，其中v为化学价，N_c为元素在氧化物中的配位数[408]。Politzer等人[409] 计算了在不同水平上MO理论的绝对电负性，在表S2.17中列出了EN的数值。

Pauling 热化学标度已经对所有上述体系的 EN 进行了标准化。然而，热化学和离子化（除了 Allen 体系）EN 具有不同的量纲，即分别为能量的平方根和能量的量纲。这反映了基本的差异，实际上 Pauling 方法使用了平均键能，因此，将中心原子的所有电子处理为等价的，然而 Mulliken 方法利用第一电离势，因此分离出一个电子。为了正确地比较热化学方法和离子化方法，后者的价电子的能量应该由平均值表征，而不是外部电子的第一电离势（$\bar{I}$）。这样可以给出简单的表达式，即

$$\chi = k\sqrt{\bar{I}} \tag{2.85}$$

其中 $k=0.39$[410]。值得注意的是，式 2.85 允许通过对相应数量的连续电离势进行平均，从而测定不同氧化态下的 EN。对于 sp 元素（副族），这个公式得到的 EN 与 Pauling 标度值是一致的，但是对于过渡元素，计算得到的 EN 稍低于热化学值，因为由前面壳层得到的 d 电子会参与成键。为了解释这种现象，在 d 元素的情况下，由式 2.85 计算的 χ 值必须加入下面这一项，即

其中 n 为主量子数，v 为族或中间体化合价。在表 2.19 中列出了 EN 的结果。

表 2.19 元素的电离化电负性（对于 H，$\chi=2.2$）

Li 0.90	Be 1.45	B 1.90	C 2.37	N 2.85	O 3.31	F 3.78			
Na 0.88	Mg 1.31	Al 1.64	Si 1.98	P 2.32	S 2.65	Cl 2.98			
K 0.81	Ca 1.17	Sc 1.50	Ti 1.25^{b} 1.86	V 1.60^{c} 1.92^{d} 2.22	Cr 1.33^{b} 1.63^{c} 1.97^{d} 2.58	Mn 1.32^{b} 1.70^{c} 2.02^{d} 2.93	Fe 1.35^{b} 1.66^{c}	Co 1.38^{b} 1.72^{c}	Ni 1.40^{b} 1.76^{c}
Cu 1.48 1.66^{b}	Zn 1.64	Ga 1.84	Ge 2.09	As 1.70^{c} 2.35	Se 2.61	Br 2.88			
Rb 0.80	Sr 1.13	Y 1.40	Zr 1.22^{b} 1.71	Nb 1.52^{c} 2.02	Mo 1.92^{d} 2.36	Tc 1.93^{d}	Ru 1.35^{b} 1.97^{d}	Rh 1.39^{b} 1.99^{d}	Pd 1.45^{b} 2.08^{d}
Ag 1.57	Cd 1.65	In 1.80	Sn 1.29^{b} 2.01	Sb 1.60^{c} 2.24	Te 2.46	I 2.70			
Cs 0.77	Ba 1.07	La 1.35	Hf 1.28^{b} 1.73	Ta 1.52^{c} 1.94	W 1.83^{d} 2.28	Re 1.83^{d} 2.48	Os 1.39^{b} 1.85^{d}	Ir 1.40^{b} 1.87^{d}	Pt 1.45^{b} 1.92^{d}
Au 1.78	Hg 1.79	Tl 0.96^{a} 1.89	Pb 1.31^{b} 2.07	Bi 1.58^{c} 2.26	Po 2.50	Th 1.60^{d}	U 1.58^{d}		

注：a. $v=1$；b. $v=2$；c. $v=3$；d. $v=4$

$$\Delta\chi = 0.1\,\frac{n}{v} \tag{2.86}$$

对元素的离子化和热化学 EN 的比较，揭示了 Cu、Ag、Au 中的差异最大，而 Zn、Cd 和 Hg 中的差异较小，这是由于 d 电子参与成键。对于 Cu，比较热化学 EN 和 s 与 d 的 χ 计

算值，揭示了23%的3d电子参与到Cu—X成键中[387]。

为了将Pauling的EN转变为Mulliken的EN[411,412]，可以对它们的量纲进行平衡。然而，在这项工作中只用了第一电离势，因此重新产生了Mulliken原始方法的缺点。这些工作和文献[413]都使用离子能确定原子（自由基）族的EN，表S2.18中列出了这些值的平均值。

为了计算晶体的EN，利用功函数（Φ）是明智的，也就是从固体中移走一个电子的能量可认为是固体的电离势（见上文）。该理论第一次由Stevenson和Trasatti提出，他们揭示了简单的关系$\chi^{*}=k\Phi$，其中$k=0.355$[414]或0.318[415,416]。式2.87与金属的结晶EN的热化学标度有很好的一致性。

$$\chi^{*}=k\Phi+k\left(\frac{v}{n^{*}}-1\right) \tag{2.87}$$

其中$k=0.32$，其他的符号与上述的一样。表2.20列出了利用该技术及Φ的现有数值[417]计算的χ^{*}；对于第1至4族和第11至14族的元素，使用族化合价，对于其他金属，使用最低氧化数。值得注意的是，金属间化合物的生成热可以根据Miedema的理论计算，假设$\chi^{*}=\Phi$[418-420]。然而，EN是一个原子的特性，不宜由大块性质推导而来（见1.1.2节）

表2.20 功函数（eV，上一行）和晶体的电负性（下一行）

Li	Be	B	C						
2.38	3.92	4.5	5.0						
0.60	1.25	1.6	1.92						
Na	Mg	Al	Si						
2.35	3.64	4.25	4.8[a]						
0.54	1.06	1.36	1.64						
K	Ca	Sc	Ti	V	Cr	Mn	Fe	Co	Ni
2.22	2.75	3.3	4.0[b]	4.40	4.58	4.52	4.31	4.41	4.50
0.48	0.73	1.00	1.31	1.35	1.32	1.30	1.23	1.26	1.29
Cu	Zn	Ga	Ge	As	Se				
4.40	4.24	4.19	4.85	5.11	4.72				
1.17	1.21	1.28	1.58	1.75	1.71				
Rb	Sr	Y	Zr	Nb	Mo	Tc	Ru	Rh	Pd
2.16	2.35	3.3	4.0	3.99	4.29	4.4	4.6	4.75	4.8
0.45	0.59	0.98	1.28	1.20	1.37	1.41	1.31	1.36	1.38
Ag	Cd	In	Sn	Sb	Te				
4.30	4.10	3.8	4.38	4.08	4.73				
1.14	1.15	1.14	1.40	1.38	1.67				
Cs	Ba	La	Hf	Ta	W	Re	Os	Ir	Pt
1.81	2.49	3.3	3.20[c]	4.12	4.51	4.99	4.7	4.7	5.32
0.34	0.63	0.96	1.01	1.23	1.40	1.55	1.34	1.34	1.53
Au	Hg	Tl	Pb	Bi	Th	U			
4.53	4.52	3.70	4.0	4.4	3.3	2.2			
1.21	1.28	1.09	1.26	1.47	1.04	0.69			

注：a. p-Si，对于n-Si，$\Phi=4.8$ eV；b. α-Ti，对于β-Ti，$\Phi=3.65$ eV；c. α-Hf，对于β-Hf，$\Phi=3.53$ eV

离子的EN也可由Mulliken方法进行计算，这与原子有相同的方式，即将电离势和电子亲和能代入式 2.80 中进行计算。因此，要计算带+1电荷的阳离子的 EN，应该使用第二原子电离势作为第一阳离子的 I，使用第一个原子电离势作为 A。对于带化合价−1的阴离子，第一个原子的 A 作为 I，第二个原子的 A 作为电子亲和能。表 S2.19 中列出了计算的离子的 EN[376,421,422]。文献 [423] 已经成功进行了粗略的估计，即当中性原子获得+1价电荷时，EN 加倍，电荷为−1时 EN 变为零。后面的结果已经被证实，阳离子的 EN 值实际增加了数倍，甚至一个数量级。

2.4.4 几何电负性

电负性已成为用来描述分子中原子吸引成键电子的定性特征，它可以定义为有效核电荷与共价半径的比值，即 Z^*/r^n。一些作者已经提出了 n 的不同值，使几何的 EN 与热化学的 EN 一致[56,355,356,423]。在表 S2.20 中呈现了这些尝试的一个简短的历史。

基于 Z^* 和 r，EN 可以通过 Cottrell 和 Sutton（式 2.88）[424]、Pritchard 和 Skinner（式 2.89）[425] 及 Allred 和 Rochow（式 2.90）[426] 公式进行计算。

$$\chi_1 = a\left(\frac{Z^*}{r}\right)^{1/2} + b \tag{2.88}$$

$$\chi_2 = c\,\frac{Z^*}{r} + d \tag{2.89}$$

$$\chi_3 = e\left(\frac{Z^* - f}{r^2}\right) + g \tag{2.90}$$

其中 a、b、c、d、e、f 和 g 为常数。这些常数大多数与组成相关，因此，在结构化学中使用式 2.88～式 2.90 是受限制的。

鉴于上述情况，最好修改这些方程，使常数具有普遍性，并根据相关元素的性质明确地包括附加项。因此，式 2.88 简化[427] 为

$$\chi_1 = \gamma\left(\frac{Z^*}{r}\right)^{1/2} \tag{2.91}$$

其中 γ 为族数和有效主量子数的函数。将式 2.90 简化为下式，可以使得计算值与热力学值相一致，即

$$\chi_3 = e\,\frac{Z^*}{(r+\beta)^2} + g \tag{2.92}$$

已经按式 2.91、式 2.89 和式 2.92 计算出所有原子在不同化合价状态下的 EN，其结果与热化学特征相吻合。

Sanderson[428-430] 也提出了计算电负性的方法，他确立了 EN 和原子的“相对电子稳定性”的关系，即 $S=\rho_a/\rho_{rg}$；$\rho_a=N_e/V$，其中 N_e 为给定原子中的电子数，V 为它的体积，对于稀有气体类型的等电子原子，ρ_{rg} 是相同的。Sanderson 发现电子的稳定性（或“紧凑性”）是测量电负性的好方法，即

$$\chi^{1/2} = aS + b \tag{2.93}$$

人们已多次改进 S 的独立值，用 Sanderson 方法精化了 χ 值，其结果列在文献[430，431]中。这种方法与热化学值只有定性的一致性，因为核和价壳层区域的电子密度非常不同，因此积分方法不能给出合适的结果（见文献[432]）。用原子外（价）层的电子密度 ρ_e 来计算

χ 更有意义。要做到这一点，价电子数 v 应该除以外层的体积。$V_e=V_a-V_c$，其中 V_a 为原子体积，V_c 为核体积，所以 $\rho_e=v/V_e$。假设在原子中的外层电子是完全相同的，可以将它们处理为费米气体。然后，这些电子的能量为 $E_e\sim\rho_e{}^{2/3}$。由于 χ 与 $E^{1/2}$ 成正比，可以得到[433,434] 下式

$$\chi_4=C\rho_e^{1/2} \tag{2.94}$$

然而，请注意，把价电子当作费米气体处理，意味着这些电子与金属中的电子类似。在元素周期表的任何一族元素中，成键的金属性在同一族由上至下是增加的。因此，在式 2.94 中，ρ_e 应该根据这些元素归一化。例如，一个给定周期的有效主量子数与 n^* 的比值为 4.2。上述方程将可以表示如下

$$\chi_4^*=2.65\left(\frac{n^*\rho_e}{4.2}\right)^{1/3} \tag{2.95}$$

表 2.21 在分子（上行）和晶体（下行）中族价态原子的几何电负性

Li	Be	B	C	N	O	F			
1.01	1.54	2.05	2.61	3.08	3.44	3.90			
0.38	0.98	1.71	1.97	2.86	3.15	3.48			
Na	Mg	Al	Si	P	S	Cl			
0.99	1.28	1.57	1.89	2.20	2.58	2.91			
0.37	0.70	1.32	1.47	2.09	2.45	2.69			
K	Ca	Sc	Ti	V	Cr	Mn	Fe[a]	Co[a]	Ni[a]
0.83	1.07	1.36	1.60	1.89	2.10	2.33	1.80	1.86	1.92
0.32	0.58	0.92	1.27	1.06[a]	1.40[b]	1.44[b]	1.17	1.21	1.25
Cu	Zn	Ga	Ge	As	Se	Br			
1.62	1.72	1.89	2.07	2.28	2.53	2.82			
0.71	1.14	1.60	1.64	2.16	2.42	2.63			
Rb	Sr	Y	Zr	Nb	Mo	Tc	Ru[b]	Rh[b]	Pd[b]
0.82	1.01	1.26	1.50	1.80	1.98	2.20	1.86	1.90	1.92
0.32	0.56	0.86	1.16	1.03[a]	1.35[b]	1.38[b]	1.46	1.49	1.51
Ag	Cd	In	Sn	Sb	Te	I			
1.49	1.56	1.65	1.86	1.97	2.15	2.41			
0.55	1.07	1.41	1.47	1.90	2.08	2.28			
Cs	Ba	La	Hf	Ta	W	Re	Os[b]	Ir[b]	Pt[b]
0.75	0.96	1.19	1.54	1.81	1.99	2.26	1.89	1.95	1.96
0.27	0.54	0.81	1.20	1.02	1.37[b]	1.44[b]	1.50	1.54	1.54
Au[c]	Hg	Tl[d]	Pb	Bi	Th[d]	U[d]			
1.55	1.66	1.65	1.81	1.93	1.40	1.44			
1.02	1.12	1.41	1.43	1.84	0.98	1.00			

注：a. $v=3$；b. $v=4$；c. $v=3$，$\chi=2.12$（分子），$\chi=1.78$（晶体）；d. $v=1$，$\chi=1.47$（分子），$\chi=0.56$（晶体）

四个方程计算出的 χ 之间有令人满意的一致性，允许对应于 σ 键（表 2.21 中的上一

行)，人们建立了分子中原子不同化合价的平均几何 EN 标度（见[435]）。为了计算具有 π 键的原子的 EN，必须使用双键和三键的共价半径（第 1.4 节）。由此得到 $\chi_{C=}=2.2$，$\chi_{N=}=4.2$，$\chi_{O=}=5.2$ 和 $\chi_{S=}=2.2$。因此，π 键的形成，降低了 C 或 S 原子的 EN，但是增加了 N 或 O 原子的 EN。在文献[436-438]中，建立了 χ(C)与键级的关系。

严格来说，利用经典（分子）EN 来解释晶体离子化合物的结构和特征是不正确的。因此，EN 体系是特别为晶体中的原子推导出来的[435,439]。在这个情况下，几何 EN 应该按照晶体的共价半径定义（1.4.3 节）。此外，有必要考虑 χ 与键级的相关性，$q=v/N_c$，当分子向晶体转变时，N_c 会增加，χ 发生变化。由于键级是以能量表达式进行计算的，而 Pauling 的 EN 与 $\sqrt{E}$ 成正比，由式 2.92、式 2.94 和式 2.95 计算的数据应该与 $\sqrt{q}$ 相乘，从而得到晶体的原子 EN。对于 14 族到 17 族的元素，在多配位球中具有足够的电子来形成四重键和六重键，这个修正是不需要的。表 2.21 的下一列，列出了族数氧化态的平均晶体原子 EN。除了主族 5～10 中的金属，它们的 EN 为普通氧化态的。文献［435］中也给出了氧化态为+3 和+1 的 Au 和 Tl 的 EN。

Phillips[440-444] 也确定了晶体的 EN，他假设一个原子的外层电子可看成费米气体，得到下式

$$\chi=3.6\left(\frac{Z}{r}\right)f+0.5 \tag{2.96}$$

其中 f 为符合 Thomas-Fermi 模型的屏蔽因子。为了使 Phillips 的 EN 与 Pauling 的 C 和 N 的 EN 相一致，选择了式 2.96 中的常数为 3.6 和 0.5，然而，对于第 11～14 族的元素，得到的数值接近于上文中考虑的晶体 EN。Li 和 Xue[445] 用离子半径（r_{ion}）计算了不同配位数的晶体的 EN，即

$$\chi^*=\frac{an^*\sqrt{\bar{I}}}{r_{ion}}+b \tag{2.97}$$

其中 n^* 为有效量子数，$\bar{I}$ 为给定离子经 I(H)=13.6 eV 归一化后的电离势，a 和 b 为常数。表 S2.21 中列出了由式 2.97 计算的 EN。之后，人们提出了用晶体中原子的共价半径计算晶体的 EN[446]，即

$$\chi^*=\frac{cn_e}{r_{cov}} \tag{2.98}$$

其中 c 为常数，n_e 为共价电子数，而 r_{cov} 为原子晶体共价半径。人们假设在任何共价键中两个原子的贡献与它们各自的配位数 N_{cA} 和 N_{cB} 成反比。利用 EN 在成键时平均化的思想（见 2.4.6 节），键的 EN 可定义为成键原子的控制电子的能量的平均值，即

$$\chi_{AB}^*=\left(\frac{\chi_A}{N_{cA}}\frac{\chi_B}{N_{cB}}\right)^{1/2} \tag{2.99}$$

EN 用于合理解释新的超硬材料的性质，与 Pettifor 的 EN“化学标度”相同[447-449]，充分地解释了晶体物质的结构特征。这些电负性数据有助于理解在无机分子和晶体中成键的本质差异。在前者中，键的极性变化较大；在后者中，键的极性变化不大，且极性较大，因此，离子半径能较好地描述原子间的距离。

2.4.5 原子和自由基电负性的推荐体系

如前所述，由不同方法得到的 EN 的值是一致的。正如我们所看到的，通过不同方法得到的 EN 值是一致的，这允许我们推荐分子（表 2.22）和晶体（表 2.23）的广义 EN 体系，同时考虑所有可用的数据。

表 2.22 分子中原子电负性的推荐值

Li	Be	B	C	N	O	F			
0.95	1.5	2.0	2.5	3.0	3.4	3.9			
Na	Mg	Al	Si	P	S	Cl			
0.90	1.3	1.6	1.9	2.2	2.6	3.0			
K	Ca	Sc	Ti	V	Cr	Mn	$\mathrm{Fe^{II}}$	$\mathrm{Co^{II}}$	$\mathrm{Ni^{II}}$
0.80	1.05	1.35	1.75	2.0[d]	2.3[f]	2.6[i]	1.5	1.6	1.6
Cu	Zn	Ga	Ge	As	Se	Br			
1.6[a]	1.7	1.8	2.0	2.25	2.5	2.85			
Rb	Sr	Y	Zr	Nb	Mo	Tc	$\mathrm{Ru^{IV}}$	$\mathrm{Rh^{IV}}$	$\mathrm{Pd^{IV}}$
0.75	1.0	1.3	1.7	1.9[e]	2.2[g]	2.4[j]	2.0	2.0	2.1
Ag	Cd	In	Sn	Sb	Te	I			
1.65	1.6	1.7	1.9[c]	2.1	2.2	2.6			
Cs	Ba	La	Hf	Ta	W	Re	$\mathrm{Os^{IV}}$	$\mathrm{Ir^{IV}}$	$\mathrm{Pt^{IV}}$
0.70	0.95	1.3	1.7	1.9[e]	2.2[h]	2.2[j]	2.0	2.0	2.05
Au	Hg	$\mathrm{Tl^{I}}$	Pb	Bi	$\mathrm{Th^{IV}}$	$\mathrm{U^{IV}}$			
1.85[b]	1.8	1.2	1.9[c]	2.1	1.5	1.6			

注：a. $v=1$，对 $v=2$，$\chi=1.9$；b. $v=1$，对 $v=3$，$\chi=2.2$；c. $v=4$，对 $v=2$，$\chi=1.5$；d. $v=5$，对 $v=3$，$\chi=1.6$；e. $v=5$，对 $v=3$，$\chi=1.6$；f. $v=6$，对 $v=3$，$\chi=1.7$；g. $v=6$，对 $v=4$，$\chi=19$；h. $v=6$，对 $v=4$，$\chi=1.85$，i. $v=7$，对$v=3$，$\chi=1.7$；j. $v=7$，对 $v=4$，$\chi=1.9$；k. $v=7$，对 $v=4$，$\chi=1.8$

表 2.23 晶体中原子电负性推荐值

Li	Be	B	C	N	O	F			
0.55	1.1	1.5	2.0[a]	2.9	3.2	3.5			
Na	Mg	Al	Si	P	S	Cl			
0.50	0.9	1.25	1.5[a]	2.1	2.5	2.7			
K	Ca	Sc	Ti	$\mathrm{V^{III}}$	$\mathrm{Cr^{II}}$	$\mathrm{Mn^{II}}$	$\mathrm{Fe^{II}}$	$\mathrm{Co^{II}}$	$\mathrm{Ni^{II}}$
0.40	0.7	1.0	1.3	1.3	1.0	1.0	1.05	1.1	1.1
Cu	Zn	Ga	Ge	As	Se	Br			
1.0	1.15	1.3	1.6[a]	2.0	2.4	2.6			
Rb	Sr	Y	Zr	$\mathrm{Nb^{III}}$	$\mathrm{Mo^{IV}}$	$\mathrm{Tc^{IV}}$	$\mathrm{Ru^{IV}}$	$\mathrm{Rh^{IV}}$	$\mathrm{Pd^{IV}}$
0.40	0.6	0.95	1.2	1.2	1.3	1.4	1.4	1.4	1.45
Ag	Cd	In	Sn	Sb	Te	I			
0.95	1.1	1.25	1.3	1.65	1.9	2.3			
Cs	Ba	La	Hf	$\mathrm{Ta^{III}}$	$\mathrm{W^{IV}}$	$\mathrm{Re^{IV}}$	$\mathrm{Os^{IV}}$	$\mathrm{Ir^{IV}}$	$\mathrm{Pt^{IV}}$
0.35	0.6	0.9	1.2	1.1	1.3	1.5	1.4	1.45	1.5
Au	Hg	Tl	Pb	Bi	$\mathrm{Th^{IV}}$	$\mathrm{U^{IV}}$			
1.15	1.3	0.8	1.2	1.65	1.3	1.4			

2.4.6 电负性和原子电荷的均衡

Sanderson[211,428] 提出的电负性均衡原理（ENE）阐述了“当具有不同电负性的两个或更多原子进行组合时，化合物中的 EN 值调整为相同的中间 EN 值”。这个方法变得非常流行，并且用在许多经验的[213,214,432-434,450-453] 和量子化学[454-472] 的研究中。它允许对大量的分子和晶体的原子电荷进行快速计算，这与从头算和实验结果相吻合。根据 Parr 方法，一个原子的 EN 可处理为化学势（见式 2.83），即

$$\chi=-\mu=-\left(\frac{\partial E}{\partial N}\right)$$

所以，均衡原理对应于一个化合物中原子化学势的均衡。问题在于，孤立原子中的电子数 N 必须是整数，因此 E 不是 N 的连续函数。然而，如果式 2.83 应用到一个分子的一个孤立原子中，分数 N 是合理的。人们已讨论了以连续函数来处理 $E(N)$的数学方法[473]。

Sanderson 提出的分子的电子紧密度的计算方法为

$$\mathrm{EC_{MX}}=\sqrt{\mathrm{EC_M EC_X}} \tag{2.100}$$

通过比较分子和原子 EC，可计算分子中的原子电荷。Sanderson 已经假定（假定在 NaCl 中键离子性 $q=0.75$），在一个原子 A 中的一个正的或负的电荷，通过增量 $\Delta q=\pm a\sqrt{\mathrm{EC_A}}$ 改变它的 EC。该系数估算为 2.08，后来改为 1.56[472]。因此，计算任何阳离子和阴离子的 EC 是可能的，再由它们计算键电离度

$$q_{\mathrm{A}}=\frac{\mathrm{EC_{AB}}-\mathrm{EC_A}}{\mathrm{EC_{A^+}}-\mathrm{EC_A}} \tag{2.101}$$

Sanderson 已经毫无顾忌地应用这个原理，假设 EC 对所有的原子均衡，即使在诸如 K_2SO_4 的物质中，其中 K 和 S 起着相当不同的化学作用，并且具有不同的化合价。之后，建议分别对成键电子对的 EC 进行均衡[474,475]，而不是对整个分子进行均衡。可以观察到，在有机分子中，总的均衡会使得相同组成的异构体有不同的 EC，并且提出了计算这些异构体 EC 的一个相当有效的新方法[451-453]。

必须记住，EN 的不同标度具有不同的维数，即 Mulliken 标度的能量（或势能）、Pauling 标度的能量平方根、Sanderson 标度的相对电子密度，而 Parr 等人将绝热 EN 定义为电子化学势。计算 EN 没有唯一的方法，每个标度具有其自身的计算方法，Bratsch 完成了 Pauling 标度[213,214]。用简单规则均衡一个 M—X 键中原子的 M 和 X 的 EN，即

$$\chi_{\mathrm{M}} f=\frac{\chi_{\mathrm{X}}}{f} \tag{2.102}$$

其中 f 为均衡因子，$f=\sqrt{\chi_{\mathrm{X}}/\chi_{\mathrm{M}}}$，而 χ 为原子的 Mulliken 电负性（见式 2.80）。EN 公式会影响原子间的距离，减小了 M—X 解离中 M 原子的大小

$$r_{\mathrm{q^+}}=\frac{r_{\mathrm{o}}}{f} \tag{2.103}$$

其中 r_{o} 为电中性原子的轨道半径，$r_{\mathrm{q^+}}$ 为具有 q^+ 电荷的相同原子的半径[476]。作为一级近似，分数电荷的分子中金属原子的原子半径可由中性原子和相应阳离子之间进行线性内插计

算，进而得到键电离度（见表2.24）[477]，即

$$i=\frac{r_o-r_{q^+}}{r_o-r_{cat}} \tag{2.104}$$

若考虑原子的真实价态，固体中键电离度也可由此方法进行计算。表2.25中包含ZnS和NaCl型结构中键的正方杂化（te，sp^3）和八面体杂化（oc，sp^5）的$\chi(X)$，以及结晶化合物MX的Mulliken标准值$\chi(M)$和计算得到的r_{q+}和i_{cr}[477]。

表2.24 MX分子中键电离度（以电子电荷为单位）

M^I	H	F	Cl	Br	I	M^{II}	O	S	Se	Te
Li	0.40	0.57	0.49	0.46	0.44	Be	0.35	0.24	0.21	0.18
Na	0.44	0.62	0.54	0.51	0.48	Mg	0.43	0.32	0.29	0.25
K	0.58	0.76	0.68	0.65	0.62	Ca	0.61	0.49	0.46	0.42
Rb	0.63	0.83	0.74	0.71	0.68	Sr	0.69	0.57	0.54	0.50
Cs	0.71	0.91	0.82	0.78	0.75	Ba	0.80	0.67	0.64	0.59
Cu	0.29	0.54	0.42	0.38	0.35	Zn	0.40	0.26	0.22	0.17
Ag	0.37	0.68	0.53	0.48	0.44	Cd	0.54	0.37	0.33	0.27
Au	0.22	0.67	0.46	0.39	0.32	Hg	0.50	0.28	0.23	0.15

表2.25 MX晶体中原子的电负性（Mulliken标度）、轨道原子半径（Å）和键离子性

M	χ(M)	F_{oc}(15.82)[a]		Cl_{oc}(11.22)		Br_{oc}(10.52)		I_{oc}(9.51)	
		r_{q+}	i_{cr}	r_{q+}	i_{cr}	r_{q+}	i_{cr}	r_{q+}	i_{cr}
Li	3.005	0.691	0.64	0.821	0.55	0.848	0.53	0.891	0.50
Na	2.844	0.726	0.69	0.862	0.59	0.891	0.57	0.938	0.54
K	2.421	0.846	0.84	1.004	0.74	1.037	0.72	1.091	0.68
Rb	2.332	0.878	0.91	1.043	0.80	1.077	0.78	1.132	0.74
Cs	2.183	0.935	0.99	1.111	0.88	1.147	0.86	1.206	0.82
M	χ	F_{te}(17.63)		Cl_{te}(12.15)		Br_{te}(11.46)		I_{te}(10.26)	
Cu	4.477	0.600	0.68	0.723	0.54	0.744	0.52	0.787	0.47
Ag	4.439	0.645	0.85	0.777	0.68	0.800	0.65	0.846	0.59
Au	5.767	0.679	0.92	0.818	0.67	0.842	0.62	0.890	0.54
M	χ	O_{oc}(12.56)		S_{oc}(9.04)		Se_{oc}(8.64)		Te_{oc}(7.83)	
Mg	4.11	0.732	0.53	0.862	0.404	0.882	0.385	0.927	0.341
Ca	3.29	0.865	0.72	1.019	0.583	1.043	0.562	1.095	0.517
Sr	3.07	0.908	0.81	1.070	0.665	1.094	0.645	1.150	0.596
Ba	2.79	0.971	0.91	1.144	0.769	1.171	0.746	1.230	0.697
M	χ	O_{te}(14.02)		S_{te}(9.84)		Se_{te}(9.48)		Te_{te}(8.52)	
Be	4.65	0.599	0.49	0.715	0.36	0.728	0.35	0.768	0.30
Zn	4.99	0.635	0.57	0.758	0.41	0.773	0.39	0.815	0.33
Cd	4.62	0.680	0.74	0.811	0.55	0.826	0.53	0.872	0.46
Hg	5.55	0.708	0.77	0.846	0.52	0.862	0.49	0.909	0.40

注：a. 括号内为非金属原子的电负性

表 2.26 对分子和晶体中键电离度进行比较（i_{mol} 和 i_{cr} 分别来自表 2.24 和表 2.25），其键的极性由偶极矩（μ）和键长（d）通过公式 $p=\mu/d$ 计算得到，其有效电荷由 Szigeti 法测定（见第 11 章）。

在每种情况下，$i_c > i_{mol}$，与化学经验一致，并且计算出的 i 与经验值 p 和 e^* 在定性上是一致的。同时，p 呈非单调变化，比如对于氟化物，p 的大小有下列关系：LiF＜NaF＞KF＞RbF＞CsF，对于碘化物有下列关系：LiI＜NaI＜KI＜RbI＞CsI，这是由于两个竞争性的因素：①金属原子的 EN 随其尺寸的增加而减小，②阴离子对阳离子的极化作用的影响，键电离度减小，随阳离子尺寸的增加而增加。由于这个原因，CsX 中键电离度总低于 RbX 中的。

表 2.26　MX 在分子和晶体中键离子性的计算值和经验值

MX 型化合物									
M	性质[a]	X=F		X=Cl		X=Br		X=I	
Li	p, i_{mol}	0.84	0.57	0.73	0.49	0.70	0.46	0.65	0.44
	e^*, i_{cr}	0.81	0.64	0.77	0.55	0.74	0.53	0.54	0.50
Na	p, i_{mol}	0.88	0.62	0.79	0.54	0.79	0.51	0.71	0.48
	e^*, i_{cr}	0.83	0.69	0.78	0.59	0.75	0.57	0.74	0.54
K	p, i_{mol}	0.82	0.76	0.80	0.68	0.78	0.65	0.74	0.62
	e^*, i_{cr}	0.92	0.84	0.81	0.74	0.77	0.72	0.75	0.68
Rb	p, i_{mol}	0.78	0.83	0.78	0.74	0.77	0.71	0.75	0.68
	e^*, i_{cr}	0.97	0.91	0.84	0.80	0.80	0.78	0.77	0.74
Cs	p, i_{mol}	0.70	0.91	0.74	0.81	0.73	0.78	0.73	0.75
	e^*, i_{cr}	0.96	0.99	0.85	0.88	0.82	0.86	0.78	0.82
Cu	p, i_{mol}	0.69	0.54	0.53	0.42				
	e^*, i_{cr}		0.68	0.66	0.54	0.64	0.52	0.60	0.47
Ag	p, i_{mol}	0.65	0.68	0.55	0.53				
	e^*, i_{cr}	0.89	0.86	0.71	0.68	0.67	0.65	0.61	0.59

MO 型化合物[b]								
M	Be	Mg	Ca	Sr	Ba	Zn	Cd	Hg
i_{mol}	0.35	0.43	0.61	0.69	0.80	0.40	0.54	0.50
i_{cr}	0.49	0.53	0.72	0.81	0.91	0.57	0.74	0.77
$e^*/2$	0.55	0.59	0.62	0.64	0.74	0.60	0.59	0.57

注：a. p 和 e^* 在左边的子列中，i_{mol} 和 i_{cr} 在右边的子列中；b. p 没有给出，这是因为对氧化物，μ 的测量很少且不可靠

由于原子尺寸没有唯一的定义（见第 1 章），评估这种不确定性对计算结果影响的大小是重要的。表 2.27 展示了利用 Pearson 的 EN 和中性孤立原子及其分子阳离子的经验半径[478] 对极性的计算结果。比较表 2.24 中的结果，显示了 5.6% 的平均变化值，这在结构

化学中是可接受的。

表 2.27 MX 分子中原子的电负性、经验原子半径和键离子性

M	χ	H(7.176)		F(12.20)		Cl(9.35)		Br(8.63)		I(8.00)	
		r_{q+}	i_{mol}	r_{q+}	i_{mol}	r_{q+}	i_{mol}	r_{q+}	i_{mol}	r_{q+}	i_{mol}
Li	3.005	1.721	0.43	1.320	0.62	1.508	0.53	1.570	0.50	1.630	0.47
Na	2.844	1.907	0.50	1.463	0.69	1.671	0.60	1.739	0.57	1.807	0.54
K	2.421	2.108	0.60	1.617	0.80	1.847	0.70	1.923	0.68	1.997	0.64
Rb	2.332	2.178	0.64	1.670	0.83	1.908	0.74	1.986	0.71	2.062	0.68
Cs	2.183	2.289	0.68	1.755	0.88	2.005	0.79	2.087	0.76	2.168	0.73
Cu	4.477	1.493	0.31	1.145	0.58	1.308	0.46	1.361	0.41	1.414	0.37
Ag	4.439	1.612	0.40	1.236	0.73	1.412	0.58	1.470	0.52	1.527	0.47
Au	5.767	1.766	0.20	1.354	0.59	1.547	0.41	1.610	0.35	1.673	0.29

总结这部分的内容，应该注意到 Pauling 首创了 EN 的概念，以便估算键电离度，即朝向其中一个原子的价电子的位移。（H—X）的实验值定义为偶极矩与键长的比值，Pauling[479] 将其近似为

$$i=1-e^{-A} \tag{2.105}$$

这里，$A=c\Delta\chi^2$（开始时 $c=0.25$，然后 $c=0.18$）。这个公式与观测到的相一致，在结构化学和量子化学中，经常用于估算分子中的键电离度。从分子到一个固体的过渡过程中，可考虑为键电离度变化（从结构角度来看，主要是 N_c 的变化），或是用“结晶的 EN”，或是将式 2.105 中的指数改为 $1/N_c$[18]。分子和晶体中 i 值作为 $\Delta\chi$ 的函数，由所有可用的实验方法测定，其值总结在表 2.28 中。

表 2.28 键电离度（%）与电负性差值的关系

Δχ	分子	晶体	Δχ	分子	晶体	Δχ	分子	晶体
0.1	1	4	1.1	23	39	2.1	54	66
0.2	2	8	1.2	26	42	2.2	58	69
0.3	3	12	1.3	29	45	2.3	61	71
0.4	5	16	1.4	32	48	2.4	64	73
0.5	7	20	1.5	35	51	2.6	70	77
0.6	9	23	1.6	38	54	2.8	75	81
0.7	11	26	1.7	41	57	3.0	80	85
0.8	14	29	1.8	44	59	3.2	84	88
0.9	17	32	1.9	47	61	3.4	88	91
1.0	20	36	2.0	51	64	3.6	91	94

正如第 1 章中所述，原子价的变化对于键能仅有微小的（≤10%）影响。显然，在一个极性分子或一个固体中，金属原子上净电荷的增加是由于化合价的增加引起的，应该相应地增加库仑成分，这是键能的主要部分。然而这种情况不会发生。有两种可供选择的解释：要么是两个原子上的电荷只在一个轨道内起作用，其他键的电荷（金属原子的总电荷）对给定

键的强度没有影响，要么是化合价变化时，原子电荷也变化，以便它们的乘积（库仑能量）不变。在文献［313］中考虑了这两种解释，后者与可利用的实验数据一致，这说明有效的原子电荷反比于原子的氧化数。作为一级近似，假设 MX_n 中化合价 v(M) 按 1→2→3…→8 连续增加时，原子 M 和 X 的有效电荷的乘积保持不变。以 e^* 表示一个单键中的一个原子电荷，可得

$$(e^*)^2=\frac{(ve^*)_M}{m}\frac{(e^*)_X}{m} \tag{2.106}$$

因而 $v=m^2$，其中 m 是有效原子电荷（键的电离度）必须除以的一个参数，以此使得库仑能保持不变。因此，当 v（M）增加且配体保持不变时，一个原子的有效电荷与 $\sqrt{v}$ 成比例地下降，即 $\sqrt{1}\rightarrow\sqrt{2}\rightarrow\sqrt{3}\rightarrow\cdots\rightarrow\sqrt{8}$。在这里，如果已知有一个 v（通常是一个低价态，因为这些更适合研究）的 M—X 键的 χ(M)和 e^*，利用关系式 $i=f(\Delta\chi)$和表 2.28 中的数据，可得到其他化合价的键电离度。对于分子和结晶的卤化物，得到的数值接近于经验的 EN[313]。

基于不同分子中的 v(M)[480,481]，由式 2.105 计算得到 i 值，其平均值 $e^*=\pm0.5e$，这符合著名的 Pauling 电中性原则，即在稳定的分子和晶体中原子的净电荷不应超过±1/2，尽管之后放宽到±1[475]。之后，这个原理在理论上得到证明，也在实验上得到了证实，至今仍对分子和晶体电子结构的描述起关键性的作用。

2.5 原子有效电荷和化学行为

本节只考虑（物质的）酸碱性和氧化还原反应，因为这些过程更紧密地与物质的电子结构相联系。根据 Bronsted-Lewis 理论，含氧的分子的酸性取决于氧原子上的有效电荷。Sanderson[482] 认为氧化物的 EC 值与它们水溶液的 pH 值成反比。Reed[483] 则认为过渡金属的水合物和氨基配合物的 pK 值也取决于它们的原子电荷。EN 概念也用于解释有机物的酸碱性：与脂肪族分子相比，芳香化合物具有更高的酸性，这是 H 原子上较高的正电荷引起的。同理，酚类比脂族醇更具酸性。除了多重键邻近的影响，含 C—OH 键的有机化合物的酸性取决于增加碳原子 EN 的其他原子以及 H 原子的有效正电荷。由于这个原因，Cl_3CCOOH 比 H_3CCOOH 具有更强的酸性。

现在，从物理和结构化学中非常重要的观点——化学键，来考虑氧化还原反应。为此，必须再次回到原子电荷的概念上。这个词用于描述两个不同的物理量，即原子的固有电荷 q_i'（ICA）和原子的配位电荷 Ω'（CCA）。第一类是，与那些孤立状态相比，成键原子的闭壳内部电子的不足（正电荷）或过剩（负电荷）。这个 q_i 是定义库仑能的，也是形成红外吸收光谱的原因，引起原子极化带，并且影响原子内部电子的成键能。然而，氧化还原反应重要的是原子间的电子密度，即 CCA[436]。为了突出这种区别，Suchet 引入了“物理电荷”和“化学电荷”两个词[484,485]。MX 晶体中 M 和 X 原子的 CCA 为

$$\Omega_M = +Z - cNN_c \qquad \Omega_X = -Z + NN_c \tag{2.107}$$

式中，Z 为形式电荷（化合价）；c 和 N 分别为共价性和键级（多重键）；N_c 为配位数。这些 Ω_M 与 X 射线光谱测定的电荷相近，该光谱中一个电子从一个内壳中跃迁到化学成键区域[54]。表 S2.21 包含了配合物中若干过渡金属的实验 Ω_M 值，以及由 EN 法得到的计算值。根据这些计算结果，在低键极性的结晶化合物中，假如 $N_c>Z$，Ω_M 甚至可以为负数。已经用物理方法证实了这个预测，例如，对于 PbS、PbSe 和 PbTe 电子密度的 XRD 研究结果显示，Pb 原子区域内（受限于 $r=1.66$ Å）分别有 -0.4、-0.9 和 $-1.1e$ 的负净电荷[486]。金化合物提供了另一个证明。因此，CsAu 以一个 CsCl 型结构且 $E_g=2.6$ eV 进行结晶[487]，这表明以 Au 作为阴离子的固体具有离子性（而不是非金属间）。也需注意到，K_3BrO 和 K_3AuO 的结构具有相似性[488]。XRS 研究[489] 显示，AuL_I 和 AuL_{III} 的吸收限能量在 Au_2O_3、$AuCl_3$、AuCN、Au、CsAu 和 M_3AuO 这一系列中是单调下降的，因此，在最后两个化合物中 Au 的电荷必须是负的。赞成 Au^- 阴离子的额外证据是，化合物 $M_7Au_5O_2$ 解离为 Au^+ 和 Au^- 离子[490]。除此之外，ESCA 测量[80,491] 已经显示了，化合物 BaAu、$BaAu_2$ 和 $BaAu_{0.5}Pt_{0.5}$ 的电子结构可以分别用化学式 $Ba^{2+}[e^-]\cdot[Au^-]$、$Ba^{2+}(Au^-)_2$ 和$[Ba^{2+}\cdot 0.5e^-]\cdot[Au^-_{0.5}\cdot Pt^{2-}_{0.5}]$来表示。Au 的这种行为是由所有金属中的最高电子亲和能（$A=2.31$ eV）引起的。铂具有 $A=2.12$ eV，排在第二位，因此，Cs_2Pt 有 $Cs_2{}^+Pt^{2-}$ 的电子结构，即可看成碱金属硫化物的一个类似物，M_2X[492]。从 1959 年开始，基于电负性预测的这些最新研究成果证实了 Pt 和 Au 具有负电荷[493-495]。这个预测有一个重要的化学推论：Au 和 Pt 特定化合物的氧化态将提高金属的化合价（没有取代阴离子），并产生含混合配体的一种盐，例如

$$PtI_2 + Cl_2 \longrightarrow PtI_2Cl_2$$

对于其他金属而言，其结果由卤代物阴离子取代，而这里不会发生，因为卤素原子并不是阴离子。同样，Batsanov 等人合成了所有可能的 Pt 的四卤化物和二硫化物、Au 的三卤化物和铜的二卤化物，详见综述[356, 496]。对于其他高 EN 的金属，获得了相似的结果，如 Hg、Tl、Sn、Mn，其他研究者发现了 Fe、Sb、Cr、Re、W 和 U 的各种配体，这些配体诸如卤族、硫族、SCN、N_3、NO_3、CO_3、SO_4 和甲基等。Pt^{IV} 的混合卤化物形成不同的异构体，这取决于卤素的添加次序，例如 PtX_2 是共享顶点的正方形结构，但是在 PtX_2Y_2 中添加卤素会使其成为八面体，这种化合物称为四配位异构体[493]。TlSeBr 显示的不同性质取决于合成路径：Se＋TlBr→Se═Tl—Br 或者 $2Tl+Se_2Br_2$→2 Tl—Se—Br，这里的 Tl 有不同的化合价。

表 2.29 $p=10$ GPa 时，晶体 MX 中原子电荷的变化（$-\partial e^*/\partial p$，10^{-4} GPa^{-1}）

M^I	F	Cl	Br	I
Li	5.2	1.5	0	1.9
Na	7.0	2.4	1.5	4.0
K	11.7	5.9	5.4	4.1
Rb	10.6	3.9	2.4	1.7
Cs	10.4	6.7	8.3	7.6
Cu		−8.4	−4.7	6.9

续表

M^{I}	F	Cl	Br	I
Ag	−3.7	−5.6	−3.4	−6.6
Tl	−12.6	−12.5	−11.6	−10.9
M^{II}	O	S	Se	Te
Be	0	−1.6	1.6	3.7
Mg	0.9	0	0	5.6
Ca	3.7	2.2	3.3	7.5
Sr	7.0	5.9	7.2	9.6
Ba	16.5	16.5	18.0	24.6
Zn	0	−2.2	0	4.4
Cd	0	−2.8	0	5.9
Hg	−5.9	−2.8	0.6	10.0
Sn	−12.2	−2.8	0	0
Pb	−7.8	−3.7	0	4.7
Mn	−0.4	−4.0		1.6
M^{III}	N	P	As	Sb
B	0.6	9.7	4.7	
Al	0.6	5.3	0.6	0
Ga	2.2	9.4	2.5	2.8
In	6.9	10.0	1.9	1.9
La		15.3	14.7	14.4
Th	2.5	7.5		
U	0	3.4		

给定的结构模式由红外光谱证实，这些化合物命名为共价异构体[497]。Dehnicke[498] 发现了“电荷的化学湮灭”反应。例如，氯配体在 $SbCl_5$ 中带负电荷，而在 ClF 中带正电荷。因此，这两个化合物之间的反应生成 $SbFCl_4$ 和 Cl_2。与氢化物发生类似的反应，即 $MBH_4+HX=MBH_{4-n}X_n+H_2$[499]。

2.6 受压下化学键特征的变化

在分子和晶体中，电子密度的分布取决于热力学参数。光谱方法显示[500-507]，高压下的晶体，e^* 通常会减小，虽然在 AgI、TlI、HgTe、AlSb、GaN、InAs、PbF_2 中随压力的增加而增加。对于 SiO_2 的高压 XRD 研究，也表明了键电离度会增加[508]。受压下 Se 和 GaSe 的研究表明，在压缩过程中，随着分子内和分子间距离的缩短，成键电子从共价区域转移到分子间区域[502,504]。

然而，高压下 ε、n 和 Ω 的测量是困难的，非简谐振动的增加和红外吸收带的变形，限制了观测到物质的机会，并且降低了精确度。因此，期望有确定压缩晶体中原子有效电荷的独立方法。人们提议[376,509] 从体系组分的物理性质，推导高压下晶体化合物的原子电荷。假设，在大气热力学条件下，一个反应 $M+X\rightarrow MX$ 有热效应 Q。对于这样的受压体系，初始反应物和最终产物的压缩功可由以下公式计算

$$W_c = 9V_o B_o/\eta^2\{[\eta(1-x)-1]\exp[\eta(1-x)+1]\} \tag{2.108}$$

对 Vinet-Ferrante 的“通用状态方程”（EOS）积分，可推导为[510]

$$p(x) = 3B_o\left(\frac{1-x}{x^2}\right)\exp[\eta(1-x)] \tag{2.109}$$

$x=(V/V_o)^{1/3}$，这里的 V_o 和 V 分别是初始和最终的摩尔体积；B_o 是体积模量；$\eta=1.5\ (B'_o-1)$，B'_o是 B_o 的压强导数。显然，如果 W_c(混合物)$-W_c$(化合物)>0，那么 ΔW_c 应该减去标准热效应，得到相应高压下的 Q，反之亦然。通常 $\Delta W_c>0$，因此受压下 Q 和 $\Delta\chi$ 会下降。这种方法定性上与实验是一致的，除了碱金属氢化物，在几十 GPa 的压力时计算预测的 e^* 降为 0，而事实上，达到 100 GPa 甚至更高的压力时电子结构没有变化[511,512]。考虑压缩功只是部分描述化学键的变化，可以解决这个矛盾[513]。对凝聚态 A_2 分子和硫族元素的研究发现，压缩时最初（最主要）导致分子间距离缩短，并且仅仅是在键平均化后，即分子结构转变成一个单原子的结构时，共价键开始缩短。因此，为了获得高压下的“效率因子”Φ，用式 2.108 计算 W_c 时，必须乘以范德华能（ΔH_s）与 A—A 键能（E_b）的比值。对于金属和半金属，存在关系 $\Phi=E_a/B_oV_o$，这里的 E_a 是原子化能，B_oV_o 是 $p=0$ 时的压缩能，ΦW_c 表征化学成键变化时消耗的压缩能。

因此，对于混合物和化合物 E_c 的比较，允许确定改变 p 时 Q 的变化量（因此原子的 EN 变化），从表 2.28 可发现原子的有效电荷。在 AB 型晶体中，发现 Q 和键极性在受压下会下降，即第 1 族-第 17 族、第 2 族-第 16 族、第 13 族-第 15 族化合物。表 2.29 显示这些晶体的 $\partial e^*/\partial p$ 会降低 $10^{-4}\sim10^{-3}$ GPa^{-1}。Szigeti 方法预测了同样的特性和相似的绝对值，$\partial e^*/\partial p=1\sim3.3\times10^{-4}$ GPa^{-1}。高压下 CuX、AgX 和 TlX 中 $Q(p)$ 的增加表明极性的增加。不幸的是，由 Szigeti 方法得到的相应数据是不可用的。

二价金属的硫族化合物可分为两类：一类是第 2 族金属的化合物，以 B1 型结构结晶，在受压时会变得具有较少的离子性，而另一类是第 12 族金属化合物，以 B3 型结构结晶，受压时会变得具有更多的离子性。第 13 和 15 族元素的结晶化合物受压时，有效电荷会减少，这与 Szigeti 方法得到的结果一致。假定化合物的压缩性具有加和特性，可解释受压条件下物质的这种行为。如果阴离子比阳离子的更软（例如 Cu、Au 和 Tl 的卤化物），它将更容易压缩。如果阴离子的电负性与原子尺寸的倒数相关，则其压缩强度增加，$\Delta\chi$ 也是这样，因为 $\chi_X>\chi_M$。对于更软的阳离子（例如在碱金属卤化物中），压缩的 χ_M 比 χ_X 增加得更快，离子性会下降。但是，在更高的压力下，正如由实验上的 EOS 计算，ΔW_c 在 $p\approx100$ GPa 时并不变化，进一步压缩时甚至会减小，正如冲击波技术实验所示[514]。因此，当 $\Delta W_c=Q$ 时，即当化合物必须解离为中性原子（单质）时，上述情形都不可能实现。在任何压力下，实验上已经证实了离子晶体的金属化。如上所述，当 $\Delta W_c=E_a$，即化学键打开和价电子离域时，在压力 p 下晶体 MX 的体积对应于距离 $d(M—X)=r(M^+)+r(X^o)$[515]。这就意味着，如果 MX 压缩时键的极性减小，正如在碱金属卤化物 ZnO 和 GaAs[516] 中的情况，那么电子的供体一定是 M^o，因为 $I(M)<I(X)$。假如键的极性增加，像在 SiC[517]、SiO_2[508]、ZnS[59] 中，或者几乎不变，像在 AlN 和

GaN[507] 中，那么 X^- 必定是供体，因为 $A(X)<I(M)$。

受压下金属的行为是值得关注的。室温条件下，金属原子是电离的（通过释放流动电子），但仅仅一部分是这样的。在压缩时，“挤出”外电子层中的剩余电子，原子的离子性程度增加。最终，原子核成为阳离子，并且一个金属的晶体结构对应于阳离子的一个密堆积。这样一个体系的稳定化要求很高的压力，以便抵消阳离子的斥力。这种极限状态下计算的参数[516] 参见表 S2.22。预计核间距等于阳离子半径的总和。

对于估算受压下 EN 和键的极性变化，人们进行了其他尝试。主要的困难是分子内和分子间距离具有不同的变化。在文献［518］中，共价半径的增加量计算为元素 vdW 半径的减少量的倒数，而在文献［519］中，共价半径的增加量计算为：与化学键和范德华键的能量比成正比的数值。对于金属状态，可获得以下元素半径（Å）：F 1.00、Cl 1.25、Br 1.41、I 1.61，但实验值为 Br 1.41 Å[520]、I 1.62 Å[521]；氟和氯的数据难以获得。当然，这种方法并不严格，它没有考虑多形态的转换，在多形态转换中，材料的性质会发生突变。尽管如此，表 S2.23 中列出的 $\partial e^* / \partial p$ 值接近于实验结果。人们已经用键价模型[522,523]，对受压下键长变化的问题进行了理论探讨，得到了离子晶体的一个定量关系，即

$$\frac{\Delta d_{\circ}}{\Delta p}=10^{-4}\ \frac{\Delta d_{\circ}^{4}}{B} \tag{2.110}$$

这里 $d_{\circ}$ 是初始键长，$B=1/b-2/d_{\circ}$ 和 $b=0.37$。这个公式可用于计算压力对键长和力常数的影响。

2.7 结论

在分子或晶体中，化学键形成时释放的能量等于（孤立）原子电离势的十分之几，常常不超过 0.1。与自由态的相比，分子中原子的电离势下降了相似的量。根据 Mulliken 理论，键能取决于孤立原子的电离势。因此，在任何聚集状态下，任何化学体系的能量主要取决于其组成原子的性质，而剩余能量大多数取决于一个晶体中原子的最近邻环境或者短程有序。相反的，电离势，即分子或晶体中一个原子的电子能，与孤立状态下的略有不同。所以，在大多数情况下，将一个分子作为原子的组合，以及将所有的相互作用解释为微扰，是一个很好的近似。下一章将从这个角度来讨论物质的几何结构。

附录

补充表格

出自《化学和物理手册》（第 88 版（2007—2008））的实验数据没有参考文献，否则参考原始文献。

表 S2.1 在硅酸盐和配合物中的“XRD”有效原子电荷

±A	Be_2SiO_4	Mg_2SiO_4	Mn_2SiO_4	Fe_2SiO_4	Co_2SiO_4
+M	0.83	1.75	1.35	1.15	1.57
+Si	2.57	2.11	2.28	2.43	2.21
−O	1.06	1.40	1.25	1.19	1.29
±A	$MgCaSi_2O_6$	$Mg_2Si_2O_6$	$Fe_2Si_2O_6$	$Co_2Si_2O_6$	$LiAlSi_2O_6$
+M	1.42	1.82	1.12	0.95	1.0,1.74
+Si	2.56	2.28	2.19	2.28	1.8
−O	1.33	1.37	1.10	1.08	1.06
±A	$Al_2SiO_4F_2$	$CaAl_2Si_3O_{10}$	$LiFePO_4$	NaH_2PO_4	
+M	1.53	2,1.90	1,1.35	0.2,0.6	
+Si	1.75	1.84	0.77	1.8	
−O	1.00	1.14	0.78	0.8	
±A	K_2NiF_4	Cs_2CoCl_4	K_2PdCl_4	K_2PtCl_4	
+A	1.82	0.7	0.5	1.0	
−X	0.95	0.7	0.6	0.75	
±A	K_2ReCl_6	K_2PdCl_6	K_2OsCl_6	K_2PtCl_6	
+A	1.6	1.97	2.5	1.88	
−Cl	0.6	0.66	0.75	0.65	

配合物	A	e^*	配合物	A	e^*
$[Co(NH_3)_6]$	N	−0.62	$[Cr(CN)_6]$	C	+0.22
	H	+0.36		N	−0.54
	Co	−0.49		C	−0.38

表 S2.2 在晶体卤化物中的键的金属性

M^{I}	F		Cl		Br		I	
	m_1	m_2	m_1	m_2	m_1	m_2	m_1	m_2
Li	0.06	0.07	0.12	0.10	0.14	0.11	0.17	0.12
Na	0.04	0.05	0.11	0.08	0.10	0.09	0.13	0.11
K	0.03	0.03	0.06	0.07	0.08	0.08	0.10	0.09
Rb	0.02	0.03	0.06	0.06	0.08	0.07	0.10	0.09
Cs	0.02	0.02	0.05	0.05	0.06	0.06	0.08	0.08
Cu			0.12	0.08	0.15	0.09	0.18	0.11
Ag	0.06	0.05	0.12	0.09	0.14	0.10	0.18	0.11
Tl	0.06	0.05	0.12	0.10	0.14	0.12	0.18	0.14
M^{II}	O		S		Se		Te	
Be	0.15	0.12	0.24	0.14	0.27	0.17	0.32	0.18
Mg	0.09	0.10	0.15	0.14	0.19	0.16	0.23	0.17
Ca	0.07	0.09	0.13	0.13	0.15	0.15	0.19	0.17
Sr	0.06	0.07	0.12	0.12	0.13	0.13	0.17	0.16
Ba	0.06	0.06	0.11	0.11	0.13	0.12	0.16	0.14

续表

M^{II}	O		S		Se		Te	
	m_1	m_2	m_1	m_2	m_1	m_2	m_1	m_2
Zn	0.13	0.11	0.17	0.15	0.20	0.17	0.26	0.19
Cd	0.12	0.11	0.16	0.15	0.19	0.16	0.25	0.19
Hg	0.15		0.20	0.18	0.26	0.20	0.30	0.23
Sn	0.12	0.10	0.16	0.15	0.19	0.16	0.25	0.19
Pb	0.12	0.11	0.16	0.16	0.19	0.18	0.25	0.21
Cr			0.18	0.14	0.21	0.15	0.26	0.18
Mn	0.11	0.09	0.18	0.12	0.20	0.13	0.25	0.17
Fe	0.13	0.10	0.20	0.15	0.23	0.17	0.29	0.20
Co	0.13	0.11	0.21	0.17	0.24	0.18	0.30	0.21
M^{III}	N		P		As		Sb	
B	0.25	0.18	0.38	0.21	0.44	0.23		
Al	0.20	0.18	0.32	0.24	0.38	0.28	0.40	0.26
Ga	0.21	0.18	0.35	0.24	0.42	0.28	0.44	0.28
In	0.21	0.13	0.34	0.19	0.41	0.23	0.44	0.22
Sc	0.15	0.15	0.26	0.22	0.32	0.26	0.33	0.26
Y	0.13	0.13	0.23	0.21	0.29	0.25	0.31	0.25
La	0.12	0.12	0.22	0.20	0.28	0.24	0.29	0.24
U	0.16	0.14	0.28	0.22	0.33	0.26	0.36	0.26

表 S2.3 双原子分子的解离能(kJ/mol)($E(M_2)$,kJ/mol: Nb_2 513,Tc_2 330,Re_2 432,Os_2 415,Ir_2 361)

M	分子					
	MF	MCl	MBr	MI	MH	M_2
H	570	431	366	298	436	436
Li	577	469	419	345	238	105
Na	477	412	363	304	186	74.8
K	489	433	379	322	174	53.2
Rb	494	428	381	319	173	48.6
Cs	517	446	389	338	175	43.9
Cu	427	375	331	289	255	201
Ag	341	311	278	234	202	163
Au	325	302[a]	286[a]	263[a]	292	226
Be	573	434	316	261	221	11.1[b]
Mg	463	312	250	229	155[A]	4.82[b]
Ca	529	409	339	285	163	13.1b[b]
Sr	538	409	365	301	164	12.94[b]
Ba	581	443	402	323	192	19.5[b]
Zn	364	229	180	153	85.8	3.28[c]
Cd	305	208	159	97.2	69.0	3.84[c]
Hg	180	92.0	74.9	34.7	39.8	4.41[c]
B	732	427	391	361	345	290
Al	675	502	429	370	288	133
Ga	584	463	402	334	276	106
In	516	436	384[d]	307	243	82.0
Tl	439	373	331	285	195	59.4
Sc	599	435[e]	365[e]	300[e]	205	163
Y	685	523	481	423		270
La	659	522	446	412		223[E]
C	514	395	318	253	338	618
Si	576	417	358	243	293	320[f]
Ge	523	391	347	238[g]	263	261[f]

续表

M	分子					
	MF	MCl	MBr	MI	MH	M_2
Sn	476	350	337	235	264	187
Pb	355	301	248	184	158[h]	83[f]
Ti	569	405	373	262	205	118
Zr	627	530	420	298[i]	312	298
Hf	650			328[j]		328
N[I]	320	321	254	203	331[k]	945
P[I]	459	342	294	243	293[k]	489
As[I]	463	336	280	240	270[k]	386
Sb[I]	430	292	240	183	260[k]	302
Bi[I]	366	285	181	124	212[k]	204
V	590	477	439		209	269
Ta	573	544				390
O[I]	234	269	241	237	428	498
S[I]	344	264	241	194	351	425
Se[I]	317	227	186	158	300	330
Te[l]	326	209	166	134	256	258
Cr	523	378	328	287	190	152
Mo	464		313		211	436
W	597[m]	458[m]	396[m]	328[m]		666
F	159	261	280	272	570	155
Cl	261	243	219	211	431	240
Br	280	217	193	179	366	190
I	272	211	179	151	298	149
Mn	445	338	314	283	251	61.6
Fe	447	330	298[o]	241[p]	148[q]	118
Co	4315	338	326	285[p]	190[q]	163[n]
Ni	437	377	360	293[p]	243[q]	200[n]
Ru	402				234[q]	193
Rh					247[q]	236
Pd					234[q]	>136
Pt	582				352[q]	307
Th	652	489	364	336		284
U	648	439	377	299		222

注：a. 数据源自文献［2.1］；A. 数据源自文献［2.2］；b. 数据源自文献［2.3］；c. 数据源自文献［2.4，2.5］；d. 数据源自文献［2.6］；e. 数据源自文献［2.7］；E. 数据源自文献［2.8］；f. 数据源自文献［2.9］；g. 数据源自文献［2.10］；h. 数据源自文献［2.11］；i. 数据源自文献［2.12］；I. 数据源自文献［2.13］；j. 数据源自文献［2.14］；k. 数据源自文献［2.15，2.16］；l. 数据源自文献［2.17］；m. 数据源自文献［2.18］；n. 数据源自文献［2.19］；o. 数据源自文献［2.20］；p. 数据源自文献［2.21］；q. 数据源自文献［2.22］

表 S2.4　MZ 分子的解离能（kJ/mol）

M	Z						
	O	S	Se	Te	N	P	C
Cu	287	274	255	230			
Ag	357	279	210	196			
Au	233	254	251	237			

续表

M	Z						
	O	S	Se	Te	N	P	C
Be	440[a]	372					
Mg	338[a]	234					
Ca	383[a]	335					
Sr	415[a]	338	251				
Ba	559[a]	418					
Zn	289[a]	225	171	118			
Cd	231[a]	208	128	100			
Hg	269	217	144	89			
B	809[a]	577	462	354	378	347	448
Al	511[a]	332	318	268	278	217	268
Ga	354[a]			265		230	
In	316[a]	288	245	215		198	
Tl	213[a]					209	
Sc	671	477	385	289	464		444
Y	714	528	435	339	477		418
La	799	573	477	381	519		462
C	1076	713	590	564	750	508	607
Si	800	617	534	429	437		452
Ge	660	534	444[b]	409[b]			456
Sn	528	467	401	338			
Pb	374	343	303	250			
Ti	668	491	381	289	476		423
Zr	766	572			565		496
Hf	790				590		540
N	631	467	370		945	617	754
P	599	442	364	298	617	489	507
As	481[c]	389[c]	352[c]	312[c]	489	433	382
Sb	434	379		277	460	357	
Bi	337	315	280	232		282	
V	637	449	347		523		423
Nb	726						524
Ta	839	670			607	611	
O	498	518	465	376	631	589	1076
S	518	425	371	335	464	444	714
Se	430	371	330	293	370	364	590
Te	377	339	2932	258		298	

续表

M	Z						
	O	S	Se	Te	N	P	C
Cr	461	331			378	378	
Mn	362	301	239				
Th	877				577	372	453
U	755	528			531	293	455
M	Mo	W	Tc	Re	Fe	Co	Ni
D_{MO}	502	720	548	627	407	384	366
M	Pd	Os	Ir	Pt	Ru	Rh	
D_{MO}	381	575	414	415	528	405	
M	Fe	Co	Ni	Pt			
D_{MS}	329	331	318	407[d]			
M	Mo	Tc	Fe	Ni	Ru	Rh	
D_{MC}	482	564	376[e]	337	648	580	
M	Pd	Os	Ir	Pt			
D_{MC}	436	608	631	610			

注：a. 数据源自文献［2.23］；b. 数据源自文献［2.24］；c. 数据源自文献［2.25］；d. 数据源自文献［2.26］；e. 数据源自文献［2.27］

表 S2.5 阳离子 M_2^+ 的解离能 D（kJ/mol）

M	D	M	D	M	D	M	D
Ag	168	Cr	129	Li	132	S	522.5
Al	121	Cu	155	Mg	125	Sb	264
Ar	116	Cs	62.5	Mn	129	Se	413
As	364	F	325.5	Mo	449	Si	334
Au	234.5	Fe	272	N	844	Sn	193
B	187	Ga	126	Na	98.5	Sr	108.5
Be	196.5[a]	Ge	274	Nb	577	Ta	666
Bi	199	H	259.5	Ne	125	Te	278
Br	319	He	230	Ni	208	Ti	229
C	602	Hg	134	O	648	Tl	22
Ca	104	I	263	P	481	V	302
Cd	122.5	In	81	Pb	214	Zr	407
Cl	386	K	80	Pd	197	Xe	99.5
Co	269	Kr	84	Pt	318	Y	281
		La	276[b]	Rb	75.5	Zn	60

注：a. 数据源自文献［2.28］；b. 数据源自文献［2.8］

表 S2.6 阳离子 MH^+ 和 MO^+ 的解离能 D（kJ/mol）

MH^+	D	MH^+	D	MO^+	D	MO^+	D
CuH	93	CrH	136	LiO	39	VO	582
AgH	43.5	MoH	176	NaO	37	NbO	688
AuH	144	WH	222	KO	13	TaO	787
BeH	307	OH	488	RbO	29	NO	115
MgH	191	SH	348	CsO	59	PO	791
CaH	284	SeH	304	CuO	134	AsO	495
SrH	209	TeH	305	AgO	123	BiO	174
ZnH	216	MnH	202	BeO	368	CrO	276
HgH	207	TcH	198	MgO	245	MoO	496
ScH	235	ReH	225	CaO	348	WO	695
YH	260	HH	259	SrO	299	SO	524
LaH	243	ClH	453	BaO	441	TeO	339
BH	198	BrH	379	ZnO	161	Re	435
TiH	227	IH	305	ScO	689	FO	335
ZrH	219	FeH	211	YO	698	ClO	468
CH	398	CoH	195	LaO	875	BrO	366
SiH	317	NiH	158	BO	326	IO	316
GeH	377	RuH	160	AlO	146	FeO	343
VH	202	RhH	165	GaO	46	CoO	317
NbH	220	PdH	208	TiO	667	NiO	276
TaH	230	OsH	239	ZrO	753	RuO	372
NH	≥436	IrH	306	HfO	685[a]	RhO	295
PH	275	UH	284	CO	811	PdO	145
AsH	291			SiO	478	OsO	418
				GeO	344	IrO	247
				SnO	281	PtO	318
				PbO	247	ThO	848[a]

注：a. 数据源自文献［2.29］

表 S2.7 M 和 M^+ 原子的电离势（eV）

M	I_1(M)	I_2(M)	I_2/I_1
Be	9.32	18.21	1.95
Mg	7.65	15.04	1.97
Ca	6.11	11.87	1.94
Sr	5.69	11.03	1.94
Ba	5.21	10.00	1.92
Zn	9.39	17.96	1.91
Cd	8.99	16.91	1.88
Hg	10.44	18.76	1.80

表 S2.8　金属原子及分子的电离势和解离能（kJ/mol）

A	I(A)	$I(A_2)$	$E(A_2)$	$E(A_2^+)$	E_a(A)	0.9Φ(A)
Li	520	493	105	132	159	207
Na	496	472	75	99	107	204
K	419	392	53	80	89	193
Rb	403	376	49	76	81	188
Cs	376	357	44	63	76.5	157

表 S2.9　平均键能（kJ/mol）

A—B	E(A—B)	A—B	E(A—B)	A—B	E(A—B)
Li—Be	87.4	P═S	441	^{F}(C—H)$_{t}$	398
Li—B	101	P—F	483	^{Cl}(C—H)$_{p}$	405
Li—C	126	P—C	331	^{Cl}(C—H)$_{s}$	403
Li—N	243	O—O	192	^{Cl}(C—H)$_{t}$	401
Li—O	406	S—S	266	^{Br}(C—H)$_{p}$	406
Be—Be	119	P═O	643	^{Br}(C—H)$_{s}$	404
Be—B	186	^{Li}(Be—H)	297	^{Br}(C—H)$_{t}$	405
Be—C	232	^{BeC}(Be—H)	298	^{I}(C—H)$_{p}$	409
Be—N	340	^{CF}(Be—H)$_{1}$	299	^{I}(C—H)$_{s,t}$	406
Be—O	488	^{N}(Be—H)	302	^{Li}(N—H)$_{1}$	384
Be—F	653	^{O}(Be—H)	311	^{Li}(N—H)$_{2}$	395
B—B	286	^{Li}(B—H)$_{1}$	383	^{Be}(N—H)$_{1}$	400
B—C	323	^{Li}(B—H)$_{2}$	386	^{Be}(N—H)$_{2}$	401
B—N	443	^{Be}(B—H)$_{1}$	375	^{B}(N—H)$_{1}$	395
B—O	544	^{Be}(B—H)$_{2}$	378	^{B}(N—H)$_{2}$	400
B—F	659	^{B}(B—H)$_{1}$	382	^{C}(N—H)$_{1}$	380
B—Cl	489	^{B}(B—H)$_{2}$	381	^{C}(N—H)$_{2}$	383
B—Br	414	^{C}(B—H)$_{1}$	376	^{N}(N—H)$_{1}$	373
B—I	334	^{C}(B—H)$_{2}$	375	^{N}(N—H)$_{2}$	378
C—C	357	^{C}(B—H)$_{3}$	375	^{P}(N—H)$_{1}$	380
C═C	579	^{N}(B—H)$_{1}$	379	^{P}(N—H)$_{2}$	390
C≡C	786	^{N}(B—H)$_{2}$	386	^{O}(N—H)$_{1}$	371
C—N	319	^{O}(B—H)$_{1}$	378	^{O}(N—H)$_{2}$	375
C═N	571	^{O}(B—H)$_{2}$	374	^{S}(N—H)$_{1}$	390
C≡N	872	^{F}(B—H)$_{1}$	372	^{S}(N—H)$_{2}$	391
C—P	271	^{Li}(C—H)$_{p}$	433	^{F}(N—H)$_{1}$	369
C═P	448	^{Li}(C—H)$_{s}$	428	^{F}(N—H)$_{2}$	370
C—O	383	^{Li}(C—H)$_{t}$	426	^{C}(P—H)$_{1}$	314

续表

A—B	E(A—B)	A—B	E(A—B)	A—B	E(A—B)
C═O	744	$^{Be}(C—H)_p$	431	$^{C}(P—H)_2$	318
C—S	301	$^{Be}(C—H)_s$	428	$^{N}(P—H)_1$	309
C—F	486	$^{Be}(C—H)_t$	426	$^{N}(P—H)_2$	311
C—Cl	359	$^{B}(C—H)_p$	425	$^{P}(P—H)_1$	320
C—Br	300	$^{B}(C—H)_s$	424	$^{P}(P—H)_2$	317
C—I	234	$^{B}(C—H)_t$	423	$^{O}(P—H)_1$	303
Si—C	295	$^{C}(C—H)_p$	411	$^{O}(P—H)_2$	305
Si—F	606	$^{C}(C—H)_s$	408	$^{S}(P—H)_1$	310
Si—Cl	414	$^{C}(C—H)_t$	405	$^{S}(P—H)_2$	312
Si—Br	343	$^{N}(C—H)_p$	406	$^{F}(P—H)_1$	298
Si—I	262	$^{N}(C—H)_s$	402	$^{F}(P—H)_2$	301
N—N	212	$^{N}(C—H)_t$	402	$^{Cl}(P—H)_1$	303
N═N	515	$^{P}(C—H)_p$	413	$^{Cl}(P—H)_2$	306
N≡N	945	$^{P}(C—H)_s$	411	$^{Li}(O—H)$	454
N—P	265	$^{P}(C—H)_t$	410	$^{Be}(O—H)$	471
N═P	450	$^{O}(C—H)_p$	401	$^{B}(O—H)$	466
N—O	223	$^{O}(C—H)_s$	399	$^{C}(O—H)$	452
N═O	541	$^{O}(C—H)_t$	397	$^{S}(O—H)$	458
N—S	224	$^{S}(C—H)_p$	409	$^{F}(O—H)$	433
N═S	413	$^{S}(C—H)_s$	407	$^{N}(S—H)$	355
P—P	211	$^{S}(C—H)_t$	404	$^{P}(S—H)$	362
P═P	360	$^{F}(C—H)_p$	399	$^{O}(S—H)$	346
P—O	358	$^{F}(C—H)_s$	398	$^{S}(S—H)$	354

注：下标分别表示第一、二、三个碳原子；1 和 2 表示一个给定类型中与考虑的原子连接的原子数目；上标表示与多价原子键合的元素

表 S2.10 化合物的约化 Madelung 常数

结构类型	k_M	结构类型	k_M	结构类型	k_M
$AlBr_3$	1.199	$BeCl_2$	1.362	MnF_2, TiO_2	1.589
BCl_3	1.226	SiF_4	1.432	PbF_2, SnO_2	1.602
SnI_4	1.236	CdI_2	1.455	CuCl, ZnS	1.638
$AuCl_3$	1.245	SiO_2	1.467	Y_2O_3	1.672
V_2O_5	1.266	Cu_2O	1.481	CaF_2, ZrO_2	1.680
HgI	1.277	$CrCl_2$	1.500	NiAs	1.733
TlF	1.318	BN	1.528	NaCl, MgO	1.748
AsI_3	1.334	BeO	1.560	CsCl	1.763

表 S2.11 π键的附加能 (kJ/mol)

X	Y	a	b	c	X	Y	a	c
C	C	222	291	272	N	N	303	251
C	Si	57.5	151	159	N	P	185	184
C	N	252	338	264	N	O	317	259
C	P	177	206.5	180	N	S	189	176
C	S	220	233	218	P	P	149	142
Si	Si	36	101	105	P	O	285	222
Si	N	31	155	151	P	S	180	167
Si	P	95	124	121	O	O	306	306
Si	O	240	233.5	209	O	S	249	249
Si	S	168	182.5	209	S	S	159.5	159.5

注：a. 数据源自文献 [2.30-2.33]；b. 数据源自文献 [2.34]；c. 数据源自文献 [2.35]

表 S2.12 在 MX_2 型化合物中的带隙 (eV)

M	X				M	X			
	F	Cl	Br	I		O	S	Se	Te
Mg	14.5[a]	9.2	8.2		Ti	3.1[c]	2.0	1.6	1.0
Ca	12.5[b]	6.9		6.0	Zr	5.2[d]	2.1		
Sr	11.0[b]	7.5			Hf	5.5[e]	1.9[f]	1.1	0.4[f]
Ba	9.5[b]	7.0			Si	9.0[c]		1.7	1.0
Zn				4.75[g]	Ge	5.4[c]	3.4	2.5	1.2
Cd	8.7[h]	5.7	4.5	3.5	Sn	3.7[c]	2.1[i]	1.02[i]	
Hg		4.4	3.6[j]	2.35[k]	Pb	1.6	1.0		
Sn		3.9	3.4	2.4	Mo		1.9	1.2[l]	0.9
Pb		4.0	3.1[m]	2.3[n]	W		1.8	1.4	0.1
Mn[o]	10.2	8.3	7.7	5.2	Re		1.5[p]	1.35[p]	
Fe[o]		8.3	7.4	6.0	Ru		1.4[p]	0.9[p]	
Co[o]		8.3	7.4	6.0	Pt	≥3.5[q]			
Ni[o]	8.8	8.4	7.5	6.0	U	5.5			

注：a. 数据源自文献 [2.36]；b. 数据源自文献 [2.37]；c. 数据源自文献 [2.38]；d. 数据源自文献 [2.39]；e. 数据源自文献 [2.40]；f. 数据源自文献 [2.41，2.42]；g. 数据源自文献 [2.43]；h. 数据源自文献 [2.44]；i. 数据源自文献 [2.45]；j. 数据源自文献 [2.46]；k. 数据源自文献 [2.47，2.48]；l. 数据源自文献 [2.49]；m. 数据源自文献 [2.50]；n. 数据源自文献 [2.51]；o. 数据源自文献 [2.52]；p. 数据源自文献 [2.53]；q. 数据源自文献 [2.54]

表 S2.13 在 M_nX_m 型化合物中的带隙 (eV)

M_2X_3	E_g	M_2X_3	E_g	M_nX_m	E_g	M_nX_m	E_g
Sc_2O_3	5.7[a]	Tl_2O_3	2.2	Li_3N	2.2[p]	SbI_3	2.3
Sc_2S_3	2.8	Tl_2Te_3	0.7[h]	Li_2O	8.0[q]	$CrCl_3$	9.5[χ]
Y_2O_3	5.6	As_2O_3	4.5	Cu_2O	2.2[r]	$CrBr_3$	8.0[χ]

续表

M_2X_3	E_g	M_2X_3	E_g	M_nX_m	E_g	M_nX_m	E_g
La_2O_3	5.4	As_2S_3	2.4[i]	Cu_2S	0.34[s]	ZrS_3	2.5[ϕ]
La_2S_3	2.8	As_2Se_3	1.7	Cu_2Se	1.3[t]	$ZrSe_3$	1.85[ϕ]
La_2Se_3	2.3[b]	As_2Te_3	0.8	Cu_2Te	0.67[u]	HfS_3	2.85[ϕ]
La_2Te_3	1.4	Sb_2O_3	3.25[a]	Ag_2S	1.14[v]	$HfSe_3$	2.15[ϕ]
B_2S_3	3.7[c]	Sb_2S_3	1.7[i]	Ag_2Se	1.58[w]	MoO_3	3.8[a]
Al_2O_3	9.5	Sb_2Se_3	1.2	TlS	0.9[x]	WO_3	2.6[λ]
Al_2S_3	4.1	Sb_2Te_3	0.2[j]	Tl_2S_3	1.0[x]	UO_3	2.3[μ]
Al_2Se_3	3.1	Bi_2O_3	2.85[k]	TlS_2	1.4[x]	TeO_2	3.8[a]
Al_2Te_3	2.4	Bi_2S_3	1.6[i]	Tl_2S_5	1.5[x]	MnS_4	3.7[η]
Ga_2O_3	4.9[d]	Bi_2Se_3	0.8[l]	GeS	1.6[y]	$MnSe_4$	3.3[η]
Ga_2S_3	3.2	Bi_2Te_3	0.2[m]	SiC	3.1[z]	$MnTe_4$	3.2[η]
Ga_2Se_3	1.75[e]	Cr_2O_3	1.6	GaSe	2.0[α]	$NbCl_5$	2.7[φ]
Ga_2Te_3	1.2[f]	Cr_2S_3	0.9	MgH_2	5.6[β]	$NbBr_5$	2.0[φ]
In_2O_3	3.3[a]	Cr_2Se_3	0.1	YH_3	2.45[γ]	NbI_5	1.0[φ]
In_2S_3	2.6[g]	Fe_2O_3	2.2[n]	LaF_3	9.7[δ]	V_2O_5	2.5[π]
In_2Se_3	1.5	Fe_2Se_3	1.2	GaF_3	9.8[ε]	Nb_2O_5	3.4[a]
In_2Te_3	1.2[f]	Rh_2O_3	3.4[o]	InF_3	8.2[κ]	Ta_2O_5	4.0[a]

注：a. 数据源自文献 [2.38，2.41，2.42]；b. 数据源自文献 [2.55]；c. 数据源自文献 [2.56]；d. 数据源自文献 [2.57]；e. 数据源自文献 [2.58]；f. 数据源自文献 [2.59]；g. 数据源自文献 [2.60]；h. 数据源自文献 [2.61]；i. 数据源自文献 [2.62]；j. 数据源自文献 [2.63，2.64]；k. α-Bi_2O_3（对于 β-Bi_2O_3 E_g=2.58 eV），数据源自文献 [2.65]；l. 数据源自文献 [2.66]；m. 数据源自文献 [2.67]；n. 数据源自文献 [2.68]；o. 数据源自文献 [2.69]；p. 数据源自文献 [2.70]；q. 数据源自文献 [2.71]；r. 数据源自文献 [2.72，2.73]；s. 数据源自文献 [2.74]；t. 数据源自文献 [2.75]；u. 数据源自文献 [2.76]；v. 数据源自文献 [2.77]；w. 数据源自文献 [2.78]；x. 数据源自文献 [2.79]；y. 数据源自文献 [2.80，2.81]；z. 数据源自文献 [2.82]；α. 数据源自文献 [2.83]；β. 数据源自文献 [2.84]；γ. 数据源自文献 [2.85，2.86]；δ. 数据源自文献 [2.39]；ε. 数据源自文献 [2.87]；κ. 数据源自文献 [2.88]；χ. 数据源自文献 [2.89]；ϕ. 数据源自文献 [2.90]；λ. 数据源自文献 [2.91]；μ. 数据源自文献 [2.92]；η. 数据源自文献 [2.93]；φ. 数据源自文献 [2.94]；π. 数据源自文献 [2.95]

表 S2.14 元素的附加带隙（eV）

Li	Be	B	C	N	O	F			
0.4	0.8	1.3	5.5	7.0	6.5	10			
Na	Mg	Al	Si	P	S	Cl	Ne[a]		
−0.3	+0.3	−0.1	+1.2	2.6	2.6	5.2	21.7		
K	Ca	Sc	Ti	V	Cr	Mn	Fe	Co	Ni
−0.8	−0.5	−0.4	−0.3	−0.3	−0.3	−0.2	−0.1	−0.1	−0.1
Cu	Zn	Ga	Ge	As	Se	Br	Ar[a]		
−0.2	+0.2	−0.5	+0.7	+1.2	+1.8	+1.9	14.2		

续表

Rb	Sr	Y	Zr	Nb	Mo	Tc	Ru	Rh	Pd
−1.0	−0.8	−0.7	−0.6	−0.6	−0.6	−0.5	−0.5	−0.5	−0.4
Ag	Cd	In	Sn	Sb	Te	I	Kr[a]		
−0.5	−0.3	−0.8	+0.1	+0.1	+0.35	+ 1.3	11.6		
Cs	Ba	La	Hf	Ta	W	Re	Os	Ir	Pt
−1.2	−1.0	−0.9	−0.8	−0.7	−0.6	−0.6	−0.5	−0.5	−0.5
Au	Hg	Tl	Pb	Bi	P	At	Xe[a]		
−0.5	−0.3	−0.9	−0.7	−0.2	0	+0.7	9.3		

注：a. 数据源自文献［2.96］

表 S2.15 元素热化学的电负性

Li	Be	B	C	N	O	F			
1.0	1.5	2.0	2.5	3.0	3.5	4.0			
0.98	1.57	2.04	2.55	3.04	3.44	3.98			
1.0	1.4	2.0	2.6	2.7	3.2	3.7			
		1.80	2.59	3.11	3.44	3.84			
Na	Mg	Al	Si	P	S	Cl			
0.9	1.2	1.5	1.8	2.1	2.5	3.0			
0.93	1.31	1.61	1.90	2.19	2.58	3.16			
0.9	1.3	1.6	2.0	2.15	2.6	3.2			
			1.71	1.98	2.50	3.06			
K	Ca	Sc	Ti	V	Cr	Mn	Fe^{II}	Co^{II}	Ni^{II}
0.8	1.0	1.3	1.5	1.6	1.6	1.5	1.8	1.8	1.9
0.82	1.00	1.36	1.54	1.63	1.66	1.55	1.83	1.88	1.91
0.7	1.0	1.35	1.7	1.8	1.9	1.9	1.6	1.65	1.7
Cu	Zn	Ga	Ge	As	Se	Br			
1.8	1.6	1.6	1.8	2.0	2.4	2.8			
1.90	1.65	1.81	2.01	2.18	2.55	2.96			
1.5	1.6	1.75	2.1	2.1	2.5	3.0			
			1.93	2.06	2.37	2.86			
Rb	Sr	Y	Zr	Nb	Mo	Tc	Ru	Rh	Pd
0.8	1.0	1.2	1.6	1.6	1.8	1.9	2.2	2.2	2.2
0.82	0.95	1.22	1.33		2.16			2.28	2.20
0.7	0.95	1.25	1.6	1.6	2.2	1.9	2.2	2.2	2.2
Ag	Cd	In	Sn	Sb	Te	I			
1.9	1.7	1.7	1.8	1.9	2.1	2.5			
1.93	1.69	1.78	1.96	2.05	2.10	2.66			
1.7	1.7	1.7	2.0	2.0	2.2	2.7			
			1.79	1.91	2.14	2.47			

续表

Cs	Ba	La	Hf	Ta	W	Re	Os	Ir	Pt
0.7	0.9	1.1	1.3	1.5	1.7	1.9	2.2	2.2	2.2
0.79	0.89	1.10			2.36			2.20	2.28
0.5	0.8	1.1	1.6	1.5	2.2	1.9	2.2	2.2	2.2
Au	Hg	Tl	Pb	Bi	Th	U			
2.4	1.9	1.8	1.8	1.9	1.3	1.7			
2.54	2.00	2.04	2.33	2.02		1.38			
1.8	1.8	1.8	2.1	2.0	1.5	1.6			

注：从上到下分别为 Pauling [2.97]、Allred [2.98]、Batsanov [2.99]、Smith [2.100]

表 S2.16 自由基 R 的平均热化学电负性

R	χ	R	χ	R	χ	R	χ
CH_3	2.6	NH_2	3.1	BH_2	1.9	[HCO_3]	3.4
CF_3	2.9	NF_2	3.2	PH_2	2.3	[HPO_4]	3.4
SiF_3	2.0	NCS	3.2	$SiCH_3$	1.9	[NO_3]	3.7
$CHCH_2$	2.7	NNN	3.3	OCH_3	3.4	[SO_4]	3.7
CCH	2.8	NC	3.3	OC_6H_5	3.5	O_2	3.5
CHO	2.9	NO_2	3.4	OH	3.5		

表 S2.17 基于 Pearson（上行）、Allen（中行）、Politzer（下行）规则的电离电负性

Li	Be	B	C	N	O	F
0.92	1.43	1.31	1.92	2.23	2.31	3.19
0.87	1.51	1.96	2.43	2.93	3.45	4.01
0.99	1.64	2.14	2.63	3.18	3.52	4.00
Na	Mg	Al	Si	P	S	Cl
0.87	1.17	0.98	1.46	1.72	1.91	2.54
0.83	1.24	1.54	1.83	2.15	2.47	2.74
0.96	1.36	1.59	1.86	2.25	2.53	2.86
K	Ca	Ga	Ge	As	Se	Br
0.74	0.94	0.98	1.40	1.62	1.80	2.33
0.70	0.99	1.68	1.91	2.11	2.32	2.57
0.98	1.08	1.67	1.82	2.09	2.31	2.60

第一过渡系

Sc	Ti	V	Cr	Mn	Fe	Co	Ni	Cu	Zn
1.03	1.06	1.11	1.14	1.14	1.23	1.31	1.35	1.37	1.44
1.14	1.32	1.46	1.58	1.67	1.72	1.76	1.80	1.77	1.52
1.15	1.21	1.27	1.17	1.33	1.31	1.28	1.38	1.48	1.57

表 S2.18 自由基 R 的平均电离电负性

R	χ	R	χ	R	χ	R	χ	R	χ
CF_3	3.3	CCH	3.1	NO_2	4.0	OH	3.5	[ClO_4]	4.9
CCl_3	2.9	CO	3.7	NO	3.8	SH	2.3	[ClO_3]	4.8
CBr_3	2.6	CN	3.8	NC	3.7	SCN	2.9	[SO_4]	4.6
CI_3	2.5	NF_2	3.7	NCS	3.5	SF_5	2.9	[PO_4]	4.4
CH_3	2.3	NCl_2	3.2	OF	4.1	SeH	2.2	[CO_3]	4.3
$CHCH_2$	2.5	NH_2	2.7	OCl	3.7	TeH	2.1		

表 S2.19 带±1 电荷原子的电离电负性

A^+	χ	A^+	χ	A^+	χ	A^+	χ	A^-	χ
Li	16.7	Ba	2.5	C	6.3	Bi	4.2	F	−0.1
Na	10.6	Zn	4.7	Si	4.2	V	3.6	Cl	0.2
K	7.2	Cd	4.4	Ge	4.1	Nb	3.6	Br	0.2
Rb	6.2	Hg	5.0	Sn	3.8	Ta	4.2	I	0.2
Cs	5.7	B	6.2	Pb	3.8	O	9.5		
Cu	5.2	Al	4.6	Ti	3.4	S	6.5		
Ag	5.4	Ga	5.0	Zr	3.3	Se	6.0		
Au	5.5	In	4.6	Hf	3.8	Te	5.3		
Be	4.7	Tl	5.0	N	7.8	F	10.3		
Mg	3.9	Sc	3.2	P	5.2	Cl	7.2		
Ca	3.0	Y	3.1	As	4.9	Br	6.5		
Sr	2.8	La	2.8	Sb	4.3	I	5.7		

表 S2.20 几何电负性概念发展的简史（开创性工作用粗体标出）

年	作者	方程	说明
1942	Liu	$\chi=a(N^*+b)/r^{2/3}$	N^* 是电子壳层数
1946	Gordy	$\chi=a(n+b)/r+c$	n 是电子数目
1957	Wilmshurst		≈
1964	Yuan		≈
1966	Chandra		≈
1968	Phillips		应用于半导体
1979	Ray，Samuel，Parr		针对多重键
1982	Inamoto，Masuda		针对极性键
1983	Owada		n^* 代替 n
1988	Luo，Benson		减少到 Pauling 比例
1951	Cottrell，Sutton	$\chi=a(Z^*/r)^{1/2}+b$	$E^{1/2}$ 的维度
1989	Zhang，Kohen		理论上的 Z^* 和 r
1993	Batsanov		针对正常的和范德华分子
1952	Sanderson	$\chi=a(N/r^3)+b$	$N=\sum e$
1980	Allen，Huheey		对于稀有气体
1955	Pritchard，Skinner	$\chi=a(Z^*/r)+b$	根据 Slater 的 Z^*
1964	Batsanov		修正的 Z^*

续表

年	作者	方程	说明
1971	Batsanov		对于化合态的 Z^*
1975	Batsanov		针对晶体 针对稀有气体
1980	Allen,Huheey		
1956	Williams	$\chi=a(n/r)^b$	n 是价电子数目
1958	Allred,Rochow	$\chi=a(Z^*-b)r^2+c$	Slater 的 Z^*
1964	Batsanov		修正的 Z^*
1971	Batsanov		对于化合态的 Z^*
1975	Batsanov		针对晶体
1977	Mande		实验上的 Z^*
1980	Allen,Huhee		针对稀有气体
1981	Boyd,Marcus		由从头算方法得出 b
1982	Zhang		实验上的 Z^*
1978	Batsanov	$\chi=a(N_e{}^{1/2})/r$	N_e 是外电子数,r 由从头算方法得出
1986	Gorbunov,Kaganyuk		
1990	Nagle	$\chi=a(N/\alpha^{1/2})+b$	α 是极化率
2006	Batsanov	所有的公式	对于化合态的 Z^* 和 r

表 S2.21 根据 Li 和 Xue[2.101,2.102] 确定的晶体电负性

Li 1.01	Be 1.27	B 1.71	C 2.38	N 2.94	O 3.76	F 4.37			
Na 1.02	Mg 1.23	Al 1.51	Si 1.89	P 2.14	S 2.66	Cl 3.01			
K 1.00	Ca 1.16	Sc 1.41	Ti 1.73	V^{III} 1.54	Cr^{III} 1.59	Mn^{IV} 1.91	Fe^{III} 1.65	Co^{III} 1.69	Ni^{III} 1.70
Cu 1.16	Zn 1.34	Ga 1.58	Ge 1.85	As 2.16	Se 2.45	Br 2.74			
Rb 1.00	Sr 1.14	Y 1.34	Zr 1.61	Nb^{III} 1.50	Mo^{IV} 1.81	Tc^{IV} 1.77	Ru^{IV} 1.85	Rh^{IV} 1.86	Pd^{IV} 1.88
Ag 1.33	Cd 1.28	In 1.48	Sn 1.71	Sb 1.97	Te 2.18	I 2.42			
Cs 1.00	Ba 1.13	La 1.33	Hf 1.71	Ta^{III} 1.54	W^{IV} 1.78	Re^{IV} 1.85	Os^{IV} 1.89	Ir^{IV} 1.88	Pt^{IV} 1.90
Au^{I} 1.11	Hg 1.33	Tl^{I} 1.05	Pb 1.75	Bi 1.90	Th 1.40	U 1.44			

表 S2.22 金属原子的有效配位电荷

金属	复合物	Ω_{cal}	Ω_{exp}	金属	复合物	Ω_{cal}	Ω_{exp}
Cr	$CrSO_4 \cdot 7H_2O$	1.8	1.9	Co	$Co(NO_3)_3$	0.6	1.2
	$Cr(NO_3)_3$	1.3	1.2		$Co(C_5H_5)_2$	0.7	0.4
	K_2CrO_4	0.5	0.1		$Co(C_5H_5)_2Cl$	0.9	1.0
	$Cr(C_6H_6)_2$	1.4	1.3	Ni	$Ni(C_5H_5)_2$	0.6	0.7
Mn	$Mn(NO_3)_2 \cdot 4H_2O$	1.8	1.8		$Ni(C_5H_5)_2Cl$	0.8	1.0
	$K_3Mn(CN)_6$	0.6	0.9	Os	OsO_2	0.7	0.8
	$Mn(C_5H_5)_2$	1.3	1.5		K_2OsCl_6	0.5	0.8
Fe	$(NH_4)_2Fe(SO_4)_2 \cdot 6H_2O$	1.7	1.9		K_2OsO_4	0.7	0.8
	$K_3Fe(CN)_6$	0.4	1.0		K_2OsNCl_5	0.8	0.7
	$Fe(C_5H_5)_2$	0.7	0.6		$KOsO_3N$	0.9	1.0
	$Fe(C_5H_5)_2Cl$	0.8	0.7				

表 S2.23 阳离子高压半径（r_p）和晶体学半径（r_c）的比较

阳离子	r_p	r_c	阳离子	r_p	r_c	阳离子	r_p	r_c
Li^+	0.75	0.76	Mg^{2+}	0.70	0.72	Sc^{3+}	0.74	0.74
Na^+	0.98	1.02	Ca^{2+}	1.03	1.00	Y^{3+}	0.88	0.90
K^+	1.37	1.38	Sr^{2+}	1.15	1.18	Cr^{3+}	0.67	0.62
Rb^+	1.52	1.52	Ba^{2+}	1.38	1.35	Mn^{3+}	0.66	0.64
Cs^+	1.63	1.67	Zn^{2+}	0.76	0.74	Fe^{3+}	0.66	0.64
Cu^+	0.78	0.77	Cd^{2+}	0.95	0.95	Th^{4+}	1.07	1.05
Ag^+	1.17	1.15	Pb^{2+}	1.23	1.19	U^{4+}	0.97	1.00
Tl^+	1.44	1.50	B^{3+}	0.38	0.27	Zr^{4+}	1.06	0.84
Be^{2+}	0.47	0.45	Al^{3+}	0.63	0.54	Hf^{4+}	0.90	0.83

表 S2.24 受压下有效原子电荷的变化，de^*/dP 10^2 GPa

M	Cl		Br		I	
	[2.103]	[2.104]	[2.103]	[2.104]	[2.103]	[2.104]
Li	1.22	0.8	2.15	0.95	2.87	
Na	1.26	1.1	2.20	1.3	2.91	1.9
K	1.32	1.8	2.26	2.1	2.94	2.8
Rb	1.33	2.1	2.26	2.6	2.93	3.3
Cs	1.38		2.35		3.01	

补充参考文献

[2.1] Reynard LM，Evans CJ，Gerry MCL（2001）J Mol Spectr 205：344
[2.2] Shayesteh A，Bernath PF（2011）J Chem Phys 135：094308
[2.3] Heaven MC，Bondybey VE，Merritt JM，Kaledin AL（2011）Chem. Phys Lett 506：1
[2.4] Czajkowski M，Krause L，Bobkowski R（1994）Phys Rev A49：775
[2.5] Kedzierski W，Supronowicz J，Czajkowski M et al（1995）J Mol Spectr 173：510

[2.6] Giiichev GV, Giricheva NI, Titov VA et al (1992) J Struct Chem 33: 362
[2.7] Gurvich LV, Ezhov YuS, Osina EL, Shenyavskaya EA (1999) Russ J Phys Chem 73: 331
[2.8] Liu Y, Zhang C-H, Krasnokutski SA, Yang D-S (2011) J Chem Phys 135: 034309
[2.9] Ciccioli A, Gigli G, Meloni G, Testani E (2007) J Chem Phys 127: 054303
[2.10] Hillel R, Bouix J, Bernard C (1987) Z anorg allgem Chem 552: 221
[2.11] Balasubramanian K (1989) Chem. Rev 89: 1801
[2.12] Van der Vis MGM, Cordfunke EHP, Konings RJM (1997) Thermochim Acta 302: 93
[2.13] Ponomarev D, Takhistov V, Slayden S, Liebman J (2008) J Molec Struct 876: 34
[2.14] Goussis A, Besson J (1986) J Less-Common Met 115: 193
[2.15] Berkowitz J (1988) J Chem Phys 89: 7065
[2.16] Berkowitz J, Ruscic B, Gibson S et al (1989) J Mol Struct 202: 363
[2.17] Nizamov B, Setser DW (2001) J Mol Spectr 206: 53
[2.18] Dittmer G, Niemann U (1981) Phil J Res 36: 87
[2.19] Gutsev GL, Bauschlicher ChW (2003) J Phys Chem A107: 4755
[2.20] Blauschlicher CW (1996) Chem Phys 211: 163
[2.21] Han Y-K, Hirao K (2000) J Chem Phys 112: 9353
[2.22] Simoes JAM, Beauchamp JL (1990) Chem Rev 90: 629
[2.23] Lamoreaux R, Hildenbrand DL, Brewer L (1987) J Phys Chem Refer Data 16: 419
[2.24] Giuliano BM, Bizzochi L, Sanchez R et al (2011) J Chem Phys 135: 084303
[2.25] O'Hare PAG, Lewis B, Surman S, Volin KJ (1990) J Chem Thermodyn 22: 1191
[2.26] Cooke SA, Gerry MCL (2004) J Chem Phys 121: 3486
[2.27] Brugh DJ, Morse MD (1997) J Chem Phys 107: 9772
[2.28] Antonov IO, Barker BJ, Bondybey VE, Heaven MC (2010) J Chem Phys 133: 074309
[2.29] Merritt JM, Bondybey VE, Heaven MC (2009) J Chem Phys 130: 144503
[2.30] Leroy G, Sana M, Wilante C, van Zieleghem M-J (1991) J Molec Struct 247: 199
[2.31] Leroy G, Temsamani DR, Sana M, Wilante C (1993) J Molec Struct 300: 373
[2.32] Leroy G, Temsamani DR, Wilante C (1994) J Molec Struct 306: 21
[2.33] Leroy G, Temsamani DR, Wilante C, Dewispelaere J-P (1994) J Molec Struct 309: 113
[2.34] von Schleyer PR, Kost D (1988) J Am Chem Soc 110: 2105
[2.35] Schmidt M, Truong P, Gordon M (1987) J Am Chem Soc 109: 5217
[2.36] Scrocco M (1986) Phys Rev B33: 7228
[2.37] Scrocco M (1985) Phys Rev B32: 1301
[2.38] Dou Y, Egdell RG, Law DSL et al (1998) J Phys Cond Matter 10: 8447,
[2.39] Wiemhofer H-D, Harke S, Vohrer U (1990) Solid State Ionics 40-41: 433
[2.40] Cisneros-Morales MC, Aita CR (2010) Appl Phys Lett 96: 191904
[2.41] Kliche G (1986) Solid State Commun 59: 587
[2.42] Dimitrov V, Sakka S (1996) J Appl Phys 79: 1736
[2.43] Tyagi P, Vedeshwar AG (2001) Phys Rev B64: 245406
[2.44] Julien C, Eddrief M, Samaras I, Balkanski M (1992) Mater Sci Engin B15: 70
[2.45] Roubi L, Carlone C (1988) Canad J Phys 66: 633
[2.46] Stanciu GA, Opiica MH, Oud JL et al (1999) J Phys D32: 1928
[2.47] da Silva AF, Veissid N, An CY et al (1995) J Appl Phys 78: 5822
[2.48] Karmakar S, Sharma SM (2004) Solid State Commun 131: 473
[2.49] Anand TJS, Sanjeeviraja C (2001) Vacuum 60: 431
[2.50] Ren Q, Liu LQ et al (2000) Mater Res Bull 35: 471
[2.51] da Silva AF, Veissid N, An CY et al (1996) Appl Phys Lett 69: 1930
[2.52] Thomas J, Polini I (1985) Phys Rev B 32: 2522
[2.53] Ho CH, Liao PC, Huang YS et al (1997) J Appl Phys 81: 6380
[2.54] Gottesfeld S, Maia G, Floriano JB et al (1991) J Electrochem Soc 138: 3219
[2.55] Prokofiev AV, Shelykh AI, Golubkov AV, Sharenkova NV (1994) Inorg Mater 30: 326

[2.56] Sassaki T, Takizawa H, Uheda K et al (2002) J Solid State Chem 166: 164
[2.57] TuB, CuiQ, Xu Petal (2002) J Phys Cond Matter, 14: 10627
[2.58] Adachi S, Ozaki S (1993) Japan J Appl Phys (I) 32: 4446
[2.59] Ozaki S, Takada K, Adachi S (1994) Japan J Appl Phys (I) 33: 6213
[2.60] Choe S-H, Bang T-H, Kim N-O et al (2001) Semicond Sci Technol 16: 98
[2.61] Hussein SA, Nassary MM, Gamal GA, Nagat AT (1993) Cryst Res Technol 28: 1021
[2.62] Yesugade NS, Lokhande CD, Bhosale CH (1995) Thin Solid Films 263: 145
[2.63] Lostak P, Novotny R, Kroutil J, Stary Z (1987) Phys Stat Solidi A 104: 841
[2.64] Lefebre I, Lannoo M, Allan G et al (1987) Phys Rev Lett 59: 2471
[2.65] Leontie CM, Delibas M, Rusu GI (2001) Mater Res Bull 36: 1629
[2.66] Torane AP, Bhosale CH (2001) Mater Res Bull 36: 1915
[2.67] Ismail F, Hanafi Z (1986) Z phys Chem 267: 667
[2.68] Chernyshova IV, Ponnurangam S, Somasundaran P (2010) Phys Chem Chem Phys 12: 14045
[2.69] Ghose J, Roy A (1995) Optical studies on Rh2O3. In: Schmidt SC, Tao WC (eds) Shockcompression of condensed matter. AIP Press, New York
[2.70] Fowler P, Tole P, Munn R, Hurst M (1989) Mol Phys 67: 141
[2.71] Ishii Y, Murakami J-i, Itoh M (1999) J Phys Soc Japan 68: 696
[2.72] Reimann K, Syassen K (1989) Phys Rev B 39: 11113
[2.73] Joseph KS, Pradeep B (1994) Pramana 42: 41
[2.74] Mostafa SN, Mourad MY, Soliman SA (1991) Z phys Chem 171: 231
[2.75] Haram SK, Santhanam KSV (1994) Thin Solid Films 238: 21
[2.76] Mostafa SN, Selim SR, Soliman SA, Gadalla EG (1993) Electrochim Acta 38: 1699
[2.77] Dlala H, Amlouk M, Belgacem S et al (1998) Eur Phys J Appl Phys 2: 13
[2.78] Kumar MCS, Pradeep B (2002) Semicond Sci Technol 17: 261
[2.79] Waki H, Kawamura J, Kamiyama T, Nakamura Y (2002) J Non-Cryst Solids 297: 26
[2.80] Gauthier M, Polian A, Besson JM, Chevy A (1989) Phys Rev B 40: 3837
[2.81] Elkorashy A (1990) J Phys Cond Matter 2: 6195
[2.82] Herve P, Vandamme L (1994) Infrared Phys Technol 35: 609
[2.83] Gauthier M, Polian A, Besson J, Chevy A (1989) Phys Rev B 40: 3837
[2.84] Isidorsson J, Giebels IAME, Arwin H, Griessen R (2003) Phys Rev B 68: 115112
[2.85] Lee MW, Shin WP (1999) J Appl Phys 86: 6798
[2.86] Wijngaarden RJ, Huiberts JN, Nagengast D et al (2000) J Alloys Compd 308: 44
[2.87] Varekomp PR, Simpson WC, Shuh DK et al (1994) Phys Rev B 50: 14267
[2.88] Barrieri A, Countuiier G, Elfain A et al (1992) Thin Solid Films 209: 38
[2.89] Pollini I, Thomas J, Carricarburu B, Mamy R (1989) J Phys Cond Matter 1: 7695
[2.90] El Ramnani H, Gagnon R, Aubin M (1991) Solid State Commun 77: 307
[2.91] Kaneko H, Nagao F, Miyake K (1988) J Appl Phys 63: 510
[2.92] Khila M, Rofail N (1986) Radiochim Acta 40: 155
[2.93] Goede O, Heimbrodt W, Lamia M, Weinhold V (1988) Phys Stat Solidi B 146: K65
[2.94] Hoenle W, Furuseth F, von Schnering HG (1990) Z Naturforsch B 45: 952
[2.95] Parker JC, Lam DJ, XuY-N, Ching WY (1990) Phys Rev B 42: 5289
[2.96] Sonntag B (1976) Dielectric and optical properties. In: Klein ML, Venables JA (eds) Rare gas solids, vol 1. Acad Press, London
[2.97] Pauling L (1960) The nature of the chemical bond, 3rd edn. Cornell Univ Press, Ithaca
[2.98] AHredAL (1961) J Inorg Nucl Chem 17: 215
[2.99] Batsanov SS (2000) Russ J Phys Chem 74: 267
[2.100] Smith DW (2007) Polyhedron 26: 519
[2.101] Li K, Xue D (2006) J Phys Chem A110: 11332
[2.102] Li K, Wang X, Zhang F, Xue D (2008) Phys Rev Lett 100: 235504
[2.103] Batsanov SS (1997) J Phys Chem Solids 58: 527

[2.104] Kucharczyk W (1991) J Phys Chem Solids 52：435

参考文献

[1] Kossel W (1916) Molecular formation as an issue of the atomic construction. Ann Phys 49：229-362
[2] Lewis GN (1916) The atom and the molecule. J Am Chem Soc 38：762-785
[3] Langmuir I (1919) The arrangement of electrons in atoms and molecules. J Am Chem Soc 41：868-934
[4] Langmuir I (1919) Isomorphism，isosterism and covalence. J Am Chem Soc 41：1543-1559
[5] Langmuir I (1920) The octet theory of valence and its applications with special reference to organic nitrogen compounds. J Am Chem Soc 42：274-292
[6] Schwartz WHE (2006) Measuring orbitals：provocation or reality? Angew Chem Int Ed 45：1508-1517
[7] Mulliken RS (1978) Chemical bonding. Ann Rev Phys Chem 29：1-30
[8] Bader RFW (1990) Atoms in molecules：a quantum theory. Oxford University Press，Oxford
[9] Parr RG，Ayers PW，Nalewajski RF (2005) What is an atom in a molecule? J Phys Chem A 109：3957-3959
[10] Batsanov SS (1957) On the interrelation between the theory of polarization and the concept of electronegativity. Zh Neorg Khim 2：1482-1487
[11] Batsanov SS (2004) Molecular refractions of crystalline inorganic compounds. Russ J Inorg Chem 49：560-568
[12] Goldschmidt VM (1954) Geochemistry. Clarendon Press，Oxford
[13] O'Keeffe M (1977) On the arrangement of ions in crystals. Acta Cryst A 33：924-927
[14] Batsanov SS (1983) On some crystal-chemical peculiarities of inorganic halogenides. Zh Neorg Khim 28：830-836
[15] Madden PA，Wilson M (1996) Covalent effects in 'ionic' systems. Chem Soc Rev 25：339-350
[16] Gillespie RJ，Silvi B (2002) The octet rule and hypervalence：two misunderstood concepts. Coord Chem Rev 233：53-62
[17] von Antropoff A (1924) DieWertigkeit der Edelgaseundihre Stellung im periodischen System. Angew Chem 37：217-218，695-696
[18] Pauling L (1932) The nature of the chemical bond：the energy of single bonds and the relative electronegativity of atoms. J Am Chem Soc 54：3570-3582
[19] Bartlett N (1962) Xenon hexafluoroplatinate Xe^{+} $[PtF_6]^{-}$. Proc Chem Soc London 218
[20] Bartlett N (1963) New compounds of noble gases：the fluorides of xenon and radon. Amer Scientist 51：114-118
[21] Claassen HH，Selig H，Malm JG (1962) Xenon tetrafluoride. J Am Chem Soc 84：3593
[22] Chernick CL，Claassen HH，Fields PR et al (1962) Fluorine compounds of xenon and radon. Science 138：136-138.
[23] Tramšek M，Žemva B (2006) Synthesis，properties and chemistry of xenon (Ⅱ) fluoride. Acta Chim Slov 53：105-116
[24] Grochala W (2007) Atypical compounds of gases，which have been called 'noble'. Chem Soc Rev 36：1632-1655
[25] Goettel KA，Eggert JH，Silvera IF，Moss WC (1989) Optical evidence for the metallization of xenon at 132 (5) GPa. Phys Rev Lett 62：665-668
[26] Reichlin R，Brister KE，McMahan AK，et al (1989) Evidence for the insulator-metal transition in xenon from optical，X-ray，and band-structure studies to 170 GPa. Phys Rev Lett 62：669672
[27] Batsanov SS (1998) H_2：an archetypal molecule or an odd exception? Struct Chem 9：65-68
[28] Pauling L (1960) The nature of the chemical bond，3rd edn. Cornell Univ Press，Ithaca，New York
[29] Gillespie RJ，Robinson EA (1996) Electron domains and the VSEPR model of molecular geometry. Angew Chem Int Ed 35：495-514
[30] Morse PM (1929) Diatomic molecules according to the wave mechanics：vibrational levels. Phys Rev 34：57-64
[31] Bürgi H-B，Dunitz J (1987) Fractional bonds：relations among their lengths，strengths，and

stretching force constants. J Am Chem Soc 109：2924-2926

[32] Parr RG，Borkman RF (1968) Simple bond-charge model for potential-energy curves of homonuclear diatomic molecules. J Chem Phys 49：1055-1058

[33] Harrison WA (1980) Electronic structure the properties of solids. Freeman，San Francisco

[34] Zavitsas AA (2003) The relation between bond lengths and dissociation energies of carbon-carbon bonds. J Phys Chem A 107：897-898

[35] Krygowski TM，Cyranski MK (2001) Structural aspects of aromaticity. Chem Rev 101：1385-1420

[36] Pauling L，Sherman J (1933) The nature of the chemical bond：the calculation from thermochemlcal data of the energy of resonance of molecules among several electronic structures. J Chem Phys 1：606-617

[37] Hückel E (1931) Quantum contributions to the benzene problem. Z Physik 70：204-286

[38] Wiberg KB (2001) Aromaticity in monocyclic conjugated carbon rings. Chem Rev 101：1317-1332

[39] Hoffmann R，Shaik S，Hiberty PC (2003) A conversation on VB vs MO theory：a never-ending rivalry? Acc Chem Res 36：750-756

[40] Pierrefixe SCAH，Bickelhaupt FM (2007) Aromaticity：molecular-orbital picture of an intuitive concept. Chem Eur J 13：6321-6328

[41] Gomes JANF，Mallion RB (2001) Aromaticity and ring currents. Chem Rev 101：1349-1384

[42] Mitchell RH (2001) Measuring aromaticity by NMR. Chem Rev 101：1301-1316

[43] Bühl M，Hirsh A (2001) Spherical aromaticity of fullerenes. Chem Rev 101：1153-1184

[44] Chen Z，King RB (2005) Spherical aromaticity：recent work on fullerenes，polyhedral boranes and related structures. Chem Rev 105：3613-3642

[45] King RB (2001) Three-dimensional aromaticity in polyhedral boranes and related molecules. Chem Rev 101：1119-1152

[46] Boldyrev AI，Wang L-S (2005) All-metal aromaticity and antiaromaticity. Chem Rev 105：3716-3757

[47] Hirsch A，Chen Z，Jiao H (2000) Spherical aromaticity in I_h symmetrical fullerenes：the $2(N+1)^2$ rule. Angew Chem Int Ed 39：3915-3917

[48] Schleyer P von R (2001) Introduction：aromaticity. Chem Rev 101：1115-1118

[49] Schleyer P von R (2005) Introduction：delocalization π and σ. Chem Rev 105：3433-3435

[50] Meister J，Schwartz WHE (1994) Principal components of ionicity. J Phys Chem 98：8245-8252

[51] Gussoni M，Castiglioni C，Zerbi G (1983) Experimental atomic charges from infrared intensities：comparison with “ab initio” values. Chem Phys Lett 95：483-485

[52] Galabov B，Dudev T，Ilieva S (1995) Effective bond charges from experimental IR intensities. Spectrochim Acta A 51：739-754

[53] Ilieva S，Galabov B，Dudev T et al (2001) Effective bond charges from infrared intensities in CH_4，SiH_4，GeH_4 and SnH_4. J Mol Struct 565-566：395-398

[54] Barinskii RL (1960) Determination of the effective charges of atoms in complexes from the X-ray absorption spectra. J Struct Chem 1：183-190

[55] Szigeti B (1949) Polarizability and dielectric constant of ionic crystals. Trans Faraday Soc 45：155-166

[56] Jones GO，Martin DH，Mawer PA，Perry CH (1961) Spectroscopy at extreme infra-red wavelengths. Ⅱ. The lattice resonances of ionic crystals. Proc Roy Soc London A 261：10-27

[57] Bosomworth D (1967) Far-infrared optical properties of CaF_2，SrF_2，BaF_2，and CdF_2. Phys Rev 157：709-715

[58] Denham P，Field GR，Morse PLR，Wilkinson GR (1970) Optical and dielectric properties and lattice dynamics of some fluorite structure ionic crystals. Proc Roy Soc London A 317：55-77

[59] Batana A，Bruno JAO (1990) Volume dependence of the effective charge of zinc-blende-type crystals. J Phys Chem Solids 51：1237-1238

[60] Batsanov SS (1982) Dielectric methods of studying the chemical bond and the concept of electronegativity. Russ Chem Rev 51：684-697

[61] Wagner V，Gundel S，Geurts J et al (1998) Optical and acoustical phonon properties of BeTe. J Cryst Growth 184-185：1067-1071

[62] Julien C, Eddrief M, Samaras I, Balkanski M (1992) Optical and electrical characterizations of SnSe, SnS_2 and $SnSe_2$ single crystals. Mater Sci Engin B 15: 70-72

[63] Schoenes J, Borgschulte A, Carsteanu A-M et al (2003) Structure and bonding in YH_x as derived from elastic and inelastic light scattering. J Alloys Compd 356-357: 211-217

[64] Van Vechten J (1969) Quantum dielectric theory of electronegativity in covalent systems. Phys Rev 187: 1007-1020

[65] Phillips JC, van Vechten J (1970) Spectroscopic analysis of cohesive energies and heats of formation of tetrahedrally coordinated semiconductors. Phys Rev B 2: 2147-2160

[66] Phillips JC (1970) Ionicity of the chemical bond in crystals. Rev Modern Phys 42: 317-356

[67] Phillips JC (1974) Electronegativity and tetragonal distortions in $A^{II}B^{IV}C_2^{V}$ semiconductors. J Phys Chem Solids 35: 1205-1209

[68] Levine BF (1973) d-Electron effects on bond susceptibilities and ionicities. Phys Rev B 7: 2591-2600

[69] Levine BF (1973) Bond-charge calculation of nonlinear optical susceptibilities for various crystal structures. Phys Rev B 7: 2600-2626

[70] Levine BF (1973) Bond susceptibilities and ionicities in complex crystal structures. J Chem Phys 59: 1463-1486

[71] Srivastava VK (1984) Ionic and covalent energy gaps of CsCl crystals. Phys Letters A102: 127-129

[72] Al-Douri Y, Aourag H (2002) The effect of pressure on the ionicity of In-V compounds. Physica B 324: 173-178

[73] Singth BP, OjhaAK, Tripti S (2004) Analysis of ionicity parameters and photoelastic behaviour of $A^N B^{8-N}$ type crystals. Physica B 350: 338-347

[74] Hertz W (1927) Dielektrizitatskonstante und Brechungsquotient. Z anorg allgem Chem 161: 217-220

[75] Linke R (1941) On the refraction exponents of PF_5 and OsO_4 and the dielectric constants of OsO_4, SF_6, SeF_6 and TeF_6. Z phys Chem B 48: 193-196

[76] Sumbaev OI (1970) The effect of the chemical shift of the X-ray K_α lines in heavy atoms. Sov Phys JETP 30: 927-933

[77] Batsanov SS, Ovsyannikova IA (1966). X-ray spectroscopy and effective charges of atoms in compounds of Mn. In: Chemical bond in semiconductors thermodynamics. Nauka, Minsk (in Russian)

[78] Pantelouris A, Kueper G, Hormes J et al (1995) Anionic gold in Cs_3AuO and Rb_3AuO established by X-ray absorption spectroscopy. J Am Chem Soc 117: 11749-11753

[79] Saltykov V, Nuss J, Konuma M, Jansen M (2009) Investigation of the quasi binary system BaAu—BaPt. Z allgem anorg Chem 635: 70-75

[80] Saltykov V, Nuss J, Konuma M, Jansen M (2010) $SrAu_{0.5}Pt_{0.5}$ and $CaAu_{0.5}Pt_{0.5}$, analogues to the respective Ba compounds, but featuring purely intermetallic behaviour. Solid State Sci 12: 1615-1619.

[81] Nefedov VI, Yarzhemsky VG, Chuvaev AV, Tishkina EM (1988) Determination of effective atomic charge, extra-atomic relaxation and Madelung energy in chemical compounds on the basis of X-ray photoelectron and auger transition energies. J Electron Spectr Relat Phenom 46: 381-404

[82] Jollet F, Noguera C, Thromat N et al (1990) Electronic structure of yttrium oxide. Phys Rev B 42: 7587-7595

[83] Larsson R, Folkesson B (1991) Atomic charges in some copper compounds derived from XPS data. Acta Chem Scand 45: 567-571

[84] Larsson R, Folkesson B (1996) Polarity of Cu_3Si. Acta Chem Scand 50: 1060-1061

[85] Gutenev MS, Makarov LL (1992) Comparison of the static and dynamic atomic charges in ionic-covalent solids. J Phys Chem Solids 53: 137-140

[86] Dolenko GN (1993) X-ray determination of effective charges on sulphur, phosphorus, silicon and chlorine atoms. J Molec Struct 291: 23-57

[87] Dolenko GN, Voronkov MG, Elin VP, Yumatov VD (1993) X-ray investigation of the electron structure of organic compounds containing SiS and SiO bonds. J Molec Struct 295: 113-120

[88] Jolly WL, Perry WB (1974) Calculation of atomic charges by an electronegativity equalization procedure. Inorg Chem 13: 2686-2692

[89] Debye P (1915) Zerstreuung von Rontgenstrahlen. Ann Phys 46: 809-823
[90] Tsirel'sonVG, Ozerov RP (1996) Electron density and bonding in crystals. Institute of Physics Publishing, Bristol
[91] Coppens P (1997) X-ray charge densities and chemical bonding. Oxford University Press, Oxford
[92] Koritsanszky TS, Coppens P (2001) Chemical applications of X-ray charge-density analysis. Chem Rev 101: 1583-1628
[93] Belokoneva EL (1999) Electron density and traditional structural chemistry of silicates. Russ Chem Rev 68: 299-316
[94] Dunitz JD, Gavezzotti A (2005) Molecular recognition in organic crystals: directed inter-molecular bonds or nonlocalized bonding? Angew Chem Int Ed 44: 1766-1787
[95] Yufit DS, Mallinson PR, Muir KW, Kozhushkov SI, De Meijere A (1996) Experimental charge density study of dispiro heptane carboxylic acid. Acta Cryst B 52: 668-676
[96] Jauch W, Reehuis M, Schultz AJ (2004) γ-Ray and neutron diffraction studies of CoF_2: magnetostriction, electron density and magnetic moments. Acta Cryst A 60: 51-57
[97] Vidal-Valat G, Vidal J-P, Kurki-Suonio K (1978) X-ray study of the atomic charge densities in MgO, CaO, SrO and BaO. Acta Cryst A 34: 594-602
[98] Sasaki S, Fujino K, Takeuchi Y, Sadanaga R (1980) On the estimation of atomic charges by the X-ray method for some oxides and silicates. Acta Cryst A 36: 904-915
[99] Kirfel A, Will G (1981) Charge density in anhydrite, $CaSO_4$. Acta Cryst B 37: 525-532
[100] Sasaki S, Fujino K, Takeuchi Y, Sadanaga R (1982) On the estimation of atomic charges in $Mg_2Si_2O_6$, $Co_2Si_2O_6$, and $Fe_2Si_2O_6$. Z Krist 158: 279-297
[101] Gonschorek W (1982) X-ray charge density study of rutile. Z Krist 160: 187-203
[102] Kirfel A, Josten B, Will G (1984) Formal atomic charges in cubic boron nitride BN. Acta CrystA40: C178-C179
[103] Will G, Kirfel A, JostenB (1986) Charge density and chemical bonding in cubic boron nitride. J Less-Common Met 117: 61-71
[104] Zorkii PM, Masunov AE (1990) X-ray diffraction studies on electron density in organic crystals. Russ Chem Rev 59: 592-606
[105] Vidal-Valat G, Vidal J-P, Kurki-Suonio K, Kurki-Suonio R (1992) Evidence on the breakdown of the Born-Oppenheimer approximation in the charge density of crystalline LiH/D. Acta Cryst A 48: 46-60
[106] Sasaki S (1997) Radial distribution of electron density in magnetite, Fe_3O_4. Acta Cryst B 53: 762-766
[107] Hill R, Newton M, Gibbs GV (1998) A crystal chemical study of stishovite. J Solid State Chem 47: 185-200
[108] Tsirel'son VG, Avilov AS, Abramov YuA et al (1998) X-ray and electron diffraction study of MgO. Acta Cryst B 54: 8-17
[109] Noritake T, Towata S, Aoki M et al (2003) Charge density measurement in MgH_2 by synchrotron X-ray diffraction. J Alloys Comp 356-357: 84-86
[110] Schoenes J, Borgschulte A, Carsteanu A-M et al (2003) Structure and bonding in YH_x as derived from elastic and inelastic light scattering. J Alloys Comp 356-357: 211-217
[111] Belokoneva EL, Shcherbakova YuK (2003) Electron density in synthetic escolaite Cr_2O_3 with a corundum structure and its relation to antiferromagnetic properties. Russ J Inorg Chem 48: 861-869
[112] Whitten AE, Ditrich B, Spackman MA et al (2004) Charge density analysis of two polymorphs of antimony (Ⅲ) oxide. Dalton Trans 23-29
[113] Saravanan R, Jainulabdeen S, Srinivasan N, KannanYB (2008) X-ray determination of charge transfer in solar grade GaAs. J Phys Chem Solids 69: 83-86
[114] Noritake T, Aok M, Towata S et al (2002) Chemical bonding of hydrogen in MgH_2. Appl Phys Lett 81: 2008-2010
[115] Isidorsson J, Giebels IAME, Arwin H, Griessen R (2003) Optical properties of MgH_2 measured in

situ by ellipsometry and spectrophotometry. Phys Rev B 68：115112

[116] Ichikawa M，Gustafsson T，Olovsson I (1998) Experimental electron density study of NaH_2PO_4 at 30 K. Acta Cryst B 54：29-34

[117] Johnson O (1973) Ionic radii for spherical potential ion. Inorg Chem 12：780-785

[118] Johnson O (1981) Electron density and electron redistribution in alloys：electron density in elemental metals. J Phys Chem Solids 42：65-76

[119] Batsanov SS (2006) Mechanism of metallization of ionic crystals by pressure. Russ J Phys Chem 80：135-138

[120] Brechignac C，Broyer M，Cahuzac Ph et al (1988) Probing the transition from van der Waals to metallic mercury clusters. Phys Rev Letters 60：275-278

[121] Pastor GM，Stampell P，Bennemann KH (1988) Theory for the transition from van der Waals to covalent to metallic mercury clusters. Europhys Lett 7：419-424

[122] Thomas OC，Zheng W，Xu S，Bowen KH Jr (2002) Onset of metallic behavior in magnesium clusters. Phys Rev Lett 89：213-403

[123] Batsanov SS (1971) Quantitative characteristics of bond metallicity in crystals. J Struct Chem 12：809-813

[124] Batsanov SS (1979) Band gaps of inorganic compounds of the AB type. Russ J Inorg Chem 24：155-157

[125] Vegas A，Jansen M (2002) Structural relationships between cations and alloys; an equivalence between oxidation and pressure. Acta Cryst B 58：38-51

[126] Liebau F (1999) Silicates and provskites：two themes with variations. Angew Chem Int Ed 38：1733-1737

[127] Goldhammer D (1913) Dispersion und Absorption des Lichtes. Tubner-Ferlag，Leipzig

[128] Herzfeld K (1927) On atomic properties which make an element a metal. Phys Rev 29：701-705

[129] Duffy JA (1986) Chemical bonding in the oxides of the elements：a new appraisal. J Solid State Chem 62：145-157

[130] Dimitrov V，Sakka S (1996) Electronic oxide polarizability and optical basicity of simple oxides. J Appl Phys 79：1736-1740

[131] Sun L，Ruoff AL，Zha C-S，Stupian G (2006) Optical properties of methane to 288 GPa at 300 K. J Phys Chem Solids 67：2603-2608

[132] Sun L，Ruoff AL，Zha C-S，Stupian G (2006) High pressure studies on silane to 210 GPa at 300 K：optical evidence of an insulator-semiconductor transition. J Phys Cond Matter 18：8573-8580

[133] Burdett JK (1997) Chemical bond：a dialog. Wiley，Chichester

[134] Hemley RJ，Dera P (2000) Molecular crystals. Rev Mineral Geochem 41：335-419

[135] Brewer L (1981) The role and significance of empirical and semiempirical correlations. In：O'Keefe M，Navrotsky A (eds) Structure and bonding in crystals，v 1. Acad Press，San Francisco

[136] Tromel M (2000) Metallic radii，ionic radii，and valences of solid metallic elements. Z Naturforsch B 55：243-247

[137] Jules JL，Lombardi JR (2003) Transition metal dimer internuclear distance from measured force constant. J Phys Chem A 107：1268-1273

[138] Batsanov SS，Batsanov AS (2010) Valent states of Cu，Ag，and Au atoms in molecules and solids are the same. Russ J Inorg Chem 55：913-914

[139] Batsanov SS (1980) The features of chemical bonding in b-subgroup metals. Zh Neorg Khim 25：615-623

[140] Lawaetz P (1971) Effective charges and ionicity. Phys Rev Letters 26：697-700

[141] Lucovsky G，Martin RM，Burstein E (1971) Localized effective charges in diatomic molecules. Phys Rev B 4：1367-1374

[142] Robertson J (1978) Tight binding band structure of PbI_2 using scaled parameters. Solid State Commun 26：791-794

[143] Robertson J (1979) Electronic structure of SnS_2，$SnSe_2$，CdI_2 and PbI_2. J Phys C 12：4753-4766

[144] Robertson J (1979) Electronic structure of SnO_2, GeO_2, PbO_2, TeO_2 and MgF_2. J Phys C 12: 4767-4776
[145] Robertson J (1979) Electronic structure of GaSe, GaS, InSe and GaTe. J Phys C 12: 4777-4790
[146] Wakamura K, Arai T (1981) Empirical relationship between effective ionic charges and optical dielectric constants in binary and ternary cubic compounds. Phys Rev B 24: 7371-7379
[147] Liebau F, Wang X (2005) Stoichiometric valence versus structural valence: Conclusions drawn from a study of the influence of polyhedron distortion on bond valence sums. Z Krist 220: 589-591
[148] Liebau F, Wang X, Liebau W (2009) Stoichiometric valence and structural valence—two different sides of the same coin: "bonding power". Chem Eur J 15: 2728-2737
[149] Frankland E (1853) Ueber eine neue Reihe organischer Korper, welche Metalle enthalten. Liebigs Ann Chem 85: 329-373
[150] Moelwyn-Hughes EA (1961) Physical chemistry, 2nd edn. Pergamon Press, London
[151] Batsanov SS (2008) Dependence of energies on the bond lengths in molecules and crystals. J Struct Chem 49: 296-303
[152] Batsanov SS (1998) Estimation of the van der Waals radii of elements with the use of the Morse equation. Russ J General Chem 66: 495-500
[153] Ceccherini S, Moraldi M (2001) Interatomic potentials of group IIB atoms (ground state). Chem Phys Lett 337: 386-390
[154] Housecroft CE, Wade K, Smith BC (1978) Bond strengths in metal carbonyl clusters. Chem Commun 765-766
[155] Hughes AK, Peat KL, Wade K (1996) Structural and bonding trends in osmium carbonyl cluster chemistry: metal—metal and metal—ligand bond lengths and calculated strengths, relative stabilities and enthalpies of formation of some binary osmium carbonyls. Dalton Trans 4639-4647
[156] Hughes AK, Wade K (2000) Metal—metal and metal—ligand bond strengths in metal carbonyl clusters. Coord Chem Rev 197: 191-229
[157] Batsanov SS (2007) Ionization, atomization, and bond energies as functions of distances in inorganic molecules and crystals. Russ J Inorg Chem 52: 1223-1229
[158] Harrison WA (1980) Electronic structure and the properties of solids. Freeman, San Francisco
[159] Fuentealba P, Preuss H, Stoll H, von Szentpaly L (1982) A proper account of core-polarization with pseudopotentials: single valence-electron alkali compounds. Chem Phys Lett 89: 418-422
[160] Von Szentpály L, Fuentealba P, Preuss H, Stoll H (1982) Pseudopotential calculations on Rb_2^+, Cs_2^+, RbH^+, CsH^+ and the mixed alkali dimer ions. Chem Phys Lett 93: 555-559
[161] Müller W, Meyer W (1984) Ground-state properties of alkali dimers and their cations (including the elements Li, Na, and K) from ab initio calculations with effective core polarization potentials. J Chem Phys 80: 3311-3320
[162] Szentpaly L von (1995) Valence states and a universal potential energy curve for covalent and ionic bonds. Chem Phys Lett 245: 209-214
[163] Batsanov SS (2010) Simple semi-empirical method for evaluating bond polarity in molecular and crystalline halides. J Mol Struct 980: 225-229
[164] Ho J, Polak ML, Lineberger WC (1992) Photoelectron spectroscopy of group Ⅳ heavy metal dimers: Sn_2^-, Pb_2^-, and $SnPb^-$. J Chem Phys 96: 144-154
[165] Ho J, Polak ML, Ervin KM Lineberger WC (1993) Photoelectron spectroscopy of nickel group dimers: Ni_2^-, Pd_2^-, and Pt_2^-. J Chem Phys 99: 8542-8551
[166] Lippa TP, Xu S-J, Lyapushina SA et al (1998) Photoelectron spectroscopy of As^-, As^{2-}, As^{3-}, As^{4-}, and As^{5-}. J Chem Phys 109: 10727-10731
[167] Nau WM (1997) An electronegativity model for polar ground-state effects on bond dissociation energies. J Phys Organ Chem 10: 445-455
[168] Erwin KM, Gronert S, Barlow SE et al (1990) Bond strengths of ethylene and acetylene. J Am Chem Soc 112: 5750-5759
[169] Blanksby SJ, Ellison GB (2003) Bond dissociation energies of organic molecules. Acc Chem Res 36:

255-263
[170] Batsanov SS (2002) Bond polarity as a function of the valence of the central atom. Russ J Inorg Chem 47: 663-665
[171] Leroy G, Temsamani DR, Sana M, Wilante C (1993) Refinement and extension of the table of standard energies for bonds involving hydrogen and various atoms of groups Ⅳ to Ⅶ of the Periodic Table. J Molec Struct 300: 373-383
[172] Ponomarev D, Takhistov V, Slayden S, Liebman J (2008) Enthalpies of formation for free radicals of main group elements' halogenides. J Mol Struct 876: 15-33
[173] Ponomarev D, Takhistov V, Slayden S, Liebman J (2008) Enthalpies of formation for bi- and triradicals of main group elements' halogenides. J Mol Struct 876: 34-55
[174] Nikitin MI, Kosinova NM, Tsirelnikov VI (1992) Mass-spectrometric study of the thermodynamic properties of gaseous lowest titanium iodides. High Temp Sci 30: 564-572
[175] Giricheva NI, Lapshin SB, Girichev GV (1996) Structural, vibrational, and energy characteristics of halide molecules of group Ⅱ-Ⅴ elements. J Struct Chem 37: 733-746
[176] Nikitin MI, Tsirelnikov VI (1992) Determination of enthalpy of formation of gaseous uranium pentafluoride. High Temp Sci 30: 730-735
[177] Van der Vis MGM, Cordfunke EHP, Konings RJM (1997) Thermochemical properties of zirconium halides: a review. Thermochim Acta 302: 93-108
[178] Hildenbrand DL, Lau KH, Baglio JW, Struck CW (2001) Thermochemistry of gaseous OSiI, $OSiI_2$, SiI, and SiI_2. J Phys Chem A 105: 4114-4117
[179] Hildenbrand DL, Lau KH, Sanjurjo A (2003) Experimental thermochemistry of the SiCl and SiBr radicals; enthalpies of formation of species in the Si-Cl and Si-Br systems. J Phys Chem A 107: 5448-5451
[180] Giricheva NI, Girichev GV, Shlykov SA et al (1995) The joint gas electron diffraction and mass spectrometric study of GeI_4 (g) + Ge (s) system: molecular structure of germanium diiodide. J Mol Struct 344: 127-134
[181] HaalandA, HammelA, Martinsen K-G et al (1992) Molecular structures of monomeric gallium trichloride, indium trichloride and lead tetrachloride by gas electron diffraction. Dalton Trans 2209-2214
[182] Hildenbrand DL, Lau KH, Perez-Mariano J, Sanjurjo A (2008) Thermochemistry of the gaseous vanadium chlorides VCl, VCl_2, VCl_3, and VCl_4. J Phys Chem A 112: 9978-9982
[183] Grant DJ, Matus MH, Switzer JR, Dixon DA (2008) Bond dissociation energies in second-row compounds. J Phys Chem A 112: 3145-3156
[184] Hildenbrand DL (1995) Dissociation energies of the monochlorides and dichlorides of Cr, Mn, Fe, Co, and Ni. J Chem Phys 103: 2634-2641
[185] Hildenbrand DL, Lau KH (1992) Trends and anomalies in the thermodynamics of gaseous thorium and uranium halides. Pure Appl Chem 64: 87-92
[186] Hildenbrand DL (1996) Dissociation energies of the molecules BCl and BCl^-. J Chem Phys 105: 10507-10510
[187] Ezhov YuS (1992) Force constants and characteristics of the structure of trihalides. Russ J Phys Chem 66: 748-751
[188] Gurvich LV, Ezhov YuS, Osina EL, Shenyavskaya EA (1999) The structure of molecules and the thermodynamic properties of scandium halides. Russ J Phys Chem 73: 331-344
[189] Hildenbrand DL, Lau KH (1995) Thermochemical properties of the gaseous scandium, yttrium, and lanthanum fluorides. J Chem Phys 102: 3769-3775
[190] Struck C, Baglio J (1991) Estimates for the enthalpies of formation of rare-earth solid and gaseous trihalides. High Temp Sci 31: 209-237
[191] Ezhov YuS (1995) Variations of molecular constants in metal halide series XY_n and estimates for bismuth trihalide constants. Russ J Phys Chem 69: 1805-1809
[192] Ezhov YuS (1993) Systems of force constants, coriolis coupling constants, and structure peculiari-

ties of XY_4 tetrahalides. Russ J Phys Chem 67：901-904
[193] Giricheva NI，Girichev GV (1999) Mean bond dissociation energies in molecules and the enthalpies of formation of gaseous niobium tetrahalides and oxytrihalides. Russ J Phys Chem 73：372-374
[194] Berkowitz J，Ruscic B，Gibson S et al (1989) Bonding and structure in the hydrides of groups Ⅲ-Ⅵ deduced from photoionization studies. J Mol Struct Theochem 202：363-373
[195] Jones MN，Pilcher G (1987) Thermochemistry. Ann Rep Progr Chem C84：65-104
[196] Craciun R，Long RT，Dixon DA，Christe KO (2010) Electron affinities，fluoride affinities，and heats of formation of the second row transition metal hexafluorides：MF_6 (M=Mo，Tc，Ru，Rh，Pd，Ag). J Phys Chem A114：7571-7582
[197] Craciun R，Picone D，Long RT et al (2010) Third row transition metal hexafluorides，extraordinary oxidizers，and Lewis acids：electron affinities，fluoride affinities，and heats of formation of WF_6，ReF_6，OsF_6，IrF_6，PtF_6，and AuF_6. Inorg Chem 49：1056-1070
[198] Batsanov SS (1994) Crystal-chemical estimates of bond energies in metals. Inorg Mater 30：926-927
[199] Murphy LR，Meek TL，Allred AL，Allen LC (2000) Evaluation and test of Pauling's electronegativity scale. J Phys Chem A 104：5867-5871
[200] Mulliken RS (1952) Magic formula，structure of bond energies and isovalent hybridization. JPhys Chem 56：295-311
[201] Mulliken RS，Rieke CA，Orloff D，Orloff H (1949) Formulas and numerical tables for overlap integrals. J Chem Phys 17：1248-1267
[202] Mulliken RS (1950) Overlap integrals and chemical binding. J Am Chem Soc 72：4493-4503
[203] Jaffe HH (1953) Some overlap integrals involving d orbitals. J Chem Phys 21：258-263
[204] Jaffe HH (1954) Studies in molecular orbital theory of valence：multiple bonds involving d-orbitals. J Phys Chem 58：185-190
[205] Cotton FA，Leto J (1959) Acceptor properties，reorganization energies，and n bonding in the boron and aluminum halides. J Chem Phys 30：993-998
[206] Batsanov SS，Zvyagina RA (1966) Overlap integrals and problem of effective charges，vol 1. Nauka，Novosibirsk (in Russian)
[207] Batsanov SS，Kozhevina LI (1969) Overlap integrals，vol 2. Nauka，Novosibirsk (in Russian)
[208] Ferreira R (1963) Principle of elecronegativity equalization：bond-dissociation energies. Trans Faraday Soc 59：1075-1079
[209] Sanderson RT (1975) Interrelation of bond dissociation energies and contributing bond energies. J Am Chem Soc 97：1367-1372
[210] Sanderson RT (1983) Electronegativity and bond energy. J Am Chem Soc 105：2259-2261
[211] Sanderson RT (1986) The inert-pair effect on electronegativity. Inorg Chem 25：1856-1858
[212] Matcha RL (1983) Theory of the chemical bond：accurate relationship between bond energies and electronegativity differences. J Am Chem Soc 105：4859-4862
[213] Bratsch SG (1984) Electronegativity equalization with Pauling units. J Chem Educat 61：588-589
[214] Bratsch SG (1985) A group electronegativity method with Pauling units. J Chem Educat 62：101-103
[215] Reddy RR，Rao TVR，Viswanath R (1989) Correlation between electronegativity differences and bond energies. J Am Chem Soc 111：2914-2915
[216] Smith DW (2002) Comment on "Evaluation and test of Pauling's electronegativity rule". J Phys Chem A 106：5951-5952
[217] Smith DW (2004) Effects of exchange energy and spin-orbit coupling on bond energies. J Chem Educat 81：886-890
[218] Nasar A，Shamsuddin M (1990) Thermodynamic properties of cadmium selenide. J Less-Common Met 158：131-135
[219] Nasar A，Shamsuddin M (1990) Thermodynamic investigations of HgTe. J Less-Common Met 161：87-92
[220] Nasar A，Shamsuddin M (1990) Thermodynamic properties of ZnTe. J Less-Common Met 161：93-99

[221] Nasar A, Shamsuddin M (1992) Investigations of the thermodynamic properties of zinc chalcogenides. Thermochimica Acta 205: 157-169

[222] O'Hare PAG, Curtis LA (1995) Thermochemistry of (germanium + sulfur): Ⅳ. Critical evaluation of the thermodynamic properties of solid and gaseous germanium sulfide GeS and germanium disulfide GeS_2, and digermanium disulfide Ge_2S_2 (g). Enthalpies of dissociation of bonds in GeS (g), GeS_2 (g), and Ge_2S_2 (g). J Chem Thermodyn 27: 643-662

[223] Tomaszkiewicz P, Hoppe GA, O'Hare PAG (1995) Thermochemistry of (germanium + tellurium): I. Standard molar enthalpy of formation $\Delta^f H_m^0$ at the temperature 298.15 K of crystalline germanium monotelluride GeTe by fluorine-bomb calorimetry. A critical assessment of the thermodynamic properties of GeTe (cr and g) and $GeTe_2$ (g). J Chem Thermodyn 27: 901-919

[224] Boone S, Kleppa OJ (1992) Enthalpies of formation for group Ⅳ selenides ($GeSe_2$, $GeSe_2$ (am), SnSe, $SnSe_2$, PbSe). Thermochim Acta 197: 109-121

[225] Kotchi A, Gilbert M, Castanet R (1988) Thermodynamic behaviour of the Sn + Te, Pb + Te, Sn + Se and Pb + Se melts according to the associated model. J Less-Common Met 143: L1-L6

[226] O'Hare PAG, Lewis BM, Susman S, Volin KJ (1990) Standard molar enthalpies of formation and transition and other thermodynamic properties of the crystalline and vitreous forms of arsenic sesquiselenide (As_2Se_3). Dissociation enthalpies of As-Se bonds. J Chem Thermodyn 22: 1191-1206

[227] O'Hare PAG (1987) Inorganic chalcogenides: high-tech materials, low-tech thermodynamics. J Chem Thermodyn 19: 675-701

[228] Cemič L, Kleppa O (1988) High temperature calorimetry of sulfide systems. Phys Chem Miner 16: 172-179

[229] Goncharuk LV, Lukashenko GM (1986) Thermodynamic properties of chromium selenides, Cr_2Se_3. Russ J Phys Chem 60: 1089-1089

[230] Dittmer G, Niemann U (1981) Heterogeneous reactions and chemical-transport of tungsten with halogens and oxygen under steady-state conditions of incandescent lamps. Philips J Res 36: 87-111

[231] Robie RA, Hemingway BS (1985) Low-temperature molar heat capacities and entropies of MnO_2 (pyrolusite), Mn_3O_4 (hausmanite), and Mn_2O_3 (bixbyite). J Chem Thermodyn 17: 165-181

[232] Johnson GK, Murray WT, Van Deventer EH, Flotow HE (1985) The thermodynamic properties of zirconium ditelluride $ZrTe_2$-1500 K. J Chem Thermodyn 17: 751-760

[233] Fuger J (1992) Transuranium-element thermochemistry: a look into the past—a glimpse into the future. J Chem Thermodyn 24: 337-358

[234] O'Hare PAG, Lewis BM, Parkinson BA (1988) Standard molar enthalpy of formation of tungsten diselenide; thermodynamics of the high-temperature vaporization of WSe_2; revised value of the standard molar enthalpy of formation of molybdenite (MoS_2). J Chem Thermodyn 20: 681-691

[235] Leonidov VYa, Timofeev IV, Lazarev VB, Bozhko AB (1988) Enthalpy of formation of the wurtzite form of boron nitride. Russ J Inorg Chem 33: 906-908

[236] Ranade MR, Tessier F, Navrotsky A et al (2000) Enthalpy of formation of gallium nitride. J Phys Chem B 104: 4060-4063

[237] Kulikov IS (1988) Thermodynamics of carbides and nitrides. Metallurgiya, Chelyabinsk (in Russian)

[238] Knacke O, Kubaschewski O, Hesselmann K (eds) (1991) Thermochemical properties of inorganic substances, 2nd edn. Springer-Verlag, Berlin

[239] Yamaguchi K, Takeda Y, Kameda K, Itagaki K (1994) Measurements of heat of formation of GaP, InP, GaAs, InAs, GaSb and InSb. Materials Transactions JIM 35: 596-602

[240] Gordienko SP, Fenochka BF, Viksman GSh (1979) Thermodynamics of the lanthanide compounds. Naukova Dumka, Kiev (in Russian)

[241] Yamaguchi K, Yoshizawa M, Takeda Y et al (1995) Measurement of thermodynamic properties of Al-Sb system by calorimeters. Materials Transactions JIM 36: 432-437

[242] Waddington TC (1959) Lattice energies and their significance in inorganic chemistry. Adv Inorg

Chem Radiochem 1：157-221
[243] Ratkey CD，Harrison BK (1992) Prediction of enthalpies of formation for ionic compounds. Ind Eng Chem Res 31：2362-2369
[244] Born M，Landé A (1918) Kristallgitter und bohrsches Atommodell. Verh Dtsch Physik Ges 20：202-209
[245] Born M，Landé A (1918) Uber Berechnung der Compressibilitat regularer Kristalle aus der Gittertheorie. Verh Dtsch Physik Ges 20：21-216
[246] Born M (1919) Eine thermochemischemische Anwendung der Gittertheorie. Verh Dtsch Physik Ges 21：13-24
[247] Born M，Mayer JE (1932) Zur Gittertheorie der Ionenkristalle. Z Physik 75：1-18
[248] Royer DJ (1968) Bonding theory. McGraw-Hill，New York
[249] Bucher M (1990) Cohesive properties of silver halides. J Imaging Sci 34：89-95
[250] Johnson QC，Templeton DH (1961) Madelung constants for several structures. J Chem Phys 34：2004-2007
[251] Hoppe R (1970) Madelung constants as a new guide in the structural chemistry of solids. Adv Fluorine Chem 6：387-438
[252] Alcock NW，Jenkins HDB (1974) Crystal structure and lattice energy of thallium (Ⅰ) fluoride：inert-pair distortions. Dalton Trans 1907-1911
[253] Zucker IJ (1991) Madelung constants and lattice sums for hexagonal crystals. J Phys A 24：873-879
[254] Zemann J (1991) Madelung numbers for the theoretical structure type with mutual trigonal prismatic coordination. Acta Cryst A 47：851-852
[255] Keshishi A (1996) Calculation of Madelung constant of various ionic structures based on the semisimple Lie algebras. Modern Phys Lett 10：475-485
[256] Gaio M，Silvestrelli PL (2009) Efficient calculation of Madelung constants for cubic crystals. Phys Rev B 79：012102
[257] Baker AD，Baker MD (2010) Rapid calculation of individual ion Madelung constants and their convergence to bulk value. Am J Phys 78：102-105
[258] Izgorodina EI，Bernard UL，Dean PM et al (2009) The Madelung constant of organic salts. Cryst Growth Des 9：4834-4839
[259] Kapustinskii A (1933) On the second principle of crystal chemistry. Z Krist 86：359-369
[260] Kapustinskii A (1943) Lattice energy of ionic crystals. Acta Physicochim URSS 18：370-377
[261] Yatsimirskii KB (1951) Thermochemistry of coordination compounds. Akad Nauk，Moscow (in Russian)
[262] Jenkins HDB，Pratt KF (1977) On basic radii of simple and complex ions and repulsion energy of ionic crystals. Proc Roy Soc A 356：115-134
[263] Jenkins HDB，Thakur KP (1979) Reappraisal of thermochemical radii for complex ions. J Chem Educat 56：576-577
[264] Jenkins HDB，Roobottom HK，Passmore J，Glasser L (1999) Relationships among ionic lattice energies，molecular (formula unit) volumes，and thermochemical radii. Inorg Chem 38：360-3620
[265] Glasser L，Jenkins HDB (2000) Lattice energies and unit cell volumes of complex ionic solids. J Am Chem Soc 122：632-638
[266] Sorokin NL (2001) Calculations of the lattice energy of fluoride solid solutions with fluorite structure. Russ J Phys Chem 75：1010-1011
[267] Aleixo AI，Oliveira PH，Diogo HP，da Piedade MEM (2005) Enthalpies of formation and lattice enthalpies of alkaline metal acetates. Thermochim Acta 428：131-136
[268] Yoder CH，Flora NJ (2005) Geochemical applications of the simple salt approximation to the lattice energies of complex materials. Amer Miner 90：488-515
[269] Glasser L，Jenkins HDB (2005) Predictive thermodynamics for condensed phases. Chem Soc Rev 34：866-874
[270] Glasser L，von Szentpaly L (2006) Born-Haber-Fajans cycle generalized：linear energy relation

between molecules, crystals and metals. J Am Chem Soc 128: 12314-12321

[271] Dimitrov V, Sakka S (1996) Electronic oxide polarizability and optical basicity of simple oxides. J Appl Phys 79: 1736-1740

[272] Xu Y-N, Ching WY (1993) Electronic, optical, and structural properties of some wurtzite crystals. Phys Rev B 48: 4335-4351

[273] Pandey R, Lepak P, Jaffe JE (1992) Electronic structure of alkaline-earth selenides. Phys Rev B 46: 4976-4977

[274] KanekoY, Koda T (1988) New developments in IIa-VIb (alkaline-earth chalcogenide) binary semiconductors. J Cryst Growth 86: 72-78

[275] Rocquefelte X, Whangbo M-H, Jobic S (2005) Structural and electronic factors controlling the refractive indices of the chalcogenides ZnQ and CdQ (Q = O, S, Se, Te). Inorg Chem 44: 3594-3598

[276] Hanafi ZM, Ismail FM (1988) Colour problem of mercuric oxide photoconductivity and electrical conductivity of mercuric oxide. Z phys Chem 158: 8-86

[277] Boldish SI, White WB (1998) Optical band gaps of selected ternary sulfide minerals. Amer Miner 83: 865-871

[278] Sohila S, Rajalakshmi M, Ghosh C et al (2011) Optical and Raman scattering studies on SnS nanoparticles. J Alloys Comp 509: 5843-5847

[279] Gawlik K-U, Kipp L, Skibowski M et al (1997) HgSe: metal or semiconductor? Phys Rev Lett 78: 3165-3168

[280] Di Quarto F, Sunseri C, Piazza S, Romano MC (1997) Semiempirical correlation between optical band gap values of oxides and the difference of electronegativity of the elements. J Phys Chem B 101: 2519-2525

[281] Di Quarto F, Sunseri C, Piazza S, Romano MC (2000) A semiempirical correlation between the optical band gap of hydroxides and the electronegativity of their constituents. Russ J Elektrochem 36: 1203-1208

[282] Julien C, Eddrief M, Samaras I, Balkanski M (1992) Optical and electrical characterizations of SnSe, SnS_2 and $SnSe_2$ single crystals. Mater Sci Engin B 15: 70-72

[283] Majumdar A, Xu HZ, Zhao F et al (2004) Bandgap energies and refractive indices of $Pb_{1-x}Sr_xSe$. J Appl Phys 95: 939-942

[284] Lokhande CD (1992) Chemical deposition of CoS films. Indian J Pure Appl Phys 30: 245-247

[285] Bai X, Kordesch ME (2001) Structure and optical properties of ScN thin films. Appl Surf Sci 175-176: 499-504

[286] Hulliger F (1979) Rare earth pnictides. In: Gschneidner KA Jr, Eyring L (eds) Handbook on the physics and chemistry of rare earths, vol 4. Amsterdam: North-Holland

[287] Meng J, Ren Y (1991) Investigation of the photoelectronic properties of rare earth monophosphide. Solid State Commun 80: 485-488

[288] Miyuata N, Moriki K, Mishima O et al (1989) Optical constants of cubic boron nitride. Phys Rev B 40: 12028-12029

[289] Onodera A, Nakatani M, Kobayashi M et al (1993) Pressure dependence of the optical-absorption edge of cubic boron nitride. Phys Rev B 48: 2777-2780

[290] Tarrio C, Schnatterly S (1989) Interband transitions, plasmons, and dispersion in hexagonal boron nitride. Phys Rev B 40: 7852-7859

[291] Stenzel O, Hahn J, Roder M et al (1996) The optical constants of cubic and hexagonal boron nitride thin films and their relation to the bulk optical constants. Phys Status Solidi 158a: 281-287

[292] Prasad C, Sahay M (1989) Electronic structure and properties of boron phosphide and boron arsenide. Phys Status Solidi 154b: 201-207

[293] Vurgaftman I, Meyer JR, Ram-Mohan LR (2001) Band parameters for Ⅲ-Ⅴ compound semiconductors and their alloys. J Appl Phys 89: 581-5875

[294] McBride JR, Hass KC, Weber WH (1991) Resonance-Raman and lattice-dynamics studies of single-

crystal PdO. Phys Rev B 44：5016-5028
[295] Dey S，Jain VK（2004）Platinum group metal chalcogenides. Platinum Metals Rev 48：16-29
[296] Welker H（1952）Uber neue halbleitende Verbindungen. Z Naturforsch 7a：744-749
[297] Manca P（1961）A relation between the binding energy and the band-gap energy insemiconductors of diamond or zinc-blende structure. J Phys Chem Solids 20：268-273
[298] Vijh AK（1969）Correlation between bond energies and forbidden gaps of inorganic binary compounds. J Phys Chem Solids 30：1999-2005
[299] Reddy RR，Ahammed YN（1995）Relationship between refractive index，optical electronegativities and electronic polaiizability in alkali halides，Ⅲ-Ⅴ，Ⅱ-Ⅵ group semiconductors. Cryst Res Technol 30：263-266
[300] Gong X，Gao F，Yamaguchi T et al（1992）Dependence of energy band gap and lattice constant of Ⅲ-Ⅴ semiconductors on electronegativity difference of the constituent elements. Cryst Res Technol 27：1087-1096
[301] Duffy JA（1977）Variable electronegativity of oxygen in binary oxides：possible relevance to molten fluorides. J Chem Phys 67：2930-2931
[302] Duffy JA（1980）Trends in energy gaps of binary compounds：an approach based upon electron transfer parameters from optical spectroscopy. J Phys C 13：2979-2990
[303] Mooser E，Pearson WB（1959）On the crystal chemistry of normal valence compounds. Acta Cryst 12：1015-1022
[304] Makino Y（1994）Interpretation of band gap，heat of formation and structural mapping for sp-bonded binary compounds on the basis of bond orbital model and orbital electronegativity. Intermetallics 2：55-56
[305] Villars P（1983）A three-dimensional structural stability diagram for 998 binary AB intermetallic compounds. J Less-Common Met 92：215-238
[306] Villars P（1983）A three-dimensional structural stability diagram for 1011 binary AB_2 intermetallic compounds. J Less-Common Met 99：33-43
[307] Phillips JC（1973）Bonds and bands in semiconductors. Academic Press，New York
[308] Hooge FN（1960）Relation between electronegativity and energy bandgap. Z phys Chem 24：27-282
[309] Shimakawa K（1981）On the compositional dependence of the optical gap in amorphous semiconducting alloys. J Non-Cryst Solids 43：229-244
[310] atsanov SS（1965）A new method of calculating the width of the forbidden zone. J Struct Chem 5：862-864
[311] Batsanov SS（1972）Quantitative characteristics of bond metallicity in crystals. J Struct Chem 12：809-813
[312] Harrison WA（1980）Electronic structure and properties of solids. Freeman，San Feancisco；Christensen NE，Satpathy S，Pawlowska Z（1987）Bonding and ionicity in semiconductor. Phys Rev 36：1032-1050
[313] Veal TD，Mahboob I，McConville CF（2004）Negative band gaps in dilute InN_xSb_{1-x} alloys. Phys Rev Lett 92：136-801
[314] Suchet J（1965）Chemical physics of semiconductors. Van Nostrand，Princeton
[315] Phillips JC（1970）Ionicity of the chemical bond in crystals. Rev Modern Phys 42：31-356
[316] Nethercot AH Jr（1974）Prediction of Fermi energies and photoelectric thresholds based on electronegativity concepts. Phys Rev Lett 33：1088-1091
[317] Poole RT，Williams D，Riley J et al（1975）Electronegativity as a unifying concept in the determination of Fermi energies and photoelectric thresholds. Chem Phys Lett 36：401-403
[318] Chen ECM，Wentworth WE，Ayala JA（1977）The relationship between the Mulliken electronegativities of the elements and the work functions of metals and nonmetals. J Chem Phys 67：2642-2647
[319] Nethercot AH（1981）Electronegativity and a model Hamiltonian for chemical applications. Chem Phys 59：297-313
[320] Lonfat M，Marsen B，Sattler K（1999）The energy gap of carbon clusters studied by scanning tunneling spectroscopy. Chem Phys Lett 313：539-543

[321] BanerjeeR, Jayakrishnan R, Ayub P (2000) Effect of the size-induced structural transformation on the band gap in CdS nanoparticles. J Phys Cond Matt 12: 10647-10654
[322] Sarangi SN, Sahu SN (2004) CdSe nanocrystalline thin films: composition, structure and optical properties. Physica E 23: 159-167
[323] Vidal J, Lany S, d'Avezac M et al (2012) Band-structure, optical properties, and defect physics of the photovoltaic semiconductor SnS. Appl Phys Lett 100: 032104
[324] Franzman MA, Schlenker CW, Thompson ME, Brutchey RL (2010) Solution-phase synthesis of SnSe nanocrystals for use in solar cells. J Am Chem Soc 132: 4060-4061
[325] Wang Y, Suna A, Mahler W, Kasowski R (1987) PbS in polymers: from molecules to bulk solids. J Chem Phys 87: 7315-7322
[326] Salem AM, Selim MS, Salem AM (2001) Structure and optical properties of chemically deposited Sb_2S_3 thin film. J Phys D 34: 12-17
[327] Tyagi P, Vedeshwar AG (2001) Thickness dependent optical properties of CdI_2 films. Physica B 304: 166-174
[328] Ma DDD, Leo CS, Au FCK et al (2003) Small-diameter silicon nanowire surface. Science 299: 1874-1877
[329] Wang H, He Y, Chen W et al (2010) High-pressure behavior of β-Ga_2O_3 nanocrystal. J Appl Phys 107: 033520
[330] Liu B, Li Q, Du X et al (2011) Facile hydrothermal synthesis of CeO_2 nanosheets with high reactive exposure surface. J Alloys Comp 509: 6720-6724
[331] Ramana CV, Vemuri RS, Fernandez I, Campbell AL (2009) Size-effect on the optical properties of zirconium oxide thin films. Appl Phys Lett 95: 231905
[332] He Y, Liu JF, Chen W et al (2005) High-pressure behavior of SnO_2 nanocrystals. Phys Rev B 72: 212102
[333] Gullapalli SK, Vemuri RS, Ramana CV (2010) Structural transformation induced changes in the optical properties of nanocrystalline tungsten oxide thin films. Appl Phys Lett 96: 171903
[334] Cisneros-Morales MC, Aita CR (2010) The effect of nanocrystallite size in monoclinic HfO-films on lattice expansion and near-edge optical absorption. Appl Phys Lett 96: 191904
[335] Hirai H, Terauchi V, Tanaka M, Kondo K (1999) Band gap of essentially fourfold-coordinated amorphous diamond synthesized from C_{60} fullerene. Phys Rev B 60: 6357-6361
[336] Alexenskii AE, Osipov VYu, Vul' AYa et al (2001) Optical properties of nanodiamond layers. Phys Solid State 43: 14-150
[337] Housecroft CE, Constable EC (2010) Chemistry, 4th edn. Pearson, Edinburgh
[338] Fajans K (1951) General Chemistry by Linus Pauling. J Phys Chem 55: 1107-1108
[339] Huckel W (1957) Die chemische Bindung. Kritische Betrachtung der Systematik, der Ausdrucksweisen und der formelmaBigen Darstellung. J prakt Chem 5: 105-174
[340] Batsanov SS (1960) Comments on Huckel's book. Zh Fiz Khim 34: 937-938 (in Russian)
[341] Syrkin YaK (1962) Effective charges and electronegativity. Russ Chem Rev 31: 197-207
[342] Spiridonov VP, Tatevskii VM (1963) On the concept of electronegativity of atoms: content and definitions of electronegativity used by various authors. Zh Fiz Khim 37: 994-1000 (in Russian)
[343] Spiridonov VP, Tatevskii VM (1963) Analysis of Pauling's scale of electronegativity. Zh Fiz Khim 37: 1236-1242 (in Russian)
[344] Spiridonov VP, Tatevskii VM (1963) A review of empirical methods of calculating electronegativity by various authors. Zh Fiz Khim 37: 1583-1586 (in Russian)
[345] Spiridonov VP, Tatevskii VM (1963) A review of semi-empirical and theoretical methods of calculating electronegativities. Zh Fiz Khim 37: 1973-1978 (in Russian)
[346] Bykov GV (1965) On the electronegativity of atoms (atomic cores) in molecules. Zh Fiz Khim 39: 1289-1291 (in Russian)
[347] Batsanov SS (1963) On the article "Effective charges and electronegativites" by Ya. K. Syrkin. Zh Fiz Khim 37: 1418-1422 (in Russian)

[348] Bratsch G (1988) Revised Mulliken electronegativities: calculation and conversion to Pauling units. J Chem Educat 65: 34-41
[349] Bratsch G (1988) Revised Mulliken electronegativities: applications and limitations. J Chem Educat 65: 223-227
[350] Batsanov SS (1967) On the articles by V. P. Spiridonov and V. M. Tatevskii criticizing the concept of electronegativity. Zh Fiz Khim 41: 2402-2406 (in Russian)
[351] Hinze J (1968) Elektronegativitat der Valenzzustande. Fortschr chem Forschung 9: 448-485
[352] Komorowski L (1987) Chemical hardness and Pauling's scale of electronegativities. Z Naturforsch A 42: 767-773
[353] Komorowski L, Lipinski J (1991) Quantumchemical electronegativity and hardness indices for bonded atoms. Chem Phys 157: 45-60
[354] Allen LC (1989) Electronegativity is the average one-electron energy of the valence-shell electrons in ground-state free atoms. J Am Chem Soc 111: 9003-9014
[355] Cherkasov AR, Galkin VI, Zueva EM, Cherkasov RA (1998) The concept of electronegativity: the current state of the problem. Russ Chem Rev 67: 375-392
[356] Batsanov SS (1968) The concept of electronegativity: conclusions and prospects. Russ Chem Rev 37: 332-350
[357] Allred AL (1961) Electronegativity values from thermochemical data. J Inorg Nucl Chem 17: 215-221
[358] Leroy G (1983) Stability of chemical species. Int J Quantum Chem 23: 271-308
[359] Leroy G, Sana M, Wilante C, van Zieleghem M-J (1991) Revaluation of the bond energy terms for bonds between atoms of the first rows of the Periodic Table, including lithium, beryllium and boron. J Molec Struct 247: 199-215
[360] Leroy G, Temsamani DR, Wilante C (1994) Refinement and extension of the table of standard energies for bonds containing atoms of the fourth group of the Periodic Table. J Molec Struct 306: 21-39
[361] Leroy G, Temsamani DR, Wilante C, Dewispelaere J-P (1994) Determination of bond energy terms in phosphorus containing compounds. J Molec Struct 309: 113-119
[362] Leroy G, Dewispelaere J-P, Benkadour H (1995) Theoretical approach to the thermochemistry of geminal interactions in XY_2H_n compounds (X=C, N, O, Si, P, S; Y=NH_2, OH, F, SiH_3, PH_2, SH). J Molec Struct Theochem 334: 137-143
[363] Ochterski JW, Peterson GA, Wiberg KB (1995) A comparison of model chemistries. J Am Chem Soc 117: 11299-11308
[364] Smith DW (1998) Group electronegativities from electronegativity equilibration. Faraday Trans 94: 201-205
[365] Smith DW (2007) A new approach to the relationship between bond energy and electronegativity. Polyhedron 26: 519-523
[366] Matsunaga N, Rogers DW, Zavitsas AA (2003) Pauling's electronegativity equation and a new corollary accurately predict bond dissociation enthalpies and enhance current understanding of the nature of the chemical bond. J Org Chem 68: 3158-3172
[367] Ionov SP, Alikhanyan AS, Orlovskii VP (1992) On the determination of the electronegativity of both the chemical bond and atom in molecule. Doklady Phys Chem 325: 455-456
[368] Batsanov SS (2000) Thermochemical electronegativities of metals. Russ J Phys Chem 74: 267-270
[369] Howard JAK, Hoy VJ, O'Hagan D, Smith GTS (1996) How good is fluorine as a hydrogen bond acceptor? Tetrahedron 52: 12613-12622
[370] Dunitz JD, Taylor R (1997) Organic fluorine hardly ever accepts hydrogen bonds. Chem Eur J 3: 89-98
[371] Bykov GV, Dobrotin RB (1968) Calculation of the electronegativity of fluorine from thermochemical data. Russ Chem Bull 17: 226-2271
[372] Batsanov SS (1989) Structure and properties of fluorine, oxygen, and nitrogen atoms in covalent bonds. Russ Chem Bull 38: 410-412

[373] Finemann MA (1958) Correlation of bond dissociation energies of polyatomic molecules using Pauling's electronegativity concept. J Phys Chem 62: 947-951

[374] DattaD, Singh SN (1990) Evaluation of group electronegativity by Pauling's thermochemical method. J Phys Chem 94: 2187-2190

[375] Batsanov SS (1962) Electronegativity of elements and chemical bond. Nauka, Novosibirsk (in Russian)

[376] Batsanov SS (1990) The concept of electronegativity and structural chemistry. Sov Sci Rev BChem Rev 15 (4): 3

[377] Batsanov SS (1975) System of electronegativities and effective atomic charges in crystalline compounds. Russian J Inorg Chem 20: 1437-1440

[378] Batsanov SS (1990) Polar component of the atomization energy and electronegativity of atoms in crystals. Inorg Mater 26: 569-572

[379] Batsanov SS (2001) Electronegativities of metal atoms in crystalline solids. Inorg Mater 37: 23-30

[380] Vieillard P, Tardy Y (1988) Une nouvelle échelle d'électronégativité des ions. Compt Rend Ser Ⅱ 308: 1539-1545

[381] Ionov SP, Sevast yanov DV (1994) Relative chemical potential and structural-thermochemical model of metallic bonds. Zh Neorg Khim 39: 2061-2067 (in Russian)

[382] Mulliken RS (1934) A new electroaffinity scale; together with data on valence states and on valence ionization potentials and electron affinities. J Chem Phys 2: 782-793

[383] Mulliken RS (1935) Electroaffinity, molecular orbitals and dipole moments. J Chem Phys 3: 573-585

[384] Mulliken RS (1937) Discussion of the papers presented at the symposium on molecular structure. J Phys Chem 41: 318-320

[385] Pritchard HO (1953) The determination of electron affinities. Chem Rev 52: 529-563

[386] Pritchard HO, Skinner HA (1955) The concept of electronegativity. Chem Rev 55: 745-786

[387] Skinner HA, Sumner FH (1957) The valence states of the elements V, Cr, Mn, Fe, Co, Ni, and Cu. J Inorg Nucl Chem 4: 245-263

[388] Pilcher G, Skinner HA (1962) Valence-states of boron, carbon, nitrogen and oxygen. J Inorg Nucl Chem 24: 93-952

[389] Batsanov SS (1960) Structural-chemical problems of the electronegativity concept. Proc Sibir Branch Acad Sci USSR 1: 68-83 (in Russian)

[390] Iczkowski RP, Margrave JL (1961) Electronegativity. J Am Chem Soc 83: 3547-3551

[391] Hinze J, Jaffe HH (1962) Orbital electronegativity of neutral atoms. J Am Chem Soc 84: 540-546

[392] Hinze J, Whitehead MA, Jaffe HH (1963) Bond and orbital electronegativities. J Am Chem Soc 85: 148-154

[393] Hinze J, Jaffe HH (1963) Orbital electronegativities of the neutral atoms of the period three and four and of positive ions of period one and two. J Phys Chem 67: 1501-1506

[394] Parr RG, Donnelly RA, Levy M, Palke WE (1978) Electronegativity: the density functional approach. J Chem Phys 68: 3801-3807

[395] Parr RG, Yang W (1989) Density-functional theory of atoms molecules. Oxford University Press, New York

[396] Parr RG, Bartolotti L (1982) On the geometric mean principle for electronegativity equalization. J Am Chem Soc 104: 3801-3803

[397] Polizer P, Murray JS (2006) A link between the ionization energy ratios of an atom and its electronegativity and hardness. Chem Phys Lett 431: 195-198

[398] Sen KD, Jørgensen CK (eds) (1987) Structure and Bonding, vol 66. Springer-Verlag, Berlin

[399] Allen LC (1994) Chemistry and electronegativity. Int J Quantum Chem 49: 253-277

[400] Bergmann D, Hinze J (1996) Electronegativity and molecular properties. Angew Chem Int Ed 35: 150-163

[401] Sacher E, Currie JF (1988) A comparison of electronegativity series. J Electr Spectr Relat Phenom

46：173-177

[402] Valone SM（2011）Quantum mechanical origins of the Iczkowski-Margrave model of chemical potential. J Chem Theory Comput 7：2253-2261

[403] Pearson RG（1988）Absolute electronegativity and hardness：application to inorganic chemistry. Inorg Chem 27：734-740

[404] Pearson RG（1990）Electronegativity scales. Acc Chem Res 23：1-2

[405] Allen LC（1994）Chemistry and electronegativity. Int J Quant Chem 49：253-277

[406] Mann JB，Meek TL，Allen LC（2000）Configuration energies of the main group elements. J Am Chem Soc 122：2780-2783

[407] Mann JB，Meek TL，Knight ET et al（2000）Configuration energies of the d-block elements. J Am Chem Soc 122：5132-5137

[408] Brown ID，Skowron A（1990）Electronegativity and Lewis acid strength. J Am Chem Soc 112：3401-3403

[409] Politzer P，Shields ZP-I，Bulat FA，Murray JS（2011）Average local ionization energies as a route to intrinsic atomic electronegativities. J Chem Theory Comput 7：377-384

[410] Martynov AI，Batsanov SS（1980）New approach to calculating atomic electronegativities. Russ J Inorg Chem 25：1737-1740

[411] Giemza J，Ptak WS（1984）An empirical chemical potential of the atomic core for non-transition element. Chem Phys Lett 104：115-119

[412] Bergmann D，Hinze J（1987）Electronegativity and charge distribution. In：Sen KD，Jorgensen CK（eds）Structure and Bonding，vol. 66. Springer-Verlag，Berlin

[413] True JE，Thomas TD，Winter RW，Gard GL（2003）Electronegativities from core ionizationenergies：electronegativities of SF_5 and CF_3. Inorg Chem 42：4437-4441

[414] Stevenson DP（1955）Heat of chemisorption of hydrogen in metals. J Chem Phys 23：203-203

[415] Trasatti S（1972）Electronegativity，work function，and heat of adsorption of hydrogen on metals. J Chem Soc Faraday Trans I 68：229-236

[416] Trasatti S（1972）Work function，electronegativity，and electrochemical behaviour of metals. J Electroanalytical Chem 39：163-184

[417] Dritz ME（2003）Properties of elements. Metals，Moscow（in Russian）

[418] Miedema AR，De Boer FR，De Chatel PF（1973）Empirical description of the role of electronegativity in alloy formation. J Phys F 3：1558-1576

[419] Miedema AR，De Chatel PF，De Boer FR（1980）Cohesion in alloys—fundamentals of a semi-empirical model. Physica B 100：1-28

[420] Ray PK，Akinc M，Kramer MJ（2010）Applications of an extended Miedema's model for ternary alloys. J Alloys Comp 489：357-361

[421] Parr RG，Pearson RG（1983）Absolute hardness：companion parameter to absolute electronegativity. J Am Chem Soc 105：7512-7516

[422] Pearson RG（1993）Chemical hardness—a historical introduction. Structure and Bonding 80：1-10

[423] Batsanov S. S.（1986）Experimental foundations of structural chemistry. Standarty，Moscow（in Russian）

[424] Cottrell TL，Sutton LE（1951）Covalency，electrovalency and electronegativity. Proc Roy Soc London A 207：49-63

[425] Pritchard HO（1953）The determination of electron affinities. Chem Rev 52：529-563

[426] Allred AL，Rochow EG（1958）A scale of electronegativity based on electrostatic force. J Inorg Nucl Chem 5：264-268

[427] Batsanov SS（1993）A new scale of atomic electronegativities. Russ Chem Bull 42：24-29

[428] Sanderson RT（1951）An interpretation of bond lengths and a classification of bonds. Science 114：670-672

[429] Sanderson RT（1982）Radical reorganization and bond energies in organic molecules. J Org Chem 47：3835-3839

[430] Sanderson RT (1988) Principles of electronegativity: general nature. J Chem Educat 65: 112-118
[431] Sanderson RT (1988) Principles of electronegativity: applications. J Chem Educat 65: 227-231
[432] Batsanov SS (1988) Refinement of the Sanderson procedure for calculating electronegativities of atoms. J Struct Chem 29: 631-635
[433] Batsanov SS (1978) A new approach to the geometric determination of the electronegativities of atoms in crystals. J Struct Chem 19: 826-829
[434] Gorbunov AI, Kaganyuk DS (1986) A new method for the calculation of electronegativity of atoms. Russ J Phys Chem 60: 1406-1407
[435] Batsanov SS (2004) Geometrical electronegativity scale for elements taking into account their valence and physical state. Russ J Inorg Chem 49: 1695-1701
[436] Batsanov SS (1971) Electronegativity and effective charges of atoms. Znanie, Moscow (in Russian)
[437] Ray N, Samuels L, Parr RG (1979) Studies of electronegativity equalization. J Chem Phys 70: 3680-3684
[438] Batsanov SS (1994) Equalization of interatomic distances in polymorphous transformations under pressure. J Struct Chem 35: 391-393
[439] Batsanov SS (1975) Electronegativity of elements and chemical bond (in Russian). Nauka, Novosibirsk
[440] Phillips JC (1968) Covalent bond in crystals: partially ionic binding. Phys Rev 168: 905-911
[441] Phillips JC (1968) Covalent bond in crystals: anisotropy and quadrupole moments. Phys Rev 168: 912-917
[442] Phillips JC (1968) Covalent bond in crystals: lattice deformation energies. Phys Rev 168: 917921
[443] Phillips JC (1974) Chemical bonding at metal-semiconductor interfaces. J Vacuum Sci Technol 11: 947-950
[444] Phillips JC, Lucovsky G. (2009) Bonds and bands in semiconductors 2nd ed. Momentum Press
[445] Li K, Xue D (2006) Estimation of electronegativity values of elements in different valence states. J Phys Chem A110; 11332-11337
[446] Li K, Wang X, Zhang F, Xue D (2008) Electronegativity identification of novel superhard materials. Phys Rev Lett 100: 235504
[447] Pettifor DG (1984) A chemical scale for crystal-structure maps. Solid State Commun 51: 31-34
[448] Pettifor DG (1985) Phenomenological and microscopic theories of structural stability. J Less-Common Metals 114: 7-15
[449] Pettifor DG (2003) Structure maps revisited. J Phys Cond Matter 15: V13-V16
[450] Campet G, Portiera J, Subramanian MA (2004) Electronegativity versus Fermi energy in oxides: the role of formal oxidation state. Mater Lett 58: 437-438
[451] Carver JC, Gray RC, Hercules DM (1974) Remote inductive effects evaluated by X-ray photoelectron spectroscopy. J Am Chem Soc 96: 6851-6856
[452] Gray R, Carver J, Hercules D (1976) An ESCA study of organosilicon compounds. J Electron Spectr Relat Phenom 8: 343-357
[453] Gray R, Hercules D (1977) Correlations between ESCA chemical shifts and modified Sanderson electronegativity calculations. J Electron Spectr Relat Phenom 12: 37-53
[454] Ray NK, Samuels L, Parr RG (1979) Studies of electronegativity equalization. J Chem Phys 70: 3680-3684
[455] Parr RG, Bartolotti LJ, Gadre SR (1980) Electronegativity of the elements from simple $X\alpha$ theory. J Am Chem Soc 102: 2945-2948
[456] Pearson RG (1985) Absolute electronegativity and absolute hardness of Lewis acids and bases. J Am Chem Soc 107: 6801-6806
[457] Fuentealba P, Parr RG (1991) Higher-order derivatives in density-functional theory, especially the hardness derivative $\partial \eta / \partial N$. J Chem Phys 94: 5559-5564
[458] Politzer P, Weinstein H (1979) Some relations between electronic distribution and electronegativity. J Chem Phys 71: 4218-4220
[459] Ferreira R, Amorim AO (1981) Electronegatlvity and the bonding character of molecular orbit-

als. Theor Chim Acta 58：131-136

[460] Amorim AO de，Ferreira R（1981）Electronegativities and the bonding character of molecular orbitals：A remark. Theor Chim Acta 59：551-553

[461] Pearson RG（1989）Absolute electronegativity and hardness：applications to organic chemistry. J Org Chem 54：1423-1430

[462] Mortier WJ，van Genechten K，Gasteiger J（1985）Electronegativity equalization：application and parametrization. J Am Chem Soc 107：829-835

[463] Mortier WJ，Ghosh SK，Shankar S（1986）Electronegativity-equalization method for the calculation of atomic charges in molecules. J Am Chem Soc 108：4315-4320

[464] Van Genechten KA，Mortier WJ，Geerlings P（1987）Intrinsic framework electronegativity：a novel concept in solid state chemistry. J Chem Phys 86：5063-5071

[465] Uytterhoeven L，Mortier WJ，Geerlings P（1989）Charge distribution and effective electronegativity of aluminophosphate frameworks. J Phys Chem Solids 50：479486

[466] De Proft F，Langenaeker W，Geerlings P（1995）A non-empirical electronegativity equalization scheme：theory and applications using isolated atom properties. J Mol Struct Theochem 339：45-55

[467] Bultinck P，Langenaeker W，Lahorte P et al（2002）The electronegativity equalization method：parametrization and validation for atomic charge calculations. J Phys Chem A 106：7887-7894

[468] Bultinck P，Langenaeker W，Lahorte P et al（2002）The electronegativity equalization method：applicability of different atomic charge schemes. J Phys Chem A 106：7895-7901

[469] von Szentpaly L（1991）Studies on electronegativity equalization：consistent diatomic partial charges. J Mol Struct Theochem 233：71-81

[470] Donald KJ，Mulder WH，von Szentpaly L（2004）Valence-state atoms in molecules：influence of polarization and bond-charge on spectroscopic constants of diatomic molecules. J Phys Chem A 108：595-606

[471] Speranza G，Minati L，Anderle M（2006）Covalent interaction and semiempirical modeling of small molecules. J Phys Chem A 110：13857-13863

[472] Boudreaux EA（2011）Calculations of bond dissociation energies：new select applications of an old method. J Phys Chem A 115：1713-1720

[473] Islam N，Ghosh DC（2010）Evaluation of global hardness of atoms based on the commonality in the basic philosophy of the origin and the operational significance of the electronegativity and the hardness. Eur J Chem 1：83-89

[474] Urusov VS（1961）On the calculation of bond ionicity in binary compounds. Zh Neorg Khim 6：2436-2439（in Russian）

[475] Batsanov SS（1964）Calculating the degree of bond ionicity in complex ions by electronegativity method. Zh Neorg Khim 9：1323-1327（in Russian）

[476] Waber JT，Cromer DT（1965）Orbital radii of atoms and ions. J Chem Phys 42：4116-4123

[477] Batsanov SS（2011）Calculating atomic charges in molecules and crystals by a new electronegativity equalization method. J Mol Struct 1006：223-226

[478] Batsanov SS（2011）Thermodynamic determination of van der Waals radii of metals. J Mol Struct 990：63-66

[479] Pauling L（1952）Interatomic distances and bond character in the oxygen acids and related substances. J Phys Chem 56：361-365

[480] Pauling L（1929）The principles determining the structure of complex ionic crystals. J Am Chem Soc 51：1010-1026

[481] Pauling L（1948）The modern theory of valency. J Chem Soc 1461-1467

[482] Sanderson RT（1954）Electronegativities in inorganic chemistry. J Chem Educat 31：238-245

[483] Reed JL（2003）Electronegativity：coordination compounds. J Phys Chem A 107：8714-8722

[484] Suchet JP（1965）Chemical physics of semiconductors. Van Nostrand，London

[485] Suchet JP（1977）Electronegativity，ionicity，and effective atomic charge. J Electrochem Soc124：30C-35C

[486] Noda Y, Ohba S, Sato S, Saito Y (1983) Charge distribution and atomic thermal vibration in lead chalcogenide crystals. Acta Cryst B 39: 312-317
[487] Feldmann C, Jansen M (1993) Cs_3AuO, the first ternary oxide with anionic gold. Angew Chem Int Ed 32: 1049-1050
[488] Pantelouris A, Kueper G, Hormes J et al (1995) Anionic gold in Cs_3AuO and Rb_3AuO established by X-ray absorption spectroscopy. J Am Chem Soc 117: 11749-11753
[489] Feldmann C, Jansen M (1995) Zurkristallchemischen Ahnlichkeit von Aurid-und Halogenid-Ionen. Z anorg allgem Chem 621: 1907-1912
[490] Mudring A-V, Jansen M (2000) Base-induced disproportionation of elemental gold. Angew Chem Int Ed 39: 3066-3067
[491] Nuss J, Jansen M (2009) BaAuP and BaAuAs, synthesis via disproportionation of gold upon interaction with pnictides as bases. Z allgem anorg Chem 635: 1514-1516
[492] Karpov A, Nuss J, Wedig U, Jansen M (2003) Cs_2Pt: a platinide (-Ⅱ) exhibiting complete charge separation. Angew Chem Int Ed 42: 4818-4821
[493] Batsanov SS, Ruchkin ED (1959) Mixed halogenides of tetravalent platinum. Zh Neorg Khim 4: 1728-1733 (in Russian)
[494] Batsanov SS, Ruchkin ED (1965) On the isomerism of mixed halogenides of platinum. Zh Neorg Khim 10: 2602-2605 (in Russian)
[495] Batsanov SS, Sokolova MN, Ruchkin ED (1971) Mixed halides of gold. Russ Chem Bull 20: 1757-1759
[496] Batsanov SS (1986) Experimental foundations of structural chemistry. Standarty, Moscow (in Russian)
[497] Batsanov SS, Rigin VI (1966) Isomerism of thallium selenobromides. Doklady Akad Nauk SSSR 167: 89-90
[498] Dehnicke K (1965) Synthesis of oxide halides. Angew Chem Int Ed 4: 22-29
[499] Custelcean R, Jackson JE (1998) Topochemical control of covalent bond formation by dihydrogen bonding. J Am Chem Soc 120: 12935-12941
[500] Batana A, Faour J (1984) Pressure dependence of the effective charge of ionic crystals. J Phys Chem Solids 45: 571-574
[501] Ves S, StrossnerK, Cardona M (1986) Pressure dependence of the optical phonon frequencies and the transverse effective charge in AlSb. Solid State Commun 57: 483-486
[502] Katayama Y, Tsuji K, Oyanagi H, Shimomura O (1998) Extended X-ray absorption fine structure study on liquid selenium under pressure. J Non-Cryst Solids 232-234: 93-98
[503] Gauthier M, Polian A, Besson J, Chevy A (1989) Optical properties of gallium selenide under high pressure. Phys Rev B 40: 3837-3854
[504] Talwar DN, Vandevyver M (1990) Pressure-dependent phonon properties of Ⅲ-Ⅴ compound semiconductors. Phys Rev B 41: 12129-12139
[505] Kucharczyk W (1991) Pressure dependence of effective ionic charges in alkali halides. J Phys Chem Solids 52: 435-436
[506] Errandonea D, Segura A, Muoz V, Chevy A (1999) Effects of pressure and temperature on the dielectric constant of GaS, GaSe, and InSe: role of the electronic contribution. Phys Rev B 60: 15866-15874
[507] Goi AR, Siegle H, Syassen K et al (2001) Effect of pressure on optical phonon modes and transverse effective charges in GaN and AlN. Phys Rev B 64: 035205
[508] Yamanaka T, Fukuda T, Mimaki J (2002) Bonding character of SiO_2 stishovite under high pressures up to 30 GPa. Phys Chem Miner 29: 633-641
[509] Batsanov SS (1999) Pressure effect on the heat of formation of condensed substances. Russ J Phys Chem 73: 1-6
[510] Ferrante J, Schlosser H, Smith JR (1991) Global expression for representing diatomic potential-energy curves. Phys Rev A 43: 3487-3494

[511] Ghandehari K，Luo H，Ruoff AL et al (1995) Crystal structure and band gap of rubidium hydride to 120 GPa. Mod Phys Lett B 9：1133-1140

[512] Ghandehari K，Luo H，Ruoff AL et al (1995) New high pressure crystal structure and equation of state of cesium hydride to 253 GPa. Phys Rev Lett 74：2264-2267

[513] Batsanov SS (2005) Chemical bonding evolution on compression of crystals. J Struct Chem 46：306-314

[514] Batsanov SS，Gogulya MF，Brazhnikov MA et al (1994) Behavior of the reacting system Sn + S in shock waves. Comb Explosion Shock Waves 30：361-365

[515] Batsanov SS (2006) Mechanism of metallization of ionic crystals by pressure. Russ J Phys Chem 80：135-138

[516] Batsanov SS (2004) Determination of ionic radii from metal compressibilities. J Struct Chem 45：896-899

[517] Reparaz JS，Muniz LR，Wagner MR et al (2010) Reduction of the transverse effective charge of optical phonons in ZnO under pressure. Appl Phys Lett 96：231906

[518] Batsanov SS (1994) Pressure dependence of bond polarities in crystalline materials. Inorg Mater 30：1090-1096

[519] Batsanov SS (1997) Effect of high pressure on crystal electronegativities of elements. J Phys Chem Solids 58：527-532

[520] Bokii GB (1948) Bond ionicity from atomic polarization and refraction. Moscow Univ Chem Bull 11：155-160

[521] Takemura K，Minomura S，Shimomura O et al (1982) Structural aspects of solid iodine associated with metallization and molecular dissociation under high pressure. Phys Rev B 26：998-1004

[522] Brown D，Klages P，Skowron A (2003) Influence of pressure on the lengths of chemical bonds. Acta Cryst B 59：439-448

[523] Fujii Y，Hase K，Ohishi Y et al (1989) Evidence for molecular dissociation in bromine near 80 GPa. Phys Rev Lett 63：536-539

第3章 “小”分子

3.1 引言

分子可以定义为由化学键连接的有限原子组合，并且没有净电荷，这就要求组分原子的价态保持平衡。在气相中，分子间距离远远超过了分子的真实大小，因此后者能有效地分离。有些基本的非金属（氮、氧、卤族元素）和许多具有共价键的化合物，以分子的形式存在，在任何聚集状态下，以“非成键”的距离分开，并且本质上是相同结构。某些特定的物质，尤其是金属和强离子化合物（例如碱金属卤化物），只能在气相状态下形成分子。这些化合物的凝聚相包含成键很强的原子（或称为“原子结构”）或者离子❶组成的连续网络结构。因此，$AuCl_2$ 在气相中是分子结构，而在结晶态是 Au^+ 和 $[AuCl_4]^-$ 离子。这个差异主要取决于库仑力的各向同性与高度方向性的共价键之间的差异。

通过微波和旋转-振动光谱或者通过气体电子衍射（GED）方法，可确定小分子在气相中的几何构型。对于双原子分子，键长的测量精度可达到 10^{-5} Å（光谱学）或 10^{-3} Å（GED），但是其不确定性随着原子数目（n）的增加而急剧增加，对于 $n>5$ 的分子，只有当其结构是特别对称和特别刚性时，才能够获得令人满意的结果，或者能做一些预先的假设。在大量的综述文章中，都会有通过光谱方法[1-5]和 GED 方法[6-17]确定分子结构的内容，这些文章未被进一步引用，也没有根据新的原始文献进一步更新。现在，已有学术专著报道了利用所有的气相方法获得了含硫无机物和含硫有机物的几何结构[18]。

在凝聚相中，主要的共价分子的相互作用（例如有机物）比其原子能小两个数量级，这些相互作用不会扭曲分子结构。因此，可靠的分子结构大多数从晶体结构得到[19]，这样的矛盾可通过单晶和多晶粉末的 X 射线衍射（XRD）方法得到解决。X 射线由电子散射得到，在确定低电子密度和易受干扰的氢原子时，该方法是无效的。对于同一目的，中子衍射（ND）的效果相对更好，但是它的放射来源（核反应或核裂

❶ 例外的情况是，RuO_4 和 OsO_4 形成典型的分子晶体，熔点低，易挥发，由分离的四配位金属分子组成，Ru—O 和 Os—O 平均键长分别为 1.698 Å[20] 和 1.70 Å[21]。

变）非常少。已知的晶体结构数目远大于气相测定的晶体结构数目，并且能从诸多数据库中得到[22]。剑桥结构数据库（CSD）[23,24] 囊括了所有至少含一个“有机”碳原子的结构，除了有机的生物高分子。后者中的蛋白质结构存放在（以前的布鲁克海文）蛋白质数据库（PDB）[25] 中，核酸收集在核酸数据库（NDP）[26] 中。对于有机物[27] 和有机金属晶体[28] 结构，其键长的综合性表格是利用 CSD 编辑的，而且是从文献［29，30］中逐字复制的。

键长可简单地用化学键合的原子中心的直线距离来表示，虽然有些例子中，最大的成键电子密度区域在该直线之外（见 3.3 节）。在大多数情况下，观察到的气相中的键距和晶体中的键距之间的差异不是由于结构的任何实际变化而引起的，而是由于不同的方法得到了不同的键长：两个原子质心（光谱学）、两个原子核（ND）或两个最大静电势能（GED）或两个最大电子密度（XRD）之间的距离。这种偏差大多数很小，但是 X 射线测量的 A—H 键长比中子射线测量的 A—H 键长小约 0.1 Å，这是由于氢原子中仅仅一个电子迁移到了成键区域。更重要的是，气相测量提供了原子间平均距离，而晶体衍射是平均的原子位置之间的距离。后者总是比前者小（图 3.1）。

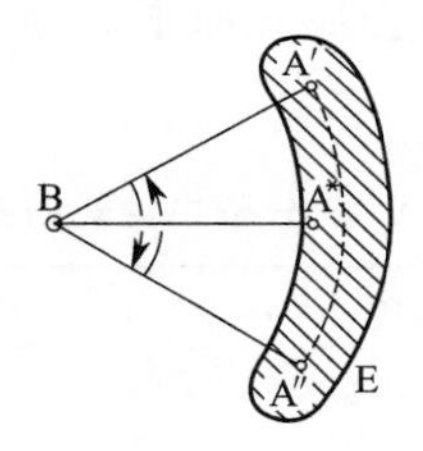

图 3.1 X 射线晶体学确定的（A* —B）键长与真实的 A—B 键长相比时明显缩短

原子 A 沿着弧形 A′…A″方向移动，观测到的电子密度分布在区域 E，该区域时间平均质心在位置 A* 处

偏差 Δd 的大小取决于振幅 ω，即

$$\Delta d = d = d\cos\omega = d\omega^2/2 \tag{3.1}$$

因此，偏差随着温度的升高而增加，与原子质量正好相反，它取决于晶体的结构和完整性；对于有机分子，该值在 1 Å 的千分之一到百分之一之间变化[31]。

在上述提到的方法中，通过一组原子位置确定结构，实际上，是把原子看作固定的和不可分的整体。高精度的 X 射线衍射研究也用来测定晶体电子（电荷）密度的实际分布、成键特性、原子电荷等，已有数百个精度不同的研究发表[32,33]。X 射线吸收光谱（XAS）的最新技术，尤其是延展 X 光吸收精细结构（EXAFS），从吸收带边缘附近的 X 射线吸收曲线的形状中，获取吸收原子（通常是一个重金属原子）周围环境的信息[34]。后一种方法能够测定任意聚集态（包括在活的生物体系内）的配位数（误差±20%）和键长（精密度为 0.01～0.05 Å）（见参考文献［35］）。

表 S3.1～表 S3.5 罗列了 MX 和 MX_n 型分子结构的实验数据，其中 X＝H、C 或其他主族元素。

3.2 无机分子和自由基

3.2.1 键长

在表 3.1 中列出了同核双原子分子的键长。第 1 和第 17 族元素对应于共价单键，第 16 族对应于双键，第 15 族对应于三重键。为了寻找其他情况下的键级，有必要判定这些分子中原子的价态。表 3.2 罗列了 MX 分子中的键长（X 是氢或者卤素），表 S3.1 罗列了 MX_n 分子的键长，表 S3.2～表 S3.4 罗列了 MX 和 MX_2（X＝C、N、O 或氧族元素）分子的键长。

需要注意的是这些键长的递增性质。对任意一对金属 M 和 M′，相同 X 的氢化物和卤化物中，键长的平均偏差 $\Delta d=d(M-X)-d(M'-X)$差不多是相同的：NaX—LiX＝0.33(2)，KX—NaX＝0.31(2)，RbX—KX＝0.115(10)，CsX—RbX＝0.12(2)，AgX—CuX＝0.21(3) Å。与之相似，对于每种碱金属，M—Cl 键长比 M—F 的长 0.49(4) Å，而二价元素硫化物(MS)的键长比氧化物(MO)的键长长 0.45(5)Å。在碱金属异原子的分子中，其键长与递增规律计算的值(表 3.3)是一致的。

表 3.1 在 A_2 型分子中键长的实验值 (Å)

A	d(A—A)	A	d(A—A)	A	d(A—A)	A	d(A—A)
Li	2.673[a]	Cd	3.76[e]	N	1.098	Te	2.557
Na	3.079[a]	Hg	3.60[e]	P	1.893	H	0.7414
K	3.924[a]	B	1.458[f]	As	2.103	F	1.412
Rb	4.170[a]	Al	2.701[g]	Sb	2.342	Cl	1.988
Cs	4.648[a]	Ga	2.75[h]	Bi	2.656[n]	Br	2.281
Cu	2.220[b]	Tl	3.0[i]	V	1.77[b]	I	2.666
Ag	2.530[b]	Y	2.65[j]	Nb	2.078[b]	Fe	2.02[b]
Au	2.472[b]	C	1.242	Cr	1.679[b]	Ni	2.154[b]
Be	2.452[c]	Si	2.246	Mo	1.929[b]	Pt	2.333[p]
Mg	3.890[d]	Ge	2.368	W	2.048[o]	He	2.967
Ca	4.277[d]	Sn	2.746[k]	Mn	3.4[b]	Ne	3.087
Sr	4.446[d]	Pb	2.927[k]	O	1.208	Ar	3.759
Zn	4.19[b]	Ti	1.942[l]	S	1.889	Kr	4.012
		Zr	2.241[m]	Se	2.166	Xe	4.362[q]

注：a. 数据源自文献 [36]；b. 数据源自文献 [37]；c. 数据源自文献 [38]；d. 数据源自文献 [39]；e. 数据源自文献 [40]；f. 数据源自文献 [41]；g. 数据源自文献 [42]；h. 数据源自文献 [43]；i. 最佳的估算值是 3.11 Å，数据源自文献 [44]；j. 数据源自文献 [45]；k. 数据源自文献 [46]；l. 数据源自文献 [47]；m. 数据源自文献 [48]；n. 数据源自文献 [49]；o. 数据源自文献 [50]；p. 数据源自文献 [51]；q. 数据源自文献 [52]

表 3.2 氢化物和卤化物 AX 中的键长（Å）（除了 AuX，其他 MX 数据均来源于文献［53］）

M/X	H	F	Cl	Br	I
H	0.741	0.917	1.275	1.414	1.609
Li	1.596	1.564	2.021	2.170	2.392
Na	1.887	1.926	2.361	2.502	2.711
K	2.240	2.171	2.667	2.821	3.048
Rb	2.367	2.270	2.787	2.945	3.177
Cs	2.494	2.345	2.906	3.072	3.315
Cu	1.462[a]	1.745	2.051	2.173	2.338
Ag	1.618[a]	1.983	2.281	2.393	2.545
Au	1.524[a]	1.918[b]	2.199[b]	2.318[b]	2.471[b]
Be	1.343	1.361	1.797		
Mg	1.678[β]	1.750[c]	2.199		
Ca	1.987[ε]	1.952[c]	2.437[ε]	2.594[ε]	2.829[ε]
Sr	2.146	2.074[c]	2.576[ε]	2.710[e]	2.974[ε]
Ba	2.232	2.159[c]	2.683[ε]	2.845[ε]	
Zn	1.594	1.768[d]	2.130[e]		
Cd	1.781				
Hg	1.740				
B	1.232	1.263[g]	1.716		
Al	1.647[f]	1.654[g]	2.130[g]	2.295[g]	2.537[g]
Ga	1.662[f]	1.774[g]	2.202[h]	2.349[h]	2.576[h]
In	1.838[f]	1.985[g]	2.402[i]	2.543[i]	2.742[i]
Tl	1.873[f]	2.084[g]	2.485	2.618	2.814
Sc	1.775[j]	1.787[k]	2.230[k]	2.381[k]	2.608[k]
Y	1.923[j]	1.928	2.384[l]		2.764[m]
La	2.032[j]	2.023[n]	2.498[n]	2.652[n]	2.879[n]
C	1.120[o]	1.272	1.651		
Si	1.520[o]	1.601			
Ge	1.587[o]	1.745[f]	2.164[p]		
Sn	1.769[o]	1.944[f]			
Pb	1.839[q]	2.08[f]			
Ti	1.779[hh]	1.834[r]	2.260[s]		
Zr		1.854[α]	2.367[t]		
Hf	1.831[u]				
N	1.037[v]	1.370[w]	1.611[x]	1.778[x]	1.965[x]
P	1.422[v]	1.589[w]			2.381[y]
As	1.523[v]	1.740[w]			2.53
Sb	1.711[v]	1.920[w]	2.335[z]		

续表

M/X	H	F	Cl	Br	I
Bi	1.809[v]	2.034[w]	2.472	2.610	2.800
V		1.776[aa]	2.214[bb]		
O	0.970[cc]	1.354[dd]	1.569[ee]	1.717[ee]	1.868[ff]
S	1.341[cc]	1.601			
Se	1.464[cc]	1.742			
Te	1.656[cc]	1.910[gg]	2.321[gg]		
Cr	1.782[γ]	1.788[ii]	2.206[ii]		
Mn		1.843[jj]			
Re	1.82[kk]	1.843[ll]			
F	0.917	1.412	1.628	1.759	1.910
Cl	1.275	1.628	1.988	2.136	2.321
Br	1.414	1.759	2.136	2.281	2.469
I	1.609	1.910	2.321	2.469	2.666
Fe	1.588[mm]	1.780[c]	2.176[c]		
Co	1.513[nn]	1.736[nn]	2.066[oo]		
Ni	1.476	1.740[pp]	2.064[pp]	2.196[pp]	2.348[pp]
Rh	1.59				
F	Ru	Ir	Pt		
M—F	1.916[qq]	1.851[rr]	1.874[ss]		
OH	Cu	Ag	K	Rb	
M—O	2.017[tt]	1.689[tt]	1.828	2.301	
OH	Ca	In	Cl	Br	
M—O	1.985	2.017[uu]	1.689	1.828	
SH	Li	Na	Cu		
M—S[vv]	2.146	2.479	2.139[ww]		
SH	Mg	Ca	Sr	Ba	
M—S[vv]	2.316	2.564	2.706	2.807	

注：a. 数据源自文献［54］；b. 数据源自文献［55］；β. 数据源自文献［56，57］；c. 数据源自文献［58］；d. 数据源自文献［59］；ε. 数据源自文献［60，61］；e. 数据源自文献［62］；f. 数据源自文献［63，64］；g. 数据源自文献［65，66］；h. 数据源自文献［67］；i. 数据源自文献［68］；j. 数据源自文献［69-71］；k. 数据源自文献［72］；l. 数据源自文献［73］；m. 数据源自文献［74］；n. 数据源自文献［75］；o. 数据源自文献［76］；p. 数据源自文献［77］；q. 数据源自文献［78］；r. 数据源自文献［79］；s. 数据源自文献［80］；t. 数据源自文献［81］；u. 数据源自文献［82］；v. 数据源自文献［83］；w. 数据源自文献［84］；x. 数据源自文献［85-87］；y. 数据源自文献［88］；z. 数据源自文献［89］；aa. 数据源自文献［90］；bb. 数据源自文献［91］；cc. 数据源自文献［92］；dd. 数据源自文献［93］；ee. 数据源自文献［94］；ff. 数据源自文献［95］；gg. 数据源自文献［96］；hh. 数据源自文献［97］；ii. 数据源自文献［98］；jj. 数据源自文献［99］；kk. 数据源自文献［100］；ll. 数据源自文献［101］；mm. 数据源自文献［102］；nn. 数据源自文献［103］；oo. 数据源自文献［104］；pp. 数据源自文献［105］；qq. 数据源自文献［106］；rr. 数据源自文献［107］；ss. 数据源自文献［108］；tt. 数据源自文献［109］；uu. 数据源自文献［110］；vv. 数据源自文献［111］；ww. 数据源自文献［112，113］

表 3.3 在 MM′分子中的键长 d (Å)

MM′	L iNa	LiK	LiCs	NaK	NaRb	NaCs
d_{exp}	2.885[a]	3.319[b]	3.668[c]	3.499[d]	3.643[a]	3. 850[a]
d_{add}	2.876	3.298	3.662	3.502	3.624	3.863
MM′	KRb	KCs	RbCs	LiCu	LiAg	KAg
d_{exp}	4.034[a]	4.284[e]	4.37[a]	2.26[f]	2.41[f]	2. 40[g]
d_{add}	4.047	4.286	4.409	2. 446	2.601	3.227

注：a. 数据源自文献［36，114］；b. 数据源自文献［115］；c. 数据源自文献［116］；d. 数据源自文献［117］；e. 数据源自文献［118］；f. 数据源自文献［119］；g. 数据源自文献［120］

然而，递增规律只适用于具有相似电子结构的原子。通过对过渡金属元素和非过渡金属元素（可见表 3.3 中的 LiCu、LiAg、KAg）的比较，发现这个例子不遵循该规律。同样的，Na—H 与 Cu—H 的键长相差 0.424 Å，Na—F 和 Cu—F 的相差 0.181 Å，而 Cu—Cl 和 Cu—F 的相差 0.306 Å，Ag—Cl 和 Ag—F 的相差 0.298 Å。最重要的，若是相同的键级，极性（异核原子）的键长（A—X）平均值小于其相对应的同核原子（A—A 和 X—X）的键长平均值，正如其能量高于递增值（见 2.3 节），这两个差值均随键极的增加而变大（见下文）。

一个金属原子的氧化态越高，其形成的键长就越短。因此，MCl_4（其中 M＝Ti、Si、Ge、Sn、Pb、V、Cr）中的 M—Cl 键长平均值比 MCl_2 的小 0.075 Å（见表 S3.2）。当原子的电负性随氧化态的增加而增大时（见表 2.15），键长的缩短是由于键的极性减弱造成的。然而，较高的氧化态对应于较低的键能（见表 2.9）。因此，较短的 M^{IV}—Cl 键实际上比 M^{II}—Cl 键更弱，这与“键长越短则键越强”的普遍性认识相反。在 $CX_2 \rightarrow CX_4$ 和 $CZ \rightarrow CZ_2$ 系列中，碳价态在形式上的增加导致键长的增加（表 S3.3 和表 S3.4），而键能则减少，这与 Si 或 Ge 同系物相似。在氢化物中（表 3.4），氢化物配体的增加总是使得键长减小[121]（也可参考表 S3.1）。在仅含非金属元素的分子中，其成键接近于共价键，价态的（形式上）变化对原子间距离的影响很小。因此，ClF，ClF_3 和 ClF_5 分子中，Cl—F 平伏键是相似的（分别为 1.628、1.597 和 1.571 Å），而在 ClF_3、FClO、$FClO_2$ 和 ClF_5 中 Cl—F 是直立键，键长分别为 1.697、1.697、1.691 和 1.669 Å[122]。不稳定的中性分子 BH_4 的成键中两个键

表 3.4 AH_n 自由基和 $AH_{n+1,2}$ 分子中的键长 d (Å)

A	AH	AH_2	A	AH	AH_2
Be	1.343	1.334	B	1.232	1.193
Mg	1.730	1.703	N	1.038	1.012
Zn	1.594	1.535	P	1.430	1.415
Cd	1.762	1.683	As	1.522	1.511
Hg	1.740	1.646	Sb	1.711	1.700
Al	1.645	1.59	Bi	1.808	1.778
O	0.970	0.958	A	AH_2	AH_4
S	1.341	1.336	C	1.107	1.085
Se	1.464	1.460	Si	1.514	1.480
Te	1.656	1.651	Ge	1.591	1.514

长是 1.182 Å，两个键长是 1.289 Å（平均值为 1.235 Å）[123]，NH_4 和 ND_4 的键长分别为 1.051 Å 和 1.048 Å[124]，与相应的单氢化物或阳离子化合物 NH_4^+（1.029 Å）和 ND_4^+（1.025 Å）相似。然而，当键真具有极性时，氧化态就会产生差异：人们对 ClOCl 和 BrOBr（1.696 Å 和 1.843 Å）分子中的 O—X 键与 OClO 和 OBrO（1.470 Å 和 1.649 Å）分子中的 O—X 键进行了比较[125]。

如果分子得到净电荷，其几何结构本质上会受影响。在表 3.5 中，人们对中性双原子分子和自由基（见表 3.1 和 3.2）及其带一个正电荷的阳离子的键长进行了比较[1,126]，在表 3.6 中，人们对中性分子及其带一个负电荷的阴离子的键长进行了比较。假如键级不变，负电荷分子的键长往往会增大（相对于中性分子）。然而，增加一个电子会改变分子的电子结构，例如在 Sn_2 和 Pb_2 中经历了 $\sigma \rightarrow \pi$ 的跃迁，键长可以增长和缩短。正的离子化导致键长的增长或缩短，这取决于电子是从成键轨道、非键轨道，还是反键轨道跃迁出来。因此，在氢化物中，如果 X 的电负性高于 H，X—H 键会增长，反之则缩短。

表 3.5　A_2、AH 分子和 A_2^+、AH^+ 中的键长 d（Å）

A_2	A—A	$(A—A)^+$	AH	A—H	$(A—H)^+$	AH	A—H	$(A—H)^+$
Xe_2	4.362	3.087	BeH	1.343	1.312	PH	1.433	1.404
H_2	0.7414	1.052	MgH	1.730	1.649	CH	1.120	1.131
F_2	1.412	1.322	ZnH	1.594	1.515	NH	1.038	1.045
Cl_2	1.988	1.892	CdH	1.762	1.667	OH	0.970	1.029
O_2	1.208	1.116	HgH	1.740	1.594	SH	1.341	1.338
N_2	1.098	1.116	BH	1.232	1.215	FH	0.917	1.001
P_2	1.893	1 986	AlH	1.648	1.602	ClH	1.275	1.315
Be_2[a]	2.452	2.211	SiH	1.520	1.492	BrH	1.414	1.448

注：a. 数据源自文献［38，127］

表 3.6　中性分子及其阴离子的键长 d（Å）

MX	M—X	$(M—X)^-$	MX_n	M—X	$(M—X)^-$	M_2[g]	M—M	$(M—M)^-$
CuH[a]	1.463	1.567	PbO	1.922	1.995	Cu_2	2.220	2.343
CrH	1.668	1.75	PbS	2.287	2.390[e]	Ag_2	2.530	2.654
MnH	1.72	1.82	MoO	1.70	1.72	Au_2	2.472	2.582
CoH	1.526	1.67	FeS	2.04	2.18	Sn_2	2.746	2.659
NiH	1.48	1.61	NiO	1.627	1.66	Pb_2	2.927	2.814
AuO	1.849[b]	1.899[c]	AuO_2[f]	1.793	1.866	Cr_2	1.679	1.705
MgCl	2.199	2.37	RhO_2[f]	1.699	1.735	O_2	1.207	1.26
MgO[d]	1.749	1.794	IrO_2[f]	1.717	1.738	Fe_2	2.02	2.10
ZnO[d]	1.719	1.767	PtO_2[f]	1.719	1.790	Ni_2	2.155	2.257
						Pt_2	2.333	2.407

注：a. 数据源自文献［128］；b. 数据源自文献［129］；c. 数据源自文献［130］；d. 数据源自文献［131］；e. 数据源自文献［132］；f. 数据源自文献［133］；g. 数据源自文献［37］

氧分子是个特例。一个简单的 Lewis 式结构（共价键）可说明该分子的键级为 2，每个氧原子上有两个孤对电子（:Ö=Ö:）。事实上，仅仅对于简单的双原子分子，其基态（三重态）是顺磁的。该事实的合理解释如下：分子轨道（MO）理论是早期成功的例子之一，也就是说，这个分子有五个完全占据的轨道（成键轨道 σ2s，$σ2p_z$，$π2p_x$，$π2p_y$ 和 反键轨道 $σ^*2s$）和分别有一个未成对电子占据的反键轨道（$π^*2p_x$ 与 $π^*2p_y$）。因此，键级可定义为，成键轨道和反键轨道中电子数差值的一半，基态分子的键级确实是 2，而阳离子 O_2^+ 的键级增加到 2.5，阴离子 O_2^- 的键级减少到 1.5，因为阳离子中一个电子从半占据反键轨道移除，而阴离子则在反键轨道填入电子。与键级相一致，O_2、O_2^+、O_2^- 的成键能分别为 498 kJ/mol、642 kJ/mol、408 kJ/mol，而其键长分别为 1.2074 Å、1.1227 Å 和 1.26 Å。氧分子有两个激发单重态，这在氧化反应中起着极其重要的作用。在第一个激发单重态中，不同的 π* 轨道有未成对电子，但存在相反的自旋，在另一激发单重态中，在同一 π* 轨道电子成对。这些激发态的能量分别比基态高 95 kJ/mol 和 158 kJ/mol，O—O 键长分别延长至 1.2155 Å 和 1.2277 Å。

表 S3.5 比较了气相和凝聚相的分子结构，表明了聚集态的影响的确很小，因为分子间范德华相互作用的能量与化学键的能量相比是很小的。对于孤立分子，不仅研究它的气相，也在低温下将其冷冻成惰性固体基质，例如氮、甲烷、氩和其他稀有气体。该实验[134] 得到的 M—Cl 键长如下：$ZnCl_2$ 中是 2.081 或 2.053 Å（在 N_2 或 Ar 基质中），$CrCl_2$ 中是 2.257 Å（在 Ar 基质中），$FeCl_2$ 中是 2.207 或 2.156 Å（在 N_2 或 CH_4 中），$NiCl_2$ 中是 2.145 或 2.123 Å（在 N_2 或 CH_4 中）。这些键长比自由分子的键长稍长（约 0.03 Å）（见表 S3.1），说明基质的影响甚微。在氩气基质中（K_2 3.869、Rb_2 4.091、Cs_2 4.547 Å），发现碱金属分子的键长略短于自由分子的，可能是因为后者的研究是在更高的温度中进行的[135]。

如果氨中的 H 原子（χ=2.2）被 Li（电负性 χ=1.0）或者 Na（χ=0.9）取代，并且 N 原子上加负电荷，则氨的 N—H 键（1.045 Å）分别缩短为 1.022 和 1.008 Å[136]。键的极性对原子间距的影响，也出现于 XOOX 分子中[137-140]，也就是说，当 X 的电负性减少且负电荷聚集于 O 时，O—O 的键长增大。FOOF 结构是相当异常的，其中 O—O 键长实际上与 O_2（1.207 Å）的一样短，而 O—F 键长异乎寻常的长（1.586 Å），所以需要给出定性的合理解释。在顺磁性的 O_2 分子中，每个氧原子具有一个未成对电子（在相互垂直的 p 轨道上），容易被电负性高的氟吸引，而形成一个极性的 $^-$F—O=O$^+$—F ⟷ F—O$^+$=O—F$^-$ 结构，或者（按分子轨道理论来说）一个三中心键（O_2F），这必然是比较弱的键。O—O 的成键实际上未受影响。然而，实际情况更复杂，自从 1962 年以来，人们通过诸多量子化学方法定量地计算 FOOF 的结构和性质，但并未取得理想的结果[122]。与此同时，简单的晶体化学研究可得到相当精确的预测。通过表 1.12～表 1.14 和表 S1.12 可知，对于—O=原子，$r(O)=1/2(0.72+0.60)=0.66$ Å，$r(O^+)=r(O)-1/6$。$[r(O)-r(O^{6+})]=0.56$ Å，$r(F)=0.71$ 和 $r(F^-)=1.09$ Å。而 $d(O—O)=r(O^+)+r(O)=1.22$，和 $d(O—F)=1/2[r(F)+r(F^-)+r(O)+r(O^+)]=1.51$ Å。

X	F	Cl	CF_3	H
d(O—O),Å	1.216	1.426	1.437	1.460
χ(X)	4.0	3.1	2.9	2.2

臭氧是另一个违反 Lewis 结构式的基本分子。自从在 1865 发现 O_3 后，人们就假定臭氧是有三个单键的环状结构（等边三角形），然而，气相光谱研究（在多次无效实验后确定[141]）和之后的晶体结构测定[142]表明臭氧是一个弯曲的敞开结构（图 3.2），两个键级都是 1.5。请注意，臭氧中的 O—O 键长和取代基电负性（此例中第三个 O，$\chi=3.5$）的关系与 XOOX 分子中的一样（见上文）。

对于由正常的 AX_n 共价分子组合成的 $(AX_n)_2$ 二聚体（图 3.3），表 S3.6 中包含了其气相研究的结果，结构形式为 $X_{n-1}A(\mu\text{-}X)_2AX_{n-1}$，有两个 A—X—A 桥连原子（X）和 $2n-2$ 个末端 X 配体。在每个例子中，桥连的 A—X 键长大约比末端的长 10%。若 A 是一个富电子原子（Se、Te 或 I），且其氧化态小于最大值（+3 或+5），这个差值更大，这归因于 A 原子的非键和成键共价电子之间较强的排斥力。在 $(AX_5)_2$ 二聚物中，有两类末端 A—X 键：直立键和平伏键，两者键长的差值约为 0.02～0.03 Å。配体总是与中心原子对电子密度进行竞争，因此，一个配体具有较强的吸电子能力（由电负性 χ 测定），则不可避免地会阻碍电子向其他配体迁移，它与中心原子的成键也会变弱，键长变长。因此，在 X—B=O 分子中，硼-氧键长按照 X=H、Br、Cl、F(1.2021、1.2047、1.2062 和 1.2072 Å) 的

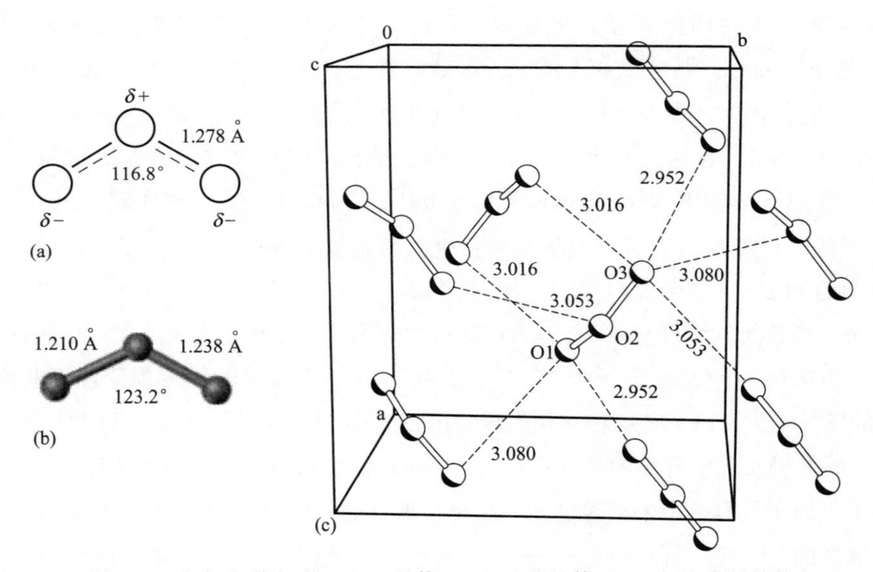

图 3.2 臭氧在其气态（a）、晶体（b）以及晶体（c）中的分子结构

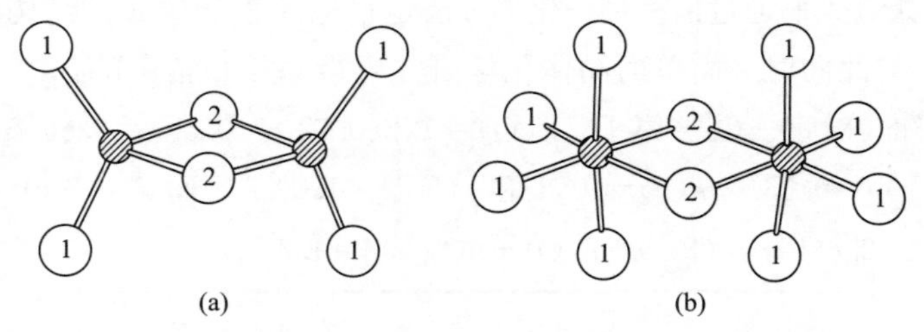

图 3.3 二聚体 A_2X_6（a）和 A_2X_{10}（b）分子结构图

1—末端原子；2—桥连原子 X

顺序增长[143]，即随 X 电负性的增加而增长。相似地，A—H 键长在 $H_3Si—SiH_3$（1.492 Å）和 $H_3Ge—GeH_3$（1.544 Å）中大于在 SiH_4（1.480 Å）和 GeH_4（1.517 Å）中：当一个较小电负性的 Si 或 Ge 取代一个氢化物配体时，剩余氢原子吸电子变得更容易，而且它们的负电荷增多。表 S3.7 进一步阐述了该效应，表中列出了具有固定和变化配体的分子的 A—X 键长。相似的规律也出现在不同键级的同核键中。该效应在有机化合物中尤为明显（见 3.3 节），但在无机物分子中也有一些这样的例子，例如 S═S—S═S 分子的末端键（1.898 Å）和中心键（2.155 Å）[144]，接近于臭氧的类似物（见上文）S_3 中的 1.917 Å[145]。

3.2.2 键角和价电子对互斥理论

除了键长，分子几何结构的最重要的参数是两个键（原子间向量）的键角，以及配体围绕中心原子形成的配位多面体。Pauling[146] 和 Slater[147] 首次对其进行了合理解释，他们的依据是，由于中心原子的原子轨道（s、p 和 d）的各种杂化产生了多种配体构型，例如，哑铃形（sp、dp 杂化）、三角形（d^2sp、dp^3、d^3p 杂化）、四面体（sp^3、sd^3 杂化）、正方形（dsp^2、d^2p^2 杂化）、三角锥（d^2sp、d^3s、d^3p 杂化）、四方锥（d^2sp^2、d^4s、d^4p 杂化）、八面体（d^2sp^3 杂化）、三角双锥（dsp^3 杂化）、正四方锥（dsp^3 杂化）、十二面体（d^4sp^3 杂化）等。

碳的立体化学提供了杂化理论的经验判定，在饱和化合物中碳是四配位的，均匀配位使得四个键长相等，尽管其基态具有 $2s^2p_x{}^1p_y{}^1$ 电子构型，所以应该期望它是二价的。至于化合物的形成是这样的，s 轨道中的一个电子跃迁到 p 轨道上，碳原子采取 $2s^1p_x{}^1p_y{}^1p_z{}^1$ 电子构型，使之能成为四价的。混合 s 电子和 p 电子，尽管使其键加强，但不影响它们的光谱学性能，因此，其化合物中 sp^3 碳原子的电子光谱包括相应的两类电子的吸收带。键长完全相同，例如在金刚石和甲烷中，证明了杂化理论是化学成键的一个实际结果，而不仅仅是一种描述结构的方法。

不同轨道通过杂化获得的平均化，类似于配体与相同的原子进行配位获得的价态（氧化态）平均化。因此，自由基 NO 和 NO_3 一旦进入到配位区域，它们就转变为相等的两个 NO_2 配体。与之密切相关的效应，包括 MX_4^{2-} 和 MX_6^{2-} 中四个或六个卤原子上分布了两个负电荷，这在第 1 章已经叙述过。在第 2 章中，讨论了与电负性和化学电子势相似的平均化。

通过原子外层电子对的库仑力作用，Sidgwick 和 Powell[148] 首次合理解释了分子中成键的空间分布。Gillespie 等人在该方法和泡利原理的[149-153] 基础上，将其进一步发展为价电子对互斥（VSEPR）理论。依据 VSEPR 理论，共价键（例如它们的电子对）和孤对电子（E）围绕于原子 A 周围，以这种方式使其相互的电子排斥力达到最小。正如图 3.4 所展示的和表 3.7 中所列举的实例，在第一个近似中，它们形成了大量的规则构型（多面体）。由于一个成键电子对被配体所吸引，它在原子 A 附近（电子域，D）所占据的区域小于一个孤对电子所占据的区域。因此，如果多面体有非等价的顶点，孤对电子占据的是远离成键电子对所占据的位置，例如三角双锥体（AX_4E、AX_3E_2 和 AX_2E_3 型分子）的平伏位置。如果所有的顶点是等价的（如在一个四面体中），当 E 数量增加时，与理想值相比，E—A—E

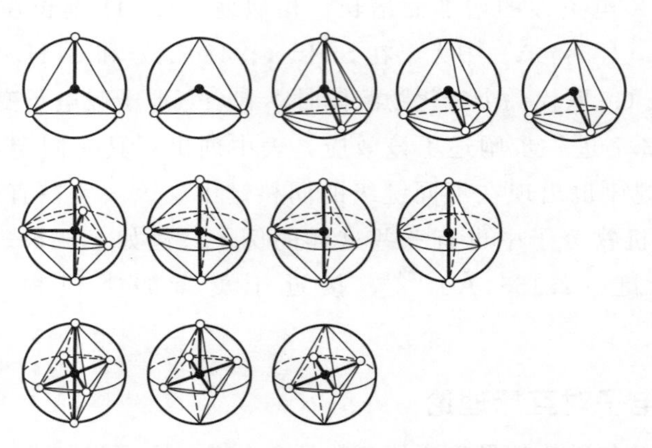

图 3.4 依据价电子对互斥理论（VSEPR）确定的分子构型（见表 3.7）

表 3.7 依据 VSEPR 理论确定的分子构型

电子对的数目		分子类型	分子形状	举例
总数	孤对电子			
2	0	AX_2	直线形	$BeCl_2$
3	0	AX_3	平面三角形	BF_3
	1	AX_2E	V 形	$SnCl_2$
4	0	AX_4	正四面体	CH_4
	1	AX_3E	三角锥形	NH_3
	2	AX_2E_2	V 形	H_2O
5	0	AX_5	三角双锥体	PCl_5
	1	AX_4E	变形四面体	SF_4
	2	AX_3E_2	T 形	ClF_3
	3	AX_2E_3	直线形	XeF_2
6	0	AX_6	正八面体	SF_6
	1	AX_5E	四方锥形	IF_5
	2	AX_4E_2	平面正方形	XeF_4

键角变大，而 X—A—X 键角缩小。因此，分别具有 AX_4、AX_3E 和 AX_2E_2 构型的 CH_4、NH_3 和 H_2O 分子中，H—A—H 键角相继减小，即分别为 109.5°、107.3°和 104.5°。当 X 的电负性相对于 A 增加时，这种扭曲会更强烈，对氢化物和卤化物中的 X—A—X 键角的比较（表 S3.7）正好揭示了这一点。与单键相比，多重键具有更大的电子区域，并且其行为与孤对电子的相似，占据更远的顶点。对于合理解释立体化学数据，VSEPR 理论是非常简单而有效的。

然而，分子结构也会受到电子和立体互斥之外的因素影响，即产生 VSEPR 规则的诸多例外（见文献［154-156］）。例如，碱土卤化物 MX_2 分子几乎都是线性的（由 VSEPR

预测)，但 CaF_2、SrF_2、$SrCl_2$、$SrBr_2$ 和 BaX_2（X=F、Cl、Br、I）具有“弯曲”的构型，即 M—X 键角不为 180°。在较重的金属中，通过电子壳层的 d 轨道的参与，即 sd 杂化，对弯曲构型进行了解释。确实，它应该随主量子数和键极性的增加而增加，因为两者的增长有利于外层和倒数第二层的能隙的减少。Donald 和 Hoffmann[157] 已经确定了单体、二聚体和固态 MX_2 的最佳结构，其中的 M 是第 2 族元素。在 MX_2 与具有 D_{2h} 或 C_{3v} 对称性的 M_2X_4 二聚体中，已经确定了弯曲结构之间的显著联系（表 S3.8）。一般来说，准线性或松散单体仅微弱地倾向于 D_{2h} 或 C_{3v} 二聚体结构。这两个系列（MX_2 和 M_2X_4）分子的结构趋势和第 2 主族二卤化物固体的最佳结构类型有一定的关系。在 CaF_2 和 $PbCl_2$ 结构类型中，大多数弯曲的单体趋向于结晶。刚性的线状单体凝结成具有低 N_c（如 4 或 6）的扩展固体。通过基于 sp^x 杂化的 MX_2 前线轨道的 MO 分析，可部分地对二聚体的最佳结构进行合理解释。对于 Be_2X_4 和 Mg_2X_4，线性 MX_2 结构变形为最优成键结构 C_{3v} 需要较大的能量，这就解释了这两个分子为何趋向于 D_{2h} 结构。只有当 MX_2 中的阳离子很大时，尤其是，当 MX_2 单体的最低能量结构是弯曲构型时，二聚体的 C_{3v} 结构才是有利的。MX_2 单体结构是弯曲的，原因是 M 和 X 之间的核极化作用以及 M 的 d 轨道与 s 轨道杂化的可行性。对 $(CaX_2)_2$、$(SrX_2)_2$ 和 $(BaX_2)_2$ 的几何结构的合理解释，有两个核极化效应的理由。第一个理由是，从 Be 到 Ba 金属极化率逐渐增加；第二个理由是，Ca、Sr 以及 Ba 的 d 轨道是可用的。另外，对于八面体的 ClF_6^- 和 BrF_6^-，或者规整方形棱柱 XeF_8^{2-} 和 IF_8^-，孤对电子在空间上是不活泼的。这可能是由于空间过于拥挤。实际上，中心原子较大（例如 IF_6^-）或配体较少（如 XeF_7^-）时，其孤对电子是活泼的，尽管相当弱。

总的来说，在预测主族元素化合物的结构方面，VSEPR 理论取得了显著成效，但是这种预测只是定性的。到目前为止，所有定量化预测的努力都付诸东流。同样地，将这种方法拓展到过渡金属（扩展的 VSEPR 理论），也是不成功的，尽管人们也考虑诸如配体-配体的排斥力和中心原子核电子层的极化等因素[158-160]。对于后者，诸多其他因素必须考虑，例如中心原子的 d 电子结构，σ 键和 π 键之间的竞争等等（见文献 [154] 中的讨论）。

3.2.3 非计量分子和特殊分子

为了概括这部分内容，首先深入考察气态自由基和非计量分子离子化合物的结构，即由 Wang、Boldyrev、Kuznetsov 等人深入研究的结果。这类物质的结构化学相当特殊。因此，自由基 Al_nO（n=2、3)、Al_nS（n=3～9）和 Al_nN（n=3、4）违背八隅体规则。在 Al_4C 和 Al_5C 自由基中，以及在 Al_4C^- 和 Al_5C^- 离子中，碳原子被四个 Al 原子（是单价的，仅使用 1 个 p 电子）包围在一个平面正方形中，而第五个 Al 原子连在正方形的其中一个角上[161,162]。对于具有中心碳原子的平面结构的物质，其他的例子有 $CaAl_3Si$ 和 $CaAl_3Si^-$[163]。Al_4^{2-}、Ga_4^{2-} 和 In_4^{2-} 阴离子具有平面结构，且由于具有 2π 电子而存在芳香键。对于 MAl_3^{2-} 阴离子，也是这样的，其中 M=Si、Ge、Sn 和 Pb[164]。B_5^- 和 Al_5^- 阴离子的结构是五元环。对于 B_5^- 阴离子，π 轨道在所有五个原子上离域[165]。在 P_5^-、As_5^-、Sb_5^- 和 Bi_5^- 中都有芳香性质，而这些离子与 $C_5H_5^-$[166] 是等电子的。B_3 和 B_3^- 是具有 D_{3h} 对称性的芳香性体系，而 B_4^- 具有稍微扭曲的平方结构[167]。B_6 和 B_6^- 是平面的结构，但没有芳香性[168]。最近，通过实验和理论计算，该课题组证实了 $SiAu_n$ 分子在几何结构和电子结构上都与 SiH_n 相似[169]，并且在线性 AuBO 分子中，金原子的确类似于氢原子。在上述研究中，光电子能谱的结果是由量子化学计算得到的。

在 ZnHCl[170] 和 $ZnHCH_3$[171] 分子中，配体 Cl 和 CH_3 对 Zn 的价电子有竞争作用。因为 EN(Cl)＞EN(CH_3)，前者的 Zn—H 比后者的更具共价性，键长更短，其值分别为 1.505 Å 和 1.521 Å。另一个特殊的例子是 HPSi 分子[172]，它包含一个不对称的桥连氢原子（P—H 1.488 Å 和 Si—H 1.843 Å），这和与其类似的 HCN、HNC、HNSi 以及 HCP 等较轻分子完全相反，这些较轻分子都呈现有末端氢原子的线性结构。

3.3 有机分子

有机化合物含有较少的元素：主要是 C、H、N 和 O，有些也有 S、Se、Te、P、As 和卤素，并且价态和配位数较固定。然而，这些化合物展示了惊人的各种结构，这是由于碳原子与不同的原子和基团最多可以形成四个共价键，并且能够形成同核（C—C）键的长链和环状结构。实际上，在所有聚集状态下，有机分子的几何形状依然不变，而这些聚集状态能在没有化学解离的情况下形成。在表 S3.9 和表 S3.10 中，列出了碳原子单键在各种甲基和乙基衍生物中的键长，而这些数据是从综述［173］和原始文献得到的。由较少的结构单元获得大量的结构多样性，这对于发现结构参数之间的经验公式是有利的，大量的结构是由特定的碎片或各类化合物衍生而来的（见文献［174，175］和式 2.10）。

影响键长的主要因素是：①键级的变化；②空间应力；③杂化的变化；④键极性的变化。增加键级（即每个键的电子对数目）总是会增加键能，减小键长，其他性质不变。然而，在无机物中，它们很少是相等的：通常，键级和键极性同时变化，它们的作用是很难分开的。非极性的 C—C 键，例如在乙烷、乙烯、苯和乙炔中，显现了一个几乎“纯”的键级效应（表 3.8）。并且，众多的稠环芳烃显示了 C—C 键级的光谱结果介于 1 和 2 之间。基于上述情况，Pauling 将键长与键级的关系描述为一个平滑的连续函数（见下文）。

空间应力是由原子团（基团）之间的相互排斥引起的，这里讨论的是与成键相关的。从表 3.8 可知，乙烷中氢原子被烃基取代的数目增加，使得 C—C 单键的键长随之逐渐增长。该效应在乙烯和苯中相对较小，两者的 C—C—C 键角较宽，实际上，它在线形的乙炔衍生物中也是不存在的。来源于小环的应力，迫使原子适应比较小的键角。因此，环丙烷中的 C—C—C 键角（60°）小于正常 sp^3 杂化（109.5°）的 C—C 键角。的确，若 s 和 p 轨道不进行杂化，则能形成小于 90°的键角。这致使 C—C 键长缩短，其原因在于，这些成键的外向弯曲减缓了应力[176]。通过对诸多取代环丙烷上[177] 电荷分布的研究，证实了这个模式：成键电子密度的峰值从核间的线向外迁移（见图 2.3）。

表 3.8 各种键级 n 的典型碳-碳键键长（Å）

分子/群	键级	气体	晶体[a]	分子/群	键级	气体	晶体
$H_3C—CH_3$	1	1.535		═C—C═	1	1.425	1.431
$RH_2C—CH_2R$	1	1.533[b]	1.524	≡C—C≡	1	1.389	1.377
$R_2HC—CHR_2$	1	1.545[c]	1.542	$C(CH_3)_4$	1		1.537[f]
$R_3C—CHR_2$	1		1.556	苯	1.5	1.399[f]	1.397
$R_3C—CR_3$	1	1.583[c]	1.588	$C_6(CH_3)_6$	1.5		1.411
环丙烷	1	1.514	1.510	$H_2C═CH_2$	2	1.339[f]	1.313
环丁烷	1	1.554	1.554	*cis*-RHC═CHR	2	1.346	1.317[a]
环戊烷	1	1.546	1.543	$R_2C═CR_2$	2	1.351	1.331[a]
环己烷	1	1.536	1.535	$H_2C═C═CH_2$	2	1.308[f]	1.294[a]
═C—C(sp^3)	1	1.506	1.507	$H_2C═C═C═CH_2$	2	1.280[g]	1.269
═C—C═[d]	1	1.475	1.478	$H_2C═C═C═CH_2$	2	1.320[h]	1.324
═C—C═[e]	1	1.463	1.455	HC≡CH	3	1.203[f]	1.186
≡C—C(sp^3)	1	1.459	1.466	RC≅CR	3	1.212[c]	1.190[a]

注：a. 所有衍生物的平均值，其中 R 为取代基，以 sp^3 杂化的碳原子成键；b. 所有烷烃 C_mH_{2m+2}（m＝3～16）的平均值；c. R＝Me；d. 非共轭的、垂直的旁氏构象；e. 共轭的平面构象；f. 数据源自文献［178］；g. 中心 C═C 键；h. 末端 C═C 键

表 3.9 在 C≡C—$(CH_2)_n$—X 分子中 C—X 的键距（Å）[179]

X	n=0	n=1	n=2	n=3
C(sp^3)	1.46	1.49	1.52	
F	1.274	1.383	1.387	1.390
Cl	1.631	1.782	1.786	1.792
Br	1.789	1.901	1.946	1.957
I	1.987	2.117	2.132	2.139

当 C—C 单键与一个多重键相邻时，其键长本质上会缩短，例如包含 sp^2 和 sp 杂化的碳原子（见表 3.8）。当原子的价电子集中在多重键区域内，其核的屏蔽会减弱，而相应的有效原子序数 Z^* 会增加（见 1.2 节），对单键电子的吸引力会增强，键长会缩短而键级没有增加。因此，炔烃碳以相同的方式，在单键中作为吸电子的原子（见下文），它对长链有更多的微扰，例如碳-碳或碳-卤素键长的缩短。正如表 3.9 中所列出的，远离 C≡C 键时，微扰影响减弱。实际上，在长链第三个原子之外，微扰就消失了。烯烃碳原子的影响是相似的，但很弱。累积 C═C 键，例如在丙二烯 $H_2C═C═CH_2$（表 3.8）中，由于相同的原因，其键长比 sp^2 杂化碳原子的更短。随着双键数目的增加，该效应增强，在 O═C═C═C═O[180] 中的 C═C（1.253 Å）和 $(i\text{-}Pr_3P)_2ClIr═C═C═C═C═CPh_2$[181] 中的 C═C（1.24 Å），均接近于正常三键的键长。

由一个电负性原子或阳离子中心引起的键极化效应是复杂的，需要考虑三种可能性。如果一个成键的离子成分随共价成分的增加而相应减小，键长会增长而键能减少。因此，在 CF_4 分子中，氟原子的电负性高于碳原子的电负性，前者从后者吸引电子，从而形成 $C^{\delta+}—F^{\delta-}$ 极性键。如果其中一个氟原子被氢原子取代（$\chi_H<\chi_C\ll\chi_F$），剩余氟原子的吸电子能力会更强，这是由于缺少了相应的竞争。因此，在以下的系列分子中的 C—F 键，其键的极化和键长相继增加，即 $CF_4<CHF_3<CH_2F_2<CH_3F$。量子化学计算证实了这一预测[182]。在 B、Si、P 的氟化物和锗的卤化物中（表 S3.11），也表现出一个相似的规律。对于其他（较小电负性）卤素，该效应相应减弱。在表 3.10[183] 中，罗列了碳正离子中心的极化效应，并对中性的 15～18 族元素（X）的甲烷氢化物及其碳正离子的结构进行比较。在所有情况下，如果 X 的电负性不是很大，正电荷致使 C—X 键及其邻近的 X—H 键实质性地缩短。也就是说，只有实质性的 C—X 共价键能引起该效应。

表 3.10 被碳正离子中心影响后的键长（Å）

X	C—X	X—H	C—X	X—H
	$H_3C—XH_2$		$H_2C^+—XH_2$	
N	1.465	1.017	1.282	1.02
P	1.858	1.416	1.638	1.392
As	1.984	1.526	1.746	1.489
Sb	2.182	1.718	1.945	1.670
	$H_3C—XH$		$H_2C^+—XH$	
O	1.429	0.972	1.257	0.993
S	1.815	1.341	1.618	1.348
Se	1.965	1.472	1.756	1.478
Te	2.159	1.665	1.946	1.668
	$H_3C—X$		$H_2C^+—X$	
F	1.405		1.244	
Cl	1.778		1.588	
Br	1.950		1.744	
I	2.169		1.945	

此外，在一个恒定的共价作用上，静电吸引可以叠加，使得该键既变短又变强。因此，乙烷分子中的碳原子有部分的负电荷，因为 $\chi(H)<\chi(C)$。加入一个氟原子，使其相邻的碳原子电荷变得相反，所引起的 $C^{\delta+}—C^{\delta-}$ 吸引使得 C—C 键长由乙烷中的 1.533 Å 减小到 C_2H_5F 中的 1.517 Å。在以下系列分子中，出现相似的 C═C 键缩短，即 $H_2C═CH_2$、$H_2C═CHF$、$H_2C═CF_2$（1.337→1.333→1.316 Å）。同样地，在 $CH_3C≡CF$（1.200 Å）和 $CF_3C≡CH$（1.202 Å）中，C≡C 键比 $CH_3C≡CH$（1.207 Å）更短[184]。

通过减少屏蔽（见上文），电子密度的降低会增强成键电子对核的吸引力，因此，在不产生极性的情况下，使键增强，键长变短，例如，在 $F_2C═CF_2$ 中的 C═C 键（1.311 Å，对应于乙烯的 1.337 Å）。

请注意，$Cl_2C=CCl_2$（1.355 Å）、$Br_2C=CBr_2$（1.363 Å）和 $I_2C=CI_2$（1.364 Å）中的 C=C 键比乙烯中 C=C 键要长，因为卤素吸电子效应的减弱远远超过了较大卤素原子间的空间排斥力的增加。所以，不同的效应可同时起作用，键长和键强度之间绝不是直接相关的。

通常，多原子分子可采取各种构象，即只需旋转分子的一部分，其结构就会形成另一个不同的构象，其旋转轴与某个化学键重合。在图形上，用旋转基团在平面上的投影来描述一个构象，该构象垂直于这个键（纽曼投影，见图 3.5）。

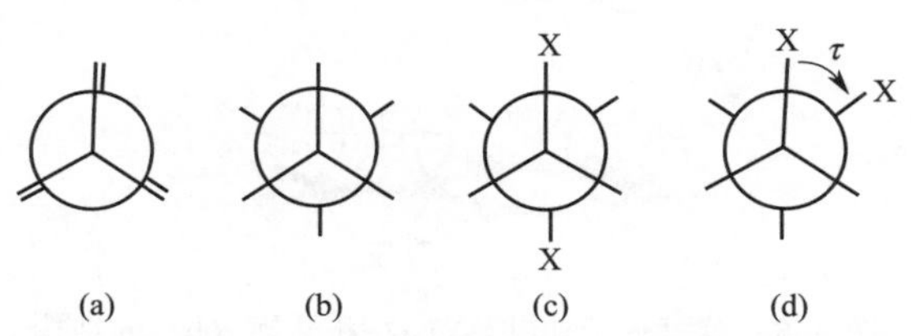

图 3.5 乙烷的重叠型（a）与交错型（b）、双取代乙烷 XCH_2CH_2X 的反式构型（c）和旁氏（d）的纽曼投影式

注：X—C—C—X 的扭转角（正的为顺时针方向）由前面的 C—X 键旋转 τ 确定，直到它与后面的 C—X 重叠

最简单的例子是，乙烷的 CH_3 基团绕着 C—C 旋转。如果两个 CH_3 的投影一致（在 C—C 键的方向），称为重叠构象，若其中一个基团的 C—H 投影在另一个的 H—C—H 键角的中间位置，称为交错式构象。后者是乙烷的实际（稳定的）构象，对应于势能面能量最小点，因为它使得非键连原子间的距离最大。如果取代基不同，例如在对称的乙烷衍生物 XCH_2CH_2X 中，可能有两种不同的交叉构象，也就是反式和旁式。依据 GED 的数据，在热力学上，前一种构象在 X=Cl、Br 时更稳定，而后一种构象在 X=F 时更稳定。定量地看，可用扭转角 τ（X—C—C—X）来描述构象，即使 C—X 键重叠需要绕 C—C 轴旋转的角度。在这种情况下，反式构象中 $\tau=180°$，旁式构象中 $\tau=60°$。

一个分子的构象性质主要取决于旋转能垒，即绕某一个给定键旋转所必须克服的能垒。如果能垒本质上远高于热运动或分子间相互作用的能量，不同构象的分子表现为不同的化学实体，称之为异构体，也称为构象异构体。对于 C=C 键，能垒非常高（170±40 kJ/mol），因为旋转需要破坏一个共价键。因此，顺式和反式取代的乙烯衍生物是完全不同的化合物（异构体），而非不同构象异构体。对于两个四面体（饱和）碳原子之间的单键，通过重叠位置时，其旋转势垒（BR）主要是由于非键连原子间的空间排斥。

在取代乙烷中，BR 值从 12 变化到 75 kJ/mol，这取决于取代基的大小。由于相同的原因，BR 值一般随键长的增加而减小，例如，当 A=C、Si、Ge 和 Sn 时，绕 $A(CH_3)_4$ 分子 A—C 键的旋转势垒分别为 18、8.4、5.4 和 3.3 kJ/mol。绕丙烯（最稳定构象为重叠式）的 C（sp^2）—C（sp^3）单键的旋转势垒约为 8 kJ/mol，在羰基化合物中约为其一半。对于与 C≡C 键相邻的 C—C 单键，BR 值实际上为零，即旋转是自由的。

当 C—C 夹在两个双键之间，C=C—C=C 碎片是平面的（对于中心键是顺式构象或反式构象）或非平面的（正交构象或旁式构象）。前一个（而不是后一个）构象允许一个双键的 π 共轭，增加中心键的有效键级，其键长在共轭体系中比在非共轭体系中大约短 0.02 Å。如果双键与具有孤对电子的原子相邻，如在 $C=C—NR_2$（R 是烷基）分子中，则会发生相似的情况。如果 N 原子的孤对电子占据的轨道与 C 的 $p\pi$ 轨道平行，会产生共轭，

N 原子适宜平面三角形的结构，C ═C 键也在相同的平面上。如果这些构象由于大的取代基而不存在，那么 N 原子仍然是四面体构型，而孤对电子占据了其中一个顶点。共轭体系的平均 C—N 键长为 1.355 Å，而非共轭体系的平均 C—N 键长为 1.416 Å[27]（见图 3.6）。

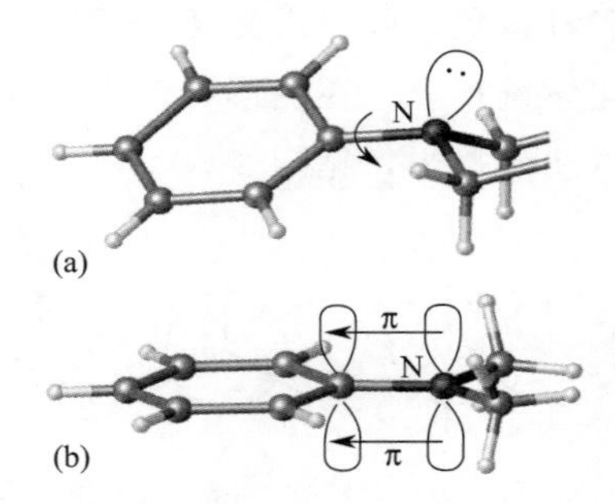

图 3.6 苯氨分子非共轭（a）和共轭（b）的结构

环状结构是全部或主要由单键组成，也有不同的构象。环丁烷的稳定构象是蝴蝶式的；环戊烷有两种稳定的构象，称为船式构象和半椅式构象。1890 年[185]，预测环己烷的最稳定构象是椅式的（图 3.7），在室温和气相条件下，只能观测到这种构象。其船式和扭曲船式构象有更高的能量（高 21～25 kJ/mol）。Cremer 和 Pople[186] 提出的数学公式，确保能明确地定量描述一个环状构象。

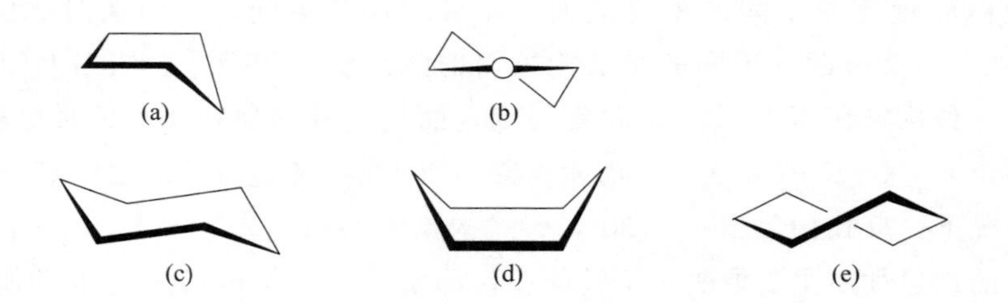

图 3.7 五元环构象：信封式（a）和半椅式（b）；六元环构象：椅式（c）、船式（d）和扭曲船式（e）

如上所述，碳原子可形成各种同素异形体，即结构上不同的单质常常与不同类型的有机化合物相关，例如金刚石对于饱和碳氢化合物，石墨烯对于稠环芳烃等等。实际上，通过中间体物质的宽谱，从块体的最小碎片中可分离出最大的分子，其中的纳米粒子是最重要的（见第 8 章）。因此，最近合成的类金刚石 $C_{26}H_{30}$，在形式上可作为金刚石结构的一个碎片（见图 5.4），每个碳原子周围都有四面体键，并且分子中心的 C—C 键长为 1.568 Å，外部的 C—C 键长为 1.538 Å（金刚石的为 1.544 Å）[187]，但是，若是把它作为介于分子与纳米粒子之间的一个边界情况，则在物理上更有意义。

最近报道的含聚炔烃链的化合物结构[188,189]，即 R（—C≡C—）$_n$R，尤为令人关注，因为在这种情况下，对碳的相应同素异形体，即一维卡宾（—C≡C—）$_\infty$[190] 尚不清楚。可以发现，随着链长的增加，三重键和单重键的键长会向两者的中间值收敛一些，分别由丁二炔的 1.210 Å 和 1.371 Å 到最长链的 1.25 Å 和 1.32～1.33 Å。然而，它们收敛到各自不同的渐近极限值，而不是一个均匀的中间键长。聚炔烃的另一个显著特征是长链的柔性，这不是源于绕单键的旋转（见上文），而是源于 C—C≡C 键角，以及与碳原子 sp 杂化所规定的理想值（180°）之间的偏差。长链可以是Z形、S形和弓形构象，并且一个弓形分子有37%的半圆弧（图3.8）。

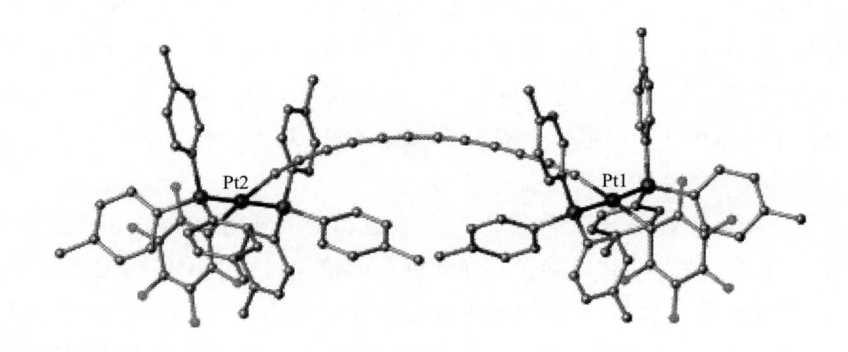

图3.8 在$[(C_6F_5)(Ptol_3)_2Pt]—(C≡C)_6—[Pt(Ptol_3)_2(C_6F_5)]$的晶体结构中十二碳六炔链的弯曲。该链两末端的Pt—C键形成116°的键角[191]

3.4 有机金属化合物

有机金属化合物常常粗略的定义为同时含一个金属和一个有机基团的化合物。在CSD中，大约一半的结构属于这类化合物，文献中有对金属-元素键长的汇总情况[28-30]。然而，它们中的大多数，有机配体通过诸如O、N、S、P等原子进行配位，并且金属原子的成键相似于无机化合物。然而，这些结构有助于解释结构化学中的一些有趣问题，即键长取决于配位多面体的类型（对于相同的配位数）。正如表3.11中所示，四面体Co(Ⅱ)和Ni(Ⅱ)化合物中的键比平面正方形的长，这是由于dsp^2杂化中包括了具有较高Z^*值的倒数第二层电子。

表3.11 包含有机配体的不同配位多面体的Co（Ⅱ）和Ni（Ⅱ）配合物中的键长（Å）

键	Co(Ⅱ)配位物			Ni(Ⅱ)配位物		
	正方形	正四面体	正八面体	正方形	正四面体	正八面体
M—O	1.86	1.96	2.11	1.88		2.03
M—N(四边形)	1.85	2.01	2.16	1.92		2.10
M—N(三角形)				1.87		
M—S	2.17	2.30	2.53	2.20	2.30	2.46
M—Cl		2.26	2.45	2.19		2.43
M—Br		2.39		2.30	2.37	2.54

从专业术语的意义上来说，有机金属化合物必须包含直接的金属-碳键。这些可能属于常见的一类两中心两电子（σ键），正如烷基和炔基金属衍生物（见表S3.9和表S3.10）。主族金属（除了14族）烷基，在气相中是单体，在溶液中倾向于低聚，在固体中倾向于低聚

或聚合[192]。因此，气相 Be（CH_3）$_2$ 是有 C—Be—C 线性构型的一个单体，并且 Be—C 键的键长为 1.698 Å，晶体中则形成高分子链…Be（μ-CH_3）$_2$Be（μ-CH_3）$_2$Be…（Be—C 1.93 Å）[193]。在 488 K 下，气相 Al（CH_3）$_3$ 是一个具有平面三角形配体（Al—C 的键长为 1.957 Å）的单体，但在 333 K 下，形成了一个二聚物（CH_3）$_2$Al（μ-CH_3）$_2$Al（CH_3）$_2$，它有 Al 的四面体配体，其 Al—C 键的键长为 1.953 Å（末端）和 2.140 Å（桥连）[192]。后一种结构也存在于固相中[194]。每一个桥连的（μ）CH_3 基团，仅贡献一个电子以便形成两个 M—C 键，其键长与键级小于 1 的是一致的。

另一类有机金属化合物是 π 配合物，一个不饱和的有机配体由一组 $n \geqslant 2$ 个邻近原子（通常是 C，但偶尔也会是 B、P 或其他）在此进行配位。这样的配体标记为 η^n 或 h^n（配合点）。第一个 π 配合物是蔡氏盐（Zeise 盐）K［Pt（η^2—$H_2C=CH_2$）Cl_3］·H_2O，它是在 1827 年合成出来的[195]，但其结构未知。直到 1954 年，通过它的首次 XRD 研究才搞清楚[196]。它的乙烯配体通过两个 C 原子与 Pt 进行对称的配位，Pt 和配体中心的矢量垂直于后者的平面，但氢原子背离该平面（远离 Pt），C═C 键长延伸至 1.37 Å[197]。Chatt 和 Duncanson[198] 解释了该结构，即 C═C 键的 π 电子对同时配位到 Pt 上，Pt 的 d 电子反配位到 C═C 的反键轨道（π^*），因此减弱了 C═C 键的强度。之后，人们修正了这个模型，将其扩展到 π 复合物。Zeise 盐保留了经典的“无机”模式，并且在结构上与 FeS_2 相似，其中 S_2 也是 η^2 配位。成键模式非常不同的一类配合物是，其金属只与（或主要与）π 配体进行配位。1951 年发现的二茂铁，（η^5-C_5H_5）$_2$Fe，就是这一类的代表，它呈现出惊人的稳定性。从环戊二烯 C_5H_6[199] 去掉一个质子后，很容易形成环戊二烯（Cp）阴离子 $C_5H_5^-$，它能够在晶体中以一种未配位的阴离子的形式存在[200]。它的结构是平面的正五边形，其 C—C 键长（平均为 1.397 Å）接近于苯的 C—C 键长。二茂铁分子是一个“三明治”结构，其铁原子位于两个平行的 Cp 环之间（图 3.9）。大量的三明治配合物都是已知的，有主族元素（见综述［201］），也有过渡金属元素。在大多数情况下，金属原子是对称配位的，也就是它位于环的一个五重轴上。在一个已配位的 Cp 上，C—C 键长约为 1.43～1.44 Å，C—H 键偏离环平面几度，并向金属原子倾斜。不管怎样，一般 Cp 环上的取代基向外倾斜，因此，在一个 η^2-C_5（CH_3）$_5$ 配体（通常缩写为 Cp^*）中，C（Cp）—CH_3 键的倾斜角度约为 5°～6°。Cp 是一个阴离子，只有二价金属适合在气相下形成中性的双-Cp 三明治配合物。在表 S3.12 中，罗列了环戊二烯配合物[201,202] 的 M—C 键长。

尽管所有五个碳原子都可对 Cp 进行配位，但首先描述为 3-齿状共振结构，每一个都由提供电子对的两个 C═C 键和一个σ键 C 原子进行配位。这说明了，将经典结构化学的术语应用到 π 配合物上是困难的，多中心键和普遍较低的键极化使得配位数、价态、氧化态等概念相当模糊。作为一种替代，Sidgwick 引入了有效原子序数的规则（EAN，也称为惰性气体规则），将其作为有机金属化合物的规则，与 Lewis 八隅规则相对应。它陈述了，若过渡金属原子外层 ns、np 和（$n-1$）d 轨道的总 N_e 为 18，其 π 配合物是最稳定的。这个规则适用于周期表中过渡金属的中间几行金属。为了涵盖第 10 和 11 族，可修正为

$$N_e = 12 + 2M \tag{3.2}$$

其中，M 为配位多面体的维度，立体配位（四面体和八面体）的值为 3，平面（三角形和正

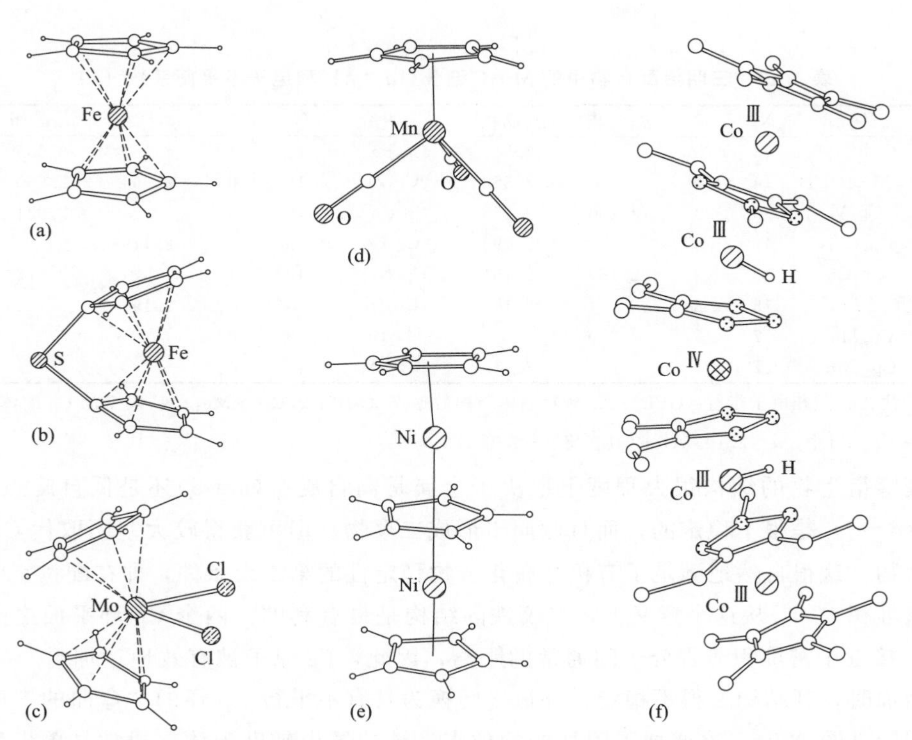

图 3.9 三明治复合物：二茂铁（a）、二茂铁环吩 $S(C_5H_4)_2Fe$(b)、倾斜三明治构型 Cp_2MoCl_2（c）、半三明治构型 CpMn（CO）$_3$（有一个‘钢琴凳’构型）(d)、三层三明治构型[CpNi(μ-Cp)NiCp]BF_4(e) 和 6 层三明治构型[Cp* Co($Et_2C_2B_3H_2Me$)Co($Et_2C_2B_3H_3$)]$_2H_2Co$(f)

注：需要注意的是，末端环为 C_5，桥连部分为 C_2B_3

方形）配位的值为 2，线性配位的值为 1。N_e 包含了金属原子（假设它是中性的）的所有价电子，外加给体-受体键贡献的两个电子，以及每个共价键配体的一个电子，对配合物的总电荷进行修正。因此，对于二茂铁，$N_e=8(Fe)+2\times5(Cp)=18$，说明它是稳定的。最普遍的 π 配体是 η^2-乙烯、η^2-乙炔（提供 2 个电子）、η^3-烯丙基 $H_2C\cdots CH\cdots CH_2$ 和 η^3-丙烯基 C_3H_3（提供 3 个电子）、η^4-顺丁二烯 $H_2C=CHCH=CH_2$ 和 η^4-环丁二烯 C_4H_4（提供 3 个电子）、η^5-Cp（提供 5 个电子）、η^6-苯（提供 6 个电子）、η^7-环庚三烯基 C_7H_7（提供 7 个电子）、η^8-环辛四烯 C_8H_8（提供 8 个电子）以及它们的衍生物。

EAN 规则不适用于过渡金属的前面部分（第 3 族和第 4 族）、f 元素和主族金属，因为它们的成键更具离子性。违背 EAN 规则的“典型”d 金属 π 复合物是存在的，但不稳定，并且，与遵循 EAN 规则的配合物相比，具有相对较长的 M—C 键。对于三明治配合物，这种方法已发展为“电子失衡”规则[203,204]。如表 3.12 所示，M—C 键长和成键 MO(α'_1 和 e'_2)中空缺电子数（δ）与反键 MO（e''_1）中电子数的总和成比例增长。值得注意的是，对所有的 3d 金属茂配合物，对角的 M—Cp 力常数和平均离子离解能随 M—C 键长的增加而线性减小，即 δ 减小[204]。对于中性二茂铁和二茂钴阳离子（Cp_2Co^+），不存在这种电子不平衡（$\delta=0$），而对于二茂铁阳离子 Cp_2Fe^+ 和中性二茂钴 Cp_2Co，$\delta=1$。因此，金属氧化态的增加（从+2 到+3）会导致 Fe 三明治配合物的扩展，而对于 Co 三明治配合物则是收缩的。

表 3.12 三明治配合物中的 M—C 键长（d，Å）和电子不平衡系数（δ）

三明治	N_e	δ	d,气相[a]	d,晶相[b]	三明治	N_e	δ	d,气相	d,晶相
$[Cp_2^*Ti]^+$	13	5		2.310	$[Cp_2Fe]^+$	17	1		2.096
$(C_5Me_4R)_2Ti$[c]	14	4		2.352	Cp_2Fe	18	0	2.064	2.055
Cp_2V	15	3	2.280	2.275	$[Cp_2Co]^+$	18	0		2.031
$[Cp_2Cr]^+$	15	3		2.193	Cp_2Co	19	1	2.119	2.085[d]
Cp_2Cr	16	2	2.169	2.151	$[Cp_2Ni]^+$	19	1		2.075
$[Cp_2^*Mn]^+$	16	2		2.132	Cp_2Ni	20	2	2.196	
Cp_2Mn[e]	17	5	2.380		Cp_2Ru	18	0		
Cp_2^*Mn[f]	17	1		2.112	Cp_2Os	18	0		

注：a. 气相电子衍射（GED）；b. 剑桥晶体结构数据库（SD）；c. R=$SiMe_3$；d. 畸变的 Cp 配体，在 Cp_2^*Co 中，d=2.105 Å；e. 高自旋态；f. 低自旋态

二茂锰衍生物的结构很大程度上取决于金属是高自旋态(δ=5)还是低自旋态(δ=1)。二茂钛（δ=4）是很不稳定的，而且倾向于形成二聚物，但可获得较大基团取代 Cp 环后形成的类似物。这很自然地满足了有机金属化合物稳定性的第二个条件，即在配位空间内配体充分地密堆积[205]。从这个意义上，二茂铁的结构是最有利的：两个 Cp 环平面之间的距离（3.3 Å）接近于密堆积芳香分子间通常的距离，因此，Fe 原子被有效地“加封”。当 M-Cp 的距离增加时，其结构变得不稳定，并最终转换为具有不平行 Cp 环的“弯曲的三明治”或倾斜三明治（图 3.9）。这增加了附加的配位点，该位置由辅助配体（通常是单齿配体）配位，其数目取决于金属原子的大小和所需的电子数。

根据 CSD 的数据，到目前为止，已确定了多达 1600 个具有一个或两个辅助配体的 Ti 倾斜三明治结构，V 的数目是其十分之一，Sc 约为 50，Cr 和 Mn 有一些，Co 和 Ni 则没有。在 Cp 环间有一个共价桥的二茂铁衍生物的数目非常多，这种衍生物称为二茂铁吩。当共价桥较短时，正如在 $S(C_5H_4)_2Fe$、$S(C_5H_3Me)_2Fe$[206]或$(Me_3Si)_2NB(C_5H_4)_2Fe$[207]配合物中，Cp 环间的 α 角可高达 31°～32°，没有吸引任何的辅助配体[图 3.9(b)]。后者唯一的例子是$[(Me_2CC_5H_4)_2Fe—Hg—Fe(C_5H_4CMe_2)](BF_4)_2$ 配合物中的 Hg—Fe 成键，在互成 α=34°的两个 Cp 环之间有一个—C—C—桥[208]。另一方面，对于第 2 和第 3 过渡金属，不存在辅助配体的三明治配合物，除了中性 Cp_2Ru[209]和 Cp_2Os[210] 及其取代类似物，它们与二茂铁一样，具有稳定的电子结构。其通常的构象是倾斜三明治结构，例如 Cp_2MX_2，它具有两个单体配体，以及两个 Cp 的中心形成一个（或多或少）扭曲的四面体。值得注意的是，在倾斜三明治中，金属原子的未成键电子对通常位于赤道平面。因此，此三明治配合物的氧化，导致 M—X 键长变短，而 M—Cp 键长仍然不变甚至变长（表 3.13）[211,212]。

表 3.13 倾斜三明治结构 Cp_2MX_2 中的键长（Å）

配合物	N_e	d(Mo—Cl)	d(Mo—Ω)[a]
Cp_2MoCl_2	18	2.470	1.98
$[Cp_2MoCl_2]^+$	17	2.383	1.99
$[Cp_2MoCl_2]^{2+}$	16	2.284	2.03
Cp_2NbCl_2	17	2.469	2.09
$[Cp_2NbCl_2]^+$	16	2.340	2.084

注：a. Ω 是 Cp 环的中心

只有第2和第3过渡金属的较大原子，即镧系和锕系，能够同时配位三个η^5环戊二烯基配体。对于Y、Zr和大多数镧系，其Cp_3M型配合物是已知的，而对于Th和U，也能获得在Cp环上有较大取代基的类似物。

然而，在两个已知的Cp_3La同质多晶中，镧系原子与其邻近分子的Cp环形成附加的η^2[213]或η^1[214]配位。后者形成了与Cp_3Pr、Cp_3Lu和Cp_3Sc相同的结构。对于较大的取代配体η^5，比如C_5H_3（$SiMe_3$）$_2$、C_5Me_4R（R＝Me、Et、异丙基、$SiMe_3$）[215]，不会发生如此的附加配位，金属原子位于同一个平面上，作为三个Cp环的中心。对于镧系后面的金属，没有发生取代的Cp_3M配合物，这种准三角配位也是典型的，它能通过两个轴向单齿配体形成准三角双锥体，Cp_3M（NCMe）$_2$（M＝La、Ce、Pr、Nd）配合物[216]就属于上述情况。

在Cp_4Zr和Cp_4Hf中，仅有3个和2个Cp环是η^5配位的，其余的Cp环只通过单个C原子形成σ键。这些例子说明了在配位空间中配体堆积密度的重要性。作为对它的一个定量测量，Tolman[217,218]建议使用圆锥的顶角，金属原子是其顶点，在整个配体的范德华表面内闭合。Tolman技术（图3.10）可合理解释多类配合物的物理和化学性能，例如磷化氢配体。Lobkovsky[219]把这种方法拓展到复杂的配体形状，建议使用配体的多面角S/r^2对其块体进行测量。如果所有配体角度的总和介于完全球面角（4π）的0.85和1.00之间，配合物在空间上是稳定的，否则倾向于结构重排。在其他配合物中，这个理论成功地解释了金属原子容纳不同数目Cp配体的能力。

有机金属化学的一个显著成就是多层三明治配合物的制备，其中最简单的是$[CpNi(\mu\text{-}Cp)NiCp]^+BF_4^-$[220,221]，其末端Cp配体的平均Ni—C键长为2.100 Å，中心（桥连）的为2.164 Å。通常，只有末端环是Cp或其衍生物，而桥连的环是硼-碳杂环化合物，例如B_3C_2[222]，或完全由杂原子组成，就像$Cp^*W(\mu\text{-}P_6)WCp^*$和$(\eta^5\text{-}C_5Me_4Et)M(\mu\text{-}P_6)\text{-}M(\eta^5\text{-}C_5Me_4Et)$中的平面$P_6$环，其中M＝V或Nb[223,224]。所以，这种体系可看作团簇（见3.5节），到目前为止，已表征的最大结构体系是6层三明治结构体系$[Cp^*Co(Et_2C_2B_3H_2Me)Co(Et_2C_2B_3H_3)]_2H_2Co$[225]。

主族元素的环戊二烯基配合物的结构也体现了结构多样性，人们在文献［226］中已进行了全面的综述。单价金属在气相中形成“半三明治”CpM分子（M＝Li、Na、K、Ga、In、Tl），但在固相中，这些化合物形成无限长的高分子链，或是线形结构（如Li和Na），或是具有倾斜三明治配位（对于较大的金属原子）的锯齿形结构。这些聚合物可看成无穷多“层”的多层三明治结构。准单体阳离子$[Cp^*M]^+$存在于固相中，其中M＝Ge、Sn和Pb，与外层阴离子形成弱的附加相互作用。在$[Cp_2Li]^+$和$[Cp_2Na]^+$晶体、Cp_2Mg的晶相和气相[192]中，已经观察到真正的（平行的）三明治结构。Cp_2M的倾斜三明治分子（其中M＝Ca、Sr、Ba、Si、Ge、Sn和Pb）在气相中以单体形式存在，但在晶体中，只有大的取代基连接在Cp环上时，它才是单体，否则它们或是获得辅助的平伏配体，或是形成复杂的低聚物或聚合物，尤其当M＝Pb的时候（图3.11）。事实上，二茂铍有一个η^5和一个η^1配体，其详细结构尚不清楚，而Cp_2^*Be是具有两个η^5配体环的一个对称三明治结构，该配体环和Be原子的距离为1.655 Å，平均的Be—C键长为2.05 Å。

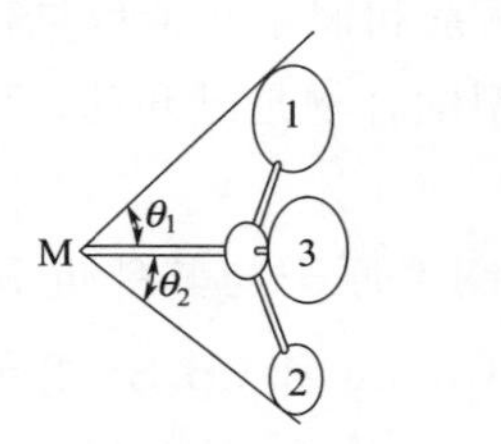

(a) Lobkovsky固定角S/r^2
(S=配体占据的球形表面积)

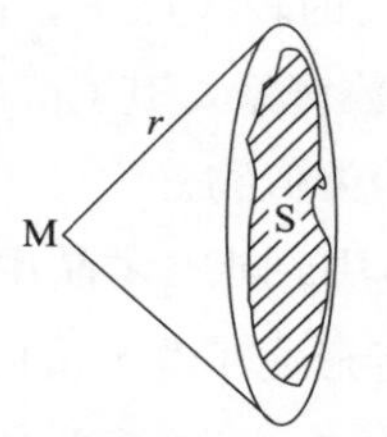

(b) 更适用于任意形状的配体

图 3.10　配体的空间参数：Tolman 锥角 $\theta=2(\theta_1+\theta_2+\theta_3)/3$

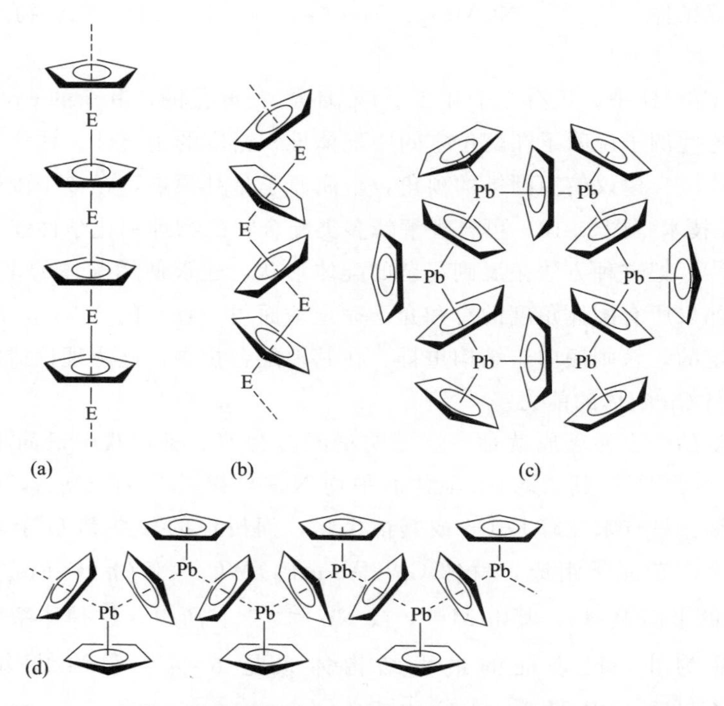

图 3.11　主族金属元素的环戊二烯的固态结构：直链（E＝Li、Na）(a)；锯齿型链（E＝In、Tl）(b)；二茂铅的低聚物（c）和聚合物（d）

注：美国化学会版权所有（1999），得到［201］作者允许（英文版）

与其他芳香环配体，尤其是苯环，也可以形成三明治配合物。这类配合物的种子化合物是二苯铬（η^6-$C_6H_6)_2Cr$，可作为一个理想的 π 配合物，库仑力对成键没有贡献。对 MBz_2（Bz 为苯）的偶极矩的测量表明，当 M 是一个前过渡金属（Sc、Ti、V、Nb、Ta、Zr）时，它们的结构是对称的，但在 $CoBz_2$ 和 $NiBz_2$ 中是不对称的[227]。苯基配合物的 M—C 键长比环戊二烯基配合物的 M—C 键长稍长。人们也已获得同时具有 Cp 和苯配体的三明治配体。

具有羰基（CO）配体的过渡金属配合物是一类重要的有机金属化合物（见表 S3.13）[228-231]。这些配合物中的配位数由 EAN 规则确定，因此，稳定的配合物为四面体的 $Ni(CO)_4$ 和 $Pd(CO)_4$，三角双锥体的 $[Mn(CO)_5]^-$ 和 $Fe(CO)_5$，八面体的 $Cr(CO)_6$、$Mo(CO)_6$ 和 $W(CO)_6$。形式上，CO 是一个无机配体，其键长（气相中是 1.128 Å）短于 CO_2（1.160 Å），在性质上几乎是三重键（C≡O）。通常，CO 以线形结构与金属进行配位，在形式上可用共价键 M=C=O 描述该结构。然而，在物理和化学性质上，金属羰基配合物是典型的 π 复合物。因此，一个孤对电子的协同 σ 给予形式为 M←：CO，从金属原子的 d 电子经过 π 反馈给 C≡O 的反键轨道是更合适的。因此，尽管本质上形成了 M=C 键，实际上电子密度的迁移是很小的，金属的氧化态是 0。与上述情况相一致的是，配合物中的 C—O 键比 CO 自由基中的更弱，键长的增长，以及与自由 CO 分子（2143 cm^{-1}）相比，伸缩振动频率的减小，都验证了这个观点。M—C 键的强度与 C—O 键强度出现了相反的情况。将一个给电子配体添加到金属中心，或者用一个更强的给体取代现有的配体，都会促进 π 反馈，并导致更强的 M—C 键和更弱的 C—O 键。当更多的 CO 配体与相同的金属原子进行配位时，对相同 d 电子的竞争降低了反馈作用，并且得到更弱的 M—C 键和更强的 C—O 键（表 S3.13）。在多核配合物（团簇）中，CO 不仅能作为末端配体，也可作为桥连配体，与 2 个或 3 个（极少数为 4 个）金属原子成键。C—O 在末端、μ_2 配体和 μ_3 配体中的键长分别为 1.145、1.171 和 1.190 Å[28]。在羰基配合物中，一个 CO 配体提供两个电子。不同配体对金属 d 电子的竞争，影响了金属-羰基的成键。因此，用具有较低 π 接受能力的中性配体 L 取代一个 CO 基团，增强了与剩余羰基进行 M—CO 成键的能力。这个效应在配体 L 的反位比其顺位更强。在某些情况下，金属-羰基配位只可能在非羰基配体的反位。Compton 对这个特性（相似于无机配合物中的反位效应）进行了综述[232]。然而，只有在反馈作用下，上述的结构关系是正确的。由于金属原子较高的正电荷和激烈的配体间竞争，或是羰基与不含任何 d 电子的主族原子（例如 B）成键，都使得这个效应减弱，然后，CO 作为一个纯 σ 给体，碳原子获得了一个大的正电荷。因为 O 原子是带负电荷的，静电吸引使得 C—O 键长比其自由分子中的更短。这些所谓的“非典型”金属羰基化合物相当多，它们都列在表 3.14 中。

表 3.14 CO 和 η 配体的相互影响

配合物	d(M—CO),Å	d(C—O),Å	d(M—C-η),Å
Cp_2^*Mn			2.112
$Cp^*Mn(CO)_3$	1.729	1.174	2.126
$ClMn(CO)_5$	1.893,1.808[a]	1.122,1.109[a]	
Cp_2Fe			2.055
$CpFe(CO)_2Cl$	1.771	1.125	2.070
$[Fe(CO)_6]^{2+}$	1.910	1.106	
$(C_6H_6)_2Cr$			2.142
$(C_6H_6)Cr(CO)_3$	1.845	1.158	2.233
$Cr(CO)_6$	1.918	1.142	

注：a. 与氯原子反位的羰基键长

用羰基和环戊二烯基（或相似的 η^n）配体与相同的金属中心进行配位，常常会形成“钢琴凳”结构。与羰基相比，芳香环是金属 d 电子较差的受体，因此，在相同配位数下，如此的半三明治配合物的 M—C(O) 键比纯羰基配合物的更强，而 C—O 键相应地更弱。相反，与三明治配合物相比，金属原子总是更远离环状平面（表 3.14）。

尽管大多数 η^n 配体是有机的基团和分子，越来越多的人认识到无机分子或不含碳的基团也能起到相似的作用，例如，上文所述的准苯环配体 P_6。人们对二茂钛的类似物也进行了研究，钛原子夹在两个 P_5 环之间[233]。人们最近研究的 $[A_7M(CO)_3]^{3-}$ 配合物含有准降莰烷配体 A_7，其中 A＝P、As、Sb[234]。在铬配合物中，P—P、As—As 和 Sb—Sb 键（2.121、2.345 和 2.704 Å），以及 Cr—P、Cr—As 和 Cr—Sb 键（2.514、2.664 和 2.827 Å）通常都是共价键。此类无机分子，例如 O_2 和最显著的 H_2，在第 6～10 族过渡金属 π 配合物中都能作为 η^2 配体（而 N_2 倾向于用一个原子以线形结构的方式进行配位），与自由分子相比，O—O 和 H—H 键被减弱，但只要与金属成键，就会变强。因此，当金属原子与 H_2 配体的中心之间的距离由 1.89 Å 减小到 1.64 Å 时，H—H 键长由 0.82 Å 增加到 1.65 Å[235]。

3.5 团簇

团簇一般定义为由三个或者更多金属原子形成的一个紧密原子团或骨架（笼）的一个分子，具有一个本质上直接的金属-金属成键，因此，团簇的关键特征是化合物的化学计量学和它的组分原子形式价态之间的显著偏差。在 1907 年[236] 合成出第一个团簇，$Ta_6Cl_{14}\cdot 7H_2O$，但是未识别出来，直到 1950 年，Pauling 从其溶液的 X 射线衍射图形[237] 中推演出来该分子包含 Ta_6 八面体。

3.5.1 硼团簇

研究最透彻（也是历史上最早）的是硼团簇，主要包含硼烷（多核氢化硼）、碳硼烷（C 取代硼烷中的一个或两个 B）、引入一个金属原子到团簇中的金属碳硼烷。Wade 用一系列的规则[238] 合理解释了它们的结构。硼团簇的结构取决于它的骨架原子的数目（a）及可成键原子的骨架电子对（SEPs）的数目（p）。如果 $p=a+1$，则团簇是一个闭合的三角多面体，也就是仅含三角面的多面体（闭式结构）。如果 $p=a+2$，采取缺一个顶点的高一阶多面体（巢式结构）。如果 $p=a+3$，采取缺两个顶点的高二阶多面体结构（蛛网型结构）。在表 3.15 和图 3.12 中列举了硼团簇中出现的多面体。

表 3.15 闭合型硼烷团簇 $B_nH_n{}^{2-}$ 的多面体及其 SEP 数目

n	p	多面体，点群	n	p	多面体，点群
4	5	正四面体，T_d	9	10	三帽三角棱柱，D_{3h}
5	6	三角双锥体，D_{3h}	10	11	双盖阿基米德反棱柱
6	7	正八面体，O_h			D_{4d}
7	8	五角双锥体，O_{5h}	11	12	十八面体，C_{2v}
8	9	正十二面体，O_{2d}	12	13	十二面体，I_h

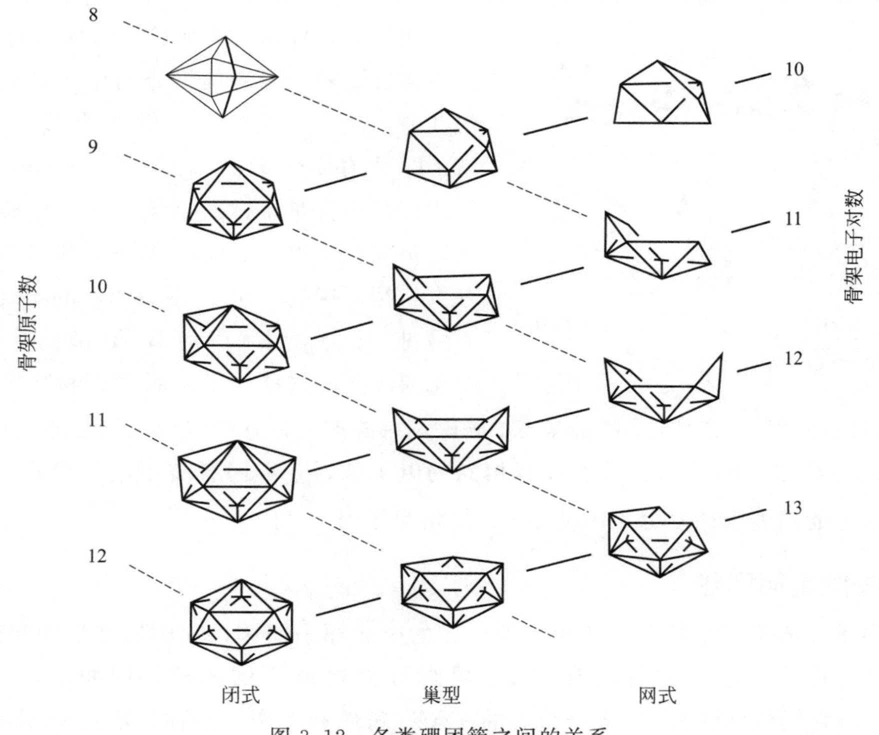

图 3.12 各类硼团簇之间的关系

越是开放的结构越是不常见，例如，$p=a+4$ 为敞网式（缺 3 个顶点），$p=a+5$ 为树枝式（缺 4 个顶点）。每个骨架的 B 或 C 原子使用其中的一个价电子，使其与氢原子或其他单价取代物形成一个外部键，指向远离多面体中心的方向。剩余的 2 个（B）或 3 个（C）电子用于骨架的成键。一个具有 v 个价电子的骨架过渡金属原子，从其外来配体接受 x 个电子，贡献了（$v+x-12$）或（$v+x-10$）个骨架电子，这取决于是采取 18 电子结构还是 16 电子结构（见 3.4 节）。当 $n>12$，硼团簇并不形成多面体，但在金属-碳硼烷中有很多这样的例子，例如 $n=13$ 的 $CpCoC_2B_{10}H_{12}$ 和 $n=14$ 的 $Cp_2Co_2C_2B_{10}H_{12}$。通过拓展一个或两个五边形和六边形，这些多面体可形成二十面体。然而，通过两个多面体共享一个顶点（通常是一个金属原子占据）或棱，可以形成更大的金属碳硼烷分子。

硼团簇是缺电子的，即含有键级小于 1 的成键，这对“正常”的有机和无机分子是不典型的。因此，闭式多面体 $B_nH_n^{2-}$ 的成键部分包含 $3n-6$ 个棱，但只有 $2n+2$ 个电子。因此，对于 $n=6$ 和 12 的团簇，其所有棱在几何结构上是等价的，键级分别为 0.58 和 0.43。这些键级与观察到的键长是一致的，键长随配位数 N_c[238] 而变化，它为结构化学提供了重要的数据，因为在通常的有机分子中，$N_c\leqslant4$。

在碳硼烷骨架中，B 原子的平均配位数介于 4 和 5.5 之间，B—B 键长（多面体的棱）介于 1.64 和 1.95 Å 之间。在相同的笼式结构中，其碳原子有相似的 N_c（4～6），但形成的 C—C 键长（1.42～1.65 Å）更短。通常，笼式结构的每个 B 或 C 原子，有一个指向外部氢原子或单键的取代基（卤素、有机物或有机金属基团）。过渡金属原子也能占据骨架的一个位置。在这些金属碳硼烷[239-243] 中，其 M—B 键长随结构的不同而变化，但在大多数情况下接近于共价键（已对键级进行校正）的键长，因此可用相应的共价半径进行描述。

B_8H_{12}
B_8F_{12}

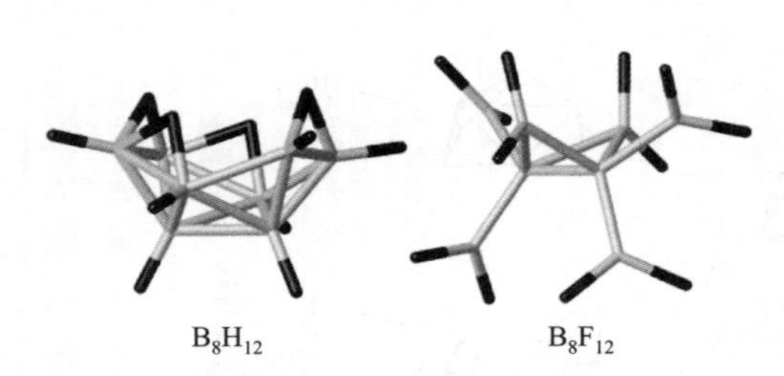

图 3.13　固态 B_8H_{12} 和 B_8F_{12} 的分子结构（来源于 XRD）与气态 B_8F_{12} 的分子结构（由气相电子衍射获得）相似

明显地，Wade 规则不能解释含硼团簇所有的多样性结构，因为其组分的变化也改变了成键的性质。因此，最近合成的团簇 B_nX_n（X＝Cl、Br、I）含有 n 个 SEP，而不是（$n+1$）个，这对闭式硼烷而言是正常的（碳硼烷、金属硼烷、金属羰基配合物也是如此）。B_9H_9 型团簇的结构是一个三帽三棱柱，而 B_9 是 $p=n$ 的闭式硼烷。显而易见，B_nX_n 团簇中的 B—B 键长并不随 X 的变化而改变，这体现了团簇骨架和基本的硼结构之间具有相似性[244]。文献［245］综述了碳硼烷结构的立体化学效应。这是通过比较 B_8F_{12} 和 B_8H_{12} 的结构进行阐述的。虽然具有相同的电子数目，但两者有不同的键连（图 3.13）和键长，这可能归因于诸多分子内的 B…F 的相互作用[246]。

3.5.2　过渡金属团簇

另一类重要的团簇是具有羰基和其他配体的金属原子团簇，其中研究最彻底的是锇-羰基团簇[247]。利用双电子的价键和 EAN 规则可描述最小的团簇，例如 $Os_3(CO)_{12}$ 和 $Os_4(CO)_{16}$，它们分别含有 Os 原子组成的一个三角形和一个四面体，而每个 Os 原子有四个 CO 配体。然而，对于 $Os_6(CO)_{18}$，这种方法是无效的，其结构不是所预测的含一个三角双锥的 Os_6 八面体，其中一个面与 Os 原子结合（见图 3.14）。为了解释这个团簇的结构，Wade[238,247] 和 Mingos 等人[248,249] 已将 Wade 规则发展为更具一般性的多面体骨架电子对理论（PSEPT）。依据该理论，在过渡金属团簇中，与硼团簇一样，过渡金属骨架对应的也是三角多面体，但与硼团簇不同的是，它可能也有额外的金属原子在 M_3 面上封顶。对于一个有 m 个封顶原子的 n 顶点闭式三角多面体，电子数目必须满足下式

$$2p=14n+12m+2 \tag{3.3}$$

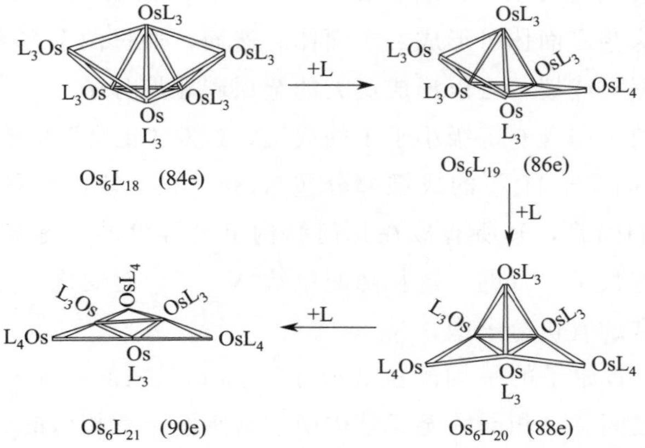

OsL_3
L_3Os
OsL_3
L_3Os
OsL_3
Os
L_3
Os_6L_{18} (84e)
+L
OsL_3
L_3Os
OsL_3
OsL_4
L_3Os
Os
L_3
Os_6L_{19} (86e)
+L
OsL_3
L_3Os
OsL_3
L_4Os
OsL_4
Os
L_3
Os_6L_{20} (88e)
+L
OsL_4
L_3Os
OsL_3
L_4Os
OsL_4
Os
L_3
Os_6L_{21} (90e)

图 3.14　一些锇的羰基团簇的金属骨架

注：小括号内是电子数目，L 是一个 CO 基团或一个等价于 2 电子的给体，例如磷化物 PR_3

即一个封顶的三角多面体有 $14t$ 个电子，双封顶的则有 $14t-2$ 个电子，其中 t 为金属原子的总数。在这样的团簇中，每个金属原子有三个 CO（或等价的）配体，并且与三个或者更多金属原子直接成键。若添加更多的 SEPs，闭式结构将转换为更开放的结构，其中有些顶点由 $Os(CO)_4$ 基团占据，该基团只与其他两个 Os 原子相连。因此，$Os_6(CO)_{18}$ 有 84 个价电子（每个 Os 有 8 个价电子、每个 CO 有 2 个价电子），其闭合结构是三角双锥（TBP），因此，当 $n=5$ 和 $m=1$ 时，满足式 3.3，即 $14\times5+12\times1+2=84$。若在 $Os_6(CO)_{21}$ 中添加 6 个电子，Os_6 骨架将变为一个平面的“木筏”[250]（图 3.14）。然而，与针对硼团簇的 Wade 规则相比，这些规则没有那么简单，尤其是对于三角多面体封顶，有另一种可供选择的方式。因此，同分异构体结构是有可能的，特别是对较大的多面体（例如，M_{19} 有一个双重二十面体或是有 6 个封顶的立方十四面体 M_{13}[251]），该规则常常无法给出一个明确的选择。

在这些团簇中，其原子间距大于相应的块体金属的原子间距，但其差异随着团簇尺寸的增加而减小，因为团簇配体壳层的影响变得相对较弱，并且其电子结构接近于金属中的电子结构[247]。大团簇具有宽的能带，而不是分立的电子能级[249]。很显然，与金属成键有实际相似性仅在起始阶段，即团簇含有一些“内部”金属原子（只有其他金属原子包围），并且是立方或六方密堆积的近似碎片[252]。最小的此类团簇是 $[Rh_{13}(CO)_{24}H_3]^{2-}$，其中心的 Rh 原子被 12 个其他原子所环绕，而 $Pd_{59}(CO)_{32}(PMe_3)_{21}$ 包含 11 个内部原子[250]。团簇也能在其内部嵌入各种非金属原子。在表 3.16 中，列举了骨架金属原子数从 3 到 38 的团簇（含内部原子或是不含内部原子）的典型构象。尽管大多数团簇仅仅含一种金属，但是也有含 2 种、3 种甚至 4 种不同金属的团簇，例如 $FeCoMoWS(AsMe)_2Cp_2(CO)_7$。

表 3.16 过渡金属的羰基团簇

团簇	团簇	团簇
$Os_3(CO)_{12}$	$[Rh_7(CO)_{16}]^{3-}$	$[Rh_{13}(CO)_{24}H_3]^{2-}$
$Ir_4(CO)_{12}$	$Ni_8(CO)_8(PR)_6$	$[Rh_{14}(CO)_{25}]^{4-}$
$Os_5(CO)_{15}$	$[Co_8C(CO)_{18}]^{2-}$	$[Pt_{15}(CO)_{30}]^{2-}$
$[Co_6(CO)_{14}]^{4-}$	$[Rh_9P(CO)_{21}]^{2-}$	$[Rh_{17}(S)_2(CO)_{32}]^{3-}$
$Ru_6C(CO)_{17}$	$[Rh_9P(CO)_{21}]^{2-}$	$[Pt_{19}(CO)_{22}]^{4-}$
$[Rh_6N(CO)_{15}]^{2-}$	$[Fe_4Pt_6(CO)_{22}]^{2-}$	$[Pt_{26}(CO)_{32}]^{2-}$
	$[Pt_{12}(CO)_{24}]^{2-}$	$[Pt_{38}(CO)_{44}]^{4-}$

对于大团簇分子与块体金属的小颗粒之间的边界线，也是从后者开始入手研究的。因此，对约为 10 Å 的铜粒子的研究，显示了 $N_c=6+1$，并且其键长为 2.54 Å。对于银粒子，在稀有气体介质中捕获的 Ag_2 分子的 Ag—Ag 键为 2.47 Å，而在尺寸为 17 Å 的粒子中（平均 $N_c=7.6$）则变为 2.86 Å，块体金属中的又变为 2.87 Å（$N_c=12$）[253,254]。通过实验和从头算计算方法[249]对 Hg 团簇最完整的研究显示，$n=2\sim6$ 时，Hg_n 团簇中的成键是共价的；$n>19$ 时，过渡到范德华键[255]；$n=20\sim70$ 的范围内，6s 和 6p 轨道变宽并重叠，倾向于金属态。

如上所述，大的过渡金属团簇结构通常与块体金属相似。然而，人们也观察到一些完全新的物质，即混合 fcc/chp 堆积型，该结构有五重轴对称（这在具有平移对称的晶体中是禁止存在的）和受强干扰的金属原子的无定形堆积。Belyakova 和 Slovokhotov[256] 综述了 72 个过渡金属大团簇的结构，所含的原子最多达 145 个，这些结构中的某些化合物具有形状为体心二十面体或是一个带五边形帽的五角棱柱的金属核。他们把由五重轴对称的大团簇分成两个结构类型，即①由诸多聚合的或互相穿插的二十面体组合的原子骨架；②由连续的二十面体壳层围绕其中心原子而形成的多层“洋葱”型结构。

团簇核与块体金属的结构差异可归因于配体的影响[257]，配体本质上影响了团簇的最低能量结构，导致在正常晶格中发生原子重排。团簇结构也可以是掺杂过渡金属的卤化物、硫化物和氮化物。它们的结构化学基于如下的简单规则[258]：金属形式价态的减少增加了形成大团簇的趋势，但是配体尺寸的增大会导致同类团簇中 M—M 键长的增加。前一个规则可通过以下的一系列分子进行阐述，即 $NbCl_5$（单核分子）、Nb_2I_8（哑铃）、Nb_3I_8（三角形）、$[Nb_6I_8]I_3$（八面体），后一个规则可通过对 Nb_3X_8 中的 Nb—X 键长的比较进行阐述，即 2.81（X=Cl）、2.88（X=Br）和 3.00 Å（X=I）。这些团簇中，非常普遍的结构单元是八面体 M_6X_8 和 M_6X_{12} 基团，它们可通过共享顶点、棱和面的方式进行组合，从而形成无限的长链、带状结构和三维网络结构。顶点共享的团簇可得到 $M_{2/2}M_4X_{8/2}$ 和 M_5X_4 化合物，如 Ti_5Te_4、V_5S_4、V_5Se_4、V_5Sb_4、Nb_5Se_4、Nb_5Te_4、Nb_5Sb_4、Ta_5Sb_4 和 Mo_5As_4。棱共享的团簇有 $M_{4/2}M_4X_{8/4}$ 或 M_2X 化合物，例如 Ti_2S、Ti_2Se、Zr_2S、Zr_2Se、Hf_2P、Hf_2As、Nb_2Se、Ta_2P 和 Ta_2As。如果 M_6X_8 八面体连接到一个三维网络结构中，其结构式就变成 $M_{6/2}X_{8/8}$ 或 M_3X，例如 Cu_3Au 和 U_3Si。面共享的 M_6X_8 团簇是 MX 型化合物，而与其有相似连接的 M_6X_{12} 则变成 MX_2 型化合物。通常，不同类型的“结构单元”在同一个结构中可以共存，而有些原子的位置在 M 或 X 原子阵列中可能是空缺的，这就导致了非常丰富的结构花样。因此，$Nb_{21}S_8$ 结构中含有单个的（M_5X_4）和四聚的（$4M_5X_4$）八面体，Ti_8S_3 结构中含有连接到 $4M_5X_4$ 网络结构中的双重链（$2M_5X_4$）。

从化学角度看，形式价态 $v<3$ 的镧系金属（Ln）卤化物团簇（表 3.17）是非常重要的。因此，LnI_2 型化合物的结构和物理性质，实际上都对应于结构式 $Ln^{3+}(I^-)2e^-$，$v<2$ 的卤化物具有典型的团簇结构，它是基于由卤素原子包围的 M_6 八面体形成的链（单个或两个），LnX 型化合物组成了一类奇异的“二维金属”，其 Ln—Ln 键长取决于阴离子的大小（对 TbCl 中的 Tb—Tb 键长 3.79 Å 和 TbBr 中的键长 3.84 Å 进行比较）。

表 3.17 各类镧系硫族团簇

化合物	类型	结构[a]	举例	化合物	类型	结构[a]	举例
M_7X_{12}	M_6X_{12}	M_6 型	Sc_7Cl_{12}	M_4X_5	M_6X_{12}	IC	Er_4I_5
			Ln_7I_{12}	M_7X_{10}	M_6X_{12}	DC	Er_7I_{10}
M_2X_3	M_6X_8	IC	Ln_2Cl_3				Sc_7Cl_{10}
			Ln_2Br_3				
M_2X_3	M_6X_{12}	IC	Tb_2Br_3	M_6X_7	M_6X_{12}	DC	Tb_6Br_7
M_5X_8	M_6X_{12}	IC	Sc_5Cl_8				Er_6I_7
			Gd_5Br_8	MX	M_6X_{12}	层状	(Sc,Ln)Cl

注：a. IC—单链，DC—双链

需要注意的是，镧系元素的单碘物是不存在的，这可能是因为 Ln—Ln 键太长，无法使结构稳定。

对于 M_5 团簇单元，尽管没有 M_6 那么常见，但能以 M_2X 型化合物的形式存在，比如 Fe_2P，而在 Sc_3P_2、Zr_3As_2、Cr_3C_2 中能发现 M_4。当 $Mo_4I_7{}^{2+}$ 作为一个独立 M_4 团簇的例

子时，Ni_2Si 结构是通过共享顶点形成的 M_4X_6 团簇网络结构。如上所述，团簇的中心不仅可以由金属原子占据，也可由非金属原子占据，例如 HNb_6I_{11} 结构中的氢原子。如果一个 M_6X_8 团簇的中心被占据，其结果是成为一个钙钛矿型结构，比如 Mn_3GeC 和 Fe_3GeN。在 Nb_5Ge_3B 和 Hf_5Sn_4 中，所有八面体的中心被占据，这两者都是 Ti_5Ga_4 型结构。

自然地，在团簇的结构化学中，相当多的注意力都集中在金属-金属键的特点上[243,259,260]。值得注意的是，典型的同核键是由最低价态的金属形成的，较重过渡金属与较轻过渡金属相比，前者具有更强的M—M键。因此，在同结构的双核卤化物中，Cr—Cr、Mo—Mo和W—W的键长分别为3.12 Å、2.66 Å和2.41 Å。键长的缩短是由于键级的增加。这就允许在整个键级范围内有正常的Re—Re键长，即2.90（$n=1$）、2.47（$n=2$）、2.30（$n=3$）和2.22 Å（$n=4$）。然而，通常在金属团簇中，$v\leqslant 1$，而且空间位阻本质上影响了键长（键级），从表3.18中列出的一些具有不同大小配体的团簇[261,262] 可以看出。虽然，在一个团簇骨架中，金属-金属键长取决于金属的价态、与配体成键之后的键极性、配体的大小和结构，但这些键长绝大多数在某一平均值附近变化，其数据列在表3.19[239,263-265] 中。

表3.18 团簇中金属-金属键的键级（n）

团簇	键级	团簇	键级	团簇	键级	团簇	键级
ZrCl	0.81	Nb_6F_{15}	1.10	ZrBr	0.66	Ta_6Cl_{15}	0.69
Zr_6Cl_{12}	0.88	Mo_6Cl_8	1.05	Zr_6I_{12}	0.68	Mo_6Br_8	0.94
		Ti_2S	0.77			Ti_2Se	0.55

表3.19 团簇中同核金属-金属的键长（Å）

M	d(M—M)	M	d(M—M)	M	d(M—M)	M	d(M—M)
Cu	2.65	Nb	2.88	W	2.75	Rh	2.79
Au	2.84	Ta	2.80	Mn	2.84	Pd	2.72
Al	2.77	Sb	2.82	Fe	2.63	Os	2.87
Zr	3.17	Bi	3.04	Co	2.50	Ir	2.81
V	2.91	Cr	2.77	Ni	2.61	Pt	2.69
		Mo	2.76	Ru	2.84		

3.5.3 主族元素的团簇

上述所有这些例子中涉及的都是过渡金属化合物，长期以来，都认为只有这些金属（和硼）才能形成团簇。然而，如今的团簇（以多阴离子、多阳离子和中性分子的形式）实际上是针对所有元素的。Von Schnering[266] 比较了元素团簇结构的存在概率和相应的元素固体的原子化能，并且发现这些分布是相似的，最大的是较重的第5～7族金属和第13～15族。这些元素的原子生成了最稳定的团簇。一些锌、镉、汞和铟化合物含有多阳离子，也就是 ZnP_2 和 CdP_2 中的 M_2^{2+}，In_6Se_7 和 In_4Se_3 中的 In_2^{4+} 和 In_3^{5+}。在主族金属的特定卤化物、硫化物和氮化物的晶体结构中含有电荷不同的团簇[252,266]，详见表3.20。

阴离子 E_9^{4-}（E=Si、Ge、Sn、Pb）有 $2n+4$ 个骨架电子，因此，根据PSEPT理论，它应该是巢式结构，这在实验上得到了证实，而它们的衍生物团簇 $[(OC)_3M(\eta^4\text{-}E_9)]^{4-}$（M=Cr、Mo、W）是具有 $2n+2$ 个电子[267] 的闭式结构（双帽阿基米德反棱柱）。Corbett[268] 根据Wade规则的观点，综述了这些以及很多其他混合金属团簇的结构，表3.21

列出了这些团簇的结构和电子对数（与表 3.20 相比较）。

表 3.20 主族金属的团簇离子 $M^{x-/x+}$

n	团簇构型	举例
4	正方形	Hg_4^{6-}, Bi_4^{2-}, Te_4^{2+}
	正四面体	Tl_4^{8-}, Si_4^{4-}, Ge_4^{4-}, Pb_4^{4-}
5	平面	Si_5^0, Ge_5^0
	三角双锥	Sn_5^{2-}, Pb_5^{2-}, Bi_5^{3+}
6	三方柱	Te_6^{4+}
7	单帽八面体	Pb_7^{4-}, P_7^{3-}, As_7^{3-}, Sb_7^{3-}
8	四方反棱柱形	Bi_8^{2+}
9	三帽三方柱	Ge_9^{2-}, Bi_9^{5+}
	单帽四方反棱柱	Ge_9^{4-}, Sn_9^{4-}, Pb_9^{4-}

表 3.21 团簇中电子对的数目 p 和其结构类型

团簇的电荷和组成	结构	p
E_4^{2-}(E=Sb,Bi), E_4^{2+}(E=Se,Te), Bi_8^{2+}	网式	$n+3$
$Sn_2Bi_2^{2-}$, $Pb_2Sb_2^{2-}$, $InBi_3^{2-}$, E_9^{4-}(E=Ge,Sn), $In_4Bi_5^{3-}$, In_5^{9-}	巢型	$n+2$
E_5^{2-}(E=Ge,Sn,Pb), Ge_9^{2-}, $TlSn_8^{3-}$, Sn_9^{3-}, Bi_5^{3+}, Tl_5^{7-}, Ga_6^{8-}	闭式	$n+1$
Tl_6^{6-}, Tl_7^{7-}, Tl_9^{9-}, E_{11}^{7-}(E=Ga,In,Tl)	波浪	n

通过卤素对金属间化合物的部分氧化，获得了铋的亚卤化物，该物质通过组分的变化改变结构的维度，从而产生多种结构。因此，$Bi_{5.6}Ni_5I$ 和 $Bi_{12}Rh_3Br_2$ 是三维金属网络结构，$Bi_{12}Ni_4I_3$ 和 $Bi_{13}Ni_4X_6$ 是二维结构，而 $Bi_{6.8}Ni_2Br_5$、$Bi_9Rh_2X_3$ 和 Bi_4RuX_2 是一维线形链结构，它们的电物理性质发生相应的变化[269]。对于已知的非金属团簇结构，例如磷[270]，在它与碱金属盐中，形成了 P_5^-、P_6^{4-}、P_6^{6-}、P_7^-、P_7^{3-}、P_{10}^{6-}、P_{11}^-、P_{11}^{3-} 和 P_{15}^- 阴离子及各种管状结构。阴离子中的 P—P 键长，从 P_7^{3-} 中的 2.197 Å 变化到 P_{11}^{3-} 中的 2.233 Å，接近于不同形态的单质磷的键长［白色（2.209 Å）、紫色（2.215 Å）、黑色（2.228 Å）］。在多环的膦类化合物中，发现了非常相似的 P—P 键长，比如，$(PPh)_6$（2.235 Å）、$(PPh)_5$（2.211 Å）、$(PCF_3)_5$（2.223 Å）、$(PCF_3)_4$（2.213 Å）、$(Phex)_4$（2.224 Å）、$(Pbu)_4$（2.212 Å）和 $(Pbu)_3$（2.203 Å）[271]，在 $Cp_2M(PR)_3$（M=Zr、Hf 和 R=Ph、Cy）化合物中发现的 MP_3 四元环[272]（平均键长为 2.186 Å），以及在汞的卤素磷化物中的 $Hg_2P_3X_2$ 配合物（平均键长为 2.196（1）Å）[273]。P—P 键长的这种稳定性证实了这些团簇是由刚性结构单元组成的，即分别具有 4 个和 5 个自由价态的哑铃形和三角形[274]。

3.5.4 富勒烯

1986 年发现的富勒烯分子是凸多面体，其碳原子在顶点，该结构中只有五边形面或六边形面，即碳环具有最小的空间排斥应力。依据欧拉定理，这类多面体恰好具有 12 个五边形和若干个六边形。在这些闭合的多面体（笼子）中，碳原子具有介于单键和双键之间的 C—C 键长。因此，富勒烯同时属于无机（作为碳的同素异形体）、有机（作为不含氢的芳香性碳氢化合物）和团簇化学领域。文献［275-278］综述了富勒烯的结构，但这个领域的研究发展很快，所有的研究成果很快会过时。

最普通的富勒烯（buckmister-）是含有五边形（C_5）面和六边形（C_6）面的一个 C_{60} 多面体（图 3.15）。所有的碳原子是拓扑等价的，但是却有两类棱（键）：隔离 C_5 和 C_6 的或隔离 C_6 和 C_6 的。6∶5 和 6∶6 的棱长度分别为 1.45 Å、1.38 Å。因此，后者成键实际上具有多重键的性质，并且适合与过渡金属形成 π 配位。富勒烯分子的准球面结构和各向同性，以及它们之间相互作用的范德华性质，都导致其在固相中是密堆积的物质。在本质上，纯的 C_{60} 晶体结构是一个球体的密堆积，它是面心立方密堆积或六方密堆积的结构，在准球体分子的无序旋转下使其结构变得更为复杂。通过重升华的方法制备富勒烯纯晶体，该晶体具有 fcc 结构。冷却至 258 K 时，会发生相变，并伴随分子的部分有序和低对称性。高温或高压处理，会获得正交晶系、菱方晶系、四方晶系的 C_{60} 聚合态[279]。

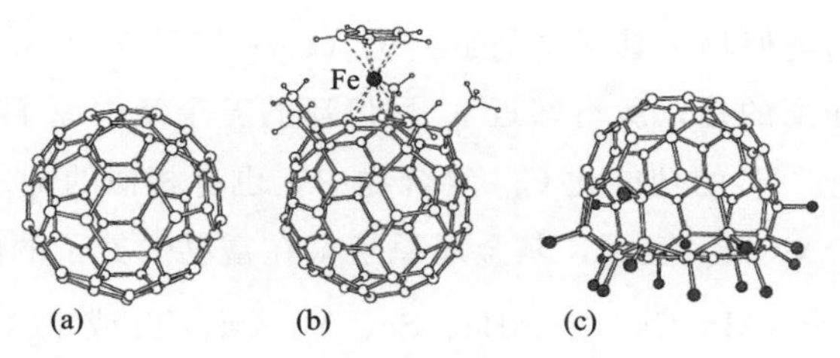

图 3.15　富勒烯 C_{60}（a）、$CpFeC_{60}Me_5$（b）和 $C_{60}F_{18}$（c）的分子结构

其他普遍的富勒烯是 C_{70}、C_{78} 和 C_{84}，尽管富勒烯的最大尺寸已达到 C_{124}[280,281]。对 C_{70} 的椭圆笼形的描述如下，通过一组外加的 10 个 C 原子将 C_{60} 的两个半球重新连接，它包含了 5 类不同的碳原子和 8 类 C—C 键。C_{60} 和 C_{70} 都具有独特的结构，但是对于较大的笼子，可能有不同的异构体。因此，C_{84} 有 24 个异构体（到目前为止已合成了其中的 5 个），而 C_{96} 有 187 个异构体[278]。目前已知的其他含富勒烯的结构超过 1100 个，它们可分为六类：

① 分子复合物以及与各种有机或无机分子的共结晶，其中的富勒烯仍然是电中性的。

② 富勒烯衍生物，即富勒烯获取一个负电荷后形成的盐，该负电荷能在笼子上离域。相应的离子可以是有机物、有机金属化合物或者碱金属（碱土金属）阳离子。后一种富勒烯衍生物 M_xC_n 也可作为插层化合物[275,277]。它们是金属性导体（在某些情况下是超导体），并且每个富勒烯单胞含非常多的金属原子，例如，$Li_{12}C_{60}$、Ba_6C_{60}、Sr_3C_{60} 和 $K_3Ba_3C_{60}$[282]。利用同步加速 X 射线和介于 10K 与 295K 之间的中子粉末衍射（T_c＝5.4 K），人们研究了超导体的富勒烯衍生物 $K_3Ba_3C_{60}$ 的晶体结构。在所有温度下，它在本质上是具有半满 t_{1g} 导带的体心立方结构。Ba^{2+} 和 K^+ 离子与邻近的 C_{60} 单元紧密相连，说明有一个强的轨道杂化，这会使得导带变宽。在同样扭曲的四面体间隙中，Ba^{2+} 和 K^+ 阳离子是无序的，但是，与中心点距离不同的原子将取代这两种离子。在 $A_3Ba_3C_{60}$（A＝Na、K、Rb、Cs）富勒烯衍生物中，引起局部扭曲的原因在于 T_c 和立方晶格参数之间的关系。在n＝124 时，阴离子 C_n^- 和 C_n^{2-} 是稳定的[279,283]。

③ 功能化富勒烯，即共价键连的原子或基团连接到富勒烯的碳原子上。其中最有趣的是卤代富勒烯，诸如 $C_{60}F_{18}$、$C_{60}F_{36}$、$C_{60}F_{48}$、$C_{60}C_{16}$、$C_{60}Br_6$、$C_{60}Br_8$、$C_{60}Br_{24}$、$C_{70}Cl_{10}$ 和 $C_{70}Br_{10}$。在最后一个结构中，邻近溴原子的 C—C 键长与其他笼中的 C—C（1.44 Å）和

C=C（1.39 Å）相比被拉长至 1.51 Å[284]。需要注意的是，非功能化富勒烯的芳香性是很低的，若笼中的某些原子从三配位的变成四配位的，将有助于笼中剩余部分的电子离域化。因此，在 $C_{60}F_{18}$ 中，所有的 F 原子连接在笼子的一个半球面上，并且产生了一个围绕（非氟化的）C_6 面的四配位碳原子带，这个 C_6 面需要一个完全芳香性苯环的几何结构[285]。这个笼子也因此获得了一个特殊的半球面“龟壳”状结构［图 3.15(c)］。

④ 在有机金属化合物中，富勒烯作为 π 配体，金属原子在笼子的外部与其成键。未取代的富勒烯通常以 η^2 的形式进行配位，它是 6∶6 成键的。在多核（团簇）化合物中，η^1 配位也发生在 η^2 附近。然而，在一个取代的富勒烯中，一个 C_5 面能获得足够的芳香性（见③）以便作为 η^5 配体，类似于一个环戊二烯基。这样的配位也发生在 $CpFeC_{60}Me_5$（图 3.15b）中，即二茂铁的类似物，其平均的 Fe—C（Cp）键长为 2.033 Å，Fe—C（富勒烯）为 2.089 Å[286]。值得注意的是，所有邻近 η^5 配位环的五个笼中原子与甲基成键，并且都是四配位（sp^3）的。在铊[287] 的功能化 C_{60} 复合物中，也有相似的 η^5 配体。

⑤ 内嵌复合物，以 $M@C_n$ 表示，其金属原子留在富勒烯笼子的内部。这类化合物大多数有一个嵌入的金属原子（M=Ca、Sr、Ba、Sc、Y、La、Ti 或 Fe）[276]，但也有一些笼子有两个或三个原子，特别是一小类的衍生物 $M_3N@C_n$，它的笼子里含有三个与平面三角形的一个 N 原子进行桥连的金属原子。众所周知，对于 M=Sc、Y、Pm、Gd、Tb、Tm 和 Lu，一般来说 $n=80$，当然 n 也可以为 68、84 和 92[288-292]。每一个金属原子与一个 C_6 面或一个邻近的 C_5 面（一个伪茚基结构）进行配位。

⑥ 低聚和聚合富勒烯，其笼子或是通过一个 C—C 键连接（［1+1］型桥连），或是通过相邻的原子对连接成两个键（［2+2］桥连，包含一个四原子碳环）。聚合作用可在高温或高压下发生。在 MC_{60}（M=K、Rb、Cs）组分的亚稳相中，发现了第一个二聚物 $(C_{60}^-)_2$。后来，在很多其他金属富勒烯（如 Na_2RbC_{60}、Li_3CsC_{60}）中，发现了相同类型的聚合作用[277]。

既然在石墨（六方晶系，h-BN）型和金刚石（立方晶系，c-BN）型结构上，氮化硼是碳的结构类似物，那么能否合成一个富勒烯的 BN 类似物呢？问题的关键在于其他类型的 BN 结构中，硼原子仅包围在氮原子中，反之亦然。不可避免的是，富勒烯五元环的存在在能量上不利于 B—B 和 N—N 键的成键。掺杂富勒烯 $(C_{59}N)_2$ 是一个氮原子取代了一个 C_{60} 笼子中的一个碳原子后形成的，由此产生的电子缺陷（每个笼子有一个）可轻松地被该结构所合并，如果电子缺失的浓度过高，其结果就不同了。最近发表的论文[293,294] 讨论了制备介于石墨和 h-BN 之间或是介于金刚石与 c-BN 之间的固溶体，尽管表面上结果尚可，但仍需要证实，因为使用传统的 XRD 来区分固溶体和精细微晶混合物是不可能的。区分两者可以通过能澄清局部结构的 X 射线全散射或是晶体光学研究来实现（当时还无法采用这两种方法）。然而，BN 基富勒烯的合成是可能的，只要它嵌入一定数量的氧原子。到目前为止，所有 BN 纳米管的制备都是需要氧添加剂的。实际上，在 1965 年，偶然合成了掺杂 O 的 BN 富勒烯，它是涡轮层 BN 受到爆炸冲击波压缩后[295,296] 得到的。之后，用许多其他方法重新制备了 E 相 BN 的产物[297-303]，文献［304］得到了它的结构模型。表 S3.15 列出了单重键和同核多重键的键长。

3.6 配位化合物

大部分无机物包含三个或者更多不同元素的成键原子。在本书5.2节，讨论了含混合阴离子的盐（LaOF、PbFCl、BiOX等等），也讨论了含混合阳离子的盐，以及由本质上稳定的分子组成的复杂化合物。在复杂化合物中，配位多面体内部的成键本质上是共价型的，而外部的则是离子型的。中心原子为金属（尤其是过渡金属）的复杂化合物，就是所谓的配位化合物。因此，KNO_3 和 $BaSO_4$ 是复杂化合物，而不是配位化合物。关于这类化合物的结构信息是非常多的，因此，本书集中讨论几个问题。

在混合配体的化合物中，中心原子可采取一种在其他情况下不稳定的价态。这种价态下的稳定性，是由于在结构中引入一种组分，而该组分能减小结构张力的浓度。例如，CuI_2 和 AuI_3 是不存在的，而CuICl、CuIBr和 AuI_2Cl、AuI_2Br 以及AuIBrCl却很稳定[305,306]。在这些情况下，由于金属的电子密度迁移到F、Cl或Br配体上，通过M—I键的成键电子阻止金属阳离子的还原，从而达到稳定这些配合物的目的。

在 M_nAX_6 化合物中，M是碱金属，A是多价金属，X是氢或卤素，包围A的配位多面体是常见的八面体，详情见表S3.16。在二价铂的平面正方形配合物 M_2PtCl_4[307,308] 中，其Pt—X键长接近于八面体配合物 $[PtX_6]^{2-}$ 中的键长，即当M＝H、K、NH_4 和Cs时，其键长分别为2.32 Å、2.312 Å、2.305 Å、2.300 Å。相似的情形出现在 Rb_2PtBr_4 和 K_2PtBr_6 中，Pt—Br键长分别为2.435 Å和2.464 Å。若把 Pt^{II} 当作 $Pt^{IV}E$（E是一个孤对电子），可以解释正方形配合物中的 Pt^{II}—X键长接近于八面体配合物中的 Pt^{IV}—X键长。事实上，在 M_2PtX_4 晶体中，碱金属阳离子位于正方形 PtX_4 中心的上方，方向为沿着铂的孤对电子轴。在晶体 Pt^{II} 化合物中，电子向配体迁移，与 Pt^{IV} 相比，增加了Pt—X的电子密度，因此，Pt^{II}—X键比 Pt^{IV}—X键短，即 Pt^{II}—I的平均键长为2.620 Å、Pt^{IV}—I的为2.690 Å[309]。值得注意的是，Cs_2PtI_6 是一个具有四价铂的典型配合物，具有相同的Pt—I键长（2.697 Å）。它的一个同分异构体 $Cs_2PtI_4\cdot I_2$ 有 Pt^{II} 的平面正方形配位，并且Pt—I键长为2.621 Å。然而，通过碘分子的两个原子，将 Pt^{II} 原子的环境置于四方双锥体中（沿其四重轴方向拉伸的一个八面体），间距为3.233 Å。在 $P\geqslant 2$ GPa的压强下，$Cs_2PtI_4\cdot I_2$ 能转变成 Cs_2PtI_6[310]。

在具有不同配体的配位化合物中，配体对中心原子电子的吸引作用存在竞争。这个竞争主要发生在反式配体中，即沿同一方向X—A—Y的配体。一般来说，X的电负性越高，也即X—A键极化越强，其对位的A—Y键的共价性越强。对于八面体的过渡金属，该效应是普遍适用的，尤其是平面正方形配合物，而最显著的是Pt的正方形配合物，在该配合物中最早发现了上述竞争效应。在1926年，Chernyaev[311]（英文说明见文献［312］）在研究铂配合物的置换反应时，发现了配体能够使得其反位配体不稳定（增加取代的速度），其顺序为

$$CO、CN、C_2H_4>NO_2、I、SCN>Br、Cl>OH、F>NH_3、H_2O$$

他命名这种效应为反位效应，并（正确地）预测了这种效应会出现在具有混合配体的其他金

属配合物中[313]。动力学反位效应（实际上是 Chernyaev 发现的）与热力学反位效应（A—Y 键基态的变化）或结构反位效应（键长的变化）是有区别的，尽管这三个效应是配位多面体中相同电子相互作用的不同表现形式，即电子密度的重新分布导致键长、键强度、光谱频率、有效电荷等参数的互补变化。表 S3.17 表明了 Pt—Cl 键长是如何随卤素反位键的共价程度的增加而增加的[314-320]。一系列相似的反位效应出现在 Pt—C 键[321] 和 Pt—P 键中[322]，也出现在第 8、9、10 族金属配合物中[323]。如今，一般可接受的反位效应顺序如下：C_2H_4、CN^-、CO、NO、H > CH_3^-、SR_2、AsR_3、PR_3 > SO_3^{2-} > Ph^-、$SC(NH_2)_2$、NO_2^-、SCN^-、I^->Br^->Cl^->吡啶>NH_3>OH^-、H_2O、F^-。

由表 S3.17 和表 S3.18 可以明显地看出，如果反位的原子 EN 较低或键级较高（多重键），其键长较长。在一个扭曲的配位多面体中，最长键位于最短键的对位，然而，中等长度的键彼此位于反位。一个很好的例证是在 $SnWO_4$ 的晶体结构中，包含八面体 WO_6 和 SnO_6，两者通过共享的顶点进行连接。两个 Sn—O 反位键长的测量值为 2.18 Å 和 2.82 Å，两个 W—O 反位键长为 1.80 Å 和 2.14 Å，而其他的 Sn—O 键长为 2.39 Å、W—O 键长为 1.89 Å。在 $HgWO_4$ 的相似结构中，O—W—O 的键长为 1.733/2.197 Å 和 1.953/1.953 Å，O—Hg—O 的键长为 2.044/2.743 Å 和 2.633/2.633 Å[324]。这揭示了通过特定成键轨道的诱导，在共价的线型体系中原子间相互作用呈现出定向特征，而顺位效应则非常小。

目前，已有模型正确地定性描述反位效应[198,325-328]。需要注意的是，反位效应可能会埋没于空间效应[314,329] 或 π 相互作用[330]。此外，当配位化合物的键极性增加时，离其最近的配体之间的静电相互作用（相对另一个的顺位）也会增加。目前预测如果键的离子性超过 0.6，顺位效应（不包括中心原子）与反位效应相近。因此，离子性物质的结构主要由顺位效应决定，而大多数共价的过渡金属配合物结构则由反位效应决定。在实验上，已经成功证明了反位效应和顺位效应的顺序是相互映照的，所以最具活性的反位配体有最小的顺位效应，反之亦然[331]。有必要强调（正如 Chernyaev 最初强调的）的是，反位效应的本质是一个键的离子化，而不是削弱较低键能。实际上，键的极性越大，键越强。因此，反位效应的化学影响取决于所用的溶剂。在极性介质中，一个键的离子化是不稳定的；但在非极性有机溶剂中，反位效应的顺序会改变，甚至发生逆转。

表 S3.19 列出了配位化合物中 M—X σ 键的平均键长（X=末端原子是氢、卤素、氧族元素、CO、H_2O 和 NH_3），以及桥连氧和氧族原子的键长。正如从该表所看到的，桥连的金属-卤素键长平均比末端键要长 10%，而当 M=O 或 M=氧族元素时，其键长比相应的单键键长约短 10%。

附录

补充表格

表 S3.1 氢化物和卤化物 AX_n 分子的键长（Å）

M/X	H	F	Cl	Br	I
AX_2 型分子					
Cu		1.700[a]	2.035[b]	2.22	
Be	1.334[c]	1.374	1.791	1.932	2.10

续表

M/X	H	F	Cl	Br	I
Mg	1.703[c]	1.746	2.179[e]	2.308[f]	2.52
Ca	2.04[B]	2.10	2.483[e]	2.592	2.822
Sr	2.177[B]	2.20	2.607[d]	2.748	2.990
Ba	2.274[B]	2.32	2.768	2.899[g]	3.130
Zn	1.524[c]	1.743[a]	2.064	2.194	2.389
Cd	1.683[c]	1.97	2.266	2.386	2.570
Hg	1.633[c]	1.96	2.240	2.374	2.558
Ti		1.73	2.30	2.46	2.66
Zr		1.93			
C	1.107[h]	1.303[h]	1.716[h]	1.74[h]	2.085[h]
Si	1.514[h]	1.590[h]	2.076[h]	2.227[h]	
Ge	1.591[h]	1.732[h]	2.169[h]	2.359[h]	2.540[h]
Sn		2.06	2.338[h]	2.501[h]	2.699[h]
Pb		2.036[h]	2.447[h]	2.597[h]	2.804[h]
V		1.76	2.172	2.43	2.62
P	1.434[i]	1.579[I]			
As	1.516				
Cr		1.796[a]	2.207	2.39	2.58
O	0.958	1.405	1.696[k]	1.838[k]	
S	1.336[l]	1.587[l]	2.015[l]		
Se	1.460[l]		2.157[l]		
Te	1.651[l]		2.329[l]		
Mn		1.812[a]	2.184[A]	2.328[A]	2.538
Fe	1.648[m]	1.770[a]	2.128[A]	2.272[A]	2.51
Co		1.756[a]	2.090[A]	2.223[A]	2.475
Ni		1.730[a]	2.056[A]	2.177[A]	
AX_3 型分子					
Au		1.906[s]			
B	1.187	1.313	1.742	1.893	2.112
Al		1.628	2.052[n]	2.210[n]	2.449[n]
Ga		1.716	2.092	2.243	2.458
In			2.273	2.462	2.641
Sc		1.808[o]	2.285[p]	2.44	2.62[q]
Y		2.04	2.422[e]	2.63	2.817
La		2.077[r]	2.589[r]	2.739[r]	2.961[r]
Ti		1.90	2.205	2.40	2.568
Zr		1.93	2.30	2.39	2.59
V		1.721[o]	2.10		
N	1.012[t]	1.365	1.759		
P	1.415[t]	1 563[u]	2.040	2.216	2.43
As	1.511[B]	1.706	2.162	2.329	2.557
Sb	1.700[B]	1.876[v]	2.328	2.490	2.710[w]
Bi	1.778[y]	1.979[v]	2.423	2.63	2.791[w]
Cr		1.720[a]			
Mn		1.739[y]			
Fe		1.763[z]	2.145	2.245	2.50
AX_4 型分子					
C	1.085[α]	1.315[h]	1.767[h]	1.942[h]	2.166[h]
Si	1.480[α]	1.554[h]	2.019[h]	2.183[h]	2.43
Ge	1.517[β]	1.670[o]	2.108[o]	2.264[o]	2.507[o]

续表

M/X	H	F	Cl	Br	I
Sn	1.711[α]	1.97	2.281	2.423[γ]	2.651[γ]
Pb	1.741[δ]	2.08	2.369	2.50	2.74
Ti		1.754	2.170	2.339	2.546
Zr		1.886[ε]	2.319[ε]	2.452[ε]	2.65[ε]
Hf		1.909	2.320	2.450	2.662
V			2.138	2.276	
Nb			2.249[ε]	2.394[ε]	2.604[ε]
Cr		1.706	2.130		
Mo		1.828[ϕ]	2.32[ϕ]	2.39[ϕ]	
W			2.248	2.40	
Th		2.124	2.567	2.72	
U		2.059	2.506	2.681	2.975
AX_5 型分子					
P		1.551[π]	2.065[π]		
As		1.678	2.151[λ]		
Sb			2.295[λ]		
V		1.718			
Nb		1.88	2.280	2.455	
Ta		1.86	2.285[μ]	2.441	2.66
Mo		1.815[ϕ]	2.267		
W			2.261[μ]	2.40	
Re			2.248[μ]		
AF_6 型分子					
S	Se	Te	Mo	W	Tc
1.557	1.685[ν]	1.815[ν]	1.817[σ]	1.829[ν]	1.812[σ]
Re	Ru	Rh	Os	Ir	
1.834[σ]	1.818[σ]	1.824[σ]	1.827[σ]	1.833[σ]	
Pt	Ar	Kr	Xe		
1.849[σ]	1.842[ω]	1.868[ω]	2.004[ω]		

注：a. 数据源自文献［3.1］；b. 数据源自文献［3.2］；c. 数据源自文献［3.3］；d. 数据源自文献［3.4］；e. 数据源自文献［3.5］；f. 数据源自文献［3.6］；g. 数据源自文献［3.7］；h. 数据源自文献［3.8］；i. 数据源自文献［3.9］；I. 数据源自文献［3.216］；k. 数据源自文献［3.10］；l. 数据源自文献［3.11］；m. 数据源自文献［3.12］；n. 数据源自文献［3.13］；o. 数据源自文献［3.14］；p. 数据源自文献［3.15］；q. 数据源自文献［3.16］；r. 数据源自文献［3.17］；s. 数据源自文献［3.18］；t. 数据源自文献［3.19］；u. 数据源自文献［3.20］；v. 数据源自文献［3.21］；w. 数据源自文献［3.22］；x. 数据源自文献［3.23］；y. 数据源自文献［3.24］；z. 数据源自文献［3.25］；α. 数据源自文献［3.26］；β. 数据源自文献［3.27］；γ. 数据源自文献［3.28］；δ. 数据源自文献［3.29］；ε. 数据源自文献［3.30］；ϕ. 数据源自文献［3.31］；λ. 数据源自文献［3.32］；μ. 数据源自文献［3.33］；ν. 数据源自文献［3.34］；π. 数据源自文献［3.35］；σ. 数据源自文献［3.36］；ω. 数据源自文献［3.37］；A. 数据源自文献［3.38］；B. 数据源自文献［3.39］；C. MX_6 为八面体结构，d（M—X）：UCl_6 2.460 Å[3.40]，WCl_6 2.281 Å[3.41]，WBr_6 2.454 Å[3.42]，AF_7 为五角双锥结构：在 ReF_7 中，五个 d_{equat}=1.851 Å，两个 d_{axial}=1.823 Å[3.43]，在 IF_7 中，五个 d_{equat}=1.849 Å，两个 d_{axial}=1.795 Å[3.44]

表 S3.2　氧化物、硫化物和碳化物 MX 中的键长（Å）

M	X				M	X			
	O	S	N	C		O	S	N	C
Li	1.688[a]				V	1.580[m]	2.053[y]	1.566[u]	
Na	2.051[a]			2.232[b]	Nb	1.690[m]	2.16	1.662[u]	1.700[p]

续表

M	X				M	X			
	O	S	N	C		O	S	N	C
K	2.167[a]	2.817[c]		2.528[b]	Ta	1.702[z]	2.105[y]	1.683[z]	
Rb	2.254[a]				N	1.151		1.098	1.172[α]
Cs	2.300[a]				As	1.624	2.017		1.680[α]
Cu	1.791[d]	2.055[c]			Sb	1.826		1.836[β]	
Ag	2.077[d]				Bi	1.934	2.319	2.262	
Au	1.849[d]				Cr	1.621[γ]	2.078[δ]	1.563[ε]	1.619
Be	1.331	1.742			Mo			1.636[u]	1.676[p]
Mg	1.749[f]	2.144[g]			W	1.672[λ]		1.667[μ]	1.747[ν]
Ca	1.822	2.320[c]			S	1.500[s]	1.889		
Sr	1.920	2.441[h]			Se	1.639			
Ba	1.940	2.507[i]			Mn	1.648[γ]	2.068[c]		
Zn	1.705[f]	2.046[c]			Re	1.640[π]		1.638[π]	
B	1.204[j]	1.609	1.274[k]		F	1.354[ρ]	1.601		
Al	1.618[l]	2.029[m]	1.686		Cl	1.569[σ]			
Sc	1.668[m]	2.139[c]	1.687[n]		Br	1.717[σ]			
Y	1.790[m]	2.28[m]	1.804[o]	2.050[p]	I	1.868[σ]			
La	1.826	2.352[q]			Fe	1.619[γ]	2.04[τ]	1.580[ν]	1.593[η]
C	1.138[r]	1.541[r]	1.172	1.242	Co	1.631[γ]	1.978[θ]		
Si	1.510[s]	1.929[s]		1.802[t]	Ni	1.631[γ]	1.962[φ]		1.627[χ]
Ge	1.647[r]	2.024[r]			Ru			1.571[ψ]	1.607[p]
Sn	1.832	2.209			Rh	1.717[ξ]			1.613[p]
Pb	1.922	2.287			Pd				1.712[p]
Ti	1.620[m]	2.082[c]	1.583[u]		Ir	1.772[ω]		1.607[ω]	1.609[ω]
Zr	1.714[v]	2.156[v]	1.697[u]	1.807[w]	Pt	1.727[ϕ]	2.040[ϕ]	1.682[ϕ]	1.679[ϕ]
Hf	1.725[x]	2.156[x]	1.69		Th	1.840[x]			

注：a. 数据源自文献 [3.45]；b. 数据源自文献 [3.46]；c. 数据源自文献 [3.47]；d. 数据源自文献 [3.48]；e. 数据源自文献 [3.49]；f. 数据源自文献 [3.50]；g. 数据源自文献 [3.51]；h. 数据源自文献 [3.52]；i. 数据源自文献 [3.53]；j. 数据源自文献 [3.54]；k. 数据源自文献 [3.55]；l. 数据源自文献 [3.56]；m. 数据源自文献 [3.57]；n. 数据源自文献 [3.58]；o. 数据源自文献 [3.59]；p. 数据源自文献 [3.60]；q. 数据源自文献 [3.61]；r. 数据源自文献 [3.62]；s. 数据源自文献 [3.63]；t. 数据源自文献 [3.64]；u. 数据源自文献 [3.65]；v. 数据源自文献 [3.66]；w. 数据源自文献 [3.67]；x. 数据源自文献 [3.68]；y. 数据源自文献 [3.69]；z. 数据源自文献 [3.70]；α. 数据源自文献 [3.71]；β. 数据源自文献 [3.72]；γ. 数据源自文献 [3.73]；δ. 数据源自文献 [3.74]；ε. 数据源自文献 [3.75]；λ. 数据源自文献 [3.76]；μ. 数据源自文献 [3.77]；ν. 数据源自文献 [3.78]；π. 数据源自文献 [3.79]；ρ. 数据源自文献 [3.80]；σ. 数据源自文献 [3.81]；τ. 数据源自文献 [3.82，3.83]；η. 数据源自文献 [3.84]；θ. 数据源自文献 [3.85]；φ. 数据源自文献 [3.86]；χ. 数据源自文献 [3.87]；ψ. 数据源自文献 [3.88]；ξ. 数据源自文献 [3.89]；ω. 数据源自文献 [3.90]；ϕ. 数据源自文献 [3.91]，磷化物（Å）：CP 1.562 Å[3.71]，NP 1.491 Å，PP 1.893 Å，AsP 1.999 Å，SbP 2.205 Å，BiP 2.293 Å[3.92]，CrP 2.117 Å[3.93]，RhP 1.86 Å[3.94]

表 S3.3 硒化物和碲化物 MA 中的键长（Å）

M	Se	Te	M	Se	Te
Li		2.490[a]	Ge	2.135[d]	2.340[d]
Cu	2.108[b]	2.349[b]	Sn	2.326	2.523
C	1.676		Pb	2.402	2.595
Si	2.058[c]	2.274[c]	Bi	2.477[e]	

注：a. 数据源自文献 [3.95]；b. 数据源自文献 [3.96]；c. 数据源自文献 [3.97]；d. 数据源自文献 [3.98]；e. 数据源自文献 [3.99]

表 S3.4 氧化物和硫化物分子的键长（Å）

MX_2	O	S	Se	MO_2		M_2O	
C[a]	1.168	1.561	1.700	S	1.431	Li	1.606[e]
Si[a]	1.521	1.924		Se	1.612	Be	1.396[f]
Ge[a]	1.628	2.005	2.139	Rh	1.699[d]	Ga	1.822
Ti	1.704[b]			Ir	1.717[d]	In	2.017
Hf	1.176[c]			Pt	1.719[d]	Tl	2.102
Nb	1.713			Au	1.793[d]		

注：a. 数据源自文献［3.100］；b. 数据源自文献［3.101］；c. 数据源自文献［3.102］；d. 数据源自文献［3.103］；e. 数据源自文献［3.104］；f. 数据源自文献［3.105］

表 S3.5 分子在不同聚集态下的键长（Å）

分子	气体	液体	晶体	分子	气体	晶体
F_2	1.412	1.36[a]	1.49[b]	Cl_4	2.166[k]	2.155[l]
Cl_2	1.988	1.95[a]	1.994[c]	SiF_4	1.554[k]	1.521[m]
Br_2	2.288[d]	2.29[a]	2.314[d]	$SiCl_4$	2.019[k]	2.008[n]
I_2	2.677[e]	2.701[e]	2.715[b]	GeF_4	1.673[k]	1.689[o]
KrF_2	1.889[f]		1.894[f]	$GeCl_4$	2.113[p]	2.096[p]
PCl_3	2.040[g]		2.034[g]	$GeBr_4$	2.272[k]	2.272[q]
PBr_3	2.216[g]	2.24[h]	2.213[g]	GeI_4	2.507	2.498[r]
PI_3	2.43[g]		2.463[g]	$SnCl_4$	2.280[s]	2.279[s]
AsF_5	1.678		1.688[i]	$PbCl_4$	2.373[t]	2.362[t]
$AsCl_3$	2.161[g]		2.167[g]	$TiCl_4$	2.170[u]	2.163[u]
$AsBr_3$	2.325		2.364[g]	$TiBr_4$	2.31[u]	2.29[u]
AsI_3	2.557[g]		2.597[g]	SF_6	1.557	1.556[v]
$SbCl_3$	2.328		2.36[g]	TeF_6	1.815	1.785[w]
$SbBr_3$	2.483		2.50	MoF_6	1.825	1.817[x]
SbI_3	2.710		2.87[g]	WF_6	1.829	1.826[x]
CF_4	1.323		1.314	ReF_6	1.829	1.823[x]
CCl_4	1.767	1.767	1.773	OsF_6	1.816	1.827[x]
CBr_4	1.935	1.913[j]	1.912	PtF_6	1.839	1.849[x]

注：a. 数据源自文献［3.106］；b. 数据源自文献［3.107］；c. 数据源自文献［3.108］；d. 数据源自文献［3.109］；e. 数据源自文献［3.110］；f. 数据源自文献［3.111］；g. 数据源自文献［3.112］；h. 数据源自文献［3.113］；i. 数据源自文献［3.114］；j. 数据源自文献［3.115］；k. 数据源自文献［3.8］；l. 数据源自文献［3.116］；m. 数据源自文献［3.117］；n. 数据源自文献［3.118］；o. 数据源自文献［3.119］；p. 数据源自文献［3.120］；q. $GeBr_4$ 液体［3.121］；r. 数据源自文献［3.122］；s. 数据源自文献［3.123］；t. 数据源自文献［3.124］；u. 数据源自文献［3.125］；v. 数据源自文献［3.126］；w. 数据源自文献［3.127］；x. 数据源自文献［3.36］

表 S3.6 $(MX_n)_2$ 分子桥连和末端 M—X（Å）键长

MX_n	d_{bridg}	d_{term}	MX_n	d_{bridg}	d_{term}	MX_n	d_{bridg}	d_{term}
LiF	1.740	1.564[a]	$AuCl_3$[f]	2.355	2.236	$FeBr_3$	2.537	2.294
NaF	2.081	1.926[a]	BH_3[g]	1.339	1.196	UCl_5	2.70	2.43
NaCl	2.584	2.361[a]	AlH_3[h]	1.694	1.498	UBr_5	2.88	2.65
NaBr	2.740	2.502[a]	AlF_3[i]	1.72	1.60	$NbCl_5$	2.56	2.27
KF	2.347	2.172[a]	$AlCl_3$[i]	2.254	2.066	$NbBr_5$[p]	2.715	2.435
KCl	2.950	2.667[a]	$AlBr_3$[i]	2.417	2.223	NbI_5[q]	2.935	2.670
KBr	3.202	2.829[a]	AlI_3[j]	2.656	2.460	$TaCl_5$	2.56	2.28
RbF	2.448	2.270[a]	GaH_3[g]	1.723	1.550	TaI_5[q]	2.932	2.662
RbCl	3.008	2.787[a]	$GaCl_3$[j]	2.297	2.103	$SbCl_5$[r]	2.580	2.298
RbBr	3.181	2.945[a]	$GaBr_3$[j]	2.463	2.260	SbI_5[s]	3.079	2.796

续表

MX_n	d_{bridg}	d_{term}	MX_n	d_{bridg}	d_{term}	MX_n	d_{bridg}	d_{term}
CsF	2.696	2.345[a]	GaI_3[j]	2.682	2.492	BiF_5	2.11	1.90
CsCl	3.017	2.906[a]	$InCl_3$[k]	2.470	2.260	$BiCl_5$[s]	2.902	2.562
CsBr	3.356	3.072[a]	InI_3[k]	2.80	2.614	$MoCl_5$[t]	2.541	2.265
CuCl[b]	2.166	2.051[a]	$ScCl_3$[l]	2.475	2.260	WCl_5	2.52	2.25
BeF_2[c]	1.553	1.375	ScI_3[m]	2.741	2.615	$SeBr_5$[u]	2.87	2.48
$BeCl_2$[c]	1.968	1.828	YCl_3[n]	2.657	2.438	$TeCl_5$[u]	2.85	2.44
MgF_2[c]	1.880	1.730	YI_3	3.023	2.806	$TeBr_5$[u]	2.96	2.61
$MgCl_2$[c]	2.362	2.188	$SeCl_3$[n]	2.836	2.420	RuF_5[v]	2.001	1.808
$MgBr_2$[d]	2.526	2.334	$SeBr_3$[n]	2.836	2.420	$RhBr_5$[w]	2.601	2.459
MnI_2	2.746	2.548	ICl_3[o]	2.70	2.39	OsF_5[v]	2.043	1.831
AuF_3[e]	2.033	1.876	$FeCl_3$[c]	2.329	2.129	CoO[x]	1.765	1.631

注：a. 在单 MX 分子中（二聚物末端无 M—X 键）；b. 数据源自文献［3.128］；c. 数据源自文献［3.129］；d. 数据源自文献［3.6］；e. 数据源自文献［3.18］；f. 数据源自文献［3.130］；g. 数据源自文献［3.131］；h. 数据源自文献［3.132］；i. 数据源自文献［3.11］；j. 数据源自文献［3.133］；k. 数据源自文献［3.134］；l. 数据源自文献［3.5］；m. 数据源自文献［3.135］；n. 数据源自文献［3.136］；o. 数据源自文献［3.137］；p. 数据源自文献［3.138］；q. 数据源自文献［3.139］；r. 数据源自文献［3.32］；s. 数据源自文献［3.140］；t. 数据源自文献［3.141］；u. 数据源自文献［3.142］；v. 数据源自文献［3.143］；w. 数据源自文献［3.144］；x. 桥连键来自于文献［3.145］，端键来自于文献［3.73］

表 S3.7　氢化物和卤化物分子的 X—A—X 键角 (ω)[3.146]

AX_3	ω	AX_3	ω	AX_2	ω
NH_3	107.3	PI_3	102.0	OH_2	104.5
PH_3	93.8	PBr_3	101.1	SH_2	92.1
AsH_3	91.8	PCl_3	100.3	SeH_2	90.6
SbH_3	91.7	PF_3	97.8	TeH_2	90.3
NF_3	102.2	AsI_3	100.2	OF_2	103.1
PF_3	97.8	$AsBr_3$	99.8	SF_2	98.2
AsF_3	96.1	$AsCl_3$	98.6	SeF_2	94
SbF_3	87.3	AsF_3	96.1	OCl_2	111.2
NCl_3	107.1	SbI_3	99.1	SCl_2	102.8
PCl_3	100.3	$SbBr_3$	98.2	$SeCl_2$	99.6
$AsCl_3$	98.6	$SbCl_3$	97.2	$TeCl_2$	97.0
$SbCl_3$	97.2	SbF_3	87.3		

表 S3.8　MX_2 和 $(MX_2)_2$ 分子对称性的关系及 MX_2 晶体结构类型

X	MX_2	Be	Mg	Ca	Sr	Ba
F	单体	直线	直线	弯曲	弯曲	弯曲
	二聚物	D_{2h}	D_{2h}	C_{3v}	C_{3v}	C_{3v}
	结构类型	SiO_2	TiO_2	CaF_2	CaF_2	CaF_2
C	单体	直线	直线	直线	弯曲	弯曲
	二聚物	D_{2h}	D_{2h}	D_{2h}	C_{3v}	C_{3v}
	结构类型	SiS_2	$CdCl_2$	$CaCl_2$	CaF_2	CaF_2
Br	单体	直线	直线	直线	q 线	弯曲
	二聚物	D_{2h}	D_{2h}	D_{2h}	C_{3v}	C_{3v}
	结构类型	SiS_2	CdI_2	$CaCl_2$	$SrBr_2$	$PbCl_2$
I	单体	直线	直线	直线	直线	弯曲
	二聚物	D_{2h}	D_{2h}	D_{2h}	C_{3v}	C_{3v}
	结构类型	SiS_2	CdI_2	CdI_2	SrI_2	$PbCl_2$

表 S3.9 气相 $A(CH_3)_n$ 分子的 A—C(*d*) 键长

A	*n*	*d*,Å	A	*n*	*d*,Å	A	*n*	*d*,Å	A	*n*	*d*,Å
H	1	1.092	I	1	2.132	Al	3	1.957	Sn	4	2.144
Li	1	1.959	Be	2	1.698	Ga	3	1.967	Pb	4	2.238
Na	1	2.299	Mg	2	2.126	In	3	2.161	Te	4	2.171[c]
K	1	2.634	Zn	2	1.930	Tl	3	2.206	Cr	4	2.038
Cu	1	1.881[a]	Cd	2	2.112	N	3	1.454	Ta	5	2.138
Mg	1	2.105	Hg	2	2.083	P	3	1.847	As	5	2.01
Ca	1	2.348[b]	O	2	1.416	As	3	1.968	Sb	5	2.173[f]
Sr	1	2.487[b]	S	2	1.807	Sb	3	2.163	Bi	5	2.28[g]
Ba	1	2.564	Se	2	1.943	Bi	3	2.267	Mo	6	2.150[d]
F	1	1.389	Te	2	2.142	C	4	1.537	W	6	2.144[e]
Cl	1	1.785	Mn	2	2.01	Si	4	1.875	Te	6	2.193
Br	1	1.933	B	3	1.578	Ge	4	1.945	Re	6	2.128[e]

注：a. 数据源自文献［3.147］；b. 数据源自文献［3.148］；c. 数据源自文献［3.149］；d. 数据源自文献［3.150］；e. 数据源自文献［3.151］；f. 数据源自文献［3.152］；g. 数据源自文献［3.153］

表 S3.10 气相 X（C≡CH）$_n$ 分子的 X—C 键长（*d*）[3.154-3.158]

X	*n*	*d*,Å	X	*n*	*d*,Å	X	*n*	*d*,Å
Li	1	1.888	F	1	1.27	CH_3[b]	1	1.459
Na	1	2.221	Cl	1	1.63	CF_3[b]	1	1.438
K	1	2.540	Br	1	1.80	Ge[c]	1	1.896
Cu	1	1.818[a]	I	1	1.99	Sn	4	2.067

注：a. 数据源自文献［3.159］；b. 数据源自文献［3.160］；c. $H_3GeC≡CH$

表 S3.11 同系列分子的 M—X 键长（Å）

	d(B—F)[a]		*d*(C—F)[b]		*d*(C—F)[c]		*d*(C—Cl)[b]
BF_3	1.307	CF_4	1.319	FC(O)F	1.316	CF_4	1.767
BHF_2	1.311	CHF_3	1.333	FC(O)Cl	1.334	$CHCl_3$	1.758
BH_2F	1.321	CH_2F_2	1.357	FC(O)Br	1.326	CH_2Cl_2	1.767
		CH_3F	1.391	FC(O)I	1.343	CH_3Cl	1.787
				FC(O)H	1.346		
	d(Si—F)		*d*(P—F)[d]		*d*(Ge—F)[e]		*d*(Ge—Cl)[e]
SiF_4	1.556	PF_5	1.577	GeF_4	1.670	$GeCl_4$	2.112
$SiHF_3$	1.565	PF_4Cl	1.581	$MeGeF_3$	1.714	$MeGeCl_3$	2.132
SiH_2F_2	1.577	PF_3Cl_2	1.593	Me_2GeF_2	1.739	Me_2GeCl_2	2.143
SiH_3F	1.593	PF_2Cl_3	1.596			Me_3GeCl	2.173
		$PFCl_4$	1.597				
	d(P—F)		*d*(As—F)[f]		*d*(Ge—Br)[e]		*d*(Sn—Cl)[g]
PF_5	1.577	AsF_3	1.706	$GeBr_4$	2.272	$SnCl_4$	2.281
$PMeF_4$	1.612	$MeAsF_2$	1.734	$MeGeBr_3$	2.276	$MeSnCl_3$	2.304
PMe_2F_3	1.643	Me_2AsF	1.758	Me_2GeBr_2	2.303	Me_2SnCl_2	2.327
PMe_3F_2	1.685			Me_3GeBr	2.325	Me_3SnCl	2.351

注：a. 数据源自文献［3.161］；b. 数据源自文献［3.162］；c. 数据源自文献［3.163］；d. 数据源自文献［3.164］；e. 数据源自文献；［3.165］；f. 数据源自文献［3.166］；g. 数据源自文献［3.167］

表 S3.12 环戊二烯基复合物（金属茂配合物）的 M—C 键长（d，Å）

M	d	M	d	M	d	M	d
Li	2.26	B	1.68	Sn	2.68	Tc	2.29
Na	2.68	Al	2.39	Pb	2.79	Re	2.30
K	3.03	Ga	2.40	V	2.33	Fe	2.12
Rb	3.14	In	2.59	Nb	2.41	Co	2.10
Cs	3.35	Tl	2.66	Ta	2.44	Ni	2.10
Cu	2.27	Sc	2.53	As	2.47	Ru	2.22
Be	1.93	Y	2.65	Sb	2.40	Rh	2.20
Mg	2.34	La	2.84	Bi	2.69	Pd	2.34
Ca	2.61	Ti	2.39	Cr	2.21	Os	2.17
Sr	2.75	Zr	2.51	Mo	2.36	Ir	2.16
Ba	2.90	Hf	2.48	W	2.33	Pt	2.33
Zn	2.28	Si	2.42	Mn	2.15	Th	2.82
		Ge	2.53			U	2.75

表 S3.13 金属羰基分子的键长（Å）

复合物	类型[a]	d(M—C)	d(C—O)	复合物	类型[a]	d(M—C)	d(C—O)
自由 CO			1.128	$Fe(CO)_5$[c]	TBp	1.803 eq	1.117
$[Ti(CO)_6]^{2-}$	Oc	2.038	1.168			1.811 ax	1.133
$[Zr(CO)_6]^{2-}$	Oc	2.210	1.162	$[Fe(CO)_6]^{2+}$	Oc	1.910	1.106
$[Hf(CO)_6]^{2-}$	Oc	2.178	1.163	$[Os(CO)_6]^{2+}$	Oc	2.027	1.102
$V(CO)_6$	Oc	2.001	1.128	$[Co(CO)_4]^-$	T	1.778	1.156
$[V(CO)_6]^-$	Oc	1.913	1.169	$[Co(CO)_4]^{2-}$	T	1.73	1.16
$[Nb(CO)_6]^-$	Oc	2.089	1.160	$[Rh(CO)_4]^+$	SQ	1.951	1.118
$[Ta(CO)_6]^-$	Oc	2.083	1.149	$[Ir(CO)_6]^{3+}$	O	2.029	1.090
$Cr(CO)_6$[d]	Oc	1.916	1.171	NiCO[e]		1.641	1.193
$Cr(CO)_6$	Oc	1.918	1.142	$Ni(CO)_3$[e]	T	1.839	1.121
$Mo(CO)_6$[d]	Oc	2.063	1.145	$Ni(CO)_4$	T	1.815	1.128
$Mo(CO)_6$	Oc	2.057	1.128	PdCO[c]		1.844	1.138
$W(CO)_6$[d]	Oc	2.059	1.148	$[Pd(CO)_4]^{2+}$	SQ	1.992	1.106
$W(CO)_6$	Oc	2.049	1.143	PtCO[c]		1.760	1.148
$[Mn(CO)_5]^-$	TBp	1.798 eq	1.156	$[Pd(CO)_4]^{2+}$	SQ	1.982	1.110
		1.820 ax	1.147	$[Cu(CO)_2]^+$	L	1.916	1.112
$[Mn(CO)_5]^-$	SqP	1.810 bs	1.159	$[Cu(CO)_4]^+$	T	1.965	1.110
		1.794 ap	1.155	$[Ag(CO)_2]^+$	L	2.14	1.08
$[Re(CO)_6]^+$	Oc	2.01	1.13	$[Au(CO)_2]^+$	L	1.972	1.11
FeCO[c]		1.727	1.160	$[Hg(CO)_2]^+$	L	2.083	1.104
$[Fe(CO)_4]^{2-}$	T	1.742	1.169	$B_{12}H_{10}(CO)_2$	B	1.543	1.119
$Fe(CO)_5$[c]	TBp	1.842 eq	1.149	$Me_2HC^+—CO$	T	1.458	1.101
		1.810 ax	1.142				

注：除了特别指定外，晶体结构数据均来源于 CSD。

a. 金属配位；Oc—八面体，TBp—三角双锥（ax—轴向配体，eq—赤道配体），SqP—四方锥（ap—顶端配位，bs—底部配位），T—正四面体，SQ—平面正方形，L—线形，C—带有 5 个相邻的笼状基团和 CO 的硼烷笼原子；b. 数据源自文献［3.168］；c. 文献［3.169］的气相；d. 气相电子衍射，数据源自文献［3.170］；e. 数据源自文献［3.171］

表 S3.14 羰基卤化物 X—MCO 的键长 (Å)

M	X=F		X=Cl		X=Br	
	d(M—X)	d(C—O)	d(M—X)	d(C—O)	d(M—X)	d(C—O)
Cu	1.765	1.131	1.795	1.129	1.803	1.128
Ag	1.965	1.126	2.013	1.124	2.028	1.124
Au	1.847	1.134	1.883	1.132	1.892	1.132

注：该数据来源于气相 MW 光谱[3.169]

表 S3.15 同核键不同键级的键长 A—A (Å)

A	键级,n			A	键级,n			A	键级,n		
	1	2	3		1	2	3		1	2	3
B	1.76	1.52	1.36	As	2.42	2.28	2.10	Cr	2.64		2.22
Al	2.64	2.50		Sb	2.86	2.66	2.34	Mo	2.76		2.24
Ga	2.52	2.39	2.32	Bi	3.08	2.83	2.66	W	2.70	2.50	2.32
C	1.54	1.34	1.20	Nb	2.84	2.72		Cl	1.98	1.78	
Si	2.35	2.14	1.97	Ta	3.00	2.74		Br	2.28	2.08	
Ge	2.44	2.24	2.13	O	1.42	1.21		I	2.66	2.46	
Sn	2.81	2.62		S	2.06	1.89	1.74	Re	2.62	2.39	2.26
N	1.46	1.25	1.10	Se	2.37	2.17		Ru	2.56	2.40	
P	2.22	2.00	1.86	Te	2.83	2.56		Os	2.82		2.17
								Pt	2.59	2.20	

四重键

A	Mo	W	Re
$n=4$	2.12	2.22	2.22

表 S3.16 八面体 M_nAX_6 配位化合物的键长 (Å)

M_nAX_6	d_{A-X}	M_nAX_6	d_{A-X}	M_nAX_6	d_{A-X}	M_nAX_6	d_{A-X}
K_3ReH_6	1.707[a]	Li_2MoF_6	1.936[l]	$LiPdF_6$	1.899[l]	Rb_2TeCl_6	2.538[r]
Na_3RhH_6	1.67[b]	K_2ReF_6	1.953[l]	$KOsF_6$	1.882[n]	Na_2UCl_6	2.641[v]
Na_3IrH_6	1.68[b]	Li_2RuF_6	1.92[l]	$LiIrF_6$	1.875[m]	K_2ReCl_6	2.354[w]
K_2PtH_6	1.640[c]	Li_2RhF_6	1.903[m]	$KPtF_6$	1.886[n]	K_2PdCl_6	2.309[x]
Sr_2MgH_6	2.03[d]	Cs_2PdF_6	1.89[f]	K_3IrCl_6	2.357[o]	K_2OsCl_6	2.334[w]
Mg_2FeH_6	1.56[b]	K_2OsF_6	1.927[n]	Cs_3CrCl_6	2.324[p]	K_2IrCl_6	2.371[y]
Mg_2RuH_6	1.67[b]	K_2IrF_6	1.928[n]	Am_3BiCl_6	2.712[q]	Cs_2IrCl_6	2.332[z]
Mg_2OsH_6	1.68[b]	K_2PtF_6	1.921[n]	K_2SnCl_6	2.404[q]	K_2PtCl_6	2.316[w]
Li_3ScF_6	2.018[e]	$KAuF_6$	1.882[l]	Am_2SnCl_6	2.418[r]	Rb_3IrBr_6	2.508[y]
Na_3CuF_6	1.89[f]	$LiNbF_6$	1.863[l]	Am_2SnCl_6	2.446[s]	Am_2SnBr_6	2.622[s]
Cs_2CuF_6	1.757[f]	$KTaF_6$	1.860[l]	$(NEt_4)_2ZrCl_6$	2.463[t]	K_2TeBr_6	2.694[r]
Am_2SiF_6	1.688[g]	$KAsF_6$	1.719[l]	$(NEt_4)_2HfCl_6$	2.456[t]	Am_2TeBr_6	2.701[r]
Na_2SnF_6	1.958[h]	$LiSbF_6$	1.88[l]	$RNbCl_6$	2.35[u]	Rb_2TeBr_6	2.701[r]
K_2TiF_6	1.860[i]	$KReF_6$	1.863[l]	$RTaCl_6$	2.35[u]	$(PPh_4)_2UBr_6$	2.664[α]
Tl_2TiF_6	1.91[k]	$LiRuF_6$	1.851[l]	$RWCl_6$	2.32[u]	$(H_3O)_2TcBr_6$	2.506[β]
K_2HfF_6	1.991[l]	$LiRhF_6$	1.854[l]	Am_2TeCl_6	2.538[r]		

注：Am=NH_4，R=烷基。

a. 数据源自文献 [3.172]；b. 数据源自文献 [3.173]；c. 数据源自文献 [3.174]；d. 数据源自文献 [3.175]；e. 数据源自文献 [3.176]；f. 数据源自文献 [3.177]；g. 数据源自文献 [3.178]；h. 数据源自文献 [3.179]；i. 数据源自文献 [3.180]；k. 数据源自文献 [3.181]；l. 数据源自文献 [3.182]；m. 数据源自文献 [3.183]；n. 数据源自文献 [3.184]；o. 数据源自文献 [3.185]；p. 数据源自文献 [3.186]；q. 数据源自文献 [3.187]；r. 数据源自文献 [3.188]；s. 数据源自文献 [3.189]；t. 数据源自文献 [3.190]；u. 数据源自文献 [3.191]；v. 数据源自文献 [3.192]；w. 数据源自文献 [3.193]；x. 数据源自文献 [3.194]；y. 数据源自文献 [3.195]；z. 数据源自文献 [3.196]；α. 数据源自文献 [3.197]；β. 数据源自文献 [3.198]；γ. 数据源自文献 [3.199]；δ. 数据源自文献 [3.200]；ε. 数据源自文献 [3.201]

表 S3.17 二价铂复合物的反位效应：反式原子的 EN 影响[3.202-3.208]

复合物	d(Pt—Cl), Å	反式原子	EN 值
$[Pt(Acac)_2Cl]^-$	2.276	O	3.4
trans-$[Pt(PEt_3)_2Cl_2]$	2.294	Cl	3.1
$[PtCl_2(C_2H_6OS)Py]$	2.316	S	2.6
cis-$[Pt(PMe_3)_2Cl_2]$	2.376	P	2.2
trans-$[Pt(PPh_2Et)_2HCl]$	2.422	P	2.2
$[Pt(PPhMe_2)_2Cl(SiPh_3)]$	2.465	Si	1.9

表 S3.18 过渡金属复合物的反位效应：多重键的影响[3.197,3.209-3.211]

复合物	X—M—Y	d(M—Y), Å
K_2NbOF_5	O═Nb—F	2.06
	F—Nb—F	1.84
K_2MoOCl_5	O═Mo—Cl	2.63
	Cl—Mo—Cl	2.40
$(NH_4)_2MoOBr_5$	O═Mo—Br	2.83
	Br—Mo—Br	2.55
K_2ReOCl_5	O═Re—Cl	2.47
	Cl—Re—Cl	2.39
K_2OsNCl_5	N≡Os—Cl	2.605
	Cl—Os—Cl	2.36

表 S3.19 配位化合物中的平均键长（Å）

M	H	F	Cl	Br	I	O	S	Se	Te	H_2O	NH_3	CO
Cu	1.6	1.9	2.3	2.4	2.6	2.0	2.3			2.0	1.0	1.8
Ag			2.3	2.45	2.6		2.35	2.6		2.1	2.1	2.0
Au			2.3	2.4	2.55		2.25			2.1	2.0	
Zn	1.6		2.25	2.4	2.6	2.1	2.3			2.1	2.0	
Cd			2.5	2.6	2.75	2.3	2.45	2.65		2.3	2.2	
Hg			2.4	2.55	2.7	2.2	2.4	2.6	2.7	2.3	2.3	
Ti	2.0	1.9	2.3	2.45	2.65	1.85	2.4		2.7	2.1		2.0
Zr	2.0	2.05	2.4	2.6	2.8	2.0	2.5	2.7	2.85		2.3	2.2
Hf	2.0	2.0	2.45		2.85	2.0	2.5		2.9		2.3	
V	1.7	1.8	2.3	2.5	2.65	1.9	2.3			2.1	2.2	1.95
Nb	1.7	1.85	2.35	2.6	2.8	1.95	2.45	2.65		2.2		2.05
Ta	1.8	1.85	2.35	2.6	2.8	1.9	2.5	2.65		2.1		2.0
Cr		1.8	2.35	2.5	2.7	1.8	2.4	2.5	2.8	2.0	2.1	1.9
Mo	1.75	1.95	2.4	2.6	2.8	1.9	2.4	2.6	2.9	2.2	2.2	2.0
W	1.75	1.95	2.4	2.6	2.8	1.9	2.4	2.6	2.9	2.2	2.2	2.0
Mn	1.6	1.9	2.35	2.55	2.75	1.9	2.3	2.45	2.7	2.2	2.2	1.8
Tc	1.7		2.3	2.6		1.95	2.4	2.55		2.1	2.1	1.9
Re	1.7	1.95	2.4	2.5	2.7	2.0	2.35	2.6	2.65	2.2	2.2	1.95
Fe	1.6	1.9	2.35	2.4	2.6	1.9	2.25	2.55	2.6	2.2	1.8	
Co	155	1.9	2.35	2.4	2.6	1.9	2.25	2.5	2.55	2.1	1.8	
Ni	1.5	1.9	2.35	2.4	2.6	1.9	2.2	2.45	2.5	2.1	1.8	
Ru	1.7	1.9	2.4	2.5	2.7		2.2			2.1	2.1	1.9
Rh	1.7	1.9	2.4	2.5	2.7		2.3			2.1	2.1	1.85
Pd	1.6	1.9	2.3	2.45		1.9	2.35	2.4		2.2	2.1	1.9
Os	1.7	1.9	2.35	2.55	2.8	1.9	2.4			2.2	2.1	1.9
Ir	1.7	1.9	2.35	2.5	2.75	1.9	2.35	2.2	2.2	2.2	2.0	2.0
Pt	1.65	1.9	2.3	2.45	2.7	2.0	2.3	2.3	2.3			2.05

注：数据来源于文献［3.194，3.210，3.212-3.215］

补充参考文献

[3.1] Spiridonov VP, Gershikov AG, Lyutsarev VS (1990) J Mol Struct 221: 79
[3.2] Beattie IR, Brown JB, Crozet P et al (1997) Inorg Chem 36: 3207
[3.3] Shayesteh A, Yu S, Bernath PF (2005) Chem Eur J 11: 4709
[3.4] Varga Z, Lanza G, Minichino C, Hargittai M (2006) Chem Eur J 12: 8345
[3.5] Reffy B, Marsden CJ, Hargittai M (2003) J Phys Chem A107: 1840
[3.6] Reffy B, Kolonits M, Hargittai M (2005) J Phys Chem A109: 8379
[3.7] Hargittai M, Kolonits M, Schulz G (2001) J Mol Struct 241: 567-568
[3.8] Hargittai M, Schulz G, Hargittai I (2001) Russ Chem Bul 50: 1903
[3.9] Hirao T, Hayakashi S-I, Yamamoto S, Saito S (1998) J Mol Spectr 187: 153
[3.10] Müller HSP, Cohen EA (1997) J Chem Phys 106: 8344
[3.11] Gillespie RJ, Hargittai I (1991) The VSEPR model of molecular geometry. AUyn and Bacon, Boston
[3.12] Körsgen H, Urban W, Brown JM (1999) J Chem Phys 110: 3861
[3.13] Aarset K, Hayakashi S-I, Yamamoto S et al (1999) J Phys Chem A103: 1644
[3.14] Giricheva NI Girichev GV, Shlykov SA et al (1995) J Mol Struct 344: 127
[3.15] Haaland A, Martinsen K-G, Shorokhov DI et al (1998) J Chem Soc Dalton Trans 2787
[3.16] Ezhov Yu S, K omarov S A, Sevast'yanov VG (1995) Russ J Phys Chem 69: 1910
[3.17] Kovacs A, Konings RJ (2004) J Phys Chem Refer Data 33: 377; Giricheva NI, Shlykov SA, Girichev GV, Galanin IE (2006) J Struct Chem 47: 850
[3.18] Reffy B, Kolonits M, Schulz A, KlapötkeThM (2000) J Am Chem Soc 122: 3127
[3.19] do Varella MTN, Bettega MHF, da Silva AJR (1999) J Chem Phys 110: 2452
[3.20] Naib H, Sari-Zizi N, Bürger H et al (1993) J Mol Spectr 159: 249
[3.21] Molnar J, Kolonits M, Hargittai M (1997) J Mol Struct 441: 413414
[3.22] Molnar J, Kolonits M, Hargittai M et al (1996) Inorg Chem 35: 7639
[3.23] Jerzembeck W, Bürger H, Constantin FKL et al (2004) J Mol Spectr 226: 24
[3.24] Hargittai M, Reffy B, Kolonits Metal (1997) J Am Chem Soc 119: 9042
[3.25] Hargittai M, Kolonits M, Tremmel J et al (1990) Struct Chem 1: 75
[3.26] Bettega MHF, Natalense APP, Lima MAP, Ferreira LG (1995) J Chem Phys 103: 10566
[3.27] Pierre G, Boudon VM, Kadmi EB et al (2002) J Mol Spectr 216: 408
[3.28] Reuter H, Pawlak R (2001) Z Kiist 216: 34
[3.29] Wang X, Andrews L (2003) J Am Chem Soc 125: 6581
[3.30] Giricheva NI, Girichev GV (1999) Russ J Phys Chem 73: 401
[3.31] Girichev GV, Giricheva NI, Krasnova OG (2001) J Mol Struct 203: 567-568
[3.32] Haupt S, Seppelt K (2002) Z anorg allgem Chem 628: 729
[3.33] Faegri K, Haaland A, Martinsen K-G et al (1997) J Chem Soc Dalton Trans 1013
[3.34] Richardson AD, Hedberg K, Lucier GM (2000) Inorg Chem 39: 2787
[3.35] Mache C, Boughdiri S, Barthelat J-C (1986) Inorg Chem 25: 2828
[3.36] Drews Th, Supel J, Hagenbach A, Seppelt K (2006) Inorg Chem 45: 3782
[3.37] Pilme J, Robinson EA, Gillespie RJ (2006) Inorg Chem 45: 6198
[3.38] Hodges PJ, Brown JM, Ashworth SH (2000) J Mol Spectr 237: 205; Hargittai M, Subbotina NYu, Kolonits M, Gershikov AG (1991) J Chem Phys 94: 7278
[3.39] Aldridge S, Downs AJ (2001) Chem Rev 101: 3305
[3.40] Ezhov YuS, Komarov SA, Sevast'yanov VG, Bazhanov VI (1993) J Struct Chem 34: 473
[3.41] Haaland A, Martinsen K-G, Shlykov S (1992) Acta Chem Scand 46: 1208
[3.42] Willing W, Mueller U (1987) Acta Cryst C43: 1425
[3.43] Vogt T, Fitch A, Cockcroft JK (1994) Science 263: 1265
[3.44] Marx R, Mahjoub AR, Seppelt K, Ibberson RM (1994) J Chem Phys 101: 585
[3.45] Hirota E (1995) Bull Chem Soc. Jpn 68: 1
[3.46] Sheridan PM, Xin J, Ziurys LM et al (2002) J Chem Phys 116: 5544
[3.47] Thompsen JM, Ziurys LM (2001) Chem Phys Lett 344: 75
[3.48] Okabayashi T, Koto F, Tsukamoto K et al (2005) Chem Phys Lett 403: 223

［3.49］ O'Brien LC，OberlinkAE，Roos BO（2006）J Phys ChemA110：11954
［3.50］ Bauschlicher CW，Partridge H（2001）Chem Phys Lett 342：441
［3.51］ Walker KA，Gerry MCL（1997）J Mol Spectr 182：178
［3.52］ Halfen DT，Apponi AJ，Thompsen JM，Ziuris LM（2001）J Chem Phys 115：11131
［3.53］ Morbi Z，Bernath PF（1995）J Mol Spectr 171：210
［3.54］ Osiac M，Popske J，Davies PB（2001）Chem Phys Lett 344：92
［3.55］ Ram RS，Bernath PF（1996）J Mol Spectr 180：414
［3.56］ Launila O，Jonsson J（1994）J Mol Struct 168：1
［3.57］ Launila O，Jonsson J（1994）J Mol Struct 168：483
［3.58］ Ram RS，Bernath PF（1992）J Chem Phys 96：6344
［3.59］ JakubekZJ，Nakhate SG，Simard B（2003）J Mol Spectr 219：145
［3.60］ DaBell RS，Meyer RG，Morse MD（2001）J Chem Phys 114：2938；Balfour WJ（1999）J Mol Spectr 198：393
［3.61］ Winkel RJ，Davis SP，Abrams MC（1996）Appl Opt 35：2874
［3.62］ Harrison JF（2006）J Phys Chem A110：10848
［3.63］ Sanz ME，McCarthy MC，Thaddeus P（2003）J Chem Phys 119：11715
［3.64］ Deo MN，Kawaguchi K（2004）J Mol Spectr 228：76
［3.65］ Peter SL，Dunn TM（1989）J Chem Phys 90：5333
［3.66］ Beaton SA，Gerry MCL（1999）J Chem Phys 110：10715
［3.67］ Rixon SJ，Chowdhury PK，MererAJ（2004）J Mol Spectr 228：554
［3.68］ Coocke SA，Gerry MCL（2002）J Mol Spectr 216：122；Merritt JM，Bondybey VE，Heaven MC（2009）J Chem Phys 130：144503
［3.69］ Ran Q，Tam WS，Cheung AS-C（2003）J Mol Spectr 220：87
［3.70］ Ram RS，Bernath PF（2003）J Mol Spectr 221：7
［3.71］ Yang J，Clouthier D J（2011）J Chem Phys 135：054309
［3.72］ Cooke AA，Gerry MCL（2004）PCCP 6：4579
［3.73］ Adam AG，AzumaY，Barry JA et al（1987）J Chem Phys 86：5231
［3.74］ Shi Q，Ran Q，Tam WS et al（2001）Chem Phys Lett 339：154
［3.75］ BalfourWJ，Qian C，Zhou C（1997）J Chem Phys 106：4383
［3.76］ Ram RS，Levin J，LiGetal（2001）Chem Phys Lett 343：437
［3.77］ Ram RS，Bernath PF（1994）J Opt Soc Amer B11：225
［3.78］ Sickafoose SM，SmithAW，Morse MD（2002）J Chem Phys 116：993
［3.79］ Ram RS，Bernath PF，Balfour WJ et al（1994）J Mol Spectr 168：350
［3.80］ Miller CE，Drouin BJ（2001）J Mol Spectr 205：312
［3.81］ Peterson KA，Shepler BC，Figgen D，Stoll H（2006）J Phys Chem A110：13877
［3.82］ Zhai H-J，Kiran B，Wang LS（2003）J Phys Chem A107：2821
［3.83］ Aiuchi K，Shibuya K（2000）J Mol Spectr 204：235
［3.84］ Allen MD，Ziurys LM（1997）J Chem Phys 106：3494
［3.85］ Flory MA，McLamarrah SK，Ziurys LM（2005）J Chem Phys 123：164312
［3.86］ Yamamoto T，Tanimoto M，Okabayashi T（2007）PCCP 9：3744
［3.87］ BorinAC（2001）Chem Phys 274：99
［3.88］ Ram RS，Bernath PF（2002）J Mol Spectr 213：170
［3.89］ Aldener M，Hansson A，Petterson A et al（2002）J Mol Spectr 216：131
［3.90］ Ram RS，Bernath PF（1999）J Mol Spectr 193：363
［3.91］ Cooke SA，Gerry MCL（2004）J Chem Phys 121：3486
［3.92］ Leung F，Cooke SA，Gerry MCL（2006）J Mol Spectr 238：36
［3.93］ Adam AG，Slaney ME，Tokaryk DW，Balfour WJ（2007）Chem Phys Lett 450：25
［3.94］ Li R，and Balfour WJ（2004）J Phys Chem A108：8145
［3.95］ Setzer KD，Fink EH，Alekseyev AB et al（2001）J Mol Spectr 206：181
［3.96］ Okabayashi T，Koto F，Tsukamoto K et al（2005）Chem Phys Lett 403：223
［3.97］ Giuliano BM，Bizzochi L，Grabow J-U（2008）J Mol Spectr 251：261
［3.98］ Giuliano BM，Bizzochi L，Sanchez R et al（2011）J Chem Phys 135：084303

[3.99] Setzer KD，Breidohr R，Mainecke F，Fink EH（2009）J Mol Spectr 258：50
[3.100] Deakyne CA，Li L，Zheng W，Xu D（2002）J Chem Thermodyn 34：185
[3.101] Wang H，Steimle TC，Apetrei C，Maier JP（2009）PCCP 11：2649
[3.102] Lessari A，Suenram RD，Brugh D（2002）J Chem Phys 117：9651
[3.103] Gong Y，Zhou M（2009）J Phys Chem A113：4990
[3.104] Bellert D，Breckenridge WH（2001）J Chem Phys 114：2871
[3.105] Merritt JM，Bondybey VE，Heaven MC（2009）J Phys Chem A113：13300
[3.106] Misawa M（1989）J Chem Phys 91：2575；Andreani C，Cilloco F，Osae E（1986）Mol Phys 57：931
[3.107] Donohue J（1982）The structure of the elements. RE Krieger Publ Co，Malabar Fl
[3.108] Powell BM，Heal KM，Torrie BH（1984）Mol Phys 53：929
[3.109] Filipponi A，Ottaviano L，Passacantando M et al（1993）Phys Rev E48：4575
[3.110] Buontempo U，Filipponi A，Postorino P，Zaccari R（1998）J Chem Phys 108：4131
[3.111] Lehmann JF，Dixon DA，Schrobilgen GJ（2001）Inorg Chem 40：3002
[3.112] Galy J，Enjalbert R（1982）J Solid State Chem 44：1
[3.113] Misawa M，Fukunaga T，Suzuki K（1990）J Chem Phys 92：5486
[3.114] Kohler J，Simon A，Hoppe R（1989）Z anorg allgem Chem 575：55
[3.115] Bako I，Dore JC，Huxley DW（1997）Chem Phys 216：119
[3.116] PohlS（1982）ZKiist 159：211
[3.117] Yang OB，Andersson S（1987）Acta Cryst B43：1
[3.118] Zakharov LN，Antipin MYu，Struchkov YuT et al（1986）Sov Phys Cryst 31：99
[3.119] Yang OB，Andersson S（1987）Acta Cryst B43：1
[3.120] Merz K，Driess M（2002）Acta Cryst C58：i101
[3.121] Ludwig KF（1987）J Chem Phys 87：613
[3.122] Walz L，Thiery D，Peters E-M et al（1993）Z Krist 208：207
[3.123] Reuter H，Pawlak R（2000）Z anorg allgem Chem 626：925
[3.124] Maley IJ，Parsons S，Pulham CR（2002）Acta Cryst C58：i79
[3.125] Troyanov SI，Snigereva EM（2000）Russ J Inorg Chem 45：580
[3.126] Kiefte H，Penney R，Clouter MJ（1988）J Chem Phys 88：5846
[3.127] Bartell LS，Powell BM（1992）Mol Phys 75：689
[3.128] Hargittai M（2003）Chem Eur J 9：327
[3.129] Hargittai M（2000）Chem Rev 100：2233
[3.130] Hargittai M，Schulz A，Reffy B，Kolonits M（2001）J Am Chem Soc 123：1449
[3.131] Pulham CR，Downs A，Goode M et al（1991）J Am Chem Soc 113：5149；Mitzel NW（2003）Angew Chem Int Ed 42：3856
[3.132] Wehmschulte RJ，Power PP（1994）Inorg Chem 33：5611
[3.133] Troyanov SI，Krahl T，Kemnitz E（2004）Z Krist 219：88
[3.134] Girichev GV，Giricheva NI et al（1992）J Struct Chem 33：362 838
[3.135] Ezhov YuS，Komarov SA，Sevast'yanov VG（1997）J Struct Chem 38：403
[3.136] Hauge S，Janickis V，Marøy K（1998）Acta Chem Scand 52：435
[3.137] Boswijk KH，Wiebenga EH（1954）Acta Cryst 7：417
[3.138] Hönle W，Furuseth S，von Schnering HG（1990）Z Naturforsch 45b：952
[3.139] Krebs B，Sinram D（1980）Z Naturforsch 35b：12
[3.140] Breunig H，Denker M，Schulz RE，Lork E（1998）Z anorg allgem Chem 624：81
[3.141] Beck J，Wolf F（1997）Acta Cryst B53：895
[3.142] Hauge S，Marøy K（1998）Acta Chem Scand 52：445
[3.143] Page EM，Rice D，Almond M et al（1993）Inorg Chem 32：4311
[3.144] Boyd SE，Field LD，Hambley TW（1994）Acta Cryst C50：1019
[3.145] Danset D，Manaron L（2005）Phys Chem Chem Phys 7：583
[3.146] Gillespie RJ，Robinson EA（1996）Angew Chem Int Ed 35：495
[3.147] Grotjahn DB，Halfen DWT，Ziurys LM，Cooksy A（2004）J Am Chem Soc 126：12621
[3.148] Sheridan PM，Dick MJ，Wang J-G，Bernath PF（2005）J Phys Chem A109：10547

[3.149] Liang B, Andrews L, Li J, Bursten BE (2004) Inorg Chem 43: 882
[3.150] Roesler B, Seppelt K (2000) Angew Chem Int Ed 39: 1259
[3.151] Kleinhenz V, Pfennig S, Seppelt K (1998) Chem Eur J 4: 1687
[3.152] Haaland A, Hammel A, Rypdal K et al (1992) Angew Chem Int Ed 31: 1464
[3.153] Wallenhauer S, Seppelt K (1995) Inorg Chem 34: 116
[3.154] Mastryukov VS, Simonsen SH (1996) Adv Molec Struct Res 2: 163
[3.155] Grotjahn DB, Schade C, El-Nahasa A et al (1998) Angew Chem Int Ed 37: 2678
[3.156] Green TM, Downs AJ, Pulham CR et al (1998) Organometallics 17: 5287
[3.157] Apponi AJ, Brewster MA, Ziurys LM (1998) Chem Phys Lett 298: 161
[3.158] Grotjahn DB, Pesch TC, Brewster MA, Ziurys LM (2000) J Am Chem Soc 122: 4735
[3.159] Sun M, Halfen DT, Min J et al (2010) J Chem Phys 133: 174301
[3.160] Blanco S, Sanz ME, Mata S et al (2003) Chem Phys Lett 375: 355
[3.161] Takeo H, Sugie M, Matsumura C (1993) J Mol Spectr 158: 201
[3.162] Villamanan RM, Chen WD, Wlodarczak G et al (1995) J Mol Spectr 171: 223
[3.163] Chiappero MS, Argüello GA, Garcia P et al (2004) Chem Eur J 10: 917
[3.164] Macho C, Minkwitz R, Rohmann J et al (1986) Inorg Chem 25: 2828
[3.165] Aarset K, Page EM (2004) J Phys Chem A108: 5474
[3.166] Downs A, Greene TM, McGrady GS et al (1996) Inorg Chem 35: 6952
[3.167] Fujii H, Kimura M (1971) Bull Chem Soc Japan 44: 2643
[3.168] McClelland BW, Robiette AG, Hedberg L, Hedberg K (2001) Inorg Chem 40: 1358
[3.169] Walker NR, Hui JK-H, Gerry MCL (2002) J Phys Chem A106: 5803
[3.170] Arnesen SP, Seip HM (1996) Acta Chem Scand 20: 2711
[3.171] Martinez A, Morse MD (2006) J Chem Phys 124: 124316
[3.172] Bronger W, Auffermann G, Schilder H (1998) Z anorg allgem Chem 624: 497
[3.173] Bronger W (1991) Angew Chem Int Ed 30: 759
[3.174] Bronger W (1994) Angew Chem Int Ed 33: 1112
[3.175] Bertheville B, Yvon K (1995) J Alloys Compd 228: 197
[3.176] Tyagi AK, Köhler J, Balog P, Weber J (2005) J Solid State Chem 178: 2620
[3.177] Müller BG (1987) Angew Chem 99: 1120
[3.178] Schlemper EO, Hamilton WC, Rush JJ (1966) J Chem Phys 44: 2499
[3.179] Benner G, Hoppe R (1990) J Fluor Chem 48: 219
[3.180] Göbel O (2000) Acta Cryst C56: 521
[3.181] Chang J-H, Köhler J (2000) Mater Res Bull 35: 25
[3.182] Graudejus O, Wilkinson AP, Chacón LC, Bartlett N (2000) Inorg Chem 39: 2794
[3.183] Fitz H, Müller BG, Graudejus O, Bartlett N (2002) Z anorg allgem Chem 628: 133
[3.184] Brisden A, Holloway J, Hope E et al (1992) J Chem Soc Dalton Trans 139
[3.185] Coll R, Fergusson J, Penfold B et al (1987) Austral J Chem 40: 2115
[3.186] Sassmannshausen M, Lutz HD (2001) Z anorg allgem Chem 627: 1071
[3.187] Belkyyal I, Mohklisse R, Tanouti B et al (1997) Eur J Solid State Inorg Chem 34: 1085
[3.188] Abriel W, du Bois A (1989) Z Naturforsch 44b: 1187
[3.189] Reutov OA, Aslanov LA, Petrosyan VS (1988) J Struct Chem 29: 918
[3.190] Ruhlandt-Senge K, Bacher A-D, Muller U (1990) Acta Cryst C46: 1925
[3.191] Beck J, Schlörb T (1999) Z Krist 214: 780
[3.192] Bendall P, Fitch A, Fender B (1983) JAppl Cryst 16: 164
[3.193] Takazawa H, Ohba S, SaitoY (1990) Acta Cryst B46: 166
[3.194] Takazawa H, Ohba S, SaitoY (1988) Acta Cryst B44: 580
[3.195] Rankin DWH, Penfold B, Fergusson J (1983) Austral J Chem 36: 871
[3.196] Coll RK, Fergusson SE, Penfold BR et al (1990) Inorg Chim Acta 177: 107
[3.197] Bohrer R, Conradi E, Müller U (1988) Z anorg allgem Chem 558: 119
[3.198] Spitzin VI, Kryutchkov SV, Grigoriev MS, Kuzina AF (1988) Z anorg allgem Chem 563: 136
[3.199] ZippA (1988) Coord Chem Rev 84: 47
[3.200] Maletka K, Fischer P, Murasik A, Szczepanik W (1992) J Appl Cryst 25: 1

[3.201] Thiele G, Mrozek C, Kammerer D, Wittmann K (1983) Z Naturforsch 38b: 905
[3.202] Mason R, Robertson GB, Pauling PJ (1969) J Chem SocA 485
[3.203] Messmer GG, Amma EL (1966) Inorg Chem 5: 1775
[3.204] Hartley FR (1973) Chem Soc Rev 2: 163
[3.205] Messmer GG, Amma EL, Ibers JA (1967) Inorg Chem 6: 725
[3.206] Eisenberg R, Ibers JA (1965) Inorg Chem 4: 773
[3.207] Belsky VK, Konovalov VE, Kukushkin VYu (1991) Acta Cryst C47: 292
[3.208] Kapoor P, Lövqvist K, Oskarsson Å (1995) Acta Cryst C51: 611
[3.209] Schupp B, Heines P, Savin A, Keller H-L (2000) Inorg Chem 39 732
[3.210] Manojlovic-Muir L, Muir K (1974) Inorg Chim Acta 10: 47
[3.211] Poraij-Koshits MA, Atovmyan LO (1974) Crystal chemistry and stereochemistry of oxide compounds of molybdenum. Nauka, Moscow (in Russian)
[3.212] Thiele G, Weigl W, Wochner H (1986) Z anorg allgem Chem 539: 141
[3.213] Aurivillius K, Stolhandske C (1980) Z Krist 153: 121
[3.214] Bircsak Z, HarrisonWTA (1998) Acta Cryst C54: 1554
[3.215] El-Bali B, Bolte M, Boukhari A et al (1999) Acta Cryst C55: 701
[3.216] Saito S, EndoY, HirotaR (1986) J Chem Phys 85: 1778

参考文献

[1] Huber KP, Herzberg G (1979) Molecular spectra and molecular structure. 4, Constants of diatomic molecules. Van Nostrand, New York
[2] Lide DR (ed) (2007-2008) Handbook of chemistry and physics, 88nd edn. CRC Press, New York
[3] Harmony MD, Laurie VW, Kuczkowski RL et al (1979) Molecular structures of gas-phase polyatomic molecules determined by spectroscopic methods. J Phys Chem Ref Data 8: 619-721
[4] Demaison J, Dubrulle A, Huttner W, Tiemann E (1982) Molecular constants: diamagnetic molecules. In: Hellwege K-H, Hellwege AM (eds) Landolt-Bornstein, vol II/14a. Springer, Berlin
[5] Brown JM, Demaison J, Dubrulle A et al (1983) Molecular Constants. In: Hellwege K-H, Hellwege AM (eds) Landolt-Börnstein, vol II/14b. Springer, Berlin
[6] (a) Girichev GV, Giricheva NI, Titov VA, Chusova TP (1992) Structural, vibrational and energetic characteristics of gallium and indium halide molecules. J Struct Chem 33: 362-372; (b) Girichev GV, Giricheva NI, Krasnova OG et al (1992) Electron-diffraction investigation of the molecular structure of CoF_3. J Struct Chem 33: 838-843
[7] SpiridonovVP, GershikovAG, Lyutsarev VS (1990) Electron diffraction analysis of XY_2 and XY_3 molecules with large-amplitude motion. J Mol Struct 221: 79-94
[8] Ezhov YuS (1992) Force constants and characteristics of the structure of trihalides. Russ J Phys Chem 66: 748-751
[9] Ezhov YuS (1993) Systems of force constants, catiolis coupling constants, and structure peculiarities of XY_4 tetrahalides. Russ J Phys Chem 67: 901-904
[10] Ezhov YuS (1995) Variations of molecular constants in metal halide series XY_n and estimates for bismuth trihalide constants. Russ J Phys Chem 69: 1805-1809
[11] Giricheva NI, Lapshin SB, Girichev GV (1996) Structural, vibrational and energy character istics of halide molecules of group Ⅱ-Ⅴ elements. J Struct Chem 37: 733-746
[12] Hargittai M (2000) Molecular structure of metal halides. Chem Rev 100: 2233-2301
[13] Spiridonov VP, Vogt N, Vogt J (2001) Determination of molecular structure in terms of potential energy functions from gas-phase electron diffraction supplemented by other experimental and computational data. Struct Chem 12: 349-376
[14] Callomon JH, Hirota E, Kuchitsu K et al (1976) Structure data of free polyatomic molecules. In: Hellwege K-H, Hellwege AM (eds) Landolt-Börnstein, vol II/7. Springer, Berlin 1976
[15] Callomon JH, Hirota E, Iijima T et al (1987) Structure data of free polyatomic molecules. In: Hellwege K-H, Hellwege AM (eds) Landolt-Börnstein, vol II/15. Springer, Berlin 1976
[16] Hargittai I, Hargittai M (eds) (1988) Stereochemical applications of gas-phase electron diffraction. Part B: Structural information for selected classes of compounds. VCH, New York

[17] Vilkov LV，Mastryukov VC，Sadova NI（1978）Determination of the geometrical structure of free molecules. Khimiya，Leningrad（in Russian）
[18] Hargittai I（1985）The structure of volatile sulfur compounds. Reidel，Dordrecht
[19] Hargittai I，Hargittai M（1987）Gas-solid molecular structure differences. Phys Chem Minerals 14：413-425
[20] Pley M，Wickleder MS（2005）Two crystalline modifications of RuO_4. J Solid State Chem 178：3206-3209
[21] Krebs B，Hasse K（1976）Refinements of crystal structures of $KTcO_4$，$KReO_4$ and OsO_4. Acta Cryst B32：1334-1337
[22] Allen FH（1998）The development，status and scientific impact of crystallographic databases. Acta Cryst A54：758-771
[23] Allen FH（2002）The Cambridge Structural Database：a quarter of a million crystal structures and rising. Acta Cryst B58：380-388
[24] Allen FH，Taylor R（2004）Research applications of the Cambrideg Structural Database. Chem Soc Rev 33：463-475
[25] Berman HM（2008）The Protein Data Bank：a historical perspective. Acta Cryst A64：88-95
[26] Berman HM，Olson WK，Beveridge DL et al（1992）The Nucleic-Acid Database. Biophys J 63：751-759
[27] Allen FH，Kennard O，Watson DG et al（1987）Tables of bond lengths determined by X-ray and neutron diffraction：bond lengths in organic compounds. J Chem Soc Perkin Trans 2 Supplement S1-S19
[28] Orpen A. Brammer L. Allen FH et al（1989）Tables of bond lengths determined by X-ray and neutron diffraction：organometallic compounds and co-ordination complexes of the d- and f-block metals. J Chem Soc Dalton Trans Supplement S1-S83
[29] Bürgi H-B，Dunitz JD（eds）（1994）Structure correlations，vol 2. VCH，Weinheim
[30] Wilson AJC（ed）（1992）International tables for crystallography，vol C. Kluwer，Dordrecht
[31] Trueblood KN（1992）Diffraction studies of molecular motion in crystals. In：Domenicano A，Hargittai I（eds）Accurate molecular structures. Oxford University Press，Oxford
[32] Coppens P（1997）X-Ray charge density and chemical bonding. Oxford Univ Press，Oxford
[33] Koritsanszky TS，Coppens P（2001）Chemical applications of X-ray charge-density analysis. Chem Rev 101：1583-1627
[34] Teo BK（1986）EXAFS：basic principles of data analysis. Springer，Berlin
[35] Zubavichus YaV，Slovokhotov YuL（2001）X-ray synchrotron radiation in physicochemical studies. Russ Chem Rev 70：373-404
[36] Lombardi E，Jansen L（1986）Model analysis of ground-state dissociation energies and equilibrium separations in alkali-metal diatomic compounds. Phys Rev A33：2907-2912
[37] Jules JL，Lombardi JR（2003）Transition metal dimer internuclear distances from measured force constants. J Phys Chem A107：1268-1273
[38] Merritt JM，Kaledin AL，Bondybey VE，Heaven MC（2008）The ionization energy of Be_2. Phys Chem Chem Phys 10：4006-4013
[39] Allard O，Pashov A，Knöckel H，Tiemann E（2002）Ground-state potential of the Ca dimer from Fourier-transform spectroscopy. Phys Rev A66：042503
[40] Strojecki M，Ruszczak M，Lukomsky M，Kaperski J（2007）Is Cd_2 truly a van der Waals molecule? Analysis of rotational profiles. Chem Phys 340：171-180
[41] Brazier CR，Carrick PG（1992）Observation of several new electronic transitions of the B_2 molecule. J Chem Phys 96：8684-8690
[42] Fu Z，Lemire GW，Bishea GA，Morse MD（1990）Spectroscopy and electronic structure of jet-cooled Al_2. J Chem Phys 93：8420-8441
[43] Tan X，Dagdigian PJ（2003）Electronic spectrum of the gallium dimer. J Phys Chem A107：2642-2649
[44] Han Y-K，Hirao K（2000）On the ground-state spectroscopic constants of Tl_2. J Chem Phys 112：9353-9355
[45] Fang L，Chen X，Shen X et al（2000）Spectroscopy of yttrium dimers in argon matrices. Low Temp

Phys 26：752-755

[46] Ho J，Polak ML，Lineberger WC（1992）Photoelectron spectroscopy of group Ⅳ heavy metal dimers：Sn_2^-，Pb_2^-，and $SnPb^-$. J Chem Phys 96：144-154

[47] Doverstal M，Lindgren B，Sassenberg U et al（1992）The band system of jet-cooled Ti_2. J Chem Phys 97：7087-7092

[48] Doverstal M，Karlsson L，Lindgren B，Sassenberg U（1998）Resonant two-photon ionization spectroscopy studies of jet-cooled Zr_2. J Phys B31：795-804

[49] Barrow RF，Taher F，D'incan J et al（1996）Electronic states of Bi_2. Mol Phys 87：725-733

[50] Kraus D，Lorentz M，Bondybey VE（2001）On the dimers of the VIB group：a new NIR electronic state of Mo_2. Phys Chem Comm 4：44-48

[51] Airola MB，Morse MD（2002）Rotationally resolved spectroscopy of Pt_2. J Chem Phys 116：1313-1317

[52] Tsukiyama K，Kasuya T（1992）Vacuum ultraviolet laser spectroscopy of Xe_2. J Mol Spectr 151：312-321

[53] Donald KJ，Mulder WH，von Szentpaly L（2004）Valence-state atoms in molecules：influence of polarization and bond-charge on spectroscopic constants of diatomic molecules. J Phys Chem A108：595-606

[54] Seto JY，Morbi Z，Harron FC et al（1999）Vibration-rotation emission spectra and combined isotopomer analyses for the coinage metal hydrides：CuH & CuD，AgH & AgD，and AuH & AuD. J Chem Phys 110：11756-11767

[55] Reynard LM，Evans CJ，Gerry MCL（2001）The pure rotational spectrum of AuI. J Mol Spectr 205：344-346

[56] Shayesteh A，Bernath PF（2011）Rotational analysis and deperturbation of the emission spectra of MgH. J Chem Phys 135：094308

[57] Ram RS，Tereszchuk K，Gordon E et al（2011）Fourier transform emission spectroscopy of CaH and CaD. J Mol Spectr 266：86-91

[58] Allen MD，Ziurys LM（1997）Millimeter-wave spectroscopy of FeF：rotational analysis and bonding study. J Chem Phys 106：3494-3503

[59] Flory MA，McLamarrah SK，Ziurys LM（2006）The pure rotational spectrum of ZnF. J Chem Phys 125：194304

[60] Törring T，Ernst W，Kändler J（1989）Energies and electric dipole moments of the low lying electronic states of the alkaline earth monohalides from an electrostatic polarization model. J Chem Phys 90：4927-4932

[61] Dickinson CS，Coxon JA（2003）Deperturbation analysis of the $A^2\Pi$-$B^2\Sigma^+$ interaction of SrBr. J Mol Spectr 221：269-278

[62] Tenenbaum ED，Flory MA，Pulliam RL，Ziurys LM（2007）The pure rotational spectrum of ZnCl：variations in zinc halide bonding. J Mol Spectr 244：153-159

[63] Balasubramanian K（1989）Spectroscopic properties and potential energy curves for heavy p-block diatomic hydrides，halides，and chalconides. Chem Rev 89：1801-1840

[64] Urban R-D，Jones H（1992）The ground-state infrared spectra of aluminium monodeuteride. Chem Phys Lett 190：609-613

[65] Ogilvie J，Uehara H，Horiai K（1995）Vibration-rotational spectra of GaF and molecular properties of diatomic fluorides of elements in group 13. J Chem Soc Faraday Trans 91：3007-3013

[66] Hargittai M，Varga Z（2007）Molecular constants of aluminum monohalides：caveats for computations of simple inorganic molecules. J Phys Chem A111：6-8

[67] Singh VB（2005）Spectroscopic studies of diatomic gallium halides. J Phys Chem Ref Data 34：23-37

[68] Mishra SK，Yadav RKS，Singh VB，Rai SB（2004）Spectroscopic studies of diatomic indium halides. J Phys Chem Ref Data 33：453470

[69] Ram RS，Bernath PF（1994）High-resolution Fourier-transform emission spectroscopy of YH. J Chem Phys 101：9283-9288

[70] Ram RS，Bernath PF（1996）Fourier transform emission spectroscopy of new infrared systems of LaH and LaD. J Chem Phys 104：6444-6451

[71] Ram RS，Bernath PF（1996）Fourier transform emission spectroscopy of ScH and ScD. J Chem Phys 105：2668-2674
[72] Xia ZH，Xia Y，Chan M-C，Cheung ASC（2011）Laser spectroscopy of ScI. J Mol Spectr 268：3-6
[73] Simard B，James AM，Hackett PA（1992）Molecular beam Stark spectroscopy of yttrium monochloride. J Chem Phys 96：2565-2572
[74] Wannous G，Effantin C，Bernard A et al（1999）Laser-excited fluorescence spectra of yttrium monoiodide. J Mol Spectr 198：10-17
[75] Rubinoff DS，Evans CJ，Gerry MCL（2003）The pure rotational spectra of the lanthanum monohalides，LaF，LaCl，LaBr，LaI. J Mol Spectr 218：169-179
[76] Towle JP，Brown JM（1993）The infrared spectrum of the GeH radical. Mol Phys 78：249-261
[77] Tanaka K，Honjou H，Tsuchiya MJ，Tanaka T（2008）Microwave spectrum of GeCl radical. J Mol Spectr 251：369-373
[78] Setzer KD，Borkowska-Burnecka J，Ziurys LM（2008）High-resolution Fourier-transform study of the fine structure transitions of PbH and PbD. J Mol Spectr 252：176-184
[79] Sheridan PM，McLamrrah SK，Ziurys LM（2003）The pure rotational spectrum of TiF. J Chem Phys 119：9496-9503
[80] Ram RS，Bernath PF（2004）Infrared emission spectroscopy of TiCl. J Mol Spectr 227：43-49
[81] Ram RS，Adam AG，Sha W et al（2001）The electronic structure of ZrCl. J Chem Phys 114：3977-3987
[82] Ram RS，Bernath PF（1994）Fourier-transform emission spectroscopy of HFH and HFD. J Chem Phys 101：74-79
[83] Hensel K，Hughes R，Brown J（1995）IR spectrum of the AsH radical，recorded by laser magnetic resonance. J Chem Soc Faraday Trans 91：2999-3004
[84] Fink EH，Setzer KD，Ramsay DA et al（1996）High-resolution study of the fine-structure transition of BiF. J Mol Spectr 178：143-156
[85] Kobayashi K，Saito S（1998）The microwave spectrum of the NF radical in the second electronically excited state. J Chem Phys 108：6606-6610
[86] Sakamaki T，Okabayashi T，Tanimoto M（1998）Microwave spectroscopy of the NBr radical. J Chem Phys 109：7169-7165
[87] Shestakov O，Gielen R，Setzer KD，Fink EH（1998）Gas phase LIF study of the $b^1\Sigma^+(b0^+) \ll X^3\Sigma-(X_1 0^+, X_2 1)$ transition of NI. J Mol Spectr 192：139-147
[88] Setzer KD，Beutel M，Fink EH（2003）High-resolution study of the $b^1\Sigma^+(b0^+) \rightarrow X^3\Sigma\text{-}(X_1 0^+)$ transition of PI. J Mol Spectr 221：19-22
[89] Cooke SA，Gerry MCL（2005）Born-Oppenheimer breakdown effects and hyperfine structure in the rotational spectra of SbF and SbCl. J Mol Spectr 234：195-203
[90] Ram RS，Bernath PF，Davis SP（2002）Infrared emission spectroscopy of VF. J Chem Phys 116：7035-7039
[91] Ram RS，Bernath PF，Davis SP（2001）Fourier transform infrared emission spectroscopy of VCl. J Chem Phys 114：4457-4460
[92] Gillet DA，Towle JP，Islam M，Brown JM（1994）The infrared spectrum ofisotopomers ofthe TeH radical. J Mol Spectr 163：459482
[93] Miller CE，Drouin BJ（2001）The potential energy surfaces of FO. J Mol Spectr 205：312-318
[94] Peterson KA，Shepler BC，FiggenD，Stoll H（2006）On the spectroscopic and thermochemical properties of ClO，BrO，IO，and their anions. J Phys Chem A110：13877-13833
[95] Miller CE，Cohen EA（2001）Rotational spectroscopy of IO. J Chem Phys 115：6459-6470
[96] Ziebarth K，Setzer KD，Fink EH（1995）High-resolution study of the fine-structure transitions of ^{130}TeF and $^{130}Te^{35}Cl$. J Mol Spectr 173：488498
[97] Ram RS，Bernath PF（1995）High-resolution Fourier transform emission spectroscopy of CrD. JMol Spectr 172：91-101
[98] Bencheikh M，Koivisto R，Launila O，Flament JP（1997）The low-lying electronic states of CrF and CrCl. J Chem Phys 106：6231-6239

[99] Launila O, Simard B, James AM (1993) Spectroscopy of MnF: rotational analysis in the near-ultraviolet region. J Mol Spectr 159: 161-174

[100] Dai DG, Balasubramanian K (1993) Spectroscopic properties and potential energy curves for 30 electronic states of ReH. J Mol Spectr 158: 455-467

[101] Launila O, James AM, Simard B (1994) Molecular beam laser spectroscopy of ReF. J Mol Spectr 164: 559-569

[102] Balfour WJ, Brown JM, Wallace L (2004) Electronic spectra of iron monohydride in the infrared near. J Chem Phys 121: 7735-7742

[103] Wang H, Zhuang X, Steimle TC (2009) The permanent electric dipole moments of cobalt monofluoride, CoF, and monohydride, CoH. J Chem Phys 131: 114315

[104] Ram RS, Gordon I, Hirao T et al (2007) Fourier transform emission spectroscopy of CoCl. J Mol Spectr 243: 69-77

[105] Tam WS, Leung JW-H, Hu S-M, Cheung AS-C (2003) Laser spectroscopy of NiI. J Chem Phys 119: 12245-12250

[106] Steimle TC, Virgo WL, Ma T (2006) The permanent electric dipole moment and hyperfine interaction in ruthenium monoflouride (RuF). J Chem Phys 124: 024309

[107] Zhuang X, Steimle TC, Linton C (2010) The electric dipole moment of iridium monofluoride, IrF. J Chem Phys 133: 164310

[108] Handler KG, Harris RA, O'Brien LC, O'Brien JJ (2011) Intracavity laser absorption spectroscopy of platinum fluoride, PtF. J Mol Spectr 265: 39-46

[109] Whiteham CJ, Ozeki H, Saito S (2000) Microwave spectra of CuOD and AgOD: molecular structure and harmonic force field of CuOH and AgOH. J Chem Phys 112: 641-646

[110] Lakin NM, Varberg TD, Brown JM (1997) The detection of lines in the microwave spectrum of indium hydroxide, InOH, and its isotopomers. J Mol Spectr 183: 34-41

[111] Janczyk A, Walter SK, Ziurys LM (2005) Examining the transition metal hydrosulfides: the pure rotational spectrum of CuSH. Chem Phys Lett 401: 211-216

[112] Martinez A, Morse MD (2011) Spectroscopy of diatomic ZrF and ZrCl: 760-555 nm. J Chem Phys 135: 024308

[113] Kokkin DL, Reilly NJ, McCarthy MC, Stanton JF (2011) Experimental and theoretical investigation of the electronic transition of CuSH. J Mol Spectr 265: 23-27

[114] Pashov A, Docenko O, Tamanis M et al (2005) Potentials for modeling cold collisions between Na (3 S) and Rb (5 S) atoms. Phys Rev A72: 062505

[115] Bednarska V, Jackowska I, Jastrzebski W, Kowalczyk P (1998) The molecular constants and potential energy curve of the ground state in KLi. J Mol Spectr 189: 244-248

[116] Staanum P, Pashov A, Knöckel H, Tiemann E (2007) $X^1\Sigma^+$ and $a^3\Sigma^+$ states of LiCs studied by Fourier-transform spectroscopy. Phys Rev A75: 042513

[117] Krou-Adohi A, Giraud-Cotton S (1998) The ground state of NaK revisited. J Mol Spectr 190: 171-188

[118] Ferber R, Klincare I, Nikolayeva O et al (2008) The ground electronic state of KCs studied by Fourier transform spectroscopy. J Chem Phys 128: 244-316

[119] Brock LR, Knight AM, Reddic JE et al (1997) Photoionization spectroscopy of ionic metal dimers: LiCu and LiAg. J Chem Phys 106: 6268-6278

[120] Yeh CS, Robbins DL, Pilgrim JS, Duncan MA (1993) Photoionization electronic spectroscopy of AgK. Chem Phys Lett 206: 509-514

[121] Aldridge S, Downs AJ (2001) Hydrides of the main-group metals. Chem Rev 101: 3305-3366

[122] Müller HSP (2001) The rotational spectrum of chlorine trifluoride, ClF_3. Phys Chem Chem Phys 3: 1570-1575

[123] Andrews L, Wang X (2002) Infrared spectrum of the novel electron-deficient BH_4 radical in solid neon. JAm Chem Soc 124: 7280-7281

[124] SignoreH R, Palm H, Merkt F (1997) Structure of the ammonium radical from a rotationally resolved photoelectron spectrum. J Chem Phys 106: 6523-6533

[125] Müller HSP, Miller CE, Cohen EA (1996) Dibromine monoxide, Br_2O, and bromine dioxide,

OBrO: spectroscopic properties, molecular structures, and harmonic force fields. Angew Chem Int Ed 35: 2129-2131
[126] Pople JA, Curtiss LA (1987) Ionization energies and proton affinities of AH_n species (A=C to F and Si to Cl); heats of formation of their cations. J Phys Chem 91: 155-162
[127] Antonov IO, Barker BJ, Bondybey VE, Heaven MC (2010) Spectroscopic characterization of Be_2^+ and the ionization energy of Be_2. J Chem Phys 133: 074309
[128] Calvi RMD, Andrews DH, Lineberger WC (2007) Negative ion photoelectron spectroscopy of copper hydrides. Chem Phys Lett 442: 12-16
[129] Okabayashi T, Koto F, Tsukamoto K et al (2005) Pure rotational spectrum of gold monoxide (AuO). Chem Phys Lett 403: 223-227
[130] Ichino T, Gianola AJ, Andrews DH, Lineberger WC (2004) Photoelectron spectroscopy of AuO^- and AuS^-. J Phys Chem A108: 11307-11313
[131] Kim JH, Li X, Wang -S et al (2001) Vibrationally resolved photoelectron spectroscopy of MgO^- and ZnO^- and the low-lying electronic states of MgO, MgO^-, and ZnO. J Phys Chem A105: 5709-5718
[132] Fancher CA, de Clercq HL, Bowen KH (2002) Photoelectron spectroscopy of PbS^-. Chem Phys Lett 366: 197-199
[133] Gong Y, Zhou M (2009) Infrared spectra of transition-metal dioxide anions: MO^{2-} (M=Rh, Ir, Pt, Au) in solid argon. J Phys Chem A113: 4990-4995
[134] Beattie IR, Spicer MD, Young NA (1994) Interatomic distances for some first row transition element dichlorides isolated in cryogenic matrices. J Chem Phys 100: 8700-8705
[135] Kornath A, Zoermer A, Ludwig R (1999) Raman spectroscopic investigation of matrixisolated Rb_2, Rb_3, Cs_2, and Cs_3. Inorg Chem 38: 4696-4699
[136] Grotjahn DB, Sheridan PM, Al Jihad I, Ziurys LM (2001) First synthesis and structural determination of a monomeric, unsolvated lithium amide, $LiNH_2$. JAm Chem Soc 123: 5489-5494
[137] Nikitin IV (2002) Oxygen compounds of halogens X_2O_2. Russ Chem Rev 71: 85-98
[138] Pernice H, Berkei M, Henkel G et al (2004) Bis (fluoroformyl) trioxide, FC (O) OOOC (O) F. Angew Chem Int Ed 43: 2843-2846
[139] Savariault JM, Lehmann MS (1980) Experimental determination of the deformation electron density in hydrogen peroxide. J Am Chem Soc 102: 1298-1303
[140] Kraka E, He Y, Cremer D (2001) Quantum chemical descriptions of FOOF: the unsolved problem of predicting its equilibrium geometry. J Phys Chem A105: 3269-3276
[141] Tanaka T, Morino Y (1970) Coriolis interaction and anharmonic potential function of ozone from the microwave spectra in the excited vibrational states. J Mol Spectr 33: 538-551
[142] Marx R, Ibberson RM (2001) Powder diffraction study on solid ozone. Solid State Sciences 3: 195-202
[143] Kasuya T, Okabayashi T, Watanabe S et al (1998) Microwave spectroscopy of BrBO. J Mol Spectr 191: 374-380
[144] Thorwirth S, McCarthy MC, Gottlieb CA et al (2005) Rotational spectroscopy and equilibrium structures of S_3 and S_4. J Chem Phys 123: 054326
[145] McCarthy MC, Thorwirth S, Gottlieb CA, Thaddeus P (2004) The rotational spectrum and geometrical structure of thiozone, S_3. J Am Chem Soc 126: 4096-4097
[146] Pauling L (1931) The nature of the chemical bond: application of results obtained from the quantum mechanics and from a theory of paramagnetic susceptibility to the structure of molecules. JAm Chem Soc 53: 1367-1400
[147] Slater JC (1931) Directed valence in polyatomic molecules. Phys Rev 37: 481-489
[148] Sidgwick NV, Powell HE (1940) Stereochemical types and valency groups. Proc Roy Soc A176: 153-180
[149] Gillespie RJ, Hargittai I (1991) The VSEPR model of molecular geometry. Allyn and Bacon, Boston
[150] Gillespie RJ, Nyholm RS (1957) Inorganic stereochemistry. Quarterly Rev 11: 339-380

[151] Gillespie RJ (1972) Molecular geometry. Van Nostrand Reinhold, London

[152] Gillespie RJ, Robinson EA (1996) Electron domains and the VSEPR model of molecular geometry. Angew Chem Int Ed 35: 495-514

[153] Pilme J, Robinson EA, Gillespie RJ (2006) A topological study of the geometry of AF_6E molecules: Weak and inactive lone pairs. Inorg Chem 45: 6198-6204

[154] Kaupp M (2001) Non-VSEPR structures and bonding in d^0 systems. Angew Chem Int Ed 40: 3535-3565

[155] Bytheway I, Gillespie RJ, Tang T-H et al (1995) Core distortions and geometries of the difluorides and dihydrides of Ca, Sr, and Ba. Inorg Chem 34: 2407-2414

[156] Gillespie RJ, Bytheway I, Tang T-H, Bader RWF (1996) Geometry of the fluorides, oxofluorides, hydrides, and methanides of vanadium (Ⅴ), chromium (Ⅵ), and molybdenum (Ⅵ): Understanding the geometry of non-VSEPR molecules in terms of core distortion. Inorg Chem 35: 3954-3963

[157] Donald KJ, Hoffmann R (2006) Solid memory: structural preferences in group 2 dihalide monomers, dimers, and solids. J Am Chem Soc 128: 11236-11249

[158] Gillespie RJ, Robinson EA, Heard GL (1998) Bonding and geometry of OCF_3^-, ONF_3, and related molecules in terms of the ligand close packing model. Inorg Chem 37: 6884-6889

[159] Heard GL, Gillespie RJ, Rankin DWH (2000) Ligand close packing and the geometries of $A(XY)_4$ and some related molecules. J Mol Struct 520: 237-248

[160] Robinson EA, Gillespie RJ (2003) Ligand close packing and the geometry of the fluorides of the nonmetals of periods 3, 4, and 5. Inorg Chem 42: 3865-3872

[161] Li X, Wang LS, Boldyrev AI, Simons J (1999) Tetracoordinated planar carbon in the Al_4C^- anion. J Am Chem Soc 121: 6033-6038

[162] Boldyrev AI, Simons J, Li X, Wang L-S (1999) The electronic structure and chemical bonding of hypermetallic Al_5C by ab initio calculations and anion photoelectron spectroscopy. J Chem Phys 111: 49934998

[163] Wang LS, Boldyrev AI, Li X, Simons J (2000) Experimental observation of pentaatomic tetracoordinate planar carbon-containing molecules. J Am Chem Soc 122: 7681-7687

[164] Kuznetsov AE, Boldyrev AI, Li X, Wang LS (2001) On the aromaticity of square planar Ga_4^{2-} and In_4^{2-} in gaseous $NaGa_4^-$ and $NaIn_4^-$ clusters. J Am Chem Soc 123: 8825-8831

[165] Zhai HJ, Wang LS, Alexandrova AN, Boldyrev AI (2002) Electronic structure and chemical bonding of B_5^- and B_5 by photoelectron spectroscopy and ab initio calculations. J Chem Phys 117: 7917-7924

[166] Zhai HJ, Wang LS, Kuznetsov AE, Boldyrev AI (2002) Probing the electronic structure and aromaticity of pentapnictogen cluster anions Pn_5^- (Pn = P, As, Sb, and Bi) using photoelectron spectroscopy and ab initio calculations. J Phys Chem A106: 5600-5606

[167] Zhai HJ, Wang LS, Alexandrova AN et al (2003) Photoelectron spectroscopy and ab initio study of B_3^- and B_4^- anions and their neutrals. J Phys Chem A107: 9319-9328

[168] Alexandrova AN, Boldyrev AI, Zhai HJ et al (2003) Structure and bonding in B_6^- and B_6: planarity and antiaromaticity. J Phys Chem A107: 1359-1369

[169] KiranB, Li X, Zhai H-J et al (2004) $[SiAu_4]$: aurosilane. Angew Chem Int Ed 43: 2125-2129

[170] Pulliam RL, Sun M, Flory MA, Ziurys LM (2009) The sub-millimeter and Fourier transform microwave spectrum of HZnCl. J Mol Spectr 257: 128-132

[171] Flory MA, Apponi AJ, Zack LN, Ziurys LM (2010) Activation of methane by zinc: gas-phase synthesis, structure, and bonding of $HZnCH_3$. J Am Chem Soc 132: 17186-17192

[172] Lattanzi V, Thorwirth S, Halfen DT et al (2010) Bonding in the heavy analogue of hydrogen cyanide: the curious case of bridged HPSi. Angew Chem Int Ed 49: 5661-5664

[173] Batsanov SS (1998) Calculation of van der Waals radii of atoms from bond distances. J Molec Struct Theochem 468: 151-159

[174] Mastryukov VS, Simonsen SH (1996) Empirical correlations in structural chemistry. Adv Molec Struct Res 2: 163-189

[175] Exner K, von Schleyer P (2001) Theoretical bond energies: a critical evaluation. J Phys Chem A105: 3407-3416
[176] Coulson CA, Moffit WE (1949) The properties of certain strained hydrocarbons. Phil Mag 40: 1-35
[177] Koritsanszky T, Buschmann J, Luger P (1996) Topological analysis of experimental electron densities: the different C—C bonds in bullvalene. J Phys Chem 100: 10547-10553
[178] Leal JP (2006) Additive methods for prediction of thermochemical properties. The Laidler method revisited: hydrocarbons. J Phys Chem Ref Data 35: 55-76
[179] Stolevik R, Postmyr L (1997) Bond length variations in molecules containing triple bonds and halogen substituents. J Mol Struct 403: 207-211
[180] Ellern A, Drews Th, Seppelt K (2001) The structure of carbon suboxide, C_3O_2, in the solid state. Z anorg allgem Chem 627: 73-76
[181] Lass RW, Steinert P, Wolf J, Werner H (1996) Synthesis and molecular structure of the first neutral transition-metal complex containing a linear $M{=}C{=}C{=}C{=}C{=}CR_2$ chain. Chem Eur J 2: 19-23
[182] Speranza G, Minati L, Anderle M (2006) Covalent interaction and semiempirical modeling of small molecules. J Phys Chem A110: 13857-13863
[183] Kapp J, Schade C, El-Nahasa A, von Schleyer P (1996) Heavy element π donation is not less effective. Angew Chem Int Ed 35: 2236-2238
[184] Blanco S, Sanz ME, Mata S et al (2003) Molecular beam pulsed-discharge Fourier transform microwave spectra of $CH_3—C{\equiv}C—F$, $CH_3—(C{\equiv}C)_2—F$, and $CH_3—(C{\equiv}C)_3—F$. Chem Phys Lett 375: 355-363
[185] Sachse H (1890) Ueber die geometrischen Isomerien der Hexamethylenderivate. Chem Ber 23: 1363-1370
[186] Cremer D, Pople JA (1975) General definition of ring puckering coordinates. J Am Chem Soc 97: 1354-1358
[187] Dahl JEP, Moldowan JM, Peakman TM et al (2003) Isolation and structural proof of the large diamond molecule, cyclohexamantane ($C_{26}H_{30}$). Angew Chem Int Ed 42: 2040-2044
[188] Szafert S, Gladysz JA (2003) Carbon in one dimension: structural analysis of the higher conjugated polyynes. Chem Rev 103: 4175-4206
[189] Szafert S, Gladysz JA (2006) Update 1 of: carbon in one dimension. Chem Rev 106: PR1-PR33
[190] Mel'nichenko VM, Sladkov AM, Nikulin YN (1982) Structure of polymeric carbon. Russ Chem Rev 51: 421-438
[191] Mohr W, Stahl J, Hampel F, Gladysz JA (2001) Bent and stretched but not yet to the breaking point: the first structurally characterized 1, 3, 5, 7, 9, 11, 13, 15-octayne. Inorg Chem 40: 3263-3264
[192] Haaland A (1988) Organometallic compounds of main group elements. In: Hargittai I, Hargittai M (eds) Stereochemical appilication of gas-phase electron diffraction, Part B. VCH, New York
[193] Snow AI, Rundle RE (1951) The structure of dimethylberillium. Acta Cryst 4: 348-352
[194] Huttman JC, Streib WE (1971) Crystallographic evidence of the three-centre bond in hexamethyldialuminium. J Chem Soc D: 911-912
[195] Zeise WC (1831) Von der Wirkung zwischen Platinchlorid und Alkohol, und von den dabei entstehenden neuen Substanzen. Annalen der Physik und Chemie 97: 497-541
[196] Wunderlich JA, Mellor DP (1954) A note on the crystal structure of Zeise salt. Acta Crystallogr 7: 130
[197] Jarvis JAJ, Kilbourn BT, Owston PG (1971) A redetermination of the crystal and molecular structure of Zeise's salt. Acta Crystallogr B27: 366-372
[198] Chatt J, Duncanson LA, Venanzi LM (1955) Directing effects in inorganic substitution reactions: a hypothesis to explain the trans-effect. J Chem Soc 4456-4460
[199] Thiele J (1901) Ueber Abkömmlinge des Cyclopentadiëns. Chem Ber 34: 68-71
[200] Harder S (1999) Can C—H···C (π) bonding be classified as hydrogen bonding? A systematic investigation of C—H···C (π) bonding to cyclopentadienyl anions. Chem EurJ 5: 1852-1861
[201] Jutzi P, Burford N (1999) Structurally diverse π-cyclopentadienyl complexes of the main group

elements. Chem Rev 99：969-990
[202] Batsanov SS (2000) Intramolecular contact radii similar to van der Waals ones. Rus J Inorg Chem 45：892-896
[203] Gard E，Haaland A，Novak DP，Seip R (1975) Molecular structures of dicyclopentadienyl- vanadium，$(C_5H_5)_2V$，and dicyclopentadienylchromium，$(C_5H_5)_2Cr$，determined by gas-phase electron-diffraction. J Organomet Chem 88：181-189
[204] Haaland A (1979) Molecular structure and bonding in the 3d metallocenes. Acc Chem Res 12：415-422
[205] Zakharov LN，Saf'yanov YuN，Domrachev GA (1990) In：Porai-Koshits MA (ed) Problems of crystal chemistry. Nauka，Moscow (in Russian)
[206] Rulkens R，Gates DP，Balaishis D et al (1997) Highly strained，ring-tilted [1] ferrocenophanes containing group 16 elements in the bridge. JAm Chem Soc 119：10976-10986
[207] Braunschweig H，Dirk R，Müller M et al (1997) Incorporation of a first row element into the bridge of a strained metallocenophane：synthesis of a boron-bridged [1] ferrocenophane. Angew Chem Int Ed 36：2338-2340
[208] Watanabe M，Nagasawa A，Sato M et al (1998) Molecular structure of Hg-bridged tetramethyl [2] ferrocenophane salt and related salts. Bull Chem Soc Jpn 71：1071-1079
[209] Seiler P，Dunitz JD (1980) Redetermination of the ruthenocene structure. Acta Cryst B36：2946-2950
[210] Boeyens JCA，Levendis DC，Bruce MI，Williams ML (1986) Crystal structure of osmocene，Os $(\eta|-C_5H_5)_2$. J Crystallogr Spectrosc Res 16：519-524
[211] Prout K，Cameron TS，Forder RA (1974) Crystal and molecular structures of bent bis-π- cyclopentadienyl-metal complexes. Acta Cryst B30：2290-2304
[212] Gowik P，Klapotke T，White P (1989) Dications of molybdenocene (Ⅵ) and tungstenocene (Ⅵ) dichlorides. Chem Ber 122：1649-1650
[213] Eggers SH，Kopf J，Fischer RD (1986) The X-ray structure of $(C_5L_5)_3La^{Ⅲ}$-a notably stable polymer displaying more than 3 different La... C interactions. Organometallics 5：383-385
[214] Rebizant J，Apostolidis C，Spirlet MR，Kanellakopulos B (1988) Structure of a new polymorphic form of tris (cyclopentadienyl) lanthanum (Ⅲ). Acta Cryst C44：614-616
[215] Evans WJ，Davis BL，Ziller JW (2001) Synthesis and structure of tris (alkyl- and silyl- tetramethylcyclopentadienyl) complexes of lanthanum. Inorg Chem 40：6341-6348
[216] Spirlet MR，Rebizant J，Apostolidis C，Kanellakopulos B (1987) Structure of tris (η^5- cyclopentadienyl) bis (propiononitrile) lanthanum (Ⅲ). Acta Cryst C43：2322-2324
[217] Tolman CA (1970) Phosphorus ligand exchange equilibriums on zerovalent nickel：dominant role for steric effects. J Am Chem Soc 92：2956-2965
[218] Tolman CA (1977) Steric effects of phosphorus ligands in organometallic chemistry and homogeneous catalysis. Chem Rev 77：313-348
[219] Lobkovsky EB (1984) Steric factor dependence of the structures of certain Cp-containing compounds. J Organomet Chem 277：53-59
[220] Dubler E，Textor M，Oswald H-R，Salzer A (1974) X-ray structure-analysis of triple-decker sandwich complex tris (η-cyclopentadienyl) dinickel tetrafluoroborate. Angew Chem 86：135-136
[221] Dubler E，Textor M，Oswald H-R，Jameson GB (1983) The structure of μ-(η- cyclopentadienyl)-bis[(η -cyclopentadienyl) nickel (Ⅱ)] tetrafluoroborate at 190 and 295 K. Acta Cryst B39：607-612
[222] Wang X，Sabat M，Grimes RN (1995) Organotransition-metal metallacarboranes：directed synthesis of carborane-end-capped multidecker sandwiches. J Am Chem Soc 117：12227-12234
[223] Scherer O，Schwalb J，Swarowsky H et al (1988) Triple-decker sandwich complexes with cyclo-P_6 as middle deck. Chem Ber 121：443-449
[224] Scherer O，Vondung J，Wolmershäuser G (1989) Tetraphosphacyclobutadiene as complex ligand. Angew Chem Int Ed 28：1355-1357
[225] Nagao S，Kato A，Nakajima A，Kaya K (2000) Multiple-decker sandwich poly-ferrocene clusters. J Am Chem Soc 122：4221-4222
[226] del Mar-Conejo M，Fernández R，Gutiérrrez-Pueble E et al (2000) Synthesis and X-ray structures of

[$Be(C_5Me_4H)_2$] and [$Be(C_5Me_5)_2$]. Angew Chem Int Ed 39: 1949-1951

[227] Rayane D, Allouche A-R, Antoine R et al (2003) Electric dipole of metal-benzene sandwiches. Chem Phys Lett 375: 506-510

[228] McClelland BW, Robiette AG, Hedberg L, Hedberg K (2001) Iron pentacarbonyl: are the axial or the equatorial iron-carbon bonds longer in the gaseous molecule? Inorg Chem 40: 1358-1362

[229] Walker NR, Hui JK-H, Gerry MCL (2002) Microwave spectrum, geometry, and hyperfine constants of PdCO. J Phys Chem A106: 5803-5808

[230] Arnesen SP, Seip HM (1966) Studies on failure of first Born approximation in electron diffraction: molybdenum- and tungsten hexacarbonyl. Acta Chem Scand 20: 2711-2727

[231] Martinez A, Morse MD (2006) Infrared diode laser spectroscopy of jet-cooled NiCO, $Ni(CO)_3(^{13}CO)$, and $Ni(CO)_3(C^{18}O)$. J Chem Phys 124: 124316

[232] Compton N, Errington R, Norman N (1990) Transition metal complexes incorporating atoms of the heavier main-group elements. Adv Organomet Chem 31: 91-182

[233] Sitzmann H (2002) The decaphosphatitanocene dianion—A new chapter in the chemistry of naked polyphosphorus ligands. Angew Chem Int Ed 41: 2723-2724

[234] Charles S, Eichhorn BW, Rheingold AL, Bott SG (1994) Synthesis, structure and properties of the $[E_7M(CO)_3]^{3-}$ complexes where E=P, As, Sb and M=Cr, Mo, W. J Am Chem Soc 116: 8077-8086

[235] Klooster WT, Koetzie TF, Jia G et al (1994) Single crystal neutron diffraction study of the complex $[Ru(H\cdots H)(C_5Me_5)(dppm)]BF_4$ which contains an elongated dihydrogen ligand. J Am Chem Soc 116: 7677-7681

[236] Chabrie MC (1907) Sur un nouveau chlorure de tantale. Compt Rend 144: 804-806

[237] Vaughan PA, Sturdivant JH, Pauling L (1950) The determination of the structures of complex molecules and ions from X-ray diffraction by their solutions: the structures of the groups $PtBr_6^-$, $PtCl_6^-$, $Nb_6Cl_{12}^+$, $Ta_6Br_{12}^+$, and $Ta_6Br_{12}^+$. J Am Chem Soc 72: 5477-5486

[238] Wade K (1976) Structural and bonding patterns in cluster chemistry. Adv Inorgan Chem Radiochem 18: 1-66

[239] Mastryukov VS, Dorofeeva OV, Vilkov LV (1980) Internuclear distances in carbaboranes. Russ Chem Rev 49: 1181-1187

[240] Ferguson G, Parvez M, MacCutrtain JA et al (1987) Reactions of heteroboranes-synthesis of $[2,2\text{-}(PPh_3)_2\text{-}1,2\text{-}SePtB_{10}H_{10}]\cdot CH_2Cl_2$, its crystal and molecular structure and that of $SeB_{11}H_{11}$. J Chem Soc Dalton Trans 699-704

[241] Wynd AJ, McLennan AJ, Reed D, Welch AJ (1987) Gold-boron chemistry: synthetic, structural, and spectroscopic studies on the compounds $[5,6\text{-}\mu\text{-}(AuPR_3)\text{-}nido\text{-}B_{10}H_{13}]$ (R = cyclo-C_6H_{11} or C_6H_4Me-2). J Chem Soc Dalton Trans 2761-2768

[242] Housecroft C (1991) Boron atoms in transition metal clusters. Adv Organometal Chem 33: 1-50

[243] Cotton FA, Walton RA (1993) Multiple bonds between metal atoms, 2nd ed. Clarendon Press, Oxford

[244] Binder H, Kellner R, Vaas K et al (1999) The closo-cluster triad: B_9X_9, $[B_9X_9^-]$, and $[B_9X_9]^{2-}$ with tricapped trigonal prisms (X=Cl, Br, I). Z anorg allgem Chem 625: 1059-1072

[245] Welch AJ (2000) Steric effects in metallacarboranes. In: Braunstein P, Oro LA, Raithby PR (eds) Metal clusters in chemistry, vol 1. Wiley-VCH, Weinheim

[246] Timms PL, Norman NC, Pardoe JAJ et al (2005) The structures of higher boron halides B_8X_{12} (X=F, Cl, Br and I) by gas-phase electron diffraction. J Chem Soc Dalton Trans 607-616

[247] Huges AK, Wade K (2000) Metal-metal and metal-ligand bond strengths in metal carbonyl clusters. Coord Chem Rev 197: 191-229

[248] Mason R, Thomas KM, Mingos DMP (1973) Stereochemistry of octadecacarbonyl- hexaosmium (0): novel hexanuclear complex based on a bicapped tetrahedron of metal atoms. J Am Chem Soc 95: 3802-3804

[249] Mingos DMP, Johnston RL (1987) Theoretical models of cluster bonding. Structure and Bonding 68: 29-87

[250] Lewis J (2000) Retrospective and prospective considerations in cluster chemistry. In: Braun stein P,

Oro LA, Raithby PR (eds) Metal Clusters in Chemistry, vol 2. Wiley-VCH, Weinheim
[251] Benfield R (1992) Mean coordination numbers and the nonmetal-metal transition in clusters. J Chem Soc Faraday Trans 88: 1107-1110
[252] Chini P (1980) Large metal-carbonyl clusters. J Organomet Chem 200: 37-61
[253] Montano PA, Zhao J, Ramanathan M et al (1986) Structure of copper microclusters isolated in solid argon. Phys Rev Lett 56: 2076-2079
[254] Montano PA, Zhao J, Ramanathan M et al (1989) Structure of silver microclusters. Chem Phys Lett 164: 126-130
[255] Santiso E, Müller EA (2002) Dense packing of binary and polydisperse hard spheres. Mol Phys 100: 2461-2469
[256] Belyakova OA, Slovokhotov YuL (2003) Structures of large transition metal clusters. Russ Chem Bull 52: 2299-2327
[257] Teo BK, Zhang H (1995) Polyicosahedricity: icosahedron to icosahedron of icosahedra growth pathway for bimetallic (Au-Ag) and trimetallic (Au-Ag-M; M = Pt, Pd, Ni) supra clusters; synthetic strategies, site preference, and stereochemical principles. Coord Chem Rev 143: 611-636
[258] Simon A (1981) Condensed metal clusters. Angew Chem 93: 1-22
[259] Templeton J (1979) Metal-metal bonds of order four. Progr Inorg Chem 26: 211-300
[260] Serre J (1981) Metal-metal bonds. Int J Quantum Chem 19: 1171-1183
[261] Corbett JD (1981) Correlation of metal-metal bonding in halides and chalcides of the early transition elements with that in the metals. J Solid State Chem 37: 335-351
[262] Corbett JD (1981) Chevrel phases—an analysis of their metal-metal bonding and crystal chemistry. J Solid State Chem 39: 56-74
[263] Holloway CE, Melnik M (1985) Tantalum coordination compounds: classification and analysis of crystallographic and structural data. Rev Inorg Chem 7: 1-74
[264] Holloway CE, Melnik M (1985) Vanadium coordination compounds: classification and analysis of crystallographic and structural data. Rev Inorg Chem 7: 75-160
[265] Holloway CE, Melnik M (1985) Niobium coordination compounds: classification and analysis of crystallographic and structural data. Rev Inorg Chem 7: 161-250
[266] Schnering H-G von (1981) Homonucleare Bindungen bei Hauptgruppenelementen. Angew Chem 93: 44-63
[267] Campbell J, Mercier HPA, Franke H et al (2002) Syntheses, crystal structures, and density functional theory calculations of the closo-$[1\text{-}M(CO)_3(\eta^4\text{-}E_9)]^{4-}$ (E = Sn, Pb; M = Mo, W) cluster anions. Inorg Chem 41: 86-107
[268] Corbett JD (2000) Polyanionic clusters and networks of the early p-element metals in the solid state: beyond the Zintl boundary. Angew Chem Int Ed 39: 670-690
[269] Ruck M (2001) From metal to the molecule - ternary bismuth subhalides. Angew Chem Int Ed 40: 1182-1193
[270] von Schnering H-G, Hönle W (1988) Chemistry and structural chemistry of phosphides and polyphosphides. Chem Rev 88: 243-273
[271] Baudler M, Glinka K (1993) Contributions to the chemistry of phosphorus: monocyclic and polycyclic phosphines. Chem Rev 93: 1623-1667
[272] Ho J, Breen TL, Ozarowski A, Stephan DW (1994) Early metal mediated P-P bond formation in $Cp_2M(PR)_2$ and $Cp_2M(PR)_3$ complexes. Inorg Chem 33: 865-870
[273] Shevelkov AV, Dikarev EV, Popovkin BA (1994) Helical chains in the structures of Hg_2P_3Br and Hg_2P_3Cl. Z Krist 209: 583-585
[274] Häser M (1994) Structural rules of phosphorus. J Am Chem Soc 116: 6925-6926
[275] Balch AL (2000) Structural inorganic chemistry of fullerenes and fullerene-like compounds. In: Kadish KM, Ruoff RS (eds) Fullerenes: chemistry, physics and technology. Wiley-Interscience, New York
[276] Shinohara H (2000) Endohedral metallofullerenes: production, separation and structural properties. In: Kadish KM, Ruoff RS (eds) Fullerenes: chemistry, physics and technology. Wiley-Interscience, New York

[277] Prassides K，Margadonna S（2000）Structures of fullerene-based solids. In：Kadish KM，Ruoff RS（eds）Fullerenes：chemistry，physics and technology. Wiley-Interscience，New York
[278] Neretin IS，Slovokhotov YuL（2004）Chemical crystallography of fullerenes. Russ Chem Rev 73：455-486
[279] Kawasaki S，Yao A，Matsuoka Y et al（2003）Elastic properties of pressure-polymerized fullerenes. Solid State Commun 125：637-640
[280] Hampe O，Neumaier M，Blom MN，Kappes MM（2002）On the generation and stability of isolated doubly negatively charged fullerenes. Chem Phys Lett 354：303-309
[281] Hampe O，Neumaller M，Blom MN，Kappes MM（2003）Electron attachment to negative fullerene ions：a Fourier transform mass spectrometric study. Int J Mass Spectrom 229：93-98
[282] Margadonna S，Aslanis E，Li WZ et al（2000）Crystal structure of superconducting $K_3Ba_3C_{60}$. Chem Mater 12：2736-2740
[283] Ehrler OT，Weber JM，Furche F，Kappes MM（2003）Photoelectron spectroscopy of C_{84} dianions. Phys Rev Lett 91：113006
[284] Troyanov SI，Popov AA，Denisenko NI et al（2003）The first X-ray crystal structures of halogenated [70] fullerene：$C_{70}Br_{10}$ and $C_{70}Br_{10}$ • $3Br_2$. Angew Chem Int Ed 42：2395-2398
[285] Neretin IS，Lyssenko KA，Antipin MY et al（2000）$C_{60}F_{18}$，a flattened fullerene：alias a hexa-substituted benzene. Angew Chem Int Ed 39：3273-3276
[286] Sawamura M，Kuninobu Y，Toganoh M et al（2002）Hybrid of ferrocene and fullerene. J Am Chem Soc 124：9354-9355
[287] Sawamura M，Iikura H，Hirai A，Nakamura E（1998）Synthesis of *n*-indenyl-type fullerene ligand and its metal complexes via quantitative trisarylation of C_{70}. J Am Chem Soc 120：82858286
[288] Stevenson S，Rice G，Glass T et al（1999）Small-bandgap endohedral metallofullerenes in high yield and purity. Nature 401：55-57
[289] Stevenson S，Lee HM，Olmstead MM et al（2002）Preparation and crystallographic characterization of a new endohedral，$Lu_3N@C_{80}$ • 5（*o*-xylene），and comparison with $Sc_3N@C_{80}$ • 5（*o*-xylene）. Chem Eur J 8：4528-4535
[290] Olmstead MM，de Bettencourt-Dias A，Ducamp JC et al（2000）Isolation and crystallographic characterization of $ErSc_2N@C_{80}$. J Am Chem Soc 122：12220-12226
[291] Lu X，Akasaka T，Nagase S（2011）Chemistry of endohedral metallofullerenes：the role of metals. Chem Commun 47：5942-5957
[292] Yang H，Jin H，Hong B et al（2011）Large endohedral fullerenes containing two metal ions，$Sm_2@D_2(35)$-C_{88}，$Sm_2@C_1(21)$-C_{90}，and $Sm_2@D_3(85)$-C_{92}. J Am Chem Soc 133：16911-16919
[293] Ming LC，Zinin P，Meng Y et al（2006）A cubic phase of C_3N_4 synthesized in the diamond-anvi! cell. J Appl Phys 99：033520
[294] Filonenko VP，Davydov VA，Zibrov IP et al（2010）High pressure synthesis of new heterodiamond phase. Diamond Relat Mater 19：541-544
[295] Chorpa NG，Zettl A（2000）Boron-nitride containing nanotubes. In：Kadish KM，Ruoff RS（eds）Fullerenes：chemistry，physics and technology. Wiley-Interscience，New York
[296] Batsanov SS，Blokhina GV，Deribas AA（1965）The effects of explosions on materials. J Struct Chem 6：209-213
[297] Akashi T，Sawaoka A，Saito S，Araki M（1976）Structural changes ofboron-nitride caused by multiple shock compressions. Jpn J Appl Phys 15：891-892
[298] Sokolowski M（1979）Deposition of wurtzite type boron-nitride layers by reactive pulse plasma crystallization. J Cryst Growth 46：136-138
[299] RusekA，Sokolowski M，Sokolowska A（1981）Formation of E-phase BN layers and shockwave compressed BN on boron as a result of boron reactive electro-erosion. J Mater Sci 16：2021-2023
[300] Fedoseev DV，Varshavskaya IG，Lavrent'ev AV，Deryagin BV（1983）Phase transformations of small-size solid particles under laser heating. Dokl Phys Chem 270：416-418
[301] Akashi T，Pak H-R，Sawaoka A（1986）Structural changes of wurtzite-type and zincblende-type boron nitrides by shock treatments. J Mater Sci 21：4060-4066
[302] Nameki H，Sekine T，Kobayashi T et al（1996）Rapid quench formation of E-BN from shocked

turbostratic BN precursors. J Mater Sci Lett 15：1492-1494

[303] Gasgnier M，Szwarc H，Ronez A（2000）Low-energy ball-milling：transformations of boron nitride powders. Crystallographic and chemical characterizations. J Mater Sci 35：3003-3009

[304] Batsanov SS（2011）Features of phase transformations in boron nitride. Diamond Relat Mater 20：660-664

[305] Batsanov SS，Zalivina EN，Derbeneva SS，Borodaevsky VE（1968）Synthesis and properties of copper bromo- and iodo-chlorides. Doklady Acad Nauk SSSR 181：599-602（in Russian）

[306] Batsanov SS，Sokolova MN，Ruchkin ED（1971）Mixed halides of gold. Russ Chem Bull 20：1757-1759

[307] Takazawa H，Ohba S，Saito Y（1990）Electron-density distribution in crystals of $K_2[ReCl_6]$，$K_2[OsCl_6]$，$K_2[PtCl_6]$ and $K_2[PtCl_4]$ at 120 K. Acta Cryst B46：166-174

[308] Bengtsson LA，Oskarsson A（1992）Intermolecular effects on the geometry of $[PtCl_4]^{2-}$-X-ray diffraction studies of aqueous H_2PtCl_4 and crystalline $(NH_4)_2PtCl_4$. Acta Chem Scand 46：707-711

[309] Thiele G，Weigl W，Wochner H（1986）Platinum iodides PtI_2 and Pt_3I_8. Z anorg allgem Chem 539：141-153

[310] Schupp B，Heines P，Savin A，Keller H-L（2000）Crystal structures and pressure-induced redox reaction of $Cs_2PdI_4 \cdot I_2$ to Cs_2PdI_6. Inorg Chem 39：732-735

[311] Chernyaev II（1926）The mononitrites of bivalent platinum. Ann Inst Platine（USSR）4：243-275

[312] Kauffmann GB（1977）Il'ya Il'ich Chernyaev（1893-1966）and the trans-effect. J Chem Educ 54：86-89

[313] Chernyaev II（1954）Experimental proof of the law of trans-influence. Izvestiya Sectora Platiny 28：34（in Russian）

[314] Poraij-Koshits MA，Khodasheva TS，Antsyshkina AS（1971）Progress in crystal chemistry of complex compounds. In：Gilinskaya EA（ed）Crystal Chemistry 7：5. Academy of Sciences，Moscow（in Russian）

[315] Poraij-Koshits MA（1978）Structural effects of mutual influence of ligands in transition- and non-transition-metal complexes. Koordinatsionnaya Khimiya 4：842-866（in Russian）

[316] Hartley FR（1973）The cis- and trans-effects of ligands. Chem Soc Rev 2：163-179

[317] Russell DR，Mazid MA，Tucker PA（1980）Crystal structures of hydrido-tris（triethyl- phosphine）platinum（Ⅱ），fluoro-tris（triethylphosphine）platinum（Ⅱ），and chloro-tris（trieth ylphosphine）platinum（Ⅱ）salts. J Chem Soc Dalton Trans 1737-1742

[318] Blau R，Espenson J（1986）Correlations of platinum-195-phosphorus-31 coupling constants with platinum-ligand and platinum-platinum bond lengths. Inorg Chem 25：878-880

[319] Belsky VK，Konovalov VE，Kukushkin VYu（1991）Structure of cis-dichloro-(dimethyl sulfoxide)-(pyridine) platinum（Ⅱ）. Acta Cryst C47：292-294

[320] Kapoor P，Lövqvist K，Oskarsson Å（1998）Cis/trans influences in platinum（Ⅱ）complexes：X-ray crystal structures of cis-dichloro（dimethyl sulfide）（dimethyl sulfoxide）platinum（Ⅱ）and cis-dichloro（dimethyl sulfide）（dimethyl phenyl phosphine）platinum（Ⅱ）. J Mol Struct 470：39-47

[321] Lövqvist KC，Wendt OF，Leipoldt JG（1996）trans-Influence on bond distances in platinum（Ⅱ）complexes：structures of trans-$[PtPhI(Me_2S)_2]$ and trans-$[PtI_2(Me_2S)_2]$. Acta Chem Scand 50：1069-1073

[322] Waddell PG，Slawin AMZ，Woollins JD（2010）Correlating Pt-P bond lengths and Pt-P coupling constants. J Chem Soc Dalton Trans 39：8620-8625

[323] Aslanov LA，Mason R，Wheeler AG，Whimp PO（1970）Stereochemistries of and bonding in complexes of third-row transition-metal halides with tertiary phosphines. J Chem Soc Chem Commun 30-31

[324] Dahlborg MBÅ，Svensson G（2002）$HgWO_4$ synthesized at high pressure and temperature. Acta Cryst C58：i35-i36

[325] Coe BJ，Glenwright SJ（2000）Trans-effects in octahedral transition metal complexes. Coord Chem Rev 203：5-80

[326] Orgel LE（1956）An electronic interpretation of the trans effect in platinous complexes. J Inorg Nucl

Chem 2：137-140
[327] Batsanov SS (1956) On the mechanism of trans-effect. Doklady Academii Nauk SSSR 110：390-392 (in Russian)
[328] Batsanov SS (1959) Crystal-chemical characteristics of trans-effect. Zhurnal Neorganicheskoi Khimii 4：1715-1727 (in Russian)
[329] Manojlovic-Muir L，Muir K (1974) Trans-influence of ligands in platinum (Ⅱ) complexes-significance ofbond length data. Inorg Chim Acta 10：47-49
[330] Poraij-Koshits MA，Atovmyan LO (1974) Crystal chemistry and stereochemistry of oxide compounds of molybdenum. Nauka，Moscow (in Russian)
[331] Dixon K，Moss K，Smith M (1975) Trifluoromethylthio-complexes of platinum (Ⅱ)- measurement of trans-influence by fluorine-19 nuclear magnetic resonance spectroscopy. J Chem Soc Dalton Trans 990-998

第4章 分子间作用力

中性分子或不同分子的原子间相互吸引，是由范德华或给体-受体相互作用或形成的氢键（H键）所引起的，这些作用定义了分子物质的结构特征和蒸发（升华）热。在Bent[1]和Haaland[2]的文献综述中，读者能发现分子相互作用的热力学性质、结构性质、物理性质、化学性质和产品特征的大量实例。本书前几章中已经呈现了具有范德华（vdW）相互作用的分子的诸多能量和几何结构特征。因此，本章只关注结构化学和热力学的一些基本问题，即前几章中未涉及的内容。

4.1 范德华相互作用

分子物质升华热的实验值（汇总在本章的附录中），对于原子化能的贡献仅仅是百分之几甚至千分之几，其值在几到几十kJ/mol之间变化。孤立的范德华分子有Rg·Rg、Rg·M和Rg·X三类，其中Rg表示稀有气体，M表示金属，X表示非金属，其范德华能的数值甚至更小（0.1～2.5 kJ/mol）。在20世纪初期，已经解释了非极性分子间引力的起因。在1928年，Wang发现了在两个氢原子之间存在一个长程引力能，其值随D^{-6}变化，D代表两个氢原子之间的距离[3]。不久之后，London[4,5]提出“分子力的普遍理论”，并给出了相互作用能与自由分子极化率之间关系的一个近似公式，即

$$E_{vdW}=\frac{3}{2}\frac{I_A I_B}{I_A+I_B}\frac{\alpha_A\alpha_B}{D_{AB}^6} \tag{4.1}$$

式中，I_A和I_B分别为A原子和B原子的电离势；α_A和α_B分别为它们的极化率；D_{AB}为分子间的范德华距离。London表明，这些力源于电子位置的量子力学波动，并称之为色散效应。之后，在综述文献［6，7］中，报道了有关色散相互作用的理论。合并所有常数到C_6中，式4.1可重新写为

$$kD=\left(\frac{C_6}{E_{vdW}}\right)^{1/6} \tag{4.2}$$

其中 $k=(2/3)^{1/6}=0.935$。在实验上，Rg・A型[8] 和 Rg・M型的范德华分子 $k=1.05$，其中 M=Zn、Cd、Hg[9]，其值与理论值的偏差约为10%。

根据 Slater 和 Kirkwood 的理论[10]，C_6可表达为

$$C_6=K\frac{\alpha_1\alpha_2}{(\alpha_1/N_1)^{1/2}+(\alpha_2/N_2)^{1/2}}\text{Å}^6 \tag{4.3}$$

式中，K 为常数；N_1 和 N_2 为原子1和原子2相互作用的电子数。人们提出了计算 N_1 和 N_2 的一个简单方法[11]，得到了计算范德华能的公式4.4，即

$$E_W=0.72\frac{C_6}{D^6} \tag{4.4}$$

E_W 的单位为 meV，D 的单位为 Å，计算结果与实验值吻合较好。在文献［12］中，介绍了一个有效且非常简单的计算 C_6 的方法。该方法也有经验的近似，但与实验数据吻合较好。因此，用 V^2 代替 D^6，并考虑有机分子中电离势的偏差是很小的，可以得到下式

$$E_W\sim k\left(\frac{\alpha}{V}\right)^2=c(F_{LL})^2 \tag{4.5}$$

其中 F_{LL} 是 Lorentz-Lorenz 函数。因此，式4.5重现了有机化合物的升华热与其折射率的关系[13]。

本质上，化学成键的不同性质和原子间的范德华相互作用，不仅导致了键长和能量的明显差距，也导致了在同核分子到异核分子转变过程中上述特征的不同变化。在化学键中：$D_{AB}<1/2(D_{AA}+D_{BB})$、$E_{AB}>1/2(E_{AA}+E_{BB})$，而对于范德华相互作用，其结果是相反的，即

$$D_{AB}\geqslant\frac{1}{2}(D_{AA}+D_{BB}) \qquad E_{AB}^W<\frac{1}{2}(E_{AA}^W+E_{BB}^W) \tag{4.6}$$

在范德华复合物中观察到的键长与相加关系（式4.6）之间的偏差是很小的，这是最近才认识到的[14]。在范德华复合物中，解离能在相加法和实验值之间的差值更明显。然而，直到1996年，才意识到这一点[15,16]。与此同时，London 方程可直接写成下式

$$\Delta E_{AB}^W=\frac{1}{2}(E_{AA}^W+E_{BB}^W)-E_{AB}^W=\frac{3}{8}\left[I_1\left(\frac{\alpha_A^2}{D_A^6}\right)+I_B\left(\frac{\alpha_B^2}{D_B^6}\right)-4\frac{I_AI_B}{I_A+I_B}\left(\frac{\alpha_A\alpha_B}{D_{AB}^6}\right)\right] \tag{4.7}$$

对于相似尺寸的原子，由于各种原子的离子势的差异相对较小，因而存在下式

$$\Delta E_{AB}^W\approx\frac{3}{8}\frac{I}{D^6}(\alpha_A^2+\alpha_B^2-2\alpha_A\alpha_B)=c(\alpha_A-\alpha_B)^2 \tag{4.8}$$

即异核分子间的范德华键的键能总是小于相加法得到的值[17]。然而，这是一个相当粗略的近似结果。因为异核范德华分子间的实际距离总是小于相加法得到的值，近似关系 $D_{AA}\approx D_{BB}\approx D_{AB}$ 有高估式4.1中分母的趋势，并且有效地降低了 α 的幂。文献［18］的研究证明了如下公式

$$\Delta E_W=c\,\Delta\alpha^{1.2}$$

对于不同的范德华相互作用距离，包括稀有气体的二聚体（所有可能的进行组合）、稀有气

体-金属（Mg、Ca、Sr、Zn、Cd 或 Hg）、范德华金属-金属复合物、稀有气体和金属的分子（H_2、O_2、N_2 或 CH_4）复合物，上式能更好地与实验数据吻合。

上文所述的公式基于如下假设：在任何距离下，原子间的范德华相互作用不会影响它们的极化率。实际上，根据聚集的状态，观察到的稀有气体和分子物质的极化率都会改变。相对的变化范围从氩的 0.3%到碘的 16.8%[19]。对于分子的凝聚态，极化率可能减少（四氟化碳或四溴化锡是 3.2%）或者增加（氯气是 3.0%，溴是 6.6%，碘是 16.8%）[20]。如果在凝聚态下有效的分子体积总是减少，则极化率的增加只会是由分子间电子密度的累加引起的。所谓的 Müller 因子可以提供一些线索，即（相对）折射率 R 与体积 V 之间的（相对）变化的比值[21]

$$\Lambda_{\mathrm{o}}=\frac{\Delta R}{R}\frac{V}{\Delta V}$$

若其他的都相等，则折射率对应于体积（见第 1 章），因此，Λ_{o} 偏离 1 通常表明成键模式的一个定性变化。众所周知，加热或压缩气体对折射率的影响都非常小，变化范围为 10^{-2}%～10^{-4}%[20]，但若是对凝聚态物质进行压缩，情况就完全不同了。因此，在 10～130 GPa 压力下进行压缩，固态氢表现出 $\Lambda_{\mathrm{o}}=0.31$[22]。而在 1.5～4.5 GPa 压力下，压缩的 HCl、CO_2 和丙三醇的 Λ_{o} 值分别为 0.21[23]、0.22[24] 和 0.29[25,26]。因此，极化率的相对变化致使摩尔体积变化量较大（20%～30%），所以式 4.1 中 D 的幂一定会不同。

结果[17,27,28] 显示，比值 $N=2\Delta H_{\mathrm{s}}/\varepsilon$ 接近于固相中讨论的分子或原子的配位数，ΔH_{s} 是凝聚相的稀有气体或分子物质（A_2、CH_4、C_6H_6）的升华热，ε 是相应二聚体［Rg_2、$(A_2)_2$ 等］的解离能。因此，范德华能是一个可加量。的确，在很久以前，Pauling[29] 通过计算氙的 ΔH_{s} 发现了这一规则。而氦则是这个规则的例外，尽管在 $N_{\mathrm{c}}=12$ 时它容易以密堆积结构进行结晶，但其 $N=2$。然而，在凝聚态中范德华相互作用的减弱性质很好地对应于氦的超流动性。

让我们来详细地考虑氦原子间的范德华相互作用。在无外压的情况下，液态氦是唯一在温度下降到 0 K 都不凝固的物质。这可通过物质的量子特性进行解释，其零点能（ZPE）超

表 4.1　稀有气体分子和晶体的性质

数值	He	Ne	Ar	Kr	Xe
ZPE，kJ/mol	0.318	0.624	0.870	0.670	0.515
ΔH_{s}，kJ/mol	0.083	2.085	7.64	10.62	14.72
$\Delta H_{\mathrm{s}}/0.5E(\mathrm{Rg—Rg})$	1.9	12.0	12.9	12.6	12.7
晶体的 N_{c}	12	12	12	12	12
$d(\mathrm{Rg—Rg})_{\mathrm{mol}}$，Å	2.967	3.087	3.759	4.012	4.362
$d(\mathrm{Rg—Rg})_{\mathrm{cryst}}$，Å	3.664[a]	3.156	3.755	3.992	4.335
$d_{\mathrm{cryst}}/d_{\mathrm{mol}}$	1.235	1.022	0.999	0.995	0.994
$\Delta H_{\mathrm{vap}}/0.5E(\mathrm{Rg—Rg})$	1.6	10.3	8.8	10.6	11.1
液体的 N_{c}	4	9.5	8.5	8.5	9.2
$d(\mathrm{Rg—Rg})_{\mathrm{liq}}$，Å	3.15	3.11	3.76	4.02	4.38
$d_{\mathrm{liq}}/d_{\mathrm{mol}}$	1.062	1.007	1.000	1.002	1.004

注：a. $T=1.73$ K 时，$P=29.7$ bar

过了晶体的晶格能[30]。与此同时，氦的宏观性质（它的晶体结构和热力学特性）本质上与其他稀有气体没有差异。这就允许用经典的观点进行探讨。表 4.1 列出了稀有气体分子和晶体的结构和热力学性质（也可见文献［31］）。

可以看出，固态氦原子之间的距离大于范德华分子中氦原子之间的距离，而对于其他的稀有气体，这些差异是不明显的。这种情况与液态稀有气体相似。氦原子在冷凝时会离得更远，其原因有待于进一步的研究，尽管 1934 年人们[32] 已开始认识到，氦在凝固时会膨胀的事实。

固态氦的原子振荡的临界振幅接近于其他稀有气体的相应值。由此可见，Lindemann 规则（见第 6 章）不能用来解释氦固化时的特殊性质。值得注意的是，在这种情况下，MX 和氦在性能改变上具有显著的相似性，这是由分子到固态的过渡所导致的。随着 N_c 的增加，可观察到原子间距离增加了 20%～25%，而原子化焓增加 1.5 倍（第 2 章）。

在 M—X 键能增加的同时，其键长也在增加，这是因为，键的数量增加时每个键的电子密度减少。另外，范德华相互作用的 London 模型则表明没有类似的影响：原子间的相互作用仅仅取决于原子的尺寸和极化率，与连接键的数量无关。然而，存在另一种方法。因此，Feynman 在他的论文[33] 中，对化学键的静电解释标注为：范德华引力并不是振荡偶极间的相互作用（London 的）结果，而是由于原子间电子密度的累加引起的。对于 He_2 二聚体[34]，通过现代高精度的从头算方法计算证实了这一预测。Slater[35] 坚持认为，范德华作用与共价键之间没有本质的区别；之后，Bader[36-38] 也认为，总的能量、动能和势能与共价键、极性和范德华相互作用之间的函数关系揭示了一个普遍的量子力学基础。最近，通过 Mulliken 的“神奇公式”[39]，计算了范德华距离内的几对非金属原子的共价键能[40]，即

$$E_c \sim \overline{I}_{AB} \frac{S_{AB}}{1+S_{AB}} \tag{4.9}$$

其中，$\overline{I}_{AB}$ 表示 A 和 B 的电离势，S_{AB} 是 A—B 键的重叠积分，计算值与范德华相互作用能的实验值（升华焓）相接近。这也显示在 Morse 势[41] 中，即

$$U=D_e[1-e^{-\beta(d-d_e)}]^2 \tag{4.10}$$

式中，U 为势能；D_e 为键解离能；β 为常数；d_e 和 d 分别为平衡态和动态的键长。范德华能（ε）的直线与势能曲线相交于一点，即范德华半径的总和（d_W）（见图 4.1）。经过分析，式 4.10 可简写为

$$\varepsilon=D_e\{1-[1-e^{-\beta(d_W-d_e)}]^2\} \tag{4.11}$$

通过其他方法估算的 ε 和范德华距离，不管是实验上还是理论上，式 4.11 都能得到满意的结果。

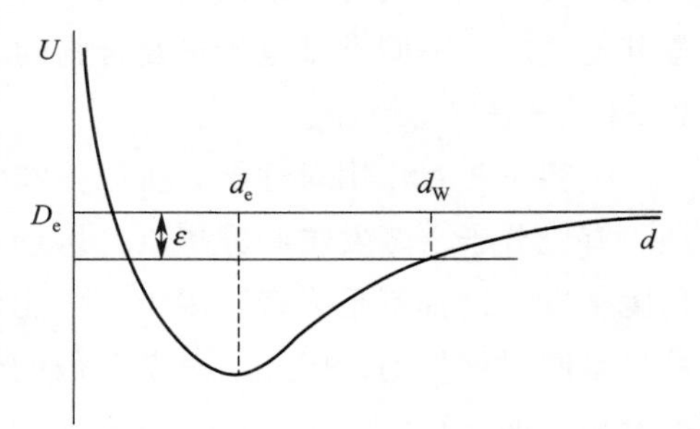

图 4.1　通过 Morse 势能曲线计算的范德华距离

根据 Slater 和 Kirkwood[10,11] 的方法，孤立原子间的相互作用应该将其电子数考虑在内进行计算。然而，氦与其他稀有气体的主要区别在于，氦只有两个电子，不足以与晶体结构中的 12 个邻近原子进行充分的相互作用。这些键将会变弱

（变长），而外压用来稳定固相。

Minemoto[42] 等人测量了 Ar_2、Kr_2 和 Xe_2 分子极化率椭球体的纵向（α_1）轴和横向（α_t）轴的值，并且发现其差值 $\Delta\alpha=\alpha_1-\alpha_t$（分别是 0.45、0.72 和 1.23 Å^3）与两个连接（硬）球体原子的模型是不一致的。因为，根据定义（见文献［43］），椭球体横截面的极化率等于或大于一个孤立原子的极化率（α），后者等于 1.64（Ar）、2.48（Kr）和 4.04 Å^3（Xe）（见表 11.5），很容易计算出 Rg…Rg 距离和横截面积（γ）的比值。很显然，存在下列关系

$$\gamma=\left(\frac{\alpha_1}{\alpha_t}\right)^{1/3}=\left(1+\frac{\Delta\alpha}{\alpha_t}\right)^{1/3}\leqslant\left(1+\frac{\Delta\alpha}{\alpha}\right)^{1/3} \tag{4.12}$$

将 α 和 $\Delta\alpha$ 的实验值代入式 4.12，得到所有三种元素的 $\gamma=1.09$。因而可以推断，Xe_2 分子包含两个扁平（几乎双重的）的椭球，而不是沿 Rg…Rg 矢量方向连接的两个球体。这显示了一个很强的原子间相互作用。

值得注意的是，范德华复合物具有大的偶极距，即 $Ar\cdot CO_2$（0.068 D）、$Ar\cdot SO_3$（0.268 D）、Ar·HCCH（0.027 D）、$N_2\cdot SO_3$（0.460 D）、$CO_2\cdot CO$（0.249 D），这直接显示了电子从一个原子向另一个原子的迁移[44]。的确，在稀有气体的异核复合物中，也能观察到明显的偶极矩，例如 Ne·Kr（0.011 D）或 Ne·Xe（0.012 D）。

与此同时，对于 A@B（一个子系统 A 在另一个子系统 B 的内部）体系，Pyykkö[45] 等人推演出色散相互作用的 London 型公式。对于内部体系 A 的 α(A)，包含静态偶极极化率，而对于外部体系 B，具有 γ^{-2} 径向算符的 α^{-2}(B)，是一类新的偶极极化率。二阶修正能量为

$$\Delta E^{(2)}\approx-\frac{3}{4}\frac{I_A I_B}{I_A+I_B}\alpha(A)\alpha^{-2}(B) \tag{4.13}$$

新公式没有表明与 B 的半径之间的明确关系。对于 $A@C_{60}$（其中 A＝He—Xe、Zn、Cd、Hg、CH_4），其预测的相互作用能接近于用 MP2 方法计算的超分子。对于超分子 A@B，这个表述与明确的 MP2 相互作用能完全一致。如何测量这些能量，是一个有趣的问题。然而，对于一个具有开放式结构的外部子体系 B，即一个碗状或者环状的体系，是很容易测量其能量的。不同类型范德华复合物的成键能和原子间距离分别列在附表 S4.1～表 S4.6 和表 S4.7～表 S4.10 中。

范德华相互作用对理解有机固体和生物化学过程尤其重要，如酶底物或者酶抑制剂的识别。有机分子（蒸发焓和升华焓，熔点和沸点）的内聚力随分子尺寸的增大而增加。从任何角度来看，这都不足为奇，因为，可能存在的原子连接的数目和造成 London 引力的电子的数目是同时增加的。因此，对于一般的烷烃 C_nH_{2n+2}，标准蒸发焓与 n 的线性关系是几乎完美的，即 $\Delta H^{\circ}(\mathrm{vap})=n\times4.9$ kJ/mol[46]。有机固体的晶格能总数与每个分子的价电子总数（Z_v）[47] 是成线性关系的，即

$$E=1.2Z_v+20\ \mathrm{kJ/mol}$$

然而，对于非氢键的含氧碳氢化合物的升华能，可用以下的公式描述

$$\Delta H_{sub}=0.841Z_v+39.3\ \text{kJ/mol}$$

在有机晶体（和一般的凝聚相）中，范德华相互作用具有两个基本不同的概念。根据其中一个概念，固体是通过相邻分子中直接相连的原子间引力结合在一起的，较远的相互作用可（明确的）认为是无关的。另一种概念，强调较少的定域性，更多的是包含整个分子甚至于整个结构的扩散相互作用。一个独立但密切相关的问题是：在势能曲线上的哪个点（图4.1）最接近于分子间距离？前一个概念必然表明，它们对应于能量最低点或者至少接近于最低点。Allinger[48,49] 对另一个概念进行了表述，最短的接触距离比 d_e 短，因此是斥力，事实上它们抵消了较远原子间的引力相互作用（见图4.2）。事实上，这个问题是复杂的，势能曲线的精确形状通常是未知的：直接的实验测量仅仅对稀有气体和碳（来自石墨压缩性）是有效的。事实上，Rg_2 分子和 Rg 晶体的范德华接触距离和能量是相等的[15]，这表明范德华距离主要是通过相连接的原子进行定义的，而其他周围原子对它的影响相对较小。

Dunitz 和 Gavezzotti[50-52] 已经对这个重要的问题进行了讨论，并总结出，直接连接的模型是满足要求的，并且作为一级近似是不可或缺的，但在大体上“单个原子之间的连接不能描述分子间连接”。因此，他们提议用一种更成熟的近似方法（所谓的 PIXEL 方法）替换原计算内聚能的旧方法，即计算成对原子间总的相互作用（假设原子是球体对称的，不受环境的影响）。之后，通过量子化学方法计算一个独立分子的电子密度，通过电子分布的比值计算分子间相互作用（库仑力、极化率、色散力和斥力），这些作用远小于原子间作用。目前，这种方法与完全的量子计算在准确度上是可竞争的，而且需要的计算时间更短。因此，如果不受晶体结构的剩余部分的影响，可以对两个分子之间平衡距离进行足够精确的计算。这证明了，只有在少数情况下（大约9%，经常在极性大的功能团中出现，例如，CN、NO_2、SO_2），第一配位层包含缩短的、不稳定的接触，由结构的剩余部分进行加强[52]。因此，尽管 Allinger 效应明确存在，但推广力度不如经常假设的理论。下文中应该展现的是，利用原子上的有效正电荷，对固体中范德华连接的缩短进行解释。如果类似的电荷存在于气相分子的原子中（见文献［53］），它们的范德华半径小于那些孤立原子的半径，并接近于晶体半径。

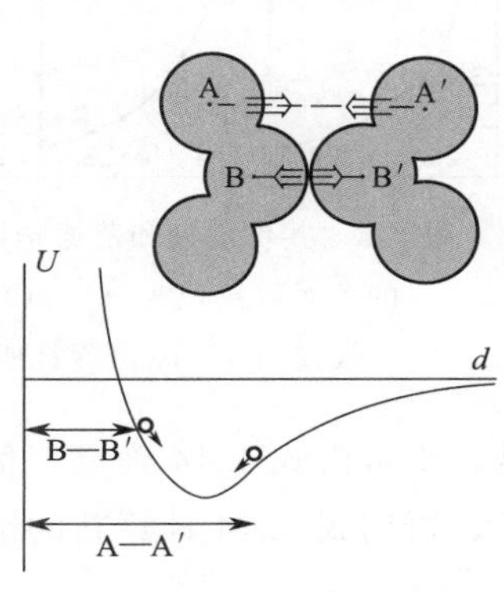

图4.2 根据 Allinger 理论得到的分子间相互作用

注：最短的距离 B—B′是排斥作用，更长距离 A—A′的吸引作用抵消了排斥作用

4.2 共价键长度与范德华键的相互关系

然而，在有机化合物中，不可反驳的事实是，对于强烈缩短的原子距离是无法用上述方法解释的。实验研究表明，真实的键长可从共价键半径的加和值一直变化到范德华半径的加和值[54-56]。尽管，早在1928年[57] 就已经观察到了 I…I 原子之间距离的异常缩短，但是，仍然缺乏这方面的综合性理论。某些研究者，尤其是 Kitaigorodskii、Porai-Koshits、

Zefirov 和 Zorkii[58-61] 等人，是从纯几何学的角度进行考虑的，利用范德华球体的一个变形解释距离的缩短（详见 4.2 节）。其他人则利用分子间的共价键进行解释，在晶体碘中就存在这样的成键，早已由原子核四极矩共振的研究[62] 证实了。

另一种方法，上述的效应可通过分子间供体-受体的相互作用进行解释[63-67]。其他研究者则用一类新的相互作用作为证据，解释这种分子间距离的缩短，其描述有各种名称，例如"特定的""间接的"或者"无法用经典化学成键[7,56] 描述的相互作用"。

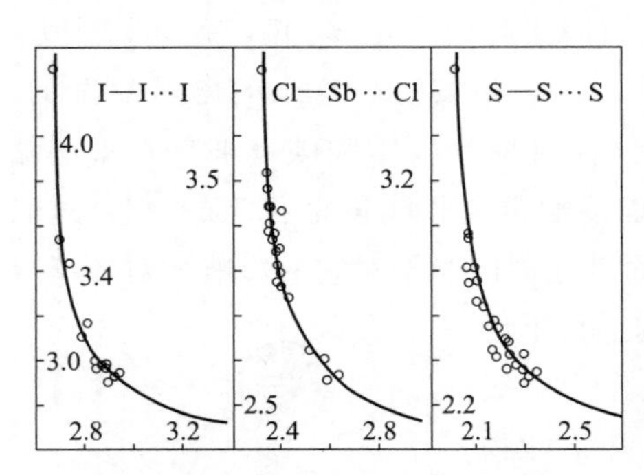

图 4.3 共价键长和范德华键长之间的关系（单位为 Å）。1975 年版权归 Wiely 出版社所有

事实上，这些键长的变化是晶体化学的属性，用已知的概念就可理解。例如，考虑一个线形的三原子体系 $I_1 \cdots I_2 \cdots I_3$。表 4.2 列出了分子间的距离 D 与分子内键长 d 的对比数据，通过对实验值[54,55,68-73] 的平均化获得这些数据。因为，D 和 d 的关系曲线（图 4.3）表现为一个双曲线形状[58,74]，它可以用 O'Keeffe 和 Brese[75] 公式表达

$$-\Delta d = 0.37\ln q \tag{4.14}$$

其中 Δd 是 d 的变化值，q 是键级，它可用化合价除以配位数进行定义，v/N_c。如果分子内（短的）I—I 键的距离变大，这是由于价电子部分转移到分子间区域，则可由式 4.14 确定 q 值，该值对应于一个特定的分子内键长，分子间键级以 $1-q$ 表示，再用式 4.14 计算新的键长。计算得到的 D_{cal} 见表 4.2 和表 4.3。

表 4.2 I—I 的共价键和范德华键的键长和键级

共价键		范德华键		
d_{exp},Å	q	$1-q$	D_{cal},Å	D_{exp},Å
2.67	1.000	0.000	4.30	4.30
2.70	0.922	0.078	3.61	3.68
2.75	0.805	0.195	3.27	3.30
2.80	0.704	0.296	3.12	3.10
2.85	0.615	0.385	3.02	3.00
2.90	0.537	0.463	2.95	2.93
2.92	0.509	0.491	2.93	2.92

表 4.3 S—S 的共价键和范德华键的键长和键级

共价键		范德华键		
d_{exp},Å	q	$1-q$	D_{cal},Å	D_{exp},Å
2.06	1.000	0.000	3.60	3.60
2.17	0.742	0.258	2.56	2.57
2.22	0.649	0.351	2.45	2.48
2.26	0.582	0.418	2.38	2.39
2.30	0.523	0.477	2.33	2.36
2.34	0.469	0.531	2.29	2.34

这些数据证明，一个范德华键变成共价键是电子密度转移的结果。从一个 I_2 分子过渡到一个具有对称性的 $I_1 \cdots I_2 \cdots I_3$ 体系，其 d(I—I) 的变化恰恰对应于 q 值从 1 下降到 0.5，这是中心原子的 N_c 从 1 增加到 2 的结果。在 X—H···Y[58,75,76]、Cl—Sb···Cl、X—Cd···X、Br—Br···Br 和 S—S···S[77] 等体系中，也发现了类似的现象。

因此，由一个共价键和一个范德华键形成一个具有对称性的三中心体系，等价于一个末端配体过渡到桥连配体。例如，在二聚化的过程中：$2AX_n \rightarrow A_2X_{2n}$，原子间距离的所有变化都在同一范围内，共价键的长度增加约 0.25 Å，范德华距离减少约 1.35 Å 。最终，理所当然地，任意小于 $\sum r_{vdW}$ 的原子间距离，都可作为一个成键相互作用的证据，并且已建立了 $\sum r_{cow}$ 和 $\sum r_{vdW}$ 的线性相关，用于键级的计算[78]。

4.3 范德华半径

4.3.1 引言

范德华（vdW）半径描述了具有闭壳外层电子的原子间距离，或者不同分子中原子间非成键的距离。因此，范德华半径定义了原子和分子外部尺寸（和形状）。事实上，这个问题首先是在气体物理中遇到的。在 1879 年，范德华[79] 认识到真实气体（接近临界点）与理想气体的偏差，并考虑将分子作为硬的（即在碰撞中相互排斥）球体，在较长的距离上能够相互吸引，从而对偏差进行合理的解释。（请注意，像 CO_2 这样的分子也可当成球体。）因此，实际气体方程为

$$\left(P+\frac{a}{V^2}\right)(V-b)=RT \tag{4.15}$$

其中 b 是与碰撞理论中分子适当体积有关的常数，$b=4V_o$，而 a 是与分子间引力有关的常数。

在结构化学中，Magat[80] 和 Mack[81] 在 1932 年迈出了第一步，他们引入了非共价半径（R）的概念，这是针对位于某个分子周边的一个原子而言的，并分别称其为“原子域半径”或者“Wirkungradius”，这个半径决定了分子间距离。之后，由于分子间作用力以范德华相互作用而著称，Pauling[82] 创建了术语“范德华半径”，恰好，范德华本人没有引入半径。式 4.15 中的 b 是体积的量纲。V_o 值小于用晶体范德华半径计算的同一分子的体积。对于极性不大的有机分子，$V_o/V_m \approx 0.6$，但对于形成牢固氢键的分子，这个比值会更高，例如，甲醇（0.80）或者乙酸（0.87）。

如今，关于这个主题的相关文献是非常多的，很多是具有范德华半径的体系，不仅其来源与实际值是不同的，而且在某种程度上物理意义也不同。首先，原子没有明确的边界面。范德华力主要包括由色散相互作用引起的一个引力项，以及由于泡利不相容原理引起的一个斥力项。斥力仅在短距离时是明显的，但随后上升的相当快。最终的特性

为下面的内容提供证据，即在范德华相互作用中原子用硬球表示，而分子则是球体的聚集体（部分重叠），在晶体中必须尽可能短的接触，但不能变形或穿插（Kitaigorodskii 的紧密堆积理论）。当某个分子的凸起部分与另一个分子的凹陷相融合时，就实现了紧密堆积。

4.3.2 晶体范德华半径

同样的，假定一个原子的范德华半径只取决于原子序数，共价成键的相邻原子的不变性和范德华连接的对应物的不变性，是完全各向同性的。因此，一个范德华半径可简单地以等价原子的分子间接触距离的一半表示，并从异核原子距离中减去可获得另外一个原子的范德华半径，等等。最早的范德华半径体系，Pauling[82] 的以及之后 Bondi[83] 和 Kitaigorodskii[84] 的范德华半径都是用这种方法，即由少量且不太精确（尤其涉及氢原子）但可用的晶体数据进行推导而得。随着实验数据的积累，范德华半径在十分之几 Å 的范围内，这取决于结构环境。所以，由最短接触距离推导的半径数值偏低，但发现一个有用的统计平均数是不容易的。当然，可以轻易地绘制出晶体结构中特定类型的原子之间所有距离的柱状图，但会成为两个完全不同分布（①直接接触；②普通分布）的重叠。前一个分布是钟形曲线，后一个分布则是无限的，且随距离而单调增加，因此两者的总和表现出一个不确定的最大值，或者仅仅是一个肩峰[85]。不过，柱状图左侧（直接连接的主要部分）与高斯曲线非常相似，并且在半高处有一个拐点（见图 4.4）。Rowland 和 Taylor[86] 建议，用拐点定义各种原子对的“正常”范德华距离，然后建立一个范德华半径体系来拟合这些距离，前提是假设它们具有可加性。不同于早期的体系，这个体系是基于剑桥结构数据库中大量的实验数据建立的，尽管这个过程在数学上是清楚的，但这样获取的半径，其物理意义还是有些模糊的。然而，这些半径接近于早期的体系，尤其是 Bondi 的半径。

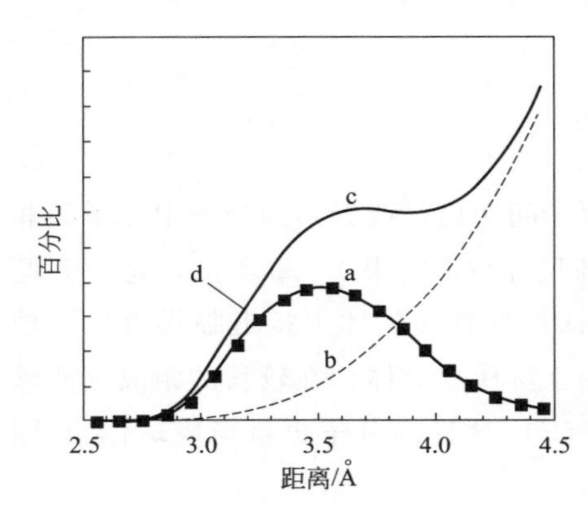

图 4.4 分子间距离的典型分布

a—直接接触；b—普通背景；
c—总体观察的分布；d—半高点（拐点）
注：该图是从文献［85］复制的，网址为 http://dx.doi.org/10.1039/B206867B，该引用得到了法国国家科学研究院（CNRS）和英国皇家化学会（RSC）的许可

原则上，一个原子的范德华半径应该取决于它的有效电荷。然而，Pauling[82] 发现非金属的范德华半径与它的负离子半径一致，“因为像离子一样，在远离键的方向上，键合原子向外部呈现相同的面”，并用这个规则得到一些元素的范德华半径。他也注意到，对于同样的元素，范德华半径超过共价键半径（r）约 $\delta \approx 0.8$ Å。Bondi 利用这个规律，构建了他的半径体系（他假设 $\delta = 0.76$ Å），以及一些其他的物理性质（例如临界体积）。利用下面的公式，可从共价键半径推导出这个值，即

$$r_1 - r_n = 0.3\lg n \tag{4.16}$$

$$r_1 - r_n = 0.185\ln n \quad (4.17)$$

其中 n 是键级（$=v/N_c$，见式4.14）。一般的原则是，分子内键长的增长导致分子间距离的缩短，直到最后，两种相互作用无法区分[1]。对于单价的元素，双原子分子变成 hcp 或者 fcc 型连续固体，意味着 n 从1减少到1/12，而 r 增加了0.324 Å（来自式4.16[82]）或0.460 Å（来自式4.17[75,87]）。如果，在一个“分子到金属”的相变过程中，R 减少相同的量，那么 $R-r_1$ 将变为两倍，即（0.78±0.15）Å。对于 $N_c=4$ 的复合物，范德华半径与共价半径的差值为（0.70±0.07）Å[88,89]。由表S4.11可看出，在有机和无机化合物中，由不同的作者得到的非金属的晶体范德华半径是非常接近的。

人们很难直接测定金属的范德华半径，因为只有少量结构（尽管数量正在增加）中的金属原子能直接与另一个分子的原子相接触，进而形成一个牢固的键（离子键、共价键、金属键）。即使是相同的金属，分子间距离明显依赖于配体的电负性。因此，在 $KAuX_4$ 晶体中 X=Cl、Br 和 I，其 Au…Au 距离分别为4.310 Å[90]、4.515 Å[91]和4.843 Å[92]。在 K_2PdCl_4 与 K_2PdBr_4 中，Pd…Pd 距离分别为4.116 Å[93]和4.309 Å[94]，而在 K_2PdCl_4 与 K_2PdBr_4 中，Pt…Pt 距离分别为4.105 Å[95]和4.326 Å[96]。因此，随着配体的吸电子能力变弱，金属原子的有效尺寸会增加。在 Na_2PdH_4（Pd…Pd 5.018 Å）和 Na_2PtH_4（Pt…Pt 5.020 Å）[97]中，M…M 距离甚至会更长，因此，就不应该假定这种差异是较大配体（Cl<Br<I）的空间排斥造成的，其中配体（氢化物）是最小的，但是金属原子的电子密度是最高的，Pd、Pt 和 H 的电负性是相同的。类似的，可推论出 R(Au)=2.07 Å。此外，M…M 距离取决于构象，即扭转角 X—M…M—Y[98]。由于这些复杂因素的存在，直到最近[99-101]，多数金属的范德华半径依然无法确定或者无法令人满意。表S4.12列出了金属的范德华半径，对晶体有机金属化合物（假设 C 的 $R=1.7$ Å，而 H 的为1.0 Å）的分子间距离 M…M、M…C 或 M…H 进行计算得到了这些数值，它们具有很大的差异。这有利于由键长间接估算金属范德华半径，因为后者能更好地定义接触距离。把一个 A_2 分子的形成作为范德华半径的两个球形原子的一个重叠（图4.5），重叠量是

$$\Delta V = \frac{2}{3}\pi(R-r)^2(2R+r) \quad (4.18)$$

涉及的配位数 $N_c=1$。如果这些分子形成一个密堆积（fcc 或 hcp）的金属结构，N_c 增加到12，而价电子的数目仍然相同，因此球体的每一个部分的重叠将会减少。

$$\Delta V_1 = 12\Delta V_{12} \quad 或 \quad (R_1 - r_1)^2(2R_1 + r_1) = 12(R_{12} - r_{12})^2(2R_{12} + r_{12}) \quad (4.19)$$

实验表明，分子固体到金属的相变，的确伴随着分子间距离的缩短和分子内键的拉长，以便每个配位数都以 R 和其本身的 r 表示。因此，正如表S4.13[102]中所列的，式4.19可求解金属的范德华半径。

相似的原因（图4.6），可以用 M—X 键之间的距离估测金属的范德华半径，即

$$R_M = (R_X^2 + d^2 - 2dr_X)^{1/2} \quad (4.20)$$

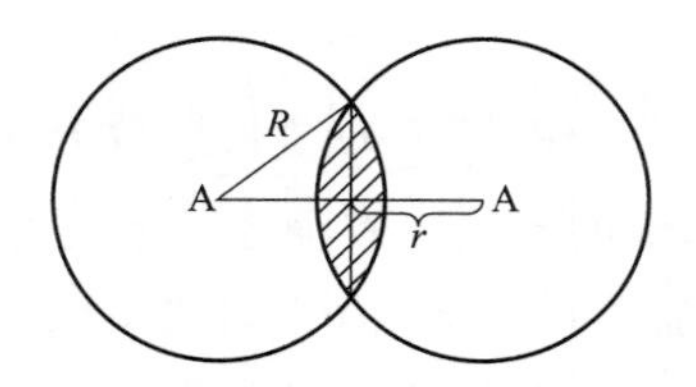

图 4.5 模拟为重叠球的 A_2 分子模型
（R 为范德华半径，r 为共价键半径）

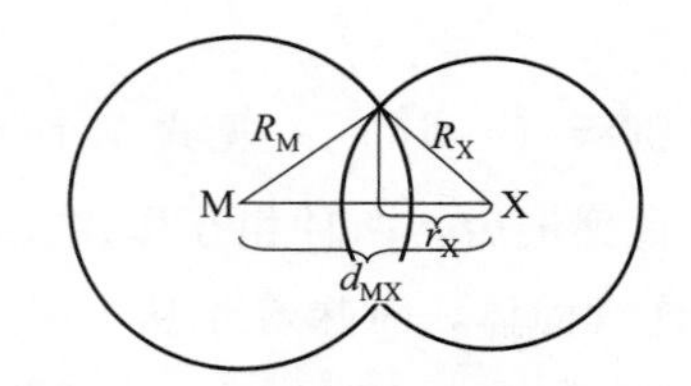

图 4.6 MX 分子中 M 的范德华半径的几何计算

使用 r_X（见表 1.8）和 $M(CH_3)_n$、MCl_n 以及 MBr_n 结构中已知的 R_X（表 S4.11）和 R_M，计算出轨道半径[53]，表 S4.13 中呈现了计算结果。同时还有，由 AuCl 和 AuBr 分子的键长的最新数据计算得到 Au 的半径，以及由 VX_2、ThX_4 和 UX_4 键长计算得到 V、Th 和 U 的半径。

具有四配位的 MX 晶体的分子间接触半径 R_{IC} 与第五周期元素及其复合物的范德华半径是一致的。金属的 R_{IC} 取决于 $M(C_5Me_5)_n$ 分子的 M…$C(CH_3)$ 距离，接近于独立方法确定的范德华半径。其可能的原因是，CH_3 基团在没有明显能量损失的环戊二烯基环平面上倾斜，因此，M 和 $C(CH_3)$ 之间的斥力相似于分子间相互作用，见表 S4.13[103]。

Nag 等人[104] 假设，在范德华距离中原子的键价可忽略，但只有有限的值，利用式 4.16 可发现，当 $v=0.01$ 时，d 区元素的范德华半径接近于其他方法（表 S4.13）推导的结果。Hu[105] 等人计算了所有元素（包括首次计算的 4f 元素）的范德华半径，这是通过晶体中元素的平均体积、单个共价半径、Allinger 半径以及金属-氧键的键价参数（表 S4.13）获得的。若仅使用 d_1(M—O) 和 $R(O)=1.40$ Å，极大地简化了 Nag 的计算，这是为了将其拓展到所有金属原子范德华半径的研究。

在有机化合物中，元素的范德华半径是特例。把分子中的原子当成硬球体，可计算晶体中分子的致密度（ρ），根据 Kitaigorodskii[84] 的理论，其变化范围为 0.65～0.77，这与密堆积球体的 $\rho=0.7405$ 非常相似。之后，在大的平面或盘形分子中，发现有相当高的 ρ 值[106]，接近于完全盘形堆积的理想值（0.909）。当然，堆积因子不该与金属以及其他有机固体的计算相混淆，后者假设球形原子的半径不是 vdW 半径，而是更小的金属半径或共价半径。

然而，若考虑共价和范德华力对 ρ 的贡献，可组合“有机”和“无机”的概念。作为第一个近似，在范德华球体横截面上，可获得 ρ 是归一化的（棒状堆积），而在其他方向 $\rho=0.7405$（原子球的密堆积）。从距离范德华球体中心 r 的位置截取后，其球体的基本面积是 $\pi(R^2-r^2)$，范德华球体的表面积是 $4\pi R^2$。对于 N_c 部分，$S^*=\sigma N_c$。总的致密度可表示为

$$\rho^*=S^*+(1+S^*)\times 0.7405 \qquad (4.21)$$

随着 N_c 的不断增加，$N_c=12$ 时，$S^*\rightarrow 1$，即

$$S^*=\frac{12}{4R^2}\times(R^2-r^2)=1$$

因此

$$R=\left(\frac{3}{2}\right)^{2} r \tag{4.22}$$

表 S4.13 呈现了利用式 4.22（见文献［107］）计算的结果。

正如上文所述，可用 Morse 势计算范德华半径。对于 $d=d_{\mathrm{e}}$ 和 $d=\infty$，这个势是适合的，当 $d=\sum R$ 时，可描述这些点附近的情况，尤其是范德华相互作用。利用式 4.4，以及实验上分子的原子间距离和键能，计算了一个双原子体系的范德华相互作用能，在此基础上，计算得到了以下非金属的范德华半径[41]：H 1.00、F 1.53、Cl 1.90、Br 2.12、I 2.30、O 1.58、S 1.93、Se 2.07、Te 2.22、N 1.53、P 1.93 和 As 2.0，这些值见表 S4.13。最后，利用原有的 Pauling 规则（正常的共价键外加 0.8 Å）[108,109] 与 Alvarez 等人[110]、Pyykko 和 Atsumi[111] 提出的单键共价半径的新规则的计算结果相近。由诸多独立的方法得到的范德华半径，其相似性是值得注意的。并且，允许人们对各向同性的结晶范德华半径的综合性体系进行汇编（表 4.4）。

表 4.4 各个元素的各向同性的范德华半径：结晶态（上一行数字）和平衡态（下一行数字）

Li	Be											B	C	N	O	F
2.1	1.8											1.7	1.7	1.6	1.5	1.4
2.6	2.2											2.0	2.0	1.8	1.7	1.6
Na	Mg											Al	Si	P	S	Cl
2.4	2.1											2.0	2.0	1.9	1.8	1.8
2.8	2.4											2.4	2.3	2.1	2.1	2.0
K	Ca	Sc	Ti	V	Cr	Mn	Fe	Co	Ni	Cu	Zn	Ga	Ge	As	Se	Br
2.8	2.4	2.2	2.1	2.0	2.0	2.0	2.0	1.9	1.9	1.9	2.0	2.0	2.0	2.0	1.9	1.9
3.0	2.8	2.6	2.4	2.3	2.2	2.2	2.3	2.2	2.2	2.3	2.2	2.4	2.3	2.2	2.2	2.1
Rb	Sr	Y	Zr	Nb	Mo	Tc	Ru	Rh	Pd	Ag	Cd	In	Sn	Sb	Te	I
3.0	2.6	2.4	2.3	2.1	2.1	2.1	2.0	2.0	2.0	2.0	2.2	2.2	2.2	2.2	2.1	2.1
3.1	2.9	2.7	2.6	2.5	2.4	2.4	2.4	2.3	2.3	2.5	2.4	2.5	2.5	2.4	2.4	2.2
Cs	Ba	La	Hf	Ta	W	Re	Os	Ir	Pt	Au	Hg	Tl	Pb	Bi	Po	At
3.1	2.7	2.5	2.2	2.2	2.1	2.1	2.0	2.0	2.0	2.0	2.1	2.2	2.3	2.3	2.0	2.0
3.3	3.0	2.8	2.5	2.4	2.4	2.3	2.3	2.3	2.4	2.4	2.2	2.5	2.5	2.5		
			Th	U												
			2.4	2.4												
			2.7	2.6												

4.3.3 原子的平衡半径

两个孤立原子的范德华相互作用的势能面最小值，对应于它们的平衡半径的总和（R_{e}）。自从可用不同原子间的势能计算范德华能之后，对 R_{e} 的报道变得多了，并且，有时在分子力学计算中作为完全可调的参数，没有任何严格的物理意义。然而，从头算的计算结果显示，平衡范德华半径在物理上是有意义的，即明确了一个原子或分子表面封闭的电子密度达 99%[110-112]。他们也定义了空间排斥能与大气热能（kT）[113] 相近时的距离，即

$$R_{\mathrm{vdW}}=298k=0.592\ \mathrm{kcal/mol}$$

表 S4.14 列出了元素周期表中第二周期和第三周期元素的 R_{e} 值。如该表所示，不同的计算方法只在定性上是一致的。

在分子力学计算中，不同研究者得到的平衡半径之间的差值是非常大的（见表 S4.15），因为这些数值是对较窄范围内的化合物进行优化后得到的。Allinger[49,114,115] 等人计算了

元素周期表中所有原子的范德华半径，对于 C 和稀有气体则使用实验数据（在表 S4.16 的最上面一行）。

将 Allinger 的结果与 R_M 进行比较是十分有趣的。根据式 4.20，对 MX_n 分子的有效原子间距离进行计算，得到了 R_M，这明显与 M—X 的键极有关系。在文献 [53] 中，通过一个公式描述这种关系，这与早期 Blom 和 Haaland 提出的理论相似（但目的不同），即

$$R_{M(X)}=R_M^{\circ}-a\Delta\chi_{MX}^{1.4} \tag{4.23}$$

$R_{M(X)}$ 是参与 M—X 成键的 M 原子的范德华半径（尤其是 M—X 键），$\Delta\chi$ 是电负性的差值（按 Pauling 标度），R_M°是中性 M 原子的范德华半径，a 是常量（$a=0.13$）。

在表 S4.16 的中间一行列出了 R_M°值。用相似的方法，由分子内半径可计算出 R_M°[103]，在表 S4.16 的最下面一行列出了这些值。

表格中的平衡半径，接近于第 2 族和 12 族元素的 M_2 分子中原子的实验半径，其中成键作用接近于范德华相互作用，或者接近于文献 [14，18] 中计算的范德华复合物 Rg・A 和 M・Rg 中的相互作用。在后一个实例中，重要的一点是，在异核的范德华分子中的距离大于范德华半径的总和，这是因为极化等的影响。对于电子极化率的影响，较小原子弱于较大原子的

$$D_{A-B}=\frac{1}{2}(D_{A-A}+D_{B-B})+\Delta R_{A-B} \tag{4.24}$$

其中

$$\Delta R_{A-B}=c\left[\left(\frac{\alpha_A-\alpha_B}{\alpha_B}\right)\right]^{2/3} \tag{4.25}$$

$c=0.045$，α 是电子极化率，$\alpha_A>\alpha_B$。在文献 [14] 中，已经建立了这些关系，而在文献 [18，106] 中，讨论了与加和规则的偏差。对于所有范德华分子，式 4.24 和式 4.25 都适合确定这些分子中半径的实验值（表 4.5）。如表所示，这些半径接近于范德华分子的平衡值（表 S4.16）。通过结合上述数据，可以建立一个全面的元素平衡范德华半径系统。在表 4.4 的下一行数字呈现了这些半径，而这些数据是从文献 [14，18，107] 得到的，或者用另外的实验数据计算出来的。

表 4.5 M・Rg 分子中金属原子半径的实验值和平衡值

原子	Na	K	Rb	Mg	Zn	Cd	C
R_{exp}	2.8	2.9	3.0	2.4	2.2	2.3	2.05
R_{eq}	2.68	3.07	3.23	2.41	2.27	2.48	1.97

4.3.4 各向异性的范德华半径

对于晶体碘的结构研究表明，分子间距离取决于结晶学方向，其差值约为 0.9 Å[116,117]。最初，Jdanov 和 Zvonkova[118] 得到了该结果，他们通过 Br 和 H 的范德华半径的纵向半径（R_l）和横向半径（R_t）来确定。之后，关于结构的大量科研工作（例如参考文献 [88]）研究了该效应。

Nyburg[119,120] 确定了 X_2 分子结构中卤族元素各向异性的范德华半径（表 4.6），人们在

文献［121，122］的研究中计算了固态中氟、氢、氧、氮的相应分子的类似半径。

表 4.6 X_2 分子中各向异性的范德华半径的平均值

分子	H_2	F_2	Cl_2	Br_2	I_2	O_2	N_2
$R_t(X)$	1.7	1.6	1.9	2.0	2.2	1.8	1.9
$R_l(X)$	1.5	1.3	1.45	1.45	1.5	1.55	1.6

众所周知，X_2 分子可以以各向同性的方式（通过随机旋转）和严格有序的取向分布在晶体空间中。在 α-H_2 和 β-H_2 中，可以实现第一类结构，并用具有半径为 $R=R_l+1/2d(H—H)$ 的球体的 hcp 和 fcc 密堆积进行描述。已知这些多晶体的晶胞参数和 H—H 键的长度，可得到这两种情况下的 $R_l(H)=1.516$ Å。在 β-F_2 和 γ-O_2 的结构中存在两类分子：25％为无序的（一个有效的球体对称）和 75％为有序的。这些结构中，有序分子的最近距离（平行方向）分别是 3.34 Å 和 3.42 Å。因此，这些结构中横向的范德华半径 $R_t(F)=1.67$ Å 和 $R_t(O)=1.71$ Å。通过式 4.26，可计算两类分子（有序和无序）的差值，即

$$d_{od}(X\cdots X)=R_t(X)+R_l(X)+\frac{1}{2}d(X-X) \tag{4.26}$$

已知 $d_{od}(X\cdots X)$ 在 β-F_2 和 γ-O_2 结构中的数值（分别为 3.73 Å 和 3.82 Å）、$R_t(X)$（分别为 1.67 Å 和 1.71 Å）和这些结构中的 $d(X-X)$ 值（分别为 1.48 Å 和 1.22 Å），可以计算得到 $R_l(F)=1.32$ Å 和 $R_l(O)=1.50$ Å 。在 α-O_2 和 γ-O_2 结构中，计算出 $R_t(O)=1.67$ Å 和 $R_l(O)=1.49$ Å 的平均值，在 β-N_2 和 δ-N_2 结构中，$R_t(N)=1.75$ Å 和 $R_l(N)=1.55$ Å。表 4.6 中列出的这些半径，可以对 Nyburg 提供的卤素分子的这些数据进行补充。Nyburg 和 Faerman[123,124] 呈现了 C—X…X 体系中一些各向异性的半径 $R(X)$，使用新的结构数据（表 4.7）对上述数据进行补充或者校正。

表 4.7 C—X…X 中 X 原子各向异性的范德华半径

A	H	F	Cl	Br	I	O	S
R_t	1.26	1.38	1.78	1.84	2.13	1.64	2.03
R_l	1.01	1.30	1.58	1.54	1.76	1.44	1.60
A	Se	Te	N	P	As	Sb	Bi
R_t	2.15	2.33	1.62			2.12	2.25
R_l	1.70	1.84	1.42	1.91	1.85	1.83	1.80

注：数据来源于文献［122-124］

在 HX 晶体结构中，对于角度∠XHX＝180°和 X…X 的 ∠XXX＝90°[125-127]，确定了 H…X 的分子间距离。依据 Nyburg[119,120] 的理论，对 Cl（0.20 Å）、Br（0.30 Å）和 I（0.37 Å）使用公式 $\Delta R=R_t-R_l$，确定了这些分子[128] 中氢和卤族元素的各向异性范德华半径（表 S4.17）。文献［128］也确定了 CH_4（1.04 Å）和 H_2S（1.02 Å）的 $R_l(H)$。

根据文献［128］的结构数据，可以计算气相 Rg·HX 分子的纵向范德华半径。然而，在这些复合物中，HX 轴在 Rg…H 方向上形成了一个特定的角度（θ），所以，后一个差值对应于 $R(H)$ 的中间值（介于 R_l 和 R_t 之间）。根据关系式 $R(H)=f(180°-\theta)$[106]，计算得到 Rg·HX 中的 $R_l(H)$ 数值[128]：HF 为 0.82 Å，OH 为 0.94 Å，HCl 为 1.04 Å，HBr

为 1.12 Å。因此，R_1(H) 越小，在 HX 中的原子电荷越大。在 H_2 · HCl 复合物中，R_1(H)=0.95 Å（对于 HCl），而在乙炔中，R_1(H)=0.89 Å 。

在其他气相分子中，也可获得横向和纵向的范德华半径的实验值。因此，在 T 形范德华复合物 Rg · A_2（Rg=He、Ne、Ar、Kr、Xe；A=H、O、N 或者一个卤素原子）中，根据结构数据[99] 计算 A（垂直于 A—A 键的线）的半径，此类复合物是刚性的，并且R_t(A) 与（范围为±0.05 Å）Rg 的类型无关。在某些二聚体 $(A_2)_2$ 中，A_2 分子以边对边的方式相接触，因此 R_t 等于分子质心差值的一半（实验上已确定的）。这些 R_t的值接近于 Rg · A_2 复合物中 A 的相应半径：前者的半径超过了后者，平均值为 0.05 Å，这是由于分子堆积的方式不同：Rg · A_2 中的投影对准空穴，或者在 $(A_2)_2$ 中投影相互重叠[121,122]。

为了确定化学键或分子中的纵向半径，可使用化学键和分子的电子极化率（α_l和 α_t）的各向异性。极化率是一个分子的光学量，表达式 $\gamma=(\alpha_l/\alpha_t)^{1/3}$ 对应于这个分子的“长度”和“厚度”的比值

$$\gamma=\left(\frac{\alpha_l}{\alpha_t}\right)^{1/3}=\frac{L}{T} \tag{4.27}$$

其中，对于 X_2 分子

$$L=2R_l(\mathrm{X})+d(\mathrm{X—X}) \qquad T=2R_t(\mathrm{X}) \tag{4.28}$$

对于 CO_2 和 CS_2分子

$$L=2R_l(\mathrm{X})+2d(\mathrm{C-X}) \tag{4.29}$$

对于 C_2H_2

$$L=2R_l(\mathrm{H})+d(\mathrm{C{\equiv}C})+2d(\mathrm{C—H}) \tag{4.30}$$

对于 BX_3 和 MX_4，考虑了这些分子的中心原子的原子体积变形和分子内接触半径（详见文献［129，130］），以便设计更复杂的过程。对于上述分子结构的各向异性范德华半径，表 S4.18 中罗列了其计算结果，从该表可以看出，分子中 X 半径的各向异性取决于分子的环境。对于 X_2 和 AX_2分子，表 4.6 中给出了它们各向异性范德华半径的平均值。

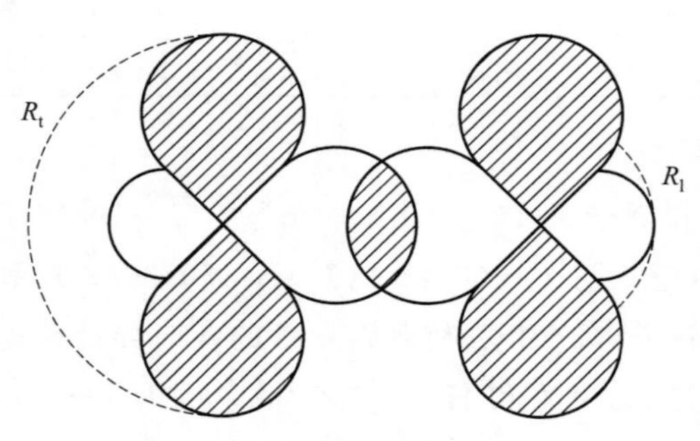

图 4.7 各向异性的范德华半径

注：R_t 和 R_l 分别为横向半径和纵向半径

原子范德华区域的各向异性是分子内还是分子间性质，也可通过对孤立分子的范德华结构的计算进行确定。因此，Bader[131] 等人在孤立的 Li_2、B_2、C_2、N_2、O_2 和 F_2 分子中发现，成键方向的范德华半径（纵向半径，R_l）总小于横向半径 R_t（图 4.7）。之后，对于 M_2、MX、CO_2、C_2H_4、C_2H_2 分子的计算，也是一样的[132,133]。

Ishikawa[134] 等人的计算显示了，卤原子在 R 的各向异性取决于孤立分子的键极。在 AX 分子中的差值 $\Delta R=R_t-R_l$，其中 A 是碱金属或卤素，变化如下：对于 X=F，从

0.028 Å（KF）到 0.101 Å（F_2）；对于 X=Cl，从 0.038 Å（KF）到 0.257 Å（ClF）；对于 X=Br，从 0.041 Å（KBr）到 0.299 Å（FBr）。因此，共价性和键极越大，各向异性越大，因为一个共价键的形成伴随着一个电子从 p_z 轨道迁移到成键区域，相应地，轨道相反方向的叶瓣上电子密度会减少。随着键的共价性减少，电子迁移到重叠区域的情况会减少；在离子对中，没有成键的电子，具有很小的各向异性。从头算计算表明，范德华半径的各向异性取决于分子的环境[113]。

4.3.5 结论

实验数据和理论估算表明，范德华半径并不是常数，取决于分子结构和原子电荷，也取决于化学键的各向异性和聚集状态。如上所述，一个原子的范德华半径是其有效电荷的函数。当金属原子的净电荷为零时，可得到平衡的范德华半径（$R_e \approx R$），如果 $e^* > 0$，那么 $R < R_e$，而非金属原子的一个负电荷不会对范德华半径产生较大影响，因为 $R \approx r_X^-$（正如 Pauling 所显示的）。在稀有气体的分子态和结晶态中，每个键（接触）的内聚能实际上是相等的，因此，原子间距也相似，范德华距离仅通过接触原子进行确定，并很少依赖于分子和晶体空间中的其他原子。由于多粒子的相互作用，固体中的范德华接触距离短于平衡距离[49,58-61,114,115]，但这个观点是有争议的。上述结果表明，半径缩短现象是由原子的有效正电荷引起的。如果气相分子中出现这些电荷（见文献［102，113］），它们的范德华半径也远小于相应的孤立原子的范德华半径，接近于晶体半径。其他因素也会对半径产生影响。因此，卤素的范德华半径，从 CX_4 到 SnX_4 逐渐减小，这是由于较高电子极化率的分子具有较强的范德华相互作用[103]。在液态四氯化物中，可观察到类似的情况：在 CCl_4 中 R_{Cl} 是 1.75 Å，在 $SiCl_4$ 中是 1.63 Å，在 $GeCl_4$ 中是 1.53 Å[135]。最后，由液态 X_2 的结构可推导出卤素的范德华半径，它明显大于 AX_4 中的卤素半径，因为 X_2 的极化率小于相应的 AX_4：$R(F_2)=1.54$ Å，$R(Cl_2)=1.89$ Å，$R(Br_2)=2.03$ Å，$R(I_2)=2.23$ Å[136]。然而，在有机物的凝聚相中，半径缩短较多，这是无法用上述的因素进行解释的。

4.4 供体-受体的相互作用

有一个空轨道的原子（A 通常是金属）与有一对孤对电子的原子（D 通常是非金属），可以形成供体-受体键（D→A）。DA 相互作用导致配位化合物的生成。与 DA 成键正相反的是，在形式上为 $\chi(D) > \chi(A)$，而电子往相反方向进行转移。这种现象可以解释为：D 原子有闭壳电子层，即它们是范德华原子，因此有非常低的电负性，$\chi = 0.2 \sim 1.3$（见文献［14］）。所以，孤对电子转移到 $\chi \geqslant 1.5$ 的多价金属上是不足为奇的。尽管，DA 键的长度接近于正常价键，但前者的能量低很多。对于 DA 复合物[137-143] 和相同配位数的结晶氧化物，表 4.8 比较了实验上的原子间距和键能（来自表 2.11）。在表 S4.19 中，也能发现 M—N 键的类似比较。

表 4.8 给体-受体和共价金属-氧的键长和能量

M	d(M—O),Å		E(M—O),kJ/mol		M	d(M—O),Å		E(M—O),kJ/mol	
	$M(OH_2)_n$	M_nO_m	$M—OH_2$	M—O		$M(OH_2)_n$	M_nO_m	$M—OH_2$	M—O
Li	2.13	2.00	74	145	Al	1.88	1.91	89	257
Na	2.48	2.41	67	110	Ga	1.94	2.00		198
K	2.79	2.79	56	98	In	2.11	2.16		180
Rb	3.04	2.92	53	94	Tl	2.24	2.27	55	125
Cs	3.21	2.86[a]	48	94	V	1.99	2.01		250
Be	1.62	1.65	69	293	Bi	2.44	2.40		145
Mg	2.08	2.11	67	166	Cr	1.99	1.99		223
Ca	2.42	2.40	59	177	Mn^{II}	2.18	2.22	60	153
Sr	2.61	2.58	66	167	Mn^{III}	1.99	2.01		190
Ba	2.77	2.77	62	164	Fe^{II}	2.12	2.15	63	154
Zn	2.09	1.98,2.14	58	182	Fe^{III}	2.01	2.03		200
Cd	2.31	2.35	50	103	Co^{II}	2.09	2.13	62	156
Y	2.38	2.27		292	Co^{III}	1.87			
La	2.54	2.55	55	243	Ni^{II}	2.06	2.09	63	147

注：a. 在 Cs_2O 中，$N_c(Cs)=3$；在晶状水合物中，$N_c(Cs)=6\sim8$

因此，可以解释这个明显的区别。对于一个即将形成的化学键，分子间必须相距较近，以克服范德华斥力。对于 HCl 和 NH_3，这个能垒达 94.4 kJ/mol，接近于同结构盐 NH_4 和 Rb[144] 之间的差值（100 kJ/mol)。范德华复合物的过渡，如从 $NH_3\cdot HX$ 过渡到 NH_4X，能在固相中发生，这是由于 Madelung 静电相互作用抵消了这种能耗。通过对 NH_3 和 HCl 的相互作用的研究，Mulliken[145] 总结如下：在气相中，色散力聚集只能形成一个范德华复合物，过渡到离子化合物 NH_4Cl 只能是静电引起的。从头算的计算表明，$NH_x(Me)_{3-x}\cdot HX$ 复合物不是离子对：尽管 H—X 有一点加长，但它总是明显短于 N⋯H 的距离[146]。对于 $NH_3\cdot HF$，通过相似的计算，得到 H—N⋯H 的距离分别为 1.01 Å 和 1.70 Å[147]。从气相过渡到固相，Leopold[148] 等人对 DA 相互作用和部分成键（介于共价和范德华之间）的变化进行综述，他们总结为：如果扭曲增强了分子的偶极矩，局部（凝聚的）环境能使这些分子的气相结构产生急剧扭曲。在极性或可极化的介质中，这将降低总能量，因此抵消了扭曲的能耗。

HX 和 NH_3、H_2O 或 BF_3 的相互作用产生了 $AH_n\cdot HX$ 或 $BF_3\cdot XH$ 型的复合物，在正常分子中，d(A⋯H) 或 d(B⋯F) 比 d(A—H) 和 d(B—F) 长 0.8～1.2 Å。将 $AH_n\cdot HX$ 转化为 $AH_{n+1}X$ 或 $BF_3\cdot HX$ 转变为 HBF_4，需要消耗能量，使得 A⋯H 或 B⋯F 的距离缩短为正常化学键的长度（ΔW_{sh})。在一个晶体中，晶格中的离子 NH_4^+ 或 H_3O^+ 与 X^-，或 BF_4^- 和 H^+ 的 Madelung 相互作用，抵消了这个能量；在气相中，则没有这种抵消，因此，只有 $NH_3\cdot HX$ 复合物，没有 NH_4X 盐（见文献 [149]）。

如上所述，DA 复合物的解离能的变化范围非常宽，从 1 变化到 200 kJ/mol[150-152]。然而，严格地说，这些值并不是 M⋯X 的键能，而是两个分子的 ΔH_f，相似于由 Na_2 和 Cl_2 分子化合得到 NaCl 的生成热。从结构化学的观点看，在一个复合物中两个分子键连的 DA 机理不同于二聚物分子的生成，例如 $BeCl_2 \rightarrow Be_2Cl_4$、$BH_3 \rightarrow B_2H_6$、$NbF_5 \rightarrow Nb_2F_{10}$ 等等，或从 NaCl 分子凝聚为晶体。

在8-二烷基-萘基化合物中，对于氮和周围邻近原子之间的吸引相互作用，Schiemenz[153]发展了一种初始的准则。他注意到，叔胺中CNC的角度介于109.47°（四面体）和120°（平面）之间，即氮原子部分平面化。因此，键的形成或“弱的成键相互作用”可以由下式中定义的平面化程度（γ）的减少来证实，即

$$\gamma(\%)=100\ \frac{\sum(\mathrm{C-N-C})-3\times 109.47^{\circ}}{3\times 120^{\circ}-3\times 109.47^{\circ}}=100\ \frac{\sum(\mathrm{C-M-C})-328.4^{\circ}}{31.6^{\circ}} \qquad (4.31)$$

这些化合物上N原子的锥形化的程度，可用于区别共价键的引力和其他引力。例如，在拉伸的1,8-双取代萘的衍生物中，邻位取代物之间的距离总是介于共价半径的总和与范德华半径总和之间。如果这些取代物是潜在的供体和受体（例如N或P与Si比较），这可能会解释为一个DA的成键。然而，Schiemenz[154-156]等人已揭示，这些替代物之间是相近的，这仅仅是萘骨架刚性的缘故。的确，观察到的取代物的间距大于2.50～2.60 Å，这是空间斥力和反DA相互作用的证据。

4.5 氢键

最后，本书考虑了氢键（H键）。大量的书籍和综述文献（见综述［157］及其中的参考文献）都致力于研究通过一个氢原子来连接的极性分子。根据Pauling[82]理论：在某些条件下，氢原子被相当强的力吸引到两个原子上，而不是只有一个原子，因此可以认为它们之间存在键的作用，称为氢键。然而，如今对术语“H键”的使用，具有更广泛的意义。此外，它经常被用来解释一些事实，这些事实并不是完全（甚至主要不是）由于氢键，也不仅仅针对氢键。因此，首先需要澄清这个术语（也可见文献［158］）。

物质的哪些性质通常是归因于H键的？教科书上的一个例子是熔点，它随分子量减小而减小，如在H_2Te、H_2Se、H_2S（−50、−65、−84 ℃）系列中，但是对于H_2O，熔点会跳跃到0 ℃。这些物质的沸点温度显示了一个平行的趋势。一系列的HI、HBr、HCl和HF，在两方面都是相似的。然而，在这些情况下，两个相反的因素同时起作用：当分子极性增强，库仑作用也增强，但同时极化率减小，范德华作用增强。在完全不含氢的物质中，发现了与温度相关联的相似破坏，证实了沸点为590 ℃（BeI_2）、520 ℃（$BeBr_2$）、500 ℃（$BeCl_2$）、1160 ℃（BeF_2）；180 ℃（AlI_3）、98 ℃（$AlBr_3$）、193 ℃（$AlCl_3$）、1040 ℃（AlF_3）；对于熔点，446 ℃（ZnI_2）、392 ℃（$ZnBr_2$）、326 ℃（$ZnCl_2$），872 ℃（ZnF_2）。

与此同时，氢键确实存在于冰和液态水中，只有在非常高的温度或压力时才会完全断裂。这些键防止了分子的密堆积，因此，H_2O是结冰时密度减小的少数物质。为了估计氢键对物质的结构和物理或化学性质的真正影响，有必要定义它们的能量。根据文献［159-162］，对于$(H_2O)_2$、$(NH_3)_2$、$(HF)_2$、$(HCl)_2$等气相二聚物，最可靠的溶解热实验值分别为15.5 kJ/mol、24 kJ/mol、18 kJ/mol和9.6 kJ/mol。将这些值与表2.11中的数据进行比较，表明氢键能比H—O、H—N、H—F和H—Cl的化学键能小两个数量级。因此，由于氢键的形成，物理性质的变化应该是不明显的。

然而，对于有 X—H…A 氢键的不同化学物质，中子衍射数据表明了，H…A 距离的减小和共价 X—H 键的增长有明确的关系。图 4.8 中的数据来自 58 种有机化合物、18 种结晶水合物、NaOH、斜绿泥石、高岭石英和 $M(OH)_2$ 氧化物（M＝Mn、Co 和 Mg）[163]。表 S4.20 说明了如何加强 O—H…O 氢键，O…H 和 H…O 距离缩短，直至相等。如今，数以千计已测定的晶体结构证实了这种趋势。根据文献［164］，对于各种结构的结晶水合物，表 4.9 列出了 O—H 和 H…A（其中，A＝O、N、F、Cl）的平均距离。

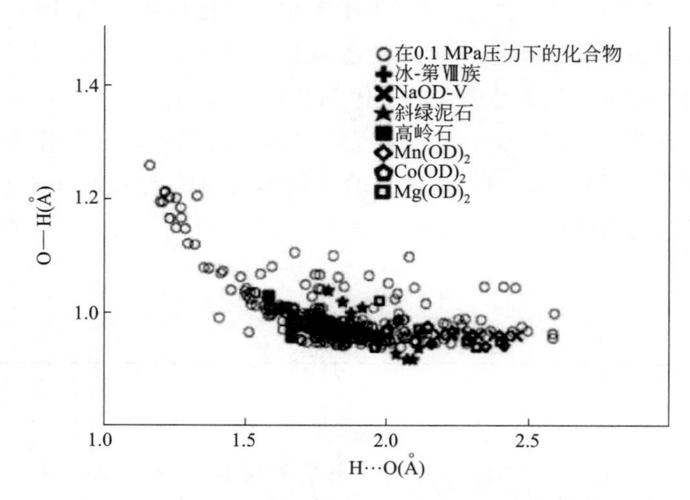

图 4.8 O—H…O 氢键中 O—H 和 H…O 键长的关系

表 4.9 O—H…A 氢键中的键长和键角

	O	N	F	Cl
O—H	0.965	0.945	0.967	0.954
H…A	1.857	2.235	1.716	2.254
H—O—H	107.0	103.9	108.1	106.3

O—H…O 键对于水的相关性质是关键的。目前，已明确了解的有 13 种冰的结晶形态（表 S4.21）。在这些结晶结构中，每个水分子与邻近水分子形成了 4 个氢键，其中 2 个作为氢原子的供体，另外 2 个作为受体。4 个氢键指向理想的或轻度扭曲的四面体的顶点。

特别有趣的是，热力学条件的改变会导致氢键强度的变化。因此，400 ℃时，在对水的中子衍射（neutron diffraction，ND）研究中得到 d(O—H)＝1 Å，d(H…H)＝1.55 Å，N_c(H)＝0.98 和 N_c(O)＝2.15，表明了氢键不存在[165]。降温导致 N_c 增加到 4，这是由于氢键的形成[166]。在高压下，即 HBr 在 42 GPa 下、HCl 在 51 GPa 下、H_2O 在 60 GPa 下[167]、H_2S 在 43 GPa 下[168]，H—A…H 体系中的距离会发生平均化。

人们对原位高压条件下的 ND 研究的结构数据进行了分析[163]，结果表明，O—H 和 H…O 距离遵循的关系与大气条件下不同化合物建立的关系相同。另一个压力效应是，将双势阱（H 键势）演变为一个单势阱。根据从头算的计算，体积模量在这点上一定存在不连续，这是对 H 键对称化的一个提示，它意味着 H 键对称化是二级相变。

H 键对于较重原子间距离的影响常常会夸大。例如，结晶氢氧化物中原子间距的所有变化归因于 H 键。对于同结构的 MF_n 和 $M(OH)_n$ 化合物，通过比较它们的 M—OH 和 M—F 键的长度，分析了在上述变化中 H 键的真实作用[169]。可以看出，差值 $\Delta d=d$(M—OH)$-d$(M—F)=(0.08±0.02)Å 与氢键的强度无关。这种 Δd 稳定性的原因是，在化合价变化的条件下，原子的配位数和极化率是相等的，H 键对原子间距的影响是不明显的。

离子化合物在水中的溶解也影响 H 键。水和离子之间的相互作用干扰了体相液体中氢键网络的长程有序，例如，通过解离氢键或形成氢键。XRAS 和拉曼散射的研究表明[170]，与液态水相比，水分子在强的水合离子的第一配位层，有较少的已解离的氢键，而水合作用较弱的离子的第一溶剂化层，有较多的 H 键。影响的大小遵循 Hofmeister 顺序

$$SO_4^{2-}>HPO_4^{2-}>F^->Cl^->Br^->I^->NO_3^->ClO_4^-$$

$$NH_4^+<Cs^+<Rb^+<K^+<Na^+<Ca^{2+}<Mg^{2+}<Al^{3+}$$

通过红外光谱检测氢键取决于吸收带的位移，例如，对于 v(OH) 吸收带的位移，而这个影响实际上取决于整个分子的结构和振动原子的附加质量。研究氢键最有前景的方法是探索物质的电子结构，它的分子力学特性的影响是很小的。11.4 节对氢键电子极化率的研究就是这类方法中的一种。

H^+ 最重要的性质是它具有极小的尺寸，从而导致其配位数 $N_c=1$ 或 2。正是因为这样，使得氢键具有方向性和饱和性。尽管氢键能很小，但它也能改变已达到或接近于热力学稳定性极限的结构特征，例如，干扰分子（冰）的密堆积、降低对称性（晶体 KF 有立方对称性，而 NH_4F 有四面体对称性），或影响物质的组成。因此，由于在 NH_4^+ 和阴离子中氢原子之间形成了氢键，铵盐的结晶水合物与 K 的类似物相比，有较少的水分子：NH_4F 和 $KF\cdot4H_2O$、$(NH_4)_2CO_3$ 和 $K_2CO_3\cdot6H_2O$、$(NH_4)_3PO_4\cdot3H_2O$ 和 $K_3PO_4\cdot7H_2O$、$(NH_4)_3AsO_4$ 和 $K_3AsO_4\cdot7H_2O$、$(NH_4)_3Fe(CN)_6\cdot1.5H_2O$ 和 $K_4Fe(CN)_6\cdot3H_2O$。由于相同的原因，在 $[H_nAO_m]^{x-}$ 中，用 K 取代 H 原子会减少结晶水分子的数量，即

$K_3AsO_4\cdot10H_2O$	$K_3PO_4\cdot7H_2O$	$K_2CO_3\cdot6H_2O$	$KF\cdot4H_2O$
$K_2HAsO_4\cdot H_2O$	$K_2HPO_4\cdot3H_2O$	$KHCO_3$	KHF
KH_2AsO_4	KH_2PO_4		

相反，水合物中水分子的数量随 AO_n^- 中氧原子上负电荷的增加而增加，即

$$KNO_3,\ KClO_4,\ K_2SO_4<K_2CO_3\cdot6H_2O<K_3PO_4\cdot7H_2O<K_3AsO_4\cdot10H_2O$$

然而，需要注意的是，由于氢键对质子分解的微弱影响，H_nAO_m 酸的强度以相反的顺序增加。

到目前为止，已经讨论了与强电负性受体（例如 F、O 或 N）的氢键，但也能与 $\chi\geqslant2$ 的其他原子形成 H 键，尤其是与 D—H…M 和 D—H…X—M 体系中（它既作为供体又作为受体）的金属形成氢键[171]。已经利用 CSD 的数千条记录对 D—H…X—M 相互作用的几何结构进行详细的检验，对卤碳基团（X—C）或卤素离子（X^-）取代金属卤基团后的对应物也进行了检验。D—H…X—M 氢键的相对强度按如下顺序排列

$$\text{D—H}\cdots\text{F—M}\gg\text{D—H}\cdots\text{Cl—M}\geqslant\text{D—H}\cdots\text{Br—M}>\text{D—H}\cdots\text{I—M}$$

上述结果与分子内 N—H…X—Ir 氢键在能量的趋势上具有相当好的定性的一致性[172]。非常有趣的是，D—H…H—M 相互作用（D=N、O）称为双氢键或质子氢化键。

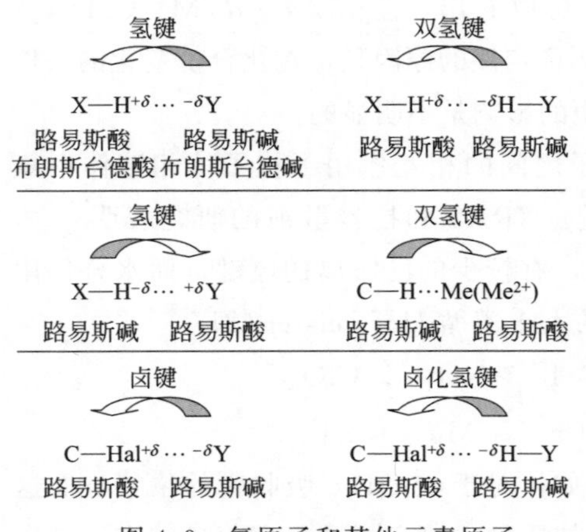

图 4.9 氢原子和其他元素原子不同类型的相互作用

注：该图经允许取自文献［173］。2016 年版权归美国化学会所有

它们包括质子氢原子（δ^{+}）和负电荷氢原子（δ^{-}）之间的相互作用，当负电荷氢原子与一个电正性的主族元素成键时就会发生，详见文献［157，134］和图 4.9。

Grabowski[157] 总结如下：解释氢键相互作用的方法有两种。一种方法是将它作为一个主要的静电相互作用。另一种方法是除了静电相互作用外，其他类型的相互作用能也是重要的，主要是电荷转移和色散的能量。然而，如上所述，含氢键化合物的结构多样性可以简化为简单的规则，即键长因配位数的变化而变化，而不需要引入附加条件。

与氢类似，卤素原子会趋向于与有孤对电子的原子进行相互作用。与 H 键类似，这种效应称为“卤键”，这在含卤素化合物的自组装中具有重要的作用[174]。

附录

补充表格

表 S4.1 稀有气体分子的成键能 E（J/mol）及其累加值的偏差

Rg・Rg′	E	ΔE	Rg・Rg′	E	ΔE	Rg・Rg′	E	ΔE
He・He	90.5[a]	—	Ne・Ne	351	—	Ar・Kr	1386[b,c]	58
He・Ne	177	44	Ne・Ar	548[c]	220	Ar・Xe	1539[b,c]	188
He・Ar	250	388	Ne・Kr	577[c]	450	Kr・Kr	1702[c,d]	—
He・Kr	253	643	Ne・Xe	586[c]	724	Kr・Xe	1898[b,c]	88
He・Xe	255	925	Ar・Ar	1186	—	Xe・Xe	2269[c,f]	—

注：来源于综述［4.1］和原始论文，测量值作了平均，$\Delta E=1/2[E(\mathrm{Rg}\cdot\mathrm{Rg})+E(\mathrm{Rg}'\cdot\mathrm{Rg}')]-E_{\mathrm{exp}}(\mathrm{Rg}\cdot\mathrm{Rg}')$。

a. 文献［4.2-4.4］的平均值；b. 数据源自文献［4.5］；c. 数据源自文献［4.6］；d. 数据源自文献［4.7］；e. 数据源自文献［4.8］

表 S4.2 范德华分子 Rg・M 的成键能（kJ/mol）

M	He	Ne	Ar	Kr	Xe	M	He	Ne	Ar	Kr	Xe
H		0.23	0.40[a]	0.565	0.66	Mg	0.17[m]	0.29[f,m]	0.525[b]		
F	0.205	0.405	0.655	0.695	0.78	Zn		0.30[n]	1.06[j,n]	1.424[n]	1.94[o]
Cl[b]	0.255	0.47	1.24	1.61	1.96	Cd	0.17[p]	0.43[f,q]	1.27[f,n]	1.555[o]	2.105[o]
Br					3.03[c]	Hg		0.55[f,j,r]	1.62[j,n,r,s]	2.14[r,s]	3.04[r,s]
I			1.53[d]	1.95[d]		B		0.25[t]	1.22[t]	1.90[t]	
O	0.20	0.415	0.75	0.90	1.14	Al		0.17[u]	1.68[v,w,x]	2.27[v,x,y]	3.80[v,y]
S		0.563[aa]	1.64[aa]	2.16[aa]		Ga			0.24[v]	0.36[v]	1.56[v]
N			0.75	1.01		In[v,x]			0.92	1.18	2.80
Li		0.11	0.505[e]	0.81	1.22	Tl			0.37[v]	0.42[v]	0.465[v]

续表

M	He	Ne	Ar	Kr	Xe	M	He	Ne	Ar	Kr	Xe
Na		0.10[f]	0.50[f]	0.82[g,h]	1.40[i]	M	Rb	Cu	Au	Ca	Sr
K			0.49[j]	0.85	1.28	Ar	0.87	4.88[k]	1.55[k]	0.74[j]	0.81[j]
Cs			0.54	0.885	1.31	M	C	Si	Ge	Sn	Ni
Ag			0.95[j,k]	1.65	3.30[l]	Ar[z]	1.44	2.14	<2.09	<1.65	0.62[ab]

注：a. 数据源自文献［4.5］；b. 数据源自文献［4.7］；c. 数据源自文献［4.9，4.10］；d. 数据源自文献［4.8］；e. 数据源自文献［4.11］；f. 数据源自文献［4.12］；g. 数据源自文献［4.13］；h. 数据源自文献［4.14］；i. 数据源自文献［4.15］；j. 数据源自文献［4.16，4.17］；k. 数据源自文献［4.18］；l. 数据源自文献［4.19］；m. 数据源自文献［4.20］；n. 数据源自文献［4.21］；o. 数据源自文献［4.22］；p. 数据源自文献［4.23］；q. 数据源自文献［4.24］；r. 数据源自文献［4.25］；s. 数据源自文献［4.26］；t. 数据源自文献［4.27］；u. 数据源自文献［4.28］；v. 数据源自文献［4.29］；w. 数据源自文献［4.30］；x. 数据源自文献［4.31］；y. 数据源自文献［4.32］；z. 数据源自文献［4.33］；aa. 数据源自文献［4.196］；ab. 数据源自文献［4.34］

表 S4.3　原子与分子类型的范德华配合物的成键能（kJ/mol）

分子	原子						
	He	Ne	Ar	Kr	Xe	F	O
H_2	0.13	0.275	0.61	0.705	0.78	0.40	0.45
Cl_2	0.17[a]	0.715[a,b]	2.25[a,b]	2.81[a]	3.425[a]		
Br_2	0.20[c]	0.98[d]					
I_2	0.215[e]	0.90[e]	2.165[f]				
O_2	0.245[g,h]	0.515[h]	1.135[h]	1.295[h,i]	1.51[h,i]		
N_2	0.22[g,h]	0.40[h,j]	0.955[h,k]	1.13[h]	1.385[l,m]		
Ag_2			0.275[n]	0.395[n]	1.23[n]		
NO	0.04[o]	0.346[o]	1.122[o]	1.315[w]	1.45[w]		
N_2O		0.96[p]	1.995[p]	2.30[p]	2.55[p]		
CO_2		0.83[p]	1.78[p]	2.065[p]	2.28[p]		
HF			1.21[q,r]	1.59[q]	2.165[q]		
HCl			1.375[q,r]	1.84[q]	2.46[q]		
CH_4	0.21	0.53[s]	1.355[s]	1.645[s]	1.89[s]	0.75	0.90
C_6H_6	0.985[t]	1.88[t,u]	4.53[t,u]	5.64[t,u]	6.82[t,u]		
C_2H_2			1.20[v]	1.44[v]	1.67[v]		

注：a. 数据源自文献［4.35］；b. 数据源自文献［4.36］；c. 数据源自文献［4.37］；d. 数据源自文献［4.38］；e. 数据源自文献［4.39］；f. 数据源自文献［4.40］和［4.41］的平均值；g. 数据源自文献［4.42］；h. 数据源自文献［4.1］；i. 数据源自文献［4.43］；j. 数据源自文献［4.44］；k. 数据源自文献［4.45］；l. 数据源自文献［4.46］；m. 数据源自文献［4.47］；n. 数据源自文献［4.48］；o. 数据源自文献［4.49］；p. 数据源自文献［4.50］；q. 数据源自文献［4.51］；r. 数据源自文献［4.52］；s. 数据源自文献［4.53］；t. 数据源自文献［4.54］；u. 数据源自文献［4.55］；v. 数据源自文献［4.56］；w. 数据源自文献［4.197］

表 S4.4　分子·分子/原子类型的范德华配合物的成键能（kJ/mol）

分子/原子	分子				
	H_2	O_2	N_2	NH_3	CH_4
H_2	0.29	0.57			0.335[a]
O_2	0.57	1.64[b]	1.435[b]		1.34
N_2		1.435[b]	1.135[b]		
NH_3				7.895[c]	
CH_4		1.34			1.65[d]
Li			363		833

续表

分子/原子	分子				
	H_2	O_2	N_2	NH_3	CH_4
Cd	0.395[e]				1.45[f]
Hg	0.44[e]		1.31[h]	2.98[h]	2.14[f]
Al			4.235[g]		

注：a. 数据源自文献［4.57］；b. 数据源自文献［4.58］；c. 数据源自文献［4.59］；d. 数据源自文献［4.60］；e. 数据源自文献［4.61］；f. 数据源自文献［4.62］；g. 数据源自文献［4.63］

表 S4.5　原子·离子类型的配合物的成键能（kJ/mol）

离子	原子				
He	Ne	Ar	Kr	Xe	
Li^+	7.91[a]	11.9[a]	24.5[a]	29.7[a]	36.9[a]
Na^+	4.34[a]	6.95[a]	16.1[a]	20.2[a]	25.95[a]
K^+	2.12[a]	3.86[a]	10.6[a]	13.7[a]	18.2[a]
Rb^+	1.74[a]	3.18[a]	9.36[a]	12.35[a]	16.7[a]
Cs^+	1.35[a]	2.51[a]	8.20[a]	11.1[a]	15.3[a]
Be^+		3.77[b]	49.2[c]		
Mg^+	0.78[d]	2.58[d]	15.1[c,d,e]	23.1[d,e,f]	34.4[d,e]
Ca^+		1.48	9.04[c,e]	15.6[e,f]	21.7[e]
Sr^+		0.92[f]	9.90[c,f]	14.7[f]	
Ba^+			8.13[c]		
Hg^+			22.0[g]	37.9[g]	72.2[g]
B^+			25.7[g]		
Al^+			11.75[h]	18.3[h]	
Zr^+			32.4[i]		
V^+			36.0[j,k,l]	46.3[j,k]	62.7[j]
Nb^+			37.2[j]	55.1[j]	69.6[j]
Fe^+			45.3[m]		
Co^+			49.9[k,n]	65.2[k,n]	82.0[o]
Ni^+			54.7[p]		
F^-	1.83[a]	3.28[a]	9.65[a]	12.6[a]	17.0[a]
Cl^-	1.06[a]	2.12[a]	7.33[a]	9.68[a,q]	14.3[a]
Br^-	0.87[a]	1.83[a]	6.0[a,r]	8.56[a,q]	13.0[a,q]
I^-	0.67[a]	1.54[a]	5.2[a,r]	7.6[a,r]	12.1
S^-		1.093[s]	5.161[s]	7.814[s]	

注：a. 数据源自文献［4.64］；b. 数据源自文献［4.65］；c. 数据源自文献［4.66］；d. 数据源自文献［4.67］；e. 数据源自文献［4.68］；f. 数据源自文献［4.69］；g. 数据源自文献［4.70］；h. 数据源自文献［4.71］；i. 数据源自文献［4.72］；j. 数据源自文献［4.73］；k. 数据源自文献［4.74］；l. 数据源自文献［4.75］；m. 数据源自文献［4.76］；n. 数据源自文献［4.77］；o. 数据源自文献［4.78］；p. 数据源自文献［4.79］；q. 数据源自文献［4.80］；r. 数据源自文献［4.6］；s. 数据源自文献［4.10a］

表 S4.6　离子·分子类型配合物的成键能（kJ/mol）

离子	分子							
	H_2	N_2	NH_3	H_2O	CO	CH_4	C_2H_4	C_6H_6
Li^+								161[a]
Na^+				95[b]				92.6[a]
K^+				74.9[c]				73.3[a]
Rb^+								68.5[a]
Cs^+								64.6[a]

续表

离子	分子							
	H_2	N_2	NH_3	H_2O	CO	CH_4	C_2H_4	C_6H_6
Cu^+	64.4[d]		237[e]	157[b]	149[b]		176[e]	218[f]
Ag^+			170[g]		89[b]			162[h]
Mg^+				119[b]			67.5[i]	
Ca^+		21.0[j]						
Zn^+	15.7[k]							
Cd^+	136[h]							
Al^+				104[b]				147[c]
Ti^+	41.8[d]		197[e]	154[b]	118[b]	70[b]	146[f]	258[f]
V^+	42.7[d]		192[e]	147[b]	113[b]		124[f]	233[f]
Cr^+	31.8[d]		183[e]	129[b]	90[b]		95.5[f]	170[f]
Mn^+	8.0[k]		147[e]	119[b]	25[b]		90.7[f]	133[f]
Fe^+	69.0[d]	54.0[l]	184[e]	128[b]	153[l]	57[b]	145[f]	207[f]
Co^+	76.2[d]		219[e]	161[b]	174[b]	90[b]	186[f]	255[f]
Ni^+	72.4[d]	111[b]	238[e]	180[b]	178[b]		182[f]	243[f]
F^-		18.8[m]		110[n]	41.0[m]	28.0[o]		
Cl^-						15.9[o]		64.9[o]
Br^-	4.4[p]					13.0[o]		
I^-	3.0[p]					10.9[o]		

注：a. 数据源自文献 [4.81]；b. 数据源自文献 [4.82]；c. 数据源自文献 [4.83]；d. 数据源自文献 [4.84]；e. 数据源自文献 [4.85]；f. 数据源自文献 [4.86]；g. 数据源自文献 [4.87]；h. 数据源自文献 [4.88]；i. 数据源自文献 [4.89]；j. 数据源自文献 [4.90]；k. 数据源自文献 [4.81]；l. 数据源自文献 [4.76]；m. 数据源自文献 [4.82]；n. 数据源自文献 [4.83]；o. 数据源自文献 [4.84]；p. 数据源自文献 [4.85]

表 S4.7　范德华分子 A·Rg[a] 的分子间距离 (Å)

A	Rg				
	He	Ne	Ar	Kr	Xe
Li		5.01	4.86	4.84	4.84
Na		5.14	5.02	4.93	5.01
K			5.15	5.15	5.22
Rb				5.29	
Cs			5.50	5.44	5.47
Ag			4.0		
Mg		4.40	4.49		4.56
Zn			4.38[b]	4.20	
Cd		4.27	4.31[b]	4.36	4.55
Hg		3.91	3.99[b]	4.07	4.25
B			3.61		
Al			3.64	3.81	
In			3.86	3.9	
Tl			4.35	4.34	4.27
Si			4.0		
N			3.78	3.86	
O	3.27	3.30	3.60	3.75	3.90
S		3.596[c]	3.722[c]	3.781[c]	
H		3.15	3.58	3.62	3.82

续表

A	Rg				
	He	Ne	Ar	Kr	Xe
F	3.03	3.15	3.50	3.65	3.78
Cl	3.49	3.61	3.88	3.95	4.06
Br			3.89		
I			4.11	4.20	
He	2.97	3.03	3.48	3.70	3.99
Ne	3.03	3.09	3.51	3.66	3.88
Ar	3.48	3.51	3.76	3.88	4.07
Kr	3.70	3.66	3.88	4.01	4.19
Xe	3.99	3.88	4.07	4.19	4.36

注：a. 数据源自文献［4.1，4.96，4.97］；b. 数据源自文献［4.21］；c. 数据源自文献［4.196］

表 S4.8　Rg · A_nB_m 和 Hg · A_nB_m 范德华配合物中质心距离（Å）

A_nB_m/Rg	He	Ne	Ar	Kr	Xe	Hg
H_2	3.24	3.30	3.58	3.72	3.94	
O_2	3.52	3.62	3.72	3.88	4.02	
N_2	3.69	3.72	3.71	3.84	4.10[a]	4.17[c]
Cl_2	3.67	3.57	3.72			
Br_2	3.84	3.67				
I_2	4.48		4.02			
HF	3.11		3.51	3.61	3.78	
HCl	3.45		3.98	4.08	4.25	
HBr			4.13	4.24		
OH		2.767[d]	2.789[d]	2.860[d]		
SH		2.902[d]	2.900[d]	2.968[d]		
CO		3.645[e]	3.849[e]	3.976[e]	4.194[e]	
CO_2[b]	3.559[h]	3.290[f]	3.504[f]	3.624[f]	3.815[f]	
C_2H_2[b]		4.01[g]	4.04[g]	4.15[g]	4.28[g]	
CH_4[b]	3.85	3.78	3.999[e]	4.097[e]	4.264[r]	4.0[c]
C_5H_5	3.77[i]	3.58[i]				
C_6H_6	3.20[j]	3.30[j]	3.58[j]	3.73[j]	3.89[j]	
SiH_4		4.13[h]	4.043[h]			
SiF_4			3.804[k]	3.942[k]		
H_2O	3.948		3.794[l]	3.91	3.95	3.6[c]
H_2S		3.959[l]	4.044[l]			
NO_2			3.490[m]	3.595[m]	3.774[m]	
N_2O	3.393[h]	3.241[f]	3.469[f]	3.594[f]	3.781[f]	
NH_3[n]		3.723[o]	3.836[o]	3.992[o]	4.067[o]	
BF_3[p]		3.09	3.32	3.45		
OCS	3.827[h]	3.54[f]	3.70[f]	3.81[f]	3.98[f]	
Li_2	6.87[q]	6.90[q]	6.35[q]	6.51[q]	6.39[q]	
Na_2		6.1[q]	7.53[q]			

注：a. 数据源自文献［4.98］；b. Rg⋯C 的距离；c. 数据源自文献［4.99］；d. Rg⋯H 的距离，数据源自文献［4.100］；e. 数据源自文献［4.101］；f. 数据源自文献［4.103］；g. 数据源自文献［4.104］；h. 数据源自文献［4.105］；i. 数据源自文献［4.106］；j. 数据源自文献［4.54］；k. 数据源自文献［4.107］；l. 数据源自文献［4.108］；m. 数据源自文献［4.109］；n. D(Cu⋯NH_3)＝2.00 Å，D(Ag⋯NH_3)＝2.42 Å［4.110］；o. 数据源自文献［4.111］；p. 数据源自文献［4.112］中的 Rg⋯B 距离；q. 数据源自文献［4.113］；r. 数据源自文献［4.102］。

表 S4.9　范德华配合物 Rg · MX 中 Rg⋯M 的距离（Å）

Rg	CuF	CuCl	CuBr	Rg	AgF	AgCl	AgBr
Ar	2.22	2.27	2.30	Ar	2.56	2.61	2.64
Kr	2.32	2.36	2.47	Kr	2.59	2.64	2.66
Rg	AuF	AuCl	AuBr	Xe	2.65	2.70	

续表

Rg	CuF	CuCl	CuBr	Rg	AgF	AgCl	AgBr
Ar	2.39	2.47	2.50	$H_2O\cdots M$[a]	CuCl	AgF	AgCl
Kr	2.46	2.52			1.914	2.168[b]	2.198
				$H_2S\cdots M$[a]	CuCl	AgCl	
					2.153	2.384	

注：数据源自文献［4.114］，$d(Ar\cdots NaCl)=2.89$ Å。

a. 数据源自文献［4.115］；b. 数据源自文献［4.198］

表 S4.10　含有两种分子的范德华配合物中分子间距离 *d*(Å)

分子	H_2	F_2	Cl_2	Br_2	O_2	N_2	H_2O	CO_2	N_2O	NH_3
H_2	3.44[a]				3.62[b]		3.16[c]			
H_2O	3.16[c]	2.748[d]	2.848[d]			3.37[e]	2.98[f]			2.02[g]
H_2S		3.20[h]	3.25[h]	3.18[h]						2.32[g]
HCl	3.99[c]						3.227[j]			1.85[g]
HI						3.70[i]	3.745[j]			
CO			3.134[k]	3.105[k]						3.70[l]
CO_2				5.116[m]				3.60[n]		2.99[g]
C_2H_4			3.13[o]	3.07[o]						
C_2H_2			3.163	3.134[p]				3.285[q]	3.305[q]	2.33[g]
NH_3		2.71[r]	2.73[r]	2.72[r]			2.98[s]	2.99[f]		3.27[g]
C_6H_6						3.31[t]	3.33[t]	3.27[t]		
N_2					3.70[u]	3.81[u]	3.37[d]			
N_2O								3.47[n]	3.42[n]	
O_2	3.62[b]				3.56[u]	3.70[u]				

注：除非特殊说明，其余均为分子间的质心距离，X 为卤素原子。

a. 数据源自文献［4.2］；b. 数据源自文献［4.1］；c. $H\cdots O$，数据源自文献［4.116］；d. $X\cdots O$，数据源自文献［4.115］；e. $N\cdots O$，数据源自文献［4.117］；f. $O\cdots O$；g. $N\cdots X$，数据源自文献［4.118］；h. $X\cdots S$，数据源自文献［4.119］；i. 数据源自文献［4.120］；j. $X\cdots O$，数据源自文献［4.121］；k. $X\cdots C$，数据源自文献［4.122］；l. 数据源自文献［4.123］；m. 数据源自文献［4.124］；n. 数据源自文献［4.125］；o. $X\cdots C_2H_4$ 的中心，数据源自文献［4.126］；p. $X\cdots C_2H_2$ 的中心，数据源自文献［4.127］；q. 数据源自文献［4.128］；r. $X\cdots N$，数据源自文献［4.129］；s. 数据源自文献［4.130］；t. 数据源自文献［4.131］；u. 数据源自文献［4.58］

表 S4.11　非金属元素的范德华半径（Å）

作者	H	F	Cl	Br	I	O	S	N	C
Pauling[a]	1.2	1.35	1.80	1.95	2.15	1.40	1.85	1.5	1.70
Kitaigorodskii[b]	1.17		1.78	1.95	2.1	1.36		1.57	
Bondi[c]	1.20	1.47	1.75	1.85	1.98	1.50	1.80	1.55	1.70
Alcock[d]		1.47	1.75	1.85	1.98	1.52	1.80	1.55	
Gavezzotti[e]	1.2	1.35	1.8	1.95	2.1	1.4	1.85	1.5	1.7
Zefirov, Zorkii[f]	1.16	1.40	1.90	1.97	2.14	1.29	1.84	1.50	1.72
Tran 等人[g]	1.2	1.4	1.8	2.0	2.1	1.4	1.8	1.6	1.7
Batsanov[h]			1.80	1.90	2.10	1.51[a]	1.80		1.68
Rouland 等人[i]	1.10	1.46	1.76	1.87	2.03	1.58	1.81	1.64	1.71
Zorkii, Stukalin[j]	1.17		1.80			1.34		1.52	

注：数值来自于 1939～2005 年的 X 射线衍射的测定结果。

a. 数据源自文献［4.132］；b. 数据源自文献［4.133］；c. 数据源自文献［4.134］；d. 数据源自文献［4.135］；e. 数据源自文献［4.136］；f. 数据源自文献［4.137］；g. 数据源自文献［4.138］；h. 数据源自文献［4.139］；i. 数据源自文献［4.140］；j. 数据源自文献［4.141］

表 S4.12 金属元素的范德华半径 (Å)

M	*R*	M	*R*	M	*R*
Na	2.76[a]	Al	2.02[b]	Bi	2.22[b], 2.07[ac], 2.15[s]
K	3.13[a]	Ga	(2.05)[b], 2.06[n]	Cr	(2.0)[b]
Rb	3.17[a], 3.03[b]	In	1.98[n]	Mo	(2.2)[b]
Cs	3.3[a], 3.43[b]	Tl	2.02[o], 2.05[p], 2.00[q]	W	(2.2)[b]
Cu	1.7[c]	Ti	(2.0)[b]	Se	1.85[a], 1.92[b], 1.90[s]
Ag	1.9[d]	Zr	(2.3)[b], 1.89[r]	Te	2.02[a], (2.06)[b], 2.06[s]
Au	1.82[e], 2.07[f], 2.06[g], 2.28[h]	Si	1.92[a], 1.95[b], 2.10[s]	Fe	(2.1)[b], 2.10[aa]
Be	1.53[b]	Ge	2.00[a], 2.11[b], 1.95[s]	Co	1.6[b]
Ca	2.17[a], 2.19[i], 2.31[b]	Sn	2.29[a], (2.15)[b]	Ni	1.6[b]
Sr	2.36[a], 2.49[b]		2.10[s], 2.32[t]	Ru	2.16[ab]
Ba	2.51[j], 2.68[b]	Pb	2.03[u], 2.34[v]	Rh	1.94[ac]
Zn	1.95[b], (2.0)[b]	V	(2.0)[b]	Pd	2.1[c], 2.2[ad]
Cd	(2.05)[b]	Nb	2.1[w], 2.25[x]	Os	2.26[a]
Hg	1.8[b], (1.9)[b], 1.95[k], 1.86[l]	Ta	2.23[x]	Ir	1.84[ae]
Y	1.8[m]	P	1.85[b], 1.80[s]	Pt	1.7[c,j], 1.9[cc], 2.2[ag]
B	1.92[b]	As	1.96[b], 1.85[s]	U	2.47[ah]
		Sb	2.06[b], 1.98[y], 2.05[s]		

注：a. 数据源自文献 [4.139]；b. 数据源自文献 [4.142]；c. 数据源自文献 [4.143]；d. 数据源自文献 [4.144]；e. 数据源自文献 [4.145]；f. 数据源自文献 [4.146, 4.147]；g. 数据源自文献 [4.148]；h. 数据源自文献 [4.146, 4.147] 的平均值；i. 数据源自文献 [4.149]；j. 数据源自文献 [4.150]；k. 数据源自文献 [4.151]；l. 数据源自文献 [4.152]；m. 数据源自文献 [4.153]；n. 数据源自文献 [4.154]；o. 数据源自文献 [4.155]；p. 数据源自文献 [4.156]；q. 数据源自文献 [4.157]；r. 数据源自文献 [4.158]；s. 数据源自文献 [4.135]；t. 数据源自文献 [4.159]；u. 数据源自文献 [4.160]；v. 数据源自文献 [4.161]；w. 数据源自文献 [4.162]；x. 数据源自文献 [4.163]；y. 数据源自文献 [4.164]；z. 数据源自文献 [4.165]；aa. 数据源自文献 [4.166]；ab. 数据源自文献 [4.167]；ac. 数据源自文献 [4.168]；ad. 数据源自文献 [4.169]；ae. 数据源自文献 [4.170]；af. 数据源自文献 [4.171]；ag. 数据源自文献 [4.172]；ah. 数据源自文献 [4.173]

表 S4.13 金属晶体的范德华半径 (Å)

M	[4.174]	[4.175]	[4.176]	[4.177]	[4.178]	[4.179]	[4.180]	[4.181]	[4.182]
Li	2.24	2.25	2.14			2.14	2.01	2.0	2.14
Na	2.57	2.40	2.39			2.38	2.48	2.7	2.45
K	3.00	2.67	2.67			2.52	3.00	3.1	2.85
Rb	3.12	2.78	2.76			2.61	3.18	3.3	2.92
Cs	3.31	2.90	2.93			2.75	3.46	3.5	3.11
Cu	2.00	2.16	2.12	1.86	1.92	1.96	1.68	1.8	1.92
Ag	2.13	2.25	2.29	2.03	2.10	2.11	1.90	2.1	2.07
Au	2.13	2.18		2.17	2.10	2.14	1.86	2.3	2.04
Be	1.86	2.03	1.92	2.05		1.69	1.47	2.2	1.78
Mg	2.27	2.22	2.18	2.05		2.00	2.13	2.7	2.22
Ca	2.61	2.43	2.27	2.21		2.27	2.60	3.0	2.53
Sr	2.78	2.54	2.40	2.24		2.42	2.83	3.2	2.69
Ba	2.85	2.67	2.55	2.51		2.59	2.95	3.4	2.77
Zn	2.02	2.09	2.14	2.10	1.98	2.01	1.85	1.7	2.03
Cd	2.17	2.18	2.29	2.30	2.17	2.18	2.04	2.0	2.16
Hg	2.17	2.15	2.27	2.09	2.24	2.23	2.00	2.1	2.13
Sc	2.28	2.37	2.18	2.16	2.12	2.15	2.16	2.0	2.24
Y	2.45	2.47	2.38	2.19	2.29	2.32	2.43	2.3	2.42

续表

M	[4.174]	[4.175]	[4.176]	[4.177]	[4.178]	[4.179]	[4.180]	[4.181]	[4.182]
La	2.51	2.58	2.59	2.40	2.45	2.43	2.54	2.4	2.49
B	1.74	1.87	1.72	1.47		1.68	1.34	1.5	1.65
Al	2.11	2.19	2.07	2.11		1.92	1.94	1.9	2.09
Ga	2.08	2.17	2.13	2.08		2.03	1.88	1.7	2.05
In	2.24	2.28	2.32	2.36		2.21	2.18	1.9	2.25
Tl	2.25	2.29	2.42	2.35		2.27	2.22	2.5	2.28
Ti	2.14	2.30	2.22	1.87	2.07	2.11	2.02	1.7	2.15
Zr	2.25	2.38	2.31	1.86	2.19	2.23	2.30	2.0	2.33
Hf	2.24	2.34	2.29	2.12	2.19	2.23	2.25	2.1	2.30
Si	2.06	2.06	2.19	2.07		1.93	1.88	1.9	1.98
Ge	2.13	2.10	2.22	2.15		2.05	1.94	1.9	2.02
Sn	2.29	2.21	2.40	2.33		2.23	2.10	2.2	2.20
Pb	2.36	2.24	2.46	2.32		2.37	2.20	2.2	2.27
V	2.03		2.14	1.79	2.06	2.07	1.96		2.11
Nb	2.13	2.34	2.15	2.07	2.17	2.18	2.04		2.16
Ta	2.13	2.26	2.22	2.17	2.18	2.22	2.12		2.22
As	2.16	2.05	2.14	2.06		2.08	1.90	2.0	2.03
Sb	2.33	2.20	2.32	2.25		2.24	2.19	2.1	2.23
Bi	2.42	2.28	2.40	2.43		2.38	2.25	2.2	2.30
Cr	1.97	2.27	2.05	1.89	2.06	2.06	1.90	1.8	2.12
Mo	2.06	2.29	2.16	2.09	2.16	2.17	2.00		2.13
W	2.07	2.23	2.14	2.10	2.18	2.18	2.04		2.16
Mn	1.96	2.15	2.00	1.97	2.04	2.05	1.92	1.7	2.08
Tc	2.04		2.11	2.09	2.16	2.16	2.01		2.14
Re	2.05	2.21	2.11	2.17	2.16	2.16	1.96		2.11
Fe	1.96	2.19	1.98	1.94	2.02	2.04	1.86	1.7	2.11
Co	1.95	2.16	1.97	1.92	1.91	2.00	1.85	1.7	2.04
Ni	1.92	2.14	1.97	1.84	1.98	1.97	1.83	1.6	2.00
Ru	2.02		2.05	2.07	2.17	2.13	1.95		2.11
Rh	2.02		2.04	1.95	2.04	2.10	1.95		2.07
Pd	2.05		2.14	2.03	2.09	2.10	1.98		2.10
Os	2.03		2.02	2.16	2.17	2.16	1.95		2.09
Ir	2.03		2.01	2.02	2.09	2.13	1.94		2.09
Pt	2.06		2.15	2.09	2.09	2.13	1.96		2.10
Th	2.43	2.54	2.50	2.37		2.45	2.48	2.2	2.45
U	2.17	2.51	2.45	2.40		2.41	2.40	2.5	2.40

表 S4.14 所选元素的量子力学范德华平衡半径（Å）

文献	Li	Be	B	C	N	O	F	Ne
[4.183]	2.21	2.21	2.07	1.92	1.77	1.68	1.60	1.53
[4.184]	2.67	1.64	1.88	1.64	1.36	1.27	1.07	0.94
[4.185]	2.21	2.20	2.06	1.92	1.79	1.70	1.61	1.52
[4.186]	2.84	2.22	1.78	1.62	1.43	1.36	1.21	1.22
文献	Na	Mg	Al	Si	P	S	Cl	Ar
[4.183]	2.25	2.43	2.44	2.35	2.24	2.15	2.07	1.97
[4.184]	2.79	2.00	2.49	2.26	1.75	1.71	1.46	1.34
[4.185]	2.25	2.42	2.41	2.33	2.23	2.14	2.08	1.98
[4.186]	3.07	2.75	2.30	2.21	2.03	1.91	1.86	1.78

表 S4.15 所选元素的分子力学平衡半径 (Å)

作者	文献	年份	C	N	O	F	H
Mundt 等人	[4.187]	1983	1.80		1.36		1.17
Woolf, Roux	[4.188]	1994	2.06	1.85	1.77		1.32
Cornell 等人	[4.189]	1995	1.91	1.87	1.66	1.75	1.0±0.4

表 S4.16 根据 Allinger[4.186] (上一行) 和 Batsanov (中间一行[4.175] 和下一行[4.176]) 得到的元素范德华平衡半径 (Å)

Li	Be											B	C	N	O	F
2.55	2.23											2.15	2.04	1.93	1.82	1.71
2.72	2.32											2.05	1.85	1.70	1.64	1.61
2.51	2.13											1.85				
Na	Mg											Al	Si	P	S	Cl
2.70	2.43											2.36	2.29	2.22	2.15	2.07
2.82	2.45											2.47	2.25	2.09	2.00	1.82
2.78	2.48											2.31	2.34			
K	Ca	Sc	Ti	V	Cr	Mn	Fe	Co	Ni	Cu	Zn	Ga	Ge	As	Se	Br
3.09	2.81	2.61	2.39	2.29	2.25	2.24	2.23	2.23	2.22	2.26	2.29	2.46	2.44	2.36	2.29	2.22
3.08	2.77	2.64	2.52	2.50	2.51	2.43	2.34	2.30	2.26	2.30	2.25	2.38	2.23	2.16	2.10	2.00
3.07	2.61	2.45	2.45	2.31	2.24	2.21	2.21	2.20	2.20	2.31	2.37	2.36	2.35	2.25		
Rb	Sr	Y	Zr	Nb	Mo	Tc	Ru	Rh	Pd	Ag	Cd	In	Sn	Sb	Te	I
3.25	3.00	2.71	2.54	2.43	2.39	2.36	2.34	2.34	2.37	2.43	2.50	2.64	2.59	2.52	2.44	2.36
3.22	2.90	2.73	2.63	2.50	2.40					2.34	2.32	2.44	2.34	2.33	2.30	2.15
3.18	2.75	2.68	2.56	2.38	2.39	2.30	2.26	2.23	2.33	2.54	2.42	2.51	2.59	2.49		
Cs	Ba	La	Hf	Ta	W	Re	Os	Ir	Pt	Au	Hg	Tl	Pb	Bi	Po	At
3.44	3.07	2.78	2.53	2.43	2.39	2.37	2.35	2.36	2.39	2.43	2.53	2.59	2.74	2.66	2.59	2.51
3.38	3.05	2.86	2.54	2.44	2.35	2.38					2.25	2.46	2.34	2.40		
3.36	2.92	2.90	2.54	2.47	2.37	2.28	2.23	2.20	2.32		2.48	2.67	2.67	2.59		
		Th	U													
		2.74	2.52													
		2.75	2.73													
		2.80	2.72													

表 S4.17 固相 HX 分子中 H 和 X 的各向异性的范德华半径[4.190]

HX	类型	d(H…X)	d(X…X)	R_l(X)	$\overline{R}_l$(X)	R_t(X)	$\overline{R}_t$(X)	R_l(H)	$\overline{R}_l$(H)
HCl	Ⅰ	2.62	3.87	1.83	1.78	2.03	1.98	0.79	0.75
	Ⅱ	2.46	3.69	1.74		1.94		0.72	
HBr	Ⅰ	2.78	4.110	1.900	1.87	1.930	2.17	0.88	0.86
	Ⅱ	2.675	3.968	1.834		1.864		0.84	
HI	Ⅰ	3.028	4.459	2.045	2.00	2.082	2.37	0.98	0.92
	Ⅱ	2.813	4.277	1.953		1.990		0.86	

表 S4.18 X_2/AX_n 分子中 X 的光学各向异性、键长和各向异性的范德华半径 (Å)

X_2/AX_2	H_2	Cl_2	Br_2	I_2	O_2	N_2	CO_2	CS_2	C_2H_2
γ(A—X)	1.1265	1.192	1.207	1.222	1.223	1.132	1.272	1.372	1.175
d(A—X)	0.7414	1.988	2.281	2.666	1.208	1.098	1.163	1.564	1.061
R_t(X)	1.72	1.94	2.05	2.20	1.78	1.95	1.80	2.03	2.17[a]
R_l(X)	1.57	1.32	1.33	1.35	1.57	1.66	1.37	1.33	0.89

续表

AX_3/AX_4	BF_3	BCl_3	BBr_3	BI_3	CCl_4	$SiCl_4$	$GeCl_4$	$SnCl_4$
γ(A—X)	1.084	1.149	1.171	1.178	1.262	1.214	1.288	1.293
d(A—X)	1.311	1.742	1.893	2.118	1.767	2.017	2.108	2.275
R_t(X)	1.26	1.90	2.06	2.30	1.89	1.99	1.88	1.85
R_l(X)	1.10	1.42	1.55	1.73	1.31	1.53	1.65	1.86
AX_4	SiF_4	CBr_4	$SiBr_4$	$GeBr_4$	$SnBr_4$	SiI_4	GeI_4	SnI_4
γ(A—X)	1.080	1.285	1.238	1.258	1.278	1.228	1.262	1.267
d(A—X)	1.553	1.935	2.183	2.264	2.44	2.43	2.507	2.64
R_t(X)	1.25	2.02	2.21	2.18	2.14	2.39	2.54	2.52
R_l(X)	1.28	1.45	1.64	1.73	1.93	1.81	1.89	2.02

注：a. 估算值

表 S4.19　给体-受体和普通金属-氮化学键的键长和键能

M	d(M—N),Å		E(M—N),kJ/mol	
	$[M(NH_3)_n]X_m$	$M(NH_2)_n$	M—NH_3	M—N
Cu	2.03	2.05	63	176
Ag	2.12	2.13	49	149
Au	2.02	2.02	77	
Ca	2.55	2.52	75	159
Zn	2.01	2.03	63	173
Sc	2.29	2.25	55	194
La	2.70	2.65	75	201
Al	1.92	1.89		278
Ga	1.92	1.90	81	215
Zr	2.34	2.37		2.41
Hf	2.29	2.35		2.43
Si	1.90	1.92		215
V^{II}	2.22	2.14		201
Cr^{II}	2.24	2.18	53	
Mn^{II}	2.27	2.21	71	136
Fe^{II}	2.21	2.21	73	147
Co^{II}	2.18	2.14	68	
Ni^{II}	2.12	2.09	78	143
Cr^{III}	2.07	2.10	56	164
Co^{III}	1.96	1.95		143
Ru^{III}	2.10	2.10		
Ir^{III}	2.24	2.13		
Pt	2.04	2.09	84	

表 S4.20　O—H…O 体系中的分子间距离（Å）

化合物	d(O—H)	d(H…O)	化合物	d(O—H)	d(H…O)
$Ca(OH)_2$	0.936	2.397	H_2O	1.01	1.75
$Ni(OH)_2$	0.943	2.183	$B(OH)_3$	1.02	1.70
$Be(OH)_2$[a]	0.956	2.007	$KHCO_3$[c]	1.023	1.587
$H_2C_2O_4 \cdot 2H_2O$	0.960	1.917	KD_2AsO_4	1.03	1.49
$Cu_2(OH)_2CO_3$	0.97	1.84	KH_2AsO_4	1.06	1.46
$NiSO_4 \cdot 6H_2O$[b]	0.975	1.800	KH_2PO_4	1.08	1.41
HIO_3	0.99	1.78	$Ni(DMG)_2$	1.22	1.22

注：a. 数据源自文献［4.192］；b. 数据源自文献［4.193］；c. 数据源自文献［4.194］

表 S4.21 冰的晶体结构中的晶体参数[4.195]

冰	空间点群	T(K)	P(bar)	晶胞参数(Å)	z^a	ρ(g/cm^3)	质子有序度
Ih	$P6_3/mmc$	98	1	$a=4.48, c=7.31$	4	0.92	完全无序
Ic	$Fd\bar{3}m$	98	1	$a=6.350$	8	0.92	相同
Ⅱ	$R\bar{3}$	123	1	$a=7.78, \alpha=113.1°$	12	1.17	完全无序
Ⅲ	$P4_12_12$	240	2.5	$a=6.67, c=6.96$	12	1.286	无序
Ⅳ	$R\bar{3}c$	110	1	$a=7.60, \alpha=70.1°$	16	1.272	完全无序
Ⅴ	$A2/a$	98	1	$a=9.22, b=7.54$			
				$c=10.35, \beta=109.2°$	28	1.231	无序
Ⅵ	$P4_2/nmc$	98	1	$a=6.27, c=5.79$	10	1.31	完全无序
Ⅶ	$Pn\bar{3}m$	295	24	$a=3.344$	2	1.778	相同
Ⅷ	$I4_1/amd$	10	24	$a=4.656, c=6.775$	8	1.810	完全无序
Ⅸ	$P4_12_12$	110	1	$a=6.73, c=6.83$	12	1.13	有序
Ⅹ	$Pn\bar{3}m$				2		质子留在 O…O 键的中间点
Ⅺ	$Cmc2_1$	5	1	$a=4.502, b=7.798$	8	0.93	
				$c=7.328$			有序
Ⅻ	$I\bar{4}2d$	1.5	1	$a=8.282, c=4.036$	12	1.440	无序

注：a. 每个晶胞的分子数

补充参考文献

[4.1] Cambi R，Cappelletti D，Liuti G，Pirani F (1991) J Chem Phys 95：1852

[4.2] Chalasinski G，Gutowski M (1988) Chem Rev 88：943

[4.3] Aziz RA，Slaman MJ (1991) J Chem Phys 94：8047

[4.4] Luo F，McBane GC，Kim G et al (1993) J Chem Phys 98：3564

[4.5] XuY，JägerW，Djauhari J，Gerry MCL (1995) J Chem Phys 103：2827

[4.6] Zhao Y，Yourshaw I，Reiser G et al (1994) J Chem Phys 101：6538

[4.7] Aquilanti V，Cappelletti D，Lorent V et al (1993) J Phys Chem 97：2063

[4.8] Tsukiyama K，Kasuya T (1992) J Mol Spectr 151：312

[4.9] Clevenger JO (1994) Chem Phys Lett 231：515

[4.10] Clevenger JO，Tellinghuisen J (1995) J Chem Phys 103：9611

[4.11] Brühl R，Zimmermann D (1995) Chem Phys Lett 233：455；Brühl R，Zimmermann D (2001) J Chem Phys 115：7892

[4.12] Wallace I，Breckenridge WH (1993) J Chem Phys 98：2768

[4.13] Brühl R，Kapetanakis J，Zimmermann D (1991) J Chem Phys 94：5865

[4.14] Zanger E，Schmatloch V，Zimmermann D (1988) J Chem Phys 88：5396

[4.15] Baunmann P，Zimmermann D，Brühl R (1992) J Mol Spectr 155：277

[4.16] Jouvet C，Lardeux-Dedonder C，Martrenchard S，Solgadi D (1991) J Chem Phys 94：1759

[4.17] Bokelmann F，Zimmermann D (1996) J Chem Phys 104：923

[4.18] Knight AM，Strangassinger A，Duncan MA (1997) Chem Phys Lett 273：265

[4.19] Brock LR，Duncan MA (1995) J Chem Phys 103：9200

[4.20] Leung AWK，Julian RR，Breckenridge WH (1999) J Chem Phys 111：4999

[4.21] Koperski J，Czajkowski M (2002) J Mol Spectr 212：162；Strojecki M，Koperski J (2009) Chem Phys Lett 479：189

[4.22] Wallace I，Kaup JG，Breckenridge WH (1991) J Phys Chem 95：8060；Wallace I，Ryter J，Breckenridge WH (1992) J Chem Phys 96：136

[4.23] Koperski J，Czajkowski M (1998) J Chem Phys 109：459

[4.24] Wallace I，Funk DJ，Kaup JG，Breckenridge WH (1992) J Chem Phys 97：3135

[4.25] Duval M-C，Soep B，Breckenridge WH (1991) J Phys Chem 95：7145

[4.26] Collier MA，McCaffrey JG (2003) J Chem Phys 119：11878

[4.27] Yang X，Dagdigian PJ (1997) J Phys Chem A101：3509

[4.28] Yang X, Dagdigian PJ, Alexer MH (1998) J Chem Phys 108: 3522
[4.29] Strangassinger A, Knight AM, Duncan MA (1998) J Chem Phys 108: 5732
[4.30] McQuaid MJ, Gole JL, Heaven MC (1990) J Chem Phys 92: 2733; Heidecke S, Fu Z, Colt JR, Morse MD (1992) J Chem Phys 97: 1692
[4.31] Callender CL, Mitchell SA, Hackett PA (1989) J Chem Phys 90: 5252
[4.32] Fu Z, Massik S, Kaup JG et al (1992) J Chem Phys 97: 1683
[4.33] Tao C, Dagdigian PJ (2004) J Chem Phys 120: 7512
[4.34] Kawamoto Y, Honma K (1998) Chem Phys Lett 298: 227
[4.35] Bieler C R, Spence KE, Ja KC (1991) J Phys Chem 95: 5058
[4.36] Rohrbacher A, Ja KC, Beneventi L et al (1997) J Phys Chem A 101: 6528
[4.37] Boucher DS, Strasfeld DB, Loomis RA et al (2005) J Chem Phys 123: 104312
[4.38] Cabrera JA, Bieler CR, Olbricht BC et al (2005) J Chem Phys 123: 054311
[4.39] Cline J et al (1987) In: Weber A (ed) Structure and dynamics of weakly bound molecular complexes. Reidel, Dordrecht, NATO ASI Series 212: 533
[4.40] Miller AES, Chuang C-C, Fu HC et al (1999) J Chem Phys 111: 7844
[4.41] Burroughs A, Heaven MC (2001) J Chem Phys 114: 7027
[4.42] Beneventi L, Casavecchia P, Volpi G (1986) J Chem Phys 85: 7011
[4.43] Aquilanti V, Ascenzi D, Cappelletti D et al (1998) J Chem Phys 109: 3898
[4.44] Jäger W, Xu Y, Armstrong G et al (1998) J Chem Phys 109: 5420
[4.45] Munteanu CR, Cacheiro JL, Fernez B (2004) J Chem Phys 121: 10419
[4.46] Cappelletti D, Liuti G, Luzzatti E, Pirani F (1994) J Chem Phys 101: 1225
[4.47] Wen Q, Jäger W (2005) J Chem Phys 122: 214310
[4.48] Robbins D, Willey KF, Yeh CS, Duncan MA (1992) J Phys Chem 96: 4824
[4.49] Holmess-Ross HL, Lawrance WD (2011) J Chem Phys 135: 014302
[4.50] Herrebout WA, Qian HB, Yamaguchi H et al (1998) J Molec Spectr 189: 235
[4.51] Frazer GT, Pine AS (1986) J Chem Phys 85: 2502
[4.52] McIntosh, A, Wang, Z, Castillo-Chara, J et al (1999) J Chem Phys 111: 5764
[4.53] Luiti G, Pirani F, Buck U, Schmidt B (1988) ChemPhys 126: 1
[4.54] Pirani F, Porrini M, Cavalli S et al (2003) ChemPhys Lett 367: 405
[4.55] Brupbacher T, Makarewicz J, Bauder A (1994) J Chem Phys 101: 9736
[4.56] Cappelletti D, Bartholomei M, Carmona-Novillo E et al (2007) J Chem Phys 126: 064311
[4.57] McKellar ARW, Roth DA, Winnewisser G (1999) J Chem Phys 110: 9989
[4.58] Aquilanti V, Bartolomei M, Cappelletti D et al (2001) Phys Chem Chem Phys 3: 3891
[4.59] Case AS, Heid CG, Kable SH, Crim FF (2011) J Chem Phys 135: 084312
[4.60] Reid BP, O'Loughlin MJ, Sparks RK (1985) J Chem Phys 83: 5656
[4.61] Wallace I, Funk DJ, Kaup JG, Breckenridge WH (1992) J Chem Phys 97: 3135
[4.62] Wallace I, Breckenridge WH (1992) J Chem Phys 97: 2318
[4.63] Yang X, Gerasimov I, Dagdigian PJ (1998) Chem Phys 239: 207
[4.64] Cappelletti D, Liuti G, Pirani F (1991) Chem Phys Lett183: 297
[4.65] Frenking G (1989) J Chem Phys 93: 3410
[4.66] Luder C, Velegrakis M (1996) J Chem Phys 105: 2167
[4.67] Burns KL, Bellert D, Leung AW-K, Breckenridge WH (2001) J Chem Phys 114: 7877
[4.68] Kaup JG, Breckenridge WH (1997) J Chem Phys 107: 5283
[4.69] Prekas D, Feng B-H, Velegrakis M (1998) J Chem Phys 108: 2712
[4.70] Breckenridge WH, Jouvet C, Soep B (1995) Adv Metal Semicond Cluster 3: 1
[4.71] Heidecke SA, Fu Z, Colt JR, Morse MD (1992) J Chem Phys 97: 1692
[4.72] Scurlock C, Pilgrim J, Duncan MA (1995) J Chem Phys 103: 3292
[4.73] Bellert D, Buthelezi T, Hayes T, Brucat PJ et al (1997) Chem Phys Lett 277: 27
[4.74] Lessen DE, Brucat PJ (1989) J Chem Phys 91: 4522
[4.75] Hayes T, Bellert D, Buthelezi T, Brucat PJ (1998) Chem Phys Lett 287: 22
[4.76] Tjelta B, Armentrout PB (1997) J Phys Chem A101: 2064
[4.77] Buthelezi T, Bellert D, Lewis V, Brucat PJ et al (1995) Chem Phys Lett 242: 627

[4.78] Haynes C, Armentrout PB (1996) Chem Phys Lett 249: 64
[4.79] Asher R, Bellert D, Buthelezi T, Brucat PJ (1994) Chem Phys Lett 228: 599
[4.80] Yourshaw I, Lenzer T, Reiseer G, Neumark DM (1998) J Chem Phys 109: 5247
[4.81] Amicangelo JC, Armentrout PB (2000) J Phys Chem A104: 11420
[4.82] Armentrout PB (1995) Acc Chem Rev 28: 430
[4.83] Ma JC, Dougherty DA (1997) Chem Rev 97: 1303
[4.84] Kemper PR, Weis P, Bowers MT (1998) Chem Phys Lett 293: 503
[4.85] Walter D, Armentrout PB (1998) J Am Chem Soc 120: 3176
[4.86] Sievers MR, Jarvis LM, Armentrout PB (1998) J Am Chem Soc 120: 3176
[4.87] Miyawaki J, Sugawara K-I (2003) J Chem Phys 119: 6539
[4.88] Ho Y-P, Yang Y-C, Klippenstein S, Dunbar R (1997) J Phys Chem A101: 3338
[4.89] Chen J, Wong TH, Chang YC et al (1998) J Chem Phys 108: 2285
[4.90] Pullins SH, Reddic JE, Frana MR, Duncan MA (1998) J Chem Phys 108: 2725
[4.91] Weis P, Kemper PR, Bowers MT (1997) J Phys Chem A 101: 2809
[4.92] Hiraoka K, Nasu M, Katsuragawa J et al (1998) J Phys Chem A102: 6916
[4.93] Weis P, Kemper PR, Bowers MT (1999) J Am Chem Soc 121: 3531
[4.94] Hiraoka K, Mizuno T, Iino T et al (2001) J Phys Chem A105: 4887
[4.95] Wild DA, Loh ZM, Wilson RL, Bieske EJ (2002) J Chem Phys 117: 3256
[4.96] Batsanov SS (1998) J Chem Soc Dalton Trans 1541
[4.97] Collier MA, McCaffrey JG (2003) J Chem Phys 119: 11878
[4.98] Munteanu CR, Cacheiro JL, Fernez B (2004) J Chem Phys 121: 10419; Wen Q, Jäger W (2005) J Chem Phys 122: 214310
[4.99] Duval M-C, Soep B, Breckenridge WH (1991) J Phys Chem 95: 7145; van Wijngaarden J, JägerW (2000) Mol Phys 98: 1575
[4.100] Carter CC, Castiglioni C (2000) J Mol Struct 525: 1
[4.101] Liu Y, JägerW (2004) J Chem Phys 121: 6240
[4.102] Wen Q, JägerW (2006) J Chem Phys 124: 014301
[4.103] HerreboutWA, Qiun H-B, Yamaguchi H, Howard BJ (1998) J Mol Spectr 189: 235
[4.104] Liu Y, Jäger W (2003) Phys Chem Chem Phys 5: 1744; Cappeletti D, Bartolomei M, Carmona-Novillo E, Pirani F (2007) J Chem Phys 126: 064311
[4.105] McKellar ARW (2006) J Chem Phys 125: 114310
[4.106] Yu L, Williamson J, Foster SC, Miller TA (1992) J Chem Phys 97: 5273
[4.107] Urban R-D, Jörissen LG, Matsumoto Y, Takami M (1995) J Chem Phys 103: 3960
[4.108] Liu Y, JägerW (2002) Mol Phys 100: 611
[4.109] Blanco S, Whitham CJ, Qian H, Howard BJ (2001) Phys Chem Chem Phys 3: 3895
[4.110] Miyawaki J, Sugawara K-i (2003) J Chem Phys 119: 6539
[4.111] van Wijngaarden J, Jäger W (2001) J Chem Phys 114: 3968; van Wijngaarden J, Jäger W (2001) J Chem Phys 115: 6504; Wen Q, JägerW (2008) J Chem Phys 128: 204309
[4.112] Lee G-H, Matsuo Y, Takami M (1992) J Chem Phys 96: 4079
[4.113] Rubahn H-G, Toennies J (1988) Chem Phys 126: 7; Rubahn H-G (1990) J Chem Phys 92: 5384
[4.114] Michaud JM, Cooke SA, Gerry MCL (2004) Inorg Chem 43: 3871; Yamazaki E, Okabayashi T, Tanimoto M (2004) J Am Chem Soc 126: 1028
[4.115] Walker NR, Tew DR, Harris SJ et al (2011) J Chem Phys 135: 014307
[4.116] Anderson DT, Schuder M, Nesbitt DJ (1998) Chem Phys 239: 253; Weida MJ, Nesbitt DJ (1999) J Chem Phys 110: 156
[4.117] Leung HO, Marshall MD, Suenram RD (1989) J Chem Phys 90: 700
[4.118] Nelson D, Fraser G, Klemperer W (1987) Science, 238: 1670
[4.119] Legon AC, Thumwood JM (2001) Phys Chem Chem Phys 3: 2758
[4.120] Jabs W, McIntosh AL, Lucchese RR et al (2000) J Chem Phys 113: 249
[4.121] Davey JB, Legon AC, Waclawik ER (2000) Phys Chem Chem Phys 2: 1659
[4.122] Davey JB, Legon AC, Waclawik ER (1999) Phys Chem Chem Phys 1: 3097

[4.123] Xia C, Walker KA, McKellarARW (2001) J Chem Phys 114: 4824
[4.124] Sazonov A, Beaudet RA (1998) J Phys Chem A102: 2792
[4.125] Dutton CC, Dows DA, Erkey R et al (1998) J Phys Chem A102: 6904
[4.126] Legon AC, Thumwood JM (2001) Phys Chem Chem Phys 3: 1397
[4.127] Davey JB, Legon AC (2001) Chem Phys Lett 350: 39
[4.128] Peebles SA, Kuczkowski (1999) J Phys Chem A103: 3884
[4.129] Bloemink HI, Evans CM, Holloway JH, Legon AC (1996) Chem Phys Lett 248: 260
[4.130] Forest S, Kuczkowski R (1996) J Am Chem Soc 118: 217
[4.131] Sun S, Bernstein E (1996) J Phys Chem 100: 13348; Schäfer M, Bauder A (2000) Mol Phys 98: 929
[4.132] Pauling L (1939, 1960) The nature of the chemical bond, 1st and 3rd edn. Cornell University Press, Ithaca
[4.133] Kitaigorodskii AI (1961) Organic chemical crystallography. Consult Bureau, New York
[4.134] Bondi A (1964) J Phys Chem 68: 441; Bondi A (1968) Physical properties of molecular crystals, liquids, and Glasses. Wiley, New York
[4.135] Alcock NW (1972) Adv Inorg Chem Radiochem 15: 1
[4.136] Gavezzotti A (1983) J Am Chem Soc 105: 5220; FilippiniG, Gavezzotti A (1993) Acta Cryst B49: 868; Dunitz JD, Gavezzotti A (1999) Acc Chem Res 32: 677
[4.137] Zefirov YuV, Zorkii PM (1989) Russ Chem Rev 58: 421; Zefirov YuV, Zorkii PM (1995) 64: 415; Zefirov YuV (1994) Crystallogr Reports 39: 939; Zefirov YuV (1997) Crystallogr Reports 42: 111
[4.138] Tran D, Hunt JP, Wherl S (1992) Inorg Chem 31: 2410
[4.139] Batsanov SS (1995) Russ Chem Bull 44: 18
[4.140] Rowl RS, Taylor R (1996) J Phys Chem 100: 7384
[4.141] Zorkii PM, Stukalin AA (2005) Crystallogr Reports 50: 522
[4.142] Bondi A (1964) The heat of sublimation of molecular crystals, analysis and molecular structure correlation. In: Rutner E, Goldfinger P, Hirth JP (eds) Condensation and evaporation of solids. Gordon and Breach, New York; Mantina M, Chamberlin AC, Valero R et al (2009) JPhys ChemA113: 5806
[4.143] Braga D, Grepioni F, Tedesco E, Biradha K, Desiraju GR (1997) Organometallics 16: 1846
[4.144] Ardizzoia G, La Monica G, Maspero A, Moret M, Masciocchi N (1997) Inorg Chem 36: 2321
[4.145] Pathaneni SS, Desiraju GR (1993) J Chem Soc Dalton Trans 319
[4.146] Jones PG, BembenekE (1992) J Cryst Spectr Res 22: 397; Schulz LE, Abram U, Straehle J (1997) ZAnorg Allg Chem 623: 1791
[4.147] Omrani H, Welter R, Vangelisti R (1999) Acta Cryst C55: 13
[4.148] Helgesson G, Jagner S (1987) Acta Chem Scand A41: 556
[4.149] Gregory DH, Bowman A, Naher CF, Weston DP (2000) J Mater Chem 10: 1635
[4.150] Steinbrenner U, Simon A (1998) Z anorg allg Chem 624: 228
[4.151] Yang X, Knobler CB, Zheng Z, Hawthorne MF (1994) J Am Chem Soc 116: 7142
[4.152] Lee H, Diaz M, Knobler CB, Hawthorne MF (2000) Angew Chem Int Ed 39: 776
[4.153] Evans WJ, Boyle TJ, Ziller JW (1993) Organomet 12: 3998
[4.154] Loos D, Baum E, Ecker A, Schnockel, Downs AJ (1997) Angew Chem Int Ed 36: 860
[4.155] Nagle JK, BalchAL, Olmstead MM (1988) J Am Chem Soc 110: 319
[4.156] Jutzi P, Schnittger J, Hursthouse MB (1991) Chem Ber 124: 1693
[4.157] Giester G, Lengauer CL, Tillmans E (2002) J Solid State Chem 168: 322
[4.158] Ho J, Rousseau R, Stephan DW (1994) Organometallics 13: 1918
[4.159] Atwood JL, Hunter WE, Cowley AH et al (1981) Chem Commun 925
[4.160] Hill RJ (1985) Acta Cryst C41: 1281
[4.161] Campbell J, Dixon D, Mercier H, Schrobilgen G (1995) Inorg Chem 34: 5798
[4.162] Mawhorter RJ, Rankin DWH, Robertson HE et al (1994) Organometallics 13: 2401
[4.163] Krebs B, Sinram D (1980) ZNaturforsch 35b: 126
[4.164] Breunig, HJ, Denker, M, Ebert, KH (1994) Chem Commun 8756

[4.165] Silvestru，C，Breunig，HJ，Althaus H（1999）Chem Rev 99：3277
[4.166] Cassidy JM，Whitmire KH（1991）Inorg Chem 30：2788
[4.167] Capobianchi A，Paoletti AM，Pennesi G et al（1994）Inorg Chem 33：4635
[4.168] Bronger W，Müller P，Kowalczyk J，Auffermann G（1991）J Alloys Comp 176：263
[4.169] Martin DS，Bonte JL，Rush RM，Jacobson RA（1975）Acta Cryst B31：2538；Hester JR，Maslen EN，Spadaccini N et al（1993）Acta Cryst B49：842；Bronger，W，Auffermann G（1995）JAlloys Comp，228：119
[4.170] Venturelli A，Rauchfuss TB（1994）J Am Chem Soc 116：4824
[4.171] Krebs B，Brendel C，Schafer H（1988）Z anorg allgem Chemie，561：119；Thiele G，Weigl W，Wochner H（1986）Z anorg allgem Chemie 539：141
[4.172] Kroening RF，Rush RM，Martin DS，Clardy JC（1974）Inorg Chem 13：1366；Takazawa H，Ohba S，Saito Y，Sano M（1990）Acta Cryst B46：166；Bronger W，Auffermann G，（1995）J Alloys Comp 228：119
[4.173] Ryan RR，Penneman RA，Kanellakopulos B（1975）J Am Chem Soc 97：4258
[4.174] Batsanov SS（2000）Russ J Phys Chem 74：1144
[4.175] Batsanov SS（1999）J Mol Struct（Theochem）468：151
[4.176] Batsanov SS（2000）Russ J Inorg Chem 45：892
[4.177] Hu SZ，Zhou ZH，Robertson BE（2009）ZKrist 224：375
[4.178] Nag S，Baneijee J，Datta D（2007）New J Chem 31：832
[4.179] Kitaigorodskii AI（1973）Molecular crystals and molecules. Academic，New York
[4.180] Batsanov SS（2001）Inorgan Mater 37：871
[4.181] Batsanov SS（1998）Russ J Gen Chem 68：495
[4.182] Batsanov SS（1991）Russ J Inorg Chem 36：1694；Batsanov SS（1998）Russ J Inorg Chem 43：437
[4.183] Bader RFW（1994）Atoms in molecules：a quantum theory. Clarendon，Oxford
[4.184] Yang Z-Z，Davidson ER（1997）Int J Quantum Chem 62：47
[4.185] Mu W-H，Chasse G A，Fang D-C（2008）Intern J Quantum Chem 108：1422
[4.186] Badenhoop J K，Weinhold F（1997）J Chem Phys 107：5422
[4.187] Mundt O，Rössler GB，Witthauer C（1983）Z anorg allgem Chemie 506：42
[4.188] Woolf TB，Roux B（1994）J Am Chem Soc 116：5916
[4.189] Cornell WD，Cieplak P，Boyly CI et al（1995）J Am Chem Soc 117：5179
[4.190] Batsanov SS（1999）Struct Chem 10：395
[4.191] Batsanov SS（1998）Russ J Coord Chem 24：453；Batsanov SS（2002）Russ J General Chem 72：1153
[4.192] Stahl R，Jung C，Lutz HD et al（1998）Z anorg allgem Chem 624：1130
[4.193] Ptasiewicz-Bak H，Olovsson I，McIntyre G（1993）Acta Cryst B49：192
[4.194] Jeffrey GA，Yeon Y（1986）Acta Cryst，B42：410
[4.195] Zheligovskaya EA，Malenkov GG（2006）Russ Chem Rev 75：57
[4.196] Gar E，Neumark DM（2011）J Chem Phys 135：024302
[4.197] Mack P，Dyke JM，Wright TG（1998）J Chem Soc Faraday，94：629
[4.198] Stephens SL，Tew DR，Walker NR，LegonAC（2011）J Mol Spectr 267：163

参考文献

[1] Bent HA（1968）Structural chemistry of donor-acceptor interactions. Chem Rev 68：587-648
[2] Haaland A（1989）Covalent versus dative bonds to main group metals. Angew Chem Int Ed 28：992-1007
[3] Wang SC（1927）The mutual influence between hydrogen atoms. Phys Z 28：663-666
[4] London F（1930）On the theory and systematic of molecular forces. Z Physik 63：245-279
[5] London F（1937）The general theory of molecular forces. Trans Faraday Soc 33：8-26
[6] Buckingham AD，Fowler PW，Hutson JM（1988）Theoretical studies of van der Waals molecules and intermolecular forces. Chem Rev 88：963-988
[7] Pyykkö P（1997）Strong-shell interactions in inorganic chemistry. Chem Rev 97：597-636

[8] Ihm G，Cole MW，Toigo F，Scoles G（1987）Systematic trends in van der Waals interactions：atom-atom and atom-surface cases. J Chem Phys 87：3995-3999
[9] Czajkowki M，Krause L，Bobkowski R（1994）D1(5^1P_1)←X0^+(5^1S_0) spectra of CdNe and CdAr excited in crossed molecular and laser beams. Phys Rev A49：775-786
[10] Slater JC，Kirkwood JG（1931）The van der Waals forces in gases. Phys Rev 37：682-697
[11] Cambi R，Cappelletti D，Liuti G，Pirani F（1991）Generalized correlations in terms of polarizability for van der Waals interaction potential parameter calculations. J Chem Phys 95：1852-1861
[12] Andersson Y，Rydberg H（1999）Dispersion coefficients for van der Waals complexes，including C_{60}—C_{60}. Physica Scripta 60：211-216
[13] Huyskens P（1989）Differences in the structures of highly polar and hydrogen-bonded liquids. J Mol Struct 198：123-133
[14] Batsanov SS（1994）Van der Waals radii of metals from spectroscopic data. Russ Chem Bull 43：1300-1304
[15] Batsanov SS（1996）Thermodynamic peculiarities of the formation of van der Waals molecules. Dokl Chem（Engl Transl）349：176-178
[16] AlkortaI，Rozas I，Elguero J（1998）Charge-transfer complexes between dihalogen compounds and electron donors. J Phys Chem A102：9278-9285
[17] Batsanov SS（1998）Some characteristics of van der Waals interaction of atoms. Russ J Phys Chem 72：894-897
[18] Batsanov SS（1998）On the additivity of van der Waals radii. Dalton Trans 1541-1545
[19] Batsanov SS（1966）Refractometry and chemical structure. Van Nostrand，Princeton
[20] Hohm U（1994）Dipole polarizability and bond dissociation energy. J Chem Phys 101：6362-6364
[21] Muller H（1935）Theory of the photoelastic effect of cubic crystals. Phys Rev 47：947-957
[22] Evans WJ，Silvera IF（1998）Index of refraction，polarizability，and equation of state of solid molecular hydrogen. Phys Rev B57：14105-14109
[23] Shimizu H，Kamabuchi K，Kume T，Sasaki S（1999）High-pressure elastic properties of the orientationally disordered and hydrogen-bonded phase of solid HCl. Phys Rev B59：11727-11732
[24] Shimizu H，Kitagawa T，Sasaki S（1993）Acoustic velocities，refractive index，and elastic constants of liquid and solid CO_2 at high pressures up to 6 GPa. Phys Rev B47：11567-11570
[25] Olinger B（1982）The compression of solid CO_2 at 296 K to 10 GPa. J Chem Phys 77：6255-6258
[26] Peterson CF，Rosenberg JT（1969）Index of refraction of ethanol and glycerol under shock. J Appl Phys 40：3044-3046
[27] Smirnov BM（1993）Mechanisms of melting of rare gas solids. Physica Scripta 48：483-486
[28] Runeberg N，Pyykko P（1998）Relativistic pseudopotential calculations on Xe_2，RnXe，and Rn_2：the van der Waals properties of radon. Int J Quantum Chem 66：131-140
[29] Pauling L（1970）General chemistry. 3rd edn. Freeman & Co，San-Francisco
[30] Glyde HR（1976）Solid helium. In：Klein ML，Venables JA（eds）Rare gas solids. Academic，London，1：121
[31] Batsanov SS（2009）The dynamic criteria of melting-crystallization. Russ J Phys Chem A83：1836-1841
[32] Simon F（1934）Behaviour of condensed helium near absolute zero. Nature 133：529
[33] Feynman RP（1939）Forces in molecules. Phys Rev 56：340-343
[34] Allen MJ，Tozer DJ（2002）Helium dimer dispersion forces and correlation potentials in density functional theory. J Chem Phys 117：11113-11120
[35] Slater JC（1972）Hellmann-Feynman and virial theorems in the Xα method. J Chem Phys 57：2389-2396
[36] Bader RFW，Hernandez-Trujillo J，Cortes-Guzman F（2006）Chemical bonding：from Lewis to atoms in molecules. J Comput Chem 28：4-14
[37] Bader RFW（2009）Bond paths are not chemical bonds. J Phys Chem A113：10391-10396
[38] Bader RFW（2010）Definition of molecular structure：by choice or by appeal to observation? J Phys Chem A114：7431-7444
[39] Mulliken RS（1952）Magic formula，structure of bond energies and isovalent hybridization. J Phys

Chem 56：295-311
[40] Batsanov SS（2010）The energy of covalent bonds between nonmetal atoms at van der Waals distances. Russ J Inorg Chem 55：1112-1113
[41] Batsanov SS（1998）Estimation of the van der Waals radii of elements with the use of the Morse equation. Russ J Gen Chem 68：495-500
[42] Minemoto S，Sakai H（2011）Measuring polarizability anisotropies of rare gas diatomic molecules. J Chem Phys 134：214305
[43] Deiglmayr J，Aymar M，Wester R et al（2008）Calculations of static dipole polarizabilities of alkali dimers. J Chem Phys 129：064309
[44] Muenter JS，Bhattacharjee R（1998）The electric dipole moment of the CO_2—CO van der Waals complex. J Mol Spectr 190：290-293
[45] Pyykkö P，Wang C，Straka M，Vaara J（2007）A London-type formula for the dispersion interactions of endohedral A@B systems. Phys Chem Chem Phys 9：2954-2958
[46] Dunitz JD，Gavezzotti A（1999）Attractions and repulsions in molecular crystals：what can be learned from the crystal structures of condensed ring aromatic hydrocarbons. Acc Chem Res 32：677-684
[47] Gavezzotti A（1994）Are crystal structures predictable? Acc Chem Res 27：309-314
[48] Allinger NI，Miller MA，Van Catledge FA，Hirsh JA（1967）Conformational analysis. LVII. The calculation of the conformational structures of hydrocarbons by the Westheimer-Hendrickson- Wiberg method. J Am Chem Soc 89：4345-4357
[49] Allinger NI，Zhou X，Bergsma J（1994）Molecular mechanics parameters. J Mol Struct Theochem 312：69-83
[50] Dunitz JD，Gavezzotti A（2005）Molecular recognition in organic crystals. Angew Chem Int Ed 44：1766-1786
[51] Dunitz JD，Gavezzotti A（2009）How molecules stick together in organic crystals. Chem Soc Rev 38：2622-2633
[52] Gavezzotti A（2010）The lines-of-force landscape of interactions between molecules in crystals. Acta Cryst B66：396-406
[53] Batsanov SS（1999）Calculation of van der Waals radii of atoms from bond distances. J Mol Struct Theochem 468：151-159
[54] Burgi H-B（1975）Zur Beziehung zwischen Struktur und Energie：Bestimmung der Stereo- chemie von Reaktionswegen aus Kristallstrukturdaten. Angew Chem 87：461-475
[55] Batsanov SS（2001）Effect of intermolecular distances on the probability of formation of covalent bonds. Russ J Phys Chem 75：672-674
[56] Beckmann J，Dakternieks D，Duthie A，Mitchell C（2005）The utility of hypercoordination and secondary bonding for the synthesis of a binary organoelement oxo cluster. J Chem Soc Dalton Trans 1563-1564
[57] Harris PM，Mack E，Blake FC（1928）The atomic arrangement in the crystal of orthorhombic iodine. J Am Chem Soc 50：1583-1600
[58] Zefirov YuV，Zorkii PM（1989）Van der Waals radii and their applications in chemistry. Russ Chem Rev 58：421-440
[59] Zefirov YuV，Zorkii PM（1995）New applications of van der Waals radii in chemistry. Russ Chem Rev 64：415-428
[60] Zefirov YuV（1994）Van der Waals radii and specific interactions in molecular crystals. Crystallogr Rep 39：939-945
[61] Zefirov YuV（1997）Comparative analysis of the systems of van der Waals radii. Crystallogr Rep 42：111-117
[62] Townes CH，Dailey BP（1952）Nuclear quadrupole effects and electronic structure of molecules in the solid state. J Chem Phys 20：35
[63] Hassel O，ROmming C（1962）Direct structural evidence for weak charge-transfer bonds in solids containing chemically saturated molecules. Quart Rev Chem Soc 16：1-18
[64] Alcock NW（1972）Secondary bonding to nonmetallic elements. Adv Inorg Chem Radiochem 15：1-58
[65] Takemura K，Minomura S，Shimomura O et al（1982）Structural aspects of solid iodine associated

with metallization and molecular dissociation under high-pressure. Phys Rev B26：998-1004

[66] Masunov AE，Zorkii PM（1992）Donor-acceptor nature of specific nonbonded interactions of sulfur and halogen atoms. Influence on the geometry and packing of molecules. J Struct Chem 33：423-435

[67] Porai-Koshits MA，Kukina GA，Shevchenko YuN，Sergienk VS（1996）Secondary bonds in tetraamine complexes of transition metals. Koordinatsionnaya Khimiya 22：83-105（in Russian）

[68] Herbstein FH，Kapon M（1975）I_{16}^{4-} Ions in crystalline（theobromine)$_2$ • H_2I_8. J Chem Soc Chem Commun 677-678

[69] Dvorkin AA，Simonov YuA，Malinovskii TI et al（1977）Molecular and crystal structure of bis（α-benzyldioximato)-di-(P-picoline)iron（Ⅲ）pentaiodide. Doklady Akademii Nauk SSSR（in Russian）234：1372-1375

[70] Passmore J，Taylor P，Widden T，White PS（1979）Preparation and crystal-structure of pentaiodinium hexafluoroantimonate（V）containing I^{153}. Canad J Chem 57：968-973

[71] Gray LR，Gulliver DJ，Levason W，Webster M（1983）Coordination chemistry of higher oxidation states. Reaction of palladium（Ⅱ）iodo complexes with molecular iodine. Inorg Chem 22：2362-2366

[72] Pravez M，Wang M，Boorman PM（1996）Tetraphenyphosphonium triiodide. Acta Cryst C52：377-378

[73] Svensson PH，Kloo L（2003）Synthesis，structure and bonding in polyiodide and metal iodide-iodine systems. Chem Rev 103：1649-1684

[74] Dubler E，Linowski L（1975）Proof of existence of a linear，centrosymmetric polyiodide ion I_{24}^{-}- crystal-structure of $Cu(NH_3)_4I_4$. Helv Chim Acta 58：2604-2609

[75] O'Keefe M，Brese NE（1992）Bond-valence parameters for anion-anion bonds in solids. Acta Cryst B48：152-154

[76] Gilli P，Bertolasi V，Ferretti V，Gilli G（1994）Evidence for resonance-assisted hydrogen bonding. J Am Chem Soc 116：909-915

[77] Einstein FW，Jones RDG（1973）Crystal structure containing an antimony-iron σ-bond. Inorg Chem 12：1690-1696

[78] Schiemenz GP（2007）The sum of van der Waals radii—a pitfall in the search for bonding. Z Naturforsch 62b：235-243

[79] Van der Waals JD（1881）Die Kontinuitat des gasformingen und flussingen Zustandes. JA Barth，Leipzig

[80] Magat M（1932）Uber die，Wirkungsradien " gebundener Atome und den Orthoeffekt beim Dipolmoment. Z Phys Chem B16：1-18

[81] Mack E Jr（1932）The spacing of non-polar molecules in crystal lattices. J Am Chem Soc 54：2141-2165

[82] Pauling L（1939）The nature of the chemical bond，1st edn. Cornell University Press，Ithaca

[83] Bondi A（1964）Van der Waals volumes and radii. J Phys Chem 68：441-451

[84] Kitaigorodskii AI（1973）Molecular crystals and molecules. Academic，New York

[85] Dance I（2003）Distance criteria for crystal packing analysis of supramolecular motifs. New J Chem 27：22-27

[86] Rowland RS，Taylor R（1996）Intermolecular nonbonded contact distances in organic crystal structures. J Phys Chem 100：7384-7391

[87] O'Keeffe M，Brese NE（1991）Atom sizes and bond lengths in molecules and crystals. J Am Chem Soc 113：3226-3229

[88] Brese NE，O'Keefe M（1991）Bond-valence parameters for solids. Acta Cryst B47：192-197

[89] Batsanov SS（2001）Relationship between the covalent and van der Waals radii of elements. Russ J Inorg Chem 46：1374-1375

[90] Jones PG，Bembenek E（1992）Low-temperature redetermination of the structures of 3 gold compounds. J Cryst Spectr Res 22：397-401

[91] Omrani H，Welter R，Vangelisti R（1999）Potassium tetrabromoaurate. Acta Cryst C55：13-14

[92] Schulz LE，Abram U，Straehle J（1997）Synthese，Eigenschaften und Struktur von $LiAuI_4$ und $KAuI_4$. Z Anorg Allgem Chem 623：1791-1795

[93] Hester JR，Maslen EN，Spadaccini N，Ishizawa N，Satow Y（1993）Electron density in potassium

tetrachloropalladate（K_2PdCl_4）. Acta Cryst B49：842-846

[94] Martin DS，Bonte JL，Rush RM，Jacobson RA（1975）Potassium tetrabromopalladate. Acta Cryst B31：2538-2539

[95] Takazawa H，Ohba S，Saito Y，Sano M（1990）Electron density distribution in crystals of $K_2[MCl_6]$（M=Re，Os，Pt）and $K_2[PtCl_4]$ at 120 K. Acta Cryst B46：166-174

[96] Kroening RF，Rush RM，Martin DS，Clardy JC（1974）Polarized crystal absorption spectra and crystal structure for potassium tetrabromoplatinate. Inorg Chem 13：1366-1373

[97] Bronger W，Auffermann G（1995）High-pressure synthesis and structure of Na_2PdH_4. J Alloys Compd 228：119-121

[98] Pathaneni SS，Desiraju GR（1993）Database analysis of Au... Au interactions. J Chem Soc Dalton Trans 319-322

[99] Bondi A（1966）Van der Waals volumes and radii of metals in covalent compounds. J Phys Chem 70：3006-3007

[100] GantyAJ，Deacon GB（1980）The van der Waals radius of mercury. Inorg Chim Acta 45：L225- L227

[101] Mingos DMP，Rohl AL（1991）Size and shape characteristics of inorganic molecules and ions and their relevance to molecular packing problems. J Chem Soc Dalton Trans 3419-3425

[102] Batsanov SS（2000）The determination of van der Waals radii from the structural characteristics of metals. Russ J Phys Chem 74：1144-1147

[103] Batsanov SS（2000）Intramolecular contact radii similar to van der Waals ones. Russ J Inorg Chem 45：892-896

[104] Nag S，Banerjee J，Datta D（2007）Estimation of the van der Waals radii of the d-block elements using the concept of block valence. New J Chem 31：832-834

[105] Hu SZ，Zhou ZH，Robertson BE（2009）Consistent approaches to van der Waals radii for the metallic elements. Z Krist 224：375-383

[106] Batsanov SS（2008）Experimental foundations of structural chemistry. Moscow University Press，Moscow

[107] Batsanov SS（2001）Van der Waals radii of elements. Inorg Mater 37：871-885

[108] Batsanov SS（1991）Atomic radii of elements. Russ J Inorg Chem 36：1694-1706

[109] Batsanov SS（1998）Covalent metallic radii. Russ J Inorg Chem 43：437-439

[110] Cordero B，Gromez V，Platero-Prats AE et al（2008）Covalent radii revisited. J Chem Soc Dalton Trans 2832-2838

[111] Pyykkö P，Atsumi M（2009）Molecular single-bond covalent radii for elements 1-118. Chem Eur J 15：186-197

[112] Mu W-H，Chasse GA，Fang D-C（2008）Test and modification of the van der Waals radii employed in the default PCM model. Intern J Quantum Chem 108：1422-1434

[113] Badenhoop JK，Weinhold F（1997）Natural steric analysis：ab initio van der Waals radii of atoms and ions. J Chem Phys 107：5422-5432

[114] Allinger NL（1976）Calculations of molecular structure and energy by force-field methods. Adv Phys Organ Chem 13：1-82

[115] Allinger NL，Yuh YH，Lii J-H（1989）Molecular mechanics. The MM3 force field for hydrocarbons. J Am Chem Soc 111：8551-8566

[116] K itaigorodskii AI，Khotsyanova TL，StruchkovYuT（1953）On the crystal structure of iodine. Z Fizicheskoi Khimii 27：780-781（in Russian）

[117] Ibberson RM，Moze O，Petrillo C（1992）High resolution neutron powder diffraction studies of the low temperature crystal structure of molecular iodine. Mol Phys 76：395-403

[118] Jdanov GS，Zvonkova ZV（1954）Travaux de Institute de Crystallographie：Communications au Ⅲ Congress International de Crystallographie 10：79

[119] Nyburg SC，Szymanski JT（1968）The effective shape of the covalently bound fluorine atom. J Chem Soc Chem Commun 669-671

[120] Nyburg SC（1979）'Polar flattening'：non-spherical effective shapes of atoms in crystals. Acta CrystA35：641-645

[121] Batsanov SS (2000) Anisotropy of atomic van der Waals radii in the gas-phase and condensed molecules. Struct Chem 11: 177-183
[122] Batsanov SS (2001) Anisotropy of the van der Waals configuration of atoms in complex, condensed, and gas-phase molecules. Russ J Coord Chem 27: 890-896
[123] Nyburg SC, Faerman CH (1985) A revision of van der Waals atomic radii for molecular crystals: N, O, F, S, Cl, Se, Br and I bonded to carbon. Acta Cryst B41: 274-279
[124] Nyburg SC, Faerman CH, Pracad L (1987) A revision of van der Waals atomic radii for molecular crystals. Ⅱ: hydrogen bonded to carbon. Acta Cryst B43: 106-110
[125] Sandor E, Farrow RFC (1967) Crystal structure of solid hydrogen chloride and deuterium chloride. Nature 213: 171-172
[126] Sandor E, Farrow RFC (1967) Crystal structure of cubic deuterium chloride. Nature 215: 1265-1266
[127] Ikram A, Torrie BH, Powell BM (1993) Structures of solid deuterium bromide and deuterium iodide. Mol Phys 79: 1037-1049
[128] Batsanov SS (1999) Van der Waals radii of hydrogen in gas-phase and cond ensed molecules. Struct Chem 10: 395-400
[129] Batsanov SS (1998) Structural features of van der Waals complexes. Russ J Coord Chem 24: 453-456
[130] Batsanov SS (2002) Correlation between the anisotropy of the electronic polarizability of molecules and the anisotropy of the van der Waals atomic radii. Russ J General Chem 72: 1153-1156
[131] Bader RFW, Henneker WH, Cade PE (1967) Molecular charge distribution and chemical binding. J Chem Phys 46: 3341-3363
[132] Bader RFW, Bandrauk AD (1968) Molecular charge distributions and chemical binding. Ⅲ. The isoelectronic series N_2, CO, BF, and C_2, BeO, LiF. J Chem Phys 49: 1653-1665
[133] Bader RFW, Carroll MT, Cheeseman JR, Chang C (1987) Properties of atoms in molecules: atomic volumes. J Am Chem Soc 109: 7968-7979
[134] Ishikawa M, Ikuta S, Katada M, Sano H (1990) Anisotropy of van der Waals radii of atoms in molecules: alkali-metal and halogen atoms. Acta Cryst B46: 592-598
[135] Montague DG, Chowdhury MR, Dore JC, Reed J (1983) A RISM analysis of structural data for tetrahedral molecular systems. Mol Phys 50: 1-23
[136] Misawa M (1989) Molecular orientational correlation in liquid halogens. J Chem Phys 91: 2575-2580
[137] von Schnering HG, Chang J-H, Peters K et al (2003) Structure and bonding of the hexameric platinum (Ⅱ) dichloride. Z Anorg Allgem Chem 629: 516-522
[138] Thiele G, Wegl W, Wochner H (1986) Die Platiniodide PtI_2 und Pt_3I_8. Z Anorg Allgem Chem 539: 141-153
[139] Thiele G, Steiert M, Wagner D, Wocher H (1984) Darstellung und Kristallstruktur von PtI_3, einem valenzgemischten Platin (Ⅱ, Ⅳ)-iodid. Z Anorg Allgem Chem 516: 207-213
[140] von Schnering, HG, Chang J-H, Freberg M et al (2004) Structure and bonding of the mixed- valent platinum trihalides, $PtCl_3$ and $PtBr_3$. Z Anorg Allgem Chem 630: 109-116
[141] Senin MD, Akhachinski VV, Markushin YuE et al (1993) The production, structure, and properties of beryllium hydride. Inorg Mater 29: 1416-1420
[142] Sampath S, Lantzky KM, Benmore CJ et al (2003) Structural quantum isotope effect in amorphous beryllium hydride. J Chem Phys 119: 12499-12502
[143] Wright AF, Fitch AN, Wright AC (1988) The preparation and structure of the α- and β-quartz polymorphs of beryllium fluoride. J Solid State Chem 73: 298-304
[144] Batsanov SS (2002) Donor-acceptor mechanism of complex formation. Russ J Coord Chem 28: 1-5
[145] Mulliken RS (1952) Molecular compounds and their spectra. J Phys Chem 56: 801-822
[146] Kurnig IJ, Schneider S (1987) Ab initio investigation of the structure of hydrogen halide-amine complexes in the gas-phase and in a polarizable medium. Int J Quantum Chem 14: 47-56
[147] Brindle CA, Chaban GM, Gerber RB et al (2005) Anharmonic vibrational spectroscopy calculations for (NH_3) (HF) and (NH_3) (DF). Phys Chem Chem Phys 7: 945-954
[148] Leopold KR, Canagaratna M, Phillips JA (1997) Partially bonded molecules from the solid state to the stratosphere. Acc Chem Res 30: 57-64

[149] Takazawa H, Ohba S, Saito Y (1988) Electron-density distribution in crystals of dipotassium tetrachloropalladate (Ⅱ) and dipotassium hexachloropalladate (Ⅳ). Acta Cryst B44: 580-585
[150] Guryanova EN, Goldstein IP, Romm IP (1975) The donor-acceptor bond. Wiley, New York
[151] Timoshkin AY, Suvorov AV, Bettinger HF, Schaefer HF III (1999) Role of the terminal atoms in the donor-acceptor complexes MX_3-D (M=Al, Ga, In; X=F, Cl, Br, I; D=YH_3, YX_3, X^-; Y=N, P, As). J Am Chem Soc 121: 5687-5699
[152] Bucher M (1990) Cohesive properties of silver-halides. J Imag Science 34: 89-95
[153] Schiemenz GP (2006) Peri-interactions in naphthalenes—pyramidalization versus planarization at nitrogen as a measure of peri bond formation. Z Naturforsch 61b: 535-554
[154] Schiemenz GP (2002) Dative N→P/Si interactions—a historical approach. Z Anorg Allgem Chem 628: 2597-2604
[155] Schiemenz GP, Nather C, Pörksen S (2003) Peri-interactions in naphthalenes—in search of independent criteria for N→P bonding. Z Naturforsch 58b: 663-671
[156] Schiemenz GP (2004) Peri-Interactions in naphthalenes—the significance of linear and T- shaped arrangements. Z Naturforsch 59b: 807-816
[157] Grabowski SJ (2011) What is covalency of hydrogen bonding? Chem Rev 111: 2597-2625
[158] Desiraju GR (2011) A bond by any other name. Angew Chem Int Ed 50: 52-59
[159] Curtiss LA, Blander M (1988) Thermodynamic properties of gas-phase hydrogen-bonded complexes. Chem Rev 88: 827-841
[160] Nesbitt D (1988) High-resolution infrared spectroscopy of weakly bound molecular complexes. Chem Rev 88: 843-870
[161] Hobza P, Zahradnik R (1988) Intermolecular interactions between medium-sized systems. Chem Rev 88: 871-897
[162] Fiadzomor PAY, Keen AM, Grant RB, Orr-Ewing AJ (2008) Interaction energy of water dimers from pressure broadening of near-IR absorption lines. Chem Phys Lett 462: 188-191
[163] Sikka SK (2007) On some hydrogen bond correlations at high pressures. High Press Res 27: 313-319
[164] Lutz HD (1988) Bonding and structure of water molecules in solid hydrates: correlation of spectroscopic and structural data. Struct Bond 69: 97-125
[165] Postorino P, Tromp R, Ricci M-A et al (1993) The interatomic structure of water at supercritical temperatures. Nature 366: 668-670
[166] Szornel K, Egelstaff P, McLaurin G, Whalley E (1994) The local bonding in water from −20 to 220℃. J Phys Cond Matter 6: 8373-8382
[167] Nälslund L- Å, Edwards DC, Wernet Pet al (2005) X-ray absorption spectroscopy study of the hydrogen bond network in the bulk water or aqueous solutions. J Phys Chem A109: 5995-6002
[168] Fujihisa H, Yamawaki H, Sakashita M et al (2004) Molecular dissociation and two low-temperature high-pressure phases of H_2S. Phys Rev B69: 214102
[169] Batsanov SS, Bokii GB (1962) Hydrogen bonds and interatomic distances in hydroxides. J Struct Chem 3: 691-692
[170] Brammer L (2003) Metals and hydrogen bonds. J Chem Soc Dalton Trans 3145-3157
[171] Peris E, Lee JC, Rambo JR et al (1995) Factors affecting the strength of N-H-•-H-Ir hydrogen bonds. J Am Chem Soc 117: 3485-3491
[172] Sproul G (2001) Electronegativity and bond type: predicting bond type. J Chem Educat 78: 387-390
[173] Lipkowski P, Grabowski SJ, Leszczynski J (2006) Properties of the halogen-hydride interaction. J Phys Chem A110: 10296-10302
[174] Metrangolo P, Resnati G (2001) Halogen bonding: a paradigm in supramolecular chemistry. Chem EurJ 7: 2511-2519

第5章 理想晶体结构

晶体结构的概念是材料科学的基础。原子间作用的性质控制原子的排列。因此，晶体结构的信息对于理解物质的性质和化学键的本质是非常重要的。

5.1 单质的结构

金属和非金属的单质晶体结构不同。前者通常具有密堆积结构，如体心立方（bcc）、面心立方（fcc）或六方密堆积（hcp）结构。非金属元素可形成分子、链状、层状、类金刚石（开放式）的晶体结构。在凝聚分子和具有常见价键的简单单质中，它们的配位数（N_c）等于原子价，而在金属结构中，N_c（bcc、fcc、hcp 分别为 8、12、12）远超过原子价。常温下，元素周期表中单质的结构类型的分布如下：第 1～13 族的金属和第 14～16 族的第 6 周期元素具有密堆积原子的三维晶格；第 14～17 族的其他元素则具有分子结构、链状结构或者骨架结构，这些原子都是直接通过共价键连接。第 12 族的金属结构呈现了一种临界的状态：虽然结构形式上是 hcp，但最邻近的 6 个原子和次邻近的 6 个原子之间键长的差距是很大的（0.3～0.5 Å），因而仅把前者看作是成键的。固态的惰性（稀有）气体原子通过各向同性范德华力连接，因此具有高对称的密堆积结构（类似于金属），然而它们的物理性质却是分子固态的典型性质。

由于它们的简单性，大部分单质早已通过 X 射线衍射方法确定了常温下的结构，并且在诸多书籍中有很好的综述[1-5]。然而，热力学条件的变化对固体结构的影响很大，比如，在高温下将原子晶体的状态转化为气相分子状态，反之，在高压下将分子晶体状态转化为金属的状态。原子配位数的增加总是会导致堆积密度的增加，以（假定为球形和接触的）原子占据的晶体空间的分数（ρ）来衡量。因此，等径圆球的配位数与堆积密度的对应关系如下

$N_c=$	3	4	6	8	10	11	12
$\rho=$	0.169	0.340	0.564	0.680	0.698	0.712	0.7405

本章讨论了常压和高压条件下的单质结构。高压技术和固体的状态方程将在第 10 章中进行概述。在下文中,压力值以 GPa(1 GPa=10 kbar≈9869.2 atm)为单位。

5.1.1 金属结构

表 5.1 呈现了常压下金属结构中的原子间距。通常情况下,金属晶体中的所有原子都是相等的,但也有例外,尤其是锰的 α 和 β 相。因此,α-Mn 的单胞由含 2、8、24 和 24 个原子四类组成,具有不同的原子间距,并与任何对称变换无关。这些原子可能具有不同的电子态。这种情形与配位数相同而原子核间距不同的 β-Mn 结构相似。最著名的例子是镓单质的结构,其配位多面体的距离等于:1×2.442 Å+2×2.712 Å+2×2.742 Å+2×2.801 Å,此处甚至可看成 Ga_2 分子。具有扭曲多面体结构的配位数将在 5.3 节详细讨论。

表 5.1 金属结构中的原子间距(Å)

Li[a] 3.039	Be[b] 2.226 2.286								
Na[a] 3.716	Mg[b] 3.197 3.209	Al[c] 2.863	Si[f] 2.352	P[h] 2.48					
K[a] 4.608	Ca[c] 3.947	Sc[b] 3.256 3.309	Ti[b] 2.896 2.951	V[a] 2.620	Cr[a] 2.498	Mn[c] 2.731	Fe[a] 2.482	Co[b] 2.501 2.507	Ni[c] 2.492
Cu[c] 2.556	Zn[b] 2.665 2.913	Ga[g] A11	Ge[f] 2.450	As[h] 2.76	Se[h] 2.74	Br[a] 2.72			
Rb[a] 4.939	Sr[c] 4.302	Y[b] 3.551 3.647	Zr[b] 3.179 3.231	Nb[a] 2.858	Mo[a] 6	Tc[b] 2.703 2.735	Ru[b] 2.650 2.706	Rh[c] 2.690	Pd[c] 2.751
Ag[c] 2.889	Cd[b] 2.979 3.293	In[d] 3.251 3.373	Sn[e] 3.022 3.181	Sb[h] 3.12	Te[h] 3.14	I[d] 3.24			
Cs[a] 5.318	Ba[a] 4.347	La[c] 3.737	Hf[b] 3.127 3.195	Ta[a] 2.860	W[a] 2.741	Re[b] 2.741 2.760	Os[b] 2.675 2.735	Ir[c] 2.713	Pt[c] 2.775
Au[c] 2.884	Hg[b] 3.000 3.466	Tl[b] 3.408 3.457	Pb[c] 3.500	Bi[h] 3.28	α-Po[h] 3.352				
Fr	Ra[a] 4.458	Ac[c] 3.755	Th[c] 3.595	Pa[i] 3.212 3.238	U[j] A20	Np	Pu[c] 3.279	Am[c] 3.461	

注:Si、Ge、Sn 高压相(α-Po 结构,$N_c=6$),d 分别为 2.58 Å、2.68 Å、3.08 Å;在 $N_c=12$ 的结构中,Si 和 I 的 d 为 2.75 Å 和 3.24 Å;在 bcc 结构中,Sb、Bi、Se、Te、Br 的 d 分别为 3.26 Å、3.46 Å、2.98 Å、3.40 Å、2.72 Å。[6] a. A2,$N_c=8$;b. A3,$N_c=6+6$;c. A1,$N_c=12$;d. A6,$N_c=4+8$;e. A5,$N_c=4+2$;f. A4,$N_c=4$;g. 2.442+2.712×2+2.742×2+2.801×2;h. α-Po,$N_c=6$;i. bct,$N_c=8+2$;j. 2.77×2+2.86×2+3.28×4+3.37×4

假定 N_c 的值从 8 增加到 12,单质密度在 bcc 和 fcc/hcp 结构中的变化并不大(≤2%),因为在 bcc 结构中,除了最近距离为 d 的 8 个原子外,还有距离为 1.155d 的 6 个原子,也就是说,在此情况下真正的 N_c 应该为 8+6。然而,第 1 族(bcc)和第 11 族(fcc)金属的物理性质完全不同。表5.2比较了同周期金属的熔点（T_m）、密度（ρ）、体积模量（B_o）、原子间距（d）和原子化能。上述性质差别极大，以至于Pauling[7, 8]考虑了d元素的磁性性质，这归因于它们具有增加的'金属化合价'（v）。例如，Cu、Ag和Au的v为5.56。Brewer[9]和Tröme[10, 11]则引入更有效的化合价（4或者3），解释了第11族金属为何具有较高的ρ和T_m。

表5.2　第1族和第11族元素在结晶态和分子态的性质

M	T_m	ρ	B_o	E_a(M)	E(M_2)	k_E	d_c(M)	d(M_2)	k_d
	℃	g/cm^3	GPa	kJ/mol			Å		
K	63.4	0.86	3.0	89.0	53.2	1.673	4.608	3.924	1.174
Cu	1085	8.93	142	337.4	201	1.679	2.556	2.220	1.151
Rb	39.3	1.53	2.3	80.9	48.6	1.665	4.939	4.170	1.184
Ag	961	10.5	106	284.6	163	1.746	2.889	2.530	1.142
Cs	28.4	1.90	1.8	76.5	43.9	1.742	5.318	4.648	1.144
Au	1064	19.3	171	368.4	221	1.667	2.884	2.472	1.167

然而，第1族和第11族元素的能量与原子间距的比值（k）在其固态M和气相分子M_2中是相近的：对于这些族的元素，其平均的$k_E=E(M)/E(M_2)$分别等于1.69和1.70，而$k_d=d(M)/d(M_2)=1.17$和1.15（表5.2）。如果Cu、Ag和Au在固相中的价态比分子中的高数倍，将导致其由单质分子（根据定义$v=1$）向固态过渡的过程中产生键长和能量的相对变化。然而，这并没有发生。因此，金属的性质仅由孤立原子不同的电子结构所决定。

与此同时，根据Drude理论，金属的结构包括电子云环绕的阳离子，而阳离子电荷等于原子价，并且其价电子属于整个晶体。然而，固态金属中的原子不能电离成大于+1的价态，这是由于产生的电离势很高。这一极限从功函数中可以明显看出，对于金属，功函数接近第一电离势的一半（见1.6节）。此外，金属的原子半径r_M（根据结构中最短的核间距离的一半进行定义）大于阳离子半径，并且正如后面所显示的，可对配位数的差值进行简单的校正，从共价半径计算出r_M。因此，金属的成键可看成一个无方向的共价键。因此，根据固态结构的数据，金属原子仅部分失去价电子。在Coulson、Harrison、Kittel和Burdett[12-15]等所著的书中可发现单质电子结构的物理解释。

对一定压力下金属中结构相变的研究揭示了原子中电子结构的重要特征。若一个物体被各向同性的力压缩，则会缩短原子间的距离，并且增加了键能（正比于d^{-1}或者d^{-2}），但同时排斥能会急剧增加（由于邻近原子的电子层重叠）。在压缩的某些阶段，斥力超过了引力，并且指定的物质在新的热力学状态下不再维持初始结构。然后，该结构经历重排以减弱电子斥力。所以，碱金属的bcc晶格在一定压力下会转变成fcc晶格。固体的进一步压缩会导致原子间距的压缩，其电子壳层被迫接近于原子核。该效应越强，核-电子之间的距离越大，并且成键越弱。结果显示，s、p和d电子之间的能差减小，有利于Li和Na的某些外层s电子态转变为p电子态，并且在K、Rb和Cs中会出现s→d的电子过渡。这些轨道与径向对称s函数混合形成杂化，显示出一个增加方向性的化学成键的趋势。这些变化使结构偏离了密堆积结构，从而形成了配位数较小的同素异形体。McMahon和Nelmes[16]研究了金属的高压现象，最近 Degtyareva[301] 也进行了相关的研究。

对于加压下的相变，研究的最好的是 Cs。本文列出了已确定的相变顺序（相变压力的单位为 GPa，显示在箭头上方，体积的变化以百分数表示，显示在箭头下方，N_c 在圆括号内）

$$\text{Cs-I},\text{bcc}(8)\xrightarrow[1.0]{2.2}\text{Cs-II},\text{fcc}(12)\xrightarrow[9.1]{4.2}\text{Cs-III},\text{fcc}(12)\xrightarrow[4.3]{4.3}\text{Cs-IV}(8)$$

$$\xrightarrow{\geqslant 12}\text{Cs-V}(6)\xrightarrow[34.9]{72}\text{Cs-VI hcp}(12)$$

在 $P=4.2$ GPa 的条件下，随着体积减小，类质同晶转换是由 6s→5d 的电子跃迁引起的，但在压力为 4.3 GPa 的条件下，N_c 的减小则是由于 5p→5d 的电子跃迁[17-19]。这些压力值对应于电子跃迁的完成，但实际上，外部 s 电子部分转移到 p（或者 d）电子层会在压缩的最早阶段持续发生。

在 Li、Na、K、Rb 和 Cs 中，产生第一个 bcc→fcc 相变的压力分别为 7.5 GPa、65 GPa、11.6 GPa、7 GPa 和 2.2 GPa。在这些金属中，遵循 fcc 相的结构有非常复杂的配位多面体及降低的配位数[20]。在很高的压力下（>100 GPa），Cu、Ag 和 Au（fcc）的结构仍保持稳定，这是由于这些单质（见表 5.2）的高硬度（B_o）可在高压情况下阻止其尺寸减小，因此，形成了杂化轨道。

碱土金属在加压条件下，出现了大量的多晶型相变。因此，Be 在常温下为扭曲的 hcp 排列，在 1540 K 和常压下则发生相变，转变为一个 bcc 排列[21]，但在室温和 $P=66$ GPa 的条件下仍保持稳定。Mg 在约 50 GPa 的压力下，由于压力的驱动而产生 hcp→bcc 的相变。Ca 在 19.5 GPa 的压力下，首先由 fcc 排列转变为 bcc 排列，然后在 32 GPa 压力下，转变为 $N_c=6$ 的简单立方（sc）晶格，这个原子排列的稳定性归因于 sd 价电子杂化。Sr 在加压条件下具有丰富的结构变化：在 3.5 GPa 压力下发生 fcc→bcc 的多晶态相变，在 24 GPa 压力下发生 bcc→β-Sn（$N_c=4+2$）的相变，在 35 GPa 压力下则出现了一个新的相变，变

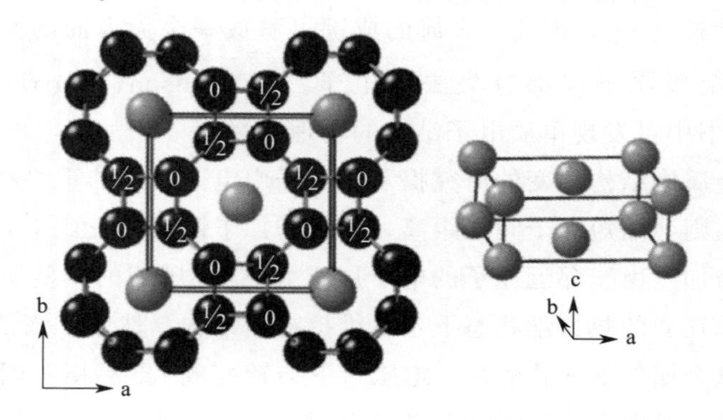

图 5.1 Sr-V 的晶体结构（左）和客体原子结构（右）

注：主体原子（黑色，z 坐标标记）和客体原子（灰色）。

本图获得允许，转载文献［22］的图 2。2000 年版权归美国物理学会所有，

http://link.aps.org/doi/10.1103/PhysRevB.61.3135

成一个非常复杂的结构。在 $P>46$ GPa 的压力下，经过进一步压缩，形成了另一个含两类原子的复杂结构（Sr-V）：一类原子形成了一个骨架，另一类原子则占据所形成的孔道（图 5.1），以便于 Sr 与其自身组成一个主-客体结构。钡在 5.5 GPa 压力下，从一个常温的 bcc 相转变为 hcp 相，在 12.4 GPa 压力下发生相变，转变为一个类似于 Sr-V 的原子结构。然而，尽管 Ba 和 Sr 变体的主体严格上是同一类的，但主体和客体原子的平均 N_c 分别对应于 9 和 10。最后，在 48 GPa 压力下，钡重新发生相变，转变为一个 hcp 排列[22-25]。有趣的是，在 48 到 90 GPa 之间，该物相的晶格参数的 c/a 比值接近于理想值 1.633，与常压下 hcp 变体形成了鲜明对比，其轴压比显著降低且与压力有关（其轴率从压力为 5.9 GPa 的 1.576 变为压力为 11.4 GPa 的 1.498）。Zn 和 Cd 在高压下没有相变，但是 Hg 有 4 个相变：在 0～3 GPa 的压力下，三方相（α）是稳定的，在此压力下 α-Hg 相转变为 β-Hg（四方相，bct），而在 12 GPa 压力下有 β-Hg→γ-Hg（正交相）的相变，在 37 GPa 压力下 γ-Hg 相转变为 δ-Hg（轴率为 1.76 的 hcp 相）[26]。

众所周知，硼具有无定形态（$\bar{d}=1.80$ Å，$N_c=6.3$）和三种晶型，即 α（正交，$\bar{d}=1.802$ Å，$N_c=6.5$）、β（正交，$\bar{d}=1.802$ Å，$N_c=6.5$）和 γ（四方，$\bar{d}=1.802$ Å，$N_c=6.5$）[27]。这些键长和配位数是有效的平均值。γ-B 的原子晶格是二十面体，通过具有四配位的两个额外原子和五角锥棱线上每个原子的五个键连接而成；B—B 的最短距离为 1.601 Å，其平均值为 1.802 Å。铝在常压下具有 fcc 相排列，而在 217 GPa 压力下，则表现为压力驱使下向 hcp 结构的一个相变[28]。在 2.5 GPa 压力下，α-镓相转变为 bcc 结构，而在 14 GPa 压力下转变为一个 bct 相，此相在约 20 GPa 时 $c/a\approx1.57$。晶格的畸变引起了价轨道 sp 杂化的增加。当压力进一步增加时，轴率比几乎直线下降到 120 GPa 下的 $c/a=1.414$，这对应于从 bct 结构向 fcc 结构的相变[29]。对于 In，常压下的结构直到 56 GPa 仍是稳定的，但在更高的压力下则经历一个正交的晶格畸变[30]。Tl 在 4 GPa 压力下，从 hcp 结构向 fcc 结构相变，并且这种排列直到 68 GPa 仍保持一个稳定的物相[31]。α-Ti 在常压和 1155 K 的条件下相转变成 bcc 结构，即与高压一样，在同方向上，高温也对其产生影响。Zr 和 Hf 分别在 35 GPa 和 71 GPa 的压力下，发生相似的 α(hcp)→ω→β(bcc) 相变，并且 Ti 在 116 GPa 压力下从 ω 相转变为畸变的 hcp γ-相。这是由于从一个宽的 sp 能带向较窄的 d 能带的电子转移所引起的。高压下，d 电子数目的增加是由 d 和 s 满带导致的，即在压缩原子时形成更紧密的电子结构[32]。硅在 10.3 GPa 压力下，从金刚石型结构（$N_c=4$）相变为具有 β-Sn 型结构（$N_c=4+2$）的金属结构 Si-Ⅱ。一旦进一步压缩，硅就转变为一个正交相（Si-Ⅲ），它具有介于 β-Sn 和有 Si 原子的 4+4 配位的简单六方（hp）晶格之间的中间晶体结构。hp 相在 $P>16$ GPa 下是 Si-Ⅴ（$N_c=8$）的稳定结构。在约 40 GPa 压力下，它转变为正交的 Si-Ⅵ（$N_c=10$ 和 $N_c=11$），这与 Cs-Ⅴ是同类型的。若压力大于 42 GPa，Si 则转变成了一个 hcp 的 Si-Ⅶ，压力大于 78 GPa 时则转变成了 fcc 相的 Si-Ⅷ。通过减压，形成一个不稳定相（γ-硅），它具有畸变的四配位，对该变体加压，也产生了具有四键硅的 Si-Ⅷ[20]。锗在 10.6 GPa 压力下从类金刚石结构转变为 P-Sn 型结构，但在 $P\geqslant75$ GPa 时转变为一个正交 Imma 相。在 81 GPa 压力时形成一个简单六方排列，而在 100 GPa 压力时，则观察到与 Si-Ⅵ同类型的正交 Cmca 结构的转变，而且直到 160 GPa 时仍然稳定。在

180 GPa 压力时，锗转变为一个 hcp 的结构[33]。与 Si 和 Ge 相比，锡具有较少的压力诱导相重组：在 45 GPa 压力下 β-Sn 转变为 bcc 结构，而且该结构直到 120 GPa 仍然稳定[34]。

锑和铋在常态条件下形成层状的菱方晶格（结构类型 A7），其中每个原子与距离分别为 2.516 Å、2.908 Å、3.071 Å（内部的键长）的最邻近的三个原子相连，同时与下一层具有较大的距离（外部的键长，分别为 3.121(As)Å、3.355(Sb)Å、3.529(Bi)Å）的三个原子也相连。这些特征导致了 $N_c=3$。这些元素在高压下的相变，导致了外部键长的缩短和内部键长的增长，直至结构演变达到终点，所有键长都相等。在 bcc 结构中，$N_c=8$。

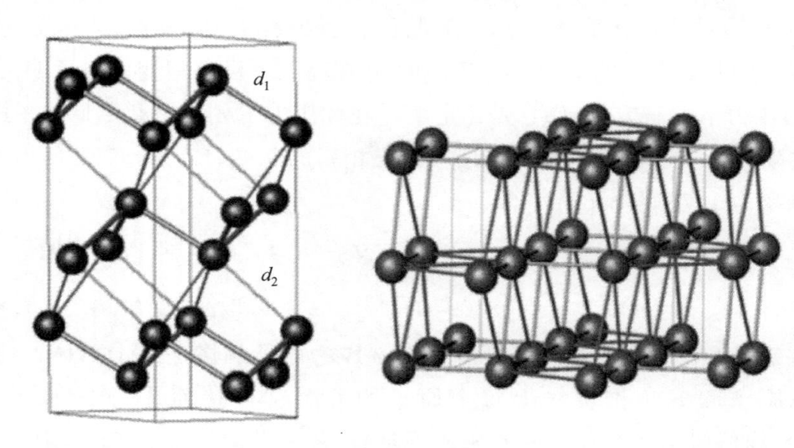

图 5.2 （左图）室温下在六方晶轴中显示了 As、Sb 和 Bi 的斜方 As 类结构；（右图）Bi-Ⅱ结构层内的原子距离（d_1）由粗线表示，而层间由细线（d_2）表示。每个原子有 7 个相邻的原子，其距离为 3.147～3.706 Å

注：本图取自经出版社许可的文献［35］，Taylor & Francis 有限公司，http：//www.tandf.co.uk/journals，2004 年版权

砷在 25 GPa 压力下，经历了从斜方六面体（α，As-Ⅰ）到具有金属性的简单立方结构（sc，β-Po 型，As-Ⅱ）的不连续相变（图 5.2）。由半导体过渡到单质金属的压力诱导相变是 sp 轨道重叠增加引起的，这本质上源于压缩使得原子间距减小。在 48 GPa 压力下，上述结构转变为一个新相（As-Ⅲ）。在 $P\geqslant100$ GPa 压力下，进一步的压缩导致一个 bcc 物相。在正常情况下，锑单质具有一个 A7 的结构，在 8.5～12 GPa 时转变为一个复杂的原子晶格（Sb-Ⅱ）[20]，在 28 GPa 时则转变为一个 bcc 结构。在一般的低压下，较大的类似物 Bi 具有与 Sb 相同的相变，在 2.5 GPa 压力下，Bi-Ⅰ（A7 结构）转变为一个强烈畸变的 sc 结构（Bi-Ⅱ）。在 2.8 GPa 时，该结构会转变为 Bi-Ⅲ相（结构重组），该相具有 $N_c\approx9$ 的一个非公度晶体结构。这个结构重组，与高压下发现的 As 和 Sb 同素异形体非常相似。进一步压缩，直到 $P\geqslant8$ GPa 时，铋则相转变为一个 bcc 固体[20]。

同样需要注意的是上述所有结构都是在大块材料确定的结构。如果正常的热力学状态接近于给定相稳定性的极限，即使非常小的外界干扰（比如晶体研磨）都会改变其结构。人们已经研究了颗粒尺寸对于纯钴晶体结构稳定性的影响[36]，结果显示 Co 在块体中的 hcp 同素异形体是稳定的，但直径为 100～200 Å 的颗粒有一个 fcc 结构，而 20～50 Å 的颗粒有一个 bcc 结构。在这些结构中，颗粒使得表面自由能最小，这将产生具有最小内能的稳定原子平衡结构。

5.1.2　非金属结构

稀有气体固体可考虑为最简单的非金属体系。然而，固态氦的高压多晶态与一个简单体系相比是异常复杂的。在一定压力下，氦仅能结晶成 fcc 结构，而在接近 3×10^{-3} GPa 压力和 1.5 K 的小范围条件下，它的 bcc 结构才能稳定存在。X 射线衍射检测显示，He 在 11.5 GPa和 298 K 条件下以 hcp 结构结晶。该相在室温和 23 GPa 时，观察到的仅为固相。Ne 和 Ar 的单晶 X 射线研究显示，它们单质的 fcc 相分别在 110 GPa 和 80 GPa 时具有稳定性[37, 38]。然而，Ar 在 $P\geqslant50$ GPa 时一个 hcp 相态出现，并且其浓度随压力的增加而增大；在 $P\approx300$ GPa 时，将发生 fcc→hcp 的相变。Kr 在 3.2 GPa 时，开始进行一个相似的相变过程，且在约为 170 GPa 时完成。Xe 在 3GPa 时也开始进行 fcc→hcp 的相变过程，并且在 70 GPa 时完成[39]。光学和电阻分析证实了 136～155 GPa 时 Xe 的金属性，但在低于 120 GPa时检测到半导体性[37, 38]。在 29.7 bar 下的固态 He 和常压下的 Ne、Ar、Kr 和 Xe 的原子间距分别等于 3.664 Å、3.156 Å、3.755 Å、3.992 Å、4.335 Å，即接近于相应分子 Rg_2 的原子间距（如表 3.1 所示，平均差值为±0.8%），对于金属而言，这种增加会大一个数量级。

固态氢有两种相态：α(A1) 和 β(A3)，它们在方向上是无序组成的，自由旋转的 H_2 分子形成密堆积结构。α-氢（fcc）立方结构的晶胞参数为 $a=5.338$ Å，六方结构 β-H_2(hcp) 中 $a=3.776$ Å，$c=6.162$ Å；在这两个结构中氢气“球形”分子的半径是相等的，都是 1.887 Å 。在低压时轴率 $c/a=1.63$（以及低温零压的固体时），在最高压时下降到约 1.58 Å，这表明由于氢分子的受阻旋转使得该材料的各向异性更显著。固态氢的分子内距离还没有测到，但考虑到其升华热较小，可认为其键长等同于气态氢中的分子内距离（见 1.3 节）。当压缩到 $P\leqslant30$ GPa 时，固态氢仅仅显示出分子间接触距离的缩短，但大于这个压力时光谱数据显示 H—H 键增长。这些变化外推到 $P=280$ GPa 时，晶体结构中所有距离完全平均化（这意味着分子向金属固体的转变）[40]。然而，实验表明在 320 GPa 时金属化仍旧没有发生。根据更多的近期数据进行外推，金属化的预期临界值达到了 450 GPa[41]。

氢分子金属化压力的理论估计的演变过程是有趣的。该研究方向的开创性工作是由 Wigner 和 Huntington 完成的[42]，他们计算了氢的 bcc 晶格能，并且推论在高压下很难获得，但在中压时层状结构可能会得到。Min 等人[43] 计算了两种相变的压力：①在（170±20）GPa 时，由于分子结构中价带和导带的坍塌，导致绝缘体向金属性转变；②在（400±100）GPa 时，分子固体转变为单原子金属。在 1988 年，Hemley 和 Mao[44] 在 150 GPa 时发现了第一种相变，但是第二种相变目前为止都没获得。在 Henley 和 Dera 的相关文献[45]中，对高压固态氢分子结构的实验和理论研究进行了详细的综述。

氟（F_2）以两种相态进行结晶：α 相（单斜晶系，单胞参数为 $a=5.50$ Å，$b=3.28$ Å，$c=7.28$ Å，$\beta=102.17°$）和 β 相（立方晶系，$a=6.67$ Å）。固态、气态和液态氟分子的 F—F 键长是相近的，相应数据呈现在表 S3.5 中。在常温常压条件下，碘是正交结构（空间群 Cmca）的固态，但 Cl_2 和 Br_2 在常温和低压时具有相同的结构。这个结构是层状的，其分子位于与 a 轴相垂直的平面上。位于相邻平面上最接近的卤素原子间距与范德华直径是相近的。与之相反，在分子平面（*bc* 平面）的内部，最短的分子间键长显著小于范德华直径。在加热凝聚态分子 Cl_2 和 Br_2 时，可观察到分子内距离（*d*）的减少和分子间距离（*D*）的增大[46]（表 5.15）。

当压缩双原子分子固体时，分子间距离缩短，而分子内距离增加或者保持恒定。在压缩的第一阶段，对结构重排的主要影响是层间距离的减少。这两个距离逐步接近时，在给定压力下会导致分子的解离。在此压力下，分子间和分子内距离都是相同的。然而，它仅仅是一般的情形。因此，溴的分子内距离从初始阶段到所期望的 25 GPa 都是增加的，但随后这个距离突然开始下降。压力引起键长的突然变化归因于一个新的相变。在 (65±5)GPa 的压力下，相变再次发生时，可观察到分子间距的最大减少[47]。

碘在 21 GPa 时转变为 bco 型（碘-Ⅱ，$N_c=4+8$）[48] 的金属结构，进一步压缩后，继续转变为 bct，在 43 GPa 时，达到原子间距进一步平均化的相态（碘-Ⅲ）。bct 相的轴率 c/a 达到了 1，并且在 55 GPa 时，首先发生了向 fcc 结构相变的过程（碘-Ⅳ），在 276 GPa 时达到稳定[49, 50]。溴在 80 GPa 时，转变为一个 bcc 结构。然而，通过一个逐步的带隙闭合，以及在低于分解压力（I_2 为 13 GPa，Br_2 为 25 GPa）的情况下，金属性起始于垂直于原子层的方向，但在更高的压力下[51]，在原子层方向也能观测到初步的金属性。Takemura 等人[52] 用 He 作为加压介质获得了纯的静水压缩，并指定起始相变的压力（23.2～24.6 GPa），发现了在Ⅰ和Ⅱ相之间存在一个新的中间相（碘-Ⅴ）。他们表征出新的相（fct 型，碘-Ⅴ）和相Ⅱ（在 $P=25.6$～30.4 GPa 时）。在Ⅰ→Ⅴ相变过程中，体积减少量为 2.0%，而在Ⅴ→Ⅱ相变过程中，体积减少量仅为 0.2%。最近，Takemura 等人在 $P>80$ GPa 时，通过拉曼散射实验揭示了固态溴的一个新相[53]。该相与 Takemura 等人发现的具有一个非公度结构的碘-Ⅴ是相同的。在溴和碘的非公度相中，在低频率区域内发现拉曼活性软模。数据表明，溴和碘的单斜相Ⅱ分别在 30 GPa 和 115 GPa 以上的压力下出现。

氧通过冷却结晶形成一个独特的固体，即一个基本分子磁体，其磁性产生于 O_2 分子的电子基态。固态氧具有诸多类型的分子结构：低温 α 相是单斜的（C2/m）。在约 3 GPa 和低温时发生 α→δ 的相变，并且在 8 GPa 时发生 δ→ε 相变。其他研究者发现，β→δ 相变发生在 9.6 GPa 下，而 δ→ ε 相变则发生在 9.9 GPa 时。这些相态分别为粉红色、橙色和红色。其中 δ 个相态的红色随压力的增加而变深。人们直接探测 ε-氧的电子自旋结构的中子衍射实验表明，磁性在该相态形成时确实消失了。ε-氧结构是个特有的重排，其中双原子 O_2 分子保持完整，但附加的连接体产生了 $(O_2)_4$ 团簇（图 5.3）。这个新结构也与检测到的 ε-氧的非磁性态是一致的。在更高的压力下，ε-氧的行为与在氢气中观测到的电荷转移活动是相似的。在

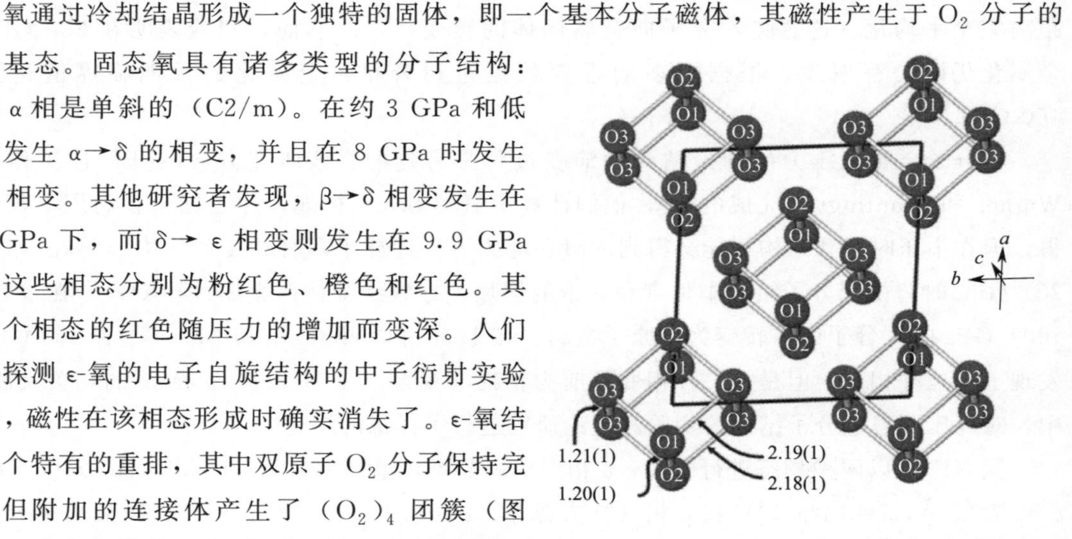

图 5.3 ε-氧气在 17.6 GPa 压力下的晶体结构（Å）。

注：经 Macmilan 出版公司（2006 版权）的允许，本图转载自文献［56］

96 GPa时发现了 $\varepsilon \rightarrow \zeta$ 的相变，它对应于“绝缘体→分子导体”的相变，这个相态直到116 GPa时都是稳定的，研究者将它看作半金属[54-56]。在压力为180 GPa以上和80 K时，以及在室温和高温下发现了一个氧的新的黑色无定形的非分子相态，它在直到270 GPa和10～510 K条件下都是稳定的[57]。在 $P>100$ GPa时检测到超导性[58]。粉末XRD[59]表明了ε-氧是由4个分子的 O_8 团簇组成的一个结构。硫的晶体相态［正交（o）、单斜（m）和菱方（r）］具有 S_8 环结构（o和m，$d=2.060$ Å）或 S_6 环结构（r，$d=2.057$ Å）。通过加热，破坏环结构并生成各种长度的链，在 $T=473$ K时达到最大值，随着进一步加热则分解成较短的碎片。在室温和 $P=37.5$ GPa时o-S转化为有原子平行链的S-Ⅱ相（bct型）。从75 GPa开始进一步转化为S-Ⅲ相，到100 GPa时相变完成。在该相结构中（相似于Se-Ⅳ和Te-Ⅲ，如下文）$N_c=6$，具有下列距离：$2\times2.208+4\times2.225$ Å。最后，在162 GPa时，硫转化为有一个八配位原子的β-Po型结构[60]。

含 Se_8、Se_7 和 Se_6 环（$d=2.32$ Å、2.33 Å）的硒体系分别以单斜、菱方或正交的分子结构进行结晶，而三角结构由螺旋状的无限长链组成，其链上的原子间距为2.37 Å[61]。对于常态条件下的碲，仅有一个三角结构，其键长为2.83 Å。在通常情况下，这些单质在链上的距离（d）比其本身之间的距离（D）要短，因此通过压缩，D 的减小量多于 d 的减小量，并且各向异性因子 $f_a=D/d$ 接近于1[62]。研究者利用实验数据外推获得了Se和Te在 $f_a=1$ 时的平衡压力分别为14 GPa和4 GPa。然而，实际上Se在 $P=14$ GPa时 $f_a=1.3$，而Te在 $P=4$ GPa时 $f_a=1.2$，也就是说，正如下文所显示的，f_a 不是一个理想参数，而是需要考虑链间和链内键长的差值。在 $P\leqslant150$ GPa下，对三角形硒（Se-Ⅰ）[63]的研究显示了以下相态：14 GPa时（Se-Ⅱ），23 GPa时（Se-Ⅲ），28 GPa时（Se-Ⅳ），60 GPa时（Se-Ⅴ）和140 GPa时（Se-Ⅵ）。Se-Ⅰ有 $N_c=2$ 的结构，Se-Ⅲ有 $N_c=4$ 的一个层状bcm结构，Se-Ⅳ有相同 N_c 的一个层状bco结构，Se-Ⅴ有一个β-Po型（$N_c=6$）的结构，而Se-Ⅵ以 $N_c=8$ 的bcc结构进行结晶。在Se-Ⅴ→Se-Ⅵ的相变过程中，链间的Se—Se距离在减小，层内的距离在增加，直到 $P=150$ GPa时两者都收敛到2.42 Å，它大于常压下初始结构中的距离（2.37 Å）。在Se-Ⅰ→Se-Ⅵ相变过程中，相应的原子体积从81.8 Å^3 减小到22.5 Å^3，其键长的增加是由于 N_c 从2（Se-Ⅰ）增加到8（Se-Ⅵ）所引起的。在 $P=12$ GPa时，单斜Se转化为Se-Ⅲ（对于三角的硒则要在23 GPa时），在33 GPa时转化为Se-Ⅳ。菱方的硒在4～15 GPa的区间内平稳地转化为三角相，在16 GPa时转化为金属态。Kawamura等人[64]发现，能带结构对硒相态的几何结构有依赖关系。如果对分子间距的平均值与金属化的带隙和压力进行比较，可得出分子间距越大，转化为金属态所需的压力越小。

修改	三角形	菱形	单斜
D(Se…Se)，Å	3.44	3.54	3.80
E_g，eV	1.8	1.9	2.1
P_M，GPa	23	16	12

碲在一定压力下的结构转变是相似的[65]，但相变发生的压力本质上小于硒和硫的压力，即第16族的单质发生相转变的压力（GPa）[66]为：

结构	bco	β-Po	bcc	
S	84	162	700	（外推 c/a 至 1）
Se	28	60	140	
Te	6	11	27	

氮在低温和低压下形成分子晶体，其中N≡N键以微弱的分子间作用力存在。在低温和低压下，立方 Pa3 结构（α 相）具有最低自由能。随着压力的增加，这个体系转化为 β 相和 γ 相。进一步增压形成 δ-N_2 物相，而在更高压力下则为 ε-N_2 物相[37-39]。在 $P>100$ GPa 时，大量的光学实验显示了一个非分子相的形成，它在 300 K 和约 140 GPa 压力时转化为半导体相。文献［67，68］中报道了同素异形体结构，其中每个原子参与三个单键的形成，它是在 $T>2000$ K 和 $P>110$ GPa 的条件下由分子氮合成出来的，但在 $T=1400$ K 时它需要的压力为 140 GPa。这个多晶态氮具有立方旁式结构（cg-N），并且有非常大的体积模量（300 GPa）。

在 F_2、Cl_2、O_2 和 N_2 分子中，尽管由单分子转变为单原子金属的诸多尝试都没取得成功，但这些转变过程中，可利用某些固体具有吸收 100 倍甚至 1000 倍的气体的能力，这是有意义的。Ashcroft[69] 提出了另一种方法，他注意到 CH_4、SiH_4 和 GeH_4 在低压下可能会变成金属性，这是由于 14 族原子对氢进行了化学上的预压缩。

在常态条件下，磷有许多晶态[70]。白磷由 P_4 分子组成，在不同的温度和压力下存在三种同素异形体。在室温的 α 相态中，P_4 分子绕其质心动态地旋转。两个低温晶态中，一个为 β-P_4，其中 d(P—P)＝2.204 Å[71]，在它的晶体结构中，分子有固定的取向。另一个是低温晶态 γ-P_4，可由 α 相缓慢加热得到，但进一步加热 γ-P_4 会转变为 β-P_4，在约 193 K 时又反过来转变回 α-P_4。γ-P_4 中的磷原子形成几乎完美的四面体，结构中每个原子与距离为 2.17 Å 的三个其他原子相连。而且，磷有一个黑色晶态，它在一定压力下的性质已进行了最为透彻的研究。人们已经报道了具有 3 个共价键加两个额外的层间（A17 结构）接触的黑磷，在 1.7 GPa 下可变成金属态，但未改变其晶体的结构。在 4.2 GPa 时，形成了具有菱方结构（A7，3＋3 配位）的一个半导体相，并且在 10.2 GPa 时可转化为具有金属性质的 β-Po（$N_c=6$）结构。在 103 GPa 时，该相转变为另一种同素异形体，接着在 $P>137$ GPa 时是一个简单六角排列（$N_c=2+6$），最终在 262 GPa 时转变为一个 bcc 结构（$N_c=8$）[72]。这个结构排列归因于与高压下杂化相关的 s→d 相变[73]。然而，在初始相态中 P 原子与 3 个相邻的原子形成共价键（$N_c=3$），并且在常态下骨架内 P—P 键长为 2.250 Å，而骨架间的距离为 3.665 Å，在 5.5 GPa 下相同的相态中，其内部距离减少了 0.065 Å，而外部的距离平均减少了 0.215 Å。第一次相变后，这些距离分别为 2.20 Å 和 2.81 Å（在 5.5 GPa 时），然后在 $P=9.7$ GPa 时它们变为 2.22 Å 和 2.66 Å，在 10.3 GPa 下第二次相变后所有键长平均化，在一个简单立方晶胞中变为 2.39 Å[74,75]。

碳有许多相态，除了在第 3 章中讨论的富勒烯外，最重要的是金刚石和石墨（图 5.4）。在文献［76］中描述了碳的多晶态间的结构关系，通过共用的子结构发生了具有位移机理重排的相变过程。这些多晶型态对应于由临界分数位移和临界应变引起的极限状态。金刚石的结构类型为 A4，其中所有 14 族元素原子都以严格的四配位方式结晶，并且 C—C 键长为 1.5445 Å，Si—Si 为 2.3517 Å，Ge—Ge 为 2.4408 Å，Sn—Sn（灰锡）为 2.8099 Å。金刚石的另一个晶态为六方晶态（六方金刚石或 w-金刚石），它是四面体的每一个连续层相对于前一层旋转 60°后形成的结构。尽管，在常态条件下相当稳定，但这种形式与立方金刚石不同，在自然界中是不存在的。它是在 1967 年由金刚石合成石墨的研究中获得的。碳的另一个六方晶态是石墨，它是由规则六面体的无限层组成的结构（A9）。在一个层内的 C—C 键长都是相等的，均为 1.362 Å，而层间最短的接触距离为 3.334 Å，即可能呈现出配位多面体作为一个扭曲的四面体：3×1.362+1×3.334 Å。在大于 10 GPa 的压力条件下，石墨以距离 1.544 Å 的理想四配位构型转化为金刚石结构。有趣的是，在方向上平行于石墨层的石墨热膨胀系数（$4\times10^{-6}\ K^{-1}$）远大于垂直于石墨层的热膨胀系数（$3\times10^{-7}\ K^{-1}$），而对于压缩性则是相反的。石墨也有一个菱方晶态，也由六方晶体层组成，但它们彼此相互转变。在石墨的这两个晶态中，它们的密度和原子间距离是一样的。最后，需要提及的是碳炔，它是化学合成的产品，其结构由无限链≡C—C≡C—C≡ [77, 78] 组成，然而，与其他同素异形体不同的是，它的存在仍然有争议。

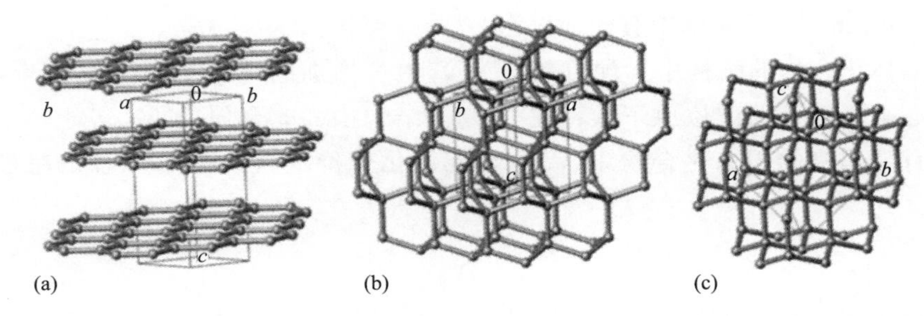

图 5.4　石墨（a）、六方金刚石或长闪石（b）、立方金刚石（c）（以同样标度显示单胞）的晶体结构

需要注意的是，在单质结构中，配位数（N_c）的增加伴随着键长（$\bar{d}$）和原子堆积密度（ρ）的增加

N_c	3	4	6	8	12
结构	A9 →	A4 →	A5 →	A2 →	A1
$\bar{d}$	1.00	1.02	1.09	1.11	1.14
ρ	0.17	0.34	0.56	0.68	0.74

1.4.2 节对这个明显的矛盾进行了解释，也可参考文献［79］。

由固体向分子非金属转变的过程中，伴随着原子间距离的改变，这是由于键级的改变：对于 S、Se、Te、d(X—X)/d(X≡X)=1.176%±2.3%。对于 O 和 N，这些比值分别等于 1.17%和 1.33%，即多重键的相对缩短程度在第 15 和 16 族中从上往下是减弱的。若 A ═C、Si、Ge 和 Sn，单个 A—A 键长与 $R_2A═AR_2$ 化合物中最短 A ═A 距离的比值分别为 1.15、1.10、1.10 和 1.01[80]。从表 2.10 中发现，A_2 分子中的解离能与单键能E(A—A)的比值显示了相似的连续性

O(2.6) → Se(1.8) → Te(1.55)

N(4.5) → As(2.3) → Sb(2.0) → Bi(2.0)

C(1.7) → Ge(1.25) → Sn(1.25) → Pb(1.2)

在第 14 和 15 族元素双键体系 $R_nA=AR_n$（A=C→Pb，$n=2$；A=N→Bi，$n=1$）[80] 的实验数据的基础上，通过对主族元素间的同核多重键的考察表明，重元素（第 3 和第 4 周期）体系常常没有表现出所期望的多重键的化合物行为。它们有反式弯曲结构，并且在其键长上表现出大量的多样性。有研究者认为[80]，经典的多重键指标——键长和键强度，对于较高周期元素的多重键是没有意义的，并且仅仅对至少含一个第 2 周期原子的成键才有用。

5.2 二元无机结晶化合物

本节讨论的是含不同类型金属或非金属原子的二元晶体化合物的结构。本书的篇幅有限，不允许考虑金属间化合物（参见综述文献［81，82］）和富金属化合物，这些在 Rao[83] 和 Franzen[84] 的文献中有详细讨论。

在无机晶体化合物的结构中，配位数（N_c）由 2 增加到 12。此处和后文中，都以 N_c 表示围绕中心金属原子的配位原子数；在 M_nX_m 结构中，非金属的 N_c 等于 $N_c(M)n/m$。在具有一个骨架晶格的固态化合物中，N_c 与配体化合价（v_X）的乘积总是超过金属的化合价

$$v_M < N_c v_X \tag{5.1}$$

这导致了金属原子结合成巨大的聚合物，其所有的键都是桥连的，因此键长都比孤立分子的键长要长。晶体中核间距增长的物理原因是中心原子的高配位数引起的每个成键电子密度的减小。

5.2.1 卤化物、氧化物、硫化物、磷化物的晶体结构

二元固体的结构中，原子的最低配位数为 2。这种结构（原子的锯齿形链）出现在 AuCl（d=2.36 Å）、AuBr（2.42 Å）、AuI（2.60 Å）、HgO（2.03 Å）和 HgS（2.37 Å）中。具有原子四配位的化合物是相当多的。表 5.3 显示了 ZnS 型结构（闪锌矿，B3）晶体中 MX 的键长。正如人们所看到的，这些结构由电负性（ENs）差别小的第 11/17、12/16 族和第 13/15 族（sp^3）元素形成，本质上形成的是共价键。因此，四面体结构通常可作为典型的共价结构。通过表 S2.1 和表 5.3 的比较，表明了从 $N_c=1$（分子）到 $N_c=4$（晶体）的相变伴随着键长的增加，平均增加了 0.290(3) Å 或者乘上因子 1.133(9)。

在具有纤锌矿结构（B4）的化合物 MX 中，有 3 个底部和一个顶点的 M—X 键，其键长为 CuH：3×1.765+1.729Å[85]，AgI：3×2.819+2.798Å，BeO：3×1.646+1.657Å，ZnO：3×1.974+1.988Å，CdS：3×2.526+2.532Å，CdSe：3×2.630+2.635Å，AlN：3×1.889+1.903Å，GaN：3×1.949+1.956Å[86]。如果用这些数据和表 5.3 中的数值进行比较，具有 B4 结构的化合物中的平均距离接近于具有 B3 结构的相应固体中的距离。

原子的四配位存在于 CuO、SnO、PdO 和 PtO 中，其中 M—O 的键长分别等于

1.954 Å、2.22 Å、2.01 Å和2.02 Å。在PbO中，铅原子移到氧原子正方形的平面外，其中d(Pb—O)=2.30 Å。在PdS中，金属原子被相距2.33 Å的正方形的四个硫原子所包围[87]。这些结构中的键对应于dsp^2或者d^2p^2杂化，并且本质上具有共价键特性。

表5.3 B3型结构的化合物中原子间距（Å）

M(Ⅰ)	F	Cl	Br	I
Li				2.74
NH_4	2.708			
Cu		2.345	2.464	2.624
Ag				2.812
M(Ⅱ)	O	S	Se	Te
Be	1.649	2.107	2.225	2.436
Mg		2.45[a]	2.53	2.780[b]
Zn	1.978	2.342	2.454	2.637
Cd		2.528	2.620	2.806
Hg		2.535	2.635	2.797
Mn		2.431[c]	2.546[c]	2.744[c]
M(Ⅲ)	N	P	As	Sb
B	1.566[d]	1.965[d]	2.068[d]	
Al	1.896[e]	2.367[e]	2.451[e]	2.657[e]
Ga	1.948[e]	2.360[e]	2.448[e]	2.640[e]
In	2.156[e]	2.542[e]	2.623[e]	2.806[e]
Nb	2.09	2.35		
Cr	2.36[f]	2.45[f]	2.54[f]	2.62[f]
Fe	1.865[g]			

注：a. 数据源自文献［88］；b. 数据源自文献［89］；c. 数据源自文献［90］；d. 数据源自文献［91］；e. 数据源自文献［92］；f. 数据源自文献［93］；g. 数据源自文献［94］；键长值为：BePo=2.528 Å，ZnPo=2.732 Å，CdPo=2.886 Å[95]

在表5.4中，列举了NaCl（B1）型结构的MX固体中的原子间距，这些原子都有八配位。这些化合物含低EN的金属原子，形成了一个本质上具有离子特性的化学键。因此，具有B1结构的化合物通常为典型的离子型。通过对B3和B1型结构中的原子间距进行比较（表5.3和表5.4），发现了这种原子配位数的增加伴随着键长1.080（9）倍的增加。这类晶体的原子间距具有加和性。在卤化物MX中，键长的差值为：$\Delta d_{Na-Li}=d(Na—X)-d(Li—X)=0.28$ Å，$\Delta d_{K-Na}=0.34$ Å，$\Delta d_{Rb-K}=0.015$ Å，$\Delta d_{Cs-Rb}=0.18$ Å，$\Delta d_{Cs-NH_4}=0.17$ Å，$\Delta d_{NH_4-Ag}=0.52$ Å，$\Delta d_{Tl-Ag}=0.41$ Å。由于化合键相似的特性，这个原理运用得非常好（例如，对于K、Rb和Cs的卤化物，其偏差约为5%）。相反，若对成键特性不同的碱金属的氢化物和氟化物进行比较，则得到$\Delta d=d(M—H)-d(M—F)=0.15$ Å±35%。至于MX型的氧化物和硫化物，加和性的正确率控制在8%以内。对表3.2、表S3.1、表5.4的数据进行比较，表明了$N_c=1$的键长与$N_c=6$的键长比值为1.22±3.8%。如表S5.2所列的，六配位（一个三角棱柱）存在于NiAs、TiP和MnP

型结构中。这些物质中原子 EN 的差值小于 B1 型的典型代表，因此，这里的化学键具有中性和极性共价特性。

表 5.4 在 NaCl 型结构化合物中的原子间距

M(Ⅰ)	F	Cl	Br	I	M(Ⅱ)	O	S	Se	Te
Li	2.009	2.566	2.747	3.025	Tm		2.71	2.82	3.00
Na	2.307	2.814	2.981	3.231	Yb	2.44	2.84	2.94	3.265
K	2.664	3.139	3.293	3.526	Th	2.60	2.842[e]	2.945[e]	
Rb	2.815	3.285	3.434	3.663	U	2.447	2.744	2.878[e]	3.076[e]
Cs	3.005	3.47	3.615	3.83	Np		2.766[e]	2.903[e]	3.101[e]
NH_4	2.885	3.300	3.437	3.630	Pu	2.48	2.772[e]	2.900[e]	3.089[e]
Ag	2.465	2.774	2.887	3.035	Am		2.80	2.91	3.088[f]
Tl	2.88	3.16	3.297	3.47	Cm		2.79	2.90	3.075
M(Ⅱ)	O	S	Se	Te	M(Ⅲ)	N	P	As	Sb
Mg	2.106	2.596	2.732		Sc	2.25	2.66	2.74	2.92[g]
Ca	2.405	2.842	2.962	3.174	Y	2.44	2.83	2.89	3.085[g]
Sr	2.580	3.012	3.116	3.330	La[h]	2.648	3.018	3.068	3.245
Ba	2.770	3.193	3.296	3.500	Ce	2.606	2.95	3.03	3.20
Ra		3.29	3.40		Pr	2.568	2.946	3.009	3.182
Zn	2.140[a]	2.530[b]	2.670[c]		Nd	2.562	2.913	2.979	3.15
Cd	2.348	2.72	2.84	3.051	Sm	2.518	2.875	2.955	3.13
Y		2.733	2.879	3.048	Gd	2.487	2.854	2.932	3.110
La[D]	2.57	2.926	3.034	3.218	Tb	2.461	2.838	2.908	3.085
Ce	2.54	2.89	2.99	3.18	Dy	2.448	2.822	2.895	3.07
Pr	2.52	2.87	2.97	3.16	Ho	2.432	2.808	2.88	3.06
Nd	2.51	2.85	2.954	3.130	Er	2.418	2.798	2.867	3.048
Sm	2.57	2.985	3.100	3.297	Tm	2.40	2.78	2.86	3.04
Eu	2.57	2.984	3.092	3.292	Yb	2.388	2.772	2.845	3.034
Gd		2.78	2.89	3.07	Lu	2.383	2.766	2.84	3.028
Tb		2.76	2.87	3.05	Th	2.583[e]	2.914[e]	2.989[e]	3.159[e]
Dy	2.66	2.75	2.85	3.04	U	2.444	2.792	2.888[e]	3.102[e]
Ho		2.73	2.84	3.02	Np		2.804[f]	2.918[f]	
Er	2.54	2.72	2.83	3.01	Pu	2.45	2.832[f]	2.928	
Ti	2.088[d]				Am	2.50	2.855	2.94	
	2.30	2.58			In		2.762[i]	2.88[j]	
Sn			3.01	3.16	AlN	GaN	InN	TiN	ZrN
Pb		2.968	3.061	3.226	2.022[k]	2.076[k]	2.344[k]	2.12	2.289[k]
Mn	2.222	2.610	2.725	3.013	HfN	VN	TaN	CrN	WN
Fe	2.154				2.263[l]	2.072[e]	2.168[m]	2.074	2.06
Co	2.130				LaBi	CeBi	PrBi	NdBi	SmBi
Ni	2.088				3.28	3.24	3.22	3.21	3.18
SiC	TiC	ZrC	HfC	VC	TbBi	HoBi	NpBi	PuBi	AmBi
2.02[n]	2.163	2.344	2.323	2.091	3.14	3.11	3.185[f]	3.179[f]	3.163[f]
NbC	TaC	ThC	UC	PtC	CaPo	SrPo	BaPo	HgPo	PbPo
2.233	2.228	2.66	2.48	2.407[o]	3.257[p]	3.398[p]	3.560[p]	3.125[p]	3.295[p]

注：LiH 2.042 Å、NaH 2.445 Å、KH 2.856 Å、RbH 3.025 Å、CsH 3.195 Å；PtN 2.402 Å[96]；AuCl 3.16 Å[97]。

a. 数据源自文献［98，99］；b. 所有 LnX 来自文献［100］；c. 数据源自文献［101］；d. 数据源自文献［102］；D. 数据源自文献［103］；e. 数据源自文献［104］；f. 数据源自文献［105］；g. 数据源自文献［106］；h. 数据源自文献［107］；i. 数据源自文献［108］；j. 数据源自文献［109］；k. 数据源自文献［110］；l. 数据源自文献［111］；m. 数据源自文献［112］；n. 数据源自文献［113］；o. 数据源自文献［114］；p. 数据源自文献［95］，HgO 为 2. 524 Å[115]

CsCl(B2) 型结构的晶体具有原子的立方配位（表 5.5）。这些化合物中的金属原子是比较大的，其 EN 低，因此它们形成最多的离子键。表 5.5 中所列物质的平均比值 $d(N_c=8)/d(N_c=1)$ 等于 1.26 (5)。

表 5.5　CsCl 型结构的化合物中的原子间距（Å）

M(Ⅰ)	H	F	Cl	Br	I
Na		2.36[a]	3.00[b]		
K	2.96[c]	2.78[d]	3.28[e,f]	3.46[e,f]	3.76[e,f]
Rb	3.16[c]	2.87	3.41[e,f]	3.57[e,f]	3.84[e,f]
Cs	3.312[c]	3.09	3.566	3.720	3.956
Ag		2.595[g]			
Tl			3.327	3.443	3.64
NH_4			3.350	3.515	3.784
M(Ⅱ)	O	S	Se	Te	Sb
Ca	2.52[h]	3.00[i]	3.13[i]	3.30[j]	
Sr	2.65[k]	3.125[k]	3.26[k]	3.475[k]	
Ba	2.96[l]	3.37[l]	3.42[m]	3.697[n]	
Cd	2.48[o]				
La		2.988[p]	3.123[p]	3.364[p]	
Th			3.12[q]	3.31[q]	3.33[q]
U				3.24[q]	3.23[q]

注：RbAu 3.55 Å、CsAu 3.69 Å[116,117]；CoSi 2.439 Å[118]。

a. 数据源自文献［119］；b. 数据源自文献［120］；c. 数据源自文献［121］；d. 数据源自文献［122］；e. 数据源自文献［123］；f. 数据源自文献［124］；g. 数据源自文献［125］；h. 数据源自文献［126］；i. 数据源自文献［127］；j. 数据源自文献［128］；k. 数据源自文献［129］；l. 数据源自文献［130］；m. 数据源自文献［131］；n. 数据源自文献［132］；o. 数据源自文献［133］；p. 数据源自文献［103］；q. 数据源自文献［134］

在常态条件下，碱金属卤化物为 B1 结构，在一定压力下，会经历一个随 N_c 的增加而出现的相变。N_c 随相应结构基质上特定物质的外延生长而减少，也可随包裹在单壁碳纳米管内固相的晶体生长而减小。这些纳米管具有一个严格受限于一定直径范围内的圆柱形空腔，其范围通常为 10～20 Å。这些超薄的毛细管对于那些包裹熔融双原子物质结晶的影响，产生了减小的或者改变的配位结构。所以，在直径为 14～16 Å 的碳纳米管内形成的 KI 晶体，具有三个不同配位数 6、5 和 4 的原子，分别出现在晶体的中心、晶面和顶点上。K—I 原子间距是各向异性的：在表面上沿着碳纳米管方向的 d(K—I)＝2.37 Å，体内的为 2.58 Å，垂直于管轴的分别为 2.46 Å 和 2.75 Å[135,136]。配位数减少的相变也在其他晶体化合物中发现：AgX(N_c＝4→3)，SrI_2(7→6，4)，BaI_2(9→6，5)，PbI_2(6→5)，$LnCl_3$(6→5)。与此同时，分子物质（Al_2Cl_6、SnI_4、WCl_6）或者具有嵌入碳纳米管中的类链状结构的晶体（$ZrCl_4$ 和 $HfCl_4$），与块体具有相同的 N_c（见文献［137-139］）。已经证实，离子键比共价键更不稳定：例如，位于碳纳米管内部时，富勒烯（从 C_{60} 到 C_{84}）中原子间距比块体中的原子间距小[140]，Sb_2O_3 对应的差值超过了 10%[141]。

MX_2 型晶体（图 5.5）具有 2～12 的配位数。通常以 N_c＝2 的晶体为例，选择汞的卤化物作为分子物质。然而，实际上，在结构类型 $HgCl_2$ 中，原子排列类似于 $PbCl_2$ 的结构，但 Hg 与两个最邻近原子之间有较短的距离。因此，这种情况下 N_c＝2 仅仅是形式上的。畸变配位多面体和

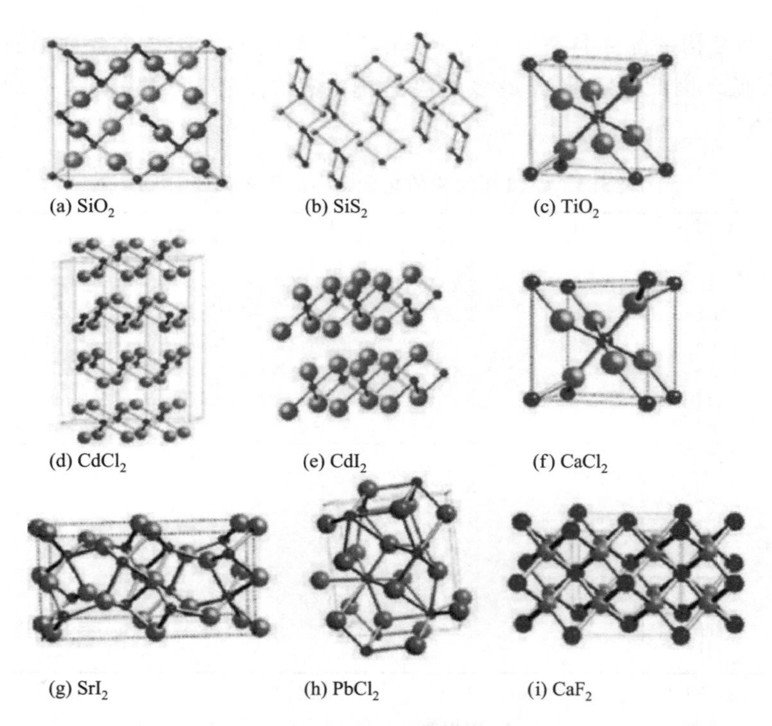

图 5.5 MX_2 晶体的结构类型

注：该图基于文献［142］重印，美国化学会版权 2006

有效配位数的问题将在下文中讨论。在赤铜矿型结构中，发现了金属原子的二配位，其键长分别为：Cu_2O 1.84 Å、Ag_2O 2.05 Å、Ag_2S 2.12 Å、Ag_2Se 2.16 Å、Au_2S 2.17 Å[143]。

在 SnF_2、$KSnF_3$ 和 NH_4SnF_3 中，Sn 是三配位的。在 SnF_2、$KSnF_3$、NH_4SnF_3 中，Sn—F 的平均键长分别为 2.14 Å、2.11 Å、2.12 Å。在 PdX_2 和 PtX_2 的结构中是四配位的，其原子间距（Å）为

Pd—Cl	Pd—Br	Pd—I	Pt—Cl	Pt—Br	Pt—I
2.31	2.46	2.60	2.315[144]	2.48	2.597[145]

PtX_3（X=Cl、Br、I）的结构是由 PtX_2 和 PtX_4 单体组合而成的：X 阴离子的立方最密堆积形成了具有 Pt^{II} 的正方八面体［Pt_6X_{12}］团簇分子的一个最优结构的基础，也是顺式结构中具有 Pt^{IV} 的棱共用［$PtX_2X_{4/2}$］八面体螺旋链的对映异构体的基础。平均键长为：$\bar{d}(Pt^{II}—Cl)=2.314$ Å，$\bar{d}(Pt^{II}—Br)=2.445$ Å，$\bar{d}(Pt^{II}—I)=2.618$ Å，$\bar{d}(Pt^{IV}—Cl)=2.342$ Å，$\bar{d}(Pt^{IV}—Br)=2.487$ Å，$\bar{d}(Pt^{IV}—I)=2.685$ Å。在这些化合物的配位八面体中，反式结构中较短的键与较长的键相比较：$d(Pt^{IV}—Cl)=2.286$ Å 与 $d(Pt^{IV}—Cl)=2.376$ Å，$d(Pt^{IV}—Br)=2.474$ Å 与 $d(Pt^{IV}—Br)=2.563$ Å，$d(Pt^{IV}—I)=2.652$ Å 与 $d(Pt^{IV}—I)=2.745$ Å[146,147]。

MX_2 固体的诸多四面体结构中，其四面体连接的方式是不同的，在 SiO_2 和 BeF_2 中有一个三维（骨架）连接，而在 SiS_2 和 $BeCl_2$ 中则是四面体连接成无限长链。然而，这种区别对化学键长度的影响很小。因此，在表 5.6 中，所有具有四面体结构的化合物 MX_2 都没

有标明四面体的连接方式。在 $M(OH)_2$ 中的 Be—O 和 Zn—O 键长稍短于 MO 中的相应键长：1.632 Å 与 1.649 Å，1.956 Å 与 1.978 Å，这是由于 $M(OH)_2$ 与 MO 相比，阴离子配位数减小（2 相比于 4）。通过表 S3.1 与表 S5.6 的比较，表明晶体（$N_c=4$）中的键长与 BeX_2、ZnX_2 和 HgX_2 分子中（$N_c=2$）的比值为 1.11(3)。

表 5.6　MX_2 四面体结构的化合物中的原子间距（Å）

MX_2	d(M—X)	MX_2	d(M—X)	MX_2	d(M—X)	MX_2	d(M—X)
BeH_2	1.45[a]	SiO_2		GeO_2		$Be(NH_2)_2$[e]	1.746
BeF_2	1.540[b]	石英	1.607	石英	1.739[h]	$Mg(NH_2)_2$[e]	2.084
$BeCl_2$	2.026[c]	磷石英	1.606	方石英	1.75	$Zn(NH_2)_2$[e]	2.028
$BeBr_2$	2.185[c]	方石英	1.604	GeS_2		$Mn(NH_2)_2$[e]	2.121
BeI_2	2.417[c]	柯石英	1.613	plp	2.19	$Be(CN)_2$[i]	1.718
$ZnCl_2$	2.346	SiS_2		pht	2.217	$Mg(CN)_2$[i]	2.108
$ZnBr_2$	2.415[d]	plp	2.14	$GeSe_2$[g]		$Be(OH)_2$[j]	1.632
ZnI_2	2.645[e]	php	2.13	mc	2.356	$Zn(OH)_2$[j]	1.956
HgI_2	2.788[f]	$SiSe_2$	2.275	tetra	2.359		

注：plp 是低压相，php 是高压相，pht 是高温相，mc 是单斜变体，tetra 是四面体。

a. 数据源自文献［148，149］；b. 数据源自文献［150］；c. 数据源自文献［151］；d. 数据源自文献［152］；e. 数据源自文献［153］；f. 数据源自文献［154］；g. 数据源自文献［155］；h. 数据源自文献［156］；i. 数据源自文献［157］；j. 数据源自文献［158］

在金红石（TiO_2）的结构中可获得原子的高配位数，其金属原子位于一个轻微扭曲的八面体中心，并且两个 Ti—O 的键长不同于其他四个键的键长。这类结构的典型例子列于表 5.7 中。对于 $N_c=6$，其平均核间距是 $N_c=2$ 的 1.15（3）倍。

表 5.7　金红石型结构[159-163]中的原子间距（Å）

MX_2	4[a]d(M—X)	2d(M—X)	MO_2	4d(M—O)	2d(M—O)
CuF_2	1.93	2.27	SiO_2	1.757	1.808
AgF_2	2.071	2.584	GeO_2	1.874	1.906
MgF_2	1.994	1.984	SnO_2	2.058	2.047
MgH_2	1.955	1.935	PbO_2	2.167	2.154
$CaCl_2$	2.740	2.743	TiO_2	1.949	1.980
$CaBr_2$	2.901	2.914	VO_2	1.921	1.933
ZnF_2	2.040	2.019	NbO_2	2.079	2.005
VF_2	2.092	2.074	TaO_2	2.030	1.998
CrF_2	2.01	2.43	TeO_2	2.321	2.032
$CrCl_2$	2.393	2.903	CrO_2	1.911	1.891
$CrBr_2$	2.54	3.00	MoO_2	1.959	2.062
CrI_2	2.74	3.24	WO_2	1.951	2.062
MnF_2	2.131	2.104	MnO_2	1.882	1.894
FeF_2	2.118	2.002	RuO_2	1.985	1.941
CoF_2	2.057	2.015	OsO_2	2.006	1.962
NiF_2	2.021	1.981	IrO_2	1.998	1.958
PdF_2	2.16	2.17	PtO_2	2.003	1.989

注：a. 数据表示这种键的数目，在表 5.9、表 5.10 和表 5.11 中也为此含义

表 S5.3 中列出了具有 CdX_2 型结构且其金属原子的配位数为 6（三棱柱）的化合物的键长。在这些结构中，卤素原子形成了稍微变形的密堆积结构，其阳离子占据八面体空位的一

半。MoS_2 型结构与 CdI_2 结构相似，因此表 S5.3 也提供了以这类结构结晶的某些金属硫化物中的键长。$d(N_c=6)/d(N_c=2)=1.16(2)$。$Tl_2S$[164]、$Cs_2O$[165] 和 Ag_2F[165] 也以 CdI_2 型结构进行结晶，但是阳离子和阴离子的位置正好相反。已知的此类结构为反 CdI_2。Cs—O、Tl—S 和 Ag—F 键长分别为 2.86 Å、2.91 Å 和 2.451 Å。通过表 5.7 和表 S5.3 的比较，表明在四面体 MX_2 结构中，由于同样的原因，存在 d(M—OH)⩽d(M—O)。在黄铁矿和白铁矿（FeS_2）的结构中，金属原子有 $N_c=6$，双原子阳离子有−1 价电荷（表 S5.4）。需要注意的是，一般来说，这些物质中的 S—S 和 P—P 键长会随着 M—S 或 M—P 距离的减小而增大，这是由于共价电子从 X—X 键迁移到 M—X 键而导致的。在 SrI_2 型结构中，金属原子位于由一个正方形和一个三角形所组成的多面体中心（$N_c=7$，平均 Sr—I 距离为 3.35 Å）。EuI_2 和 $YbCl_2$ 具有相似的结构，它们的平均 M—X 距离分别为 3.34 Å 和 2.84 Å。

CaF_2 型结构非常重要，占据立方体顶点的 8 个氟原子围绕其金属原子。表 5.8 中呈现了此类结构。表格的最后一列是碱金属的氧化物和硫化物，它们具有反萤石型结构，即金属原子占据氟原子的位置，而非金属原子占据钙原子的位置。平均 $d(N_c=8)/d(N_c=2)$ 比值为 1.18(4)。这些结构中的化学键具有较高程度的离子性。在 US_2 和 USe_2 结构中，铀原子具有相同的配位数，其 d(U—X)分别等于 2.84 Å 和 2.957 Å[166]。

表 5.8 CaF_2 型化合物结构中原子间距离(Å)

MX_2	d(M—X)	MO_2	d(M—O)	M_2X	d(M—X)
AgF_2	2.36	CeO_2	2.34	Li_2O	2.00
CaF_2	2.365	PrO_2	2.32	Li_2S	2.470
SrF_2	2.511	TbO_2	2.26	Li_2Se	2.600
$SrCl_2$	3.021	ThO_2	2.424	Li_2Te	2.815
$SrBr_2$[a]	3.17	PaO_2	2.38	Na_2O	2.408
BaF_2	2.683	UO_2	2.368	Na_2S	2.83
$BaCl_2$	3.17	NpO_2	2.35	Na_2Se	2.95
RaF_2	2.757	PuO_2	2.33	Na_2Te	3.17
CdF_2	2.333	AmO_2	2.33	K_2O	2.792
HgF_2	2.398	CmO_2	2.32	K_2S	3.20
LaF_2	2.527[f]	TiO_2	2.109	K_2Se	3.324
CeF_2	2.488[f]	ZrO_2	2.276	K_2Te	3.530
PrF_2	2.478[f]	HfO_2	2.22	Rb_2O	2.925
NdF_2	2.459[f]	SnO_2	2.132	Rb_2S	3.35
SmF_2	2.542[f]	PbO_2	2.316	Rb_2Se	3.47[c]
EuF_2	2.530[f]	RuO_2	2.106[b]	Rb_2Te	3.676[d]
YbF_2	2.424[f]	PdO_2	2.43	Cu_2S	2.409
ErF_2	2.382[f]	ScOF	2.414	Cu_2Se	2.529
PbF_2	2.570	YOF	2.322	Ag_2Te	2.846
MnF_2	2.25	LaOF	2.492	Be_2C	1.880[e]
CoF_2	2.13	CeOF	2.474	Mg_2Si	2.74
NiF_2	2.10	PrOF	2.444	Mg_2Ge	2.762
PdF_2	2.30	NdOF	2.423	Mg_2Sn	2.928
YH_2	2.255[g]	SmOF	2.390	Mg_2Pb	2.95
LaH_2	2.451[g]	HoOF	2.391	Al_2Au	2.59
TiH_2	1.927[h]	AcOF	2.573	Al_2Pt	2.56
ZrH_2	2.076[g]	PuOF	2.473		

注：a. 扭曲型 CaF_2；b. 数据源自文献［169］；c. 数据源自文献［170］；d. 数据源自文献［171］；e. 数据源自文献［172］；f. 数据源自文献［173，174］；g. 数据源自文献［175］；h. 数据源自文献［176］

在 $PbCl_2$ 型结构中，氯原子形成了变形较大的六方密堆积。铅原子位于连接两个八面体的共用面中心，并由9个氯原子所包围。其中6个氯原子形成了三角棱柱，另3个氯原子则位于同一个平面（垂直于棱柱面），并与中心位置的铅原子形成一个三角形。在这类结构中，结晶的 CaH_2 和 SrH_2 的 M—H 平均距离分别为2.41 Å和2.59 Å[167]，而钡的卤化物的平均距离分别为 $BaCl_2$（$\bar{d}$=3.24 Å）、$BaBr_2$（$\bar{d}$=3.38 Å）和 BaI_2（$\bar{d}$=3.67 Å），PbF_2、$PbCl_2$ 和 $SnCl_2$ 的平均距离分别为2.65 Å、3.14 Å和3.24 Å，Cs_2S、Cs_2Se 和 Cs_2Te 属于反 $PbCl_2$ 型结构[168]。

Rb_2Te 采取 CaF_2 和 $PbCl_2$ 结构，而在高温下为 Ni_2In 型结构。$PbCl_2$ 和 Ni_2In 结构通过位移重排机制进行相互转变。最近合成的 Cs_2Pt 也具有 Ni_2In 结构，一个三帽三角棱柱的结构，其3个铯原子和另6个铯原子到Pt[177] 的距离分别为3.28 Å和4.04 Å。在这种情况下，Pt阴离子可作为硫化物的同系物，考虑到 $\chi(Pt) \approx \chi(Te)$，表2.15中的结果显示出 Cs_2Pt 的离子性。

在PbFCl结构中，铅原子有 $N_c=9$，它被相距分别为2.52 Å、3.07 Å和3.21 Å的4个氟原子、4个氯原子和1个氯原子所围绕。在这类结构中，许多化合物以MXY结构类型进行结晶[178-180]，这将在后面讨论。

为了对 MX_2 型的结构进行概括总结，本书考虑了 AlB_2 族，其金属原子与12个硼原子相连，且位于两个 B_6 六边形之间。这种结构或相似的结构在第3～8族金属化合物中是典型的。根据文献［181］，AlB_2 型结构的核间距列在表S5.5中。

一些结晶的卤化物 MX_3 有分子结构（例如在第3章中讨论过的 M_2X_6），在 AuF_3（d=1.92 Å和2.04 Å[182]）结构中发现一个四配位结构，其他卤化物具有 ScF_3 和 FeF_3 型或者 $FeCl_3$ 和 $AlCl_3$ 型结构（表S5.7），其中金属原子位于由卤素原子组成的八面体中心。$d(N_c=6)/d(N_c=3)$ 的比值平均为1.10(1)。

镧系和锕系的卤化物（除了氟）以 UI_3 和 UCl_3 型结构进行结晶。对于前者，卤素原子位于一个畸变三角棱柱的顶点，并且有两个原子加帽在棱柱的两个侧面，表S5.8提供了 UI_3 型结构化合物的键长。在 UCl_3 结构中，金属原子位于三角棱柱的中心，该三角棱柱中三个额外原子以稍远的距离位于一个棱柱侧边上方，这类结构的典型物质键长列在表S5.9中。稀土金属氟化物具有两类结构，即 YF_3 和 LaF_3。对于前者，通过一个三角棱柱顶点的6个氟原子和另外3个原子，金属原子完成一个9顶点配位多面体的配位。同类结构适合于 TlF_3 和 BiF_3，然而，此处氟的第9个原子位于一个较远的距离，因此 N_c= 8。在表S5.10中，列举了 YF_3 和其类似物的这些配位数的平均M—F的距离。在氟铈矿型结构中，配位多面体 LaF_3 是一个三角棱柱和一个三角双锥的叠加。La有5个最邻近的氟配体，其他6个距离较远，另外2个更远，这类结构通常看作9配位。在表S5.11中，列举了M—F键长与 LaF_3、CeF_3 和 UF_3 配位多面体的配位数。

第15族元素的固态卤化物具有奇异的结构，其3个距离最近的配体形成一个 AX_3 分子，而3～6个更远的原子将这个分子补充为 N_c=6、8或9的一个多面体。对于这类结构的凝聚态和气态分子的比较，体现了它们结构中键长 d(M—X)的差值没有超过实验误差。因此，距离超过M—X键长1 Å或更多的附加原子层，对分子的化学键和几何参数没有任何影响。

化合物 MX_4 以不同的结构类型进行结晶：第 14 族元素化合物（除了 Ti、Sn 和 Pb 的氟化物）具有分子结构，但其他金属化合物以 $ZrCl_4$ 型结构进行结晶。在此结构中，氯原子八面体通过与两个最邻近八面体的顶点相连，形成了无限长锯齿形链。两个末端 Cl 原子放在一个顺位，与之相反，有两个最长的桥接键，第 3 对桥接键具有中等长度。最短的键位于最长键的对面是晶体结构的一般规则（见下文）。一个三中心体系中总长度相似的“守恒”也出现在具有混合配体的分子结构中（第 2 章）。表 5.9 列举了 $ZrCl_4$ 和相关类型结构的实验数据，其中八面体以不同的方式相连。除了氟化物以外，锕的四卤化物以 UCl_4 型结构进行结晶，其中 U 原子被形成扁平四面体的 4 个氯原子所围绕，而另外 4 个配体（来自四面体周围的）位于距离较远的位置。表 5.10 中，列出了这些结构中的 M—X 距离。在属于这类的 HfF_4 和 ThF_4 结构中，$\bar{d}$(M—F) 分别等于 2.094 Å 和 2.325 Å[183]。在 UF_4 结构中，有两类铀原子：U(1) 与距离为 2.25～2.35 Å 的 8 个氟原子进行配位，U(2) 与距离为 2.23～2.32 Å 的 8 个氟原子相连；$\bar{d}$(U—F)＝2.28 Å。$d(N_c=8)/d(N_c=4)$比值的平均值为 1.10(1)。

表 5.9　$ZrCl_4$ 型化合物结构中原子间距离(Å)

MX_4	$2d$(M—X)	$2d$(M—X)	$2d$(M—X)	MX_4	$2d$(M—X)	$2d$(M—X)	$2d$(M—X)
TiF_4 [a]	1.716	1.932	1.970	NbI_4	2.676	2.755	2.905
$ZrCl_4$	2.307	2.498	2.655	CrF_4 [a]	1.677	1.870	1.983
$ZrBr_4$	2.461	2.649	2.806	$TeCl_4$	3×2.311		3×2.929
α-ZrI_4 [b]	2.696	2.876	3.026	TeI_4	2.769	3.108	3.232
β-ZrI_4 [b]	2.694	2.871	3.026	MnF_4 [a]	1.700	1.850	1.946
γ-ZrI_4 [b]	2.693	2.874	3.027	$TcCl_4$	2.242	2.383	2.492
$HfCl_4$	2.295	2.482	2.635	$ReCl_4$	2.260	2.361～2.414	2.424～2.442
HfI_4 [b]	2.677	2.852	3.002	RuF_4 [e]	1.85	1.98	2.01
SnF_4 [c]	1.874	2.025	2.025	PdF_4 [f]	1.91	1.94	2.00
PbF_4 [c]	1.944	2.124	2.124	$OsCl_4$	2.261	2.378	2.378
VF_4 [a]	1.696	1.918	1.923	$PtCl_4$	2.297	2.331	2.396
NbF_4 [d]	1.856	2.042	2.042	$PtBr_4$	2.456	2.469	2.538
$NbCl_4$	2.291	2.425	2.523	PtI_4	2.652	2.654	2.716

注：a. 数据源自文献［184］；b. 数据源自文献［185］；c. 数据源自文献［186］；d. 数据源自文献［187］；e. 数据源自文献［188］；f. 数据源自文献［124］

在研究的所有 MX_5 结构中（除了 β-UF_5），金属原子位于由两个顶点连接的八面体中心。然而，连接的方式有所不同。在 UCl_5 中两个八面体连接形成了 U_2Cl_{10} 分子，在 NbF_5 中四个八面体连接成一个 Nb_4F_{20} 分子，在 VF_5 中八面体形成了一个无限长链。由于二聚体分子（表 S5.7）早已列出过，表 5.11 仅仅提供了四聚的 MF_5 和 VF_5 的数据。在 β-UF_5 结构中，发现了 MX_5 中最大配位数（N_c＝8），其中两个末端 U—F 键（1.96 Å）要远远短于六个桥连键（2.27 Å）。

所有研究的 AX_6 化合物都具有上述的分子结构。IF_7 和 ReF_7 具有五角双锥配位的分子结构，其中平伏键的平均键长分别为 1.849 Å 和 1.851 Å，而直立键的键长分别为 1.795 Å 和 1.823 Å[189,190]

表 5.10　UCl_4 型化合物结构中原子间距（Å）

MX_4	4d(M—X)	4d(M—X)	MX_4	4d(M—X)	4d(M—X)
α-$ThCl_4$	2.85	2.89	$PaCl_4$	2.64	2.95
β-$ThCl_4$	2.72	2.90	$PaBr_4$	2.77	3.07
α-$ThBr_4$	2.909	3.020	UCl_4	2.638	2.869
β-$ThBr_4$	2.85	3.12	$NpCl_4$	2.60	2.93

表 5.11　五氟化物结构中原子间距（Å）

MF_5	4d(M—F)	2d(M—F)	MF_5	4d(M—F)	2d(M—F)
VF_5	1.69	1.96	MoF_5	1.78	2.06
NbF_5	1.77	2.06	RuF_5	1.90	2.08
TaF_5	1.77	2.06	OsF_5	1.84	2.03

尽管，目前的粉末材料可以利用具有足够精度的衍射方法进行研究，但由于较难获得单晶，对于 M_nX_m 型氧化物和硫化物的研究比卤化物的要少。三价金属氧化物主要以 Al_2O_3（金刚砂）和 Mn_2O_3 结构进行结晶。对于前者，Al 原子以畸变八面体与 6 个 O 进行配位，对于后者，Mn 原子位于具有两个空缺顶点的一个立方的中心位置。因此，在这两种情况下 $N_c(M)=6$(表 5.12)。在 Au_2O_3 结构中，Au 原子有 $N_c=4$[191]。在 β-Ga_2O_3 中有两类 Ga 原子：其中 1 个 Ga 原子被 4 个氧原子组成的四面体所围绕，另 1 个 Ga 原子被 6 个氧原子组成的八面体所围绕，d(Ga—O) 分别等于 1.841 Å 和 1.993 Å[192]。在 La_2O_3 型结构中，La 原子位于一个变形氧八面体的中心，而另一个氧原子位于八面体的一个面上。在 La_2O_3、Ce_2O_3、Pr_2O_3、Nd_2O_3 和 Ac_2O_3 中，M—O 平均距离分别为 2.55 Å、2.505 Å[193]、2.523 Å[194]、2.50 Å 和 2.61 Å。Sb_2O_3 相态（方锑矿和锑华）的结构包含四面体，该四面体中仅有 3 个顶点由 O 原子占据，而第 4 个顶点由一个孤对电子占据，这些相态中的 d(Sb—O) 分别为 1.977 Å 和 2.006 Å。在 α-Bi_2O_3 结构中，有两种几何结构上不同的 Bi 原子，其 N_c 分别等于 5 和 6。而在这两种情况下，Bi 原子与氧原子成键的 3 个短键的距离 d 分别等于 2.187 Å 和 2.205 Å，对于 $N_c=5$ 和 $N_c=6$，其他的诸多长键分别为 2.546 Å、2.629 Å、2.422 Å、2.559 Å 和 2.787 Å。

表 5.12　Al_2O_3 和 Mn_2O_3 的结构类型中原子间距离（Å）

M_2O_3ᵃ	d(M—O)	M_2O_3ᵃ	d(M—O)	M_2O_3	d(M—O)	M_2O_3	d(M—O)
Sc	2.12	Dy	2.27	Al[b]	1.91[c]	V[a]	2.01
Y	2.27	Ho	2.26	Ga[b]	2.00	Cr[b]	1.99
Sm	2.32	Er	2.25	In[b]	2.16	Mn[a]	2.01
Eu	2.32	Tm	2.25	Tl[a]	2.27[d]	Fe[b]	2.03
Gd	2.30	Yb	2.22	Ti[b]	2.05	Rh[b]	2.03
Tb	2.29	Lu	2.22				

注：a. Mn_2O_3 型结构；b. Al_2O_3 型结构；c. 数据源自文献［195］；d. 数据源自文献［196］

M_2S_3 化合物的结构类型具有多样性，通常无法形成任何明确的配位数，且具有较强畸变的配位多面体，这个问题将在下文讨论。目前考虑 M_2X_3 硫化物以 ZnS 结构进行结晶，其中每个金属亚晶格的第三个位置都是空缺的。这些结构中的 M—X 键长为：Al_2S_3 2.233 Å[197]，α-Ga_2S_3 2.244 Å，β-Ga_2S_3 2.258 Å，Ga_2Se_3 2.351 Å，Ga_2Te_3 2.549 Å 和 α-In_2S_3 2.326 Å。在具有 d(Al—Te)=2.628 Å 的 Al_2Te_3[198] 中，人们发现了一个相似的结构。

在 Sc_2S_3 结构中，Sc 原子由平均距离为 2.587 Å 的 6 个 S 所围绕[199]。

除了重要的化合物之外，如表 S5.12 所示，以 Th_3P_4（$N_c=8$）型结构结晶的 U_3P_4、U_3As_4、U_3Sb_4、Zr_3N_4（4×2.19＋4×2.49 Å）、Hf_3N_4（4×2.17＋4×2.47 Å）[200]、M_2X_3 化合物（在非金属亚晶格中具有空腔）也都是这样，其中 M＝Ln、Ac，X＝硫族元素。在此类结构中，金属原子由立方排列的 8 个氧族原子所围绕。

第 15 族元素硫化物具有 3 个短键和 3（或 4）个长键的结构。比如，在 As_2S_3 中距离为 3×2.24 Å＋1×3.49 Å＋2×3.59 Å，在 As_2Se_3 中有 3 个 d＝2.427 Å 的键和另外 4 个更长的键：3.373 Å、3.513 Å、3.725 Å 和 4.143 Å[201]，在 As_2Te_3 结构中距离为 3×2.708 Å＋4×3.660 Å[202]，根据文献［203］，在 Sb_2Se_3 中有两类 Sb 原子，每一类形成 3 个短键（2.674 Å 和 2.732 Å）和 3 个（或 4 个）更长的键（3.226 Å 和 3.245 Å）；在 Bi_2Te_3 中也有 3 个短键（3.066 Å）和 3 个长键（3.258 Å）[204]。因此，在这些结构中，元素原子与最邻近原子形成 3 个共价键，而与下层原子层形成了 3 个分子间的键。

综上所述，可发现二元化合物中原子间距离的普遍规则。在每类结构中，键长遵守可加性原理。原子间距离随配位数的增加而增加，并且在 N_c 相同时这种相对变化是一样的，所有的比值 $N_c/N'_c=n$，其中 $n=1 \div 8$。它允许通过如下的平均值描述 d(M—X) 对 N_c 的关系

$N_c \rightarrow N'_c$：	1→2	1→3	1→4	1→6	1→8
$d(N_c)/d(N'_c)$：	1.10	1.15	1.17	1.22	1.26

需要注意的是，如上所示，原子间距离的变化值与配位数的变化值之间的差值，比键长绝对值的变化值之间的差值小很多。二元化合物结构中发生的 $N_c(3) \rightarrow N_c(8)$ 相变过程，原子间距的相对变化值为 1.26/1.15＝1.10，即它接近于单质固体中发生相似相变的数值 1.11（参考 5.1.2 节）。这就意味着，在球对称价电子的情况下（金属和离子化合物），原子间的距离由几何因素所控制。

原子化合价的增加明显减少了键长。因此，对于氧化物和氟化物，相同 N_c 的金属价态由 2 增加到 3，使键长减少了 9.3%，然而 v 从 3 增加到 4，能使 d 减少 5.4%。在含 $[FeO_4]^{n-}$ 的结构中，可观察到价态的最大差值，在 v(Fe) 逐步减小的时候：6→5→4→3[205]，d(Fe—O) 相继增加 1.647→1.720→1.807→1.889 Å。因此，在附加的计算中，不仅需要考虑配位数，还需要考虑原子价态。

5.2.2 具有多种键的化合物结构

在一个晶体结构中，给定键的长度取决于存在的其他配体。如表 5.13 所示，在 AX_n 多面体中，一个 X 配体被另一个低 EN 原子所取代，使得剩余配体的 d(A—X) 增长，这是由于它们键极的增加。

对于研究原子间的相互影响而言，固体溶液本质上是更合适的对象，因为在保留整个系列化合物结构的情况下，成分可能会发生单调变化[206]。众所周知，一个混合晶体的晶胞参数和组分的浓度之间具有线性关系（Vegard 定律）。假如，将具有一系列固体溶液的 KBr-KI 体系作为一个例子，那么，K—X 键的离子性随溶液组成而逐渐变化的情况将变得更为清晰。首先考虑将 KI 逐渐引入到纯 KBr 中。显而易见，当碘的浓度增加时，与溴从 K 中吸

电子之间的竞争将减弱（由于碘的低电负性），并且 K—Br 键的离子性和固体溶液的晶格参数将会增加。由于其卤素原子是统计分布的，因此 K—Br 键长将增加。相同体系中，K—I 键离子性以相反的方式变化：由于与溴之间的竞争，K—I 的键极（及它的长度）会随配位多面体 KX_6 中溴浓度的增加而减少。因此，在固体溶液 $MX^{\mathrm{I}}—MX^{\mathrm{II}}$ 中，$M—X^{\mathrm{I}}$ 的键长随 $M—X^{\mathrm{II}}$ 键共价性的增加而增加。因此，在固体溶液中，发现了原子的最高有效电荷和离子半径的最大值。

表 5.13　具有混合配体化合物中的原子间距（Å）

$M_kX_lY_m$	d(M—X)	$M_kX_lY_m$	d(M—X)	$M_kX_lY_m$	d(M—X)	$M_kX_lY_m$	d(M—X)
$Cu_2(OH)_3Cl$	1.93	$Hg_3Cl_2O_2$	2.84	ZrSiO	2.77	NbPS	2.58
$Cu_2(OH)_3Br$	1.97	$Hg_3Cl_2S_2$	8B2.87	ZrSiS	2.82	NbPSe	2.63
$Cu_2(OH)I$	2.02	$Hg_3Cl_2Se_2$	2.90	ZrSiSe	2.83	POF_3	1.436
CaHCl	2.17	$Hg_3Cl_2Te_2$	2.99	ZrSiTe	2.87	PO_2F	1.464
CaHBr	2.22	NdFO	2.37	ZrNCl	2.140[f]	PO_3F^{2-}	1.500
CaHI	2.49	NdFS	2.53	ZrNBr	2.152[f]	PO_4^{3-}	1.533
Ca_2IN	3.280[a]	NdFSe	2.57	ZrNI	2.175[f]	SbF_5	1.89
Ca_2IP	3.389[a]	NdFTe	2.70	SbIS	3.11[d]	SbF_4Cl	1.95
Ca_2IAs	3.408[a]	ThAsS	2.46	SbISe	3.14[d]	SbF_2Cl_3	2.02
CaMgSi	3.39	ThAsSe	2.50	SbITe	3.22[d]	$SbFCl_4$	2.12
CaMgGe	3.42	ThAsTe	2.61	BiOF	2.28	SO_2F_2	1.386[e]
CaMgSn	3.56	ThOS	2.416[b]	BiOCl	2.31	SO_2FCl	1.408[e]
BaFCl	2.649	ThOTe	2.434[c]	BiOBr	2.32	SO_2Cl_2	1.418[e]
BaFBr	2.665	UOS	2.34	BiOI	2.33	Cr_2S_2S	2.40
BaFI	2.694	UOSe	2.36	PbClCl	2.98	Cr_2S_2Se	2.48
$BaMg_2Si_2$	3.62	UOTe	2.39	PbClBr	3.00	Cr_2S_2Te	2.69
$BaMg_2Ge_2$	3.67	USbS	2.42	PbClI	3.03	FeOF	2.00
$BaMg_2Sn_2$	3.86	USbSe	2.53			FeOCl	2.03
$BaMg_2Pb_2$	3.88	USbTe	2.65				

注：a. 数据源自文献［207］；b. 数据源自文献［208］；c. 数据源自文献［209］；d. 数据源自文献［210］；e. 数据源自文献［211］；f. 数据源自文献［111，212］

如果物质的成键在不同原子的反位上（表 S5.13），则相同物质的结构中会发生键长的相似变化。在一些氧化物和卤化物的三中心体系 $X^{\mathrm{I}}—M—X^{\mathrm{II}}$ 中，键长的增长会发生在较短键的反位上（表 S5.14）。可以看出，$\Delta d = d(M—X^{\mathrm{II}}) - d(M—X^{\mathrm{I}})$ 随 $M—X^{\mathrm{I}}$ 长度的减少而增加，由于形成较短的键（更大的多样性或更大的键），有必要将电子从键中转移到反式位置，并相应地增加其长度。后文中也会遇到这个规则，但目前涉及 O—H⋯O 型氢键，氢在此配位上具有中心原子的作用。

5.3 晶体结构的相互转换

晶体化学的一个重要部分是晶体结构的相互转换和起源。一种结构类型转变为另一种结构类型的基本几何操作，不仅有理论价值，也有实际价值。因此，通过晶面间移动和相邻（100）NaCl 层间原子的反平行移位，NaCl 结构可转变为 CsCl 型（参见文献［213］），如果占据每个间隔的立方体的中心，CsCl 结构转变为 CaF_2 型，如果占据每个间隔的立方体的顶点，CsCl 结构将转变为 ZnS 型结构。沿四重轴拉伸一个八面体或者同时除去两个轴向的原子，它将转变为一个正方形；八面体一个面进行 180°旋转，使它转变为一个三角棱柱（图 5.6）。在文献［214-218］中，讨论了更多的复杂几何转变。

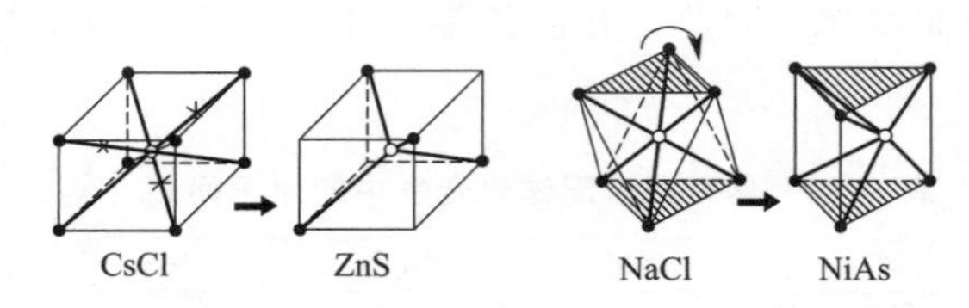

图 5.6　通过消除原子（左图）或剪切原子（右图）得到结构的几何转换

根据 O'Keefe 规则，在名义上插入非金属原子的金属结构的基础上，形成化合物的晶体结构。Vegas[219, 220] 等人已对这个问题进行了综述，他们指出，大约 100 种化合物的结构与其金属或者合金的结构相关，非金属原子仅仅占据间隙位置。有趣的是，金属氧化物经常重现初始合金高压相的结构，即从结构的角度看，氧化过程等同于压缩过程。因为一个物质的性质在多个方面由其体积所确定，显而易见的是，这个结果不依赖于体积改变的方式。在一定程度上，这个结论适合应用于压缩材料的化学方法（参见文献［221］）。用较小的阳离子取代较大阳离子，碱金属卤化物固体溶液的性质会发生变化[222]（例如，Cl 取代 KBr 中的 Br），这与 KBr 经过物理压缩直到相同体积是一样的道理。

5.4 有效配位数

在 1893 年，Werner 提出了配位数的概念，即位于与中心原子具有相等距离处的最邻近原子的数目[223]，而 Pfeifer 在 1915 年证实了 NaCl 结构[224]。上述的结构类型 ZnS、NaCl、CsCl、CaF_2、$CdCl_2$、FeS_2 都是通过规则配位多面体进行描述的，但其他结构常常会含畸变多面体。而且，随着结构测定准确度的提高，规则配位很显然是一个例外，而不是规律性的。因此，对于配位多面体畸变产生的原因和定量描述的研究已成为理论晶体化学的一个重要问题。影响畸变的一些因素是电子特性。因此，具有孤对电子的金属原子的存在（Tl^{I}、Sn^{II}、Sb^{III}）导致了中心原子配位层内原子间距离的偏差。一个未饱和电子层的存在，也会导致 x、y 和 z 方向上 d 电子和 p 轨道之间非等价的相互作用（Jahn-Teller 效应）。在 FeF_2 理想八面体中，大的偏差来源于高自旋 d^6 构型的 Fe^{2+}，这需要一个单占据 d 轨道和主要沿 c 轴的 Fe—Fe 直接相互作用[225]。然而，在诸多情况下，这种效应无法解释配位多面体的畸变。很明显，晶体世界中普遍存在的这种现象，具有更一般性的原因。

在 1961 年，Bauer[226] 在离子性模型的框架内，展示了在 TiO_2 型结构中以不等键长获得晶体晶格的最低能量，也就是一个八面体中的四个键应该比其他两个键更长，但只有氟遵循这个规则。本质上，配位多面体畸变是由球型对称力的作用引起的。从几何学的角度看，它符合不等径圆球的堆积密度高于等径圆球的事实，这与小球体能填在大球之间的原因一样。

如果配体处于不同的位置，怎么定义 N_c 呢？Frank 和 Casper[227] 首次提出了用 Voronoi 多面体的平面数定义有效配位数（N_c^*）的问题。这个方法假设所有原子有相等的体积，一个多面体中所有平面都是相等的，即由不同配体形成的成键特征没有区别。金属结构通常都遵守这些准则[228]，但是，这不能简单地应用于二元无机物和复杂的配合物[229,230]，而需要考虑不同原子的大小。

在二元化合物中，Witting[231] 提出了定义 N_c^* 的首个结晶化学方法。他假设，最近原子对 N_c^* 的贡献值为1，处于双倍距离的原子没有贡献[232]，而对于中间距离的原子，使用了0与1之间的线性内插法。之后，Hoppe[233] 提出了另一种方法：从配位多面体到所有相邻原子绘制直线，并且在中心原子和配体的接触点绘制出正切平面。所有平面的面积与最邻近平面的比值为所有配体对 N_c^* 的贡献。之后，Melhorn 和 Hoppe[234] 提出了由配位多面体中真实原子间距离（d_{exp}）与有效离子半径总和（d_{teor}）的比值来定义 N_c^*，其公式为

$$N_c^* = \sum_i n_i \exp\left[1-\left(\frac{d_{exp}}{d_{teor}}\right)^6\right] \tag{5.2}$$

其中 n_i 为具有相同键长的配位数。文献［235］综述了由这种方法获得的结果。在 Brown 和 Wu[236] 的工作中，原子的有效配位数通过键价（V_b）进行如下计算

$$N_c^* = \frac{Z}{V_{bmax}} \tag{5.3}$$

其中 Z 是形式键价，而 V_{bmax} 是最大的键价（这个特性将在下文中讨论）。1977 年 Batsanov[237] 提出了依据由 $E(\mathrm{M—X_i})/E(\mathrm{M—X_o})$ 公式确定的每个配体的贡献测定 N_c^* 的能量临界值，其中 $\mathrm{X_o}$ 表示最邻近的配体，而 $\mathrm{X_i}$ 为其他配体。同时，在离子近似的框架内，Brunner[238] 提出了一个相似的公式，之后则由 Beck[239] 提出，即

$$N_c^* = \sum_i \frac{E(\mathrm{M—X_i})}{E(\mathrm{M—X_o})} = \sum_i \frac{d(\mathrm{M—X_o})}{d(\mathrm{M—X_i})} \tag{5.4}$$

在文献［237］中，根据共价理论计算 N_c^*。由于键的重叠积分（S）与键能是直接成正比的（参见 2.3 节），可以获得下式

$$N_c^* = \sum_i \frac{E(\mathrm{M—X_i})}{E(\mathrm{M—X_o})} = \sum_i \left(\frac{S(\mathrm{M—X_i})}{1+S(\mathrm{M—X_i})} : \frac{S(\mathrm{M—X_o})}{1+S(\mathrm{M—X_o})}\right) \tag{5.5}$$

其中 S 为最短键（$\mathrm{M—X_o}$）与任何其他键（$\mathrm{M—X_i}$）的重叠积分。描述离子性和共价性的方法与计算的 N_c^* 获得了相似的结果，证实了这些数值的客观性。有趣的是，在一些金属的卤化物和氧化物中，配体与中心原子间距离的增加和库仑作用能的降低，伴随着 s—pσ 和 pσ—pσ 键的重叠积分的增加，即共价能增加。因此，实际的距离是为了优化共价能和离子能之和。换句话说，配位多面体中可变的距离，对应于一个给定化合物势能面上的几个极小值。

1978 年，Carter[240] 提出了计算 N_c^* 的通式，即

$$\frac{1}{N_c^*} = \sum_1^N \left(\frac{A_i}{A_t}\right)^2 \tag{5.6}$$

其中 A_i 为力、键能、力常数，或者重叠积分，$A_t = \sum A_i$。假如所有 A_i 相等，$N_c^* = N_c$，

如果不是，$N_c^* < N_c$。然而，对于这些参数以及原子的杂化和价态，其实验测定或理论解释的困难促使人们发展了纯几何上估算 N_c^* 的方法。因此，人们[241] 提出，用与中心原子的距离的平方成正比的配位数对来定义配体的贡献，即

$$N_c^* = \sum \left(\frac{d_a}{d_i} \right)^2 \tag{5.7}$$

其中 d_a 是原子半径的总和，并且 d 是实际的键长。在表 5.14 中，列出了由式 5.7 估算的 N_c^*。

除了配位多面体畸变，一个晶体结构或者一个无定形固体的第一配位层的点缺陷（空位和间隙）会引起积分值 N_c 的偏差。通过 XRD（参见第 7 章）和光学方法，可获得这些 N_c^* 的值。因此，Wemple[242] 通过光谱学，估算 As_2S_3 结构中的 $N_c^* = 3.4 \pm 0.2$，而由式 5.7 计算结果为 3.7。Se 和 Te 的 N_c^* 光学估计值分别为 2.8 和 3.0。当硫化物玻璃（Ge—S、Ge—Se、As—Se、Ge—As—Se）的成分改变，且 $N_c^* = 2.67$ 时，相变过程会出现，并伴随结构、力学和电学性质的变化，这意味着从 2D 向 3D 晶格的转变[243]。非整数配位数是液体和无定形固体的特征，这些将在后面讨论。

表 5.14　键长（Å）和有效配位数

M_nX_m	键长（括号内表示这种键的数量）						N_c^*
Hg_2F_2	2.133(2)	2.715(4)					4.1
Hg_2Cl_2	2.43(2)	3.21(4)					4.5
Hg_2Br_2	2.71(2)	3.32(4)					4.5
TlF	2.539	2.623	2.792(2)	3.254	3.496		4.4
	2.251	2.521	2.665(2)	3.069	3.905		4.8
TlI	3.34	3.50(4)	3.87(2)				6.0
CuF_2	1.910(2)	1.929(2)	2.305(2)				5.3
$CuCl_2$	2.30(4)	2.95(2)					5.4
$CuBr_2$	2.40(4)	3.18(2)					5.8
α-SnF_2	2.057	2.102	2.156	2.671	2.834	3.221	4.2
2.048	2.197	2.276	2.386	2.494	3.309		4.3
β-SnF_2	1.89	2.26	2.40	2.41	2.49		3.9
γ-SnF_2	2.13(2)	2.32(2)					3.2
$SnCl_2$	2.66	2.78	3.06	3.22	3.30	3.86	3.8
$SnBr_2$	2.81	2.90(2)	3.11(2)	3.41(2)			5.0
SnI_2	3.000	3.198(2)	3.251(2)	3.718(2)			5.2
	3.174(2)	3.147(2)					4.9
PbF_2	2.41(2)	2.45	2.53	2.64	2.69(2)	3.03(2)	7.2
$PbCl_2$	2.86	2.90(2)	3.06	3.08(3)	3.64(2)		7.3
$PbBr_2$	2.967(2)	2.995	3.223(2)	3.259	3.353	3.846(2)	7.4
CuO[a]	1.886	1.956	1.958	2.041	2.774	2.801	4.9
HgO	2.033(2)	2.79(2)	2.90(2)				4.3
HgS	2.359(2)	3.10(2)	3.30(2)				4.7

注：a. 数据源自文献［244］

5.5 键价（键强度、键级）

已知配位数可以解决许多晶体化学问题。因此，80年前，Goldschmidt发现了化学键与一个阳离子配位数的关系[245]。与此同时，Pauling引入了键强度的概念[246]，即与原子j相连接的一个原子i的价态，遵循如下关系

$$V_i=\sum j v_{ij} \tag{5.8}$$

其中v_{ij}是两个原子i和j之间的键价。这个关系表示键价的加和规则，并且来源于Pauling的电中性原理（参见第2章）。1947年，Pauling也用公式表示键长和键级之间的关系[247]，即

$$d=d_1-A\lg V \tag{5.9}$$

其中d是化学键的长度，d_1是$v=1$时同一类键的长度，对于共价键，参数$A=0.71$，对于金属结构，$A=0.60$。之后，尤其是20世纪70年代，人们用这个公式解释实验上的键长，并且预测晶体中的键长。从20世纪80年代初到现在，涉及键价和键长的文献几乎都在用该公式，其关系如下所示。

Brown和Shannon[248]

$$v=\left(\frac{d}{d_1}\right)^{-N} \tag{5.10}$$

Zachariasen[249]

$$v=\exp\left(\frac{d_1-d}{B}\right) \tag{5.11}$$

Brown和Altermatt[250]

$$v=\exp\left(\frac{d_1-d}{0.37}\right) \tag{5.12}$$

其中N是经验参数，诸多情况下其值在4～7的范围内，d_1是已知类型A—X键的常数，而B假定为0.314 Å[249]、0.37 Å[250]或者0.305 Å[251]。文献中已经报道了各类化学键的N和d_1的值[252-270]。在Brown[271]的书中，描述了键价模型的历史、理论和发展，也呈现了式5.12中的诸多参数。从所给数据中可看出，这些参数的值取决于成键类型和原子的氧化态[272]，而最近发现了，在两个系列的多面体LaO_n（$n=7$～12）和MoO_n（$n=5$～7）[251]中，参数B与中心原子的配位数具有线性关系。

Zocchi利用各种技术对化学键的适用性进行的统计研究表明，除了波动外Brown-Altermatt公式不能提供令人满意的结果，因为参数B在不同的键中不是常数。这个结论似乎证实了Efremov[258]和Urusov[273]对常数$B=0.37$ Å的“普遍性”的怀疑。

与此同时，可想象出键长与配位数的另一种关系。正如文献［274］中所报道的，对于

N_c=2、4、6 和 8，结晶的单卤化物 MX 中原子间距离与相应分子键长的比值 $k_{mn}=d(N_c=m)/d(N_c=n)$ 为：$k_{21}=1.056\pm1.0\%$，$k_{41}=1.126\pm1.3\%$，$k_{61}=1.220\pm3.7\%$，$k_{81}=1.264\pm3.8\%$，$k_{41}=1.174\pm3.6\%$，$k_{61}=1.291\pm5.8\%$，而绝对差值 $\Delta d_{mn}=d$（晶体）$-d$（分子）为：$\Delta d_{21}=0.131$ Å$\pm16.5\%$，$\Delta d_{41}=0.284$ Å$\pm3.7\%$，$\Delta d_{61}=0.537$ Å$\pm15.1\%$，$\Delta d_{81}=0.698$ Å$\pm12.5\%$，$\Delta d_{41}=0.293$ Å$\pm16.9\%$，$\Delta d_{61}=0.544$ Å$\pm24.1\%$。对于 MX_2（X 是一个卤素或氧原子）：$k_{42}=1.108\pm2.3\%$，$k_{62}=1.171\pm2.8\%$，$k_{82}=1.194\pm3.8\%$；$\Delta d_{42}=0.213$ Å$\pm30.0\%$，$\Delta d_{62}=0.363$ Å$\pm18.8\%$，$\Delta d_{82}=0.395$ Å$\pm15.7\%$。对于三卤化合物，$k_{63}=1.107\pm1.4\%$，$k_{93}=1.174\pm1.4\%$，$\Delta d_{63}=0.212$ Å$\pm18.5\%$，$\Delta d_{93}=0.437$ Å$\pm6.7\%$。对于多晶态相变，$k_{64}=1.086\pm0.9\%$，$\Delta d_{64}=0.170$ Å$\pm14.5\%$，$k_{86}=1.050\pm1.3\%$；$\Delta d_{86}=0.124$ Å$\pm28.9\%$。因此，二元化合物中，随着 N_c 的改变，键长的平均相对变化可描述如下：

$N_c(m)\rightarrow N_c(n)$	1→1.33	1→1.5	1→2	1→3	1→4	1→6	1→8
k_{mn}	1.05	1.08	1.10	1.17	1.19	1.27	1.30

当结构中的 N_c 改变时，这些变化相似于离子半径的某些变化。因此，根据 Pauling 规则[7]，对于 K^+ 或者 Cl^-，随着 N_c 改变，离子半径变化如下：

$N_c(m)\rightarrow N_c(n)$	1→2	1→3	1→4	1→6	1→8
k_{mn}	1.10	1.17	1.19	1.27	1.30

因此，平均相对系数（k_{mn}）的偏差总是几倍小于平均绝对系数（Δd_{mn}），这揭示了原子尺寸的作用。通常，配位数变化时，晶体中原子间距的变化对于每一个过渡态和价态都是特定的。当使用配位校正时，有必要考虑这个事实。通过计算上述数据得到的这些校正的平均值列在表 5.15 中。由该表可见，晶体结构中原子间距很自然地随键级的变化而变化，这可用于化学成键的分析。

表 5.15 配位数变化后键长的变化

$N_c(m)\rightarrow N_c(n)$	8→1	6→1	4→1	2→1
k_{mn}	1.26	1.25	1.16	1.06
Δd_{mn}(Å)	0.70	0.54	0.29	0.12
$N_c(m)\rightarrow N_c(n)$	8→2	6→2	4→2	
k_{mn}	1.19	1.17	1.11	
Δd_{mn}(Å)	0.40	0.36	0.21	
$N_c(m)\rightarrow N_c(n)$	9→3	6→3		
k_{mn}	1.17	1.11		
Δd_{mn}(Å)	0.44	0.21		
$N_c(m)\rightarrow N_c(n)$	8→6	6→4		
k_{mn}	1.04	1.08		
Δd_{mn}(Å)	0.13	0.19		

5.6 三元化合物

大多数无机物含有连接两种或者更多种元素的原子。上文讨论的是具有混合阴离子的化合物（LaOF、PbFCl、$BiOX_2$ 等），下面讨论具有混合阳离子的和已知的三元化合物。在具有混合配体的化合物中，存在原子的价态，它在均配键的情况下是不稳定的。这种状态的稳定性是由于引入了能减少“张力浓度”的碎片物质的结构而引起的。例如，不存在 CuI_2 和 AuI_3，但是混合卤化物 CuIX 和 $AuIX_2$ 是很稳定的[275,276]。

表 S5.15 显示了三元化合物中的原子间距离。在所有情况下，通过对具有相等 N_c 的化合物的比较，排除了它对键长的影响。很明显，对于化合物 $M_nAO(F)_m$ 中 M 的变化，χ(M) 的增加或 d(M—X) 的减少，降低了 A—O(F) 键中的电子密度，从而导致 A—O (F) 键长增加。

硝酸盐 $M(NO_3)_n$ 的结构表明了 d(M—O) 的变化对 d(N—O) 的影响。因此，在 $Cu(NO_3)_2$ 中，d(N—O) 从 1.13 变化到 1.35 Å 取决于 d(Cu—O) 距离：如果 $d(Cu—O_I)$=2.0 Å，则 $d(O_I—N)$=1.32 Å，如果 $d(Cu—O_{II})$=2.5 Å，则 $d(O_{II}—N)$=1.15 Å。在 $Co(NO_3)_3$ 的结构中，硝酸根通过两个氧原子与金属原子相连，而第三个氧原子仍然是自由的，前者 d(N—O) 为 1.28 Å，后者为 1.19 Å。在 Tl_2CO_3 中的情形是相似的：d(Tl—O)=2.82 Å 时 d(C—O)=1.24 Å，d(Tl—O)=2.68 Å 时 d(C—O)=1.28 Å；在 $CdSO_4$ 和 $HgSO_4$ 中，在 M—S—O[277] 体系中最短键 d(Cd—O)=2.228 Å 和 d(Hg—O)=2.221 Å 时 S—O 键最长。

在 $BaCo_2(PO_4)_2$ 或者 $BaNi_2(PO_4)_2$ 的结构中，可看到 χ(M)对于 P—O 键长的影响：d(P—O)=1.510 Å 相对于 Ba—O 键长和 d(P—O)=1.555 Å 相对于 Co—O[278]，或者 d(P—O)=1.502 Å 相对于 Ba—O 和 d(P—O)=1.570 Å 相对于 Ni—O[279]。在 Na_2CO_3 的两个相态结构中，观测到一个 d(C—O) 对于 d(Na—O) 的关系：α 相中 d(C—O)=1.187 Å 相对于 d(Na—O)=2.441 Å，而 β 相中 d(C—O)=1.293 Å 相对于 d(Na—O)=2.333 Å[280]。配合物外层的一个氢原子使该效应最大化。因此，在 $KHCO_3$ 结构中，碳酸根离子同时与具有截然不同 EN 的 K 和 H 相连，同时产生了最长和最短的 C—O 键[281]。在 $Ba(HSO_4)_2$ 中观测到相似的情况[282]。在这种情况下，$BaSO_4$ 结构在加热时的变化是显著的：d(Ba—O) 从 2.941 Å 增加到 3.023 Å（1010 ℃时），而 d(S—O) 从 1.475 Å 减少到 1.448 Å[283]。在 K_2PtCl_6 配位多面体内部和之间的距离在加热情况下发生相似的变化[284]。在 $W(NO)_3Cl_3$ 结构中，确立了键分离的自然变化，其中 d(W—NO) 沿 Cl—W—NO 配体增加时，d(W—Cl) 减少了[285]。在配合物离子中，在酸性条件下可观测到外部原子对 d(A—O) 产生的最大影响：H_3PO_4、H_2SO_4、HNO_3[286-288]（表 S5.15）。

在 $KMnF_3$、$NaMnF_3$ 和 $TlMnF_3$ 中，d(Mn—F) 随单价金属 EN 的增加而增加，其顺序为 2.093、2.114、2.125 Å。然而，在更多的离子复合物中，空间因素起着关键性的作用。因此，在 K_2MgF_4 和 Rb_2MgF_4 中，d(Mg—F) 分别为 1.99 Å 和 2.01 Å，即在固体溶液 MF—MgF_2 中，较大的 Rb^+ 仅仅将 F^- 推开。在三元氢化物 K_2MgD_4 和 Cs_2MgD_4 中，也发现了相似的情况，随着碱金属尺寸的增加，Mg—D 距离从 2.01 Å 增加到 2.11 Å[289]。在 $CaSnO_3$、$SrSnO_3$ 和 $BaSnO_3$ 中，Sn—O 的距离增加到 1.960 Å、2.016 Å、2.136 Å，即随着碱土金属尺寸的增加而增加。相似的，在 $CaTiO_3$、$SrTiO_3$、$BaTiO_3$ 系列中，Ti—O 距离分别增加到 1.90 Å、1.95 Å 和 2.00 Å。

在由 MO_4 和 $P(As)O_4$ 四面体组成的同类化合物 $MP(As)O_4$ 中，文献［290］描述了 M 变化时原子的相互影响。α-石英型物质的密度直接取决于呈现的结构畸变（四面体间的桥连角 Θ）（图 5.7）。

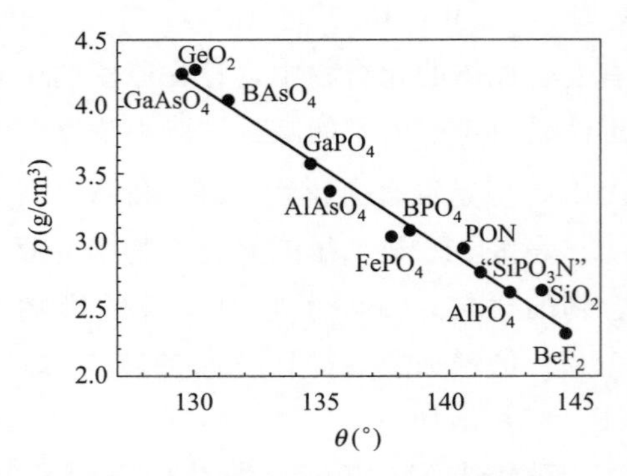

图 5.7　一系列 α-石英同类型晶体中四面体内桥连角度与密度的函数关系

注：转载自许可的文献［290］，2004 年的版权

具有相同 $N_c(A)$ 的 M_kAX_m 和 AX_n 结构中，两者 A—X 的距离差值仅仅是由于 EN 的不同所引起的，即 $\Delta\chi=\chi(A)-\chi(M)$（表 S5.16）。从已观测到的距离变化可总结如下：三元化合物中 M—X 的离子性和 A—X 键的共价性都高于二元氧化物和卤化物的。因此，阳离子的变化会导致配合物离子尺寸的明确变化。由于原子的 EN 与其尺寸成反比（参见 2.4 节），因此可获得补偿性的相互关系：一个外部阳离子的尺寸越小，控制离子密堆积的配合物阴离子尺寸越大。这种相互关系在硅酸盐中是最明显的。

非常有趣的是，在 K_3BrO、K_3IO、K_3AuO[291] 结构中，Au 原子起到卤素原子的作用，并且有一个负电荷，这是由于其高的电子亲和能（2.31 eV）；在这些结构中，d(K—O) 分别等于 2.61 Å、2.64 Å、2.62 Å，d(K—Br) 等于 3.69 Å，d(K—I) 等于 3.73 Å，d(K—Au) 等于 3.71 Å。

5.7 硅酸盐的结构特征

长期以来，人们把硅酸盐的结构描述为密堆积阴离子的骨架，而较小的阳离子则占据其空隙。1959 年 Belov[292] 证实了结构的基本单元由大的阳离子确定，由此开创了硅酸盐晶体化学的一个新纪元。他发现，SiO_4 四面体中棱边长度接近于 MO_6（M＝Mg、Al、Fe）八面体中的棱边长度，这允许配位多面体 SiO_4 和 MO_6 更密集地填充晶体空间。在较大阳离子的情况下，只有 SiO_4 单元连接到 Si_2O_7 自由基上时，结构单元的协调性才能达到，即阳离子的大小控制了阴离子结构。

Belov[292] 的书中综述了硅酸盐 XRD 分析的主要结果，此处不再赘述。硅酸盐最大特征是硅的四配位，以及 d(Si—O) 的近似恒定键长约为 1.6 Å。然而，在氟沸石结构中，既有 $\bar{d}$(Si—O)＝1.59 Å 的 SiO_4 四面体，又有 d(Si—O)＝1.68 Å 和 d(Si—F)＝1.74 Å 的 SiO_4F 结构单元[293]。后一种情况下，d(Si—O) 的伸长是由于 N_c 从 4 增加到 5。一般来说，对于 Si—F 键，$N_c=6$ 是典型的，例如在 M_2SiF_6 型结构中，但对于氧化合物，长期以来只知道四面体环境。然而，在发现 SiO_2 由石英石型向金红石型（$N_c=4\rightarrow N_c=6$）转变之后，Si—O 键中硅的四配位不再是一个公理，而是在正常热力学条件下，仅仅生成硅酸盐。如上所述，O'Keefe[294] 表明，在晶体和玻璃硅酸盐、氮化物、氮化硅化物、SiC 甚至 SiX_4 中，Si⋯Si 的距离实际上是恒定的，为（3.08±0.06）Å 。根据 O'Keefe 理论，在给定配位数的恒定键长下，系统希望占据对应于晶格能最小值的最大体积。

除了讨论基于正常化学键的化合物之外，分子可通过给体-受体机理进行连接，这种配合物的成键能介于正常化学键能和范德华键能之间。在综述文献［295-298］中，已讨论了DA-配合物的组成和结构。此处需注意的是，它们与普通配合物的化合物相连的一般属性，即分子内的键长随分子间接触距离的减小而增加。这些配合物的一个重要特征是，分子间距离取决于分子的连接角度[299,300]。在 4.3.4 节，结合范德华半径，专门讨论了分子外部构型的各向异性。

附录

补充表格

表 S5.1　加热条件下固态卤素晶体结构的各种键长

X_2	Cl_2				Br_2			
T，K	22	55	100	160	5	80	170	250
d，Å	1.994	1.989	1.985	1.979	2.301	2.294	2.289	2.286
D，Å	3.258	3.274	3.296	3.331	3.286	3.303	3.329	3.368

表 S5.2　NiAs、TiP（*）和 MnP（）类晶体结构中 M—X 的键长（Å）**

M	S	Se	Te	M	P	As	Sb	Bi
Be			2.66[a]	Ti	2.48*	2.60	2.82	
Ti	2.49	2.58	2.73	V[c]	2.407	2.543**	2.815	
Zr			2.95[b]	Nb		2.62	2.79	
V	2.42	2.55	2.68	Cr	2.38**	2.51**	2.74	
Cr	2.46	2.60	2.77	Mn	2.36*	2.57	2.78	2.91
Mn			2.92	Fe	2.31**	2.43**	2.67	
Fe	2.49	2.57	2.61	Co	2.30**	2.42**	2.58	
Co	2.34	2.48	2.62	Ni		2.43	2.62	2.70
Ni	2.39	2.50	2.65	Ru			2.66	
Rh			2.70	Rh			2.68**	2.76
Pd			2.78	Pd			2.73	
				Ir			2.70	
				Pt			2.75	2.84

注：a. 数据源自文献［5.1］；b. 数据源自文献［5.2］；c. 数据源自文献［5.3］

表 S5.3　CdX_2 类晶体结构中 M—X 的键长（Å）

M	OH	Cl	Br	I	M	S	Se	Te
Mg	2.099[a]	2.505[d]	2.735[c]	2.918[d]	Cu			2.65[f]
Ca	2.369[a]			3.12	Zn			2.65[f]
Zn			2.74[e]		Ti	2.428[g]	2.554[g]	2.770[f]
Cd	2.314[a]	2.652[b]	2.782[b]	2.989[d]	Zr	2.56	2.66	2.819[f]
Ti		2.499[d]		2.65[d]	Hf	2.56	2.66	2.822[f]
Zr		2.60		2.97	Sn	2.564[g]		
Ge				2.93	V	2.37	2.492[g]	2.67
Pb				3.227[d]	Nb	2.474[g]	2.59[g]	2.82
Mn	2.196[a]	2.593[b]	2.727[c]	2.92	Ta	2.468[g]	2.59	2.82
Fe	2.139[a]	2.483[d]	2.636[d]	2.88	Mo	2.42[g]	2.527[g]	2.716[g]
Co	2.100[a]	2.508[b]	2.63	2.83	W	2.415[g]	2.526[g]	2.76

续表

M	OH	Cl	Br	I	M	S	Se	Te
Ni	2.073[a]	2.474[b]	2.628[b]	2.74	Re	2.41[g]	2.50[g]	
					Co		2.344	2.565[f]
					Ni			2.590[f]
					Rh			2.636[g]
					Pd			2.693[h]
					Ir	2.350[j]	2.476[ij]	2.650[g]
					Pt	2.340[g]	2.513[g]	2.676[g]

注：a. 数据源自文献［5.4］；b. 数据源自文献［5.5］；c. 数据源自文献［5.6］；d. 数据源自文献［5.7］；e. 数据源自文献［5.8］；f. 数据源自文献［5.9］；g. 数据源自文献［5.10］；h. 数据源自文献［5.11］；i. 数据源自文献［5.12］；j. 数据源自文献［5.13］

表 S5.4 FeS_2 类晶体结构中 M—X 的键长（Å）[5.14]

M	S		Se		Te	
	d(M—S)	d(S—S)	d(M—Se)	d(Se—Se)	d(M—Te)	d(Te—Te)
Cu	2.453[a]	2.030[a]	2.557[d]	2.331[d]	2.749[i]	2.746[i]
Mn	2.593[a]	2.091[a]	2.702[d]	2.332[g]	2.907[i]	2.750[i]
Fe	2.262[a]	2.177[a]	2.377[d]	2.535[d]	2.619[i]	2.926[d]
Co	2.325[a]	2.113[a]	2.438[d]	2.446[g]	2.594[d]	2.914[d]
Ni	2.399[a]	2.072[a]	2.488[d]	2.417[d]	2.653[i]	2.650[i]
Ru	2.352[b]	2.171[b]	2.471[b]	2.453[b]	2.648[i]	2.790[i]
Pd	2.30	2.13	2.44	2.36		
Os	2.351[c]	2.216[c]	2.48	2.43	2.647[i]	2.830[i]
Ir	2.368[d]	2.299[d]	2.476[d]	2.555[d]	2.653[i]	2.883[i]
M	P		As		Sb	
	d(M—P)	d(P—P)	d(M—As)	d(As—As)	d(M—Sb)	d(Sb—Sb)
Au					2.76	2.86
Si[e]	2.400	2.13	2.519	2.38		
Cr					2.72	2.88
Mn					2.718[j]	2.842[j]
Fe	2.24	2.27	2.38	2.49	2.59	2.89
Ni			2.38	2.45	2.56	2.88
Ru[f]	2.363	2.234	2.461	2.475	2.641	2.863
Pd			2.495[h]	2.420[h]	2.676[h]	2.838[h]
Os[f]	2.367	2.248	2.469	2.469	2.641	2.889
Pt	2.39	2.18	2.49	2.41	2.671[h]	2.782[h]

注：a. 数据源自文献［5.15］；b. 数据源自文献［5.16］；c. 数据源自文献［5.17］；d. 数据源自文献［5.10］；e. 数据源自文献［5.18］；f. 数据源自文献［5.19］；g. 数据源自文献［5.20］；h. 数据源自文献［5.21］；i. 数据源自文献［5.9］；j. 数据源自文献［5.22］

表 S5.5 AlB_2 类晶体结构中的原子间距（Å）

M	d(M—B)	d(B—B)	d(M—M)
Sc	2.53	1.816	3.517
Ti	2.38	1.748	3.228
V	2.30	1.727	3.050
Cr	2.30	1.714	3.066
Mn	2.31	1.736	3.037
Re	2.24	1.821	2.901
Ru		1.864	
Os	2.23	1.873	

表 S5.6　ScF_3 和 FeF_3 类晶体结构中的原子间距（Å）

MF_3	d(M—F)	MF_3	d(M—F)	MF_3	d(M—F)
Sc	2.01	V	1.935[a]	Fe	1.925[a]
Al	1.80[b]	Nb	1.95	Co	1.89
Ga	1.88[b]	Ta	1.95	Ru	1.982
In	2.053	Cr	1.90	Rh	1.98
Ti	1.97	Mo	2.04	Pd	2.04
Zr	1.98	Mn	1.93	Ir	2.01

注：a. 数据源自文献［5.23］；b. 数据源自文献［5.24］

表 S5.7　$FeCl_3$ 和 $AlCl_3$ 型晶体结构中的原子间距（Å）[5.25-5.27]

MCl_3	d(M—Cl)	MBr_3	d(M—Br)	MX_3	d(M—X)
$ScCl_3$	2.52	$GdBr_3$	2.868	$TcBr_3$	2.489
YCl_3	2.633	$TbBr_3$	2.855	$RuBr_3$	2.470
$AlCl_3$	2.31	$DyBr_3$	2.836	$RhBr_3$	2.44
$TiCl_3$	2.47	$HoBr_3$	2.825	$IrBr_3$	2.49
$ZrCl_3$	2.54	$ErBr_3$	2.816	TiI_3	2.76
VCl_3	2.45	$TmBr_3$	2.805	ZrI_3	2.910
$CrCl_3$	2.38	$YbBr_3$	2.798	BiI_3	3.09
$MoCl_3$	2.47	$LuBr_3$	2.792	ReI_3	2.74
$ReCl_3$	2.46	$TiBr_3$	2.582		
$FeCl_3$	2.37	$ZrBr_3$	2.676		
$RuCl_3$	2.34	$CrBr_3$	2.57		
$RhCl_3$	2.31	$MoBr_3$	2.555		

表 S5.8　UI_3 型晶体结构中 M—X 原子间距离（Å）

MX_3	棱柱上		面上	MX_3	棱柱上		面上
	2d(M—X)	4d(M—X)	2d(M—X)		2d(M—X)	4d(M—X)	2d(M—X)
LaI_3	3.339	3.342	3.396	UI_3	3.165	3.244	3.456
$TbCl_3$	2.70	2.79	2.95	$CmBr_3$	2.865	2.983	3.137
				$CfCl_3$	2.690	2.806	2.940

表 S5.9　UCl_3 型晶体结构中 M—X 原子间距离（Å）

MX_3	6d(M—X)	3d(M—X)	MX_3	6d(M—X)	3d(M—X)
$LaCl_3$	2.950	2.953	UCl_3	2.931	2.938
$LaBr_3$	3.095[a]	3.156[a]	UBr_3	3.062	3.145
$NdCl_3$	2.886	2.923	$PuCl_3$	2.886	2.919
$EuCl_3$	2.835	2.919	$AmCl_3$	2.874	2.915
$GdCl_3$	2.822	2.918	$CmCl_3$	2.859	2.914
			$CfCl_3$	2.815	2.924

注：a. 数据源自文献［5.26］

表 S5.10 YF_3 型的 M—X 原子间距 (Å)

MF_3	Y	Sm	Ho	Yb	Tl	Bi
N_c	9	9	9	9	8	8
d(M—F)	2.32	2.39	2.32	2.30	2.28	2.38

表 S5.11 LaF_3 型的 M—X 原子间距 (Å)

MF_3	2×	1×	2×	2×	2×	2×
La	2.421	2.436	2.467	2.482	2.638	2.999
Ce	2.400	2.419	2.445	2.460	2.621	2.974
U	2.41	2.44	2.47	2.48	2.63	3.01

表 S5.12 Th_3P_4 型晶体结构中 M—X 原子间距 (Å)

M_2X_3	S	Se	M_2X_3	S	Se
La	3.014	3.135	Eu	2.947	
Ce	2.978	3.093	Gd		3.003
Pr	2.967	3.075	Ac	3.096	
Nd	2.942	3.052	Pu	2.912	
Sm	2.954	3.026	在 U_2Te_3 中，d(U—Te)=3.237 Å		

表 S5.13 X—M—Y 型配位中配体间距 (Å)

物质	X—M—Y	d(M—Y)	物质	X—M—Y	d(M—Y)
$TiNEt_2Cl_3$	NEt_2—Ti—Cl	2.71	$WSCl_4$	S—W—Cl	3.05
	Cl—Ti—Cl	2.48		Cl—W—Cl	2.37
VOF_3	O—V—F	2.34	$WSBr_4$	S—W—Br	3.03
	F—V—F	1.76		Br—W—Br	2.54
$SbCl_4F$	Cl—Sb—Cl	2.32	$ReOF_4$	O—Re—F	2.32
	F—Sb—Cl	2.25		F—Re—F	2.00
$MoOF_4$	O—Mo—F	2.27	FeOCl	Cl—Fe—O	2.10
	F—Mo—F	1.93		O—Fe—O	1.96

表 S5.14 $X_Ⅰ$—M—$X_Ⅱ$ 型配位中配体间距 (Å)

M_nO_m	$O_Ⅰ$—M—$O_Ⅱ$		MX_n	$X_Ⅰ$—M—$X_Ⅱ$	
	d(M—$O_Ⅰ$)	d(M—$O_Ⅱ$)		d(M—$X_Ⅰ$)	d(M—$X_Ⅱ$)
V_2O_5 [a]	1.577	2.791	TlF	2.251	3.905
	1.779	2.017		2.521	3.069
	1.878	1.878		2.665	2.665
CrO_3	1.60	3.10	$TcCl_4$	2.238	2.493
	1.76	1.76		2.246	2.490
MoO_3 [b]	1.671	2.332		2.377	2.388
	1.734	2.251	VF_5	1.65	2.00
	1.948	1.948		1.68	1.93
WO_3	1.72	2.16	NbI_4	2.69	2.90
	1.79	2.13		2.76	2.76
	1.89	1.91			

注：a. 数据源自文献 [5.28]；b. 数据源自文献 [5.29]

表 S5.15 配合物中阳离子的变化引起键长的变化 (Å)

M_nAO_m	d(A—O)
$RbUO_2(NO_3)_2$	1.58
$K_2UO_2F_5$	1.75
$BaUO_4$	1.90
$CaUO_4$	1.91
$MgUO_4$	1.92
$MnUO_4$	2.13
$GeUO_4$	2.39
K_2WO_4	1.79
Na_2WO_4	1.88
$CaWO_4$	1.75
$MgWO_4$	1.95
$CdWO_4$	1.96
$FeWO_4$	2.06

M_nAO_m	d(A—O)
H_2SO_4	1.426
	1.537[a]
$Ba(HSO_4)_2$	1.443
	1.563[b]
H_3PO_4	1.493
	1.550[c]
$BaNi_2(PO_4)_2$	1.502[d]
	1.570[e]
HNO_3	1.2
	1.321[f]
$Cu(NO_3)_2$	1.15[g]
	1.32[h]
Na_2CO_3	1.187[i]
	1.290[j]
$KHCO_3$	1.257
	1.337[k]
Tl_2CO_3	1.24[l]
	1.28[m]

M_nAO_m	d(A—F)
$(NH_4)_2BeF_4$	1.53
Li_2BeF_4	1.56
Tl_2BeF_4	1.61
Cs_2ZrF_6	2.035
Rb_2ZrF_6	2.040
K_2ZrF_6	2.126
$KSbF_6$	1.708
$NaSbF_6$	1.776
$LiSbF_6$	1.876
K_2UF_6	2.347
Na_2UF_6	2.390
$CaPdF_6$	1.893
$CdPdF_6$	2.075

注：a. S—O(H)[5.30]；b. S—O(H)[5.31]；c. P—O(H)[5.32]；d. P—O(Ba)；e. P—O(Ni)[5.33]；f. N—O(H)[5.34]；g. d (Cu—O) = 2.5 Å；h. d (Cu—O) = 2.0 Å；i. d (Na—O) = 2.441 Å；j. d(Na—O)=2.367 Å[5.35]；k. C—O(H)[5.36]；l. d(Tl—O)=2.82 Å；m. d(Tl—O)=2.68 Å

表 S5.16 三元化合物和其初始卤化物和氧化物中的键长 (Å)

M_kAX_m	d(A—X)	AX_n	d(A—X)	MAO_k	d(A—O)	A_nO_m	d(A—O)
NH_4HgCl_3	2.34	$HgCl_2$	2.53	$KAlO_2$	1.66		
$CsCoCl_3$	2.45	$CoCl_2$	2.51	$YAlO_3$	1.85	Al_2O_3	1.91
$KNiCl_3$	2.40	$NiCl_2$	2.47	$LaAlO_3$	1.89		
$KTeF_5$	1.94	TeF_4	1.99	$YScO_3$	1.97	Sc_2O_3	2.09
$KRuF_6$	1.91	RuF_5	1.96	$LaScO_3$	2.03		
Na_2SnF_6	1.96	SnF_4	2.00	$BaCeO_3$	2.20	Ce_2O_3	2.34
$CsVCl_3$	2.48	VCl_2	2.54	$CaTiO_3$	1.90	TiO_2	1.96
$CsVBr_3$	2.59	VBr_2	2.67	$BaZrO_3$	2.10	ZrO_2	2.26
$CsVI_3$	2.78	VI_2	2.87	$CaSnO_3$	1.96	SnO_2	2.05
$LiVO_2$	1.95	V_2O_3	2.00	$BaPbO_3$	2.14	PbO_2	2.16
$LaVO_3$	1.96			$KMnO_4$	1.60	Mn_2O_7	1.77
$CeCrO_3$	1.93	Cr_2O_3	1.99	$KFeO_2$	1.73	Fe_2O_3	2.03
K_2HgO_2	1.95	HgO	2.03	$YFeO_3$	1.92		

补充参考文献

[5.1] Onodera A, Mimasaka M, Sakamoto I et al (1999) J Phys Chem Solids 60: 167

[5.2] Örlygsson G, Harbrecht B (2001) J Am Chem Soc 123: 4168

[5.3] Hofmeister AM (1997) Phys Rev B 56: 5835

[5.4] Lutz H, Möller H, Schmidt M (1994) J Mol Struct 328: 121

[5.5] Anderson A, Lo Y, Todoeschuck J (1981) Spectrosc Lett 14: 105

[5.6] Schneider M, Kuske P, Lutz HD (1992) Acta Cryst B 48: 761

[5.7] Brogan MA, Blake AJ, Wilson C, Gragory DH (2003) Acta Cryst C 59: i136

[5.8] Merrill L (1982) J Phys Chem Ref Data 11: 1005

[5.9] Jobic S, Brec R, Rouxel J (1992) J Alloys Comp 178: 253

[5.10] Podberezskaya NV, Magarill SA, Pervukhina NV, Borisov SV (2001) J Struct Chem 42: 654
[5.11] Bronsema KD, de Boer JL, Jellinek F (1986) Z anorg allgem Chem 540/541: 15
[5.12] Pell MA, Mironov YuV, Ybers JA (1996) Acta Cryst C 52: 1331
[5.13] Jobic S, Deniard P, Brec R et al (1990) J Solid State Chem 89: 315
[5.14] Burdett JK, Candell E, Miller GJ (1986) J Am Chem Soc 108: 6561
[5.15] Chattopadhyay T, von Schnering H-G, Stansfield RFD, McIntyre GJ (1992) Z Krist 199: 13
[5.16] Lutz HD, Müller B, Schmidt Th, Stingl Th (1990) Acta Cryst C 46: 2003
[5.17] Williams D, Pleune B, Leinenweber K, Kouvetakis J (2001) J Solid State Chem 159: 244
[5.18] Donohue PC, Siemons WJ, Gillson JL (1968) J Phys Chem Solids 28: 807
[5.19] Kjekshus A, Rakke T, Andersen AF (1977) Acta Chem Scand A31: 253
[5.20] Muller B, Lutz HD (1991) Solid State Commun 78: 469
[5.21] Brese NE, von Schnering HG (1994) Z anorg allgemChem 620: 393
[5.22] Takizawa H, Shimada M, Sato Y, Endo T (1993) Mater Lett 18: 11
[5.23] Daniel P, Bulou A, Leblanc M et al (1990) Mater Res Bull 25: 413
[5.24] Le Bail A, Jacoboni C, Leblanc M et al (1988) J Solid State Chem 77: 96
[5.25] Fjellvag H, Karen P (1994) Acta Chem Scand 48: 294
[5.26] Krämer K, Schleid T, Schulze M et al (1989) Z anorg allgem Chem 575: 61
[5.27] Poineau F, Rodriguez EE, Forster PM et al (2009) J Am Chem Soc 131: 910
[5.28] Enjalbert R, Galy J (1986) Acta Cryst C42: 1467
[5.29] McCarron E, Calabrese J (1991) J Solid State Chem 91: 121
[5.30] Wasse JC, Howard CA, Thompson H et al (2004) J Chem Phys 121: 996
[5.31] Näslund J, Persson I, Sandström M (2000) Inorg Chem 39: 4012
[5.32] Olofsson-Mårtensson M, Häussermann U, Tomkinson J, Noréus D (2000) J Am Chem Soc 122: 6960
[5.33] Batsanov SS (2002) Russ J Coord Chem 28: 1
[5.34] Allan DR, Marshall WG, Francis DJ et al (2010) J Chem Soc Dalton Trans 39: 3736
[5.35] Beattie JK, Best SP, Skelton BW, White AH (1981) J Chem Soc Dalton Trans 2105
[5.36] Schmid R, Miah AM, Sapunov VN (2000) Phys Chem Chem Phys 2: 97

参考文献

[1] Naray-Szabo I (1969) Inorganic crystal chemistry. Akadémiai Kiado, Budapest
[2] Donohue J (1982) The structure of the elements. RE Krieger Publ Co, Malabar Fl
[3] Young DA (1991) Phase diagrams of the elements. University California Press, Oxford
[4] Wells AF (1995) Structural inorganic chemistry, 6th edn. Clarendon Press, Oxford
[5] Lide DR (ed) (2007-2008) Handbook of chemistry and physics, 88th edn. CRC Press, New York
[6] Batsanov SS (1994) Metallic radii of nonmetals. Russ Chem Bull 43: 199-201
[7] Pauling L (1960) The nature of the chemical bond, 3rd edn. Cornell Univ Press, Ithaca
[8] Pauling L (1989) The nature of metals. Pure Appl Chem 61: 2171-2174
[9] Brewer L (1981) The role and signi ficance of empirical and semiempirical correlations. O'Keefe M, Navrotsky A (eds) Structure and bonding in crystals, vol 1. Academic Press, San Francisco
[10] Trömel M, Alig H, Fink L, Lösel J (1995) Zur kristallchemie der Elemente: Schmelztemperatur, Atomvolumen, formale Wertigkeit und Bindungsvalenzen. Z Krist 210: 817-825
[11] Trömel M (2000) Metallic radii, ionic radii, and valences of solid metallic elements. Z Naturforsch 55b: 243-247
[12] Coulson CA (1961) Valence. Oxford Univ Press, Oxford
[13] Harrison WA (1980) Electronic structure and the properties of solids. The physics of the chemical bond. Freeman, San Francisco
[14] Kittel C (1996) Introduction to solid state physics, 7th edn. Wiley, New York
[15] Burdett J (1997) Chemical bond: a dialog. Wiley, Chichester
[16] McMahon MI, Nelmes RJ (2006) High-pressure structures and phase transformations in elemental metals. Chem Soc Rev 35: 943-963
[17] Takemura K, Shimomura O, Fujiihisa H (1991) Cs (VI): a new high-pressure polymorph of cesium

above 72 GPa. Phys Rev Lett 66：2014-2017
[18] Takemura K，Christensen NE，Novikov DL et al (2000) Phase stability of highly compressed cesium. Phys Rev B61：14399-14404
[19] Nelmes RJ，McMahon MI，Loveday JS，Rekhi S (2002) Structure of Rb-Ⅲ：novel modulated stacking structures in alkali metals. Phys Rev Lett 88：155503
[20] Shwarz U (2004) Metallic high-pressure modifications of main group elements. Z Krist 219：376-390
[21] Kleykamp H (2000) Thermal properties of beryllium. Thermochim Acta 345：179-1841
[22] McMahon MI，Bovornratanaraks T，Allan DR et al (2000) Observation of the incommensurate barium-Ⅳ structure in strontium phase Ⅴ. Phys Rev B61：3135-3138
[23] Nelmes RJ，Allan DR，McMahon MI，Belmonte SA (1999) Self-hosting incommensurate structure of barium Ⅳ. Phys Rev Lett 83：4081-4084
[24] Heine V (2000) Crystal structure：as weird as they come. Nature 403：836-837
[25] Takemura K (1994) High-pressure structural study of barium to 90 GPa. Phys Rev B50：16238-16246
[26] Schulte O，Holzapfel WB (1993) Phase diagram for mercury up to 67 GPa and 500 K. PhysRev B48：14009-14012
[27] Krishnan S，Anselt S，Felten JJ et al (1998) Structure of liquid boron. Phys Rev Lett 81：586-589
[28] AkahamaY，Nishimura M，Kinoshita K，Kawamura H (2006) Evidence of a fcc-hcp transition in aluminum at multimegabar pressure. Phys Rev Lett 96：045505
[29] Takemura K，Kobayashi K，Arai M (1998) High-pressure bct-fcc phase transition in Ga. PhysRev B58：2482-2486
[30] Takemura K，Fujihisa H (1993) High-pressure structural phase transition in indium. Phys Rev B47：8465-8470
[31] Schulte O，Holzapfel WB (1997) Effect of pressure on the atomic volume of Ga and Tl up to 68 GPa. Phys Rev B55：8122-8128
[32] Vohra YK，Spencer PhT (2001) Novel γ-phase of titanium metal at megabar pressures. PhysRev Lett 86：3068-3071
[33] Takemura K，Schwarz U，Syassen K et al (2000) High-pressure Cmca and hcp phases of germanium. Phys Rev B62：R10603-R10606
[34] Desgreniers S，VohraYK，Ruoff AL (1989) Tin at high pressure：an energy-dispersive X-ray-diffraction study to 120 GPa. Phys Rev B39：10359-10361
[35] Degtyareva O，McMahon MI，Nelmes RJ (2004) High-pressure structural studies of group 15 elements. High Pressure Research 24：319-356
[36] Ram S (2001) Allotropic phase transformations in hcp，fcc and bcc metastable structures in Co-nanoparticles. Mater Sci Engin A304-306：923-927
[37] Eremets MI，Hemley RJ，Mao H-K，Gregoryanz E (2001) Semiconducting non-molecular nitrogen up to 240 GPa and its low-pressure stability. Nature 411：170-174
[38] Gregoryanz E，Goncharov AF，Hemley RJ，Mao H-K (2002) Raman，infrared，and X-ray evidence for new phases of nitrogen at high pressures and temperatures. Phys Rev B66：224108
[39] Errandonea D，Boehler R，Japel S et al (2006) Structural transformation of compressed solid Ar：an X-ray diffraction study to 114 GPa. Phys Rev B73：092106
[40] Loubeyre P，Jean-Louis M，Silvera I (1991) Density dependence of the intramolecular distance in solid H 2 ：spectroscopic determination. Phys Rev B43：10191-10196
[41] Loubeyre P，Occelli F，LeToullec R (2002) Optical studies of solid hydrogen to 320 GPa and evidence for black hydrogen. Nature 416：613-617
[42] Wigner E，Huntington HB (1935) On the possibility of a metallic modification of hydrogen. J Chem Phys 3：764-770
[43] Min BI，Jensen HJF，Freeman AJ (1986) Pressure-induced electronic and structural phase transitions in solid hydrogen. Phys Rev B33：6383-6390
[44] Hemley RJ，Mao H-K (1988) Phase transition in solid molecular hydrogen at ultrahigh pressures. Phys Rev Lett 61：857-860
[45] Hemley RJ，Dera P (2000) Molecular crystals. In：Hazen RM，Downs RT (eds) High-temperature and high-pressure crystal chemistry，Rev Min Geochem 41：355. MSA，Washington

[46] Powell BM, Heal KM, Torrie BH (1984) The temperature dependence of the crystal structures of the solid halogens, bromine and chlorine. Mol Phys 53: 929-939

[47] San-Miguel A, Libotte H, Gauthier M et al (2007) New phase transition of solid bromine under high pressure. Phys Rev Lett 99: 015501

[48] Takemura K, Minomura S, Shimomura O (1982) Structural aspects of solid iodine associated with metallization and molecular dissociation under high pressure. Phys Rev B26: 998-1004

[49] Reichlin R, McMahan AK, Ross M et al (1994) Optical, X-ray, and band-structure studies of iodine at pressures of several megabars. Phys Rev B49: 3725-3733

[50] Fujihisa H, Fujii Y, Takemura K, Shimomura O (1995) Structural aspects of dense solid halogens under high pressure studied by X-ray diffraction-molecular dissociation and metallization. J Phys Chem Solids 56: 1439-1444320 5 Crystal Structure-Idealised

[51] Miguel AS, Libotte H, Gaspard JP et al (2000) Bromine metallization studied by X-ray absorption spectroscopy. Eur Phys J B17: 227-233

[52] Takemura K, Sato K, Fujihisa H, Onoda M (2003) Modulated structure of solid iodine during its molecular dissociation under high pressure. Nature 423: 971-974

[53] Kume T, Hiraoka T, Ohya Y et al (2005) High pressure raman study of bromine and iodine: soft phonon in the incommensurate phase. Phys Rev Lett 94: 065506

[54] Fujihisa H, Akahama Y, Kowamura H et al (2006) O_8 cluster structure of the epsilon phase of solid oxygen. Phys Rev Lett 97: 085503

[55] Militzer B, Hemley RJ (2006) Crystallography: solid oxygen takes shape. Nature 443: 150-151

[56] Lundegaard B, Weck G, McMahon MI et al (2006) Observation of an O_8 molecular lattice in the ε phase of solid oxygen. Nature 443: 201-204

[57] Shimizu K, Suhara K, Ikumo M et al (1998) Superconductivity in oxygen. Nature 393: 767-769

[58] Goncharov AF, Gregoryanz E, Hemley RJ, Mao H-K (2003) Molecular character of the metallic high-pressure phase of oxygen. Phys Rev B68: 100102 (R)

[59] Akahama Y, Kowamura H, Häusermann D et al (1995) New high-pressure structural transition of oxygen at 96 GPa associated with metallization in a molecular solid. Phys Rev Lett 74: 4690-4693

[60] Heiny C, Lundegaard LF, Falconi S, McMahon MI (2005) Incommensurate sulfur above 100 GPa. Phys Rev B71: 020101 (R)

[61] Nakano K, AkahamaY, Kawamura H et al (2001) Pressure-induced metallization and structural transition of orthorhombic Se. Phys Stat Solidi b223: 397-400

[62] Keller R, Holzapfel WB, Schulz H (1977) Effect of pressure on the atom positions in Se and Te. Phys Rev B16: 4404-4412

[63] AkahamaY, Kobayashi M, Kawamura H (1993) Structural studies of pressure-induced phase transitions in selenium up to 150 GPa. Phys Rev B47: 20-26

[64] Kawamura H, Matsui N, Nakahata I et al (1998) Pressure-induced metallization and structural transition of rhombohedral Se. Solid State Commun 108: 677-680

[65] Parthasarathy G, HolzapfelWB (1988) High-pressure structural phase transitions in tellurium. Phys Rev B37: 8499-8501

[66] Luo H, Greene RG, Ruoff AL (1993) β-Po phase of sulfur at 162 GPa: X-ray diffraction study to 212 GPa. Phys Rev Lett 71: 2943-2946

[67] Eremets MI, Gavriliuk AG, Trojan IA et al (2004) Single-bonded cubic form of nitrogen. Nature Mater 3: 558-563

[68] Eremets MI, Gavriliuk AG, Trojan IA (2007) Single-crystalline polymeric nitrogen. Appl Phys Lett 90: 171904

[69] Ashcroft NW (2004) Hydrogen dominant metallic alloys: high-temperature superconductors? Phys Rev Lett 92: 187002

[70] Okudera H, Dinnebier RE, Simon A (2005) The crystal structure of γ-P_4, a low temperature modification of white phosphorus. Z Krist 220: 259-264

[71] Simon A, Borrmann H, Horakh J (1997) On the polymorphism of white phosphorus. Chem Ber 130: 1235-1240

[72] Akahama Y, Kawamura H, Carlson S et al (2000) Structural stability and equation of state of simple-

hexagonal phosphorus to 280 GPa: phase transition at 262 GPa. Phys Rev B61: 3139-3142

[73] Häussermann U (2003) High-pressure structural trends of group 15 elements. Chem Eur J 9: 1471-1478

[74] Kikegawa T, Iwasaki H (1983) An X-ray diffraction study of lattice compression and phase transition of crystalline phosphorus. Acta Cryst B39: 158-164

[75] Iwasaki H, Kikegawa T (1984) Simple cubic structure as a stable form of phosphorus under high pressure. In: Homan C, MacCrone RK, Whalley E (eds) High pressure in science and technology. North-Holland, New York

[76] Katzke H, Bismayer U, Toledano P (2006) Reconstructive phase transitions between carbon polymorphs: limit states and periodic order-parameters. J Phys Condens Matter 18: 5129-5134

[77] Goresy AE, Donnay G (1968) A new allotropic form of carbon from the Ries crater. Science 161: 363-364

[78] Whittaker AG (1978) Carbon: a new view of its high-temperature behavior. Science 200: 763-764

[79] Batsanov SS (1994) Equalization of interatomic distances in polymorphous transformations under pressure. J Struct Chem 35: 391-393

[80] Grützmacher H, Fässler TF (2000) Topographical analyses of homonuclear multiple bonds between main group elements. Chem Eur J 6: 2317-2325

[81] Pearson WB (1972) The crystal chemistry and physics of metals alloys. Wiley, New York

[82] Demchyna R, Leoni S, Rosner H, Schwarz U (2006) High-pressure crystal chemistry of binary intermetallic compounds. Z Krist 221: 420-434

[83] Rao CNR, Pisharody KPR (1976) Transition metal sulfides. Progr Solid State Chem 10: 207-270

[84] Franzen HF (1978) Structure and bonding in metal-rich compounds: Pnictides, chalcides and halides. Progr Solid State Chem 12: 1-39

[85] Goedkoop JA, AndersonAF (1955) The crystal structure of copper hydride. Acta Cryst 8: 118-119

[86] Yoshiasa A, Koto K, Kanamaru F et al (1987) Anharmonic thermal vibrations in wurtzite-type AgI. Acta Cryst B43: 434-440

[87] Brese NE, Squattrito PJ, Ibers JA (1985) Reinvestigation of the structure of PdS. Acta Cryst C41: 1829-1830

[88] Konczewicz L, Bigenwald P, Cloitre T et al (1996) MOVPE growth of zincblende magnesium sulphide. J Cryst Growth 159: 117-120

[89] Dynowska E, Janik E, Bak-Misiuk J et al (1999) Direct measurement of the lattice parameter of thick stable zinc-blende MgTe layer. J Alloys Compd 286: 276-278

[90] Iwanovski RJ (2001) Comment on the covalent radius of Mn. Chem Phys Lett 350: 577-580

[91] Wentzcovitch RM, Cohen ML, Lam PK (1987) Theoretical study of BN, BP, and BAs at high pressures. Phys Rev B36: 6058-6068

[92] Vurgaftman I, Meyer JR, Ram-Mohan LR (2001) Band parameters for Ⅲ-Ⅴ compound semiconductors and their alloys. J Appl Phys 89: 5815-5875

[93] Mavropoulos Th, Galanakis I (2007) A review of the electronic and magnetic properties of tetrahedrally bonded half-metallic ferromagnets. J Phys Cond Matter 19: 315221

[94] Suzuki K, Morito H, Kaneko T et al (1993) Crystal structure and magnetic properties of the compound FeN. J Alloys Compd 201: 11-16

[95] Witteman WG, Giorgi AL, Vier DT (1960) The preparation and identification of some intermetallic compounds of polonium. J Phys Chem 64: 434-440

[96] Gregoryanz E, Sanloup Ch, Somayazulu M et al (2004) Synthesis and characterization of a binary noble metal nitride. Nature Mater 3: 294-297

[97] Halder A, Kundu P, Ravishankar N, Ramanath G (2009) Directed synthesis of rocksalt AuCl crystals. J Phys Chem C113: 5349-5351

[98] Recio JM, Blanco MA, Luaa V et al (1998) Compressibility of the high-pressure rocksalt phase of ZnO. Phys Rev B58: 8949-8954

[99] Desgreniers S (1998) High-density phases of ZnO: structural and compressive parameters. Phys Rev B58: 14102-1405

[100] Duan C-G, Sabirianov RF, Mei WN et al (2007) Electronic, magnetic and transport properties of

rare-earth monopnictides. J Phys Cond Matt 19：315220
[101] Pellicer-Porres J，Segura A，Muoz V et al（2001）Cinnabar phase in ZnSe at high pressure. Phys Rev B65：012109
[102] ChristensenAN（1990）A neutron diffraction investigation on single crystals of titanium oxide，zirconium carbide，and hafnium nitride. Acta Chem Scand 44：851-852
[103] Vaitheeswaran G，Kanchana V，Heathman S et al（2007）Elastic constants and high-pressure structural transitions in lanthanum monochalcogenides from experiment and theory. Phys Rev B75：184108
[104] Gerward L，Olsen JS，Steenstrup S et al（1990）The pressure-induced transformation B1 to B2 in actinide compounds. J Appl Cryst 23：515-519
[105] Wastin F，Spirlet JC，Rebizant J（1995）Progress on solid compounds of actinides. J Alloys Compd 219：232-237
[106] Hayashi J，Shirotani I，Hirano K et al（2003）Structural phase transition of ScSb and YSb with a NaCl-type structure at high pressures. Solid State Commun 125：543-546
[107] Shirotani I，Yamanashi K，Hayashi J et al（2003）Pressure-induced phase transitions of lan-thanide monoarsenides LaAs and LuAs with a NaCl-type structure. Solid State Commun 127：573-576
[108] Menoni CS，Spain IL（1987）Equation of state of InP to 19 GPa. Phys Rev B35：7520-7525
[109] Vohra YK，Weir ST，Ruoff AL（1985）High-pressure phase transitions and equation of state of the Ⅲ-Ⅴ compound InAs up to 27 GPa. Phys Rev B31：7344-7348
[110] Uehara S，Masamoto T，Onodera A et al（1997）Equation of state of the rocksalt phase of Ⅲ-Ⅴ nitrides to 72 GPa or higher. J Phys Chem Solids 58：2093-2099
[111] Chen X，Koiwasaki T，Yamanaka S（2001）High-pressure synthesis and crystal structures of β-MNCl（M=Zr and Hf）. J Solid State Chem 159：80-86
[112] Mashimo T，Tashiro S，Toya T et al（1993）Synthesis of the B1-type tantalum nitride by shock compression. J Mater Sci 28：3439-3443
[113] Yoshida M，Onodera A，Ueno M et al（1993）Pressure-induced phase transition in SiC. Phys Rev B48：10587-10590
[114] Ono S，Kikegawa T，Ohishi Y（2005）A high-pressure and high-temperature synthesis of platinum carbide. Solid State Commun 133：55-59
[115] Zhou T Schwarz U Hanfland M et al（1998）Effect of pressure on the crystal structure，vibrational modes，and electronic excitations of HgO. Phys Rev B57：153-160
[116] Feldmann C，Jansen M（1993）Cs_3AuO，the first ternary oxide with anionic gold. Angew Chem Int Ed 32：1049-1050
[117] Zachwieja U（1993）Einkristallzüchtung und strukturverfeinerung von RbAu und CsAu. Z anorg allgem Chem 619：1095-1097
[118] Walter D，Karyasa IW（2005）Synthesis and characterization of cobalt monosilicide（CoSi）with CsCl structure stabilized by a β-SiC matrix. Z anorg allgem Chem 631：1285-1288
[119] Sato-SorensenY（1983）Phase transitions and equations of state for the sodium halides：NaF，NaCl，NaBr，and NaI. J Geophys Res B88：3543-3548
[120] Heinz D，Jeanloz R（1984）Compression of the B2 high-pressure phase of NaCl. Phys Rev B30：6045-6050
[121] Hochheimer HD，Strössner K，Hönle V et al（1985）High pressure X-ray investigation of the alkali hydrides NaH，KH，RbH，and CsH. Z phys Chem 143：139-144
[122] Yagi T（1978）Experimental determination of thermal expansivity of several alkali halides at high pressures. J Phys Chem Solids 39：563-571
[123] Hofmeister AM（1997）IR spectroscopy of alkali halides at very high pressures：Calculation of equations of state and of the response of bulk moduli to the B1-B2 phase transition. Phys Rev B56：5835-5855
[124] Köhler U，Johannsen PG，Holzapfel WB（1997）Equation-of-state data for CsCl-type alkali halides. J Phys Cond Matter 9：5581-5592
[125] Hull S，Berastegui P（1998）High-pressure structural behavior of silver（I）fluoride. J Phys Cond Matter 10：7945-7956

[126] Richet P, Mao H-K, Bell PM (1988) Bulk moduli of magnesiowüstites from static compression measurements. J Geophys Res B93: 15279-15288

[127] Luo H, Greene RG, Ghandehari K et al (1994) Structural phase transformations and the equations of state of calcium chalcogenides at high pressure. Phys Rev B50: 16232-16237

[128] Zimmer H, Winzen H, Syassen K (1985) High-pressure phase transitions in CaTe and SrTe. Phys Rev B32: 4066-4070

[129] Luo H, Greene RG, Ruoff AL (1994) High-pressure phase transformation and the equation of state of SrSe. Phys Rev B49: 15341-15345

[130] Weir ST, Vohra YK, Ruoff AL (1986) High-pressure phase transitions and the equations of state of BaS and BaO. Phys Rev B33: 4221-4226

[131] Grzybowski T, RuoffAL (1983) High-pressure phase transition in BaSe. Phys Rev B27: 6502-6503

[132] Grzybowski T, Ruoff AL (1984) Band-overlap metallization of BaTe. Phys Rev Lett 53: 489-492

[133] Liu H, Mao H-K, Somayazulu M et al (2004) B1-to-B2 phase transition of transition-metal monoxide CdO under strong compression. Phys Rev B70: 094114

[134] Gerward L, Olsen JS, Steenstrup S et al (1990) The pressure-induced transformation B1 to B2 in actinide compounds. J Appl Cryst 23: 515-519

[135] Meyer RR, Sloan J, Dunin-Borkowski RE et al (2000) Discrete atom imaging of one-dimensional crystals formed within single-walled carbon nanotubes. Science 289: 1324-1326

[136] Sloan J, Novotny MC, Bailey SR et al (2000) Two layer 4: 4 co-ordinated KI crystals grown within single walled carbon nanotubes. Chem Phys Lett 329: 61-65

[137] Sloan J, Grosvenor SJ, Friedrichs S et al (2002) A one-dimensional BaI_2 chain with five-and six-coordination, formed within a single-walled carbon nanotube. Angew Chem Int Ed 41: 1156-1159

[138] Sloan J, Kirkland AI, Hutchison JL, Green MLH (2002) Structural characterization of atom-ically regulated nanocrystals formed within single-walled carbon nanotubes using electron microscopy. Acc Chem Res 35: 1054-1062

[139] Sloan J, Kirkland AI, Hutchison JL, Green MLH (2002) Integral atomic layer architectures of 1D crystals inserted into single walled carbon nanotubes. Chem Commun: 1319-1332

[140] Hirahara K, Bandow S, Suenaga K et al (2001) Electron diffraction study of one-dimensional crystals of fullerenes. Phys Rev B64: 115420

[141] Friedrichs S, Sloan J, Green MLH et al (2001) Simultaneous determination of inclusion crystallography and nanotube conformation for a Sb_2O_3/single-walled nanotube composite. Phys Rev B64: 045406

[142] Donald KJ, Hoffmann R (2006) Solid memory: structural preferences in group 2 dihalide monomers, dimers, and solids. J Am Chem Soc 128: 11236-11249

[143] Ishikawa K, Isonaga T, Wakita S, SuzukiY (1995) Structure and electrical properties of Au_2S. Solid State Ionics 79: 60-66

[144] von Schnering HG, Chang J-H, Peters K et al (2003) Structure and bonding of the hexameric platinum (Ⅱ) dichloride, Pt_6Cl_{12} (β-$PtCl_2$). Z anorg allgem Chem 629: 516-522

[145] Thiele G, Wegl W, Wochner H (1986) Die Platiniodide PtI_2 und Pt_3I_8. Z anorg allgem Chem 539: 141-153

[146] Thiele G, Steiert M, Wagner D, Wocher H (1984) Darstellung und Kristallstruktur von PtI_3, einem valenzgemischten Platin (Ⅱ, Ⅳ)-iodid. Z anorg allgem Chem 516: 207-213

[147] Schnering HG von, Chang J-H, Freberg M et al (2004) Structure and bonding of the mixed-valent platinum trihalides, $PtCl_3$ and $PtBr_3$. Z anorg allgem Chem 630: 109-116

[148] Senin MD, Akhachinski VV, Markushin YuE et al (1993) The production, structure, and properties of beryllium hydride. Inorg Mater 29: 1416-1420

[149] Sampath S, Lantzky KM, Benmore CJ et al (2003) Structural quantum isotope effects in amorphous beryllium hydride. J Chem Phys 119: 12499-12502

[150] Wright AF, Fitch AN, Wright AC (1988) The preparation and structure of the α-and β-quartz polymorphs of beryllium fluoride. J Solid State Chem 73: 298-304

[151] Troyanov SI (2000) Crystal modifications of beryllium dihalides $BeCl_2$, $BeBr_2$, and BeI_2. Russ J Inorg Chem 45: 1481-1486

[152] Chieh C, White MA (1984) Crystal structure of anhydrous zinc bromide. Z Krist 166: 189-197

[153] Fröhling B, Kreiner G, Jacobs H (1999) Synthese und Kristallstruktur von Mangan (Ⅱ)-und Zinkamid, $Mn(NH_2)_2$ und $Zn(NH_2)_2$. Z anorg allgem Chem 625: 211-216

[154] Hostettler M, Birkedal H, Schwarzenbach D (2002) The structure of orange HgI_2. I. Polytypic layer structure. Acta Cryst B58: 903-913

[155] Grande T, Ishii M, Akaishi M et al (1999) Structural properties of $GeSe_2$ at high pressures. J Solid State Chem 145: 167-173

[156] Micoulaut M, Cormier L, Henderson G S (2006) The structure of amorphous, crystalline and liquid GeO_2. J Phys Cond Matter 18: R753-R784

[157] Williams D, Pleune B, Leinenweber K, Kouvetakis J (2001) Synthesis and structural properties of the binary framework C—N compounds of Be, Mg, Al, and Tl. J Solid State Chem 159: 244-250

[158] Jacobs H, Niemann A, Kockelmann W (2005) Tieftemperaturuntersuchungen von Wasserstoffbrückenbindungen in den Hydroxiden β-$Be(OH)_2$ und ε-$Zn(OH)_2$ mit Raman-Spektroskopie sowie Röntgen-und Neutronenbeugung. Z anorg allgem Chem 631: 1247-1254

[159] Baur WH, Khan AA (1971) Rutile-type compounds. Ⅳ. SiO_2, GeO_2 and a comparison with other rutile-type structures. Acta Cryst B27: 2133-2139

[160] Range K-J, Rau F, Klement U, Heys A (1987) β-PtO_2: high pressure synthesis of single crystals and structure refinement. Mater Res Bull 22: 1541-1547

[161] Bolzan AA, Fong C, Kennedy BJ, Howard CJ (1997) Structural studies of rutile-type metal dioxides. Acta Cryst B53: 373-380

[162] Bortz M, Bertheville B, Böttger G, Yvon K (1999) Structure of the high pressure phase γ-MgH_2 by neutron powder diffraction. J Alloys Comp 287: L4-L6

[163] O'Toole NJ, Streltsov VA (2001) Synchrotron X-ray analysis of the electron density in CoF_2 and ZnF_2. Acta Cryst B57: 128-135

[164] Giester G, Lengauer CL, Tillmanns E, Zemann J (2002) Tl_2S: Re-determination of crystal structure and stereochemical discussion. J Solid State Chem 168: 322-330

[165] Müller BG (1987) Fluoride mit kupfer, silber, gold und palladium. Angew Chem 99: 1120-1135

[166] Beck HP, Dausch W (1989) The refinement of α-USe_2, twinning in a $SrBr_2$-type structure. J Solid State Chem 80: 3-39

[167] Sichla T, Jacobs H (1996) Single crystal X-ray structure determination on calcium and strontium deuteride. Eur J Solid State Inorg Chem 33: 453-461

[168] Schewe-Miller I, Bötcher P (1991) Synthesis and crystal structures of K_5Se_3, Cs_5Te_3 and Cs_2Te. Z Krist 196: 137-151

[169] Haines J, Leger JM (1993) Phase transitions in ruthenium dioxide up to 40 GPa: Mechanism for the rutile-to-fluorite phase transformation and a model for the high-pressure behavior of stishovite SiO_2. Phys Rev B48: 13344-13350

[170] von Sommer H, Hoppe R (1977) Die Kristallstruktur von Cs_2S mit einer Bemerkung über Cs_2Se, Cs_2Te, Rb_2Se und Rb_2Te. Z anorg allgem Chem 429: 118-130

[171] Stöwe K, Appel S (2002) Polymorphic forms of rubidium telluride Rb_2Te. Angew Chem Int Ed 41: 2725-2730

[172] Tzeng CT, Tsuei K-D, Lo W-S (1998) Experimental electronic structure of Be_2C. Phys Rev B58: 6837-6843

[173] Batsanov SS, Egorov VA, KhvostovYuB (1976) Shock synthesis of difluorides of lantanides. Proc Acad Sci USSR Dokl Chem 227: 251-252

[174] Egorov VA, Temnitskii IN, Martynov AI, Batsanov SS (1979) Variation of lanthanides' valences under shock compression of reacting systems. Russ J Inorg Chem 24: 1881-1882

[175] Ito M, Setoyama D, Matsunaga J et al (2006) Effect of electronegativity on the mechanical properties of metal hydrides with a fluorite structure. J Alloys Comp 426: 67-71

[176] Kalita PE, Sinogeikin SV, Lipinska-Kalita K et al (2010) Equation of state of TiH_2 up to 90 GPa: A synchrotron X-ray diffraction study and ab initio calculations. J Appl Phys 108: 043511

[177] Karpov A, Nuss J, Wedig U, Jansen M (2003) Cs_2Pt: A platinide (Ⅱ) exhibiting complete charge separation. Angew Chem Int Ed 42: 4818

[178] Batsanov SS, Kolomijchuk VN (1968) The crystal chemistry of salts with mixed anions. J Struct

Chem 9：282-298

[179] Flahaut J (1974) Les structures type PbFCl et type anti-Fe_2As des composés ternaires à deux anions MXY. J Solid State Chem 9：124-131

[180] Beck HP (1976) A study on mixed halide compounds MFX (M=Ca, Sr, Eu, Ba; X=Cl, Br, I) J Solid State Chem 17：275-282

[181] Burdett JK, Candell E, Miller GJ (1986) Electronic structure of transition-metal borides with the AlB_2 structure. J Am Chem Soc 108：6561-6568

[182] Einstein FWB, Rao PR, Trotter J, Bartlett N (1967) The crystal structure of gold trifluoride. J Chem Soc A 478-482

[183] Benner G, Müller BG (1990) Zur Kenntnis binärer Fluoride des ZrF_4-Typs：HfF_4 und ThF_4. Z anorg allgem Chem 588：33-42

[184] Müller BG (1997) Synthese binärer und ternärer Fluoride durch Druckfluorierung. Eur J Solid State Inorg Chem 34：627-643

[185] Troyanov SI, Antipin MYu, Struchkov YuT, Simonov MA (1986) Crystal structure of HfI_4. Russ J Inorg Chem 31：1080-1082

[186] Bork M, Hoppe R (1996) Zum Aufbau von PbF_4 mit Strukturverfeinerung an SnF_4. Z anorg allgem Chem 622：1557-1563

[187] Krämer O, Müller BG (1995) Zur Struktur des Chromtetrafluorids. Z anorg allgem Chem 621：1969-1972

[188] Krebs B, Sinram D (1980) Darstellung, Struktur und Eigenschaften einer neuen Modifikation von NbI_5. Z Naturforsch 35b：12-16

[189] Marx R, Mahjoub A, Seppelt K, Ibberson R (1994) Time-of-flight neutron diffraction study on the low temperature phases of IF_7. J Chem Phys 101：585-593

[190] Vogt T, Fitch AN, Cockcroft JK (1994) Crystal and molecular structures of rhenium heptafluoride. Science 263：1265-1267

[191] Weiher N, Willnef EA, Figulla-Kroschel C et al (2003) Extended X-ray absorption fine-structure (EXAFS) of a complex oxide structure：a full multiple scattering analysis of the Au L_3-edge EXAFS of Au_2O_3. Solid State Commun 125：317-322

[192] Åhman J, Svenssson G, Albertsson J (1996) A reinvestigation of β-gallium oxide. Acta Cryst C52：1336-1338

[193] Bärnighausen H, Schiller G (1985) The crystal structure of A-Ce_2O_3. J Less-Common Met 110：385-390

[194] Wolf R, Hoppe R (1985) Eine Notiz zum A-typ der Lanthanoidoxide：Über Pr_2O_3. Z anorg allgem Chem 529：61-64

[195] Maslen EN, Streltsov VA, Streltsova NR et al (1993) Synchrotron X-ray study of the electron density in α-Al_2O_3. Acta Cryst B49：973-980

[196] Otto H, Baltrusch R, Brandt H-J (1993) Further evidence for Tl^{3+} in Tl-based superconductors from improved bond strength parameters involving new structural data of cubic Tl_2O_3. Physica C215：205-208

[197] Eisenmann B (1992) Crystal structure of α-dialuminium trisulfide, Al_2S_3. Z Krist 198：307-308

[198] Conrad O, Schiemann A, Krebs B (1997) Die Kristallstruktur von β-Al_2Te_3. Z anorg allgem Chem 623：1006-1010

[199] Dismukes JP, White JG (1964) The preparation, properties, and crystal structures of some scandium sulfides in the range Sc_2S_3-ScS. Inorg Chem 3：1220-1228

[200] Zerr A, Miehe G, Riedel R (2003) Synthesis of cubic zirconium and hafnium nitride having Th_3P_4 structure. Nature Mater 2：185-189

[201] Stergiou AC, Rentzeperis PJ (1985) The crystal structure of arsenic selenide, As_2Se_3. Z Krist 173：185-191

[202] Stergiou AC, Rentzeperis PJ (1985) Hydrothermal growth and the crystal structure of arsenic telluride, As_2Te_3. Z Krist 172：139-145

[203] Voutsas GP, Papazoglou AG, Rentzeperis PJ, Siapkas D (1985) The crystal structure of antimony selenide, Sb_2Se_3. Z Krist 171：261-268

[204] FeuutelaisY, Legendre B, Rodier N, Agafonov V (1993) A study of the phases in the bismuth-tellurium system. Mater Res Bull 28: 591-596

[205] Weller MT, HectorAL (2000) The structure of the $Fe^{IV}O_4$ ion. Angew Chem Int Ed 39: 4162-4163

[206] Batsanov SS (1977) Calculation of the effective charges of atoms in solid solutions. Russ J Inorg Chem 22: 941-943

[207] Hadenfeldt C, Herdejürgen H (1988) Darstellung und Kristallstruktur der Calciumpnictidio-dide Ca_2NI, Ca_2PI und Ca_2AsI. Z anorg allgem Chem 558: 35-40

[208] Gensini M, Gering E, Benedict U et al (1991) High-pressure X-ray diffraction study of ThOS and UOSe by synchrotron radiation. J Less-Common Met 171: L9-L12

[209] Beck HP, Dausch W (1989) Die Verfeinerung der Kristallstruktur von ThOTe. Z anorg allgem Chem 571: 162-164

[210] Jumas J-C, Olivier-Fourcade J, IbanezA, Philippot E (1986) ^{121}Sb Mössbauer studies on some antimony Ⅲ chalcogenides and chalcogenohalides. Application to the structural approach of sulfide glasses. Hiperfine Interact 28: 777-780

[211] Mootz D, Merschenz-Quack A (1988) Structures of sulfuryl halides: SO_2F_2, SO_2ClF and SO_2Cl_2. Acta Cryst C44: 924-925

[212] Chen X, Fukuoka H, Yamanaka S (2002) High-pressure synthesis and crystal structures of β-MNX (M=Zr, Hf; X=Br, I). J Solid State Chem 163: 77-83

[213] Leoni S, Zahn D (2004) Putting the squeeze on NaCl: modelling and simulation of the pressure driven B1-B2 phase transition. Z Krist 219: 339-344

[214] Belov NV (1986) Essays on structural crystallography. Nauka, Moscow (in Russian)

[215] Drobot DV, Pisarev EA (1983) Interrelations between the structures of halogenides and oxides of heavy transition metals. Koordinatsionnaya Khimiya 9: 1273-1283 (in Russian)

[216] Burdett JK, Lee S (1983) Peierls distortions in two and three dimensions and the structures of AB solids. J Am Chem Soc 105: 1079-1083

[217] Burdett JK (1993) Some electronic aspects of structural maps. J Alloys Compd 197: 281-289

[218] Müller U (2002) Kristallpackungen mit linear koordinierten Atomen. Z anorg allgem Chem 628: 1269-1278

[219] Vegas A, Jansen M (2002) Structural relationships between cations and alloys; an equivalence between oxidation and pressure. Acta Cryst B58: 38-51

[220] Vegas A, Santamaria-Perez D (2003) The structures of ZrNCl, TiOCl and AlOCl in the light of the Zintl-Klemm concept. Z Krist 218: 466-469

[221] Smirnov IA, Oskotskii VS (1978) Semiconductor-metal phase transition in rare-earth semiconductors (samarium monochalcogenides). Sov Phys Uspekhi 21: 117-140

[222] Batsanov SS (1988) Correspondence berween the physical and the chemical compression of substances. Russ J Phys Chem 62: 265-266

[223] WernerA (1893) Beitrag zur Konstitution anorganischer Verbindungen. Z anorg Chem 3: 267-330

[224] Pfeifer P (1915) Die Kristalle als Molekülverbindungen. Z anorg allgem Chem 92: 376-380

[225] Riss A, Blaha P, Schwarz K, Zemann J (2003) Theoretical explanation of the octahedral distortion in FeF_2 and MgF_2. Z Krist 218: 585-589

[226] Baur WH (1961) Uber die Verfeinerung der Kristallstrukturbestimmung einiger vertreter des Rutiltyps. Ⅲ. Zur Gittertheories des Rutiltyps. Acta Cryst 14: 209-213

[227] Frank FC, Kasper JS (1958) Complex alloy structures regarded as sphere packings. I. Definitions and basic principles. Acta Cryst 11: 184-190

[228] Laves F (1967) Space limitation on the geometry of the crystal structures of metals and intermetallic compounds. Phase transition in metals alloys. In: Rudman PS, Stringer J, Jaffee RI (eds) Phase stability in metals and alloys. McGraw-Hill, NewYork

[229] Serezhkin VH, Mikhailov YuN, Buslaev YuA (1997) The method of intersecting spheres for determination of coordination numbers of atoms in crystal structures. Russ J Inorg Chem 42: 1871-1910

[230] Blatov VA, Kuzmina EE, Serezhkin VN (1998) The size of halogen atoms in the structure of molecular crystals. Russ J Phys Chem 72: 1284-1287

[231] Wieting J (1967) 69 In: Schulze GER (ed) Metallphysik. Akademie, Berlin

[232] Trömel M (1986) The crystal-chemistry of irregular coordinations. Z Krist 174: 196-197

[233] Hoppe R (1970) Die Koordinationszahl-ein "anorganisches Chamäleon". Angew Chem 82: 7-16

[234] Mehlhorn B, Hoppe R (1976) Neue hexafluorozirkonate (Ⅳ): $BaZrF_6$, $PbZrF_6$, $EuZrF_6$, $SrZrF_6$. Z anorg allgem Chem 425: 180-188

[235] Hoppe R (1979) Effective coordination numbers and mean active fictive ionic radii. Z Krist 150: 23-52

[236] Brown ID, Wu KK (1976) Empirical parameters for calculating cation-oxygen bond valences. Acta Cryst B32: 1957-1959

[237] Batsanov SS (1977) Effective coordination number of atoms in crystals. Russ J Inorg Chem 22: 631-634

[238] Brunner GO (1977) A definition of coordination and its relevance in the structure types AlB_2 and NiAs. Acta Cryst A33: 226-227

[239] Beck HP (1981) High-pressure polymorphism of BaI_2. Z Naturforsch 36b: 1255-1260

[240] Carter FL (1978) Quantifying the concept of coordination number. Acta Cryst B34: 2962-2966

[241] Batsanov SS (1983) On the meaning and calculation techniques of effective coordination numbers. Koordinatsionnaya Khimiya 9: 867 (in Russian)

[242] Wemple SH (1973) Refractive-index behavior of amorphous semiconductors and glasses. Phys Rev B7: 3767-3777

[243] Tanaka K (1989) Structural phase transitions in chalcogenide glasses. Phys Rev B39: 1270-1279

[244] Asbrink S, Waskowska A (1991) CuO: X-ray single-crystal structure determination at 196 K and room temperature. J Phys Cond Matter 3: 8173-8180

[245] Goldschmidt VM (1929) Crystal structure and chemical constitution. Trans Faraday Soc 25: 253-283

[246] Pauling L (1929) The principles determining the structure of complex ionic crystals. J Am Chem Soc 51: 1010-1026

[247] Pauling L (1947) Atomic radii and interatomic distances in metals. J Am Chem Soc 69: 542-553

[248] Brown ID, Shannon RD (1973) Empirical bond-strength-bond-length curves for oxides. Acta Cryst A29: 266-282

[249] Zachariasen WH (1978) Bond lengths in oxygen and halogen compounds of d and f elements. J Less-Common Met 62: 1-7

[250] Brown ID, Altermatt D (1985) Bond-valence parameters obtained from a systematic analysis of the Inorganic Crystal Structure Database. Acta Cryst B41: 244-247

[251] Zocchi F (2006) Accurate bond valence parameters for M—O bonds (M=C, N, La, Mo, V). Chem Phys Lett 421: 277-280

[252] Slupecki O, Brown ID (1982) Bond-valence-bond-length parameters for bonds between cations and sulfur. Acta Cryst B38: 1078-1079

[253] Bart JCJ, Vitarelli P (1983) Valence balance of magnesium in mixed (Cl, O) environments. Inorg Chim Acta 73: 215-220

[254] Trömel M (1983) Empirische Beziehungen zu den Bindungslängen in Oxiden. 1. Die Nebengruppenelemente Titan bis Eisen. Acta Cryst B39: 664-669

[255] Trömel M (1984) Empirische Beziehungen zu den Bindungslängen in Oxiden. 2. Leichtere hauptgruppenelemente sowie kobalt, nickel und kupfer. Acta Cryst B40: 338-342

[256] Trömel M (1986) Empirische Beziehungen zu den Bindungslängen in Oxiden. 3. Die offenen Koordinationen um Sn, Sb, Te, I und Xe in deren niederen Oxidationsstufen. Acta CrystB42: 138-141

[257] O'Keeffe M (1989) The prediction and interpretation of bond lengths in crystals. Structure and Bonding 71: 162-190

[258] Efremov VA (1990) Characteristic features of the crystal chemistry of lanthanide molybdates and tungstates. Russ Chem Rev 59: 627-642

[259] Abramov YuA, Tsirelson VG, Zavodnik VE et al (1995) The chemical bond and atomic displacements in $SrTiO_3$ from X-ray diffraction analysis. Acta Cryst B51: 942-951

[260] Naskar JP, Hati S, Datta D (1997) New bond-valence sum model. Acta Cryst B53: 885-894

[261] Borel MM, Leclaire A, Chardon J et al (1998) A molybdenyl chloromonophosphate with an intersecting tunnel Structure: $Ba_3Li_2Cl_2(MoO)_4(PO_4)_6$. J Solid State Chem 141: 587-593

[262] Wood RM, Palenik GJ (1999) Bond valence sums in coordination chemistry using new R_0 values. Potassium-oxygen complexes. Inorg Chem 38: 1031-1034

[263] Wood RM, Abboud KA, Palenik GJ (2000) Bond valence sums in coordination chemistry. Calculation of the oxidation state of chromium in complexes containing only Cr—O bonds and a redetermination of the crystal structure of potassium tetra (peroxo) chromate (V). InorgChem 39: 2065-2068
[264] Garcia-Rodriguez L, Rute-Perez A, Piero JR, González-Silgo C (2000) Bond-valence parameters for ammonium-anion interactions. Acta Cryst B56: 565-569
[265] Shields GP, Raithby PR, Allen FH, Motherwell WDS (2000) The assignment and validation of metal oxidation states in the Cambridge Structural Database. Acta Cryst B56: 455-465
[266] Adams S (2001) Relationship between bond valence and bond softness of alkali halides and chalcogenides. Acta Cryst B57: 278-287
[267] Socchi F (2000) Critical comparison of equations correlating valence and length of a chemical bond. Evaluation of the parameters R_1 and B for the Mo—O bond in MoO_6 octahedra. Solid State Sci 2: 385-389
[268] Socchi F (2001) Some considerations about equations correlating valence and length of a chemical bond. Solid State Sci 3: 383-386
[269] Trzescowska A, Kruszynski R, Bartczak TJ (2004) New bond-valence parameters for lanthanides. Acta Cryst B60: 174-178
[270] Trzescowska A, Kruszynski R, Bartczak TJ (2006) Bond-valence parameters of lanthanides. Acta Cryst B62: 745-753
[271] Brown ID (2002) The chemical bond in inorganic chemistry: the bond valence model. Oxford University Press, Oxford
[272] Brese NE, O'Keeffe M (1991) Bond-valence parameters for solids. Acta Cryst B47: 192-197
[273] Urusov VS (1995) Semi-empirical groundwork of the bond-valence model. Acta Cryst B51: 641-649
[274] Batsanov SS (2010) Dependence of the bond length in molecules and crystals on coordination numbers of atoms. J Struct Chem 51: 281-287
[275] Batsanov SS, Zalivina EN, Derbeneva SS, Borodaevsky VE (1968) Synthesis and properties of CuClBr and CuClI. Doklady Acad Sci USSR 181: 599-602 (in Russian)
[276] Batsanov SS, Sokolova MN, Ruchkin ED (1971) Mixed halides of gold. Russ Chem Bull 20: 1757-1759
[277] Aurivillius K, Stolhandske C (1980) A reinvestigation of the crystal structures of $HgSO_4$ and $CdSO_4$. Z Krist 153: 121-129
[278] Bircsak Z, Harrison WTA (1998) Barium cobalt phosphate, $BaCo_2(PO_4)_2$. Acta Cryst C54: 1554-1556
[279] El-Bali B, Bolte M, Boukhari A et al (1999) $BaNi_2(PO_4)_2$. Acta Cryst C55: 701-702
[280] Chapuis G, Dusek M, Meyer M, Petricek V (2003) Sodium carbonate revisited. Acta Cryst B59: 337-352
[281] Adam A, Ciprus V (1994) Synthese und struktur von $[(Ph_3C_6H_2)Te]_2$, $[(Ph_3C_6H_2)Te\text{-}(AuPPh_3)_2]PF_6$ und $[(Ph_3C_6H_2)TeAuI_2]_2$. Z anorg allgem Chem 620: 1678-1685
[282] Troyanov SI, Simonov MA, Kemnitz E et al (1986) Crystal structure of $Ba(HSO_4)_2$. Doklady Akademii Nauk SSSR 288: 1376-1379
[283] Sawada H, TakeuchiY (1990) The crystal structure of barite, β-$BaSO_4$, at high temperatures. Z Krist 191: 161-171
[284] Schefer J, Schwarzenbach D, Fischer P et al (1998) Neutron and X-ray diffraction study of the thermal motion in K_2PtCl_6 as a function of temperature. Acta Cryst B54: 121-128
[285] Hayton TW, Patrick BO, Legzdins P, McNeil WS (2004) The solid-state molecular structure of $W(NO)_3Cl_3$ and the nature of its W—NO bonding. Can J Chem 82: 285-292
[286] Kemnitz E, Werner C, Troyanov SI (1996) Reinvestigation of crystalline sulfuric Acid and Oxonium Hydrogensulfate. Acta Cryst C52: 2665-2668
[287] Souhassou M, Espinosa E, Lecomte C, Blessing RH (1995) Experimental electron density in crystalline H_3PO_4. Acta Cryst B51: 661-668
[288] Lebrun N, Mahe F, Lanuot J et al (2001) A new crystalline phase of nitric acid dehydrate. Acta Cryst C57: 1129-1131
[289] Bertheville B, Herrmannsdörfer T, Yvon K (2001) Structure data for K_2MgH_4 and Rb_2CaH_4 and

comparison with hydride and fluoride analogues. J Alloys Compd 325：L13-L16
[290] Hines J，Cambon O，Astier R et al（2004）Crystal structures of α-quartz homeotypes boron phosphate and boron arsenate：structure-property relationships. Z Krist 219：32-37
[291] Feldmann C，Jansen M（1995）Zur kristallchemischenÄhnlichkeit vonAurid-und Halogenid-Ionen. Z anorg allgem Chem 621：1907-1912
[292] Belov NV（1976）Essays on structural mineralogy. Nedra，Moscow（in Russian）
[293] Fyfe CA，Brouwer DH，Lewis AR et al（2002）Combined solid state NMR and X-ray diffraction investigation of the local structure of the five-coordinate silicon in fluoride-containing as-synthesized STF zeolite. J Am Chem Soc 124：7770-7778
[294] O'Keeffe M（1977）On the arrangements of ions in crystals. Acta Cryst A33：924-927
[295] Melnik M，Sramko T，Dunaj-Jurco M et al（1994）Crystal structures of nickel complexes. Reviews of inorganic chemistry. Rev Inorg Chim 14：1-346
[296] Tisato F，Refosco F，Bandoli G（1994）Structural survey of technetium complexes. Coord Chem Rev 135/136：325-397
[297] Holloway CE，Melnik M（1996）Manganese coordination compounds：classi fication and analysis of crystallographic and structural data. Rev Inorg Chim 16：101-314
[298] Bau R，Drabnis MH（1997）Structures of transition metal hydrides determined by neutron diffraction. Inorg Chim Acta 259：27-50
[299] Linert W，Gutmann V（1992）Structural and electronic responses of coordination compounds to changes in the molecule and molecular environment. Coord Chem Rev 117：159-183
[300] Dvorak MA，Ford RS，Suenram RD et al（1992）Van der Waals vs. covalent bonding：microwave characterization of a structurally intermediate case. J Am Chem Soc 114：108-115
[301] Degtyareva O（2010）Crystal structure of simple metals at high pressures. High Pressure Res 30：343-371

第6章 实际晶体结构

根据定义，晶体是长程有序的固体物质，所以只要了解了这个有序规律，就能够预测从起始点到任何距离处的原子排列。理想晶体可以描述为初级单元（单胞）在三维方向的无限重复（平移对称）。晶体点阵为在指定的晶体结构中完全相同点的三维网络。在前一章中，已经讨论了晶体结构，并假设它们具有完美的周期性，即在任何给定时刻，给定晶体的每个单元中原子的性质和位置与任何其他单元中原子的性质和位置完全相同。即使是理想的晶体，其真实结构也与理想情况相去甚远。事实证明，如果在计算固体的力学、电学或其他宏观性质时忽略了与理想晶体结构的偏差，结果会有几个数量级的误差。扰乱周期性的因素有：①原子的热运动；②原子排布中的静态无序（局部或全局）；③化学杂质或主成分的化学计量数偏差；④不同类型的缺陷。事实上，对②、③和④进行区分并不容易——从不同的角度来看，这些因素通常是同一现象，可保守地描述为“化学的”和“物理的”。研究者在确定并解释晶体结构时，通常假定完美的周期性，因此，将缺陷看成单胞中的原子在不同位点间的无序，要么一些位点只是被局部占据，要么化学性质不同的原子共用相同的位点。从另一方面来看，缺陷就是对周期性的破坏，人们实际上也是这样认识和分析的。本章将主要考虑因素①和④。

6.1 热运动

结晶化合物（如上所述）中的键长为平均原子位置间的距离，但在固体中的实际原子并非静止不动，而是经历着热振动。在一级近似中，这些振动视为谐波，即与 Hooke 定律相一致，把化学键当作弹簧。因此，作用于振动原子上的力与平衡位置（在距离 r_e 处）的偏差（ΔR）成正比，其势能与偏差的平方成正比。

$$\Delta E = k(\Delta R)^2 \tag{6.1}$$

如果这是严格正确的，物体在加热时不会膨胀。实际的势阱并不能用式 6.1 的对称抛物线来描述，而是在较长距离处有更平缓的斜率（图 6.1）。当化学键伸长时原子间的吸引力比化学键缩短时原子间的排斥力要弱（见第 2 章）。因此，与正负两边等价位置间的原子偏

移也是不相等的，并且常常是$|-\delta r|<|+\delta r|$。升温时原子振动的振幅（δr）增大，（通常的）结果是导致键的伸长和弯曲。

晶体结构的影响可以由线性（α）和体积（β）的热膨胀系数（CTE）来定义，即

$$\alpha=\frac{1}{d}\left(\frac{\Delta d}{\Delta T}\right)_P \tag{6.2}$$

$$\beta=\frac{1}{V}\left(\frac{\Delta V}{\Delta T}\right)_P \tag{6.3}$$

其中 Δd 和 ΔV 分别为长度和体积的变化，ΔT 为温度的变化，下标 P 表示恒压。对于立方对称的晶体（以及无定形材料），线性 CTE 与方向无关，体积和线性 CTE 的简单关系为 $\beta=3\alpha$，但对于对称性较低的晶体，线性膨胀系数随方向的改变而变化。这些系数本身随着温度变化而变化。在接近于 0 K 时，体系的势能随温度几乎无变化，因此也几乎无热膨胀。

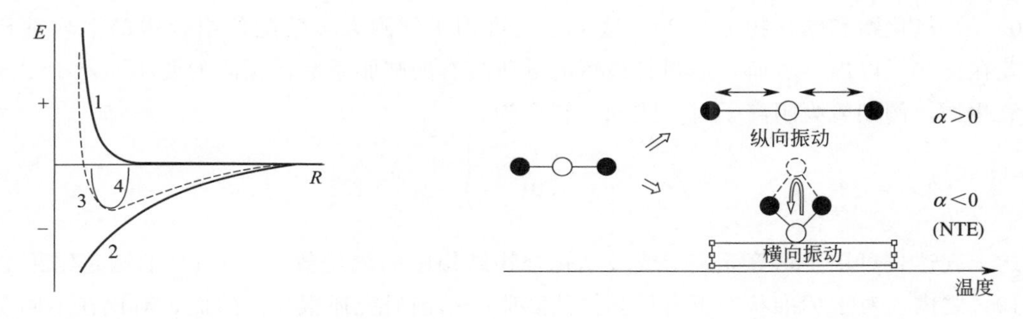

图 6.1　非谐性：1—排斥能，2—吸引能，3—总势能，4—根据谐波近似得到的势阱（3 和 4 间的差异过大）

图 6.2　固体的热扩散系数（α）与振动类型的关系

通常，正的 CTE 对应于原子沿着成键方向振动的情况，这导致原子间的平均距离将随温度的升高而增大，但与成键轴垂直的相对振动运动随两个原子位置间的平均距离的增加而减少，因而将会压缩固体，展现出负的热膨胀（NTE）（如图 6.2 所示）。

在实验和理论上对 NTE 的研究已经有几十年，其研究结果详见综述 [1，2]，其中考虑了多个模型，并解释了加热时晶体中压缩的原因。什么情况有利于负的热膨胀？实际上，Blackman[3] 已经解答了这个问题："负的体积热膨胀系数预计出现在敞开结构而非密堆积结构中，并且具有较低剪切模量的结构是有利的"。事实上，由于拉力效应，最有可能在敞开结构的材料中发现负的体积膨胀，这些材料的配位数（N_c）较低。因为晶体表面原子的配位数 N_c 比内部的小（详见第 7 章），表面原子的振幅大约是其内部原子的两倍，正如在 Ag(111)、Pb(111)、Pd(100)(111)、Pt(100)(110)(111)[3]、α-Ga(010)、Si(111)、α-Al_2O_3(0001)、冰(0001)[4]、NaCl[5] 和 NaF(100)[6] 等晶体中。上述综述中，列举了大量具有负的热膨胀的物质的具体实例。

在各向异性材料中，体积膨胀系数 β 可以为负，在立方材料中也可以为负。即使 β 为正，三个主轴的线性系数中，一个或两个也许为负。正、负膨胀系数间的关系，在不同温度下也许会不同。例如，石墨中垂直于六方轴线的 CTE($\alpha_\perp$)，低于室温时为负值，而平行于此轴的膨胀 $\alpha_\parallel$ 为正值，这是因为碳原子在平面蜂窝层上是紧密键连的，而层与层间只存在

弱的范德华相互作用。然而，由于层内比层间具有更大的硬度，NTE 的绝对值远小于 CTE 的。在高温下，层内会产生额外的压缩应力，所以 $\alpha_\perp$ 变为正值。

众所周知，由晶体结构分析获得的原子坐标是原子排列（平衡）和热位移的组合效应。Hazen、Downs 和 Prewitt[7] 的研究表明，在确定硅酸盐某些结构的原子间距离时，热校正高达 5%，这在使用原子或离子半径的标准值时，是必须考虑的。值得注意的是，在不同的氧化物和硅酸盐中，BeO_4 四面体和 MgO_6 八面体中的键具有类似的热膨胀。Hanzen 和 Finger[8,9] 也已指出了决定热膨胀系数的结构因素，如配位数（N_c）、阴阳离子化合价（z_c 和 z_a）和离子化因子（f_i），即

$$\alpha=4.0\left(\frac{N_c}{f_i z_c z_a}\right)\times10^{-6}\ \mathrm{K}^{-1} \tag{6.4}$$

其中，对于硅酸盐和氧化物 $f_i=0.50$，卤化物为 0.75，硫化物为 0.40，磷化物和砷化物为 0.25、氮化物和碳化物为 0.20。这个公式可用于预测大多数配位组合中的平均键长，而误差在±20%以内，然而，最强且最短的键所具有的膨胀系数比预测的要小。对于二元和三元氧化物，例如氧为阴离子时，式 6.4 转变为

$$\alpha=4.0\left(\frac{N_c}{z_c}\right)\times10^{-6}\ \mathrm{K}^{-1} \tag{6.5}$$

这个表达式可用于估算无定形或玻璃化合物结构中的配位数，与 CTE 的测定结果的误差在 10%之内。对于标准状态下有机晶体热膨胀的精确研究还很少，然而，对比在不同实验室和不同温度下偶然获得的相同晶体结构，也是毫无意义的。这种效应会由于系统误差的存在，而变得完全无法区分（见综述 [11] ）。无论如何，分子固体的膨胀远大于连续固体的膨胀，究竟是共价的还是离子的取决于范德华相互作用的强弱。作为一个粗略的指导，可以使用体积热膨胀系数 $0.95(3)\times10^{-4}\ \mathrm{K}^{-1}$，这是在根据所有可用的有机和有机金属晶体结构校准原子体积增量的过程中获得的[12]。

6.2 Lindemann 假设

明显地，固体中原子的热振动在熔化边缘是最强烈的。Sutherland 首次提出了（1891）当振动的振幅达到原子尺寸的特定百分比（对所有元素都一样）时，开始发生熔化[13]。1910 年，Lindemann[14] 发展了此观念，并将临界振幅与熔点（T_m）进行关联，而原子振动频率 ν 正比于特征德拜温度（Θ）。在其现代观点[15] 中，Lindemann 规则可表述为：当热振动振幅超过原子间距离的临界比例时，若材料达到此时的温度，熔化开始发生，而这个比例在某种程度上，与晶体结构、周期表中的位置和其他物理量相关。这些工作开创了利用经验和理论临界振幅的大量研究（此问题的来龙去脉以及不同版本的公式见文献 [16，17] ），用临界振幅来描述不同组成和结构的晶体的熔化特征。按照 Lindemann 的观点，达到熔点时，晶体中热振动引起的原子的均方根位移为

$$\bar{u}^2=\frac{3T_m\hbar^2}{kM\Theta^2} \tag{6.6}$$

其中，$\hbar$ 为普朗克常数除以 2π，k 为玻尔兹曼常数，Θ_m 为熔点处的特征德拜温度，M 为元素或化合物的绝对质量。原子位移（$\bar{u}$）和半径（R）的比例为

$$\delta_L=\frac{C}{\Theta_m R}\left(\frac{T_m}{M}\right)^{1/2} \tag{6.7}$$

当 R 的单位为 Å、T_m 的单位为 K 时，$C=12.06$。然而，诸多研究者（Einstein 或 Debye）使用不同的热容模型来计算 δ_L，并且将 R 近似为 $V^{1/3}$，无需考虑不同结构的几何特征。此外，用以测定 δ_L 的 X 射线反射变宽现象，不仅是由原子的热振动导致的，也是由晶体缺陷和实验条件引起的。其结果是，文献中报道的 Lindemann 因子的值（L 因子），即使是相同的元素仍会有较大的差异。用式 6.7 重新计算所有已研究物质的 δ_L[17]，得到的 δ_L 值完全一致，其平均值为 0.135± 0.035。从物质熔化的热化学特性直接计算 L 因子似乎是很自然的，即从“物质开始熔化”所需焓 $\Delta H_m=H(T_m)-H(0)$ 以及其本身熔化焓 $\Delta_m H$ 的加和值，例如从 $H_m=\Delta H_m+\Delta_m H$ 进行计算。由于谐振动的能量为 $E=1/2f\Delta R^2$，其中，f 为力常数，ΔR 为 $E=H_m$ 时的键长差值（当 $\Delta R=\delta R$），可以得到

$$\delta_B=\frac{K}{R}\left(\frac{H_m}{f_m}\right) \tag{6.8}$$

其中 K 为无量纲常数，当 f 的单位为 mdyn/Å，H_m 的单位为 g/kJ，R 的单位为 Å 时，$K=0.01822$。因为晶体的力常数可通过下式计算（见文献［18］）

$$f_c=10^{-3}\ \frac{9B_oV_o}{N_cR^2} \tag{6.9}$$

其中 B_o 为大块模量，GPa；V_o 为摩尔体积，cm^3；f 为力常数，mdyn/Å。熔点处的力常数 f_m 显然可由以下公式获得

$$f_m=f_c\ \frac{B_mR_m}{B_oV_o} \tag{6.10}$$

通过式 6.7 和式 6.8，计算了所有研究体系化合物（表 S6.1）的 δ_L 和 δ_B 值[16]，得到其平均值，$\delta_L=0.13\pm0.04$，$\delta_B=0.15\pm0.02$。固态稀有气体的结果列于表 6.1 中。

表 6.1 根据 Lindemann 和热力学方法获得的稀有气体的临界因子

Rg	R_o,Å	Θ_D, K	T_m, K	δ_L	R_m,Å	B_m, GPa	f_m, mdyn/Å	δ_B
He	1.832	27	0.95	0.12	1.832	0.022	$1.03\cdot10^{-4}$	0.13
Ne	1.578	74.4	24.55	0.11	1.592	1.08	$3.32\cdot10^{-3}$	0.11
Ar	1.878	89.9	83.80	0.10	1.947	2.83	$5.97\cdot10^{-3}$	0.13
Kr	1.996	69.1	115.95	0.10	2.091	3.31	$7.94\cdot10^{-3}$	0.12
Xe	2.168	60	161.35	0.10	2.265	3.61	$8.42\cdot10^{-3}$	0.13

在熔融金属中，原子振动的临界振幅的物理意义是什么？显然，键长只在某一稳定结构中是“弹性的”。如 Goldschmidt 所预言的，在不同配位数的金属结构中，其相对原子间距离按以下规律变化

N_c	4	6	8	12
结构	A4→	A5→	A2→	A1
D	1.00	1.07	1.09	1.12

因此，根据 L 因子获得的原子间距离的变化量，将超过任何相变时金属结构稳定性极限值的 13%～15%，而这将导致晶体的有序性被破坏，即固体的无定形化（熔化）。

从表 6.1 中可以看到，所有稀有气体的 δ_L 和 δ_B 都很小，但 He 是唯一可在无外压和任何冷却条件下，均无法固化的稀有气体。通常可用物质的量子特征进行解释，其零点能超过了晶格能。与此同时，氦的宏观性质与其他稀有气体的宏观性质没有根本性的差别，可将其视为经典物理中的物体。研究者们已经注意到[18-20]，稀有气体（Ne、Ar、Kr 和 Xe）Rg_2 分子的升华焓 ΔH_s 与键能 E(Rg—Rg) 一半的比值 q 的平均值为 12.8±1.4（在其他数据中[20]，q=12.5±0.3），接近于密堆积晶体结构中稀有气体 Rg 原子的配位数（N_c=12）。这揭示了范德华（vdW）作用的可加和特性。对于氦，尽管它的晶体结构类型相同，q 却很低（1.9）。表 6.2 列出了稀有气体 Rg 晶体和稀有气体 Rg_2 分子的 q 值和键长（ΔH_s 和 ΔH_v 分别为升华热和蒸发热）。

表 6.2　稀有气体分子和晶体的性质

值	He	Ne	Ar	Kr	Xe
$q_{晶体}=\Delta H_s/½E$(Rg—Rg)	1.9	12.0	12.9	12.6	12.7
d(Rg—Rg)$_{分子}$，Å	2.967	3.087	3.759	4.012	4.362
d(Rg—Rg)$_{晶体}$，Å	3.664	3.156	3.755	3.992	4.335
$d_{分子}/d_{晶体}$	1.235	1.022	0.999	0.995	0.994
$q_{液体}=\Delta H_v/½E$(Rg—Rg)	1.6	10.3	8.8	10.6	11.1
N_c(液体)	4	9.5	8.5	8.5	9.2
d(Rg—Rg)$_{液体}$，Å	3.15	3.11	3.76	4.02	4.38
$d_{液体}/d_{分子}$	1.062	1.007	1.000	1.002	1.004

显然，当氦为晶体时距离急剧拉大，而在其他稀有气体的分子和晶体中却保持不变。在液态稀有气体中，也有类似的情形：液态的平均值为 N_c=8.9，而液态氦 N_c=4，并且键长在冷凝时会增大 6%（其他稀有气体的 0.3%作为参照值）。因此，液态时氦的 q/N_c=0.4，与其他稀有气体的平均值 1.1 相违背，也就是说，与固态氦中获得的结果类似，He—He 键强度在气态相变为液态的过程中降低（尽管更小）。虽然早在 1934 年已经观测到氦凝固时体积将会增大[21]，但是仍需研究氦原子冷凝时会偏离的原因。

因此，凝聚态氦的结构性质和临界振动振幅与其他稀有气体接近，但热力学特征有明显的不同。所以，Lindemann 判据无法解释凝固氦的特性。本书中需要注意的是，在离子 MX 和 He_2 分子由凝聚态向固态转变的过程中，它们的性质变化具有显著的相似性：两个案例中，均有 N_c 的增大，已观察到的键长增加了 20%～25%，原子化焓增长了 1.5 倍（见第 2 章）。对于 MX，性质变化是由 Madelung 相互作用导致的，但根据 London 理论，原子的 vdW 相互作用只依赖于原子尺寸和极化率，接触的数量不会产生影响。然而，Slater 和 Kirkwood 已经证实了[22,23] 分离的原子间相互作用能取决于其电荷数，氦和其他稀有气体的主要差异在于其电子密度。因而，可以假设晶体结构中的两个氦电子不能与 12 个邻近原子进行真正意义上的相互作用，键被削弱（拉长），从而需要外压来稳定固体形态。为了表

明 Rg_2 分子的组态不对应于两个球状原子间的接触相，可以参看最近的研究工作[24]，在各向异性体系中，已测定了纵向（$\alpha_{\parallel}$）和横向（$\alpha_{\perp}$）极化率椭球轴间的差值（Ar_2、Kr_2 和 Xe_2 分子）。已经发现这些稀有气体的 $\Delta\alpha=\alpha_{\parallel}-\alpha_{\perp}$ 值分别为 0.5、0.7 和 1.3。根据定义（见文献［25］），对于极化率椭球剖面上等于或大于孤立原子的极化率（α_o），上述稀有气体的这些值分别为 1.64 $Å^3$、2.48 $Å^3$ 和 4.04 $Å^3$（见第 11 章），稀有气体 Rg_2 的长度和剖面（γ）的比值很容易计算得到。正如上文所示[16]，对于所有的三种气体，$\gamma<1.09$。于是接触方式为两个扁平的（几乎为一半）椭球沿着 Rg—Rg 键轴线相互接触，而非两个球体，这是原子间相互作用非常强的证据。

这一结果违背了对于原子的 vdW 相互作用的传统解释，传统解释是以 London 模型（即瞬间偶极）和与之对应的 Lennard-Jones 或 Buckingham 势为基础的。然而，还有替代的方法。因此，Feynman 在他的文章[26] 中提出，对于化学键的静电学解释是，vdW 吸引力不是"振动偶极间相互作用"的结果，而是产生于原子核间电荷密度的积累。用现代的从头算方法计算 He_2 二聚体获得的结果[27] 证实了这一预测。Slater[28] 也坚持认为，vdW 和共价键之间并没有根本性的区别，随后，Bader[29,30] 表明，共价、极性、vdW 相互作用中，原子核间的分离使得总能量、动能和势能发生变化，这揭示了共同的基础量子力学机理。

也许你会问：是否存在某个明确的原子间距离（相对于平衡距离而言），在此处化学键解离而物质衰退为自由原子？为了回答这个问题，需要从谐波近似开始。因为 $B_o=\rho c^2$，此处 ρ 为密度，单位 g/cm^3，c 为声速，单位 km/s，$V_o=A/p$（A 为相对原子质量），式 6.9 转化为

$$f_c=10^{-3}\ \frac{9Ac^2}{N_cR^2} \tag{6.11}$$

用蒸发热 ΔH_v(kJ/g) 取代式 6.8 中的 H_m，并结合式 6.8 和式 6.11，可得到

$$\delta_b=\frac{C}{c_b}\sqrt{\Delta H_v N_c} \tag{6.12}$$

其中 $C=0.192$，N_c 为熔盐中的配位数，c_b 为沸点处熔盐的声速（km/s），ΔH_v 以 kJ/g 表达。表 S6.2 列出了由式 6.12 获得的熔盐的 δ_b 值以及所使用的数据。大多数熔盐的 N_c 实验值从文献［32］中获得，如若无法获得（如 Be、Ta、Mo、W 和 U），则用固体金属的值代替（表 S6.2 中的斜体部分）。达到沸点或接近沸点时，通常是不可能直接测定声速的，因此，可通过熔点时的声速（c_m）及其导数$\partial c/\partial T$[33,34]以及沸点和熔点温度的差值 ΔT 来外推获得 c_b 值，即

$$c_b=c_m-\Delta T\left(\frac{dc}{dt}\right) \tag{6.13}$$

最终计算结果列于表 6.3 中，并用 δ_b 表示。

类似地，也可以估算液态金属中原子振动的临界振幅（$\bar{\delta}_b=0.05$），其值超过了致使化学键断裂的振幅，例如，熔盐衰退为自由原子。为了证实这个结论，可用 Vinet 等[35] 提出的通用状态方程（EOS）

$$E(d)=E_oE^*(d^*) \tag{6.14}$$

表 6.3 通过不同方法获得的原子振动的临界振幅

M	δ_b	δ_P	δ_{pb}	M	δ_b	δ_P	δ_{pb}
Li	0.63	0.75	0.75	Ti		0.54	0.52
Na	0.53	0.63	0.64	Zr		0.58	0.55
K	0.54	0.59	0.56	Hf		0.52	0.52
Rb	0.47	0.57	0.52	Si		0.61	0.65
Cs	0.47	0.58	0.54	Ge	0.40	0.58	0.62
Cu	0.50	0.50	0.46	Sn	0.48		0.49
Ag	0.38	0.45	0.40	Pb	0.37	0.42	0.42
Au	0.48	0.38	0.35	V		0.53	0.53
Be	0.46	0.64	0.60	Nb		0.52	0.54
Mg	0.35	0.45	0.42	Ta	0.36	0.51	0.52
Ca	0.42	0.55	0.50	Sb	0.34		
Sr	0.41	0.53	0.48	Bi	0.31		
Ba	0.47	0.57	0.50	Cr		0.45	0.46
Zn	0.28	0.38	0.33	Mo	0.31	0.45	0.44
Cd	0.26	0.34	0.29	W	0.45	0.46	0.46
Hg	0.24		0.26	Mn	0.54		0.41
Sc			0.52	Tc			0.42
Y		0.58	0.56	Re		0.41	0.40
La	0.52		0.73	Fe	0.40	0.51	0.50
Al	0.53	0.55	0.50	Co	0.43	0.50	0.47
Ga	0.47		0.55	Ni	0.43	0.49	0.49
In	0.46	0.51	0.46	Ru		0.42	0.42
Tl	0.38	0.47	0.40	Rh			0.42
Th		0.60	0.57	Pd	0.37	0.41	0.37
U	0.38		0.50	Os			0.41
				Ir		0.40	0.39
				Pt		0.37	0.39

这里的 $E(d)$ 是与键长成函数关系的成键能，E_o 为平衡成键能，即

$$E^*(d^*)=(1+d^*)\exp(-d^*) \tag{6.15}$$

而参数 d^* 和 l 为标准长度

$$d^*=\frac{d-d_o}{l} \tag{6.16}$$

$$l=\left(\frac{E_o}{12\pi B_o V_o^{1/3}}\right)^{1/2} \tag{6.17}$$

对于所有类型的金属、共价和 vdW 分子，可以利用式 6.14～式 6.17 定量地描述已知实验数据与第一性原理计算值，并得到致使金属断裂所需的负压值，例如，固体衰退为自由原子的 P_R[32]。考虑到 $E=P\Delta V$，并使 E 等于原子化能 E_a，$P=P_R$，可以计算出 V_R，即

$$\Delta V_R=\frac{E_a}{P_R} \tag{6.18}$$

因此，固体完全被破坏，即它们转变为自由原子，所需的原子间距离的临界增量等于

$$1+\delta_P=\left(\frac{V_o+\Delta V_R}{V_o}\right)^{1/3} \tag{6.19}$$

用 E_a、B_o、P_R 和 V_o 的实验值[36] 计算得到的 δ_P 列于表 6.3 中。在表 S6.3 中给出了必要的实验数据。可以看出，平均值为 $\bar{\delta}_P=0.50\pm0.08$。通用的 EOS 方程可用于估算沸腾金属中的最大原子间距离，当空间位阻排斥能等于沸点下的热能 $E_{Tb}=RT_b$ 时，凝聚物体转变为自由原子。在 $E(d)=ET_b$ 的条件下，通过式 6.15～式 6.17 计算 d^*，然后利用文献 [37] 中的 l 和 d_o 值，可得到 δ_{pb}，即

$$\delta_{pb}=\frac{d^* l}{d_o} \tag{6.20}$$

表 6.3 中罗列了 50 种元素的 δ_{pb} 值，平均值为 $\bar{\delta}_{pb}=0.48$。从表 S6.4 中，可获得计算所需的数据。

因此，原子振动的临界振幅的平均值 $\bar{\delta}_b$、$\bar{\delta}_P$、$\bar{\delta}_{pb}$ 随着键长的改变，在 0.48～0.50 之间变化。不同金属的 δ 偏离平均值的偏差源于多个因素，主要有①高温下，测定熔盐性质的实验误差和②不同方法测定 N_c 时存在较大的偏差（见第 7 章）。然而，δ 的平均值接近于 Gitis 和 Mikhailov 公式[38] 的理论估算值

$$c=(2U)^{1/2} \tag{6.21}$$

其中 U 为内聚能，单位为 kJ/g。Blairs[30] 指出，对于液态金属，该公式可变为

$$c=(2\Delta H_v)^{1/2} \tag{6.22}$$

结合式 6.12 和式 6.22，可得到

$$\delta=0.136\sqrt{N_c} \tag{6.23}$$

由于液态金属的配位数为 12±1，根据 Gitis-Mikhailov-Blairs 的方法计算，δ_{GMB} 的平均值为 0.47(2)。如果利用临界速度对 ΔH_v 的 Rodean 关系[36]，将式 6.23 中的 δ 乘以 1.1±0.1，得到 $\delta_R=0.52(5)$。因此，在 Gitis-Mikhailov-Blairs 和 Rodean 方法的限制下，由式 6.12、式 6.19 和式 6.20 可计算临界振幅的平均值。并且，值得注意的是，化学键的伸展极限（因子为 1.5±0.2）对应于孤立原子的半径之和，接近于这些元素的 vdW 半径[37]。表 6.4 中罗列了利用式 6.12 计算的液态稀有气体的结果（见文献 [16]）。所有液态稀有气体的临界振幅实际上有相同的数量级。

表 6.4　液态稀有气体接近沸点时的性质

A	c,km/s	N_c	ΔH_v,kJ/g	δ_b
He	0.207	4	0.018	0.249
Ne	0.593	8.8	0.090	0.288
Ar	0.747	8.5	0.163	0.302
Kr	0.690	8.5	0.108	0.267
Xe	0.631	8.9	0.096	0.281

6.3 晶体中的缺陷

6.3.1 缺陷的分类

缺陷破坏了晶体的规则排列，可分为点缺陷（零维）、线缺陷（一维）、面缺陷（二维）和体缺陷（三维）。点缺陷为晶格在原子尺度上的缺陷。Frenkel[40] 预测了固体中点缺陷的形成。在高温下，原子的热运动变得更加剧烈，一些原子获得了离开晶格位点的足够能量，从而占据间隙位置。在这种情况下，一个空穴和间隙原子，即所谓的 Frenkel 对同时产生。之后，Wagner 和 Schottky[41] 发现了只产生空穴的方法：原子离开晶格位点后，占据表面的自由位置，或晶体内部的缺陷处（空隙、晶界、位错）。这类空穴通常称为 Schottky 缺陷（图 6.3）。在密堆积晶格中，这种机理占据主导，形成空穴比形成间隙需要相对更小的能量。离子化合物中也有两种类型的缺陷，Frenkel 和 Schottky 无序。在第一种情况下，具有等数目的阳离子空穴与阳离子间隙（间隙缺陷是原子占据了晶体结构中一个位点，通常情况下该位点上是没有原子的）。在第二种情况下，具有等数目的阳离子和阴离子空穴。需要注意的是，阴离子间隙比阳离子间隙更不常见，这是因为阳离子通常更小，从而需要较小的畸变物填充。

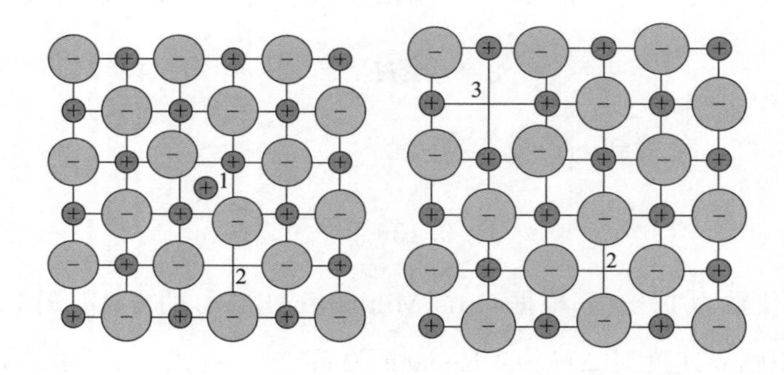

图 6.3 Frenkel（左）和 Schottky（右）缺陷示意图

1—间隙位阳离子；2—阳离子空位；3—阴离子空位

点缺陷中，空穴和间隙都是热力学稳定的，这是由于它们降低了晶体的吉布斯能。点缺陷的平衡浓度随着温度的增加而迅速提高。材料处于平衡态时，空穴为主要的点缺陷，而它们在高温下的浓度也远大于间隙的缺陷。

虽然，结晶是提纯化学物质最好的方法之一，但没有哪一个晶体是完全纯净的。掺杂原子要么以间隙的形式嵌入到晶体结构中，要么在同一位点上取代主要元素的一个原子。后一种情况称为取代缺陷，取代原子的化合价（氧化态）与被取代原子的化合价可以相同或不同，而不同的情况下则需要电荷进行补充修正。最后，还有所谓的错位缺陷。例如，在规则的 AB 结构中，部分 A 原子占据本属于 B 原子的位点，反之亦然。在这种情况下，破坏了周期性，没有空穴，没有间隙，也没有掺杂出现。

线缺陷是晶格中的部分原子排列不整齐，也被称为位错。主要有两类，刃型位错和螺旋位错。“混合”位错，即两种类型的结合也很常见。刃型位错是由原子平面在晶体内终止而导致的，而螺旋位错的特点是由原子平面造成的线缺陷，其走向是一个螺旋路径。位错的存在导致了晶格变形。这类变形的方向和大小可用 Burgers 因子（b 因子）来表示。对于刃型位错，b 因子垂直于位错线，而对于螺旋位错，则是平行于位错线。在金属中，b 因子与密堆积的晶向平行，而其值等于原子间的距离。向错是沿着位错线有“相加”或“相减”角度的线缺陷，它们通常只在液晶中是重要的。

面缺陷同样有几类。因此，晶界实际上是晶轴变化处的表面。当两个晶体各自开始生长，然后相融时，通常会发生面缺陷。反相边界发生于有周期性调制结构的规则合金中，晶向保持相同，而调制结构在边界表面的两侧有相反的相。堆垛层错通常发生在密堆积结构中。在这些结构中，两层堆垛总是相同的：一层中的原子（A）与另一层中的缝隙（B）相匹配。第三层以两种不同的方式加入：这一层的原子直接位于第一层的一个原子（A）或一个不同的间隙（C）的正上方。前一种物质的有规律重复（…ABABABAB…序列）得到六方密堆积（hcp），后一个的有规律重复（…ABCABC…）得到正方密堆积（ccp），也称为面心立方（fcc）。十分普遍的缺陷是堆垛层错，它扰乱了堆垛序列，如，在 fcc 结构中产生一个 ABCABABCAB 的序列。

典型的体缺陷为空隙，即小区域内缺失原子，这也可描述为空穴簇。杂质也可聚集起来，从而形成有一个不同相的小区域。图 6.4 是晶体中不同类型缺陷的示意图。对金属点缺陷研究的简要历史以及对截止到 1998 年的实验数据的综述都是可用的[42]。

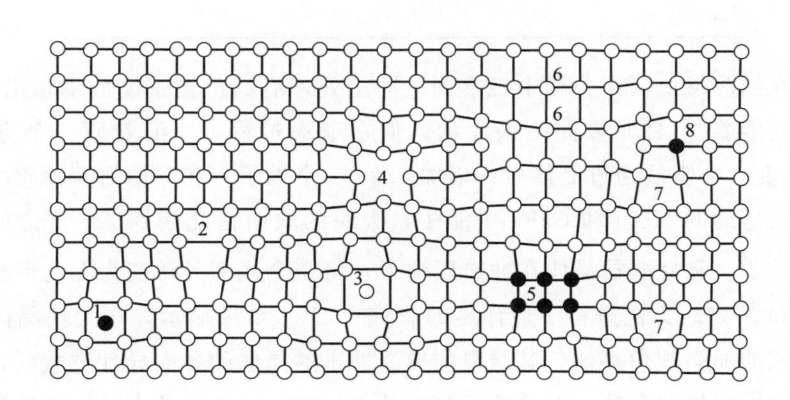

图 6.4　晶体缺陷的类型

1—间隙杂原子；2—刃型位错；3—自间隙原子；4—空位；5—杂原子团簇；6—空位型位错环；7—间隙型位错环；8—取代杂原子

6.3.2　冲击波诱导的缺陷

当冲击波通过晶体样品时，由于极高的压力梯度，晶体破碎与取向错乱发生于压缩的和未被扰动的（冲击前沿）物质边界处。实验显示冲击压缩后，晶粒的最大尺寸大约为 10 nm，这些团簇中的原子数目约为 $10^4 \sim 10^5$。如果位错构成了这些大块的边界，位错的最大浓度是每立方厘米有 $10^{18} \sim 10^{19}$ 个原子，因此，受冲击的晶体中位错的密度约是每平方厘米有 $10^{12} \sim 10^{13}$ 个原子。余热（见第 9 章）会导致一部分位错消失，而位错浓度也将降低 1～2 个数量级。表 6.5 中列出了离子晶体的实验结果[43]，对于金属进行相似的测量，结果见文献［44］。表 6.6 中罗列了受冲击的多晶材料的极小区域的大小。

表 6.5　受冲击的离子晶体的位错密度

晶体	P,GPa	$\rho_{初始时}/cm^2$	$\rho_{冲击后}/cm^2$
LiF	8.5	10^5	10^{11}
NaCl	6	10^5	10^{10}
KBr	～6	10^5	10^{10}
CsI	～7	10^5	10^9
MgO	8	10^4～10^5	10^{12}
CaF_2	6	10^5	10^7

表 6.6　受冲击的粉末中的晶粒尺寸（*D*）

材料	D,nm	材料	D,nm	材料	D,nm
金刚石，TiO_2	10	CdF_2	18	Al_2SiO_5	25
Al_2O_3	13	CaF_2	19	Ni，LaB_6	27
BN,AlN,Mo	15	BaF_2	22	ZrC	37
LiF,MgO	16	UO_2	23	NaF	44

人们已经在结晶碱金属卤化物中观察到，冲击处理后的位错密度的增量沿着［111］方向是最小的，而沿着［112］方向是最大的，但在退火过程中，沿着后一个方向的衰减最快[44]。微观硬度（冲击波通过晶体后，增加 1.3～2 个因子）和其他物理性质的变化也与取向相关。在冲击压缩的 NaCl 和 CaF_2 单晶中，大块的取向错乱在 0.7°～3°之间变化[45,46]。与此同时，石英[47] 和硅酸盐晶体在冲击压缩下，将完全或部分转变为无定形态。后一种现象已通过光学和 X 射线方法进行了最详尽的研究[48-50]。结果显示，在大块晶体中，出现了无序的无定形相的亚微观包裹体，其结果使得受冲击的晶体的各向异性被减弱，而这些参数也接近于各向同性固体的参数。对晶体反复的冲击压缩，以特殊的方式影响着各向异性。因此，CaF_2 和 BaF_2 的第一次压缩，导致了各向异性的晶体大块产生（因为不同方向上强度不同），它们在<110>和<111>方向上的大小分别为 18～60 nm 和 22～38 nm[51]。第二次压缩后，CaF_2 和 BaF_2 中椭球体的主轴分别减少到 38 nm 和 26 nm，而最短轴则保持不变。在 MgO 和 Al_2O_3 中，也有相似的行为。这种向等轴大块转变的趋势，与单晶硅中均质特性的加强是相关的（如上所述）。因此，可以预测，微观压力更有可能在大的，而非小的晶粒中出现，而位错浓度则与晶粒大小直接相关，而不是通常观察到的相反关系。退火处理冲击波导致的缺陷修复了材料向平衡态转变的实际结构。表 6.7 呈现了一系列受冲击的多晶材料在微观压力下（$\langle\varepsilon^2\rangle^{1/2}=\Delta d/d$，这里 d 为平面间间距）的研究结果（文献［44］以及其中的参考文献）。

表 6.7 晶粒的微观压力（$\times10^3$）与尺寸的关系

晶体	D,nm	$<\varepsilon^2>^{1/2}$	晶体	D,nm	$<\varepsilon^2>^{1/2}$	晶体	D,nm	$<\varepsilon^2>^{1/2}$
CaF_2	18	1.6	Al_2O_3	66	2.4	Mo	14.5	1.8
	38	1.8		150	3.6		26.5	3.4

在受冲击的 CeF_4、ThF_4 和 UF_4 中，可观察到缺陷的有序超晶格[52,53] 转变成 LaF_3 类结构，有 25%的阳离子亚晶格的位置变成空穴。因此，表现出新的变形方式，如 $M_{0.75}F_3$，是更加正确的。一般而言，固体在高压下经历相变，并伴随密度的增加，以及在金属的亚晶格中形成空穴，发生这种情况的原因并不是十分清晰。然而，上述的情况是这样的：对受冲击的 M_2O_5（M=V、Nb、Ta）的研究表明，在高动态压力下，它们的结构将重新排布，化学计量也从 M_2O_5 变成 M_xO_2，这里的 x 在 0.8～1 之间[54-57]。换句话说，形成了阳离子缺失的金红石结构。

总结本节内容，应该涉及一个奇特的情况，TiO_2 在冲击压缩下发生假相转变[58]。初始相属于单斜晶系（$a=5.85$，$b=9.34$，$c=4.14$ Å，$\beta=107.5°$），冲击之后，由于高浓度的缺陷，XRD 谱图上的所有弱线都消失，剩余的强线则对应于 $a=4.176$ Å 的立方点阵，即这种相变源于大量缺陷的产生，破坏了晶体的各向异性。

晶体冲击压缩所引起的后果，除了物质性质的变化外，物质的化学行为也有所改变，尤其是碱金属卤化物。特别是，阴离子到阳离子的电荷迁移，将引起这些化合物的碱度变化，产生碱性。这类化学缺陷的浓度很小（1%的一小部分），并与冲击波的强度相关。

一般而言，引起材料膨胀的因素是很复杂的。这些因素包括高温高压、塑性形变、强应变张力，以及在压缩和未压缩物质的边界上产生的电势。因此，强冲击波能够导致深度的结构变化，尽管之后的高残留温度可能导致完全的退火，并使材料恢复到初始态。通过压力和温度的单独作用对上述现象进行观察，在相当低的压力下，可以阻止高残留温度的产生。

由于冲击后缺陷的浓度会提高，因此不能超过一个临界值，若超过此值，将发生脆性破坏。在金属中，脆性破坏通常会在第三次冲击处理后发生。文献［59］已经证明，350 ℃下的热处理将导致缺陷和微裂纹的退火，也就是允许重复冲击硬化。钢 45（含 C 0.45%、Si 0.27%、Cr 0.25%、Mn 0.65%、Ni 0.25%，并用 Fe 补充）在经过六次这样的冲击/温度处理（STT）循环后，它的 Vickers 硬度将从初始态的 $H_V=156$ 提高到 $H_V=418$。低温加热不仅提高了硬度，也提高了塑性，这在技术上是非常重要的。

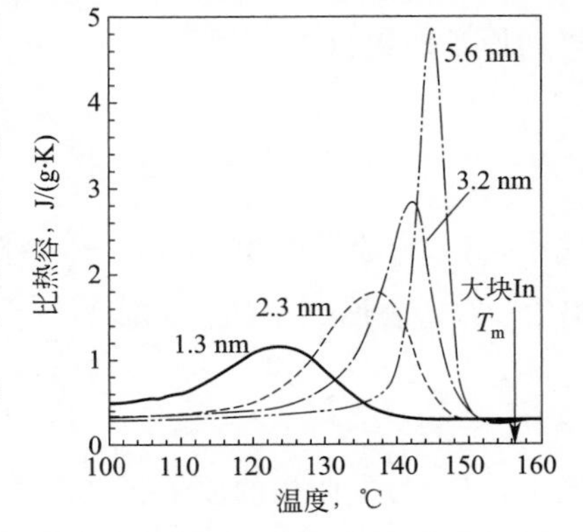

图 6.5 不同大小的铟纳米粒子的熔点的降低（归一化的量热曲线）

注：经［71］许可重印（图 2），2000 年开始版权归美国物理学会所有，http://link.aps.org/doi/10.1103/PhysRevB.62.10548

6.3.3 固体的实际结构和熔化

因为熔化会使晶体结构分裂，那么晶粒的任何初级的局部破坏一定会减小熔化焓，并且可能降低熔点。与大块材料相比，在纳米材料上早就证实了熔点（T_m）的降低，并在最近研究的纳米材料中得到确认（图 6.5，

表 6.8)。

表 6.8 与大块材料比较后纳米材料熔点的降低 (ΔT_m)

物质	Na	Au[a]	Cd[b]	Al	In[g]
D, nm	32	2.5	14	22	4
ΔT_m, K	83	600	9	17	110
物质	Si[c]	Sn[d]	Pb[e]	CdS	TaC[f]
D, nm	4	10	2	2	1.78
ΔT_m, K	500	82	480	1200	3757

注:除非特殊说明,数据均来源于文献 [64]。

a. 当 D=5 nm 时,ΔT_m=300 ℃[66];b. 数据源自文献 [67];c. 数据源自文献 [68];d. 数据源自文献 [69];e. 当 D=4.2 nm 时,ΔT_m=331 ℃,当 D=11.2 nm 时,ΔT_m=123 ℃[70];f. 当 D=10.0 nm 时,ΔT_m=1703 ℃[70];g. 数据源自文献 [71]

Kelvin 首次(1871 年)预测了小颗粒的 T_m 将随着尺寸的变小而降低[60]。1909 年,Pawlow 首次在实验上证实了 Kelvin 的观点[61]。Lindemann 判据也得到相同的结论。如上所述,表面原子的振幅近似为内部原子的两倍[3-6]。样品越小,表面原子所占比例越大,这种影响越重要。和大块材料相比,纳米粒子中的表面原子占据主导地位,因此,升高 S_B 到临界值 0.15 所需的温度更低。这是直接由式 6.8~式 6.10 产生的,表面层的结构发生改变,而 N_c 比晶体内的要低[62]。实验数据确认了这一结论(见综述 [63-65])。

对于尺寸足够小的原子团簇,在环境温度下就能满足熔化条件。通过纯粹的热力学方法估算,可得到这个尺寸。可以想象一下,将摩尔体积为 V_m(cm^3)的固体,压碎成 $n=V_m/D^3$ 的立方颗粒,其中 D 为边缘长度。这些粒子的总表面积为

$$S=\frac{V_m}{D^3}6D^2=\frac{6V_aN_a}{D} \tag{6.24}$$

表面原子的数目为

$$N_s=6\frac{N_aV_a^{1/3}}{D} \tag{6.25}$$

式中,V_a 为原子体积,Å^3;N_a 为阿伏伽德罗常数。样品中表面原子比率为 $f=N_s/N_a=6V_a^{1/3}/D$,表面原子的自由能为

$$E_s=\frac{1}{3}fE_a=2E_a\frac{V_a^{1/3}}{D} \tag{6.26}$$

式中,E_a 为主体相的原子化能。条件 $E_s=\Delta H_m$ 可作为无定形化的能量判据[65],假设加入的能量等于熔化焓就会导致熔化,这与能量引入固体的方法无关。一个有趣的推论是,如果这是通过机械破碎(研磨)实现的,可获取最小晶粒的尺寸小于发生无定形化的颗粒的尺寸,即

$$D=2D_a\frac{E_a}{\Delta H_m} \tag{6.27}$$

根据式6.27，A1～A4类单一固体中，晶粒的最小尺寸在2.4～46.4 nm之间变化，平均值为（17±9)nm。表S6.5中罗列了所有元素的计算结果。

实际上，在实验上已经观察到，在冲击波处理后熔化焓会突然递减[72]，文献［64］从热力学上解释了这些结果。在文献［73-76］中，已报道了有机晶体中熔点和焓的降低，表示这些相互关系的不同模型可在文献［77，78］中找到。人们建立了一个简单的经验规则：形成缺陷的焓几乎与熔点成正比，即在碱金属卤化物中 $\Delta H_f/T_m=2\times10^{-3}$（$\Delta H_f$ 单位为kJ/mol，T_m 单位为K)。与此同时，$\partial T_m/\partial P=kV_o$，这里的 V_o 为摩尔体积，$k=5.7\times10^{-3}$ K・mol/J[79]。

6.4 异质同晶和固溶体

1819年，Mitscherlich发现了具有不同组分的特定物质可以得到相似的晶形，他将这一现象命名为同构，并推断出（如今，已知它是正确的）其将反映原子结构的相似性。在矿物学上，异质同晶是非常重要的，在十九世纪已经证实了，它对于原子质量（当量）的建立很有用。然而，如今对这一术语的使用已经和最初不一样了。现在是这样描述同构的：晶体结构中的不同原子可以互相取代，而在本质上不改变晶体结构的能力。在后一种观点中，同构与本章的主题相关。如果只是部分取代，则形成固溶体。晶体结构中的对称等效原子并不总是化学等价的。同构取代及其形成的固溶体有两类，即等价和非等价。同构可以是理想的，允许以从0到100%的任何一个比率进行取代，或者可能仅仅在某个溶解度界限内。固溶体的这些界限和热力学稳定性取决于诸多因素。对于等价固溶体，Goldschmidt[80] 经验性地建立了如下的规则：

① 当原子半径的差值不超过10%～15%时，原子能互相取代。一个较小的原子取代一个较大的原子比与之相反的情况更容易；

② 两个原子的电子结构，即化学成键的特征必须相似；

③ 加热能促进同构化。

将固溶体的形成和晶体结构的动力学进行对比是很有启发的[81]。如果取代原子尺寸上的差异小于其热力学振动的振幅，那么取代将不会破坏晶格。在环境温度下，原子热振动的振幅约为键长的10%，接近熔点时则提高到13%～15%（见6.2节)，这与Goldschmidt第一条规则中限定的同构的尺寸界限相一致。这也解释了原子振动与同构化的倾向一起增大(规则③)。之后，用该方法来限定固溶体形成的温度[82]。高压实验提供了规则②的显著例证：在 $P>10$ GPa下，钾与银和镍形成固溶体（标准压力下不存在)，这是由于3d和4s电子壳层的混合，使得K拥有过渡金属的特征[83]。

Vegard[84,85] 确定了离子盐中混合晶体的晶格参数和组分浓度具有线性关系。这个规则也可以应用于有机化合物的混合晶体。因此，化合物 $CBr_{4-n}Cl_n$（$n=0\sim4$）的低温相是同构的，并形成连续的一系列混晶[86]。并且，人们已经证实了，卤素原子的占据百分比完全控制晶格尺寸。晶格参数与氯原子的占据百分比的函数关系略微偏离Vegard规则（图

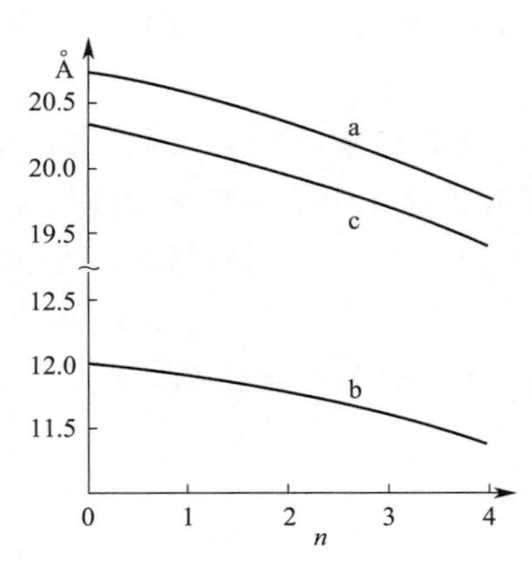

图 6.6 在 220 K 左右，$CBr_{4-n}Cl_n$ 固溶体（单斜）的晶胞参数与 n 的函数关系

注：基于文献［86］中的数据

6.6）。

一般而言，任何原子的取代都会使晶格畸变，也必将增大固溶体中缺陷的浓度。累计张力并不总会使其本质上偏离 Vegard 规则，它们通常是正的，而且可用一个简单的抛物线函数进行描述[87]。在 KCl-KBr 和 TlCl-TlBr 固溶体中，在约为 1∶1 的组成时，这种效应是最强的[88]。在 $Ga_{1-x}In_xAs$ 固溶体中，原子间距离 Ga/In-As 在 $x=0$ 和 $x=1$ 之间时，仅仅变化了 0.044 Å，这与 Vegard 规则预测的 0.174 Å 不一致[89]。当 x 处于 0 和 1 之间时，在 $K_{1-x}Rb_xBr$ 和 $RbBr_{1-x}I_x$ 中可观察到线性偏离[90]。

与纯组分一样，固溶体保持相同的对称性，不同元素的原子对称地相连，所以一定会占据相同的体积！通过推理，可得到两种（极限）图像。例如，在固溶体 $MX_{1-x}Y_x$ 中，X 和 Y 都能采取分别与纯 MX 和 MY 中一样的局部环境，晶体结构中的其余部分则承受由此引起的应变。观察到的晶胞参数将是整个晶体的统计平均，与任何实际的局部值都不一致。另外，若想像整个晶格一致膨胀或收缩（刚性晶格模型），个别原子的电子壳层总得适应这种变化。遗憾的是到目前为止，基于相干（Bragg）散射的标准 X 射线衍射分析并不能提供局部结构的信息，这是因为后者偏离平均结构。通过非相干（弥散）衍射方法，可以获得原子间的位置信息，但不是相应的晶格体系的坐标。与 Bragg 反射方法相比，该方法更难测定和解析。在常规实验中，一般忽略弥散衍射。直到最近，才能将它从一维的成对分布函数（PDF）的有效结构信息中提炼出来。这种“全”（即 Bragg 和弥散）衍射的方法[91,92] 还处于发展的初期，从本质上来看，它比通常的 X 射线衍射要难得多，也还不是太清晰。用于阐明给定原子局部环境的几何结构（短程有序度）的另一种方法也是如此，即 EXAFS 光谱法（见 3.1 节），它可用于包含晶体的任何聚集态。用这两种方法研究的结构数目还很少（与标准 X 射线研究的大量晶体结构相比），通常，它们是具有特殊工程或生物医药意义的分子和固体，而很少关注较简单的体系。其中，对 RbBr-RbI 固溶体（及其熔盐）的 EXAFS 研究，显示了 Rb-Br 和 Rb-I 的距离的不同分布几乎与浓度无关[93]，因此，也与得到的平均结构无关。人们结合 EXAFS 和中子散射两种方法对阳离子取代固溶体进行了研究[94]，发现其与刚性晶格模型具有较大的偏差，作者假定每个阳离子都采用局部最佳的成键结构。

然而，也有证据倾向于这两种观点中的一种[95]。假设对于固溶体 $MX_{1-x}Y_x$，$r(X)<r(Y)$。当 X 和 Y 有相似的电子组态（根据 Goldschmidt 第二规则）时，表明 X 比 Y 有更强的电负性（例如 X=Cl，Y=I）。X 与 Y 对 M 电子密度的竞争将导致 X 和 Y 比其纯 MX/MY 中有更高/更低的负电荷。值得注意的是，用 Szigeti 方法（表 6.9）[96] 测定电荷的实验已经证实了这一结论。显然，电荷重新分布的程度将随 x 的增大而增加，因为原子的有效尺寸随着净的负电荷的增大而增加，X 和 Y 的尺寸将变得相似。每个原子将采纳自身最佳的配位几何结构，这需要与对应的纯盐中有不同的结构。显然，这个主题需在现代的技术水平上重新进行研究。

表 6.9 碱金属卤化物的有效原子电荷

M	MCl[a]	MCl—MBr[b]		MBr[a]	X	KX[a]	KX—RbX[b]		RbX[a]
Li	0.74	0.83	0.59	0.71	F	0.93	0.90	1.00	0.95
Na	0.76	0.85	0.60	0.72	Cl	0.80	0.76	0.92	0.85
K	0.80	0.88	0.67	0.77	Br	0.77	0.72	0.88	0.80
Rb	0.85	0.89	0.72	0.80	I	0.74	0.69	0.86	0.78
Cs	0.86	0.92	0.72	0.81					

注：a. 纯组分；b. 固溶体（在无限稀释条件下）

已知的情况是，固溶体的形成确实消除了结构中的共价“张力”，并稳定了不含单个复合物的状态。因此，纯的 CuF 分解成单一的 Cu 和 CuF_2 后，并不稳定，但作为 NaF 中的同构掺杂（高达2%）却相当稳定，根据光谱数据，此处的 $N_c(Cu^+)=6$[97]，虽然结晶化学规则认为 CuF 应该属于 ZnS 结构类型。

通过退火（回火）高温相，或在所需结构（外延）的基板上沉积固溶体的一层薄膜，固溶体的溶解限度将变宽。因此，$KCl_{0.5}I_{0.5}$ 复合物（不知道以大块混晶的形式存在）的单晶膜（50～60 nm）可在低温下的 KBr 基板上获取[98]。$T=300$ ℃时，在 MgO 基板上，制取所有浓度 MgO-CaO 固溶体的外延膜[99]，其晶胞参数符合 Vegard 规则。

新的实验数据已经修正了 Goldschmidt 规则。因此，通过激光加热制备 CaO-NiO 固溶体，并在单晶 MgO 基板上沉积[100]。通过冲击压缩 $MgCO_3$ + Fe 混合物，可获得固溶体 $Mg_{1/3}Fe_{2/3}O$[101]。在 $x<0.68$ 时，$Mg_{1-x}Fe_xS$ 固溶体具有 NaCl 结构，而当 $x=0.68$ 时则为 NiAs 结构[102]。已经制备了具有不同电子结构的以下几种阳离子固溶体：$Be_xZn_{1-x}Se$、$Be_xZn_{1-x}Te$[103]、$Mg_xZn_{1-x}O$[104]、$Mg_xZn_{1-x}Se$[105]、$Sr_xPb_{1-x}Se$[106]、$Sr_xPb_{1-x}(NO_3)_2$[107]、$Sn_{0.5}Ti_{0.5}O_2$[108]、$Mg_xZn_{1-x}TiO_3$[109]、$Mg_xCd_{1-x}CO_3$[110]、$K_xAg_{1-x}NbO_3$[111]。这些例子显示，允许同构取代的离子半径的最大差值可达20%，不同的电子结构并不是固溶体形成的绝对障碍。

无机物的非等价同构相当普遍，尽管这种固溶体有高浓度的结构缺陷和典型的非化学计量相的特征。在金属间化合物中，常常会发现这类固溶体[112]。非等价同构的许多实例会出现在这样的体系中，如 LnF_3-MF_2 和 LnF_3-Ln_2O_3，它们为萤石类固溶体（$M_{1-x}F_2$ 和 LnOF）。在文献［113］中，可见这些和其他 LnF_3 固溶体。高度不相似的元素之间发生取代的一个例子是晶态的 $Sr_{0.25}Nd_{1.75}NiO_4$[114]。

经过 Goldschmidt[80] 和 Fersman[115] 定性地考虑，建立了非等价同构的规则，根据这一规则，同构关系通常包含那些处于周期表中对角位置的元素的离子（例如，Na^+ 和 Ca^{2+}、Mg^{2+} 和 Sc^{3+}、Sc^{3+} 和 Zr^{4+} 等），并有相似的半径（同构对角系列）。

附录

补充表格

表 S6.1 根据 Lindemann（δ_L）和 Batsanov（δ_B）方法确定的金属开始熔化的临界因子[6.1]

M	δ_L	δ_B	M	δ_L	δ_B	M	δ_L	δ_B
Li	0.20	0.15	Y	0.11	0.19	Ta	0.16	0.15
Na	0.18	0.15	La	0.16		Cr	0.11	

续表

M	δ_L	δ_B	M	δ_L	δ_B	M	δ_L	δ_B
K	0.19	0.15	Al	0.13	0.16	Mo	0.12	0.14
Rb	0.20	0.15	In	0.14		W	0.11	0.14
Cs	0.10	0.15	Tl	0.07	0.12	Mn	0.12	
Cu	0.14	0.17	Ti	0.19	0.20	Tc	0.12	
Ag	0.14	0.16	Zr	0.15		Re	0.10	0.16
Au	0.14	0.12	Hf	0.12	0.20	Fe	0.13	0.15
Be	0.14	0.18	Si	0.19	0.12	Co	0.13	0.18
Mg	0.12	0.17	Ge	0.11	0.10	Ni	0.13	0.16
Ca	0.16		Sn	0.08		Ru	0.08	0.14
Sr	0.16		Pb	0.12	0.12	Rh	0.09	0.14
Ba	0.17		Th	0.13	0.20	Pd	0.15	0.15
Zn	0.10	0.15	U	0.22		Os	0.10	
Cd	0.09	0.13	V	0.17	0.15	Ir	0.09	0.14
Sc	0.15		Nb	0.18	0.14	Pt	0.15	0.12

表 S6.2　实验测定的熔点和沸点下的声速（c_m 和 c_b，m/s）、沸点温度下的升华热（ΔH_v，kJ/g），熔体中原子的配位数以及原子振动的临界振幅（键长的一小部分）

M	$\Delta T_{b\text{-}m}$	c_m	$-dc/dT$	c_b	ΔH_v	N_c	δ_b
Li	1162	4554	0.60	3857	17.04	9.5	0.63
Na	785.1	2526	0.44	2180	3.438	10.4	0.53
K	695.5	1876	0.59	1465	1.641	10.5	0.54
Rb	648.5	1251	0.34	1031	0.681	9.5	0.47
Cs	642.4	983	0.30	790	0.408	9.0	0.47
Cu	1842	3440	0.49	2537	3.870	11.3	0.50
Ag	1200	2790	0.39	2322	1.918	11.3	0.385
Au	1792	2568	0.57	1547	1.378	10.9	0.48
Be	1182	9104	见文献[a]	7500[b]	27.45	12	0.465
Mg	440	4065	0.58	3810	4.354	10.9	0.35
Ca	642	2978	0.49	2663	3.071	11.1	0.42
Sr	605	1902	0.31	1714	1.222	11.1	0.41
Ba	1143	1331	0.18	1125	0.712	10.8	0.47
Zn	487	2850	0.34	2684	1.484	10.5	0.28
Cd	446	2256	0.39	2082	0.749	10.3	0.26
Hg	395.6	1511	0.48	1321	0.261	10.0	0.235
La	2550	2030	0.08	1826	2.207	11.1	0.52
Al	1858	4561	0.48	3669	8.970	11.5	0.53
Ga	2174	2873	0.26	2308	3.018	10.4	0.47
In	1915	2337	0.29	1782	1.556	11.6	0.46
Tl	1169	1650	0.23	1381	0.657	11.6	0.38
Sn	2370	2464	0.28	1800	1.862	10.9	0.48
Pb	1421	1821	0.28	1423	0.678	10.9	0.37

续表

M	$\Delta T_{b\text{-}m}$	c_m	$-dc/dT$	c_b	ΔH_v	N_c	δ_b
Ta	2441	3303	0.26	2668	3.066	8	0.36
Sb	987	1900	−0.23	2127	1.631	8.7	0.34
Bi	1293	1640	0.04	1588	0.745	8.8	0.31
Mo	2016	4672	0.47	3724	4.636	8	0.31
W	2250	3277	0.47	2220	3.363	8	0.45
Mn	815	2442	0.37	2140	3.355	10.9	0.54
Fe	1323	4200	0.50	3538	5.066	10.6	0.40
Co	1432	4031	0.46	3372	5.075	11.4	0.43
Ni	1458	4047	0.39	3478	5.144	11.6	0.43
Pt	2057	3053	0.24	2559	2.160	11.1	0.37
U	2795	2000	≈0	2037[b]	1.384	12	0.38

注：a. 数据源自文献［6.2］；b. 数据源自文献［6.3］

表 S6.3 实验测定的原子化能（kJ/mol）、断裂负压（GPa）、体积的增量 V_R/V_o 以及在断裂压强下原子振动的最大振幅 δ_P

M	E_a	$-P_R$	V_R/V_o	δ_P	M	E_a	P_R	V_R/V_o	δ_P
Li	159.2	2.793	5.378	0.752	Ti	468.9	16.455	3.686	0.545
Na	109.0	1.385	4.329	0.630	Zr	609.8	14.595	3.974	0.584
K	90.8	0.659	4.022	0.590	Hf	612.7	17.695	3.542	0.524
Rb	82.8	0.520	3.847	0.567	Pb	196.8	5.856	2.839	0.416
Cs	79.8	0.393	3.914	0.576	V	511.4	23.55	3.601	0.533
Cu	337.7	19.88	3.389	0.502	Nb	720.7	25.95	3.511	0.520
Ag	285.6	14.13	2.968	0.437	Ta	780.5	29.13	3.458	0.512
Au	364.7	21.64	2.651	0.384	Cr	395.6	26.615	3.056	0.451
Be	321.3	19.45	4.383	0.636	Mo	657.1	34.49	3.025	0.446
Mg	147.6	5.166	3.041	0.449	W	835.6	40.845	3.147	0.465
Ca	176.1	2.432	3.756	0.554	Re	781.5	42.295	2.825	0.414
Sr	162.8	1.872	3.564	0.527	Fe	413.9	24.135	3.415	0.506
Ba	179.5	1.648	3.872	0.570	Co	423.6	27.27	3.346	0.496
Zn	130.2	8.844	2.607	0.376	Ni	427.9	28.14	3.306	0.490
Cd	111.9	6.21	2.396	0.338	Ru	638.7	40.975	2.882	0.423
Y	423.6	7.191	3.962	0.582	Pd	379.8	23.46	2.826	0.414
Al	322.3	11.91	3.707	0.548	Ir	668.6	44.45	2.761	0.403
In	250.9	6.496	3.451	0.511	Pt	564.6	34.61	2.790	0.408
Tl	180.4	4.966	3.155	0.467	Th	571.7	9.23	4.122	0.603

表 S6.4 沸点时原子振动的热能（kJ/mol）和最大振幅

M	E_{Tb}	δ_{pb}	M	E_{Tb}	δ_{pb}	M	E_{Tb}	δ_{pb}
Li	13.43	0.75	Sc	25.85	0.52	V	30.60	0.53
Na	9.61	0.64	Y	30.00	0.56	Nb	41.71	0.54
K	8.58	0.56	La	31.07	0.73	Ta	47.65	0.52
Rb	7.99	0.52	Al	23.21	0.50	Mn	19.40	0.41
Cs	7.85	0.54	Ga	20.59	0.55	Tc	42.82	0.42
Cu	23.57	0.46	In	19.50	0.46	Re	48.80	0.40
Ag	20.25	0.40	Tl	14.52	0.40	Fe	25.06	0.50
Au	26.02	0.35	Ti	29.60	0.52	Co	26.61	0.47
Be	22.80	0.60	Zr	38.93	0.55	Ni	26.49	0.49

续表

M	E_{Tb}	δ_{pb}	M	E_{Tb}	δ_{pb}	M	E_{Tb}	δ_{pb}
Mg	11.33	0.42	Hf	40.54	0.52	Ru	36.77	0.42
Ca	14.61	0.50	Si	29.42	0.65	Rh	32.99	0.42
Sr	13.76	0.48	Ge	25.82	0.62	Pd	26.90	0.37
Ba	18.04	0.50	Sn	23.90	0.49	Os	43.94	0.41
Zn	9.81	0.33	Pb	16.81	0.42	Ir	39.09	0.39
Cd	8.65	0.29	Th	42.08	0.57	Pt	34.07	0.39
Hg	5.24	0.26	U	36.62	0.50			

表 S6.5 晶粒的最小尺寸（D_{min}）

M	E_a	H_m	D_a	D_{min}	M	E_a	H_m	D_a	D_{min}
	kJ/mol		nm			kJ/mol		nm	
Li	159.3	3.00	0.279	29.6	C	716.1	104.6	0.178	2.4
Na	107.4	2.6	0.340	28.1	Si	450.7	50.0	0.2715	4.9
K	89.0	2.3	0.423	32.7	Ge	375	37.0	0.283	5.7
Rb	80.9	2.2	0.453	33.3	Sn	301.5	7.2	0.300	25.1
Cs	76.6	2.1	0.487	35.5	Pb	195.2	4.8	0.312	25.4
Cu	337.5	13.0	0.228	11.8	V	514.3	20.9	0.2405	11.8
Ag	284.6	11.3	0.257	12.9	Nb	721.7	26.4	0.262	14.3
Au	368.4	12.55	0.257	15.1	Ta	783	31.6	0.262	13.0
Be	324	12.2	0.201	10.7	Cr	397.2	16.9	0.229	10.8
Mg	146.9	8.95	0.285	9.4	Mo	657.7	32.0	0.250	10.3
Ca	177.9	8.5	0.352	14.7	W	852	35.4	0.251	12.1
Sr	162.8	8.3	0.383	15.0	Mn	283.7	12.0	0.230	10.9
Ba	181	7.75	0.398	18.6	Tc	657	24.0	0.243	13.3
Zn	130.4	7.3	0.248	8.9	Re	774.9	33.2	0.245	11.4
Cd	111.8	6.2	0.278	10.0	Fe	416.2	13.8	0.2275	13.7
Hg	61.4	2.3	0.285	15.2	Co	427.2	16.2	0.223	11.8
Sc	378.3	14.1	0.292	15.7	Ni	429.7	17.5	0.222	10.9
Y	424.1	11.4	0.321	23.9	Ru	653	24.0	0.2385	13.0
La	430.5	6.2	0.334	46.4	Rh	555	21.5	0.239	12.3
Al	329.8	10.8	0.255	15.6	Pd	375	17.6	0.245	10.4
In	241.3	3.3	0.297	43.4	Os	788.5	31.8	0.2405	11.9
Tl	181.4	4.1	0.305	27.0	Ir	668	26.1	0.242	12.4
Ti	473.4	15.4	0.260	16.0	Pt	565.4	19.6	0.247	14.2
Zr	606	16.9	0.2855	20.5	Th	590	16.1	0.3205	23.5
Hf	619.4	24.0	0.282	14.5					

注：D_{min} 值的进一步减小导致无定形化

补充参考文献

[6.1] Batsanov SS (2009) Russ J Phys Chem 83: 1836

[6.2] Boivineau M, Arles L, Vermeulen JM, Thevenin T (1993) InternJ Thermophysics 14: 427

[6.3] Boivineau M, Arles L, Vermeulen JM, Thevenin T (1993) Physica B190: 31

参考文献

[1] Barrera GD, Bruno JAO, Barron THK, Allan NL (2005) Negative thermal expansion. J Phys Cond Matt 17: R217-R252

[2] Miller W, Smith CW, Mackenzie DS, Evans KE (2009) Negative thermal expansion: a review. J Mater Sci 44: 5441-5451

[3] Blackman M (1958) On negative volume expansion coefficients. Phil Mag 3: 831-838

[4] Goodman RM, Farrell HH, Samorjai GA (1968) Mean displacement of surface atoms in palladium and lead single crystals. J Chem Phys 48: 1046
[5] Van Hove MA (2004) Enhanced vibrations at surfaces with back-bonds nearly parallel to the surface. J Phys Chem B108: 14265-14269
[6] Vogt J (2007) Tensor LEED study of the temperature dependent dynamics of the NaCl (100) single crystal surface. Phys Rev B75: 125-423
[7] Hartel S, Vogt J, Weiss H (2010) Relaxation and thermal vibrations at the NaF (100) surface. Surf Sci 604: 1996-2001
[8] Hazen RM, Downs RT, Prewitt CT (2000) Principles of comparative crystal chemistry. Rev Miner Geochem 41: 1-33
[9] Hazen RM, Finger IW (1982) Comparative crystal chemistry: temperature, composition and the variation of crystal structure. Wiley, New York
[10] Hazen RM, Finger IW (1987) High-temperature crystal chemistry of phenakite and chrysoberyl. Phys Chem Minerals 14: 426-434
[11] Sun CC (2007) Thermal expansion of organic crystals and precision of calculated crystal density. J Pharm Sci 96: 1043-1052
[12] Hofmann DWM (2002) Fast estimation of crystal densities. Acta Cryst B57: 489-493
[13] Sutherland W (1891) A kinetic theory of solids, with an experimental introduction. Philos Mag 32: 31-43, 215-225, 524-553
[14] Lindemann FA (1910) The calculation of molecular natural frequencies. Phys Z 11: 609-612
[15] Ledbetter H (1991) Atomic frequency and elastic constants. Z Metallkunde 82: 820-822
[16] Batsanov SS (2009) The dynamic criteria of melting-crystallization. Russ J Phys Chem A83: 1836-1841
[17] Batsanov SS (2005) Metal electronegativity calculations from spectroscopic data. Russ J Phys Chem 79: 725-731
[18] Smirnov BM (1993) Mechanisms of melting of rare gas solids. Physica Scripta 48: 483-486
[19] Runeberg N, Pyykko P (1998) Relativistic pseudopotential calculations on Xe_2, RnXe, and Rn_2: the van der Waals properties of radon. Int J Quantum Chem 66: 131-140
[20] Batsanov SS (1998) Some characteristics of van der Waals interaction of atoms. Russ J Phys Chem 72: 894-897
[21] Simon F (1934) Behaviour of condensed helium near absolute zero. Nature 133: 529
[22] Slater JC, Kirkwood JG (1931) The van der Waals forces in gases. Phys Rev 37: 682-697
[23] Cambi R, Cappelletti D, Liuti G, Pirani F (1991) Generalized correlations in terms of polarizability for van der Waals interaction potential parameter calculations. J Chem Phys 95: 1852-1861
[24] Minemoto S, Tanji H, Sakai H (2003) Polarizability anisotropies of rare gas van der Waals dimers studied by laser-induced molecular alignment. J Chem Phys 119: 7737-7740
[25] Deiglmayr J, Aymar M, Wester R et al (2008) Calculations of static dipole polarizabilities of alkali dimers. J Chem Phys 129: 064-309
[26] Feynman RP (1939) Forces in molecules. Phys Rev 56: 340-343
[27] Allen MJ, Tozer DJ (2002) Helium dimer dispersion forces and correlation potentials in density functional theory. J Chem Phys 117: 11113-11120
[28] Slater JC (1972) Hellmann-Feynman and virial theorems in the $X\alpha$ method. J Chem Phys 57: 2389-2396
[29] Bader RFW, Hernandez-Trujillo J, Cortes-Guzman F (2007) Chemical bonding: from Lewis to atoms in molecules. J Comput Chem 28: 4-14
[30] Bader RFW (2009) Bond paths are not chemical bonds. J Phys Chem A113: 10391-10396
[31] Bader RFW (2010) Definition of molecular structure: by choice or by appeal to observation? J Phys Chem A114: 7431-7444
[32] WasedaY (1980) The structure of non-crystalline materials, McGraw-Hill, New York
[33] Blairs S (2006) Correlation between surface tension, density, and sound velocity of liquid metals. J Coll Interface Sci 302: 312-314
[34] Blairs S (2006) Temperature dependence of sound velocity in liquid metals. Phys Chem Liquids 44:

597-606
[35] Vinet P, Rose JH, Ferrante J, Smith JR (1989) Universal features of the equation of state of solids. J Phys Cond Matter 1: 1941-1963
[36] Rose JH, Smith JR, Guinea F, Ferrante J (1984) Universal features of the equation of state of metals. Phys Rev B29: 2963-2969
[37] Batsanov SS (2011) Thermodynamic determination of van der Waals radii of metals. J Molec Struct 990: 63-66
[38] Gitis MB, Mikhailov IG (1968) Calculating velocity of sound in liquid metals. Sov Phys-Acoust 13: 473-476
[39] Rodean HC (1974) Evaluation of relations among stress-wave parameters and cohesive energy of condensed materials. J Chem Phys 61: 4848-4859
[40] Frenkel JI (1926) Thermal movement in solid and liquid bodies. Z Phys 35: 652-669
[41] Wagner C, Schottky W (1930) Theory of controlled mixed phases. Z phys Chem 11: 163-210
[42] Kraftmakher Y (1998) Equilibrium vacancies and thermophysical properties of metals. Phys Rep 299: 80-188
[43] Batsanov SS (1972) Syntheses under shock-wave pressures. In: Hagenmuller P (ed) Preparative methods in solid state chemistry. Academic, New York
[44] Batsanov SS (1994) Effects of explosions on materials. Springer, New York
[45] Batsanov SS, Zhdan PA, Kolomiichuk VN (1968) Action of explosion on matter. Dynamic compression of single-crystal NaCl. Comb Expl Shock Waves 4: 161-163
[46] Batsanov SS, Malyshev EM, Kobets LI, Ivanov VA (1969) Preservation and study of fluorite single-crystals under conditions of dynamic compression. Comb Expl Shock Waves 5: 306308
[47] Decarli PS, Jamieson JC (1959) Formation of an amorphous form of quartz under shock conditions. J Chem Phys 31: 1675-1676
[48] Chao ECT (1967) Shock effects in certain rock-forming minerals. Science 156: 192-202
[49] Stoffler D (1972) Behavior of minerals under shock compression. Fortschr Miner 49: 50-113
[50] Stoffler D (1974) Physical properties of shocked minerals. Fortschr Miner 51: 256-289
[51] Moroz EM, Svinina SV, Batsanov SS (1972) Changes in the real structure of certain fluorides as a result of compressive impact. J Struct Chem 13: 314-316
[52] Batsanov SS, Kiselev YuM, KopanevaLI (1979) Polymorphic transformation of ThF_4 in shock compression. Russ J Inorg Chem 24: 1573-1573
[53] Batsanov SS, Kiselev YuM, Kopaneva LI (1980) Polymorphic transformation of UF_4 and CeF_4 in shock compression. Russ J Inorg Chem 25: 1102-1103
[54] Adadurov GA, Breusov ON, Dremin AN et al (1971) Phase-transitions of shock-compressed t-Nb_2O_5 and h-Nb_2O_5. Comb Expl Shock Waves 7: 503-506
[55] Adadurov GA, Breusov ON, Dremin AN et al (1972) Formation of a Nb^*O_2 ($0.8<x<1.0$) phase under shock compression of niobium pentoxide. Doklady Akademii Nauk SSSR 202: 864-867
[56] Syono Y, Kikuchi M, Goto T, Fukuoka K (1983) Formation of rutile-type Ta(Ⅳ)O_2 by shock reduction and cation-deficient $Ta_{0.8}O_2$ by subsequent oxidation. J Solid State Chem 50: 133-137
[57] Kikuchi M, Kusaba K, Fukuoka K, Syono Y (1986) Formation of rutile-type $Nb_{0.94}O_2$ by shock reduction of Nb_2O_5. J Solid State Chem 63: 386-390
[58] Batsanov SS, Bokarev VP, Lazarev EV (1989) Influence of shock-wave action on chemical activity. Comb Expl Shock Waves 25: 85-86
[59] Batsanov SS, Sazonov VE, Sekoyan SS, Shmakov AS (1989) Effect of shock-thermal treatment on mechanical properties of steels. Propell Expl Pyrotechn 14: 238-240
[60] Thomson W (1871) On the equilibrium of vapour at a curved surface of liquid. Phil Mag 42: 448-452
[61] Pawlow P (1909) The dependency of the melting point on the surface energy of a solid body. Z phys Chem 65: 545-548
[62] Ouyang G, Zhu WG, Sun CQ et al (2010) Atomistic origin of lattice strain on stiffness of nanoparticles. Phys Chem Chem Phys 12: 1543-1549
[63] Roduner E (2006) Size matters: why nanomaterials are different. Chem Soc Rev 35: 583-592
[64] Sun J, Simon SL (2007) The melting behavior of aluminum nanoparticles. Thermochim Acta 463: 32-40

[65] Batsanov SS (2011) Size effect in the structure and properties of condensed matter. J Struct Chem 52: 602-615
[66] Buffat P, Borel J-P (1976) Size effect on melting temperature of gold particles. Phys Rev A13: 2287-2298
[67] Zhang DL, Hutchinson JL, Cantor B (1994) Melting behavior of cadmium particles embedded in an aluminum-matrix. J Mater Sci 29: 2147-2151
[68] Goldstein AN (1996) The melting of silicon nanocrystals. Appl Phys A62: 33-37
[69] Lai SL, Guo JY, Petrova V etal (1996) Size-dependent melting properties of small tin particles. Phys Rev Lett 77: 99-102
[70] Jiang Q, Aya N, Shi FG (1997) Nanotube size-dependent melting of single crystals in carbon nanotubes. Appl Phys A64: 627-629
[71] Zhang M, Efremov MY, Schittekatte F et al (2000) Size-dependent melting point depression of nanostructures. Phys Rev B 62: 10548
[72] Batsanov SS, Zolotova ES (1968) Impact synthesis of divalent chromium chalcogenides. Proc Acad Sci USSR Dokl Chem 180: 93-96
[73] Jackson CL, McKenna GB (1990) The melting behavior of organic materials confined in porous solids. J Chem Phys 93: 9002-9011
[74] Jackson CL, McKenna GB (1996) Vitrification and crystallization of organic liquids confined to nanoscale pores. Chem Mater 8: 2128-2137
[75] Jiang Q, Shi HX, Zhao M (1999) Melting thermodynamics of organic nanocrystals. J Chem Phys 111: 2176-2180
[76] Lonfat M, Marsen B, Sattler K (1999) The energy gap of carbon clusters studied by scanning tunneling spectroscopy. Chem Phys Lett 313: 539-543
[77] Guisbiers G, Buchaillot L (2009) Modeling the melting enthalpy of nanomaterials. J Phys Chem C113: 3566-3568
[78] Zhu YF, Lian JS, Jiang Q (2009) Modeling of the melting point, Debye temperature, thermal expansion coefficient, and the specific heat of nanostructured materials. J Phys Chem C113: 16896-16900
[79] Ksizek K, Gorecki T (2000) Vacancies and a generalised melting curve of alkali halides. High Temp-High Press 32: 185-192
[80] Goldschmidt VM (1926) Geochemische Verteilungsgesetze der Elemente. Skrifter Norske Videnskaps-Akad, Oslo
[81] Batsanov SS (1973) Energetic aspect of isomorphism. J Struct Chem 14: 72-75
[82] Batsanov SS (1982) Chemical transformation of inorganic substances during shock compression. Zhurnal Neorganicheskoi Khimii 27: 1903-1905
[83] Parker LJ, Atou T, Badding JV (1996) Transition element-like chemistry for potassium under pressure. Science 273: 95-97
[84] Vegard L (1921) The constitution of the mixed crystals and the filling of space of the atoms. Z Phys 5: 17-26
[85] Vegard L (1928) X-rays in the service of research on matter. Z Krist 67: 239-259
[86] Negrier P, Tamarit JL, Barrio M et al (2007) Monoclinic mixed crystals of halogenomethanes $CBr_{4-n}Cl_n$ ($n=0$, …, 4). Chem Phys 336: 150-156
[87] UrusovVS (1992) GeometricmodelfordeviationsfromVegard'slaw. J Struct Chem 33: 68-79
[88] Batsanov SS (1986) Experimental foundation of structural chemistry. Standarty, Moscow (in Russian)
[89] Mikkelsen JC, Boyce JB (1983) Extended X-ray-absorption fine structure study of $Ga_{1-x}In_xAs$ random solid solutions. Phys Rev B28: 7130-7140
[90] Boyce JB, Mikkelsen JC (1985) Local structure of ionic solid-solutions—extended X-ray absorption fine-structure study. Phys Rev B31: 6903-6905
[91] Egami T, Billinge SJL (2003) Underneath the Bragg peaks: structural analysis of complex materials. Pergamon, Amsterdam
[92] Billinge SJL, Dykhne T, Juhas P et al (2010) Characterisation of amorphous and nanocrystalline molecular materials by total scattering. Cryst Eng Comm 12: 1366-1368
[93] Di Cicco A, Principi E, Filipponi A (2002) Short-range disorder in pseudobinary ionic alloys. Phys

Rev B65：212106

[94] Binsted N，Owens C，Weller MT（2007）Local structure in solid solutions revealed by combined XAFS/Neutron PD refinement. AIP Conf Proc 882：64

[95] Batsanov SS（1978）Limiting values of ionic-radii. Doklady Acad Sci USSR 238：95-97（in Russian）

[96] Batsanov SS（1977）Calculation of the effective charges of atoms in solid solutions. Russ J Inorg Chem 22：941-943

[97] Goldberg A，McClure D，Pedrini C（1982）Optical-absorption and emission-spectra of Cu^+，NaF single-crystals. Chem Phys Lett 87：508-511

[98] Yang M，Flynn C（1989）Growth of alkali-halides from molecular-beams. Phys Rev Lett 62：2476-2479

[99] Hellman E，Hartford E（1994）Epitaxial solid-solution films of immiscible MgO and CaO. Appl Phys Lett 64：1341-1343

[100] Mao X，Perry D，Russo R（1993）$Ca_{1-x}Ni_xO$ catalytic thin-films prepared by pulsed-laser deposition. J Mater Res 8：2400-2403

[101] Sekine T（1988）Diamond from shocked magnesite. Naturwissenschaften 75：462-463

[102] Farrell SP，Fleet ME（2000）Evolution of local electronic structure in cubic $Mg_{1-x}Fe_xS$ by S K-edge XANES spectroscopy. Solid State Comm 113：69-72

[103] Pages O，Tite T，Chafi A et al（2006）Raman study of the random ZnTe-BeTe mixed crystal：percolation model plus multimode decomposition. J Appl Phys 99：063-507

[104] Ohtomo A，Kawasaki M，Koida T et al（1998）$Mg_xZn_{1-x}O$ as a Ⅱ-Ⅵ widegap semiconductor alloy. Appl Phys Lett 72：2466-2468

[105] PaszkowiczW，Szuszkewicz W，DunowskaE et al（2004）High-pressure structural and optical properties of wurtzite-type $Zn_{1-x}Mg_xSe$. J Alloys Compd 371：168-171

[106] Shen WZ，Tang HF，Jiang LF et al（2002）Band gaps，effective masses and refractive indices of PbSrSe thin films. J Appl Phys 91：192-198

[107] Shtukenberg AG（2005）Metastability of atomic ordering in lead-strontium nitrate solid solutions. J Solid State Chem 178：2608-2612

[108] Kong LB，Ma J，Huang H（2002）Preparation of the solid solution $Sn_{0.5}Ti_{0.5}O_2$ from an oxide mixture via a mechanochemical process. J Alloys Compd 336：315-319

[109] Liferovich RP，Mitchell RH（2004）Geikielite-ecandrewsite solid solutions：synthesis and crystal structures of the $Mg_{1-x}Zn_xTiO_3$（$0<x<0.8$）series. Acta Cryst B60：496-501

[110] Bromiley FA，Boffa-Ballaran T，Zhang M，Langenhorst F（2004）A macroscopic and microscopic investigation of the $MgCO_3$-$CdCO_3$ solid solution. Geochim Cosmochim Acta 68：A87

[111] Fu D，Itoh M，Koshihara S-y（2009）Dielectric，ferroelectric，and piezoelectric behaviors of $AgNbO_3$-$KNbO_3$ solid solution. J Appl Phys 106：104104

[112] Pearson WB（1972）The crystal chemistry and physics of metals alloys. Wiley-Interscience，New York

[113] Sobolev BP（2000）The rare earth trifluorides. Institut d'Estudis Catalans，Barcelona

[114] Liu XQ，Wu YJ，Chen XM（2010）Giant dielectric response and polaronic hopping in charge-ordered $Nd_{1/75}Sr_{0.25}NiO_4$ ceramics. Solid State Commun 150：1794-1797

[115] Fersman AE（1936）Polar isomorphism. Comptes Rendus de l'Academie des Science de l'URSS 10：119-122

第 7 章　无定形态

固体研磨或其他形式的变形将会导致晶粒的破碎与结构的破坏、缺陷的形成、位错、微缝，最后晶体材料无定形化。这里出现了下列问题，即研磨晶体到何种尺寸时，还能保持其性质仍与对应大块材料的性质相同？而晶体和无定形物体之间的这个“尺寸”边界又在哪里？

7.1 分散粉末

分散多晶物质能产生这样的颗粒，它们的性质与大块材料的性质不同。Roy 首次考虑了这个问题[1]。他推断，对于不同的物理方法，粒子能够显示出大块晶体性质的最小尺寸应该超过 10 nm。这类材料现在被称为“纳米材料”（1 nm＝10 Å）。Roy 表示，相同的无定形体具有不同的短程原子有序，例如用不同方法制备的无定形 SiO_2 具有不同的性质。

在文献［2］中，人们使用不同的方法估算了团簇中原子的最小数目（N_{min}），并作为纳米晶和大块晶体的边界，结果如下：

晶体的研究	团簇的研究	N_{min}
离子在溶液中的溶剂化	离子的气化热化学	～10
结构中的短程有序	团簇的结构	～15
金属的功函数	团簇的电离势	～10^2
结构中的长程有序	气相电子衍射	～10^3
固体的熔化	团簇的加热曲线	～10^6

由于减小颗粒尺寸会导致 XRD 线的宽化，因而可以计算这些线何时会合并到无定形物质的光晕特征中。对于 MgO，临界尺寸在 1 nm 左右，而 SiO_2 的临界尺寸为 2 nm。显然，晶体的对称性越高，即 XRD 图谱上呈现的线越少，颗粒尺寸越小，形成的衍射线越宽化，从而形成连续的光晕。因此，立方对称的晶体，如 NaCl，到目前为止仍未获得它的玻璃态。

与晶体转变为无定形物质相关的颗粒临界尺寸也可通过热力学方法计算获得。结晶物质可以用不同方法转变成无定形（玻璃）态，如辐射、加热、机械研磨、冲击波压碎，但对于所有的方法，破坏晶格都需要消耗相同的能量（W_{destr}）[3]。众所周知，固体开始熔化的条件为晶体获得的热量等于下式

$$Q_m = \int_0^{T_m} c_p \, dT \tag{7.1}$$

其中 c_p 为比热容，T_m 为熔化温度。为简化起见，排除熔化前有一级相变的晶体（否则 Q_m 将因为相变热而升高），并假设 c_p 与温度无关。可以将这一物理量作为晶体向无定形态转变的能量判据，而不管能量是以何种方式引入固体的。如果这种方法包含机械压碎/研磨，那么，由于机械能加到研磨晶体的总表面能 σ 中，当 σ 等于 Q_m 时，可以预测到无定形化的点。用这一判据进行的计算结果以及晶体物质比热容和表面能的实验数据表明，碱金属和土碱金属的卤化物和氧化物中粒子的临界尺寸约为 1 nm，而在金属中约为 2.5 nm，这解释了为何无定形金属比无定形离子固体更容易获得。在无定形固体中，晶核可取相同的大小。

在含有微米晶粒的多晶材料中，表面只构成了总原子数（N）的很小的一部分，它对材料整体性质的影响可以忽略。在纳米尺寸的颗粒中，相当多的原子构成了颗粒的表面，在很小的物体（几纳米大小）中，表面相关原子的数目能超过“大块”原子的数目。然而纳米晶的结构并不均匀，而应看做由两个不同的部分构成：即晶核相和壳相[4, 5]。一般而言，研磨晶体降低了平均配位数$\overline{N_c}$，由于与表面原子直接相邻的原子比体相中的原子少。Estimations 研究表明[6]，研磨颗粒到 5～10 nm，$\overline{N_c}$ 将降低至 1/2 或 1/3，研磨所做的功（额外表面能）与 $N_c=6 \rightarrow N_c=5(4)$ 类的相变热接近。MX 结晶化合物中的主要结构类型的 $\overline{N_c}$ 是颗粒尺寸的函数[7]，相关的结果列于表 7.1 中。不同结构类型的金属中的平均配位数可通过下式计算[8]

$$\overline{N_c} = (1-y)N_c + yN_c^{surf} \tag{7.2}$$

表 7.1 平均配位数和相对电荷与粒子大小的函数关系

结构类型	ZnS($N_c=4$)		NaCl ($N_c=6$)		CsCl($N_c=8$)	
粒子大小[a]	$\overline{N_c}$	$\Delta N_c/N_c$	$\overline{N_c}$	$\Delta N_c/N_c$	$\overline{N_c}$	$\Delta N_c/N_c$
25	3.77	0.057	5.88	0.020	7.11	0.111
20	3.715	0.071	5.85	0.025	6.91	0.136
15	3.625	0.094	5.805	0.032	6.59	0.176
10	3.455	0.136	5.71	0.048	6.01	0.249
6	3.145	0.214	5.535	0.077	5.05	0.369
5	3.00	0.250	5.45	0.092	4.63	0.421
4	2.805	0.299	5.325	0.112	4.10	0.488
3	2.51	0.372	5.13	0.145	3.38	0.578
2	2.03	0.492	4.76	0.206	2.37	0.704
1	1.14	0.715	3.86	0.357	1.00	0.875

注：a. 包含若干个晶胞（a）

其中 y 为晶体颗粒中表面原子所占比例，N_c 为大块金属中的配位数，N_c^{surf} 为颗粒表面的配位数。在表 7.2 中列出了各种结构类型的 N_c 和N_c^{surf} 值，从而可以用式 7.2 计算任何尺寸样品的$\overline{N}_c$ 值。

表 7.2　金属结构中的体相和表面配位数

	N_c	N_c^{surf}
α-Po	6	3.274
fcc	12	7.181
bcc	8	4.523
hcp	12	6.265

N_c 的尺寸依赖减少效应会影响固体的原子间距离以及体积（每原子或最简比）。显然，这些体积可随颗粒尺寸的降低而升高或降低，部分金属和化合物的这些值已确定（表 S7.1）。自相矛盾的是，根据 Goldschmidt 原理，N_c 的降低必将导致原子间距离的降低，从而导致体积的降低，但同时将降低堆积系数，从而增加物体的体积。净结果则取决于这两个因素的平衡。表 7.3 显示了通过实验测定的晶体结构中表面和内层原子间距离的差异。表面上第一层和第二层上的原子的晶面间距几乎总是比体相中的短，换言之，Δd_{12} 差值为负，这是为了补偿表面原子的配位数的降低。然而，据文献报道[26, 27]，Be(0001) 和 Mg(0001) 表面的间距 Δd_{12}，以及单质 Zn、Cd 和 Hg 中的“二聚体”M—M 键是增加的。这些案例中原子间距增加的原因是 M—M 键的范德华性质，可以从固体金属和二聚体分子中键长的对比中看出（见 Feibelman 的工作[28]，表 7.4）。二/三层间的距离（Δd_{23}）的对应差值可为正或负。

表 7.3　室温下晶体表面层的键长弛豫

晶体(表面)	Δd_{12}(%)	$+\Delta d_{23}$(%)	参考文献	晶体(表面)	Δd_{12}(%)	$+\Delta d_{23}$(%)	参考文献
Cu(211)	−15	−11	[9]	Fe(310)	−12.0		[18]
(311)	−11.9	1.8	[10]	Co (1010)	−12.8	0.8	[19]
(320)	−24	−16	[11]	Ni	−12.0		[20]
Ag(110)	−8.0	3.2	[12]	Rh(001)	−1.4	−0.6	[17]
Al(331)	−11.7	4.1	[13]	Pt	−23	−12	[21]
(110)	−16.0	3.4	[14]	NaF (100)	−1.3		[22]
Pb(001)	−8.0	3.1	[15]	NaCl	−3.2		[23]
(111)	−3.5	0.5	[16]	KI	−1.6		[24]
Ti (0001)	−4.9	1.4	[17]	金刚石	−5.0		[25]
W(110)	−3.0	0.2	[17]				

表 7.4　分子和固态金属中的键长 (Å)

M	Li	Na	K	Cu	Ag	Au	Al	Bi
$d(M_2)$	2.67	3.08	3.90	2.22	2.53	2.47	2.70	2.66
d(M)	3.02	3.66	4.52	2.56	2.89	2.88	2.86	3.07
M	Be	Mg	Ca	Sr	Zn	Cd	Hg	Mn
$d(M_2)$	2.46	3.89	4.27[a]	4.44[a]	4.19	3.76	3.63	3.40[a]
d(M)	2.22	3.20	3.95	4.30	2.66	2.98	3.01	2.73

注：a. 数据源自文献 [7]

7.2 无定形固体、玻璃

增大固体中缺陷的浓度，最终将导致材料的无定形化，机械应力和化学反应都会导致上述结果。例如，在冲击压缩下发生化学变化时，因为持续时间较短，产物晶粒的生长常常限制在1～5 nm范围内，而去除冲击后材料将转化为无定形态[29]。辐射无定形化在很多方面与冲击波效果相似[30]。在无定形物体中，熔化的热效应很小或不存在，因而可以把无定形物体表征为"冷凝的熔体"，这在冷却熔体的速度超过其结晶速度时才会发生。离子物质的结晶进行得很快，因此，得到它们的无定形相很麻烦。只有少数的离子化合物的固溶体是已知的，但实际上，它们的形成是重组结构的一些附加因素的结果。因此，无定形态能稳定在KCl-CsCl固溶体中，不管是在冲击压缩后还是熔融样品的冷却过程中[31]，但这仅仅是因为在高温下，这种固溶体存在于NaCl型结构中。在432 ℃以下，其中一种组分（CsCl）转变为对KCl非特征的B2结构，从而阻碍了结晶。人们已合成出组分为LiX-KX-CsX-BaX_2（X＝Cl、Br、I）和LiCl-KCl-CsCl的玻璃，并发现它们具有以下的Li—X键长和有效配位数N_c^*：d(Li—Cl)＝2.37 Å、N_c^*＝4.4，d(Li—Br)＝2.49 Å、N_c^*＝3.8，d(Li—I)＝2.70 Å、N_c^*＝3.9[32]。因此，在这些体系中，破坏因素是锂离子和铯离子半径的巨大差异，按照Goldschmidt规则，这将阻止规则固溶体的形成，也可能是LiX和BaX_2的吸湿性引起的。在冷却NH_4I-KI固溶体时，由于NH_4^+的动力学无序[33]，形成了玻璃态。

无定形体的实验研究一般包含XRD、ND和光谱技术，如EXAFS和XANES，以及Raman光谱。但这些材料结构的理论研究一般通过经典的分子动力学或从头算的分子动力学进行计算。因此，在这两种方法中，玻璃态体系的最邻近间距一般与对应晶体中观察到的值相当。但与后者不同的是，玻璃不具有长程有序的结构。即使是短程有序（配位多面体）也只是近似不变的，可以用平均有效配位数N_c^*来表征。注意N_c^*对应于体相中的原子，而不要与平均配位数$\overline{N}_c$（如下）相混淆。平均配位数将颗粒表面和内部原子的不同配位数均考虑在其中。

在高压下玻璃能发生结构变化（"多非晶型转变"）。由于原位衍射实验中相关的技术困难，玻璃上压力效应通常在压力释放后研究，其中观察到密度持续增加的现象。然而，这种稠化作用并不总是导致配位数的变化。例如，人们在未负载的GeO_2玻璃的静压实验中，没有发现六配位的Ge，而在ND（5 GPa以上）和XRD（15 GPa以上）的原位实验中却检测到了与氧相关的变化。在6 GPa以下观察到d(Ge—O)变短，而在更高压力下又增大。因为GeO_4六面体重新排布成GeO_6八面体。然而，高压玻璃的结构，以共边和共角的八面体为基础，在减压后未能保持住[34]。有关单一物质构成玻璃的结构研究结果总结在表7.5中。

表 7.5　无定形固体和玻璃的结构

M	N_c^*	d,Å	M_nX_m	N_c^*	d,Å	M_nX_m	N_c^*	d,Å
B[a]	6.3	1.80	BeF_2[c]	3.9	1.553	$GeSe_2$[g]	4.2	2.36
C[b]	3.9	1.52	$ZnCl_2$	5.1	2.346	P_2O_5[h]	4	1.432
Si	3.8[α]	2.35	B_2O_3	2.9	1.375	As_2O_3[e]	3	1.775
Ge	3.8[α]	2.47	B_2S_3[d]	3.0	1.81	As_2S_3[i]	3	2.27
P	2.9	2.24	GaSb[α]	3.7		As_4S_4[i]	3	2.25
As	3[α]	2.49	SiO_2[c]	3.9	1.611	As_2Se_3[j]	3.0	2.42
Se	2.3[α]	2.347	GeO_2[f]	3.9	1.739	As_2Te_3[k]	2.1	2.70
			GeS_2[g]	4.1	2.21	Sb_2Se_3	2.6	2.58

注：a. 数据源自文献［35］；α. 数据源自文献［36］；b. 数据源自文献［37］；c. 数据源自文献［4］；d. 数据源自文献［38，39］；e. 数据源自文献［40］；f. 数据源自文献［41］；g. 数据源自文献［42］；h. 对于共角四面体上的末端键，桥键的键长为 1.581 Å[43]；i. 数据源自文献［44］；j. 数据源自文献［45］；k. 数据源自文献［46］

有趣的是，硫系玻璃（As-Se、Ge-S、Ge-Se、Ge-As-S）的结构、机械和电子性质单调地随着组分而变化，但在 $N_c^*=2.67$ 时，性质上发生突变。这揭示了二维到三维晶格的相变[47, 48]。这一现象可以被描述为“无定形变形性”。

7.3 熔体的结构

本节先讨论熔体的形成和结构。如果晶体包含强度不等的键，在加热时，最弱的键将首先中断。因此，接近熔化温度时，体系将有一个处于晶态和液态之间的中间结构，其包含的晶态结构的碎片尺寸为 10～100 Å。在 AgI 中观察到了局部熔化，146 ℃下经历了阳离子位移离域化的转变，它们将在原子间的空隙中自由移动。因而，AgI 高温固相的电导率接近于熔融离子盐的电导率。146 ℃下，阳离子亚晶格熔化，而阴离子亚晶格直到 555 ℃（晶体的物理熔点）保持不变。人们已研究了该物质电子密度的径向分布[49]。由于 Ag^+ 的无序分布，XRD 图像为一个光晕，谐波分析得出 $N_c^*=5$，d(Ag—Ag)＝2.75 Å。人们已详细研究了 AgBr 升温到熔点以上的行为[50]。从 190 ℃加热到 400 ℃时，晶格参数从 5.82 Å 增加到 5.94 Å，自由 Ag^+ 的浓度从 1.8％增加到 5.0％，而固定的 Ag^+ 也相应地降低。加热时，原子局部无序的其他实例也已由 Ubbelode 总结在文献［51］中。

物质加热时有趣的转变也包括各向异性的离子。因此，$NaNO_3$ 从 250 ℃加热到 275 ℃产生从 $CaCO_3$ 类结构向 NaCl 类结构的相变。同时，NO_3^- 开始自由旋转，获得准球形。相似地，在大气条件下，离子偶极作用或氢键作用固定了 NH_4Cl、NH_4Br 和 NH_4I 中阳离子的取向。而在 184.3 ℃、137.8 ℃和 17.6 ℃下，由于阳离子旋转的产生，这些固体分别发生相变。在以下温度（℃）下，NH_4NO_3 中有多达五种多晶转变，即

$$六方\xrightarrow{-18}正交\xrightarrow{+32}正交\xrightarrow{84.2}四方\xrightarrow{125}立方\xrightarrow{169.6}液体$$

在最高温度多晶相（立方）中，阳离子和阴离子都进行着统计“旋转”并有准球体对称性。熔化前对称性的升高可以看做是各向异性晶体转变为各向同性液态的准备过程。

通常，熔体比对应晶体的密度更低，如 MCl_n（$n=1$、2、3）在熔化时体积增大约20%[52]。少数物质，特别是 Sb、Ga、Bi 和 H_2O，在熔化时体积将分别减小 1%、3.2%、3.4%和 8.3%。根据文献 [53-64] 报道，将熔融成分的结构列于表 7.6 中，晶态中的配位数、对应液态中的配位数、最短原子间距以及实验温度也列在表中。在其他温度下，结构特征会不同。例如，熔融硅在 1400 K 下 $d=2.438$ Å、$N_c^*=5.6$，1893 K 下 $d=2.445$ Å、$N_c^*=6.2$[65, 66]。碲在 956 K 下 $d=2.82$ Å、$N_c^*=2.4$，1276 K 下 $d=2.91$ Å、$N_c^*=3.1$[67]。液态硅（T_m 以上 50 K）在 $P=4\sim23$ GPa 下，Si—O 的距离保持在 (2.44 ± 0.02)Å，而 N_c^* 从 6.8 增大至 9.2[68]。

必须注意的是，在熔体的 XRD 研究中，确定 N_c^* 是最困难的。因为这依赖于许多假设甚至惯例。因此，报道的值变化很大。例如，对于水银，从原子间距离相对应的峰的面积获得的 N_c^* 为 14.6，而其他方法获得的值可能是其一半。Cahoon[69] 建议使用液体的 XRD 中的 d、密度测量中的 V_a 及 N_c^* 与原子堆积密度的几何关系

$$\rho=\pi d^3/6V_a$$

来估算液体中的 N_c^*。基于熔化温度下测定的密度和原子间距离，液态成分的结果列于表 7.6 中。

正如我们所看到的，径向分布曲线中 N_c^* 的传统定义与新的“容积”值定性地一致。但在大多数情况下，后者与固态向液态转变中的结构变化的对应关系更好。表 7.6 显示金属在熔化时结构中的原子的配位数变化很小。例外的情况是，具有分子或非均相结构（Ga、Sb、Bi）的成分中，由于熔化时破坏了定向键，堆积变得更密而 N_c 也增大，这将导致熔化时固体密度的增加。

许多理论和实验工作者已注意到相同或不同尺寸的刚性球体的密堆积问题。后者是通过固体浓度不同的悬浮液的行为来研究的，其细节可在综述文献 [70] 中找到。人们已经确定了液体中球体的堆积密度为 0.494，在液体和晶体的混合物中为 0.545，而随机分布的等尺寸颗粒的密堆积与 $\rho=0.64$ 相对应。因此，$N_c\approx6$ 可以认为是熔体结构的阈值。如果晶体具有 $N_c>6$，熔化时其值将降低，如果 $N_c<6$ 其值将升高。根据这一判据，Si 和 Ge 的 N_c 在熔化时将升高。非金属结构在熔化时不是立即变化，而是在持续加热时，N_c 增大，金属电导率显现出来[71]。

加压下的液态金属如同在固体中的那样，配位数趋向于升高。因此，熔融的铁在标准压力和 $T=1830$ K 时，$N_c^*=10.8$，但在 $T=2100$ K、$P=5$ GPa 时增加到 11.4，而最短原子间距却保持相同（2.58 Å）[72]。在熔融的铟结构中，压力从大气压力升高到 7 GPa 时，N_c^* 从 9.8 升至 12[73]。Takeda 等[74-78]进行了熔融成分的 ND 和 XRD 研究，得到了下列原子电子结构的信息。电子密度图谱显示了原子核和共价电子云的质心边界的最接近极小值和极大值(Å)。

表 7.6 单质在固态和液态时的结构对比

元素	固态		液态				
			XRD			$N_c^* = f(d,V)$	
	N_c	d,Å	T,℃	N_c^*	d,Å	N_c^*	d,Å
Li	8	3.04	197	13.0	2.99	7.2	3.00
Na	8	3.72	100	8.5	3.82	7.3	3.68
K	8	4.54	70	8.5	4.65	7.3	4.56
Rb	8	4.95	40	9.5	4.97	7.7	4.97
Cs	8	5.32	100	10.9	5.33	7.6	5.31
Cu	12	2.56	1090	10.1	2.55	7.1	2.50
Ag	12	2.89	1054	11.5	2.85	7.0	2.82
Au	12	2.88	1100	9～11	2.85	7.0	2.80
Mg	12	3.20	675	10.4	3.20	7.0	3.10
Ca	12	3.95		11.1	3.83		
Sr	12	4.30		11.1	4.23		
Ba	8	4.35		10.8	4.31		
Zn	6+6	2.66+2.91	425	9.9	2.74	6.8	2.66
Cd	6+6	2.98+3.29	325	8.3	3.06	6.9	3.00
Hg	6+6	3.00+3.47	20	8.7	3.07	6.6	3.00
B	6.5	1.80	2600	5.8	1.76		
Al	12	2.86	670	9.9	2.86	6.8	2.78
Ga	1+6	2.44+2.75	20	9.8	2.92	6.8	2.78
In	4+8	3.25+3.37	170	10.5	3.30	6.8	3.14
Tl	6+6	3.41+3.46	350	11.5	3.30	7.1	3.30
Sc	6+6	3.26+3.31		10.3	2.92		
La	12	3.74		11.1	3.87		
Si	4	2.35	1320	5.6	2.412	4.7	2.40
Ge	4	2.45	940	5.7	2.75	5.0	2.60
Sn	6	3.075	240	8.2	3.20	6.7	3.16
Pb	12	3.50	330	12	3.40	7.3	3.40
Ti	6+6	2.90+2.95		10.9	3.17		
Zr	6+6	3.18+3.23	1860	12	3.12		
P	3	2.22		3	2.22		
Sb	3	2.91	640	6.8～9.4	2.85	6.7	3.26
Bi	3	3.07	400	8	3.40	6.4	3.34
V	8	2.62		11.0	2.82		
S	2	2.05	130	1.7～2.4	2.07		
Se	2	2.32	230	2.5	2.35	2.4	2.36
Te	2	2.86	450	2.4	2.95		
Cr	8	2.50	1900	10.9	2.58	7.6	2.58
Mn	12	2.73		10.9	2.67		
Fe	8	2.48	1870	12.3	2.55	7.7	2.56
Co	12	2.52	1800	12.1	2.51	7.2	2.48
Ni	12	2.49	1905	11.2	2.48	7.2	2.46
Rh	12	2.69	～2000	～12	3.3		
Pd	12	2.75		10.9	2.71		
Pt	12	2.775	1800	11.2	2.73	7.5	2.73
He	12	3.644	4.24	8.1	3.72		
Ne	12	3.156	28	8.8	3.17		
Ar	12	3.755	83.8	12.5	3.71		
Kr	12	3.992	125	8.5	4.07		
Xe	12	4.336	170	8.9	4.40		

	Mg	Zn	Ga	Tl	Sn	Pb	Bi	Te
$r_{最小}$	0.75	0.74	0.70	0.80	0.72	0.80	0.7	0.8
$r_{最大}$	1.10	1.10	1.18	1.10	0.96	1.08	0.94	1.7

毫无疑问，原子的最小尺寸对应于阳离子半径，即液态金属的结构实际上对应于电子云环绕的阳离子体系。在碲中，第一个最大值对应于孤电子对，而第二个最大值对应于成键电子。Tao[79]的研究显示，在熔点附近液态熔体中原子直径接近于共价直径的 0.92 倍。

与晶体类似（见表 7.3），人们通过实验证实了液态金属和合金的自由表面是分层的。因此，在液态 Ga 中，表面层的收缩为 $\Delta d_{12}=10\%$[80]，液态 In 中 $\Delta d_{12}=14\%$[81]，液态 Sn 中 $\Delta d_{12}=9\%$[82]。引人注目的是，在液态 Hg（依照 Hg 晶体结构）中，表面层膨胀 10%，这是因为邻近原子的范德华相互作用引起的[83]。文献［84］的作者考虑了液体中表面层的表面张力的作用，并指出，根据最近的理论工作，在足够低的温度下，所有液体的自由表面都会是分层的，对于体相优先凝固的情况除外。

除了单质之外，人们详细地研究了熔融的金属卤化物、氧化物和硫化物。表 S7.2 列出了 MX 卤化物的结构数据。表 S7.3 中列出了多价元素的卤化物、硫化物和磷化物的结果。

MX 熔体在熔化时，N_c 降低而体积升高。可能的原因为①更大的空穴浓度；②与游离的阳离子统计混合的四面体配合物［MX_4］$^{3-}$ 的形成；③内部离子高度有序微晶（15～100 个原子）的无序混合。如表 S7.3 所示，许多熔体结构中的阳离子配位数接近 4，并且只对于较大阳离子有 $N_c \geqslant 6$，即原子的配位数和键长与固态相比都下降。在液态配位化合物，以及对应的晶体中也观察到中心原子和表面阳离子键长的相互补偿。例如，在 $ZnCl_2 \rightarrow Rb_2ZnCl_4$ 转变中，d(Zn—Cl)从 2.31 Å 降到 2.28 Å，d(Rb—Cl)长度从 RbCl 中的 3.28 Å 变为 Rb_2ZnCl_4 中的 3.41 Å[85]。人们已研究了 MX-AlX_3 熔体中 N_c(Al)对 Al—X 距离的影响[86]，即：

配合物	$[AlF_4]^-$	$[AlF_5]^{2-}$	$[AlF_6]^{3-}$	$[AlCl_4]^-$	$[AlCl_6]^{3-}$
结构	四面体	双锥体	八面体	四面体	八面体
d(Al—X),Å	1.71	1.78,1.81	1.90	2.15	2.39

固体中熔融的速度（激光辐射作用下）由超高速 XRD 测定[87]。在结晶的 Ge 和 InSb 中，在时间跨度约为 10^{-13} s 时失去长程有序[88,89]，这个时间长度与冲击压缩下固体相变的持续时间接近。

7.4 水溶液的结构

液态结构化学最重要的对象为水和盐的水溶液，这些研究的早期历史和主要结果详见文献［90］。Bernal 和 Fowler[91]在 1933 年阐述了上述工作的中心思想，即水分子以氢键形成 $N_c=4$ 的连续三维网络，并作为两个氢键的给体和两个氢键的受体。然而，连续网络模型却无法解释众所周知的水的异常现象（体积和压缩性的非单调温度依赖关系，以及黏度的压力依赖关系）。为了解释水的异常，Bernal 和 Fowler 在这个模型中引入了两种陈述，即稠密的（像石英）及不太稠密的（像磷石英）结构在水中共存。根据另一个概念，只在冰中

$N_c=4$，但液态水中 $N_c=4.4$，这是由于冰在熔化时，部分分子“掉入”分子间空穴中从而使密度升高。一般而言，加热过程中氢键的削弱或破坏将提高水的配位数和密度。相应地，降低温度则增大了水分子间的平均距离[92]。

文献［93］简单回顾了其他模型和历史背景，阐述了使用物理方法和计算机模拟获得的水（在液态和无定形态中）的结构和动力学方面的最新结果。人们已考虑了描述水的结构和动力学的基本概念。目前水的结构被描述为氢键分子组成的均一三维网络。这种网络结构和其他晶体中的网络结构均不相似，它在动力学和结构学上为非均质的。这种网络结构特别不稳定，水分子持续改变着周围邻近分子，所以一个氢键的平均寿命只为几皮秒。水在极端条件（$T=300\sim1500$ K，P 至 56 GPa）下的实验与理论研究表明，47 GPa 以上出现超离子相。这种超离子相（术语为“动态离子化”）由非常短寿命（$<10^{-14}$ s）的 H_2O、H_3O^+ 和 OH^- 物种构成。氧离子的迁移率随压力变化突然降低，而 H^+ 保持很好的迁移[94]。

盐的水溶液表现为典型的嵌入结构，其中离子占据分子间空隙，正电荷或负电荷定向到水分子偶极子的相应的极。Samoylov[90]分析了 XRD 数据，并用原位热化学方法来估算水溶液中离子的配位数，并发现在稀溶液中，离子取代一分子的水，因而得到 $N_c\approx4$。在浓溶液中，离子与周围的水分子配位，其结构类似于它们的晶体水合物。Li^+、Na^+、K^+、OH^- 或 Cl^- 离子与最邻近水分子之间的最短距离类似于离子半径与 O 的范德华（=阴离子的）半径之和（1.40 Å），误差在5%之内。水溶液结构的进一步 XRD 研究证实了这一结论[95~103]。基于文献［97，102，103］的数据，水中离子的 d（离子-氧）和 N_c 的平均值列于表 7.7 中。盐的水溶液中，金属-卤素距离以及对应的配位数列于表 S7.4 中。

表 7.7　在水溶液和结晶水化物中，离子的键长 d(Å)和配位数(N_c)

离子	水溶液		晶体		离子	水溶液		晶体	
	d(M—O)	N_c^*	d(M—O)	N_c		d(A—O)	N_c^*	d(A—O)	N_c
Li^+	1.95	4	1.91	4	Ni^{2+}	2.055	6	2.06	6
Li^+	2.10	6			Pd^{2+}	2.01	4		
Na^+	2.43	6	2.44	6	Pt^{2+}	2.01	4		
K^+	2.81	7	2.87	6	Al^{3+}	1.89	6	1.88	6
Rb^+	2.98	8	3.05		Ga^{3+}	1.96	6	1.95	6
Cs^+	3.07	8	3.2	9	In^{3+}	2.14	6	2.13	6
Cu^+	2.14	4			Tl^{3+}	2.22	6	2.24	6
Ag^+	2.32	4			Sc^{3+}	2.17	8	2.09	6
H_3O^+	2.74	4			Y^{3+}	2.36	8	2.44	9
NH_4^+	2.94	4	3.19	8	La^{3+}	2.52	9	2.54	9
Be^{2+}	1.615	6	1.62	4	Ti^{3+}	2.03	6	2.03	6
Mg^{2+}	2.10	6	2.07	4	V^{3+}	1.99	6	1.99	6
Ca^{2+}	2.46	8	2.40	6	Bi^{3+}	2.41	8		
Sr^{2+}	2.63	8	2.62	8	Cr^{3+}	1.98	6	1.91	6
Ba^{2+}	2.82	8	2.85	8	Fe^{3+}	2.02	6	2.00	6
Cu^{2+}	1.96	6	1.97	6	Co^{3+}	1.87	6	1.98	6
Zn^{2+}	2.08	6	2.12	6	Rh^{3+}	2.04	6		
Cd^{2+}	2.30	6	2.29	6	Ce^{4+}	2.41	8	2.49	6
Hg^{2+}	2.34	6			Zr^{4+}	2.19	8		
Sn^{2+}	2.29	3			Hf^{4+}	2.16	8		
Pb^{2+}	2.54	6			Th^{4+}	2.45	9	2.45	9
V^{2+}	2.14	6	2.12	6	U^{4+}	2.42	9	2.54	9
Cr^{2+}	1.99	6			F^-	2.66	5	2.76	
Mn^{2+}	2.20	6	2.16	6	Cl^-	3.17	6	3.27	
Fe^{2+}	2.12	6	2.13	6	Br^-	3.32	6	3.46	
Co^{2+}	2.08	6	2.09	6	I^-	3.55	6	3.62	

注：从文献［97，104-107］和 CSD 得到

通常假定，水和离子间的相互作用会影响大量液体的氢键网络结构的长程有序，例如，破坏或形成氢键。影响的大小遵循如下的 Hofmeister 顺序：

强水化阴离子　　　　弱水化阴离子

$SO_4^{2-} > HPO_4^{2-} > F^- > Cl^- > Br^- > I^- > NO_3^- > ClO_4^-$

$NH_4^+ > Cs^+ > Rb^+ > K^+ > Na^+ > Ca^+ > Mg^{2+} > Al^{3+}$

弱水化阳离子　　　　强水化阳离子

碱金属卤化物水溶液结构的最新研究揭示了一个新的特征[100]。在 NaI(6 mol/L)和 CsI(3 mol/L)水溶液中，Cs^+—O 距离为 3.00 Å，Cs^+ 的水化数为 7.9。这与相似浓度下第一族的其他离子类似。最邻近 Cs^+—I^- 距离为 3.84 Å，形成的离子对数目的上限值为 2.7。平均 I^-—O 距离（在 NaI 和 CsI 溶液中）为 3.79 Å，I^- 的水化数为 8.8，这与卤素离子的典型值一致。最邻近的 I^-—Na^+ 距离为 3.17 Å，6 mol/L 溶液中测定的离子对的数目为 1.6。I^-—H、I^-—O 和 I^-—Cs^+ 的距离分别是 3.00 Å、3.82 Å 和 3.82 Å。通过 I^- 的高极化率可以解释稀溶液中 M^+—I^- 键的出现。与 NaI 相比，CsI 具有更大的 M^+—I^- 键数，这证实了离子极化相互作用的重要性。对体相和离子第一溶剂化层水结构的 XAS 和 XRS 研究表明[108]，仅离子第一溶剂化层水分子的氢键结构受到离子的影响。和液态水相比，强水化离子的第一溶剂化层中水分子有较少的氢键中断，而弱水化离子的第一溶剂化层水分子有较多的氢键中断。因此，水化离子几乎不改变体相液态水中的局部氢键构型，但在 1 mol/L 的溶液中，氢键的平均数目与纯水中的接近。

对比浓溶液和相同阳离子的结晶水化物中的键距 d(M—O)，结果显示，这些距离几乎相同（见表 7.7）。Drakin 证实[109]，它们与相同配位数的氧化物中的 d(M—O)接近。因此，普通键和给体-受体键之间并没有几何结构的区别。Freedman 和 Lewis[104] 建立了该方法，尤其是考虑了阳离子使水分子取向的两种方法：即通过偶极的负端或孤电子对。前者在氧原子处形成平面三角几何构型，而后者为四面体构型。结晶水化物的 XRD 研究表明，当水配合物的中心阳离子有低电荷（+1 或+2）或大尺寸（例如镧系元素）时，水分子形成四面体构型。而小的多电荷阳离子通常是三角形构型。

在有机溶剂中，二元化合物或配位化合物的结构研究[110-113]表明，d(M—O)和 d(M—X)键长与水溶液中的很接近（尽管存在一定的差异）。因此，根据四甲基脲溶液中的 EXAFS 研究，Mn^{2+} 和 Ni^{2+} 的配位多面体为四角锥，Cu^{2+} 和 Co^{2+} 为扭曲四面体，Zn^{2+} 为四面体，Cd^{2+} 和 In^{3+} 为八面体，Fe^{2+} 为四角锥或三角双锥[110]，而在水溶液中所有离子都为八面体配位。这种差别的原因是有机溶剂比水有更低的介电常数，因此盐的离解更弱。另外，有机分子能和底物形成多种配合物：$GaCl_3$ 在三甲苯溶液中为单聚体，和芳烃形成 η^6-配合物，但在苯中 $GaCl_3$ 以 $Cl_2Ga(\mu\text{-}Cl)_2GaCl_2$ 的形式存在[111]。

金属在氨水中的溶液兼有金属和液体的性质。人们反复研究了纯氨的结构和锂在氨溶液中的结构，NH_3 分子在纯液态时，$N_c^* \approx 12$、d(N…N)＝3.48 Å，N_c^*(H)＝7.5、d(H…H)＝2.9 Å[114]。将锂溶解在氨水（高达 21 mol%）中，d(N…N)和 N_c(N)分别降低到 3.42 Å 和 6，而 N_c(H)降至 3。在纯氨中，每个 N 原子形成两个氢键，在 8%的锂溶液中其平均数降至 0.7，21%的锂溶液则降至 0，也就是说，所有 NH_3 分子都包含在 $Li(NH_3)_4$ 配合物中。溶液中氨分子之间距离的变短，是由 d(Li—N)＝2.01 Å 的这类配合物的形成导致的[115]。晶态 $Li(NH_3)_4X$ 的 XRD 研究显示，平均 Li—N 距离为 2.10 Å[116]。Li 和 K 的氨溶液[117]的 ND 研究确定了氢原子的位置以及 H 和 N 的配位数：在纯氨中，N—H 键的平均值为 3.2，d(N—H)＝1.01 Å，d(H…H)＝1.62 Å。锂和钾在这些溶液中的配位数分别等于 4 和 6，d(K…N)＝2.85 Å。钙与液氨的溶液中，钙与氮的键长为 d(Ca—N)＝2.45 Å，而 N_c^*(Ca)从 10%溶液中的 6.5 变化到 4%溶液中的 7.1。在结晶配合物 $Ca(NH_3)_6$ 中，d(Ca—N)＝2.56 Å[118]。因此，水和有机溶剂盐溶液的结构中以及金属在氨中的短程有序与相似组分的结晶化合物接近。

最后，我们回到液态水的结构。关于描述水的结构的详细历史见文献［93，119］。1892 年，Rontgen 提出水是包含两组分的混合物，一个组分与冰相似，另一个组分是未知的[120]。Tokushima 等[119]展现了基于 XES 分裂孤对态的清楚的实验观察，表面液态水中含有 2∶1 的两种不同结构基元，即四面体结构和强烈扭曲的氢键结构。上述比例是基于冰和气相成分、温度依赖的测量、激发能依赖关系和理论模拟的比较获得的。

附录

补充表格

表 S7.1　粒子大小（上行，nm）和每个原子或化学简式的晶胞体积（块晶 V_1、纳米晶 V_2）

物质	V_1	V_2	ΔV(%)[a]	参考文献	物质	V_1	V_2	ΔV(%)[a]	参考文献
Ag	大块 68.23	10 67.97	−0.4	7.1	Se	70 81.8	13 82.3	0.6	7.9
Au	大块 67.86	30 67.72	−0.2	7.1	c-CdS	50 186.8	5 198.5	6.3	7.10
Sn	31.8 108.2	9.2 107.8	−0.4	7.2	W_2N	大块 70.2	40 71.6	2.0	7.11
Bi	33.2 212.2	8.9 210.9	−0.6	7.2	GaN	大块 45.65	3.2 46.22	1.2	7.12
Pd	大块 58.8	1.4 53.6	−8.9	7.3	NiO	大块 72.56	大块 73.45	1.2	7.13
Pt	大块 60.1	3.7 59.2	−1.5	7.4	Y_2O_3	100 1192	2.6 1215	1.9	7.14
LiF	9 64.8	3 63.1	−2.6	7.5	c-In_2O_3	大块 64.71	6 64.85	0.2	7.60
NaCl	15 178.5	4.8 176.9	−0.9	7.5	TiO_2 金红石	24 62.5	4 63.1	1.0	7.15
NaBr	15 211.9	3.5 206.7	−2.4	7.5	ZrO_2	41 133.3	7 134.4	0.8	7.16
KCl	15 247.3	2 242.0	−2.1	7.5	HfO_2	45 41.2	5 32.0	2.5	7.17
Al_2O_3	67 493	6 482	−2.2	7.6	$BaTiO_3$	大块 64.3	15 64.9	0.9	7.18
β-Ga_2O_3	大块 209.4	14 207.0	−1.1	7.7	ReO_3	大块 48.6 50.2	12 50.0[b] 51.0[c]	 2.9 1.6	7.19
h-In_2O_3	大块 61.92	6 61.49	−0.7	7.60					
CdSe	大块 129.5	3 128.7	−0.6	7.8					

a) $\Delta V=\frac{V_2-V_1}{V_1}$，b) 菱形相
c) 单斜相

表 S7.2 液态 MX 卤化物的结构[7.20-7.28]

M	F		Cl		Br		I	
	d,Å	N_c	d,Å	N_c	d,Å	N_c	d,Å	N_c
Li	1.95	3.7	2.45	3.8	2.64	4.4	2.82	4.6
Na	2.30	4.1	2.77	3.7	3.05	3.5	3.15	4.0
K	2.65	4.9	3.15	4.0	3.32	3.8	3.52	4.0
Rb			3.28	4.8	3.4	4.1	3.65	4.6
Cs			3.48	4.5	3.66	4.6	3.85	4.5
Cu			2.23	3.0	2.45	3.0	2.53	3.2
Ag			2.62		2.73	4.4	2.90	4.5

表 S7.3 M_nX_m 类型的液态卤化物、氧化物和硫化物的结构

MX_2	d,Å	N_c	$MX_{3,4}$	d,Å	N_c	M_mX_n	d,Å	N_c
$MgCl_2^a$	2.42	4.3	$FeCl_3^k$	2.23	3.8	$ZnTe^u$	2.69	4.3
$CaCl_2^a$	2.78	5.3	UCl_3^l	2.84	6	$CdTe^u$	2.81	3.7
$SrCl_2^a$	2.90	5.1	CCl_4^k	1.77	4	$HgTe^u$	2.93	6.3
$BaCl_2^a$	3.10	6.4	$CClF_3^m$	1.75	4	GeS^v	2.41	3.7
$ZnCl_2^a$	2.27	4.3	CF_3Cl^m	1.33	4	$GeSe^v$	2.49	3.7
$ZnBr_2^b$	2.47	4.0	CBr_4^n	1.93	4	$GeTe^v$	2.72	5.1
ZnI_2^b	2.63	4.2	$CBrF_3^m$	1.90	4	SnS^v	2.54	3.2
$CdCl_2^c$	2.42	3.9	CF_3Br^m	1.33	4	$SnSe^v$	2.75	2.7
$MnCl_2^d$	2.50	4.0	$SiCl_4^o$	2.01	4	$SnTe^v$	3.03	5.3
$NiCl_2^e$	2.31	4.3	$GeCl_4^o$	2.11	4	$NiTe^w$	2.56	4
$NiBr_2^e$	2.47	4.7	$GeBr_4^p$	2.27	4	$GaAs^x$	2.56	5.5
NiI_2^{ae}	2.60	4.2	$SnCl_4^o$	2.29	4	$GaSb^x$	2.95	5.4
$AlCl_3^f$	2.11	4	SnI_4^q	2.67	8.3	$B_2O_3^y$	1.37	5.3
$AlBr_3^g$	2.29	4	$TiCl_4^o$	2.17	4	$Al_2O_3^z$	1.78	4.2
$GaBr_3^g$	2.34	4	VCl_4^o	2.14	4	$Ga_2Te_3^\alpha$	2.60	3.5
GaI_3^g	2.35	3.75	$TeCl_4^r$	2.36	3.9	$In_2Te_3^a$	2.95	~3
$InCl_3^h$	2.54	4	$TeBr_4^r$	2.54	3.9	$As_2Se_3^k$	2.43	2.6
$ScCl_3^h$	2.48	4.8	Cu_2Se^a	2.52	4	$Sb_2Se_3^k$	2.72	2.7
ScI_3^h	2.76	4.7	Cu_2Te^a	2.53	3.1	$Sb_2Te_3^k$	2.93	4.4
YCl_3^h	2.67	5.7	Ag_2Se^s	2.74	3.5	$Bi_2Se_3^k$	2.83	4.1
$LaCl_3^i$	2.93	8.2	Ag_2Te^s	2.88	3.2	$Bi_2Te_3^k$	3.18	5.0
$LaBr_3^i$	3.01	7.4	Tl_2Se^t	3.30	9	GeO_2^β	1.74	4.2
LaI_3^i	3.18	6.7	Tl_2Te^a	3.41		GeS_2^γ	2.21	4.1
PBr_3^j	2.24	3	$CuSe^a$	2.52		$GeSe_2^\gamma$	2.36	4.2
$SbCl_3^k$	2.35	3	$CuTe^a$	2.55	2.9	$V_2O_5^\delta$	1.70	3.6

注：a. 数据源自文献［7.29］；b. 数据源自文献［7.30］；c. 数据源自文献［7.31］；d. 数据源自文献［7.32］；e. 数据源自文献［7.33］；f. 数据源自文献［7.34］；g. 数据源自文献［7.35］；h. 数据源自文献［7.36］；i. 数据源自文献［7.37］；j. 数据源自文献［7.38］；k. 数据源自文献［7.39］；l. 数据源自文献［7.40］；m. 数据源自文献［7.41］；n. 数据源自文献［7.42］；o. 数据源自文献［7.43］；p. 数据源自文献［7.44］；q. 数据源自文献［7.45］；r. 数据源自文献［7.46］；s. 数据源自文献［7.47］；t. 数据源自文献［7.48］；u. 数据源自文献［7.49］；v. 数据源自文献［7.50］；w. 数据源自文献［7.51］；x. 数据源自文献［7.52，7.53］；y. 数据源自文献［7.54］；z. 数据源自文献［7.55］；α. 数据源自文献［7.56］；β. 数据源自文献［7.57］；γ. 数据源自文献［7.58］；δ. 数据源自文献［7.59］

表 S7.4 金属卤化物在水溶液中的键长 (Å)

M—X	d(M—X)	N_c(M)	M—X	d(M—X)	N_c(M)
Cu^{II}-Cl	2.26	4	Tl^{III}-Cl	2.43	4
Cu^{II}-Cl	2.43	6	Tl^{III}-Cl	2.59	6
Cu^{II}-Br	2.43	4.2	Cr^{III}-Cl	2.31	6
Ag-Cl	2.29	3.6	Mn^{II}-Cl	2.49	6
Ag-Br	2.43	3.9	Mn^{II}-Br	2.62	6
Zn-Cl	2.29	4	Fe^{III}-Cl	2.25	4
Zn-Br	2.40	3.9	Fe^{III}-Cl	2.33	6
Zn-I	2.61	4	Fe^{II}-Br	2.61	5.9
Cd-Cl	2.58	4	Co^{II}-Cl	2.41	6.1
Cd-I	2.80	4	Co^{II}-Br	2.58	6.1
Hg-Cl	2.47	4	Ni^{II}-Cl	2.44	6
Hg-Br	2.61	4	Ni^{II}-Br	2.58	6
Hg-I	2.78	4	Rh^{III}-Cl	2.33	6
In-Cl	2.52	6	Pt^{II}-Cl	2.31	4
Tl^{III}-Cl	2.37	2	Pt^{IV}-Cl	2.33	6
Tl^{III}-Cl	2.40	3	Pt^{IV}-Br	2.47	6

补充参考文献

[7.1] Gu QF, Krauss G, Steurer W et al (2008) Phys Rev Lett 100: 045502
[7.2] Yu XF, Liu X, Zhang K, Hu ZQ (1999) J Phys Cond Matt 11: 937
[7.3] Lamber R, Wetjen S, Jaeger NI (1995) Phys Rev B 51: 10968
[7.4] Solliard C, Flueli M (1985) Surface Sci 156: 487
[7.5] Boswell FWC (1951) Proc Phys Soc London A 64: 465
[7.6] Chen B, Penwell D, Benedetti LR et al (2002) Phys Rev B 66: 144101
[7.7] Wang H, HeY, Chen W et al (2010) J Appl Phys 107: 033520
[7.8] Zhang J-Y, Wang X-Y, Xiao M et al (2002) Appl Phys Lett 81: 2076
[7.9] Zhao YH, Zhang K, Lu K (1997) Phys Rev B 56: 14322
[7.10] Kozhevnikova NS, Rempel AA, Hergert F, Mager A (2009) Thin Solid Films 517: 2586
[7.11] MaY, CuiQ, ShenL, He Zh (2007) J Appl Phys 102: 013525
[7.12] LanYC, Chen XL, XuYP et al (2000) Mater Res Bull 35: 2325
[7.13] Anspoks A, Kuzmin A, Kalinko A, Timoshenko J (2010) Solid State Commun 150: 2270
[7.14] Beck Ch, Ehses KH, Hempelmann R, Bruch Ch (2001) Scripta Mater 44: 2127
[7.15] Kuznetsov AY, Machado R, Gomes LS et al (2009) Appl Phys Lett 94: 193117
[7.16] Acuna LM, Lamas DG, Fuentes RO et al (2010) J Appl Cryst 43: 227
[7.17] Cisneros-Morales MC, Aita CR (2010) Appl Phys Lett 96: 191904
[7.18] Smith MB, Page K, Siegrist T et al (2008) J Am Chem Soc 130: 6955
[7.19] Biswas KS, Muthu DV, Sood AK et al (2007) J Phys Cond Matt 19: 436214
[7.20] Antonov BD (1976) Zh Struct Khim 17: 46
[7.21] Ohno H, Fuzukawa K, Takagi R et al (1983) J Chem Soc Faraday Trans II 79: 463
[7.22] Rovere M, Tosi MP (1986) Rep Progr Phys 49: 1001
[7.23] Li J-C, Titman J, Carr G et al (1989) Physica B 156-157: 168
[7.24] Shirakawa Y, Saito M, Tamaki S et al (1991) J Phys Soc Japan 60: 2678
[7.25] Takeda S, Inui M, Tamaki S et al (1994) J Phys Soc Japan 63: 1794
[7.26] Stolz M, Winter R, Howells WS (1994) J Phys Cond Matter 6: 3619
[7.27] Di Cicco A, Rosolen MJ, Marassi R et al (1996) J Phys Cond Matter 8: 10779
[7.28] Drewitt JWE, Salmon PS, Takeda S, KawakitaY (2009) J Phys Cond Matt 21: 755104
[7.29] Enderby JE, Barnes AC (1990) Rep Progr Phys 53: 85
[7.30] Allen DA, Howe RA, Wood ND, Howells WS (1991) J Chem Phys 94: 5071
[7.31] Takagi Y, Itoh N, NakamuraT (1989) J Chem Soc Faraday Trans I 85: 493
[7.32] Biggin S, Gray M, Enderby JE (1984) J Phys C 17: 977
[7.33] Wood N D, Howe RA (1988) J Phys C 21: 3177
[7.34] BadyalYS, Allen DA, Howe RA (1994) J Phys Cond Matter 6: 10193
[7.35] Saboungi M-L, Howe MA, Price DL (1993) Mol Phys 79: 847

[7.36] Wasse JC, Salmon PS (1999) J Phys Cond Matter 11: 2171
[7.37] Wasse JC, Salmon PS (1999) J Phys Cond Matter 11: 1381
[7.38] Misawa M, Fukunaga T, Suzuki K (1990) J Chem Phys 92: 5486
[7.39] Batsanov SS (1986) Experimental foundations of structural chemistry. Standarty Moscow (in Russian)
[7.40] Okamoto Y, Kobayashi F, Ogawa T (1998) J Alloys Comp 271-273: 355
[7.41] Mort KA, Johnson KA, Cooper DL et al (1998) J Chem Soc Faraday Trans 94: 765
[7.42] Bako I, Dore JC, Huxley DW (1997) Chem Phys 216: 119
[7.43] Ensico E, Lombardero M, Dore JC (1986) Mol Phys 59: 941
[7.44] Ludwig KF, Warburton WK, Wilson L, Bienenstock AI (1987) J Chem Phys 87: 604
[7.45] Fuchizaki K, Kohara S, Ohishi Y, Hamaya N (2007) J Chem Phys 127: 064504
[7.46] Le Coq D, Bytchkov A, Honkimaki V, Bytchkov E (2008) J Non-Cryst Solids 354: 259
[7.47] Price DL, Saboungi M-L, Susman S et al (1993) J Phys Cond Matter 5: 3087
[7.48] Barnes AC, Guo C (1994) J Phys Cond Matter 6: A229
[7.49] Gaspard J-P, Raty J-Y, Ceolin R, Bellissent R (1996) J Non-Cryst Solids 205-207: 75
[7.50] Raty J-Y, Gaspard J-P, Bionducci N et al (1999) J Non-Cryst Solids 250-252: 277
[7.51] Nguyen VT, Gay M, Enderby JE et al (1982) J Phys C 15: 4627
[7.52] Hattori T, Taga N, Takasugi Y et al (2002) J Non-Cryst Solids 312-314: 26
[7.53] Hattori T, Tsuji K, Taga N et al (2003) Phys Rev B 68: 224106
[7.54] Misawa M (1990) J Non-Cryst Solids 122: 33
[7.55] Landron C, Hennet L, Jenkins TE et al (2001) Phys Rev Lett 86: 4839
[7.56] Buchanan P, Barnes AC, Whittle KR et al (2001) Mol Phys 99: 767
[7.57] Kamiya K, Yoko T, ItohY, Sakka S (1986) J Non-Cryst Solids 79: 285
[7.58] Susman S, Volin KJ, Montague DG, Price DL (1990) J Non-Cryst Solids 125: 168
[7.59] Takeda S, Inui M, Kawakita Y et al (1995) Physica B 213-214: 499
[7.60] Qi J, Liu JF, HeY et al (2011) J Appl Phys 109: 063520

参考文献

[1] Roy R (1970) Classification of non-crystalline solids. J Non-Cryst Solids 3: 33-40
[2] Stace AJ (2002) Metal ion solvation in the gas phase: the quest for higher oxidation states. J Phys Chem A 106: 7993-6005
[3] Batsanov SS, Bokarev VP (1980) The limit of crushing of inorganic substances. Inorg Mater 16: 1131-1133
[4] Palosz B, Grzanka E, Gierlotka S et al (2002) Analysis of short and long range atomic order in nanocrystalline diamonds with application of powder diffractometry. Z Krist 217: 497-509
[5] Rempel A, Magerl A (2010) Non-periodicity in nanoparticles with close-packed structures. Acta Cryst A 66: 479-483
[6] Bokarev VP (1986) Geometric estimate of the atomic coordination numbers in defect crystals of inorganic substances. Inorg Mater 22: 306-307
[7] Batsanov SS (2008) Experimental foundations of structural chemistry. Moscow Univ Press, Moscow
[8] Pirkkalainen K, Serimaa R (2009) Non-periodicity in nanoparticles with close-packed structures. J Appl Cryst 42: 442-447
[9] Seyller Th, Diehl RD, Jona F (1999) Low-energy electron diffraction study of the multilayer relaxation of Cu (211). J Vacuum Sci Techn A 17: 1635-1638
[10] Parkin SR, Watson PR, McFarlane RA, Mitchell KAR (1991) A revised LEED determination of the relaxations present at the (311) surface of copper. Solid State Commun 78: 841-843
[11] TianY, Quinn J, Lin K-W, JonaF (2000) Cu {320} Structure of stepped surfaces. Phys Rev B 61: 4904-4909
[12] Nascimento VB, Soares EA, de Carvalho VE et al (2003) Thermal expansion of the Ag (110) surface studied by low-energy electron diffraction and density-functional theory. Phys Rev B 68: 245408
[13] Davis HL, Hannon JB, Ray KB, Plummer FW (1992) Anomalous interplanar expansion at the (0001) surface of Be. Phys Rev Lett 68: 2632-2635
[14] Li YS, Quinn J, Jonna F, Marcus PM (1989) Low-energy electron diffraction study of multilayer relaxation on a Pb {110} surface. Phys Rev B 40: 8239-8244

[15] Lin RF, Li YS, Jonna F, Marcus PM (1990) Low-energy electron diffraction study of multilayer relaxation on aPb {001} surface. Phys Rev B 42: 1150-1155
[16] Li YS, Jonna F, Marcus PM (1991) Multilayer relaxation of a Pb {111} surface. Phys Rev B 43: 6337-6341
[17] Teeter G, Erskine JL (1999) Studies of clean metal surface relaxation experiment-theory discrepancies. Surf Rev Lett 6: 813-817
[18] Geng WT, Kim M, Freeman AJ (2001) Multilayer relaxation and magnetism of a high-index transition metal surface: Fe (310). Phys Rev B 63: 245401
[19] Over H, Kleinle G, Ertl G et al (1991) A LEED structural analysis of the Co (1010) surface. Surf Sci 254: L469-L474
[20] Geng WT, Freeman AJ, Wu RQ (2001) Magnetism at high-index transition-metal surfaces and the effect of metalloid impurities: Ni (210). Phys Rev B 63: 064427
[21] Zhang X-G, Van Hove MA, Somorjai GA et al (1991) Efficient determination of multilayer relaxation in the Pt (210) stepped and densely kinked surface. Phys Rev Lett 67: 1298-1301
[22] Hartel S, Vogt J, Weiss H (2010) Relaxation and thermal vibrations at the NaF (100) surface. Surf Sci 604: 1996-2001
[23] Vogt J (2007) Tensor LEED study of the temperature dependent dynamics of the NaCl (100) single crystal surface. Phys Rev B 75: 125423
[24] Okazawa T, Nishimura T, Kido Y (2002) Surface structure and lattice dynamics of KI (001) studied by high-resolution ion scattering combined with molecular dynamics simulation. Phys Rev B 66: 125402
[25] Palosz B, Pantea C, Grazanka E et al (2006) Investigation of relaxation of nanodiamondsurface in real and reciprocal spaces. Diamond Relat Mater 15: 1813-1817
[26] Sun CQ, Tay BK, Zeng XT et al (2002) Bond-order-bond-length-bond-strength (bond-OLS) correlation mechanism for the shape-and-size dependence of a nanosolid. J Phys Cond Matter 14: 7781-7796
[27] Sun CQ (2007) Size dependence of nanostructures: impact of bond order deficiency. Prog Solid State Chem 35: 1-159
[28] Feibelman PJ (1996) Relaxation of hcp (0001) surfaces: a chemical view. Phys Rev B 53: 13740-13746
[29] Batsanov SS (1987) Effect of high dynamic pressure on the structure of solids. Propellants Explosives Pyrotechnics 12: 206-208
[30] Batsanov SS (1994) Effects of explosions on materials. Springer-Verlag, New York
[31] Batsanov SS, Bokarev VP, Moroz IK (1982) Solid solution in the KCl-CsCl system. Russ J Inorg Chem 26: 1557-1559
[32] Kinugawa K, Othori N, Kadono K et al (1993) Pulsed neutron diffraction study on the structures of glassy LiX-KX-CsX-BaX_2 (X=Cl, Br, I). J Chem Phys 99: 5345-5351
[33] Noda Y, Nakao H, Terauchi H (1995) Neutron incoherent scattering of structural glass NH_4I-KI mixed crystal. Physica B 213-214: 564-566
[34] Micoulaut M, Cormier L, Henderson GS (2006) The structure of amorphous, crystalline and liquid GeO_2. J Phys Conden Matter 18: R753-R784
[35] Delaplane RG, Dahlborg U, Howells WS, Lundstrom T (1988) A neutron diffraction study of amorphous boron. J Non-Cryst Solids 106: 66-69
[36] Degtyareva VF, Degtyareva O, Mao H-K, Hemley RJ (2006) High-pressure behavior of CdSb: compound decomposition, phase formation, and amorphization. Phys Rev B 73: 214108
[37] Marks NA, McKenzie DR, Pailthorpe BA et al (1996) Microscopic structure of tetrahedral amorphous carbon. Phys Rev Lett 76: 768-771
[38] Sinclair RN, Stone CE, Wright AC et al (2001) The structure of vitreous boron sulphide. J Non-Cryst Solids 293-295: 383-388
[39] Yao W, Martin SW, Petkov V (2005) Structure determination of low-alkali-content $Na_2S + B_2S_3$ glasses using neutron and synchrotron X-ray diffraction. J Non-Cryst Solids 351: 1995-2002
[40] Boswell FWC (1951) Precise determination of lattice constants by electron diffraction and variations in the lattice constants of very small crystallites. Proc Phys Soc London A 64: 465475
[41] Yamanaka T, Sugiyama K, Ogata K (1992) Kinetic study of the GeO_2 transition under high pressures

using synchrotron X-radiation. J Appl Cryst 25：11-15

[42] Batsanov SS，Bokarev VP (1987) Existence of polymorphic modifications in the amorphous state. Inorg Mater 23：946-947

[43] Hoppe U，Walter G，Barz A et al (1998) The P-O bond lengths in vitreous P_2O_5 probed by neutron diffraction with high real-space resolution. J Phys Cond Matter 10：261-270

[44] Brazhkin VV，Gavrilyuk AG，Lyapin AG et al (2007) AsS：bulk inorganic molecular-based chalcogenide glass. Appl Phys Lett 91：031912

[45] Kajihara Y，Inui M，Matsuda K et al (2007) X-ray diffraction measurement of liquid As_2Se_3 by using third-generation synchrotron radiation. J Non-Cryst Solids 353：1985-1989

[46] Dongo M，Gerber Th，Hafiz M et al (2006) On the structure of As_2Te_3 glass. J Phys Cond Matter 18：6213-6224

[47] Tanaka K (1988) Layer structures in chalcogenide glasses. J Non-Cryst Solids 103：149-150

[48] Tanaka K (1989) Structural phase transitions in chalcogenide glasses. Phys Rev B 39：1270-1279

[49] Suzuki M，Okazaki H (1977) The structure of α-AgI. Phys Stat Solidi 42a：133-140

[50] Keen DA，Hayes W，McGreevy RL (1990) Structural disorder in AgBr on the approach to melting. J Phys Cond Matter 2：2773-2786

[51] Ubbelode AR (1978) The molted state of matter. Wiley，New York

[52] Tosi MP (1994) Structure of covalent liquids. J Phys Cond Matter 6：A13-A28

[53] WasedaY，Tamaki S (1975) Structural study of Pt and Cr in the liquid state by X-ray diffraction. High Temp-High Press 7：215-220

[54] Waseda Y (1980) . The structure of non-crystalline materials：liquids and amorphous solids. McGraw Hill，New York.

[55] Vahvaselka KS (1978) X-ray diffraction analysis of liquid Hg，Sn，Zn，Al and Cu. Phys Scripta 18：266-274

[56] Krishnan S，Ansell S，Feleten JJ et al (1998) Structure of liquid boron. Phys Rev Lett 81：586-589

[57] Anselm A，Krishnan Sh，Felten JJ，Price DL (1998) Structure of supercooled liquid silicon. J Phys Cond Matter 10：L73-L78

[58] Di Cicco A，Aquilanti G，Minicucci M et al (1999) Short-range interaction in liquid rhodium probed by X-ray absorption spectroscopy. J Phys Cond Matter 11：L43-L50

[59] Wei S，Oyanagi H，Liu W et al (2000) Local structure of liquid gallium studied by X-ray absorption fine structure. J Non-Cryst Solids 275：160-168

[60] Katayama Y，Mizutani T，Utsumi W et al (2000) A first-order liquid-liquid phase transition in phosphorus. Nature 403：170-173

[61] Holland-Moritz D，Schenk T，Bellisent R et al (2002) Short-range order in undercooled Co melts. J Non-Cryst Solids 312-314：47-51

[62] Schenk T，Holland-Moritz D，Simonet V et al (2002) Icosahedral short-range order in deeply undercooled metallic melts. Phys Rev Lett 89：075507

[63] Jakse N，Hennet L，Price DL et al (2003) Structural changes on supercooling liquid silicon. Appl Phys Lett 83：4734-4736

[64] Salmon PS，Petri I，de Jong PHK et al (2004) Structure of liquid lithium. J Phys Cond Matter 16：195-222

[65] Wasse JC，Salmon PS (1999) Structure of molten lanthanum and cerium tri-halides by the method of isomorphic substitution in neutron diffraction. J Phys Cond Matter 11：1381-1396

[66] Iwadate，Suzuki，K，Onda，N et al (2006) Structural changes on supercooling liquid silicon. J Alloys Compd 408-412：248-252

[67] Ensico E，Lombardero M，Dore JC (1986) A RISM analysis of neutron diffraction data for $SiCl_4$/$TiCl_4$ and $SnCl_4$/$TiCl_4$ liquid mixtures. Mol Phys 59：941-952

[68] Funamori N，Tsuji K (2002) Pressure-induced structural change of liquid silicon. Phys Rev Lett 88：255508

[69] Cahoon JR (2004) The first coordination number for liquid metal. Canad J Phys 82：291-301

[70] Santiso E，Muller EA (2002) Dense packing of binary and polydisperse hard spheres. Mol Phys 100：2461-2469

[71] KatayamaY，Tsuji K (2003) X-ray structural studies on elemental liquids under high pressures. J Phys Cond Matter 15：6085-6104
[72] Sanloup C，Guyot F，Gillet P et al (2000) Structural changes in liquid Fe at high pressures and high temperatures from synchrotron X-ray diffraction. Europhys Lett 52：151-157
[73] Shen G，Sata N，Taberlet N et al (2002) Melting studies of indium：determination of the structure and density of melts at high pressures and high temperatures. J Phys Cond Matter 14：10533-10540
[74] Takeda S，Tamaki S，Waseda Y (1985) Electron-ion correlation in liquid metals. J Phys Soc Japan 54：2552-2258
[75] Takeda S，Tamaki S，Waseda Y，Harada S (1986) Electron's distribution in liquid zinc and lead. J Phys Soc Japan 55：184-192
[76] Takeda S，Harada S，Tamaki S，Waseda Y (1988) Electron charge distribution in liquid metals. Z phys Chem NF 157：459-463
[77] Takeda S，Inui M，Tamaki S et al (1993) Electron charge distribution in liquid Te. J Phys Soc Japan 62：4277-4286
[78] Takeda S，Inui M，Tamaki S et al (1994) Electron-ion correlation in liquid magnesium. J Phys SocJapan 63：1794-1802
[79] Tao DP (2005) Prediction of the coordination numbers of liquid metals. Metallurg Mater Trans A 36：3495-3497
[80] Regan MJ，Kawamoto EH，Lee S et al (1995) Surface layering in liquid gallium：an X-ray reflectivity study. Phys Rev Lett 75：2498-2501
[81] Tostmann H，DiMasi E，Pershan PS et al (1999) X-ray studies on liquid indium：Surface structure of liquid metals and the effect of capillary waves. Phys Rev B 59：783-791
[82] Shpyrko OG，Grigoriev AY，Steimer Ch et al (2004) Anomalous layering at the liquid Sn surface. Phys Rev B 70：224206
[83] Magnussen OM，Ocko BM，Regan MJ et al (1995) X-ray reflectivity measurements of surface layering in liquid mercury. Phys Rev Lett 75：4444-4447
[84] Shpyrko O，Fukuto M，Pershan P et al (2004) Surface layering of liquids：the role of surface tension. Phys Rev B 69：245423
[85] Stolz M，Winter R，Howells WS (1994) The structural properties of liquid and quenched sulphur Ⅱ. J Phys Cond Matter 6：3619-3628
[86] Raty J-Y，Gaspard J-P，Bionducci N et al (1999) On the structure of liquid Ⅳ-Ⅵ semiconductors. J Non-Cryst Solids 250-252：277-280
[87] Thomas JM (2004) Ultrafast electron crystallography：the dawn of a new era. Angew Chem Int Ed 43：2606-2610
[88] Sokolowski-Tinten K，Blome C，Dietrich C et al (2001) Femtosecond X-ray measurement of ultrafast melting and large acoustic transients. Phys Rev Lett 87：225701
[89] Rousse A，Rischel C，Fourmaux S et al (2001) Non-thermal melting in semiconductors measured at femtosecond resolution. Nature 410：65-68
[90] Samoylov OY (1957) Structure of water solutions of electrolytes and hydration of ionics. Academy of Science of the USSR，Moscow (in Russian)
[91] Bernal JD，Fowler RH (1933) A theory of water and ionic solution. J Chem Phys 1：515-548
[92] Hattori T，Taga N，Takasugi Y et al (2002) Structure of liquid GaSb under pressure. J Non-CrystSolids 312-314：26-29
[93] Malenkov GG (2006) Sructure and dynamics of liquid water. J Struct Chem 47：S1-S31
[94] Goncharov AF，Goldman N，Fried LE et al (2005) Dynamic ionization of water under extreme conditions. Phys Rev Lett 94：125508
[95] MarkusY (1988) Ionic radii in aqueous solutions. Chem Rev 88：1475-1498
[96] Johansson G (1992) Structures of complexes in solution derived from X-ray diffraction measurements. Adv Inorg Chem 39：159-232
[97] Ohtaki H，Radnai T (1993) Structure and dynamics of hydrated ions. Chem Rev 93：1157-1204
[98] Blixt J，Glaster J，Mink J et al (1995) Structure of thallium (Ⅲ) chloride，bromide，and cyanide complexes in aqueous solution. J Am Chem Soc 117：5089-5104

[99] D''Angelo P, Bottari E, Festa MR et al (1997) Structural investigation of copper (Ⅱ) chloride solutions using X-ray absorption spectroscopy. J Chem Phys 107: 2807-2812
[100] Ramos S, Neilson GW, Barnes AC, Buchanan P (2005) An anomalous X-ray diffraction study of the hydration structures of Cs^+ and I^- in concentrated solutions. J Chem Phys 123: 214501
[101] Hofer TS, Randolf BR, Rode BM, Persson I (2009) The hydrated platinum (Ⅱ) ion in aqueous solution—a combined theoretical and EXAFS spectroscopic study. Dalton Trans 1512-1515
[102] Persson I (2010) Hydrated metal ions in aqueous solution: how regular are their structures? Pure Appl Chem 82: 1901-1917
[103] Mahler J, Persson I (2012) A study of the hydration of the alkali metal ions in aqueous solution. Inorg Chem 51: 425-438
[104] Friedman HL, Lewis L (1976) The coordination geometry of water in some salt hydrates. J Solution Chem 5: 445-455
[105] Persson I, Sandstrom M, Yokoyama H, Chaudhry M (1995) Structure of the solvated strontium and barium ions in aqueous, dimethyl-sulfoxide and pyridine solution, and crystal-structure of strontium and barium hydroxide octahydrate. Z Naturforsch 50: 21-37
[106] Schmid R, Miah AM, Sapunov VN (2000) A new table of the thermodynamic quantities of ionic hydration: values and some applications (enthalpy-entropy compensation and Born radii) . Phys Chem Chem Phys 2: 97-102
[107] Torapava N, Persson I, Eriksson L, Lundberg D (2009) Hydration and hydrolysis of thorium (Ⅳ) in aqueous solution and the structures of two crystalline thorium (Ⅳ) hydrates. Inorg Chem 48: 11712-11723
[108] Naslund L-A, Edwards DC, Wernet P et al (2005) X-ray absorption spectroscopy study of the hydrogen bond network in the bulk water of aqueous solutions. J Phys Chem A 109: 5995-6002
[109] Drakin SI (1963) Me-H_2O distances in crystal hydrates and radii of ions in aqueous solution. J Struct Chem 4: 472-478
[110] InadaY, Sugimoto K, Ozutsumi K, Funahashi S (1994) Solvation structures of manganese (Ⅱ), iron (Ⅱ), cobalt (Ⅱ), nickel (Ⅱ), copper (Ⅱ), zinc (Ⅱ), cadmium (Ⅱ), and indium (Ⅲ) ions in 1, 1, 3, 3-tetramethylurea as studied by EXAFS and electronic spectroscopy. Variation of coordination number. Inorg Chem 33: 1875-1880
[111] Ulvenlund S, Wheatley A, Bengtsson L (1995) Spectroscopic investigation of concentrated solutions of gallium (Ⅲ) chloride in mesitylene and benzene. Dalton Trans 255-263
[112] Inada Y, Hayashi H, Sugimoto K-I, Funahashi S (1999) Solvation structures of manganese (Ⅱ), iron (Ⅱ), cobalt (Ⅱ), nickel (Ⅱ), copper (Ⅱ), zinc (Ⅱ), and gallium (Ⅲ) ions in methanol, ethanol, dimethyl sulfoxide, and trimethyl phosphate as studied by EXAFS and electronic spectroscopy. J Phys Chem A 103: 1401-1406
[113] Lundberg D, Ullstrom A-S, D'Angelo P, Persson I (2007) A structural study of the hydrated and the dimethylsulfoxide, N, N′-dimethylpropyleneurea, and N, N-dimethylthioformamide solvated iron (Ⅱ) and iron (Ⅲ) ions in solution and solid state. InorgChim Acta 360: 1809-1818
[114] Thompson H, Wasse JC, Skipper NT et al (2003) Structural studies of ammonia and metallic lithium-ammonia solutions. J Am Chem Soc 125: 2572-2581
[115] Hayama S, Skipper NT, Wasse JC, Thompson H (2002) X-ray diffraction studies of solutions of lithium in ammonia: the structure of the metal-nonmetal transition. J Chem Phys 116: 29912996
[116] Jacobs H, Barlage H, Friedriszik M (2004) Vergleich der kristallstrukturen der tetraammoniakate von lithiumhalogeniden, LiBr-$4NH_3$ und LiI-$4NH_3$, mit der struktur von tetramethylammoniumiodid, $N(CH_3)_4I$. Z anorgallgem Chem 630: 645-648
[117] Wasse JC, Hayama S, Skipper NT et al (2000) The structure of saturated lithium- and potassium-ammonia solutions as studied by neutron diffraction. J Chem Phys 112: 7147-7151
[118] Wasse JC, Howard CA, Thompson H et al (2004) The structure of calcium-ammonia solutions by neutron diffraction. J Chem Phys 121: 996-1004
[119] TokushimaT, HaradaY, Takahashi O et al (2008) High resolution X-ray emission spectroscopy of liquid water: the observation of two structural motifs. Chem Phys Lett 460: 387-400
[120] Rontgen WC (1892) Uber die Konstitution des flussigenWassers. Ann Phys Chem 45: 91

第 8 章　纳米粒子

晶体学（见第 5 章）通常在晶体无限大的假定下起作用，此时平移（晶体点阵）对称的数学模型是完全正确的。对于宏观晶体来说，这是一个非常合理的近似：NaCl 的晶体结构花样大约每毫米可以重复 177 万次，晶体学研究中最大的物质的晶体结构花样约每毫米可以重复 6250 次。通过一些调整，这个模型对于小到微米尺寸的普通材料的晶体仍然是有效的。另一方面，包含几十个金属原子的团簇（见第 3 章）本质上仍是分子。但是，纳米级（nm）的中等尺寸粒子，通常被称为纳米粒子，不同于分子和大块固体，而具有其独特的性质，并且这些性质随着尺寸（依然在纳米范围内）的变化而显著改变。纳米粒子在自然界中普遍存在，人工合成的例子很早已为人们所知，但是直至 20 世纪后期，人们仍然对其保持极大的科学好奇心[1]。近几十年来，纳米材料成为物理学、化学和材料工程领域的一个重要理论和实践研究的热点。目前，纳米粒子常被视为物质的另一个聚集态。在前面的章节中，已经讨论了有关纳米粉体的一些能量和结构特性，下面介绍与尺寸大小有关的特性的一般趋势。

8.1 团簇和纳米粒子的能量性质

如上所述，一个晶体表面的原子的配位数少于体相中原子的配位数，分散材料的大多数特性能通过原子 N_c 缺陷和原子的凝聚力来表达和理解。特别地，原子在固体表面上的结合能与原子在固体内的结合能之差决定了纳米固体的熔化行为的一般趋势。其他的物理性质与 T_m 的趋势类似，取决于 N_c 缺陷的影响和键能的相应变化，下面将详细介绍。

8.1.1 由大块向纳米相转变的熔点和熔化焓

ΔH_m 熔化过程包含两个阶段：固体熔化的准备阶段和结晶有序度的实际破坏阶段，这可以通过熔化焓 ΔH_m 进行表征。第一阶段的物理本质是原子振动的振幅增加。增加到一定值时，主体部分开始熔化（Lindemann 判据，详见 6.2 节）。表面原子键的个数比内部原子键的个数要少，其振幅相应较大[2-5]，因此，样品中的平均振幅随着表面原子所占比例的增加而增加，因而导致熔点降低（见表 8.1）。汤姆森（W. Thompson）在 1871 年预测了粒子尺寸和 T_m 成反比的关系[6]，并在 1909 年被 Pawlow 的实验证实[7]。从此，无论是理论还是实验上，小颗粒和大块固体的表面层的熔化引起了科学工作者日益增长的研究兴趣，详见综述［8-10］。在许多情况下，发生表面熔化和蒸发的温度低于相应的大块固体的温度。随着颗粒尺寸的减小，熔化焓也减小，因此由差示扫描量热法测得的曲线的峰值不仅向低温移动，而且峰变得更低，更不明显（见图 6.5）。这可以看作结晶度逐渐消失的过程：如果根本就没有长程的范围，晶体作为一个长程有序的固体的定义就变得毫无意义。我们早已知道，冲击压缩下的固体的 ΔH_m 急剧减小[11]也归结于晶粒尺寸的减小。

表 8.1　熔化温度的降低量

物质	D,nm	ΔT_m,K
Na	32	83
Au	2.5	406
Al	20	13
Ga[a]	5	212
In	10	105
Si[b]	2	500
Sn[c]	5	82
Pb	20	13
Bi[d]	2	120
CdS	2	1200

注：ΔT_m 为大块向纳米相转变的温度差[10]。

a. 数据源自文献［12］；b. 数据源自文献［13］；c. 数据源自文献［11］；d. 数据源自文献［14］

为了解释观测到的效应，建立了不同的热动力学模型，它们依赖于熔化温度和熔化焓、德拜温度、晶粒尺寸的原子振幅（不同的模型和问题的历史见综述［8，15，16］）。吉布斯-汤姆森方程式是经典的热力学方法[17,18]，它可以描述小晶体熔点降低的现象。对于球形粒子，其熔点可以表达如下

$$T_m(D)=T_m(\infty)-\frac{T_m(\infty)\sigma_{sl}}{\Delta H_m(\infty)\rho_s D} \tag{8.1}$$

其中 $T_m(\infty)$、$\Delta H_m(\infty)$和 ρ_s 分别为大块熔化温度、大块熔化焓变和固相密度；D 为球形粒子的粒径；$T_m(D)$为粒径为 D 的粒子的熔点；σ_{sl} 为固液界面能。人们观察到[19]多种物质（包括有机物[20]）的熔点随着粒子大小的变化有相似的变化规律。就 ΔH_m 与尺寸的相关性而言，人们假设熔化焓随着颗粒尺寸的减小而减小（这归因于表面能的增加），即

$$\Delta H_m(D)=\Delta H_m(\infty)-\frac{2\sigma_{sl}}{\rho_s D} \tag{8.2}$$

其中 $\Delta H_m(D)$ 为粒径为 D 的颗粒的熔化焓。假定固-液转变是一个平衡熔化过程，从而推演得到式 8.2，并得到拉普拉斯公式[21]。然而，尺寸依赖的熔化焓明显小于表面张力的影响所预测的熔化焓，这表明固体纳米颗粒的能量比预期的要高，这可能是由于晶体表面结构存在缺陷或不规则性引起的。现在此假设已经由（无配体）金属团簇和纳米粒子证实，特别是锡的纳米粒子。用 Haberland 等人[22,23]的技术，发现[24]有 10～30 个原子的带电锡团簇在大块锡熔点之上约 50 K 时能维持固体状态。这种行为可能是由于带电团簇结构与体相结构完全不同造成的。人们在没有担载的 Sn_{18}^+、Sn_{19}^+、Sn_{20}^+ 和 Sn_{21}^+ 的团簇[25]上进行量热测量到 650 K，结果揭示了某些微小的特征（可能归因于局部结构变化），但是没有清晰的熔化相变。因此，对于该尺寸的团簇，熔化的概念是不合适的。

8.1.2　从大块到团簇转变的能量变化

下面以金属（M_n）和纳米金属（A_n）的同原子分子（团簇）的能量特性开始讨论。由于团簇介于分子和大块固体之间，因此研究它们的方法和模型来自于两个方面；大多数情况下，凝聚态理论科学家已经应用了固态模型，而量子化学家已经从计算复杂分子转移到团簇。已有文献[26]表明，该模型的实验数据和结果倾向于用壳层模型来描述金属团簇，因此，金属团簇物理性质的理论解释的后续发展也遵循这一方向。

当原子组合成分子或团簇时，原子轨道的组合转化为分子轨道，最终合并成连续带（见图 2.5）。一个能带内的态密度（DOS）粗略等于每电子伏特的系综原子数。在文献［27，28］中首先建立了一般关系：对于团簇来说，随着其尺寸的增加，离子势（I_c）减小，电子亲和能（A_c）增加。这两个依赖关系的线性外推最终收敛于相应的大块材料的功函数（Φ），即

$$I_c=\Phi+CR_c \tag{8.3}$$

$$A_c=\Phi-DR_c \tag{8.4}$$

其中 R_c 是团簇的半径，C 和 D 是常数。对于金属团簇来说，R_c 与 $n^{1/3}$ 成正比，而对于空穴来说，它与 $n^{1/2}$ 成正比，如富勒烯或硼烷团簇。1.1 节给出了不同金属团簇的各种实验数据，一些作者研究的这些团簇证实了式 8.3 和式 8.4（也可见图 1.4）。然而，这些方程式仅能视为某种近似，①因为对于模拟大块材料来说，目前实验方法研究的最大的团簇仍然相当小，②甚至在此范围内，它们远远不是线性的关系。事实上，两个曲线都显示出许多局部峰，对应于原子的密堆积模型（正四面体→正八面体→十四面体→十二面体→二十面体）和团簇中的价电子数的“幻数”。这不仅应用在金属中，而且应用于半导体如碳、锗、锡、硒和砷，也应用于有机金属团簇。相对于 Φ 的变化趋势，I_c 和 A_c 反映了大团簇和结晶金属的内部之间的结构相似性。同时，当前有效的 Ti 团簇电子亲和能是利用外推法推测的，当 $n=\infty$ 时，$\Phi=3.80$ eV，不同于实验值 $\Phi=4.33$ eV[29]。可能因为与大块金属相比，Ti 团簇有着明显不同的结构。

如上所述（见 2.3.4 节，表 2.16），大多数物质中的能隙（E_g）实验值随着晶粒尺寸的减小而增大。但是金刚石例外，它的能隙 E_g 随着晶粒尺寸的减小而减小。这里，表层的曲率扮演了重要的角色，这导致了纳米金刚石粒子具有负电子亲和能[30,31]。

人们通过 X 射线光电子能谱研究了含有几十或几百原子[32]游离纳米级 NaCl 团簇的离子键，揭示了对于 Na 2p，团簇级的能量向较低的结合能位移了约 3 eV，对于 Cl 2p 向更高的结合能位移大约 1 eV。这意味着 Cl 和 Na 原子之间存在电负性的差异，将 NaCl 从单体增加到团簇的尺寸时，化学键的离子性增加。这可以视为从分子到晶体转变的第一步。

8.2 大块固体到纳米相转变引起的原子结构变化

将上述问题分两步讨论，首先讨论三维结构的晶体（金属纳米颗粒和四配位半导体），然后讨论层状结构的晶体（Bi、Se、Te 等）。如果表面能增加超过了相应的相变焓，那么晶体尺寸的增加能导致结构类型的改变。因此，Co 在大块时是 hcp 的结构类型，在 10～20 nm 粒子时是 fcc 的结构类型，在 2～5 nm 粒子时是 bcc 的结构类型[33]。铟粒子在粒径≤5 nm 时是 fcc 的结构类型，从 5 nm 增大到块状时是 bct（Body-Centered Tetragonal，体心四方）结构类型[34]。AgI 在粒子大于 50 nm 时是立方晶系结构，尺寸更小的粒子是六方晶系结构[35]。InAs 在粒径增到 40 nm 时是纤锌矿（w，wurtzite）结构，在粒径≥80 nm 时是闪锌矿（zb）结构[36]。CdS 纳米粒子在粒径 $D=4$ nm 时是闪锌矿结构，而对于大块材料来说，w 型结构较稳定[37,38]。相反，MnSe 粒子在纳米尺寸时是 w 型结构，而大块晶体是 zb 型结构较稳定[37,39]。

许多氧化物的纳米相的结构类型没有在大块的物相中出现，如 CoO 具有 ZnO 类型的六方结构[40]，Al_2O_3 有 γ 型结构，Y_2O_3 有单斜结构，$BaTiO_3$ 有立方结构[41]，ZrO_2 有四方和单斜结构[42-44]。TiO_2 粒子在小于 14 nm[45] 时，锐钛矿型较稳定[14]，ReO_3 具有大块样品的特性，是单斜结构，而不是立方结构[46]。9 nm 厚度的纳米晶体 WO_3 薄膜是单斜结构，但 50 nm 的粒子是四方结构[37,47]。在介孔材料 SiO_2 上结晶的氧化铁 Fe_2O_3 纳米粒子的所有 4 个熟知的多晶型物相在不同尺寸范围内是稳定的，即对于 $D<8$ nm 时是 γ 型结构，8～30 nm 之间是 ε 型结构，30～50 nm 之间是 β 型结构，对于较大尺寸的粒子是磁性的 α 形态的结构[48]。

Ge 纳米相的结构参数研究表明[49]，9 nm 的纳米粒子与大块材料的类似，$N_c=4$，但是随着粒子变得更小，这个参数逐渐减小（下降到 3.3）的同时，原子间距离增加，接近于大块无定形 Ge 。对于金属纳米相来说，由于毛细管压力，尺寸的减小会伴有原子间平均距离的缩短，这与我们观察到的相矛盾。对于目前的情况，半导体样品中原子间距的显著增加是由颗粒尺寸减小的无定形部分造成的。同时，正如图 8.1 所示，Te 晶体的破碎使得 N_c 和键长都减小，力常数（K_B）增加[50]。这些结果表明，Te 纳米样品非常接近共价态。

8.3 晶粒的介电常数的尺寸效应

固体的介电常数常常随粒子尺寸的变化而变化。这种依赖关系是由几个因素复杂的相互作用的结果，它的变化幅度很大，甚至有不同的意义。下面介绍从大块固体到纳米相的转变中不同影响因素对 ε 的影响。

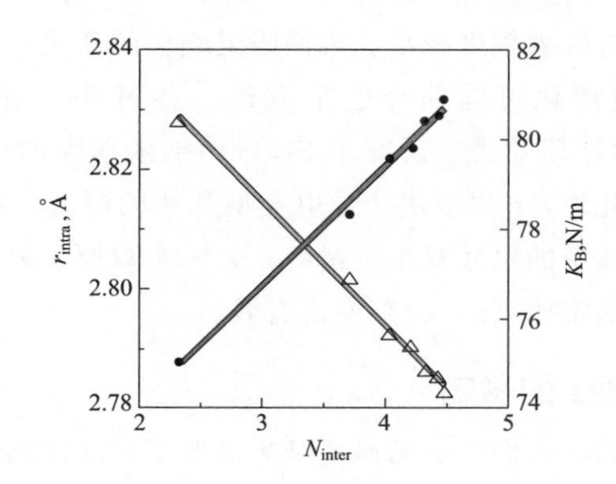

图 8.1　Te 纳米粒子的链内键距离（r_{intra}）与链内坐标（N_{inter}）的关系，以及力常数（K_B）与 N_{inter} 的关系

注：经文献［50］许可后改编。2011 年版权归美国化学会（American Chemical Society）所有

8.3.1　能量因子效应

因为 ε 反映了物质中的电荷在外部电场下转移的难易程度，它与固体的带隙 E_g 相关。这个依赖关系的理论公式是由 Penn[51] 导出的，他假设晶体中原子的所有价电子是离域的(正如在金属中)，金属自由电子气定律应用在这些价电子上，即

$$\varepsilon=1+(h\omega_p/E_g)^2 \tag{8.5}$$

其中 ω_p 是价电子振动的等离子体频率

$$\omega_p=(4\pi e^2 N/mV)^{1/2} \tag{8.6}$$

E_g 是带隙，N 是价电子的数目，m 是它们的质量，V 是晶体的化学简式的体积。关联 ε 和 E_g 的几个经验表达式也是已知的，比如文献［52-55］中所表达的，即

$$\varepsilon^2 E_g=a$$
$$\varepsilon=b-c\ln E_g$$
$$\varepsilon E_g=d$$
$$\varepsilon=1+\frac{e}{E_g+f} \tag{8.7}$$

其中 a、b、c、d、e、f 都是常数。这些式子都定性地给出了相似的结果，ε 和 E_g 是反相关的。因为（见 8.1.2 节）大多数物质中的带隙随着粒子尺寸的减小而变宽，ε 应该减小。所有的理论工作都证实了此结论。这样，对于有 100～1300 个原子的 Si 团簇的介电常数[56,57]的量子力学的计算预测，团簇的 ε 值显著低于大块的 ε 值。其他的采用自洽场紧束缚方法的计算已经表明[58,59]，介电常数受纳米结构的强烈影响，导致了大块物质的介电常数和完全结晶层的介电常数值下降。局部力场效应和近纳米晶体表面的介电常数的减小解释了这些结果。Nakamura 等[60]用第一性原理计算方法研究了在外部静电场下 Si（111）纳米薄膜的介电性质，表明随着纳米薄膜厚度的增加，光学介电常数逐渐收敛于由实验得出的仅

8个双层厚度的大块的介电常数。结果表明，由于表面诱导的去极化电荷的穿透，使得表面前几层的 ε 明显降低。这样一个靠近表面的力场的有效降低是超薄膜 ε 减小的原因之一。厚度<6 nm 的氮化硅薄膜的介电性质的密度泛函理论（DFT）计算[61]表明，当薄膜厚度较小时，晶体薄膜的静态介电常数大幅度减小。表面附近响应的变化对观察到的下降起着关键的作用。另外，薄膜的无定形化可能使介电常数进一步减小。最后，Kageshima 和 Fujiwara[62]采用第一性原理的计算方法也研究了 Si(111)纳米薄膜的介电常数，揭示了其介电常数比大块的明显更小。此外，ε 也取决于导电类型和薄膜厚度。所有的这些理论结果都与简单的事实相符合，即当体系的尺寸减小（最终）到一个双原子分子，结合模式减小到一个简单的共价键时，麦克斯韦定律（$\varepsilon=n^2$）变得有效。

8.3.2 相组成对钛酸钡ε的影响

从 20 世纪 60 年代开始，人们广泛的研究结果表明了钛酸钡的电学性质的尺寸效应，详见文献［63-71］和其中的参考文献。$BaTiO_3$ 是一个钙钛矿的结构类型，其中 Ti 原子处于六个氧原子组成的一个八面体内部（图 8.2）[68]。在居里温度以上（大块材料为 130 ℃），其结构为立方对称，Ti 恰好位于 O_6 的八面体中心，且该材料是具有合适介电常数（$\varepsilon\approx25$）的顺电材料[69]。然而，在室温下，Ti 原子从中心位置沿着 c 轴方向移动 Δd 的距离。这就降低了晶体的对称性，变成四方晶系（晶胞参数为 $a=b<c$），并且产生了一个永久电偶极子。结果，四方晶系的 $BaTiO_3$ 具有铁电性，$\varepsilon\approx2.5\times10^3$。人们发现居里温度和相变焓都随着粒子尺寸大小 D 的增加而减小。此外，该四方晶相发生畸变的比例（也就是 c/a 的比例）和 ε 也随着 D 增大而减小（表 8.2）。对于较小的晶粒尺寸，熔化时，相变不仅转移到较低的温度，而且扩散性增加。

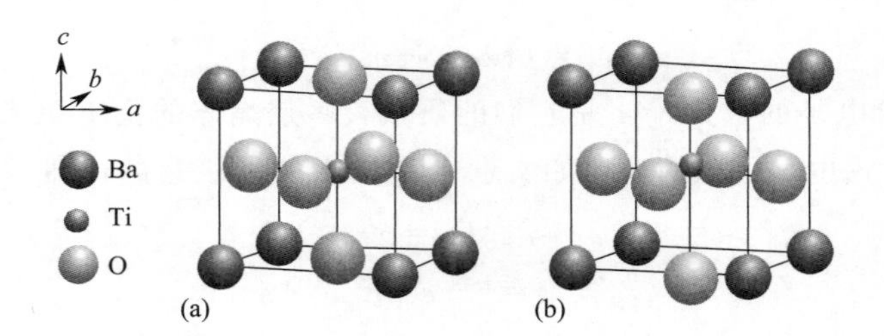

图 8.2 $BaTiO_3$ 化合物的结构模型：(a) 立方晶相；(b) 四方晶相

注：得到文献［68］的再版许可。2008 年版权归美国化学会（American Chemical Society）所有

表 8.2 $BaTiO_3$ 的性质与晶粒尺寸的相关[a]

D,nm	大块	1200	300	100	70	50	45	26
c/a[68]	1.011				1.0065		1.0054	
Δd,Å[68]					0.073		0.097	0.137
T_c,℃[65]	130	125				88		
ε^b		2520	2200	1680		780		
Q,J/mol[65]	210±20	220				44		

注：a. a 和 c 是晶胞参数，Δd 是 Ti 原子位移，T_c 是居里温度，Q 是四方晶系/立方晶系转变焓，ε 是介电常数，D 是粒径；b. 在 70 ℃和 10 kHz[65]条件下

将上述尺寸效应解释为晶界效应和内在效应——四方晶系的应变变化（Landau-Ginsburg-Devonshire的理论框架内）的组合[65]。然而，实验结果与上述解释有些矛盾，许多问题仍然存在。因此，高精密度的XRD、拉曼和EXAFS研究[68]表明，尽管（四方晶系）晶格随着D的减小变得更接近准立方晶系，Ti原子位移实际上仍然增加。

有证据表明，在临界尺寸时（通常在10～30 nm），$BaTiO_3$的铁电现象必定完全消失。然而，人们发现，实验中26 nm的粒子仍然是四方晶系[68]，尽管一项早期的中子衍射研究[71]显示在40 nm大小的粒子物相变成$c/a=1.000(5)$准立方结构，并且部分地转变成六方结构。晶胞的度量对于原子结构的对称性似乎不是一个很好的指标。所以，50 nm的晶粒通过XRD表明是立方晶相，但是它们的拉曼光谱和铁电性行为表明是四方晶相[70]。然而，理论计算结果表明，铁电特性起因于非常小（0.005 Å）的Ti原子的位移。

8.3.3 陶瓷材料的介电性

由于$BaTiO_3$的四方晶相较高的介电响应是由TiO_6配位多面体变形引起的，并最终产生了一个永久电偶极子，因此，从这个角度考虑，对理解其他三元氧化物中的介电性能是有指导意义的。在人们阐述了$BaTiO_3$的尺寸效应之后，有关较高ε材料的合成工作就聚焦在得到晶体结构中有最大变形的化合物。为了实现这个目的，人们准备了许多在离子半径上有最大差异的固溶体。因而得到了$\varepsilon>10^3$的化合物，也就是$CaCu_3Ti_4O_{11.7}F_{0.3}$、$Ca_{1/4}Cu_{3/4}TiO_3$、$La_{15/8}Sr_{1/8}NiO_4$、$Pr_{3/5}Ca_{2/5}MnO_3$、$Sr_2TiMnO_6$和$Ba_{0.95}La_{0.05}TiO_{3-x}$[10]。后来，得到了$\varepsilon>10^3$的$Ln_{2/3}Cu_3Ti_4O_{12}$[72]、$LuFe_2O_4$[73]和Pr修饰的$PbTiO_3$[74]。$Pr^{4+}$可能会占据$Ti^{4+}$的位置，从而也会引起Ti位置的化学无序，因此，使得A-亚晶格和B-亚晶格的钙钛矿结构无序化。在$Ln_{2-x}Sr_xNiO_4$[75,76]结构中，介电常数随着锶含量的增加或者镧系离子半径的减小而增加。人们获得了最好介电特性的$Sm_{1.5}Sr_{0.5}NiO_4$陶瓷。在10 kHz时，$\varepsilon\approx10^5$。然而，在$La_{1.75}Sr_{0.25}NiO_4$和$La_{1.75}Sr_{0.25}Ni_{0.7}Al_{0.3}O_4$的制陶术中揭示了它们的介电常数分别为$\varepsilon=2.5\times10^4$和$4.5\times10^4$。因此，人们通过铝离子部分取代镍而使其介电常数增加，其中铝离子有较小的半径[77]。

近年来，具有K_2NiF_4结构的和较大介电常数的材料已经得到广泛应用，如$Ba_{1.2}Sr_{0.8}CoO_{4+\delta}$、$LaSrFeO_{4+\delta}$、$Sr_{2-x}La_xMnO_{4+\delta}$[78-80]和$CaLnAlO_4$[81-83]。最近报道[84]了一种新型的高介电常数材料$La_{2-x}Ca_xNiO_{4+\delta}$($x=0$、0.1、0.2、0.3)。所有这些材料也结晶为四方晶相的K_2NiF_4结构。在该结构中，较小的Ca^{2+}(半径1.18 Å)替换较大的La^{3+}(1.22 Å)，引起了晶胞的收缩。最终，Ca掺杂致使结构不稳定。对于$La_{2-x}Ca_xNiO_{4+\delta}$($x=0$、0.1、0.2、0.3)，在1 kHz的$\varepsilon$值分别增加到$5.5\times10^2$、$3\times10^3$、$5.8\times10^3$和$1.15\times10^4$。目前已经确定，当沿着$c$轴方向拉伸$NiO_6$八面体时，$(La,Ca)O_9$十二面体被压缩。$(La,Ca)O_9$内的(La,Ca)—O的键长的改变对于这些化合物中的介电常数增强非常重要。已经报导的单晶$La_{15/8}Sr_{1/8}NiO_4$在室温下，$\varepsilon\approx10^5$[85]。

除了三元氧化物中介电增强的纯的结构（偶极子）机理外，对于这种现象还有其他可能的原因。因此，Al_2O_3/TiO_2 二元氧化物的两个氧化物涂层中包含非偶极子，该涂层可能有助于极化，但是外部的贡献源于 Al_2O_3 和 TiO_2 涂层之间的界面，而产生了较大的介电常数[86]。这归结于所谓的 Maxwell-Wagner(MW) 弛豫，借此，表面电荷积聚在两种介电质（有不同导电性）之间的界面上，其中这两种介电质充当微电容器。由两个平行串联的 RC 元件组成的等效电路可以模拟 MW 弛豫。如果假设 Al_2O_3 和 TiO_2 亚层的电阻和电容分别是 R_1、C_1 和 R_2、C_2，Al_2O_3/TiO_2 纳米层压板的介电常数可以表示为 $\varepsilon=C_1(d/\varepsilon_0 S)=(d/d_1)\varepsilon_1$，其中，$d$ 为样品厚度（150 nm），S 为表面积，d_1 为 Al_2O_3 亚层厚度（范围 0.2～50 nm）。基于这个表达式，已测得的介电常数可能大于 Al_2O_3 的 3～750 倍。

晶界引起了大而不均匀的变形，改变了陶瓷中的畴结构，在烧结过程中没有晶粒生长。因此，晶界在 $BaTiO_3$ 细晶陶瓷的介电性质中扮演着重要的角色[87]。

总之，从我们一开始研究尺寸效应，就注意到尺寸效应可能具有本征性质（也就是说与原子极化的变化有关）和非本征性质。非本征效应可能是由于结构排列或加工引起的结构简单修饰（例如多晶材料中晶界的贡献增加）或更复杂的效应，包括表面和缺陷微观结构引起的不均匀应力、不完全极化屏蔽的影响。尺寸效应的大多数早期研究适用于外在因素；因此即使对于由不同方法获得的相同的材料来说，获得的信息也是相当矛盾且有差异的。铁电体薄膜的铁电性也受到外部因素的影响，主要包括晶界、局部非化学计量比、结晶度低和表面损耗或堆积。在非本征效应减弱的情况下，人们发现在 4 个单胞（2 nm）厚的铁电薄膜中仍能观察到铁电性能，这表明薄膜和纳米粉末的标度行为存在显著差异。很明显，对于不同样品，临界尺寸的较大差异可能是外部因素造成的。我们相信，大多数在文献中报道过的案例是外在影响[88,89]。由此，陶瓷的 ε 可以通过离子取代或限制晶粒生长而增加。因此，掺杂少量 La，晶粒尺寸为 50～250 nm 的 $BaTiO_3$ 的介电常数很大，即 $\varepsilon\approx10^6$（室温、大气压和 1 kHz），且在 −100 ℃和 +150 ℃之间没有居里转变温度，这主要归因于包含极化子的界面极化，而极化子的产生是由于 Ti^{3+} 的形成[90]。

8.3.4 多相体系的介电性能

正如我们所看到的，在微观上不均匀的固体中发现了最高的介电常数。在多相体系中影响更大，特别是当多相中的一相是水的情况。1934 年 Smith-Rose[91] 发现，在干燥状态下 ε 为 2～10 的土壤如果浸水（$\varepsilon\approx80$），那么 ε 就会有几个数量级的增加。后来，对于黏土和多孔岩石（如砂岩、方解石）[92]等纳米级的多相非均匀结构和高度被开发表面的材料，人们也观察到相似的效应。观察到的 ε 在低频下可以高达 10^4 或 10^5，而存在的水量可以很小（百分之几）。该效应的机理（在地质调查中非常重要）是最复杂的机理之一，我们仍然不能完全理解（见 Chelidze 等人的综述[93,94]）。往往它被直接归结于 Maxwell-Wagner 机理（见上），但事实上，该模型无法解释这种效应的大小[93]。人们已经提出了几个其他的模型，但是没有一个可以定量地解释所有观测到的事实。很显然，该效应源于固体和水相之间的界面，并且与界面水的特有的性质紧密相关[95]，其中界面水在许多区域得以普遍存在并且是很重要的[96-98]。

最近，在有巨大ε[99-103]的纳米金刚石粉体中观察到一个更惊人的案例，这种纳米金刚石粉体是由负氧平衡的烈性炸药爆炸得到的（见10.5节），也就是其中的含碳量超过氧。这些所谓的爆轰纳米金刚石（DND）颗粒（图8.3）由直径为4～5 nm的金刚石核组成，周围是以C—H键或含氧官能团（羟基、羰基、羧基、内酯等）封端的非金刚石碳壳。然而，大块金刚石有低静态介电常数ε＝5.67～5.87，一般合成的金刚石被球磨到20～28、1～2和0.1 μm晶粒大小，ε有适度的增加，分别增加到7.5、8.8和31.4。DND展示了巨大的ε，在一些情况下超过了10^{19}（在25 Hz）。到目前为止，这个值与任何体系的介电常数相比都是最大的（表8.3）。然而，这个巨大的介电常数对于DND并不是固有的，而是由大气中自发地吸收少量的水（DND具有吸湿性，如通常的纳米粉体）引起的。引起这种效应的含水量难以想象地小（≤4%），这不足以在DND粒子表面产生一个完整的单层。此效应需要金刚石表面上释放质子的官能团与吸附水相互作用：如果用特意准备好的无氢DND，它就基本上消失了。另一方面，即使痕量的DND也会大大地影响液态水的物理性质，它的ε从80增加到超过10^6，并改变一些其他的物理性质（比如声速），此影响归因于界面水，这是我们所熟知的，它本质上不同于周围的“体相”水[96-98]，虽然在其他极性溶剂中观察到的效果较弱。

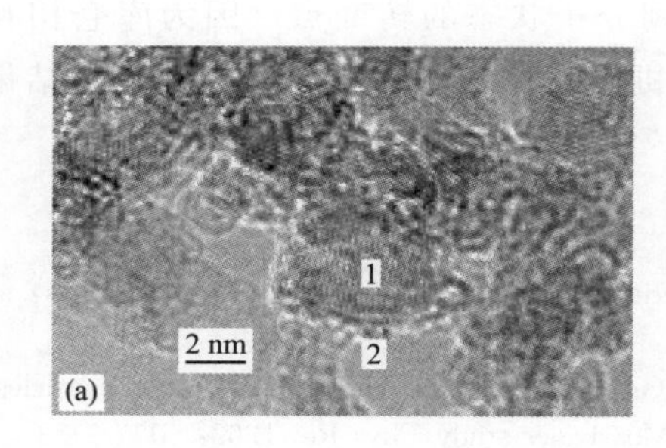

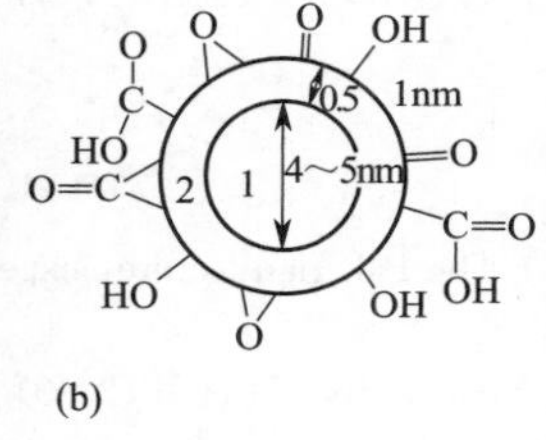

图8.3 透射电子显微镜图（a）与DND粒子的结构示意图（b）

1—金刚石核；2—非金刚石壳（sp^2 和 sp^3 C＋混合物）

注：为清楚起见，表面功能基团尺寸被放大

表8.3 爆炸物金刚石纳米粉体[103]的介电常数（ε）

含水率(%)	交变电流频率,Hz					
	25	10^2	10^3	10^4	10^5	5×10^5
≈0	90	27	9.3	4.5	3.4	6.0
1.2	3.2×10^4	2.1×10^3	130	25	12	14
2.5	1.1×10^9	2.3×10^7	2.6×10^4	410	46	34
2.8	4.3×10^9	1.9×10^8	2.4×10^5	440	93	34
4.1[a]	3.7×10^{19}	1.1×10^{15}	2.2×10^{11}	10^8	5.9×10^3	510

注：a.6个月暴露于空气中

人们公认，吸附在金刚石表面的吸附水的作用在其他方面也是很重要的。因此它是形成金刚石的表面传导性的原因[95,104]——一个高度不寻常的特性，特别是大块金刚石是公认的最好的绝缘材料。

8.4 结论

正如在本书的前几章所提到的，晶体结构参数（配位数、原子间距、晶胞体积）、相变特征和样品的物理特性取决于晶粒尺寸，文献［9，105］中可以找到有关纳米材料不同机械性能的大小效应的详细综述。本章中，已经表明尺寸效应对于晶体的电子物理性质特别重要，包括分散的粉末对与它们接触的极性液体的性质的影响。

非常明显，本章和其他章节讨论的话题仅仅涉及了纳米材料的结构化学的一小部分。此外，这个领域经历着爆炸式的增长，以至于任何综述都会很快过时。值得回忆的是，关于这个主题（1978）的第一篇综述包含 5 篇参考文献，然而，2008 年可利用的文献数量超过了 500000 篇。

纳米相凝聚态物质的结构特征和性质为纳米晶体的应用开辟了新的可能性，不仅适用于微电子学和微电子技术（例如，在需要大的 ε 的情况下开发超级电容器[106]），而且也适用于基本的结构化学问题，例如，在介电常数巨大的环境中，离子化合物的电子结构如何变化。这种变化甚至会导致电解离解减弱到分子状态的转变点（因为库仑相互作用与 ε 成反比），并且出于同样的原因，使盐溶于有机介质。这里，我们集中在实验结果上，但仍需要理论解释。

参考文献

［1］ Faraday M (1857) The Bakerian lecture：experimental relations of gold (and other metals) to light. Philos Trans 147：145-181

［2］ Hou M，Azzaoui ME，Pattyn H et al (2000) Growth and lattice dynamics of Co nanoparticles embedded in Ag：a combined molecular-dynamics simulation and Mossbauer study. Phys Rev B 62：5117-5128

［3］ Van Hove MA (2004) Enhanced vibrations at surfaces with back-bonds nearly parallel to the surface. J Phys Chem B 108：14265-14269

［4］ Vogt J (2007) Tensor LEED study of the temperature dependent dynamics of the NaCl (100) single crystal surface. Phys Rev B 75：125423

［5］ Hartel S，Vogt J，Weiss H (2010) Relaxation and thermal vibrations at the NaF (100) surface. Surf Sci 604：1996-2001

［6］ Thomson W (1871) On the equilibrium of vapour at a curved surface of liquid. Phil Mag 42：448-452

［7］ Pawlow P (1909) The dependency of the melting point on the surface energy of a solid body. Z Phys Chem 65：545-548

［8］ Roduner E (2006) Size matters：why nanomaterials are different. Chem Soc Rev 35：583

［9］ Sun CQ (2007) Size dependence of nanostructures：Impact of bond order deficiency. ProgrSolid State Chem 35：1-159

［10］ Batsanov SS (2011) Size effect in the structure and properties of condensed matter. J Struct Chem 52：602-615

［11］ Lai SL，Guo JY，Petrova V et al (1996) Size-dependent melting properties of small tin particles. Phys Rev Lett 77：99-102

［12］ Parravicini GB，Stella A，Ghigna P et al (2006) Extreme undercooling of liquid metal nanoparticles. Appl Phys Lett 89：033123

［13］ Goldstein AN (1996) The melting of silicon nanocrystals：Submicron thin-film structures derived from nanocrystal precursors. Appl Phys A 62：33-37

［14］ Olson EA，Efremov MYu，Zhang M et al (2005) Size-dependent melting of Bi nanoparticles. J Appl Phys 97：034304

[15] Batsanov SS，Zolotova ES (1968) Impact synthesis of divalent chromium chalcogenides. Doklady Akademii Nauk SSSR 180：93-96

[16] Guisbiers G，Buchaillot L (2009) Modeling the melting enthalpy of nanomaterials. J Phys Chem C 113：3566-3568

[17] Zhu YF，Lian JS，Jiang Q (2009) Modeling of the melting point，Debye temperature，thermal expansion coefficient，and the specific heat of nanostructured materials. J Phys Chem C 113：16896-16900

[18] Defay R，Prigogine I (1966) Surface tension and adsorption. Longmans，London

[19] Christenson HK (2001) Confinement effects on freezing and melting. J Phys Cond Matter 13：R95-R134

[20] Jackson CL，McKenna GB (1990) The melting behaviour of organic materials confined in porous solids. J Chem Phys 93：9002-9011

[21] Sun J，Simon SL (2007) The melting behavior of aluminum nanoparticles. Thermochim Acta 463：32-40

[22] Schmidt M，Kusche R，KronmullerW，von Issendorff B，Haberland H (1997) Experimental determination of the melting point and heat capacity for a free cluster of 139 sodium atoms. Phys Rev Lett 79：99-102

[23] Schmidt M，Kusche R，von IsserdorffB，Haberland H (1998) Irregular variations in the melting point of size-selected atomic clusters. Nature 393：238-240

[24] Shvartsburg AA，Jarrold MF (2000) Solid clusters above the bulk melting point. Phys Rev Lett 85：2530-2532

[25] Breaux GA，Neal CM，Cao B，Jarrold MF (2005) Tin clusters that do not melt：calorimetry measurements up to 650 K. Phys Rev B 71：073410

[26] Cohen ML，Chou MY，Knight WD，Heer WA de (1987) Physics of metal clusters. J Phys Chem 91：3141-3149

[27] Wood DM (1981) Classical size dependence of the work function of small metallic spheres. Phys Rev Lett 46：749-749

[28] Rienstra-Kiracole JC，Tschumper GS，Schaefer HF et al (2002) Atomic and molecular electron affinities：photoelectron experiments and theoretical computations. Chem Rev 102：231-282

[29] Liu S-R，Zhai H-J，Castro M，Wang L-S (2003) Photoelectron spectroscopy of Tin- clusters ($n=1\sim130$) . J Chem Phys 118：2108-2115

[30] Zhirnov VV，Shenderova OA，Jaeger D L et al (2004) Electron emission properties of detonation nanodiamonds. Phys Solid State 46：657-661

[31] Edmonds MT，Pakes Cl，Mammadov S et al (2011) Surface band bending and electron affinity as a function of hole accumulation density in surface conducting diamond. Appl Phys Lett 98：102101

[32] Zhang C，Andersson T，Svensson S et al (2011) Ionic bonding in free nanoscale NaCl clusters. J Chem Phys 134：124507

[33] Ram S (2001) Allotropic phase transformations in hcp，fcc and bcc metastable structures in Co-nanoparticles. Mater Sci Eng A 304-306：923-927

[34] Oshima Y，Nangou T，Hirayama H，Takayanagi K (2001) Face centered cubic indium nanoparticles studied by UHV-transmission electron microscopy. Surf Sci 476：107-114

[35] Gorbunov BZ，Kokutkina NA，Kutsenogii KP，Moroz EM (1979) Influence of the sizes of silver-iodide particles on their crystal-structure. Kristallografiya 24：334-337 (in Russian)

[36] Johansson J，Dick KA，Caroff P et al (2010) Diameter dependence of the wurtzite-zinc blende transition in InAs nanowires. J Phys Chem C 114：3837-3842

[37] Zhu H，Ma Y，Zhang H et al (2008) Synthesis and compression of nanocrystalline silicon carbide. J Appl Phys 104：123516

[38] Jiang JZ，Olsen JS，Gerward L，Morup S (1998) Enhanced bulk modulus and reduced transition pressure in γ-Fe_2O_3 nanocrystals. Europhys Lett 44：620-626

[39] Haase M，Alivisatos AP (1992) Arrested solid-solid phase transition in 4-nm-diameter cadmium sulfide nanocrystals. J Phys Chem 96：6756-6762

[40] Seo WS，Shim JH，Oh SJ et al (2005) Phase- and size-controlled synthesis of hexagonal and cubic CoO nanocrystals. J Am Chem Soc 127：6188-6189

[41] McHale JM，Auroux A，Perrota A J，Navrotsky A (1997) Surface energies and thermodynamic phase stability in nanocrystalline aluminas. Science 277：788-791

[42] Pitcher MW，Ushakov SV，Navrotsky A et al (2005) Energy crossovers in nanocrystalline zirconia. J Am Ceram Soc 88：160-167

[43] Ramana CV，Vemuri RS，Fernandez I，Campbell AL (2009) Size-effects on the optical properties of zirconium oxide thin films. Appl Phys Lett 95：231905
[44] Lu F，Zhang J，Huang M et al (2011) Phase transformation of nanosized ZrO_2 upon thermal annealing and intense radiation. J Phys Chem C 115：7193-7201
[45] Zhang H，Chen B，Banfield JF (2008) Atomic structure of nanometer-sized amorphous TiO_2. Phys Rev B 78：214106
[46] Biswas K，Muthu SDV，Sood AK et al (2007) Pressure-induced phase transitions in nanocrystalline ReO_3. J Phys Cond Matter 19：436214
[47] Jiang JZ (2004) Phase transformations in nanocrystals. J Mater Sci 39：5103-5110
[48] Sakurai S，Namai A，Hashimoto K，Ohkoshi S-I (2009) First observation of phase transformation of all fur Fe_2O_3 phases. J Am Chem Soc 131：18299-18303
[49] Araujo LL，Giulian R，Sprouster DJ et al (2008) Size-dependent characterization of embedded Ge nanocrystals：Structural and thermal properties. Phys Rev B78：094112
[50] Ikemoto H，Goyo A，Miyanaga T (2011) Size dependence of the local structure and atomic correlations in tellurium nanoparticles. J Phys Chem C115：2931-2937
[51] Penn D (1962) Wave-number-dependent dielectric function of semiconductors. Phys Rev 128：2093-2097
[52] Moss TS (1950) A relationship between the refractive index and the infra-red threshold of sensitivity for photoconductors. Proc Phys Soc B63：167-175
[53] Dionne G，Wooley JC (1972) Optical properties of some $Pb_{1-x}Sn_xTe$ alloys determined from infrared plasma reflectivity measurements. Phys Rev B6：3898-3913
[54] Grzybowski TA，Ruoff AL (1984) Band-overlap metallization of BaTe. Phys Rev Lett 53：489492
[55] Herve P，Vandamme LKJ (1994) General relation between refractive index and energy gap in semiconductors. Infrared Phys Technol 35：609-615
[56] Wang L-W，Zunger A (1994) Dielectric constants of silicon quantum dots. Phys Rev Lett 73：1039-1042
[57] Wang L-W，Zunger A (1996) Pseudopotential calculations of nanoscale CdSe quantum dots. Phys Rev B53：9579-9582
[58] Delerue C，Lannoo M，Allan G (2003) Concept of dielectric constant for nanosized systems. Phys Rev B68：115411
[59] Delerue C，Allan G (2006) Effective dielectric constant of nanostructured Si layers. Appl Phys Lett 88：173117
[60] Nakamura J，Ishihara S，Natori A et al (2006) Dielectric properties of hydrogen-terminated Si (111) ultrathin films. J Appl Phys 99：054309
[61] Pham TA，Li T，Shankar S et al (2010) First-principles investigations of the dielectric properties of crystalline and amorphous Si_3N_4 thin films. Appl Phys Lett 96：062902
[62] Kageshima H，Fujiwara A (2010) Dielectric constants of atomically thin silicon channels with double gate. Appl Phys Lett 96：193102
[63] Arlt G，Hennings D，de With G (1985) Dielectric properties of fine-grained barium titanate ceramic. J Appl Phys 58：1619-1625
[64] Frey MH，Payne DA (1996) Grain-size effect on structure and phase transformations for barium titanate. Phys Rev B 54：3158-3168
[65] Zhao Z，Buscaglia V，Viviani M et al (2004) Grain-size effects on the ferroelectric behavior of dense nanocrystalline $BaTiO_3$ ceramics. Phys Rev B 70：024107
[66] Buscaglia V，Buscaglia MT，Viviani M (2006) Grain size and grain boundary-related effects on the properties of nanocrystalline barium titanate ceramics. J Eur Ceram Soc 26：2889-2898
[67] Curecheriu L，Buscaglia MT，Buscaglia V et al (2010) Grain size effect on the nonlinear dielectric properties of barium titanate ceramics. Appl Phys Lett 97：242909
[68] Smith MB，Page K，Siegrist Th (2008) Crystal structure and the paraelectric-to-ferroelectric phase transition of nanoscale $BaTiO_3$. J Am Chem Soc 130：6955-6963
[69] Golego N，Studenikin SA，Cocivera M (1998) Properties of dielectric $BaTiO_3$ thin films prepared by spray pyrolysis. Chem Mater 10：2000-2005
[70] Chavez E，Fuentes S，Zarate RA，Padilla-Campos L (2010) Structural analysis of nanocrystalline $BaTiO_3$. J Mol Struct 984：131-136
[71] Yashima M，HoshinaT，Ishimura D et al (2005) Size effect on the crystal structure of barium titanate nanoparti-

cles. J Appl Phys 98：014313
[72] Sebald J，Krohns S，Lunkenheimer P et al (2010) Colossal dielectric constants：a common phenomenon in $CaCu_3Ti_4O_{12}$ related materials. Solid State Commun 150：857-860
[73] Ren P，Yang Z，Zhu WG et al (2011) Origin of the colossal dielectric permittivity and magnetocapacitance in $LuFe_2O_4$. J Appl Phys 109：074109
[74] Kalyani AK，Garg R，Ranjana R (2009) Tendency to promote ferroelectric distortion in Pr-modified $PbTiO_3$. Appl Phys Lett 95：222904
[75] Liu XQ，Wu SY，Chen XM，Zhu HY (2008) Giant dielectric response in two-dimensional charge-ordered nickelate ceramics. J Appl Phys 104：054114
[76] Liu XQ，Wu SY，Chen XM，Zhu HY (2009) Temperature-stable giant dielectric response in orthorhombic samarium strontium nickelate ceramics. J Appl Phys 105：054104
[77] Liu XQ，Wu SY，Chen XM (2010) Enhanced giant dielectric response in Al-substituted $La_{1.75}Sr_{0.25}NiO_4$ ceramics. J Alloys Compd 507：230-235
[78] Liping S，Lihua H，Hui Zh et al (2008) La substituted Sr_2MnO_4 as a possible cathode material in SOFC. J Power Sources 179：96-100
[79] Jin C，Liu J (2009) Preparation of $Ba_{1.2}Sr_{0.8}CoO_4+\delta K_2NiF_4$-type structure oxide and cathodic behavioral of $Ba_{1.2}Sr_{0.8}CoO_{4+\delta}$-GDC composite cathode for intermediate temperature solid oxide fuel cells. J Alloys Compd 474：573-577
[80] Huang J，Jiang X，Li X，Liu A (2009) Preparation and electrochemical properties of $La_{1.0}Sr_{1.0}FeO_{1+\delta}$ as cathode material for intermediate temperature solid oxide fuel cells. J Electroceram 23：67-71
[81] Homes CC，Vogt T，Shapiro SM et al (2001) Optical response of high-dielectric-constant perovskite-related oxide. Science 293：673-676
[82] Ni L，Chen XM (2007) Dielectric relaxations and formation mechanism of giant dielectric constant step in $CaCu_3Ti_4O_{12}$ ceramics. Appl Phys Lett 91：122905
[83] Xiao Y，Chen XM，Liu XQ (2008) Stability and microwave dielectric characteristics of $(Ca_{1-x}Sr_x)$ $LaAlO_4$ ceramics. J Electroceram 21：154-159
[84] Shia C-Y，Hu Z-B，Hao Y-M (2011) Structural，magnetic and dielectric properties of $La_{2-x}Ca_xNiO_{4+\delta}$. J Alloys Compd 509：1333-1337
[85] Krohns S，Lunkenheimer P，Kant Ch et al (2009) Colossal dielectric constant up to gigahertz at room temperature. Appl Phys Lett 94：122903
[86] Li W，Auciello O，Premnath RN，Kabius B (2010) Giant dielectric constant dominated by Maxwell-Wagner relaxation in Al_2O_3/TiO_2 nanolaminates synthesized by atomic layer deposition. Appl Phys Lett 96：162907
[87] Hiramatsu T，Tamura T，Wada N (2005) Effects of grain boundary on dielectric properties in fine-grained $BaTiO_3$ ceramics. Mater Sci Eng B 120：55-58
[88] Lunkenheimer P，Bobnar V，Pronin AV et al (2002) Origin of apparent colossal dielectric constants. Phys Rev B 66：052105
[89] Lunkenheimer P，Fichtl R，Ebbinghaus SG，Loidl A (2004) Nonintrinsic origin of the colossal dielectric constants in $CaCu_3Ti_4O_{12}$. Phys Rev B 70：172102
[90] Valdez-Nava Z，Guillemet-Fritsch S，Tenailleau Ch et al (2009) Colossal dielectric permittivity of $BaTiO_3$-based nanocrystalline ceramics sintered by spark plasma sintering. J Electroceram22：238-244
[91] Smith-Rose RL (1934) Electrical measurements on soil with alternating currents. J InstrElectrEng London 80：379
[92] Scott JH，Carroll RD，Cunningham DR (1967) Dielectric constant and electrical conductivity measurements of moist rock：a new laboratory method. J Geophys Res 72：5101-5115
[93] Chelidze TL，Gueguen Y (1999) Electrical spectroscopy of porous rocks：a review. I. Theoretical models. Geophys J Int 137：1-15
[94] Chelidze TL，Gueguen Y，Ruffet C (1999) Electrical spectroscopy of porous rocks：a review. II. Experimental results and interpretation. Geophys J Int 137：16-34
[95] Sommer AP，Zhu D，Bruhne K (2007) Surface conductivity on hydrogen-terminated nanocrystalline diamond：implication of ordered water layers. Cryst Growth Des 7：2298-2301
[96] Sommer AP，Zhu D (2008) From microtornadoes to facial rejuvenation：implication of interfacial water layers. Cryst Growth Des 8：3889-3892

[97] Brovchenko I，Oleinikova A (2008) Interfacial and confined water. Elsevier，Amsterdam

[98] Sommer AP，Hodeck KF，Zhu D et al (2011) Breathing volume into interfacial water with laser light. J Phys Chem Lett 2：562-565

[99] Batsanov SS，Poyarkov KB，Gavrilkin SM (2008) Orientational polarization of molecular liquids in contact with diamond crystals. JETP Lett 88：595-596

[100] Gavrilkin SM，Poyarkov KB，Matseevich BV，Batsanov SS (2009) Dielectric properties of diamond powder. Inorg Mater 45：980-981

[101] Batsanov SS，Poyarkov KB，Gavrilkin SM (2009) The effect of the atomic structure on dielectric properties of nanomaterials. Doklady Phys 54：407-409

[102] Batsanov SS，Poyarkov KB，Gavrilkin SM et al (2011) Orientation of water molecules by the diamond surface. Russ J Phys Chem 85：712-715

[103] Batsanov SS，Gavrilkin SM，Batsanov AS et al (2012) Giant dielectric permittivity of detonation-produced nanodiamond is caused by water. J Mater Chem 22：11166-11172

[104] Nebel CE (2007) Surface-conducting diamond. Science 318：1391-1392

[105] Meyers MA，Mishra A，Benson DJ (2006) Mechanical properties of nanocrystalline materials. Progr Mater Sci 51：427-556

[106] Zhang LL，Zhao XS (2009) Carbon-based materials as supercapacitor electrodes. Chem Soc Rev 38：2520-2531

第9章 相 变

9.1 多晶型

1823 年，Mitscherlich 曾描述过这种多晶型现象，比如相同化学物质存在不同的晶型，在当时人们把它与类质同晶型放在一起研究（见下文）。因此，对于 MCO_3 类型的化合物，当 M 为镁、锌、钴、铁、锰、镉时，它们都是六配位方解石型的碳酸类化合物，而当 M 为锶、铅、钡等大尺寸金属阳离子时，它们都是九配位文石（或霰石）型化合物，因此将它们分为另一类。这种基于化学组成变化产生的同源系化合物的结构规律变化被称作准同形性。对于碳酸钙的改性是众所周知的，人们这样给这类结构类型命名：低温下的形式是方解石，高温下是霰石。方解石和霰石之间的转变是多晶型的一个典型例子。另外，霰石是一个动力学因素占主导作用的典型例子。就方解石而言，在周围环境下，这种形式在热力学上是不稳定的，但是从动力学角度来说，这种转变是受阻的，并且只发生在地质时间尺度上（10^7～10^8 年）。

从结构上看，多晶型转变可以分为两类[1,2]，即以原子配位数变化的“重构转变”（图 9.1）和以原子配位数不变而原子位置发生微小变化的“位移转变”（图 9.2）。对于结构化学而言，前一种转变是最为重要的。因为相变的能量总和不超过固体原子化能的百分之几，所以物相的热力学稳定性的精确计算是非常困难的。到目前为止，最有效的手段是用晶体化学的方法来判断多晶型的原因和结果。

相变也可以用热力学的“级数”来进行分类，这就是吉布斯自由能导数的级数。在本书中主要探讨由压力引起的转变，其中涉及了体积的不连续变化，即一级相变。在二级相变中，就体积而言，与压缩系数成正比的吉布斯自由能的二阶导数是不连续的。在实验上很难区分二级相变和微弱的一级相变。

在晶体结构空隙中紧密堆积的阴阳离子呈现出离子晶体结构，对于这种结构，人们很容易确定对应于不同配位多面体的阴阳离子半径的比例($k_r=r_+/r_-$)。因此，对于一个三角形结构，这个比例的下限值是 $k_r=2/\sqrt{3}-1=0.155$，四面体结构的比例是 $k_r=\sqrt{6}/2-1=0.255$，八面体结构的比例是 $k_r=\sqrt{2}-1=0.414$，立方体结构的比例是 $k_r=\sqrt{3}-1=0.732$。离子化合物的压缩（本质上是阴离子的压缩）使得阴阳离子半径之比 k_r 增加到了一个临界

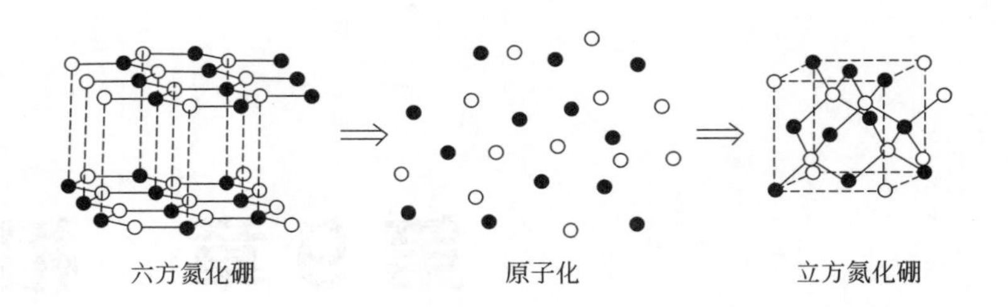

图 9.1 重构相变的实例

注：在没有让初始固体完全原子化之前

（这里是通过引爆氮化硼和"易爆物"的混合物来实现其原子化），

从六方氮化硼转换成立方氮化硼是不可能的，其中配位数由 3 变为 4

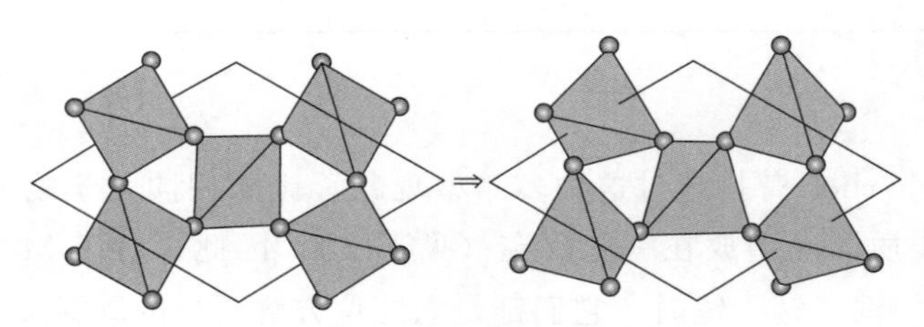

图 9.2 位移相变的实例

注：由 β-石英（高温相）到 α-石英（低温相）的转化。

从六角轴向下看，可以看到类似 O_4（四聚氧）的四面体结构及其晶胞的轮廓

值，于是相变随着配位数 N_c 和堆积密度的增加而发生。当用一个较大的阳离子替换一个较小的阳离子时也出现过类似的现象（如变晶的情况）。然而，因为实际的化学键不是纯粹的离子作用，并且氧离子具有足够的刚性[3]，即使对于氧化物而言，这样简单的模型不总能准确预测晶体结构中原子的配位。如果考虑卤化物结构的配位数，就会出现下面的情况：尽管离子理论成功地预测了配位数的大小顺序为：N_c(MF)＞N_c(MCl)＞N_c(MBr)＞N_c(MI)，但是 N_c(MF)作为一个基准应该小于 N_c(MX)，其中 X＝Cl、Br、I；但是当 $n\geqslant 3$ 时[4]，$N_c(MF_n)$＞$N_c(MX_n)$。

离子模型与实际情况的偏差是由阴离子之间的排斥作用引起的，结构中的不稳定因素不仅取决于阴离子之间的距离，而且取决于原子的有效电荷。为了让排斥效应只与离子大小有关，在定义库仑能量时就有必要对有效电荷平方 $(e^*)^2$ 的差值做一个修正。对于相同阳离子的碱金属卤化物来说，$(e^*)^2$ 比值为：F/Cl＝1.245，Br/Cl＝0.923，I/Cl＝0.826。这些因子乘以理想离子半径（表 1.18）可以得到某些有效值，这些值称为阴离子的能量半径。

F^-	Cl^-	Br^-	I^-	O^{2-}	S^{2-}	Se^{2-}	Te^{2-}
2.30 Å	2.25 Å	2.20 Å	2.15 Å	3.05 Å	2.35 Å	2.25 Å	2.15 Å

从上面的数据可以看出，与晶体化学半径相比，阴离子的能量半径具有相反的大小顺序，这就解释了氟化物 MF 的配位数小于其他卤化物 MX 的原因。

除了考虑排斥效应外，配位数的几何排布和硬度都可以用极性键中原子的真实半径来进

一步改进。基于Born-Landé理论可知，一个离子的硬度取决于玻尔因子 $f_n=n/(n-1)$，其中 n 为排斥玻尔系数。当物质具有氦电子壳层的离子时，玻尔因子为1.25，具有氖电子壳层的离子为1.167，具有氩电子壳层的离子和亚铜电子壳层的离子为1.125，氪和银电子壳层的离子为1.111，氙和金电子壳层的离子为1.091。已知键的电离度，就可以计算出真实的离子半径，采用硬度因子乘以这些离子半径就可以得到真实的阴阳离子半径之比 k_r。由此计算出的配位数与实验观察到的值在结构上能保持80%的一致[5]。

具有方向性的共价键的存在（或有明显的贡献）阻碍了原子的密堆积，所以这些化合物结构的配位数不大于4，但其离子结构的配位数是大于4的。Phillips和Lukowsky[6]通过使用电离因子 $f_i=0.785$ 作为标准来划分配位数为4和6的结构。下面的Wemple方程[7-9]把Pauling（i）键的电离度和Phillips的电离因子关联在一起，即

$$i^2=\frac{f_i}{\varepsilon-1} \tag{9.1}$$

其中 ε 是介电常数（极性键的结晶化合物的值约为4），Phillips电离度临界值对应的 i 为0.5。因此，为了预测配位数，有必要估计物质中键的电离度（见第2章），并且选择计算过程：如果 $i>0.5$，那么就应用几何标准（k_r），如果 $i<0.5$，那么结构的配位数小于4。此方法使得预测值与实验值吻合较好。

在极性键中，键的电离度和原子半径精确计算的难度使得我们很难通过结晶化学方法来预测多晶型转变的参数，而且这样一个通用的物理理论尚未建立。这样就促进了统计法的发展及具有各种坐标[例如电负性(χ)、原子半径(r)、价电子数等]的结构图的建立。因此，在二维平面图中各种结构类型都通过 $\bar{n}$-$\Delta\chi$ 的坐标形式绘制，其中 $\bar{n}$ 为平均主量子数（图9.3）[10-12]，Burdett等人[13]使用原子化能的库仑分量和均匀极化的坐标。

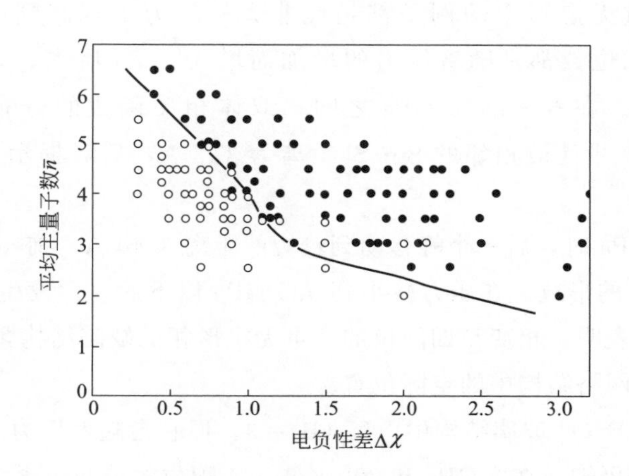

图9.3 AX固体中出现的八面体（图中黑圈）和四面体（白圈）配位

注：由文献[10]允许重印；1959年版权归国际晶体学联合会所有

Pettifor[14-18]基于“化学电负性” χ_A 和 χ_B 描述了 A_nB_m 型化合物的结构。对于复杂的化合物，人们提出了 Z/r_i 和电负性 χ 坐标[19]。Sproul[20]以 $\Delta\chi$ 和 $\bar{x}$ 为坐标描绘出了二元化合物的结构，并且确定了共价键、离子键和金属键物质存在的区域。Burdett[21]考虑过结构

图中电子方面的问题。Tosi[22]绘出了多价和碱土金属卤化物熔融态的结构图。最后，Villars[23-29]用坐标分别为Δr_{AB}、$\Delta\chi_{ab}$和Σv_e绘出了三维图，其中r_{AB}是原子A和B的轨道半径，Σv_e是这些原子的总共价电子数。

在热力学和组成温和变化的情况下，有机固体会发生相变，通常包含分子在晶体空间中的取向的变化（图9.4）。分子本身的几何形状变化较小，其配位数保持不变。因此，如果初始和最终的分子有相似的结构，新相就可以外延生长；如果体系初始和最终的结构有差异，那么生长就是无序（随机）的。在文献［30-34］中考虑了有机物中多晶型的晶体化学和热力学方面的问题。

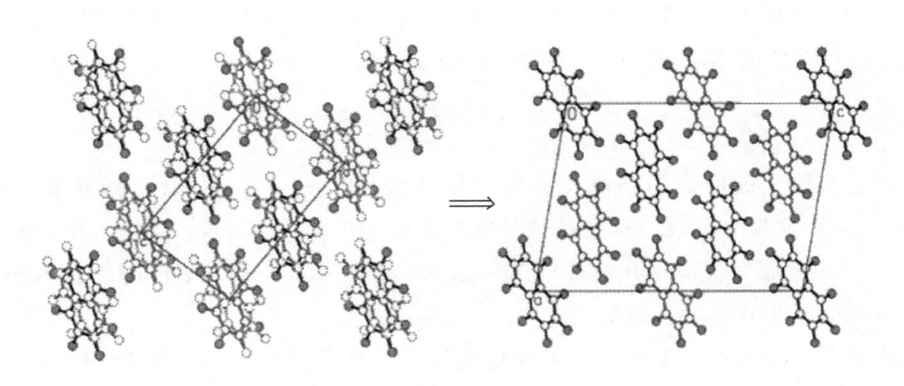

图9.4　从有序到无序相变的实例

注：左图分子（八氟萘）在高温阶段能自动旋转，而右图分子在低温阶段是不旋转的。

经文献［35］许可改编，2010年版权归美国化学学会所有

原则上，无定形固体（在小范围内）可以和晶体固体一样改变它们的原子结构。到目前为止，所有多重无定形态的例子都是在非大气压力下观测到的。因此，发现的无定形硅和液体硅的配位数都是随着压力的增加而增大[36]。后来，人们观察到多重无定形态的转变现象[37]。在3～13.5 GPa之间，双体相关函数的分布显示的主要特征为Si—Si键长2.36 Å，并且最相邻的Si⋯Si距离为3.8 Å，后者揭示了局部四配位的几何构型。

当压力$P>10$ GPa时，后一个峰移动到较短的距离3.40 Å，前一个峰移动到较长的距离，这说明高配位Si的形成。在压力减小到9.5 GPa以下后，会发生相反的变化。分子动力学模拟的构型分析表明，相变与四配位的多重无定形相的缺陷结构紧密相关，构型中的高配位原子占据无定形网络结构中的空隙位置。

在大气条件下的B_2O_3玻璃结构中，$N_c(B)=3$，但它会随着压力和温度的增加而增加。根据X射线衍射数据可知，在8 GPa和300 K时，4配位的结构包含了15%的硼原子；9.5 GPa和300 K时，其结构包含30%的硼原子；9.5 GPa和650 K时，其结构包含45%的硼原子[38]，然而前期的核磁共振研究表明，在2 GPa时仅含有5%硼原子，6 GPa时含有27%硼原子[39]。

一些物质的多种无定形体和结晶多型体之间表现出相互作用。因此，作为一种绝缘体，SnI_4的分子晶体相Ⅰ在大于7.2 GPa时转变成了晶体金属相Ⅱ，在压力为15 GPa时就变成

压力诱导的无定形体，而在61 GPa时重结晶变成了聚合物相Ⅲ的面心立方结构[40]。一旦压缩GeI_4，Ge—I的间距从$P=20$ GPa开始变长，这在物质分解前发生[41]。在压缩条件下，SnO表现出强烈的各向异性：尽管c轴的线性刚度系数为$K_{co}=43$ GPa，而a轴的线性刚度系数$K_{ao}=306$ GPa，所以，a轴是不可压缩的。虽然在大气条件下SnO是亚稳态的，而且在温度升高时分解成Sn和SnO_2，但在一定压力条件下的分解速率比大气条件下的分解速率要高[42,43]。

众所周知，当静压力与样品的剪切变形相结合时，通常在低压下发生相变；因为它也会产生一个剪切变形，所以在冲击波压缩条件下也可能会发生同样的现象。这些影响可以解释为样品的剪切力引起的部分无定形化。相变焓（$\Delta H_{tr}=P_{tr}\Delta V_{tr}$）由两部分组成：破坏原有的有序状态（$W_{des}$）的功和新原子排列形成的功（$W_{for}$），即

$$\Delta H_{tr}=W_{des}+W_{for} \tag{9.2}$$

对于重构相变，$W_{des}=c\Delta H_m$，熔化焓ΔH_m对应于长程有序性的完全破坏（如熔化），c是这种固体破坏的程度（分数）。熔体在10～30 Å的范围内短程有序，然而固体的机械力和固体的冲击研磨把晶粒减小为100 Å，因此$c\leqslant 0.2\pm 0.1$。通过这些c值和式9.3可知，相变压力的降低值为

$$\Delta P_{tr}=P-W_{for}/\Delta V_{tr}\approx 0.2\Delta H_m/\Delta V_{tr} \tag{9.3}$$

ΔH_m是熔化热（见下文），ΔV_{tr}是初始和最终结构的体积差（见第10章）。式9.4给出了以下离子固体的ΔP_{tr}（单位GPa）：ZnO 4.1、ZnS 2.9、ZnSe 1.1；CdS 1.5、CdSe 1.4；NaF 2.5、NaCl 3.1；KF 1.9、KCl 1.2、KBr 1.1、KI 1.3。这些估算值指出了剪切力是如何减小固体的相变压力。当溶体c值为1时，其影响要扩大几倍。

9.2 相变能

由固体到液体、液体到气体及固体到气体所释放的能量分别称为熔化热ΔH_m、蒸发热ΔH_v和升华热ΔH_s。因此，在理想状态下，$\Delta H_s=\Delta H_v+\Delta H_m$。由于通常在不同的温度下研究相变过程，实际上$\Delta H_s\approx\Delta H_v+\Delta H_m$。从结构上看，结晶固体中的$\Delta H_m$对应于长程有序损失的能量，然而$\Delta H_v$和$\Delta H_s$可能对应于不同的过程，并具有不同的数量级。金属的蒸发意味着要断裂金属键，所以金属有很高的升华热ΔH_s，其值等同于原子化能E_a，因此，$\Delta H_s\approx\Delta H_v\gg\Delta H_m$。对于聚合物中共价结构的非金属也有同样的规律（如金刚石）。具有分子结构固体的蒸发需要破坏范德华作用而不是破坏共价键的作用，所以蒸发热ΔH_v要低得多，与熔化热ΔH_m相近。

9.2.1 化合物的熔化热

二元无机化合物的熔化热列在表9.1中，单质的熔化热列在表9.3中。具有分子结构的有机和有机金属晶体的熔化热要小得多。因此，环丁烷的ΔH_m为5.4 kJ/mol，环戊烷为5.8 kJ/mol，环己烷为3.6 kJ/mol，环庚烷为3.8 kJ/mol，环辛烷为3.1 kJ/mol，二茂铁为17.8 kJ/mol[44]，二茂镍为19.0 kJ/mol[45]。

表 9.1　有机化合物的熔化热（kJ/mol）

ν_M	M	F	Cl	Br	I	O	S
Ⅰ	Li	27.1	19.8	17.7	14.6	35.6	
	Na	33.4	28.2	26.2	23.7	47.7	19.0
	K	27.2	26.3	25.5	24.0	27.0	16.2
	Rb	25.8	24.4	23.3	22.1	21.0	
	Cs	21.7	20.4	23.6	25.6	20.0	
	Cu		7.1	7.2	7.9	65.6	9.6
	Ag	16.7	13.0	9.2	9.4	15.5	7.9
	Tl	14.0	15.6	16.4	14.7	30.3	23.0
Ⅱ	Cu	55.0	20.4			49	
	Be	4.8	8.7	18.0	21.0	86	
	Mg	58.7	43.1	39.3	26	77	63
	Ca	30.0	28.0	29.1	41.8	80	70
	Sr	29.7	16.2	10.5	19.7	81	63
	Ba	23.4	15.8	32.2	26.5	46	63
	Zn	40	10.3	15.7	17	70	30
	Cd	22.6	48.6	33.4	15.3		43
	Hg	23.0	19.4	17.9	15.6		26
	Sn	10.5	14.5	18.0	18.0	27.7	31.6
	Pb	14.7[c]	21.8[c]	16.4[c]	23.4[c]	25.6	49.4
	Cr	34	45	45	46		25.5
	Mn	30	30.7	33.5	41.8	43.9	26.1
	Fe	50	43	43	39	24	31.5
	Co	58.1	46.0	43	35	50	30
	Ni	69	78	56	48	50.7	30.1
MX[d]	TiN	VN	CrN	MnN	FeN	CoN	NiN
	50	21	25	36	13.5	45	28
MX	ZnSe	ZnTe	CdTe	HgSe	HgTe	SnTe	PbTe
	24[a]	56[ab]	48.5[e]	28[a]	36[a]	45.2	47.4[f]
M_2O_3	B_2O_3	Al_2O_3	Ga_2O_3	In_2O_3	Tl_2O_3	Sc_2O_3	Y_2O_3
	24.5[g]	111[g]	99.8[g]	105[g]	105[g]	127	105
	La_2O_3	Ti_2O_3	As_2O_3	Sb_2O_3	Bi_2O_3	V_2O_3	Cr_2O_3
	125	92	30.1	61.5	28.4	140	125
M_2S_3	B_2S_3	Al_2S_3	Sb_2S_3	Bi_2S_3	Mo_2S_3		
	48.5	66	65.3	37.2	130		
MO_2	SiO_2	GeO_2	SnO_2	TiO_2	ZrO_2	HfO_2	
	9.6[g]	17.2[g]	23.4[g]	68	90	96	
	MoO_2	WO_2	TcO_2	ReO_2	PtO_2	ThO_2	UO_2
	66.9	48.1	75.3	50.2	19.2	90	78

注：除非特别指定，其余引用文献［46，47］的数据。

a. 数据源自文献［48］；b. 数据源自文献［49-54］；c. 数据源自文献［55］；d. 数据源自文献［56］；e. 数据源自文献［57］；f. 数据源自文献［58］；g. 数据源自文献［59］

已知熔化热，人们可以粗略估计其在液体中短程有序的程度。假设将固体 ZnS、NaCl 和 CsCl（作为典型的例子）分割成尺寸较小的立方块，并计算每个阶段中这些小块的原子数和键数，把这种结构类型的晶体作为研究对象。

表 9.2 显示了 $N=D/a$ 的小块表面和内部原子数及键数，D 是小块的大小，a 是晶胞参数。小块体中的化学键数量与原子的总数之比给出了不同颗粒的平均配位数（$\overline{N}_c$），然而在被“研磨”期间，被破坏的配位多面体中 $\Delta N_c/N_c$ 确定了键的数量。对于 B1、B2 和 B3 类的卤化物来说，这些比值分别为 0.09、0.115 和 0.12，它们对应的$\overline{N}_c$ 值分别为 3.6、5.3 和 7。在对应的熔体中，这些$\overline{N}_c$ 值与实验值 N_c^* 很接近（详见第 7 章）。

表 9.2 由“研磨”方法估算熔体中的短程有序度

结构类型	ZnS		NaCl		CsCl	
键的数量						
顶点	4		24		8	
边缘	$12(N-1)$		$48(N-1)$		$24(N-1)$	
表面	$12(2N^2-2N+1)$		$30(\overline{I}^2-2N+1)$		$24(N-1)^2$	
体积	$4(4N^3-6N^2+3N-1)$		$6(4N^3-6N^2+3N-1)$		$8(N-1)^3$	
总和	$16N^3$		$6(4N^3+4N^2+\overline{n})$		$8N^3$	
原子数量						
顶点	8		8		8	
边缘	$12(N-1)$		$12(N-1)$		$12(N-1)$	
表面	$6(2N^2-2N+1)$		$6(2N^2-2N+1)$		$6(N-1)^2$	
体积	$4N^3-6N^2+3N-1$		$4N^3-6N^2+3N-1$		$(N-1)^3$	
总和	$4N^3+6N^2+3N+1$		$4N^3+21N-11$		$(N+1)^3$	
N	$\overline{N}_c$	$\Delta N_c/N_c$	$\overline{N}_c$	$\Delta N_c/N_c$	$\overline{N}_c$	$\Delta N_c/N_c$
1	1.14	0.72	3.86	0.36	1.00	0.88
2	2.03	0.49	4.76	0.21	2.37	0.70
4	2.80	0.30	5.32	0.11	4.10	0.49
6	3.14	0.21	5.53	0.08	5.05	0.37
10	3.45	0.14	5.71	0.05	6.01	0.25
15	3.62	0.09	5.80	0.03	6.59	0.18
20	3.72	0.07	5.85	0.025	6.91	0.14
25	3.77	0.06	5.88	0.02	7.11	0.11

9.2.2 单质和化合物的升华热

标准热力学条件下单质的升华热（ΔH_s）列在表 9.3 中。ΔH_s周期性的变化（图 9.5）类似于原子化能的变化。金属 $\Delta H_m/\Delta H_s$ 的比值大体上恒定不变（平均为 0.035），对于具有连续共价键网络结构的半导体单质来说，这个比值高了 3 倍左右。然而对于分子结构来说，该比值接近于 1。具有连续成键网络结构的结晶无机物与金属有着大致相同的 $\Delta H_m/\Delta H_s$ 比值。氧化物、卤化物和硫化物的升华热分别列在表 9.4～表 9.6 中。

表 9.3 单质的升华热（上行）和熔化热（下行）(kJ/mol)

Li	Be	B	C	N	O	F	Ne	H	He
159.3	324	565	716.7	472.7	249.2	79.4	2.14	1.028	0.09
3.0	7.9	50.2	117	0.71	0.44	0.51	0.33	0.116	0.018
Na	Mg	Al	Si	P	S	Cl	Ar		
107.5	147.1	330.9	450.0	316.5	277.2	121.3	7.70		
2.6	8.5	10.7	50.2	0.66	1.72	6.40	1.18		
K	Ca	Sc	Ti	V	Cr	Mn	Fe	Co	Ni
89.0	177.8	377.8	473.4	515.5	397.5	283.3	415.5	426.7	430.1
2.3	8.55	14.1	14.15	21.5	21.0	12.9	13.8	16.2	17.5
Cu	Zn	Ga	Ge	As	Se	Br	Kr		
337.4	130.4	272.0	372	302.5	227.2	111.9	10.68		
13.3	7.1	5.6	36.9	24.4	6.7	10.6	1.64		
Rb	Sr	Y	Zr	Nb	Mo	Tc	Ru	Rh	Pd
80.9	164.0	424.7	610.0	733.0	659.0	678	650.6	556	376.6
2.2	7.4	11.4	21.0	30	37.5	33.3	38.6	26.6	16.7
Ag	Cd	In	Sn	Sb	Te	I	Xe		
284.9	111.8	243	301.2	264.4	196.6	106.8	14.93		
11.3	6.2	3.3	7.15	19.8	17.4	15.5	2.27		
Cs	Ba	La	Hf	Ta	W	Re	Os	Ir	Pt
76.5	179.1	431.0	618.4	782.0	851.0	774	787	669	565.7
2.1	7.1	9.7	27.2	36.6	52.3	34.1	57.8	41.1	22.2
Au	Hg	Tl	Pb	Bi	Po	At	Th	Pa	U
368.2	61.4	182.2	195.2	209.6	147.0	97.2	602	563	533
12.55	2.3	4.15	4.8	11.1	12.5		13.8	12.3	9.14
	Ra	Ac							
	159	406							
	7.7	12.0							

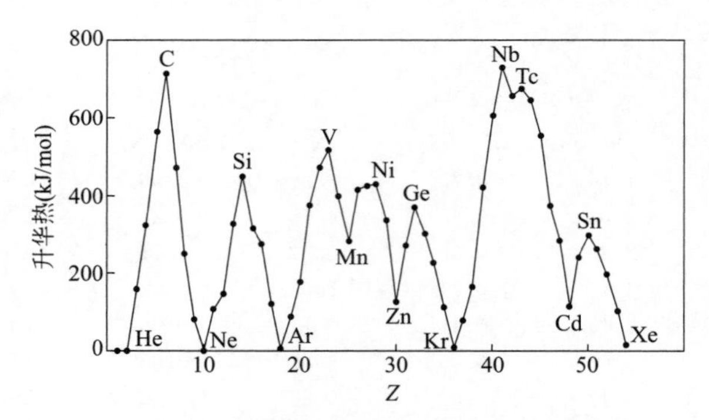

图 9.5 1～5 周期单质固体的升华热（kJ/mol）

表 9.4 金属氧化物的升华热（kJ/mol）

M_2O	Li	Na	K	Rb	Cs	Tl
	425	385	304	272	187	198[a]
MO	Cu	Be	Mg	Ca	Sr	Ba
	462	742[a]	660[a]	679[a]	589[a]	420[a]
	Zn	Cd	Hg	Sn	Pb	Mn
	441[a]	388[a]	184[a]	302[a]	287[a]	509
	Fe	Co	Ni	Pd		
	520	557	505	452		

续表

M_2O_3	Al	Ga	In	As	Sb	Bi
	843	527	439	110	192	290
MO_2	Zr	Hf	Si	Ge	Sn	Pb
	805	872	589[a]	472[a]	536[a]	282[a]

注：a. 数据源自文献［59］

表 9.5 金属硫属化合物的升华热（kJ/mol）

化合物	ΔH_s	文献	化合物	ΔH_s	文献	化合物	ΔH_s	文献
Cs_2Te	160	[60]	ZnSe	377	[64]	SnS	220	[68]
Cu_2Se	126	[61]	ZnTe	332	[64]	SnSe	214	[47]
CuS	316	[47]	CdSe	326	[65]	SnTe	222	[47]
CuSe	215	[61]	CdTe	293	[65]	PbS	233	[69,70]
Ag_2Se	110	[62]	GeS	167	[66]	PbSe	226	[47]
Ag_2Te	160	[63]	GeTe	197	[67]	PbTe	224	[47]

表 9.6 金属卤化物的升华热（kJ/mol）

MX_n	M	X				MX_n	M	X			
		F	Cl	Br	I			F	Cl	Br	I
MX	Li	276	213	195	184	MX_3	Au	364	118	52.8	
	Na	284	230	218	214		B	23.6	38.2		64.0
	K	242	223	216	205		Al	300	119	103	98
	Rb	223	211	203	196		Ga	255	80.3		94.5
	Cs	194	202	202	196		In	335	161	143	119
	Cu		218	226	223		Sc[g]	376	310	276	233
	Ag	214	234	197	221		Y[g]	441	321	293	275
	Au		224	208	224		La[g]	442	326	299	281
	Tl	143	135	133	140		U	470	221	307	
MX_2	Cu	261	220	142			Ti	247	179	176	
	Be	228	134	130	130		V	299	214	188	
	Mg	385	242	226	205		As	46.2	54.4	66.9	95.0
	Ca	436	311	298	279		Sb	102	69.2	78.7	92.5
	Sr	444	348	317	292		Bi	201	116	111	117
	Ba	395	358	343	321		Cr	253	226[h]	237	
	Zn	266	149	144	141		Mn	284			
	Cd	305	196	175	144		Fe	254	141[i]	140[i]	
	Hg	136[a]	79.4	84.1	89.5	MX_4	Ti	99.2	57.1	67.4	98.3
	Sn[b]	168	134	139	149		Zr	238	112[y]	116	128
	Pb	239	186	177	167		Hf	248	102[y]	105	116
	V		246	212	234		C[a]	14.7	43.3	54.5	
	Cr	361	262	239	270		Si	24.7	43.1		66.9
	Mn	319	218	210	208[c]		Ge[a]	31.0	44.6	58.6	87.1
	Fe	316	209	208	173		Sn	146	51.0	57.7	79.1
	Co	312[d]	226	216[e]	192		Th	340	249[f]	197	159
	Ni	317[d]	238	226[e]	214		U	319	213[f]	225	229
	Pt	264					W[j]	465	200	207	218
MCl_4[f]	Nb	Ta	Mo	W	Tc	MCl_4[f]	Re	Ru	Os	Rh	Ir
	128	144	113	160	112		141	109	147	83	115

注：a. 数据源自文献［71］；b. 数据源自文献［55］；c. 数据源自文献［72］；d. 数据源自文献［73］；e. 数据源自文献［74］；f. 数据源自文献［75］；g. 数据源自文献［76］；h. 数据源自文献［77］；i. 数据源自文献［78］；j. 数据源自文献［79］

结晶化合物的配位数超过了它们自身的化学价，从而导致每个键具有更低的电子密度和更高的键极性。依赖于原子电荷的升华热首次被 Fajans[80]（或文献［81］）提出，后来由 Urusov[82] 提出。这种依赖关系通过比较极性化合物的升华热可以得到解释，而这些极性化合物中对应不同单质的化学键都是理想的共价键。以最合适的碱金属卤化物为例，从一个晶体到分子状态的改变只表现在化学键的极性上。所以化合物的升华热超过了其各个组分的加和。

由于存在弱的范德华作用，分子固体的升华热相当低[83,84]。一般来说，升华热随着分子大小的增加而增加，例如甲烷为 9.20 kJ/mol，乙烷为 20.09 kJ/mol，丙烷为 27.43 kJ/mol，苯为 49.68 kJ/mol，萘为 72.63 kJ/mol，二茂铁为 73.42 kJ/mol 。对于单质来说，升华热随着极化率的增加而增大，例如 N_2、Ar 和 I_2 的升华热分别为 6.88 kJ/mol、7.73 kJ/mol 和 62.44 kJ/mol。尽管极性分子的极化率较低，但是还是有较高的升华热。这是因为存在离子偶极的相互作用以及氢键作用，HCl 的升华热为 20.08 kJ/mol ，N_2O 的升华热为 24.15 kJ/mol，CO_2 的升华热为 6.19 kJ/mol，NH_3 的升华热为 29.22 kJ/mol ，H_2O 的升华热为 47.35 kJ/mol。

9.2.3 化合物的蒸发热

如前所述，蒸发热可以通过升华热和熔化热之差得到。从 1910 到 2010 年，科研工作者已经直接测得了不同物质的蒸发热的数值[85]。表 9.7 列出了这些数据，它们取自文献［86］和参考书［47］。与表 9.6 的对比表明，物质的蒸发热接近于升华热。

表 9.7 有机和无机金属化合物的蒸发热（kJ/mol）

AH_n	ΔH_v	AF_n	ΔH_v	ACl_n	ΔH_v	ABr_n/AI_n	ΔH_v
HF	25.2	S_2F_2	14.9	S_2Cl_2	41.1	S_2Br_2	53.9
HCl	16.2	BeF_2	213.0	SCl_2	43.8	BBr_3	30.5
HBr	17.6	XeF_2	53.5	$BeCl_2$	105	$AlBr_3$	23.5
HI	19.8	BF_3	19.3	$ZnCl_2$	126	$GaBr_3$	38.9
H_2O_2	48.5	PF_3	16.5	$CdCl_2$	124.3	NBr_3	44.1
H_2O	40.6	AsF_3	20.8	$HgCl_2$	58.9	PBr_3	48.5
H_2S	19.5	ClF_3	27.5	$SnCl_2$	86.8	$AsBr_3$	41.8
H_2Se	19.7	BrF_3	47.6	$PbCl_2$	127	$SbBr_3$	59
H_2Te	19.2	CF_4	13.5	$CrCl_2$	197	$BiBr_3$	75.4
B_2H_6	14.3	SiF_4	15.4	$CoCl_2$	169.0	CBr_4	38.1
NH_3	22.7	SF_4	21.1	$NiCl_2$	147.2	$SiBr_4$	37.9
N_2H_4	41.8	SeF_4	46.4	BCl_3	23.8	$GeBr_4$	46.6
PH_3	14.6	TeF_4	34.3	$GaCl_3$	23.9	$SnBr_4$	43.5
P_2H_4	28.8	XeF_4	60.0	NCl_3	32.9	$TiBr_4$	44.4
AsH_3	16.7	VF_5	44.5	PCl_3	32.6	ZnI_2	117
SbH_3	21.3	NbF_5	52.3	$AsCl_3$	35.0	CdI_2	115
CH_4	8.2	TaF_5	56.9	$SbCl_3$	45.2	HgI_2	64.0
C_2H_2	16.3	PF_5	17.2	$BiCl_3$	72.6	PbI_2	104
C_2H_4	14.0	AsF_5	20.8	CCl_4	29.8	BI_3	40.5
C_2H_6	14.7	MoF_5	51.8	$SiCl_4$	29.9	AlI_3	32.2
SiH_4	12.1	BrF_5	30.6	$GeCl_4$	27.9	GaI_3	56.5

续表

AH_n	ΔH_v	AF_n	ΔH_v	ACl_n	ΔH_v	ABr_n/AI_n	ΔH_v
Si_2H_6	21.2	IF_5	41.3	$SnCl_4$	34.9	InI_3	95.4
GeH_4	14.1	ReF_5	58.1	$TiCl_4$	37.5	PI_3	43.9
Ge_2H_6	25.1	OsF_5	65.6	$ZrCl_4$	51.5	AsI_3	56.5
SnH_4	19.0	SF_6	17.1	VCl_4	41.4	SbI_3	68.6
C_4H_8	24.1	SeF_6	18.3	$TeCl_4$	77.0	BiI_3	77.7
C_5H_{10}	28.5	TeF_6	18.8	$NbCl_5$	52.7	SiI_4	50.2
C_6H_{12}	33.0	MoF_6	29.0	$TaCl_5$	54.8	GeI_4	64.2
C_6H_6	33.8	WF_6	25.8	$MoCl_5$	62.8	SnI_4	57.2
C_7H_{14}	38.5	OsF_6	28.1	WCl_6	52.7	TiI_4	58.5
C_8H_{16}	43.4	IrF_6	30.9				
		UF_6	29.5				
$M(CH_3)_2$	ΔH_v	$M(CH_3)_3$	ΔH_v	$M(CH_3)_4$	ΔH_v	$M(C_5H_5)_2$	ΔH_v
Zn	30.0	B	22.0	Si	25.5	Cr	49.5
Cd	37.3	Al	40.0	Ge	27.8	Fe	47.3
Hg	35.6	Tl	39.2	Sn	32.1	Os	56.3
Te	35.1	As	28.3	Pb	36.9	Ru	53.6
		Sb	30.0				
		Bi	35.5				

有机化合物的蒸发热具有加和性，可以表示成各个原子、化学键或者自由基的增量总和。因此，Korolev 等人[87]推导出公式 $\Delta H_v(\text{kJ/mol})=\Delta H_{vX}+\Delta H_{vCH}$[85]，其中 ΔH_{vX} 和 ΔH_{vCH} 分别是 X 和 C—H 键的蒸发增量，或者也可以更一般地概括成如下等式

$$\Delta H_v(\text{kJ/mol})=4.69(n_C-n_Q)+1.3n_Q+a+3.0$$

其中 n_C 是所有碳原子的总和，n_Q 是所有四价碳原子的总和，a 是原子团的增量。表 9.8 列出了不同官能团对分子蒸发焓的贡献值[88]。

表 9.8 有机化合物的蒸发焓的增量 (kJ/mol)

种类	基团	a	种类	基团	a	种类	基团	a
酸	—COOH	38.8	酰胺	—CONH	42.5	酮	>CO	10.5
乙醇	—OH	29.4	氯化物	—Cl	10.8	腈	—CN	16.7
醛	—CHO	12.9	溴化物	—Br	14.4	硝基	$—NO_2$	22.8
伯酰胺	$—NH_2$	14.8	碘化物	—I	18.0	氮	=N—	12.2
仲酰胺	>NH	8.9	酯	—COO	10.5	硫化物	>S	13.4
叔酰胺	>N—	6.6	醚	>O	5.0	巯基	—SH	13.9

对于烷烃或腈及烷基叠氮化物，蒸发焓与碳原子数呈线性关系。单叠氮化物 $CH_3—(CH_2)_n—N_3$ 中碳原子数的蒸发焓遵循等式：$\Delta H_v=16.6+5.8N_c$。双叠氮化物 $N_3—(CH_2)_n—N_3$（$n=3\sim6$）中碳原子数的蒸发焓可以用等式 $\Delta H_v=33.3+6.6N_c$[89]来描述。

9.2.4 相变焓

虽然升华和熔化是有着结构和聚集态变化的一级相变，但是在相同聚集态下，晶体中多晶型转变也同样改变结构。所以这一转变的相变焓比 ΔH_s 小得多，与 ΔH_m 大小相当。表 9.9 和表 9.10 分别列出了一些单质和化合物的相变焓值。

表 9.9 单质的相变焓（kJ/mol）

M	ΔH_{tr}	ΔH_m	M	ΔH_{tr}	ΔH_m	M	ΔH_{tr}	ΔH_m
Ac[a]		10.8	Hf	6.7	27.2	Sc	4.0	14.1
Be[b]	6.1	7.9	La[a]	3.56	9.70	Sm[a]	3.27	12.4
C	2.1	117	Li	0.04	3.00	Sn	2.1	7.15
C_{60}	6.5[c,d]		Na	0.03	2.60	Sr	0.75	7.40
C_{70}	5.9[d]		Ni	0.58	17.5	Tb[a]	4.90	15.8
Ca	0.9	8.55	Mn	6.23	12.9	Th[a]	3.5	17.3
Ce[a]	3.06	8.64	Nd[a]	2.48	9.78	Ti	5.77	14.15
Co	0.45	16.2	Pa[a]	6.6	18.9	Tl	0.4	4.15
Fe	1.11	13.8	Pr[a]	3.12	10.0	U[a]	7.47	15.9
Gd	3.94	13.74	S	0.40	1.72	Y	5.0	11.4
						Zr	5.9	21.0

注：a. 数据源自文献［90］；b. 数据源自文献［91］；c. 数据源自文献［92］；d. 数据源自文献［93］；e. 数据源自文献［94］

表 9.10 选择的化合物的多晶型转变焓 ΔH_{tr}（kJ/mol）

化合物	N_c	ΔH_{tr}	化合物	转型	ΔH_{tr}
KBr	6→8	0.14[a]	SiO_2	石英→方石英	2.7[h]
KI	6→8	0.66[a]		石英→柯石英	4.9[h]
RbBr	6→8	0.43[a]		石英→斯石英	49.2[h]
RbI	6→8	0.48[a]	GeO_2	金红石→石英	22.0[h]
CsF	6→8	6.28		金红石→玻璃	41.2[h]
CsCl	8→6	3.76	TiO_2	金红石→板钛矿	0.9[h]
NH_4Cl	8→6	5.60		金红石→锐钛矿	2.9[h]
NH_4Br	8→6	3.99	ZrO_2	单斜相→四方相	5.43[i]
NH_4I	8→6	3.39	Al_2O_3	α→γ	18.8[h]
CuCl	α→β	3.97	Sb_2O_3	立方→正交	13.4
CuBr	α→γ	10.4	Cr_2O_3	α→γ	92.3[h]
CuI	α→γ	10.8	Mn_2O_3	α→γ	33.8[h]
AgI	α→β	7.53	Fe_2O_3	α→γ	16.7[h]
BeF_2	α→β	0.31	KNO_3	α→β	5.00[j]
CaF_2	α→β	4.77	NH_4NO_3	T=305 K	1.59[j]
PbF_2	9→8	2.09		T=398 K	4.22[j]
$PtCl_2$	α→β	0.17	$RbNO_3$	T=166 K	3.98[j]
AlF_3	α→β	0.56		T=228 K	2.72[j]
InI_3	5.16[b]			T=278 K	1.46[j]
YF_3	A	32.4	$AgNO_3$	T=433 K	2.55[j]
PbO	B	0.42	Li_2SO_4	T=848 K	25.5

续表

化合物	N_c	ΔH_{tr}	化合物	转型	ΔH_{tr}
ZnS	C	5.0[c]	Na_2SO_4	T=512 K	11.25
CdS	4→4	0.50[d]	K_2SO_4	T=857 K	8.95
HgS	6→4	18.0	Rb_2SO_4	T=928 K	4.18
SnS		6.0[e]	Ag_2SO_4	T=700 K	18.7
PbS	4→4	0.3[d]	$MgSiO_3$	焦绿石→石榴石	37.0[c]
FeS	α→β	2.88		焦绿石→钛铁矿	59.2[c]
CdTe	4→4	2.0[d]	$MgGeO_3$	焦绿石→钛铁矿	7.5[c]
SnTe		0.21[e]	$CaGeO_3$	石榴石→钙钛矿	43.3[c]
PbTe	4→4	0.35[d]	$CdTiO_3$	钛铁矿→钙钛矿	15.0[c]
ZrTe	6→6	8.3[f]	Mg_2SiO_4	橄榄石→尖晶石	31.8[c]
Cu_2S	α→β	6.8	Fe_2SiO_4	橄榄石→尖晶石	16.3[c]
$GeSe_2$		1.24[g]	Co_2SiO_4	橄榄石→尖晶石	9.0[c]

注：A—正交→六方；B—四方→正交；C—闪锌矿→纤锌矿。

a. 数据源自文献［95］；b. 数据源自文献［96］；c. 数据源自文献［97］；d. 数据源自文献［98］；e. 数据源自文献［99］；f. 数据源自文献［100］；g. 数据源自文献［101］；h. 数据源自文献［102］；i. 数据源自文献［103］；j. 数据源自文献［104］

在相图中，这些值取决于给定成分的位置，而且变化非常大。在其他条件相同的情况下，相变热取决于结构重排的程度。所以，对于 CdS、CdTe、PbS 和 PbTe 来讲，由闪锌矿→纤锌矿（其中四配位的金属被保留下来）转变的相变焓值 ΔH_{tr} 分别为 0.5 kJ/mol、2.0 kJ/mol、0.3 kJ/mol 和 0.35 kJ/mol；同种化合物转变成 NaCl 型结构需要的相变焓分别为 20.6 kJ/mol、16.0 kJ/mol、2.3 kJ/mol 和 3.0 kJ/mol[98]。Reznitskii[102]分析了氧化物的热力学性质对阳离子配位的依赖。他发现了结晶氧化物的某种相关性，展示了基于这些物质的结构来预测它们的能量性质的可能性。因此，晶体在相变过程中的焓可以在大约在 1 到数百千焦/摩尔的范围内变化，这取决于结构变化的性质，例如结构的扭曲，短程有序或长程有序的失去，或离解成气相中的分子或独立原子。

参考文献

[1] Buerger MJ (1951) Phase transformations in solids. Wiley, New York

[2] Toledano P, Dmitriev V (1996) Reconstructive phase transitions. World Scientific, Singapore

[3] Prewitt CT (1985) Crystal-chemistry-past, present, and future. Amer Miner 70: 443-454

[4] Batsanov SS (1983) On some crystal-chemical peculiarities of simple inorganic halogenides. Zhurnal Neorganicheskoi Khimii 28: 830-836 (in Russian)

[5] Batsanov SS (1986) Experimental foundations of structural chemistry. Standarty, Moscow (in Russian)

[6] Phillips JC, Lukowsky G (2009) Bonds and bands in semiconductors, 2nd ed Academic, New York

[7] Wemple SH (1973) Effective charges and ionicity. Phys Rev B7: 4007-4009

[8] WempleSH (1973) Refractive-index behavior of amorphous semiconductors and glasses. Phys Rev B7: 3767-3777

[9] Revesz AG, Wemple SH, Gibbs GV (1981) Structural ordering related to chemical bonds in random networks. J Physique 42: C4-217-C4-219

[10] Mooser E, Pearson WB (1959) On the crystal chemistry of normal valence compounds. Acta Cryst 12: 1015-1022

[11] Watson RE, Bennet LH (1978) Transition-metals-d-band hybridization, electronegativities and structural stability of intermetallic compounds. Phys Rev B18: 6439-6449

[12] Watson RE, Bennet LH (1982) Structural maps and parameters important to alloy phase stability. MRS Proceedings 19: 99-104

[13] Burdett JK, Price GD, Price SL (1981) Factors influencing solid-state structure—an analysis using

pseudopotential radii structural maps. Phys. Rev. B 24：2903-2912

[14] Pettifor DG (1984) A chemical-scale for crystal-structure maps. Solid State Commun 51：3134

[15] Pettifor DG (1985) Phenomenological and microscopic theories of structural stability. J Less- Comm Met 114：7-15

[16] Pettifor DG (1986) The structures of binary compounds：phenomenological structure maps. J Phys C19：285-313

[17] Pettifor DG (1992) Theoretical predictions of structure and related properties of intermetallics. Mater Sci Technol 8：345-349

[18] Pettifor DG (2003) Structure maps revisited. J Phys Cond Matter 15：V13-V16

[19] Dudareva AG，Molodkin AK，Lovetskaya GA (1988) The prediction of compound formation in GaX_3-MX_n and InX_3-MX_n systems，where X =Cl，Br，I. Russ J Inorg Chem 33：916-917

[20] Sproul G (1994) Electronegativity and bond type：evaluation of electronegativity scales. J Phys Chem 98：6699-6703

[21] Burdett JK (1997) Chemical bond：a dialog. Wiley，Chichester

[22] Tosi MP (1994) Melting and liquid structure of polyvalent metal-halides. Z Phys Chem 184：121-138

[23] Villars P (1983) A 3-dimensional structural stability diagram for 998 binary AB intermetallic compounds. J Less Comm Met 92：215-238

[24] Villars P (1984) A 3-dimensional structural stability diagram for 1011 binary AB_2 intermetallic compounds. J Less Comm Met 99：33-43

[25] Villars P (1984) 3-dimensional structural stability diagrams for 648 binary AB_3 and 389 binary A_3B5 intermetallic compounds. J Less Comm Met 102：199-211

[26] Villars P (1985) A semiempirical approach to the prediction of compound formation for 3486 binary alloy systems. J Less Comm Met 109：93-115

[27] Villars P (1986) A semiempirical approach to the prediction of compound formation for 96446 ternary alloy systems，Ⅱ. J Less Comm Met 119：175-188

[28] Villars P，Phillips JC (1988) Quantum structural diagrams and high-T_c superconductivity. Phys Rev B37：2345-2348

[29] Rabe KM，Phillips JC，Villars P，Brown ID (1992) Global multinary structural chemistry of stable quasicrystals，high-T_c ferroelectrics，and high-T_c superconductors. Phys Rev B45：7650-7676

[30] Ubbelode AR (1978) The molted state of matter. Wiley，New York

[31] Mnyukh Yu (2001) Fundamentals of solid state phase transitions，ferromagnetism and ferrolectricity. 1st Books Library，Washington DC

[32] Bernstein J (2002) Polymorphism in organic crystals. IUCR Monograph on Crystallography，No. 14. Clarendon Press，Oxford

[33] Herbstein FH (2006) On the mechanism of some first-order enantiotropic solid-state phase transitions. Acta Cryst B 62：341-383

[34] Braga D，Grepioni F (2000) Organometallic polymorphism and phase transitions. Chem Soc Rev 29：229-238

[35] Ilott AJ，Palucha S，Batsanov AS et al (2010) Elucidation of structure and dynamics in solid octafluoronaphthalene. J Am Chem Soc 132：5179-5185

[36] Tsuji K，Hattori T，Mori T et al (2004) Pressure dependence of the structure of liquid group 14 elements. J Phys Cond Matter 16：S989-S996

[37] Daisenberger D，Wilson M，McMillan PF et al (2007) High-pressure X-ray scattering and computer simulation studies of density-induced polyamorphism in silicon. Phys Rev B75：224118

[38] Brazhkin VV，Katayama Y，Trachenko K et al (2008) Nature of the structural transformations in B_2O_3 glass under high pressure. Phys Rev Lett 101：035702

[39] Lee SK，Mibe K，Fei Y et al (2005) Structure of B_2O_3 glass at high pressure. Phys Rev Lett 94：165507

[40] Hamaya N，Sato K，Usui-Watanaba K et al (1997) Amorphization and molecular dissociation of SnI_4 at high pressure. Phys Rev Lett 79：4597-4600

[41] Itie JP (1992) X-ray absorption-spectroscopy under high-pressure. Phase Trans 39：81-98

[42] Giefers H，Porsch F，Wortmann G (2005) Thermal disproportionation of SnO under high pres-

sure. Solid State Ionics 176：1327-1332

[43] Giefers H，Porsch F，Wortmann G (2006) Structural study of SnO at high pressure. Physica B 373：76-81

[44] Bashir-Hashemi A，Chickos JS，Hanshaw W et al (2004) The enthalpy of sublimation of cubane. Thermochim Acta 424：91-97

[45] Rojas A，Vieyra-Eusebio MT (2011) Enthalpies of sublimation of ferrocene and nickelocene. J Chem Thermodyn 43：1738-1747

[46] Lide DR (ed) (2007-2008) Handbook of chemistry and physics，88th edn. CRC Press，New York

[47] Glushko VP (ed) (1981) Thermochemical constants of substances. USSR Acad Sci，Moscow (in Russian)

[48] Kulakov MP (1990) Change of specific volume of $A^{II}B^{VI}$ compounds on melting. Inorg Mater 26：1947-1950

[49] Nasar A，Shamsuddin M (1990) Thermodynamic properties of ZnTe. J Less Comm Met 161：93-99

[50] Nasar A，Shamsuddin M (1990) An investigation of thermodynamic properties of cadmium sulphide. Thermochim Acta 197：373-380

[51] Nasar A，Shamsuddin M (1990) Thermodynamic properties of cadmium telluride. High Temp Sci 28：245-254

[52] Nasar A，Shamsuddin M (1990) Thermodynamic properties of cadmium selenide. J Less Comm Met 158：131-135

[53] Nasar A，Shamsuddin M (1990) Thermodynamic investigations of mercury telluride. J Less Comm Met 161：87-92

[54] Nasar A，Shamsuddin M (1992) Investigations of the thermodynamic properties of zinc chalcogenides. Thermochim Acta 205：157-169

[55] Gurvich LV，Veyts IV，Alcock CB (eds) (1994) Thermodynamical properties of individual substances. CRC Press，Boca Raton，FL

[56] Guillermet AF，Frisk K (1994) Thermochemical assessment and systematics of bonding strengths in solid and liquid "MeN" 3d transition-metal nitrides. J Alloys Comp 203：77-89

[57] Shamsuddin M，Nasar A (1988/1989) Thermodynamic properties of cadmium telluride. High Temp Sci 28：245-254

[58] Huang Y，Brebrick RF (1988) Partial pressures and thermodynamic properties for lead telluride. J Electrochem Soc 135：486-496

[59] Lamoreaux RH，Hildenbrand DL，Brewer L (1987) High-temperature vaporization behavior of oxides of Be，Mg，Ca，Sr，Ba，B，Al，Ga，In，Tl，Si，Ge，Sn，Pb，Zn，Cd，and Hg. J Phys Chem Refer Data 16：419-443

[60] Portman R，Quin M，Sagert N et al (1989) A Knudsen cell mass-spectrometer study of the vaporization of cesium telluride and cesium tellurite. Thermochim Acta 144：21-31

[61] Piacente V，Scardala P (1994) A study on the vaporization of copper (Ⅱ) selenide. J Mater Sci Lett 13：1343-1345

[62] Scardala P，Piacente V，Perro D (1990) Standard sublimation enthalpy of solid Ag_2Se. J Less-Comm Met 162：11-21

[63] Adami M，Ferro D，Piacente V，Scardala P (1987) Vaporization behavior and sublimation enthalpy of solid Ag_2Te. High Temp Sci 23：173-186

[64] Bardi G，Trionfetti G (1990) Vapor-pressure and sublimation enthalpy of zinc selenide and zinc telluride. Thermochim Acta 157：287-294

[65] Bardi G，Ieronimakis K，Trionfetti G (1988) Vaporization enthalpy of cadmium selenide and telluride. Thermochim Acta 129：341-343

[66] O'Hare PAG，Curtiss LA (1995) Thermochemistry of germanium + sulfur. J Chem Thermodyn 27：643-662

[67] Tomaszkiewicz I，Hope GA，O'Hare PAG (1995) Thermochemistry of germanium + tellurium. J Chem Thermodyn 27：901-919

[68] Wiedemeier H，Csillag FJ (1979) Equilibrium sublimation and thermodynamic properties of SnS. Thermochim Acta 34：257-265

[69] Botor J，Milkowska G，Konieczny J (1989) Vapor-pressure and thermodynamics of PbS (s). Thermochim Acta 137：269-279

[70] Konieczny J，Botor J (1990) The application of a thermobalance for determining the vapour pressure and thermodynamic properties. J Therm Analys Calorimetry 36：2015-2019.

[71] Acree W，Chickos JS (2010) Phase transition enthalpy measurements of organic and organometallic compounds. Sublimation，vaporization and fusion enthalpies from 1880 to 2010. J Phys Chem Refer Data 39：043101

[72] Nikitin MI，Rakov EG，Tsirel'nikov VI，Khaustov SV (1997) Enthalpies of formation of manganese di-and trifluorides. Russ J Inorg Chem 42：1039-1042

[73] Brunetti B，Piacente V (1996) Torsion and Knudsen measurements of cobalt and nickel difluorides and their standard sublimation enthalpies. J Alloys Comp 236：63-69

[74] Bardi G，Brunetti B，Ciccariello E，Piacente V (1997) Vapour pressures and sublimation enthalpies of cobalt and nickel dibromides. J Alloys Comp 247：202-205

[75] Ionova GV (2002) Thermodynamic properties of halide compounds of tetravalent transactinides. Russ Chem Rev 71：401-416

[76] Struck CW，Baglio JA (1991) Estimates for the enthalpies of formation of rate-earth solid and gaseous trihalides. High Temp Sci 31：209-237

[77] Hackert A，Plies V (1998) Eine neuemethodezurmessung von temperaturabhangigen par- tialdrucken in geschlossenensystemen. Die bestimmung der bildungsenthalpie und-entropie von PtI_2 (s) . Z anorgallgem Chem 624：74-80

[78] Parker VB，Khodakovskii IL (1995) Thermodynamic properties of the aqueous ions (2 + and 3 +) of iron and the key compounds of iron. J Phys Chem Refer Data 24：1699-1745

[79] Dittmer G，Niemann U (1981) Heterogeneous reactions and chemical-transport of tungsten with halogens and oxygen under steady-state conditions of incandescent lamps. Philips J Res 36：87-111

[80] Fajans K (1967) Degrees of polarity and mutual polarization of ions in the molecules of alkali fluorides，SrO and BaO. Struct Bonding 3：88-105

[81] Gopikrishnan CR，Jose D，Datta A (2012) Electronic structure，lattice energies and Born exponents for alkali halides from first principles. AIP Advances 2：012131

[82] Urusov VS (1975) Energetic crystal chemistry. Nauka，Moscow (in Russian)

[83] Rojas-Aguilar A，Orozco-Guareo E，Martinez-Herrera M (2001) An experimental system for measurement of enthalpies of sublimation by d. s. c. J Chem Thermodyn 33：1405-1418

[84] Lobo LQ，Ferreira AGM (2001) Phase equilibria from the exactly integrated Clapeyron equation. J Chem Thermodyn 33：1597-1617

[85] Chickos JS，Acree WE (2003) Enthalpies of vaporization of organic and organometallic compounds，1880-2002. J Phys Chem Refer Data 32：519-878

[86] Huron M-J，Claverie P (1972) Calculation of interaction energy of one molecule with its whole surrounding. J Phys Chem 76：2123-2133

[87] Korolev GV，Il'in AA，Sizov EA et al (2000) Increments of enthalpy of vaporization of organic compounds. Russ J General Chem 70：1020-1022

[88] Chickos JS，Zhao H，Nichols G (2004) The vaporization enthalpies and vapor pressures of fatty acid methyl esters. Thermochim Acta 424：111-121

[89] Verevkin SP，Emel'yanenko VN，Algarra M et al (2011) Vapor pressure and enthalpies of vaporization of azides. J Chem Thermodyn 43：1652-1659

[90] Konings RJM，Benes O (2010) Thermodynamic properties of the f-elements and their compounds：the lanthanide and actinide metals. J Phys Chem Refer Data 39：043102

[91] Kleykamp H (2000) Thermal properties of beryllium. Thermochim Acta 345：179-184

[92] Digonskii VV，Digonskii SV (1992) Laws of the diamond formation. Nedra，St. Peterburg (in Russian)

[93] Diky VV，Kabo GJ (2000) Thermodynamic properties of C_{60} and C_{70} fullerenes. Russ Chem Rev 69：95-104

[94] Peletskii VE，Petrova II，Samsonov BN (2001) Investigation of the heat of polymorphous transformation in zirconium. High Temp Sci 39：666-669

[95] Pistorius CWFT (1965) Polymorphic transitions of alkali bromides and iodides at high pressures to 200℃. J Phys Chem Solids 26：1003-1011
[96] Titov VA，Chusova TP，Stepin Yu G (1999) On thermodynamic characteristics of In-I system compounds. Z Anorg Allgem Chem 625：1013-1018
[97] Balyakina IV，Gartman VK，Kulakov MP，Peresada GI (1990) Phase transition in cadmium selenide. Inorg Mater 26：2147-2149
[98] Leute V，Schmidt R (1991) The quasiternary system ($Cd_k Pb_{1-k}$) ($S_L Te_{1-L}$). Z Phys Chem 172：81-103
[99] Leute V，Brinkmann S，Linnenbrink J，Schmidtke HM (1995) The phase diagram of the quasi-ternary system (Sn，Pb) (S，Te). Z Naturforsch 50a：459-467
[100] Orlygsson G，Harbrecht B (2001) Structure，properties，and bonding of ZrTe (MnP type)，a low-symmetry，high-temperature modification of ZrTe (WC type). JAm Chem Soc 123：41684173
[101] St0len S，Johnsen H-B，Abe R et al (1999) Heat capacity and thermodynamic properties of $GeSe_2$. J Chem Thermodyn 31：465-477
[102] Reznitskii LA (2000) Energetics of crystalline oxides. Moscow Univ Press，Moscow (in Russian)
[103] Moriya Y，Navrotsky A (2006) High-temperature calorimetry of zirconia：heat capacity and thermodynamics of the monoclinic-tetragonal phase transition. J Chem Thermodyn 38：211223
[104] Breuer K-H，Eysel W (1982) The calorimetric calibration of differential scanning calorimetry cells. Thermochim Acta 57：317-329

第 10 章　极限条件

目前发现的晶体结构数量已超过 50 万，绝大多数能够在特定的大气条件下或者在较低的温度下利用液态氮的冷却装置（沸点 77 K）测定。然而，科学技术的发展越来越依赖于涉及极限条件的技术。值得注意的是，多年来，改变温度一直是结构研究中改变热力学条件的主要方式，例如降低温度以减少原子热振动，并获得更精确的结构数据，或研究相变和低温相，或用于结晶和研究在正常条件下是液态、气态或不稳定的物质。另一种方法是在高压的条件下对结构进行研究。压力对于相转变和新相的产生、分子构象和结构的转变、聚合以及结构-性质相互关系具有较大的影响，这些研究也是化学家和物理学家探索的热点。关于物质在极端条件下的稳定性的知识还远远不够完整：通常很难预测压力诱导的反应和转化，因此在本章中，将重点分析相关的实验数据。

在过去的几十年间，高压结晶学已经发展为一种能够熟练应用于实验室和专用同步加速器以及中子设备的技术。压力研究为晶体结构的分析增加了一个新的热力学维度，并且拓展了对固体和材料的理解。利用目前已有的高压技术，能够在原子层面对相图，多形态、不同相和凝聚力之间的转变，结构-性质相互作用的热力学新领域进行深层次的研究。因此，物质在高压和标准压力下的化学状态有很大的不同。在常压下，氧气和氢气的混合气体会发生爆炸反应，然而在 7.6 GPa 下混合气表现出惰性状态[1]。氨气和水在常压下生成铵盐 NH_4OH ，但在 6.5 GPa 和 300 K 的条件下却以合金[2]状态存在。相反地，惰性的混合气体氮气和氧气在 $P>5$ GPa 下转变为离子化合物 $NO^+NO_3^-$[3]。在高压条件下对于结构的研究，相关指导和要求在文献［4］中概述。

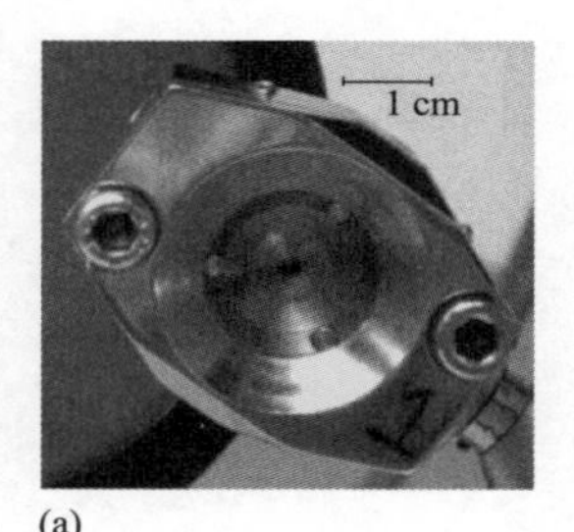

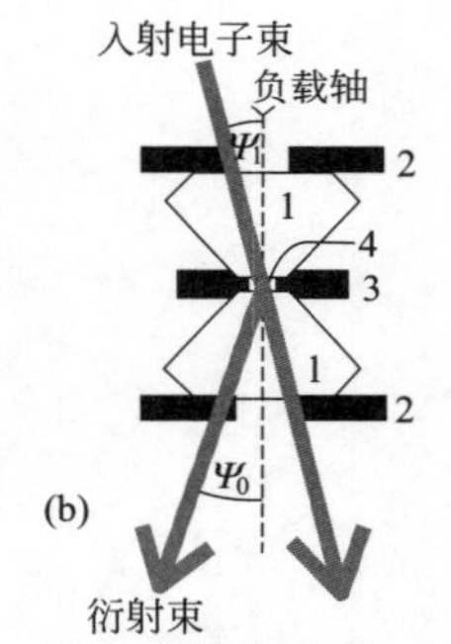

图 10.1　金刚石对顶砧（左，沿负载轴往下看）和它的原理图（右，获得文献［16］作者允许后改编的图）

1—砧座（金刚石）；2—垫板（铍）；3—垫圈（钨）；4—有压力介质的膛（液体或气体）；注：校准标准为红宝石晶体。注意工作体积的狭小

高压是改变物质结构最有效的方式：如果将固体加热到它的熔点，其体积将会有一定程度的改变，甚至一些千巴级的压力会明显降低典型固体或液体的体积。XRD 在高

压下的应用始于 1935 年[5]，研究是在石英电解槽里且 $P=1$ kbar 的条件下。碱金属卤化物是在钢型反应釜中及压力为 5 kbar 下研究发现的[6]。当碳化钨（WC）用作电池材料时，得到了高达数十吉帕的压力。1950 年 Lawson 和 Tang 首次在 XRD 研究中应用了金刚石压腔装置（DAC）[7]，且其压力的上限达到了 100 GPa 。目前的金刚石压腔装置（图 10.1）能够达到 300 GPa[8,9]。然而，压力越大，电池的工作容积及压缩样品的尺寸就越小：$P \geqslant 100$ GPa 时小至大约 10^{-3} mm^3，因此衍射研究需要特殊的实验设置。随着大量辐射能源的使用（比如 X 射线的同步加速器），尽管其没有达到化学产品的数量，但足以得到结构信息。高压技术在化学中的不同应用已经在文献［10-15］中描述了。

10.1 高静压强下的多形态转变

物质在压力作用下发生相转变的定量描述是很简单的。压缩可以缩短原子间的距离（d），并且成键能随着 d^{-1} 或者 d^{-2} 而增加，但是同时排斥能（由于最邻近的原子电子云的重叠）随着 d^{-12} 更迅速地变化。在压缩的某一阶段，排斥力大于引力，在新的热力学条件下，具有初始结构的给定物质不再存在。为了消除电子排斥力，物质结构进行了重排。结构重排仅仅可以通过一种方式进行，即增加结构中的 N_c，从而使得堆积密度增加（但也可以通过增加最近的原子间距离进行，参考 1.4.2 节），这与 Le Chatelier 原理相符合。

如前文所述，在可变的热力学条件下对结构的稳定性进行计算并不容易，因为相转变焓通常是原子化焓的 10^{-3} 倍。然而，对于更为简单的高压相变的计算是可行的。在一些情况下，小到每摩尔几百焦耳的能量差必须算出来以确定哪一个特定的结构式更为稳定。理论与实验的一致性在整体上较为吻合，但也存在差异，其中一些是计算误差引起的。总体而言，这个领域显示了密度泛函理论的成功应用[17]。尽管如此，其最受关注的结果，比如过渡金属性质的获得和高压下第 1 族和第 2 族金属的复杂无公度结构（参考 5.1.1 节），虽然理论上可以解释这种现象，但却不可预测。因此压力引起的相转变的研究仍然处于实验阶段。在高压下通过 XRD 对结构的研究可以通过两种方法进行：若是不可逆的相转变不需要原位装置进行实验，若是可逆的相变，则需要原位装置进行研究。在之后的讨论中不会区分这些方法，因为从结晶化学的角度来看，一个相变的可逆性并不影响结构参数。

表 10.1 列举了 MX 化合物相变的压力，即从 ZnS 结构类型（$N_c=4$）到 NaCl 或者 NiAs（$N_c=6$），再到 CsCl（$N_c=8$）类型。该表显示了相转变压力（P_{tr}）随着阳离子半径和阴离子半径的增加而降低。如果将 M—X 键的极性特征考虑进去，这个矛盾就消失了：在 MF → MI 或 MO → MTe 过程中的键共价性的增加提高了 $r(M^+)$，并减小了 $R(X^-)$，由此增加了 $K_R=R_+/R_-$ 比值，并使得 P_{tr} 消失。在碱金属氢化物[18,19]中从 NaCl 向 CsCl 类型结构转变的压力随着阳离子大小的增加而减小，即对于 NaH、KH、RbH、CsH 的相

表 10.1　MX 化合物相变的压力（GPa）

N_c	M	F	Cl	Br	I
4→6	Cu		10.6[a]	8.4[a]	17.7[b]
6→8	Na	27[c]	30[d]	35[c]	25[c]
	K	4[e]	1.95[d,f]	1.75[d,f]	1.8[d,f,g]
	Rb	3[e]	0.5[d,f]	0.4[d,f]	0.4[d,f,g]
	Ag	2.7[h]			
N_c	M	O	S	Se	Te
4→6	Be		51[i]	56[i]	35[i]
	Mg				～2[j]
	Zn[Φ]	9.1[k]	15[l]	13.6[l]	9.5[l]
	Cd[Φ]		2.6[m]	2.0[n]	3.4[o]
	Hg	14[p]	13[q]		8.1[q]
6→8	Ca	61[r]	40[r]	38[r]	33[r]
	Sr	36[s]	18[s]	14[s]	12[s]
	Ba	14[t]	6.5[t]	6[u]	4.8[v]
	Pb		21.5[w]	16[w]	13[w]
	Y		53[w]	36[w]	14[w]
	La		27[w]	19[w]	7[w]
	Th		20[x]	15[x]	
	U		10[x]	20[x]	9[x]
N_c	M	N	P	As	Sb
4→6	B	＞106[y]	40[z]		
	Al	17[y,z,α]	9.5[β]	7[β]	5.3[β]
	Ga	48[y,γ]	26[δ]	14[ε]	6.2[η]
	In	12[y,Θ]	11.6[z,λ]	8.5[μ]	2.1[ν]
6→8	Th		30[x]	18[x]	9[x]
	U	29[x]	28[x]	20[x]	9[x]

注：a. 数据源自文献［20］；b. 数据源自文献［21］；c. 数据源自文献［22］；d. 数据源自文献［23，24］；e. 数据源自文献［25］；f. 数据源自文献［26］；g. 数据源自文献［27］；h. 数据源自文献［28］；i. 数据源自文献［29，30］；j. 数据源自文献［31］；k. 数据源自文献［32］；l. 数据源自文献［33，34］；m. 数据源自文献［35］；n. 数据源自文献［36］；o. 数据源自文献［37-39］；p. 数据源自文献［40］；q. 数据源自文献［41，42］；r. 数据源自文献［43］；s. 数据源自文献［44］；t. 数据源自文献［45］；u. 数据源自文献［46］；v. 数据源自文献［47］；w. 数据源自文献［48］；W. 数据源自文献［49，50］；x. 数据源自文献［51，52］；y. 数据源自文献［53］；z. 数据源自文献［54］；α. 数据源自文献［55］；β. 数据源自文献［56］；γ. 数据源自文献［57-59］；δ. 数据源自文献［60，61］；ε. 数据源自文献［62］；η. 数据源自文献［63］；Θ. 数据源自文献［64］；λ. 数据源自文献［65］；μ. 数据源自文献［66，67］；ν. 数据源自文献［68］；Φ. ZnO 和 CdO 分别在 261 和 83 GPa 下从 B1 转变为 B2 结构类型[69]

转变压力分别为 29.3 GPa、4.0 GPa、2.7 GPa 和 1.2 GPa 。在 17.5 GPa 时，CsH 中发现了另一个相转变[70]，于是 CsCl 结构转变为 CrB 类型；这个相态一直到 253 GPa 都保持稳定，并且在这个压力下，它的可压缩性是 MX 复合物中最高的，$V/V_o=0.26$。

多晶型在压力为 65 GPa（CsCl）、53 GPa（CsBr）或 39 GPa（CsI）的铯卤化物中[71-74]转变为 $N_c>8$ 的结构；另外，CsI 在 $P>200$ GPa 下能够通过平稳的二级相变转变为 $N_c=12$ 的 HCP 结构。人们在钐的化合物 SmX 中发现了非常特殊的转变：在高压下，随着晶格参数的急剧同构减少，发生了 Sm(Ⅱ)→ Sm(Ⅲ)的电子跃迁。继续加压导致了 NaCl→CsCl 结构类型的转变。根据文献［75，76］得到的同构型（P_{itr}）转变和多晶型（P_{ptr}）转变的压力数值如下：

	SmS	SmSe	SmTe	YbO	YbS	YbSe	YbTe
P_{itr}	1.5	9	7	8	10	15	15
P_{ptr}	42	30	13.5				

下面讨论汞和镉的硫系化合物在压力作用下多晶型转变的几何特征。在标准状态下，HgO 和 HgS 具有硫化汞结构，且沿着 a、b 和 c 晶轴的 Hg—X 键长不同：HgO 和 HgS 沿 a 轴的键长分别为 2.03 Å 和 2.36 Å、沿 b 轴的键长分别为 2.79 Å 和 3.10 Å、沿 c 轴的键长分别为 2.90 Å 和 3.30 Å[77]。HgSe、HgTe 和 CdTe 分别在 1.5 GPa、3.6 GPa 和 3.6 GPa 下具有相同的结构。在 CdTe 中，有两条长度为 2.724 Å 的键（类似于 ZnS 结构中），其他两条长度为 2.971 Å（类似于 NaCl 结构中）。因此，硫化汞结构位于 ZnS 和 NaCl 结构类型之间。继续加压使得硫化汞结构中的短键变长，转变为 NaCl 类型[78]。这种在加压下使得原子间距相等是普遍的现象（见下文）。

对结晶化合物 MX_2 的加压导致了结构类型的间接改变，并伴随着密度和配位数（在括号中）的增加：$SiO_2(N_c=4) \rightarrow TiO_2(N_c=6) \rightarrow CaCl_2(N_c=6) \rightarrow PbO_2(N_c=6) \rightarrow ZrO_2(N_c=7) \rightarrow CaF_2(N_c=8) \rightarrow PbCl_2(N_c=9) \rightarrow Co_2Si(N_c=10) \rightarrow Ni_2In(N_c=11)$。金属卤化物和金属氧化物（表 10.2）的相变压力随着阳离子电荷的增加而增加。相反地，相变中固体的体积变化只取决于几何参数：随着 N_c 从 4 增加到 6，体积平均降低了 17%，在 $N_c=6$ 到 $N_c=8$ 的转变中体积却降低了 10%。

表 10.2　MX_2 化合物的相变压力（GPa）

$TiO_2(N_c=6) \rightarrow CaCl_2(N_c=6)$[a]							
TiO_2	SiO_2	GeO_2	SnO_2	PbO_2	CrO_2	MnO_2	RuO_2
7	50	26.7	11.8	4	12.2	0.3	11.8
$TiO_2(N_c=6) \rightarrow CaF_2(N_c=8)$							
MaF_2	ZnF_2	MnF_2	FeF_2	CoF_2	NiF_2	PdF_2	
14	8	4	4.5	6.5	8.5	6	
TiO_2	SnO_2	PbO_2	MnO_2	RuO_2			
20[b]	20[b]	7[b]	25[b]	18[b]			
$CaF_2(N_c=8) \rightarrow PbCl_2(N_c=9)$							
CaF_2	SrF_2	$SrCl_2$	$SrBr_2$	BaF_2	EuF_2	MnF_2	
10	6	4	3	5	11	15	
CeO_2	ThO_2	ZrO_2	HfO_2	TeO_2	UP_2	UAs_2	
31[c]	40[d]	30[e]	30[e]	12[b]	22[f]	15[f]	

注：a. 数据源自文献 [79]；b. 数据源自文献 [80]；c. 数据源自文献 [81]；d. 数据源自文献 [82]；e. 数据源自文献 [83]；f. 数据源自文献 [84]

通常来说，即使结构中相距最近的原子配位没有发生变化，密度仍然能够基于一个多晶型转变而增加。这种密度增大的例子是 SiO_2，一个更加紧凑堆积的硅-氧四面体使得摩尔体积连续减小：方石英（25.9 cm^3）→热液石英（24.0 cm^3）→石英（22.7 cm^3）→柯石英（20.0 cm^3）。然而，在压力作用下，柯石英（$N_c=4$）转变为超石英（$N_c=6$）的体积减少更快，达到了 13.8 cm^3。

如上所述，相变点可以通过原位 XRD 图谱或者红外或拉曼光谱的改变来揭示。通常，高压相在压力弛豫和恢复到初始相后不再存在，但有时在中间相中能够稳定存在。因此，SnO_2 在 25 GPa 和 1000 ℃下具有萤石的结构，α-PbO_2 结构[85] 在未加压状态下的密度要大于初始的金红石型结构。高压下二元氧化物的结构类型会发生如下转变：

$$TiO_2 \rightarrow CaCl_2 \text{ 和/或} Fe_2N, \alpha\text{-}PbO_2 \rightarrow Pa\bar{3}$$

所以 SiO_2 在 35～40 GPa 下转变为 Fe_2N 类型的结构，在 53 GPa 又变为 $CaCl_2$ 类型的结构，并且在 68 GPa 后以 α-PbO_2 的结构存在。GeO_2 在 25 GPa 时转变为 $CaCl_2$ 类型，在 44 GPa 下转变为 α-PbO_2 类型，并且在 70～90 GPa 下转变为 FeS_2 类型（变形的 CaF_2 结构），FeS_2 是 GeO_2 密度最大的相[86-88]。SnO_2 在 11.8 GPa 下转变为 $CaCl_2$ 类型，在 14 GPa 下转变为 α-PbO_2 结构，在 18～21 GPa 下变为 $Pa\bar{3}$ 结构，进而转变为 ZrO_2 结构，最终在 74 GPa 时变为 cottunite 相（$PbCl_2$ 类型）[89,90]。PbO_2 在 4 GPa 时转变为 $CaCl_2$ 类型，并且在 71 GPa 时发生一个向 $Pa\bar{3}$ 结构的过渡。$TiO_2 \rightarrow CaCl_2$ 相转变的压力列在表 10.2 中。除了表中列举的例子外，还有反萤石类型结构的化合物（α-CaF_2，$N_c=8$），在压力作用下转变为反-cottunite 类型的结构（α-$PbCl_2$，$N_c=9$），然后转化为 Ni_2In 结构（$N_c=10$）。表 10.3 列出了 Li_2O、Li_2S、Na_2S、K_2S、Rb_2S 和 Cs_2S 的相转变的压力[91]，它们是阳离子大小的函数。

表 10.3　碱金属硫系化合物的相变[92-97]

Li_2O	Fm3m(反荧光,af)	Pnma		
Li_2S	Fm3m	Pnma+$Pn2_1a$	Pnma	扭曲 Ni_2In(Cmcm)
Na_2S	Fm3m	Pnma	Ni_2In	
K_2S	Fm3m	扭曲 Ni_2In(Pmma)		
Rb_2S	af	Ni_2In		
Cs_2S	Pnma	Ni_2In($P6_3$/mmc 或 Cmcm)		
P,GPa	15	30	45	60

高压下结构化学研究的一个杰出的成就是 CO_2 在加压过程中的相转变[98,99]。目前，人们发现了 6 种 CO_2 的高压相，其中 5 种为分子晶体而另一种不是分子晶体（共价聚合物）。在室温和 0.5 GPa 下 CO_2 固化为一个立方相Ⅰ，也就是我们熟知的干冰；干冰是有较强分子内键和较弱分子间键的范德华晶体。CO_2 在 12 GPa 和 22 GPa 间能够较慢地过渡为正交相Ⅲ，同样为分子晶体。在 $P>40$ GPa 和 $T=1800$ K 下开始相转变Ⅲ→Ⅴ。基于 XRD 数据，相Ⅴ具有一个鳞石英结构，其中每个碳原子都与 4 个氧原子成键形成四面体，并且 CO_4 四面体通过共用顶点氧原子以形成扭曲六边形环的层状结构，后者在骤冷温度及压力恢复到几 GPa 时将恢复到分子 CO_2。已知的相Ⅱ包含二聚体 $(CO_2)_2$，相Ⅳ是具有弯曲分子结构并存在于 11～50 GPa 范围内的物相，它介于分子晶体与原子晶体之间。然而在相Ⅱ中 C═O 分子内长度为 1.33 Å，分子间长度为 2.33 Å。在相Ⅳ中，前者增加到 1.5 Å，而后者减少到 2.1 Å，原子间距离趋于均等。Ⅰ→Ⅲ相转变的发生没有伴随体积的改变，但是在Ⅲ→Ⅴ过程中体积降低了 15.3%（压力为 40 GPa 时）。CO_2-Ⅳ已经在 11.7 GPa 和 830 K 下得到，它是具有线性分子的 $R\bar{3}c$ 结构，在 15 GPa 下 d(C═O)=1.155 Å。有趣的是，在 SiO_2 结构中的 CO_2 是非常硬的材料，其体积模量接近于类金刚石的 c-BN 。然而，在 1500～3000 K 下，压力进一步增加到 80 GPa 能够使 CO_2 分解为氧气和金刚石[98]。在 40 GPa 时，以上这种分解是发生在一个新的非分子相形成之前的，CO_2-Ⅵ就是分解的前驱体。一个无定形的非分子晶体，类似硅的二氧化碳物质 a-CO_2，是在 40～48 GPa 下通过对相Ⅲ加压发现的[99]。a-CO_2 是结晶相Ⅴ的无序结构；a-CO_2 同 a-SiO_2 一样也是一个很硬的玻璃物质。CO_2 在室温下的加压将会导致分子固体 CO_2 向 65 GPa 下的非分子（聚合的）无定形态转变，并且聚合物 CO_2 在 30 GPa 减压下并不会重新变回分子固体[100]。在未加热

条件下，非分子固体CO_2的形成说明，惰性的CO_2分子在高压下变得非常活跃，并且可以跟其他元素或者化合物发生反应，产生其他有用的材料。

如在5.1.2节所述，I_2和Br_2的分子结构在21 GPa和80 GPa的压力下分别发生分解反应，形成了单价（类金属）的结构。在HCl（51 GPa）、HBr（42 GPa）、H_2O（60 GPa）[101]和H_2S（在44 GPa下分子分解和在96 GPa下金属化）[102,103]中发现了分子结构在高压下向原子晶体的转变。HI在45 GPa下由绝缘体转变为分子导体，并且在51 GPa下转变为单原子金属[104]。

我们已经计算了A_2分子的相转变压力[105,106]，揭示了A…A范德华作用的减小能够导致共价键A—A的相应增长，直到分子内和分子间距离完全相等，这对应于分子结构转变为单原子金属晶体。这个模型假定了原子间距离的单调变化，然而实际上一级相变意味着参数的突然改变；一旦范德华作用在加压下减小到一个临界值，这些间距和共价键能够迅速改变它们的长度。因此，问题是要确定分子间距离的临界值，如果没有原子结构的一般重排，就不可能进一步减小。

处于高压下的物质不仅会发生原子结构的变化，它们的电子结构也会改变，这就是由于价电子的移位，绝缘体相变成了金属。Ruoff等人[107]对高压下的带隙进行了光学测量，发现了下面的金属化压力P_{ME}（GPa）：

KI	RbI	NH_4I	CsI	CsBr	BaSe	BaTe
170	ca. 130	ca. 120	105	ca. 250	ca. 52	ca. 24

后来，同样的课题组校正了其中的一些P_{ME}值（BaTe 20 GPa、BaSe 61 GPa、CsI 110 GPa），并增加了一些新的数据：Xe 160 GPa（121～138 GPa下得到[108]），I_2 16 GPa、O_2 95 GPa、S 95 GPa。PbX在以下压力下能够转变为金属态：PbS 18 GPa、PbSe 16 GPa、PbTe 12 GPa[109]，比如在CsX和BaX中，金属化压力随着阳离子尺寸的增加而下降。在同构的MnO和FeO中，金属化分别发生在110 GPa和70 GPa下[110]；ZnS、ZnSe和ZnTe分别在14.7 GPa、13.0 GPa和9.5 GPa下发生金属化；HgS、HgSe和HgTe分别为27 GPa、15.5 GPa和8.4 GPa下发生金属化[111]。P_{ME}也依赖于初始物质的多形态修饰：硒的三方相、菱方相和单斜相能够分别在12 GPa、16 GPa和23 GPa下转变成为金属态，其转变压力与它们结构中分子间距离成反比[112]。高压下对甲烷的研究表明，硒可能在288 GPa下发生绝缘体向半导体的相转变[113]。SiH_4仍然是热力学不稳定的，且其分解的压力范围较大。在6～16 GPa之间SiH_4能够稳定存在，在大于16 GPa下硅烷再次变得不稳定而发生分解。在没有分解时，SiH_4直到150 GPa都保持部分透明状态和非金属态，并且E_g=0.6～1.8 eV[114]。YH_3在12 GPa左右发生一个hcp-fcc结构转变，但是高压下fcc相加压到超过23 GPa时，fcc金属晶体在没有结构改变的情况下带隙突然关闭。ScH_3的能隙在约50 GPa时关闭（金属化）[115,116]。Xe在132 GPa时转变为金属态[117]。

人们已经通过高压同步加速器X射线衍射技术研究了16 GPa下的MgH_2。在这个压力范围内已经发现了一些压力诱导的相变。由于α和γ相的结构相似性，高压的γ相可以在压力减小后以亚稳相存在。实验表明，在转变点的结构转变顺序、体积变化以及弹性模量的实验结果与理论上的计算数据相一致[118]。CaH_2、SrH_2 和 BaH_2 在标准状态下为氯铅矿结构。由于阳离子具有较大的相对压缩量，阳离子-阴离子半径比在压力作用下增大，这些碱土氢化物分别在 15 GPa、10 GPa 和 2.5 GPa 下转变为 Ni_2In 结构，且体积减小了 6.6%。SrH_2 在压力高达 72 GPa 时依然保持着 Ni_2In 结构，但是 BaH_2 在 50～65 GPa 时发生二级相变（后面的 Ni_2In 结构命名为 SH），并且 $\Delta V/V=0.15$。通过减压，SH 相又回到了氯铅矿结构。BaH_2 的体积在大气压力下小于纯 Ba($\Delta V=6.5$ Å^3)的体积，这在具有离子键的金属氢化物中很常见。当包含的氢原子通过 H 1s 和金属 d 态的杂化与周围的金属原子形成局部键时，过渡金属的晶格会增大。在 Ni_2In—SH 转变过程中，较大的体积变小应该源于键性质的变化和堆积效率的增加。因此，在 SH 相中，Ba 原子形成了一个简单的六方晶格，且氢原子夹在六方 Ba 层间形成了一个二维的蜂窝层[119]。

LnH_3（Ln＝Sm、Gd、Ho、Er、Lu）和 YH_3 在 2～12 GPa 的高压下经历了一个 hcp-fcc 的相转变；P_{tr} 随着阳离子半径的减小而增加[120]。为了寻找 hcp-fcc 转变的原因，在结构转变前后进行了氢分离的 XRD 研究。由于这种转变会影响氢之间的排斥作用，所以认为，H—H 之间的距离是很重要的。我们知道，H—H 的氢斥力能够影响理想 c/a 比例的增加，从 1.63 增加到 hcp 结构的约 1.80，主要发生在镧系和三氢化钇中。因此，如果这个距离小于带负电荷氢粒子的临界值，排斥作用将显著增加。事实上，转变之前的最小的 H—H 距离大约为 2 Å，这导致了研究的三氢化物的六方相的不稳定性。最小的 H—H 距离在转变之后迅速增加。YH_3 在 12 GPa 下发生了 hcp-fcc 转变，并且在 $P\approx23$～26 GPa 时达到$E_g=0$ 且没有结构的转变[115]，通过数据的外推[121]得到 $P_{ME}=55$ GPa。

Li_3N 的 α 相（Li_2N 的各层通过 Li^+ 相连）在 $P=0.5$ GPa 时转变为六方 LiN 网状结构的 β 相，其中每一个 N 原子在上层和下层都与 Li^+ 相连。在 $P=36$～45 GPa 时，β 相转变为 γ 相，其中每个 N 被 14 个 Li^+ 包围，且距离为 $8\times1.95+6\times2.25$ Å。这个相直到 200 GPa 都是稳定的。通过外推得到的 NaCl、Li_3N、MgO 和 Ne 的 P_{ME} 值分别为 0.5、8、21 和 134 TPa[122]。碱金属叠氮化物 MN_3 的相转变压力随着阳离子半径的增加而减小：一直到 62 GPa 时 Li 都不发生相转变，而 Na、K、Rb 和 Cs 分别在 62 GPa、19 GPa、0.5 GPa 和 0.4 GPa[123]发生相转变。

在 RuO_2和 FeI_2 中发现了非常有趣的相转变。TiO_2 结构类型在 11.8 GPa 下转变为 $CaCl_2$ 类型，其配位数没有发生改变，也就是一个二级相变[124]。在 FeI_2 中发生了一个缓慢的相转变，在大约 20 GPa 时开始，在 35 GPa 时结束；该相转变使晶格参数增大了一倍，且一个新 Fe 亚晶格的形成取代了原有的 CdI_2 类型的结构。在后一种变化中，新的高压相中铁的位置趋向无序。在相转变过程中，Fe—I 距离的大幅度减小和 Fe—Fe 键长较小的改变，表明一个包含 Ip-Fed 能带的电荷转移型间隙闭合机制。在 $P>40$ GPa 时，结构转变的一个翻转导致其又回到了原有的 CdI_2 类型的结构[125]。

人们通常在适中的压力下研究有机化合物[126,127]和生物分子[128]的结构，因此不管是一级相变还是二级相变，分子堆积都发生改变，而对分子内结构的影响并不大。然而，这种限制本质上只是一个选择的问题。我们有充分的理由认为，在更高的压力下有机分子也将表现出明显的结构变化[129,130]。因此，苯的理论计算[129]表明，通过中间金属态能够重排成饱和、四配位的聚合物（在180～200 GPa范围内都是稳定的）。

人们已研究了压力作用下物质金属化的热力学[131,132]。如第2章图2.2所示，势能曲线两次穿过解离能（E_D）为零的线：诱导热$=E_D$（热解离作用）时的热膨胀，以及相近原子的斥力$=E_D$（压力分解）的加压过程。通过Slater[133]的量化计算可以看出，当分子中的原子靠近另一个原子时，价电子从化学键的这个区域转移到反键轨道上。对于晶体，这相当于成键电子从一个价带向导带转移，它满足下式

$$D=P_{ME}\Delta V \tag{10.1}$$

其中ΔV是转移到$N_c=12$的过程中的体积变化。ΔV的结晶化学估算允许P_{ME}的计算有10%的精度。

10.2 压力诱导下的无定形化和多无定形转变

如上所述，相转变可以通过原子的相干位移或者有序-无序类型的转变而发生，在冰的研究中表明[134]，高压下氢键的断裂导致了长程有序发生整体混乱。目前已经在近一百种晶体化合物中发现了这种由压力引起的无定形化现象，包括四面体建筑单元结构，比如石英和硅酸盐，GeO_2、$LiKSO_4$、$AlPO_4$[135]、SnI_4、GeI_4[136-138]、GaP、GaAs、Ge[139,140]、ZnTe[141]、BeTe[28,29]、Sc、Lu和Zr的钨酸盐[142]，石墨[143]和$Ca(OH)_2$[144,145]的层状结构，或者硫的链状结构[146]。人们注意到，在硅酸盐、SiO_2和GeO_2中无定形化伴随着N_c^*的增加；即随着长程有序的破坏，同时发生了短程有序的转变，并且N_c回到了4。$BaSi_2$在$P=13$ GPa时发生了无定形化，并伴随着d(Ba—Si)的减小，但是Ba—Ba的距离却几乎没有改变[147]。$Sc_2(WO_4)_3$有一个负的热膨胀系数β。值得注意的是，其他在压力作用下发生无定形化的四面体结构的晶体，同样有$\beta<0$的情况[148]。这种现象与许多因素有关，即亚稳态熔化、相转变的动力学阻碍、动力学不稳定性、聚四面体堆积和多原子离子无序的取向，其中一些因素可能是相互关联的[149]。一般来说，在压力作用下晶体的无定形化既可以看作一个朝向更致密结构的相转变，也可以看作初始结构的破坏[150,151]。在压力作用下无定形化的原因是N_c被强行增加到对于给定结构的不特征的值，在快速压力卸载下使晶体无序化，并且形成一个无定形物质。具有高共价键的物质缺陷的低速消除可以使得大气条件下的无定形态稳定。随着快速冷却的高压相的快速压力卸载，更多的物质可以变成无定形态。

关于多无定形转变的话题，即不同结构的无定形相之间的转变，在前文中已经进行了简要的概述（参考9.1.1节）。但值得注意的是，因为几乎所有已证明的实例都包含高压实验，非晶态的固体在很长的时间里都被理解为类似于不同晶态多形体的结构，直到最近人们都承认对于一个给定的物质，液体状态是独特的。高压研究可以完全反驳这种假设。在液态碱金属Ga、Si、Ge、Sn、P、Sb、Bi、S、Se、Te和I中发现了多无定形的转变，详细的讨论可参考文献［152，153］。测量结果表明，液态碱金属的压缩是均匀的，而共价液体大多数是

各向异性的，并且这些物质中原子间距离对于压强的依赖偏离了$(V/V_o)^{-1/3}$行为。一些元素在不同压力范围内表现出不同类型的$D=F(P)$依赖关系。尽管观测到的大多数结构变化是连续的，但液态磷突然的结构变化（在$P\approx 1$ GPa 和$T=1050$ ℃时完成）表明发生了一级相变[154,155]。正如 9.1.1 节中对 a-Si 的讨论，在结晶固体中，配位数随着压力增加而增加。人们在压力作用下通过拉曼散射和 X 射线吸收光谱对非晶态的 Ge 薄膜进行了研究，在 7.9～8.3 GPa 下从低密度的无定形相转变为高密度的无定形相，N_c(Ge)从 8.3 GPa 下的 5±1 增加到 9.8 GPa 下的 6 ± 0.5[156]。As_2O_3 玻璃在大气条件下的N_c(As)=3.1，但是在 32 GPa 下N_c(As)=4.6[157]。GeO_2 玻璃中N_c(Ge)从 1 GPa 下的 4.2 单调增加到 15.7 GPa 下的 5.5[158]。熔化的 AsS 在高压下经历一个相变并伴随着结构转变[159]。在液态 CdTe 结构中，随着压力从 0.5 GPa 增加到 6.2 GPa ，N_c从 3.6 增加 5.1[160]；在液态 GaSb 中随着P从 1.7 GPa 增加到 20 GPa ，bcc 类型的结构的比例从 8%增加到 43%（剩下的是$N_c=6$的 β-Sn 结构)[161]。在熔化的 Cs 结构中发现了异常的变化：在$P=3.9$ GPa 下由于N_c从 12 减小到 8，产生了液体密度的不连续性，这说明变成了非简单液体。对液态 Cs 的特定体积测量和 XRD 分析表明，3.9 GPa 下 dsp^3 电子杂化的存在类似于结晶相压缩时报道的情况[162]。

在如 S、Se、Te、P、I_2、As_2S_3 和 As_2Se_3 的物质中，液体中半导体-金属转变的压力远远低于相应晶态转变中的压力（参考 9.1.1 节中的讨论）[163,164]，对应的转变压力分别为：Se 在 4 GPa 和 14 GPa 下，S 在 19 GPa 和 90 GPa 下，I_2 在 4 GPa 和 16 GPa 下，H_2 在 140 GPa 和高于 300 GPa 下。在液氮中，在 50 GPa 和 1920 K 下发生液-液聚合物的转变，而固态氮的相变过程则发生在$P>110$ GPa 和$T=300$ K 条件下[165]。

10.3 晶体大小对相变压力的影响

实验已表明，纳米级晶体中多晶型物质的稳定范围与在大块晶体中有较大的差别。值得注意的是，对于某些固体物质，相变压力（P_{tr}）随着粒子尺寸的减小而减小，而其他物质随着粒子尺寸的减小而增加。因此，大块的 ZnO 在 9.9 GPa 下转变为 NaCl 结构，并且在 12 nm 晶体中为 15.1 GPa[166]。ZnS 在 13 GPa（大块）、15 GPa（25.3 nm 尺寸）和 18 GPa（2.8 nm 尺寸）[167,168]下发生同样的转变，在 CdS 中则为 2.7 GPa（大块）和 8.0 GPa（4 nm 尺寸）[169]，在 CdSe 中为 2.0 GPa（大块）和 3.6～4.9 GPa（1～2 nm 尺寸）[35]。在 PbS 中，随着粒子尺寸从 8.8 nm 减小到 2.6 nm，P_{tr}从 2.4～5.8 GPa 增加到 3.3～9.0 GPa[170,171]。

在大块材料中，TiO_2 的锐钛矿在 2.6～4.5 GPa 下重排为 PbO_2 结构，30 nm 粒子的相变为 16.4 GPa，9 nm 粒子的相变为 24 GPa[172]。文献［173］结果表明，压力导致的无定形化仅仅发生在尺寸＜ 10 nm 的晶体中。在关于锐钛矿的两个不同样品的研究[174]中，机械制备了具有相同的 6 nm 大小粒子的多晶体和化学制备的无定形粒子，人们的研究表明，前者在13～16 GPa范围内可逆转变到高密度无定形态，而后者在21 GPa左右可逆转变到高密度无定形态。在30 GPa的加压导致了两个无定形态的转变。随着粒子尺寸从10 nm减小到3 nm，ZrO_2从正交晶相向单斜晶相转变的压力从3.4 GPa增加到6.1 GPa[175]。在$P=11\sim15$ GPa下发生40 nm类石英的GeO_2的无定形化，260 nm晶体中的无定形化压力为9.5～12.4 GPa，块状材料中无定形化压力为6 GPa[176]。随着粒子的大小逐步从14 nm减小到8 nm再减小到3 nm，SnO_2相变压力从23 GPa增加到29 GPa、30 GPa，最后超过39 GPa（对于大块材料）[177]。当两种不同形态的纳米SnO_2、纳米带和纳米线在38 GPa下压缩时，它们的性质与大块材料有明显的不同：大块中SnO_2从金红石向$CaCl_2$类型结构的相变发生在11.8 GPa时，纳米带相变发生在15.0 GPa时，纳米线相变发生在17.0 GPa时。这些例子揭示了纳米材料特殊的受压行为，通过压力-多形态调制[178]可以获得设计产物的新应用。

在AlN中发现了相似的现象：大块材料中B3→B1类型的转变从20～23 GPa时开始，在纳米晶体中压力达到了14.5 GPa，并且在纳米线样品中压力达到了24.9 GPa[179]。人们也通过高压X射线衍射研究了GaN的大块和纳米晶，揭示了大块中从纤锌矿到NaCl型相的相变在40 GPa下发生，在纳米晶体中相变压力为60 GPa[180]。

然而，在Fe_2O_3中观察到的结果是相反的：粒子尺寸的减小导致了γ(磁铁矿)→α（赤铁矿）转变压力的减小，即从大块材料的35 GPa减小到9 nm粒子的27 GPa[181]。在文献[182]的研究中证实了该结果：在$P=13.5\sim26.6$ GPa时发生纳米粒子的γ-Fe_2O_3→α-Fe_2O_3转变。在CeO_2中也发现了相似的结果，纳米晶体在22.3 GPa时从CaF_2结构转变到α-$PbCl_2$结构，但是在大块材料中相变压力为$P_{tr}=31$ GPa[183]。大块金红石TiO_2在13 GPa下转变为ZrO_2结构，但是在30 nm粒子中相转变压力为8.7 GPa[175]。在Se的纳米粒子中已经发现了相变压力的减小[184]。人们已经通过同步辐射X射线衍射研究了12 nm ReO_3样品的压力诱导相变[185]，揭示了大气压力下的立方-Ⅰ相转变到单斜相（大约5%的体积变化），然后又转变为菱形晶相-I，最终在20.3 GPa下转变为另一个菱形晶相。转变压力通常低于已知大块ReO_3的转变压力。因此，ReO_3纳米晶体比大块ReO_3更易压缩。

富勒烯C_{70}分子在纳米管中比在大块晶体中更稳定，在51 GPa（而不是35 GPa）下坍塌成无定形碳[186]。人们已经通过Pd[187]和Si[188]的纳米样品研究了固体单质中晶粒大小对相变的影响。然而大块Pd的fcc结构直到77.4 GPa都没有改变物相，它的9 nm晶体在24.8 GPa下转变为fct结构。相似地，纳米硅（60～80 nm）在8.5～9.9 GPa下转变为β-Sn结构，其相转变压力比微晶样品的相转变压力小了2 GPa。

从结构的观点来看，上述P_{tr}的行为取决于两种相反指向效应之间的平衡。粒径的减小会增加表面能，表面能起到附加（准）压力的作用，从而降低相变所需的外部压力。另外，与内部原子相比，表面原子的配位数较低，因此平均N_c随着粒子尺寸的减小而减小，并且伴随N_c的增加相变需要进一步的压缩，即在更高的压力下。与这个模型相一致，如果一种材料在较大压力范围内都是稳定的（比如MgO，ε-Fe或者Ni），其可压缩性对于粒径是不敏感的。

Jiang[189]已经通过热力学分析揭示了纳米晶体和大块材料之间转变压力的不同取决于三

个因素：体积坍塌的比率、表面能和内部能量。转变压力是否会增大、减小或者不变取决于这三个因素的相对重要性。Wang 和 Guo[190] 分析了 ZnS 对于尺寸依赖的结构稳定性，并且确定了 ZnS → NaCl 转变的 P_{tr}，其转变压力对粒子尺寸下降到 15 nm 并不敏感。当达到这个尺寸时，像在大块中一样发生了错位；压缩产生的应力浓度取决于氧化锌结构的变形、后续的成核及氯化钠型结构的破坏。在 15 nm 以下，一系列的缺陷活性终止；也许，表面能和多粒子相互作用开始控制结构稳定性的增强。计算得出的 NaCl 表面能为 2.33 J/m^2，比 ZnS 大了 0.57 J/m^2。因为相变热较小，所以即使纳米晶体物质表面能发生较小的变化都能影响物相的稳定性。

在上述所有的实验中，是将静压（即各向同性的）施加到材料上。通常认为在高压实验中会发生这样的情况，但只有当应力环境是纯静压时才是这样。在其他情况下，样品的应力状态应该通过应力张量来描述，这是难以确定的。平均“压力”可以是样品上法向应力分量的平均值，但不能忽略剪切应力、压差应力和应力不均匀性对许多物理性质的影响[191]。压缩的不同条件对于 P_{tr} 的影响已经在钒从 bcc 相转变为菱形相的过程中进行了详细研究。在非静压下，常温和 30 GPa 及 425 K 和 37 GPa 时发生相变过程。在准静水压的 Ar 压力介质中，P_{tr} 增加到 53 GPa。当 Ne 作为媒介时，P_{tr} 增加到 61.5 GPa，仍低于理想值 65 GPa[192]。

文献［193］的研究表明（参考 1.5.3 节），金属在非常高的压力下的压缩会导致它们的阳离子之间的直接作用，并且最终被压缩的金属原子间距离等于它们阳离子半径之和。计算结果表明，对于一系列 M_nX_m 晶体化合物，在压缩的能量等于键解离能时的压力下，物质的金属化会发生，这是由于金属电子的转移破坏了此时的化学键。这种情况下的原子间距离等于 M^{n+} 阳离子半径和卤素、氧或硫族元素的正常共价半径的总和[194,195]，即

$$d_{comp}(M-X)=r_{cat}(M)+r_{cov}(X)$$

在一个压缩的 MX 中，离域电子来源于哪里？在离子化合物 M^+X^- 中，因为 $A(X)<I(M^+)$，离域电子来源于阳离子；在共价化合物 MX 中，因为 $I(M)<I(X)$，离域电子来源于金属。这个问题可以通过在一定压力下 X 射线和/或电子能谱的实验研究来解决。有迹象表明，MX 复合物中原子的有效电荷在一定压力下发生改变：在一些情况下，随着压力的增加，键的电离度增加，而在其他情况下会减小（见 2.6 节）。

10.4 高动压强下的固相的转变

静态压力受到压腔装置的极限强度所限制，WC 静压为 10 GPa，金刚石的静压为 300 GPa。即使支撑的压腔设备能够超过这种限制，但超过的范围不大。此外，对于压力限制的每次升高，人们不得不考虑压力机的工作体积的减小。金刚石压腔装置达到的最高压力仅仅应用于 submg 样品。当通过现代物理方法研究物质的性质有效时，能够毫无疑问地得到许多化学意义上的高压物质。压缩的动力学方法起始建于 20 世纪中期（即比静态方法晚

了 50 年)，其压力限制和样品尺寸（和形状）的限制要少很多。这种方法依赖于强大冲击波提供的超强力，即以超音速在物质的狭窄压缩区域传播。

图 10.2 显示了冲击压缩下温度和压力随理想时间的变化，图中样品受到了不同类型的应力。首先，冲击波前（区域Ⅰ）的压力和温度同时快速上升（在 10^{-9}～10^{-12} s 的一段时间里）；压缩阶段又持续了 10^{-6} s（区域Ⅱ）。然后通过等熵减压波（稀疏）消除压力，并且（由于冲击压缩的不可逆性）温度下降到一定值 T_{res}（区域Ⅲ，持续时间 10^{-6}～10^{-5} s)。在区域Ⅲ中，冷却的速率不低于 10^8 K/s。根据通常的热导率定律（第四区)，对无应力试样进行进一步冷却。区域Ⅳ中的高残留温度可导致压缩时形成的物相液化（退火）和/或发生化学反应。

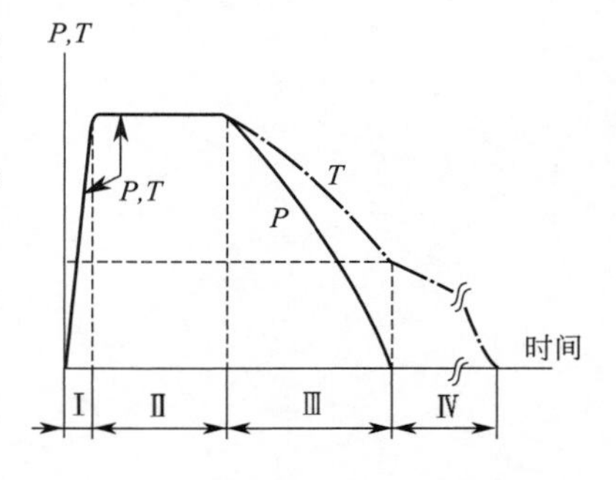

图 10.2 在冲击压缩下样品中的压力（P）和温度（T）随理想时间的变化

通常，冲击波是由化学爆炸产生的。因为它不需要昂贵的机械装置，这种方法是目前最受欢迎的。常见的实验装置是一个炸药包围的圆柱形钢质安瓿［图 10.3(a)］，它提供了一个轴对称压缩。样品中的压力在内部增加，并且最后发展到轴向区域，即所谓的马赫线（对于这个影响，见图 10.6)。如果样品中需要一个热力学参数的均匀场，样品会受到由炸药直接产生或者通过一个平面撞击器产生的平面冲击［图 10.3(b)、(c)］。这些方法比采用一般的圆柱形装置更加困难。或者，将通过轻气枪或电磁装置（图 10.4）加速到高速的射弹投射到含有目标的样品上。这些都是复杂并且昂贵的设备，如 CRIM 轻气炮（Korolev，Russia）有 200 m 的筒体长度，口径 0.5 m，能够将 9.1 kg 的弹丸加速到 3.5 km/s。最后，人们可以用高强度脉冲激光或电子束照射样品的表面以产生高压。压缩物和原始物质之间快速移动的边界称为冲击波波面，它不是一个几何面，而是具有与冲击波速度成反比的有限深度（在固体中，它为 100 Å)。每种物质（介质）的物理参数在它的边界都是不连续的。质量、动量和能量守恒定律必须在冲击波波前的两边都是成立的。基于这个条件，波前的压力 P 可计算如下

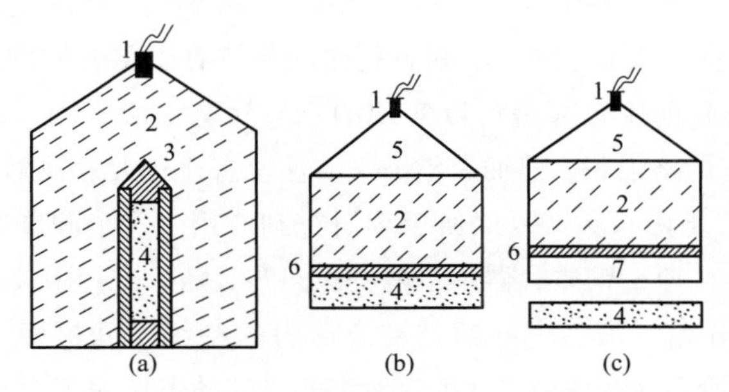

图 10.3 化学炸药下的高动压的产生：(a) 圆柱体结构；(b) 平面的直接接触式结构；(c) 爆炸加速的撞击板的平面结构；1—导火索；2—炸药；3—安瓿；4—样品；5—平面波发生器；6—惰性材料层；7—冲击板

$$P=\rho_o U_s U_p \tag{10.2}$$

其中 ρ_o 是物质的初始密度，U_s是冲击波波前的速度，U_p是冲击后的粒子（质量）速度。U_s

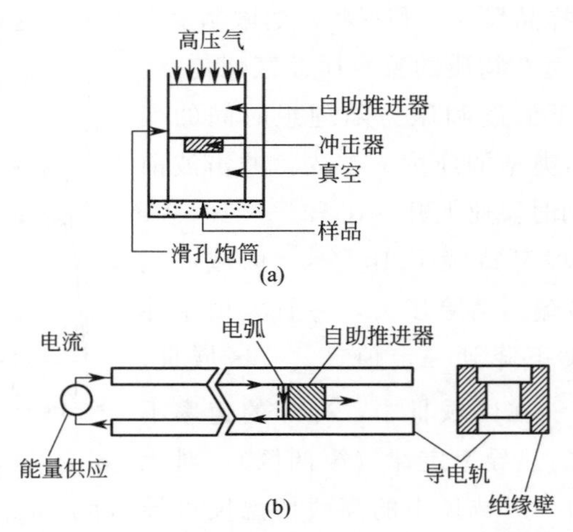

图 10.4　射弹冲击下产生的高动压：(a) 轻气枪；(b) 方孔轨枪的侧视图

注：获得 Springer 科学和商业媒体的允许，由［336］中的图 1 改编（Kluwer 学术出版社版权 2004）

与 U_p 之间通过 Hugoniot 等式相关联，即

$$U_s = c_o + sU_p \tag{10.3}$$

其中，c_o是声速，s 是一个常数（一般来说，$1<s<2$）。其他冲击波物理学中的理论问题在专著和综述［196-198］中有相关的描述。

化学炸药的爆炸速度高达 9～10 km/s，一个抛射体可以通过轻气炮加速到 7～8 km/s，并通过电磁加速器加速到 10～12 km/s（比较第一宇宙速度 7.9 km/s）。脉冲辐射可以产生 15 km/s 甚至更大的冲击波前速度。假设 $U_p \approx \frac{1}{2}U_s$，9 km/s、12 km/s 和 15 km/s 的冲击速度可以在 $\rho_o = 2.5\ g/cm^3$ 的物质中分别产生 100 GPa、180 GPa 和 280 GPa 的压力（大约为 Al、石墨和普通岩石的密度）。动态压力与密度成正比（式 10.2），因此对于钢（$\rho_o \approx 7.8\ g/cm^3$）来说，其压力将超过三倍。因此，在实践中通常是将密度大的惰性物质加入到研究样品中来提高压力，比如钨粉（$\rho_o = 21\ g/cm^3$）。最早的动态实验（1960 年）很容易产生几百吉帕的压力。目前，对压缩物理学和更精密的装置有了更好的理解，数以千计甚至数以万计的吉帕（即数十 TPa）的压力都是可以实现的。与静态方法不同，动力学方法的另一优点是：对于样品大小并没有严格限制。然而，动力学方法也有比较大的缺陷。第一个问题是在爆炸过程中要保存样品，并且要将样品恢复以便后续研究和应用。这个问题在 1956 年首次被 Riabinin[199]解决，他发明了一个厚壁钢质容器用于解决该问题，随后进行了较大的改进和修改[200-204]。这标志着冲击波化学的开始。第二个问题是动态压力的持续时间极短（参考图 10.2）。起初，Riabinin 尝试的石墨→金刚石转变失败了（尽管他为此目的冲击压缩了大量含碳的物质），所以许多人怀疑晶体结构的重排可以在短时间内完成，但这种怀疑被 Bancroft 等人在研究铁的冲击压缩系数时观察到的 α-Fe→ ε-Fe 多晶转变（在 13 GPa 下）所否决[205]。自然界的一种异常情况结束了关于冲击诱导相变的可能性的争论：即在 1961 年，在 Canyon Diablo（美国）一块陨石撞击煤床，在撞击点发现了微量的金刚石。令人难以置信的巧合是煤具有所谓的锡兰（斯里兰卡）石墨的结构，其层面具有 ABCABC 堆积次序的热力学不稳定的菱形排列，可以将其看作普通的六方石墨的一种扩展的堆垛层错（参考 6.3.1 节）。目前人们认为这是金刚石合成的最合适的形式，但由于在苏联没有这种矿物，所以 Riabinin 并未进行测试。1962 年，De Carli 和 Jamieson[206]在实验室中重现了天然石墨→金刚石的转变。从此以后，在单质固体、合金和化合物中由冲击波引起的相变引起了人们广泛的研究兴趣。

下面对这些转换的具体特征进行讨论。相变的压力 P_{tr} 依赖于冲击波穿过晶体的方向。因此，如果晶轴＜111＞垂直于冲击波波前，那么 NaCl 向 CsCl 类型结构的转变发生在低压下，因为这是结构重排的最佳途径，也就是沿着晶胞的对角线进行压缩。因此，在 KCl 样品中沿着＜100＞＜110＞＜111＞方向压缩，压力分别为 2.5 GPa、2.2 GPa 和 2.1 GPa[207]。然而，并没有相干原子位移能够使石墨晶格转变为金刚石晶格。这个相变需要初始结晶石墨的无定形化。因此，在最富含缺陷材料的爆炸诱导转变中能够得到产量最高的金刚石，即炭黑。根据 Ahrens 的研究[208]，因为 SiO_2 玻璃不需要破坏最初的晶体结构，所以 SiO_2 玻璃通常是金红石相 SiO_2 最有用的来源。相反地，在石墨-六方金刚石和 h-BN-w-BN 体系中，初始和最终的改变具有相同的对称性，并且发生相变时没有阻碍。这些实验数据的分析推动了相变几何模型的研究，并逐渐成为科学研究的新方向[209]。

在文献［210］中，人们从结构演变的角度讨论了这种转变的动力学和机理。晶体的势能面相对于特定结构有一个最小值。随着冲击压缩下热力学条件的变化，势阱的深度减小了。然而，在之前的表面上同时形成了一个新的势阱，或者势阱自身发生了转变。因此，原子振动随着振幅增加能够从势能局部极小处跳到其他势能局部极小处。按照 Lindemann 定律（参考 6.2 节），在室温下固体原子的振幅是键长的 10%，当加热到熔点时振幅增加到键长的 10%～20%。考虑到当 N_c 从 1 变化到 12 时，原子间距变化了 20%，也就是从分子到金属结构，不难看出，在多晶型转变过程中，固体中原子振幅可能发生的改变涵盖了键长的整个变化范围。对原子从一个位置（初始相）跳到其他位置（高压相）的时间进行估算，原子热振动的频率为

$$w=\frac{1}{2\pi\Delta r}\sqrt{\frac{3kT}{m}} \tag{10.4}$$

其中 k 是玻尔兹曼常数，m 是原子质量，Δr 是原子的均方位移（$\Delta r\approx 0.1d$）。对于 $T=300$ K 下的氢原子，$w\approx 6\times 10^{13}\ \mathrm{s}^{-1}$。对于 $m=100$ 的物质，在 $P=10$ GPa、$T\approx 1000$ K 和 $w\approx 1\approx 10^{13}\ \mathrm{s}^{-1}$ 下振动，即原子跳跃的时间 $\tau\approx 10^{-13}$ s，接近于冲击波中相变的最低持续时间的实验估计值。

通过 X 射线脉冲分析的冲击转换研究表明[211-214]，在低压下晶格的压缩是单轴的，在中压下压缩朝各向同性演变，在高压下压缩是严格各向同性的，仅具有流体静压特征。这就导致了静态和动态下相变压力的数值相似，事实也确实如此。一般来说，因为在冲击压缩下加热了样品，而静态相变的压力是在常温下测定的[215]，因此动态压力值通常大于静态压力值。然而，测量 P_{tr} 的不同方法弥补了这种差异：静态压缩通常定义为正向转变（P_{dtr}）和反向转变（P_{rtr}）的平均压力，并且 $P_{dtr}>P_{rtr}$（反向转变滞后）[216]。另外，动态相变压力仅仅在加载阶段进行测量。同时人们注意到，在动态加压作用下，它们结构中晶体的缺陷和空缺起着重要的作用：它们可以决定马氏体类型的多晶型转变的程度甚至可能性，阻碍了一些新相的形成[199,217]。这对于一些结构上不完美的材料比如石墨和 h-BN 是特别重要的。

事实上，当冲击波通过固体进行传播时，由于压力梯度的变化较大，晶体区域在冲击波波面

发生了严重的分裂和错位。被冲击晶体的区域尺寸可以降低为 100～250 Å（表 10.4），且缺陷和错位的密度可能会增加几个数量级。这些特征是通过分析单晶和多晶的 X 射线衍射进行研究的。我们通常把微观结构的研究对象分为两组，即金属和电介质。受到冲击压缩的各种金属结构的共同特点是缺陷密度较高，尤其当压力达到 10 GPa[199]时，错位密度达到 10^{10}～10^{11} cm^{-2}。

表 10.4　冲击晶体中的区域（*D*）的最小尺寸（nm）

固体	金刚石	TiO_2	BN	AlN	Mo	MgO	LiF	CdF_2	Al_2O_3
hkl	—	—	110	100	110	100	100	110	113
D	10	10	15	15	15	16	16	18	19
固体	CaF_2	BaF_2	UO_2	Y_2O_3	LaB_6	ZrC	ZrO_2	Cu	NaF
hkl	220	111	200	—	—	—	—	111	110
D	19	22	23	25	30	30	35	35	44

下面对非金属化合物中亚结构的研究结果进行讨论。在这种情况下，被冲击的单晶体的错位密度也增加了几个数量级，大块的混乱取向增加至 2°～5°，且显微硬度也增大了几倍。值得注意的是，在许多冲击固体中，位错密度的增加伴随着保留了冲击加载前存在的位错组态。由于可逆相变能够完全重排位错结构，因此只有在 KBr 中能够发现新的位错现象。

实际晶体的区域在晶体不同的方向具有不同的大小；一般情况下它们是椭圆形的。在被冲击固体中发现椭球的长轴比最短轴减小的多。表 10.5 给出了一些晶体经过一个（D_1）和两个连续（D_2）冲击压缩的比较结果。由下表可知，多次冲击压缩在各向同性方向上改变了各向异性结构。该结果在一定程度上是由冲击波分裂效应导致的，这与冲击波前的特征深度是相关的（结晶介质大约为 100 Å）。

表 10.5　单冲击压缩（D_1）和双冲击压缩（D_2）后的区域大小（nm）

MgO		Al_2O_3		CdF_2		BaF_2	
D_1	D_2	D_1	D_2	D_1	D_2	D_1	D_2
25	19	20	19	18	18	22	24
160	29	80	18	60	38	38	36

充分研磨的固体会产生最大浓度的缺陷，进而从各向异性的晶体转变为各向同性的无定形固体。因此，石英和硅酸盐晶体在冲击压缩下会完全或部分转变为无定形态（击变玻璃）。石英在 $P=$ 36 GPa[218]时变成无定形态，也就是在冲击加载后形成了许多缺陷，以至于这种无序的材料无法回到结晶状态。人们在月球岩石样本分析中对这种效应进行了很详细的研究。这些样品含有玻璃物质，这不是通过加热方法获得的，而是陨石冲击形成的。后来，在地球上的火山口也发现了相似玻璃的形成。如果受冲击的晶体的缺陷呈规律性地出现，那么缺陷的晶格是可以产生的。虽然高浓度缺陷通常会使其密度减小，具有有序空缺的受击固体可能具有致密的结构。因此，对于冲击压缩 Ln_2S_3 化合物，当 Ln＝Tb、Dy、Ho、Er 和 Y 时，会导致 Ho_2S_3 类型的单斜相过渡到 Th_3P_4 类型的致密的立方相，每个阴离子亚晶格的第九个原子是空缺的[219]。在受冲击化合物 MF_4（M ＝Ce、Th 或 U）中，发生了相转变以及密度的增加。然而，起始的四氟化物具有 ZrF_4 结构，受冲击化合物具有 LaF_3 结构，其中阳离子亚晶格中有 25％的位点是空的（因此，公式应适当地修改为 $M_{0.75}F_3$）[220,221]。受冲击压缩固体退火过程中能够形成原子从亚晶格位置离开的结构，在静态压缩的 MF_4 中没有与上述假说一致的相变。随后，在 Ta_2O_5 和 Nb_2O_5 冲击压缩下也发现了类似的现象，这将

产生 TiO_2 类型结构（$M_{0.8}O_2$）[222,223]。

上述相变符合 Le Chatelier 原理，在高压下样品体积减小。在静态方法及热力学平衡条件下，它们并不是在根本上不同于那些观察值。然而，还有一类异常相变，它只出现在动态实验中，且在冲击压缩中产生了更低的密度。第一个异常相变是 1965 年人们通过涡轮增压的 BN 的冲击处理后得到的[224]，新的构象（E-BN，E 代表“爆炸相”）不同于氮化硼的类石墨，h-BN 和 c-BN 的多晶型物相。后来发现，E-BN 的晶格参数与富勒烯 C_{60} 的一个相态的参数大致相同，也就是说，对于 E-BN，$a=11.14$，$b=8.06$，$c=7.40$ Å，而对于 C_{60}[225,226]，$a=11.16$，$b=8.17$，$c=7.58$ Å，两者密度相近，都为 2.50 g/cm^3。因此，在发现碳富勒烯的 25 年前，就已经通过爆炸得到 BN-富勒烯（尽管没有被意识到）。后来，一些研究人员通过不同的方法在完全非平衡条件下获得了 E-BN[227]。表 10.6 中列出了一些在冲击作用下能够转变为低密度变形的物质[204]。

表 10.6 受冲击波影响的异常相变

物质	冲击压缩前		冲击压缩后	
	物质，相	ρ，g/cm^3	物质，相	ρ，g/cm^3
PbO	正交晶系	9.71	四方相	9.43
SmF_3	LaF_3	6.93	YF_3	6.64
HoF_3	LaF_3	7.83	YF_3	7.64
Tm_2S_3	Ho_2S_3	6.27	新型	6.06
Nd_2O_3	A	7.42	C	6.29
ZrO_2	四方相	5.86	单斜晶系	5.74
GeSSe	α	4.0	β	3.6
GeSTe	α	5.1	β	4.7
GeSeTe	α	5.6	β	5.2

通过不同的技术对 E-BN 进行合成，得到了许多密度在 2.5～2.6 g/cm^3 之间的材料，具有相似但不相同的结构和光谱性质。能够确定的是，在辐射以及高温高压条件下，E-BN 是 h-BN → w，c-BN 转变的一个中间步骤。在电子辐射下，金刚石和 c-BN 会形成富勒烯，那么 E-BN 也能形成富勒烯吗？然而，含有六元环和五元环的结构，尤其是碳富勒烯，对于不允许同原子键存在的 BN 的拓扑是不可能的。因为 B—B 和 N—N 键比 B—N 弱，这种拓扑结构在热力学上是不存在的：可以考虑的模型应该只包含 B—N 键。在 1993 年发生了重要的变化，几位作者[228-230]预测了六边形和四边形环富勒烯框架可能只包含 B—N 键，从而回避了热力学禁止的条件。此后不久，便在强电子束下（透射式电子显微镜）发现了[231] BN 原子层，比如其中的碳，在类似洋葱的结构中趋于卷曲并形成同心壳。在 BN 中，与碳类似物相比，形成的球形基础面并不完全封闭。有人指出，在电子辐射下形成球形团簇实际上是一种普遍的现象，也就是在石墨型结构中发生结晶。Later Golberg 等人[232-234]发现孤立的富勒烯类型 BN 粒子的层数减少，高分辨率透射电子显微镜图像表明 BN 团簇具有八面体几何形状。

Olszyna 等人[235]最早提出了分子 BN 富勒烯模型具有多原子晶胞。氮和硼原子排列在严重变形的六边形平面上。对结构的拓扑分析表明，E-BN 分子包含相同数量的 sp^3 和 sp^2 键。Pokropivny 等人[236]确定了 E-BN 的分子结构和晶体结构，他们首次解释了观测到的 X 射线衍射花样的主要峰值，并证明了 E-BN 具有金刚石晶格（空间群为 Fd3m 或 Oh^7），且

E-BN 是通过六角形的面由 $B_{12}N_{12}$ 笼聚合而成。被称为“超金刚石”的这种物相具有八面沸石类型的框架，可以视为［$B_{12}N_{12}$］沸石。同一研究组[237]提出了在固态下 BN 分子发生聚合的可能机理。由于聚合方式取决于施加的压力和其他实验条件，因而人们可以理解不同作者报道的 E 相的性质差异。在试图解释这些转变之前，有必要证明聚合的发生实际上是由冲击负载引起的，而不是剩余热量所导致的。毕竟热力学相变的密度和配位数的减少是正常的，如 1000 ℃以上金刚石→石墨的转变或在 432 ℃下 CsCl B2→B1 的转变。人们对某些化合物进行了严格的测试，如 PbO、MnS、Ln_2S_3、Ln_2O_3、ZrO_2 和 LnF_3，这些化合物在所有温度上升至熔点，高密度多晶型物质（1）比低密度的（2）热动力学更稳定。因此，仅对这些固体进行加热并不会减小 N_c 和密度。相反，它将加速向更深层次的最低密度阶段（1）的转变（低温下的动力学阻碍）。这样的转变是已知的，更高的压力仅仅能促进转变。显然，没有任何热力学条件能够诱发（1）→（2）的逆向转变。然而，在冲击压缩下却能够发生逆向转变，因此，确实遇到了一种异常情况。

能够通过动态压缩的特性来解释上述情况。紧跟在高压区后面的是一个急剧减压的状态，它会产生广泛的塑性变形和拉伸应力，甚至有可能会引起整体发生解体。这使得有缺陷和位移的晶体呈饱和状态，最终将它转化为密度低于任何晶体多形体的非晶相（3）。因此需要为新相的快速成核创造条件。根据 Ostwald 的阶段规则，最易获取的动力学相（即第一个结晶）从来都不是最稳定的，但要比热力学最不稳定的状态稳定，是能量上最靠近不稳定的起始相。因此，阶段（2）中最低（非晶相之后的阶段）密度先结晶。如果剩余热量能够维持足够长的时间，阶段（2）可以退火转变成致密的阶段（1），否则这个过程在动力学上会转变为“冻结”阶段（2）。

$$\mathrm{HDP(1)} \xrightarrow{P_{\mathrm{dyn}}} \mathrm{Amoph(3)} \xrightarrow{T_{\mathrm{res}}} \mathrm{LDP(2)}$$

例如，冲击压缩 A-Nd_2O_3（$\rho=7.42\ \mathrm{g/cm^3}$）后将转换为 C 相（$\rho=6.29\ \mathrm{g/cm^3}$），但在加热到 400～600 ℃时，增加浓度，A 晶型再次出现，在 800 ℃时完成了 C→A 的逆向转变。为了逐步模仿这种机理，将结晶的 A-Nd_2O_3 放进球磨机里研磨 20 h，得到了 X 射线非晶相，将其加热到 400～600 ℃使之结晶为 C-Nd_2O_3。显然，如果回收安瓿中的剩余温度在上述温度范围内，冲击压缩的最终结果将实现由 A→C 的转变。显然，能够同时满足必要的热力学条件的可能性很小，因此这种类型的转变是较为罕见的。然而，一旦异常相变的机理得到解释，那么对它们的探索将会更加成功[204]。

在涉及物质辐射[238]、晶体的球磨[239,240]以及剪切静态压缩[241-243]的实验中也发生了密度降低的相变。以上每个过程都涉及固体的部分或整体无定形化，分别引起了许多缺陷，生成了高活性表面超细粒子，或导致塑性流动。

球磨也可以产生一个高压相，因为它包含了动态高压（球的直接碰撞），晶粒的塑性形变（在滑动的球之间）以及高温（由摩擦引起）。因此，对于 Y_2O_3、Dy_2O_3、Er_2O_3、Yb_2O_3 类型的 C→B 型的相变，其发生在高静压高温（25～40 kbar，900～1020 ℃）[244]和冲击压缩下[245]，在球磨下也能够发生这种相变[246]。后来的研究结果表明，这种相变能够生成微量的 E-BN 和 c-BN[247]。对球磨下的 h-BN 结构转变的机理进行研究[248]，发现在 12 h 后，高压相的含量（约 20%）达到最大，之后在研磨时间内保持不变，即物相的转变有可逆的性质。这是通过球磨下的逆向相变 w-BN $\rightleftharpoons$ h-BN 而得到证实。除了已知相 BN，还得到了一些新相。

在冲击压缩下，一些晶体化合物能够分解成几个组分。因此，Schneider 和 Hornemann 的研究表明，$Al_2Si_2O_5$ 能够冲击分解为 Al_2O_3 和超石英（二氧化硅的高压相）[249-251]。Staudhammer 等人通过 $BH_3 \cdot NH_3$ 的冲击分解发现了 c-BN 的形成（高压相）[252]。值得注意的是，爆炸的炸药产生大量的金刚石纳米粒子[253,254]（见下文）。在压力为 25 GPa 和温度为 7300 K 条件下，在 CO_2 激光加热金刚石压腔装置中，人们对甲烷、乙烷、辛烷、癸烷、十八烷和十九烷的稳定性进行了研究。研究发现甲烷和乙烷分解成氢和金刚石。长链烷烃中的金刚石的产量有较大幅度的提高[255]。在文献[256]中发表了化合物在压力作用下分解为各个组分的研究。在文献[204]中讨论了在冲击波作用下的物理和化学转变的研究结果。

石墨转变为金刚石和六方 BN 转变成立方体 BN（氮化硼）引起了对高压相变最广泛的研究，这是由于金刚石技术的重要性。没有其他例子可以通过余热问题来更好地说明动压研究产生的困难。研究的主要结果表明，冲击作用下的石墨能够定量转变为金刚石，而由于剩余热量的影响，在去压状态下只保留了少量的金刚石。当压力恢复为大气压力时，回收瓶中的温度仍高于 1000 ℃，卸载后的金刚石和氮化硼经退火后恢复了石墨结构。因此，许多研究人员在卸载期间或之后的快速排热中寻找解决方案。人们尝试了各种技术（专利），包括在铜基质的低温水中进行实验研究，原材料中混入一些惰性材料从而作为散热器使用等等。这些方法都不能维持金刚石含量超过 10%。然而，在任何情况下，未反应的石墨（或退火金刚石）必须进行化学移除。为了获得大块超硬材料，剩余的金刚石以超细微粒的形式堆积在静态装置中。因此大大减小了动力学方法的内在优势。

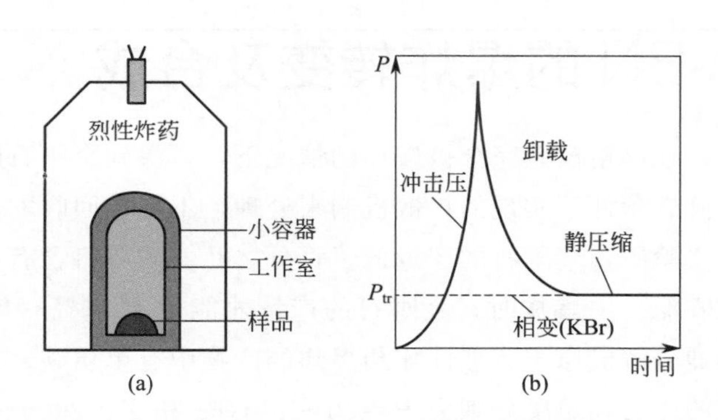

图 10.5　动静耦合压缩结构示意图：(a) 实验装置；(b) 小容器内的压力随时间的变化

注：获得文献 [258] 的允许后改编。版权（1997 年）归 Springer 科学与商业媒体所有

在作者的实验室，这个问题主要通过新方法来解决：通过在回收安瓿中产生一个高静压，从而延长高压的持续时间[257]，而不是试图降低温度。这是通过在一个高强度安瓿中放置 KBr 来实现的（图 10.5）。在冲击负载下，安瓿体积降低，且 KBr 发生了 B1 → B2 的相变（P=1.8 GPa），并伴随着 15%的体积收缩，其转变是可逆的。在这个压力的卸载阶段，KBr 应该回到初始状态，但刚性安瓿（冲击加强后）阻止了体系的膨胀，在安瓿中形成了剩余静压。这种压力能够一直维持到安瓿关闭为止，且允许样品在保持高压下降低到大气温度。这种方法称为动静压缩（DSC）技术，可以获得含量为 100%的金刚石物相，且 BN 的

单片样品具有良好的力学性能[258]。图 10.6 显示了 w-BN 样品的表面硬度分布。圆盘中心的最大硬度对应于圆柱容器轴向（马赫区域）的最大压力。硬度会随着晶粒尺寸的减小而增大，且压缩的纳米晶体 w-BN 和金刚石的最大值是可以预测的。

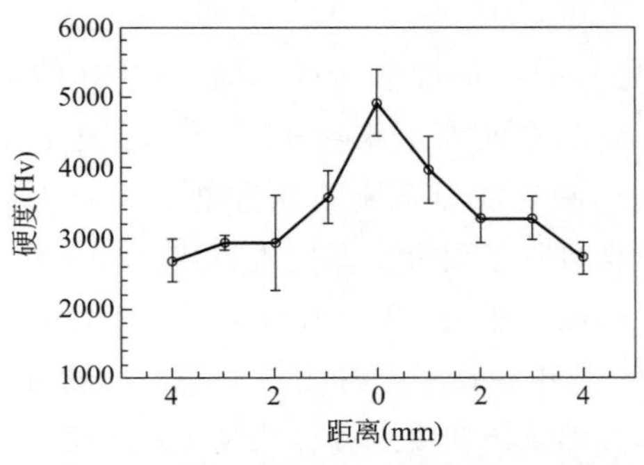

图 10.6　通过圆柱容器轴的截面上 w-BN 表面的 Vickers 硬度分布

注：获得［258］的许可后再印。版权（1997）归 Springer 科学和商业媒体所有

有趣的是，尽管加热到 700～1100 ℃时的 w-BN 部分转化为 h-BN，且后者的产量随温度增加而增加，但它从未达到 100%，因为新生的 h-BN（体积比 w-BN 大 50%）会对剩余的 w-BN 产生强大的外部压力[259]，因此 h-BN 的含量从未达到 100%。此外，在大气压力和 600～970 ℃下，发生部分逆向转变 h-BN → w-BN[260]。在 300～1870 ℃温度下的金刚石粉末的退火过程与上面的过程相似（类似的解释），即使在 1530 ℃下，其转变程度也不会超过 0.85[261]。

10.5 金刚石和 c-BN 的爆炸转变及合成

从几何角度出发，在晶格没有完全被破坏的情况下，石墨到金刚石的相变是不可能发生的。这种转变可以用静态条件下实现的扩散机制来处理，不能在回收安瓿中的冲击负载条件下处理。在回收冲击实验中，金刚石的产量低于百分之几。只有将含有高爆炸性炸药的石墨放在大容器（无回收安瓿）中爆炸时，金刚石的产量才能达到 50%～80%。在爆炸产物的膨胀下，起始物料强烈分解成原子。烈性炸药爆炸的产物中有单质碳，或含有石墨粉与炸药的混合物，使得系统的压力和温度分别为 P＝20～30 GPa 和 T＝2000～3000 ℃，爆炸产物的扩散能够快速冷却它们，并使金刚石的含量达到 20%。在冰壳（图 10.7）中使用炸药能够更好地冷却产品，使金刚石的含量增加至 80%。

1988 年之后，在美国和苏联报道❶了通过爆炸获得金刚石的第一种合成方法[253、254]，人们在许多工作中对这种材料的结构和性能进行了研究，然而金刚石团簇的形成机制尚不清楚。

研究发现，金刚石团簇的大小并不取决于炸药的大小，而取决于动压的持续时间[262,263]，即有一些机制限制了团簇的生长。这种机制是根据爆炸云中的分子间范德华作

❶ 据原著作者所知，自 20 世纪 60 年代以来，爆炸合成金刚石的研究一直在进行，但一直保密。然而，原著作者认为，在 1988 年以前没有公开出版物的情况下，任何重新确立科学优先地位的尝试现在都是毫无意义的。

用的特征来辨别的[264]，也可参考文献［265］。

烈性炸药的爆炸典型产物有 H_2O、N_2、C、CO、CO_2（以及少量的 H_2、O_2、NO、NO_2、NH_3）。如果限制只有以上五种主要产物，在均相爆炸云中，碳原子的（或其他 C_n 团簇）连续碰撞产生 C_n 团簇的可能性是 5^{-n}，这使得形成大约 10^4 个原子的金刚石纳米颗粒几乎是不可能的。这意味着爆炸产物是离析的，且金刚石团簇在富含碳的区域生长。在 4.2 节中，认为范德华异相分子间的距离总是大于加和值，即

$$D(AB) > \frac{1}{2}[D(A\cdots A) + D(B\cdots B)]$$

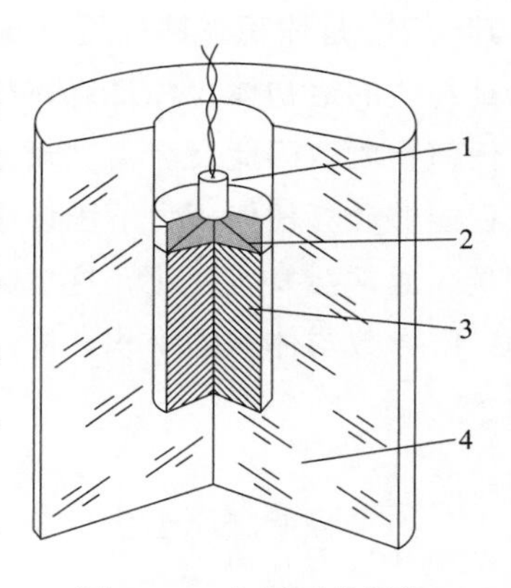

图 10.7 金刚石的爆炸合成的装置

1—雷管；2—平面波发生器；3—炸药（如 TNT+RDX）；4—冰

注：版权（2009 年）归 John Wiley & Sons 所有

因此，基于范德华机理而发生相互作用的非均相分子的混合体积是大于加和值的，按照 Le Chatelier 原理，高压下的这类混合物会发生分离。由此可见，金刚石团簇的大小取决于爆炸云的各组分的分离程度。由于这个原因，在相似条件下（在一个较大的空间）进行 c-BN 的爆炸合成似乎是合理的。尽管在 24 年前已经对金刚石的爆炸合成进行了首次报道，然而到目前为止，人们并没有尝试沿着这个方向进行其他相关报道。在我们看来，在这个方向没有任何进展的主要原因是碳和氮化硼对存在于爆炸产物中的水蒸气有着非常不同的作用：碳对水具有化学惰性，而 BN 遇水则会发生分解反应，即

$$2BN + 3H_2O = B_2O_3 + 2NH_3$$

因此，爆炸引起的 h-BN→ c-BN 相变的成功实现需要抑制 BN 的水解作用，但高温下的爆炸气体通常是含有水蒸气的（见上图）。通过使用无氢爆炸物苯并三氟呋喃 $C_6N_6O_6$（排除爆炸云中的水），已经实现了 80%产率的 c-BN 爆炸合成[266]。

10.6 固体状态方程

压力作用下的固体的实验研究结果可以通过状态方程来描述（EOS）。人们已经提出并使用了许多关于凝聚相的温度、体积和压力的状态方程，对这些状态方程的详细讨论是毫无疑问的。一般来说，除了从书本上解决这个问题，很多文章更关心一些具体单质如碳、铝、稀有气体固体或在极高压力下固体的行为等。由文献［267 - 269］可以得到有用的状态方程。最受欢迎的是物理学家 Murnaghan[270]、Birch[271]、Vinet 等人[272,273]和 Holzapfel[274-277]等人的状态方程。后两个状态方程具有相似的形式

$$P(x) = 3B_o\left(\frac{1-x}{x^2}\right)\exp[1.5(B'_o-1)(1-x)] \tag{10.5}$$

$$P(x) = 3B_o\left(\frac{1-x}{x^5}\right)\exp[1.5(B'_o-3)(1-x)] \tag{10.6}$$

其中 B_o 是体积弹性模量（压缩系数的倒数），$B'_o=\partial B_o/\partial P, x=(V/V_o)^{1/3}$，$V_o$ 和 V 分别是物质的最初体积和最终体积。式 10.6 已经在金属中得到验证，而式 10.5 能够应用于其他任何物质，因此命名为“通用状态方程”。如果所研究相的体积弹性模量是已知的，状态方程能够计算任何压力下固体中原子间距。然而，因为在这个转变中的压缩系数（体积弹性模量）通常会发生变化，这意味着没有发生多形态转换。体积弹性模量在形式上等于结合能的二阶导数与体积的乘积，即

$$B=V\left(\frac{\partial^2 E}{\partial V^2}\right) \tag{10.7}$$

如果势能（原子化）表示为

$$E=\frac{A}{d^n}=\frac{A}{V^{n/3}} \tag{10.8}$$

那么式 10.8 中 E 对 V 的二次微分将给出下式

$$BV=\frac{n(n+3)}{9}E \tag{10.9}$$

如果已知 E、B_o 和 V，那么在不同类型的化合物[278,279]中均能够求得 n。由此得到的 n 值远远大于由热膨胀得到的 n 值（见文献［280］）。热膨胀和压力数据之间的差异并不是由实验误差引起的，但却反映了最小值的任意一侧的势能曲线的特征（见图 2.4）：排斥力随着键长的缩短而急剧增大，势能曲线的斜率随着键的变长而逐渐减小，最终渐近地达到 $E=0$。这一点对于在不同的热力学条件下对化学成键的理解是非常重要的。

大气条件下（带有指数“o”）的体积模量列在以下表中：表 10.7 是单质的数据，表 S10.1 是 MX 化合物的数据，表 S10.2 是 MX_2 的数据，表 S10.3 是 MX_3 的数据，表 S10.4 是二元氧化物的数据，表 S10.5 是二元氮化物的数据，表 S10.6 是二元硼化物的数据，表 S10.7 是二元碳化物和硅化物的数据，表 S10.8 是二元磷化物和砷化物的数据，表 S10.9 是三元氧化物和配位化合物的数据，表 S10.10 是分子物质和聚合物的数据，表 S10.11 是多形体特征的单质和 MX 化合物的数据，表 S10.12 是 MX_2 晶体的各种物相的数据。

表 10.7 单质的体积模量（GPa）及对压力的导数

A	B_o	B'_o	A	B_o	B'_o	A	B_o	B'_o
Li	11.8	3.6	Ti[c]	126	2.6	Mn	131	5.8
Na	6.5	3.9	Zr	89	3.8	Tc	281	5.7
K	3.2	4.0	Hf	109	4.0	Re	368	5.4
Rb	2.6	3.9	C[d]	456	3.8	H	0.166	7.3
Cs	1.8	3.8	C[e]	34.8	9.0	F[j]	8.1	4.4
Cu[a]	133	5.4	C[f]	9.5	11.5	Cl	13.1	5.2
Ag[a]	101	6.15	Si	97.8	4.1	Br	14.3	5.2
Au[a]	167	6.2	Ge	75.8	4.5	I	14.5	5.2
Be[b]	106	3.5	Sn	54.2	5.2	Fe	170	6.1
Mg[b]	35.0	4.2	Pb	43.9	5.4	Co[k]	199	3.6
Ca	17.6	3.2	V	160	4.3	Ni	183	5.2
Sr	11.7	2.9	Nb[F]	168	3.4	Ru	316	6.6
Ba	9.3	2.6	Ta[g]	194	3.25	Rh	269	4.5
Zn[b]	56	6.1	N	2.8	3.9	Pd	184	6.4
Cd[b]	43	6.6	P[h]	36	4.5	Os[l]	395	4.5

续表

A	B_o	B'_o	A	B_o	B'_o	A	B_o	B'_o
Hg^b	36	6.4	As	59.0	4.3	Ir	364	4.8
Sc	60	2.8	Sb	39.8	5.1	Pt	280	5.3
Y	40	2.4	Bi	31.6	5.7	He^m	0.0193	9.215
La	22.6	3.9	Cr	180	5.2	Ne^n	1.08	8.4
B	187	3.3	Mo	267	4.2	Ar^n	2.83	7.8
Al	75.2	4.8	W^i	322	3.8	Kr^n	3.31	7.8
Ga	58.8	3.0	O	2.2	4.4	$Xe^{n,o}$	3.61	7.9
In	42.0	5.6	S	9.5	6.0	Th	60	4.6
Tl	35.4	5.3	Se	16.9	2.7	U^p	104	6.2
			Te	21.0	5.3	Pu^q	54.4	

注：a. 数据源自文献［281］；b. 数据源自文献［282］；c. 数据源自文献［283］；d. 金刚石；e. 石墨；f. C_{60} 的 fcc 相；C_{70} 的 fcc 相：$B_o=7.9$，$B'_o=16$[284,285]；F. 数据源自文献［286］；g. 数据源自文献［287］；h. 数据源自文献［288］；i. 数据源自文献［289］；j. 数据源自文献［290］；k. 数据源自文献［291］；l. 计算于［292］；m. 数据源自文献［293］；n. 数据源自文献［294］；o. 对于 fcc 相，$B_o=3.6$，$B'_o=5.5$，对于 hcp 修饰，$B_o=4.3$，$B'_o=4.9$[295]；p. 数据源自文献［296］；q. 数据源自文献［297］

芴（$C_{13}H_{10}$）在 36 GPa 下发生转变，其体积（922.5→862.5 A3）和力学性能发生了较大的变化：低压相的 $B_o=5.9$ GPa、$B'_o=7.5$，而高压相的 $B_o=11.3$ GPa，$B'_o=5.4$[335]。在 7～8 GPa 下，环己烷发生相变，即从单斜晶体变成三斜晶体，$B_o=22.9$ GPa、$B'_o=4.76$[298]。

人们对 M_2X_3 类型的硫族化合物的研究较少，我们在文献中只发现了几个例子，即 As_2S_3 的 $B_o=12.9$ GPa，$B'_o=7.5$；在 As_2Se_3 中，$B_o=14.0$ GPa，$B'_o=7.9$[299,300]；在 Sb_2S_3 中，$B_o=26.9$ GPa，$B'_o=7.9$；在 Bi_2S_3 中，$B'_o=36.6$ GPa，$B'_o=6.4$[301]。

考虑到表中的体积模量的数据只包含一部分化合物，这些数据对于解决高压物理和材料科学中的理论和实际问题非常重要，人们也试图从物质的组分和结构导出 B_o。Bridgman 首次建立了金属和碱金属卤化物之间的关系[302-305]：

$$B_oV_o^{4/3}=\text{常数} \tag{10.10}$$

后来人们得出结论[50,51]，类似的方程适用于同构型的硫化物、硒化物以及共价固体，式 10.11 适用于碱金属卤化物，式 10.12 适用于氧化物和硫化物[306]，即

$$B_oV_o=aZ_c \tag{10.11}$$

$$B_oV_o=bZ_c^{3/4} \tag{10.12}$$

其中 a 和 b 是常数，Z_c 是阳离子价态数。离子晶体满足波恩理论[307]，即

$$B_oV_o=K_MZ_cZ_a\frac{n-1}{9d} \tag{10.13}$$

其中 K_M 是马德隆常数，Z_c 和 Z_a 是阳离子和阴离子的化合价，n 是给定离子对的排斥波恩系数的平均值，d 是原子间的距离。式 10.13 也遵循下式

$$B'_o=\frac{\partial B}{\partial P}=\frac{n+7}{2} \tag{10.14}$$

Cohen[308,309] 使用 Phillips 的介电理论计算 B_o，得到了四面体结构的晶体满足下式

$$B_o=(A-B\lambda)d^{-3.5} \tag{10.15}$$

其中 A 和 B 是常数，$\lambda=0$ 对应于第 14 族的纯共价单质。第 1 族和第 17 族元素的离子化合

物通过下列方程描述

$$B_o = Cd^{-3} \tag{10.16}$$

其中 C 是常数。Al-Douri 等人[310]研究了半导体的体积模量，并依据转变压力 P_{tr} 提出了 B_o 的经验关系式，即

$$B_o = [a-(b+\lambda)](cP_{tr})^{1/3} \tag{10.17}$$

其中 a、b、c 是常数，P_{tr}是 ZnS 到 β-Sn 结构类型的转变压力（GPa），对于半导体，第 14 族元素的 $\lambda=1$，第 13 族和第 15 族元素的 $\lambda=5$ ，第 12 族和第 16 族元素的 $\lambda=8$。人们对这些半导体、碱金属卤化物、碱土硫属化合物、过渡金属氮化物和稀土单硫属化合物提出了与体积模量和结合能有关的表达式[311]。对于 B1 和 B3 类型结构的化合物来说，它们的体积模量和结合能的对数分别对 d 作图呈现出线性关系，但基于化合物的电荷，它们满足不同的线性依赖关系。人们对二元无机晶体的晶格能和体积模量的关系进行了研究，并介绍了晶格能量密度的概念（LED）[312]。晶格能量密度的值与晶体的体积模量呈线性相关，其斜率取决于晶体结构中阳离子的化合价和配位数。

Makino[313]通过下式将 B_o 关联到 d ，即

$$B = kd - m \tag{10.18}$$

其中 k 和 m 取决于键的类型（表 S10.8）。人们对一些共价晶体的 B_o 进行了从头算[314-316]，这种方法可以用来研究金刚石和 B3 类型固体的结构、成键以及电学特性的细节。无机化合物的 B_o 通过下式计算[317]：

$$B_o = \frac{1}{2}(I_+ I_-) \tag{10.19}$$

其中 I_+ 和 I_- 表示具有不同电荷和配位数的离子的弹性模量。

由于实际化学键的能量是对距离有不同依赖关系的离子成分、原子成分和极化成分的叠加，因此，不可能建立 B 对 V 的一般依赖关系。在我们的工作中[278,279]，利用极性化合物的键离子性、原子价、有效核电荷、波恩排斥因子和原子间距离等特性，推导出了一个适用于近似计算晶体物质 B_o 的方程。N_c 从 4 到 8，精度为 10%。

假设各种相关物质的 $B=f(P, V)$ 函数是相同的，可以由这些物质的性质导出讨论表达式 $B_o=f(d)$，但人们可以测定某种物质的函数关系 $B=f(P, V)$。由于压力 P 的体积弹性模量为 $B=B_o+PB'_o$，$k_{BP}=B/B_o$ 和 $k_{VP}=V/V_o$ 关系式表明了在压缩条件下的体积弹性模量和体积的变化。对于 $P=1$ GPa，可以得到下式

$$\frac{\partial B}{\partial V} = \frac{k_{BP}-1}{1-k_{VP}} = \frac{B'_o V_o}{B_o \Delta V} \tag{10.20}$$

根据等式 $\Delta V/V_o=1/B$，可以得到下式，即

$$B'_{VP} = B_o + \frac{(B'_o)^2}{B_o} \tag{10.21}$$

在表 S10.9 和表 S10.10 中给出了金属和离子晶体 MX 衍生物的上述物理量，表明弹性模量变化与固体的密度成正比。金属和离子晶体的平均比例系数分别为 5.0 和 5.4，在加热压缩下为 4.2。基于这些衍生物的性质，可以估计声速、德拜温度和高压下物质的其他性

质。表 S10.13 中列出了不同温度下的实验体积模量。

以上提到的状态方程基本上都是经验式。最近，Setton[318]根据压缩系数和热膨胀的热力学定义直接导出了一个状态方程，且适用于所有同类的凝聚态。事实上，压缩系数 $k(1/B)$ 的定义为下式

$$k=\frac{-(\partial V/V)_T}{\partial P}=\frac{-\partial(\ln V)_T}{\partial P} \tag{10.22}$$

适用于液态和固态的体积热膨胀系数 β 可以计算如下

$$\beta=\frac{(\partial V/V)_P}{\partial T}=\frac{\partial(\ln V)_P}{\partial T} \tag{10.23}$$

因为 k 和 β 本身是两个独立参数，都能够影响相的体积 V，经过简单的数学运算可以得到下列表达式

$$\partial(\ln V)=k\partial P+\beta\partial T \tag{10.24}$$

因而有下列关系

$$V=V_o e^{-kP}e^{\beta T} \tag{10.25}$$

其中 V_o 是参考值 P 和 T 时的体积。这个状态方程能够应用于 100 种固态元素，包含压缩性和膨胀性依赖于晶体的堆积系数的典型元素，k 和 β 依赖于固态中元素的价态的等价元素。

体积模量及对压力的导数不仅能够确定高静压下的体积，也可以计算冲击绝热参数（Hugoniot 方程）[319]，即

$$c_o=\left(\frac{B_o}{\rho}\right)^{1/2} s=\frac{1}{4}(1+B_o') \tag{10.26}$$

表 S10.14 列出了单质的 Hugoniot 参数的实验值，表 S10.15 中列出分子化合物和聚合物的 Hugoniot 参数的实验值。

大块固体的 B 值可以比相对应的纳米材料的值大或者小（表 10.8）。表层的原子密度越小，其体积弹性模量应该低于理想晶体的值。事实上，Fe 的表层就比其内部更容易压缩[332]，在镍[333]和氧化镁[334]的纳米晶中也有相似的结果。因此，随着晶粒尺寸变小，材料的总压缩系数中表层的贡献会变大。这个结果就能够解释 B(纳米体)$<B$(块体)，相反结果的原因尚不清楚。此外，在一些纳米材料中，相变压力随着颗粒尺寸（CeO_2、γ-Fe_2O_3、

表 10.8　大块固体和纳米材料的体积模量之间的关系

B(纳米体)$>B$(块体)		B(纳米体)$\approx B$(块体)		B(纳米体)$<B$(块体)	
Ag,Au	[320]	CuO	[327]	MgO	[329]
Ag,Pb	[321]	MgO	[327]	PbS	[328]
Mo,Ni	[322]	ε-Fe	[327]	CdSe	[328]
c-In_2O_3	[323]	W	[328]	W_2N	[328]
Ga_2O_3	[324]			Al_2O_3	[330]
Fe_2O_3	[178]			SnO_2	[173]
CeO_2	[179]			ReO_3	[185]
TiO_2	[325]			SiC	[331]
AlN	[175]				
GaN	[176]				
Si_3N_4	[326]				

Ti*-O_2-金红石，AlN）的减小而减小，而在其他纳米材料（Si、Cd、CdSe、PbS、氧化锌、锌矿）中的相变压力却是增大的。两个因素的不同变化导致了纳米相的不同表现：表面能的增加（相当于一个附加压力）降低了特定相变所需的压力，但样品中表面原子增大的比例使得平均配位数减小，因此需要更高的压力来增大 N_c，从而完成相变。

附录

补充表格

表 S10.1～表 S10.5 列出了所有的状态方程；B_o 和 B_o' 的值没有引用文献，在文献中给出了其他来源的数据。

表 S10.1 MX 型化合物的体积模量（GPa）及对压力的导数

M	F		Cl		Br		I	
	B_o	B_o'	B_o	B_o'	B_o	B_o'	B_o	B_o'
Li	73.0	5.2	32.4	5.0	24.7	5.6	19.2	6.0
Na	48.0	5.1	25.3	5.2	20.9	5.2	16.5	5.3
K	31.7	5.2	18.2	5.4	15.8	5.4	12.2	5.4
Rb	27.7	5.5	16.7	5.4	14.1	5.4	11.3	5.3
Cs	25.0	5.5	18.2	5.4	15.7	5.4	12.2	5.6
NH_4			19.7	5.3	16.6	4.7	14.9	4.2
Cu			39.3	4.1	38.7	4.0	35.5	4.0
Ag	61[a]	(5.2)	43.9	6.4	40.6	6.8	24.0	6.6
Tl	19.1[b]	4.2	23.5	5.3	21.6	5.4	17.1	5.5
M	O		S		Se		Te	
Be[c]	228	4.5	105	3.5	92.2	4.0	66.8	4.0
Mg	163	4.1	78.9	3.7	55.2	4.5	60.6	4.1
Ca	114	4.5	64	4.2	51	4.2	42	4.3
Sr	91	5.1	58	5.5	45	5.5	40	5.6
Ba	68.5	5.7	55.6	5.5	41.5	6	35.8	7
Zn	141.4	4.5	76.3	4.4	64.0	4.4	50.0	4.9
Cd	140	5.7	64.3	4.3	55	5.3	43.7	6.0
Hg	44[d]	7[d]	68.6	(5.8)	53.8	3.0	45.5	3.0
Y[e]			93	4.0	82	4.0	67	4.0
La[e]			89	6.5	74	4.7	60.6	
Ga[f]			37	5.2	92	5		
In[f]					24	8.6		
Ge			40.7[g]	5.0[g]			49.9[g]	3.7[g]
Sn	35	6.1	36.6[g]	5.5[g]	50.3	6.3	35.9	5.7
Pb	23.1[h]	7.0	52.9	6.3	50.0	4.9	40.1	5.2
Cr							45.2[i]	(5.3)
Mn	155.3	4.9	72	4.2			54	4.3
Fe	168[j]	4[j]	73[k]	4[k]	31[l]			
Co	180[m]	3.8[m]						
Ni	191[n]	3.9[n]	156[o]				103[o]	4.9[o]
Th			145	5	125	4	102	3.8

续表

M	F		Cl		Br		I	
	B_o	B'_o	B_o	B'_o	B_o	B'_o	B_o	B'_o
U			105	5	74	5	48	4.9
M	N		P		As		Sb	
B	375[p]	4.9	173[q]		148	3.9		
Al	200	4.8	86	4.6	77	4.7	56	4.6
Ga	188	3.8	88.3	4.7	75.0	4.6	56	4.5
In	144	4.1	72.9	4.5	58.4	5.0	46.2	4.7
La[r]			67	4	92	2.5	71.5	4
Th	175	4.0	137	5	118	3.4	84	5
U	203	6.3	102	4	90	4.4	73	4

注：a. 对于B1类型[10.6]；b. 数据源自文献［10.7］；c. 数据源自文献［10.8］；d. 数据源自文献［10.9］；e. 数据源自文献［10.10］；f. 数据源自文献［10.11］；g. 对于α-SnS类型，γ-SnS相的B_o=86.0 GPa，B'_o=4[10.12]；h. 数据源自文献［10.13］；i. 数据源自文献［10.14］；j. 数据源自文献［10.15］；k. 数据源自文献［10.16］；l. 数据源自文献［10.17］；m. 数据源自文献［10.18］；n. 数据源自文献［10.19］；o. 数据源自文献［10.20］；p. 对于w-BN相；对于c-BN相，B_o=377 GPa，B'_o=4.1；对于h-BN相，B_o=36.7 GPa，B'_o=5.6；对于t-BN相，B_o=17.5，B'_o=11.4[10.21]；q. 数据源自文献［10.22］；r. 数据源自文献［10.23］；ScSb：B_o=58 GPa，B'_o=9.5；YSb：B_o=58 GPa，B'_o=6.2

表S10.2 MX_2型的氢化物、卤化物、氧化物和硫化物的体积模量（GPa）及对压力的导数

MX_2	B_o	B'_o	MX_2	B_o	B'_o	MX_2	B_o	B'_o
BeH_2[a]	14.2	5.3	$MnBr_2$	18.7		ThO_2[b]	195.3	5.4
MgH_2[c]	45	3.35	$FeBr_2$	21.7		UO_2[b]	207	4.5
SrH_2[d]	57	3.13	$CoBr_2$	24.9		NpO_2[b]	200	
ScH_2	114	2.9	$NiBr_2$	26.8	4.8	PuO_2[b]	178	
YH_2[e]	86.4		CdI_2	17.4		AmO_2[b]	205	
TiH_2[e]	142	3.3	HgI_2[f]	33.9	8.6	ThOS[b]	201	3.0
ZrH_2[e]	125		PbI_2	15.3		UOSe[b]	154	1.8
MgF_2[g]	101	4.2	VI_2	27.4		CS_2	1.7	5.6
CaF_2[h]	74.5	4.7	NiI_2[i]	27.7	4.8	GeS_2	11.8	6.8
SrF_2[h]	74	4.7	$Mg(OH)_2$[i]	54	4.7	SnS_2[k]	27.9	10.7
SrFCl	61	5	$Ca(OH)_2$[j]	37.8	5.2	TiS_2[m]	45.9	9.5
BaF_2[l]	57	4	$Ba(OH)_2$[n]	40	5.0	HfS_2	31.9	
BaFCl	62	4	$Co(OH)_2$[j]	73.3	4	NbS_2[p]	57	8.6
BaFBr[o]	38	7.6	$Ni(OH)_2$[j]	88	4.7	MoS_2[q]	53.4	9.2
BaFI[o]	47	5	AlOOH[j]	134	4.7	WS_2[q]	61	9.0
ZnF_2	105	4.7	FeOOH[n]	111	4	MnS_2[r]	76	5.4
CdF_2	106	6.1	Li_2O[u]	90	3.5	MnS_2[s]	214	5.0
PbF_2[t]	66	7	Cu_2O	121	3.5	ReS_2[u]	23	29
MnF_2	86		CO_2	0.6		FeS_2	133.5	5.73
FeF_2	100	4.6	SiO_2[w]	37.4	5.1	ThS_2[b]	195	2
CoF_2	102		GeO_2[w]	30.5	6.1	US_2[b]	155	
NiF_2	119	5.0	SnO_2[y]	205	7.4	Li_2S[x]	52	2.1
$SrCl_2$	36.2		PbO_2	170	3.8	Cs_2S	6.7	16
$BaCl_2$[α]	47.2	7.4	BaO_2[β]	105	3	$GeSe_2$[z]	46.6	4.0

续表

MX_2	B_o	B_o'	MX_2	B_o	B_o'	MX_2	B_o	B_o'
$ZnCl_2^{\gamma}$	15.1	8	TiO_2	214	6.2	$NbSe_2$	41	
$SnCl_2^{\delta}$	31	4.9	ZrO_2^{ε}	212	6.9	$TaSe_2$	44	
$PbCl_2^{\delta}$	34	7.4	HfO_2^{ε}	284	8	$MoSe_2^{\theta}$	45.7	11.6
VCl_2	22.5		NbO_2	235	5	WSe_2^{κ}	72	4.1
$MnCl_2$	17.8		CrO_2^{λ}	138	5.8	$MnTe_2^{r}$	32.4	12
$FeCl_2^{\mu}$	35.3	4	TeO_2^{ρ}	44.4	5.8	$MnTe_2^{s}$	36.0	4.0
$CoCl_2$	22.9		TeO_2^{σ}	51.3	4.3	$RuTe_2^{\tau}$	255	0.35
$NiCl_2$	25.3		MnO_2	328	4	$IrTe_2^{\varphi}$	132	2.0
$BaBr_2^{\alpha}$	38.6		RuO_2	270	4	$IrTe_2^{\varphi}$	126	5.6
VBr_2	23.9		CeO_2^{π}	220				

注：a. 数据源自文献［10.24］；b. 数据源自文献［10.25］；c. 对于 TiO_2 型，其他相见文献［10.26］；d. 数据源自文献［10.27］；e. 数据源自文献［10.28］；f. 正方晶系，对于斜方晶系 $B_o=74.2$，$B_o'=10$，对于六方晶系 $B_o=70.4$，$B_o'=7.7$[10.29]；g. TiO_2型，对于 α-PbO_2相 $B_o=69$，$B_o'=4$；对于 PdF_2，$B_o'=123$，$B_o'=4$；对于 $PbCl_2$，$B_o=163$，$B_o'=7$[10.30]；h. 数据源自文献［10.31］；i. 数据源自文献［10.32］；j. 数据源自文献［10.33］；k. 数据源自文献［10.34］；l. CaF_2型，$PbCl_2$的结构 $B_o=79$ GPa，对于 Ni_2In，$B_o=133$ GPa，$B_o'=4$ 对于所有相[10.35]；m. 数据源自文献［10.36］；n. 数据源自文献［10.37］；o. 数据源自文献［10.38］；p. 数据源自文献［10.39］；q. 数据源自文献［10.40］；r. 黄铁矿；s. 白铁矿；t. 氯铅矿，对于 $SnCl_2$ 型：$B_o=91$，$B_o'=4$[10.41]；u. 反萤石结构，对于反氯铅矿，$B_o=188$ GPa，$B_o'=4$[10.42]；v. 数据源自文献［10.43］；w. 石英；x. 反 CaF_2 型，对于反 $PbCl_2$ 形式 $B_o=137$，$B_o'=4.0$[10.44]；y. 金红石型[10.45]；z. 数据源自文献［10.46］；α. 数据源自文献［10.47］；β. 数据源自文献［10.48］；γ. 低压相，对于高压形式（扭曲型的 CdI_2）$B_o=45$ GPa，$B_o'=4$[10.49]；δ. 数据源自文献［10.50］；ε. 数据源自文献［10.51］；θ. 数据源自文献［10.52］；κ. 数据源自文献［10.53］；λ. 对于 CdI_2结构 $B_o=132$，对于 FeS_2 型 $B_o=126$[10.54]；μ. 数据源自文献［10.55］；ρ. 四方晶相；σ. 斜方晶系；τ. 数据源自文献［10.56］；φ. 数据源自文献［10.57］；π. 数据源自文献［10.58］

表 S10.3　MX_3 型的氢化物、卤化物和氢氧化物的体积模量（GPa）及对压力的导数

MH_3	B_o	B_o'	MX_3	B_o	B_o'	MX_3	B_o	B_o'
AlH_3^{a}	40	3.1	LaF_3^{e}	104.9	4.5	CrF_3^{h}	29.2	10.1
YH_3^{b}	77.5	4	$LaCl_3^{f}$	30.1	6.0	$Al(OH)_3^{i}$	49	4
LaH_3^{c}	90	4	AsI_3^{F}	62.5	9.55	$In(OH)_3^{i}$	99	
UH_3^{d}	33		rhom-SbI_3^{F}	113.0		NbO_2F^{j}	24.8	4
			mono-SbI_3^{F}	226.3		TaO_2F^{j}	36	4

注：a. 数据源自文献［10.59］；b. 数据源自文献［10.60］；c. 数据源自文献［10.61］；d. 数据源自文献［10.62］；e. 榍石型，对于高压相；$B_o=160.5$ GPa，$B_o'=4$[10.63]；f. 数据源自文献［10.64］；F. 数据源自文献［10.206］；g. 数据源自文献［10.65］；h. 数据源自文献［10.66］；i. 数据源自文献［10.67］；j. 数据源自文献［10.68］

表 S10.4　M_nO_m 型的二氧化物的体积模量（GPa）及对压力的导数

M_nO_m	B_o	B_o'	M_nO_m	B_o	B_o'	M_nO_m	B_o	B_o'
H_2O^{a}	24.5	4	c-$In_2O_3^{C}$	178.9	5.15	Fe_2O_3	227	3.5
$H_2O_2^{a}$	13.6	4	h-$In_2O_3^{C}$	215.1	4.74	Fe_3O_4	183.4	5.0
Cu_2O	105	4.2	$Sc_2O_3^{d}$	154	7	$V_2O_5^{f}$	50	12
B_6O^{b}	181	6.0	Y_2O_3	168	4.1	$As_2O_5^{g}$	78.1	5.3
$B_2O_3^{b}$	170	2.5	Ti_2O_3	208	4.1	α-$Sb_2O_4^{h}$	143	4
Al_2O_3	252.5	4.1	V_2O_3	173.5	7.5	β-$Sb_2O_4^{h}$	105	4
β-$Ga_2O_3^{c}$	202	4.3	Cr_2O_3	232.5	2.0	WO_3^{i}	27	9.4
α-$Ga_2O_3^{c}$	271	5.9	$Mn_2O_3^{e}$	169.1	7.35	ReO_3^{j}	96	4
			$Mn_3O_4^{e}$	137.4		ReO_3^{k}	129	4

注：a. 数据源自文献［10.69］；b. 数据源自文献［10.70］；c. 数据源自文献［10.71］；C. 数据源自文献［10.207］；d. 数据源自文献［10.72］；e. 数据源自文献［10.73］；f. 数据源自文献［10.74］；g. 数据源自文献［10.75］；h. 数据源自文献［10.76］；i. 数据源自文献［10.77］；j. 对于单斜晶相；k. 对于斜方六面体相[10.78]

表 S10.5 二元氮化物的体积模量（GPa）及对压力的导数

$M(N_3)_2$[a]	B_o	MN_3[a]	B_o	MN_2/M_2N	B_o	B'_o	MN	B_o	B'_o	M_3N	B_o	B'_o	M_3N_4	B_o	B'_o
Ca	31	Li	33	OsN_2[b]	358	4.67	Ti[j]	277		Li[g]	71	3.9	α-Si[j]	228.5	4.0
Sr	26	Na	28	IrN_2[b]	428	4	Zr[i]	248	4	Re[f]	397		α-Ge[j]	178	2.1
Ba	42	K	18.6[α]	Ta_2N[c]	360	4	Hf[i]	260	4				Sn[k]	186	
Cd	29	Rb	24	Cr_2N[d]	275	2.0	Ta[d]	288	4.7				Zr[i]	250	4
Pb	27	Cs	18	Mo_2N[e]	301	4	Mo[d]	345	3.5				Hf[i]	227	5.3
		Cu	23	W_2N	408		PtN[b]	372	4						
		or-Ag	39[β]	Re_2N[f]	401										
		te-Ag	57[β]												
		Tl	24												
		NH_4	23												

注：a. 数据源自文献［10.79］；α. 数据源自文献［10.208］；β. 数据源自文献［10.209］；b. 数据源自文献［10.80］；c. 数据源自文献［10.81］；d. 数据源自文献［10.82］；e. 数据源自文献［10.83］；f. 数据源自文献［10.84］；g. 数据源自文献［10.85］；h. 数据源自文献［10.86］；i. 数据源自文献［10.87］；j. 对 α-Si_3N_4，对 β 相，$B_o=270$，$B'_o=4$，对 γ 相，$B_o=308$，$B'_o=4$；对 α-Ge_3N_4，对 β 相，$B_o=218$；$B'_o=4$；对 γ 相，$B_o=296$，$B'_o=4$[10.88]；k. 数据源自文献［10.89］

表 S10.6 二元硼化物的体积模量（GPa）及对压力的导数

MB_2	B_o	B'_o	MB_2	B_o	B'_o	化合物	B_o	B'_o
Mg[a]	151	4	V[b]	322	4.0	B_{28}[f]	285	1.8
Zn[b]	317	4.0	Re[d]	334	4.0	B_4C[g]	199	1
Al[a]	170	4.8	Os[e]	365		Fe_2B[h]	164	4.4
Ti[c]	237	2.2	U	216	3.8	LiB[i]	48	4

注：a. 数据源自文献［10.90］；b. 数据源自文献［10.91］；c. 数据源自文献［10.92］；d. 数据源自文献［10.93］；e. 数据源自文献［10.94］；f. 数据源自文献［10.95］；g. 数据源自文献［10.96］；h. 数据源自文献［10.97］；i. 数据源自文献［10.98］

表 S10.7 二元碳化物和硅化物的体积模量（GPa）及对压力的导数

MC	B_o	B'_o	M_nC_m	B_o	B'_o	M_nSi_m	B_o	B'_o
Si[a]	260	2.9	ThC[e]	109	4.0	Mg_2Si[h]	57.0	4.0
Ti[b]	242		UC[e]	160	3.6	$MoSi_2$	210	
Zr	187		UC_2	216	3.8	WSi_2	222	
V	195		Mo_2C[f]	307	6.2	$FeSi_2$[i]	243.5	3.2
W[c]	384	4.65	Al_4C_3[g]	233	3.4			
Pt[d]	301	5.2						

注：a. 数据源自文献［10.99］；b. 数据源自文献［10.86］；c. 数据源自文献［10.100］；d. 数据源自文献［10.101］；e. 数据源自文献［10.102］；f. 数据源自文献［10.103］；g. 数据源自文献［10.104］；h. 数据源自文献［10.105］；i. 数据源自文献［10.106］

表 S10.8 二元磷化物和砷化物的体积模量（GPa）及对压力的导数

Comp.	B_o	B'_o	Comp.	B_o	B'_o	Comp.	B_o	B'_o
UP_2[a]	124	9	Th_3P_4	126	4.0	α-$AsNa_3$[b]	24.5	1
UAs_2[a]	101	4.7	U_3P_4	160	4	β-$AsNa_3$[b]	35.4	4
UAsS[a]	105	3.7	U_3As_4	121	4	$ZnAs_2$	56	
UAsSe[a]	99	3.8						

注：a. 数据源自文献［10.25］；b. 数据源自文献［10.107］

表 S10.9　三元氧化物的体积模量（GPa）及对压力的导数

化合物	B_o	B_o'	化合物	B_o	B_o'	化合物	B_o	B_o'
$MgCO_3^a$	117	2.3	$Mg_2SiO_4^m$	127	4	$KReO_4^o$	18	
$CaCO_3$	71	3.1	$Mg_2SiO_4^n$	212	4.1	$AgReO_4^o$	31	4
$SrCO_3^b$	101	4	$Cr_2SiO_4^o$	95	8.3	$TlReO_4^o$	26	
$ZnCO_3^c$	124		Mn_2SiO_4	141		$KClO_4$	19.3	
$CdCO_3^c$	97		$Fe_2SiO_4^p$	139		$RbClO_4$	17.1	
$MnCO_3^c$	107		$Fe_2SiO_4^n$	201	5.6	$CsClO_4$	15.0	
$FeCO_3^c$	117		Co_2SiO_4	161		NH_4ClO_4	16.1	
$CoCO_3^c$	125		$Ni_2SiO_4^n$	225	7.6	$TlClO_4$	18.0	
$NiCO_3^c$	131		$ZrSiO_4$	228	8.2	$BeAl_2O_4$	242	4.0
Li_2SiO_3	207		Mg_2GeO_4	179	4.2	$MgAl_2O_4$	196.2	4.4
Na_2SiO_3	163		$ZrGeO_4^o$	238	4.5	$ZnAl_2O_4$	201.7	7.6
K_2SiO_3	80		$HfGeO_4^o$	242	4.8	$FeAl_2O_4$	211	
$MgSiO_3^d$	212	5.6	Fe_2GeO_4	196	4.9	$CuMn_2O_4^u$	198	
$MgSiO_3^e$	260	3.7	Co_2GeO_4	192	5.6	$ZnMn_2O_4^u$	197	
$CaSiO_3$	279	4.1	Ni_2GeO_4	203	4.8	$TiMn_2O_4$	167.3	
$CuGeO_3^f$	40.0	6.5	YVO_4^o	138		$NiMn_2O_4^u$	206	
$MgGeO_3^e$	229	3.7	$GaPO_4^p$	12.1	11.5	$CoFe_2O_4$	185.7	
$CaGeO_3^g$	194	6.1	$BiVO_4^o$	150		$NiFe_2O_4$	198.2	
$FeGeO_3^h$	90	9.1	$LaNbO_4^o$	111		Al_2SiO_5	156	5.6
$CaSnO_3^g$	163	5.6	$Cs_2SO_4^q$	28.4	5.1	$Li_2Si_2O_5$	156	
$CdSnO_3^i$	185	5.1	$SrSO_4^o$	82		$Na_2Si_2O_5$	151	
$CaTiO_3^g$	176	5.6	$BaSO_4^i$	63		$K_2Si_2O_5$	111	
$CdTiO_3^l$	214	6.4	$K_2CrO_4^r$	26	6.0	$Rb_2Si_2O_5$	88	
$CaZrO_3^g$	154	5.9	$CaCrO_4^s$	103.7	4.0	$Cs_2Si_2O_5$	76	
$LiNO_3$	40.0		$BaCrO_4$	53	6.8	$TiP_2O_7^v$	42	6.0
$NaNO_3$	26.7	5.9	$CaMoO_4^o$	83	4.2	$ZrP_2O_7^v$	39	2.8
KNO_3	26.8	16.6	$SrMoO_4^o$	73		β-$ZrV_2O_7^v$	20.8	4
$CsNO_3$	19.2		$CdMoO_4^o$	104	4	α-$ZrMo_2O_8^v$	17.0	4
$AgNO_3$	28.8	6.2	$PbMoO_4$	64	4.0	δ-$ZrMo_2O_8^v$	19.1	4
$TlNO_3$	23.5		$CuWO_4$	139	4	ε-$ZrMo_2O_8^v$	74	4
$YAlO_3{}^j$	192	7.3	$CaWO_4^o$	78	5.7			
$GdAlO_3^i$	203	5.1	$SrWO_4^o$	64	5.4			
$EuAlO_3^i$	213	4.9	$BaWO_4^t$	57	3.5			
$YCrO_3$	208.4	3.7	$PbWO_4^t$	67	8			
配位化合物的块体模量(GPa)和压力的偏导数								
化合物	B_o	B_o'	化合物	B_o	B_o'	化合物	B_o	B_o'
$NaBH_4{}^w$	15	5	$(NH_4)_2SiF_6$	13.1	9	$K_2SnBr_6{}^z$	12.5	
NH_4BF_4	15.7		$K_2SnCl_6^z$	14.3		$K_2SeBr_6{}^z$	16.7	
$RbBH_4{}^x$	14.5	4	$K_2ReCl_6^z$	16.1	8.1	$(NH_4)_2TeBr_6$	12.5	
$TlBF_4$	16.8		$Cs_2CuCl_4^\alpha$	15.0	12.2	$K_2PtBr_6{}^z$	15.2	
$KPF_6{}^y$	15		$Cs_2CoCl_4^\alpha$	17.0	4.0			

注：a. 数据源自文献［10.108］；b. 数据源自文献［10.109］；c. 数据源自文献［10.110］；d. 钛铁矿[10.111]；对于石英类物相，B_o=308 GPa，B_o'=4；e. 钙钛矿[10.112]；f. 数据源自文献［10.113］；g. 数据源自文献［10.114］；h. 数据源自文献［10.115］；i. 数据源自文献［10.116］；j. 数据源自文献［10.117］；k. 硅酸镁石[10.118]；l. 尖晶石；m. 数据源自文献［10.119］；n. 橄榄石；o. 数据源自文献［10.120］；p. 数据源自文献［10.121］；q. 数据源自文献［10.122］；r. 数据源自文献［10.123］；s. 数据源自文献［10.124］；t. 数据源自文献［10.125］；u. 数据源自文献［10.126］；v. 数据源自文献［10.127］；w. 对于立方和四方晶系：B_o=22.2 GPa，B_o'=3.5[10.128]；x. 数据源自文献［10.129］；y. 数据源自文献［10.130］；z. 数据源自文献［10.131］；α. 数据源自文献［10.132］

表 S10.10 分子物质和聚合物的体积模量（GPa）及对压力的导数

分子	B_o	B'_o	分子[k]	B_o	B'_o	分子[k]	B_o
HNO_3[a]	7.1	9.5	LiC_5H_5[l]	7.7	7.1	$(C_6H_5CH)_2$	6.13
HCl[b]	0.79	8.6	KC_5H_5[l]	4.9	11.1	$(C_6H_5C)_2$	5.18
CCl_4[c]	3.30		CsC_5H_5[l]	18.0		$CO(NH_2)_2$	14.4
CBr_4[d]	3.66		C_6H_{12}[m]	15.0	6.9	$C_3H_6N_6$	11.05
CH_4[e]	6.4	5.7	C_6H_6	4.14		$C_6H_{12}N_4$	8.77
SiH_4[f]	7.8	4	$C_{10}H_8$	6.73	7.1	$C_4H_5NO_2$	7.43
$CH_4 \cdot H_2O$[g]	15.4	4	$C_{12}H_{10}$	6.11		$C(CH_2OH)_4$	17.1
C_6Cl_6[h]	8.39	8.2	$C_{14}H_{10}$[n]	6.08	9.8	$CH_2(COOH)_2$	11.7
C_6Br_6[h]	9.08	8.7	$C_{20}H_{12}$	10.14	7.7	$(CH_3)_2C(COOH)_2$	7.75
C_6I_6[i]	9.1	9.0	$(C_6H_5CH_2)_2$	4.95		$(CHCOOH)_2$	13.3
SF_6[j]	2.62		$C_3H_6N_6O_6$[o]	9.8	11.4	$C_6H_5CONHCH_2COOH$	9.44
						He@C_{60}[p]	35.1

聚合物	B_o	聚合物	B_o	聚合物	B_o
聚丙烯	4.10	铁氟龙$(CF_2)_n$	2.77	聚氯乙烯	5.14
树脂玻璃	5.85	聚氨酯	5.43	聚偏二氟乙烯	6.09

注：除特别说明，实验数据来自综述［5.354］。

a. 数据源自文献［10.133］；b. 数据源自文献［10.134］；c. 数据源自文献［10.135］；d. 数据源自文献［10.136］；e. 数据源自文献［10.137］；f. 数据源自文献［10.138］；g. 数据源自文献［10.139］；h. 数据源自文献［10.140］；i. 数据源自文献［10.141］；j. 数据源自文献［10.142］；k. 数据源自文献［10.143］；l. 数据源自文献［10.144］；m. 数据源自文献［10.145］；n. 数据源自文献［10.146］；o. 数据源自文献［10.147］；p. 数据源自文献［10.148］

表 S10.11 各元素和 MX 化合物的同质多晶变体的特征参数

物质	N_c	B_o	B'_o	物质	N_c	B_o	B'_o
NaF[a]	6	46.4	4.9	InTe[u]	6	69.7	2.3
	8	103	4.0		8	90.2	2.3
NaCl[a]	6	23.8	4.0	PbSe[v]	6	28.8	4.1
	8	121	4.0		8	197	5.0
KH[b]	6	15.6	4.0	PbTe[v]	6	38.9	5.4
	8	28.5	4.0		8	38.1	5.4
KF[c]	6	29.3	5.4	FeO[w]	6	174	4.9
	8	37.0	5.4		8	205	6
KCl[d]	6	18.2	5.4	ThSe[x]	6	125	4.0
	8	28.7	4.0		8	149	4.0
KI[e]	6	12.2	5.4	UTe[x]	6	48	4.9
	8	24.2	4.3		8	62	5.1
RbH[b]	6	10.0	3.9	BN[ψ]	3	36.7	5.6
	8	18.4	3.9		4	369	4.5
RbCl[f]	6	16.7	5.4	AlN[yz]	4	194	4.4
	8	17.9	5.2		6	253	4.7
RbI[g]	6	11.3	5.3	AlSb[α]	4	57.3	5.3
	8	15.7	4.8		6	105	3.3
NH_4I[h]	6	14.9	4.2	GaN[β]	4	189	3.0
	8	18.8	4.2		6	235	4.6
CsH[i]	6	8.0	4.0	GaAs[γ]	4	75.4	4.5
	8	14.2	4.0		6	57.0	4.8

续表

物质	N_c	B_o	B'_o	物质	N_c	B_o	B'_o
AgF[j]	6	61		GaSb[δ]	4	56.1	4.8
	8	110			6	58.8	7.7
CaO[kl]	6	116	4.7	InP[ε]	4	76	4
	8	160	3.8		6	130	1.6
SrSe[m]	6	45.2	4.5	InAs[φ]	4	59.2	6.8
	8	46.5	4.5		6	40.6	7.3
BaO[n]	6	66.2	5.7	UAs[φ]	6	100.7	2.7
	8	33.2	6.0		8	121.6	2
BaS[n]	6	55.1	5.5	USb[x]	6	62	4.0
	8	21.4	7.8		8	84	4.0
BaTe[o]	6	29.4	7.4	ThSb[x]	6	84	5.2
	8	27.5	4.6		8	99	5.1
ZnO[p]	4	142.6	3.6	Si[θ]	4	98.4	4.2
	6	202.5	3.5		6	180	4.2
ZnS[q]	4	75.0	4	Ge[θ]	4	75	4.4
	6	103.6	4		6	149	4.4
CdSe[r]	4	37	11	Sn[σ]	6	50.2	4.9
	6	74			8	82	5.5
CdTe[s]	4	42.0	6.4	P[τ]	3	36	4.5
	6	68.7	5.1		6	70.7	4.7
HgTe[t]	4	42.3	2.1	Xe[π]	*fcc*,12	3.6	5.5
	2+2	16.0	7.3		*hcp*,12	4.3	4.9

注：a. 数据源自文献［10.149］；b. 数据源自文献［10.150］；c. 数据源自文献［10.151］；d. 数据源自文献［10.152］；e. 数据源自文献［10.153］；f. 数据源自文献［10.154］；g. 数据源自文献［10.155］；h. 数据源自文献［10.156］；i. 数据源自文献［10.157］；j. 数据源自文献［10.158］；k. 数据源自文献［10.159］；l. 数据源自文献［10.160］；m. 数据源自文献［10.161］；n. 数据源自文献［10.162］；o. 数据源自文献［10.163］；p. 数据源自文献［10.164］；q. 数据源自文献［10.165］；r. 数据源自文献［10.166］；s. 数据源自文献［10.167］；t. 数据源自文献［10.168］；u. 数据源自文献［10.169］；v. 数据源自文献［10.170］；w. 数据源自文献［10.171］；x. 数据源自文献［10.172］；y. 数据源自文献［10.173］；z. 数据源自文献［10.174］；α. 数据源自文献［10.175］；β. 数据源自文献［10.176］；γ. 数据源自文献［10.177］；δ. 数据源自文献［10.178］；ε. 数据源自文献［10.179］；ϕ. 数据源自文献［10.180］；φ. 数据源自文献［10.181］；θ. 数据源自文献［10.182］；σ. 数据源自文献［10.183］；τ. 数据源自文献［10.184］；ψ. 数据源自文献［10.185］；π. 数据源自文献［10.186］

表 S10.12 MX_2 化合物的同质多晶变体的特征参数

MX_2	I	相或结构类型，配位数/B_o(GPa)，B'_o								
CO_2[a]	I	$N_c=2$	Ⅱ	$N_c=2$	Ⅲ	$N_c=2$	Ⅳ	$N_c=2$	Ⅴ	$N_c=4$
	6.1	6	131	2.1	87	3.3			365	0.8
SiO_2	石英	$N_c=4$	柯石英[b]	$N_c=4$	金红石[c]	$N_c=6$				
	37.4	6.1	101	1.8	298	5.0				
GeO_2[e]	石英	$N_c=4$	$CaCl_2$	$N_c=6$	金红石	$N_c=6$				
	30.5	6.8	241	4	250	5.6				
SnO_2[d]	金红石	$N_c=6$	$CaCl_2$	$N_c=6$	FeS_2	$N_c=6$	ZrO_2	$N_c=7$	$PbCl_2$	$N_c=9$
	205	7.4	204	8	246	4	259	4	417	4
PbO_2[e]	金红石	$N_c=6$	Ⅱ	$N_c=6$	Ⅲ	$N_c=6+2$	CaF_2	$N_c=8$	$PbCl_2$	$N_c=9$
	175	3.7	141	3.9	223	3.7	181	3.8	225	3.8
TiO_2[f]	锐钛矿	$N_c=6$	金红石	$N_c=6$	PbO_2	$N_c=6$	ZrO_2	$N_c=7$		
	179	4.5	211	6.5	258	4.1	290	4.0		

续表

MX_2	I	相或结构类型,配位数/B_o(GPa),B_o'						
ZrO_2^g	ZrO_2	$N_c=7$	OI	$N_c=7$	OⅡ	$N_c=9$		
	210	4	290	4	316	4		
HfO_2^g	ZrO_2	$N_c=7$	CaF_2	$N_c=8$	$PbCl_2$	$N_c=9$		
	284	5	281	4.2	340	2.6		
MgF_2^h	金红石	$N_c=6$	PbO_2	$N_c=6$	PdF_2	$N_c=6+2$	$PbCl_2$	$N_c=9$
	101	4.2	69	4	123	4	163	7
MgH_2^i	金红石	$N_c=6$	$CaF_2{}^j$	$N_c=6$	PbO_2	$N_c=6$	$AuSn_2$	
	45	3.35	47.4	3.5	44.0	3.2	49.8	3.5
$CaF_2{}^k$	CaF_2	$N_c=8$	$PbCl_2$	$N_c=9$	Ni_2In	$N_c=11$		
	82	4.8	74.5	4.7	118	4.7		
$BaF_2{}^k$	CaF_2	$N_c=8$	$PbCl_2$	$N_c=9$	Ni_2In	$N_c=11$		
	57	4	51	4.7	67	4.7		

注：a. 数据源自文献 [10.187]；α. 非线性相；b. 数据源自文献 [10.188]；c. 数据源自文献 [10.189]；d. 数据源自文献 [10.190]；e. 数据源自文献 [10.191]；f. 数据源自文献 [10.192]；g. 数据源自文献 [10.193]；h. 数据源自文献 [10.194]；i. 数据源自文献 [10.26]；j. 畸变的立方相；k. 数据源自文献 [10.31]

表 S10.13 各元素在不同温度 (K) 下的体积模量 (GPa)

M	Li^a	Na^a	K^a	Rb^a	Cs^a	Cu^b	Ag^b	Au^c
$T=0$	12.5	7.2	3.7	2.9	2.1	142.0	108.9	180.0
$T=300$	11.6	5.9	2.9	2.3	1.7	137.1	103.8	167.5
M	Ni^b	Rh^b	Os^d	Pt^c	M	α-Pu^g	M	δ-Pu^g
$T=0$	187.4	268.6	415.4	288.4	$T=18$	72.3	$T=14.6$	37.8
$T=300$	183.6	266.5	405.2	276.4	$T=407$	48.2	$T=496$	24.1
M	Cu^e	Ag^e	Au^e	Fe^f				
$T=0$	142.3	110.8	180.9	170.3				
$T=500$	125.2	93.1	155.7	159.8				

注：a. 数据源自文献 [10.195]；b. 数据源自文献 [10.196]；c. 数据源自文献 [10.197]；d. 数据源自文献 [10.198]；e. 数据源自文献 [10.199]；f. 数据源自文献 [10.200]；B (Be) =120.4 GPa，在 300 K 和 117.9 GPa 的条件下，在 1000 K[10.201]，B (Ti) =106.4 GPa，在 300 K 和 87.7 GPa，1273 K[10.202] 的条件下；g. 数据源自文献 [10.203]

表 S10.14 单质在绝热方程中的系数[10.204]

A	c	s	A	c_o	s	A	c_s	s	A	c	s
Li	4.760	1.065	Ge	3.151	1.79	Sb	1.98	1.63	Tc	4.97	
Na	2.624	1.188	Sn	2.437	1.688	Bi	1.861	1.520	Re	4.068	1.375
K	1.991	1.17	Pb	1.981	1.603	V	5.050	1.227	Fe	4.63	1.33
Rb	1.232	1.184	Ti	4.937	1.04	Nb	4.472	1.114	Co	4.743	1.227
Cs	0.363	1.583	Zr	3.812	0.977	Ta^a	3.293	1.307	Ni	4.501	1.627
Cu	3.899	1.520	Hf	2.954	1.121	O	2.327	1.215	Ru	5.055	1.90
Ag	3.178	1.773	B	9.06	1.075	S	2.334	1.588	Rh	4.775	1.331
Au	3.063	1.563	Al	5.333	1.356	Se	1.87	0.925	Pd	3.955	1.701

续表

A	c	s	A	c_o	s	A	c_s	s	A	c	s
Be	7.993	1.132	Ga	2.501	1.560	Te	3.242	0.888	Os	4.170	1.375
Mg	4.540	1.238	In	2.560	1.477	Cr	5.153	1.557	Ir	3.930	1.536
Ca	3.438	0.968	Tl	1.809	1.597	Mo	5.100	1.266	Pt	3.605	1.560
Sr	2.10	0.94	Sc	4.496	0.955	W	4.015	1.252	He	0.712	1.36
Ba	1.108	1.369	Y	3.381	0.725	H	1.37	2.075	Ne	0.895	2.55
Zn	3.031	1.608	La	2.064	1.012	F	2.18	1.35	Ar	1.249	1.588
Cd	2.434	1.759	N	1.572	1.365	Cl	2.53	1.55	Kr	0.70	1.72
Hg	1.75	1.72	P	3.584	1.575	Br	1.51	1.24	Xe	1.16	1.40
C	12.16	1.00	As	3.195	1.325	I	1.50	1.46	Th	2.18	1.24
Si	7.99	1.42				Mn	4.185	1.70	U	2.51	1.51

注：如果通过 B_o 和 B_o' 计算，c_o 和 s 的值是很重要的

表 S10.15 分子化合物在绝热方程中的系数[10.205]

化合物	c	s	化合物	c	s
N_2	1.59	1.36	$(C_2H_5)_2O$	1.67	1.455
NH_3	2.00	1.51	$CHBr_3$	1.265	1.533
H_2O	1.50	2.00	C_2H_5Br	1.58	1.36
CO	1.54	1.40	$C_2H_2Cl_2$	1.11	1.75
CO_2	2.16	1.465	CH_2Br_2	1.0	1.6
CS_2	1.64	1.46	CH_2I_2	0.96	1.54
CCl_4	1.47	1.57	泡沫酸	1.982	1.406
CH_4(115 K)	2.841	1.168	乙酸	2.299	1.267
C_6H_{14}	1.738	1.446	丁酸	2.128	1.384
C_7H_{16}	1.808	1.450	苯胺	2.506	1.275
$C_{10}H_{22}$	1.970	1.458	蒽	3.21	1.445
$C_{13}H_{28}$	2.013	1.460	菲	3.097	1.417
$C_{14}C_{30}$	2.095	1.463	芘	3.031	1.457
$C_{16}H_{34}$	2.127	1.464	聚苯乙烯	2.48	1.63
C_6H_6	1.88	1.58	聚乙烯(ρ=0.92)	2.83	1.408
$C_6H_5CH_3$	1.72	1.66	聚丙烯	3.00	1.42
$C_6H_5NO_2$	2.01	1.59	聚氨酯	2.24	1.71
$C_6H_3(NO_2)_3$	2.318	2.025	石蜡	2.960	1.531
$C_6H_2CH_3(NO_2)_3$	2.390	2.050	树脂玻璃(ρ=1.18)	3.08	1.308
CH_3NO_3	2.07	1.34	特氟龙(ρ=2.18)	2.18	1.580
CH_3OH	1.73	1.50	尼龙	2.500	1.747
C_2H_5OH	1.785	1.575	橡胶	1.84	1.44
C_4H_9OH	1.868	1.497	泡沫塑料		
$C_5H_{11}OH$	1.988	1.487	ρ=0.30	0.15	1.290
$C_6H_{13}OH$	2.324	1.378	ρ=0.65	1.07	1.340
$C_3H_5(OH)_3$	3.07	1.34	ρ=0.070	1.19	1.350
$CO(CH_3)_2$	1.91	1.38	乙腈	2.754	1.088

补充参考文献

[10.1] Schlosser H，Ferrante J（1988）Phys Rev B 37：4727
[10.2] Freund J，Ingalls R（1989）J Phys Chem Solids 50：263
[10.3] PucCl R，PicCltto G（eds）（1991）Molecular systems under high pressures. North-Holland，Amsterdam
[10.4] Holzapfel WB（1998）High Press Res 16：81；Holzapfel WB（2001）Z Krist 216：473；Ponkratz U，Holzapfel WB（2004）J Phys Cond Matter 16：S963
[10.5] Batsanov SS（1999）Inorg Mater 35：973；Batsanov SS（2002）Russ J Inorg Chem 47：660
[10.6] Hull S，Berastegui P（1998）J Phys Cond Matter 10：7945
[10.7] Berastegui P，Hull S（2000）J Solid State Chem 150：266
[10.8] Narayana C，NesamonyVJ，Ruoff AL（1997）Phys Rev B 56：14338
[10.9] Zhou T，Schwarz U，Hanfland M et al（1998）Phys Rev B 57：153
[10.10] VAltheeswaran G，KanchanaV，Svane A et al（2011）Phys Rev B83：184108；VAltheeswaran G，KanchanaV，Heathman S et al（2007）Phys Rev B 75：184108
[10.11] Pellicer-Porres J，Machado-Charry E，Segura A et al（2007）Phys Stat Solidi 244 b：169
[10.12] Ehm I，Knorr K，Dera P et al（2004）J Phys Cond Matter 16：3545
[10.13] Eremets MI，Gavriliuk AG，Trojan IA（2007）Appl Phys Lett 90：171904
[10.14] Takagaki M，Kawakami T，Tanaka N et al（1998）J Phys Soc Japan 67：1014
[10.15] Ono S，Ohishi Y，Kikegawa T（2007）J Phys Cond Matter19：036205
[10.16] Kusaba K，Syono Y，Kikegawa T，Shimomura O（1997）J Phys Chem Solids 58：241
[10.17] Millican JN，Phelan D，Thomas E L et al（2009）Solid State Commun 149：707
[10.18] Sakamoto D，Yoshiasa A，Yamanaka T et al（2002）J Phys Cond Matter 14：11369
[10.19] Noguchi Y，Uchino M，Hikosaka H et al（1999）J Phys Chem Solids 60：509
[10.20] Onodera A，Minasaka M，Sakamoto I et al（1999）J Phys Chem Solids 60：167
[10.21] Solozhenko VL，Häusermann D，Mezouar M，Kunz M（1998）Appl Phys Lett 72：1691；Will G，Nover GJ，von der Gönna（2000）J Solid State Chem 154：280；Solozhenko VL，Solozhenko EG（2001）High Pres Res 21：115
[10.22] Lundström T（1997）J Solid State Chem 133：88
[10.23] Hayashi J，Shirotani I，Hirano K et al（2003）Solid State Commun 125：543；Shirotani I，Yamanashi K，Hayashi J et al（2003）Solid State Commun 127：573
[10.24] Ahart M，Yarger JL，Lantzky KM et al（2006）J Chem Phys 124：014502
[10.25] Idiri M，Le Bihan T，Heathman S，Rebizant J（2004）Phys Rev B70：014113；Olsen JS（2004）J Alloys Comp 381：37；GerwardL，Olsen JS，Benedict U et al（1994）High-pressure X-ray diffraction studies of ThS_2，US_2 and other AnX_2 andAnXY compounds. In：Schmidt SC，Shaner JW，Samara GA，Ross M（eds）High-pressure sClence and technology. AlP Press，New York
[10.26] Vajeeston P，Ravindran P，Hauback BC et al（2006）Phys Rev B 73：224102
[10.27] Smith JS，Desgreniers S，Klug DD，Tse JS（2009）J Alloys Comp 468：830
[10.28] Ito M，Setoyama D，Matsugawa J et al（2006）J Alloys Comp 426：67
[10.29] Karmakar S，Sharma SM（2004）Solid State Commun 131：473
[10.30] HAlnes J，Legar JM，Gorelli F et al（2001）Phys Rev B 64：134110
[10.31] Dorfman SM，Jiang F，Mao Z et al（2010）Phys Rev B 81：174121
[10.32] Pasternak MP，Taylor RD，Chen A et al（1990）Phys Rev Lett 65：790
[10.33] Grevel KD，Burchard M，Fasshauer DW，Peun T（2000）J Geophys Res B 105：27877；Garg N，Karmakar S，Surinder SM et al（2004）Physica B 349：245
[10.34] Knorr K，Ehm L，Hytha M et al（2001）Phys Stat Solidi 223b：435
[10.35] Leger JM，HAlnes J，Atouf A et al（1995）Phys Rev B 52：13247
[10.36] Aksoy R，Selvi E，Knudson R，Ma Y（2009）J Phys Cond Matter 21：025403
[10.37] NagAl T，Kagi H，Yamanaka T（2003）Amer Miner 88：1423
[10.38] Subramanian N，Shekar NVC，Sahu PC et al（2004）Physica B 351：5
[10.39] Ehm L，Knorr K，Depmeir W（2002）Z Krist 217：522
[10.40] Aksoy R，MaY，Selvi E et al（2006）J Phys Chem Solids 67：1914；Selvi E，MaY，Aksoy Ret

al (2006) J Phys Chem Solids 67: 2183
[10.41] HAlnes J, Leger J M, Schulte O (1998) Phys Rev B 57: 7551
[10.42] Lazicki A, Yoo CS, Evans WJ, Pickett WE (2006) Phys Rev B 73: 184120
[10.43] Hou D, MaY, Du J et al (2010) J Phys Chem Solids 71: 1571
[10.44] Grzechnik A, Vegas A, Syassen K et al (2000) J Solid State Chem 154: 603; Santamaria- Perez D, Vegas A, Muehle C, Jansen M (2011) J Chem Phys 135: 054511
[10.45] Shieh SR, Kubo A, Duffy TS et al (2006) Phys Rev B 73: 014105
[10.46] Grzechnik A, Stølen S, Nakken E et al (2000) J Solid State Chem 150: 121
[10.47] Leger JM, HAlnes J, Atouf A (1995) J Appl Cryst 28: 416
[10.48] Efthimiopoulos I, Kunc K, Karmakar S et al (2010) Phys Rev B 82: 134125
[10.49] Brazhkin VV (2005) In: 20th AlRAPT—43th EHPRG June 27 Karlsruhe T10-KN
[10.50] Leger JM, HAlnes J, Atouf A (1996) J Phys Chem Solids 57: 7
[10.51] Desgreniers S, Lagarec K (1999) Phys Rev B 59: 8467
[10.52] Aksoy R, Selvi E, MaY (2008) J Phys Chem Solids 69: 2137
[10.53] Selvi E, Aksoy R, Knudson R (2008) J Phys Chem Solids 69: 2311
[10.54] Maddoz BR, Yoo CS, Kasinathan D et al (2006) Phys Rev B 73: 144111
[10.55] Rozenberg GKh, Pasternak MP, Gorodetsky P et al (2009) Phys Rev B 79: 214105
[10.56] Fjellvag H, Grosshans WA, Honle W, Kjekhus A (1995) J Magn Magn Mater 145: 118
[10.57] Leger JM, Pereira AS, Hines J et al (2000) J Phys Chem Solids 61: 27
[10.58] Gerward L, Staun Olsen J, Petit L et al (2005) J Alloys Comp 400: 56
[10.59] Graetz J, Chaudhuri S, Lee Y et al (2006) Phys Rev B74: 214114
[10.60] OhmuraA, Machida A, Watanuki T et al (2006) Phys Rev B 73: 104105
[10.61] Palasyuk T, Tkacz M (2009) J Alloys Comp 468: 191
[10.62] Halevy I, Salhov S, Zalkind S et al (2004) J Alloys Comp 370: 59
[10.63] Chrichton WA, Bouvier P, Winkeln B, Grzechnik A (2010) Dalton Trans 39: 4302
[10.64] Benedict U, Holzapfel WB (1993) High-pressure studies - structural aspects. In: Gschnei- dner KA Jr, Choppin GR (eds) Handbook on the physics and chemistry of rare earths, vol 17. North-Holland, Amsterdam
[10.65] JØrgensen J-E, Marshall WG, Smith RI (2004) Acta Cryst B 60: 669
[10.66] Liu H, Hu J, Xu J et al (2004) Phys Chem Miner 31: 240 4
[10.67] Gurlo A, Dzivenko D, Andrade M et al (2010) J Am Chem Soc 132: 12674
[10.68] Cetinkol M, Wilkinson AP, Lind C et al (2007) J Phys Chem Solids 68: 611
[10.69] Cynn H, Yoo C-S, Sheffield SA (1999) J Chem Phys 110: 6836
[10.70] Nieto-Sanz D, Loubeyre P, Crichton W, Mezouar M (2004) Phys Rev B 70: 214108
[10.71] Yusa H, Tsuchiya T, Sata N, Ohishi Y (2008) Phys Rev B 77: 064107
[10.72] Liu D, Lei W, Li Y et al (2009) Inorg Chem 48: 8251
[10.73] Yamanaka T, NagAl T, Okada T, Fukuda T (2005) Z Krist 220: 938
[10.74] Loa I, Grzechnik A, Schwarz U et al (2001) J Alloys Comp 317-318: 103
[10.75] Locherer T, Halasz I, Dinnebier R, Jansen M (2010) Solid State Comm 150: 201
[10.76] Orosel D, Balog P, Liu H et al (2005) J Solid State Chem 178: 2602
[10.77] Bouvier P, Crichton WA, Boulova M, Lucazeau G (2002) J Phys Cond Matter 14: 6605
[10.78] Biswas K, Muthu DVS, Sood AK et al (2007) J Phys Cond Matter 19: 436214
[10.79] Belomestnykh VN (1993) Inorg Mater 29: 168
[10.80] Young AF, Sanloup C, Gregoryanz E et al (2006) Phys Rev Lett 96: 155501
[10.81] Lei WW, Liu D, Li XF et al (2007) J Phys Cond Matter 19: 425233
[10.82] Soignard E, Shebanova O, McMillan PF (2007) Phys Rev B 75: 014104
[10.83] Soignard E, McMillan PF, Chaplin TD et al (2003) Phys Rev B 68: 132101
[10.84] Zhang RF, Lin ZJ, Mao H-K, Zhao Y (2011) Phys Rev B 83: 060101
[10.85] Lazicki A, Maddox B, Evans WJ et al (2005) Phys Rev Lett 95: 165503
[10.86] Yang Q, Lengauer W, Koch T et al (2000) J Alloys Comp 309: L5
[10.87] Dzivenko DA, Zerr A, Boehler R, Riedel R (2006) Solid State Commun 139: 255
[10.88] Soignard E, Somayazulu M, Dong J et al (2001) J Phys Cond Matter 13: 557

[10.89] Shemkunas MP, Petuskry WT, Chizmeshya AVG et al (2004) J Mater Res 19: 1392
[10.90] Loa I, Kunc K, Syassen K, Bouvier P (2002) Phys Rev B 66: 134101
[10.91] Pereira AS, Perottoni CA, da Jordana JAH et al (2002) J Phys Cond Matter 14: 10615
[10.92] Dandekar DP, Benfanti DC (1993) J Appl Phys 73: 673
[10.93] Wang Y, Zhang J, Daemen LL et al (2008) Phys Rev B7 8: 224106
[10.94] Robert WC, Michelle BW, John JG et al (2005) J Am Chem Soc 127: 7264
[10.95] Zarechnaya E, Dubrovinskaya N, Caracas R et al (2010) Phys Rev B 82: 184111
[10.96] Zhang Y, Mashimo T, UemuraY et al (2006) J Appl Phys 100: 113536
[10.97] Chen B, Penwell D, Nguyen JH et al (2004) Solid State Comm 129: 573
[10.98] Lazicki A, Hemley RJ, Pickett WE, Yoo C-S (2010) Phys Rev B 82: 180102
[10.99] Yoshida M, Onodera A, Ueno M et al (1993) Phys Rev B 48: 10587
[10.100] Litasov KD, Shatskiy A, Fei Y et al (2010) J Appl Phys 108: 053513
[10.101] Ono S, Kikegawa T, Ohishi Y (2005) Solid State Commun 133: 55
[10.102] Benedict U (1995) J Alloys Comp 223: 216
[10.103] HAlnes J, Leger JM, Chateau C, Lowther JE (2001) J Phys Cond Matter 13: 2447
[10.104] Ji C, Chyu M-C, Knudson R, Zhu H (2009) J Appl Phys 106: 083511
[10.105] Hao J, Zou B, Zhu P et al (2009) Solid State Comun 149: 689
[10.106] Takarabe K, IkAl T, Mori Y et al (2004) J Appl Phys 96: 4903
[10.107] Beister H, Syassen K (1990) Z Naturforsch b 45: 1388
[10.108] Ross NL (1997) Amer Miner 82: 682
[10.109] Ono Sh, Shirasaka M, Kikegawa T, Ohishi Y (2005) Phys Chem Miner 32: 8
[10.110] Zhang J, Reeder RJ (1999) Am Miner 84: 861
[10.111] Reynard B, Figuet G, Itie JP, Rubie DC (1996) Amer Miner 81: 45
[10.112] Runge CE, Kubo A, Kiefer B et al (2006) Phys Chem Miner 33: 699
[10.113] Ming LC, Kim YH, Chen J-H et al (2001) J Phys Chem Solids 62: 1185
[10.114] Ross NL, Chaplin TD (2003) J Solid State Chem 172: 123; Ross NL, Downs RT (2003) High-pressure crystal chemistry: "stuffed" framework structures at high pressure. In: Katrusiak A, McMillan P (eds) High pressure crystallography. Kluwer, Dordrecht
[10.115] Hattori T, Tsuchiya T, Naga T, Yamanaka T (2001) Phys Chem Miner 28: 377
[10.116] Kung J, Rigden S (1999) Phys Chem Miner 26: 234
[10.117] Ross NL, Zhao J, Angel RJ (2004) J Solid State Chem 177: 1276
[10.118] Downs RT, Zha C-S, Duffy TS, Finger LW (1996) Amer Miner 81 51; Zha C-S, Duffy TS, Downs RT et al (1996) J Geophys Res B 101: 17535
[10.119] Miletich R, Nowak M, Seifert F et al (1999) Phys Chem Miner 26 446
[10.120] Errandonea D, Pellicer-Porres J, Manjón FJ et al (2005) Phys Rev B72 174106; Panchal V, Garg N, Achary SN et al (2006) J Phys Cond Matter 18: 8241
[10.121] Ming LC, Nakamoto Y, Endo S et al (2007) J Phys Cond Matter 19: 425202
[10.122] Winkler B, Kahle A, Griewatsch C, Milman V (2000) Z Krist 215: 17
[10.123] Edwards CM, HAlnes J, Butler IS, Leger J-M (1999) J Phys Chem Solids 60: 529
[10.124] Long YW, Yang LX, You SJ et al (2006) J Phys Cond Matter 18: 2421
[10.125] Grzechnik A, Crichton WA, Marshall WG, Friese K (2006) J Phys Cond Matter 18: 7
[10.126] Gerward L, Jiang JZ, Olsen JS et al (2005) J Alloys Comp 401: 11
[10.127] Carlson S, Anderson AMK (2001) J Appl Cryst 34: 7
[10.128] Sundqvist B, Andersson O (2006) Phys Rev B73: 092102
[10.129] Kumar RS, Cornelius AL (2009) J Alloys Comp 476: 5
[10.130] Sowa H, Ahsbahs H (1999) Z Krist 214: 751
[10.131] Lundin A, Soldatov A, Sundquist B (1995) Europhys Lett 30: 469
[10.132] Xu Y, Carlson S, Söderberg K, Norrestaam R (2000) J Solid State Chem 153: 212
[10.133] Allan DR, Marshall WG, FranCls DJ et al (2010) Dalton Trans 39: 3736
[10.134] Shimizu H, Kamabuchi K, Kume T, Sasaki S (1999) Phys Rev B 59: 11727
[10.135] Zuk J, Kiefte H, Clouter MJ (1990) J Chem Phys 92: 917
[10.136] Zuk J, Brake DM, Kiefte H, Clouter MJ (1989) J Chem Phys 91: 5285

[10.137] Sun L, Zhao Z, Ruoff AL et al (2007) J Phys Cond Matter 19: 425206
[10.138] Degtyareva O, Canales MM, Bergara A et al (2007) Phys Rev B 76: 064123
[10.139] HirAl H, Tanaka T, Kawamura T et al (2003) Phys Rev B 68: 172102
[10.140] VAldya SN, Kennedy GC (1971) J Chem Phys 55: 987
[10.141] Nakayama A, Fujihisa H, Aoki K, Charlon RP (2000) Phys Rev B 62: 8759
[10.142] Kiefte H„ Penney R Clouter MJ (1988) J Chem Phys 88: 5846
[10.143] Haussühl S (2001) Z Krist 216: 339
[10.144] Dinnebier RE, van Smaalen S, Olbrich F, Carlson S (2005) Inorg Chem 44: 964
[10.145] Pravica M, Shen Y, Quina Z et al (2007) J Phys Chem B 111: 4103
[10.146] Oehzelt M, Resel R, Nakayama A (2002) Phys Rev B 66: 174104
[10.147] Davidson AJ, Oswald IDH, FranCls DJ et al (2008) Cryst Eng Comm 10: 162
[10.148] Kawasaki S, Hara T, Iwata A (2007) Chem Phys Lett 447: 3169
[10.149] Sato-SorensenY (1983) J Geophys Res B 88: 3543
[10.150] Duclos SJ, VohraYK, Ruoff AL et al (1987) Phys Rev B 36: 7664
[10.151] Yagi T (1978) J Phys Chem Solids 39: 563
[10.152] Campbell A, Heinz D (1991) J Phys Chem Solids 52: 495
[10.153] Köhler U, Johannsen PG, Holzapfel WB (1997) J Phys Cond Matter 9: 5581
[10.154] Campbell A, Heinz D (1994) J Geophys Res B 99: 11765
[10.155] VohraYK, Blister KE, Weir ST et al (1986) SClence 231: 1136
[10.156] Quadri SB, Yang J, Ratna BR, Skelton EF (1996) Appl Phys Lett 69: 2205; Jiang JZ, Gerward L, Secco R et al (2000) J Appl Phys 87: 2658
[10.157] Ghandehari K, Luo H, Ruoff AL et al (1995) Phys Rev Lett 74: 2264
[10.158] Hull S, Berastegui P (1998) J Phys Cond Matter 10: 7945
[10.159] Boslough M, Ahrens TJ (1984) J Geophys Res B 89: 7845
[10.160] Richet P, Mao H-K, Bell P (1988) J Geophys Res B 93: 15279
[10.161] Luo H, Greene RG, Ruoff AL (1994) Phys Rev B 49: 15341
[10.162] Weir ST, VohraYK, Ruoff AL (1986) Phys Rev B 33: 4221
[10.163] Grzybowski TA Ruoff AL (1984) Phys Rev Lett 53: 489
[10.164] Desgreniers S (1998) Phys Rev B 58: 14102
[10.165] Ves S, Schwarz U, Christensen N E et al (1990) Phys Rev B 42: 9113
[10.166] Strössner K, Ves S, Dietrich W et al (1985) Solid State Commun 56: 563
[10.167] Werner A, Hochmeir HD, Strössner K, Jayaraman A (1983) Phys Rev B 28: 3330
[10.168] Chattopadhyay T, Santandrea R, von Schnering H-G (1986) Physica B 139-140: 353
[10.169] Chattopadhyay T, Werner A, von Schnering H-G (1984) Rev Phys Appl 19: 807
[10.170] Jackson I, Khanna S, Revcolevschi A, Berthon J (1990) J Geophys Res B 95: 21671
[10.171] Gerward L, Staun Olsen J, Steenstrup S et al (1990) J Appl Cryst 23: 515
[10.172] Staun Olsen J, Gerward L, Benedict U, Dabos-Seignon S (1990) High Press Res 2: 35
[10.173] Dankekar D, Abbate A, Frankel J (1994) J Appl Phys 76: 4077
[10.174] Van Camp PE, Van Doren VE, Devreese J (1991) Phys Rev B 44: 9056; Xia Q, Xia H, Ruoff AL (1993) J Appl Phys 73: 8198
[10.175] Greene RG, Luo H, Ghandehari K, Ruoff AL (1995) J Phys Chem Solids 56: 517
[10.176] Konczewicz L, Bigenwald P, Cloitre T et al (1996) J Cryst Growth 159: 117; Perlin P, Jauberthie-CAlllon C, Itie JP et al (1992) Phys Rev B 45: 83; Xia H, Xia Q, Ruoff AL (1993) Phys Rev B 47: 12925
[10.177] Weir ST, VohraYK, Vanderborgh CA, Ruoff AL (1989) Phys Rev B 39: 1280
[10.178] Weir ST, VohraYK, Ruoff AL (1987) Phys Rev B 36: 4543
[10.179] Menoni CS, SpAln IL (1987) Phys Rev B 35: 7520
[10.180] SomaT, Kagaya H-M (1984) Phys Stat Solidi b 121: K1
[10.181] Leger JM, Vedel I, Redon A et al (1988) Solid State Commun 66: 1173
[10.182] Menoni C, Hu J, SpAln I (1984) In: Homan C, MacCrone RK, Whalley E (eds) High pressure in sClence and technology, vol 3. North-Holland, New York
[10.183] Liu M, Liu L-G (1986) High Temp-High Press 18: 79

[10.184] Holzapfel WB, Hartwig M, Sievers W (2001) J Phys Chem Ref Data 30: 515
[10.185] Solozhenko VI, Will G, Elf F (1995) Solid State Comm 96: 1
[10.186] Cynn H Yoo CS, Baer B et al (2001) Phys Rev Lett 86: 4552
[10.187] Yoo CS, Kohlmann H, Cynn H et al (1999) Solid State Comm 83: 5527; Iota V, Yoo CS (2001) Solid State Comm 86: 3068; Yoo CS, Kohlmann H, Cynn H et al (2002) Phys Rev B 65: 104103; Park J-H, Yoo CS, Iota V et al (2003) Phys Rev B 68: 014107; Datchi F, Giordano VM, Munsch P, SAlto AM (2009) Phys Rev Lett 103: 185701
[10.188] Angel RJ (2000) Phys Earth Planet Inter 124: 71
[10.189] Ono S, Ito E, Katsura T et al (2000) Phys Chem Miner 27: 618
[10.190] HAlnes J, Leger JM (1997) Phys Rev B 55: 11144
[10.191] HAlnes J, Leger JM, Schulte O (1990) J Phys Cond Matt 8: 1631
[10.192] Arlt T, Bermejo M, Blanco MA et al (2000) Phys Rev B 61: 14414
[10.193] Al-Khatatbeh Y, Lee KKM, Kiefer B (2010) Phys Rev B 81: 214102
[10.194] HAlnes J, Legar JM, Gorelli F et al (2001) Phys Rev B 64: 134110
[10.195] Vinet P, Rose JH, Ferrante J, Smith JR (1989) J Phys Cond Matt 1: 1941
[10.196] Çagin t, Dereli G, Uludogan M, Tomak M (1999) Phys Rev B 59: 3468
[10.197] Yokoo M, KawAl N, Nakamura KG, Kondo K-I (2009) Phys Rev B 80: 104114
[10.198] Pantea C, Stroe I, Ledbetter H et al (2009) Phys Rev B 80: 024112
[10.199] Holzapfel WB, Hartwig M, Sievers W (2001) J Phys Chem Ref Data 30: 5151
[10.200] Adams JJ, Agosta DS, Leisure RG et al (2006) J Appl Phys 100: 113530
[10.201] Nadal M-H, Bourgeois L (2010) J Appl Phys 108: 033512
[10.202] Ledbetter H, Ogi H, KAl S, Kim S (2004) J Appl Phys 95: 4642
[10.203] SuzukiY, Fanelli VR, Betts JB et al (2011) Phys Rev B 84: 064105
[10.204] DAl C, Hu J, Tan H (2009) J Appl Phys 106: 043519
[10.205] Batsanov SS (2006) Rus Chem Rev 75: 601
[10.206] Hsueh HC, Chen RK, Vass H et al (1998) Phys Rev B 58: 14812
[10.207] Qi J, Liu JF, HeY et al (2011) J Appl Phys 109: 063520
[10.208] Ji C, Zhang F, Hou D et al (2011) J Phys Chem Solids 72: 609
[10.209] Hou D, Zhang F, Ji C et al (2011) J Appl Phys 110: 023524

参考文献

[1] Loubeyre P, LeToullec R (1995) Stability of O_2/H_2 mixtures at high pressure. Nature 378: 44-46
[2] Loveday JS, Nelmes RJ (1999) Ammonia monohydrate Ⅵ: A hydrogen-bonded molecular alloy. Rev Phys Lett 83: 4329-4332
[3] Sihachakr D, Loubeyre P (2006) High-pressure transformation of N_2/O_2 mixtures into ionic compounds. Phys Rev B 74: 064113
[4] Katrusiak A (2008) High-pressure crystallography. Acta Cryst A 64: 135-148
[5] Frevel LK (1935) A technique for X-ray studies of substances under high pressures. Rev SCl Instrum 6: 214-215
[6] Jacobs RB (1938) X-ray diffraction of substances under high pressures. Phys Rev 54: 325-331
[7] Lawson AW, Tang TY (1950) A diamond bomb for obtAlning powder pictures at high pressures. Rev SCl Instrum 21: 815
[8] Eremets MI (1996) High pressure experimental methods. Oxford University Press, Oxford
[9] McMillan PF (2003) Chemistry of materials under extreme high pressure-high temperature conditions. J Chem Soc Chem Commun 919-923
[10] McMillan PF (2006) Chemistry at high pressure. Chem Soc Rev 35: 855-857
[11] San-Miguel A (2006) Nanomaterials under high pressure. Chem Soc Rev 35: 876-889
[12] Goncharov AF, Hemley RJ (2006) Probing hydrogen-rich molecular systems at high pressures and temperatures. Chem Soc Rev 35: 899-907
[13] McMahon MI, Nelmes RJ (2006) High-pressure structures and phase transformations in elemental metals. Chem Soc Rev 35: 943-963
[14] Wilding MC, Wilson M, McMillan PF (2006) Structural studies and polymorphism in amorphous

solids and liquids at high pressure. Chem Soc Rev 35：964-986
[15] Horvath-Bordon E，Riedel R，Zerr A et al（2006）High-pressure chemistry of nitride-based materials. Chem Soc Rev 35：987-1014
[16] Angel RJ（2004）Absorption crorrections for diamond-anvil pressure cells. J Appl Cryst 37：486-492
[17] Mujica A，Rubio A，Munōz A，Needs RJ（2003）High-pressure phases of group Ⅳ，Ⅲ-Ⅴ，and Ⅱ-Ⅵ compounds. Rev Modern Phys 75：863-912
[18] Hochheimer HD，Strössner K，Honle V et al（1985）High Pressure X-Ray Investigation of the Alkali Hydrides NaH，KH，RbH，and CsH. Z phys Chem 143：139-144
[19] Duclos SJ，VohraYK，Ruoff AL et al（1987）High-pressure studies of NaH to 54 GPa. Phys Rev B 36：7664-7667
[20] Hull S，Keen DA（1994）High pressure polymorphism of the copper（Ⅰ）halides. Phys Rev B 50：5868-5885
[21] Hofmann M，Hull S，Keen DA（1995）High-pressure phase of copper（Ⅰ）iodide. Phys Rev B 51：12022
[22] Leger JM，HAlnes J，Danneels C，de Oliveira LS（1998）The TlI-type structure of the high- pressure phase of NaBr and NAl; pressure-volume behavior to 40 GPa. J Phys Cond Mater 10：4201-4210
[23] Sata N，Shen G，Rivers ML，Sutton S R（2001）Pressure-volume equation of state of the high-pressure B2 phase of NaCl. Phys Rev B 65：104114
[24] Ono S，Kikegawa T，Ohishi Y（2006）Structural property of CsCl-type sodium chloride under pressure. Solid State Commun 137：517-521
[25] Demarest HH，Cassell CR，Jamieson JC（1978）High-pressure phase-transitions in KF and RbF. J Phys Chem Solids 39：1211-1215
[26] VAldya SN，Kennedy GC（1971）Compressibility of 27 halides to 45 kbar. J Phys Chem Solids 32：951-964
[27] Köhler U，Johannsen PG，Holzapfel WB（1997）Equation of state data for CsCl-type alkali halides. J Phys Cond Matt 9：5581-5592
[28] Hull S，Berastegui P（1998）High-pressure structural behavior of silver（I）fluoride. J Phys Cond Matter 10：7945-7955
[29] Luo H，Ghandehari K，Greene RG et al（1995）Phase transformation of BeSe and BeTe to the NiAs structure at high pressure. Phys Rev B 52：7058-7064
[30] Narayana C，Nesamony VJ，Ruoff AL（1997）Phase transformation of BeS and equation-of-state studies to 96 GPa. Phys Rev B 56：14338-14343
[31] Li T，Luo H，Greene RG，Ruoff AL（1995）High-pressure phase of MgTe. Phys Rev Lett 74：5232-5235
[32] Desgreniers S（1998）High-density phases of ZnO：structural and compressive parameters. Phys Rev B 58：14102-14105
[33] Ves S，Schwarz U，Christensen NE et al（1990）High-pressure Raman study of the chAln chalcogenide $TlInTe_2$. Phys Rev B 42：9113-9118
[34] Ves S（1991）Band-gaps and phase transitions in cubic ZnS，ZnSe and ZnTe. In：Hochheimer HD，Etters RD（eds）Frontiers of high-pressure research. NATO ASI Ser B 286：369-376
[35] Tang Z，Gupta Y（1988）Shock-induced phase transformation in cadmium sulfide dispersed in an elastomer. J Appl Phys 64：1827-1837
[36] Tolbert SH，Alivisatos AP（1995）The wurtzite to rock-salt structural transformation in CdSe nanocrystals under high-pressure. J Chem Phys 102：4642-4656
[37] Hu J（1987）A new high-pressure phase of CdTe. Solid State Commun 63：471-474
[38] Nelmes RJ，McMahon MI，Wright G，Allan DR（1995）Structural studies of Ⅱ-Ⅵ semiconductors at high-pressure. J Phys Chem Solids 56：545-549
[39] Nelmes RJ，McMahon MI，Wright G，Allan DR（1995）Phase-transitions in CdTe to 28 GPa. Phys Rev B 51：15723-15731
[40] Zhou T，Schwarz U，Hanfland M et al（1998）Effect of pressure on the crystal structure，vibrational modes，and electronic exCltations of HgO. Phys Rev B 57：153-160
[41] San-Miguel A，Wright NG，McMahon MI，Nelmes RJ（1995）Pressure evolution of the Clnnabar

phase of HgTe. Phys Rev B 51：8731-8736
[42] Huang T-L，Ruoff AL（1983）Pressure-induced phase-transition of HgS. J Appl Phys 54：54595461
[43] Luo H，Greene RG，Ghandehari K et al（1994）Structural phase transformations and the equations of state of calClum chalcogenides at high pressure. Phys Rev B 50；16232-16237
[44] Luo H，Greene RG，Ruoff AL（1994）High-pressure phase transformation and the equation of state of SrSe. Phys Rev B 49：15341-15343
[45] Weir ST，VohraYK，Ruoff AL（1986）High-pressure phase transitions and the equations of state of BaS and BaO. Phys Rev B 33：4221-4226
[46] Grzybowski TA，Ruoff AL（1983）High-pressure phase transition in BaSe. Phys Rev B 27：6502-6503
[47] Grzybowski TA，Ruoff AL（1984）Band-overlap metallization of BaTe. Phys Rev Lett 53：489-492
[48] Chattopadhyay T，Werner A，von Schnering HG，Pannetier J（1984）Temperature and pressure- induced phase transition in Ⅳ-Ⅵ compounds. Rev Phys Appl 19：807-813
[49] VAltheeswaran G，KanchanaV，Svane A et al（2011）High-pressure structural study of yttrium monochalcogenides from experiment and theory. Phys Rev B 83：184108
[50] VAltheeswaran G，Kanchana V，Heathman S et al（2007）Elastic constants and high-pressure structural transitions in lanthanum monochalcogenides from experiment and theory. Phys Rev B 75：184108
[51] Gerward L，Staun Olsen J，Steenstrup S et al（1990）The pressure-induced transformation B1 to B2 in actinide compounds. J Appl Cryst 23：515-519
[52] Staun Olsen J，Gerward L，Benedict U，Dabos-Seignon S（1990）High-pressure studies of thorium and uranium compounds with the rocksalt structure. High Pressure Res 2：335-338
[53] Ueno M，Yoshida M，Onodera A et al（1994）Stability of the wurtzite-type structure under high-pressure：GaN and InN. Phys Rev B 49：14-21
[54] Endo S，Ito K（1982）Triple-stage high-pressure apparatus with sintered diamond anvils. Adv Earth Planet SCl 12：3-12
[55] Dankekar D，Abbate A，Frankel J（1994）Equation of state of aluminium nitride and its shock response. J Appl Phys 76：4077-4085
[56] Greene RG，Luo HA，Ghandehari K，Ruoff AL（1995）High-pressure structural study of AlSb to 50GPa. J Phys Chem Solids 56：517-520
[57] Konczewicz L，Bigenwald P，Cloitre T et al（1996）MOVPE growth of zincblende magnesium sulphide. J Cryst Growth 159：117-120
[58] Perlin P，Jauberthie-Carillon C，Itie JP et al（1992）Raman scattering and X-ray absorption spectroscopy in gallium nitride under high pressure. Phys Rev B 45：83-89
[59] Xia H，Xia Q，Ruoff AL（1993）High-pressure structure of gallium nitride：wurtzite-to-rock-salt phase transition. Phys Rev B 47：12925-12928
[60] Soma T，Kagaya H-M（1984）High-pressure NaCl-phase of tetrahedral compounds. Solid State Commun 50：261-263
[61] Itie JP，Polian A，Jauberthie-Carillon C et al（1989）High-pressure phase transition in gallium phosphide. Phys Rev B 40：9709-9714
[62] Weir ST，VohraYK，Vanderborgh CA，Ruoff AL（1989）Structural phase transitions in GaAs to 108 GPa. Phys Rev B 39：1280-1285
[63] Weir ST，VohraYK，Ruoff AL（1987）Phase transitions in GaSb to 110 GPa. Phys Rev B 36：4543-4546
[64] Xia Q，Xia H，Ruoff AL（1994）New crystal structure of indium nitride：a pressure-induced phase. Modern Phys Lett B 8：345-350
[65] Menoni CS，SpAln IL（1987）Equation of state of InP to 19 GPa. Phys Rev B 35：7520-7525
[66] Menoni CS，SpAln IL（1989）Structural phase transitions in GaAs to 108 GPa. Phys Rev B 39：1280-1285
[67] Soma T，Kagaya H-M（1984）NaCl-type lattice of GaAs and InSb under pressure. Phys Stat Solidi b121：K1-K5
[68] Nelmes RJ，McMahon MI，Hatton PD et al（1993）Phase-transitions in InSb at pressures up to 5 GPa. Phys Rev B 47：35-54
[69] Liu H，Tse J S，Mao H-k（2006）Stability of rocksalt phase of zinc oxide under strong compression. J

Appl Phys 100：093509
[70] Ghandehari K，Luo H，Ruoff AL et al（1995）New high-pressure crystal structure and equation of state of cesium hydride to 253 GPa. Phys Rev Lett 74：2264-2267
[71] Knittle E，Rudy A，Jeanloz R（1985）High-pressure phase transition in CsBr. Phys Rev B 31：588-590
[72] Brister KE，VohraYK，Ruoff AL（1985）High-pressure phase transition in CsCl at $V/V_o=0.53$. Phys Rev B31：4657-4658
[73] Mao H-K，Hemley RL，Chen LC et al（1989）X-ray diffraction to 302 GPa：high-pressure crystal structure of cesium iodide. SClence 246：649-651
[74] Mao HK，Wu Y，Hemley RJ et al（1990）High-pressure phase transition and equation of state of CsI. Phys Rev Lett 64：1749-1752
[75] Le Bihan T，Darracq S，Heathman S et al（1995）Phase transformation of the monochalco- genides SmX（X=S，Se，Te）under pressure. J Alloys Comp 226：143-145
[76] Svane A，Strange P，Temmerman WM et al（2001）Pressure-induced valence transitions in rare earth chalcogenides and pnictides. Phys Stat Solidi b 223：105-116
[77] Wright NG，McMahon MI，Nelmes RJ，San-Miguel A（1993）Crystal structure of the Clnnabar phase of HgTe. Phys Rev B 48：13111-13114
[78] McMahon MI，Nelmes RJ，Wright NG，Allan DR（1993）Phase transitions in CdTe to 5 GPa. Phys Rev B 48：16246-16251
[79] Maddox BR，Yoo CS，Kasinathan D et al（2006）High-pressure structure of half-metallic CrO_2. Phys Rev B 73：144111
[80] Ming L，Manghnani M（1982）High pressure phase transformations in rutile-structured dioxides. In：Akimoto S，Manghnani M（eds）High-pressure research in geophysics. Center for Acad Publ，Tokyo
[81] Gerward L，Staun Olsen J（1993）Powder diffraction analysis of cerium dioxide at high pressure. Powder Diffr 8：127-129
[82] Dancausse J-P，Gering E，Heathman S，Benedict U（1990）Pressure-induced phase transition in ThO_2 and PuO_2. High Press Res 2：381-389
[83] Desgreniers S，Lagarec K（1999）High-density ZrO_2 and HfO_2：crystalline structures and equations of state. Phys Rev B 59：8467-8472
[84] Gerward L，Staun Olsen J，Benedict U et al（1990）Crystal structures of UP・U_2，UAs・U_2，UAsS and UAsSe in pressure range up to 60GPa. High Temp-High Press 22：523-532
[85] Liu L（1978）Fluorite isotype of SnO_2 and a new modification of TiO_2—implications for Earth's lower mantle. SClence 199：422-425
[86] HAlnes J，Leger JM，Chateau C，Pereira AS（2000）Structural evolution of rutile-type and $CaCl_2$-type germanium dioxide at high pressure. Phys Chem Miner 27：575-582
[87] Ono S，Tsuchiya T，Hirose K，Ohishi Y（2003）High-pressure form of pyrite-type germanium di-oxide. Phys Rev B 68：014103
[88] Micoulaut M，Cormier L，Henderson GS（2006）The structure of amorphous，crystalline and liquid GeO_2. J Phys Cond Matter 18：R753-R784
[89] Ono S，Ito E，Katsura T et al（2000）Thermoelastic properties of the high-pressure phase of SnO_2. Phys Chem Miner 27：618-622
[90] Shieh SR，Kubo A，Duffy TS et al（2006）High-pressure phases in SnO_2 to 117 GPa. Phys Rev B 73：014105
[91] Lazicki A，Yoo C-S，Evans WJ，Pickett WE（2006）Pressure-induced antifluorite-to- anticotunnite phase transition in lithium oxide. Phys Rev B 73：184120
[92] Iota V，Yoo CS，Cynn H（1999）Quartzlike carbon dioxide：an optically nonlinear extended solid at high pressures and temperatures. SClence 283：1510-1513
[93] Yoo CS，Cynn H.，Gygi F et al（1999）Crystal structure of carbon dioxide at high pressure. Phys Rev Lett 83：5527-5530
[94] Iota V，Yoo C-S（2001）Phase diagram of carbon dioxide：evidence for a new assoClated phase. Phys Rev Lett 86：5922-5925
[95] Yoo CS，Kohlmann H，Cynn H et al（2002）Crystal structure of pseudo-six-fold carbon dioxide

phase Ⅱ at high pressures and temperatures. Phys Rev B 65：104103

[96] Park JH，Yoo CS，Iota V et al（2003）Crystal striucture of bent carbon dioxide phase Ⅳ. Phys Rev B 68：014107

[97] Datchi F，Giordano VM，Munsch P，SAlto AM（2009）Structure of carbon dioxide phase Ⅳ：breakdown of the intermediate bonding state scenario. Phys Rev Lett 103：185701

[98] Tschauner O，Mao H-K，Hemley RJ（2001）New transformations of CO_2 at high pressures and temperatures. Phys Rev Lett 87：075701

[99] Santoro M，Gorelli FA（2006）High pressure solid state chemistry of carbon dioxide. Chem Soc Rev 36：918-931

[100] Kume T，Ohuya Y，Nagata M et al（2007）Transformation of carbon dioxide to nonmolecular solid at room temperature and high pressure. J Appl Phys 102：053501

[101] Aoki K，Katoh E，Yamawaki H et al（1999）Hydrogen-bond symmetrization and molecular dissoClation in hydrogen halids. Physica B 265：83-86

[102] Sakashita M，Yamawaki H，Fujihisa H，Aoki K（1997）Pressure-induced molecular dissoClation and metallization in hydrogen-bonded H_2S solid. Phys Rev Lett 79：1082-1085

[103] Fujihisa H，Yamawaki H，Sakashita M et al（2004）Molecular dissoClation and two low- temperature high-pressure phases of H_2S. Phys Rev B 69：214102

[104] van Straaten J，Silvera IF（1986）Observation of metal-insulator and metal-metal transitions in hydrogen iodide under pressure. Phys Rev Lett 57：766-769

[105] Batsanov SS（1994）Equalization of interatomic distances in polymorphous transformations under pressure. J Struct Chem 35：391-393

[106] Batsanov SS（1997）Effect of high pressure on crystal electronegativities of elements. J Phys Chem Solids 58：527-532

[107] Jeon S-J，Porter RF，Vohra YK，Ruoff AL（1987）High-pressure X-ray diffraction and optical absorption studies of NH_4I to 75 GPa. Phys Rev B 35：4954-4958

[108] Eremets MI，Gregoryanz EA，Struzhkin VV et al（2000）Electrical conductivity of xenon at megabar pressure. Phys Rev Lett 85：2797-2800

[109] Ovsyannikov SV，Shchennikov VV，Popova SV，Derevskov AYu（2003）Semiconductor-metal transitions in lead chalcogenides at high pressure. Phys Stat Solidi b 235：521-525

[110] Mita Y，Izaki D，Kobayashi M，Endo S（2005）Pressure-induced metallization of MnO. Phys Rev B 71：100101

[111] Hao A，Gao C，Li M et al（2007）A study of the electrical properties of HgS under high pressure. J Phys Cond Matter 19：425222

[112] Kawamura H，Matsui N，Nakahata I et al（1998）Pressure-induced metallization and structural transition of rhombohedral Se. Solid State Commun 108：677-680

[113] Sun L，Ruoff AL，Zha C-S，Stupian G（2006）Optical properties of methane to 288 GPa at 300 K. J Phys Chem Solids 67：2603-2608

[114] Strobel TA，Goncharov AF，Seagle CT et al（2011）High-pressure study of silane to 150 GPa. Phys Rev B 83：144102

[115] Ohmura A，Machida A，Watanuki T et al（2006）Infrared spectroscopic study of the band-gap closure in YH_3 at high pressure. Phys Rev B 73：104105

[116] Kume T，Ohura H，Takeichi T et al（2011）High-pressure study of ScH_3：Raman，infrared，and visible absorption spectroscopy. Phys Rev B 84：064132

[117] Goettel KA，Eggert JH，Silvera IF，Moss WC（1989）Optical evidence for the metallization of xenon at 132（5）GPa. Phys Rev Lett 62：665-668

[118] Vajeeston P，Ravindran P，Hauback BC et al（2006）Structural stability and pressure-induced phase transition in MgH_2. Phys Rev B 73：224102

[119] Kinoshita K，Nishimara M，Akahama Y，Kawamura H（2007）Pressure-induced phase transition of BaH_2：post Ni_2In phase. Solid State Commun 141：69-72

[120] Palasyuk T，Tkacz M（2007）Pressure-induced structural phase transition in rare-earth trihydrides. Solid State Commun 141：354-358

[121] Wijngaarden RJ，Huiberts JN，Nagengast D et al（2000）Towards a metallic YH_3 phase at high

pressure. J Alloys Comp 308：44-48

[122] Lazicki A，Maddox B，Evans WJ et al（2005）New cubic phase of Li_3N：stability of the N^{3-} ion to 200 GPa. Phys Rev Lett 95：165503

[123] Hou D，Zhang F，Ji C et al（2011）Series of phase transitions in cesium azide under high pressure studied by in situ X-ray diffraction. Phys Rev B 84：064127

[124] Rosenblum SS，Weber WH，Chamberland BL（1997）Raman-scattering observation of the rutile-to-$CaCl_2$ phase transition in RuO_2. Phys Rev B 56：529-533

[125] Rozenberg GK，Pasternak MP，Xu WM et al（2003）Pressure-induced structural transformation in the Mott insulator FeI_2. Phys Rev B 68：064105

[126] Boldyreva EV（2008）High-pressure diffraction studies of molecular organic solids：a personal view. Acta Cryst A 64：218-231

[127] Fabbiani FPA，Pulham CR（2006）High-pressure studies of pharmaceutical compounds and energetic materials. Chem Soc Rev 35：932-942

[128] Meersman F，Dobson CM，Heremans K（2006）Protein unfolding，amyloid fibril formation and configurational energy landscapes under high pressure conditions. Chem Soc Rev 35：908-917

[129] Wen X-D，Hoffmann R，Ashcroft NW（2011）Benzene under high pressure. J Am Chem Soc 133：9023-9035

[130] Fanetti S，Cltroni M，Bini R（2011）Pressure-induced fluorescence of pyridine. J Phys Chem B 115：12051-12058

[131] Batsanov SS（1982）Crystallochemical calculation of pressure of metallization of inorganic substances. Russ J Phys Chem 56：196-197

[132] Batsanov SS（1991）Crystal-chenical calculations of the metallization pressure of inorganic substances. Russ J Inorg Chem 36：1265

[133] Slater JC（1963）Quantum theory of molecules and solids，vol 1，Electronic structure of molecules. McGraw-Hill，New York

[134] Mishima O，Calvert L，Whalley E（1984）Melting ice-I at 77 K and 10 kbar—a new method of making amorphous solids. Nature 310：393-395

[135] Yamanaka T，NagAl T，Tsuchiya T（1997）Mechanism of pressure-induced amorphization. Z Krist 212：401-410

[136] Onodera A，Fujii Y，SugAl S（1986）Polymorphism and amorphism at high pressure. Physica B 139：240-245

[137] Chen A，Yu PY，Pasternak MP（1991）Metallization and amorphization of the molecular crystals SnI_4 and GeI_4 under pressure. Phys Rev B 44：2883-2886

[138] Grocholski B，Speziale S，Jeanloz R（2010）Equation of state，phase stability，and amorphization of SnI_4 at high pressure and temperature. Phys Rev B 81：094101

[139] Polian A，Itie JP，Jauberthie-Carillon C et al（1990）X-ray absorption spectroscopy investigation of phase transition in Ge，GaAs and GaP. High Pressure Res 4：309-311

[140] Vohra YK，Xia H，Ruoff AL（1990）Optical reflectivity and amrphization of GaAs during decompression from megabar pressure. Appl Phys Lett 57：2666-2668

[141] Nelmes RJ，McMahon MI，Wright NG，Allan DR（1994）Crystal structure of ZnTe III at 16 GPa. Phys Rev Lett 73：1805-1808

[142] Liu H，Secco RA，Imanaka N，Adachi G（2002）X-ray diffraction study of pressure-induced amorphization in $Lu_2(WO_4)_3$. Solid State Commun 121：177-180

[143] Goncharov AF（1990）Observation of amorphous phase of carbon at pressures above 23 GPa. Sov Phys JETP Lett 51：418-421

[144] Madon M，Gillet Ph，Julien Ch，Price GD（1991）A vibrational study of phase transitions among the GeO_2 polymorphs. Phys Chem Miner 18：7-18

[145] Meade C，Jeanloz R（1990）Static compression of $Ca(OH)_2$ at room-temperature - observations of amorphization and equation of state measurements to 7 GPa. Geophys Res Lett 17：1157-1160

[146] Luo H，Ruoff AL（1993）X-ray-diffraction study of sulfur to 32 GPa—amorphization at 25 GPa. Phys Rev B 48：569-572

[147] Nishii T，Mizuno T，Mori Y et al（2007）X-ray diffraction study of amorphous phase of $BaSi_2$ under

high pressure. Physica Status Solidi b244：270-273

[148]　Secco RA，Liu H，Imanaka N，Adachi G（2001）Pressure-induced amorphization in negative thermal expansion Sc_2（WO_4）$_3$. J Mater SCl Lett 20：1339-1340

[149]　Arora AK，Yagi T，Miyajima N，Mary T A（2005）Amorphization and decomposition of scandium molybdate at high pressure. J Appl Phys 97：013508

[150]　Arora AK（2000）Pressure-induced amorphization versus decomposition. Solid State Commun 115：665-668

[151]　Arora AK，Sastry VS，Sahu PCh，Mary TA（2004）The pressure-amorphized state in zirconium tungstate：a precursor to decomposition. J Phys Cond Matter 16：1025-1031

[152]　Brazhkin VV，Lyapin AG（2003）High-pressure phase transformations in liquids and amorphous solids. J Phys Cond Matter 15：6059-6084

[153]　KatayamaY，Tsuji K（2003）X-ray structural studies on elemental liquids under high pressures. J Phys Cond Matter 15：6085-6103

[154]　Katayama Y，Mizutani T，Utsumi W et al（2000）A first-order Liquid-Liquid phase transition in phosphorus. Nature 403：170-173

[155]　KatayamaY，InamuraY，Mizutani T et al（2004）Macroscopic separation of dense fluid phase and liquid phase of phosphorus. SClence 306：848-851

[156]　Di Clcco A，Congeduti A，Coppari F et al（2008）Interplay between morphology and metallization in amorphous-amorphous transitions. Phys Rev B 78：033309

[157]　Soignard E，Amin SA，Mei Q et al（2008）High-pressure behavior of As_2O_3：Amorphous- amorphous and crystalline-amorphous transitions. Phys Rev B 77：144113

[158]　Mei Q，Sinogeikin S，Shen G et al（2010）High-pressure X-ray diffraction measurements on vitreous GeO_2 under hydrostatic conditions. Phys Rev B 81：174113

[159]　Brazhkin VV，Gavrilyuk AG，Lyapin AG et al（2007）AsS：bulk inorganic molecular-based chalcogenide glass. Appl Phys Lett 91：031912

[160]　Kinoshita T，Hattori T，Narushima T，Tsuji K（2005）Pressure-induced drastic structural change in liquid CdTe. Phys Rev B 72：060102

[161]　Hattori T，Tsuji K，Taga N et al（2003）Structure of liquid GaSb at pressures up to 20 GPa. Phys Rev B 68：224106

[162]　Falconi S，Lundegaard LF，Hejny C，McMahon MI（2005）X-ray diffraction study of liquid Cs up to 9. 8 GPa. Phys Rev Lett 94：125507

[163]　Giefers H，Porsch F，Wortmann G（2006）Thermal disproportionation of SnO under high pressure. Solid State Ionics 176：1327-1332

[164]　Giefers H，Porsch F，Wortmann G（2006）Structural study of SnO at high pressure. Physica B 373：76-81

[165]　Eremets MI，Gavriliuk AG，Trojan IA（2007）Single-crystalline polymeric nitrogen. Appl Phys Lett 90：171904

[166]　Jiang JZ，Staun Olsen J，Gerward L，M0rup S（2000）Structural stability in nanocrystalline ZnO. Europhys Lett 50：48-53

[167]　Quadri SB，Skelton EF，Dinsmore AD，Hu JZ（2001）The effect of particle size on the structural transitions in zinc sulfide. J Appl Phys 89：115-119

[168]　Wang Z，Guo Q（2009）Size-dependent structural stability and tuning mechanism：a case of zinc sulfide. J Phys Chem C 113：4286-4295

[169]　Haase M，Alivisatos AP（1992）Arrested solid-solid phase transition in 4-nm-diameter cadmium sulfide nanocrystals. J Phys Chem 96：6756-6762

[170]　Quadri SB，Yang J，Ratna BR et al（1996）Pressure induced structural transition in nanometer size particles of PbS. Appl Phys Lett 69：2205-2207

[171]　Jiang JZ，Gerward L，Secco R et al（2000）Phase transformation and conductivity in nanocrystal PbS under pressure. J Appl Phys 87：2658-2660

[172]　Wang Z，Saxena SK，Pischedda V et al（2001）X-ray diffraction study on pressure-induced phase transformation in nanocrystalline anatase/rutile（TiO_2）. J Phys Cond Matter 13：8317-8323

[173]　Swamy V，Kuznetsov A，Dubrovinsky LS et al（2006）Size-dependent pressure-induced amorphiza-

tion in nanoscale TiO_2. Phys Rev Lett 96：135702
[174] Machon D，Daniel M，Pischedda V et al（2010）Pressure-induced polyamorphism in TiO_2 nanoparticles. Phys Rev B 82：140102
[175] Kawasaki S，Yamanaka T，Kume S，Ashida T（1990）Crystallite size effect on the pressure- induced phase transformation. Solid State Commun 76：527-530
[176] Wang H，Liu JF，Wu HP et al（2006）Phase transformation in nanocrystalline α-quartz GeO_2 up to 51.5 GPa. J Phys Cond Matter 18：10817-10824
[177] He Y，Liu JF，Chen W et al（2005）High-pressure behavior of SnO_2 nanocrystals. Phys Rev B 72：212102
[178] Dong Z，Song Y（2009）Pressure-induced morphology-dependent phase transformations of nanostructured tin dioxide. Chem Phys Lett 480：90-95
[179] Shen LH，Li XF，MaYM et al（2006）Pressure-induced structural transition in AlN nanowires. Appl Phys Lett 89：141903
[180] Jørgensen J-E，Jakobsen JM，Jiang JZ et al（2003）High-pressure X-ray diffraction study of bulk- and nanocrystalline GaN. J Appl Cryst 36：920-925
[181] Jiang JZ，Staun Olsen J，Gerward L，Mørup S（1998）Enhanced bulk modulus and reduced transition pressure in γ-Fe_2O_3 nanocrystals. Europhys Lett 44：620-626
[182] Wang Z，Saxena SK（2002）Pressure induced phase transformations in nanocrystalline maghemite（γ-Fe_2O_3）. Solid State Commun 123：195-200
[183] Wang Z，Saxena SK，Pischedda V et al（2001）In situ X-ray diffraction study of the pressure- induced phase transformation in nanocrystalline CeO_2. Phys Rev B 64：012102
[184] Liu H，Jin C，Zhao Y（2002）Pressure induced structural transitions in nanocrystalline grAlned selenium. PhysicaB 315：210-214
[185] Biswas K，Muthu DVS，Sood AK et al（2007）Pressure-induced phase transitions in nanocrystalline ReO_3. J Phys Cond Matter 19：436214
[186] Liu D，Yao M，Wang L et al（2011）Pressure-induced phase transitions in C_{70} nanotubes. J Phys Chem C 115：8118-8122
[187] Guo Q，Zhao Y，Mao WL et al（2008）Cubic to tetragonal phase transformation in cold- compressed Pd nanocubes. Nano Letters 8：972-975
[188] Wang Y，Zhang J，Wu J et al（2008）Phase transition and compressibility in silicon nanowires. Nano Letters 8：2891-2895
[189] Jiang JZ（2004）Phase transformations in nanocrystals. J Mater SCl 39：5103-5110
[190] Wang Z，Guo Q（2009）Size-dependent structural stability and tuning mechanism：a case of zinc sulfide. J Phys Chem C 113：4286-4295
[191] Takemura K（2007）Pressure scales and hydrostatiClty. High Pressure Res 27：465-472
[192] Jenei Zs，Liermann HP，Cynn H et al（2011）Structural phase transition in vanadium at high pressure and high temperature：influence of nonhydrostatic conditions. Phys Rev B 83：054101
[193] Batsanov SS（2004）Determination of ionic radii from metal compressibilities. J Struct Chem 45：896-899
[194] Batsanov SS（2005）Chemical bonding evolution on compression of crystals. J Struct Chem 46：306-314
[195] Batsanov SS（2006）Mechanism of metallization of ionic crystals by pressure. Russ J Phys Chem 80：135-138
[196] Zel'dovich YB，RAlzerYP（1967）Physics of shock waves and high temperature hydrodynamics phenomena. Academic，New York
[197] Kormer SB（1968）Optical study of the characteristica of shock-compressed condensed dielectrics. Sov Phys-Uspekhi 11：229-254
[198] Kinslow R（ed）（1970）High-veloClty impact phenomena. Academic，New York
[199] RiabininYuN（1956）Sov Phys Dokl 1：424
[200] Adadurov GA（1986）Experimental study of chemical processes under dynamic compression conditions. Russ Chem Rev 55：282-296
[201] Batsanov SS（1986）Inorganic chemistry of high dynamic pressures. Russ Chem Rev 55：297-315

[202] Prümmer R (1987) Explosivverdichtung pulvriger Substanzen. Springer, Berlin
[203] Batsanov SS (1994) Effects of explosions on materials. Springer, New York
[204] Batsanov SS (2006) Features of solid-phase transformations induced by shock compression. Russ Chem Rev 75: 601-616
[205] Bancroft D, Peterson EL, Minshall S (1956) Polymorphism of iron at high pressure. J Appl Phys 27: 291-298
[206] DeCarli PS, Jamieson JC (1961) Formation of diamond by explosive shock. SClence 133: 1821-1822
[207] Mashimo T, Nakamura K, Tsumoto K et al (2002) Phase transition of KCl under shock compression. J Phys Cond Matter 14: 10783-10786
[208] Kleeman J, Ahrens TJ (1973) Shock-induced transition of quartz to stishovite. J Geophys Res 78: 5954-5960
[209] Zahn D, Leoni S (2004) Mechanism of the pressure induced reconstructive transformation of KCl from the NaCl type to the CsCl type structure. Z Krist 219: 345-347
[210] Batsanov SS (1983) Phase transformation of inorganic substances in shock compression. Russ J Inorg Chem 28: 1545-1550
[211] Egorov LA, Nitochkina EV, Orekin YuK (1972) Registration of Debyegram of aluminum compressed by a shock wave. Sov Phys JETP Lett 16: 4-6
[212] Johnson O, Mitchell A (1972) First X-ray diffraction evidence for a phase transition during shock-wave compression. Phys Rev Lett 29: 1369-1371
[213] Müller F, Schulte E (1978) Shock-wave compression of NaCl single crystals observed by flash X-ray diffraction. Z Naturforsch 33a: 918-923
[214] Zaretskii EB, Kanel GI, Mogilevskii PA, Fortov VE (1991) X-ray diffraction study pf phase transition mechanism in shock-compressed KCl single crystal. Sov Phys Dokl 36: 76-78
[215] Batsanov SS (1985) Some features of phase transition under shock comptrssion. Sov J Chem Phys 2: 1104-1112
[216] Semin VP, Dolgushin GG, Korobov VK, Batsanov SS (1980) Phase transitions in halides of potasium and rubidium. Inorg Mater 16: 1128-1129
[217] Batsanov SS (1986) Maximum possible defect concentration in a solid. Inorg Mater 22: 913913
[218] De Carli PS, Jamieson JC (1959) Formation of an amorphous form of quartz under shock conditions. J Chem Phys 31: 1675-1676
[219] Batsanov SS, Ruchkin ED, Travkina IN et al (1975) Polymorphic conversions of rare earth metal sulfides by impact compression. J Struct Chem 16: 651-653
[220] Batsanov SS, Kiselev YM, Kopaneva LI (1979) Polymorphic transformation of ThF_4 in shock compression. Russ J Inorg Chem 24: 1573-1573
[221] Batsanov SS, Kiselev YM, Kopaneva LI (1980) Polymorphic transformation of UF_4 and CeF_4 in shock compression. Russ J Inorg Chem 25: 1102-1103
[222] Adadurov GA, Breusov ON, Dremin AN et al (1971) Phase-transitions of shock-compressed t-Nb_2O_5 and h-Nb_2O_5. Comb Exp Shock Waves 7: 503-506
[223] Adadurov GA, Breusov ON, Dremin AN et al (1972) Formation of a Nb_xO_2 ($0.8 \leqslant x \leqslant 1.0$) phase under shock compression of niobium pentoxide. Dokl Akad Nauk SSSR 202: 864-867
[224] Batsanov SS, Blokhina GE, Deribas AA (1965) The effects of explosions on materials. J Struct Chem 6: 209-213
[225] Blank VD, Buga SG, Serebryanaya NR et al (1996) Phase transformations in solid C_{60} at high-pressure-high-temperature treatment and the structure of 3D polymerized fullerites. Phys Lett A 220: 149-157
[226] Batsanov SS (1998) The E-phase of boron nitride as a fullerene. Comb Expl Shock Waves 34: 106-108
[227] Batsanov SS (2011) Features of phase transformations in boron nitride. Diamond Relat Mater 20: 660-664
[228] Stankevich IV, Chistyakov AL, Galperin EG (1993) Polyhedral boron-nitride molecules. Russ Chem Bull 42: 1634-1636
[229] Jensen F, Toftlund H (1993) Structure and stability of C_{24} and $B_{12}N_{12}$ isomers. Chem Phys Lett 201: 89-96

[230] Silaghi-Dumitrescu I, HAlduc I, Sowerby DB (1993) Fully inorganic (carbon-free) fullerenes—the boron-nitrogen case. Inorg Chem 32: 3755-3758

[231] Banhart F, Zwanger M, Muhr H-J (1994) The formation of curled concentric-shell clusters in boron nitride under electron irradiation. Chem Phys Lett 231: 98-104

[232] Golberg D, Bando Y, Eremets M et al (1996) Nanotubes in boron nitride laser heated at high pressure. Appl Phys Lett 69: 2045-2047

[233] Golberg D, Bando Y, Stephan O, Kurashima K (1998) Octahedral boron nitride fullerenes formed by electron beam irradiation. Appl Phys Lett 73: 2441-2443

[234] Golberg D, Rode A, Bando Y et al (2003) Boron nitride nanostructures formed by ultra-high- repetition rate laser ablation. Diamond Relat Mater 12: 1269-1274

[235] Olszyna A, Konwerska-Hrabowska J, Lisicki M (1997) Molecular structure of E-BN. Diamond Relat Mater 6: 617-620

[236] Pokropivny AV (2006) Structure of the boron nitride E-phase: diamond lattice of $B_{12}N_{12}$ fullerenes. Diamond Relat Mater 15: 1492-1495

[237] Pokropivny VV, Smolyar AS, Pokropivny AV (2007) Fluid synthesis and structure of a new boron nitride polymorph—hyperdiamond fulborenite $B_{12}N_{12}$ (E phase). Phys Solid State 49: 591-598

[238] Meyer K (1968) Physikalische-chemische Kristallographie. Deutsche Verlag Grundstoffind-ustrie, Leipzig

[239] Lin I, Nadiv S (1979) Review of the phase transformation and synthesis of inorganic solids obtAlned by mechanical treatment. Mater SCl Eng 39: 193-209

[240] Musalimov LA (2007) Effect of mechanical activation on the structure of inorganic materials with different bonding types. Inorg Mater 43: 1371-1378

[241] Herak R (1970) A stress induced α-U_3O_8-β-U_3O_8 transformation. J Inorg Nucl Chem 32: 3793-3797

[242] Bokarev VP, Bokareva OM, Temnitskii IN, Batsanov SS (1986) Influence of shear deformation on phase transitions progess in BaF_2 and SrF_2. Phys Solid State 28: 452-454

[243] Batsanov SS, Serebryanaya NR, Blank VD, Ivdenko VA (1995) Crystal structure of CuI under plastic deformation and pressures up to 38 GPa. Crystallogr Reports 40: 598-603

[244] Hoekstra HR, Gingerich KA (1964) High-pressure B-type polymorphs of some rare-earth sesquioxides. SClence 146: 1163-1164

[245] Ruchkin ED, Sokolova MN, Batsanov SS (1967) Optical properties of oxides of the rare earth elements. J Struct Chem 8: 410-414

[246] Michel D, Mazerolles L, Berthet P et al (1995) Nanocrystalline and amorphous oxide powders prepared by high-energy ball-milling. Eur J Solid State Inorg Chem 32: 673-682

[247] Gasgnier M, Szwarc H, Ronez A (2000) Low-energy ball-milling: transformation of boron nitride powders. J Mater SCl 35: 3003-3009

[248] Batsanov SS, Gavrilkin SM, Bezduganov SV, Romanov PN (2008) Reversible phase transformation in boron nitride under pulsed mechanical action. Inorg Mater 44: 1199-1201

[249] Schneider H, Hornemann U (1981) Shock-induced transformation of sillimanite powders. J Mater SCl 16: 45-49

[250] KawAl N, Nakamura KG, Kondo K-i (2004) High-pressure phase transition of mullite under shock compression. J Appl Phys 96: 4126-4130

[251] KawAl N, Atou T, Nakamura KG et al (2009) Shock-induced disproportionation of mullite ($3Al_2O_3$ · $2SiO_2$). J Appl Phys 106: 023525

[252] Liepins R, Staudhammer KP, Johnson KA, Thomson M (1988) Shock-induced synthesis: cubic boron-nitride from ammonia borane. Matter Lett 7: 44-46

[253] Lyamkin Al, Petrov EA, Ershov AP et al (1988) Production of diamonds from explosives. Soviet Physics Doklady 33: 705-707

[254] Greiner NR, Fillips D, Johnson J (1988) Diamonds in detonation soot. Nature 333: 440-442

[255] Zerr A, Serghiou G, Boehler R, Ross M (2006) Decomposition of alkanes at high pressures and temperatures. High Pressure Res 26: 23-32

[256] Shen AH, Ahrens TJ, O'Keefe JD (2003) Shock wave induced vaporization of porous solids. J Appl Phys 93: 5167-5174

[257] Batsanov SS (1994) Dynamic static compression—controlling the conditions in contAlnment systems

after explosion. Comb Expl Shock Waves 30：126-130
[258] Batsanov SS，Gavrilkin SM，Kopaneva LI et al（1997）h-BN→w-BN phase transition under dynamic-static compression. J Mater SCl Lett 16：1625-1627
[259] Gavrilkin SM，Kopaneva LI，Batsanov SS（2004）Kinetics of the thermal transformation of w-BN into g-BN. Inorg Mater 40：23-25
[260] Gavrilkin SM，Bolkhovitinov LG，Batsanov SS（2007）SpeClfics of the thermal transformations of the wurtzite phase of boron nitride. Russ J Phys Chem 81：648-650
[261] Butenko YV，Kuznetsov VL，Chuvilin AL et al（2000）Kinetics of the graphitization of dispersed diamond at "low" temperatures. J Appl Phys 88：4380-4388
[262] Titov VM，Anisichkin VF，Mal'kov IY（1989）Synthesis of ultradispersed diamond in detonation-waves. Comb Expl Shock Waves 25：372-379
[263] Vyskubenko BA，Danilenko VV，Lin EE et al（1992）The effect of the scale factors on the size and yield of diamonds during detonation synthesis. Fizika Gorenia i Vzryva 28（2）：108-109（in Russian）
[264] Batsanov SS（2009）Thermodynamic reason for delamination of molecular mixtures under pressure and detonation synthesis of diamond. Russ J Phys Chem A 83：1419-1421
[265] Ree FH（1986）Supercritical fluid phase separations—implications for detonation properties of condensed explosives. J Chem Phys 84：5845-5856
[266] Gavrilkin SM，Batsanov SS，Gordopolov YA，Smirnov AS（2009）Effective detonation synthesis of cubic boron nitride. Propellants Explos Pyrotech 34：469-471
[267] Schlosser H，Ferrante J（1993）High-pressure equation of state for partially ionic solids. Phys Rev B 48：6646-6649
[268] Freund J，Ingalls R（1989）Inverted isothermal equations of state and determination of B_0，B'_0 and B''_0. J Phys Chem Solids 50：263-268
[269] Holzapfel WB（1991）Equations of state and scaling rules for molecular-solids under strong compression. In：PucCl R，PicCltto G（eds）Molecular systems under high pressures. North- Holland，Amsterdam
[270] Murnaghan FD（1944）The compressibility of media under extreme pressures. Proc Nat Acad SCl US 30：244-247
[271] Birch F（1978）Finite strAln isotherm and veloClties for single crystal and polycrystalline NaCl at high-pressures and 300 K. J Geophys Res B 83：1257-1268
[272] Vinet P，Ferrante J，Rose JH（1987）Compressibility of solids. J Geophys Res B 92：9319-9325
[273] Schlosser H，Ferrante J，Smith JR（1991）Global expression for representing cohesive-energy curves. Phys Rev B 44：9696-9699
[274] Winzenick M，Vijayakumar V，Holzapfel WB（1994）High-pressure X-ray diffraction on potassium and rubidium up to 50GPa. Phys Rev B 50：12381-12385
[275] Holzapfel WB（1998）Equations of state for solids under strong compression. High Pressure Res 16：81-126
[276] Holzapfel WB（2001）Equations of state for solids under strong compression. Z Krist 216：473488
[277] Ponkratz U，Holzapfel WB（2004）Equations of state for wide ranges in pressure and temperature. J Phys Cond Matter 16：S963-S972
[278] Batsanov SS（1999）Bulk moduli of crystalline A（N）B（8-N）inorganic materials. Inorg Mater 35：973-977
[279] Batsanov SS（2002）Internal energy of metals as a function of interatomic distance. Russ J Inorg Chem 47：660-662
[280] Batsanov SS（2007）Ionization，atomization，and bond energies as functions of distances in inorganic molecules and crystals. Russ J Inorg Chem 52：1223-1229
[281] Holzapfel WB，Hartwig M，Sievers W（2001）Equations of state for Cu，Ag，and Au for wide ranges in temperature and pressure up to 500 GPa and above. J Phys Chem Ref Data 30：515-529
[282] Velisavljevic N，Chesnut GN，Vohra YK et al（2002）Structural and electrical properties of beryllium metal to 66 GPa studied using designer diamond anvils. Phys Rev B 65：172107
[283] Vohra YK，Spencer PT（2001）Novel γ-phase of titanium metal at megabar pressures. Phys Rev Lett 86：3068-3071

[284] Sundqvist B (1999) The structures and properties of C_{60} under pressure. Physica B 265：208-213

[285] Sundquist B (2000) Fullerenes under high pressures. In：Kadish KM，Ruoff RS (eds) Fullerenes：chemistry，physics，technology. Wiley，New York

[286] Kenichi T，Singh AK (2006) High-pressure equation of state for Nb with a helium-pressure medium. Phys Rev B 73：224119

[287] Dewaele A，Loubeyre P，Mezouar M (2004) Refinement of the equation of state of tantalum. Phys Rev B 69：092106

[288] Akahama Y，Koboyashi M，Kawamura H (1999) Simple-cubic-simple-hexagonal transition in phosphorus under pressure. Phys Rev B 59：8520-8525

[289] Ruoff AL，Rodriguez CO，Christensen NE (1998) Elastic moduli of tungsten to 15Mbar，phase transition at 6. 5 Mbar，and rheology to 6 Mbar. Phys Rev B 58：2998-3002

[290] Etters RD，Kirin D (1986) High-pressure behavior of solid molecular fluorine at low temperatures. J Phys Chem 90：4670-4673

[291] Fujihisa H，Takemura K (1996) Equation of state of cobalt up to 79 GPa. Phys Rev B 54：5-7

[292] Takemura K (2004) Bulk modulus of osmium：High-pressure powder X-ray diffraction experiments under quasihydrostatic conditions. Phys Rev B 70：012101

[293] KhAlrallah SA，Militzer B (2008) First-prinClples studies of the metallization and the equation of state of solid helium. Phys Rev Lett 101：106407

[294] Vinet P，Rose JH，Ferrante J，Smith JR (1989) Universal feature of the equation of state of solids. J Phys Cond Matter 1：1941-1964

[295] Cynn H，Yoo CS，Iota-Herbei V et al (2001) Martensitic fcc-to-hcp transformation observed in xenon at high pressure. Phys Rev Lett 86：4552-4555

[296] Le Bihan T，Heathman S，Idiri M et al (2003) Structural behavior of α-uranium with pressures to 100 GPa. Phys Rev B 67：134102

[297] Ledbetter H，Migliori A，Betts J et al (2005) Zero-temperature bulk modulus of a-plutonium. Phys Rev B 71：172101

[298] Pravica M，Shen Y，Quine Z et al (2007) High-pressure studies of cyclohexane to 40 GPa. J Phys Chem B 111：4103-4108

[299] Gerlich D，Litov E，Anderson OL (1979) Effect of pressure on the elastic properties of vitreous As_2S_3. Phys Rev B 20：2529-2536

[300] Ota R，Anderson OL (1977) Variations in mechanical properties of glass induced by high-pressure phase change. J Non-Cryst Solids 24：235-252

[301] Lundegaard LF，Miletich R，Ballic-Zunic T，Makovicky E (2003) Equation of state and crystal structure of Sb_2S_3 between 0 and 10 GPa. Phys Chem Miner 30：463-468

[302] Bridgman PW (1912) Water，in the liquid and five solid forms，under pressure. ProcAmAcad Arts SCl 47：441-558

[303] Bridgman PW (1931) The physics of high pressures. G Bell & Sons，London

[304] Bridgman PW (1950) Physics above 20000 kg/cm^2. Proc Roy Soc London A 203：1-17

[305] Bridgman PW (1952) The resistance of 72 elements，alloys and compounds to 100000 kg/cm^2. Proc Am Acad Arts SCl 81：167-251

[306] Anderson OL，Nafe JE (1965) The bulk modulus-volume relationship for oxide compounds and related geophysical problems. J Geophys Res 70：3951-3963

[307] Anderson DL，Anderson OL (1970) The bulk modulus-volume relationship for oxides. J Geophys Res 75：3494-3500

[308] Cohen ML (1985) Calculation of bulk moduli of diamond and zinc-blende solids. Phys Rev B 32：7988-7991

[309] Zhang B，Cohen ML (1987) High-pressure phases of Ⅲ-V zinc-blende semiconductors. Phys Rev B 35：7604-7610

[310] Al-Douri Y，Abid H，Aourag H (2005) Correlation between the bulk modulus and the transition pressure in semiconductors. Mater Lett 59：2032-2034

[311] Verma AS，Bhardwaj SR (2006) Correlation between ionic charge and ground-state properties in rocksalt and zinc blende structured solids. J Phys Cond Matter 18：8603-8612

[312] Zhang C, Li H, Li H et al (2007) Calculation of bulk modulus of simple and complex crystals with the chemical bond method. J Phys Chem B 111: 1304-1309
[313] Makino Y (1996) Empirical determination of bulk moduli of elemental substances by pseudopotential radius. J Alloys Comp 242: 122-128
[314] Wentzcovitch RM, Cohen ML, Lam PK (1987) Theoretical study of BN, BP and BAs at high pressures. Phys Rev B 36: 6058
[315] Cohen ML (1988) Theory of bulk moduli of hard solids. Mater SCl Engin A 105/106: 11-18
[316] Van Camp PE, Van Doren VE, Devreese JT (1990) Pressure dependence of the electronic properties of cubic Ⅲ-V In compounds. Phys Rev B 41: 1598-1602
[317] Morosin B, Schriber JE (1979) Remarks on the compressibilities of cubic materials and measurements on Pr chalcogenides. Phys Lett A 73: 50-52
[318] Setton R (2010) An equation of state for condensed matter, application to solid chemical elements. J Phys Chem Solids 71: 776-783
[319] Ruoff AL (1967) Linear shock-veloClty-particle-veloClty relationship. J Appl Phys 38: 4976-4980
[320] Gu QF, Krauss G, Steurer W et al (2008) Unexpected high stiffness of Ag and Au nanoparticles. Phys Rev Lett 100: 045502
[321] Cuenot S, Frétigny C, Demoustier-Champagne S, Nysten B (2004) Surface tension effect on the mechanical properties of nanomaterials measured by atomic force microscopy. Phys Rev B 69: 165410
[322] Vennila S, Kulkarni SR, Saxena SK et al (2006) Compression behavior of nanosized nickel and molybdenum. Appl Phys Lett 89: 261901
[323] Qi J, Liu JF, He Y et al (2011) Compression behavior and phase transition of cubic In_2O_3 nanocrystals. J Appl Phys 109: 063520
[324] Wang H, He Y, Chen W et al (2010) High-pressure behavior of β-Ga_2O_3 nanocrystals J Appl Phys 107: 033520
[325] Swamy V, Dubrovinsky LS, DubrovinskAla NA et al (2003) Compression behavior of nanocrystalline anatase TiO_2. Solid State Commun 125: 111-115
[326] Kiefer B, Shieh SR, Duffy ThS, Sekine T (2005) Strength, elastiClty, and equation of state of the nanocrystalline cubic silicon nitride γ-Si_3N_4 to 68 GPa. Phys Rev B 72: 014102
[327] WangZ, PischeddaV, Saxena SK, LazorP (2002) X-ray diffraction and Raman spectroscopic study of nanocrystalline CuO under pressures. Solid State Commun 121: 275-279
[328] Ma Y, Cui Q, Shen L, He Z (2007) X-ray diffraction study of nanocrystalline tungsten nitride and tungsten to 31 GPa. J Appl Phys 102: 013525
[329] Marquardt H, Speziale S, Marquardt K et al (2011) The effect of crystallite size and stress condition on the equation of state of nanocrystalline MgO. J Appl Phys 110: 113512
[330] Chen B, Penwell D, Benedetti LR et al (2002) Particle-size effect on the compressibility of nanocrystalline alumina. Phys Rev B 66: 144101
[331] Zhu H, Ma Y, Zhang H et al (2008) Synthesis and compression of nanocrystalline silicon carbide. J Appl Phys 104: 123516
[332] Trapp S, Limbach CT, Gonser U et al (1995) Enhanced compressibility and pressure-induced structural changes of nanocrystalline iron: in situ Mössbauer spectroscopy. Phys Rev Lett 75: 3760-3763
[333] Zhang J, Zhao Y, Palosz B (2007) Comparative studies of compressibility between nanocrystalline and bulk nickel. Appl Phys Lett 90: 043112
[334] Marquardt H, Gleason CD, Marquardt K et al (2011) Elastic properties of MgO nanocrystals and grAln boundaries at high pressures by Brillouin scattering. Phys Rev B 84: 064131
[335] Heimel G, Hummer K, Ambrosch-Draxl C et al (2006) Phase transition and electronic properties of fluorene: a joint experimental and theoretical high-pressure study. Phys Rev B 73: 024109
[336] Batsanov SS (2004) Solid phase transformations under high dynamic pressures. In: Katrusiak A, McMillan P (eds) High-pressure crystallography. Kluwer, Dordrecht

第 11 章　结构与光学性质

一个世纪前，光学分析方法局限于波长在可见光以及邻近可见光的狭小范围内。如今，这个范围从 X 射线扩展到无线电频率。各种技术的系统化描述超出了本书讨论的范围。本章将集中讨论光学方法适用而衍射技术难以应用的领域，例如无定形材料或寿命为 ms 甚至 μs 量级的瞬态成分。光学方法允许对不同的聚集状态和不同热力学状态的物质进行研究，并且获得化学成键性质的重要信息。本章注重于折射计法，因为该方法的成果和潜力至今没有得到应有的重视。事实上，折射计法是研究化学结构和成键性质最早（自十九世纪中叶开始）的物理方法。折射和结构之间的关系比预计的更复杂，并且 20 世纪下半叶，衍射法和核磁共振波谱学的飞速发展似乎使折射计法变得无关紧要。然而，本章展示了该方法的确能提供化学成键的独特信息，但通过其他方法是无法获得的。现代检测技术（例如原子和分子束）能直接检测到极化（传统折射计法仅仅能猜测的），这补充了光学数据。最终，稍微提及单晶的折射计法。一个世纪前，对于一个普通化学家（更何况是晶体学家）不可或缺的技能到如今几乎变成一门遗失的艺术，除了成为地理学家快速识别自然条件下矿物的一种方法。然而，我们相信这种技术可以再次发展起来，特别是如果在现代技术水平上进行重组。

11.1 折射率

11.1.1　定义、各向异性、理论

当电磁波（包括可见光）穿过一种介质时，后者经历一个交变电场，并发生影响波速的（动态的）极化。光速（v）在不同介质中是不一样的，（非垂直的）穿过两介质间界面的一个光束被折射。在 17 世纪由 Snelius 和 Descartes 发现了折射定律，后者阐述了联系入射角和折射角的折射率 n（RI）对于任意一对介质都是常数。在 19 世纪，证实了折射率等于这些介质中光速的比值（见下文）。

$$n_{12}=\frac{\sin\theta_1}{\sin\theta_2}=\frac{v_1}{v_2}$$

如果其中一种介质是真空，光速为常数（c），可获得绝对RI❶

$$n=c/v$$

RI通常用在实验室实验中作为一个物质的“指纹”。通常，它是相对于大气进行测量的，但由于后者的$n=1.00027\approx 1$，因此对于所有化学用途，其测量值都接近绝对RI。

气体、立方对称的晶体和（有很多重要的例外）液体及非晶态固体在光学上是各向同性的：v（或n）在所有方向都相等。从介质的一个点光源开始，光传播会有一个球形波面。在所有其他晶体中，光学性质取决于结晶学方向。一个光束进入介质对称（六方、三方或四方）的晶体后会分成两束，其中一个光束（寻常光束）在所有方向具有相等的速度v_o，而另一个光束（非寻常光束）有方向依赖的速度v_e。前一个光束产生一个球形波面，后一个光束产生一个旋转椭球形波面。两波面仅相交于两个点，此处旋转轴穿过椭球（图11.1）。该轴与主晶轴一致，称为光轴。沿着这个方向，寻常光束和非寻常光束以相等速度穿过。该晶体称为光学单轴。

一个各向异性晶体的光学性质可方便地描述为光率体（图11.2），它来源于光学表面，其矢径v（单位矢径）用它的倒数取代（正如RI正比于$1/v$）。

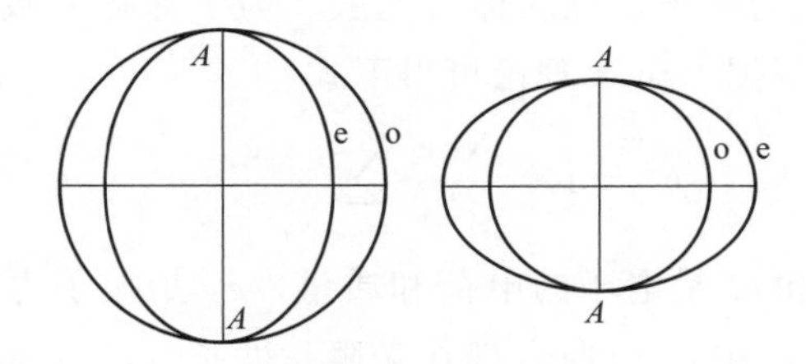

图11.1　在单轴晶体中的寻常光（o）和非寻常光（e）的光学表面

注：对于$v_o>v_e$（左图），光学上描述为正，对于$v_e>v_o$（右图），光学上描述为负。AA是光轴

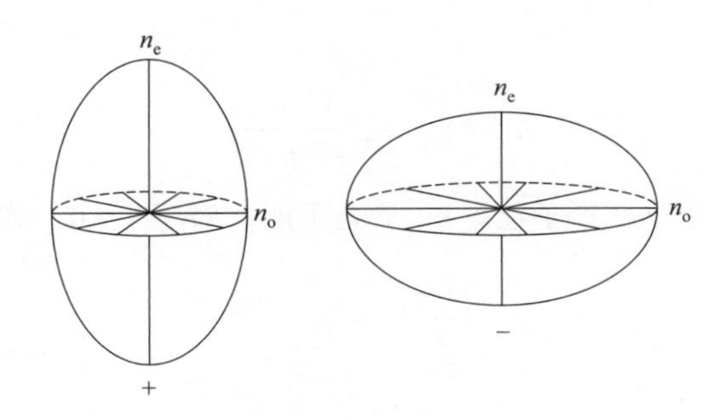

图11.2　单轴晶体的光率体

注：对于$n_e>n_o$，光学上描述为正，对于$n_o>n_e$，光学上描述为负

❶　通常认为$n>1$，因为没有任何物质能比光传播得更快，但这是一个误解。式11.1中的速度特征是波峰移动的相速度，该速度既不具有能量，也不具有信息，因而，它能超过光速c。因此，穿过物质的X射线微弱地向前散射，具有$-\pi/2$位移。向前散射的波与入射波发生干涉产生略超过光速的v。因此，对于X射线有如下关系：$n=1-\delta$，对于各种材料δ的范围为$10^{-4}\sim 10^{-6}$[1]。

因此，描述光学表面的所有性质的量也为它们的倒数（比较图 11.1 和图 11.2）。光率体也是一个绕对称主轴的旋转椭球，光学上为正（$n_e > n_o$）的晶体为长椭球，光学上为负（$n_o > n_e$）的晶体为扁椭球。差值 $n = n_o - n_e$ 是光学各向异性的一个测量参数。在正交、单斜和三斜对称的晶体中，一束光也分成两部分，但此时两束光都是非寻常的，它们在相互垂直的平面内极化。RI 表面是一般类型的椭球体，其三个不同的主半轴分别以 n_g、n_m、n_p（源于法语 grand，moyen 和 petite）表示。在这个椭球中，有两个方向（光轴）垂直交叉形成一个圆，因此该晶体命名为光学双光轴。具有 $n_g - n_m > n_m - n_p$ 的晶体在光学上为正，而 $n_g - n_m < n_m - n_p$ 的晶体在光学上为负。请注意，光学上单轴晶体可描述为具有 $n_o = n_m$ 和 $n_e = n_g / n_p$ 的双光轴，这取决于晶体的光学符号。

一个重要的推论是，RI 的检测可区分三类主要晶体对称性：较高值是立方（光学上各向同性的晶体），中间值是四方、三方、六方（具有 n_o 和 n_e 的各向异性的晶体），较低值是正交、单斜或三斜（具有三个折射率的晶体）。

各向异性晶体的平均 RI 可通过椭球转化为相同体积的球体进行计算，即

$$\bar{n} = (n_e n_o^2)^{1/3} \quad 或 \quad \bar{n} = (n_g n_m n_p)^{1/3} \tag{11.1}$$

折射取决于波长，人们通常把该性质称为色散。为了保持一致性，RI 一般用钠 D 线确定，称为 nD。一般而言，根据 Drude 理论可得下式

$$n^2 = 1 + \frac{N_1 e^2}{\pi^2 m} \sum \frac{c_i}{\nu_i^2 - \nu^2} \tag{11.2}$$

其中，N_1 是粒子密度，e 和 m 是电子的电荷和质量，c_i 是振子力，ν_i 是样品的吸收频率，ν 是测量的频率。结果表明，在 $\nu = 0$ 时，即在无限长波长（n_∞）时，RI 是最低的，并且随着朝向吸收带的入射频率的增加而增大，在 $\nu = \nu_i$ 时，$n = \infty$。在 $\nu < \nu_i$ 范围内，ν 随 n（正常色散）的增加而减小，但在 $\nu > \nu_i$ 时，ν 随 n（异常色散）的增加而增加（异常色散）。下面将显示怎样用光谱方法检测晶体中的非正常色散。如果有一个单一主振荡器，式 11.2 的形式变为

$$n^2 = 1 + \frac{C_o}{E_o^2 - (\hbar\nu)^2} \tag{11.3}$$

其中，C_o 是振子力，E_o 是单一振子能，$\hbar\nu$ 是光子能。对于 $\nu = 0$，式 11.3 可转化为一个更简单的形式，即

$$n^2 - 1 = \frac{C_o}{E_o^2} \tag{11.4}$$

Wemple 和 DiDomenico[2-4] 基于著名的 Kramers-Kronig 关系式，用 $E_o E_d$（E_d 是色散能）乘积替换式 11.3 中的 C_o，可获得下式

$$n^2 - 1 = \frac{E_d E_o}{E_o^2 - (\hbar\nu)^2} \tag{11.5}$$

他们已经分析了一百个以上不同固体和液体的 RI-色散数据，并且发现带间光学跃迁强度的一个检测方法，即参数 E_d 遵循下列简单的经验规律

$$E_d = \beta N_c N_e Z_a \tag{11.6}$$

其中，N_c 是阳离子的配位数，Z_a 是阴离子的形式电荷，N_e 是每个阴离子价电子的有效数（通常 $N_e=8$），β 是常数，对于离子型物质其值等于（0.26±0.04）eV，而共价型物质为（0.37±0.05）eV。E_d 大约是带宽的 1.5 倍。因此，存在下列关系

$$(n^2-1)E_g=\frac{N_c}{a}N_eZ_a \tag{11.7}$$

其中，共价型物质的 $a=4$，离子型物质的 $a=6$，即比值 N_c/a 是归一化（乘上典型的共价或离子数值）的配位数。把玻璃态的 As_2S_3、Se 和 Te 的 n 和 E_g 代入式 11.7，得出这些无定形材料的有效配位数（见 5.4 节）分别为 $N_c^*=3.4$、2.8 和 3.0[2-4]，这些值与 X 射线衍射的结果吻合较好。

Shannon 等人[5] 用式 11.5 和 Sellmeier 方程的另一种形式分析了 509 种氧化物和 55 种氟化物的 RI 值

$$\frac{1}{n^2-1}=A-\frac{B}{\lambda^2} \tag{11.8}$$

其中 λ 是波长，n 是 $\lambda=\infty$（n_∞）时计算出的值。他们认为色散是受 E_o 和 E_d 的综合效应所控制的。在 CuCl、Na_2SbF_5、TlCl 和 NiF_2 的低 E_d 和相对较高的色散时可以看到形式电荷 Z_a 的影响。在 Cu_2O、ZnO、砷酸盐、钒酸盐、碘酸盐和钼酸盐中可以观察到阳离子配位的影响。所有水合物都有一个相对低的 E_d。然而，如果使用 Wemple 和 DiDomenico 方案，对于绝大多数化合物都是无法计算 E_d 的。这是由于对于 s^2 和某些 d^{10} 化合物来说，估计 N_e 时具有不确定性。当具有不同 N_c 的两个或更多个阳离子（例如 YVO_4、$CaTiO_3$、$CaMoO_4$ 和 $Y_3Fe_5O_{12}$，以及诸如晶体水合物的更复杂的化合物）时，阳离子的配位不确定，也就无法计算 E_d。文献［5］的作者们比较了由 BO_3^{3-}、BO_4^{5-}、PO_4^{3-}、VO_4^{3-}、SO_4^{2-}、SeO_4^{2-}、MoO_4^{2-} 和 WO_4^{2-} 等阴离子性质计算的 E_d 值，发现相反的离子几乎总是影响 E_d。这些不确定性加上那些相关的 N_e 和 N_c 使得在大部分多离子化合物中难以计算 E_d 值。许多经验的 n 与 E_g 的关系是已知的，即

$$n^4E_g=a^{[6]},\ n^2=b-c\ln E_g^{[7]},\ n=d-eE_g^{[8]},\ n^2E_g=f^{[9]},$$
$$n^2=1+\frac{g}{E_g+h}^{[10]} \tag{11.9}$$

其中，a、b、c、d、e、f、g、h 都是常数。由这些公式可以定量地得到相同的结果：当减少 E_g 时 RI 增加。因为 E_g 的减少会导致成键的金属性增加，并且在金属中 $n\rightarrow\infty$，这个结论似乎是明显的。然而，这个结论不总是正确的，即 E_g(ZnO)＝3.4 eV 和 E_g(ZnS)＝3.9 eV，n(ZnO)＝1.94 和 n(ZnS)＝2.30。

电子能量损失光谱实验使得材料的介电函数 $\varepsilon(\omega)=\varepsilon_1(\omega)+i\varepsilon_2(\omega)$ 的确定变得可能，从折射率 n 和消光系数 k 可推导出下式

$$n_o=1+\frac{2}{\pi}\int_0^\infty\frac{k(\omega)}{\omega}d\omega \tag{11.10}$$

实部 $\varepsilon_1(\omega)$ 的零频率极限等于 n_o^2，且与 ε_2（ω）、$1/\omega$ 二者乘积的积分相关，即

$$n_o^2=\varepsilon_1(0)=1+\frac{2}{\pi}\int_0^\infty\frac{\varepsilon_2(\omega)}{\omega}d\omega \tag{11.11}$$

目前人们已经发现[11]，在 $TiOF_2$、TiF_4 和 TiO_2 的七种同素异形体（钶铁矿、金红石、板钛矿、锐钛矿、斜方锰矿、铜矿和锰钡矿）中，观测到的折射率不能通过它们的 E_g 进行解释，而是通过单位体积的总吸收率来解释，即

$$I(\varepsilon_2)=\frac{2}{\pi}\int_0^{\infty}\varepsilon_2(\omega)\mathrm{d}\omega \tag{11.12}$$

MX（M=Zn、Cd）的折射率在 MO<MS<MSe<MTe 的顺序中稳步减少，而在同一顺序中 $I(\varepsilon_2)$增加。这是由于 Zn—X 和 Cd—X 键的共价成键程度在 O<S<Se<Te 的顺序中是增加的[12]。

11.1.2 组成、结构和热力学条件对折射率的影响

RI 取决于物质的原子结构和电子结构。通过比较不同的晶型来强调这些关系。人们知道，RI 随着 N_c 的增加而增加（见表 11.1）[13,14]。这种关系可以用于衍射方法中限制使用的玻璃和薄膜中估计 N_c。因此，在冲击压缩条件下，GeO_2 晶体转化成玻璃；对于非均相产品中含有 $n=1.608\sim1.610$ 的颗粒以及 $n=1.8\sim2.0$ 的颗粒，显示了 Ge 的 N_c 增加到 6[15]，这在之后的玻璃状 GeO_2 的静电压缩实验中得到证实[16]。

表 11.1 具有不同配位数 N_c 的多形态变体的折射率 n_D（589 nm）

（对各向异性的晶体给出的是平均折射率 n_D）

晶体	N_c	n_D	晶体	N_c	n_D	晶体	N_c	n_D
HgS	2	2.29	GeO_2	4	1.708	CsBr	6	1.582
	4	3.37		6	2.016		8	1.698
C	3	2.03	Al_2O_3	4,6	1.696	CsI	6	1.661
	4	2.42		6	1.766		8	1.788
BN	3	1.952	Nd_2O_3	6	1.93	SrF_2	8	1.435
	4	2.117		7	2.10		9	1.482
As_2O_3	3	1.755	Er_2O_3	6	1.953	BaF_2	8	1.475
	6	1.93		7	2.022		9	1.518
Sb_2O_3	3	2.087	Y_2O_3	6	1.915	PbF_2	8	1.766
	6	2.29		7	1.97		9	1.847
MnS	4	2.43	RbCl	6	1.51	ThF_4	8	1.530
	6	2.70		8	1.80		11	1.612
SiO_2	4	1.547	CsCl	6	1.534	UF_4	8	1.576
	6	1.812		8	1.642		11	1.685

众所周知，沉积在具有不同晶体结构的基板上的晶体物质的第一层会模仿基质的结构（外延生长），即经历一个相变。因此获得了 $n=1.632$（相应的 $N_c=4$）的 Al_2O_3 和 $n=1.217$（相应的 $N_c=6$）的 CaF_2 薄外延膜[17]。这种相变是不可能由其他方法跟踪到的。

光学各向异性的检测要求高质量的晶体。然而，当缺陷浓度增加或者晶体尺寸减小时，对称性越来越模糊，并且样品可变成准各向同性。这在冲击波处理后的晶体中是最明显的。因此，冲击后的硅酸盐显示了较低的 RI 值和较少的各向异性[18]。该效应越强，压力越高。人们的微观研究跟踪到冲击后含有强烈无序颗粒甚至是无定形区域的晶体，缺陷退火后会恢复光学各向异性。冲击处理后的石英样品显示了密度、RI 和各向异性的同时减小，这是由于玻璃区域的出现，而观察到的晶体区域显示了扩大的单胞[19]。之后，发现石英玻璃的冲

击压缩达到 $P=26$ GPa 时，其密度（直到 11%）和 RI 都增加，而更强的冲击波则会使两者都减少[20]。压缩玻璃的 XRD 揭示了 N_c 和 d(Si—O)没有变化，而密度会增加，这是由于 SiO_4 四面体的更紧密堆积。密度和 RI 的减少也可在冲击后的多晶型 LnF_3 中观测到，这是由于晶体中缺陷（包括电子缺陷）的形成[21]。

晶体加热过程中，人们通过检测 RI 可以研究实时化学键的性质。因此，因子 $\delta=\frac{1}{n}\frac{\partial n}{\partial t}$ 对于离子型和半导体型物质是不同的（见表 S11.1）。在前者中，RI 的减少仅仅是由于密度的增加（热膨胀），而在半导体中极化率的瞬时增加是由于自由电子的出现。综合考虑膨胀和电子的因素，人们可以基于它们的 δ 来区分材料[22]。如果在加热材料时改变了其组成，则 RI 能表明它的各种成分的结构作用。因此，当普通的结晶型水合物的结构重排成一个更密集的结构时，除去水后会增加它们的 RI 值，而当密度减小时分子筛的脱水会使 RI 减小，但骨架本质上仍然是一样的。

在 35 GPa 压缩时，凝聚的稀有气体、氢气和水产生 RI 的单调减少，这些固体的熔化不会与极化率的急剧变化有关联[23]。离子型和半导体型晶体的 RI 也随密度增加而增加，但 MgO 和 Al_2O_3 在冲击压缩后，RI 沿着 c 轴方向减小[24]，在这方面的不同仅仅是由于它们不同的压缩性[25-27]。在离子型晶体中，RI 的最大增值是在 CsH 中观测到的，从常压下的 1.28 到 $P=253$ GPa 压力下的 3.20[28]。在压力 $P\leqslant130$ GPa 的情况下[29]，H_2 的 RI 值随 $n=-0.687343+0.00407826P+1.86605(0.29605+P)^{0.0646222}$ 而变化，而 BeH_2[30] 的 RI 值随 $n=1.474+0.0868P-0.00245P^2$ 而变化。CH_4 在 208～288 GPa 之间的 RI 值有一个急剧的增加，这揭示了绝缘体到半导体的相转变[31]。SiH_4 的 RI 值在 7～109 GPa 之间时随 $n=1.5089+0.00349\times10^{-4}P$ 而变化，在 109～210 GPa 之间时随 $n=0.33955+0.02332P$ 而变化，这说明了在 $P=109$ GPa 时有一个绝缘体到半导体的相变，并伴随 RI 值的急剧增加[32]。CO_2 的 RI 值在 0.6 GPa 以上时随 $n=1.41P^{0.041}$ 而变化[33]。

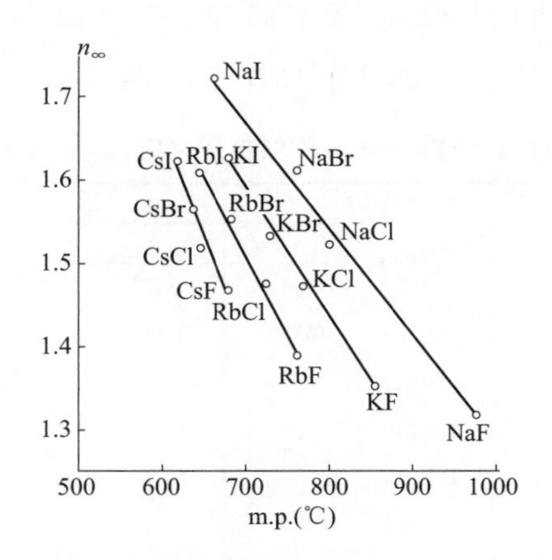

图 11.3　结晶态碱金属卤化物的折射率（n_∞）与熔点的关系

单质固体的 RI 值列在表 S11.2 中，而二元化合物的 RI 值列在表 S11.3～表 S11.7 中。具有相同结构的物质，RI 值随化学键的共价性和金属性而增加，由式 11.3 可知，当从离子型物质过渡到共价型物质，进而过渡到金属型物质时，吸收频率减小。在频率接近于 ν 时，式 11.3 的分母趋近于 0，因此 $n \to \infty$。之后，利用这个条件定义原子极化率并估算单质固体和化合物金属化的压力。

RI 是与物质的分子物理性质相关的。因此，结晶的碱金属卤化物的 RI 值随其熔点的增加而线性减小（图 11.3）[34]，而有机液体的 RI 与其沸点也有相似的相关性[35]。

11.2 极化和偶极矩

折射率是利用可见光区的光谱检测的。如果该检测在红外区域或更长波区域进行，可以得到介电常数（ε）。根据 Maxwell 定律，对于共价型物质，$\varepsilon = n^2$，而对于极性物质，$\varepsilon > n^2$。这种差异是由于极化机制不同造成的：在前一种情况下，只有原子/分子的电子云变形（电子极化，P_e），在后一种情况下，具有净电荷的整个原子移动（原子极化，P_a）。一般而言，根据 Debye 理论，分子极化（P_m）可表达为

$$P_m = V\frac{\varepsilon - 1}{\varepsilon + 2} = \frac{4}{3}\pi N\left(\alpha + \frac{\mu^2}{3kT}\right) \tag{11.13}$$

其中，V 是分子体积，N 是 Avogadro 常数，α 是分子的极化率，而 μ 是偶极矩。对于非极性物质，当 $\varepsilon = n^2$ 时，式 11.3 变为如下形式

$$P_e = V\frac{n^2 - 1}{n^2 + 2} = \frac{4}{3}\pi N\alpha \tag{11.14}$$

上式为 Lorentz-Lorenz 方程。由式 11.3 可得，通过测定不同温度下的 P_m，可分别获得极化率和偶极矩。气体的偶极矩也可由光谱法测量获得。偶极矩相关的信息取决于个人兴趣，且有大量相关的文献，如 [36-43]。表 11.2 列出了双原子分子和键的偶极矩（除非特别指定的，数据由这些文献获得）。最近，人们测得金属富勒烯 $M \cdot C_{60}$ 的偶极矩，即对于 M=Li、Na、K、Rb、Cs 的偶极矩分别为 μ=12.4 D、16.3 D、21.5 D、20.6 D、21.5 D[77]。

表 11.2　MX 分子中的偶极矩（D）和键的极性

M	F		Cl		Br		I	
	μ	p	μ	p	μ	p	μ	p
H	1.91	0.41	1.08	0.18	0.79	0.12	0.38	0.05
Li	6.33	0.84	7.13	0.73	7.27	0.70	7.43	0.65
Na	8.155	0.88	9.00	0.79	9.12	0.79	9.24	0.71
K	8.59	0.82	10.27	0.80	10.63	0.78	10.82	0.74
Rb	8.55	0.78	10.51	0.78	10.86	0.77	11.48	0.75
Cs	7.88	0.70	10.39	0.74	10.82	0.73	11.69	0.73
Cu	5.77[a]	0.69	5.2[a]	0.53				
Ag	6.22[a]	0.65	6.08[a]	0.55	5.62	0.49	5.10	0.42
Mg	3.2	0.38						
Ca	3.07	0.33	4.26	0.36	4.36	0.35	4.60	0.34

续表

M	F		Cl		Br		I	
	μ	p	μ	p	μ	p	μ	p
Sr	3.47	0.38						
Ba	3.17	0.34					5.97[d]	0.40
Al	1.53	0.19						
Ga	2.45	0.29						
In	3.40	0.36	3.79	0.33				
Tl	4.23	0.42	4.54	0.38	4.49	0.36	4.61	0.34
Sc	1.72[d]	0.20						
Y	1.82[d]	0.20	2.59[d]	0.23				
La	1.81[d]	0.18						
C	1.41	0.22	1.46	0.17	1.38	0.13	1.19	0.12
Ge	1.70[e]	0.20						
P	0.77	0.10	0.81	0.08	0.36	0.03		
F	0	0	0.884	0.11	1.36	0.16	1.95	0.21
Cl	0.884	0.11	0	0	0.61[f]	0.06	1.24[g]	0.10
Br	1.36	0.16	0.61[f]	0.06	0	0	0.73	0.05
I			1.24[g]	0.10	0.73	0.05	0	0
Co	4.51[A]	0.54						
Ru	5.34[B]	0.58						
Ir	2.82[C]	0.32						
O	Cu		Mg		Ca		Sr	
	4.45[h]	0.54	6.2[i]	0.74	4.57[I]		8.90	0.96
	Ba		Sc		Y		La	
	7.95	0.84	4.55[h]	0.57	4.52[j]	0.53	3.21[j]	0.37
	Sm		Ce		Dy		Ho	
	3.52[j]		3.12[J]		4.51[j]		4.80[j]	
	Yb		Nd		Th		U	
	5.89[j]		3.31[j]		2.78[k]	0.31	3.36	
	Ti		Zr		Hf		C	
	3.34[h]	0.38	2.55[j]	0.31	3.43[j]	0.41	0.12[K]	0.02
	Si		Ge		Sn		Pb	
	3.10[l]	0.43	3.28	0.42	4.32	0.49	4.64	0.50
			V		Nb		N	
			3.35[h]	0.44	3.50[m]	0.43	0.16	0.03
	Cr		W		Fe		Pt	
	3.88[h]	0.50	1.72	0.21	4.50[h]	0.60	2.77[n]	0.33
S	Cu		Ba		Sc		Y	
	4.31[h]	0.44	10.86[s]	0.90	5.64[h]	0.44	6.10[o]	0.56
	Ti		Zr		C		Si	
	5.75[h]	0.57	3.86[r]	0.37	1.97[p]	0.27	1.73[p]	0.19
	Ge		Sn		Pb		Pt	
	2.00	0.21	3.18	0.30	3.59	0.33	1.78[n]	0.18
N	Ti		V		Nb		Cr	
	3.56[d]	0.36	3.07[h]	0.41	3.26[q]	0.41	2.31[d]	0.31
	Mo		W		Re			
	2.44[d]	0.31	3.77[c]	0.48	2.45[c]	0.31		
	Ru		Ir		Pt			
	1.89[b]	0.25	1.66[d]	0.21	1.98[n]	0.24		

续表

M	F		Cl		Br		I	
	μ	p	μ	p	μ	p	μ	p
C	Mo		W		Fe		Ni	
	6.07[w]	0.75	3.90[x]	0.46	2.36[s]	0.31	2.98[t]	0.38
	Ir		Pt		Ru			
	1.60[v]	0.20	0.99[n]	0.12	1.95[u]	0.53		

注：a. 数据源自文献 [44]；b. 数据源自文献 [45]；c. 数据源自文献 [46]；d. 数据源自文献 [47]；e. 数据源自文献 [48]；f. 数据源自文献 [49] g. 数据源自文献 [50]；A. 数据源自文献 [51]；B. 数据源自文献 [52]；C. 数据源自文献 [53]；h. 数据源自文献 [54]；i. 数据源自文献 [55]；I. 数据源自文献 [56]；j. 数据源自文献 [57]；J. 数据源自文献 [58]；k. 数据源自文献 [59]；K. 数据源自文献 [60，61]；l. 数据源自文献 [62]；m. 数据源自文献 [63]；n. 数据源自文献 [64]；o. 数据源自文献 [65]；p. 数据源自文献 [66，67]；q. 数据源自文献 [68]；r. 数据源自文献 [69]；s. 数据源自文献 [70，71]；t. 数据源自文献 [72]；u. 数据源自文献 [73]；v. 数据源自文献 [74]；w. 数据源自文献 [75]；x. 数据源自文献 [76]

在第一个近似中，偶极矩的定义如下

$$\mu = e^* d \tag{11.15}$$

可用原子有效电荷获得 e^*，用键长获得偶极长度 d。因此，μ/d 比值应该能表征化学键（p）的极性。Fajans 用这个比值估算 HCl 和 HBr 键的极性[78]，之后 Pauling[79] 用这个参数确定诸多化学键的离子性。由 $p=\mu/4.8d$ 计算得到的极性和 μ 一起列在表 11.2 中。其中 μ 的单位为 Debye（D），d 的单位为 Å。可以看到，对于饱和分子，键极性对原子电负性的预期依赖性是可以观察到的，但是具有孤对电子的分子没有这种关系。因此，NO 的 μ 值很小（0.16 D），而 CO 的 μ 值几乎为零，这是由于电荷的互相补偿[80]。因此，式 11.15 是一个相当粗略的简化。Coulson[81] 已经通过 MO 方法分析了 C—H 键中的电荷分布，得出的结论为一个键的偶极矩由几项组成，包括电负性差值（μ_i）、电子密度差值（μ_ρ）、原子轨道的杂化（μ_h）和非成键电子的影响（μ_e），即

$$\mu = \mu_i + \mu_\rho + \mu_h + \mu_e$$

因此，只要 μ 的其他项在理论上或经验上是已知的，键的离子性可通过测得的偶极矩计算得到。为了避免这个问题，本书比较了一系列相似的化合物，这些化合物中除了 μ_i 之外，其他项或是缺少的，或是互相补偿的。Pauling 应用了该方法，他用 HX 和碱金属卤化物的分子阐明了 μ/d 与电负性差值之间的关系。

在一个多原子分子中，偶极矩是所有键矩的总和。所以，在一个对称性分子中 $\mu=0$，但在一个非对称分子中 $\mu\neq0$。因此，在 M（C_6H_6）$_2$（M=Sc、Ti、V、Nb、Ta）配合物中 $\mu\leqslant0.2$ D，而 Co（C_6H_6）$_2$ 和 Ni（C_6H_6）$_2$ 的 μ 分别为 0.7 D 和 1.3 D，这反映了它们具有对称性较低的结构[82]。

显然，由中性原子和分子形成的气相配合物具有非常大的偶极矩，例如 X(C_6H_6)(X=Cl、Br、I) 分别有 μ=1.712 D、1.715 D、1.625 D[83]。人们已经测得混合的稀有气体二聚体的偶极矩[84]，即 μ(Ne·Ar)=0.003 D，μ(Ne·Kr)=0.011 D，和 μ(Ne·Xe)=0.012 D；其原子间距离分别为 3.49 Å、3.63 Å 和 3.86 Å，这些对应于可忽略的键极性。

尽管这样的比较是定性有效的，但一个物质的极化和电子结构的精确关系仅能在光谱方法

中发现，因而可通过测定原子极化（P_a）和电子极化（P_e），或分子中吸收带的红外强度(IR) 来测定原子的有效电荷。很明显，P_a/P_e 应该定性地表征一个键的极性。然而，原子电荷的光谱值也是近似值，这是由于非谐振的忽略以及原子振动过程中轨道重叠的变化。

把极化概念应用于包括离子化合物的固体中是非常重要的。人们利用 ε 和 V 的实验值，根据式 11.13[85] 计算了各类金属的 129 种氧化物和 25 种氟化物的摩尔极化率，此处 61 种离子（表 S11.8）的极化率通过加和方法获得。利用表中离子极化的数值，可计算大量离子晶体的摩尔极化率，而通过正常值的偏差可得到压电性或铁电性、阳离子的变形或键特性的变化等表观特征。

Born[86] 的理论中考虑了晶体极化的机理，他提出了在无机物晶体中原子的相互作用是离子引力和电子斥力的总和。假定作用于每个离子的电场等于应用的外电场，Born 用横向晶格振动（ω_t）把 ε 和 n 关联起来，即

$$\varepsilon = n^2 + \left(\frac{4\pi e^2}{\omega_t^2 \bar{m} V}\right) \tag{11.16}$$

其中，$\bar{m}$ 为振动粒子的约化质量，其他符号已在上文中提及。通过对 ε 实验值和理论值（由 Born 公式计算）的比较，发现通常计算的 ε 小于实验值。引起这个偏差的原因为：离子是非刚性球体，并且 P_a 和 P_e 是不可相加的。实际上，晶体中离子的电子云在晶格振动中是变形和重叠的，并导致原子和电子极化不再是独立的可加量。

Szigeti[87] 表明了由于晶格的横向振动，离子的电子云形变增加了原子极化。电解质中的电场强度小于外电场的，这是由于样品的极化所引起的，Szigeti 推导出如下公式

$$\varepsilon = n^2 + \frac{4\pi e^2}{\omega_o^2 \bar{m} V}\frac{(n^2+2)^2}{9} \tag{11.17}$$

Szigeti 公式与 Born 公式的差别是因子 $(n^2+2)^2/9$，Szigeti 公式考虑了电子极化的贡献，这项所起的作用越大，RI 值越大，键的共价性越强。由式 11.17 计算的 ε 值总是大于实验上测定的 ε 值。这启发了 Szigeti 用一个参数 s 取代离子的形式电荷，参数 s 表征真实电荷 e^* 与理论值的偏差。很容易看出，参数 s 在物理意义上是原子的有效电荷：$s=e^*$。考虑到 $\omega_t=2\pi c\nu_t$，其中，c 是光速，ν_t 是晶格横向振动频率，Szigeti 发现了如下关系

$$e^* = \frac{3\nu_t}{Ze(n^2+2)}\left[\pi(\varepsilon-n^2)\bar{m}V\right]^{1/2} \tag{11.18}$$

其中 Z 是原子的价态。

Szigeti 公式起初用于计算简单立方晶体原子的有效电荷，但后来人们用于研究更复杂的晶体化合物，包括各向同性和各向异性的晶体化合物。Szigeti 方法的发展与测量技术的改善以及各向异性晶体光学特征的计算方法的改进有关。对于后者，式 11.18 应该与式 11.1 获得的平均 RI 值以及下式中得到的介电常数一起使用

$$\bar{\varepsilon} = (\varepsilon_\perp^2 \varepsilon_\parallel)^{1/3} \quad \text{或} \quad \bar{\varepsilon} = (\varepsilon_\alpha \varepsilon_\beta \varepsilon_\gamma)^{1/3} \tag{11.19}$$

其中，$\perp$ 和 $||$ 表示测量分别在垂直于和平行于中等对称体系晶体的主轴；α、β、γ 表示对称性较低体系的晶体中最大 ε 值、中间 ε 值和最小 ε 值。严格地讲，横向振动频率仅仅在单晶上能测定，对粉末材料的测定是非常困难的，因为 IR 吸收带在全光谱范围内从 ν_l 到 ν_t 振

动是单调变化的（图 11.4）。

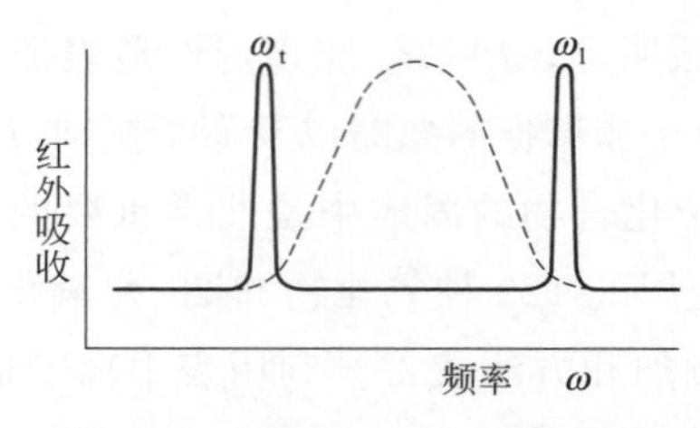

图 11.4 单晶（实线）和粉体（虚线）的典型红外吸收光谱

将 IR 吸收最大值和晶格振动频率 ω_l 以及 ω_t 联系起来的经验关系有很多。然而，实际有意义的是 Lyddane、Sachs 和 Teller 公式（LST）[88]，即

$$\left(\frac{\omega_l}{\omega_t}\right)^2=\frac{\varepsilon}{n^2} \tag{11.20}$$

基于该公式，若 $\varepsilon=n^2$，横向和纵向频率是相同的，即 IR 吸收带宽是零。实际上，光谱理论表明，如果相关的原子振动不影响偶极矩，IR 吸收强度是零，但若 $\mu=0$，即在纯共价物质的情况下，$\varepsilon=n^2$。另一种方法基于下列假定，如在金属中，晶体中原子的所有价电子（外层）是离域的，并且电子气的规律也可用于该金属。按照 Penn 理论[89]，即

$$n_2=1+\left(\frac{h\omega_p}{E_g}\right)^2 \tag{11.21}$$

其中，E_g 是带宽，ω_p 是价电子振动的等离子频率，它可以表达如下

$$\omega_p=\left(\frac{4\pi e^2 N}{mV}\right)^{1/2} \tag{11.22}$$

其中，N 是价电子数，m 是它们的质量，V 是晶体中最简式的体积。Phillips 和 van Vechten[90-94] 基于这些关系式建立了化学键的介电理论。因为对于碳（金刚石中）和硅等元素，$\varepsilon=n^2$ 和 $E_g=E_h$（下标“h”代表共价，即无极晶体），式 11.21 可以转变为如下形式

$$\varepsilon=1+\left(\frac{h\omega_p}{E_h}\right)^2 \tag{11.23}$$

假如式 11.23 对于所有晶体都是有效的，E_g 包括库仑项，或离子项（C）和共价项（E_h），Phillips 推导了下列公式

$$E_g^2=E_h^2+C^2 \tag{11.24}$$

式 11.21 和式 11.23 得出的结果与实验结果一致，C 可从式 11.24 得到。C 可用原子电荷和半径的函数表达如下

$$C=\alpha\left(\frac{Z_A}{r_A}-\frac{Z_B}{r_B}\right)f \tag{11.25}$$

其中，α 是常数，Z 是价态，r 是半径，而 f 是 Thomas-Fermi 屏蔽因子。后者意味着半导体的价电子可视为自由的（正如在金属中）。因此，Thomas-Fermi 统计完全适用于半导体。Phillips 用式 11.25 计算原子电负性如下

$$\chi=4.0\left(\frac{Z}{r}\right)f+0.5 \tag{11.26}$$

其中，选取系数 4.0 和 0.5 使 χ 为 Pauling 比例（获得 C 和 N 的 Pauling 值）。E_g 的同极分量仅取决于键长，对于第 14 族元素拟合出如下经验公式

$$E_h = r^{-2.5} \tag{11.27}$$

已知 E_h 和 C，可确定键的离子性如下

$$f_i = \left(\frac{C}{E_g}\right)^2 \tag{11.28}$$

Phillips 和 van Vechten 的理论已经成为固态化学和物理学的一个必不可少的工具，如今很难列出使用或建立的化学键介电理论的所有研究。此处考虑的仅为该方法的基础，一些其他方面和应用会在下文中描述。

11.3 分子折射：实验和计算

分子的电子极化强度（P_e）不仅有助于计算摩尔极化和偶极矩的原子成分，而且对研究物质的成键类型和结构具有独立的意义。对化学家来说，根据式 11.14 得到的 P_e 是通常所知的“折射”R，用非 SI 单位（cm^3/mol）表示，然而物理学家更喜欢用极化率 α，单位为 $Å^3$，于是形式上 $\alpha = 0.3964R$（α 也可用原子单位表示，1 a. u. $= 0.148185\ Å^3$）。为了平均化，P_e 用 589 nm Na 线确定，或外推到无穷大波长，除非 RI 的整个色散光谱都已确定。

11.3.1 折射公式

18 世纪初期，Newton[95] 把折射的概念引入到科学中，并给出了光学上第一个公式，该公式根据折射率和密度（体积）表示折射，即

$$R_1 = V(n^2 - 1) \tag{11.29}$$

他用这个公式做了大量测试。其中包含一千倍的密度变化，发现折射在同一数量级内仍然保持恒定，有 33%的平均偏差。1853 年，Beer[96] 表达了他的观点，对于气体来说，R_2 与 R_1 相比，R_2 具有更独立的热力学条件，即

$$R_2 = V(n - 1) \tag{11.30}$$

之后，Gladstone 和 Dale[97] 对液体得到同样的结论。在这篇和之后的论文中，R_2 受到温度的变化、聚集状态、溶解、与其他液体混合，甚至在某些限制内的化学反应等方面的影响甚微。在 1875～1880 年，L. Lorenz[98] 一方面根据他的光传播理论，即 Maxwell 理论的前身。另一方面，根据 H. Lorentz[99-101] 的经典电磁理论推导了式 11.14。根据 Maxwell 理论，粒子内的电场 E_1 和电介质的外电场（E）是相关的，即

$$E_1 = E + \frac{4\pi P}{3} \tag{11.31}$$

其中，$P = N\alpha E_1$（N 是粒子数目，α 是极化率）。电介质内电场可由静电感应 D 表征，正如 Maxwell 所展示的，D 与极化相关，即

$$D = E + 4\pi P \tag{11.32}$$

结合式 11.31 和式 11.32 可以得到下列 Mossotti-Clausius 公式

$$\frac{\varepsilon^2-1}{\varepsilon^2+2}=\frac{4}{3}\pi N\alpha \tag{11.33}$$

并且，在 n^2 代替 ε 之后（对于 $\lambda=\infty$），得到 Lorentz-Lorenz 公式，即式 11.14。式 11.29、式 11.30 和式 11.14 在折射计法的发展中迈出了重要的一步，尽管其他公式已经提出（对于该领域的历史概述见文献 [13，14]）。人们注意到，由 Newton（R_1）、Gladstone 和 Dale（R_2）、Lorentz-Lorenz（R_3）得到的公式的区别在于其分母，即分别为 1、$n+1$ 和 n^2+2。因此，对于气体（此处 $n\approx1$），它们的关系为 $R_1\approx2R_2\approx3R_3$。然而，对于液体和固体，得到的三个表达式本质上有不同的趋势。式 11.14 在理论上和实验上是最精确的。

11.3.2 折射对结构和热力学参数的依赖关系

物质的折射在加热时（乘以 $10^{-4}\sim10^{-5}\ K^{-1}$ 的因子，实际上与密度一致）会变得非常缓慢，只要化学组成和结构不变，这种情况是可以稳定的。因此，氢键的断裂使得 R 从乙酸二聚体（120～190 ℃）的 13.41 cm^3/mol 到单体（192 ～ 300 ℃）的 13.21 cm^3/mol。碱金属卤化物（表 S11.9）的配位数发生变化时，溶解会影响折射。折射随 N_c 的增加而减少，正如在不同配体的多晶型物质中所看到的（表 11.3），这使其成为一个有用的结构化学工具（见下文）。不论何种情况，压缩都可改变 R，这取决于更紧密的分子堆积如何影响分子的电子密度分布。因此，CO_2 的 R_D 值从 1 GPa 时的 6.46 cm^3/mol 减少到 6 GPa 时的 6.15 cm^3/mol[102]，液态 H_2S 和 NH_3 的 R_D 值则分别从常压时的 9.63 cm^3/mol 和 5.57 cm^3/mol 减少到 3 GPa 时的 9.53 cm^3/mol 和 5.30 cm^3/mol。然而，液态 HCl 先从常压时的 6.59 cm^3/mol 增加到 1.5 GPa 压力时的 7.04 cm^3/mol，然后减少到 3 GPa 时的 6.96 cm^3/mol 和 4.5 GPa 时的 6.78 cm^3/mol[103]。Müller[104] 引入了因子

$$\Lambda=\frac{\Delta R}{R}:\frac{\Delta V}{V} \tag{11.34}$$

若仅仅由于体积改变而使折射发生变化，则 $\Lambda_o=1$，但若成键也改变，则 $\Lambda_o\neq1$。如表 11.3 所示，Λ_o 是结构变化的一个灵敏指示器：在发生相变时，N_c 的增加引起体积的减少，比对折射的影响大。金刚石-石墨对过高估计的 Λ_o 是一个例外，这是由于石墨层成键的芳香性导致的。具有相同 N_c 的多晶型物质具有相似的折射率，误差在 2%以内（表 S11.10）。

表 11.3 摩尔折射率 R_D 和 Muller 因子（Λ_o）随配位数的变化

组分	多晶类型	N_c	R_D(cm^3/mol)	Λ_o	组分	多晶类型	N_c	R_D(cm^3/mol)	Λ_o
C	金刚石	4	2.11	0.79	Y_2O_3	六方	7	20.2	0.60
	石墨	3	2.70			立方	6	20.1	
BN	金刚石	4	3.83	1.08	CsCl	B2	8	15.20	0.33
	石墨	3	5.27			B1	6	16.15	
MnS	B1	6	14.5	0.68	CsBr	B2	8	18.44	0.14
	B3	4	16.3			B1	6	18.84	
SiO_2	金红石	6	6.01	0.51	CsI	B2	8	24.19	0.22
	石英	4	9.53			B1	6	25.01	
GeO_2	四方	6	8.47	0.40	SrF_2	氯化铅	9	7.63	0.20
	六方	4	9.53			萤石	8	7.78	
Al_2O_3	α 相	6	10.6	0.55	BaF_2	氯化铅	9	9.78	0.32
	γ 相	4,6	11.3			萤石	8	10.09	
Nd_2O_3	六方	7	24.2	0.34	PbF_2	氯化铅	9	12.94	0.13
	立方	6	25.4			萤石	8	13.08	

值得注意的是，在不同的热力学条件下，给定相的 Müller 因子通常保持恒定，而不同物质的 Λ_o 变化较大，正如表 11.4 所显示的。对于一些固体（列在左列），在一定压力下折射率比体积减少得更快，更常见的是反过来。

表 11.4　固体的 Müller 因子

物质	Λ_o	物质	Λ_o	物质	Λ_o	物质	Λ_o
CeO_2	6.92	$TiO_2(n_o)$	0.92	$CaCO_3$	0.50	CO_2	0.22
SiC	1.64	MgF_2	0.73	$CaMoO_4$	0.46	HCl	0.18
C(金刚石)	1.60	RbCl	0.67	$NH_4H_2PO_4$	0.41	SiO_2 玻璃	0.17
Ge	1.37	LiF	0.62	Al_2O_3	0.40	CsH	0.16
GaAs	1.33	AgCl	0.57	BaF_2	0.39	H_2^a	0.16
ZnO	1.31	CaF_2	0.56	NaCl	0.38	He^a	0.07
CdS	1.25	PbF_2	0.54	KH_2PO_4	0.33	Ne^a	0.08
$TiO_2(n_e)$	1.21	$CaWO_4$	0.52	KBr	0.24	Ar^b	0.12
Si	1.17	Nd_2O_3	0.51	KCl	0.23	Kr^b	0.10
ZnS	1.10					Xe^b	0.07

注：数据取自文献 [13，14，22，105，106] 和作者未发表的测量值。

a. 数据源自文献 [23]；b. 数据源自文献 [107]

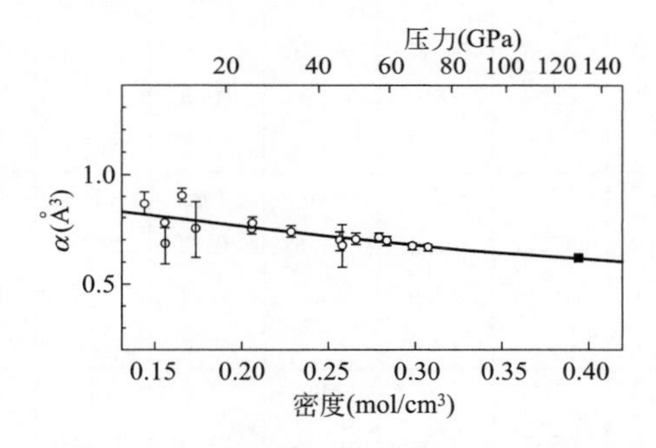

图 11.5　固体氢（T=80～90 K）实验密度与极化率的关系图

注：由极化率数据（○）和 H_2/金刚石 RI 匹配（■）获得。曲线的近似线性关系表明因子 Λ_o 的稳定性。数据来自文献 [29]，经美国物理学会（1998 版权）和 Lawrence Livermore 国家实验室许可

金刚石（TiO_2）的 Λ_o 分为两组：对于异常光束 $\Lambda_o>1$，而对于寻常光束 $\Lambda_o<1$，反映了沿着主晶轴和垂直于主晶轴成键特征的不同变化。在压缩情况下，人们观察到固相稀有气体和氢气的最低 Λ_o（图 11.5），球形原子通过弱范德华相互作用结合在一起，原子之间的电子密度非常小，因此压缩对极化的影响很小。

11.3.3　原子折射和共价折射

人们把折射应用于结构的研究是基于实验值和各种结构假设的计算值之间的比较，最重要的是可加性（Landolt，1862）：在第一个近似中（约 10%内），一个化合物的折射是不同原子、离子和成键的常数增值的总和。一些孤立原子的折射可以通过原子束在不均匀电场中的偏移或光谱法来测量。在其他情况下，自由原子的电子极化率由从头算方法进行计算。所有可用的实验值和自由原子计算最佳的折射率都呈现在表 11.5 中。这些值可用于计算范德华相互作用能和磁化率，或用于建立原子和分子物理性质的关系。共价键的形成改变了孤立原子的折射率，它们的值转变为共价折射率，这不同于孤立分子和晶体的折射率。通过直接

测量 A_2 分子或单质固体的 RI 可以给出共价折射最精确的信息，在其他情况下，后者必须由可加性方法从分子折射计算得到。

表 11.5 原子在自由态（上行）、双原子分子（中行）、单质固体（下行）状态下的折射率（cm^3）

Li	Be	B	C	N	O	F	Ne		
59.1[a]	14.0	7.6	4.22[m]	3.05[b]	1.97[b]	1.40	1.00		
41.4[c]	10.8	4.3	2.07	2.20	1.99	1.45			
13.0	4.9	3.5	2.07						
Na	Mg	Al	Si	P	S	Cl	Ar		
60.2[d]	27.5[e]	21.9[F]	13.9[m]	9.2	7.3	5.5	4.14		
49.9[c]	19.3	11.5	9.05	8.57[o]	7.7	5.69			
23.6	14.0	10.0	9.05	8.75	7.7				
K	Ca	Sc	Ti	V	Cr	Mn	Fe	Co	Ni
110[a]	61.6[e]	44.9	36.8	31.3	29.3	23.7	21.2	18.9	17.1
93.1[g]	46.2	32.5	27.3	21.1	20.9	19.5	14.0	13.3	12.5
45.6	26.3	15.0	10.6	8.4	7.2	7.3	7.1	6.7	6.6
Cu	Zn	Ga	Ge	As	Se	Br	Kr		
28.5[F]	14.5[f]	20.5	14.7[m]	10.9	9.5	7.7	6.27		
8.1	12.9	17.2	11.3	10.9[p]	10.8	8.17			
7.1	9.2	11.7	11.3	10.3	10.6	8.75			
Rb	Sr	Y	Zr	Nb	Mo	Tc	Ru	Rh	Pd
121[a]	72.2[e]	57.2	45.1	39.6	32.3	28.8	24.2	21.7	20.1
99.6[j]	55.0	38.0	27.6	23.8	21.4	19.0	13.3	14.0	14.7
55.9	33.9	20.0	14.0	10.9	9.4	8.6	8.2	8.2	8.8
Ag	Cd	In	Sn	Sb	Te	I	Xe		
28.7[q]	8.6[h]	25.7	15.8[m]	16.6	13.9	12.5[i]	10.20		
11.9	14.5	1.6	16.3	17.7	14.4	13.0[k]			
10.3	12.9	15.8	16.3	17.7	15.4				
Cs	Ba	La	Hf	Ta	W	Re	Os	Ir	Pt
150[β]	95.6[e]	78.4	40.9	33.0	28.0	24.5	21.4	19.2	16.4
131[j]	71.8	55.3	26.7	16.7	15.6	15.5	11.2	11.0	10.0
69.7	37.9	22.5	13.5	10.8	9.6	8.8	8.4	8.5	9.1
Au	Hg	Tl	Pb	Bi	Th	U	Rn		
20.9[F]	12.7[l]	19.2	17.6[m]	18.7	81.0	51.2[n]	13.4		
11.0	12.8	16.7	18.4	21.3	57.3	38.2			
10.2	13.9	17.1	18.3	21.3	19.8	12.5			

注：自由状态的 $R(H)=1.68$，$R(H_2)=1.02$，$R(He)=0.52$[108]。

a. 数据源自文献[109-113]；β. 数据源自文献[114]；b. 数据源自文献[115]；c. 数据源自文献[109,116,117]；d. 数据源自文献[113,118]；e. 数据源自文献[111,112,118,119]；F. 数据源自文献[120]；f. 数据源自文献[121]；g. 数据源自文献[109,110,113]；h. 数据源自文献[122]；i. 数据源自文献[123]；j. 数据源自文献[110]；k. 数据源自文献[124]；l. 数据源自文献[125]；m. 数据源自文献[126]；n. 数据源自文献[127]；o. 数据源自文献[128]；p. 数据源自文献[129]；q. 数据源自文献[130]

第 14～17 族单质的实验折射率接近于由 Eisenlohr[131,132] 和 Vogel 等人[133,134] 从有

机化合物的分子折射得到的原子增量加和值。这些工作建立了“有机”共价折射体系（表 S11.11），其中碳的每个双键和三键的增量对应于 $R(\mathrm{C})$ 的增加［随着 N_c（表 11.3）的减少］，但在不同官能团中相同原子的不同折射率反映了化学成键的变化效应。诸多金属的共价折射是由有机金属物质测量值进行相加确定的[13,14,135-139]。分子折射与原子增量和之间的偏差，显示了 AB 键解离焓具有很好的相关性（在某些情况下可达 0.988）[140]，即

$$\Delta H_{\mathrm{AB}}=a+b\left[R(\mathrm{AB})-R(\mathrm{A})-R(\mathrm{B})\right] \tag{11.35}$$

其中 a 和 b 是常数。

或者，由于压力的量纲为单位体积（r^3）的能量（Z^*/r），折射大致上正比于体积。因而，对于一个同核双原子 A_2 分子，存在下列关系

$$\frac{Z^*}{r^4}=k\frac{E}{2R(\mathrm{A})-R(\mathrm{A}_2)} \tag{11.36}$$

其中，E 是 A—A 键的解离能，而 k 是一个经验常数[141]。某些金属的共价折射由式 11.36（表 11.5 中间一行）计算得到，并且与加和法结果的误差在 25%以内[13,14]。之后，人们利用式 11.36 描述“原子可压缩性”[142,143]。折射也依赖于原子的杂化态[144,145]，即

$$\alpha_{\mathrm{A}}=\frac{4}{N}\left(\sum_{\mathrm{A}}h_{\mathrm{A}}\right)^2 \tag{11.37}$$

其中，N 是一个分子中的电子数，h 是含杂化的原子增量。式 11.37 得到 sp^3、sp^2 和 sp 杂化碳原子的 α 分别为 1.574 $Å^3$、1.673 $Å^3$ 和 1.283 $Å^3$，并且能很好地描述含 C、H、N、O、S、P 和卤原子的有机分子的折射。

表 11.6　碱金属团簇中的原子折射率 R (cm^3)[109,110,146]

M	M_1	M_2	M_8	M_∞（大块）
Li	59.1	41.4	26.2	13.0
Na	60.2	49.9	41.4	23.6
K	110	93.1	68.1	45.6

在无机物的晶体中，原子有较高的 N_c（表 11.3）以及团簇的极化率（表 11.6），它们的折射必定低于分子态的折射。因为当 $n\to\infty$ 时，Lorentz-Lorenz 函数逼近于 1，而金属有非常高的 RI（在 $\lambda=10\ \mu m$ 时，Cu 的 $n=29.7$，Ag 9.9，Au 8.2，Hg 14.0，V 12.8，Nb 16.0，Cr 21.2 等[147]），假定固相金属中 $R=V$[148]。在某些情况下，这些金属的折射率 R_M（表 11.5，下行）接近于加和值[13,14]。由于 N_c 的不同，R_M 不能直接用于计算晶态无机物的摩尔折射率，但下列公式可用于[149] 计算金属在化合物结构中的折射率

$$R=\frac{V_o}{\rho} \tag{11.38}$$

其中，V_o 是一个原子的内体积（$4\pi r^3/3$），ρ 是堆积密度。组合所有的常数项，得到 $R=ar^3$，其中，对于 $N_c=4$、6 和 8，a 分别为 7.419、4.472 和 3.710。对于低氧化态多价金属的结晶共价半径，可通过式 11.38[150] 计算给定 N_c 下金属的结晶共价折射，结果如表 11.7 所示。对于 $N_c=4$ 和 6，R(*Sn*)等于两个多晶型物相的体积，对于 Si 和 Ge 用相同的关系。获得的原子折射需要通过元素的有效核电荷进行校正，该校正不会超过几个

百分点。

表 11.7 在结晶固体中的共价原子折射率（cm^3）

Li 15	Be 7	B 4	C 2.4	N 2.1	O 2.0	F 1.5			
Na 27	Mg 15	Al [6]11.5 [4]18	Si [6]7 [4]9	P 8.3	S 7.6	Cl 5.4			
K 46	Ca 27	Sc 17	Ti 13	V 13	Cr 13	Mn 13	Fe 13	Co 12.5	Ni 12
Cu 16	Zn 15	Ga [6]10.5 [4]16	Ge [6]8.5 [4]11	As 10.3	Se 8.5	Br 7.8			
Rb 55	Sr 35	Y 23	Zr 19	Nb 14	Mo [6]14 [4]16.5	Tc 12.5	Ru 23	Rh 23	Pd 25
Ag [6]17 [4]22	Cd [6]16 [4]21	In [6]16 [4]24	Sn [6]16 [4]20	Sb [6]16 [4]21	Te 14	I 13			
Cs 68	Ba 44	La 28	Hf 16	Ta 15	W [6]15 [4]17	Re 11.5	Os 24	Ir 24	Pt 24
Au 21	Hg 21	Tl 25	Pb [6]19 [4]23	Bi [6]18 [4]23	Th 25	U 25			

注：除了给定元素在标准状态下是常数，方括号中 N_c 是特定的，例如金刚石是 4，Cs 是 8，其他碱金属是 6 等

11.3.4 离子折射

与共价半径一样，共价折射严格意义上仅适用于共价化合物。对于极性无机物，离子折射更适合。然而，人们不能直接通过实验测量自由离子的折射率，但可通过光谱数据推导折射率。文献［151］的研究已表明，在非穿透性高 L 的 Rydberg 状态时连接正原子离子的电子对于那些离子的长程相互作用尤为敏感。如果只存在完全屏蔽的库仑相互作用，除小的相对论效应外，所有高 L 的 Rydberg 能级都是简并的。然而，内核离子中永久和诱导电偶级矩的存在会导致体系的精细结构花样，该花样提高了各种 L 的状态之间的库仑简并。尽管这些花样的尺寸不大，但在仔细测量它们时，可得到离子折射率可靠且精确的检测结果。到目前为止，人们已报道下面的折射率（单位为 cm^3/mol）：Si^{2+} 4.36、Si^{3+} 2.77、Ne^+ 0.487[151]、Ba^+ 46.3[152]、Pb^{2+} 5.09、Pb^{4+} 1.35[153]、Th^{4+} 2.885[154]。另一种光谱方法中采用下述公式

$$R=\sum_{n'}\frac{C}{E^2} \tag{11.39}$$

其中 C 是振子强度，E 是从基态到可及束缚态和连续激发态的激发能（与式 11.4 相比较）；Mg、Zn、Cd 和 Hg 系列[155] 的结果列在表 11.8 中。比较表 11.5 和表 11.8 可看出，原子折射非常强烈地依赖于电荷。

表 11.8　光谱上的原子折射率和离子折射率 (cm^3/mol)

原子	R	原子	R	原子	R	原子	R
Mg^0	27.8	Zn^0	14.0	Cd^0	14.84	Hg^0	8.82
Al^+	9.05	Ga^+	6.78	In^+	7.03	Tl^+	4.75
Si^{2+}	4.36	Ge^{2+}	3.99	Sn^{2+}	4.45	Pb^{2+}	2.92
P^{3+}	2.36	As^{3+}	2.31	Sb^{3+}	2.69	Bi^{3+}	2.13
S^{4+}	1.68	Se^{4+}	1.72	Te^{4+}	2.05	Po^{4+}	1.61
Cl^{5+}	1.03	Br^{5+}	1.26	I^{4+}	1.51	At^{5+}	1.24
Ar^{6+}	0.75	Kr^{6+}	1.01	Xe^{6+}	1.23	Rn^{6+}	0.99

建立离子折射经验体系与离子半径是一样的：观察结果只给出了总和（化合物的折射率，或核间距），但如何在不同元素之间进行分配还没有明确的规则，除非至少有一种离子是从某种外部来源获得的。由于加和法本身也不理想，上述两种不确定性导致离子折射率的确定更加困难。在 1922 年，Wasastjerna[156] 在离子折射的第一个体系的基础上假设，$R(H^+)=0$，因为该离子没有电子，因此电子极化为零。那么，钠离子的折射率可以简单地算作强酸和它的钠盐折射率之间的差值。该方法的缺点是，质子不存在于其自身的溶液中，而通常是溶剂化的，例如在水溶液中以水合氢离子 H_3O^+ 的形式存在。Fajans[157-162] 基于下列事实提出了更多离子折射率的校正方法：一个等电子离子的正电荷越大，其电子层抵抗变形越大。因此，离子折射率必须满足条件：$R^{2-}/R^- > R^-/R^0 > R^0/R^+ > R^+/R^{2+}$，其中 R^+ 和 R^- 分别是阳离子和阴离子的折射率，R^0 是一个等电子稀有气体原子的折射率实验值。Fajans 用这种方法发现 $R(Na^+)=0.47\ cm^3$，并将其作为通过加和法计算其他离子折射率的关键。之后，Markus 等人[163] 提出了稀溶液的离子折射的新体系，该体系基于 $R(Na^+)=0.65\ cm^3$。

Pauling[164] 利用极化率和二阶 Stark 效应的关系提出了确定离子折射率的半经验独立方法，即

$$R=\text{const}\ \frac{(n^*)^6}{(Z^*)^4} \tag{11.40}$$

其中，n^* 是有效的总量子数，而 Z^* 是有效核电荷。利用稀有气体的原子折射率和盐溶液的摩尔折射率，Pauling 确定了式 11.40 的常数，并计算了离子折射率。Fajans 和 Pauling 提出的体系是相似的，都是基于相同的实验数据，即稀有气体的折射率。

其他作者从可加性原理出发，采用 $R(Li^+)$ 的 Pauling 值计算了一些离子的折射率，因为这个值太小，即使是较大的相对误差也不会对结果产生太大的影响。然而，由于 Li^+ 的强极化效应，如此计算可导致不真实的结果，正如在某些情况下，由 Born 和 Heisenberg[165] 或 Tessman 等人[166] 获得的结果。一般而言，离子折射在一个正电荷的电场中减小，而在一个负电荷的电场中增加。Jörgensen[167,168] 考虑了这种效应。他指出，Fajans、Markus 和 Pauling 的方法高估了阳离子的折射值，且低估了阴离子的折射值。但是，他提出了偏离离子折射的常数值，并计算了不同组化合物和聚集态的特定值。之后，相似的结果是由 Iwadate 等人[169-171] 在熔化的卤化物与单价、二价和三价阳离子硝酸盐的折射研究中获得的。

这些经验的结果促进了结构对折射值影响的大量理论研究。因此，Magan[172] 计算了 NaCl 型晶体中离子的折射率，与阴离子相比，阳离子的电子极化率随组成变化而变化得较少。因此，晶态离子折射的体系可假定阳离子折射率为常数。其他研究者[173-178] 理论上计

算了一些阳离子的折射率，而阴离子折射率由相加性方法得到的实验摩尔折射率获得。人们也计算了溶液和晶体态（对于不同的结构类型）的离子折射率，揭示了 R 与 N_c 的关系。理论和经验结果总结在晶体离子折射率（表 S11.12）的推荐体系中，这样的计算可以得到具有高精确性的固相无机物的摩尔折射率。

一组基于 387 种氧化物、氢氧化物、氟氧化物和氯氧化物[179] 的数据而得到的离子电子极化率也表明，自由阴离子比在晶体中有更高的极化率，而自由阳离子比在晶体有稍低的极化率。在此研究中发现的大部分阳离子极化率比从头算计算的自由离子极化率更大。对于大多数氧化物、水合物、氢氧化物、氟氧化物和氯氧化物，这些大的阳离子极化率允许计算值和观测的总极化率之间有很好的吻合。将 Born 有效电荷与形式电荷（ΔZ^*）之间的偏差和 α-r^3 关系图上特定离子的偏差进行系统比较，将经验极化率和自由离子极化率的差异与 ΔZ^* 比较，表明折射率与键的杂化和共价性有良好的相关性。假设这些关系代表了共价性和电荷转移的影响，经验极化率和自由离子值之间的差值可归因于电荷转移，这有效地增加了阳离子极化率，减少了阴离子的极化率。

Jemmer 等人[180] 通过与一定压力下物质的折射率进行比较，并用下列公式表达 Müller 因子，获得了阴离子折射率与晶胞参数之间的关系

$$\Lambda_o = 1 - \left[\frac{6n}{(n^2+2)(n^2-1)}\right]\left(\rho\frac{\partial n}{\partial \rho}\right) \tag{11.41}$$

其中，Λ_o 可由 $n=f(P)$ 关系式确定。除了晶体和溶液，人们也在玻璃固体上研究折射，该研究对玻璃工业很重要，因为 RI 和它们的色散都受组分的离子折射控制。文献［181］中的研究表明，在玻璃固体中氧离子的平均折射率随 RI 而增加，该参数与玻璃组成的关系以及 Müller 因子的相加性已经建立[182]。

人们对相同元素的共价折射和离子折射的比较研究表明，价电子的增加或减少对原子折射的影响最大。由于分子和晶体中键的离子性，原子折射的变化按下式计算

$$\Delta\bar{R}_+ = \frac{R_{cov} - R_+}{R_{cov} - R_c}, \Delta\bar{R}_- = \frac{R_- - R_{cov}}{R_a - R_{cov}} \tag{11.42}$$

其中，R_+ 和 R_- 分别是具有正的和负的有效电荷的原子折射率，R_{cov} 是共价折射率，R_c 和 R_a 分别是阳离子和阴离子折射率[11]。结果呈现在图 11.6 和表 S11.13 中。

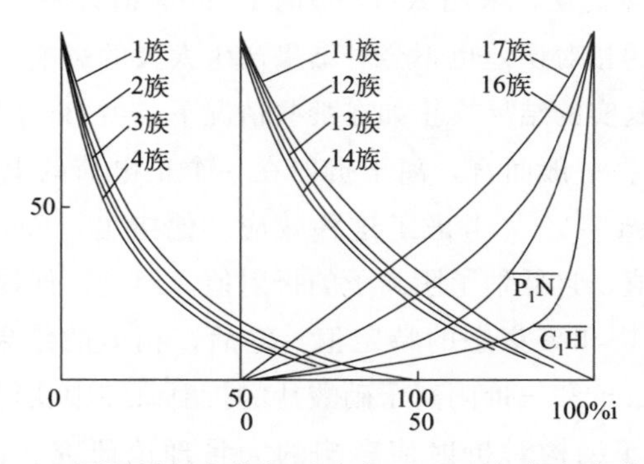

图 11.6 原子折射率的相对改变（ΔR）与电离度的关系

考虑了原子的极化效应（g）和键的金属性（m）[150]，无机化合物摩尔折射率的计算精

度大大提高。前者从范德华相互作用开始描述，$g=[(R_A-R_B)/R_A]^2$，而此处 $R_A<R_B$（见式 4.24）。若较小离子（A）是阳离子，将降低折射率，否则将增加折射率。键的金属性（即 AB 化合物中 A—A 键共价电子的离域部分）可根据下式计算

$$m=c\frac{\chi_A}{\chi_A+\chi_B} \tag{11.43}$$

其中，c 是键的共价性。考虑这些因素后，计算的精确性将提高。考虑到极性键中原子的折射率（表 11.5、表 11.7 和表 S11.12），分子和晶体的折射率的计算精度可达百分之几，即比原子折射或离子折射的稳定应用要好得多[13,14]。自由离子折射率的推荐值列在表 11.9 中。

表 11.9　离子折射率（cm^3/mol）（阴离子：上行为 R_∞，下行为 R_D）

+1		+2				+3		+4		+5		−1	
Li	0.07	Be	0.02	Cr	1.8	B	0.01	Si	0.10	P	0.06		2.5
Na	0.45	Mg	0.25	Mn	1.6	Al	0.15	Ge	0.5	As	0.3		2.5
K	2.2	Ca	1.5	Fe	1.5	Ga	0.6	Sn	1.4	Sb	1.2	Cl	8.0
Rb	3.5	Sr	2.5	Co	1.4	In	1.8	Pb	1.8	Bi	1.5		8.5
Cs	6.2	Ba	4.6	Ni	1.3	Tl	2.0	Ti	1.0	V	0.8	Br	11
Cu	1.5	Zn	0.9	Ru	2.6	Sc	1.2	Zr	1.7	Nb	1.2		11.8
Ag	3.5	Cd	2.5	Rh	2.4	Y	2.0	Hf	1.6	Ta	1.1	I	17
Au	4.5	Hg	3.0	Pd	2.9	La	3.5	Cr	0.9	+6			18
Tl	10.0	Cu	1.1	Os	2.6	V	1.7	Mo	1.4	S	0.04	−2	
		Sn	8.0	Ir	2.5	As	4.5	W	1.4	Se	0.25	O	7.5
		Pb	9.0	Pt	2.4	Sb	6.5	Te	5.0	Te	0.8		8.0
						Bi	7.5	Mn	0.9	Cr	0.6	S	17
						Cr	1.6	Pt	1.4	Mo	1.2		18
						Mn	1.5	Th	4.5	W	1.2	Se	21
						Fe	1.4	U	4.0				22.5
						Co	1.3					Te	29
						Ni	1.2						31
						U	4.5						

11.3.5　键折射

通过键增量表达分子折射率是改善原子折射/离子折射的另一种方法。键折射的体系肯定优于原子折射的体系，因为它允许明确地考虑化学相互作用。键折射的概念由 Bachinskii[183] 引入，他提出有机物的摩尔折射率（以及体积、燃烧热等）可计算键增量。根据 Bachinskii 规则，$R_{C—C}=1/4R_C+1/4R_C$，$R_{C—H}=1/4R_C+R_H$ 等。这种方法不是非常一致，因为它用了原子增量，并且不会减少原子方法的本质缺点。直接由摩尔折射率计算键折射更有效的方法是由 Steiger[184]、Smyth[185]，特别是 Denbigh[186,187] 提出的。例如，$R(A—X)=R(AX_n)/n$。Denbigh 方法已经用于估算有机和有机金属物的键折射，由 Vogel 等人[188,189] 获得的最精确数值以及之后增加的数值[13,14,190] 都列在表 S11.14 中。这些键折射仅能应用于具有相似结构和相似键特性的分子。这一点很明显，因为同分异构体折射率的差异比实验误差大得多，所以通过恒定键折射来评价这些折射率总是不准确的。Huggins[191,192] 发现了解决这个问题（在碳氢化合物的例子中）的方法，他考虑到给定键的折射必须随相邻原子的变化而变化。Palit 和 Somayulu 建议用键折射和键的极化计算摩尔折

射率[193]

$$R_{AB}=\frac{1}{2}(R_{AA}+R_{BB})-c\Delta\chi_{AB} \tag{11.44}$$

其中，单键时 $c=0.37$。

通过测量 Kerr 常数获得的键折射的各向异性，对于化学成键特性的研究是非常有用的[194,195]。研究结果显示，价电子云是椭球体的（在核间方向具有最长轴），它的参数取决于极性和键级。在分子 A_2、AX、AX_n、A_2X_n 和 M（C_5H_5）$_2$（表 S11.15）中，实验上各向异性键折射符合下列公式

$$\bar{R}_{bond}=\frac{1}{3}(R_{\parallel}+2R_{\perp}) \tag{11.45}$$

其中，$R_{\parallel}$ 和 $R_{\perp}$ 是沿着键方向和垂直于键方向的折射组分，$\bar{R}_{bond}$ 是平均键折射；$\gamma=(R_{\parallel}:R_{\perp})^{1/3}$ 是光学上各向异性的线性因子。在多数异核分子中，γ 是很小的（平均 1.2），即椭球体几乎是球体。仅仅对于真正的共价键，γ 才表现出各向异性。在 A—H 和 A—F 键中，各向异性是非常小的，并且价电子云是准球形的。最近，人们测定了稀有气体中极化率的各向异性（$\Delta\alpha=\alpha_{\parallel}-\alpha_{\perp}$），$Ar_2$、$Kr_2$ 和 Xe_2 分别为 0.5 Å^3、0.7 Å^3 和 1.3 Å^3[196]。

Yakshin[197] 发展了键折射的概念，并第一次将其应用于配位化合物。对于配位化合物，键折射不是相加的，因为每个键都受到其反式位置的对应键的强烈影响。Yakshin 建议使用“坐标折射”来指反式配体的各种组合，即位于同一 Werner 坐标上的配体。因此，R(X—M—X)可以采用 $R(MX_4)/2$ 或 $R(MX_6)/3$ 进行计算。沿着（相互）垂直配位的折射证明了高精确性的相加性，揭示了配体间顺式影响是可忽略的。这种方法可以给出配合物中原子相互影响的定量表征。

有机物的生成热与实验上摩尔折射和相应原子折射总和（ΔR）的差值是相关联的[198]。Hohm[199] 获得了无机物原子化能与 $\Delta R^{1/3}$ 之间的相似关系。然而，这个相关仅可用在相同结构的化合物中，因为具有不同配位数的多晶形物相具有相似的原子化能，但摩尔折射率完全不同（见表 11.3）。

11.4 折射计法的结构应用

对于确定有机化学中的结构式、配合物的结构异构体、硅酸盐等的化学结构，折射计法的应用现在只具有历史意义，但在研究氢键和原子间相互影响方面，它仍然具有重要的应用价值。正如 4.5 节所述，在 X—H⋯Y 体系中氢键（H 键）的形成使得 H⋯Y 距离减少，但 X—H 距离增加。然而，正如上文所显示的，其他晶体化学参数也影响这些距离，距离的不同效应并不容易弄清楚。因此，探索 H 键的新方法是一个重要的任务。通过比较具有 H 键和不具有 H 键的物质的分子折射率可以获得有用的信息。因此，在没有 H 键时，$\Delta R=R(NH_4X)-R(KX)=1.5\ cm^3/mol$，但如果 X^- 是一个好的氢键受体[10]，则 ΔR 增加 0.2～1.0 cm^3/mol；对于一个好的 H 键受体，$MX_n\cdot mH_2O$ 和 MX_n 的一个相似比较给出了 R

(H_2O) =3.5～3.9 cm^3/mol，而弱的H键受体则给出3.40 cm^3/mol。令人吃惊的是，对$K_2M(CN)_4 \cdot 3H_2O$和其脱水产品的比较仍然产生较低的$R(H_2O)$，即M=Pt的R为2.0 cm^3/mol，M=Pd的R为2.4 cm^3/mol。事实证明，这是一种虚假的效果，这是由于脱水时M—NC键的形成；考虑这些可分别给出合理的$R(H_2O)$值，即3.5 cm^3/mol和3.9 cm^3/mol。根据折射计的数据推测，这种重排后来被核磁共振和红外光谱证实。

液态水的折射率是3.66 cm^3/mol，这是H键的象征。冲击压缩时，在压力P=22 GPa，水的RI增加到1.60（参考常压下为1.33）。这种增加和导电率的急剧增加可通过金属化[200]来解释。事实上，这仅仅是因为压缩水的密度更高：$R(H_2O)$=3.2 cm^3/mol实际上低于常压下的折射率，揭示了H键的断裂[201]，这导致质子的较高移动性，因此具有较高的导电性[202]。

表11.10呈现了无机物中H键的折射研究的主要结果，揭示了这些键的折射的变化顺序为：酸>酸盐>铵盐>晶体-水合物。这个顺序是由原子有效电荷的变化所引起的。在酸盐和酸中复杂离子的外层中氢原子的积聚增加了氧原子或氮原子的极性，从而提高了与后者的H键的强度。在H_2O和NH_4^+中氢原子的有效电荷是相似的，因此具有相同阴离子的O—H…X和N—H…X的键有相似的折射。

表11.10 氢键的折射率（cm^3/mol）

酸	$R_{XH\cdots X}$	酸式盐	$R_{H\cdots X}$
HF	0.38	KHF_2	0.43
HNO_3	0.56	$KHCO_3$	0.35
H_2SO_4	0.70	$KHSO_4$	0.41
H_3PO_4	0.75	K_2HPO_4	0.53
$H_3Fe(CN)_6$	0.64	KH_2PO_4	0.66
$H_4Fe(CN)_6$	1.08		
铵盐	$R_{NH\cdots X}$	**结晶水合物**	$R_{OH\cdots X}$
NH_4F_2	0.09	$KF \cdot 2H_2O$	0.09
NH_4NO_3	0.07		
NH_4HCO_3	0.09	$Na_2CO_3 \cdot 10H_2O$	0.18
$(NH_4)_2SO_4$	0.09	$Na_2SO_4 \cdot 10H_2O$	0.18
$(NH_4)_2HPO_4$	0.13		
$NH_4H_2PO_4$	0.13	$Na_2HPO_4 \cdot 12H_2O$	0.19
$(NH_4)_3Fe(CN)_6$	0.12		
$(NH_4)_4Fe(CN)_6$	0.29	$K_4Fe(CN)_6 \cdot 3H_2O$	0.27

H键的折射率在脂肪族中约为0.2 cm^3/mol，在芳香族醇中为0.2～0.4 cm^3/mol，主要是由于这些化合物中氧原子电荷的不同导致的。人们通过例如OH或Cl亲电成分的加入来增强醇中的H键，这与通过在链中引入亲电基团而提高醇的沸点的事实是一致的。在脂肪酸中H键折射率随碳链长度的增加而减小[13,14]。有必要强调的是，H键折射率仅由物质内部折射的百分之几组成，这与H键能和原子化能相关。

折射计法可用于研究玻璃或多晶硅酸盐，以确定阴离子的结构作用或定义阳离子的N_c，因为硅酸盐氧化物组分的折射率取决于N_c

$$R_N = R_1 N_c^{-1/3} \tag{11.46}$$

其中，R_1是分子形式（N_c=1）[203]的相同氧化物的折射率。

折射方法对于配合物的反位效应的研究是特别有用的（参见第3章）。在Pt(Ⅱ)配合物中，反位效应增加的顺序为

$$CO、CN、C_2H_4>NO_2、I、SCN>Br、Cl>OH、F>NH_3、H_2O$$

这显然与配体上的负有效电荷受反式配体的影响有关，因为键极性的增加会使这些配体在水溶液中活化。反位效应的第一个定量特征由光学方法得到：成键电子的折射率（即配体和铂的原子/离子折射率之间的差值）对应的反位效应的变化顺序为

$$H>S>SCN>I>Br>CN>Cl>NCS>NC>NO_2>OH、CO_3>NO_3、SO_4>F>NH_3>H_2O$$

这些自由基可以根据与铂键合的原子很好地分成以下几组：F<O（ONO、SO_4、NO_3、CO_3、OH）<N（NO_2、NCS、NC）<S（SCN、S）

上述序列中最基本的新特征是那些能够异构化的自由基所显示的反位活性的差异：SCN、CN和NO_2基团的活性明显依赖于键连到中心原子的配体的末端。这些自由基在各种金属的复杂化合物中，甚至在同一金属的各种化合物中，可以通过不同的方式连接起来。在这种情况下，反位活性的顺序会大不相同。

反位效应的定量估计也可通过配位折射的比较而确定。因此，$\Delta R=(X—M—Y)-1/2[R(X—M—X)+R(Y—M—Y)]$对应于X或Y原子的反位活性。人们可以利用这种方法得出，在$Pt^{Ⅱ}$配合物中NO_2配体比Cl有更强的反位效应，而在$Pt^{Ⅳ}$配合物中的结果相反[204]。类似的结论对$Co^{Ⅲ}$和$Pd^{Ⅱ}$的配合物也成立，这与当时的范例相矛盾，但随后通过其他物理方法获得了证实[205]。

历经反位效应的一个配体的折射与考虑的配合物内部原子折射之间的比值是所谓的“迁移系数”(MC)。在文献[13，14]中有关于MC的计算描述。人们根据配体对反位效应的敏感性得到了如下次序：

$$H>>NH_3>H_2O>Cl>NO_2>SCN>Br$$

尽管没有其他物理方法能给出可比较的特征，但化学实验已证实了上面的顺序。

结构折射计法的一个重要部分是原子尺寸的确定。表达式$\alpha=r^3$（按Clausius-Mossotti理论的需要）首先由Wasastjerna[206]用于计算离子半径。之后，Goldschmidt[207]利用Wasastjerna规则计算了氧和氟离子半径，由加和方法推导其他半径。在1939年，Kordes[208-212]开始进行单一离子半径（根据Pauling公式）与折射之间的经验关系的研究工作，即

$$R_i=kr_i^{4.5} \tag{11.47}$$

其中，稀有气体的$k=0.603$，其他离子的$k=1.357$。假设r_1具有自由离子的特征，利用这些离子半径，Kordes发现自由离子的折射，并且（利用晶体半径）计算了晶体离子折射。Wilson和Curtis[213]以及Vieillard[214]建立了自由离子和晶体离子的折射与半径的关系。获得了熔融碱金属氟化物相似的关系[215]。因为根据Slater-Kirkwood理论，Miller[145]描述了孤立原子的极化率和范德华半径（r_w）之间的相互依赖关系为

$$\alpha=\frac{4}{a_o}\left(\frac{r_w^2}{3}\right)^2 \tag{11.48}$$

然后，已知原子折射，可计算与常规值相差10%～30%的vdW半径。

人们对于富勒烯及其衍生物的研究获得了有趣的结果。$R_\infty(C_{60})=193\ cm^3/mol$和$R_\infty$

$(C_{70})=257\ cm^3/mol$[216]，与加和性模型一致。C_{60} 形式上有 30 个双键和 60 个单键，对于 $1.254cm^3/mol$(C—C) 和 $3.94\ cm^3/mol$ 标准的键折射（见表 S11.14），$R(C_{60})=193.4\ cm^3/mol$。富勒烯的钠加和物的折射率远大于原始富勒烯或原子钠（$60.2\ cm^3$）的折射率，减少的次序为 $Na\cdot C_{60}$ 4410 cm^3/mol、$Na_2\cdot C_{60}$ 2520 cm^3/mol、$Na_3\cdot C_{60}$ 1890 cm^3/mol，然后随着钠原子数的增加而渐渐增加，直到 $Na_{34}\cdot C_{60}$ 的 5040 cm^3/mol[217]。这个效应可以由从 Na 到富勒烯的电荷转移和永久偶极的形成进行解释。

11.5 光谱的结构应用

各种光谱方法是几何参数和能量参数（键能，电离势等）的相关信息的重要来源，这在前面的章节已经讨论过，也有很多可利用的参考书。本节将讨论结构光谱的一些具体问题。

光谱法在研究分子、自由基和离子方面非常有价值，这些分子、自由基和离子或者只能存在于气相（例如碱金属分子），或者不稳定，寿命很短。在后者中，范德华分子在前面讨论过。另一个例子是短寿命 CH_2 ═MHF 分子的 IR 光谱研究，相关研究给出了 M═C（M═Ti、Zr、Hf 和 Th）的键长分别为 1.812 Å、1.996 Å、1.979 Å 和 2.129 Å[218]，人们估算 Co_2O_2 分子[219] 中 Co—O 键的力常数为 2.435 N/cm，而 OCoO 键角为 93 °± 5°。通过与 CoO 分子的比较得出，Co_2O_2 分子具有接近正方形的平面结构，其中 Co—O 键长为 (1.765±0.01) Å。据 Wang 等人[220] 的报道，他们在 4 K 温度及固相氖气和氩气的条件下第一次检测到 Hg 和 F_2 经过光化学反应生成的 HgF_4。在氖气和氩气基质中实验展示的 IR 吸收与在 HgF_4 的量化计算所预测的 IR 吸收一致。HgF_4 是一个平面正方形低自旋 d^8 过渡金属配合物（图 11.7），汞的 5d 轨道强烈参与成键。因此，汞可看作一个真正的过渡金属元素而不是一个后过渡金属，所以对 HgF_4 的观察结果影响了人们查阅元素周期表的方式。

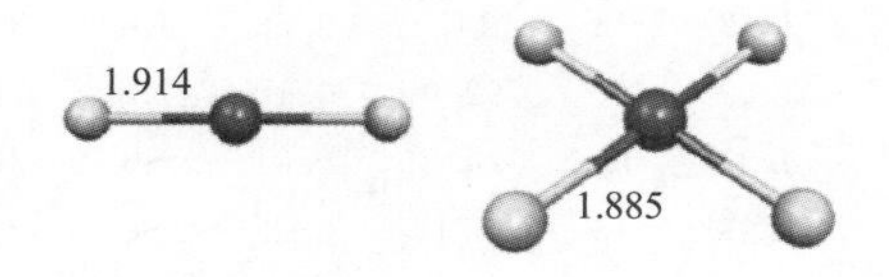

图 11.7　通过计算获得的 HgF_2 和 HgF_4 的结构（以 Å 为距离单位）

注：经文献 [216] 许可重印，版权（2007 年）归 John Wiley&Sons 所有

在过去几十年中，光电子光谱也开始应用于解决结构的问题，这是利用了吸收带的形成和频率与分子和基团的对称性的关系。例如，证明了短寿命 Al_4C 物质具有碳作为中心原子的正四面体结构，而阴离子 Al_4C^- 是平面正方形[221]，由 Al^+ 或 Al^0 加到 Al_4C^- 的正方形的一个顶点而形成 Al_5C 和 Al_5C^-[222]。人们已经首次在气相中证实碳为中心原子的平面化合物，即 CAl_3Si、CAl_3Si^-、CAl_3Ge、CAl_3Ge^-[223]。

人们发现，芳香性的阴离子 Al_4^{2-}、Ga_4^{2-}、In_4^{2-} 和 XAl_3^-（X=Si、Ge、Sn、Pb，但不是 C[224]）具有正方形结构。MO_4（M=Li、Na、K、Cs[225]）自由基具有平面结构；而 Pn_5^-（Pn=P、As、Sb 和 Bi）阴离子的结构与 $C_5H_5^-$ 的结构相同[226]。基于实验和理论证据，$SiAu_n$（n=2～4）团簇在几何和电子结构上相似于 SiH_n 团簇[227]。人们结合光电子光谱和从头算[228]阐明了 B_4O_2 和 $B_4O_2^-$ 团簇的结构。两者具有高稳定性线性结构 O—B—B—B—B—O，中心的 B—B 键长从中性团簇的 1.514 Å 缩短到阴离子团簇中的 1.482 Å，而键级从 2 增加到 5。

人们由振动光谱可以完成的另一个重要任务是力常数（f）的确定。对于双原子分子，其力常数可以直接从振动频率（ω）和由谐振子公式中振动原子的约化质量（$\bar{m}$）获得，即

$$f=4\pi^2c^2\omega^2\bar{m} \tag{11.49}$$

其中，c 是光速。力常数是平衡态时键能对距离的二阶导数，即

$$f=\left(\frac{\partial^2E}{\partial r^2}\right)_{r=r_0} \tag{11.50}$$

这给出了关于化学键强度（多重度）的重要信息。因此，M_2 分子的力常数用于将键多重度定义为实际的 f 与一个标准单键[229]的比值。分子 A_2 中的振动频率和力常数列在表 11.11 中。对于多原子分子振动问题的精确解答需要键的结构、键的特性、键的强度知识，以及分子的不同片段之间的空间相互作用。因此，理论上精确的结果不是很多，例如文献［230］仅含有 300 种共价性或离子性化学键的数据。分子结构最成功的测定结果是结合光谱方法和电子衍射法（参见文献［230-234］）获得的。

表 11.11　A_2 分子的振动频率（ω，cm^{-1}）和力常数（f，mdyn/Å）

A	ω	f	A	ω	f	A	ω	f
Ag	192.4	1.18	Hf	176	1.63	Rb	57	0.08
Al	286[a]	0.65	Hg	18.5	0.02	Re	338	6.26
As	430	4.09	I	214	1.72	Rh	284	2.44
Au	191	2.12	In	142	0.68	Ru	347	3.59
B	1051	3.52	K	92.0	0.10	S	726	4.99
Be	498[b]	0.27	Kr	24.2	0.01	Sb	270	2.62
Bi	173	1.85	Li	351	0.25	Sc	240	0.76
Br	325	2.49	Mg	51.1	0.02	Se	385	3.45
C	1855	12.2	Mn	76	0.09	Si	509[c]	2.15
Ca	64.9	0.05	Mo	473	6.33	Sn	186[d]	1.21
Cd	23	0.02	N	2359	23.0	Ta	300	4.80
Cl	560	3.28	Na	159	0.17	Te	247	2.30
Co	297	1.53	Nb	420	4.84	Ti	408	2.35
Cr	481	3.54	Ni	259	1.16	Tl	39[e]	0.09
Cs	42.0	0.07	O	1580	11.8	V	537	4.33
Cu	266	1.33	P	781	5.58	W	337	6.14
F	917	4.71	Pb	110	0.74	Zn	26	0.01
Fe	300	1.48	Pd	210	1.38	Zr	306	2.51

续表

A	ω	f	A	ω	f	A	ω	f
Ga	165	0.56	Pt	222	2.84	Y	184	0.90
H	4401	5.72						

注：除了特别说明，数据均来自于文献［229，231］。a. 数据源自文献［235］；b. 数据源自文献［236］；c. 数据源自文献［237］；d. 数据源自文献［238］；e. 数据源自文献［239］

Birge 和 Mecke[240,241] 首次建立了原子的伸缩振动频率与分子内距离之间的经验关系，即

$$\omega d^2 = 常数 \tag{11.51}$$

后来，Morse[242] 提出的公式为

$$f = \frac{c}{d^6} \tag{11.52}$$

其中，c 是常数，人们将它应用在文献［243～246］的工作中并进行了改进。最近，文献［247］报道了对于碱金属、第15和16族元素和LiX的稳定双原子分子的多个系列的振动频率、键长和约化质量之间的一个简单关系

$$\omega = \frac{a}{d\overline{m}^{1/2}} + b \tag{11.53}$$

其中，a 和 b 是常数。在 Morse 之后下一步工作由 Badger[248,249] 完成，他提出的公式为

$$f = A(d-B)^{-3} \tag{11.54}$$

其中，A 和 B 是常数。式 11.54 的参数经过了反复的修正[250,251]。例如，人们提出用 4.33 代替式 11.54 中的 3（幂），这极大地改善了该关系式[251]。然而，Badger 公式的原始形式已经用在结构和物理化学的许多研究中。Murrel[252] 用离子模型分析了极性 M—X 键的特性，并推导了下列公式

$$f_b = 2\frac{Z_M Z_X}{d_e^3}(1-\sigma) \tag{11.55}$$

其中，σ 是屏蔽因子。Pearson 已经简化了该公式，用 Z_M^* 和 Z_X^* 的乘积取代了上式的分子部分[253]，即

$$f_b = 2\frac{Z_M^* Z_X^*}{d_e^3} \tag{11.56}$$

由该公式计算的主族元素的 Z^* 与修正的 Slater 规则（表 S11.16）得到的结果定量地一致，但对于具有未充满 d 壳层的原子，结果偏低，需要乘上上限为 1.5 的因子。Gordy[254] 第一次建立了分子中力常数与原子电负性（χ）的关系，即

$$f = aq\left(\frac{\chi_M \chi_X}{d^2}\right)^{3/4} + b \tag{11.57}$$

其中，a 和 b 是特定物质的参数，而 $q = v/N_c$ 是键多重度，v 是价态，N_c 是配位数。基于式 11.57，力常数以及振动频率（ω）会随价态的增加而增加，这在实验上已得到了证实。原子的各种价态的 d 和 ω 汇编在文献［255-257］中，并简略地列在表 11.12 中。从该表可以看出，当 M 的 v 增加一个单位时，ω 平均增加了 30%。碱土金属卤化物满足下式

$$f=k\Delta\chi^{n} \tag{11.58}$$

其中，$k=0.5883$ 和 $n=3.8404$[258]。人们通过不断尝试改善 f 对 χ 的依赖关系得到一些结果，总结在综述中[259]。之后，Pearson[260] 提出了 MX 型分子的公式

$$fd=aq(\chi_{M}\chi_{X})+b \tag{11.59}$$

这个表达式很好地描述了极性化合物。例如，对于碱金属卤化物，相关系数是 0.995，然而，对于共价分子，其相关系数只有 0.88。

在相变时，N_c 一旦增加，ω 则减小。表 11.13 列出了气相和晶体中产生原子的 ω[261-263]，这说明了配位数的影响。当极性分子通过氢键（例如在 HX 中）连接或当 MX_n 分子变成 $[MX_{n+1}]^-$ 离子时，N_c 也会发生变化。因此，HF、HCl、HBr 和 HI 分子冷凝时，ω（H—X）相应减小：其数值分别为 3962 cm^{-1}→2420 cm^{-1}，2886 cm^{-1}→2746 cm^{-1}，2558 cm^{-1}→2438 cm^{-1}，2230 cm^{-1}→2120 cm^{-1}。相似的，N_c 的增加使 ω（N—H）从 NH_3 中的 3378 cm^{-1} 减少到 NH_4^+ 中的 3145 cm^{-1}。

表 11.12 价态对伸缩振动频率的影响

晶体	ω	晶体	ω	晶体	ω	晶体	ω
CuCl	172	TiF_3	452	MnF_2	407	$[FeBr_4]^{2-}$	219
$CuCl_2$	312	TiF_4	560	MnF_3	560	$[FeBr_4]^-$	285
CuBr	137	VF_3	511	MnF_4	622	$FeCl_2$	350
$CuBr_2$	224	VF_4	583	MnO	361	$FeCl_3$	370
HgCl	252	VF_5	715	Mn_2O_3	480	RuF_3	497
$HgCl_2$	370	CrF_2	481	MnO_2	606	RuF_4	581
HgSCN	207	CrF_3	528	$[FeCl_4]^{2-}$	286	RuF_5	640
$Hg(SCN)_2$	311	CrF_4	556	$[FeCl_4]^-$	378	RuF_6	735

表 11.13 配位数对键振动频率（cm^{-1}）的影响

物质	ω(气体)	ω(固体)	N_c 变化	物质	ω(多晶态 1)	ω(多晶态 2)	N_c 变化
LiF	910	305	1→6	$ZnCl_2$	516	280	2→4
LiCl	643	203		$ZnBr_2$	413	172	
LiBr	563	173		ZnI_2	340	122	
LiI	498	142		HgI_2	200	132	
NaF	536	246		$CdCl_2$	425	250	2→6
NaCl	366	164		$CdBr_2$	315	163	
NaBr	302	134		CdI_2	265	117	
NAl	258	116		$GaCl_3$	462	346	3→4
CuCl	415	172	1→4	$GaBr_3$	343	210	
CuBr	315	139		GAl_3	275	145	
CuI	264	124		BN	1385	1140	
BeO	1487	750		$AlCl_3$	616	257	3→6
BN	1515	1056		$InCl_3$	394	255	
				$InBr_3$	280	180	
				$FeCl_3$	370	280	
				MnS	295	220	4→6
				SiO_2	1090	888	
				GeO_2	890	720	
				Al_2O_3	800	590	

如果原子价态不改变，或其变化已知，IR 光谱给出了关于原子 N_c 的重要信息。因此，经冲击压缩后玻璃态 GeO_2 的 IR 光谱揭示了 N_c（Ge）从 4 增加到 6[11]。

人们从 IR 吸收带的形成中获得了其他信息。一般而言，粉末材料吸收光谱的强度取决于诸多因素，即颗粒的尺寸、样品与浸泡介质的 RI 的差值（Δn）、缺陷浓度。然而，Δn 总是具有重要作用。晶体反常色散的区域内测量 RI 的方法基于上述事实。因此，在物质吸收带 $n \to \infty$ 时，如果使用 n 增加的浸入介质 KBr、CsI、CuCl、AgCl、TlCl 和 TlBr，在某些频率会出现 $\Delta n=0$ 和背景变为零（Christiansen 的过滤效应）。因此，改变 ω 可确定对应于过滤效应的 RI，即反常色散关系曲线，该方法也允许区分晶体中各向同性（例如 NH_4^+）和各向异性离子的结构单元（例如 NO_3^-）[264-266]。

影响 IR 光谱中粉末吸收带形状的最重要的因素之一是配位数（表 11.14）。由于键极性随 N_c 的增加而增加，差值 $\varepsilon - n^2$ 随之增加（见 11.2 节）。根据式 11.20，从 ω_l 扩展到 ω_t，吸收带应该变宽。例如，γ-MnS 有 $N_c=4$，因此由 $\varepsilon=8.2$ 和 $n^2=6.0$，得到 $(\omega_l/\omega_t)^2=1.2$。在 α 多晶型物质中，$N_c=6$，因而，在 $\varepsilon=20$ 和 $n^2=6.2$ 时得到 $(\omega_l/\omega_t)^2=3.3$。因此，$\gamma \to \alpha$ 相变几乎是 ω（Mn－S）带宽的三倍，这在实验上已到了证实。

表 11.14 配位数和价态对吸收带宽度（cm^{-1}）的影响

物质	v	N_c	$\Delta\omega_{1/2}$	物质	v	N_c	$\Delta\omega_{1/2}$
BN	3	3	110	Cu_2O	1	2	35
		4	180	CuO	2	4	145
MnS	2	4	50	GeS_2	4	4	60
		6	150	GeS	2	6	280
GeO_2	4	4	65				
		6	140				

人们在加热时观察到 $NaNO_3$ 和 KNO_3 的 IR 光谱的有趣变化[267]。图 11.8 显示了加热到 400℃下样品中吸收带 ω（N—O）的位置和形状，$NaNO_3$ 和 KNO_3 分别在 270～275 ℃和 128～130 ℃时显示出突变，对应于这些物质的相变。在 $NaNO_3$ 中，这表示 NO_3^- 离子旋转的开始，在 KNO_3 中，N_c 从 9 减少到 6，即从碳酸盐矿物结构过渡到方解石型结构。

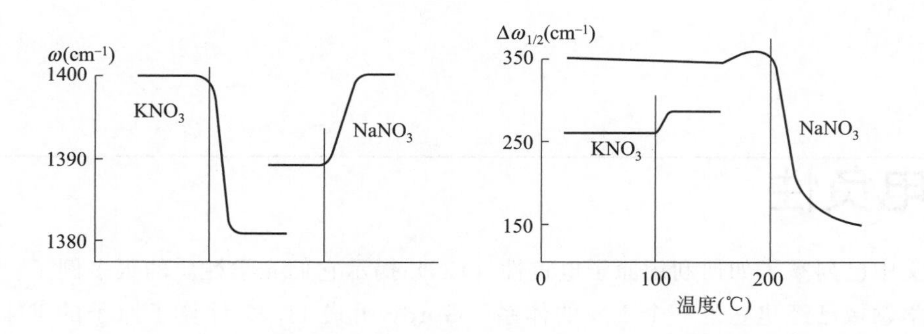

图 11.8 红外吸收峰的 ω（N—O）和半高宽 $\Delta\omega_{1/2}$ 随相变的变化

在无机物中 N_c 通常不会变化，但化学成键的特性随组成的变化而发生实质性的变化。因此，在一个 E_nAB 分子中如果 $\chi_A > \chi_B$，用一个更负电的原子（或基团）替换原子（或基团）E，会增加有效的 χ_A 和差值 $\Delta\chi=\chi_A-\chi_B$，从而减少了 ω_{AB}。若 $\chi_A<\chi_B$，同样的取代会减小 $\Delta\chi$，增加 ω_{AB}。经验关系证实了这些结论。在前一种情况中满足下列关系

$$\omega_{EOH}=\omega^{o}_{OH}-a\chi_E\omega_{EE'CH_2}=\omega^{o}_{OH}-b\sum\chi_E$$

而在后一种情况中

$$\omega_{ESiF}=\omega^{o}_{SiF}+c\sum\chi_E\omega_{EAB}=\omega^{o}_{AB}+d\chi_E$$

其中，A=P、As 和 Sb，B=O、S、Se 和 Te。

$$\omega_{EE'CO}=\omega^{o}_{CO}+e\sum\chi_E\omega_{EE'E''PO}=\omega^{o}_{PO}+f\sum\chi_E$$

$$\omega_{EE'E''PF}=\omega^{o}_{PF}+g\sum\chi_E$$

其中，a、b、c、d、e、f、g 都是常数。对于具有混合配体的无机物，相似的关系也已经建立。为此，人们在 MO_nX_m（M=Th、Sn、P、V、Nb、Cr、Mo、W、S、Se，而 X=卤素）中观测到，ω_{MO} 随 χ_X 的减少而减少。对于硫化物-卤化物，氢氧化物-卤化物，Au、Hg、Ti、Sn、Pb 和 Pt 的混合卤化物，人们获得了相似的结果。当引入一个电负性较小的配体时，相同键的力常数明显减小。例如，从 $[SnX_6]^{2-}$ 配合物过渡到$[SnX_4(CH_3)_2]^2$ 时 f(Sn—C)减小；相应地，对于 X=F 从 2.8 mdyn/Å 减少到 1.2 mdyn/Å，对于 Cl 从 1.5 mdyn/Å 减少到 0.8 mdyn/Å，对于 Br 从 1.2 mdyn/Å 减少到 1.1 mdyn/Å。类似的，在 $[AuX_4]^-$ 和 $[AuX_2(CH_3)_2]^-$ 配合物中，对于 Cl 力常数分别等于 2.2 mdyn/Å 和 1.4 mdyn/Å，而对于 X=Br 则分别为 1.8 mdyn/Å 和 1.2 mdyn/Å。

在分子 $CH_3I\rightarrow CH_3Br\rightarrow CH_3Cl\rightarrow CH_3F$ 的顺序中，由于 C—H 键的离子性增加，ω（C—H）吸收强度是单调增加的。在晶体 $Hg_3S_2Cl_2$、$Hg_3S_2Br_2$ 和 $Hg_3S_2I_2$ 中ω(Hg—S)吸收带随 Hg—S 键极性的增加而变宽。在 $M_2RuNOCl_5\rightarrow M_2RuNOBr_5\rightarrow M_2RuNOI_5$ 的顺序中，人们观察到ω(N—O)的吸收强度增加，随 Ru—NO 键极性的增加而增加。在 $CsSnCl_{3-x}Br_x$ 中ω(Sn—X)强度随 x 变化，因为 Cl 取代 Br 后，与 $CsSnCl_3$ 相比，剩余的 Sn—Cl 键极是增加的，这是由于不同卤素竞争地从 Sn 吸引电子密度[268]。

MNO_3 的光谱研究表明，随着 M—O 键共价性的增加，ω_3(N—O)吸收带的分裂增加。吸收带分裂也有助于解决结晶学的问题，尤其是说明离子的局部对称性。此处的光谱是对 XRD 的补充，它给出了平均对称性。事实上，振动光谱能确定 230 种晶体空间群中的 206 种[269,270]。

11.6 光学电负性

在上文中已列举了如何利用原子电负性（EN）揭示它们光学性质的很多例子。事实上，尤其在光学领域已经建立了一个 EN 的体系。Gordy 用式 11.57 计算了原子的 EN[254]，后来人们把它应用到多重键的原子[271]。随后提出了力常数与 EN 的其他关系[258,272-276]。然而，在多原子分子中 f 值的一个有效计算需要结构和成键特性的知识。因此，结果取决于所使用模型的正确性，并且不同的研究者对同一键报道的 f 值之间的偏差通常是总值的零点几。其公式[277] 为

$$f=q\left(\frac{\chi_M\chi_L}{d}\right)^{(1.2-0.1v)} \tag{11.60}$$

其中，v 是价态，q 是键多重度，适用于任何 MX_n 型的分子。这允许人们由已知的 χ_X 和 d 来计算 χ_M，这与热化学的 EN 一致。M_2 分子中单价金属的 EN 值可由下式计算

$$f=q\left(\frac{\chi_M^2}{d}\right)^{1.1} \tag{11.61}$$

力常数的实验值以及由式 11.60 和式 11.61 计算的 χ_M 呈现在表 S11.17 和表 S11.18 中。

MX 结晶物的力常数不能通过晶体晶格振动的谐振子公式进行计算，因为它们的计算要考虑晶体场效应和振动原子的极化率和/或有效电荷。为此，关于结晶物（尤其是多原子的）光学力常数的数据是不完整的，对于计算的 EN 值不够精确。Waser 和 Pauling[278] 提出了一个不同的解决方案，他们展示了立方晶体的 f 值由其机械特性获得，即

$$f_c=\frac{9B_oV_o}{N_cd^2} \tag{11.62}$$

其中，V_o 是摩尔体积，B_o 是体积模量。表 S11.19 列出了由式 11.62 计算的 MX 型立方晶体的力常数，以及通过以下公式获得的晶体中原子的 EN 值

$$f_c=k_Mq\left(\frac{\chi_M^*\chi_X^*}{d}\right)^{(1.2-0.1v)} \tag{11.63}$$

这是通过引入 Madelung 常数 k_M（参考文献［253］）后由式 11.60 推导出来的。具有不同配体化合物的光学性质计算的金属 EN 值是相似或相等的，这允许产生诸多平均光谱的 χ 和 χ^*[279]，其结果列在表 11.15 中。

也有大量由本书 11.5 节$\omega=\phi(\chi)$公式计算出 EN 的研究工作。值得的注意是，这些公式应用在无线电波光谱[280]。所有已报道的数据平均后的自由基 EN 值列在表 11.16 中。光学的 EN 值与热化学的 EN 值吻合较好。Jörgensen 首次用配合物的电子光谱数据定义 EN[281,282]。人们已经发现，一个配合物内电子的跃迁频率取决于中心原子（M）和（L）配体的 $\Delta\chi$，即

$$hv=a(\chi_M-\chi_L) \tag{11.64}$$

其中，常数 a 为标定到 Pauling 体系定义的常数。

后来，人们利用 Jörgensen 的方法定义如水、吡啶、双吡啶、联吡嗪等分子[283] 的 EN，产生了从 1.0 到 1.3 的 EN 值，这与范德华原子 EN 的离子化和结构相一致。Duffy 把 Jörgensen 方法拓展到结晶化合物［284-286］，即用式 11.58 中的 $h\omega$ 代替 E_g

$$E_g=b(\chi_{an}-\chi_{cat}) \tag{11.65}$$

为了定义不同化合物的 $\chi(O)$，Duffy 提出了下列经验公式

$$\chi_O=4.30-1.51(\chi_M-0.26) \tag{11.66}$$

其中，χ_M 是具有 Pauling 标度的金属 EN。基于式 11.66 可以建立 $\chi(O)$和 $f(N_c)$的关系。对于结晶为 B1 结构类型的 Mg、Ca、Sr 和 Ba 的氧化物，它得出 $\chi_O\approx2.3$；对于 Cu、Be、Zn 和 Hg 的氧化物，都以 B3 结构类型进行结晶时 $\chi_O\approx3.3$。由固相的 Duffy 方法计算的金属 EN 值通常低于 Pauling 的经典数值：Zn 1.1、Cd 1.45、Hg 1.55、Al 0.95、Ga 1.15、In 1.45、P 1.75、As 1.55、Sb 1.35，而对于卤素，其 EN 值等于

“分子”的值。因此，光谱数据证实了基于物质的能量和结构性质得到的结论如下：从分子过渡到具有原子晶格的晶体，减少了金属的 EN，但对非金属的 EN 没有影响，这引起了键极性的增加。Duffy 建立了硅酸盐的光学碱度与热化学之间的关系，以及氧化物中阳离子电荷、配位数和极化率之间的关系[287,288]，他也提出了确定很多金属和非金属的氧化物中光学碱度和键离子性的一般公式。最后，Reddy 等人[289] 对于二元氧化物、SiO_2 多晶型物、硅酸盐和矿物，由光学 EN 推导出摩尔折射率、离子性和密度值。

表 11.15 分子 (χ，上行) 和晶体 (χ^*，下行) 中原子的光谱电负性

M^{I}	χ/χ^*	M^{II}	χ/χ^*	M^{II}	χ/χ^*	M^{III}	χ/χ^*	M^{III}	χ/χ^*	M^{IV}	χ/χ^*
Li	0.9	Cu	1.7	Hf	1.9	Sc	1.3	N	3.2	Ti	1.9
	0.5						1.0				1.0
Na	0.8	Be	1.5	Sn	1.5	Y		P	1.9	Zr	1.8
	0.5		1.05		0.65		0.9				1.0
K	0.75	Mg	1.2	Pb	1.3	La	1.5	As	1.6	Hf	1.9
	0.4		0.7		0.65		0.9				1.1
Rb	0.7	Ca	1.0	Cr	1.5	B	1.9	Sb	1.5	Si	2.0
	0.4		0.65		0.5		1.3				1.05
Cs	0.7	Sr	0.9	Mn	1.4	Al	1.7	Bi	1.4	Ge	1.9
	0.4		0.6		0.75		1.0				1.0
Cu	1.6	Ba	0.9	Fe	1.5	Ga	1.7	Th		Sn	1.7
	1.0		0.6		0.7		0.95		1.1		0.9
Ag	1.5	Zn	1.7	Co	1.5	In	1.9	U		Pb	1.6
	0.8		0.9		0.7		1.18		0.9		0.9
Au	1.9	Cd	1.6	Ni	1.4	V	1.6	Rh		Mo	1.85
	1.4		0.85		0.75				0.8		1.2
Tl	1.15	Hg	1.8	Pd		Nb	1.9	Ir		W	1.9
	0.6		0.9		0.9		1.3		1.0		1.25
NH_4		Ti	1.6	Pt	1.6	Ta				Th	1.7
	0.5				1.1		0.95				1.3
		Zr	1.8	Th	1.9					U	1.6
					0.70						1.0

表 11.16 自由基的光谱电负性

E	χ	E	χ	E	χ
CF_3	3.2	NO_3	3.9	SO_4	3.6
CCl_3	3.0	NO_2	3.6	SO_3	3.6
CBr_3	2.7	N_3	3.4	SCN	2.8

续表

E	χ	E	χ	E	χ
CH_3	2.5	NH_2	3.1	SH	2.5
C_6H_5	2.8	CHO	2.8	SeH	2.3
$CH=CH_2$	3.0	COOH	2.9	PH_2	2.3
$C\equiv CH$	3.2	OCN	3.6	AsH_2	2.1
CN	3.3	OH	3.6	SbH_2	1.8

附录

补充表格

表 S11.1　折射率的温度系数

物质	$-\delta\times10^5$	物质	$-\delta\times10^5$	物质	$+\delta\times10^5$
LiF	1.2	CaF_2	0.8	金刚石	0.5
NaF	0.9	BaF_2	0.9	Si	4.5
NaCl	2.0	PbI_2	8.0	Ge	6.9
KCl	2.1	Ar	27	GaP	3.7
KBr	2.6	Kr	32	GaAs	4.5
KI	3.0	Xe	29	GaSb	8.2
CsBr	4.7	SiO_2	0.4	InP	2.7
CsI	5.2	$CaSO_4\cdot2H_2O$	1.0[a]	InSb	12
AgCl	3.0		2.8[b]	ZnSe	2.0
			1.7[c]	CdS	5.0

注：a. n_p；b. n_m；c. n_g

表 S11.2　单质固体的折射率

M	n_∞	M	n_∞	A	n_g	n_m	n_p	A	n_g	n_m	n_p
Cu	29.7	Fe	6.41	B		3.08		P[i]	3.21	3.20	3.11
Ag	9.91	Co	6.71	C[a]		2.42		As		3.6	
Au	8.17	Ni	9.54	C[b]		2.15	1.81	Sb		10.4	
Hg	14.0	Ru	11.7	Si[c]		3.42		S[j]		2.02	
Al	98.6	Rh	18.5	Ge[c]		3.99		S[k]	2.24	2.04	1.96
Nb	16.0	Pd	4.13	Sn[d]		4.8		S[k]		2.06	
Cr	21.2	Os	4.08	Pb[e]		13.6		Se[l]	2.91	2.84	
Mo	18.5	Ir	28.5	P[f]		2.12		Se[m]	4.04	3.00	
W	14.1	Pt	13.2	P[g]	3.15	2.72		Te[c]	4.82	2.61	
Re	4.25[c]			P[h]	3.20	2.72		I[n]		3.34	

注：除特别标注，数据取自文献［11.25］和作者自己未出版的测量数据。

a. 金刚石；b. 石墨；c. n_m；d. 数据源自文献［11.1］；e. $\lambda=10\mu$；f. 立方；g. 四方；h. 六方；i. 三斜；j. 玻璃态；k. 正交；l. 单斜；m. 三方；n. $\lambda=1.8\mu$，对于液态碘（114 ℃），$n=1.934$，对于液态溴（19 ℃），$n=1.604$

表 S11.3 MX 型晶态物质的折射率

M	F		Cl		Br		I	
	n_D	n_∞	n_D	n_∞	n_D	n_∞	n_D	n_∞
Li	1.392	1.386	1.662	1.646	1.784	1.752	1.955	1.906
Na	1.326	1.320	1.544	1.528	1.641	1.613	1.774	1.730
K	1.362	1.355	1.490	1.475	1.559	1.537	1.667	1.628
Rb	1.396	1.389	1.494	1.472	1.553	1.523	1.647	1.605
Cs[a]	1.478	1.469	1.534	1.517	1.582	1.558	1.661	1.622
Cs[b]	1.578	1.566	1.642	1.619	1.698	1.669	1.788	1.743
NH_4	1.315	1.312	1.643	1.614	1.712	1.672	1.701	1.633
Cu		1.973	1.891	2.116	2.014	2.345	2.217	
Ag	1.80	1.73	2.071	2.004	2.252	2.179	2.20[c]	2.13
Tl	2.055		2.247	2.162	2.418	2.302	2.78	2.60
M	O		S		Se		Te	
Be	1.724	1.679	2.275				2.65[d]	
Mg	1.737	1.718	2.271	2.084	2.42			
Ca	1.837	1.804	2.137	2.020	2.274	2.148	2.51	
Sr	1.870	1.802	2.107	1.927	2.220	2.092	2.41	
Ba	1.980	1.883	2.155	2.075	2.268	2.146	2.44	
Zn	2.018	1.922	2.368	2.267[e]	2.611	2.429[e]	3.060	2.698[e]
Cd	2.55	2.15	2.514	2.31[g]	2.650	2.42	2.91	2.685[g]
Hg	2.504[v]		2.927[w]	2.512	3.46		3.90	
Cu	2.84	2.54[h]						
Ga				2.26[i]	2.39[i]			
Eu	2.35[j]		2.43[j]	2.20	2.51[j]	2.29	2.70[j]	2.42
Ge			3.267[k]					
Sn	2.78[f]		3.61		3.80	3.595[l]	6.70[x]	
Pb	2.621[m]			4.17		4.69[x]		5.73[x]
Mn	2.18		2.67[n]		3.12[f]	2.83		
Fe	2.32							
Co	2.30							
Ni	2.27[o]		2.325[p]					
M	N		P		As		Sb	
B	2.117[q]		3.25					
Al	2.19		2.75		2.86		3.19[x]	
Ga	2.43[r]	2.30[s]		3.02[g]		3.30[g]		3.74[t]
In			3.54[u]	3.10[g]	3.89[u]	3.50[g]	4.10[u]	3.96[g]

注：n_∞取自文献［11.2］。

a. $N_c=6$；b. $N_c=8$；c. 立方相，对于六方相 $n_o=2.218$，$n_e=2.229$；d. 数据源自文献［11.3］；e. 数据源自文献［11.4］；f. 数据源自文献［11.5］；g. 数据源自文献［11.6］；h. 数据源自文献［11.7］；i. 数据源自文献［11.8］；j. $\lambda=\infty$；k. 数据源自文献［11.9］；l. 数据源自文献［11.10］；m. 六方相的平均值 $n_o=2.665$ 和 $n_e=2.535$，对于正交态 $n_g=2.71$，$n_m=2.61$，$n_p=2.51$；n. 立方（六方纤锌矿的平均值 $n=2.45$）；o. $\lambda=671$ nm；p. 平均值 $n_g=3.22$，$n_m=2.046$，$n_p=1.908$；q. 立方相（六方石墨相，$n_o=2.08$，$n_e=1.72$）；r. 平均值 $n_o=2.44$，$n_e=2.40$[11.11]；s. 数据源自文献［11.12］；t. 数据源自文献［11.13］；u. 数据源自文献［11.14］；v. 平均值 $n_g=2.65$，$n_m=2.50$，$n_p=2.37$；w. 平均值 $n_o=2.822$，$n_e=3.149$；x. 数据源自文献［11.15］

表 S11.4　MX_2 型晶体物质的折射率 ($\lambda=D$)

物质	n_g	n_m	n_p
BeH_2		1.648	
BeF_2^a		1.275	
BeF_2		1.328	
BeF_2^c		1.345	
BeI_2^d		1.99	
BeI_2^e	1.988	1.954	1.952
MgH_2	1.96	1.95	
MgF_2	1.389	1.377	
$MgCl_2$		1.675	1.590
$Mg(OH)_2$	1.595	1.584	
CaF_2		1.434	
$CaCl_2$	1.613	1.605	1.600
CAl_2		1.743	1.652
$Ca(OH)_2$	1.577	1.550	
SrF_2^f		1.438	
SrF_2^g		1.482	
SrFCl		1.651	1.627
$SrCl_2$		1.691	
$Sr(OH)_2$	1.610	1.599	1.588
BaF_2^f		1.474	
BaF_2^g		1.518	
BaFCl		1.640	1.633
$BaCl_2$	1.742	1.736	1.730
$BaBr_2$		1.793	
BaO_2	1.85	1.775	
ZnF_2	1.525	1.495	
ZnFCl		1.70	
$ZnCl_2$	1.713	1.687	
$ZnBr_2$		1.842	1.825
CdF_2		1.562	
$CdCl_2$		1.850	1.714
$CdBr_2$		2.027	1.866
CdI_2		2.36	2.17
$HgCl_2$	1.965	1.859	1.725
$HgBr_2$	2.095	1.922	1.879
HgI_2		2.748	2.455
Hg_2Cl_2	2.656		
CuF_2		1.527	1.515
SmF_2		1.636	
EuF_2		1.555	
YbF_2		1.618	
SnF_2^x	1.878	1.831	1.800
PbF_2^f		1.767	
PbF_2^g	1.853	1.844	1.837
PbFCl		2.145	2.006
$PbCl_2$	2.260	2.217	2.199
$PbBr_2^h$	2.560	2.476	2.439
PbI_2		2.80	2.13
CrF_2	1.525	1.511	
MnF_2^j	1.501	1.472	
MnF_2^e	1.492	1.490	
$MnCl_2$		1.80	
FeF_2	1.524	1.514	
$FeCl_2$		1.567	
CoF_2	1.547	1.524	
NiF_2	1.561	1.526	
$PdCl_2^k$		2.17	2.145
$PdCl_2^l$	2.50	2.04	1.75
$PtCl_2$	2.14	2.14	2.055

物质	n_g	n_m	n_p
$Pt(SCN)_2$		1.93	
TlClS		2.18	
TlBrS		2.46	
TlIS		2.7	
TlClSe		2.30	
$TlBrSe^z$		2.51	
$TlSeBr^\alpha$		2.34	
TlISe		2.7	
NdOF		1.82	
SmOF		1.82	
SmOOH	1.924	1.855	
DyOF		1.83	
HoOF		1.785	
ErOF		1.79	
YbOF		1.80	
LaSF	>2.14	2.06	
CeSF	>2.14	2.03	
PrSF	>2.14	2.10	
NdSF	>2.14	2.04	
CO_2		1.41	
SiO_2^a		1.459	
SiO_2^n	1.473	1.469	1.468
SiO_2^o		1.484	
SiO_2^p		1.487	1.484
SiO_2^q	1.522	1.513	
SiO_2^r	1.540	1.533	
SiO_2^s	1.553	1.544	
SiO_2^c	1.599	1.595	
SiO_2^j	1.835	1.800	
GeO_2^a		1.607	
GeO_2^b	1.735	1.695	
GeO_2^j	2.07	1.99	
GeS_2^y	2.2	1.95	
$GeSe_2$	3.32	2.83	2.65
SnO_2	2.097	2.001	
SnS_2		2.85	2.16
$SnSe_2$		3.26	2.88
PbO_2		2.30	
TiO_2^t		2.561	1.488
TiO_2^u	2.700	2.584	2.583
TiO_2^j	2.908	2.621	
TiS_2		3.79	
ZrO_2	2.20	2.19	2.13
ZrS_2		3.14	1.74
$ZrTe_2$		3.13	
HfS_2		2.49	
$HfSe_2$		2.84	
CeO_2		2.31	
ThO_2^y		2.170	
UO_2		2.39	
PuO_2		2.402	
MoS_2		4.336	2.035
$MoSe_2$		4.22	
WSe_2		4.5	
TeO_2	2.430	2.247	
Li_2O		1.644	
Cu_2O^w		2.787	
Cu_2S		3.52	3.49
Ag_2S		3.55	

注：a. 玻璃态；b. 类石英；c. 类柯石英；d. 四方；e. 正交；f. CaF_2 结构；g. $PbCl_2$ 类型；h. 数据源自文献 [11.16]；i. 立方；j. 金红石；k. 自身具有的结构类型；l. 单斜；m. $l=514$ nm[11.17]；n. 鳞石英；o. β-方石英；p. α-方石英；q. 热液石英；r. β-石英；s. α-石英；t. 锐钛矿；u. 板钛矿；v. $\lambda=D$，$n_\infty=2.119$[11.18]；w. $\lambda=\infty$，$n=2.557$[11.18]；x. $\lambda=\infty$，$n_g=1.8105$，$n_m=1.7749$，$n_p=1.7505$[11.19]；y. 数据源自文献 [11.20]；z. Se$=$Tl^{III}-Br；α. 对于 Tl^{I}-Se-Br

表 S11.5 MX_3 型晶体物质的折射率（$\lambda=D$）

物质	n_g	n_m	n_p	物质	n_g	n_m	n_p
ScF_3		1.401		SbI_3		2.78	2.36
YF_3^a	1.570	1.553	1.539	BiF_3		1.86	
LaF_3^a		1.602	1.597	CrF_3	1.582	1.568	
CeF_3		1.605	1.598	$CrCl_3$		2.0	
PrF_3		1.608	1.602	FeF_3	1.552	1.541	
NdF_3^a		1.618	1.612	CoF_3	1.726	1.703	
SmF_3		1.595		UCl_3	2.08	1.965	
EuF_3		1.590		$B(OH)_3$	1.462	1.461	1.337
GdF_3^a	1.598	1.581	1.565	$Al(OH)_3$	1.587	1.566	1.566
DyF_3^a	1.602	1.590	1.564	$Y(OH)_3$	1.714	1.676	
HoF_3^a	1.599	1.580	1.562	$La(OH)_3$		1.760	
ErF_3^a	1.600	1.579	1.566	$Nd(OH)_3$		1.800	1.755
YbF_3^a	1.593	1.580	1.569	$Sm(OH)_3$		1.800	1.758
LuF_3		1.525		$Eu(OH)_3$		1.735	
UF_3	1.738	1.732		MoO_3	2.37	2.27	2.25
AlF_3	1.377	1.376		WO_3	2.703	2.376	2.283
GaF_3		1.457		NLi_3^b		2.12	
InF_3		1.453		PLi_3^b		2.19	
VF_3	1.544	1.536		$AsLi_3^b$		2.28	
SbF_3	1.667	1.620	1.574	AsI_3	2.59	2.23	

注：a. 数据源自文献［11.21］；b. 数据源自文献［11.22］

表 S11.6 M_2X_3 型晶体物质的折射率（$\lambda=D$）

M_2O_3	n_m	n_p	M_2X_3	n_g	n_m	n_p
$B_2O_3^a$	1.447		B-$Tm_2O_3^e$		2.015	
$B_2O_3^b$	1.468		C-$Tm_2O_3^e$		1.951	
$B_2O_3^c$	1.458		B-$Yb_2O_3^e$		2.00	
$B_2O_3^d$	1.648		C-$Yb_2O_3^e$		1.947	
$Al_2O_3^d$	1.769	1.760	B-$Lu_2O_3^e$		1.99	
$Al_2O_3^d$	1.67	1.64	C-$Lu_2O_3^e$		1.927	
$Al_2O_3^c$	1.696		$Sb_2O_3^c$		2.087	
$Ga_2O_3^c$	1.927		$Sb_2O_3^h$	2.35	2.35	2.19
$In_2O_3^c$	2.08		$Bi_2O_3^g$		2.45	
$Sc_2O_3^k$	1.994		$Bi_2O_3^c$		2.42	
B-Y_2O_3	1.97		$Cr_2O_3^d$		2.49	2.47
C-Y_2O_3	1.915		Mn_2O_3		2.33	
La_2O_3	2.03		$Fe_2O_3^d$		3.22	2.94
Pr_2O_3	1.94		$Y_2S_3^f$		2.61	
Nd_2O_3	2.00		$La_2S_3^f$		2.85	
B-$Sm_2O_3^e$	2.08		$Ho_2S_3^f$		2.63	
B-$Eu_2O_3^e$	2.07		$Yb_2S_3^f$		2.61	
C-$Eu_2O_3^e$	1.983		$As_2S_3^i$	3.02	2.81	2.40
B-$Gd_2O_3^e$	2.04		$As_2S_3^a$		2.59	
C-$Gd_2O_3^e$	1.977		$As_2Se_3^a$		3.3	
$Tb_2O_3^k$	1.964		$Sb_2S_3^h$	4.303	4.046	3.194
B-$Dy_2O_3^e$	2.035		$Sb_2Se_3^i$		3.20	
C-$Dy_2O_3^e$	1.974		$Sb_2Te_3^i$		9.0	
B-$Ho_2O_3^e$	2.03		$As_2O_3^g$	2.01	1.92	1.87
C-$Ho_2O_3^e$	1.963		$As_2O_3^c$		1.755	
B-$Er_2O_3^e$	2.025		$Bi_2Te_3^i$		9.2	

注：a. 玻璃态；b. 致密玻璃；c. 立方；d. 六方；e. 数据源自文献［11.23］；f. 数据源自文献［11.24］；g. 单斜；h. 正交；i. 三方

表 S11.7　MX_n 型晶体物质的折射率（$\lambda=D$）

MX_4	结构	n_g	n_m	n_p	MX_4	结构	n_g	n_m	n_p
CeF_4	ZrF_4	1.652	1.613	1.607	PuF_4	ZrF_4	1.629	1.612	1.577
LaF_3		1.632	1.629		$GeBr_4$	立方		1.627	
ZrF_4	ZrF_4	1.60	1.57		SnI_4	立方		2.106	
HfF_4	ZrF_4	1.58	1.54		$SeCl_4$	立方		1.807	
ThF_4	ZrF_4		1.53		$PtCl_2Br_2$			2.07	
LaF_3		1.613	1.610		$PtBr_2I_2$		2.09	2.01	
UF_3Cl	单斜	1.755	1.745	1.725	PCl_5	四方	1.708	1.674	
UCl_4	$ThCl_4$		2.03	1.92					

表 S11.8　根据 Shannon 方法获得的离子极化率（$Å^3$）

M^+	M^{2+}		M^{3+}		M^{4+}	M^{5+}	A^{n-}
Li 1.20	Be 0.19	Zn 2.04	Sc 2.81	B 0.05	Ti 2.93	V 2.92	F^- 1.62
Na 1.80	Mg 1.32	Cd 3.40	Y 3.81	Al 0.79	Zr 3.25	Nb 3.97	OH^- 2.26
K 3.83	Ca 3.16	Mn 2.64	La 6.07	Ga 1.50	Si 0.87	Ta 4.73	O^{2-} 2.01
Rb 5.29	Sr 4.24	Fe 2.23	Cr 1.45	In 2.62	Ge 1.63	P 1.22	
Cs 7.43	Ba 6.40	Co 1.65	Fe 2.29	Sb 1.63	Sn 2.83	As 1.72	
Tl 7.28	Cu 2.11	Ni 1.23		Bi 6.12	Te 5.23		

表 S11.9　聚集态对分子折射率（cm^3/mol）的影响

分子	H_2O	CCl_4	$SiCl_4$	$SnCl_4$	$SnBr_4$	C_6H_6
R^a_{gas}	3.665	25.88	28.20	34.59	47.71	26.02
R^a_{liq}	3.656	25.78	27.98	33.92	46.18	25.10
分子	NH_4	N_2O	HCl	Cl_2	H_2S	SO_2
R^b_{gas}	5.62	7.71	6.68	11.55	9.46	10.25
R^b_{liq}	5.57	7.35	6.59	11.90	9.63	9.71
分子	H_2	O_2	N_2	CO_2	CH_4	CF_4
R^c_{gas}	2.09	4.05	4.47	6.68	6.59	7.33
R^c_{liq}	2.08	3.98	4.41	6.60	6.50	7.10
分子	Ar	Kr	Xe	H_2O	CO_2	
R^c_{liq}	4.160	6.466	10.512	3.72	6.60	
R^c_{sol}	4.180	6.379	10.387	3.79	6.77	
盐	$LiNO_3$	$NaNO_3$	KNO_3	$RbNO_3$	$AgNO_3$	$TlNO_3$
R^b_{liq}	10.74	11.39	13.44	15.31	16.17	21.38
R^b_{sol}	10.28	11.04	12.73	14.37	15.96	21.05
盐	KCl	KBr	KI	RbCl	RbBr	
R^a_{liq}	11.24	14.79	20.77	13.04	16.40	
R^a_{sol}	10.85	14.22	19.83	12.72	15.76	
盐	CsCl	CsBr	CsI	AgI	$CdCl_2$	$CdBr_2$
R^a_{liq}	15.91	19.30	25.41	19.82	20.3^d	27.3^d
R^a_{sol}	15.51	18.53	23.76	13.31	19.4^d	25.3^d

注：a. $\lambda=\infty$；b. $\lambda=589$ nm；c. $\lambda=546$ nm；d. $\lambda=592$ nm

表 S11.10 二氧化硅的多形变体的折射率[11.25,11.26]

变体类型	ρ,g/cm^3	$\bar{n}_D$	R_D,cm^3/mol
Deca-dodecasil 3R[a]	1.760	1.376	7.83
硅质盐 1	1.805	1.382	7.75
Dodecasil 1H[a]	1.843	1.386	7.66
Dodecasil 3C[a]	1.858	1.393	7.72
硅-ZSM-12[a]	1.907	1.403	7.69
Nonasil[a]	1.936	1.407	7.64
硅-ZSM-22	1.969	1.415	7.64
硅-ZSM-48	1.997	1.416	7.55
玻璃	2.203	1.461	7.48
低温鳞石英	2.26	1.477	7.51
低温方石英	2.318	1.485	7.43
热液石英	2.502	1.519	7.29
斜硅石	2.52	1.52	7.25
高温石英	2.53	1.535	7.39
低温石英	2.649	1.547	7.19
柯石英	2.920	1.596	7.00
超石英(N_c=6)	4.291	1.806	6.02

注：a. 无客体的多孔材料

表 S11.11 根据 Vogel[11.27] 和 Miller[11.28] 方法获得的原子折射率（cm^3/mol）

原子,基团	R_D^a	R_∞	R_D^b	原子,基团	R_D	R_∞
H	1.03	1.01	0.98	CN	5.46	5.33
C	2.59	2.54	2.68	NO_3	9.03	8.73
O	1.76	1.72	1.61	CO_3	7.70	7.51
OH	2.55	2.49	2.58	SO_3	11.34	11.04
F	0.81	0.76	0.75	SO_4	11.09	10.92
Cl	5.84	5.70	5.84	PO_4	10.77	10.63
Br	8.74	8.44	7.60	CH_2	4.65	4.54
I	13.95	13.27	13.66	CH_3	5.65	5.54
N(氨基)	2.74	2.57	2.43	形成:三元环	0.60	0.53
N(芳基)	4.24	3.55	2.75			
ONO(亚硝酸盐)	7.24	6.95		形成:四元环	0.32	0.28
NO_2(硝基)	6.71	6.47		形成:五元环	−0.19	−0.19
S	7.92	7.60	7.57	形成:六元环	−0.15	−0.15
SCN(硫氰酸盐)	13.40	12.98		双键	1.58	1.42
NCS(异硫氰酸盐)	15.62	14.85		三键	1.98	1.85

注：a. 数据源自文献 [11.27]；b. 数据源自文献 [11.28]

表 S11.12 晶态离子折射率（cm^3/mol）的经验值

+1		+2				+3		+4		+5		+6		−1		−2		−3	
Li	0.1	Be	0.05	V	2.8	B	0.03	C	0.01	P	0.25	S	0.04	F	2.0	O	3.8	N	5.5
Na	0.8	Mg	0.5	Cr	2.6	Al	0.4	Si	0.3	As	1.4	Se	0.25	Cl	7.6	S	11.3	P	16.7
K	3.1	Ca	2.3	Mn	2.3	Ga	1.6	Ge	1.5	Sb	3.5	Te	0.8	Br	11.3	Se	14.8	As	19.8
Rb	4.9	Sr	3.8	Fe	2.1	In	3.8	Sn	3.6	Bi	3.8	Cr	0.6	I	15.8	Te	23.2	Sb	27.6
Cs	8.0	Ba	6.3	Co	2.0	Tl	4.7	Pb	4.0	V	1.5	Mo	1.2						
Cu	2.6	Zn	1.7	Ni	1.9	Sc	1.9	Ti	1.7	Nb	2.7	W	1.2						
Ag	6.1	Cd	4.3	Ru	3.7	Y	3.2	Zr	2.9	Ta	2.7	U	6.0						
Au	8.3	Hg	6.1	Rh	3.5	La	5.4	Hf	3.0	U	6.5								
Tl	11.2	Cu	1.5	Pd	3.3	V	2.2	Mo	4.0										

续表

+1	+2				+3		+4		+5	+6	−1	−2	−3
	Ti	3.0	Os	4.2	As	6.0	W	4.0					
	Sn	8.2	Ir	4.0	Sb	7.0	Te	6.0					
	Pb	10.8	Pt	3.8	Bi	10.1	Ru[a]	2.4					
					Cr	2.0	Os	2.8					
					Mn	1.8	Ir	2.7					
					Fe	1.6	Pt	2.6					
					Co	1.5	Th	7.0					
					Ni	1.4	U	7.0					

注：a. Rh 和 Pd 具有相同值

表 S11.13 原子折射对电离的相对变化

i,%	10	20	30	40	50	60	70	80	90
在分子中									
阴离子	0.062	0.125	0.192	0.218	0.355	0.455	0.572	0.692	0.83
阳离子[a]	0.52	0.33	0.225	0.155	0.11	0.074	0.045	0.027	0.015
阳离子[b]	0.70	0.52	0.39	0.305	0.23	0.175	0.125	0.078	0.037
在晶体中									
阴离子	0.036	0.078	0.126	0.183	0.233	0.333	0.434	0.563	0.737
阳离子[a]	0.58	0.385	0.26	0.18	0.125	0.078	0.048	0.024	0.012
阳离子[b]	0.73	0.55	0.42	0.32	0.235	0.17	0.115	0.07	0.027

注：a. 亚原子；b. 亚原子

表 S11.14 键折射率（cm^3/mol）

Vogel[a] 和 Miller[b] 体系

键	R_D^a	R_∞^a	R_D^b	键		R_D	R_∞
C—H	1.676	1.644	1.645	C═O	（酮）	3.49	3.38
C—C	1.296	1.254	1.339	C—S		4.61	4.42
C—C(环丙烷)	1.50	1.44		C═S		11.91	10.79
C—C(环丁烷)	1.38	1.32		C—N		1.57[c]	1.49
C—C(环戊烷)	1.28	1.24		C═N		3.75	3.51
C—C(环己烷)	1.27	1.23		C≡N		4.82	4.70
C_{ar}—C_{ar}	2.69	2.55	2.74	N—N		1.99	1.80
C═C	4.17	3.94	4.14	N═N		4.12	3.97
C≡C	5.87	5.67	5.13	N—H		1.76[d]	1.74
C—F	1.55	1.53	1.40	N—O		2.43	2.35
C—Cl	6.51	6.36	6.51	N═O		4.00	3.80
C—Br	9.39	9.06	8.27	O—H(醇类)		1.66[e]	1.63
C—I	14.61	13.92	14.33	O—H(酸类)		1.80	1.78
C—O(醚类)	1.54	1.49	1.47	S—H		4.80	4.65
C—O(缩醛类)	1.46	1.43		S—O		4.94	4.75
C═O	3.32	3.24	2.57	S—S		8.11	7.72

Vogel 体系的附加

键	R_D	键	R_D	键	R_D
O—O	2.27	Si—Br	10.24	Sn—Sn	10.7
Se—Se	11.6	Si—O	1.80	B—H	2.15[f]
P—H	4.24	Si—S	6.14	B—F	1.68
P—F	3.56	Si—N	2.16	B—Cl	6.95
P—Cl	8.80	Si—C_{alkyl}	2.47	B—Br	9.6[f]
P—Br	11.64	Si—C_{aryl}	2.93	B—O	1.61
P—O	3.08	Si—Si	5.87	B—S	5.38

续表

键	R_D	键	R_D	键	R_D
Vogel 体系的附加					
P—S	7.56	Ge—H	3.64	B—N	1.96
P═S	6.87	Ge—F	2.3	B—C_{alkyl}	2.03
P—N	2.82	Ge—Cl	7.65	B—C_{aryl}	3.07
P—C	3.68	Ge—Br	11.1	Al—O	2.15
As—O	4.02	Ge—I	16.7	Al—N	2.90
As—C	4.52	Ge—O	2.50	Al—C	3.94
As—Cl	9.23	Ge—S	7.02	Hg—Cl	7.63[f]
As—Br	13.3	Ge—N	2.33	Hg—Br	9.77[f]
As—I	20.4	Ge—C	3.05	Hg—C	7.21
Vogel[a] 和 Miller[b] 系统					
Sb—H	3.2	Ge—Ge	6.85	Zn—C	5.4
Sb—Cl	10.6	Sn—H	4.83	Cd—C	7.2
Sb—Br	13.6	Sn—Cl	8.66	In—C	5.9
Sb—I	20.8	Sn—Br	11.97	Pb—C	5.25
Sb—O	5.0	Sn—I	17.41	Sb—C	5.4
Sb—C	5.4	Sn—O	3.84	Bi—C	6.9
Si—H	3.0	Sn—S	7.63	Se—C	6.0
Si—F	2.1	Sn—C_{alkyl}	4.17	Te—C	7.9
Si—Cl	7.92	Sn—C_{aryl}	4.55		

注：a. 数据源自文献［11.27］；b. 数据源自文献［11.28］；c. 1.48；d. 1.79；e. 1.78 cm^3/mol；f. R_∞

表 S11.15 键折射率（cm^3/mol）的各向异性：$\gamma=(R_\parallel/R_\perp)^{1/3}$

分子	$R_\parallel$	$R_\perp$	γ	分子	$R_\parallel$	$R_\perp$	γ
H_2[a,b]	2.54	1.709	1.13	CO[b,e]	5.832	4.495	1.09
Cl_2[c]	16.0	9.44	1.19	CO_2[e]	5.04	4.91	1.01
I_2[d]	37.3	20.45	1.22	CS_2[e]	19.03	13.85	1.11
O_2[a]	5.678	3.102	1.22	SO_2[f]	14.63	9.055	1.04
N_2[b]	5.53	3.816	1.13	C_2H_2[e]	11.88	7.265	1.18
NO[e]	5.885	3.564	1.17	C_2H_6[e]	11.27	1.69	
键[g,h]	$R_\parallel$	$R_\perp$	γ	**键**[g]	$R_\parallel$	$R_\perp$	γ
B—F	2.62	2.06	1.08	Ge—H	6.03	2.08	1.42
B—Cl	9.26	6.10	1.15	Ge—Cl	11.85	5.55	1.29
B—Br	13.5	8.38	1.17	Ge—Br	15.9	7.98	1.26
B—I	20.6	12.6	1.18	Ge—I	23.35	11.6	1.26
C—H	1.74	1.59	1.03	Ge—C	6.19	1.18	1.74
C—Cl	9.57	4.76	1.22	Sn—Cl	13.15	6.08	1.29
C—Br	14.0	6.60	1.28	Sn—Br	17.6	8.43	1.28
C—C	2.27	0.75	1.45	Sn—I	25.85	12.7	1.27
Si—H	4.56	2.18	1.28	Sn—C	8.68	1.52	1.79
Si—F	2.43	1.93	1.08	N—H[i]	2.24	1.99	1.04
Si—Cl	9.86	5.51	1.21	Fe—Cp[j]	55.59	42.92	1.09
Si—Br	14.3	7.55	1.24	Ru—Cp[j]	58.50	45.38	1.09
Si—I	21.3	11.5	1.23	Os—Cp[j]	60.64	47.33	1.09
Si—C	4.38	1.36	1.48				

注：a. 数据源自文献［11.29］；b. 数据源自文献［11.30］；c. 数据源自文献［11.31］；d. 数据源自文献［11.32］；e. 数据源自文献［11.33］；f. 数据源自文献［11.34］；g. 数据源自文献［11.35］；h. 数据源自文献［11.36］；i. 数据源自文献［11.37］；j. 数据源自文献［11.38］

表 S11.16　根据 Pearson 和 Slater 方法获得的 AH 分子中原子的有效核电荷（详见第 1 章的表 1.7）

A	Pearson	Slater	A	Pearson	Slater	A	Pearson	Slater
Li	1.8	1.3	Mg	2.8	2.8	Si	3.6	4.0
Na	2.3	2.2	Ca	3.4	2.8	N	2.9	3.7
Rb	2.7	2.2	Sr	3.6	3.3	P	4.0	4.6
K	3.0	2.7	Ba	3.8	3.3	O	3.1	4.3
Cs	3.1	2.7	B	2.5	2.5	S	4.4	5.2
Be	2.3	1.9	Al	3.1	3.4	F	3.2	4.9
			C	2.8	3.1	Cl	4.6	5.8

表 S11.17　卤化物分子中金属的力常数（mdyn/Å）和电负性

MX_n	M	F		Cl		Br		I	
		f	χ	f	χ	f	χ	f	χ
MX	Li	2.48	0.94	1.415	0.92	1.19	0.91	0.962	0.92
	Na	1.76	0.85	1.10	0.86	0.960	0.86	0.763	0.87
	K	1.38	0.77	0.865	0.78	0.702	0.73	0.612	0.78
	Rb	1.29	0.75	0.767	0.73	0.699	0.76	0.577	0.77
	Cs	1.22	0.74	0.756	0.75	0.658	0.75	0.543	0.76
	Cu	3.34	1.38	2.31	1.46	2.07	1.50	1.74	1.55
	Ag	2.51	1.20	1.855	1.33	1.66	1.36	1.465	1.44
	Au	4.42	1.95	2.60	1.75	2.34	1.79	2.12	1.95
	Sc[a]	4.25	1.77	2.34	1.65	1.846	1.52	1.50	1.51
	Al[b]	4.232	1.62	2.094	1.39	1.700	1.33	1.311	1.30
	Ga[c]	3.403	1.42	1.852	1.18	1.560	1.26	1.244	1.26
	Tl	2.33	1.18	1.43	1.15	1.25	1.15	1.04	1.17
MX_2	Be	5.15	1.60	3.28	1.75	2.53	1.59	1.96	1.55
	Mg	3.23	1.35	2.05	1.39	1.67	1.33	1.45	1.41
	Ca	1.90	0.99	1.18	0.95	1.03	0.96	0.86	0.99
	Sr	1.62	0.90	1.04	0.90	0.89	0.88	0.74	0.91
	Ba	1.51	0.89	0.97	0.90	0.77	0.84	0.65	0.85
	Zn	4.20	1.69	2.63	1.66	2.33	1.70	1.77	1.61
	Cd	3.67	1.69	2.14	1.50	1.93	1.55	1.65	1.61
	Hg	3.87	1.85	2.63	1.81	2.28	1.82	1.85	1.79
	Sn			1.82	1.35	1.72	1.47	1.72	1.77
	Pb	3.36	1.61	1.68	1.30	1.41	1.27	1.41	1.53
	Cr	3.28	1.39						
	Mn	3.75	1.59	2.21	1.50	1.72	1.36		
	Fe	4.04	1.66	2.18	1.44	1.99	1.52		
	Co	4.05	1.65	2.49	1.60	2.09	1.55		
	Ni	4.76	1.79	2.50	1.48	2.49	1.66		
MX_3	B	7.41	2.13	3.74	1.93	3.20	1.95	2.20	1.74
	Al	4.94	1.84	2.84	1.76	2.38	1.74	1.83	1.70
	Ga	4.70	1.85	2.68	1.71	2.09	1.57	1.72	1.61
	In			2.36	1.65	2.03	1.68	1.54	1.56
	Sc	3.68	1.59	1.93	1.37	1.61	1.33	1.10	1.14
	As	4.50	1.76	2.42	1.61	1.94	1.52	1.51	1.49
	Sb	4.73	2.03	2.20	1.59	1.81	1.53	1.42	1.49
	Bi	3.60	1.67	1.93	1.47	1.61	1.45	1.25	1.37
MX_4	Si	6.57	2.26	3.37	2.03	2.67	1.91		
	Ge	5.57	2.09	2.92	1.86	2.41	1.81	1.75	1.67
	Sn			2.63	1.82	2.12	1.72	1.60	1.63

续表

MX_n	M	F		Cl		Br		I	
		f	χ	f	χ	f	χ	f	χ
	Ti	4.91	1.96	2.78	1.83	2.47	1.90	1.90	1.82
	Zr	4.08	1.78	2.56	1.82	2.20	1.80	1.82	1.83
	Hf	4.33	1.89	2.61	1.85	2.26	1.84	1.86	1.87
	Th	3.24	1.60						
	U	3.30	1.57	2.05	1.61	1.75	1.59		

注：a. 数据源自文献 [11.39]；b. 数据源自文献 [11.40]；c. 数据源自文献 [11.41]

表 S11.18 氧化物和硫化物分子中金属的力常数（mdyn/Å）和电负性

M^{II}	O		S		M^{II}	O		S	
	f	χ	f	χ		f	χ	f	χ
Cu	3.08	1.56	2.16	1.70	Sn	5.62	1.51	3.53	1.50
Be	7.51	1.47	4.13	1.38	Pb	4.55	1.29	3.02	1.33
Mg	3.50	0.90	2.28	0.94	Bi[e]			2.735	1.22
Ca	3.61	0.97	2.24	1.00	Cr	5.64[a]	1.34	4.51	1.80
Sr	3.40	0.96	2.09	0.98	Mn	5.055[a]	1.22	2.87	1.14
Ba	3.79	1.08	2.20	1.06	Fe	5.56[a]	1.32	3.07[b]	1.20
Zn	4.49	1.14			Co	5.375[a]	1.29		
Hf[d]	8.206	2.08			Ni	5.08[a]	1.22	3.14[c]	1.18
Th[d]	7.077	2.02			Pt	6.31	1.60	4.24	1.66

注：CuSef=1.89，χ=1.59；CuTef=1.60，χ=1.71；SnSef=3.06，χ=1.42；SnTef=2.44，χ=1.40；PbSef=2.60，χ=1.25；PbTef=2.09，χ=1.23[11.42]。

a. 数据源自文献 [11.43]；b. 数据源自文献 [11.44]；c. 数据源自文献 [11.45]；d. 数据源自文献 [11.46]；e. 数据源自文献 [11.47，11.48]；BiSef=2.368，χ=1.17

表 S11.19 MX 型晶体中金属的弹性力常数（mdyn/Å）和电负性

M(Ⅰ)	F		Cl		Br		I	
	f_e	χ^a	f_e	χ^a	f_e	χ^a	f_e	χ^a
Li	0.265	0.54	0.150	0.52	0.123	0.50	0.104	0.52
Na	0.201	0.48	0.129	0.49	0.113	0.50	0.096	0.52
K	0.153	0.43	0.103	0.45	0.094	0.46	0.078	0.47
Rb	0.141	0.42	0.099	0.45	0.087	0.45	0.075	0.47
Cs	0.136	0.44	0.068	0.43	0.061	0.43	0.050	0.43
NH_4			0.117	0.53	0.103	0.53	0.098	0.60
Cu			0.397	0.87	0.403	0.99	0.383	1.13
Ag	0.272	0.67	0.220	0.79	0.212	0.85	0.239	0.79
Tl			0.082	0.47	0.078	0.45	0.077	0.58
M(Ⅱ)	O		S		Se		Te	
Be	1.700	1.39	0.919	1.25	0.855	1.28	0.676	1.26
Mg	0.620	0.88	0.370	0.84	0.272	0.68	0.335	1.00
Ca	0.495	0.80	0.328	0.82	0.273	0.74	0.241	0.81
Sr	0.422	0.73	0.315	0.83	0.253	0.72	0.241	0.83

续表

M(Ⅰ)	F		Cl		Br		I	
	f_e	χ^a	f_e	χ^a	f_e	χ^a	f_e	χ^a
Ba	0.343	0.64	0.320	0.90	0.247	0.74	0.226	0.82
Zn	1.159	1.13	0.745	1.13	0.654	1.08	0.550	1.11
Cd	0.593	0.93	0.678	1.11	0.601	1.06	0.511	1.10
Hg			0.725	1.19	0.590	1.05	0.528	1.13
Sn			0.395	0.92	0.271	0.74	0.202	0.66
Pb			0.283	0.74	0.276	0.77	0.234	0.78
Mn	0.624	0.93	0.730	1.15			0.287	0.87
M(Ⅲ)	N		P		As		Sb	
B	2.482	1.88	1.234	1.66	1.276	1.91		
Al	1.578	1.37	0.846	1.31	0.778	1.31	0.621	1.17
Ga	1.527	1.36	0.870	1.35	0.766	1.28	0.616	1.15
In	1.297	1.26	0.773	1.28	0.639	1.12	0.541	1.06
Th	0.817	1.27	0.721	1.32	0.637	1.79	0.479	1.46
U	0.897	1.33	0.522	1.43	0.522	1.39	0.347	1.00

注：a. χ 涉及的是晶体（而非分子）

补充参考文献

[11.1]　Herve P，Vandamme LKJ（1994）Infrared Phys Technol 4：609

[11.2]　Balzaretti NM，Da Jordana JAH（1996）J Phys Chem Solids 57：179

[11.3]　Wagner V，Gundel S，Geurts J et al（1998）J Cryst Growth 184/185：1067

[11.4]　Yamanaka T，Tokonami M（1985）Acta Cryst B41：298

[11.5]　Batsanov SS，Grankina ZA（1965）OpticAl Spectr 19：814（in Russian）

[11.6]　Sharma SB，Sharma SC，Sharma B，Bedi S（1992）J Phys Chem Solids 53：329

[11.7]　Ito T，Yamaguchi H，Masumi T，Adachi S（1998）J Phys Soc Japan 67：3304

[11.8]　Gauthier M，Polian A，Besson J，Chevy A（1989）Phys Rev B40：3837

[11.9]　Ren Q，Ding L-Y，Chen F-S et al（1997）J Mater SCl Lett 16：1247

[11.10]　Elkorashy A（1989）Physica B 159：171

[11.11]　Elkorashy A（1990）J Phys Chem Solids 51：289

[11.12]　Yamaguchi M，Yagi T，Azuhata T et al（1997）J Phys Cond Matter 9：241

[11.13]　Azuhata T，SotaT，Suzuki K，Nakamara S（1995）J Phys Cond Matter 7：L129

[11.14]　Uribe MM，de Oliveira CEM，Clerice JHM et al（1996）Elect Lett 32：262

[11.15]　Sun L，Ruoff AL，Zha C-S，Stupian G（2006）J Phys Chem Solids 67：2603

[11.16]　Sysoeva NP，Ayupov BM，Titova EF（1985）OptikAl Spectr 59：231

[11.17]　Shimizu H，Kitagawa T，Sasaki S（1993）Phys Rev B 47：11567

[11.18]　Medenbach O，Shannon RD（1997）J Opt Soc Amer B 14：3299

[11.19]　Acker E，Haussuhl S，Recker K（1972）J Cryst Growth 13/14：467

[11.20]　Gavaleshko NP，Savchuk Al，Vatamanyuk PP，LyakhovichAN（1981）Neorg Mater 17：538

[11.21]　Batsanova LR（1963）Izv Sib Otd AcadSClSU Ser Khimiya 3：83

[11.22]　Nazri GA，Julien C，Mavi HS（1994）Solid State Ionics 70/71：137

[11.23] Ruchkin ED, Sokolova MN, Batsanov SS (1967) Zh Struct Khim 8: 465
[11.24] Kustova GN, Obzherina KF, Kamarzin AA et al (1969) Zh Struct Khim 10: 609
[11.25] Batsanov SS (1966) Refractometry and chemical structure. Van Nostrand, Princeton; Batsanov SS (1976) Structural refractometry, 2nd edn. Vyschaya Shkola, Moscow (in Russian)
[11.26] Marler B (1988) Phys Chem Miner 16: 286; Guo YY, Kuo CK, Nicholson PS (1999) Solid State Ionics 123: 225
[11.27] Vogel Al (1948) J Chem Soc 1833; Vogel Al, Cresswell WT, Jeffery G, Leicester J (1952) J Chem Soc 514
[11.28] Miller KJ (1990) J Am Chem Soc 112: 8533
[11.29] Hohm U (1994) Chem Phys 179: 533
[11.30] McDowell SAC, Kumar A, MeathWJ (1996) Canad J Chem 74: 1180
[11.31] Bridge NJ, Buckingham AD (1966) Proc Roy SocA295: 334
[11.32] Maroulis G, Makris C, Hohm U, Goebel D (1997) J Phys Chem A 101: 953
[11.33] Baas F, van den Hout KD (1979) Physica A95: 597
[11.34] Gentle IR, Laver DR, Ritchie GLD (1990) J Phys Chem 94: 3434
[11.35] Allen GW, Aroney MJ (1989) J Chem Soc Faraday Trans II 85: 2479
[11.36] Keir RI, Ritchie GLD (1998) Chem Phys Lett 290: 409
[11.37] Ritchie GL, Blanch EW (2003) J Phys Chem A107: 2093
[11.38] Goebel D, Hohm U (1997) J Chem Soc Faraday Trans 93: 3467
[11.39] Gurvich LV, EzhovYuS, Osina EL, Shenyavskaya EA (1999) Russ J Phys Chem 73: 331
[11.40] HargittAl M, Varga Z (2007) J Phys Chem A 111: 6
[11.41] Singh VB (2005) J Phys Chem Ref Data 34: 23
[11.42] Batsanov SS (2005) Russ J Phys Chem 79: 725
[11.43] Zhao Y, Gong Y, Zhou M (2006) J Phys Chem A110: 1077
[11.44] Takano S, Yamamoto, SAlto S (2004) J Mol Spectr 224: 137
[11.45] Yamamoto T, Tanimoto M, Okabayashi T (2007) PCCP 9: 3774
[11.46] Merritt JM, Bondybey VE, Heaven MC (2009) J Chem Phys 130: 144503
[11.47] Setzer KD, Meinecke F, Fink EH (2009) J Mol Spectr 258: 56
[11.48] Setzer KD, Breidohr R, Meinecke F, Fink EH (2009) J Mol Spectr 258: 50

参考文献

[1] Toney MF, Brennan S (1989) Observation of the effect of refraction on X-rays diffracted in a grazing-inCldence asymmetric Bragg geometry. Phys Rev B 39: 7963-7966
[2] Wemple SH, DiDomenico M Jr (1969) Optical dispersion and the structure of solids. Phys Rev Lett 23: 1156-1160
[3] Wemple SH, DiDomenico M Jr (1971) Behavior of the electronic dielectric constant in covalent and ionic materials. Phys Rev B 3: 1338-1351
[4] Wemple SH (1973) Refractive-index behavior of amorphous semiconductors and glasses. Phys Rev B 7: 3767-3777
[5] Shannon RD, Shannon RC, Medenbach O, Fischer RX (2002) Refractive index and dispersion of fluorides and oxides. J Phys Chem Ref Data 31: 931-970
[6] Moss T (1950) A relationship between the refractive index and the infra-red threshold of sensitivity for photoconductors. Proc Phys Soc B 63: 167-176
[7] Dionne G, Wooley JC (1972) Optical properties of some $Pb_{1-x}Sn_xTe$ alloys determined from infrared plasma reflectivity measurements. Phys Rev B 6: 3898-3913
[8] Ravindra N, Auluck S, Srivastava V (1979) Penn gap in semiconductors. Phys Status Solidi B 93: K155-K160
[9] Grzybowski TA, Ruoff AL (1984) Band-overlap metallization of BaTe. Phys Rev Lett 53: 489-492
[10] Herve P, Vandamme LKJ (1994) General relation between refractive-index and energy-gap in semiconductors. Infrared Phys Technol 4: 609-615
[11] Rocquefelte X, Goubin F, Montardi Y et al (2005) Analysis of the refractive indices of TiO_2, $TiOF_2$, and TiF_4: Concept of optical channel as a guide to understand and design optical materials. Inorg Chem 44: 3589-

3593

[12] Rocquefelte X，Whangbo M-H，Jobic S（2005）Structural and electronic factors controllingthe refractive indices of the chalcogenides ZnQ and CdQ（Q=O，S，Se，Te）. Inorg Chem 44：3594-3598

[13] Batsanov SS（1966）Refractometry and chemical structure. Van Nostrand，Princeton NJ

[14] Batsanov SS（1976）Structural refractometry，2nd edn. Vyschaya Shkola，Moscow

[15] Batsanov SS，Lazareva EV，Kopaneva LI（1978）Phase transformation in GeO_2 under shock compression. Russ J Inorg Chem 23：964-965

[16] Itie JP，Polian A，Galas G et al（1989）Pressure-induced coordination changes in crystalline and vitreous GeO_2. Phys Rev Lett 63：398-401

[17] Hacskaylo M（1964）Determination of refractive index of thin dielectric films. J Opt Soc Amer 54：198

[18] Stoffler D（1974）Physical properties of shocked minerals. Fortschr Miner 51：256-289

[19] Schneider H，Hornemann U（1976）X-ray investigations on deformation of experimentally shock-loaded quartzes. Contrib Mineral Petrol 55：205-215

[20] ShimadaY，Okuno M，Syono Y et al（2002）An X-ray diffraction study of shock-wave-densified SiO_2 glasses. Phys Chem Miner 29：233-239

[21] Batsanov SS，Dulepov EV，Moroz EM et al（1971）Effect of an explosion on a substance. Impact compression of rare-earth metal fluorides. Comb Expl Shock Waves 7：226-228

[22] Tsay Y-F，Bendow B，Mitra SS（1973）Theory of temperature derivative of refractive-index in transparent crystals. Phys Rev B 8：2688-2696

[23] Dewaele A，Eggert JH，Loubeyre P，Le Toullec R（2003）Measurement of refractive index and equation of state in dense He，H_2，H_2O，and Ne under high pressure in a diamond anvil cell. Phys Rev B 67：094112

[24] Jones SC，Robinson MC，Gupta YM（2003）Ordinary refractive index of sapphire in uniaxial tension and compression along the *c* axis. J Appl Phys 93：1023-1031

[25] Balzaretti NM，da Jornada JAH（1996）Pressure dependence of the refractive index of diamond，cubic silicon carbide and cubic boron nitride. Solid State Commun 99：943-948

[26] Balzaretti NM，da Jornada JAH（1996）Pressure dependence of the refractive index and electronic polarizability of LiF，MgF_2 and CaF_2. J Phys Chem Solids 57：179-182

[27] Johannsen PG，Reiss G，Bohle U et al（1997）Effect of pressure on the refractive index of 11 alkali halides. Phys Rev B 55：6865-6870

[28] Ghandehari K，Luo H，Ruoff AL et al（1995）Band-gap and index of refraction of CsH to 251 GPa. Solid State Commun 95：385-388

[29] Evans WJ，Silvera IJ（1998）Index of refraction，polarizability，and equation of state of solid molecular hydrogen. Phys Rev B 57：14105-14109

[30] Ahart M，Yarger JL，Lantzky KM et al（2006）High-pressure Brillouin scattering of amorphous BeH_2. J Chem Phys 124：014502

[31] Sun L，Ruoff AL，Zha C-S，Stupian G（2006）Optical properties of methane to 288 GPa at 300 K. J Phys Chem Solids 67：2603-2608

[32] Sun L，Ruoff AL，Zha C-S，Stupian G（2006）High pressure studies on silane to 210 GPa at 300 K：optical evidence of an insulator-semiconductor transition. J Phys Cond Matter 18：8573-8580

[33] Shimizu H，Kitagawa T，Sasaki S（1993）Acoustic veloClties，refractive-index，and elasticconstants of liquid and solid CO_2 at high-pressures up to 6 GPa. Phys Rev B 47：11567-11570

[34] Batsanov SS（1956）Relationship between melting points and refraction indices of ionic crystals. Kristallografiya 1：140-142（in Russian）

[35] Samygin MM（1938）On the relation between boiling temperatures and refraction indices. Zhurnal Fizicheskoi Khimii 11：325-330（in Russian）

[36] Sorriso S（1980）Dielectric behavior and molecular-structure of inorganic complexes. Chem Rev 80：313-327

[37] Batsanov SS（1982）Dielectric method of studying the chemical bond and the concept of electronegativity. Russ Chem Rev 51：684-697

[38] Torring T，Ernst WE，Kandler J（1989）Energies and electric-dipole moments of the low-lying electronic states of the alkaline-earth monohalides from an electrostatic polarization model. J Chem Phys

90：4927-4932

[39] Ohwada K (1991) Application of potential constants—charge-transfer and electric-dipole moment change in the formation of heteronuclear diatomic-molecules. Spectrochim Acta A 47：1751-1765

[40] Sadlej AJ (1992) Electric properties of diatomic interhalogens—a study of the electron correlation and relativistic contributions. J Chem Phys 96：2048-2053

[41] Steimle TC，Robinson JS，Goodridge D (1999) The permanent electric dipole moments of chromium and vanadium mononitride：CrN and VN. J Chem Phys 110：881-889

[42] Medenbach O，Dettmar D，Shannon RD et al (2001) Refractive index and optical dispersion of rare earth oxides using a small-prism technique. J Opt A 3：174-177

[43] Vereschagin AN (1980) Molecular polarizability. Nauka，Moscow (in Russian)

[44] Thomas JM，Walker NR，Cooke SA，Gerry MCL (2004) Microwave spectra and structures of KrAuF，KrAgF，and KrAgBr；^{83}Kr nuclear quadrupole coupling and the nature of noble gas-noble metal halide bonding. J Am Chem Soc 126：1235-1246

[45] Steimle TC，Virgo W (2003) The permanent electric dipole moments and magnetic hyperfine interactions of ruthenium mononitride. J Chem Phys 119：12965-12972

[46] Steimle TC，Virgo WL (2004) The permanent electric dipole moments of WN and ReN and nuclear quadrupole interaction in ReN. J Chem Phys 121：12411-12420

[47] Steimle TC (2000) Permanent electric dipole moments of metal contAlning molecules. Int Rev Phys Chem 19：455-477

[48] Liao D-W，Balasubramanian K (1994) Spectroscopic constants and potential-energy curves for GeF. J Mol Spectr 163：284-290

[49] OgilvieJF (1995) Electric polarity $_{+}BrCl^{-}$ and rotational*g* factor from analysis of frequenCles of pure rotational and vibration-rotational spectra. J Chem Soc Faraday Trans 91：3005-3006

[50] Bazalgette G，White R，Loison J et al (1995) PhotodissoClation of ICl molecules oriented in an electric-field—direct determination of the sign of the dipole-moment. Chem Phys Lett 244：195-198

[51] Wang H，Zhuang X，Steimle TC (2009) The permanent electric dipole moments of cobalt monofluoride，CoF，and monohydride，CoH. J Chem Phys 131：114315

[52] Steimle TC，Virgo W L，Ma T (2006) The permanent electric dipole moment and hyperfine interaction in ruthenium monoflouride. J Chem Phys 124：024309

[53] Zhuang X，Steimle TC，Linton C (2010) The electric dipole moment of iridium monofluoride. J Chem Phys 133：164310

[54] Zhuang X，Steimle TC (2010) The permanent electric dipole moment of vanadium monosulfide. J Chem Phys 132：234304

[55] Busener H，Heinrich F，Hese A (1987) Electric dipole moments of the MgO $B^1\Sigma^+$ and $X^1\Sigma^+$ states. Chem Phys 112：139-146

[56] Zhuang X，Frey SE，Steimle TC (2010) Permanent electric dipole moment of copper monoxide. J Chem Phys 132：234312

[57] Heaven MC，Goncharov V，Steimle TC，Linton C (2006) The permanent electric dipole moments and magnetic*g* factors of uranium monoxide. J Chem Phys 125：204314

[58] Linton C，Chen J，Steimle TC (2009) Permanent electric dipole moment of cerium monoxide. J Phys Chem A 113：13379-13382

[59] Wang F，Le A，Steimle TC，Heaven MC (2011) The permanent electric dipole moment of thorium monoxide. J Chem Phys 134：031102

[60] Cooper DL，Langhoff SR (1981) A theoretical-study of selected singlet and triplet-states of the CO molecule. J Chem Phys 74：1200-1210

[61] Scuseria GE，Miller MD，Jensen F，Geertsen J (1991) The dipole moment of carbon monoxide. J Chem Phys 94：6660-6663

[62] Langhoff SR，Arnold JO (1979) Theoretical-study of the $X^1\Sigma^+$，$A^1\Pi$，$C^1\Sigma^-$，and $E^1\Sigma^+$ states of the SiO molecule. J Chem Phys 70：852-863

[63] Suenram RD，Fraser GT，Lovas FJ，Gilles CW (1991) Microwave spectra and electric dipole moments of VO and NbO. J Mol Spectr 148：114-122

[64] Steimle TC, Jung KY, Li B-Z (2002) The permanent electric dipole moment of PtO, PtS, PtN and PtC. J Chem Phys 103: 1767-1772

[65] Steimle TC, Virgo W (2002) The permanent electric dipole moments for the $A^2\Pi$ and $B^2\Sigma^+$ states and the hyperfine interactions in the $A^2\Pi$ state of lanthanum monoxide. J Chem Phys 116: 6012-6020

[66] Pineiro AL, Tipping RH, Chackerian C (1987) Rotational and vibration rotational intensities of CS isotopes. J Mol Spectr 125: 91-98

[67] Pineiro AL, Tipping RH, Chackerian C (1987) Semiempirical estimate of vibration rotational intensities of SiS. J Mol Spectr 125: 184-187

[68] Steimle TC, Gengler J, Hodges Ph J (2004) The permanent electric dipole moments of iron monoxide. J Chem Phys 121: 12303-12307

[69] Bousquet R, Namiki K-IC, Steimle TC (2000) A comparison of the permanent electric dipole moments of ZrS and TiS. J Chem Phys 113: 1566-1574

[70] Steimle TC, Virgo WL, Hostutler DA (2002) The permanent electric dipole moments of iron monocarbide. J Chem Phys 117: 1511-1516

[71] Tzeli D, Mavridis A (2001) On the dipole moment of the ground state $X^3\Delta$ of iron carbide, FeC. J Chem Phys 118: 4984-4986

[72] Borin AC (2001) The $A^1\Pi$-$X^1\Sigma^+$ transition in NiC. Chem Phys 274: 99-108

[73] Virgo WL, Steimle TC, Aucoin LE, Brown JM (2004) The permanent electric dipole moments of ruthenium monocarbide in the $^3\pi$ and $^3\delta$ states. Chem Phys Lett 391: 75-80.

[74] Marr AJ, Flores ME, Steimle TC (1996) The optical and optical/Stark spectrum of iridium monocarbide and mononitride. J Chem Phys 104: 8183-8196

[75] Wang H, Vigro WL, Chen J, Steimle TC (2007) Permanent electric dipole moment of molybdenum carbide. J Chem Phys 127: 124302

[76] Wang F, Steimle TC (2011) Electric dipole moment and hyperfine interaction of tungsten monocarbide. J Chem Phys 134: 201106

[77] Antoine R, Rayane D, Benichou E et al (2000) Electric dipole moment and charge transfer in alkali-C_{60} molecules. Eur Phys J D 12: 147-151

[78] Fajans K (1928) Deformation of ions and molecules on the basis of refractometric data. Z Elektrochem 34: 502-518

[79] Pauling L (1960) The nature of the chemical bond, 3rd edn. Cornell Univ Press, Ithaca

[80] Liu Y, Guo Y, Lin J et al (2001) Measurement of the electric dipole moment of NO by mid-infrared laser magnetic resonance spectroscopy. Mol Phys 99: 1457-1461

[81] Coulson CA (1942) The dipole moment of the C—H bond. Trans Faraday Soc 38: 433-444

[82] Rayane D, Allouche A-R, Antoine R et al (2003) Electric dipole of metal-benzene sandwiches. Chem Phys Lett 375: 506-510

[83] Dorosh O, Bialkowska-Jawarska E, Kisiel Z, Pszczólkowski L (2007) New measurementsand global analysis of rotational spectra of Cl-, Br-, and I-benzene: spectroscopic constants and electric dipole moments. J Mol Spectr 246: 228-232

[84] XuY, JägerW, Djauhari J, Gerry MCL (1995) Rotational spectra of the mixed rare-gas dimers Ne-Kr and Ar-Kr. J Chem Phys 103: 2827-2833

[85] Shannon RD (1993) Dielectric polarizabilities of ions in oxides and fluorides. J Appl Phys 73: 348-366

[86] Born M (1921) Electrostatic lattice potential. Z Physik 7: 124-140

[87] Szigeti B (1949) Polarizability and dielectric constant of ionic crystals. Trans Faraday Soc 45: 155-166

[88] Lyddane RH, Sachs RG, Teller E (1941) On the polar vibrations of alkali halides. Phys Rev 59: 673-676

[89] Penn D (1962) Wave-number-dependent dielectric function of semiconductors. Phys Rev 128: 2093-2097

[90] Phillips JC (1967) A posteriori theory of covalent bonding. Phys Rev Lett 19: 415-417

[91] Phillips JC (1968) Dielectric definition of electronegativity. Phys Rev Lett 20: 550-553

[92] Phillips JC, Van Vechten JA (1970) New set of tetrahedral covalent radii. Phys Rev B 2: 21472160

[93] Phillips JC (1970) IoniClty of chemical bond in crystals. Rev Modern Phys 42: 317-356

[94] Phillips JC (1985) Structure and properties—Mooser-Pearson plots. Helv Chim Acta 58: 209215

[95] Newton I (1704) Opticks: or a treatise of the reflexions, refractions, inflexions and colours of light. Smith S & Walford B, London
[96] Beer M (1853) Einleitung in hohere Optik. Vieweg und Sohn, Brunswick
[97] Gladstone JH, Dale TP (1863) Researches on the refraction, dispersion, and sensitiveness of liquids. Philos Trans Roy Soc London 153: 317-343
[98] Lorenz L (1880) Ueber die Refractionsconstante. Wied Ann Phys 11: 70-103
[99] Lorentz HA (1880) Ueber die Beziehung zwischen der Fortpflanzungsgeschwindigkeit des Lichtes und der Korperdichte. Wied Ann Phys 9: 641-665
[100] Lorentz HA (1895) Versuch einer Theorie der electrischen und optischen Erscheinungen in bewegten Korpern. Brill EJ, Leiden
[101] Lorentz HA (1916) The theory of electrons and its applications to the phenomena of light and radiant heat. G E Stechert, New York
[102] Shimizu H, Kitagawa T, Sasaki S (1993) Acoustic veloClties, refractive-index, and elastic- constants of liquid and solid CO_2 at high-pressures up to 6 GPa. Phys Rev B 47: 11567-11570
[103] Shimizu H, Kamabuchi K, Kume T, Sasaki S (1999) High-pressure elastic properties of theorientationally disordered and hydrogen-bonded phase of solid HCl. Phys Rev B 59: 1172711732
[104] Muller H (1935) Theory of the photoelastic effect of cubic crystals. Phys Rev 47: 947-957
[105] Yamaguchi M, Yagi T, Azuhata T et al (1997) Brillouin scattering study of gallium nitride: elastic stiffness constants. J Phys Cond Matter 9: 241-248
[106] Setchell RE (2002) Refractive index of sapphire. J Appl Phys 91: 2833-2841
[107] Dewaele A, personal communication
[108] Hohm U, Kerl K (1990) Interferometric measurements of the dipole polarizability a of molecules between 300 K and 1, 100 K: monochromatic measurements at $\lambda = 632.99$ nm for the noble gases and H_2, N_2, O_2, and CH_4. Mol Phys 69: 803-817
[109] Muller W, Meyer W (1986) Static dipole polarizabilities of Li_2, Na_2, and K_2. J Chem Phys 85: 953-957
[110] Brechignac C, Cahuzac P, Carlier F et al (1991) Simple metal clusters. Z Phys D 19: 1-6
[111] Miller TM, Bederson B (1977) Atomic and molecular polarizabilities. Adv Atom Mol Phys 13: 1-55
[112] Miller TM (1995-1996) Atomic and molecular polarizabilities. In: Lide DR (ed) Handbook of chemistry and physics, 76th edn. CRC Press, New York
[113] Rayane D, Allouche AR, Benichou E et al (1999) Static electric dipole polarizabilities of alkali clusters. Eur Phys J 9: 243-248
[114] Amini JM, Gould H (2003) High preClsion measurements of the static dipole polarizability of cesium. Phys Rev Lett 91: 153001
[115] Wettlaufer DE, Glass II (1972) SpeClfic refractivities of atomic nitrogen and oxygen. Phys Fluids 15: 2065-2066
[116] Goebel D, Hohm U (1997) Comparative study of the dipole polarizability of the metallocenes Fe $(C_5H_5)_2$, Ru $(C_5H_5)_2$ and Os $(C_5H_5)_2$. J Chem Soc Faraday 93: 3467-3472
[117] Tarnovsky V, Bunimovicz M, Vuskovic I et al (1993) Measurements of the DC electric-dipole polarizabilities of the alkali dimer molecules, homonuclear and heteronuclear. J Chem Phys 98: 3894-3904
[118] Ekstrom CR, Schmiedmayer J, Chapman MS et al (1995) Measurement of the electric polarizability of sodium. Phys Rev A 51: 3883-3888
[119] Kowalski A, Funk DJ, Breckenridge WH (1986) ExCltation-spectra of CaAr, SrAr and BaAr molecules in a supersonic jet. Chem Phys Lett 132: 263-268
[120] Sarkisov GS, Beigman IL, Shevelko VP, Struve K W (2006) Interferometric measurements of dynamic polarizabilities for metal atoms using electrically exploding wires in vacuum. Phys Rev A 73: 042501
[121] Goebel D, Hohm U, Maroulis G (1996) Theoretical and experimental determination of the polarizabilities of the zinc S_1^0 state. Phys Rev A 54: 1973-1978
[122] Goebel D, Hohm U (1995) Dispersion of the refractive-index of cadmium vapor and the dipole polarizability of the atomic cadmium S_1^0 state. Phys Rev A 52: 3691-3694

[123] Braun A, Holeman P (1936) The temperature dependence of the refraction of iodine and the refraction of atomic iodine. Z phys Chem B 34: 357-380

[124] Hohm U, Goebel D (1998) The complex refractive index and dipole-polarizability of iodine, I_2, between 11, 500 and 17, 800 cm^{-1}. AIP Conf Proc 430: 698-701

[125] Goebel D, Hohm U (1996) Dipole polarizability, Cauchy moments, and related properties of Hg. J Phys Chem 100: 7710-7712

[126] Thierfelder C, Assadollahzadeh B, Schwerdtfeger P et al (2008) Relativistic and electron correlation effects in static dipole polarizabilities for the Group 14 elements from carbon to element Z=114: theory and experiment. Phys Rev A 78: 052506

[127] Kadar-Kallen MA, Bonin KD (1994) Uranium polarizability measured by light-force technique. Phys Rev Lett 72: 828-831

[128] Hohm U, Loose A, Maroulis G, Xenides D (2000) Combined experimental and theoretical treatment of the dipole polarizability of P_4 clusters. Phys Rev A 61: 053202

[129] Hohm U, Goebel D, Karamanis P, Maroulis G (1998) Electric dipole polarizability of As_4. J Phys Chem A 102: 1237-1240

[130] Hu M, Kusse BR (2002) Experimental measurement of Ag vapor polarizability. Phys Rev A66: 062506

[131] Eisenlohr FZ (1910) A new calculation for atom refractions. Z phys Chem 75: 585-607

[132] Eisenlohr FZ (1912) A new calculation for atom refraction II. The constants of nitrogen. Z phys Chem 79: 129-146

[133] Vogel Al (1948) Investigation of the so-called co-ordinate or dative link in esters of oxy-aClds and in nitro-paraffins by molecular refractivity determinations. J Chem Soc 1833-1855

[134] Vogel Al, Cresswell WT, Jeffery GH, Leicester J (1952) Physical properties and chemical constitution: aliphatic aldoximes, ketoximes, and ketoxime O-alkyl ethers, NN-dialkylhyd- razines, aliphatic ketazines, mono-di-alkylaminopropionitriles and di-alkylaminopropionit- riles, alkoxypropionitriles, dialkyl azodiformates, and dialkyl carbonates—bond parachors, bond refractions, and bond-refraction coeffiClents. J Chem Soc 514-549

[135] Strohmeier W, Humpfner K (1956) Das Dipolmoment zwischen gelosten metallorganis-chen Verbindungen und organischen Losungsmittelmolekulen mit Elektronendonatoreigen-schaften. Z Elektrochem 60: 1111-1114

[136] Strohmeier W, Humpfner K (1957) Dipolmoment und Elektronenakzeptorstarke der Metalle der Ⅲ-Gruppe in metallorganischen Verbindungen. Z Elektrochem 61: 1010-1014

[137] Strohmeier W, Nutzel K (1958) Der Einfluss der Substituenten R auf die Elektronenakzeptorstarke des Metalles Me in Verbindungen MeRX. Z Elektrochem 62: 188-191

[138] Strohmeier W, von Hobe D (1960) Dipolmomente und Elektronenakzeptoreigenschaften von Cyclopentadienylmetallverbindungen und Benzolchromtricarbonyl. Z Elektrochem 64: 945951

[139] Phillips L, Dennis GR (1995) The electronic polarizability distribution of several substituted ferrocenes and di (η^6-benzene) chromium. J Chem Soc Dalton Trans 26: 1469-1472

[140] Hohm U (1994) Dipole polarizability and bond dissoClation energy. J Chem Phys 101: 6362-6364

[141] Batsanov SS (2003) On the covalent refractions of metals. Russ J Phys Chem 77: 1374-1376

[142] Noorizadeh S, Parhizgar M (2005) The atomic and group compressibility. J Mol Struct Theochem 725: 23-26

[143] Donald KJ (2006) Electronic compressibility and polarizability: origins of a correlation. J Phys Chem A 110: 2283-2289

[144] Miller KJ, Savchik JA (1979) New empirical-method to calculate average molecular polarizabilities. J Am Chem Soc 101: 7206-7213

[145] Miller KJ (1990) Additivity methods in molecular polarizability. J Am Chem Soc 112: 8533-8542

[146] Antoine R, Rayane D, Allouche AR et al (1999) Static dipole polarizability of small mixed sodium-lithium clusters. J Chem Phys 110: 5568-5577

[147] Lide DR (ed) (1995-1996) Handbook of chemistry and physics, 76th edn. CRC Press, New York

[148] Batsanov SS (1957) Atomic refractions of metals. Zhurnal Neorganicheskoi Khimii 2: 12211222 (in Russian)

[149] Batsanov SS (1961) Covalent refractions of metals. J Struct Chem 2: 337-342

[150] Batsanov SS (2004) Molecular refractions of crystalline inorganic compounds. Russ J Inorg Chem 49: 560-568

[151] Komara RA, Gearba MA, Fehrenbach CW, Lundeen SR (2005) Ion properties from high-L Rydberg fine structure: dipole polarizability of Si_2^+. J Phys B 38: S87-S95

[152] Snow EL, Lundeen SR (2007) Fine-structure measurements in high-L $n=17$ and 20 Rydberg states of barium. Phys Rev A 76: 052505

[153] HanniME, Keele JA, Lundeen SRetal (2010) Polarizabilities of Pb^{2+} and Pb^{4+} and ionization energies of Pb^+ and Pb^{3+} from spectroscopy of high-L Rydberg states of Pb^+ and Pb^{3+}. Phys Rev A 81: 042512

[154] Keele JA, Lundeen SR, Fehrenbach CW (2011) Polarizabilities of Rn-like Th^{4+} from rf spectroscopy of Th^{3+} Rydberg levels. Phys Rev A 83: 062509

[155] Reshetnikov N, Curtis LJ, Brown MS, Irwing RE (2008) Determination of polarizabilities and lifetimes for the Mg, Zn, Cd and Hg isoelectronic sequences. Physica Scripta 77: 015301

[156] Wasastjerna JA (1922) About the formation of atoms and molecules explAlned using the dispersion theory. Z phys Chem 101: 193-217

[157] Fajans K (1923) The structure and deformation of electron coating in its importance for the chemical and optical properties of inorganic compounds. Naturwiessenschaft 11: 165-172

[158] Fajans K, Ioos G (1924) Mole fraction of ions and molecules in light of the atom structure. Z Phys 23: 1-46

[159] Fajans K (1934) The refraction and dispersion of gases and vapours. Z phys Chem B 24: 103154

[160] Fajans K (1941) Polarization of ions and lattice distances. J Chem Phys 9: 281-282

[161] Fajans K (1941) Molar volume, refraction and interionic forces. J Chem Phys 9: 282

[162] Fajans K (1941) One-sided polarization of ions in vapor molecules. J Chem Phys 9: 378-379

[163] Marcus Y, Jenkins HDB, Glasser L (2002) Ion volumes: a comparison. J Chem Soc Dalton Trans 3795-3798

[164] Pauling L (1927) The theoretical prediction of the physical properties of many electron atoms and ions—mole refraction—diamagnetic susceptibility, and extension in space. Proc Roy Soc London A 114: 181-211

[165] Born M, Heisenberg W (1924) The influence of the deformability of ions on optical andchemical constants. Z Phys 23: 388-410

[166] Tessman JR, Kahn AH, Shockley W (1953) Electronic polarizabilities of ions in crystals. Phys Rev 92: 890-895

[167] Salzmann J-J, Jörgensen CK (1968) Molar refraction of aquo ions of metallic elements and interpretation of optical refraction measurements in inorganic chemistry. Helv Chim Acta 51: 1276-1293

[168] Jörgensen CK (1969) Origin of approximative additivity of electric polarisabilities in inorganic chemistry. Rev Chimie minerale 6: 183-191

[169] IwadateY, Mochinaga J, Kawamura K (1981) Refractive-indexes of ionic melts. J Phys Chem 85: 3708-3712

[170] IwadateY, Kawamura K, Murakami K et al (1982) Electronic polarizabilities of Tl^+, Ag^+, and Zn^{2+} ions estimated from refractive-index measurements of $TlNO_3$, $AgNO_3$, and $ZnCl_2$ melts. J Chem Phys 77: 6177-6183

[171] Shirao K, Fujii Y, Tominaga J et al (2002) Electronic polarizabilities of Sr^{2+} and Ba^{2+} estimated from refractive indexes and molar volumes of molten $SrCl_2$ and $BaCl_2$. J Alloys Comp 339: 309-316

[172] Mahan GD (1980) Polarizability of ions in crystals. Solid State Ionics 1: 29-45

[173] Fowler PW, Pyper NC (1985) In-crystal ionic polarizabilities derived by combining experimental and ab initio results. Proc Roy Soc London A 398: 377-393

[174] Fowler PW, Madden PA (1985) In-crystal polarizability of O^{2-}. J Phys Chem 89: 2581-2585

[175] Pyper NC, Pike CG, Edwards PP (1992) The polarizabilities of speCles present in ionic- solutions. Mol Phys 76: 353-372

[176] Pyper NC, Pike CG, Popelier P, Edwards PP (1995) On the polarizabilities of the doubly-charged ions of group IIB. Mol Phys 86: 995-1020

[177] Pyper NC, Popelier P (1997) The polarizabilities of halide ions in crystals. J Phys Cond Matter 9: 471-488

[178] Lim IS, Laerdahl JK, Schwerdtfeger P (2002) Fully relativistic coupled-cluster static dipole polarizabilities of the positively charged alkali ions from Li^+ to 119^+. J Chem Phys 116: 172178

[179] Shannon RD, Fischer RX (2006) Empirical electronic polarizabilities in oxides, hydroxides, oxyfluorides, and oxychlorides. Phys Rev B 73: 235111

[180] Jemmer P, Fowler PW, Wilson M, Madden PA (1998) Environmental effects on anion polarizability: Variation with lattice parameter and coordination number. J Phys Chem A 102: 8377-8385

[181] Dimitrov V, Komatsu T (1999) Electronic polarizability, optical basiClty and non-linear optical properties of oxide glasses. J Non-Cryst Solids 249: 160-179

[182] Duffy JA (2002) The electronic polarisability of oxygen in glass and the effect of composition. J Non-Cryst Solids 297: 275-284

[183] BachinskiiAl (1918) Molecular fields and their volumes. Bull Russ Acad SCl 1: 11 (in Russian)

[184] von Steiger AL (1921) An article on the summation methodology of the molecular refractions, espeClally among aromatic hydrocarbons. Berichte Deutsch Chem Ges 54: 1381-1393

[185] Smyth C (1925) Refraction and electron constrAlnt in ions and molecules. Phil Mag 50: 361375

[186] Denbigh KG (1940) The polarisabilities of bonds. Trans Faraday Soc 36: 936-947

[187] Vickery BC, Denbigh KG (1949) The polarisabilities of bonds: bond refractions in the alkanes. Trans Faraday Soc 45: 61-81

[188] Vogel Al, Cresswell WT, Jeffery G, Leicester J (1950) Bond refractions and bond parachors. Chem Ind 358

[189] Vogel Al, Cresswell WT, Leicester J (1954) Bond refractions for tin, silicon, lead, germanium and mercury compounds. J Phys Chem 58: 174-177

[190] Yoffe BV (1974) Refractometric methods in chemistry. Khimia, Leningrad (in Russian)

[191] Huggins ML (1941) Densities and refractive indices of liquid paraffin hydrocarbons. J Am Chem Soc 63: 116-120

[192] Huggins ML (1941) Densities and refractive indices of unsaturated hydrocarbons. J Am Chem Soc 63: 916-920

[193] Palit SR, Somayajulu GR (1960) Electronic correlation of molar refraction. J Chem Soc 459-460

[194] Hohm U (1994) Dispersion of polarizability anisotropy of H_2, O_2, N_2O, CO_2, NH_3, C_2H_6, and cyclo-C_3H_6 and evaluation of isotropic and anisotropic dispersion-interaction energy coeffiClents. Chem Phys 179: 533-541

[195] McDowell SAC, KumarA, MeathWJ (1996) Anisotropic and isotropic triple-dipole dispersion energy coeffiClents for all three-body interactions involving He, Ne, Ar, Kr, Xe, H_2, N_2, and CO. Canad J Chem 74: 1180-1186

[196] Minemoto S, Tanji H, SakAl H (2003) Polarizability anisotropies of rare gas van der Waals dimers studied by laser-induced molecular alignment. J Chem Phys 119: 7737-7740

[197] Yakshin MM (1948) On atomic polarization and bond refraction of complex compounds of platinum. Izvestia Sektora Platiny 21: 146-156 (in Russian)

[198] de Visser SP (1999) On the relationship between internal energy and both the polarizability volume and the diamagnetic susceptibility. Phys Chem Chem Phys 1: 749-753

[199] Hohm U (2000) Is there a minimum polarizability prinClple in chemical reactions? J Phys Chem A 104: 8418-8423

[200] Zeldovich YaB, RAlzer YuP (1967) Physics of shock waves and high temperature hydrodynamics phenomena. Academic, New York

[201] Batsanov SS (1967) The physics and chemistry of impulsive pressures. J Engin Phys 12: 59-68

[202] Goncharov AF, Goldman N, Fried LE et al (2005) Dynamic ionization of water under extreme conditions. Phys Rev Lett 94: 125508

[203] Poroshina IA, Berger AS, Batsanov SS (1973) Determination of coordination number of metals of groups Ⅰ and Ⅱ in silicates from refractometric data. J Struct Chem 14: 789-793

[204] Bokii GB, Batsanov SS (1954) About quantitative characteristics of trans-influence. Doklady Academii Nauk SSSR 95: 1205-1206 (in Russian)

[205] Kukushkin YuN, Bobokhodzhaev RI (1977) Chernyaev's law of trans-influence. Nauka, Moscow (in Russian)

[206] Wasastjerna JA (1923) On the radii of ions. Comm Phys-Math Soc SCl Fenn 1 (38): 1-25

[207] Goldschmidt VM (1929) Crystal structure and chemical constitution. Trans Faraday Soc 25: 253-282

[208] Kordes E (1939) The discovery of atom displacement from refraction. Z phys Chem B 44: 249260

[209] Kordes E (1940) Calculation of the ion radii with help from physical atom sizes. Z phys Chem B 48: 91-107

[210] Kordes E (1955) Ionengrosse, Molekularrefraktion bzw Polarisierbarkeit und Lichtbrechrechung bei anorganischen Verbindungen. 1. AB Verbindungen mit einwertigen edelgasahnlichen Ionen (Alkalihalogenide). Z Elektrochem 59: 551-560

[211] Kordes E (1955) Direkte Berechnung von Ionenradien aus der Molekularrefraktion bei AB Verbindungen mit einwertigen edelgasahnlichen Ionen. Z Elektrochem 59: 927-932

[212] Kordes E (1955) AB Verbindungen mit edelgasahnlichen einwertigen und zweiwertigen Ionen. Z Elektrochem 59: 932-938

[213] Wilson JN, Curtis RM (1970) Dipole polarizabilities of ions in alkali halide crystals. J Phys Chem 74: 187-196

[214] Vieillard P (1987) A new set of values for Pauling's ionic radii. Acta Cryst B43: 513-517

[215] Iwadate Y, Fukushima K (1995) Electronic polarizability of a fluoride ion estimated by refractive indexes and molar volumes of molten eutectic LiF-NaF-KF. J Chem Phys 103: 6300-6302

[216] Compagnon I, Antoine R, Broyer M et al (2001) Electric polarizability of isolated C_{70} molecules. Phys Rev A 64: 025201

[217] Dugourd P, Antoine R, Rayane D et al (2001) Enhanced electric polarizability in metal C_{60} compounds: Formation of a sodium droplet on C_{60}. J Chem Phys 114: 1970-1973

[218] Lyon JT, Andrews L (2005) Formation and characterization of thorium methylidene $CH_2=ThHX$ complexes. Inorg Chem 44: 8610-8616

[219] Danset D, Manaron L (2005) Reactivity of cobalt dimer and molecular oxygen in rare gas matrices: IR spectrum, photophysics and structure of Co_2O_2. Phys Chem Chem Phys 7: 583591

[220] Wang XF, Andrew L, Riedel S, Kaupp M (2007) Mercury is a transition metal: The first experimental evidence for HgF_4. Angew Chem Int Ed 46: 8371-8375

[221] Li X, Wang L-S, Boldyrev Al, Simons J (1999) Tetracoordinated planar carbon in the Al_4C^- anion. A combined photoelectron spectroscopy and ab initio study. JAm Chem Soc 121: 60336038

[222] Boldyrev Al, Simons J, Li X, Wang L-S (1999) The electronic structure and chemical bonding of hypermetallic Al_5C by ab initio calculations and anion photoelectron spectroscopy. J Chem Phys 111: 4993-4998

[223] Wang L-S, Boldyrev Al, Li X, Simons J (2000) Experimental observation of pentaatomic tetracoordinate planar carbon-contAlning molecules. J Am Chem Soc 122: 7681-7687

[224] Kuznetsov AE, Boldyrev Al, Li X, Wang L-S (2001) On the aromatiClty of square planar Ga_4^{2-} and In_4^{2-} in gaseous $NaGa_4^-$ and $NaIn_4^-$ clusters. J Am Chem Soc 123: 8825-8831

[225] ZhAl H-J, Yang X, Wang X-B et al (2002) In search of covalently bound tetra- and penta-oxygen speCles: a photoelectron spectroscopic and ab initio investigation of MO_4^- and MO_5^- (M=Li, Na, K, Cs). J Am Chem Soc 124: 6742-6750

[226] ZhAl H-J, Wang L-S, Kuznetsov AE, Boldyrev Al (2002) Probing the electronic structure and aromatiClty of pentapnictogen cluster anions Pn_5^- (Pn=P, As, Sb, and Bi) using photoelectron spectroscopy and ab initio calculations. J Phys Chem A 106: 5600-5606

[227] Kiran B, Li X, ZhAl H-J et al (2004) [$SiAu_4$]: aurosilane. Angew Chem Int Ed 43: 2125-2129

[228] Li S-D, ZhAl H-J, Wang L-S (2008) $B_2(BO)_2^{2-}$ - diboronyl diborene: a linear molecule with a triple boron-boron bond. J Am Chem Soc 130: 2573-2579

[229] Jules JL, Lombardi JR (2003) Transition metal dimer internuclear distances from measured force constants. J Phys Chem A 107: 1268-1273

[230] Van Hooydonk G (1999) A universal two-parameter Kratzer potential and its superiority over Morse's for calculating and scaling first-order spectroscopic constants of 300 diatomic bonds. Eur J Inorg Chem

1617-1642
[231] Huber KP, Herzberg G (1979) Constants of diatomic molecules. Van Nostrand, New York
[232] Vilkov LV, Mastryukov VS, Sadova NI (1978) Determination of geometrical structure of molecules. Khimia, Moscow (in Russian)
[233] Giricheva NI, Lapshin SB, Girichev GV (1996) Structural, vibrational, and energy characteristics of halide molecules of group Ⅱ-Ⅴ elements. J Struct Chem 37: 733-746
[234] Gurvich LV, Ezhov YuS, Osina EL, Shenyavskaya EA (1999) The structure of molecules and the thermodynamic properties of scandium halides. Russ J Phys Chem 73: 331-344
[235] Fu Z, Lemire GW, Bishea GA, Morse MD (1990) Spectroscopy and electronic-structure of jet-cooled Al_2. J Chem Phys 93: 8420-8441
[236] Merritt JM, Kaledin AL, Bondybey VE, Heaven M C (2008) The ionization energy of Be_2. Phys Chem Chem Phys 10: 4006-4013
[237] Kitsopoulos TN (1991) Study of the low-lying electronic states of Si_2 andSi_2^- using negative-ion photodetachment techniques. J Chem Phys 95: 1441-1448
[238] Ho J, PolakML, Lineberger WC (1992) Photoelectron-spectroscopy of group Ⅳ heavy metal dimers Sn_2^-, Pb_2^-, and $SnPb^-$. J Chem Phys 96: 144-154
[239] Stangassinger A, Bondybey VE (1995) Electronic spectrum of Tl_2. J Chem Phys 103: 1080410805
[240] Birge RT (1925) The law of force and the size of diatomic molecules, as determined by their band spectra. Nature 116: 783-784
[241] Mecke R (1925) Formation of band spectra. Z Physik 32: 823-834
[242] Morse PM (1929) Diatomic molecules according to the wave mechanics: vibrational levels. Phys Rev 34: 57-64
[243] Clark CHD (1934) The relation between vibration frequency and nuclear separation for some simple non-hydride diatomic molecules. Phil Mag 18: 459-470
[244] Ladd JA, Orville-Thomas WJ (1966) Molecular parameters and bond structure: nitrogen-oxygen bonds. Spectrochim Acta 22: 919-925
[245] Zallen R (1974) Pressure-Raman effects and vibrational scaling laws in molecular crystals— S_8 and As_2S_3. Phys Rev B 9: 4485-4496
[246] Hill FC, Gibbs GV, Boisen MB (1994) Bond stretching force-constants and compressibilities of nitride, oxide, and sulfide coordination polyhedra in molecules and crystals. Struct Chem 5: 349-355
[247] Zavitsas AA (2004) Regularities in molecular properties of ground state stable diatomics. J Chem Phys 120: 10033-10036
[248] Badger RM (1934) A relation between internuclear distance and bond force constant. J Chem Phys 2: 128-131
[249] Badger RM (1935) Between the internuclear distances and force constants of molecules and its application to polyatomic molecules. J Chem Phys 3: 710-714
[250] Closlowski J, Liu G, Castro RAM (2000) Badger's rule revisited. Chem Phys Lett 331: 497501
[251] Kurita E; Matsuura H; Ohno K (2004) Relationship between force constants and bond lengths for CX (X=C, Si, Ge, N, P, As, O, S, Se, F, Cl and Br) single and multiple bonds: formulation of Badger's rule for universal use. Spectrochim Acta A 60: 3013-3023
[252] Murell JN (1960) The application of perturbation theory to the calculation of force constants. J Mol Spectr 4: 446-456
[253] Pearson RG (1977) Simple-model for vibrational force constants. J Am Chem Soc 99: 48694875
[254] Gordy WR (1946) A relation between bond force constants, bond orders, bond lengths, and the electronegativities of the bonded atoms. J Chem Phys 14: 305-320
[255] Batsanov SS, Derbeneva SS (1969) Effect of valency and coordination of atoms on position and form of infrared absorption bands in inorganic compounds. J Struct Chem 10: 510-515
[256] Voyiatzis GA, Kalampounias AG, Papatheodorou GN (1999) The structure of molten mixtures of iron (Ⅲ) chloride with caesium chloride. Phys Chem Chem Phys 1: 4797-4803
[257] Bowmaker GA, Harris RK, Apperley DC (1999) Solid-state ^{199}Hg MAS NMR and vibrational spectroscopic studies of dimercury (I) compounds. Inorg Chem 38: 4956-4962
[258] Spoliti M, de Maria G, D'Alessio L, Maltese E (1980) Bonding in and spectroscopic properties of

gaseous triatomic-molecules: alkaline-earth metal dihalides. J Mol Struct 67: 159-167
[259] Kharitonov YuA, Kravtsova GV (1980) Empirical correlations between molecular constants and their use in coordination chemistry. Koordinatsionnaya Khimiya 6: 1315 (in Russian)
[260] Pearson RG (1993) Bond-energies, force-constants and electronegativities. J Mol Struct 300: 519-525
[261] Bhar G (1978) Trends of force constants in diamond and sphalerite-structure crystals. Physica B 95: 107-112
[262] Batsanov SS (1986) Experimental foundations of structural chemistry. Standarty, Moscow (in Russian)
[263] Kanesaka I, Kawahara H, Yamazaki A, KawAl K (1986) The vibrational-spectrum of $AlCl_3$, $CrCl_3$ and $FeCl_3$. J Mol Struct 146: 41-49
[264] Batsanov SS, Derbeneva SS (1964) Infrared spectra of strontium and lead nitrates pressed into various media. OptikAl Spectroskopiya 17: 149-151 (in Russian)
[265] Batsanov SS, Derbeneva SS (1965) Infrared spectra of anisotropic carbonates imbedded in different media. Opt Spect-USSR 18: 342-343
[266] Batsanov SS, Derbeneva SS (1967) Effect of anisotropy on diffuse light scattering in polycrystals. Opt Spect-USSR 22: 80-81
[267] Batsanov SS, Tleulieva KA (1978) Infrared spectroscopic study of structural transformations in sodium and potassium nitrates. J Struct Chem 19: 329-330
[268] Donaldson JD, Ross SD, Silver J (1975) Vibrational spectra of some cesium tin (Ⅱ) halides. Spectrochim Acta A 31: 239-243
[269] Arkhipenko DK, Bokii GB (1977) On the possibility of the space group refinement by the vibration spectroscopy method. Sov Phys Cryst 22: 667-671
[270] Yurchenko EN, Kustova GN, Batsanov SS (1981) Vibration spectra of inorganic compounds. Nauka, Novosibirsk (in Russian)
[271] Somayajulu GR (1958) Dependence of force constant on electronegativity, bond strength, and bond order. J Chem Phys 28: 814-821
[272] HussAln Z (1965) Dependence of vibrational constant of homonuclear diatomic molecules on electronegativity. Canad J Phys 43: 1690-1692
[273] Szoke S (1971) Approach of equalized electronegativity by molecular parameters. Acta Chim Acad SCl Hung 68: 345
[274] Spoliti M, De Matia G, D'Allessio L, Maltese E (1980) Bonding in and spectroscopic properties of gaseous triatomic molecules: alkaline-earth metal dihalides. J Mol Struct 67: 159-167
[275] Pearson RG (1993) Bond energies, force constants and electronegativities. J Mol Struct 300: 519-525
[276] van Hooydonk G (1999) A universal two-parameter Kratzer potential and its superiority over Morse's for calculating and scaling first-order spectroscopic constants of 300 diatomic bonds. Eur J Inorg Chem 1999: 1617-1642
[277] Batsanov SS (2005) Metal electronegativity calculations from spectroscopic data. Russ J Phys Chem 79: 725-731
[278] Waser J, Pauling L (1950) Compressibilities, force constants, and interatomic distances of the elements in the solid state. J Chem Phys 18: 747-753
[279] Batsanov SS (2011) System of metal electronegativities calculated from the force constants of the bonds. Russ J Inorg Chem 56: 906-912
[280] Reynolds W (1980) An approach for assessing the relative importance of field and σ-inductive contributions to polar substituent effects. J Chem Soc Perkin Trans II 985-992
[281] Jörgensen CK (1963) Optical electronegativities of 3d group central ions. Mol Phys 6: 43-47
[282] Jörgensen CK (1975) Photo-electron spectra of non-metallic solids and consequences for quantum chemistry. Structure and Bonding 24: 1-58
[283] Dodsworth ES, Lever ABP (1990) The use of optical electronegativities to assign electronic- spectra of semiquinone complexes. Chem Phys Lett 172: 151-157
[284] Duffy JA (1977) Variable electronegativity of oxygen in binary oxides—possible relevance to molten fluorides. J Chem Phys 67: 2930-2931

[285] Duffy JA (1980) Trends in energy gaps of binary compounds—an approach based upon electron-transfer parameters from optical spectroscopy. J Phys C 13：2979-2989

[286] Duffy JA (1986) Chemical bonding in the oxides of the elements—a new apprAlsal. J Solid State Chem 62：145-157

[287] Duffy JA (2004) Relationship between cationic charge，coordination number，and polarizability in oxidic materials. J Phys Chem B 108：14137-14141

[288] Duffy JA (2006) Ionic-covalent character of metal and nonmetal oxides. J Phys Chem A 110：13245-13248

[289] Reddy RR，Gopal KR，Ahammed YN et al (2005) Correlation between optical electronegativity，molar refraction，ioniClty and density of binary oxides，silicates and minerals. Solid Sate Ionics 176：401-407